近代连续介质力学

Modern Continuum Mechanics

赵亚溥 著

ZHAO Ya-Pu

科学出版社

北京

内 容 简 介

连续介质力学作为工程科学的“大统一理论”，是工程科学的基础。本书为著者在中国科学院力学研究所和中国科学院大学多年授课的基础上凝练而成。该书系统地阐述了近代连续介质力学的基本概念和原理，突出地反映了该学科近年来的一些新发展。

本书共由十篇 33 章和 3 个附录构成。前三篇为基本概念和原理，突出了公理体系、守恒律和本构关系。第四篇讨论了流变学的理性力学基础；第五篇针对 DNA、液晶、生物膜、液滴等软物质，讨论了熵弹性和曲率弹性；第六篇则讨论了非协调连续统理性力学、位错连续统等理论；第七篇讨论了连续介质波动理论；第八篇则结合广义连续介质力学，讨论了非局部、梯度、偶应力和表面弹性等热点问题；作为连续介质力学的两个典型应用，第九篇讨论了大脑结构成像中的扩散张量成像以及多孔弹性介质的 Biot 本构关系。

本书可作为力学、工程科学、应用数学、材料科学等专业的研究生或本科生教材。亦可供上述专业的教师和科技人员参考。

图书在版编目（CIP）数据

近代连续介质力学 / 赵亚溥著．—北京：科学出版社，2016.9
ISBN 978-7-03-049992-9
Ⅰ.①近… Ⅱ.①赵… Ⅲ.①连续介质力学 Ⅳ.① O33
中国版本图书馆 CIP 数据核字 (2016) 第 229570 号

责任编辑：刘信力 / 责任校对：张凤琴
责任印制：吴兆东 / 封面设计：陈　敬

科学出版社 出版
北京东黄城根北街 16 号
邮政编码：100717
http://www.sciencep.com
北京中石油彩色印刷有限责任公司印刷
科学出版社发行　各地新华书店经销
*
2016 年 9 月第　一　版　　开本：850×1168 1/16
2025 年 1 月第二十次印刷　　印张：36　　插页：1
字数：839 000

定价：168.00 元
（如有印装质量问题，我社负责调换）

前　　言

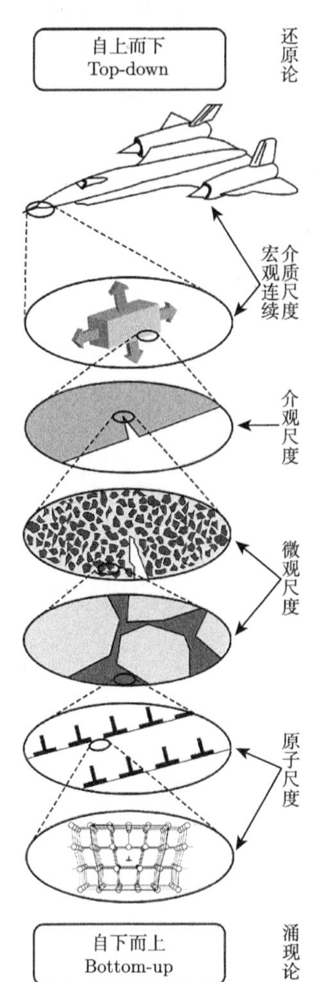

连续介质力学被誉为工程科学的“大统一理论 (grand unified theory)”, 是工程科学的基础和框架. 工程科学和连续介质力学之间的关系可用“鱼”和“水”、“树”和“根”来形容. 根深方能叶茂, 本固方能枝荣. 从 20 世纪中叶以来, 应用力学学科受到了科学与技术若干个发展的强烈影响: 理性力学的复兴, 计算机的发明和计算力学的兴起, 航空航天的巨大成就, 信息技术、生物医学工程及微纳米技术的广泛应用等. 后续新兴学科的发展为连续介质力学的发展注入了新的巨大活力.

钱学森先生将从事理性力学研究称为是“一种精神享受”, 按照我的理解, 理性力学像数学和物理学一样, 一定含有很多“美学 (aesthetics)”的成分. 连续介质力学中的美可大致概括为: (1) 对称美, 对称性在连续介质力学中无处不在, 在本书几乎每一个章节中都讨论到了对称性的问题; (2) 简约美, “形式的简洁性, 内含的丰富性”是连续介质力学的基本特征之一, 张量表示既可以体现出方程不依赖于坐标系选择的深刻内涵, 又可以使极为复杂的分量方程以极为简洁的形式表示出; (3) 统一美, 质量守恒、动量守恒、动量矩守恒和能量守恒方程不但是连续介质力学的核心内容, 而且是统一美的具体体现, 这里的统一也预示着“协调”、“一致性”、“共性”等. 在经典力学中, 连续对称一定导致守恒定律, 这是 Noether 定理的结论, 由此看来, 对称美和统一美之间是相辅相成的. 功的共轭的概念将不同的应力和应变度量联系在一起, 成为构建正确本构关系的基石. 此外, 公理体系也是连续介质力学实现统一美的重要基础; (4) 客观美, 连续介质力学的一个重要特点是客观性的要求, 也就是标架无差异性, 或者介质的力学性质与观察者无关; (5) 奇异美, 本书中除了着重讲授协调方程外, 还在诸如位错、缺陷、断裂等多个相关章节中讲到非协调方程, 奇异性是力学美的一个重要特征, 它是近代力学研究发现中的重要美学因素, 力学领域中一些新观念的产生, 往往就是来自对奇异美的追求; (6) 相似美或类比美, 相同的数学方程或模型可以描述两类完全不同的物理系统, 该方面的内容可详见本书附录 C 对物理相似性的讨论.

在艺术领域中, 最对称的往往不一定是最美的, 相反, “对称 + 破缺”才可能更美. 通过非线性科学的发展, 近代连续介质力学已经呈现出了对称性和自发性对称破缺、确定性和混沌、平衡与失稳、有序和无规、简单性和复杂性、还原论和涌现论等有机结合的多样性, 这些学科美学的特点也在本书的部分章节中得到了体现.

爱因斯坦于 1916 年引入张量的求和约定并于 1936 年高度评价连续介质力学 (见本书第 11 页)

由上面的分析可知, 连续介质力学中包含的不仅仅是形式对称、变化调和、多样性及统一性等普通之美 —— “优美 (the beautiful)”, 更重要的是, 也包含有使心灵得到震撼的非凡之美 —— “壮美 (the sublime)”. 康德说: “壮美感动着人, 优美摄引着人.” 从优美到壮美, 眼界始宽, 境界乃大, 思路始广, 触动乃深.

从 “精神享受”、“把关的工作” 和 “美” 的角度去学习和研究, 连续介质力学非但不再是一门枯燥、冰冷和令人望而生畏的学科, 而且研之越深, 越发感之有趣.

国内外优秀的连续介质力学教材或专著已汗牛充栋. 讲授连续介质力学课程, 特别是撰写新的连续介质力学书不但耗时费力, 而且可用 Freeman Dyson 所称的 “不合时尚的追求 (unfashionable pursuit)” 来描述. 为何要花如此大的精力来撰写本书? 我的初衷是:

(1) 著者多年来一直在中国科学院力学研究所为博士生开设 “连续介质力学 · 固体” 课程, 一些毕业多年的同学仍在询问上课的讲稿和课件能否整理出版以供进一步参考. 从 2014 年开始, 著者应邀在中国科学院大学雁栖湖校区为研究生开设该课程, 听课学生来自于十余个研究所, 有一部起点高、选题新、视野宽的教材有益于巩固教学质量的稳步提高.

(2) 针对理工科学生普遍对该课程具有畏惧心理的现实, 在撰写过程中十分注重对相关内容发展史的深入挖掘和介绍, 力争使其成为既有深度又有兴趣读的书. 例如, 本书给出了力学大师 G. I. Taylor 和 L. Prandtl 以及化学家 H. Eyring 多次被提名诺贝尔物理学或化学奖而未获奖的原因, 这无疑会给青年学者以很多启示.

(3) 近年来, 连续介质力学的理论和应用都得到了快速发展. 在理论方面, 主要是在流形、非欧几何、表面界面、软物质等方面. 而在应用方面的典型例子包括: 3D 打印、扩散张量成像 (DTI)、扩散张量纤维束成像 (DTT) 等已经大量应用于临床、页岩气开采中的水力压裂等. 显示出连续介质力学这门学科不是束之高阁的理论框架, 而是在工程应用和人类自身需求的医学等中拥有巨大生命力的学科. 确实需要一本新的连续介质力学书来展示这些最新的发展和应用情况, 进而更加激发学生对这门课程的兴趣. 书名中的 “近代” 主要是指包含了有关微分流形、李导数、熵弹性、曲率弹性、软物质本构关系等目前的学术热点和难点问题.

应该提醒初学者注意的是, 教材、专著的撰写以及授课不得不采用 “自上而下 (top-down)” 的 “推演法 (演绎法, deduction)”, 也就是直接从命题给出的条件出发, 运用概念、公式、定理、原理、公理等进行推理或运算, 得出结论, 选择正确答案, 这就是传统的解题方法. 而重大的科学发现往往是倒过来的, 亦即基于新现象提炼、凝练出新结论、新方法、新理论、新命题的 “自下而上 (bottom-up)” 的 “归纳法

(induction)". 青年学者如果有志于在非线性连续介质力学方面从事研究并有所成就的话, 就必须注重两种方法的结合.

钱学森将理性力学称为"把关的工作"并将从事其研究称为是"一种精神享受" (见本书 5~6 页)

古人云"学然后知不足, 教然后知困. 知不足, 然后能自反也, 知困, 然后能自强也. 故曰: 教学相长也.《兑命》曰: '学学半'" (《礼记 · 学记》). 借到中国科学院大学授课和这部书的撰写之际, 我又从 Truesdell 等的两部理性力学经典著作《经典场论》(CFT) 和《力学的非线性场论》(NLFT) 开始, 研读了国内外该领域很多优秀的专著、教材和论文, 收益颇丰, 特别是通过授课、知不足、知困、自反、自强、相长几个不同阶段, 形成了本书稿.

本书由十篇共 33 章和 3 个附录构成. 前三篇为经典连续介质力学的基本内容, 突出了公理体系、守恒律和本构关系. 为了使选课的学生有充足的选学内容, 本书在第四篇讨论了流变学的理性力学基础; 第五篇主要针对 DNA、液晶、生物膜、液滴等软物质, 讨论了熵弹性和曲率弹性; 第六篇则讨论了非协调连续统理性力学、位错连续统、弹塑性有限变形理论、连续介质脆性断裂理论; 第七篇主要针对动力学问题和惯性效应, 讨论了连续介质波动理论, 特点是表面和界面波动问题; 第八篇则结合近年来得到迅速发展的广义连续介质力学, 讨论了非局部、梯度、偶应力和表面弹性等热点问题; 作为连续介质力学的两个典型应用, 第九篇的两章则分别讨论了大脑结构成像中的扩散张量成像以及多孔弹性介质的 Biot 本构关系. 本书大体上可以满足 40 (基础部分) + 20 (前沿介绍) 共计 60 学时的授课要求. 授课的经验表明, 连续介质力学课程的期末考核采用"考试 + 大作业"的形式效果较好, 故在部分的章节的思考题中给出了大作业.

本书的撰写和出版得到了国家自然科学基金委员会项目 (U1562105, 11372313) 和中国科学院"创新交叉团队"、"前沿科学重点研究计划项目 (QYZDJ-SSW-JSC019)"、"战略性先导科技专项 (B 类, 项目编号: XDB22040401)"等项目的联合资助. 本书得到中国科学院大学教材出版中心资助.

容得下批评和经得起质疑是学科发展及走向成熟的基石. 由于连续介质力学的内容十分丰富, 特别是近年来广义连续介质力学发展迅速, 本书必有很多值得进一步改进的地方, 请学术前辈、同行和同学们多提宝贵意见.

赵亚溥

2016 年 3 月于中关村

目　　录

第二篇　运动学、守恒律、客观性

第四篇　流变学的理性力学基础

第五篇 熵弹性与曲率弹性

第六篇　非协调连续统 —— 位错、弹塑性大变形与脆性断裂

第七篇　连续介质波动理论

第八篇 广义连续介质力学

第九篇 连续介质力学的典型应用

第十篇　附　录

第一篇 基础部分

In this sense rational mechanics will be the science of motions resulting from any forces whatsoever, and of the forces required to produce any motions, accurately proposed and demonstrated.

—— Isaac Newton, Cambridge, Trinity College May 8, 1686.

从这个意义上讲, 理性力学是一门精确地提出问题并加以演示的科学, 旨在研究某种力所产生的运动, 以及某种运动所需要的力.

—— Isaac Newton, 于 1686 年 5 月 8 日为《自然哲学的数学原理》所写的序言

Isaac Newton
(1643~1727)

篇首语

David Hilbert
(1862~1943)

德国大数学家 David Hilbert (1862~1943) 于 1900 年在第二届国际数学家大会上大会报告的开场白中开宗明义地讲到: “我们中有谁会不乐于去揭开隐匿的未来面前那层面纱 ··· (Who of us would not be glad to lift the veil behind which the future lies hidden ···)”. 通过本书, 我们也试图徐徐揭开作为工程科学大统一理论的连续介质力学前面的那层面纱.

本篇作为连续介质力学的基础, 共由四章组成:

第 1 章对作为经典场论的理性连续介质力学进行较为全面的概述, 通过爱因斯坦、Truesdell 和钱学森等对理性连续介质力学的评价, 阐明该学科的主要特点、意义和范式;

第 2 章则主要讨论连续介质力学中的公理体系、热力学公理体系和冯元桢针对生物体对连续介质力学公理体系进行的再造;

连续介质力学的主要工具是张量分析, 所以第 3 和第 4 章则分别讨论张量分析初步、张量代数、微积分和不变量理论. 数学家 Percy Alexander MacMahon (1854~1929) 曾指出: “不变量理论是在 Cayley 强有力的手中涌现出来的, 但是它最后形成一个完美的艺术品, 博得后世数学家们的赞美, 主要是由于 Sylvester 的才智以其闪光的灵机妙想照亮了它 (The theory of Invariants sprang into existence under the strong hand of Cayley, but that it emerged finally a complete work of art, for the admiration of future generations of mathematicians, was largely owing to the flashes of inspiration with which Sylvester's intellect illuminated it).”

第 1 章　理性连续介质力学概述

1.1　理性力学与连续介质力学

1.1.1　作为横断学科的理性力学

理性力学 (rational mechanics) 是力学中的一门横断学科, 其研究对象不仅仅限于某一领域或某种物质, 而是横向贯穿于众多力学分支学科之中.

理性力学也可称为 "数学力学", 代表着力学的数学化, 数学是理性力学借以更深刻, 更确切地描述自然、了解自然和征服自然的必备工具. 正如国际理论和应用力学联合会 (IUTAM) 前主席 Warner Tjardus Koiter (1914~1997) 所指出的: 要想使力学进步, 一定要用更加抽象、更加精密的数学. 理性力学大师 Clifford Ambrose Truesdell (1919~2000) 明确提出: 理性力学的目标是力学的公理体系化, 其基础仍然是牛顿力学 (Newtonian mechanics). 牛顿 (Isaac Newton, 1643~1727) 于 1687 年出版的《自然哲学的数学原理》(*Principia*)[1] 创建了关于物体运动的数学哲学原理, 是理性力学的开山之作. 著者想强调的是, *Principia* 所创建的力学原理不仅仅是关于物体在力作用下运动的学问, 而且是哲学不可分割的一部分.

Clifford Ambrose Truesdell (1919~2000)

理性力学力图用统一的观点和严密的逻辑推理研究力学的带有共性的基础问题. D′Alembert (1717~1783) 于 1743 年出版了其最有影响的名著《动力学》(*Traité de Dynamique*)[2], 不但建立了 "D′Alembert 原理" 和 "虚功原理", 而且还勾画出理性力学的核心: (1) 像几何学一样必须建立在显然正确的公理上; (2) 力学的进一步事实由数学证明给出.

Jean-Baptiste le Rond d′Alembert (1717~1783)

物理学, 尤其是力学的公理化是德国大数学家 David Hilbert 于 1900 年 8 月 8 日, 在巴黎索邦 (Sorbonne) 大学报告厅举行的第二届国际数学家大会上提出的著名的 "Hilbert 23 个问题"[3] 中的第六问题 "物理公理化的数学处理 (mathematical treatment of the axioms of physics)", 即要实现 D′Alembert 于 1743 年提出的上述两个核心问题. Hilbert 对其第六问题的具体阐述是[3]: "对几何学基础的探讨暗示了这样一个问题: 可以借助公理且运用相同的方法处理数学在其中扮演着重要角色的物理科学; 首要解决的便是概率论和力学." 数学、物理和力学往往和自然哲学是密不可分的, Hilbert 当时不但是哥廷根数学的权威, 而且也是形式主义学派 (School of Formalism) 的先驱和代表性人物.

在 20 世纪 50 年代, 一些杰出的力学家和应用数学家开始了力学公理化体系的探索与研究. 其中里程碑性的重要工作有: James Gardner Oldroyd (1921～1982) 于 1950 年提出的本构关系必须具有确定不变性的原理[4]; Walter Noll (1925～2017) 于 1958 年提出的 "确定性公理、局部作用公理和客观性公理" 是构造本构理论的基础[5], 从而确定了关于力学公理化结构的雏形; Trusedell 和 Noll 于 1965 年出版的理性力学经典名著《力学的非线性场论》(*the Non-Linear Field Theories of Mechanics*, 以简称 NLFT 在理性力学界广为熟知)[6] 总结了关于力学公理化体系的主要研究成果, 使连续介质的基础理论进入了一个崭新的时代. Ahmed Cemal Eringen (1921～2009) 则于 1974～1976 年间编辑出版四卷专著 "连续统物理"[7] 更加明确提出 "因果公理、确定性公理、等存在公理、客观性公理、物质不变性公理、邻域公理、记忆公理和相容性公理" 等八条公理是构造简单物质本构理论的基础, 随后添加了坐标不变性公理和对因次 (单位) 系统不变性公理, 并逐一明确赋予每个公理的数学内涵. Eringen 的工作进一步扩充了 Noll 的公理结构, 使之成为工程科学学派理论的基石. 作为现代理性力学核心内容的力学公理化体系的建立, 奠定了现代连续介质力学体系的基础. 它巧妙地运用各种现代数学理论成功地构造了各种非线性物质 (包括力－电－磁－热等耦合) 的本构理论框架, 并把它进一步推广到广义连续介质和非协调缺陷场论中去, 为 20 世纪整个力学的发展作出了卓越的贡献, 影响极其深远. 有关公理化的详细讨论见第 2 章.

冯元桢作为 "生物力学" 的主要创始人, 对经典连续介质力学的公理体系进行了再造, 提出了生物力学的三个公理[8]. 该部分内容将在 2.3 节中予以介绍.

理性力学来源于实践, 又必须为实践服务. 因此, 俄罗斯圣彼得堡理性力学家 Pavel Andreevich Zhilin (1942～2005) 曾提出理性力学的目标之一就是力图建立一个开放系统下的一般性力学理论. 而 Truesdell 和 Noll 等理性力学权威学者早在 1980 年就开始不断地呼吁这个观点.

如上所述, 理性力学的一个重要任务就是建立连续介质力学 (continuum mechanics, mechanics of continuous media, mechanics of continua) 的公理体系. 理性力学力图对连续介质力学进行统一的考察, 建立适用于任意介质的一般原理. 总之, 理性力学是连续介质力学的理论基础.

理性力学领域国际上最权威的期刊之一是于 1952 年创刊、1957 年改为现刊名的 *Archive for Rational Mechanics and Analysis*, 该刊目前将 "复杂性 (complexity)"

和计算理性力学作为其征稿的领域之一, 由此也能管窥出理性力学研究领域不断拓展的情况.

在理性力学界形成了不同的学派 (school). 其中, 最具代表性的就是 Truesdell 学派 —— "Truesdellians", Truesdell 被公认为是连续介质力学领域好的鉴赏力的仲裁者 (Clifford Truesdell was widely thought to be the arbiter of good taste in the field of continuum mechanics), Truesdell 是一位完美的理论家, 他从不掩饰其对实验的轻蔑. 一次 Truesdell 应柏林工业大学 Ingo Müller 教授邀请赴德访问, 到访柏林后的第一天, Truesdell 便找到 Müller 说: "Ingo, 我可以请你帮个忙吗? (Can I ask you for a favour?)", Müller 急切地回答道: "当然, 我能为您做些什么?", Truesdell 回答道: "请不要让我参观你的实验室 (Please, don't show me your lab)". 另外, 还有 Rivlin 学派、意大利学派、柏林学派、法国学派、苏联学派等. 理性力学业界很多资深学者经常谈起 Rivlin 对 Truesdell 学派的强烈批评. 不同派别间的良性竞争和善意批评是学术进步的源泉之一.

所谓学派, 是指一门学问中由于学说师承不同而形成的派别. 一个学派的形成, 大致需要如下几个因缘: 即师承、地域、成就、人才等. 在学术界中经常被学者们所津津乐道的是 1920 年代, 由于量子力学蓬勃发展所形成的三个主要学派: 以 Niels Bohr (1885~1962, 1922 年获得诺贝尔物理学奖) 为首的哥本哈根学派, 由 Max Born (1882~1970, 1954 年获得诺贝尔物理学奖) 领导的哥廷根学派和由 Arnold Sommerfeld (1868~1951) 作为掌门人的慕尼黑学派. 这三个学派虽然师承、地域、学术风格 (品味) 不同, 但都做出了载入史册的空前成就并培养出了一批荣获诺贝尔奖的青年人才, 后继有人, 而且在当时还空前地吸引了世界各地青年学者 "朝圣" 般的访问学习. Werner Karl Heisenberg (1901~1976, 1932 年获得诺贝尔物理学奖) 在这三个学派均工作过, 他的博士论文导师 (doctoral advisor) 是 Sommerfeld, 同时他视 Bohr 和 Born 为学术导师 (academic advisor). Heisenberg 这样评价上述三个学派的伟大导师的特征品格: "我从 Sommerfeld 那里学到了乐观主义, 从哥廷根人那里学到了数学, 而从 Bohr 那里学到了物理."

Werner Heisenberg (1901~1976)

1.1.2 钱学森对理性力学的评价

1978 年, 钱学森 (1911~2009) 在全国力学规划会议上所作的题为 "现代力学"[9] 的发言中, 曾对理性力学做出如下评价:

钱学森 (Hsue-shen Tsien) (1911~2009)

"研究具有复杂物性物质的运动, 必然联系到比以前我们习用的弹性力学方程式、Navier-Stokes 方程式以及流变学的一些方程式更复杂得多的基本方程. 我们建立了这些宏观的方程式后, 还该仔细的看一看跟热力学、跟力学的基本定理有没有不符合的地方. 如果跟热力学、跟力学的基本定理有不符合的, 这个方程式当然是不对的, 不能用. 我们需要这样一个把关的工作, 这就是理性力学的任务. 它是有十分重要的实际意义的. 理性力学就是连续介质力学的基础理论.

我认为, 从事理性力学这样一类能概括地提高我们认识的科学研究, 不但重要, 也是一种精神享受. …… 我们的享受来源于感到自己站的更高了, 能洞察事物的本质了, 不单是知其所以然, 而且是透彻地知其所以然了. 这样的科学工作是很有用处的, 它使我们提高认识, 不是在那些枝枝节节的问题上钻进去拔不出来. 已故的物理大师沃尔夫刚 · 泡利 (Wolfgang Pauli) 受到推崇, 也是这个缘故."

Wolfgang Pauli (1900~1958)

钱学森对理性力学评价的三个要点 "把关的工作"、"精神享受" 和 "连续介质力学的基础" 十分贴切. 当然对一般力学工作者而言, 要使理性力学达到 "精神享受" 的境界, 还是需要付出极为艰辛的努力的, 这犹如攀登高山, 只有经过持续不懈的努力登顶后, 才能领略到 "一览众山小" 的意境.

1.1.3 Truesdell 对理性力学的评价

Hermann Ludwig Ferdinand von Helmholtz (1821~1894)

1956 年 5 月 16 日, Truesdell 在美国 Iowa 州立大学所做的题为 "理性力学新进展 (Recent Advances in Rational Mechanics)" 的演讲中[10], 强调理性力学的目的是理解力学 (the objective is to UNDERSTAND mechanics), 而且部分地从 "美学的 (aesthetic)" 角度去理解. Truesdell 给出了多个具体的例子来说明 "理解力学"[11]:

(1) 创立于 1858 年的流体力学中 Helmholtz 定理 (英文版发表于 1867 年)[12] 中出现的一个新概念 —— 涡管 (vortex tube), 该定理不是通过解边值问题, 或是进行数值解, 也没有通过实验, 而是通过数学证明得出来的. 涡管这个概念帮助我们对流体力学有了深一层的理解. 在这篇论文中, Helmholtz 通过 "类比法", 利用电流的电磁相互作用和流体运动的相似性来研究流体运动, 从而成功地解决了不可压缩、无黏流体漩涡运动问题. Hermann von Helmholtz (1821~1894) 这位培养出了多位诺贝尔物理奖获得者的物理学家、生理学家、哲学家, 被他的同行誉为 "德国物理的帝国首相 (Reich-Chancellor of German Physics)"[13].

Eric Reissner (1913~1996)

(2) 创立于 1950 年的线弹性理论的 Reissner 变分原理[14], Eric Reissner (1913~1996) 将古典的最小总势能原理和最小总余能原理作为特殊情形, 提出了一种以应力和应变同时作为变量的新的 "能量" 概念. Reissner 证明了当该 "能量" 取极小值时全部方程被满足, 这里也包含了新概念和数学证明.

(3) 于 1822 年 9 月 30 日正式宣布的 Cauchy 应力原理[15] —— 物体内部某点

法向为 n 的截面的应力矢量与截面形状无关, 长期以来被认为是显然的, 但毕竟只是一条假设, 直到 1957 年才被 Walter Noll 给出了严格的数学证明[16].

(4) 于 1855 年提出的 Saint-Venant 原理 (SVP) 是当时 Barré de Saint-Venant (1797~1886, 1868 年当选法兰西科学院院士) 用半逆方法 (semi-inverse method) 解决柱体扭转时提出的[17]. 1885 年, Saint-Venant 的学生 Joseph Boussinesq (1842~1929, 1886 年当选为法兰西科学院院士) 将 Saint-Venant 的思想进行了概括和归纳[18], 并冠以 "Saint-Venant 原理 (SVP)" 的名称. 一百多年来, 该原理一直被工程师们信任地应用, 但对于理性力学而言, 这仅仅是事情的开端. 因为只有解决了如下两个问题才算完成理性力学在这个问题上的历史任务: (a) 该概念确切的数学提法是什么? (b) 如何证明? 该工作在一百多年后才被 Sternberg[19]、Toupin、Knowles、Robinson 等分别从不同途径完成. 其中, 1965 年, Richard A. Toupin (1926~2017) 对柱体端部受载情况给出了 SVP 的数学形式和证明[20,21], 指出储能按照距离呈指数衰减. 十年后, Berdicheviskii 于 1974 年[22]、Berglund 于 1977 年将 Toupin 的研究结果推广到一般形式的弹性和微极弹性体[23]. SVP 的实质是空间的距离效应, 它已经被推广到时间和过程问题上而成为极有力的数学原理[24,25]. 结构动态响应中相应的 SVP 被称为 "动态 Saint-Venant 原理 (DSVP)", 该方面的研究进展亦很丰富[26−29]. 当然, 亦有文献指出, SVP 是椭圆型方程的一种性质, 一般来说这种性质是波动问题的双曲型方程所不具有的, 因而, Boley 曾指出[30], SVP 对于弹性动力学问题不成立.

Barré de Saint-Venant (1797~1886)

Joseph Valentin Boussinesq (1842~1929)

1.1.4　理性力学的复兴

一个学科的复兴需要标志性的学者和其所取得的不朽成果.

流变力学 (rheology) 的创始人之一 Markus Reiner (1886~1976) 于 1945 年研究了非线性黏性流体理论. 由思考题 1.2 和第四篇流变学章节可知, 由于 Weissenberg 爬杆效应使得油漆搅拌器效率不高, Reiner 于 1945 年发表的理论[31] 计算出流变体沿黏度计的爬升形状, 和实验符合得很好. Reiner 该研究的意义是使得 1945 年前有关流变学基础的全部工作报废 (all work on the foundations of rheology done before 1945 had been rendered obsolete)[6].

Markus Reiner (1886~1976)

Reiner 研究工作的更深一层的意义是, 在建立非线性本构方程方面在走向一般性方法 (general approach) 或统一性原则 (unifying principle) 上迈出了第一步. 在应用 Cayley-Hamilton 定理后, 应力张量 $\boldsymbol{\sigma}$ 和应变率张量 $\boldsymbol{d}$ 的非线性关系可普遍地表示为: $\boldsymbol{\sigma}=\alpha\boldsymbol{I}+\beta\boldsymbol{d}+\gamma\boldsymbol{d}^2$, 这里 $\boldsymbol{I}=\boldsymbol{e}_i\otimes\boldsymbol{e}_i$ 或 $\boldsymbol{I}=\delta_{ij}\boldsymbol{e}_i\otimes\boldsymbol{e}_j$ 为二阶单位等同

张量, $\boldsymbol{e}_i$ 为单位基矢量, δ_{ij} 为 Kronecker 的 δ 符号, α、β 和 γ 为 $\boldsymbol{d}$ 的三个不变量的标量函数. 这些张量在以后逐章中都会详细谈及.

Ronald Rivlin (1915~2005)

Ronald Samuel Rivlin (1915~2005) 于 1948 年和 1949 年, 在任意形式的储能函数下, 对于不可压缩条件下用半逆解法首次得到了有限变形弹性理论的几个简单而重要的问题的精确解[32−37]. 把这些解和橡胶实验做比较可得到橡胶储能函数的形式, 用该结果预报橡胶制品的行为, 即使其伸长为原来的 200%~300%, 精度仍能达到百分之几的范围, 从而使得有限变形理论获得了极大成功.

Truesdell 和 Noll 认为[6], 1945 年 Reiner 和 1948 年 Rivlin 的上述工作开启了一个新时代 (a new period was opened by papers of Reiner and Rivlin), 也就是, 上述两个工作标志着理性力学的复兴.

日本 Truesdell 学派代表性学者德冈辰雄 (Tatsuo Tokuoka, 1929~1985) 对上述两个工作的杰出贡献归纳为[38]: Reiner 和 Rivlin 的研究工作, 是一个从线性到非线性、从近似理论到严密理论、从知识的聚积到数学的抽象的过程.

本小节有关 Markus Reiner 和 Ronald Samuel Rivlin 关系的历史补记: 在流变学上有著名的 "Reiner-Riwlin 方程", 这里的 "Riwlin" 是 Mrs R Riwlin, 她是 Markus Reiner 早期的合作者之一, 她因一次车祸去世. Ms R Riwlin 是著名理性力学家 Ronald Samuel Rivlin 的姑姑 (注意到家族姓氏从 Riwlin 到 Rivlin 的变迁, 中间的 w 改为了 v). Ronald Samuel Rivlin 和 Markus Reiner 开始并没有学术上的合作, 尽管两人均为理性力学和流变学中的 "巨头" 且研究领域十分接近. 直到 20 世纪 40 年代后期, Rivlin 和 Reiner 有时研究很类似的问题, 基于 Reiner 于 1945 年和 Rivlin 于 1948 年彼此独立的、联系紧密的研究结果, 流变体中有了十分重要的 "Reiner-Rivlin 流体" 的分类, 见 14.5 节有关 "Reiner-Rivlin 流体" 的详细讨论, 以及图 15.1 中所示的该类流体在流变学中的基础作用.

1.2 连续介质力学的范围和兴起

Leonhard Euler (1707~1783)

1.2.1 连续介质力学的创立

一个独立学科的形成或创立, 需要 "范式" 的形成, 或者说, 必须有其独立的研究内容, 较成熟的理论框架和研究方法, 规范的学科体制, 得到公认的学术成果, 特别是经典性、代表性学术著作, 若干个不同研究风格学派的形成, 等等.

1744 年对于 Leonhard Euler (1707~1783) 来说, 是一个 "丰收" 之年. 他不但当选为伦敦皇家学会会员和巴黎科学院院士, 更重要的是, 他还创立了变分法中的

"Euler 方程"[39], 在这篇不朽的奠基性文章后面有一个题为 "De Curvis Elastica" 的附录 (appendix)[40]. Euler 在该附录中给出了他对 "弹性线 (elastica)" 问题的数学解答和压杆失稳问题, 从而成为稳定性问题的先驱.

基于 Euler 于 1744 年对弹性力学的杰出贡献, 一般认为, 连续介质力学始于 Euler, 发端于 1744 年.

1750 年, Euler 明确指出: 连续介质力学的真正基础在于牛顿第二定律作用于物体的微元体 (the true basis of continuum mechanics was Newton's second law applied to the infinitesimal elements of bodies). Euler 又于 1757 年连续发表了三篇文章[41−43], 创立了无黏性的流体力学方程组 — Euler 方程, 该方程被认为是最早被写下来的一批偏微分方程 (PDEs). Euler 方程被认为是非线性场论的第一个例子.

数学家 P. S. Laplace (1749∼1827) 号召学术界 "读读 Euler, 读读 Euler, 他是我们大家的大师 (Read Euler, read Euler, he is the master of us all)".

19 世纪, 在 C. L. Navier (1785∼1836)、A. L. Cauchy (1789∼1857)、S. D. Poisson (1781∼1840)、George Green (1793∼1841)、Gabrio Piola (1794∼1850)、Gabriel Lamé (1795∼1870)、Saint-Venant (1797∼1886)、G. G. Stokes (1819∼1903)、William John Macquorn Rankine (1820∼1872)、Hermann von Helmholtz (1821∼1894)、Gustav Kirchhoff (1824∼1887)、Pierre Duhem (迪昂, 1861∼1916) 等一大批力学大师奠基、数代人不懈努力和积淀的基础上, Lord Rayleigh (1842∼1919) 于 1877 年在其出版的《声学理论》中系统地总结了声学和弹性 (包括液滴等) 振动方面的研究成果[44], Horace Lamb (1849∼1934) 和 Augustus Edward Hough Love (1863∼1940) 则分别于 1879 年和 1892 年出版了流体流动和弹性力学的数学理论两部经典著作[45,46], 连续介质力学在 19 世纪末得以创立. 注意到 Lamb 和 Love 的两部奠基性著作的书名十分接近, 均以 "A Treatise on the Mathematical Theory of" 开头. Lord Rayleigh、Lamb 和 Love 这三部经典著作迄今仍然被广泛引用中.

Horace Lamb (1849∼1934)

Augustus Edward Hough Love (1863∼1940)

1.2.2 连续介质力学的研究范围

如图 1.1 所示, 理性力学是连续介质力学的基础. 连续介质力学又大致可分为固体力学、流体力学和流变学. 流变学又包括黏弹塑性力学、非牛顿流体, 生物体大都为流变体, 所以将生物力学纳入到流变学会有不同意见, 但具有很大的合理性. 当然连续介质力学还应包括岩石力学、土力学、渗流力学等.

连续介质力学关注的是连续统的宏观性质, 也就是在三维 Euclid 空间和均匀

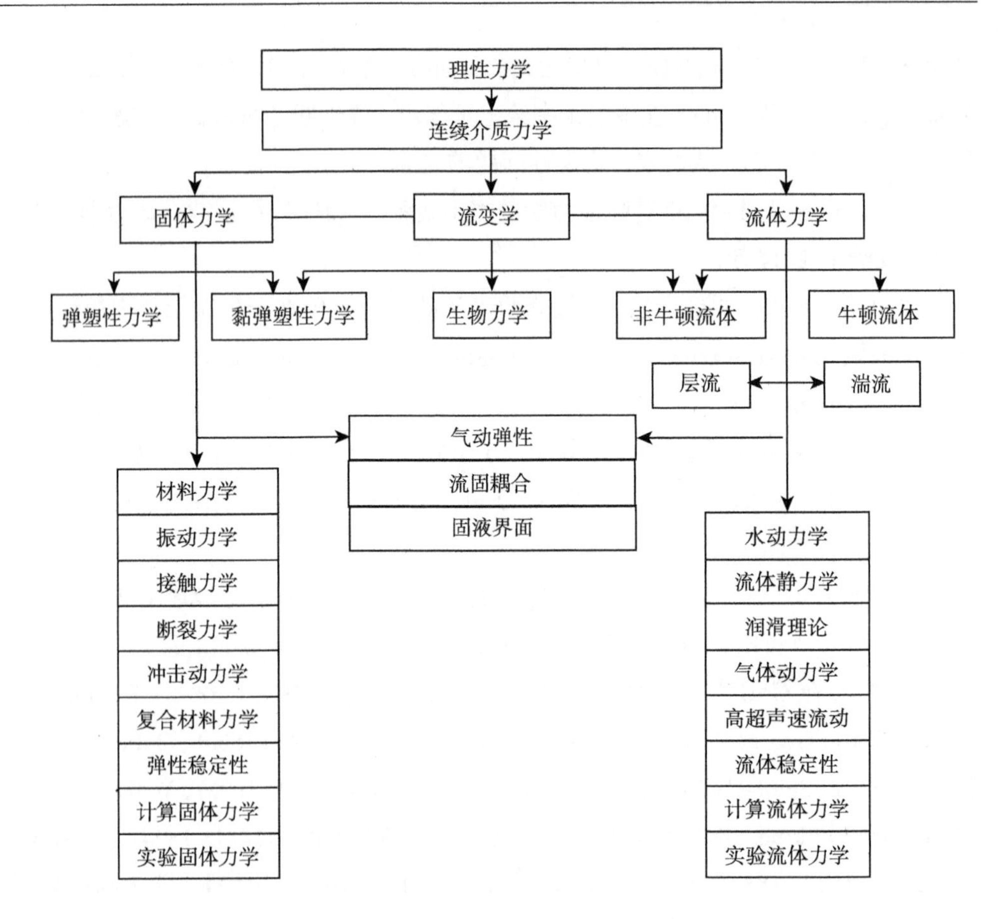

图 1.1 连续介质力学的研究范围

流逝时间下受牛顿力学支配的物质行为.

连续介质力学属于固体力学、流体力学、流变力学等的上游学科, 重点研究其中带有共性的公理体系、守恒律、建立本构关系所需的客观性要求等. 一切连续介质必须满足的基本定律, 是"质量守恒定律"、"动量守恒定律"、"角动量守恒定律"、"能量守恒定律", Eringen 将这四条基本守恒定律称为"力学的基本公理 (fundamental axioms of mechanics)"[47]. 当考虑热力学时, 还需要相当于热力学第二定律的"Clausius-Duhem 不等式". 这些在连续场的场合下, 就成为"场方程", 在不连续场的情况下, 就是"间断条件".

1.1.4 节中所述及的 1945 年 Reiner 和 1948 年 Rivlin 的标志性工作首先是在流变体和超弹性本构关系方面打开了一个突破口. 如何建立具有普遍意义的本构关系, 是连续介质力学的核心问题而且是最困难的问题.

连续介质力学中最基本假设是"连续介质假设", 可由 1.2.3 节中给出的爱因斯坦对连续介质力学的评价中清晰地得出, 此处无须赘述.

1.2.3　爱因斯坦等对连续介质力学的评价

Albert Einstein (1879~1955)

1936 年, 爱因斯坦 (A. Einstein, 1879~1955) 对连续介质力学给出了甚高的评价[48]: "…… 连续介质力学, 它不去考虑把物质再分为 '实在' 的质点. 这种力学是以一种假想来表征的, 即假定物质的密度和速度对于坐标和时间的依存关系都是连续的, 而且相互作用中那个不是明白规定的部分能被看作是表面力, 这种力也是位置的连续函数. 属于这一类的有流体动力学理论和固体弹性理论."、"除了它们 (著者: 指质点力学和连续介质力学) 的伟大实际意义以外, 科学的这些部分 — 通过发展新的数学概念 —— 还创造了一些形式的工具 (偏微分方程), 这些工具是为以后寻求全部物理学新基础的努力所必须的."

爱因斯坦也于 1936 年指出连续介质力学属于所谓的 "唯象的 (phenomenological)" 物理学[48], 唯象理论的特征是: 尽量使用那些接近经验的概念, 从各个状态变数之间的相互关系以及同时间的关系中去决定全部这些变数的任务, 主要只能由经验来解决.

杨振宁将物理学分为实验、唯象理论和理论架构三种路径. 唯象理论是实验现象更概括的总结和提炼, 但是无法用已有的科学理论体系作出解释, 所以钱学森说唯象理论是 "知其然不知其所以然". 唯象理论对物理现象有描述与预言功能, 但没有解释功能. 最典型的例子如 Kepler 三定律, 就是对天文观测到的行星运动现象的总结. 实际上支配 Kepler 三定律的内在机制是牛顿的万有引力定律. 更进一步讲, 牛顿的万有引力定律也是唯象的, 需要用量子引力理论去解释.

可以再拿理想气体的定律来说明唯象理论的特点. R. Boyle (1627~1691) 于 1662 年和 E. Mariotte (1620~1684) 于 1676 年独立发现的气体压力 – 体积关系的 Boyle-Mariotte 定律、体积 – 温度关系的 Charles 定律 (1802)、压力 – 温度的 Gay-Lussac 定律 (1802), 这些定律可统一地表示为: 压力 × 容积 = 常数 × 绝对温度. 为什么说它是唯象的呢? 因为它没有说清楚为什么会有个常数. 该问题也只有从统计物理学的理论上推导出来, 气体定律必然是如此; 而且不但如此, 还可以说明这个定律适用的范围, 是在一定的温度和压力范围内才适用. 从而真正做到了 "不但知其然, 而且知其所以然".

毋庸置疑, 连续介质力学是一门令人生畏的学科, 相关专业的理科大学生和研究生都对该学科或多或少地有畏惧情绪. 1.1.4 节中所述及的流变学的创始人之一的 Reiner, 于 1964 年在发表的一篇题为 "Deborah 数" 的一篇短文中[49], 记述了他

Eugene Cook Bingham (1878~1945)

于 1928 年应流变学的另一位创始人 Eugene Cook Bingham (1878~1945) 的邀请, 从巴勒斯坦来到美国 Lafayette 学院后的第一次对话:

"Bingham 对我说: 你作为一位土木工程师, 我作为一位化学家, 将针对一些共同的问题一起来开展合作研究. 随着胶体化学的发展, 这种情形会变得越来越普遍. 所以必须创立物理学的一个新分支学科来处理此类问题.

我说: 这个物理学的分支学科已经存在, 它叫做 '连续介质力学'.

Bingham 回答道: 不! 不行! 连续介质力学这个名称会把化学家吓跑!"

1.2.4 近代连续介质力学的发展

正如 1.1.4 节所讨论过的, 1945 年后, 理性力学开始复兴, 近代连续介质力学也在 1945 年以后逐渐发展起来. 近代连续介质力学在深度和广度方面都已取得很大的进展, 并出现下列多个发展方向:

(1) 按照理性力学的观点和方法研究连续介质和热力学理论, 从而发展成为理性连续介质力学以及理性热力学, 以 Truesdell 为代表, 先后出版了《理性连续介质力学简程》(*A First Course in Rational Continuum Mechanics*)[50] 和《理性热力学》(*Rational Thermodynamics*)[51]; 德冈辰雄则出版了《理性连续介质力学入门》[38], 等等.

(2) 把近代连续介质力学和电子计算机结合起来, 从而发展成为计算连续介质力学, 如 Shabana 出版的《计算连续介质力学》(*Computational Continuum Mechanics*)[52], Kazachkov 和 Kalion 出版的《数值连续介质力学》(*Numerical Continuum Mechanics*)[53], 等.

(3) 把近代连续介质力学的研究对象扩大, 例如, 考虑非局部、电磁、相对论、液晶、表面和界面等, 从而发展成为连续统物理学, 如 Eringen 出版的《连续统物理学》(*Continuum Physics*)[54] 和《非局部连续场论》(*Nonlocal Continuum Field Theories*)[55], Gurtin 出版的《作为连续统物理学基本概念的构形力》(*Configurational Forces as Basic Concepts of Continuum Physics*)[56], Hertel 新近出版的《连续统物理学》[57] 等.

Morton Edward Gurtin (1934~2022)

(4) 从协调理论到非协调连续体理论. 经典理论需要满足的协调方程, 在有位错、内应力存在时已不再满足, 必须发展非协调连续体理论. 郭仲衡、梁浩云出版了《变形体非协调理论》[58].

1921 年, Alan Arnold Griffith (1893~1963) 发表了题为 "固体的流动与断裂现象"[59] 的断裂力学中的第一篇文章, 在线弹性的前提下通过引入固体表面能的概念, 从能量平衡的观点解释了玻璃的脆性断裂现象. Griffith 的该篇论文目前的 google 学术引用已经超过万次, 不但是对经典连续介质力学理论的重要补充[60], 而且在工程应用领域产生了极大影响.

(5) 生物力学、软物质物理力学是力学中近几十年来发展很快的学科, 以冯元桢为代表的, 将生物力学纳入到连续介质力学中, 拓展了其新的公理体系, 如冯元桢的《连续介质力学简程 —— 供物理和生物工程师和科学家使用》(*A First Course in Continuum Mechanics: For Physical and Biological Engineers and Scientists*) (第 3 版)[61], Capaldi 出版的《连续介质力学 —— 结构和生物材料的本构模型》(*Continuum Mechanics: Constitutive Modeling of Structural and Biological Materials*)[62] 等. 正如本书前言中所阐述过的, 连续介质力学已经在神经心理学和脑科学中得到了大量应用, 发展前景十分广阔, 临床应用业已大量开展.

(6) 和物理力学相结合, 向多尺度、跨尺度方向发展, 给出连续介质力学力学体系的微观机理. 例如, 近几十年来所发展的 Cauchy-Born 准则和高阶 Cauchy-Born 准则, 则是联系固体微观原子尺度变形和宏观连续体变形的基本运动学关系. 如 Murdoch 出版的《连续介质力学的物理基础》(*Physical Foundations of Continuum Mechanics*)[63], 本书著者的《表面与界面物理力学》[64]、《纳米与介观力学》[65], 等. 因此, 在图 1.1 中的流体力学分支上, 还可加入微纳流体动力学 (micro/nanofluidics), 在固体力学分支上可加上微纳米力学等.

(7) 在数学上, 用流形 (manifolds)、Riemann 几何的语言来阐述连续介质力学. 如, Jerrold E. Marsden (1942~2010) 和他的学生 Thomas J. R. Hughes 合著的《弹性理论的数学基础》(*Mathematical Foundation of Elasticity*)[66] 和有影响的相关著作[67–69].

连续介质力学的唯象模型要求:

(1) 空间尺度上的 "宏观充分 (无穷) 小, 微观充分 (无限) 大". 此时存在两个特征尺度, 一是外部特征尺度 (如裂纹长度、波长、载荷作用的光滑尺度) L, 还有一个材料的内部特征尺度 (如晶格尺度、位错平均自由程等) l, 只有当 $L/l \gg 1$ 时, 连续介质力学的经典场论才成立, 而当 $L/l \sim 1$ 时, 则必须采用原子理论或者非局部理论 (nonlocal theory).

(2) 在时间尺度上需要满足 "宏观充分短, 微观充分长". 宏观充分短是为了保证足以测出宏观量随时间的变化; 而微观充分长则主要是保证宏观量在统计上的意义, 如果微观不充分长的情况下则可能需要考虑粒子的离散乃至量子效应. 相应地, 可定义两个特征时间尺度, 也就是外部特征时间 T 和内部时间尺度 (亦可称为弛豫时间) τ, 当 Deborah 数 $\mathrm{De} = \tau/T \sim 1$, 则需要考虑时–空尺度上的非局部效应以及记忆效应 (memory effect).

1.2.5 理性连续介质力学作为 "场论" 分支学科的进一步讨论

Truesdell 和 Toupin 于 1960 年出版的 *The Classical Field Theory* (《经典场论》)[70] (以简称 "CFT" 在理性力学界广为熟知) 以及 Truesdell 和 Noll 于 1965 年出版的《力学的非线性场论》(NLFT)[6] 是在国际理性力学界有深远影响的代表作, 读者不禁会问: 为什么这两部权威著作均以 "场论 (field theory, FT)" 来作为两部书的书名? 何谓 "经典场论"? 何谓 "非线性场论"?

物理学中把某个物理量在空间的一个区域内的分布称为 "场", 如温度场、密度场、引力场、电场、磁场、梯度场等. 如果形成场的物理量只随空间位置变化, 不随时间变化, 该场称为定常场; 如果不仅随空间位置变化, 而且还随时间变化, 该场称为不定常场. 因此, 场还可以简述为是一个以时空为变量的物理量.

空间不同点的场量可以看作是互相独立的动力学变量, 因此场是具有连续无穷维自由度的系统. 场论是关于场的性质、相互作用和运动规律的理论.

物体占有一定的体积, 以空间间断的形式存在. 场没有确定的体积, 以连续形式存在于空间中, 具有叠加性, 如电场、磁场、引力场等.

依据场在时空中每一点的值是标量、矢量还是张量, 场可以分为标量场、矢量场和张量场等. 例如, 经典引力场是一个矢量场: 标示引力场在时空中每一点的值需要三个量, 此即为引力场在每一点的引力场矢量分量.

Lev Davidovich Landau (1908~1968)

场还可以分为 "经典场" 和 "量子场" 两种, 依据场的值是数字或量子算符而定. 连续介质力学以及 Maxwell 方程都是经典场论的经典例子. 最简单的场是力场. 历史上, 场的概念第一次被认可是 Michael Faraday (1791~1867) 用力线描述电场. 随后引力场的概念也用相似的方式提出. 使得场的概念成为整个现代物理和近代力学的范式. L. D. Landau (1908~1968) 和 E. M. Lifshitz (1915~1985) 的十卷理论物理教程中的第二卷即为《场论》, 该书的第八版已有中文版[71].

杨振宁于 2014 年底, 曾专门讨论过场论的诞生过程[72]. 杨振宁认为, 正是 James Clerk Maxwell (1831~1879) 于 1865 年有关 Maxwell 电磁学方程组的经典文章[73], 在历史上第一次清晰地阐明了场论的概念基础 — 能量储存在场中. Maxwell 论述道: "当我提及 '场的能量' 时, 这个词指的就是它的字面含义. 所有形式的能量都和力学能量一样, 不论它以动能的形式、弹性能的形式, 还是以其他形式存在. 电场现象中的能量也是一种力学能量. 唯一的问题是: 它储存在何处? 在过去的理论里它存在于带电体、导电回路和磁体中, 其形式是 ‘势能’, 或者说是一种超距作用的能力, 而其本性却是未知的. 在我们的理论中, 能量不仅存在于带电体和磁体中, 也存在于它们周围空间里的电磁场中. 其存在方式有两种, 不需要引入任何假设, 它们可以被描述为电极化和磁极化; 如果可以被描述为同一种介质的运动和应变 (motion and strain)”.

理性力学和连续介质力学显然属于经典场论 (由于篇幅所限, 本书不讨论相对论连续介质力学). 再由于所处理的问题往往是几何非线性和物理非线性问题, 所以理性力学和连续介质力学还往往被归类于非线性场论就顺理成章了.

经典场的性质可概括为如下几个要点:

(1) 场是传递物质间相互作用的介质. 场与物质的相互作用一般表现为不同形式的相互作用力, 如引力场中的引力、电磁场中的电磁力.

(2) 场具有独立性和可叠加性. 独立性是指, 空间某一点可以有各种不同的场同时存在, 它们保持各自独立存在的特征; 可叠加性是指, 相同性质的场在空间某一点可相互叠加.

(3) 描述场存在及其大小有不同的特征指标. 如可用电场强度和磁感性强度作为描述电场和磁场的特征指标.

(4) 势 (potential) 是描述场与物质相互作用的重要物理量. 场可分为保守场和非保守场. 保守场是指, 与场发生相互作用的宏观实物或微观粒子, 与场相互作用力是保守力, 这种力做功只与路径的起点和终点的位置有关, 而与路径无关. 如静电场、重力场等都是保守场, 可引入 “势” 的概念.

思　考　题

1.1　如何把岩石力学、土力学、渗流力学、爆炸力学、软物质力学、环境力学、微重力流体力学、材料工艺力学、海洋工程力学等学科纳入到图 1.1 连续介质力学的框架中?

Karl Weissenberg (1893~1976)

1.2　Weissenberg 效应又称为 “爬杆效应 (rod-climbing effect)”[74,75], 第二次世界大战期间, Karl Weissenberg (1893~1976) 等在研究应用皂化烃凝胶 (saponified hydrocarbon dels) 作为火焰喷射器 (flame thrower) 原料时从实验中发现的. 研究结果战时不允许发表, 战后于 1947 才年公开发表. 据记载, 1944 年 Weissenberg 曾在英国伦敦帝国学院, 公开表演了一个有趣的实验, 如图 1.2(b) 所示, 将一非牛顿流体的高分子流体 (黏弹性流体) 放在烧杯内, 中间置一搅拌棒, 当此棒转动时, 不像牛顿流体液面呈凹型, 黏弹性流体液面呈凸型, 该现象称为 “Weissenberg 效应” 或 “法向应力 (normal stress) 效应”.

问题:

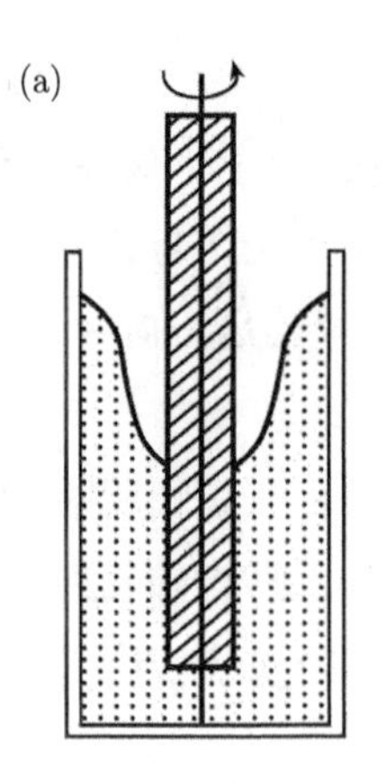

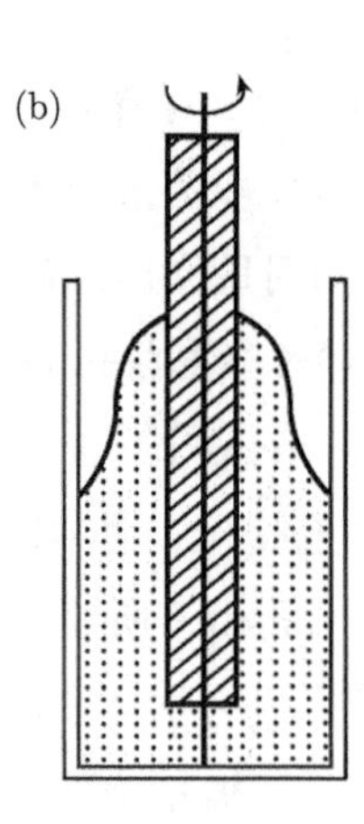

图 1.2 (a) 牛顿流体在搅拌时的液面下沉; (b) 黏弹性流体在搅拌时的 Weissenberg 爬杆效应

(1) 初步讨论牛顿流体和非牛顿流体在本构关系上的主要不同;

(2) 对图 (a) 和 (b) 的牛顿流体和黏弹性流体微元进行受力分析, 给出牛顿流体搅拌时中心液面在离心力作用下下降和黏弹性流体搅拌时在正向应力作用下爬杆的直观解释;

(3) 结合 1.1.4 节, 理解 Reiner 在理论上解决该非线性问题的思路和理论框架.

1.3 Weissenberg 数, 作为流变学中的一个重要无量纲数, 表征的是流动中黏弹性行为的一个无量纲参数, 定义为黏弹性流体松弛时间和应变速率的乘积. 结合 1.2.4 节中的 Deborah 数, 讨论 Weissenberg 数和 Deborah 数之间的联系和区别.

1.4 如图 1.3(b) 所示, 当作为非牛顿流体的高聚物熔体从小孔、毛细管或狭缝中挤出时, 挤出物在挤出模口后膨胀使其横截面大于模口横截面的现象称为 "射流胀大"、"出模膨胀 (Die swell)"、"挤出物膨胀 (extrudate swell)", 该效应还被称为 "Barus 效应 (1893)"[76]、"Merrington 效应 (1943)"[77]. 相比之下, 图 1.3(a) 给出的是牛顿流体流出毛细管时的形貌.

问题:

(1) 从构形熵的角度出发阐述如图 (b) 所示的出模膨胀现象;

(2) 对如图 (a) 所示的牛顿流体的出模形貌给出定性解释.

John Henry Poynting (1852~1914)

1.5 一些固体材料, 特别是黏弹性橡胶类材料制成的杆当受到大扭转剪切作用时, 在轴向会发生一定程度的伸长, 该现象是 John Henry Poynting (1852~1914) 最早从实验上观察到的[78−80], 因此一般称为 "Poynting 效应", 还被称为 "法向应力效应"、"轴向应力效应"、"二阶效应".

问题:

(1) Weissenberg 和 Poynting 效应分别针对剪切变形下的黏弹性流体和黏弹性固体, 但均诱导出垂直于剪切力方向的变形, 分析两类效应的相似之处;

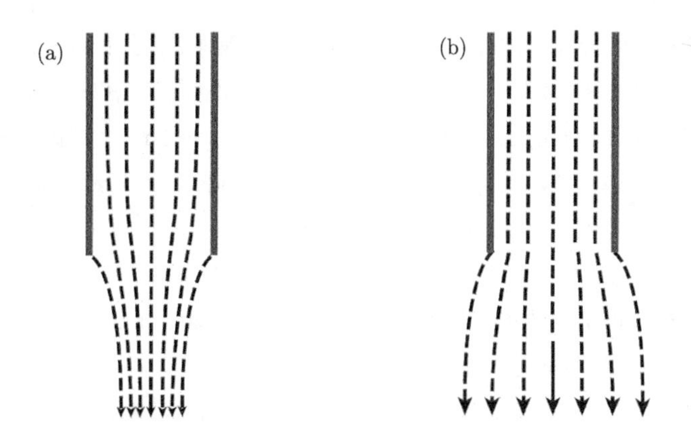

图 1.3　(a) 牛顿黏性流体; (b) 黏弹性流体的 Barus 效应

(2) 该问题由 Rivlin 和 Saunders[81] 于 1950 年应用不可压缩的超弹性模型建立了理论模型、开展了实验研究, 并对理论模型和实验结果进行了对比, 进一步了解文献 [81] 的思路和实验过程.

1.6　大扭转下细杆沿轴向伸长或在剪应力作用下体积发生膨胀的所谓 "剪胀效应" 称为 "正 Poynting 效应 (positive Poynting effect)", 如湿沙 (wet sands) 则具有剪胀效应; 而大扭转下细杆沿轴向缩短或 "剪缩效应" 则是 "负 Poynting 效应 (negative Poynting effect)" 或 "反 Poynting 效应 (reverse Poynting effect)". Janmey 等的实验表明半软生物高聚物凝胶 (semiflexible biopolymer gels)[82] 则具有此种负 Poynting 效应; Horgan 和 Murphy 则于 2015 年针对反 Poynting 效应进行了理性力学分析[83].

问题: 何参数会使材料发生从正 Poynting 效应到负 Poynting 效应的转变?

1.7　Mihai 和 Goriely 给出了发生正、负 Poynting 效应的附加条件[84].

问题: 何谓 "Baker-Ericksen 不等式"?

1.8　Swift 效应[85] 和弹性变形的 Poynting 效应类似, 专指金属细丝、薄壁筒在大扭转时发生的永久性塑性轴向伸长效应[86]. 1947 年, Swift 针对七种材料进行的大扭转实验表明, 所有材料均呈现出轴向伸长. 从材料的微观角度的研究表明, Swift 效应主要来源于扭转大变形过程中材料细观晶体织构的演化 (crystallographic texture development)[87,88].

问题: 结合 1.2.4 节中所讨论的, 体会连续介质力学和物理力学深入结合的重要性.

1.9　"反 Swift 效应" 是指杆件在受到大扭转时, 在轴向发生永久性缩短变形[89,90]. Tóth 等于 1992 年针对多晶铜样品在室温、125°C、200°C、300°C 进行了扭转实验. 实验发现: 室温和 125°C 的实验, 样品均发生了正 Swift 效应; 而 200°C 和 300°C 样品先发生了轴向伸长, 进而又发生了反 Swift 效应. 作者将反 Swift 效应归因于动态再结晶. 1993 年, van der Giessen 和 Neale 进而分析了应变率效应对反 Swift 效应的影响.

问题: 通过分析应变率对材料细观织构演化的影响, 分析应变率对反 Swift 效应的影响.

Ahmed Cemal Eringen (1921~2009)

1.10 “Eringen 奖章 (A. C. Eringen Medal)” 是美国工程科学协会 (the Society of Engineering Science (SES)) 每年针对 “在工程科学领域做出过持续杰出贡献 (in recognition of sustained outstanding achievements in Engineering Science)” 的学者而颁发的, 获奖者中包括: 1982 年诺贝尔物理奖得主 Kenneth Geddes Wilson (1936~2013, 1984 年 Eringen 奖章得主)、1991 年诺贝尔物理奖得主 Pierre-Gilles de Gennes (1932~2007, 1998 年 Eringen 奖章得主), 以及美国氢弹之父 Edward Teller (1908~2003, 1980 年 Eringen 奖章得主), 另外还有 22.2.3 节所述及的 Ekkehart Kröner (1919~2000, 2000 年 Eringen 奖章获得者), 等.

问题: 查查有多少位理性力学家获得过该奖章? 他们的主要学术贡献是什么?

参 考 文 献

[1] Newton I. Philosophiae Naturalis Principia Mathematica. Londini, 1687.

[2] D'Alembert J. Traité de Dynamique. Paris: David, 1743.

[3] Hilbert D. Mathematische probleme. Göttinger Nachrichten, 1900, 3: 253–297.

[4] Oldroyd J G. On the formulation of rheological equations of state. Proceedings of the Royal Society of London A, 1950, 200: 523–541.

[5] Noll N. A mathematical theory of the mechanical behavior of continuous media. Archive for Rational Mechanics and Analysis, 1958, 2: 197–226.

[6] Truesdell C, Noll W. The Non-Linear Field Theories of Mechanics. Berlin: Springer, 1965.

[7] Eringen A C (Editor). Continuum Physics, 4 volumes. New York: Academic Press, 1974–1976.

[8] 冯元桢. 生物力学与基因 —— 献给周培源教授诞辰 100 周年. 力学进展, 2002, 32: 484–494.

[9] 钱学森. 现代力学 —— 在 1978 年全国力学规划会上的发言. 力学与实践, 1979, 1: 4–9.

[10] Truesdell C. Essays on the History of Mechanics. New York: Springer-Verlag, 1968.

[11] 郭仲衡. 积极开展理性力学的研究. 力学与实践, 1978, 1: 1–7.

[12] Von Helmholtz H. LXIII. On Integrals of the hydrodynamical equations, which express vortex-motion. Philosophical Magazine, 1867, 33: 485–512. (注: 该文是英译版)

[13] Mulligan J F. Hermann von Helmholtz and his students. American Journal of Physics, 1989, 57: 68–74.

[14] Reissner E. On a variational theorem in elasticity. Journal of Mathematics and Physics, 1950, 29: 90–95.

[15] Cauchy A L. Recherches sur l'équilibre et le mouvement intérieur des corps solides ou fluides, élastiques ou non élastiques. Bulletin de la Société philomatique, 1823, 9–13.

[16] Noll W. The foundations of classical mechanics in the light of recent advances in continuum mechanics // Henkin L, Suppes P, Tarski A. The Axiomatic Method, with Special Reference to Geometry and Physics (Proceedings of an international symposium held at the University of California, Berkeley, December 26, 1957-January 4, 1958.), pp. 265–281, Amsterdam: North-Holland, 1959.

[17] Barré de Saint-Venant A J C. Mémoire sur la torsion des prismes. Mémoires présentés par divers savants à l'Académie des Sciences, 1855, 14: 233–560.

[18] Boussinesq J. Application des potentials à létude de léquilibre et du mouvement des solides élastiques. Paris: Gauthier-Villars, 1885.

[19] Knowles J K. On Saint-Venant's principle in 2-dimensional linear theory of elasticity. Archive for Rational Mechanics and Analysis, 1966, 21: 1–22.

[20] Toupin R A. Saint-Venant's principle. Archive for Rational Mechanics and Analysis, 1965, 18: 83–96.

[21] Toupin R A. Saint-Venant and a matter of principle. Transactions of the New York Academy of Sciences, 1965, 28: 221–232.

[22] Berdiche V L. Demonstration of Saint-Venant's principle for arbitrary-form bodies. Prikladnaya Matematika I Mekhanika, 1974, 38: 851–864.

[23] Berglund K. Generalization of Saint-Venant's principle to micropolar continua. Archive for Rational Mechanics and Analysis, 1977, 64: 317–326.

[24] Horgan C O, Knowles J K. Recent developments concerning Saint-Venant principle. Advances in Applied Mechanics, 1983, 23: 179–269.

[25] Russo A. On Saint-Venant's problem with concentrated loads. Journal of Elasticity, 2012, 109: 205–221.

[26] Karp B, Durban D. Saint-Venant's principle in dynamics of structures. Applied Mechanics Reviews, 2011, 64: 020801.

[27] Karp B. Dynamic version of Saint-Venant's principle—historical account and recent results. Nonlinear Analysis, 2005, 63: e931–e942.

[28] Karp B. Dynamic equivalence, self-equilibrated excitation and Saint-Venant's principle for an elastic strip. International Journal of Solids and Structures, 2009, 46: 3068–3077.

[29] He L, Ma G W, Karp B, Li Q M. Investigation of dynamic Saint-Venant's principle in a

cylindrical waveguide—Experimental and numerical results. Experimental Mechanics, 2015, 55: 623–634.

[30] Boley B A. Application of Saint-Venant's principle in dynamical problems. Journal of Applied Mechanics, 1955, 22: 204–206.

[31] Reiner M. A mathematical theory of dilatancy. American Journal of Mathematics, 1945, 67: 350–362.

[32] Rivlin R S. Large elastic deformations of isotropic materials. 4. Further developments of the general theory. Philosophical Transactions of the Royal Society of London A, 1948, 241: 379–397.

[33] Rivlin R S. The hydrodynamics of non-Newtonian fluids. 1. Proceedings of the Royal Society of London A, 1948, 193: 261–281.

[34] Rivlin R S. Large elastic deformations of isotropic materials. 5. The problem of flexure. Proceedings of the Royal Society of London A, 1949, 195: 463–473.

[35] Rivlin R S. Large elastic deformations of isotropic materials. 6. Further results in the theory of torsion, shear and flexure. Philosophical Transactions of the Royal Society of London A, 1949, 242: 173–195.

[36] Rivlin R S. The hydrodynamics of non-newtonian fluids. 2. Proceedings of the Cambridge Philosophical Society, 1949, 45: 88–91.

[37] Rivlin R S. A note on the torsion of an incompressible highly-elastic cylinder. Proceedings of the Cambridge Philosophical Society, 1949, 45: 485–487.

[38] 德冈辰雄. 理性连续介质力学入门. 赵镇, 苗天德, 程昌钧译. 北京: 科学出版社, 1982.

[39] Euler L. Methodus inveniendi lineas curvas maximi minimive proprietate gaudentes sive solutio problematis isoperimetrici latissimo sensu accepti. Lausanne, Geneva: Marc-Michel Bousquet & Co. 1744.

[40] Debnath L. The Legacy of Leonhard Euler: A Tricentennial Tribute. London: Imperial College Press, 2010.

[41] Euler L. Principes generaux de l'etat d'equilibre des fluides. Mémoires de l'Academie des Sciences de Berlin, 1757, 11: 217–273.

[42] Euler L. Principes generaux du mouvement des fluides. Mémoires de l'Academie des Sciences de Berlin, 1757, 11: 274–315.

[43] Euler L. Continuation des recherrches sur la theorie du mouvement des fluides. Mémoires de l'Academie des Sciences de Berlin, 1757, 11: 316–361.

[44] Rayleigh L. The Theory of Sound. London: Macmillan, 1877.

[45] Lamb H. A Treatise on the Mathematical Theory of the Motions of Fluids. Cambridge: The University Press, 1879.

[46] Love A E H. A Treatise on the Mathematical Theory of Elasticity (1st Edition). Cambridge: The University Press, 1892.

[47] Eringen A C. Mechanics of Continua (2nd Edition). New York: Robert E. Krieger, 1980. (中译本: 爱林根. 连续统力学. 程昌钧、余焕然译. 北京: 科学出版社, 1991).

[48] Einstein A. Physics and reality. Journal of the Franklin Institute, 1936, 221: 313–347. (中译本: 爱因斯坦. 爱因斯坦文集 (第一卷). 许良英等编译, 第 477–512 页. 北京: 商务印书馆, 2012).

[49] Reiner M. The Deborah number. Physics Today, 1964, 17: 62.

[50] Truesdell C A. A First Course in Rational Continuum Mechanics (Volume 1). Boston: Academic Press, 1991.

[51] Truesdell C A. Rational Thermodynamics. New York: McGraw-Hill, 1969.

[52] Shabana A A. Computational Continuum Mechanics. Cambridge: Cambridge University Press, 2008.

[53] Kazachkov I V, Kalion V A. Numerical Continuum Mechanics. Stockholm, 2002.

[54] Eringen A C. Continuum Physics (Vol. I). NewYork: Academic Press, 1971.

[55] Eringen A C. Nonlocal Continuum Field Theories. New York: Springer, 2002.

[56] Gurtin M E. Configurational Forces as Basic Concepts of Continuum Physics. New York: Springer, 2000.

[57] Hertel P. Continuum Physics. Berlin: Springer, 2012.

[58] 郭仲衡, 梁浩云. 变形体非协调理论. 重庆: 重庆出版社, 1989.

[59] Griffith A A. The phenomena of rupture and flow in solids. Philosophical Transactions of the Royal Society of London A, 1921: 163–198.

[60] 郑哲敏. 连续介质力学与断裂. 力学进展, 1982, 12: 133–140.

[61] Fung Y C. A First Course in Continuum Mechanics (3rd Edition). New Jersey: Prentice-Hall, 1994. (中译本: 冯元桢. 连续介质力学初级教程 (第三版). 葛东云, 陆明万译. 北京: 清华大学出版社, 2009).

[62] Capaldi F M. Continuum Mechanics: Constitutive Modeling of Structural and Biological Materials. Cambridge: Cambridge University Press, 2012.

[63] Murdoch A I. Physical Foundations of Continuum Mechanics. Cambridge: Cambridge University Press, 2012.

[64] 赵亚溥. 表面与界面物理力学. 北京: 科学出版社, 2012.

[65] 赵亚溥. 纳米与介观力学. 北京: 科学出版社, 2014.

[66] Marsden J E, Hughes T J R. Mathematical Foundations of Elasticity. New York: Prentice Hall, 1983.

[67] Abraham R, Marsden J E. Foundations of Mechanics (2nd ed.). New York: Addison-Wesley, 1987.

[68] Abraham R, Marsden J E, Ratiu T S. Manifolds, Tensor Analysis, and Applications. New York: Springer-Verlag, 1988.

[69] Marsden J E, Ratiu T S. Introduction to Mechanics and Symmetry. New York: Springer-Verlag, 1994.

[70] Truesdell C, Toupin R. The Classical Field Theories. In: Encyclopedia of Physics (Flügge S ed.), Berlin: Springer-Verlag, III/1, pp. 226–858, 1960.

[71] 朗道, 栗弗席兹. 场论 (第八版). 鲁欣等译. 北京: 高等教育出版社, 2012.

[72] Yang C N. The conceptual origins of Maxwell's equations and gauge theory. Physics Today, 2014, 67: 45–51.

[73] Maxwell J C. A dynamical theory of the electromagnetic field (1865). In: The Scientific Papers of James Clerk Maxwell, 1890, 2.

[74] Weissenberg K. A continuum theory of rhelogical phenomena. Nature, 1947, 159: 310–311.

[75] Freeman S M, Weissenberg K. Some new rheological phenomena and their significance for the constitution of materials. Nature, 1948, 162: 320–323.

[76] Barus C. Isothermals, isopiestics and isometrics relative to viscosity. American Journal of Science, 1893, 45: 87–96.

[77] Merrington A C. Flow of visco-elastic materials in capillaries. Nature, 1943, 152: 663.

[78] Poynting J H. On pressure perpendicular to the shear-planes in finite pure shears, and on the lengthening of loaded wires when twisted. Proceedings of the Royal Society of London A, 1909, 82: 546–559.

[79] Poynting J H. On the changes in the dimensions of a steel wire when twisted, and on the pressure of distortional waves in steel. Proceedings of the Royal Society of London A, 1912, 86: 534–561.

[80] Poynting J H. The changes in length and volume of an Indian-rubber cord when twisted. India-Rubber Journal, 1913, October 4, p. 6.

[81] Rivlin R S, Saunders D W. Large elastic deformations of isotropic materials. 7. Experiments on the deformation of rubber. Philosophical Transactions of the Royal

Society of London A, 1950, 243: 251–288.

[82] Janmey P A, McCormick M E, Rammensee S, Leight J L, Georges P C, MacKintosh F C. Negative normal stress in semiflexible biopolymer gels. Nature Materials, 2006, 6: 48–51.

[83] Horgan C O, Murphy J G. Reverse Poynting effects in the torsion of soft biomaterials. Journal of Elasticity, 2015, 118: 127–140.

[84] Mihai L A, Goriely A. Positive or negative Poynting effect? The role of adscititious inequalities in hyperelastic materials. Proceedings of the Royal Society A, 2011, 467: 3633–3646.

[85] Swift H W. Length changes in metals under torsional overstrain. Engineering, 1947, 163: 253–257.

[86] Billington E W. Non-linear mechanical response of various metals. IV. Swift effect in relation to the stress-strain behaviour and fracture in simple compression and torsion. Journal of Physics D: Applied Physis, 1978, 11: 459–471.

[87] Gil-Sevillano J, van Houtte P, Aernoudt E. Deutung der schertexturen mit hilfe der Taylor-analyse (calculation of shear textures with Taylor-analysis). Zeitschrift für Metallkunde, 1975, 66: 367–373.

[88] Harren S, Lowe T C, Asaro R J, Needleman A. Analysis of large-strain shear in rate-dependent face-centered cubic polycrystals: Correlation of micro- and macromechanics. Philosophical Transactions of the Royal Society of London A, 1989, 328: 443–500.

[89] Tóth L S, Jonas J J, Daniel D, Bailey J A. Texture development and length changes in copper bars subjected to free end torsion. Textures and Microstructures, 1992, 19: 245–262.

[90] Van der Giessen E, Neale K W. Analysis of the inverse Swift effect using a rate-sensitive polycrystal model. Computer Methods in Applied Mechanics and Engineering, 1993, 103: 291–313.

本章进一步推荐阅读的连续介质力学文献 (以出版年份为序)

[1] Chien W Z. The Intrinsic Theory of Elastic Shells and Plates. PhD thesis, University of Toronto, 1943. (中译本: 钱伟长. 弹性板壳的内禀理论. 上海: 上海大学出版社, 2012).

[2] Sommerfeld A. Mechanics of Deformable Bodies. New York: Academic Press, 1950.

[3] 洛薛夫斯基. 黎曼几何与张量解析 (上下册). 北京: 高等教育出版社, 1955.

钱伟长
(Wei-zang Chien)
(1912~2010)

[4] 钱伟长, 叶开沅. 弹性力学. 北京: 北京科学出版社, 1956.

[5] Malvern L E. Introduction to the Mechanics of Continuous Medium. New Jersey: Prentice-Hall, 1969.

[6] Wang C C, Truesdell C. Introduction to Rational Elasticity. Groningen: Noordhoff, 1973.

[7] Chadwick P. Continuum Mechanics: Concise Theory and Problems. London: George Allen and Unwin, 1976. (中译本: 连续介质力学: 简明理论和例题. 傅依斌译. 天津: 天津大学出版社, 1992).

[8] 郭仲衡. 非线性弹性理论. 北京: 科学出版社, 1980.

[9] Gurtin M E. An Introduction to Continuum Mechanics. New York: Academic Press, 1981. (中译本: 连续介质力学引论. 郭仲衡, 郑百哲译. 北京: 高等教育出版社, 1992).

[10] Marsden J E, Hughes T J R. Mathematical Foundations of Elasticity. New York: Dover, 1983.

[11] Ogden R W. Non-Linear Elastic Deformations. Chichester: Ellis Horwood Limited, 1984.

[12] 杜庆华, 郑百哲. 应用连续介质力学. 北京: 清华大学出版社, 1986.

[13] 陈至达. 有理力学. 徐州: 中国矿业大学出版社, 1988.

[14] 黄克智. 非线性连续介质力学. 北京: 清华大学出版社/北京大学出版社, 1989.

[15] 郑哲敏. 非线性连续介质力学. 中国科学院院刊, 1993, 8: 283–289.

[16] Yang W, Lee W B. Mesoplasticity and its Applications. Berlin: Springer-Verlag, 1993.

[17] Zheng Q S. Theory of representations for tensor functions—a unified invariant approach to constitutive equations. Applied Mechanics Reviews, 1994, 47: 545–587.

[18] 王自强, 段祝平. 塑性细观力学. 北京: 科学出版社, 1995.

[19] 白以龙. 迅速发展的非线性连续介质力学研究. 力学进展, 1996, 26: 433–436.

[20] 高玉臣. 固体力学基础. 北京: 中国铁道出版社, 1999.

[21] 王自强. 理性力学基础. 北京: 科学出版社, 2000.

[22] Holzapfel G A. Nonlinear Solid Mechanics. Chichester: Wiley, 2000.

[23] Salençon J. Handbook of Continuum Mechanics. Berlin: Springer, 2001.

[24] Eringen A C. Nonlocal Continuum Field Theories. New York: Springer, 2002.

[25] 匡震邦. 非线性连续介质力学. 上海: 上海交通大学出版社, 2002.

[26] 黄筑平. 连续介质力学基础. 北京: 高等教育出版社, 2003.

[27] 李开泰, 黄艾香. 张量分析及其应用. 北京: 科学出版社, 2004.

[28] 梁灿彬, 周彬. 微分几何入门与广义相对论 (上册, 第二版). 北京: 科学出版社, 2006.

[29] 刘连寿, 郑小平. 物理学中的张量分析. 北京: 科学出版社, 2008.

[30] 谢多夫. 连续介质力学 (第一、二卷, 第六版). 李植译. 北京: 高等教育出版社, 2009.

[31] Gurtin M E, Fried E, Anand L. The Mechanics and Thermodynamics of Continua. Cambridge: Cambridge University Press, 2010.

[32] Tadmor E B, Miller R E, Elliott R S. Continuum Mechanics and Thermodynamics. Cambridge: Cambridge University Press, 2012.

[33] 黄克智, 黄永刚. 高等固体力学. 北京: 清华大学出版社, 2013.

[34] Chaves E W V. Notes on Continuum Mechanics. Berlin: Springer, 2013.

第 2 章　连续介质力学的公理体系

2.1　公理和公设

2.1.1　基本概念

第 1 章中已经强调过, 理性力学的目标之一是力学的公理体系化. 所以, 明晰理性连续介质力学的公理体系十分基础并且重要.

对各个学科或多个学科都适用的基本假定称作 “公理 (axiom)”, 而只适用于某一学科的基本假定称为 “公设 (postulate)”, 如塑性力学中的 Daniel Charles Drucker (1918~2001) 公设、Aleksi Antonovich Ilyushin (1911~1998) 公设等等 (可参阅 23.4 节的相关内容).

公理是没有经过证明, 但被当作不证自明的一个命题. 因此, 其真实性被视为是理所当然的, 且被当做演绎及推论其他事实的起点. 当不断要求证明时, 因果关系毕竟不能无限地追溯, 而需停止于无需证明的公理. 通常公理都很简单, 且符合直觉, 如 “$a+b=b+a$”. 一个公理不能被其他公理推导出来, 否则它就不是起点本身. 正如以色列数学家 Eli Maor 所指出的那样: “为了实现对于简洁美的诉求, 数学家有责任把某个理论中公理数目减至最小程度, 消除所有的多余公理, 只剩下那些绝对必要的. 一个真正的公理在逻辑方面不依赖于其他所有公理. 它既无法证明, 也无法否定”. 在各种科学领域的基础中, 或许会有某些未经证明而被接受的附加假定, 此类假定被称为 “公设”. 不同的科学分支具有不同的公设, 公设的有效性必须建立在现实世界的经验上.

2.1.2　几何学公理化 —— 从 Euclid 到 Hilbert 再到 Gödel

Euclid
(前 325~前 265)

公元前约 300 年, Euclid (全名: 亚历山大里亚的欧几里得, 公元前 325 年 ~ 前 265 年) 使用了公理化的方法写成了不朽巨著《几何原本》(*Elements*). 其中, 一切定理都可由公理演绎而出. 在这种演绎推理中, 每个证明必须以公理为前提, 或者以被证明了的定理为前提. 这一方法后来成了建立任何知识体系的典范, 在差不多二千年间, 被奉为必须遵守的严密思维的范式.

《几何原本》中的公理有如下五条: (1) 等同于相同事物的事物会相互等同; (2) 若等同物加上等同物, 则整体会相等; (3) 若等同物减去等同物, 则其差会相等; (4) 相互重合的事物会相互等同; (5) 整体大于部分.

作为从人们的经验中总结出的几何常识事实,《几何原本》中的公设也有如下五条: (1) 能从任一点画一条直线到另外任一点上去; (2) 能在一条直线上造出一条连续的有限长线段; (3) 能以圆心和半径来描述一个圆; (4) 每个直角都会相互等值; (5) 平行公设: 若一条直线与两条直线相交, 在某一侧的内角和小于两个直角, 那么这两条直线在各自不断地延伸后, 会在内角和小于两直角的一侧相交.

与其余的公设相比, "平行公设" 确实显得实在太长, 以至于几乎《几何原本》的每一个读者一眼就会注意到它. D'Alembert 曾说 Euclid 第五公设是 "几何原理中的家丑".

两千年来, 数学家们一直试图寻找一种方法来证明 Euclid 第五公设, 使之成为一条定理, 以便将其从 Euclid 公理表中抹去. 虽然在 Hilbert 以前所有的数学家都未曾解决 Euclid 在《几何原本》中遗留下来的种种问题, 但是他们的努力却没有白费, 不但发现了非欧几何 (non-Euclidean geometry), 更是不断地推动着几何学的公理化进程.

在历代数学家所积累的极其丰富资料的基础上, Hilbert 在 1899 年发行的《几何基础》[1] 中, 完成了几何学完善的公理体系 —— "Hilbert 公理体系". Hilbert 工作的重大意义在于使 Euclid 几何的基础不再残缺.

Hilbert 的公理体系建立在基本概念和公理的基础上, 基本概念由两部分组成: 一部分是几何学的研究对象 (也称基本元素), 如点, 线, 面等; 另一部分是元素间的基本关系, 如结合关系, 顺序关系, 合同关系等. 公理共有五组 20 条. Hilbert 的公理体系满足他自已提出三个基本要求: (1) "相容性" —— 公理之间互不矛盾; (2) "独立性" —— 每一条公理不能从其余的公理推出; (3) "完备性" —— 公理体系所有模型都是相互同构的.

本书在 1.1.1 节中曾提到, Hilbert 在 1900 年的著名演讲中, 提出了自己关于公理化的希望: "在研究一门科学的基础时, 我们必须建立一套公理系统, 它包含着对这门科学基本概念之间所存在的关系的确切而完备的描述. 如此建立起来的公理同时也是这些基本概念的定义, 并且, 我们正在检验其基础的科学领域里的任何一个命题, 除非它能够从这些公理通过有限逻辑推理而得到. 否则, 就不能认为是正确的." 这就是著名的 "Hilbert 公理化纲领".

在 Hilbert 公理化纲领提出之后, 一时国际上很多数学家都非常乐观地认为, 在他们的手中所有的数学问题都将通过公理化的方式解决, 以至于后来的数学家只需要做一些细枝末节的添补性的工作.

Hilbert 的第二问题, 即关于一个公理系统相容性的问题, 也就是判定一个公理系统内的所有命题是彼此相容无矛盾的, Hilbert 希望能以严谨的方式来证明任意公理系统内命题的相容性.

然而, 1931 年 Kurt Friedrich Gödel (1906~1978) 所证明的不完备性定理 (incompleteness theorems)[2], 粉碎了 Hilbert 的梦想. 该不完备性定理阐明, 将所有数学都公理化的努力是徒劳的.

按照 Gödel 晚年挚友王浩 (1921~1995) 书中的记载[3], 当 Hilbert 的学术助手 Paul Bernays (1888~1977) 将 Gödel 的不完备性定理的论文拿给他看时, 他首先表现出了人之常情的一面: "愤怒和失望" (At first he was only angry and frustrated). 然而 Hilbert 毕竟是一位伟大的数学家, 他随后就着手来建设性地处理该问题 (but then he began to try to deal constructively with the problem).

Gödel 后来成为爱因斯坦在美国 Princeton 高等研究院的同事, 并是同事中唯一能够同爱因斯坦经常一起 "平等地"[4] 散步 (见图 2.1) 和聊天, 以至于爱因斯坦晚年曾说 "我自己的工作没啥意思, 我来上班就是为了能有同 Gödel 一起散步回家的荣幸". Gödel 同爱因斯坦之间的友谊由此可见一斑. 非常令人遗憾并反思的是, Gödel 所从事的一个数学领域非常深刻的研究被广泛地认为是 "不合时尚的 (unfashionable)"[4], 乃至于 Gödel 自来到 Princeton 高等研究院生活和工作后, 从普通成员升到教授竟花了十四年的时间!

图 2.1　爱因斯坦与 Gödel 在散步中

Gödel 晚年深受精神疾病的严重困扰. 他曾致力于连续统假设的研究, 在 1930 年得到了选择公理的相容性证明. 三年后又证明了广义连续统假设 (generalized continuum hypothesis) 的相容性定理, 并于 1940 年出版[5].

2.1.3　力学和热力学的公理化

正如已在 1.1.1 节中所述及的, Hilbert 对其第六问题的具体阐述是: “对几何学基础的探讨暗示了这样一个问题: 可以借助公理且运用相同的方法处理数学在其中扮演着重要角色的物理科学; 首要解决的便是概率论和力学.” Hilbert 还进一步强调: “此外, 数学家的责任是在每个实例中严格检验这些新公理是否与旧的相容. 物理学家, 当理论取得进展时, 经常发现自己为实验结果所迫而去构造新的假设, 为了使这些新假设与旧的公理相容, 他不得不依赖这些实验或某些物理直觉, 而这种经验在理论的严格逻辑构建中是不被允许的. 对我来说, 令人满意地证明所有假设的相容性同样很重要, 因为获得每一个证明的努力总会最有效地迫使我们达到一个严格的公理表述.”

值得特别指出的是, 虽然 Hilbert 对公理相容性证明的预期最终被 Gödel 的证明所否定, 但 Hilbert 针对物理学 (力学) 公理化的号召还是得到了相当可观的积极响应. 在随后的三十多年的时间里, 这场运动取得了四项重大进展:

一、1909 年, Hilbert 的学生之一、德国理性力学家 Georg Hamel (1877~1954) 在分析力学的基础上实现了力学的公理化[6,7]. Hamel 于 1905~1912 年担任 Brno German Technical University 的力学教授.

Georg Hamel
(1877~1954)

图 2.2　David Hilbert (左) 和 Constantin Carathéodory 在一起交谈

二、同样在 1909 年, Constantin Carathéodory (1873~1950) 发表了奠定了公理化热力学基础的经典论文[8]. 公理化热力学是围绕着基于 Pfaff 微分方程组的一些引人注目的性质而展开的, 这些性质在公理化热力学中被引入并应用于一些热力学中的常见情形[9]. 图 2.2 给出了 Hilbert 和 Carathéodory 交谈中的合影.

Herbert Bernard Callen (1919~1993) 进一步发展了新的热力学公理体系, 称为 "Callen 公理体系"[10]. 该公理化热力学从如下四条公理集出发, 经演绎最后得到热力学的全部结果:

公理一: 亦即 "平衡态公理", 宏观均匀体系的平衡态总可以用体系的内能 U 和一组广延量 $\{X_j\}$ 来做体系的完备描述, 平衡态的温度必为正值;

公理二: 所有处于平衡态的宏观体系都存在一个称为熵 S 的量, 它是体系广延量的函数. 在体系的各种可能的、有内部约束的各种宏观状态的诸 S 值中, 只有当所处状态没有内部约束时, 体系的 S 值达到最大;

公理三: 熵 S 属于广延量, 是其自变量的连续、可微函数, 且熵 S 是内能 U 的单调递增函数;

公理四: 当 $(\partial S/\partial U)_{\{X_j\}} \to 0$ 时, 任何系统的熵 $S \to 0$.

上述公理一相当于热力学第零和第一定律; 第二和第三公理相当于热力学第二定律; 第四公理则相当于热力学第三定律. Callen 的热力学公理体系使热力学和统计力学间的联系更加紧密.

John von Neumann

(1903~1957)

三、1932 年, John von Neumann (1903~1957) 用德文出版了题为《量子力学的数学基础》的著作, 被普遍视为遵循 Hilbert 路线的一个量子力学公理化范本[11], 对现行量子力学 Copenhagen 诠释的确立奠定了坚实的数学基础.

四、1933 年, 苏联数学家 Andrey Kolmogorov (1903~1987) 通过所建立的严格的公理化概型, 使概率论实现了公理化[12]. 正是公理化概型的建立使得概率论从物理学过渡到了数学. 实现这种过渡的关键在于概率的定义. 在公理化概型以前, 概率定义依托于建立在随机试验基础上的古典概型与建立在几何测度基础上的几何概型. 以 Laplace 所建立的古典概率定义为例, 它在逻辑上依赖一个可观测的试验, 由此给出的概率定义实际上是试验中直接观测到的频率在足够多试验次数条件下的极限, 这种对实际观测量的依赖正是物理学作为实验科学的一个特征. 在该层面上, Kolmogorov 的公理化概型使概率脱离了实际试验的限制, 达到了 "愈来愈高的抽象和逻辑的单纯", 从而实现了从物理学到数学的过渡.

Andrey Kolmogorov

(1903~1987)

事实上, Gödel 本人对物理学 (力学) 的公理化还是给予了甚高的评价. 20 世纪初才正式进入人们视野的物理学 (力学) 公理化, 可以追溯到牛顿的《自然哲学之数学原理》. Gödel 曾经一针见血地指出[13]: "物理学家对公理化方法缺乏兴趣, 就像一层伪装: 这个方法不是别的, 就是清晰的思维. 牛顿把物理学 (著者注: 力学) 公理化, 因而把它变成了一门科学. (The lack of interest of physicists in the axiomatic method is similar to a pretense: the method is nothing but clear thinking. Newton axiomatized physics and thereby made it into a science)".

Henri Poincaré (1854~1912)

法国数学家、物理学家、哲学家 Henri Poincaré (1854~1912) 对纯数学派的公理体系观点作了尖锐的批判, 指出层层剥去数学的外皮, 最后剩下的还是一个物理直观. 没有了物理的直观, 这门数学是没有生命力的.

2.2　冯元桢的连续介质力学公理

冯元桢将经典物理学中的公理均视为连续介质力学的公理, 尤其是牛顿第一和第二定律在连续介质力学中的应用. 此外, 冯元桢还给出了连续介质力学的三个附加的公理[14]:

公理一: 连续介质在力的作用下仍然保持为连续介质. 所以, 在某一时刻相邻的两个质点在任何时刻都保持相邻. 允许物体发生破裂, 但断裂面必须被认为是新产生的外表面. 在有生命的物体中, 允许新的生长.

公理二: 在物体中处处可定义应力和应变 (Stress and strain can be defined everywhere in the body).

公理三: 一点处的应力与该点处的应变和应变随时间的变化 (应变率) 相关.

这些无需证明的公理乍看起来都是非常直白的大实话, 然而也正是这些大实话, 却构建了我们开展学习和进一步相关研究的基石并给与我们 "踏实感".

2.3　冯元桢的生物体对连续介质力学公理之改造

生物体的最大特点之一就是其多层次性 (multiple hierarchy), 如对人体可进一步划分为: 器官、组织、细胞、细胞核、大分子、小分子、原子等层次. 因此, 冯元桢提出, 生物组织在应力作用下的改造问题, 引起了必须更改传统连续体力学几个公理的问题, 称为 "生物力学的公理改造"[15].

Yuan-Cheng B. Fung (1919~2019)

在连续概念可用的前提下, 冯元桢提出生物力学要服从如下三个公理:

(1) 生物材料一般是很不均匀的, 生物力学必须依各层次的尺寸来定义物质的密度和应力. 经典连续介质力学在求密度和应力时, 要求体积和面积微元足够小, 亦即: $\rho = \lim\limits_{\Delta V \to 0} \dfrac{\Delta m}{\Delta V}$, $\boldsymbol{\sigma} = \lim\limits_{|\Delta \boldsymbol{A}| \to 0} \dfrac{\Delta \boldsymbol{F}}{\Delta \boldsymbol{A}}$, 式中 Δm 为体积微元 ΔV 中的物质质量, $\Delta \boldsymbol{F}$ 为在物体面元 $\Delta \boldsymbol{A}$ 上的受力矢量. 而对于具有多层次结构的生物体而言, 必须

将上述取极限为零改为所研究尺度的下限所对应的体积微元的下限 V_n 和面积微元的下限 A_n, 从而有: $\rho = \lim\limits_{\Delta V \to V_n} \dfrac{\Delta m}{\Delta V}$, $\boldsymbol{\sigma} = \lim\limits_{|\Delta \boldsymbol{A}| \to A_n} \dfrac{\Delta \boldsymbol{F}}{\Delta \boldsymbol{A}}$. 事实上, 该针对生物力学的公理改造对其他具有微纳米层次结构的材料亦成立.

(2) 在每个层次里, 质点是多样的, 而且可以新生, 可以消除, 可以相对移动, 可以换邻居. 亦即在所述的情况下, 连续的概念仍能用.

(3) 在应力的作用下, 生物体的零应力状态是经常改造的. 零应力状态不单可以由物质微粒改变的地方而改变, 也可以由新的分子生成或分散而改变. 同理, 由细胞组成的组织的零应力状态可以由细胞的长大、缩小、生成、死亡、移动、改变邻居而改变.

冯元桢认为, 上述生物力学的新公理的基础是基因.

2.4 本 构 公 理

本构关系 (constitutive relations), 简言之也就是介质应力张量和应变张量之间的关系, 和守恒律、场方程等一样均是连续介质力学的核心内容. 介质的本构关系是否可随意建议? 答案当然是否定的, 本节将主要讨论在 1.1.1 节中曾简述过的本构关系所必须遵循的公理.

1950 年, Oldroyd 最早针对流变体提出了本构关系必须具有正确的不变性性质 (right invariance property)[16], 从而开启了建立本构公理的先河. Oldroyd 的这篇论文成为流变力学领域引用最高的论文, 本书著者在另一部专著[17] 的 6.3 节中已经详细讨论过.

1958 年, Noll 规定了连续介质力学本构关系的三个原理 (公理)[18], 并简称 "Noll 本构三原理": 应力的确定性 (决定论) 原理 (principle of determinism for the stress), 局部作用 (local action) 原理、物质性质的客观性原理 (principle of objectivity of material properties). 因此, 应力就成为从无限过去到现在的邻域运动历史的泛函, 称为本构泛函, 而这个本构泛函还必须是时空标架无差异的. 应该指出的是, Noll 讨论的是等温变形过程而忽略热与力的交互作用, 这样做的好处是, 我们可以选择 Cauchy 应力张量及物体的运动作为本构变量.

Wang Chao-Cheng (王钊诚) 和 Truesdell 于 1973 年将连续介质力学本构公理表述为如下六个[19]: 确定性 (determinism), 局部作用 (local action), 等存在 (equipresence), 万有耗散 (universal dissipation), 物质标架无差异 (material frame-indifference),

物质对称性 (material symmetry).

进而, Eringen 将本构公理归结为如下八个[20−22]: 因果性公理 (axiom of causality), 确定性公理 (axiom of determinism), 等存在公理 (axiom of equipresence), 客观性公理 (axiom of objectivity), 物质不变性公理 (axiom of material invariance), 邻域公理 (axiom of neighborhood), 记忆公理 (axiom of memory), 相容性公理 (axiom of admissibility).

下面对上述八个公理分别进行简要介绍[21].

2.4.1　因果性公理

在物体的每一个热力学状态中, 将物体物质点的运动、温度、电荷看成是自明的可测效应. 而将进入到第 8 章中将详细讨论的 Clausius-Duhem 不等式中的其余的量看成是运动、温度、电荷等这个 “原因” 所产生的结果, 这些量称为 “响应函数 (response functions)” 或者 “本构依赖变量 (constitutive-dependent variables)”.

本构依赖变量包括: 内能密度、熵密度、应力张量、热流矢量. 对于电磁学问题, 本构依赖变量还应包括: 极化强度 (polarization)、磁感应强度 (magnetization) 和电流矢量.

因果性公理的目的是, 选择变化范围有限的物质的独立本构变量. 例如, 在不考虑电磁场、化学场和变形的耦合, 而仅仅研究连续介质热力学现象时, 独立的本构变量只剩下物质点的运动 $\boldsymbol{x}$ 和温度 θ, 它们是位置矢量 $\boldsymbol{X}$ 和时间 t 的函数:

$$\boldsymbol{x}=\boldsymbol{x}\left(\boldsymbol{X},t\right),\quad \theta=\theta\left(\boldsymbol{X},t\right) \tag{2-1}$$

一旦独立的本构变量选定后, 其他的依赖变量将随之确定. 如, 速度矢量、变形梯度张量、速度梯度等等, 与运动有关的密度可由连续性方程得到, 到第 8 章时将会得出结论, 在熵生成的表达式中出现的其余函数只是应力张量、热流矢量、内能密度和熵密度, 它们组成本构变量, 并且可用 $\boldsymbol{x}\left(\boldsymbol{X},t\right)$ 和 $\theta\left(\boldsymbol{X},t\right)$ 来表示.

2.4.2　确定性公理

该公理可用一句话来概括: 物体中的物质点在时刻 t 的热力学本构泛函以及应力状态由物体中所有物质点的运动和温度历史所决定.

确定性公理是一个排除性原理 (principle of exclusion). 它排除了物质点 X 处的物质性能对于物体外部的任何点以及未来任何事件的依赖性. 因此, 只要物体所有过去的运动是已知的, 那么涉及物体性能的未来现象也就完全被决定和可测的.

量子力学的现象也被排除在外.

设在时刻 t 物体 B 的构形为 $\mathcal{B}$, 该构形中物质点 X 占有位置 $\boldsymbol{x}$, 其运动方程和运动历史可表示为

$$\begin{cases} \boldsymbol{x} = \boldsymbol{x}(X,t) \\ \boldsymbol{x} = \boldsymbol{x}(X,s),\ 0 \leqslant s \leqslant t_0 \end{cases} \tag{2-2}$$

式中, t_0 为运动历史的截止时间.

确定性公理确认, 物质点 X 处的 Cauchy 应力 $\boldsymbol{\sigma}$ 完全由物体 B 的迄今为止的运动全部历史所决定, 用公式可表示为

$$\boldsymbol{\sigma} = \boldsymbol{\mathcal{F}}(\boldsymbol{x}(B,s);X,t_0) \tag{2-3}$$

式中, $\boldsymbol{x}(B,s)$ 表示物体 B 的所有物质点的运动历史, $\boldsymbol{\mathcal{F}}$ 是 $\boldsymbol{x}(B,s)$ 的泛函, 称作 "本构泛函 (constitutive functional)", (2-3) 式给出的是理想物质的本构方程, 对比方程的两端表明, 泛函 $\boldsymbol{\mathcal{F}}$ 给出的是二阶对称张量.

2.4.3　等存在公理

该公理被认为源于 Marcel Brillouin (1854~1948, 为著名物理学家 Léon Brillouin (1889~1969) 之父) 于 1900 年的论文[23]. 该公理可简洁地陈述为: 一开始, 所有的本构泛函都应该用同样的独立本构变量来表示, 直到推出相反的结果为止.

Eringen 指出, 该公理是一个预防性措施, 它提醒我们: 在本构泛函的表达式中不要忘掉或无故厌弃某类变量, 而又偏爱其他的变量. 除非相容性公理、客观性公理以及材料对称性公理要求限定了某些自变量不能出现在本构泛函中. 在本书第三、第四篇的诸章中, 客观性和材料对称性对本构自变量是否能够出现在本构泛函中的限制的例子很多.

2.4.4　客观性公理

客观性公理简言之也就是物质的力学性质与观察者无关. 在经典力学中, 所谓观察者就代表了时空系, 观察者的变化等价于时空系的改变, 故而可认为, 在经典力学中该公理表示的是物质性质的本构方程是时空系无差异的.

物质客观性 (时空系无差异) 公理表述如下: 对于无差异的两个力学过程 $(\boldsymbol{x},\boldsymbol{\sigma})$ 和 $(\boldsymbol{x}^*,\boldsymbol{\sigma}^*)$, 其本构泛函 $\boldsymbol{\mathcal{F}}$ 应是相同的, 亦即:

$$\boldsymbol{\sigma}^*(X,t^*) = \boldsymbol{\mathcal{F}}\left(\boldsymbol{x}^{*t^*};X,t^*\right) \tag{2-4}$$

式中, $\boldsymbol{x}^t$ 表示从过去到现在 t 的运动的 “历史”.

大量文献中还会提及所谓的坐标不变性公理, 即本构关系应与坐标系无关. 但若采用张量记法或抽象记法, 这个公理便自然得到满足. 事实上, 坐标不变性公理可视为客观性公理的一个特例.

2.4.5　物质不变性公理

材料中物质点的结晶方向性引起物质性质的某些对称性, 如当物质坐标 (X_1, X_2, X_3) 变为 $(X_1, X_2, -X_3)$ 时, 材料的本构泛函可以不改变其形式, 这表明物质参考标架关于平面 $X_3=0$ 的反射. 同样, 这个条件可推出施加于本构方程上的限制. 令 $\{\boldsymbol{Q}\}$ 是物质轴的完全正交变换群的子群 (subgroup of the full group of orthorgonal transformations for the material axes), 而 $\{\boldsymbol{B}\}$ 是这些轴的平移, 则物质不变性公理表述为: 本构方程关于物质坐标的正交变换群 $\{\boldsymbol{Q}\}$ 和平移 $\{\boldsymbol{B}\}$ 必须是形式不变的 (form-invariant). 这些限制是在物质参考标架 $\boldsymbol{X}$ 中, 由 $\{\boldsymbol{Q}\}$ 和 $\{\boldsymbol{B}\}$ 所施加的对称性条件的结果.

对于这类物质, 对于子群 $\{\boldsymbol{Q}\}$ 的所有元素和所有的平移 $\{\boldsymbol{B}\}$, 在形式为

$$\boldsymbol{X}' = \boldsymbol{Q}\boldsymbol{X} + \boldsymbol{B} \tag{2-5}$$

的所有变换下, 响应函数是形式不变的. 其中, 子群 $\{\boldsymbol{Q}\}$ 满足:

$$\boldsymbol{Q}\,\boldsymbol{Q}^{\mathrm{T}} = \boldsymbol{Q}^{\mathrm{T}}\boldsymbol{Q} = \boldsymbol{I}, \quad \det \boldsymbol{Q} = \pm 1 \tag{2-6}$$

在物体的物理性质中, 在 $\boldsymbol{X}$ 处, 由 $\{\boldsymbol{Q}\}$ 表示几何对称性, 由 $\{\boldsymbol{B}\}$ 表示非均匀性.

关于材料的几何对称性: 对称群 $\{\boldsymbol{Q}\}$ 可以是完全正交群 (full orthogonal group) 的子群. 当 $\{\boldsymbol{Q}\}$ 是正常正交群 (proper orthogonal group) 时, 我们称物质是半各向同性的 (hemitropic); 如果 $\{\boldsymbol{Q}\}$ 是完全群, 则物质为各向同性的 (isotropic); 非半向同性的物质称为各向异性的 (anisotropic).

关于材料的均匀性: 当响应函数与物质坐标原点的平移 $\{\boldsymbol{B}\}$ 无关时, 则物质是均匀的 (homogeneous); 而当响应函数随物质轴的某些平移 $\{\boldsymbol{B}\}$ 变化时, 则该物质是非均匀的 (inhomogeneous).

一种材料关于它的不同性质可以有不同类型的材料对称性. 如关于应力–应变对称的各向同性材料, 就不一定是电位移和极化的各向同性的材料; 类似地, 在弹性上均匀的材料在电学上就可能是非均匀的.

Eringen 指出, 材料还可以服从其他几何和内部的约束 (geometrical and internal constraints). 如, 橡胶一般是不可压缩的超弹性材料, 这可用局部体积保持不变的

附加条件来表征, 可详见第 12 章中的相关讨论. 更一般地, 某类材料的本构变量可能是受某些内部约束限制的. 这些约束既可以是积分型的, 也可以是微分型的, 内部可用如下附加方程来表示:

$$f_\alpha(\boldsymbol{E}) = 0, \quad (\alpha = 1, 2, \cdots, n;\ n < 6) \tag{2-7}$$

式中, $\boldsymbol{E}$ 为应变度量, 可详见第 6 章中的讨论. 如上用应变给出的约束条件必须看成是本构方程的一部分. 既然是约束, 就是要给变形施加限制条件. 由于六个这样的方程完全决定应变场 $\boldsymbol{E}$, 故这组约束方程的数目不能超过五个.

2.4.6 邻域公理

该公理也就是 Noll 的 "局部作用公理", 可用一句话来概括: 物体中的物质点的应力状态与离开该物质点有限距离的其他物质点的运动无关.

(2-3) 式表明, 物质点 X 处的应力将受到物体 B 的全部物质点的影响, 也就是与物质点 X 相距有限距离的物质点 Y 的运动也会对物质点 X 处的应力产生影响. 从纳米与介观力学的角度来看, 这无疑是正确的. 因为原子、分子之间的相互作用, 并不限于第一近邻, 第二、第三近邻都会产生作用[24], 对于实际的体心立方 (bcc) 晶体而言, 第二最近邻原子与中心原子的距离较于第一最近邻原子与中心原子的距离相比, 只多出了 15%[25]. 分子动力学 (Molecular Dynamics, MD) 中的多体势就是用来描述这种复杂的原子、分子之间的相互作用的. 但是, 原子、分子之间的相互作用是短程作用, 随距离的衰减十分迅速. 一般而言, 原子、分子之间的相互作用只限于 3 nm, 也就是大约 10 个原子间距. 这就是邻域公理 (也就是局部性公理) 的物理依据.

下面用公式来表述邻域公理. 取一以点 $\boldsymbol{X}$ 为中心, 以小量 ε 为半径的小球, 作为物质点 X 的邻域 $\mathcal{N}(X)$, 对其邻域内任意物质点 Y, 有

$$|\boldsymbol{Y} - \boldsymbol{X}| < \varepsilon \tag{2-8}$$

下面来考察两个运动历史 $\boldsymbol{x}$ 和 $\boldsymbol{x}^*$, 设两者在某个邻域 $\mathcal{N}(X)$ 内, 在所有时间历程 $0 \leqslant s \leqslant t_0$ 上一致, 而在邻域 $\mathcal{N}(X)$ 外, 两者并不相同. 依照邻域公理和确定性公理, 必有如下本构泛函等式:

$$\boldsymbol{\mathcal{F}}(\boldsymbol{x}(B, s); X, t_0) = \boldsymbol{\mathcal{F}}(\boldsymbol{x}^*(B, s); X, t_0) \tag{2-9}$$

(2-9) 式说明, 对于所有属于邻域 $\mathcal{N}(X)$ 内的物质点 Y, 在时间历程 $0 \leqslant s \leqslant t_0$ 上,

若两个运动历史满足 $\boldsymbol{x}(Y,s)=\boldsymbol{x}^*(Y,s)$ 的话, 则恒有两者的 Cauchy 应力相等:

$$\boldsymbol{\sigma}=\boldsymbol{\sigma}^* \tag{2-10}$$

(2-9) 和 (2-10) 两式对任意 ε 都必须成立, 亦即, 物质点 X 处的应力完全由充分邻近 X 处的运动历史所决定.

2.4.7　记忆公理

记忆公理亦称为减退记忆公理 (axiom of fading memory). 该公理可用一句话来概括: 本构变量在远离现在的过去时刻的值, 不明显地影响本构函数的值. 而且, 越久远的历史对物质现时刻响应的影响就越小, 以至于可以被忽略. 由此便可得出记忆减退型的本构关系. 特别地, 当我们可假设材料响应对历史的依赖只是对现时刻 t 前无穷短历史的依赖时 (亦即对变形率和温度变化率的依赖时), 我们便可获得所谓的率型本构方程, 亦即低弹性本构关系, 见第 13 章有关讨论.

邻域公理 (局部作用公理) 和记忆公理 (减退记忆公理) 分别是确定性公理在空间和时间上的进一步具体化和近似.

2.4.8　相容性公理 (一致性公理)

该公理陈述为: 所有的本构方程必须是与连续介质力学的基本原理相容的, 亦即, 本构方程必须服从质量守恒、动量守恒、动量矩守恒、能量守恒定律以及热力学的 Clausius-Duhem 不等式. 作为热力学第二定律在连续介质力学中的具体体现, Clausius-Duhem 不等式的作用是可用来消除对出现在本构泛函中某些变量的依赖性. 相容性公理还被称为一致性公理 (axiom of consistency).

将在第 8 章中详细讨论连续介质力学中的上述场方程和 Clausius-Duhem 不等式.

关于 Walter Noll 的一些历史注记: Noll 是任何一本理性力学书都绕不开的重要理性力学家. 本书从 1.1.1 节便开始介绍他的贡献, 他是本书所最频繁提及的学者之一, 因此, 十分有必要对他的传奇经历做一简要介绍. Noll 于 1925 年 1 月 7 日出生于德国柏林. 第二次世界大战中, 他被征召到德国空军的信号部队 (Air Force Signal Corps), 其主要任务是协助空中交通的控制、飞机预警、拦截机和无线电侦查的引导等. 他于 1945 年 2 月被派往前线作战, 同年 5 月 1 日被英军俘虏[26].

Noll 于 1946 年夏天到柏林技术大学就读, 数学是 Noll 在柏林工业大学就读期间的主科, 力学和物理学则是副科. 他于 1951 年获得了数学系的本科学位, 该学位在当时等价于美国大学应用数学的硕士学位. 在柏林工业大学就读期间, Noll 还获得了在法国巴黎大学学习一年的奖学金.

1952 年, 理性力学权威 Truesdell 请求在 2.1.3 节提到的柏林理性力学学派的主要代表性人物 Hamel 教授推荐一些优秀的德国青年数学专业的毕业生到 Truesdell 当时任教的美国 Indiana 大学就读博士学位. Noll 便是被 Hamel 教授推荐者之一. Noll 于 1953 年 9 月抵美, 并到 Truesdell 门下就读博士学位. 不到一年的 1954 年 8 月, Noll 便成功地对他题为 "On the continuity of the solid and fluid states (关于固态和液态连续性的研究)"[27] 的博士论文进行了答辩.

Noll 从 1956 年开始在美国 Carnegie-Mellon 大学任教, 1960 年担任教授直到 1993 年正式退休. 他最经典的著作, 便是在 1.1.1 节中提到的, 他和博士导师 Truesdell 合著的理性力学最重要的名著之一《力学的非线性场论》(NLFT). Noll 在其学术生涯中最重要的合作者之一便是 Bernard D Coleman, 本书在 11.4 节中还将述及他们之间的合作成果. Noll 于 2017 年 6 月 6 日去世, 享年 92 岁.

2.5 公理化与数学在自然科学中不可思议的有效性

本章所涉及的内容主要是理性力学中的公理化问题, 这还涉及到数学哲学方面的内容. 在数学上, "数学基础" 一词有时候用于数学的特定领域, 例如数理逻辑, 公理化集合论, 证明论, 模型论, 和递归论. 但是寻求数学的基础也是数学哲学的中心问题: 在什么终极基础上命题可以称为 "真"?

占统治地位的数学范式是基于公理化集合论和形式逻辑的. 事实上, 所有的数学定理都可以用集合论的定理表述. 数学命题的真实性在这个观点下, 不过就是该命题可以从集合论公理使用形式逻辑推导出来.

Eugene Wigner (1902~1995)

这个形式化的方法不能解释一些问题: 为什么我们选择我们所用的而不是其他的公理, 为什么我们使用我们所用的逻辑规则而不是其他的, 为什么 "真" 数学命题 (例如, 算数的皮亚诺公理) 在物理世界中似乎是真的. 这被 Eugene Wigner (1902~1995, 1963 年诺贝尔物理奖获得者) 在 1960 年称为 "数学在自然科学中不可思议的有效性 (The unreasonable effectiveness of mathematics in the natural sciences)"[28].

上述的形式化真实性也可能完全没有意义: 所有命题, 包括自相矛盾的命题, 完全可能从集合论公理导出. 而且, 作为 Gödel 第二不完备性定理的一个结果, 我们永远不可能知道事情是不是就是这样.

在数学现实主义 (有时也叫柏拉图主义) 中, 独立于人类的数学对象的世界的存在性被作为一个基本假设; 这些对象的真实性由人类发现. 在这种观点下, 自然定律和数学定律有同样的地位, 而 "有效性" 不再 "不可思议". 不仅是我们的公理, 而且是数学对象的真实世界构成了基础. 那么, 明显的问题在于, 我们如何接触这个世界?

本书将在附录 C.4 节中, 继续讨论物理类比中数学所扮演的不可思议的有效性问题.

思　考　题

2.1　复习静力学中的五个常用公理:

(1) 公理一、力的平行四边形法则: 作用在物体上同一点的两个力的合力的大小和方向由这两个力为边构成的平行四边形的对角线确定. 荷兰数学家 Simon Stevin (1548~1620) 在 1586 年的著作《重力艺术的要素》(*Beghinselen der Weeghconst*) 中, 他试图通过倾斜平面上的荷载试验, 首次证明了力分解与合成的平行四边形法则. 法国数学家 Philippe de Lahire (1640~1718) 在 1695 年出版的《力学论》(*Traité de Mécanique*) 中, 他尝试用图示化的力学解决拱的稳定问题. 为了计算拱的平衡条件, 他运用了平行四边形法, 用一个对角线的力代替了两边力的共同效用 —— 即力的合成. 这是力的平行四边形法则的早期实践尝试;

Simon Stevin (1548~1620)

(2) 公理二、二力平衡条件: 作用在刚体上的两个力, 使刚体保持平衡的必要和充分条件是: 这两个力的大小相等, 方向相反, 且作用在同一直线上;

(3) 公理三、加减平衡力系原理: 在已知力系上加上或减去任意的平衡力系, 并不改变原力系对刚体的作用;

(4) 公理四、作用和反作用原理: 作用力和反作用力总是同时存在, 同时消失, 等值、反向、共线, 作用在相互作用的两个物体上. 该公理就是牛顿第三定律;

(5) 公理五、刚化原理: 当变形体在已知力系作用下处于平衡时, 如将此变形体变为刚体, 则平衡状态保持不变. 其中, 正如 Casey 所指出的[29], 刚化原理是由 Lord Kelvin 和 Tait 于 1867 年首先提出的[30].

2.2　为了进一步加深对本章中所介绍的邻域公理的理解, 参阅专著 [25] 中 A.3.3 节中所介绍的考虑第二最近邻的修正的 MEAM 力场.

2.3　在 2.4.8 节中, "一致性 (consistency)" 的确切含义是什么? 塑性力学中的 Prager 一致性条件 (见 23.3.3 节) 是否为一致性公理在塑性力学中的具体体现?

参 考 文 献

[1] Hilbert D. Grundlagen der Geometrie. Leipzig, 1899.

[2] Gödel K F. Über formal unentscheidbare Sätze der Principia Mathematica und verwandter Systeme I. Monatshefte für Mathematik und Physik, 1931, 38: 173–198.

[3] Wang H. Reflections on Kurt Gödel. Boston: MIT Press, 1990. (中译本: 王浩. 哥德尔. 康宏逵译. 上海: 上海译文出版社, 2002).

[4] Dyson F J. Unfashionable pursuits. The Mathematical Intelligencer, 1983, 5: 47–54.

[5] Gödel K F. The Consistency of the Axiom of Choice and of the Generalized Continuum Hypothesis with the Axioms of Set Theory. Princeton: Princeton University Press. 1940.

[6] Hamel G. Über die Grundlagen der Mechanik. Mathematische Annalen 1909, 66: 350–397.

[7] Hamel G. Über Raum, Zeit und Kraft als apriorische Formen der Mechanik. Jahresbericht der Deutschen Mathematiker-Vereinigung, 1909, 18: 357–385.

[8] Carathéodory C. Untersuchung Über die Grundlagen der Thermodynamik. Mathematische Annalen, 1909, 67: 355–386.

[9] Pogliani L, Berberan-Santos M N. Constantin Carathéodory and the axiomatic thermodynamics. Journal of Mathematical Chemistry, 2000, 28: 313–324.

[10] Callen H B. Thermodynamics and an Introduction to Themostatistics (2nd Edition). New York: John Wiley & Sons. 1985

[11] Von Neumann J. Mathematische Grundlagen der Quantenmechanik. Berlin: Springer-Verlag, 1932 (English version: Mathematical Foundations of Quantum Mechanics, translated by Beyer R T). Princeton: Princeton University Press, 1955.

[12] Kolmogorov A. Grundbegriffe der Wahrscheinlichkeitsrechnung. Berlin: Julius Springer, 1933.

[13] Wang H. Logical Journey: From Gödel to Philosophy. Boston: MIT Press, 1996.

[14] Fung Y C. A First Course in Continuum Mechanics (3rd Edition). New Jersey: Prentice-Hall, 1994. (中译本: 冯元桢. 连续介质力学初级教程 (第三版). 葛东云, 陆明万译. 北京: 清华大学出版社, 2009).

[15] 冯元桢. 生物力学与基因 —— 献给周培源教授诞辰 100 周年. 力学进展, 2002, 32: 484–494.

[16] Oldroyd J G. On the formulation of rheological equations of state. Proceedings of the Royal Society of London A, 1950, 200: 523–541.

[17] 赵亚溥. 纳米与介观力学. 北京: 科学出版社, 2014.

[18] Noll W. A mathematical theory of the mechanical behavior of continuous media. Archive for Rational Mechanics and Analysis, 1958, 2: 197–226.

[19] Wang C C, Truesdell C. Introduction to Rational Elasticity. Groningen: Noordhoff, 1973.

[20] Eringen A C (Editor). Continuum Physics, 4 volumes. New York: Academic Press, 1974–1976.

[21] Eringen A C. Mechanics of Continua (2nd Edition). New York: Robert E. Krieger, 1980. (中译本: 爱林根. 连续统力学. 程昌钧, 余焕然译. 北京: 科学出版社, 1991).

[22] Eringen A C. Nonlocal Continuum Field Theories. New York: Springer, 2002.

[23] Brillouin M. Théorie moléculaire des gaz. Diffusion du mouvement et de l'énergie. Annales de Chimie et de okysique, 1900, 20: 440–485.

[24] 王自强. 理性力学基础. 北京: 科学出版社, 2000.

[25] 赵亚溥. 表面与界面物理力学. 北京: 科学出版社, 2012.

[26] Tanner R I, Walters K. Rheology: An Historical Perspective. Amsterdam: Elsevier, 1998.

[27] Noll W. On the continuity of the solid and the fluid states. PhD dissertation, Indiana University, 1954.

[28] Wigner E P. The unreasonable effectiveness of mathematics in the natural sciences. Richard Courant lecture in mathematical sciences delivered at New York University, May 11, 1959. Communications on Pure and Applied Mathematics, 1960, 13: 1–14.

[29] Casey J. The principle of rigidification. Archive for History of Exact Sciences, 1992, 43: 329–383.

[30] Thomson S W, Tait P G. Treatise on Natural Philosophy. Volume I. Oxford: Clarendon Press, 1867.

第 3 章　张量分析初步

3.1　张量和张量分析大事记

Wilhelm Flügge (1904~1990) 曾在其名著《张量分析与连续介质力学》(*Tensor Analysis and Continuum Mechanics*)[1] 的前言中, 将张量分析和连续介质力学的关系比喻为 "鱼和水的关系 (like fish to water)", 他同时也客观地指出: "张量也像其他锐利工具一样, 既有十分有益同时也有十分危险的一面 (be very beneficial and very dangerous), 关键在于如何应用它. 在一片张量符号的背后既可能隐藏着许多无聊的东西, 也可能给一个困难的问题带来许多灵感". 看来, 对张量这一锐利数学工具的运用要恰到好处.

William Rowan Hamilton (1805~1865)

Hamilton 力学的创始人 William Rowan Hamilton (1805~1865) 于 1854 年创造了英文 "tensor (张量)" 这一术语[2], 维基百科认为 Hamilton 于 1846 年创造了 "tensor" 这一术语, 但给出的文献仍然是 1854 年的. Hamilton 当时在 "四元数" 中的 "tensor" 有 "矢量模 (norm)" 的含义, 和现在的张量的含义不同.

并矢积标记法 (dyadic notation, ⊗) 首先是由 Josiah Willard Gibbs (1839~1903) 于 1884 年创立的.

Woldemar Voigt (1850~1919) 于 1898 年引入了张量的现代应用形式[3], 被称为 "Voigt 标记法 (notation)". Tullio Levi-Civita (1873~1941) 和导师 Gregorio Ricci-Curbastro (1853~1925, 在文献中简称 Ricci) 于 1900 年发表了有关张量微积分方面的奠基性论文[4], 对爱因斯坦于 1916 年创立广义相对论[5] 起到了推动作用.

Hermann Weyl (1885~1955)

Hermann Weyl (1885~1955) 于 1918 年第一次使用了 "张量分析 (tensor analysis)" 这一术语.

汉语中的 "张量" 一词从何而来? 在四元数中有一种 mere vector, 无非 (mere) 和同向 "vector" 一样, 大小可比较, 由伸长程度表示. 这是英文 tensor 的原来意义. 日文把它翻译为 "张率" (日文汉字). 按照现在张量分析中 tensor 意义的演化, 日文汉字也由 "张率" 相应变为 "张量". 1937 年, 日本成立了 "张量数学会", 1938 年该会出版了 "张量" 会刊. 中文的 "张量" 一词照搬自日文.

3.2　矢量的点积和叉积、爱因斯坦求和约定、Kronecker 符号

爱因斯坦曾把统计物理的奠基人之一的 J. W. Gibbs 誉为 “美国历史上最伟大的头脑 (the greatest mind in American history)”. Gibbs 的基础贡献之一就是和英国自学成才的物理学家 Oliver Heaviside (1850~1925) 在 19 世纪 80 年代 ~ 90 年代期间彼此独立地引入了两个矢量的点积和叉积的现代形式. 因此, 有文献将现代矢量称为 “Gibbs-Heaviside 矢量”.

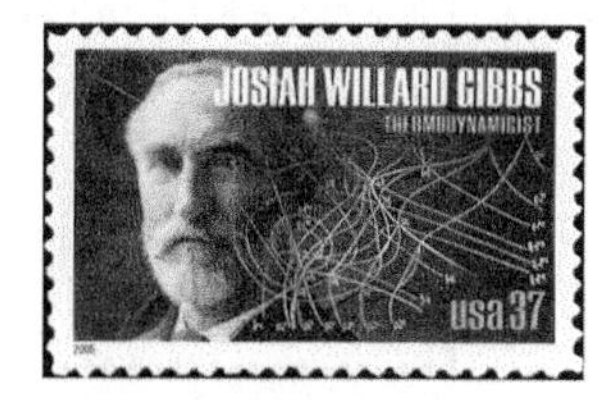

Josiah Willard Gibbs

(1839~1903)

笛卡儿坐标系 (Cartesian coordinate system) 由法国数学家笛卡儿 (René Descartes, 1596~1650) 创建于 1637 年[6], 据说是其卧床生病时受屋顶角落蜘蛛织网启发所产生的灵感. 考虑如图 3.1 所示的 xyz 笛卡儿右手直角坐标系, 三个坐标轴的正交基 (orthonormal basis) 单位矢量 $(\boldsymbol{e}_x, \boldsymbol{e}_y, \boldsymbol{e}_z)$ 满足:

Oliver Heaviside

(1850~1925)

$$
\begin{cases}
\boldsymbol{e}_x \cdot \boldsymbol{e}_x = \boldsymbol{e}_y \cdot \boldsymbol{e}_y = \boldsymbol{e}_z \cdot \boldsymbol{e}_z = 1 \\
\boldsymbol{e}_x \cdot \boldsymbol{e}_y = \boldsymbol{e}_y \cdot \boldsymbol{e}_z = \boldsymbol{e}_z \cdot \boldsymbol{e}_x = 0 \\
\boldsymbol{e}_x \times \boldsymbol{e}_y = \boldsymbol{e}_z, \quad \boldsymbol{e}_y \times \boldsymbol{e}_z = \boldsymbol{e}_x, \quad \boldsymbol{e}_z \times \boldsymbol{e}_x = \boldsymbol{e}_y \\
\boldsymbol{e}_y \times \boldsymbol{e}_x = -\boldsymbol{e}_z, \quad \boldsymbol{e}_z \times \boldsymbol{e}_y = -\boldsymbol{e}_x, \quad \boldsymbol{e}_x \times \boldsymbol{e}_z = -\boldsymbol{e}_y \\
\boldsymbol{e}_x \times \boldsymbol{e}_x = \boldsymbol{e}_y \times \boldsymbol{e}_y = \boldsymbol{e}_z \times \boldsymbol{e}_z = \boldsymbol{0}
\end{cases}
\tag{3-1}
$$

按惯例, 两个矢量的点积 (dot product; 也称标量积, scalar product) 之间的 “·” 不略去, “×” 表示两个矢量的叉积 (cross product) 或矢量积 (vector product).

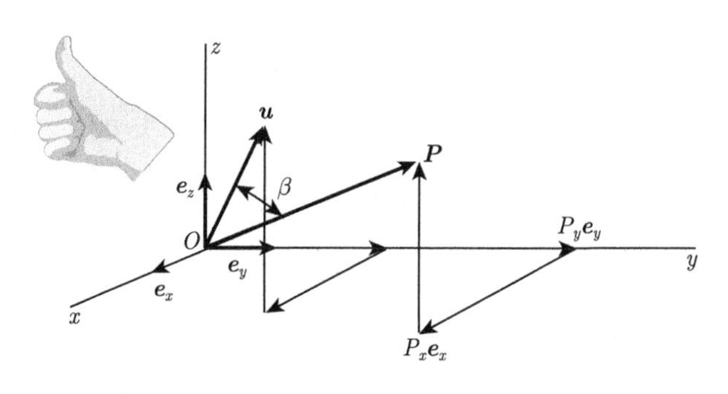

图 3.1　笛卡儿右手坐标系中的矢量

René Descartes

(1596~1650)

德国数学家、逻辑学家 Leopold Kronecker (1823~1891) 引入了被称为 “Kronecker delta” 的符号 δ_{ij}, 如果指标 $i = j$, 则 $\delta_{ij} = 1$; 反之若 $i \neq j$ 时则 $\delta_{ij} = 0$. 这

Leopold Kronecker (1823~1891)

样 (3-1) 式中的前两式可简洁地表示为

$$\boldsymbol{e}_i \cdot \boldsymbol{e}_j = \delta_{ij}, \quad (i, j = x, y, z) \tag{3-2}$$

Kronecker 当年是德国柏林数学界的领袖之一和直觉主义学派 (School of Intuitionism, 发端于 19 世纪 80 年代) 的先驱, 他拒绝一切形而上的无穷与无限, 不承认无限不循环的无理数. 他的名言是 "上帝创造了整数, 其余一切都是人造的 (God made the integers, all else is the work of man)".

在图 3.1 中考虑一个力矢量 $\boldsymbol{P} = P_x\boldsymbol{e}_x + P_y\boldsymbol{e}_y + P_z\boldsymbol{e}_z = \sum\limits_{i=1}^{3} P_i\boldsymbol{e}_i = P_i\boldsymbol{e}_i$ 和一个位移矢量 $\boldsymbol{u} = u_x\boldsymbol{e}_x + u_y\boldsymbol{e}_y + u_z\boldsymbol{e}_z = \sum\limits_{i=1}^{3} u_i\boldsymbol{e}_i = u_i\boldsymbol{e}_i$, 这里应用了爱因斯坦求和约定 (summation convention): 指标重复便求和. 重复的指标被称为 "哑标 (dummy indices)", 其他指标则为自由指标 (free indices).

求和约定是时年 37 岁的爱因斯坦于 1916 年在所发表的 "广义相对论基础"[5] 中提出的. 爱因斯坦写到: "看一下这一节的方程就会明白, 对于那个在累加符号后出现两次的指标, 总是被累加起来的, 而且也确实也只对出现两次的指标进行累加. 因此就能够略去累加符号, 而不丧失其明确性. 为此我们引进这样的规定: 除非作了相反的声明, 否则, 凡在式子的一个项里出现两次的指标, 总是要对这指标进行累加的."

陈省身 (1911~2004) 曾在 1980 年说: "爱因斯坦在广义相对论中引进的有用的和式约定, 对微分几何的影响是令人震撼的."

爱因斯坦本人还曾半开玩笑地说: "这 (注: 指求和约定) 是数学史上的一大发现, 若不信的话, 可以试着返回那不使用这方法的古板日子."

利用 (3-2) 式和求和约定, 由力矢量 $\boldsymbol{P}$ 和位移矢量 $\boldsymbol{u}$ 所定义的功为

$$\begin{aligned} W &= \boldsymbol{P} \cdot \boldsymbol{u} = \boldsymbol{u} \cdot \boldsymbol{P} = |\boldsymbol{P}| \cdot |\boldsymbol{u}| \cos\beta \\ &= (P_x\boldsymbol{e}_x + P_y\boldsymbol{e}_y + P_z\boldsymbol{e}_z) \cdot (u_x\boldsymbol{e}_x + u_y\boldsymbol{e}_y + u_z\boldsymbol{e}_z) \\ &= P_i u_j \delta_{ij} = P_x u_x + P_y u_y + P_z u_z = P_i u_i \end{aligned} \tag{3-3}$$

上述力矢量和位移矢量在笛卡儿坐标系中无需区分逆变和协变, 事实上由两者所得到的标量积可进一步推广为对偶矢量空间, 这将是 3.6 节所讨论的内容.

本节补记: 值得注意的是, 英文 "vector" 在中国数学界被称为 "向量", 而在大陆物理界则被称为 "矢量", 台湾地区物理界仍然采用 "向量". 在大陆力学界, 则

“矢量” 和 “向量” 混用. 本书一般情况用 “矢量”, 偶尔用作 “向量”, 如 “本征向量” 等.

3.3　Levi-Civita 置换符号

(3-1) 式中的后三式可用置换符号 (permutation symbol, alternating symbol) $\in_{ijk}$ 来简洁地表示为

$$\boldsymbol{e}_i \times \boldsymbol{e}_j = \in_{ijk} \boldsymbol{e}_k \tag{3-4}$$

(3-4) 式中的置换符号也称为 “反对称符号 (antisymmetrical symbol)” 或 “Levi-Civita 符号”. 其定义为

$$\in_{ijk} = \begin{cases} 1, & \text{当 } i, j, k \text{ 按照偶置换取值, 即 } 123,\ 231,\ 312 \\ -1, & \text{当 } i, j, k \text{ 按照奇置换取值, 即 } 132,\ 213,\ 321 \\ 0, & \text{当两个或两个以上指标取值相同时} \end{cases} \tag{3-5}$$

Gregorio Ricci-Curbastro (1853~1925)

这里需要说明的是, 置换符号之所以还称为 Levi-Civita 符号其原因是意大利数学家、英国皇家学会会员 Levi-Civita 和其博士导师 Ricci-Curbastro 在张量微积分方面的杰出贡献, 他们于 1900 年发表的有关张量微积分方面的论文[4] 对爱因斯坦创立广义相对论起到了推动作用, Levi-Civita 用意大利文写作的有关张量微积分专著的英译本于 1927 年出版[7]. 有人问爱因斯坦他最喜欢意大利这个国家什么时, 爱因斯坦回答道 “*意大利面条和* Levi-Civita”(When asked what he liked best about Italy, Einstein said “spaghetti and Levi-Civita”). 这足以反映出 Levi-Civita 对爱因斯坦的重要影响!

Tullio Levi-Civita (1873~1941)

何谓 (3-5) 式中的 “偶置换 (even permutation)” 和 “奇置换 (odd permutation)”? 有何简便易行的判断方法? 这里介绍两种:

一种简便方法是如图 3.2 所示的逆时针和顺时针旋转法. 231 和 312 均为顺时针, 所以为偶置换; 而 132、213 和 321 均为逆时针, 故为奇置换.

另一种简便方法是画线的方法, 将需要判断的数字序列放在第一排, 第二排将 123 正序排列, 上下排相同数字间划直线, 如果直线间交点数为偶数则为偶置换, 否则为奇置换. 如图 3.3 所示, 其中图 (a) 的交点数位 2, 所以为偶置换; 由于图 (b) 中的交点数为 1, 所以为奇置换.

Albert Einstein (1879~1955)

例 3.1　确定六维的置换符号 $\in_{612453}$ 的值[8].

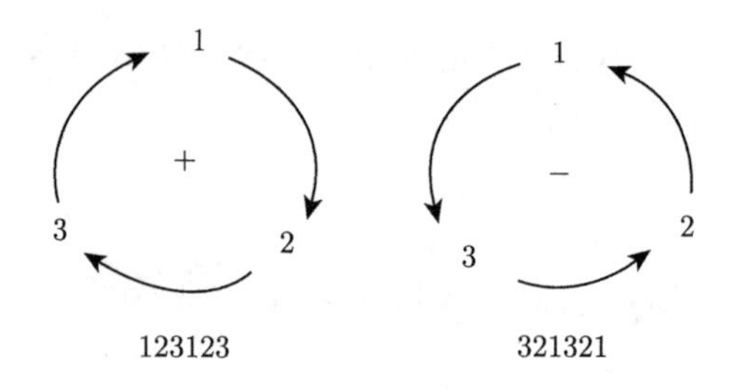

图 3.2 "+" 为偶置换; "–" 为奇置换

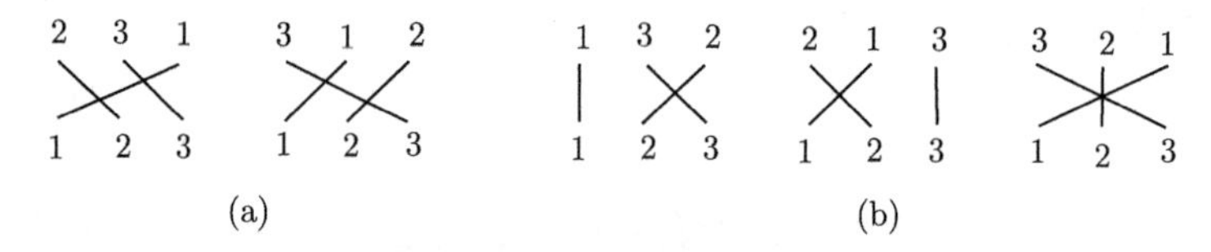

图 3.3 (a) 交点数为偶数, 偶置换; (b) 交点数为奇数, 奇置换

解: 应用上述划线方法, 将 612453 放在第一排, 123456 放在第二排, 相同的数字间划线, 如图 3.4 所示, 这些直线间共有 7 个交点, 为奇置换, 故 $\in_{612453}=-1$.

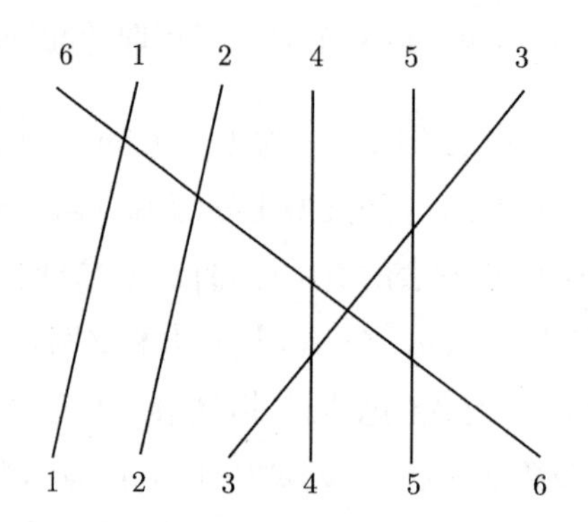

图 3.4 直线间交点数为 7, 故为奇置换

下面来讨论两个 Gibbs 矢量的叉积. 设在图 3.1 所示的笛卡儿坐标系中还有另一矢量 $\boldsymbol{v}=v_i\boldsymbol{e}_i$, 则矢量 $\boldsymbol{u}$ 和 $\boldsymbol{v}$ 的叉积或矢量积则为

$$
\begin{aligned}
\boldsymbol{u}\times\boldsymbol{v}=-\boldsymbol{v}\times\boldsymbol{u}&=\begin{vmatrix}\boldsymbol{e}_x & \boldsymbol{e}_y & \boldsymbol{e}_z\\ u_x & u_y & u_z\\ v_x & v_y & v_z\end{vmatrix}\\
&=\left(u_yv_z-u_zv_y\right)\boldsymbol{e}_x+\left(u_zv_x-u_xv_z\right)\boldsymbol{e}_y+\left(u_xv_y-u_yv_x\right)\boldsymbol{e}_z\\
&=\begin{bmatrix}u_yv_z-u_zv_y\\ u_zv_x-u_xv_z\\ u_xv_y-u_yv_x\end{bmatrix}=\begin{bmatrix}0 & -u_z & u_y\\ u_z & 0 & -u_x\\ -u_y & u_x & 0\end{bmatrix}\begin{bmatrix}v_x\\ v_y\\ v_z\end{bmatrix}=[\tilde{u}]\,[v]
\end{aligned}
\tag{3-6}
$$

(3-6) 式中, $\boldsymbol{u}\times\boldsymbol{v}=-\boldsymbol{v}\times\boldsymbol{u}$ 表明叉积满足反交换律, 矩阵 $[\tilde{u}]$ 为反对称矩阵 (skew symmetrical matrix), 也就是说其转置 (Transpose, T) 和其负相等:

$$[\tilde{u}]^{\mathrm{T}}=-[\tilde{u}] \tag{3-7}$$

反对称矩阵的行列式 (determinant) 为零, 也就是

$$\det[\tilde{u}]=0 \tag{3-8}$$

利用置换符号所满足的 (3-4) 式, 两个矢量的叉积可十分简洁地写为

$$\boldsymbol{u}\times\boldsymbol{v}=(u_i\boldsymbol{e}_i)\times(v_j\boldsymbol{e}_j)=u_iv_j(\boldsymbol{e}_i\times\boldsymbol{e}_j)=\in_{ijk}u_iv_j\boldsymbol{e}_k \tag{3-9}$$

本节有关矢量方法的历史补记: 值得注意的是, 叉积推广到高维向量空间中, 就是所谓的外积, 由德国数学物理天才 Hermann Gunther Grassmann (1809~1877) 首创. 1843 年秋, Grassmann 在位于 Stettin 当预科学校的教员时完成了名著 Die Lineale Ausdehnungslehre, ein neuer Zweig der Mathematik (*The Theory of Linear Extension, a New Branch of Mathematics*)[9] 的第 1 卷, 于 1844 年发表, 第一次明晰地解释了 “n 维矢量空间” 的概念, 他把 n 维矢量空间的矢量和与积用纯几何方法来定义, 发展了通用的矢量演算法. 这些概念在 20 世纪的物理学中极其重要, 但在十九世纪时却不然. 在他生活的世纪, Grassmann 一直在那所不知名的预科学校当教员, 科学院的权威对他不闻不问. 他后来开辟了第二战场, 去学习梵文. 他把 Rig-Veda (印度古经典四吠陀之一) 译成了德文, 因而有了不小的名气. 所以 Freeman Dyson 感叹地说[10]: “也许, 如果命运安排你成了不被承认的数学天才, 为了健康起见, 去当个预科学校的老师比当大学教授要好一些.”

Gibbs 和 Heaviside 创立矢量代数, 也受到 Grassmann 的很大影响. 矢量的现代表示法之所以主要归功于 Gibbs 和 Heaviside 两位[11], 主要基于 Gibbs 于 1881 年[12] 和 Heaviside 于 1893 年[13] 所出版的有关专著的奠基性贡献.

3.4 赝矢量和赝标量

矢量分为正常矢量 (proper vector) 和赝矢量 (pseudovector) 两种, 前者亦称为真矢量 (true vector) 或极矢量 (polar vector), 后者还称为轴矢量 (axial vector) 或伪矢量. 为了正确区分正常矢量和赝矢量, 首先引入常见的两种坐标变换: 镜面反射和反演. 如图 3.5(a) 所示, 假定是对 $\boldsymbol{e}_y$ 和 $\boldsymbol{e}_z$ 所在平面的镜面反射, 此时 x 轴基

矢改号, 而另外两个基矢不变, 即有如下关系:

$$\boldsymbol{e}_{x'} = -\boldsymbol{e}_x, \quad \boldsymbol{e}_{y'} = \boldsymbol{e}_y, \quad \boldsymbol{e}_{z'} = \boldsymbol{e}_z \tag{3-10}$$

由此可见, 镜面反射的结果是使右手坐标系变成左手坐标系.

如图 3.5(b) 所示, 三个坐标基矢量都改号的变换称为反演, 即是

$$\boldsymbol{e}_{x'} = -\boldsymbol{e}_x, \quad \boldsymbol{e}_{y'} = -\boldsymbol{e}_y, \quad \boldsymbol{e}_{z'} = -\boldsymbol{e}_z \tag{3-11}$$

对比图 3.5 中的 (a) 和 (b) 表明: 反演变换可看成是先进行对 $\boldsymbol{e}_y$ 和 $\boldsymbol{e}_z$ 平面的镜面反射, 然后再绕 x 轴转 180° 而得到. 由于转动不改变坐标系的类型, 故反演和镜面反射一样, 使坐标系的类型发生变化, 亦即使右手坐标系变为左手坐标系.

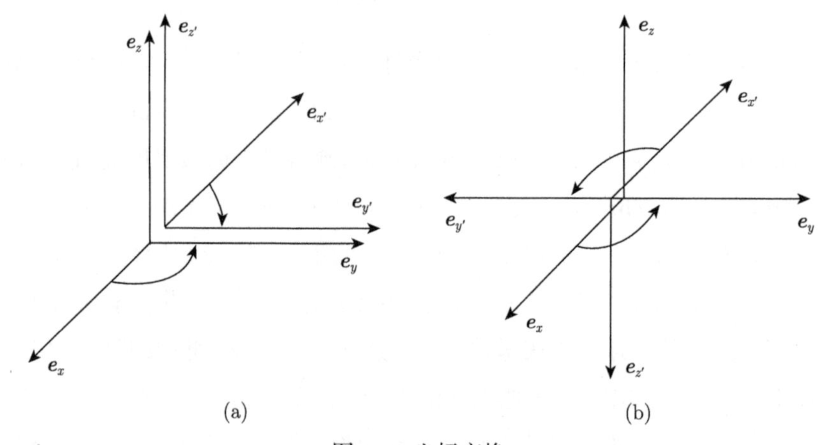

图 3.5　坐标变换

(a) 镜面反射; (b) 反演

赝矢量指的是在空间反演下, 不会改变方向的矢量. 正常矢量和赝矢量都属于广义上的矢量, 但更严格地说, 矢量还要求在空间反演下, 能够改变方向. 简单直观地讲, 如果矢量 $\boldsymbol{w}$ 是两个真矢量 $\boldsymbol{u}$ 和 $\boldsymbol{v}$ 的叉积, 亦即 $\boldsymbol{w} = \boldsymbol{u} \times \boldsymbol{v}$, 则 $\boldsymbol{w}$ 为赝矢量. 这是因为: $\boldsymbol{w} = \boldsymbol{u} \times \boldsymbol{v} = (-\boldsymbol{u}) \times (-\boldsymbol{v})$.

常见的赝矢量有: 磁感应强度、角速度、角加速度. 如果用两个真矢量的叉积来定义面积的话, 则面积矢量亦为赝矢量.

如果极矢量 $\boldsymbol{r}$ 是质点的矢径, 则速度 $\boldsymbol{v} = \mathrm{d}\boldsymbol{r}/\mathrm{d}t$ 为真矢量, 动量 $\boldsymbol{p} = m\boldsymbol{v}$、加速度 $\boldsymbol{a} = \dot{\boldsymbol{v}}$、力 $\boldsymbol{F} = m\boldsymbol{a}$ 亦为真矢量, 电场强度 $\boldsymbol{E} = \boldsymbol{F}/q$ 同样是真矢量, 这里 m 和 q 分别为质量和电量.

以下通过两个真矢量的叉积得到的矢量为赝矢量: (1) 力矩 $\boldsymbol{M}$: $\boldsymbol{M} = \boldsymbol{r} \times \boldsymbol{F}$; (2) 角速度 $\boldsymbol{\omega}$: $\boldsymbol{v} = \boldsymbol{\omega} \times \boldsymbol{r}$; (3) 角动量 $\boldsymbol{L}$: $\boldsymbol{L} = \boldsymbol{r} \times \boldsymbol{p}$; (4) 磁感应强度 $\boldsymbol{B}$: $\boldsymbol{F} = q\boldsymbol{v} \times \boldsymbol{B}$;

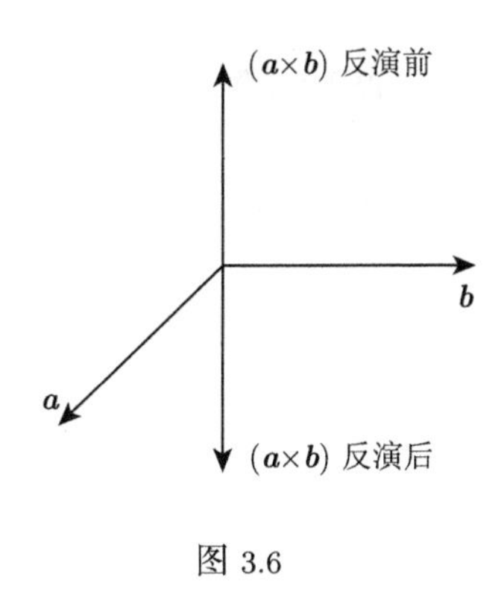

图 3.6

(5) 面积矢量 $\mathrm{d}\boldsymbol{a}$: $\mathrm{d}\boldsymbol{a} = \boldsymbol{n}\mathrm{d}a = \mathrm{d}\boldsymbol{x} \times \mathrm{d}\boldsymbol{y}$, 这里 $\boldsymbol{n}$ 为由矢量增量 $\mathrm{d}\boldsymbol{x}$ 和 $\mathrm{d}\boldsymbol{y}$ 组成的微元面积的外法线; 等.

举例说明为什么说磁感应强度 $\boldsymbol{B}$ 是赝矢量? 设一电荷 q 以速度 $\boldsymbol{v}$ 在磁场中运动, $q\boldsymbol{v}$ 构成一元电流, 该运动电荷会受到与 $\boldsymbol{v}$ 垂直的磁场力, 也就是洛仑兹力 $\boldsymbol{F}$ 的作用. 当 $\boldsymbol{v}$ 的方向改变时, 磁场力 $\boldsymbol{F}$ 的大小和方向都随之改变. 实验证明, 通过磁场中每一点都存在着一条特殊线, 电荷沿着这条线向前或向后运动均不受力, $\boldsymbol{F} = \boldsymbol{0}$. 只要偏离这条线运动电荷就会受到磁场力的作用, 即 $\boldsymbol{F} \neq \boldsymbol{0}$, 偏离的角度越大 $\boldsymbol{F}$ 的值也越大, 直至偏离到 90° 时, $\boldsymbol{F}$ 达到最大值. 磁场中的这条特殊线就反映了磁场的方向性. 但是一条线可以有两个指向, 究竟用哪个指向表示磁场的方向呢? 这就带有人为因素的约定俗成了, 历史上, 大家公认按安培右手定则来选定了其中一个指向为磁场的方向. 这就是为什么磁场中有那么多与右手有关的定则了. 反过来说, 如果当初安培本人是个左撇子, 他可能就按左手螺旋来约定磁场的方向了, 那么现行的右手定则统统要改成左手定则了, 左手定则改成右手定则了. 正是由于磁场方向选定上有人为因素成份, 如上所述, 磁感应强度 $\boldsymbol{B}$ 的矢量性就有别于电场强度 $\boldsymbol{E}$, 被称作轴矢量或赝矢量.

当空间反演时, 其符号不变的标量称为真标量, 如电荷密度 ρ 等; 反之, 当空间反演时, 其符号改变的标量称为赝标量, 如作为极矢量的电场强度 $\boldsymbol{E}$ 和作为轴矢量的磁感应强度 $\boldsymbol{B}$ 之间的点积: $\boldsymbol{E} \cdot \boldsymbol{B}$. 另一个例子是标量三重积, 三个矢量中的一个和另两个矢量的叉积相乘得到点积, 其结果是个赝标量:

$$\boldsymbol{a} \cdot (\boldsymbol{b} \times \boldsymbol{c}) = \boldsymbol{b} \cdot (\boldsymbol{c} \times \boldsymbol{a}) = \boldsymbol{c} \cdot (\boldsymbol{a} \times \boldsymbol{b}) \tag{3-12}$$

在几何上, 上述结果给出的是由这三个矢量所组成的平行六面体的体积.

手征性 (chirality) 只是一个与几何特征有关的概念, 是一种赝标量.

3.5 Levi-Civita 置换符号和 Kronecker 符号所满足的恒等式

Levi-Civita 置换符号 $\in_{ijk}$ 和 Kronecker delta δ_{ij} 之间满足如下关系:

$$\begin{aligned}\in_{ijk}\in_{lmn} &= \begin{vmatrix}\delta_{il} & \delta_{im} & \delta_{in}\\ \delta_{jl} & \delta_{jm} & \delta_{jn}\\ \delta_{kl} & \delta_{km} & \delta_{kn}\end{vmatrix}\\ &= \delta_{il}\left(\delta_{jm}\delta_{kn}-\delta_{jn}\delta_{km}\right)+\delta_{im}\left(\delta_{jn}\delta_{kl}-\delta_{jl}\delta_{kn}\right)\\ &\quad +\delta_{in}\left(\delta_{jl}\delta_{km}-\delta_{jm}\delta_{kl}\right)\end{aligned} \tag{3-13}$$

如果 (3-13) 式中两个 Levi-Civita 置换符号中的第一个指标相同, 则其特例是

$$\in_{ijk}\in_{imn}=\delta_{jm}\delta_{kn}-\delta_{jn}\delta_{km} \tag{3-14}$$

(3-14) 式右端 Kronecker 符号下标排列符合图 3.7 所示的运算规则: (1st) (2nd)–(外)(内). 这里, (1st)、(2nd)、(外)、(内) 分别对应 jm、kn、jn、km.

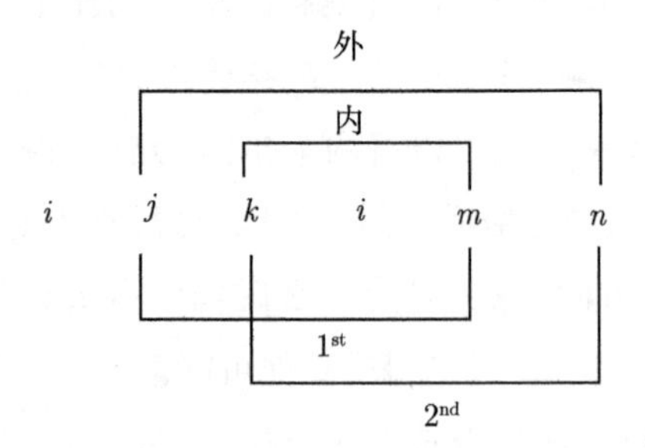

图 3.7　两个相乘 Levi-Civita 置换符号中的第一个指标相同时的运算规则

如果 (3-14) 式中两个 Levi-Civita 置换符号中的前两个指标相同, 则其特例是

$$\in_{ijk}\in_{ijn}=2\delta_{kn} \tag{3-15}$$

当然, 如果 (3-15) 式中两个 Levi-Civita 置换符号中的三个指标均相同, 该式退化为

$$\in_{ijk}\in_{ijk}=2\delta_{kk}=2\times 3=6 \tag{3-16}$$

一般地, 对于 n 维情形, (3-16) 式可进一步推广为

$$\in\underbrace{_{ijk\cdots}}_{n}\in\underbrace{_{ijk\cdots}}_{n}=n! \tag{3-17}$$

3.6　力学中的对偶空间、对偶基、逆变与协变

在力学上有很多对偶空间 (dual space): (1) 位移矢量和力矢量组成一对对偶矢量空间 (dual vector space); (2) 分析力学中的广义力和广义位移组成一对 n 维对偶空间; (3) 固体力学中考虑对称性的话, 一点的应力状态和应变状态构成一对对偶空间, 等.

容易看出, 定义了标积的两个线性空间互为对偶空间. 下面给出定义:

设 V 为在域 F 上的矢量空间, 定义其对偶空间 V^* 为由 V 到 F 的所有线性泛函的集合, 即 V 的标量线性映射 $\varphi: V \rightarrow F$. V^* 本身是 F 的矢量空间并且拥有加法及标量乘法 (scalar multiplication):

$$\begin{cases} (\varphi+\psi)(x)=\varphi(x)+\psi(x) \\ (a\varphi)(x)=a\varphi(x) \end{cases} \tag{3-18}$$

对所有 φ 和 $\psi \in V^*$, $x \in V$, 和 $a \in F$. 在张量的语言中, V 中的元素被称为逆变矢量 (contravariant vector), 而 V^* 中的元素被称为协变矢量 (covariant vector), 同向量 (co-vectors) 或一形 (one-form).

如果 V 是有维限的, 则其对偶空间 V^* 拥有和 V 相同的维度. 如果 $\{\boldsymbol{e}_1, \cdots, \boldsymbol{e}_n\}$ 是 V 的基, 则其对偶空间 V^* 便有对偶基 (dual basis): $\{\boldsymbol{e}^1, \cdots, \boldsymbol{e}^n\}$, 基矢量和对偶基矢量 (一形) 之间满足类似于 (3-2) 式的点积关系:

$$\boldsymbol{e}^i \cdot \boldsymbol{e}_j=\delta_j^i=\begin{cases} 1, & \text{若 } i=j \\ 0, & \text{若 } i \neq j \end{cases} \tag{3-19}$$

式中, δ_j^i 为考虑指标升降的 Kronecker delta 符号.

上述讨论表明, 对偶空间构造是行矢量 (row vector) $(1 \times n)$ 与列矢量 (column vector) $(n \times 1)$ 的关系的抽象化.

3.7　斜角直线坐标系的协变与逆变基矢量

3.2 节所提到创建于 1637 年的笛卡儿坐标系是直角坐标系和斜角坐标系 (skew coordinate system) 的统称. 相交于原点的两条数轴构成了平面仿射坐标系 (affine coordinate system). 如两条数轴上的度量单位相等, 则称此仿射坐标系为笛卡儿坐标系.

考虑如图 3.8 所示的斜角直线坐标系, 两坐标轴间的夹角为 α, 两个单位基矢量间的点积满足如下关系:

$$\begin{cases} \boldsymbol{e}_x \cdot \boldsymbol{e}_x = \boldsymbol{e}_y \cdot \boldsymbol{e}_y = 1 \\ \boldsymbol{e}_x \cdot \boldsymbol{e}_y = \cos\alpha \end{cases} \tag{3-20}$$

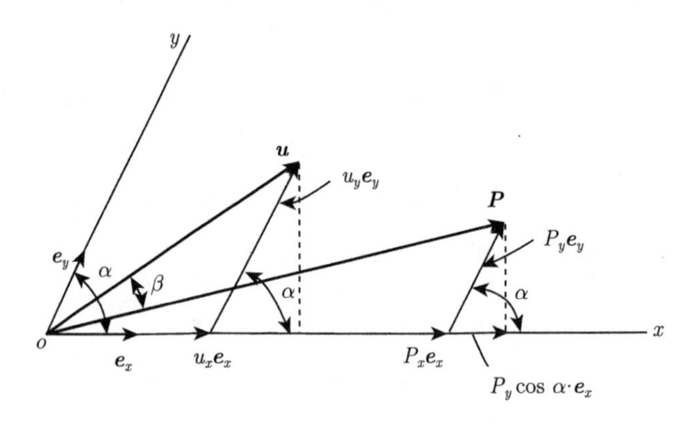

图 3.8　二维斜角直线坐标系

考虑一个力矢量 $\boldsymbol{P} = P_x\boldsymbol{e}_x + P_y\boldsymbol{e}_y = P_i\boldsymbol{e}_i$ 和一个位移矢量 $\boldsymbol{u} = u_x\boldsymbol{e}_x + u_y\boldsymbol{e}_y = u_i\boldsymbol{e}_i$, 应用 (3-20) 式, 则力所做的功可表示为以下三种等价的形式:

$$\begin{aligned} W &= \boldsymbol{P}\cdot\boldsymbol{u} = (P_x\boldsymbol{e}_x + P_y\boldsymbol{e}_y)\cdot(u_x\boldsymbol{e}_x + u_y\boldsymbol{e}_y) = P_x(u_x + u_y\cos\alpha) + P_y(u_y + u_x\cos\alpha) \\ &= u_x(P_x + P_y\cos\alpha) + u_y(P_y + P_x\cos\alpha) \\ &= P_xu_x + P_yu_y + (P_xu_y + P_yu_x)\cos\alpha \end{aligned} \tag{3-21}$$

(3-21) 式的计算过程提醒我们需要区分斜角直线坐标系中矢量的两种不同的分量:

一种是通常的分量, 譬如 P_x 和 P_y, 是以 $\boldsymbol{P}$ 为对角线, 以两邻边平行于坐标轴作成的平行四边形得出的. 一般采用带上标的 P^1 和 P^2 来代替分量 P_x 和 P_y, 需要强调的是, P^1 和 P^2 是通常意义上的矢量分量, 将它们称为矢量 $\boldsymbol{P}$ 的 “逆变分量 (contravariant components)”, 从而矢量 $\boldsymbol{P}$ 可表示为

$$\boldsymbol{P} = P^1\boldsymbol{e}_1 + P^2\boldsymbol{e}_2 = P^i\boldsymbol{e}_i \tag{3-22}$$

式中 $\boldsymbol{e}_1 = \boldsymbol{e}_x$, $\boldsymbol{e}_2 = \boldsymbol{e}_y$ 均为单位矢量.

另外一种是 (3-21) 式中第二排中的力的分量, 可写成:

$$\begin{cases} P_1 = P_x + P_y\cos\alpha \\ P_2 = P_y + P_x\cos\alpha \end{cases} \tag{3-23}$$

将上面力矢量 $\boldsymbol{P}$ 在两个斜角坐标轴的垂直投影称为“协变分量 (covariant components)”, 从而矢量 $\boldsymbol{P}$ 还可表示为

$$\boldsymbol{P}=P_1\boldsymbol{e}^1+P_2\boldsymbol{e}^2=P_i\boldsymbol{e}^i \tag{3-24}$$

如图 3.9 所示, P_1 和 P_2 是通过作坐标轴 1 和 2 的垂直轴, 再通过矢量的平行四边形法则所得到的分量. 很明显, $\boldsymbol{e}^1$ 和 $\boldsymbol{e}^2$ 并不是单位矢量, 它们满足: $\left|\boldsymbol{e}^1\right|=\left|\boldsymbol{e}^2\right|=1/\cos\left(\boldsymbol{e}_1,\boldsymbol{e}^1\right)=1/\cos\left(\boldsymbol{e}_2,\boldsymbol{e}^2\right)=1\Big/\cos\left(\dfrac{\pi}{2}-\alpha\right)=1/\sin\alpha$.

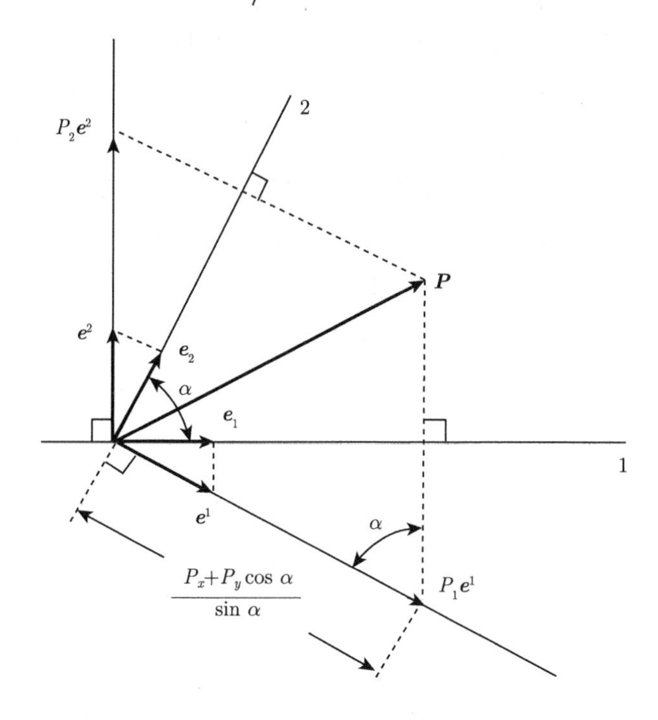

图 3.9　矢量的协变和逆变分量

上面所讨论的二维情形很容易推广到三维, 由 $\left(\boldsymbol{e}^1,\boldsymbol{e}^2,\boldsymbol{e}^3\right)$ 组成的坐标系称为参考标架, 这样可类似地定义已经由 (3-19) 式给出的斜角坐标系的 Kronecker 符号: $\boldsymbol{e}^m\cdot\boldsymbol{e}_n=\delta_n^m$, 每一个矢量 $\boldsymbol{e}^m$ 与 $n\neq m$ 的诸矢量 $\boldsymbol{e}_n$ 垂直以保证其点积为零, 而且其大小需满足: $|\boldsymbol{e}^n|=1/\cos\left(\boldsymbol{e}_n,\boldsymbol{e}^n\right)$.

这样, 在三维斜角直线坐标系中, 一个任意矢量可选择单位基矢量 $\boldsymbol{e}_n$ 将其分解为逆变分量形式: $\boldsymbol{u}=u^n\boldsymbol{e}_n$, 将另一矢量分解成协变分量形式: $\boldsymbol{v}=v_m\boldsymbol{e}^m$, 则两者之间的点积可方便地写成:

$$\boldsymbol{u}\cdot\boldsymbol{v}=u^nv_m\delta_n^m=u^nv_n \tag{3-25}$$

本节有关矢量方法的历史补记: 协变的英文 “covariant” 和逆变的英文 “contravariant” 术语是由 James Joseph Sylvester (1814~1897) 于 1853 年在研究代数不变量理论 (algebraic invariant theory) 时引入的[14].

3.8 度 量 张 量

英文 “metric tensor” 一词, 在中国数学、力学界一般被称为 “度量张量”, 而在物理界则一般被称为 “度规张量”. 为什么要研究 “度量” 或 “度规”? 我们知道, 度规是爱因斯坦所创立的广义相对论的基本几何量 (同时又是基本物理量). 确定了度规, 就确定了时空曲率. 所以, 知道了度规, 就了解了整个时空的几何性质. 广义相对论的主要研究任务之一就是确定和研讨时空的度规.

Bernhard Georg Friedrich Riemann (1826~1866)

度量张量是数学家 Bernhard Riemann (1826~1866) 大约于 1854 年提出的.

考虑如图 3.10 所示的极坐标中的矢量. 线元 $\mathrm{d}\boldsymbol{s}$ 既可通过单位基矢量 $\boldsymbol{e}_1$ 和 $\boldsymbol{e}_2$ 表示为

$$\mathrm{d}\boldsymbol{s} = \mathrm{d}r\boldsymbol{e}_1 + r\mathrm{d}\theta\boldsymbol{e}_2 \tag{3-26}$$

线元 $\mathrm{d}\boldsymbol{s}$ 还可以通过逆变分量 $\mathrm{d}x^1 = \mathrm{d}r$ 和 $\mathrm{d}x^2 = \mathrm{d}\theta$ 表示为

$$\mathrm{d}\boldsymbol{s} = \mathrm{d}x^1\boldsymbol{g}_1 + \mathrm{d}x^2\boldsymbol{g}_2 = \mathrm{d}x^i\boldsymbol{g}_i \tag{3-27}$$

式中, $\boldsymbol{g}_1 = \boldsymbol{e}_1$ 仍为单位协变基矢量, 而 $\boldsymbol{g}_2 = r\boldsymbol{e}_2$ 则是绝对值为 r、量纲为长度的非单位协变基矢量. 可以看出, $\boldsymbol{g}_1$ 和 $\boldsymbol{g}_2$ 的方向依赖于 θ, $\boldsymbol{g}_2$ 的大小依赖于 r.

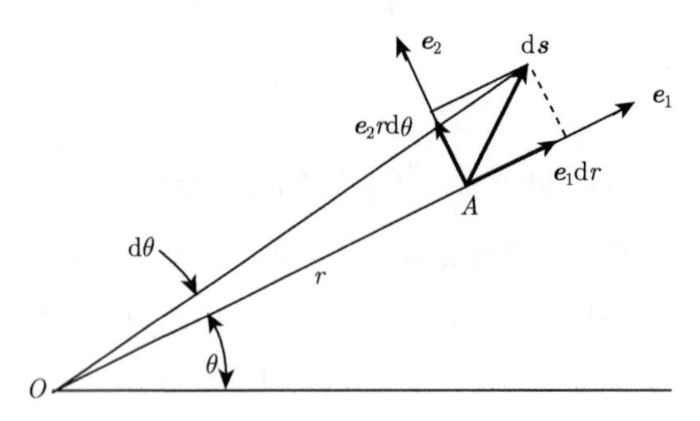

图 3.10　极坐标中的基矢量和线元分量

由图 3.10, 从坐标原点 O 到点 A 引入一个位置矢量 $\boldsymbol{r}$, 线元 $\mathrm{d}\boldsymbol{s}$ 就是从这一点到相邻一点的 $\boldsymbol{r}$ 的增量, 也就是: $\mathrm{d}\boldsymbol{s} = \mathrm{d}\boldsymbol{r}$, 可将该增量写成如下全微分形式:

$$\mathrm{d}\boldsymbol{r} = \frac{\partial\boldsymbol{r}}{\partial x^i}\mathrm{d}x^i = \boldsymbol{g}_i\mathrm{d}x^i \tag{3-28}$$

可通过 3.7 节的 Kronecker 符号 δ_i^j, 引入与协变基矢量 $\boldsymbol{g}_i = \partial \boldsymbol{r}/\partial x^i$ 相对应的逆变基矢量 $\boldsymbol{g}^j$

$$\boldsymbol{g}_i \cdot \boldsymbol{g}^j = \delta_i^j \tag{3-29}$$

这样, 类似于 (3-25), 两个矢量 $\boldsymbol{u}$ 和 $\boldsymbol{v}$ 之间的点积既可以写为 (3-25) 式

$$\boldsymbol{u} \cdot \boldsymbol{v} = \left(u^i \boldsymbol{g}_i\right) \cdot \left(v_j \boldsymbol{g}^j\right) = u^i v_j \boldsymbol{g}_i \cdot \boldsymbol{g}^j = u^i v_j \delta_i^j = u^i v_i \tag{3-30}$$

的形式, 也可写为

$$\boldsymbol{u} \cdot \boldsymbol{v} = \left(u_i \boldsymbol{g}^i\right) \cdot \left(v^j \boldsymbol{g}_j\right) = u_i v^j \boldsymbol{g}^i \cdot \boldsymbol{g}_j = u_i v^j \delta_j^i = u_i v^i \tag{3-31}$$

可见, 任何一个矢量都可以分解成协变分量或逆变分量.

协变基矢量和逆变基矢量之间可通过度量张量来联系:

$$\begin{cases} \boldsymbol{g}_i = g_{ij} \boldsymbol{g}^j \\ \boldsymbol{g}^i = g^{ij} \boldsymbol{g}_j \end{cases} \tag{3-32}$$

g_{ij} 和 g^{ij} 分别被称为度量张量的协变和逆变分量. 则基矢量之间的点积可通过度量张量表示为

$$\begin{cases} \boldsymbol{g}_i \cdot \boldsymbol{g}_j = g_{ik} \boldsymbol{g}^k \cdot \boldsymbol{g}_j = g_{ik} \delta_j^k = g_{ij} \\ \boldsymbol{g}^i \cdot \boldsymbol{g}^j = g^{ik} \boldsymbol{g}_k \cdot \boldsymbol{g}^j = g^{ik} \delta_k^j = g^{ij} \\ \boldsymbol{g}_i \cdot \boldsymbol{g}^j = \left(g_{ik} \boldsymbol{g}^k\right) \cdot \left(g^{jl} \boldsymbol{g}_l\right) = g_{ik} g^{jl} \delta_l^k = g_{ik} g^{jk} = \delta_i^j \end{cases} \tag{3-33}$$

(3-33) 式表明, 度量张量为对称张量, 亦即: $g_{ij} = g_{ji}$ 和 $g^{ij} = g^{ji}$. 度量张量的表达式可进一步见思考题 3.5.

例 3.2　通过度量张量, 将线元 $\mathrm{d}\boldsymbol{s}$ 的平方表示出来.

解: 利用 (3-28) 式, 有

$$\mathrm{d}\boldsymbol{s} \cdot \mathrm{d}\boldsymbol{s} = \mathrm{d}s^2 = \left(\boldsymbol{g}_i \mathrm{d}x^i\right) \cdot \left(\boldsymbol{g}_j \mathrm{d}x^j\right) = g_{ij} \mathrm{d}x^i \mathrm{d}x^j \tag{3-34}$$

(3-34) 式表明, 线元的平方可表示为坐标微分 $\mathrm{d}x^i$ 的二次型, 其系数为 g_{ij}. $[g_{ij}]$ 是正定二次型 (positive-definite quadratic form) $g_{ij}\mathrm{d}x^i\mathrm{d}x^j$ 的系数矩阵.

有关 “正定” 和 “半正定 (positive-semidefinite)” 的概念请见思考题 3.6.

例 3.3　利用度量张量进行指标升降.

解: 利用度量张量的协变和逆变分量 g_{ij} 和 g^{ij}, 可将一个矢量的逆变分量用协变分量表示出来, 反之亦然. 由 (3-30) 式, 对于任一矢量 $\boldsymbol{u} = u^i \boldsymbol{g}_i$, 再由 (3-32) 式

的第一式, 该矢量可通过度量张量的协变基分量表示为: $\boldsymbol{u}=u^i g_{ij}\boldsymbol{g}^j$. 由 (3-31) 式可知, 该矢量亦可由逆变基表示为: $\boldsymbol{u}=u_j\boldsymbol{g}^j$, 从而有

$$u^i g_{ij}\boldsymbol{g}^j=u_j\boldsymbol{g}^j$$

上式两端用协变基矢量 $\boldsymbol{g}_k$ 点积, 有

$$u^i g_{ij}\delta_k^j=u_j\delta_k^j$$

则上式可进一步简化为

$$u^i g_{ik}=u_k \tag{3-35}$$

同理可证:

$$u_i g^{ik}=u^k \tag{3-36}$$

由 (3-35) 式和 (3-36) 式所表示的运算, 称为指标的下降和上升.

两矢量的点积 (3-30) 和 (3-31) 两式亦可通过度量张量表示出, 见思考题 3.7.

例 3.4　协变和逆变关系图.

答: 逆变基的矢量组 $\{\boldsymbol{g}_i\}$ 和协变基的矢量组 $\{\boldsymbol{g}^i\}$ 互为对偶基. 内积空间的四个基本量为: $\{\boldsymbol{g}_i\}$、$[g_{ij}]$、$[g^{ij}]$ 和 $\{\boldsymbol{g}^i\}$. 它们之间的相互关系如图 3.11 所示.

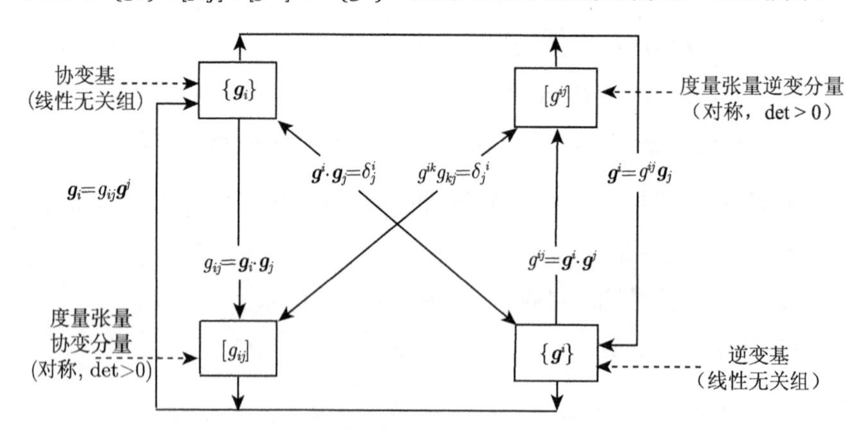

图 3.11　度量张量协变、逆变分量关系图[15]

从协变基 $\{\boldsymbol{g}_i\}$ 出发, 可依次求得 $[g_{ij}]$、$[g^{ij}]$ 和 $\{\boldsymbol{g}^i\}$; 按照相反次序, 从逆变基 $\{\boldsymbol{g}^i\}$ 出发, 又可求得 $[g^{ij}]$、$[g_{ij}]$ 和 $\{\boldsymbol{g}_i\}$.

事实上, 指标的 “上” 与 “下”, 所谓的 “逆变” 与 “协变”, 只是为了区别, 在作用上是等价的两组量.

例 3.5　用度量张量表示矢量间的点积、长度和夹角余弦.

解: 由 (3-34) 式, 可得

$$\boldsymbol{u}\cdot\boldsymbol{v}=(\boldsymbol{g}^i u_i)\cdot(\boldsymbol{g}^j v_j)=g^{ij}u_i v_j \tag{3-37}$$

则矢量的长度可表示为

$$|\boldsymbol{u}|=\sqrt{g^{ij}u_i u_j} \tag{3-38}$$

两矢量间的夹角余弦为

$$\cos\theta=\frac{\boldsymbol{u}\cdot\boldsymbol{v}}{|\boldsymbol{u}|\cdot|\boldsymbol{v}|}=\frac{g^{ij}u_i v_j}{\sqrt{g^{kl}u_k u_l}\sqrt{g^{rs}v_r v_s}} \tag{3-39}$$

3.9 Christoffel 符号

Elwin Bruno Christoffel (1829~1900) 于 1869 年在研究曲线坐标中的协变导数的运算时, 引进了以他名字命名的 “第一类 Christoffel 符号” 和 “第二类 Christoffel 符号”[16]. 其意义可表述为[17]: “Christoffel 引进的这两个概念的重要意义至少在于, 帮助建立曲率张量和协变微分概念, 使得 Ricci 可以借助他的工作发展出绝对微分学, 使得爱因斯坦在物理学中构造张量分析方法”.

Elwin Bruno Christoffel (1829~1900)

曲线坐标 (curvilinear coordinates) 亦被称为 “曲纹坐标”[18], 原因是当欧几里得空间 (Euclidean space) 的数组 $(x^1,\cdots,x^n)$ 中不同的 x^i 变动时, 可描绘出 n 族曲线, 势必形成了曲线网. 给定空间的一个点 $\boldsymbol{P}$, 记其笛卡儿坐标为 $\boldsymbol{r}=(y^1,\cdots,y^n)$, 当 $\boldsymbol{P}$ 点变化时, 其邻域内一点为 $(\boldsymbol{r}+\mathrm{d}\boldsymbol{r})$, 在曲纹坐标 $(x^1,\cdots,x^n)$ 中, 增量 $\mathrm{d}\boldsymbol{r}$ 可表示为

$$\mathrm{d}\boldsymbol{r}=\left(\mathrm{d}y^1,\cdots,\mathrm{d}y^n\right)=\left(\frac{\partial y^1}{\partial x^i},\cdots,\frac{\partial y^n}{\partial x^i}\right)\mathrm{d}x^i=\boldsymbol{g}_i\mathrm{d}x^i \tag{3-40}$$

从而活动标架可记为

$$\boldsymbol{g}_i=\frac{\partial\boldsymbol{r}}{\partial x^i} \tag{3-41}$$

由于曲纹坐标的非固定性, 空间的不同点拥有不同的标架, 因此首先必须研究清楚 $\mathrm{d}\boldsymbol{g}_i=\dfrac{\partial\boldsymbol{g}_i}{\partial x^j}\mathrm{d}x^j$. 德国数学家 Christoffel 首先研究清楚了 $\dfrac{\partial\boldsymbol{g}_i}{\partial x^j}$ 的变化规律. 由于 $\dfrac{\partial\boldsymbol{g}_i}{\partial x^j}$ 仍然是欧几里得空间中的矢量, 故其在活动标架场中仍可沿原基底分解为

$$\frac{\partial\boldsymbol{g}_i}{\partial x^j}=\frac{\partial}{\partial x^j}\left(\frac{\partial\boldsymbol{r}}{\partial x^i}\right)=\Gamma^k_{ij}\boldsymbol{g}_k \tag{3-42}$$

Γ^k_{ij} 被称为第二类 Christoffel 符号. 利用 (3-42) 式中偏导数的可交换性, 易证: $\Gamma^k_{ij}=\Gamma^k_{ji}$.

协变基矢量 $\boldsymbol{g}_j$ 对坐标 x^i 的偏导数对逆变基矢量的分解式为

$$\frac{\partial \boldsymbol{g}_j}{\partial x^i} = \Gamma_{ij}^l g_{kl} \boldsymbol{g}^k = \Gamma_{ij,k} \boldsymbol{g}^k \tag{3-43}$$

称 $\Gamma_{ij,k}$ 为第一类 Christoffel 符号, 其满足对称性: $\Gamma_{ij,k} = \Gamma_{ji,k}$. 通过度量张量, 两类 Christoffel 符号的联系为: $\Gamma_{ij,k} = \Gamma_{ij}^l g_{kl}$.

3.10 张量与赝张量

张量是几何、代数、力学和物理学中的基本概念之一. 从代数角度讲, 它是矢量的推广. 众所周知, 矢量可以看成一维的 "表格" (即分量按照顺序排成一排), 矩阵是二维的 "表格" (分量按照纵横位置排列), 那么 n 阶张量就是所谓的 n 维的 "表格". 标量可以看作是零阶张量, 矢量可以看作一阶张量.

张量的严格定义是利用线性映射来描述的. 与矢量相类似, 定义由若干坐标系改变时满足一定坐标转化关系的有序数组成的集合为张量. 从几何角度讲, 它是一个真正的几何量, 也就是说, 它是一个不随参照系的坐标变换而变化的东西. 矢量也具有这种特性. 有时候, 人们直接在一个坐标系下, 由若干个数 (称为分量) 来表示张量, 而在不同坐标系下的分量之间应满足一定的变换规则 (参见如协变、逆变规律), 如矩阵、多变量线性形式等都满足这些规则. 一些力学量如弹性体的应力、应变以及运动物体的能量动量等都需用张量来表示.

既然张量在概念上较难理解, 下面将举一些例子来阐明其典型的应用.

例 3.6 二阶 Maxwell 应力张量.

答: 在电磁学里, Maxwell 应力张量是描述电磁场带有之应力的二阶张量. Maxwell 应力张量可以表现出电场力、磁场力和机械动量之间的相互作用. Maxwell 应力在力–电耦合 (如电润湿等) 中应用十分广泛, 是一个基本概念.

在国际标准单位 (SI) 下, Maxwell 应力的表达式为

$$\boldsymbol{\sigma} = \varepsilon_0 \boldsymbol{E} \otimes \boldsymbol{E} + \frac{1}{\mu_0} \boldsymbol{B} \otimes \boldsymbol{B} - \frac{1}{2}\left(\varepsilon_0 E^2 + \frac{1}{\mu_0} B^2\right) \boldsymbol{\delta} \tag{3-44}$$

式中, $\otimes$ 为并矢积 (dyadic product) 或张量积 (tensor product) 符号, ε_0 和 μ_0 分别为真空的电导和磁导率, $\boldsymbol{\delta}$ 为二阶 Kronecker 符号张量. $\boldsymbol{\sigma}$ 为二阶对称张量, 亦即满足: $\boldsymbol{\sigma} = \boldsymbol{\sigma}^{\mathrm{T}}$. (3-44) 式的分量形式为

$$\sigma_{ij} = \varepsilon_0 E_i E_j + \frac{1}{\mu_0} B_i B_j - \frac{1}{2}\left(\varepsilon_0 E^2 + \frac{1}{\mu_0} B^2\right) \delta_{ij} \tag{3-45}$$

显然满足: $\sigma_{ij}=\sigma_{ji}$. Maxwell 应力张量亦可用矩阵形式表示为

$$\boldsymbol{\sigma}=\boldsymbol{\sigma}^{\mathrm{T}}$$
$$=\begin{bmatrix} \varepsilon_0\left(E_x^2-E^2/2\right)+\dfrac{B_x^2-B^2/2}{\mu_0} & \varepsilon_0E_xE_y+\dfrac{B_xB_y}{\mu_0} & \varepsilon_0E_xE_z+\dfrac{B_xB_z}{\mu_0} \\ \varepsilon_0E_xE_y+\dfrac{B_xB_y}{\mu_0} & \varepsilon_0\left(E_y^2-E^2/2\right)+\dfrac{B_y^2-B^2/2}{\mu_0} & \varepsilon_0E_yE_z+\dfrac{B_yB_z}{\mu_0} \\ \varepsilon_0E_xE_z+\dfrac{B_xB_z}{\mu_0} & \varepsilon_0E_yE_z+\dfrac{B_yB_z}{\mu_0} & \varepsilon_0\left(E_z^2-E^2/2\right)+\dfrac{B_z^2-B^2/2}{\mu_0} \end{bmatrix}$$

真空中光速 c 同 ε_0 和 μ_0 的关系为: $c=1/\sqrt{\varepsilon_0\mu_0}$. Maxwell 应力张量的 ij 元素诠释为, 朝着 i-轴方向, 施加于 j-轴的垂直平面, 单位面积的作用力; 对角元素代表负压力, 非对角元素代表剪应力. 对角元素给出张力 (拖曳力) 作用于其对应轴的垂直面微分元素. 不同于理想气体因为压力而施加的作用力, 在电磁场内的一个面元素也会感受到方向不垂直于其面、由非对角元素给出的剪应力.

例 3.7　电磁场的能量–动量张量 (energy–momentum tensor).

答: 电磁场的能量–动量张量又称电磁应力–能量张量 (electromagnetic stress–energy tensor), 是指由电磁场贡献于应力–能量张量的部分. 其分量在国际单位制下可通过矩阵形式表示为

$$[T_{ij}]=\begin{bmatrix} \dfrac{1}{2}\left(\varepsilon_0E^2+\dfrac{B^2}{\mu_0}\right) & S_x & S_y & S_z \\ S_x & -\sigma_{xx} & -\sigma_{xy} & -\sigma_{xz} \\ S_y & -\sigma_{yx} & -\sigma_{yy} & -\sigma_{yz} \\ S_z & -\sigma_{zx} & -\sigma_{zy} & -\sigma_{zz} \end{bmatrix} \tag{3-46}$$

式中, Poynting 矢量为 $\boldsymbol{S}=\dfrac{1}{\mu_0}\boldsymbol{E}\times\boldsymbol{B}$, 详见思考题 3.3 的讨论.

例 3.8　John Douglas Eshelby (1916~1981) 于 1951 年引入的弹性能量–动量张量 (elastic energy-momentum tensor)[19,20], 简称为能量–动量张量、Eshelby 张量、Eshelby 应力张量.

答: Eshelby 所给出的能量–动量张量的表达式为

$$P_{ij}=W\delta_{ij}-\frac{\partial W}{\partial u_{l,j}}u_{l,i} \tag{3-47}$$

John Douglas Eshelby (1916~1981)

式中, $\boldsymbol{u}$ 为位移矢量, W 为单位体积的弹性应变能密度. 在宏观断裂力学中, J. R. Rice 所提出的 J-积分矢量定义为 Eshelby 能量–动量张量的散度, 在有限变形时的相关讨论可见专著 [21] 的 1.13 节.

值得特别指出的是, 英国皇家学会会员 J. D. Eshelby 虽然一生发表论文不多, 但是近代国际力学家中单篇引用最高的学者之一, 他于 1957 年发表的有关椭圆夹杂附近弹性场分布的文章[22], 迄今为止已被 SCI 总引 6000 余次.

所谓真张量是指当空间反演时, 张量的分量改变符号, 而空间反演时分量不改变符号的则为赝张量, 如 3.3 节所讨论的 Levi-Civita 置换符号 $\in_{ijk}$, 则是三阶赝张量, 称为三阶完全反对称赝张量. 当然, 赝矢量可视为一阶赝张量, 而赝标量可视为零阶赝张量.

思 考 题

3.1 证明: $\delta_{ii}=3$, $\in_{ij}\in_{ij}=2$, $\in_{ijk}\in_{ijk}=6$.

3.2 证明 Lagrange 公式: $\boldsymbol{a}\times(\boldsymbol{b}\times\boldsymbol{c})=\boldsymbol{b}\,(\boldsymbol{a}\cdot\boldsymbol{c})-\boldsymbol{c}\,(\boldsymbol{a}\cdot\boldsymbol{b})$, 进而有常用梯度算子运算恒等式: $\boldsymbol{\nabla}\times(\boldsymbol{\nabla}\times\boldsymbol{f})=\boldsymbol{\nabla}(\boldsymbol{\nabla}\cdot\boldsymbol{f})-\nabla^2\boldsymbol{f}$.

3.3 思考题 1.5 中已经讨论过大扭转的 Poynting 效应. 另外一个以 J. H. Poynting 命名的科学概念是于 1884 年提出的 "Poynting 矢量"[23], 亦称能流密度矢量, 其描述单位时间内电磁场的能量通量 ($\mathrm{J\cdot m^{-2}\cdot s^{-1}}$ 或 $\mathrm{W/m^2}$). Poynting 矢量指出了能量流的方向, 也指出了能量流的规模大小 — 为通过一垂直于能量流方向之表面的单位面积功率. 国际单位制下, 表达式为: $\boldsymbol{S}=\boldsymbol{E}\times\boldsymbol{H}$, 其中 $\boldsymbol{E}$ 是电场, $\boldsymbol{H}$ 是磁场强度. 如果周遭介质的磁性质是线性的, 有着单一的磁导率 μ, 则: $\boldsymbol{S}=\dfrac{1}{\mu}\boldsymbol{E}\times\boldsymbol{B}$, 其中 $\boldsymbol{B}$ 是磁感应强度. 若电磁波在真空中传播, 则 μ 取真空磁导率 μ_0, 此时电磁波的波速为光速 $c=1/\sqrt{\mu_0\varepsilon_0}\approx 2.99792\times10^8$ m/s, 如图 3.12 所示, 电磁波的传播方向和 Poynting 矢量一致.

问题: Poynting 矢量是真矢量还是赝矢量?

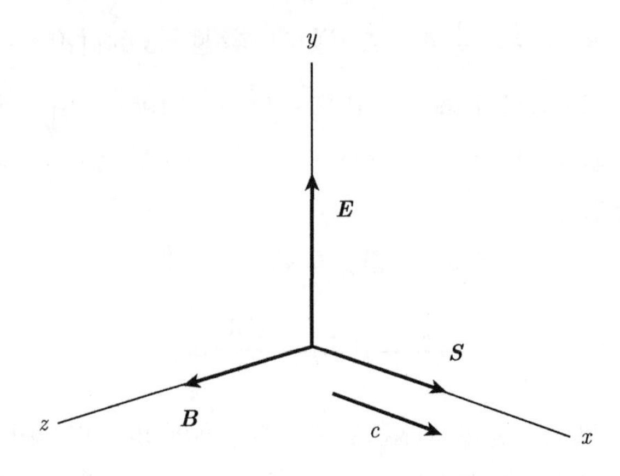

图 3.12 Poynting 矢量和电磁波传播的方向一致

3.4　从定义出发, 证明 Levi-Civita 置换符号 $\in_{ijk}$ 是三阶赝张量.

3.5　通过 (3-28) 和 (3-33) 两式, 证明度量张量的协变分量可表示为: $g_{ij} = \partial_i \boldsymbol{r} \cdot \partial_j \boldsymbol{r}$, 这里 $\partial_i \equiv \partial / \partial x^i$.

3.6　复习: 正定、半正定矩阵的定义, 正定、半正定二次型的定义.

3.7　证明两矢量的点积可表示为: $\boldsymbol{u} \cdot \boldsymbol{v} = u_i v_j g^{ij} = u^j v^i g_{ij}$.

3.8　式 (3-47) 给出 Eshelby 能量 – 动量张量的分量形式, 给出其张量形式的表达式.

3.9　惯性张量 (inertia tensor) 是刚体动力学中的重要概念[24]. 对于离散体系, 惯性张量的表达式为

$$I_{ik} = \sum m \left(x_l^2 \delta_{ik} - x_i x_k \right), \quad (i,k,l = x,y,z) \tag{3-48}$$

问题:

(1) 验证惯性张量的对称性;

(2) 进一步验证 (3-48) 式的分量形式可表达为

$$[I_{ik}] = \begin{bmatrix} \sum m\left(y^2+z^2\right) & -\sum mxy & -\sum mxz \\ -\sum myx & \sum m\left(x^2+z^2\right) & -\sum myz \\ -\sum mzx & -\sum mzy & \sum m\left(x^2+y^2\right) \end{bmatrix} \tag{3-49}$$

参 考 文 献

[1] Flügge W. Tensor Analysis and Continuum Mechanics. New York: Springer-Verlag, 1972. (中译本: W. 弗留盖. 张量分析与连续介质力学. 白铮译. 北京: 中国建筑工业出版社, 1980).

[2] Hamilton W R. On some extensions of Quaternions. Philosophical Magazine, (4th Series): Vol. vii (1854), pp. 492–499; Vol. viii (1854), pp. 125–137, 261–269; Vol. ix (1855), pp. 46–51, 280–290.

[3] Voigt W. Die fundamentalen physikalischen Eigenschaften der Krystalle in elementarer Darstellung. Leipzig: Von Veit, 1898.

[4] Ricci G, Levi-Civita T. Méthodes de calcul différentiel absolu et leurs applications. Mathematische Annalen, 1900, 54: 125–201.

[5] Einstein A. Die Grundlage der allgemeinen relativitätstheorie. Annalen der Physik, 1916, 49: 769–822.

[6] Descartes R. Discours de la méthode pour bien conduire sa raison et chercher la vérité dans les sciences. Plus la Dioptrique. Les Meteores. & la Geometrie qui sont des essais de cette Methode. La Géométrie, 1637, 1897: 297–413.

[7] Levi-Civita T. The Absolute Differential Calculus. London: Blackie & Son, 1927.

[8] Heinbockel J H. Introduction to Tensor Calculus and Continuum Mechanics. Old Dominion University, 1996.

[9] Grassmann H G. Die lineale Ausdehnungslehre. Leipzig: Wiegand, 1844.

[10] Dyson F J. Unfashionable pursuits. The Mathematical Intelligencer, 1983, 5: 47–54.

[11] Crowe M. A History of Vector Analysis. Notre Dame University Press, 1967.

[12] Gibbs J W. Elements of Vector Analysis (Part I). New Haven, 1881.

[13] Heaviside O. Electromagnetic Theory (Part I). London: Electrician, 1893.

[14] Sylvester J J. On a theory of the syzygetic relations of two rational integral functions, comprising an application to the theory of Sturm's functions, and that of the greatest algebraical common measure. Philosophical Transactions of the Royal Society of London, 1853, 143: 407–548.

[15] 郭仲衡. 张量. 北京: 科学出版社, 1988.

[16] Christoffel E B. Über die transformation der homogenen differentialausdrücke zweiten grades. Journal für die Reine und Angewandte Mathematik, 1869, 70: 46–70.

[17] Butzer P L, Feher F (Editors). E. B. Christoffel: the influence of his work on mathematics and the physical sciences. Birkhäuser: Verlag, 1981.

[18] 武际可, 黄克服. 微分几何及其在力学中的应用. 北京: 北京大学出版社, 2011.

[19] Eshelby J D. The force on an elastic singularity. Philosophical Transactions of the Royal Society A, 1951, 244: 87–112.

[20] Eshelby J D. The elastic energy-momentum tensor. Journal of Elasticity, 1975, 5: 321–335.

[21] 赵亚溥. 纳米与介观力学. 北京: 科学出版社, 2014.

[22] Eshelby J D. The determination of the elastic field of an ellipsoidal inclusion, and related problems. Proceedings of the Royal Society of London A, 1957, 241: 376–396.

[23] Poynting J H. On the transfer of energy in the electromagnetic field. Philosophical Transactions of the Royal Society of London, 1884, 175: 343–361.

[24] Landau L D, Lifshitz E M. Mechanics (3rd Edition). Oxford: Pergamon Press, 1976.

第 4 章　张量代数和微积分

4.1 Cayley-Hamilton 定理

任意一个方矩阵 (square matrix) 均满足其特征方程 (characteristic equation). 这一有趣和重要的命题最早由英国皇家学会会员 Arthur Cayley (1821~1895) 于 1858 年明确地陈述出[1]. Cayley 在文中写道[1] "我已经在另一个最简单的 3×3 矩阵的情形验证了该定理, ······ 但是我认为不必费力去给出对于任意阶矩阵的一般情形的正式证明 (I have verified the theorem, in the next simplest case, of a matrix of the order 3, ······ but I have not thought it necessary to undertake the labour of a formal proof of the theorem in the general case of a matrix of any degree.)". 事实上, Hamilton 早在五年前的 1853 年就已经证明过[2]: 三维空间中的转动变换 (rotation transformation) 满足其自身的特征方程. 由此可见, Cayley 和 Hamilton 均没有给出该命题的一般性证明. 为表示尊重, 该命题以最早的两位提出者命名, 在文献中被广泛地称为 "Hamilton-Cayley 定理" 或者 "Cayley-Hamilton 定理". 值得特别指出的是, 对于 $n\times n$ 矩阵该定理的一般性证明最早是由德国数学家 Ferdinand Georg Frobenius (1849~1917) 于 1878 年给出的[3].

Arthur Cayley (1821~1895)

考虑一个二阶张量 $\boldsymbol{S}$. 欧几里得空间中的一个矢量 $\boldsymbol{v}$ 可称为 $\boldsymbol{S}$ 的本征向量 (eigenvector) 的条件是存在一个标量 λ 满足[4]:

$$\boldsymbol{S}\boldsymbol{v}=\lambda\boldsymbol{v} \tag{4-1}$$

那么标量 λ 称为二阶张量 $\boldsymbol{S}$ 与本征向量 $\boldsymbol{v}$ 相关的本征值 (eigenvalue). 按照惯例, $\boldsymbol{S}\boldsymbol{v}$ 表示二阶张量 $\boldsymbol{S}$ 和矢量 $\boldsymbol{v}$ 的点积, 中间的 "·" 略去.

齐次方程组 (4-1) 对于本征向量 $\boldsymbol{v}$ 而言存在非平凡解的条件是当且仅当:

$$\det\,(\boldsymbol{S}-\lambda\boldsymbol{I})=0 \tag{4-2}$$

成立. 式中 $\boldsymbol{I}=\delta_{ij}\boldsymbol{e}_i\otimes\boldsymbol{e}_j$ 为单位等同张量 (identity tensor), $\boldsymbol{e}_i$ 为单位基矢量. 上式即称为二阶张量 $\boldsymbol{S}$ 的特征方程, 在笛卡儿坐标系下, 其分量表达式为

$$\det\left(S_{ij}-\lambda\delta_{ij}\right)=0 \quad 或者 \quad \begin{vmatrix} S_{11}-\lambda & S_{12} & S_{13} \\ S_{21} & S_{22}-\lambda & S_{23} \\ S_{31} & S_{32} & S_{33}-\lambda \end{vmatrix}=0 \tag{4-3}$$

(4-3) 式可展开为

$$\lambda^3-\mathrm{I}_1\lambda^2+\mathrm{I}_2\lambda-\mathrm{I}_3=0 \tag{4-4}$$

式中,

$$\begin{cases} \mathrm{I}_1=\mathrm{tr}\boldsymbol{S}=\boldsymbol{S}:\boldsymbol{I}=S_{ii} \\ \mathrm{I}_2=\dfrac{1}{2}\left[(\mathrm{tr}\boldsymbol{S})^2-\mathrm{tr}\boldsymbol{S}^2\right] \\ \mathrm{I}_3=\det\boldsymbol{S}=\dfrac{1}{6}\left[(\mathrm{tr}\boldsymbol{S})^3-3\left(\mathrm{tr}\boldsymbol{S}\right)\left(\mathrm{tr}\boldsymbol{S}^2\right)+2\mathrm{tr}\boldsymbol{S}^3\right] \end{cases} \tag{4-5}$$

为张量 $\boldsymbol{S}$ 的三个主不变量 (principal invariants). 关于张量迹的运算见思考题 4.2.

由 (4-1) 式可知, 对于任意正整数 n, 存在下列等式:

$$\boldsymbol{S}^n\boldsymbol{v}=\boldsymbol{S}^{n-1}\boldsymbol{S}\boldsymbol{v}=\lambda\boldsymbol{S}^{n-2}\boldsymbol{S}\boldsymbol{v}=\lambda^2\boldsymbol{S}^{n-3}\boldsymbol{S}\boldsymbol{v}=\cdots=\lambda^n\boldsymbol{v} \tag{4-6}$$

用本征向量 $\boldsymbol{v}$ 去乘方程 (4-4), 并利用方程 (4-6), 可得

$$\boldsymbol{S}^3-\mathrm{I}_1\boldsymbol{S}^2+\mathrm{I}_2\boldsymbol{S}-\mathrm{I}_3\boldsymbol{I}=\boldsymbol{0} \tag{4-7}$$

式中, $\boldsymbol{0}$ 为零张量. 方程 (4-7) 即为二阶张量的 Cayley-Hamilton 定理的数学表达式. Cayley-Hamilton 定理表述为: 一个二阶张量满足其特征方程.

Cayley-Hamilton 定理的实际应用价值在于, 它提供了一种途径可将张量的高阶幂次方通过该张量的二次幂和一次幂表示出. 例如, 用 $\boldsymbol{S}$ 去乘 (4-7) 式, 再应用 (4-7) 式, $\boldsymbol{S}^4$ 则可用 $\boldsymbol{S}^2$、$\boldsymbol{S}$ 和等同张量 $\boldsymbol{I}$ 表示为

$$\begin{aligned} \boldsymbol{S}^4 &=\mathrm{I}_1\boldsymbol{S}^3-\mathrm{I}_2\boldsymbol{S}^2+\mathrm{I}_3\boldsymbol{S} \\ &=\mathrm{I}_1\left(\mathrm{I}_1\boldsymbol{S}^2-\mathrm{I}_2\boldsymbol{S}+\mathrm{I}_3\boldsymbol{I}\right)-\mathrm{I}_2\boldsymbol{S}^2+\mathrm{I}_3\boldsymbol{S} \\ &=\left(\mathrm{I}_1^2-\mathrm{I}_2\right)\boldsymbol{S}^2+\left(\mathrm{I}_3-\mathrm{I}_1\mathrm{I}_2\right)\boldsymbol{S}+\mathrm{I}_1\mathrm{I}_3\boldsymbol{I} \end{aligned} \tag{4-8}$$

事实上, 对于任何正或负整数 n, $\boldsymbol{S}^n$ 均可由 $\boldsymbol{S}^2$、$\boldsymbol{S}$ 和 $\boldsymbol{I}$ 表示出. 例如:

$$\boldsymbol{S}^{-1}=\frac{\boldsymbol{S}^2-\mathrm{I}_1\boldsymbol{S}+\mathrm{I}_2\boldsymbol{I}}{\mathrm{I}_3} \tag{4-9}$$

例 4.1　求二阶张量 $\boldsymbol{S}$ 逆 $(\boldsymbol{S}^{-1})$ 的第一不变量 I_{-1}.

解: 按照定义, $\boldsymbol{S}^{-1}$ 的第一不变量为

$$\mathrm{I}_{-1}\left(\boldsymbol{S}^{-1}\right)=\mathrm{tr}\left(\boldsymbol{S}^{-1}\right) \tag{4-10}$$

将 $\boldsymbol{S}^{-1}$ 对 Cayley-Hamilton 定理 (4-7) 式作点积, 可得

$$\boldsymbol{S}^2-\mathrm{I}_1\left(\boldsymbol{S}\right)\boldsymbol{S}+\mathrm{I}_2\left(\boldsymbol{S}\right)\boldsymbol{I}-\mathrm{I}_3\left(\boldsymbol{S}\right)\boldsymbol{S}^{-1}=\boldsymbol{0} \tag{4-11}$$

对 (4-11) 式求迹得:

$$\mathrm{tr}\boldsymbol{S}^2-\left(\mathrm{tr}\boldsymbol{S}\right)^2+\mathrm{I}_2\left(\boldsymbol{S}\right)\mathrm{tr}\boldsymbol{I}-\mathrm{I}_3\left(\boldsymbol{S}\right)\mathrm{tr}\left(\boldsymbol{S}^{-1}\right)=0$$

由于 $\mathrm{tr}\boldsymbol{I}=\delta_{ii}=3$, 所以由上式得出:

$$\mathrm{I}_2\left(\boldsymbol{S}\right)=\mathrm{I}_3\left(\boldsymbol{S}\right)\mathrm{tr}\left(\boldsymbol{S}^{-1}\right)=\mathrm{I}_3\left(\boldsymbol{S}\right)\cdot\mathrm{I}_{-1}\left(\boldsymbol{S}^{-1}\right)$$

由上式得出二阶张量 $\boldsymbol{S}$ 逆 $(\boldsymbol{S}^{-1})$ 的第一不变量 I_{-1} 为

$$\mathrm{I}_{-1}\left(\boldsymbol{S}^{-1}\right)=\frac{\mathrm{I}_2\left(\boldsymbol{S}\right)}{\mathrm{I}_3\left(\boldsymbol{S}\right)} \tag{4-12}$$

基于应变的第一不变量 I_1 和应变逆的不变量 I_{-1}, 高玉臣于 1997 年提出了一个新的超弹性势[5]: $W=C_1\left(\mathrm{I}_1^n+\mathrm{I}_{-1}^n\right)=C_1\left[\mathrm{I}_1^n+\left(\mathrm{I}_2/\mathrm{I}_3\right)^n\right]$. 其中, 应变的第一不变量 I_1 随拉伸变形而增大, I_{-1} 则随压缩变形而增大, 此二者恰好能相互补充.

例 4.2　除了由 (4-5) 式所给出的二阶张量的三个独立的主不变量外, 文献中还存在被称为 “矩 (moments)” 的如下三个主不变量的表达式:

$$\begin{cases}\mathrm{I}_1^*=\mathrm{tr}\boldsymbol{S}=\boldsymbol{S}:\boldsymbol{I}\\ \mathrm{I}_2^*=\mathrm{tr}\boldsymbol{S}^2=\boldsymbol{S}:\boldsymbol{S}=\boldsymbol{S}^2:\boldsymbol{I}\\ \mathrm{I}_3^*=\mathrm{tr}\boldsymbol{S}^3=\left(\boldsymbol{S}\,\boldsymbol{S}\right):\boldsymbol{S}=\boldsymbol{S}^3:\boldsymbol{I}\end{cases} \tag{4-13}$$

按照张量运算的规则, 上面第三式中 $\boldsymbol{S}\,\boldsymbol{S}$ 表示两个张量之间的点积. 问题: 给出两种不同独立主不变量之间的关系.

解: 按照定义, 可以十分方便地给出两类主不变量之间的简单关系:

$$\mathrm{I}_1=\mathrm{I}_1^*,\quad \mathrm{I}_2=\frac{1}{2}\left[\left(\mathrm{I}_1^*\right)^2-\mathrm{I}_2^*\right],\quad \mathrm{I}_3=\frac{1}{6}\left[\left(\mathrm{I}_1^*\right)^3-3\mathrm{I}_1^*\mathrm{I}_2^*+2\mathrm{I}_3^*\right] \tag{4-14}$$

例 4.3　偏张量 (deviatoric tensor) 的不变量.

解: 任一二阶张量 $\boldsymbol{S}$ 的球张量 (spherical tensor) 可通过迹运算来定义:

$$\boldsymbol{S}_m = \frac{1}{3}(\mathrm{tr}\boldsymbol{S})\boldsymbol{I} \tag{4-15}$$

球张量的大小 $\frac{1}{3}(\mathrm{tr}\boldsymbol{S})$ 表征的是静水压强 (hydrostatic pressure). 偏张量或张量的偏量 (tensor deviator) 定义为

$$\boldsymbol{S}' = \boldsymbol{S} - \boldsymbol{S}_m = \boldsymbol{S} - \frac{1}{3}(\mathrm{tr}\boldsymbol{S})\boldsymbol{I} \tag{4-16}$$

偏张量 $\boldsymbol{S}'$ 的特征方程为

$$\boldsymbol{S}'^3 + \mathrm{I}_2'\boldsymbol{S}' - \mathrm{I}_3' = \boldsymbol{0} \tag{4-17}$$

偏张量 $\boldsymbol{S}'$ 的三个不变量为

$$\begin{cases} \mathrm{I}_1' = \mathrm{tr}\boldsymbol{S}' = \mathrm{tr}\left(\boldsymbol{S} - \dfrac{1}{3}(\mathrm{tr}\boldsymbol{S})\boldsymbol{I}\right) = 0 \\ \mathrm{I}_2' = \dfrac{1}{2}\mathrm{tr}\boldsymbol{S}'^2 \\ \mathrm{I}_3' = \det\boldsymbol{S}' = \dfrac{1}{3}\mathrm{tr}\boldsymbol{S}'^3 \end{cases} \tag{4-18}$$

将在 12.1.3 节中给出一个应用由 (4-18) 式定义的张量不变量的例子.

例 4.4 已知二阶张量方程:

$$\boldsymbol{B} = \alpha(\mathrm{tr}\boldsymbol{A})\boldsymbol{I} + \beta\boldsymbol{A} \tag{4-19}$$

其中, α 和 β 均为常量, (4-19) 式以后会经常类似的表达式, 如 (11-44) 式、(13-10) 式、(13-18) 式等. 求该式的逆表示, 也就是用 $\boldsymbol{B}$ 来表示 $\boldsymbol{A}$.

解: 对 $\boldsymbol{B} = \alpha(\mathrm{tr}\boldsymbol{A})\boldsymbol{I} + \beta\boldsymbol{A}$ 两端求迹, 得到: $\mathrm{tr}\boldsymbol{B} = \alpha\mathrm{tr}\boldsymbol{I}\mathrm{tr}\boldsymbol{A} + \beta\mathrm{tr}\boldsymbol{A}$, 由于 $\mathrm{tr}\boldsymbol{I} = 3$, 所以有 $\mathrm{tr}\boldsymbol{A} = \frac{1}{3\alpha+\beta}\mathrm{tr}\boldsymbol{B}$, 再将其代回 (4-19) 式, 可得到如下常用关系式:

$$\boldsymbol{A} = \frac{1}{\beta}\left[\boldsymbol{B} - \frac{\alpha}{3\alpha+\beta}(\mathrm{tr}\boldsymbol{B})\boldsymbol{I}\right] \tag{4-20}$$

该例子对于求诸如 (11-44)、(13-10)、(13-18) 等式的逆表示时, 十分有用.

4.2 二阶张量的微积分

4.2.1 二阶张量的梯度运算 (gradient operation)

对于标量场 $\varphi(x_i)$, 其右梯度为: $\varphi\boldsymbol{\nabla} = \frac{\partial\varphi}{\partial x_i}\boldsymbol{e}_i$; 左梯度为: $\boldsymbol{\nabla}\varphi = \boldsymbol{e}_i\frac{\partial\varphi}{\partial x_i}$, 因此,

对于标量场而言其左、右梯度相等, 即有: $\varphi\boldsymbol{\nabla} = \boldsymbol{\nabla}\varphi$. 在英文文献中, 右梯度也被称为后梯度 (rear gradient); 而左梯度也被称为前梯度 (front gradient).

对于矢量场 $\boldsymbol{v} = v_i\boldsymbol{e}_i$, 其右梯度为二阶张量:

$$\boldsymbol{v} \otimes \boldsymbol{\nabla} = \frac{\partial \boldsymbol{v}}{\partial x_j} \otimes \boldsymbol{e}_j = \frac{\partial v_i}{\partial x_j}\boldsymbol{e}_i \otimes \boldsymbol{e}_j = v_{i,j}\boldsymbol{e}_i \otimes \boldsymbol{e}_j \tag{4-21}$$

该矢量场的左梯度亦为二阶张量:

$$\boldsymbol{\nabla} \otimes \boldsymbol{v} = \boldsymbol{e}_i \otimes \frac{\partial v_j}{\partial x_i}\boldsymbol{e}_j = \frac{\partial v_j}{\partial x_i}\boldsymbol{e}_i \otimes \boldsymbol{e}_j = v_{j,i}\boldsymbol{e}_i \otimes \boldsymbol{e}_j \tag{4-22}$$

比较 (4-21) 和 (4-22) 两式, 有如下关系式:

$$\boldsymbol{v} \otimes \boldsymbol{\nabla} = (\boldsymbol{\nabla} \otimes \boldsymbol{v})^{\mathrm{T}} \tag{4-23}$$

对于二阶张量 $\boldsymbol{T} = T_{ij}\boldsymbol{e}_i \otimes \boldsymbol{e}_j$, 其右梯度为三阶张量:

$$\boldsymbol{T} \otimes \boldsymbol{\nabla} = \frac{\partial \boldsymbol{T}}{\partial x_k} \otimes \boldsymbol{e}_k = \frac{\partial T_{ij}}{\partial x_k}\boldsymbol{e}_i \otimes \boldsymbol{e}_j \otimes \boldsymbol{e}_k \tag{4-24}$$

该二阶张量的左梯度亦为三阶张量:

$$\boldsymbol{\nabla} \otimes \boldsymbol{T} = \boldsymbol{e}_i \otimes \frac{\partial \boldsymbol{T}}{\partial x_i} = \frac{\partial T_{jk}}{\partial x_i}\boldsymbol{e}_i \otimes \boldsymbol{e}_j \otimes \boldsymbol{e}_k \tag{4-25}$$

因此比较 (4-24) 和 (4-25) 两式可知, 对于二阶张量, 其左、右梯度不等:

$$\boldsymbol{T} \otimes \boldsymbol{\nabla} \neq \boldsymbol{\nabla} \otimes \boldsymbol{T} \tag{4-26}$$

4.2.2　二阶张量的散度运算 (divergent operation)

给定一个光滑的矢量场 $\boldsymbol{v}$, 标量场: $\operatorname{div}\boldsymbol{v} = \boldsymbol{\nabla} \cdot \boldsymbol{v} = \operatorname{tr}(\boldsymbol{\nabla} \otimes \boldsymbol{v})$ 称为矢量场 $\boldsymbol{v}$ 的散度. 可容易地验证矢量场 $\boldsymbol{v}$ 的右散度和左散度相等:

$$\boldsymbol{v}\mathrm{div} = \boldsymbol{v} \cdot \boldsymbol{\nabla} = \operatorname{tr}(\boldsymbol{v} \otimes \boldsymbol{\nabla}) = \operatorname{div}\boldsymbol{v} = \operatorname{tr}(\boldsymbol{\nabla} \otimes \boldsymbol{v}) = \frac{\partial v_i}{\partial x_i} = v_{i,i} \tag{4-27}$$

对于二阶张量 $\boldsymbol{T} = T_{ij}\boldsymbol{e}_i \otimes \boldsymbol{e}_j$ 其右散度为

$$\boldsymbol{T}\mathrm{div} = \frac{\partial \boldsymbol{T}}{\partial x_k}\boldsymbol{e}_k = \frac{\partial T_{ij}}{\partial x_k}(\boldsymbol{e}_i \otimes \boldsymbol{e}_j)\boldsymbol{e}_k = \frac{\partial T_{ij}}{\partial x_k}\delta_{jk}\boldsymbol{e}_i = \frac{\partial T_{ij}}{\partial x_j}\boldsymbol{e}_i = T_{ij,j}\boldsymbol{e}_i \tag{4-28}$$

该二阶张量的左散度为

$$\operatorname{div}\boldsymbol{T} = \boldsymbol{e}_i\frac{\partial T_{jk}}{\partial x_i}\boldsymbol{e}_j \otimes \boldsymbol{e}_k = \frac{\partial T_{jk}}{\partial x_i}\delta_{ij}\boldsymbol{e}_k = \frac{\partial T_{ik}}{\partial x_i}\boldsymbol{e}_k = T_{ik,i}\boldsymbol{e}_k \tag{4-29}$$

需要提醒初学者的是, 由于规定了张量和矢量之间的点积运算略去之间的 “·”, 所以一些连续介质力学教材或专著中[6], 将二阶张量 $\boldsymbol{T}$ 的右散度写为 $\boldsymbol{T}\boldsymbol{\nabla}$, 而将左散度写为 $\boldsymbol{\nabla}\boldsymbol{T}$, 需要特别注意和传统二阶张量梯度运算的区别. 需要指出的是, 如果二阶张量 $\boldsymbol{T}$ 先和某矢量 $\boldsymbol{v}$ 点积运算变为矢量 $\boldsymbol{T}\boldsymbol{v}$, 再和矢量 $\boldsymbol{a}$ 进行点积运算时, 则需要加 “·”, 如写为 $\boldsymbol{a}\cdot\boldsymbol{T}\boldsymbol{v}$ 或 $\boldsymbol{T}\boldsymbol{v}\cdot\boldsymbol{a}$.

4.2.3 二阶张量的旋度运算 (curl operation)

给定一个光滑的矢量场 $\boldsymbol{v}$, 其左、右旋度分别为

$$\begin{cases}\boldsymbol{\nabla}\times\boldsymbol{v}=\boldsymbol{e}_i\times\dfrac{\partial\left(v_j\boldsymbol{e}_j\right)}{\partial x_i}=\dfrac{\partial v_j}{\partial x_i}\boldsymbol{e}_i\times\boldsymbol{e}_j=v_{j,i}\in_{ijk}\boldsymbol{e}_k\\ \boldsymbol{v}\times\boldsymbol{\nabla}=\dfrac{\partial\left(v_i\boldsymbol{e}_i\right)}{\partial x_j}\times\boldsymbol{e}_j=\dfrac{\partial v_i}{\partial x_j}\boldsymbol{e}_i\times\boldsymbol{e}_j=v_{i,j}\in_{ijk}\boldsymbol{e}_k\end{cases}\tag{4-30}$$

由置换符号 $\in_{ijk}$ 的反对称性质, 可知: $\boldsymbol{\nabla}\times\boldsymbol{v}=-\boldsymbol{v}\times\boldsymbol{\nabla}$.

对于二阶张量 $\boldsymbol{T}=T_{ij}\boldsymbol{e}_i\otimes\boldsymbol{e}_j$, 其左、右旋度分别为

$$\begin{cases}\boldsymbol{\nabla}\times\boldsymbol{T}=\boldsymbol{e}_i\times\dfrac{\partial\left(T_{jk}\boldsymbol{e}_j\otimes\boldsymbol{e}_k\right)}{\partial x_i}=\dfrac{\partial T_{jk}}{\partial x_i}\boldsymbol{e}_i\times\left(\boldsymbol{e}_j\otimes\boldsymbol{e}_k\right)\\ \qquad=T_{jk,i}\left(\boldsymbol{e}_i\times\boldsymbol{e}_j\right)\otimes\boldsymbol{e}_k=T_{jk,i}\in_{ijm}\boldsymbol{e}_m\otimes\boldsymbol{e}_k\\ \boldsymbol{T}\times\boldsymbol{\nabla}=\dfrac{\partial\left(T_{ij}\boldsymbol{e}_i\otimes\boldsymbol{e}_j\right)}{\partial x_k}\times\boldsymbol{e}_k=\dfrac{\partial T_{ij}}{\partial x_k}\boldsymbol{e}_i\otimes\boldsymbol{e}_j\times\boldsymbol{e}_k\\ \qquad=T_{ij,k}\boldsymbol{e}_i\otimes\left(\boldsymbol{e}_j\times\boldsymbol{e}_k\right)=T_{ij,k}\in_{jkl}\boldsymbol{e}_i\otimes\boldsymbol{e}_l\end{cases}\tag{4-31}$$

4.2.4 张量的标量函数的导数

本书从第 11 章起, 会经常用到张量变量 $\boldsymbol{T}$ 的标量函数 $\psi(\boldsymbol{T})$, 如应变能、Helmholtz 自由能、耗散函数等等. 导数 $\partial\psi(\boldsymbol{T})/\partial\boldsymbol{T}$ 作为张量函数定义为

$$\left.\frac{\partial\psi(\boldsymbol{T})}{\partial\boldsymbol{T}}\right|_{ij}=\frac{\partial\psi(\boldsymbol{T})}{\partial T_{ij}}$$

一个十分重要的性质是, 如果张量变量 $\boldsymbol{T}$ 为对称张量的话, 则导数 $\partial\psi(\boldsymbol{T})/\partial\boldsymbol{T}$ 仍为对称张量. 该性质的具体应用可参阅例 11.1.

链式法则给出如下关系式:

$$\dot{\psi}(\boldsymbol{T})=\frac{\partial\psi(\boldsymbol{T})}{\partial T_{ij}}\dot{T}_{ij}=\frac{\partial\psi(\boldsymbol{T})}{\partial\boldsymbol{T}}:\dot{\boldsymbol{T}}\tag{4-32}$$

式中, $\dot{\boldsymbol{T}}=\dot{T}_{ij}(t)\,\boldsymbol{e}_i\otimes\boldsymbol{e}_j$. 作为 (4-32) 式的一个具体应用, 针对本书从第 5 章开始所经常使用的变形梯度张量 $\boldsymbol{F}(t)$ 的标量函数 $\Lambda(\boldsymbol{F})$ 和右 Cauchy-Green 变形张量

$\boldsymbol{C}(t)=\boldsymbol{F}^{\mathrm{T}}\boldsymbol{F}$ 的标量函数 $\psi(\boldsymbol{C})$ 之间满足如下关系:

$$\Lambda(\boldsymbol{F})=\psi(\boldsymbol{C})=\psi\left(\boldsymbol{F}^{\mathrm{T}}\boldsymbol{F}\right)$$

则张量的标量函数的时间变化率为

$$\dot{\Lambda}(\boldsymbol{F})=\dot{\psi}(\boldsymbol{C})$$

上式可通过链式法则 (4-32) 式表示为

$$\frac{\partial\Lambda(\boldsymbol{F})}{\partial\boldsymbol{F}}:\dot{\boldsymbol{F}}=\frac{\partial\psi(\boldsymbol{C})}{\partial\boldsymbol{C}}:\dot{\boldsymbol{C}}=\frac{\partial\psi(\boldsymbol{C})}{\partial\boldsymbol{C}}:\left(\dot{\boldsymbol{F}}^{\mathrm{T}}\boldsymbol{F}+\boldsymbol{F}^{\mathrm{T}}\dot{\boldsymbol{F}}\right) \tag{4-33}$$

由于右 Cauchy-Green 变形张量 $\boldsymbol{C}$ 满足对称性: $\boldsymbol{C}^{\mathrm{T}}=\left(\boldsymbol{F}^{\mathrm{T}}\boldsymbol{F}\right)^{\mathrm{T}}=\boldsymbol{F}^{\mathrm{T}}\boldsymbol{F}=\boldsymbol{C}$, 则导数 $\partial\psi(\boldsymbol{C})/\partial\boldsymbol{C}$ 亦为对称函数. 对于对称张量 $\boldsymbol{S}$ 和任意张量 $\boldsymbol{T}$, 有恒等式:

$$\boldsymbol{S}:\boldsymbol{T}=\boldsymbol{S}:\boldsymbol{T}^{\mathrm{T}}=\boldsymbol{S}:\frac{\boldsymbol{T}+\boldsymbol{T}^{\mathrm{T}}}{2} \tag{4-34}$$

则有如下关系式:

$$\frac{\partial\psi(\boldsymbol{C})}{\partial\boldsymbol{C}}:\left(\dot{\boldsymbol{F}}^{\mathrm{T}}\boldsymbol{F}\right)=\frac{\partial\psi(\boldsymbol{C})}{\partial\boldsymbol{C}}:\left(\dot{\boldsymbol{F}}^{\mathrm{T}}\boldsymbol{F}\right)^{\mathrm{T}}=\frac{\partial\psi(\boldsymbol{C})}{\partial\boldsymbol{C}}:\left(\boldsymbol{F}^{\mathrm{T}}\dot{\boldsymbol{F}}\right) \tag{4-35}$$

从而 (4-33) 式中的右半部分可简化为

$$\frac{\partial\psi(\boldsymbol{C})}{\partial\boldsymbol{C}}:\left(\dot{\boldsymbol{F}}^{\mathrm{T}}\boldsymbol{F}+\boldsymbol{F}^{\mathrm{T}}\dot{\boldsymbol{F}}\right)=2\frac{\partial\psi(\boldsymbol{C})}{\partial\boldsymbol{C}}:\left(\boldsymbol{F}^{\mathrm{T}}\dot{\boldsymbol{F}}\right) \tag{4-36}$$

再由恒等式: $\boldsymbol{R}:(\boldsymbol{S}\boldsymbol{T})=\left(\boldsymbol{S}^{\mathrm{T}}\boldsymbol{R}\right):\boldsymbol{T}$, 则 (4-36) 式可进一步表示为

$$\frac{\partial\psi(\boldsymbol{C})}{\partial\boldsymbol{C}}:\left(\dot{\boldsymbol{F}}^{\mathrm{T}}\boldsymbol{F}+\boldsymbol{F}^{\mathrm{T}}\dot{\boldsymbol{F}}\right)=2\frac{\partial\psi(\boldsymbol{C})}{\partial\boldsymbol{C}}:\left(\boldsymbol{F}^{\mathrm{T}}\dot{\boldsymbol{F}}\right)=2\left[\boldsymbol{F}\frac{\partial\psi(\boldsymbol{C})}{\partial\boldsymbol{C}}\right]:\dot{\boldsymbol{F}}$$

最终, (4-33) 式表示为

$$\left[\frac{\partial\Lambda(\boldsymbol{F})}{\partial\boldsymbol{F}}-2\boldsymbol{F}\frac{\partial\psi(\boldsymbol{C})}{\partial\boldsymbol{C}}\right]:\dot{\boldsymbol{F}}=0 \tag{4-37}$$

例 4.5　设 $\boldsymbol{A}=\begin{bmatrix}\alpha_1\\ \alpha_i\\ \alpha_k\end{bmatrix}$, $\boldsymbol{X}=\begin{bmatrix}x_1 & x_i & x_k\end{bmatrix}$, 求证: $\dfrac{\partial\operatorname{tr}(\boldsymbol{A}\cdot\boldsymbol{X})}{\partial\boldsymbol{X}}=\boldsymbol{A}^{\mathrm{T}}$.

证明: 因有 $\mathrm{tr}\,(\boldsymbol{A}\cdot\boldsymbol{X})=\sum\limits_i \alpha_i X_i$ 和 $\partial\,(\alpha_i X_i)\,/\partial X_i=\alpha_i$, 故 $\dfrac{\partial\mathrm{tr}\,(\boldsymbol{A}\cdot\boldsymbol{X})}{\partial\boldsymbol{X}}=\boldsymbol{A}^{\mathrm{T}}$ 得证[7]. 推而广之, 对于张量 $\boldsymbol{S}$ 的三个不变量 (4-5) 式, 有如下常用关系式:

$$\begin{cases}\dfrac{\partial\mathrm{I}_1\,(\boldsymbol{S})}{\partial\boldsymbol{S}}=\dfrac{\partial\mathrm{tr}\boldsymbol{S}}{\partial\boldsymbol{S}}=\dfrac{\partial\,(\boldsymbol{S}:\boldsymbol{I})}{\partial\boldsymbol{S}}=\boldsymbol{I}\\ \dfrac{\partial\mathrm{I}_2\,(\boldsymbol{S})}{\partial\boldsymbol{S}}=\dfrac{1}{2}\dfrac{\partial}{\partial\boldsymbol{S}}\left[(\mathrm{tr}\boldsymbol{S})^2-\mathrm{tr}\boldsymbol{S}^2\right]=\mathrm{I}_1\,(\boldsymbol{S})\,\boldsymbol{I}-\boldsymbol{S}^{\mathrm{T}}\\ \dfrac{\partial\mathrm{I}_3\,(\boldsymbol{S})}{\partial\boldsymbol{S}}=\dfrac{\partial\det\boldsymbol{S}}{\partial\boldsymbol{S}}=\dfrac{1}{6}\dfrac{\partial}{\partial\boldsymbol{S}}\left[(\mathrm{tr}\boldsymbol{S})^3-3\,(\mathrm{tr}\boldsymbol{S})\left(\mathrm{tr}\boldsymbol{S}^2\right)+2\mathrm{tr}\boldsymbol{S}^3\right]\\ \qquad\quad=\mathrm{I}_3\,(\boldsymbol{S})\,\boldsymbol{S}^{-\mathrm{T}}\end{cases}\tag{4-38}$$

(4-38) 式的第一式在线弹性 Hooke 定律的证明中有具体的应用, 如可参阅 (11-55) 式和 (11-56) 式. 另外, (4-38) 式的第三式还给出了如下张量行列式微分的常用关系式:

$$\frac{\partial\det\boldsymbol{S}}{\partial\boldsymbol{S}}=(\det\boldsymbol{S})\,\boldsymbol{S}^{-\mathrm{T}}\tag{4-39}$$

由 (4-38) 式的第一式还可给出了如下关系式:

$$\frac{\partial\mathrm{tr}\left(\boldsymbol{A}\,\boldsymbol{S}\,\boldsymbol{B}^{\mathrm{T}}\right)}{\partial\boldsymbol{S}}=\boldsymbol{A}^{\mathrm{T}}\boldsymbol{B}\tag{4-40}$$

4.2.5 Green 定理和 Stokes 定理

本书将在 6.1 节中详细介绍主要靠自学成才的 George Green (1793~1841) 的科学贡献, 其中包括他于 1828 年所自行印刷出版的一本书中所给出的今天被称为 “Green 定理” 的雏形[8]. 当然, 有一些文献 (包括维基百科) 指出, George Green 本人并未给出该定理的证明, 这在今天或许已经不那么重要了, 重要的是 George Green 的拼搏和创新精神, 他已经在物理学、数学和力学等领域留下了十分浓重的几笔, 成为了名副其实的 “教科书式人物”, 也就是由于奠基性的贡献的科学家的名字进入某学科的基本教科书, 为世人所景仰.

考虑如图 4.1 所示的一个三维欧几里得空间域 V, 其封闭的表面为 a, 面元 $\mathrm{d}a$ 处的单位外法线为 $\boldsymbol{n}$, 则面元矢量为: $\mathrm{d}\boldsymbol{a}=\boldsymbol{n}\mathrm{d}a$, 对于矢量场 $\boldsymbol{u}$ 和二阶张量场 $\boldsymbol{T}$, 联系体积分和围道面积分的 Green 定理可分别表示为

$$\begin{cases}\displaystyle\int_V \mathrm{d}V\,\mathrm{div}\,\boldsymbol{u}=\oint_a \mathrm{d}\boldsymbol{a}\cdot\boldsymbol{u}\\ \displaystyle\int_V \mathrm{d}V\,\mathrm{div}\,\boldsymbol{T}=\oint_a \mathrm{d}\boldsymbol{a}\boldsymbol{T}\end{cases}\tag{4-41}$$

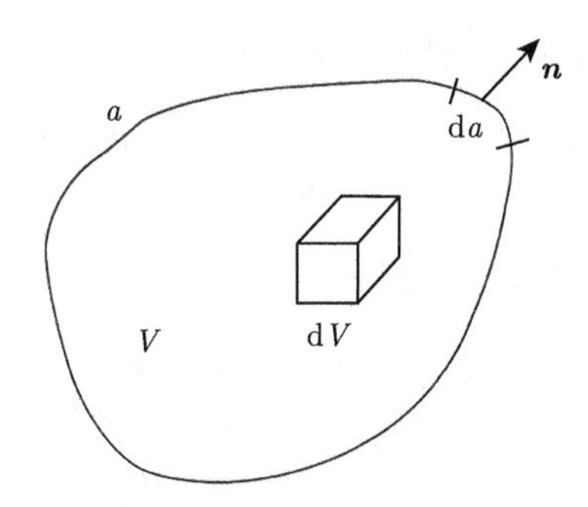

图 4.1　三维欧几里得空间域 V, 其封闭的表面为 a, 面元 $\mathrm{d}a$

相应地, 联系面积分和围道线积分的 Stokes 定理可分别表示为

$$\begin{cases} \displaystyle\int_a \mathrm{d}\boldsymbol{a}\cdot(\boldsymbol{\nabla}\times\boldsymbol{u}) = \oint_l \mathrm{d}\boldsymbol{l}\cdot\boldsymbol{u} \\ \displaystyle\int_a \mathrm{d}\boldsymbol{a}\,(\boldsymbol{\nabla}\times\boldsymbol{T}) = \oint_l \mathrm{d}\boldsymbol{l}\boldsymbol{T} \end{cases} \tag{4-42}$$

式中, l 为开口曲面 a 的封闭边界, l 的指向与面元 $\mathrm{d}a$ 的单位外法线 $\boldsymbol{n}$ 成右手系, 如图 4.2 所示.

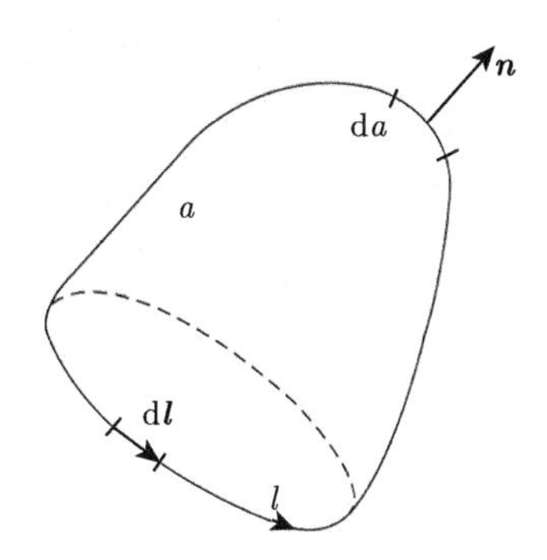

图 4.2　开口曲面 a 的封闭边界, l 的指向与面元 $\mathrm{d}a$ 的单位外法线 $\boldsymbol{n}$ 成右手系

例 4.6　已知标量函数 (scalar-valued function) $f(\boldsymbol{A}(t),\boldsymbol{r}(t),t)$ 是张量场 $\boldsymbol{A}(t)$、矢量场 $\boldsymbol{r}(t)$ 和时间 t 的函数, 求该标量函数对时间的变化率.

解: 标量场 $f(\boldsymbol{A}(t),\boldsymbol{r}(t),t)$ 对时间的变化率表示为

$$\begin{aligned} \frac{\mathrm{d}f(\boldsymbol{A}(t),\boldsymbol{r}(t),t)}{\mathrm{d}t} &= \frac{\partial f}{\partial t} + \frac{\partial f}{\partial \boldsymbol{A}} : \frac{\mathrm{d}\boldsymbol{A}}{\mathrm{d}t} + \frac{\partial f}{\partial \boldsymbol{r}}\cdot\frac{\mathrm{d}\boldsymbol{r}}{\mathrm{d}t} \\ &= \frac{\partial f}{\partial t} + \frac{\partial f}{\partial A_{ik}}\frac{\mathrm{d}A_{ik}}{\mathrm{d}t} + \frac{\partial f}{\partial r_i}\frac{\mathrm{d}r_i}{\mathrm{d}t} \end{aligned} \tag{4-43}$$

例 4.7　已知张量函数 (tensor-valued function) $\boldsymbol{\varphi}(\boldsymbol{A}(t),\boldsymbol{r}(t),t)$ 是张量场 $\boldsymbol{A}(t)$、矢量场 $\boldsymbol{r}(t)$ 和时间 t 的函数, 求该张量函数对时间的变化率.

解: 张量场 $\varphi\left(\boldsymbol{A}(t), \boldsymbol{r}(t), t\right)$ 对时间的变化率表示为

$$\frac{\mathrm{d}\varphi\left(\boldsymbol{A}(t), \boldsymbol{r}(t), t\right)}{\mathrm{d}t}=\frac{\partial \varphi}{\partial t}+\frac{\partial \varphi}{\partial \boldsymbol{A}}:\frac{\mathrm{d}\boldsymbol{A}}{\mathrm{d}t}+\frac{\partial \varphi}{\partial \boldsymbol{r}}\frac{\mathrm{d}\boldsymbol{r}}{\mathrm{d}t} \tag{4-44}$$

(4-44) 式可进一步表示为如下分量形式:

$$\frac{\mathrm{d}\varphi_{ik}\left(\boldsymbol{A}(t), \boldsymbol{r}(t), t\right)}{\mathrm{d}t}=\frac{\partial \varphi_{ik}}{\partial t}+\frac{\partial \varphi_{ik}}{\partial A_{ml}}\frac{\mathrm{d}A_{ml}}{\mathrm{d}t}+\frac{\partial \varphi_{ik}}{\partial r_m}\frac{\mathrm{d}r_m}{\mathrm{d}t} \tag{4-45}$$

Joseph Louis Lagrange
(1736~1813)

例 4.8 根据 König 定理, 刚体运动的拉格朗日量 (Lagrangian) 为[9]

$$L=T-U=\frac{1}{2}\mu V^2+\frac{1}{2}I_{ik}\Omega_i\Omega_k-U \tag{4-46}$$

式中, μ 为刚体的质量, V 为刚体质心的速度, I_{ik} 为由 (3-48) 式给出的惯性张量, Ω_i 为刚体绕质心旋转的角速度, U 则为势能. 问题: 用 Lagrange 方程证明如下刚体的运动方程[9]:

$$\begin{cases}\dfrac{\mathrm{d}\boldsymbol{P}}{\mathrm{d}t}=\boldsymbol{F}\\[2mm]\dfrac{\mathrm{d}\boldsymbol{M}}{\mathrm{d}t}=\boldsymbol{K}\end{cases} \tag{4-47}$$

式中, $\boldsymbol{P}=\mu\boldsymbol{V}$ 为刚体的动量, $\boldsymbol{F}$ 为刚体所受到的外力总和, $\boldsymbol{M}$ 为刚体的角动量, $\boldsymbol{K}$ 则为刚体所受的外力矩的总和.

解: 方程 (4-47) 的第一式对应于刚体的平动, 设和平动相关的广义位移和广义速度分别为 $\boldsymbol{R}$ 和 $\boldsymbol{V}=\mathrm{d}\boldsymbol{R}/\mathrm{d}t$, 则由 (4-46) 式可知, $\partial L/\partial \boldsymbol{V}=\mu\boldsymbol{V}=\boldsymbol{P}$, $\partial L/\partial \boldsymbol{R}=-\partial U/\partial \boldsymbol{R}=\boldsymbol{F}$, 由如下 Lagrange 方程:

$$\frac{\mathrm{d}}{\mathrm{d}t}\frac{\partial L}{\partial \boldsymbol{V}}-\frac{\partial L}{\partial \boldsymbol{R}}=\boldsymbol{0} \tag{4-48}$$

则可得到: $\mathrm{d}\boldsymbol{P}/\mathrm{d}t=\boldsymbol{F}$.

方程 (4-47) 的第二式对应于刚体的转动. 取和转动相关的广义坐标和广义速度分别为 $\boldsymbol{\varphi}$ 和 $\boldsymbol{\Omega}=\mathrm{d}\boldsymbol{\varphi}/\mathrm{d}t$, 则由 (4-46) 式有如下关系式:

$$\begin{aligned}\frac{\partial L}{\partial \Omega_i}&=\frac{\partial}{\partial \Omega_i}\left(\frac{1}{2}I_{jk}\Omega_j\Omega_k\right)=\frac{1}{2}I_{jk}\frac{\partial \Omega_j}{\partial \Omega_i}\Omega_k+\frac{1}{2}I_{jk}\Omega_j\frac{\partial \Omega_k}{\partial \Omega_i}\\&=\frac{1}{2}I_{jk}\delta_{ji}\Omega_k+\frac{1}{2}I_{jk}\Omega_j\delta_{ki}=\frac{1}{2}I_{ik}\Omega_k+\underbrace{\frac{1}{2}I_{ji}\Omega_j}_{\text{哑标 } j \text{ 可换为 } k}\\&=\frac{1}{2}I_{ik}\Omega_k+\underbrace{\frac{1}{2}I_{ki}\Omega_k}_{I_{ki}=I_{ik}}\\&=I_{ik}\Omega_k=M_i\end{aligned} \tag{4-49}$$

再由 $\partial L/\partial \boldsymbol{\varphi} = -\partial U/\partial \boldsymbol{\varphi} = \boldsymbol{K}$ 和如下 Lagrange 方程:

$$\frac{\mathrm{d}}{\mathrm{d}t}\frac{\partial L}{\partial \boldsymbol{\Omega}} - \frac{\partial L}{\partial \boldsymbol{\varphi}} = \mathbf{0} \tag{4-50}$$

则得到 (4-47) 式的第二式: $\mathrm{d}\boldsymbol{M}/\mathrm{d}t = \boldsymbol{K}$.

König 定理可表述为: 刚体的动能等于刚体随其质心平动的动能与刚体以角速度转动的动能之和. 该定理是由德国数学力学家 Johann Samuel König (1712~ 1757) 于 1751 年建立的[10].

Johann Samuel König (1712~1757)

本节有关 Stokes 定理的历史补记: 该定理的经典形式最早由 Lord Kelvin (1824~1907) 于 1850 年 7 月 2 日写给 George Stokes (1819~1903) 的信中提出. Stokes 将该问题作为英国剑桥大学颁发的 Smith 奖 (Smith's Prize) 测试的一道题目, 后来这个定理便以 Stokes 的姓氏命名了[11]. Smith 奖得主均为重要的理论物理学家、数学家, 以及应用数学家.

George Gabriel Stokes (1819~1903)

思　考　题

4.1　根据谱分解定理 (spectrum decomposition theorem)[4], 二阶对称张量 $\boldsymbol{S}$ 的矩阵可对角化:

$$\boldsymbol{S} = \begin{bmatrix} \omega_1 & 0 & 0 \\ 0 & \omega_2 & 0 \\ 0 & 0 & \omega_3 \end{bmatrix}$$

证明: $\boldsymbol{S}$ 的三个主不变量分别为 $\begin{cases} \mathrm{I}_1 = \omega_1 + \omega_2 + \omega_3 \\ \mathrm{I}_2 = \omega_1\omega_2 + \omega_2\omega_3 + \omega_3\omega_1 \\ \mathrm{I}_3 = \omega_1\omega_2\omega_3 \end{cases}$

4.2　证明张量迹 (trace) 的运算:

(1) $\mathrm{tr}\boldsymbol{S} = \mathrm{tr}\left(S_{ij}\boldsymbol{e}_i \otimes \boldsymbol{e}_j\right) = S_{ij}\mathrm{tr}\left(\boldsymbol{e}_i \otimes \boldsymbol{e}_j\right) = S_{ij}\delta_{ij} = S_{ii}$;

(2) $\mathrm{tr}\boldsymbol{S}^{\mathrm{T}} = \mathrm{tr}\boldsymbol{S}$;

(3) 对于二阶张量 $\boldsymbol{T}$ 和 $\boldsymbol{S}$, 有关系式:

$$\boldsymbol{S} : \boldsymbol{T} = (T_{ij}\boldsymbol{e}_i \otimes \boldsymbol{e}_j) : (S_{kl}\boldsymbol{e}_k \otimes \boldsymbol{e}_l) = T_{ij}S_{kl}\delta_{ik}\delta_{jl} = S_{ij}T_{ij} = \mathrm{tr}\left(\boldsymbol{S}^{\mathrm{T}}\boldsymbol{T}\right)$$

进一步证明常用关系式:

$$\boldsymbol{S} : \boldsymbol{T} = \mathrm{tr}\left(\boldsymbol{S}^{\mathrm{T}}\boldsymbol{T}\right) = \mathrm{tr}\left(\boldsymbol{T}^{\mathrm{T}}\boldsymbol{S}\right) = \mathrm{tr}\left(\boldsymbol{S}\boldsymbol{T}^{\mathrm{T}}\right) = \mathrm{tr}\left(\boldsymbol{T}\boldsymbol{S}^{\mathrm{T}}\right) = \boldsymbol{T} : \boldsymbol{S} \tag{4-51}$$

4.3 (4-5) 式的第一式定义了两个二阶张量的内积 (inner product): $\boldsymbol{S}:\boldsymbol{T}=S_{kl}T_{kl}$, 验证其分量形式为

$$\boldsymbol{S}:\boldsymbol{T}=S_{kl}T_{kl}=S_{11}T_{11}+S_{12}T_{12}+S_{13}T_{13}+S_{21}T_{21}+S_{22}T_{22}\\+S_{23}T_{23}+S_{31}T_{31}+S_{32}T_{32}+S_{33}T_{33}$$

4.4 两个二阶张量的外积 (outer product) 定义为: $\boldsymbol{S}\cdot\cdot\boldsymbol{T}=S_{kl}T_{lk}$, 亦即: $\boldsymbol{S}\cdot\cdot\boldsymbol{T}=\boldsymbol{S}^{\mathrm{T}}:\boldsymbol{T}$. 验证外积的分量形式为

$$\boldsymbol{S}\cdot\cdot\boldsymbol{T}=\boldsymbol{S}^{\mathrm{T}}:\boldsymbol{T}=S_{11}T_{11}+S_{21}T_{12}+S_{31}T_{13}+S_{12}T_{21}+S_{22}T_{22}\\+S_{32}T_{23}+S_{13}T_{31}+S_{23}T_{32}+S_{33}T_{33}$$

4.5 证明 (4-5) 式中的第二不变量可表示为

$$\mathrm{I}_2(\boldsymbol{S})=\frac{1}{2}\left[(\mathrm{tr}\boldsymbol{S})^2-\mathrm{tr}\boldsymbol{S}^2\right]=\frac{1}{2}\left[(\mathrm{tr}\boldsymbol{S})^2-\boldsymbol{S}\cdot\cdot\boldsymbol{S}\right]=\frac{1}{2}\left(S_{kk}S_{ll}-S_{kl}S_{lk}\right) \tag{4-52}$$

4.6 证明 (4-5) 式中的第三不变量可表示为

$$\mathrm{I}_3=\det\boldsymbol{S}=\in_{ijk}S_{i1}S_{j2}S_{k3} \tag{4-53}$$

4.7 结合例 4.1 中的 (4-12) 式 $\boldsymbol{S}^{-1}$ 的第一不变量, 证明 $\boldsymbol{S}^{-1}$ 的第二和第三不变量分别为

$$\mathrm{I}_{-2}\left(\boldsymbol{S}^{-1}\right)=\mathrm{I}_1(\boldsymbol{S})/\mathrm{I}_3(\boldsymbol{S}),\quad \mathrm{I}_{-3}\left(\boldsymbol{S}^{-1}\right)=1/\mathrm{I}_3(\boldsymbol{S}) \tag{4-54}$$

4.8 证明常用关系式:

$$\boldsymbol{A}:(\boldsymbol{B}\,\boldsymbol{C})=\left(\boldsymbol{B}^{\mathrm{T}}\boldsymbol{A}\right):\boldsymbol{C}=\left(\boldsymbol{A}\,\boldsymbol{C}^{\mathrm{T}}\right):\boldsymbol{B} \tag{4-55}$$

4.9 当需要区分逆变和协变基时, 证明单位等同张量表示为

$$\boldsymbol{I}=\delta^{ij}\boldsymbol{e}_i\otimes\boldsymbol{e}_j=\delta_{ij}\boldsymbol{e}^i\otimes\boldsymbol{e}^j=\delta_i^j\boldsymbol{e}^i\otimes\boldsymbol{e}_j=\delta_j^i\boldsymbol{e}_i\otimes\boldsymbol{e}^j$$

4.10 结合 (4-42) 式的第二式, 应用 Stokes 定理, 证明: $\int_a(\boldsymbol{T}\times\boldsymbol{\nabla})\,\mathrm{d}\boldsymbol{a}=-\oint_l\boldsymbol{T}\mathrm{d}\boldsymbol{l}$

4.11 表面的单位法矢量为 $\boldsymbol{n}$, $\boldsymbol{I}-\boldsymbol{n}\otimes\boldsymbol{n}$ 为投影张量 (projection tensor), 如图 4.3 所示, 证明表面梯度算子 $\boldsymbol{\nabla}_s$ 为[12]: $\boldsymbol{\nabla}_s=(\boldsymbol{I}-\boldsymbol{n}\otimes\boldsymbol{n})\,\mathrm{div}$.

4.12 对于不可压缩的 Stokes 流动, 将在 20.1 节和思考题 C.6 中重点提及的 Carl Wilhelm Oseen 于 1911 年[13] 给出了用于近似求解 Stokes 方程组的 Oseen 张量:

$$\boldsymbol{G}(\boldsymbol{r})=\frac{1}{8\pi\eta}\left(\frac{\boldsymbol{I}}{|\boldsymbol{r}|}+\frac{\boldsymbol{r}\otimes\boldsymbol{r}}{|\boldsymbol{r}|^3}\right)\quad 或\quad G_{ij}(r)=\frac{1}{8\pi\eta}\left(\frac{\delta_{ij}}{r}+\frac{r_ir_j}{r^3}\right)$$

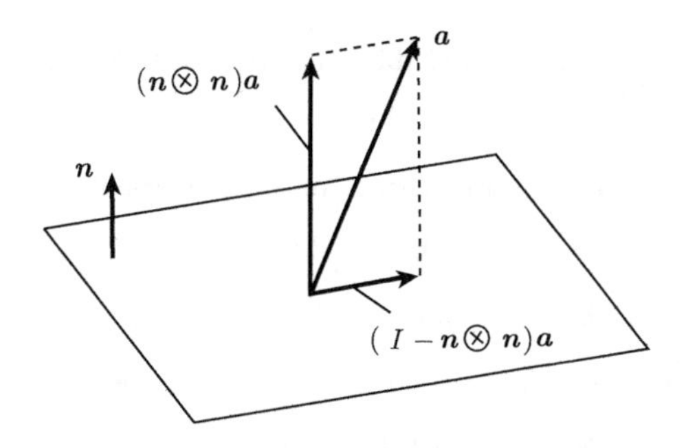

图 4.3　投影张量示意图

该张量是 Stokes 方程组的 Green 函数, 称为 Stokes 子 (Stokeslet), 满足

$$\begin{cases} \eta\nabla^2\boldsymbol{u}-\nabla p=-\boldsymbol{F}\cdot\delta(\boldsymbol{r}) \\ \nabla\cdot\boldsymbol{u}=0 \\ |\boldsymbol{u}|,\quad p\to 0,\quad r\to\infty \end{cases}$$

式中 $\boldsymbol{u}(\boldsymbol{r})=\boldsymbol{F}\cdot\boldsymbol{G}(\boldsymbol{r})$, $p(\boldsymbol{r})=\dfrac{\boldsymbol{F}\cdot\boldsymbol{r}}{4\pi|\boldsymbol{r}|^3}$, $\boldsymbol{I}$ 为二阶单位张量, $r=|\boldsymbol{r}|$ 是流体微团与原点的距离, $\boldsymbol{u}$ 和 ∇p 分别是流体的速度和压强梯度, η 是流体的动力黏度, $\delta(\boldsymbol{r})$ 是 Dirac δ 函数, $\boldsymbol{F}\cdot\delta(\boldsymbol{r})$ 代表作用于原点的集中力.

证明:

(1) 由 Oseen 张量获得的速度 $\boldsymbol{u}$ 自然满足质量守恒方程 $\nabla\cdot\boldsymbol{u}=0$;

(2) Dirac δ 函数的量纲为 $[\delta(\boldsymbol{r})]=\mathrm{L}^{-3}$.

参 考 文 献

[1] Cayley A. A memoir on the theory of matrices. Philosophical Transactions of the Royal Society of London, 1858, 148: 17–37.

[2] Hamilton W R. Lectures on Quaternions. Dublin, 1853.

[3] Frobenius F G. Über lineare Substutionen und bilineare Formen. Journal für die reine und angewandte Mathematik, 1878, 84: 1–63.

[4] Gurtin M E. An Introduction to Continuum Mechanics. New York: Academic Press, 1981. (中译本: 连续介质力学引论. 郭仲衡, 郑百哲译. 北京: 高等教育出版社, 1992).

[5] 高玉臣. 固体力学基础. 北京: 中国铁道出版社, 1999.

[6] Hashiguchi K, Yamakawa Y. Introduction to Finite Strain Theory for Continuum Elasto-Plasticity. Chichester: Wiley, 2013.

[7] Schönemann P H. On the formal differentiation of traces and determinants. Multivariate Behavioral Research, 1985, 20: 113–139.

[8] Green G. An essay on the application of mathematical analysis to the theories of electricity and magnetism. Nottingham, 1828.

[9] Landau L D, Lifshitz E M. Mechanics (3rd Edition). Oxford: Pergamon Press, 1976.

[10] König S. De universali principio æquilibrii & motus, in vi viva reperto, deque nexu inter vim vivam & actionem, utriusque minimo, dissertatio. Nova acta eruditorum, 1751: 125–135.

[11] Katz V J. The history of Stokes' theorem. Mathematics Magazine, 1979, 52: 146–156.

[12] 赵亚溥. 表面与界面物理力学. 北京: 科学出版社, 2012.

[13] Oseen C W. Sur les formules de Green généralisées qui se présentent dans l'hydrodynamique et sur quelquesunes de leurs applications. Acta Mathematica, 1911, 34: 205–284.

第二篇 运动学、守恒律、客观性

Frank Wilczek

(1951～)

A recurring theme in natural philosophy is the tension between the God′s-eye view of reality comprehended as a whole and the ant′s-eye view of human consciousness, which senses a succession of events in time. Since the days of Isaac Newton, the ant′s-eye view has dominated fundamental physics. We divide our description of the world into dynamical laws that, ⋯ and initial conditions on which those laws act. The dynamical laws do not determine which initial conditions describe reality. That division has been enormously useful and successful pragmatically, but it leaves us far short of a full scientific account of the world as we know it.

To me, ascending from the ant′s-eye view to the God′s-eye view of physical reality is the most profound challenge for fundamental physics in the next 100 years.

自然哲学经常讨论上帝视角和蚂蚁视角的竞争. 上帝视角是指从整体来理解现实; 蚂蚁视角是指人在感知身边事件随时间流动时获得的观念. 从牛顿开始, 蚂蚁视角就主宰了基础物理. 我们把对世界的描述分割为两部分: 动力学方程和它们的初始条件. 动力学方程不能决定哪个初始条件描述现实. 这种分割在实际应用中非常有用和极其成功, 但是这个方法远远不能给我们一个对世界的完整科学描述.

对我来说, 未来一百年基础物理面临的最深刻挑战是, 将对现实的描述从蚂蚁视角上升到上帝视角.

—— Frank Wilczek (2004 年诺贝尔物理学奖获得者) “Physics in 100 Years” (2016)

篇 首 语

Abraham Flexner

(1866~1959)

Johann Bernoulli

(1667~1748)

Daniel Bernoulli

(1700~1782)

1939 年, 时任美国普林斯顿高等研究院首任院长的 Abraham Flexner, 在其著名的 "无用知识的有用性" 一文中指出[1]: "现在我们已经清楚, 须万分谨慎的将一项科学发明或发现完全归功于某一个人. 几乎所有的发明或发现都历经漫长的风雨飘摇的研究过程. 甲找到这个, 乙找到那个, 丙继续往前走 …… 直至某个天才式的人物将前人的成果拼在一起, 成就就此定型. 科学正如密西西比河, 源自远方森林里一条小渠, 渐渐流淌成大川. 这条奔腾咆哮、冲破堤坝的大河正是由无数条小渠汇聚而成."

就以流体力学中质量守恒方程的建立作为例[2], 其建立就经历了漫长的过程, 很多著名数学力学家参与其中. 基于水力学近似 (hydraulic approximation), Johann 和 Daniel Bernoulli 父子建立了质量守恒方程的雏形; 质量守恒方程的第一个偏微分方程的表达形式是由 D'Alembert 首先给出, 然后, Euler 很快就给出了其确定形式 (definitive form); 进而, Lagrange、Laplace、Poisson 等著名学者均进行了改进, 但都基于一个运动流体颗粒 (集团) 的质量守恒的推导, 也就是基于今天所说的 Lagrange 描述方法; 最后, Duhamel、Thomson (Lord Kelvin) 基于考虑空间固定区域的质量流进和流出, 给出了简化的推导, 也就是基于今天所说的 Euler 描述方法.

本篇是连续介质力学的核心内容, 共由六章组成. 第 5 章讨论变形几何与运动学; 第 6 章讨论应变度量; 第 7 章讨论应力度量和功的共轭; 第 8 章讨论连续介质力学中的守恒律和 Clausius-Duhem 不等式; 第 9 章讨论客观性和应力的客观率; 第 10 章则讨论守恒律的客观性.

II.1 连续介质力学的基本方程

本篇将重点介绍两种不同构形中的连续介质力学的基本方程. 如表 II.1 所示.

表 II.1 两种不同构形中连续介质力学中的基本方程一览表

名称和个数	当前构形 (Euler 型)	参考构形 (Lagrange 型)
质量守恒方程 (方程数: 1)	$\frac{\partial\rho}{\partial t}+\mathrm{div}\,(\rho\boldsymbol{v})=\frac{\partial\rho}{\partial t}+(\rho v_k)_{,k}=0$ (8-5)	$\rho_0=\rho J$ (8-3)
线动量守恒方程 (方程数: 3)	$\mathrm{div}\,\boldsymbol{\sigma}+\rho\boldsymbol{f}=\rho\boldsymbol{a}$ (8-9)	$\mathrm{Div}\,\boldsymbol{P}+\rho_0\boldsymbol{f}_0=\rho_0\boldsymbol{a}_0$ (8-11) $\mathrm{Div}\,(\boldsymbol{F}\boldsymbol{T})+\rho_0\boldsymbol{f}_0=\rho_0\boldsymbol{a}_0$ (8-11)′
动量矩守恒方程 (未知量: 6)	$\boldsymbol{\sigma}=\boldsymbol{\sigma}^{\mathrm{T}}$ (8-17)	$\boldsymbol{T}=\boldsymbol{T}^{\mathrm{T}}$ (8-48)
能量守恒方程 (方程数: 1)	$\rho\dot{u}=-\mathrm{div}\,\boldsymbol{q}+\rho\lambda+\boldsymbol{\sigma}:\boldsymbol{d}$ (8-25)	$\rho_0\dot{u}\,(\boldsymbol{X},t)=-\mathrm{div}\,\boldsymbol{q}_0+\rho_0\lambda\,(\boldsymbol{X},t)+\boldsymbol{T}:\dot{\boldsymbol{E}}$ (8-27)
Clausius-Duhem 不等式	$\rho\dot{s}+\frac{1}{\theta}\boldsymbol{\sigma}:\boldsymbol{d}-\frac{1}{\theta}\rho\dot{u}-\frac{1}{\theta^2}(\boldsymbol{\nabla}_{\boldsymbol{x}}\theta)\cdot\boldsymbol{q}\geqslant 0$ (8-35)	$\rho_0\dot{s}\,(\boldsymbol{X},t)+\frac{1}{\theta}\boldsymbol{T}:\dot{\boldsymbol{E}}-\frac{1}{\theta}\rho_0\dot{u}\,(\boldsymbol{X},t)-\frac{1}{\theta^2}(\boldsymbol{\nabla}_{\boldsymbol{X}}\theta)\cdot\boldsymbol{q}_0\geqslant 0$ (8-36)
Clausius-Planck 不等式	$\rho\dot{s}+\frac{1}{\theta}\boldsymbol{\sigma}:\boldsymbol{d}-\frac{1}{\theta}\rho\dot{u}\geqslant 0$ (8-40)	$\rho_0\dot{s}\,(\boldsymbol{X},t)+\frac{1}{\theta}\boldsymbol{T}:\dot{\boldsymbol{E}}-\frac{1}{\theta}\rho_0\dot{u}\,(\boldsymbol{X},t)\geqslant 0$ (8-41)

从表 II.1 可以看出, 质量守恒、线动量守恒和能量守恒共给出了连续介质力学的五个基本方程. 值得注意的是, Clausius-Duhem 不等式 (亦称为 “熵不等式”) 是热力学第二定律在连续介质力学中的具体体现, 对介质的变形的方向性进行了限制, 但不构成新的方程. Clausius-Duhem 和 Clausius-Planck 不等式亦可用 Helmholtz 自由能 $f=u-\theta s$ 等价地表示出, 可见表 II.2 所示.

表 II.2 用 Helmholtz 自由能表示的 Clausius-Duhem 与 Clausius-Planck 不等式

不等式名称	当前构形 (Euler 型)	参考构形 (Lagrange 型)
Clausius-Duhem 不等式	$\boldsymbol{\sigma}:\boldsymbol{d}-\rho\left(\dot{f}+s\dot{\theta}\right)-\frac{1}{\theta}(\boldsymbol{\nabla}_{\boldsymbol{x}}\theta)\cdot\boldsymbol{q}\geqslant 0$ (8-46)	$\boldsymbol{T}:\dot{\boldsymbol{E}}-\rho_0\left(\dot{f}+s\dot{\theta}\right)-\frac{1}{\theta}(\boldsymbol{\nabla}_{\boldsymbol{X}}\theta)\cdot\boldsymbol{q}_0\geqslant 0$ (8-47)
Clausius-Planck 不等式	$\boldsymbol{\sigma}:\boldsymbol{d}-\rho\left(s\dot{\theta}+\dot{f}\right)\geqslant 0$ (8-44)	$\boldsymbol{T}:\dot{\boldsymbol{E}}-\rho_0\left(s\dot{\theta}+\dot{f}\right)\geqslant 0$ (8-45)

II.2 连续介质力学的未知量个数

一般而言, 连续介质力学未知量的个数为 16 个. 它们分别为: 速度矢量 $\boldsymbol{v}$ 的 3 个分量; 温度 θ; 密度 ρ; Cauchy 应力 $\boldsymbol{\sigma}$ 的 6 个分量; 单位质量的内能 u; 热流通量矢量 $\boldsymbol{q}$ 的 3 个分量; 单位质量的熵密度 s.

对于适定性问题 (well-posed problem), 为了使方程的个数从 5 个增加到 16 个, 还需增加如下 11 个方程: 6 个本构方程、热传导方程的 3 个分量方程、2 个热力学状态方程: $u(\boldsymbol{E}, s)$ 和 $f(\boldsymbol{E}, \theta)$.

参 考 文 献

[1] Flexner A. The usefulness of useless knowledge. Harper's Magazine, 1939, 179: 544–552.

[2] Craik A D D. "Continuity and change": representing mass conservation in fluid mechanics. Archive for History of Exact Sciences, 2013, 67: 43–80.

第 5 章　变形几何与运动学

经典力学一般可分为运动学 (kinematics)、动理学 (kinetics) 和动力学 (dynamics):

(1) 运动学专门描述物体的运动, 即物体在空间中的位置随时间的演进而作的改变, 完全不考虑作用力或质量等等影响运动的因素. 英文词 “kinematics” 来自于法国物理学家 André-Marie Ampère (安培, 1775~1836) 大约于 1834 年依据希腊文 κνημα 所创造的相应的法文词 “cinématique”[1].

(2) 动理学是 “运动机理学” 的简称, 专门研究造成运动或影响运动的各种因素. 动理学这个专有名词是由王竹溪定名的.“kinetics” 来自于古希腊文字 κίνησις “kinesis”.

(3) 动力学综合运动学与动理学在一起, 研究力学系统由于力的作用随着时间演进而造成的运动. 在 1.1 节重点提及的法国力学家 D′Alembert 曾明确地指出 “Leibniz 是应用 ‘*dynamique*’ 名词的第一人 (Leibniz is the first who employed this term)”. 继德国数学家 Gottfried Wilhelm von Leibniz (莱布尼兹, 1646~1716) 提出 “*dynamique*” 名词后, D′Alembert (1717~1783) 于 1743 年出版了其最有影响的名著《动力学》(*Traité de Dynamique*)[2]. 英文词 “dynamics” 则最早出现于 1780 年代.

Gottfried Wilhelm Leibniz (1646~1716)

本章主要讨论连续介质力学中的运动学, 一般也被称为变形几何学.

5.1　参考构形和当前构形、变形梯度张量——两点张量

采用 Lagrange 描述, 且考虑欧几里得空间中的笛卡儿直角坐标系, 因此不再需要区分逆变和协变.

如图 5.1 所示, 参考构形 (reference configuration) 中点 $\boldsymbol{X}$ 和当前构形 (current configuration) 中的点 $\boldsymbol{x}$ 通过变形函数 $\boldsymbol{\varphi}(\boldsymbol{X},t)$ 相联系:

$$\boldsymbol{x}=\boldsymbol{\varphi}(\boldsymbol{X},t),\quad x_i=\varphi_i(X_K,t),\quad (i=1,2,3;K=\mathrm{I},\mathrm{II},\mathrm{III}) \tag{5-1}$$

变形函数为一矢量函数. (5-1) 式分别给出了直角坐标系下的矢量和分量表达形式, 当前构形的基矢量为 $\boldsymbol{e}_i\ (i=1,2,3)$, 参考构形的基矢量则为 $\boldsymbol{e}_K\ (K=\mathrm{I},\mathrm{II},\mathrm{III})$.

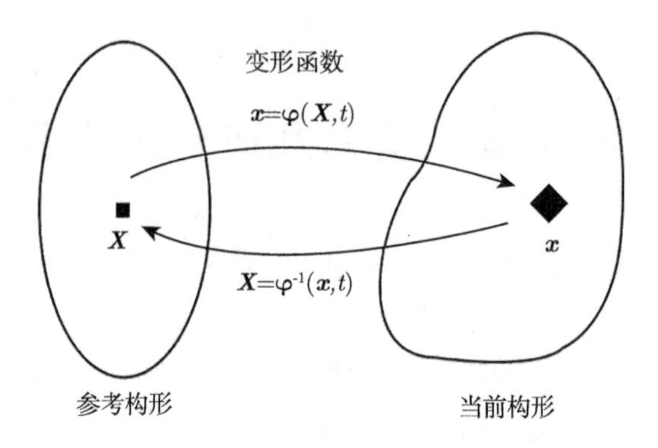

图 5.1　参考构形和当前构形

(5-1) 式的逆函数为

$$\boldsymbol{X}=\boldsymbol{\varphi}^{-1}(\boldsymbol{x},t),\quad X_K=\varphi_K^{-1}(x_i,t) \tag{5-2}$$

变形函数的逆函数亦为矢量函数. 在参考构形中, 邻近两点可以取为 $\boldsymbol{X}$ 和 $(\boldsymbol{X}+\mathrm{d}\boldsymbol{X})$, 在当前构形中, 相应的邻近两点为 $\boldsymbol{\varphi}(\boldsymbol{X},t)$ 和 $\boldsymbol{\varphi}(\boldsymbol{X}+\mathrm{d}\boldsymbol{X},t)$. 略去 $|\mathrm{d}\boldsymbol{X}|$ 二阶以上的项, 只保留 Taylor 级数展开的第一项, 有

$$\mathrm{d}\boldsymbol{x}=\boldsymbol{\varphi}(\boldsymbol{X}+\mathrm{d}\boldsymbol{X},t)-\boldsymbol{\varphi}(\boldsymbol{X},t)=\boldsymbol{F}\mathrm{d}\boldsymbol{X}$$

式中, $\boldsymbol{F}$ 则为引入的两点张量 (two-point tensor):

$$\boldsymbol{F}=\frac{\partial x_i}{\partial X_K}\boldsymbol{e}_i\otimes\boldsymbol{e}_K=F_{iK}\boldsymbol{e}_i\otimes\boldsymbol{e}_K \tag{5-3}$$

由于 $\boldsymbol{F}$ 的几何意义是变形函数的梯度, 故称之为变形梯度张量 (deformation gradient tensor). 显然, 变形梯度 $\boldsymbol{F}$ 为一个二阶张量, $\boldsymbol{F}$ 的前矢量在当前构形, 而后矢量在参考构形, 所以它联系着当前构形和参考构形中的两点, 这便是 "两点张量" 称谓的由来. (5-3) 式中变形梯度 $\boldsymbol{F}$ 的分量表达式为

$$\boldsymbol{F}=\frac{\partial(x,y,z)}{\partial(X,Y,Z)}=\begin{bmatrix}\dfrac{\partial x}{\partial X} & \dfrac{\partial x}{\partial Y} & \dfrac{\partial x}{\partial Z}\\ \dfrac{\partial y}{\partial X} & \dfrac{\partial y}{\partial Y} & \dfrac{\partial y}{\partial Z}\\ \dfrac{\partial z}{\partial X} & \dfrac{\partial z}{\partial Y} & \dfrac{\partial z}{\partial Z}\end{bmatrix} \tag{5-4}$$

进一步, 可以得到线段的变换关系:

$$\mathrm{d}x_i=F_{iK}\mathrm{d}X_K,\quad \mathrm{d}\boldsymbol{x}=\boldsymbol{F}\mathrm{d}\boldsymbol{X}=\mathrm{d}\boldsymbol{X}\boldsymbol{F}^{\mathrm{T}} \tag{5-5}$$

或者:

$$\mathrm{d}\boldsymbol{X} = \boldsymbol{F}^{-1}\mathrm{d}\boldsymbol{x} = \mathrm{d}\boldsymbol{x}\boldsymbol{F}^{-\mathrm{T}} \tag{5-6}$$

式中, $\boldsymbol{F}^{\mathrm{T}}$ 为变形梯度张量的转置 (transpose), 而 $\boldsymbol{F}^{-1}$ 为其逆 (inverse):

$$\begin{cases} \boldsymbol{F}^{\mathrm{T}} = \dfrac{\partial x_i}{\partial X_K}\boldsymbol{e}_K \otimes \boldsymbol{e}_i = F_{Ki}^{\mathrm{T}}\boldsymbol{e}_K \otimes \boldsymbol{e}_i \\ \boldsymbol{F}^{-1} = \dfrac{\partial X_K}{\partial x_i}\boldsymbol{e}_K \otimes \boldsymbol{e}_i = F_{Ki}^{-1}\boldsymbol{e}_K \otimes \boldsymbol{e}_i \end{cases} \tag{5-7}$$

因此, 变形梯度作为一个线性算符, 将参考构形中的矢量 $\mathrm{d}\boldsymbol{X}$ 映射为当前构形中的矢量 $\mathrm{d}\boldsymbol{x}$. 对照 (5-4) 式, 显然变形梯度逆 $\boldsymbol{F}^{-1}$ 的分量表达式为

$$\boldsymbol{F}^{-1} = \frac{\partial(X,Y,Z)}{\partial(x,y,z)} = \begin{bmatrix} \dfrac{\partial X}{\partial x} & \dfrac{\partial X}{\partial y} & \dfrac{\partial X}{\partial z} \\ \dfrac{\partial Y}{\partial x} & \dfrac{\partial Y}{\partial y} & \dfrac{\partial Y}{\partial z} \\ \dfrac{\partial Z}{\partial x} & \dfrac{\partial Z}{\partial y} & \dfrac{\partial Z}{\partial z} \end{bmatrix} \tag{5-8}$$

变形梯度 $\boldsymbol{F}$ 的行列式

$$J = \det\boldsymbol{F} = \left|\frac{\partial(x,y,z)}{\partial(X,Y,Z)}\right| \tag{5-9}$$

是一个 Jacobian, 在 5.2 节中还会详细讨论, 它给出的是当前构形和参考构形的体积比. 根据 Ulisse Dini (1845~1918) 的隐函数定理 (Dini's implicit function theorem), 该 Jacobi 行列式必须非奇异, 亦即: $J = \det\boldsymbol{F} \neq 0$. 换句话说, 对于通过运动的物体有限部分的体积, 既不会变为零, 也不会成为无限大, 从而有: $0 < J < \infty$. 同时, 变形梯度张量 $\boldsymbol{F}$ 的 Jacobi 行列式必须具有非奇异的特点也是解的唯一性所要求的.

Carl Gustav Jacob Jacobi (1804~1851)

Lagrange 描述下的变形梯度也被称为 "物质 (material) 变形梯度张量". 而 Euler 描述下的变形梯度张量则相应地被称为 "空间 (spatial) 变形梯度张量". 见思考题 5.1.

例 5.1 所谓 "均匀变形 (homogeneous deformation)" 是指具有常仿射边界条件的变形, 简言之, 也就是应变张量在整个物体上为常量的情形. 考虑如图 5.2 所示的轴向拉伸的初始长度和半径分别为 L 和 R 圆杆, 问题: 分别给出在不可压缩条件下以及材料 Poisson 比为 ν 时的变形梯度.

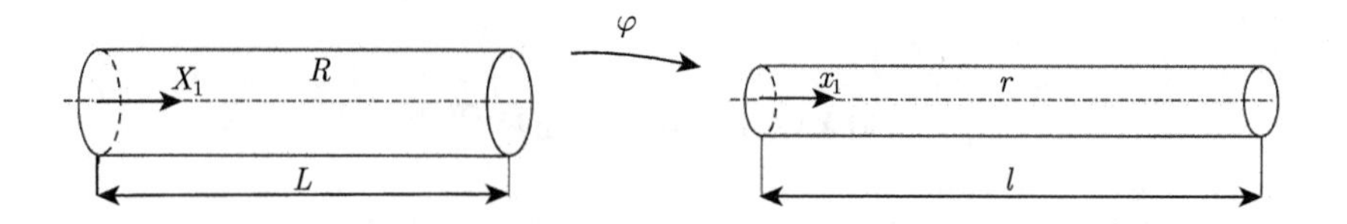

图 5.2　圆杆的单轴拉伸

解: 由变形梯度的定义式 (5-4) 可知, 对于该问题, 变形梯度为

$$\boldsymbol{F}=\begin{bmatrix} l/L & 0 & 0 \\ 0 & r/R & 0 \\ 0 & 0 & r/R \end{bmatrix}$$

对于不可压缩情况, 由体积不变条件: $\pi R^2 L=\pi r^2 l$, 如定义轴向伸长比 (stretch ratio) $\lambda=l/L$ 的话, 则有: $r/R=\sqrt{L/l}=1/\sqrt{\lambda}$, 此时变形梯度为

$$\boldsymbol{F}=\begin{bmatrix} \lambda & 0 & 0 \\ 0 & 1/\sqrt{\lambda} & 0 \\ 0 & 0 & 1/\sqrt{\lambda} \end{bmatrix} \tag{5-10}$$

对于体积不可压缩的轴向拉伸变形, 显然有条件:

$$J=\det \boldsymbol{F}=1 \tag{5-11}$$

上述条件在以后章节中会经常用到.

当考虑材料的可压缩性时, 按照小变形理论, 材料 Poisson 比为 ν、轴向应变为 ε 时, 变形梯度为

$$\boldsymbol{F}=\begin{bmatrix} 1+\varepsilon & 0 & 0 \\ 0 & 1-\nu\varepsilon & 0 \\ 0 & 0 & 1-\nu\varepsilon \end{bmatrix} \tag{5-12}$$

式中, 轴向应变 $\varepsilon=(l-L)/L=\lambda-1$. 为了验证上式的正确性, 当 $\nu=1/2$ 时, $1-\nu\varepsilon=(3-\lambda)/2$, 此时对 (5-10) 式中的 $1/\sqrt{\lambda}$ 在 1 附近做 Taylor 级数展开, 略掉二阶以上的高阶项, 有: $1/\sqrt{\lambda}\approx(3-\lambda)/2$, 由此可见, 在不可压缩时, (5-12) 式退化为 (5-10) 式.

例 5.2　如图 5.3 所示的无限大体中初始半径为 A, 球形孔洞的演化半径为 a, 在不可压缩条件下求该问题的变形梯度.

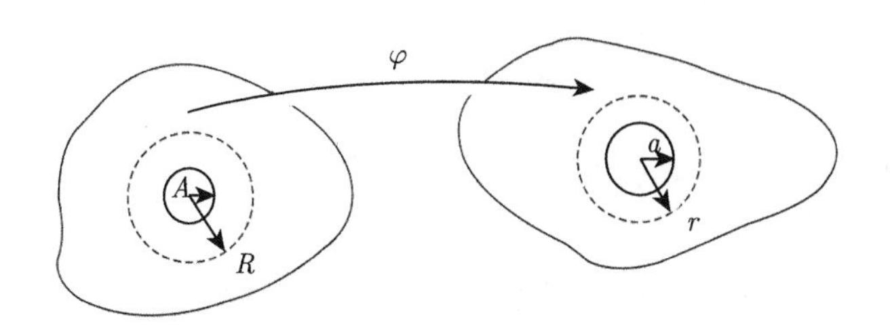

图 5.3 不可压缩无限大体中球形孔洞的均匀膨胀

解: 针对此无限大体问题, 设参考构形的物质球体的半径为 R, 经过不可压缩的弹性变形后, 演化成半径为 r 的当前构形中的球体, 材料不可压缩条件为

$$\frac{4}{3}\pi\left(R^3-A^3\right)=\frac{4}{3}\pi\left(r^3-a^3\right)$$

从而变形映射 $r=\varphi(R)$ 为: $r=\left(R^3+a^3-A^3\right)^{1/3}$. 球形孔洞表面任意一点的变形梯度可表示为

$$\boldsymbol{F}=\begin{bmatrix} a/A & 0 & 0 \\ 0 & a/A & 0 \\ 0 & 0 & a/A \end{bmatrix}$$

5.2 参考构形、当前构形中体元和面元的变换

(5-5) 和 (5-6) 两式已经给出了两个构形中线元的转换关系. 本节主要讨论两个构形中的体元和面元的转换关系.

参考构形、当前构形中的体元分别为

$$\mathrm{d}V=\det\left(\mathrm{d}\boldsymbol{X},\mathrm{d}\boldsymbol{Y},\mathrm{d}\boldsymbol{Z}\right),\quad \mathrm{d}v=\det\left(\mathrm{d}\boldsymbol{x},\mathrm{d}\boldsymbol{y},\mathrm{d}\boldsymbol{z}\right) \tag{5-13}$$

注意到 (5-9) 式, 显然有如下两个构形中的相对体积变化:

$$\frac{\mathrm{d}v}{\mathrm{d}V}=\det\boldsymbol{F}=J \tag{5-14}$$

再由于体元为相应面元矢量和线元矢量的点积: $\mathrm{d}v=\mathrm{d}\boldsymbol{x}\cdot\mathrm{d}\boldsymbol{a}=\mathrm{d}a\mathrm{d}\boldsymbol{x}\cdot\boldsymbol{n}$, $\mathrm{d}V=\mathrm{d}\boldsymbol{X}\cdot\mathrm{d}\boldsymbol{A}=\mathrm{d}A\mathrm{d}\boldsymbol{X}\cdot\boldsymbol{N}$, 这里 $\mathrm{d}\boldsymbol{A}$ 和 $\mathrm{d}\boldsymbol{a}$ 分别为参考构形和当前构形中的面元矢量, $\boldsymbol{N}$ 和 $\boldsymbol{n}$ 分别为参考构形和当前构形中面元的外法线矢量 (如图 5.4 所示), 再利用 (5-14) 式, 有如下等式:

$$\mathrm{d}\boldsymbol{x}\cdot\mathrm{d}\boldsymbol{a}=J\mathrm{d}\boldsymbol{X}\cdot\mathrm{d}\boldsymbol{A}=\mathrm{d}\boldsymbol{X}\boldsymbol{F}^{\mathrm{T}}\cdot\mathrm{d}\boldsymbol{a}$$

从上式后一个等号的两端自然得到两个构形面元变换的 Nanson 关系式:

$$\mathrm{d}\boldsymbol{a} = J\boldsymbol{F}^{-\mathrm{T}}\mathrm{d}\boldsymbol{A} \tag{5-15}$$

或者通过面元的外法线外表示为

$$\mathrm{d}a\boldsymbol{n} = J\mathrm{d}A\boldsymbol{F}^{-\mathrm{T}}\boldsymbol{N} \tag{5-16}$$

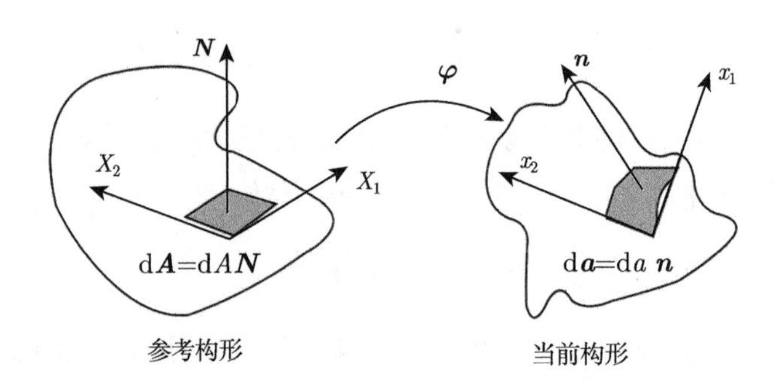

图 5.4　联系参考和当前构形面元变化的 Nanson 关系式示意图

Edward John Nanson (1850~1936)

以上两个构形之间的面元换算关系是由 Edward John Nanson (1850~1936) 在研究水动力学 (hydrodynamics) 时所建立的, 该工作发表于 1874 年[3]. Nanson 于 1870~1874 年就读于剑桥大学三一学院. 自 1875 年起, Nanson 在澳大利亚墨尔本大学 (University of Melbourne) 担任数学教授, 直到 1922 年退休. Nanson 在选举、投票制度改革方面有重要建树.

Nanson 关系式在应力度量中有重要的应用.

5.3　位移梯度张量 —— 两点张量

按照 5.2 节的定义, 在 Lagrange 描述下位移矢量为

$$\boldsymbol{u}(\boldsymbol{X},t) = \boldsymbol{x}(\boldsymbol{X},t) - \boldsymbol{X} \tag{5-17}$$

则作为两点张量的位移梯度张量 (displacement gradient tensor) 为

$$\boldsymbol{H} = \boldsymbol{u}\otimes\nabla_{\boldsymbol{X}} = \boldsymbol{x}\otimes\nabla_{\boldsymbol{X}} - \boldsymbol{I} = \boldsymbol{F} - \boldsymbol{I} \tag{5-18}$$

位移的分量形式为

$$u_i = x_i - \delta_{iJ}X_J = x_i - X_i \tag{5-19}$$

则位移梯度张量的分量形式为

$$H_{iK} = \frac{\partial u_i}{\partial X_K} = \frac{\partial x_i}{\partial X_K} - \frac{\partial X_i}{\partial X_K} = F_{iK} - \delta_{iK} \tag{5-20}$$

Lagrange 描述下的位移梯度也被称为 "物质位移梯度张量".

例 5.3 用 Taylor 级数展开方法确定变形梯度和位移梯度张量之间的关系.

解: 在参考构形中, 邻近两点的距离为小量 $\mathrm{d}\boldsymbol{X}$, 略掉高阶项, 则位移矢量的一阶 Taylor 级数展开为

$$\begin{aligned}\boldsymbol{u}(\boldsymbol{X}+\mathrm{d}\boldsymbol{X})-\boldsymbol{u}(\boldsymbol{X}) &= \mathrm{d}\boldsymbol{u} \\ &\approx \boldsymbol{u}\otimes\boldsymbol{\nabla}_{\boldsymbol{X}}\mathrm{d}\boldsymbol{X} = \boldsymbol{H}\mathrm{d}\boldsymbol{X}\end{aligned} \tag{5-21}$$

由 (5-17) 式和 (5-5) 式, 有

$$\begin{aligned}\mathrm{d}\boldsymbol{x} &= \mathrm{d}\boldsymbol{X}+\mathrm{d}\boldsymbol{u} \\ &= \mathrm{d}\boldsymbol{X}+\boldsymbol{u}\otimes\boldsymbol{\nabla}_{\boldsymbol{X}}\mathrm{d}\boldsymbol{X} = (\boldsymbol{I}+\boldsymbol{H})\,\mathrm{d}\boldsymbol{X} \\ &= \boldsymbol{F}\mathrm{d}\boldsymbol{X}\end{aligned} \tag{5-22}$$

则得到 (5-18) 式: $\boldsymbol{F}=\boldsymbol{I}+\boldsymbol{H}$.

例 5.4 用变形梯度 $\boldsymbol{F}$ 表示 $\dfrac{\partial\boldsymbol{u}}{\partial\boldsymbol{x}}$.

解: 由于 $\boldsymbol{u}=\boldsymbol{x}-\boldsymbol{X}$, 故有

$$\begin{aligned}\frac{\partial\boldsymbol{u}}{\partial\boldsymbol{x}} &= \boldsymbol{I}-\frac{\partial\boldsymbol{X}}{\partial\boldsymbol{x}} = \boldsymbol{I}-\boldsymbol{F}^{-1} = \boldsymbol{I}-[\boldsymbol{I}+(\boldsymbol{F}-\boldsymbol{I})]^{-1} \\ &= \boldsymbol{I}-\left[\boldsymbol{I}-(\boldsymbol{F}-\boldsymbol{I})+(\boldsymbol{F}-\boldsymbol{I})^2-(\boldsymbol{F}-\boldsymbol{I})^3+\cdots\right] \\ &= (\boldsymbol{F}-\boldsymbol{I})-(\boldsymbol{F}-\boldsymbol{I})^2+(\boldsymbol{F}-\boldsymbol{I})^3-\cdots\end{aligned}$$

5.4　变形梯度张量的极分解、Hill 的主轴法

Hans Richter (1912~1978)

张量的极分解定理 (polar decomposition theorem) 最早出现在 Hans Richter (1912~1978) 于 1952 年所发表的德文论文中 (该文中的 2.2 式)[4]. Truesdell 在该文的英译版的序言中, 对 Richter 的这篇论文给予了极高的评价[5]: "*这篇论文第一次将近代线性代数的概念应用到连续介质力学.…… 应力和变形被直接设想为不依赖于坐标和分量的矢量的线性变换* (This paper is the first to apply the concepts of modern linear algebra to the mechanics of continua. ··· Stress and deformation are envisaged directly as linear transformations of vectors, independent of co-ordinates and components.)", 亦可见 Man 和 Cohen 的评述[6].

极分解定理阐述的是, 任意一个可逆的二阶张量 $\boldsymbol{F}$ 可被唯一的分解为

$$\boldsymbol{F}=\boldsymbol{R}\boldsymbol{U}=\boldsymbol{V}\boldsymbol{R} \tag{5-23}$$

式中, $\boldsymbol{R}$ 为正交张量 (orthogonal tensor), 满足 $\boldsymbol{R}^{\mathrm{T}}=\boldsymbol{R}^{-1}$. $\boldsymbol{U}$ 和 $\boldsymbol{V}$ 分别为对应于右、左极分解的正定对称的右、左伸长张量 (right and left stretch tensors).

例 5.5　证明正交张量 $\boldsymbol{Q}$ 表示纯粹的旋转.

证明: 按照上面有关正交张量的定义, 有如下关系式:

$$\boldsymbol{Q}\boldsymbol{Q}^{\mathrm{T}}=\boldsymbol{Q}\boldsymbol{Q}^{-1}=\boldsymbol{Q}^{-1}\boldsymbol{Q}=\boldsymbol{Q}^{\mathrm{T}}\boldsymbol{Q}=\boldsymbol{I} \tag{5-24}$$

将正交张量作用于两个任意矢量 $\boldsymbol{a}$ 和 $\boldsymbol{b}$, 有

$$(\boldsymbol{Q}\boldsymbol{a})\cdot(\boldsymbol{Q}\boldsymbol{b})=\left(\boldsymbol{a}\boldsymbol{Q}^{\mathrm{T}}\right)\cdot(\boldsymbol{Q}\boldsymbol{b})=\boldsymbol{a}\cdot\boldsymbol{b} \tag{5-25}$$

(5-25) 式说明正交张量表示的是纯转动.

拥有正的行列式的正交张量称为转动张量, 或正常正交张量 (proper orthogonal tensor). 特别地, 如果 $\det\boldsymbol{Q}=1$, 则有 $\boldsymbol{Q}=\boldsymbol{R}$, 并且满足: $\boldsymbol{R}\boldsymbol{R}^{\mathrm{T}}=\boldsymbol{R}^{\mathrm{T}}\boldsymbol{R}=\boldsymbol{I}$. 将 $\boldsymbol{R}$ 作用于矢量 $\mathrm{d}\boldsymbol{X}$, 由于有下列关系式存在:

$$(\boldsymbol{R}\mathrm{d}\boldsymbol{X})\cdot(\boldsymbol{R}\mathrm{d}\boldsymbol{X})=\left(\mathrm{d}\boldsymbol{X}\boldsymbol{R}^{\mathrm{T}}\right)\cdot(\boldsymbol{R}\mathrm{d}\boldsymbol{X})=\mathrm{d}\boldsymbol{X}\cdot\boldsymbol{I}\mathrm{d}\boldsymbol{X}=(\mathrm{d}S)^2$$

式中, $\mathrm{d}S$ 为参考构形中所对应线元 $\mathrm{d}\boldsymbol{X}$ 的长度, 因此线元的长度并不因为正交张量 $\boldsymbol{R}$ 的作用而发生改变, 所以 $\boldsymbol{R}$ 代表了纯粹的旋转操作.

5.4.1　右极分解、主轴法

右 Cauchy-Green 变形张量为

$$\boldsymbol{C}=\boldsymbol{F}^{\mathrm{T}}\boldsymbol{F}=\boldsymbol{U}^2 \tag{5-26}$$

关于右 Cauchy-Green 变形张量的提出可见 6.1 节的介绍. 由谱分解定理 (见思考题 4.1) 知, 右 Cauchy-Green 变形张量 $\boldsymbol{C}$ 可以对角化为如下形式:

$$\boldsymbol{C}=\boldsymbol{U}^2=\sum_{\Gamma}\lambda_{\Gamma}^2\boldsymbol{N}_{\Gamma}\otimes\boldsymbol{N}_{\Gamma} \tag{5-27}$$

式中, λ_Γ^2 和 $\boldsymbol{N}_\Gamma$ 分别为 $\boldsymbol{C}$ 的本征值和本征向量. 再应用平方根定理 (square-root theorem), 右伸长张量 $\boldsymbol{U}$ 则可表示为

$$\boldsymbol{U}=\sqrt{\boldsymbol{C}}=\sum_\Gamma \lambda_\Gamma \boldsymbol{N}_\Gamma \otimes \boldsymbol{N}_\Gamma, \quad (\Gamma=\mathrm{I},\mathrm{II},\mathrm{III}) \tag{5-28}$$

λ_Γ 被称为主伸长 (principal stretch), 它们均为正. 有关 $\boldsymbol{U}$ 的三个主不变量可按照思考题 4.1 立即给出.

从上面的 (5-27) 和 (5-28) 两式可以看出, $\boldsymbol{N}_\Gamma$ 是右伸长张量 $\boldsymbol{U}$ 和右 Cauchy-Green 变形张量 $\boldsymbol{C}$ 的主方向单位矢量, 由 $\boldsymbol{N}_\Gamma$ 所构成的标架称为 Lagrange 标架, 同时 $\boldsymbol{N}_\Gamma$ 也是 Lagrange 标架的基矢量. 这样, 参考构形中的线段可表示为

$$\mathrm{d}\boldsymbol{X}=\mathrm{d}X_{\mathrm{I}}\boldsymbol{N}_{\mathrm{I}}+\mathrm{d}X_{\mathrm{II}}\boldsymbol{N}_{\mathrm{II}}+\mathrm{d}X_{\mathrm{III}}\boldsymbol{N}_{\mathrm{III}}=\mathrm{d}X_\Gamma\boldsymbol{N}_\Gamma \tag{5-29}$$

相应地, 可在当前构形中引入 Euler 标架, 在当前构形中的线段表示为

$$\mathrm{d}\boldsymbol{x}=\mathrm{d}x_1\boldsymbol{n}_1+\mathrm{d}x_2\boldsymbol{n}_2+\mathrm{d}x_3\boldsymbol{n}_3=\mathrm{d}x_\gamma\boldsymbol{n}_\gamma, \quad (\gamma=1,2,3) \tag{5-30}$$

式中, $\boldsymbol{n}_\gamma$ 所构成的标架为 Euler 标架, $\boldsymbol{n}_\gamma$ 则被称为 Euler 标架的基矢量.

为了看清楚 (5-23) 式中右极分解 $\boldsymbol{F}=\boldsymbol{RU}$ 的几何意义, 让我们利用当前构形和参考构形中线段的关系式 (5-5), 也就是 $\mathrm{d}\boldsymbol{x}=\boldsymbol{F}\mathrm{d}\boldsymbol{X}=\boldsymbol{RU}\mathrm{d}\boldsymbol{X}$ 进行相关操作, 首先来看点积 $\boldsymbol{U}\mathrm{d}\boldsymbol{X}$, 应用 (5-28) 和 (5-29) 两式, 有

$$\boldsymbol{U}\mathrm{d}\boldsymbol{X}=\sum_\Gamma \lambda_\Gamma \mathrm{d}X_\Gamma \boldsymbol{N}_\Gamma \tag{5-31}$$

(5-31) 式表明, 点积 $\boldsymbol{U}\mathrm{d}\boldsymbol{X}$ 将沿三个主方向的线段 $\mathrm{d}X_\Gamma\boldsymbol{N}_\Gamma$ 各放大了 λ_Γ 倍, 如图 5.5 所示. 对 (5-31) 式再点积转动张量 $\boldsymbol{R}$, 则有

$$\boldsymbol{RU}\mathrm{d}\boldsymbol{X}=\sum_\Gamma \lambda_\Gamma \mathrm{d}X_\Gamma \boldsymbol{R}\boldsymbol{N}_\Gamma=\sum_\Gamma \lambda_\Gamma \mathrm{d}X_\Gamma \boldsymbol{n}_\gamma, \quad (\gamma=\Gamma;\gamma=1,2,3;\Gamma=\mathrm{I},\mathrm{II},\mathrm{III}) \tag{5-32}$$

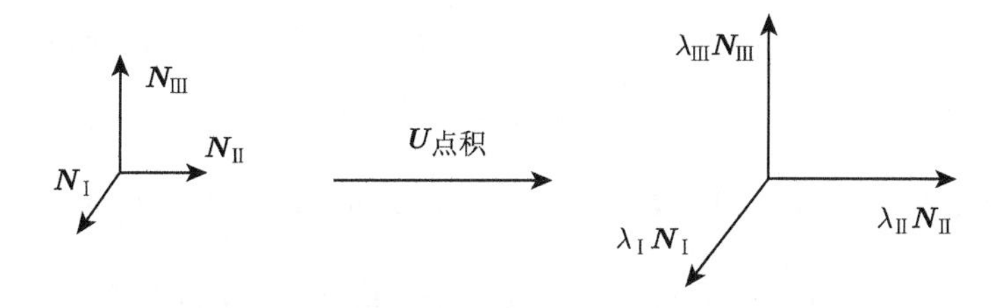

图 5.5　右伸长张量点积作用的几何意义

应该指出的是, (5-32) 式中的 $\gamma = \Gamma$ 是求和符号的操作中所必然要求的. Euler 标架基矢量 $\boldsymbol{n}_\gamma$ 与 Lagrange 标架基矢量 $\boldsymbol{N}_\Gamma$ 之间满足如下关系:

$$\boldsymbol{n}_\gamma = \boldsymbol{R}\boldsymbol{N}_\Gamma, \quad (\gamma = \Gamma; \gamma = 1,2,3; \Gamma = \mathrm{I}, \mathrm{II}, \mathrm{III}) \tag{5-33}$$

(5-33) 式清晰地表明, Euler 标架基矢量 $\boldsymbol{n}_\gamma$ 是 Lagrange 标架基矢量 $\boldsymbol{N}_\Gamma$ 通过如图 5.6 所示的转动得到. 从而, 转动张量 $\boldsymbol{R}$ 可通过主轴表示为

$$\boldsymbol{R} = \boldsymbol{n}_1 \otimes \boldsymbol{N}_\mathrm{I} + \boldsymbol{n}_2 \otimes \boldsymbol{N}_\mathrm{II} + \boldsymbol{n}_3 \otimes \boldsymbol{N}_\mathrm{III} = \sum_{\Gamma=\gamma} \boldsymbol{n}_\gamma \otimes \boldsymbol{N}_\Gamma, \quad (\gamma = 1,2,3; \Gamma = \mathrm{I}, \mathrm{II}, \mathrm{III}) \tag{5-34}$$

由 (5-34) 式和 (5-28) 式, 可知变形梯度 $\boldsymbol{F} = \boldsymbol{R}\boldsymbol{U}$ 可通过主轴表示为

$$\boldsymbol{F} = \sum_{\Gamma=\gamma} \lambda_\Gamma \boldsymbol{n}_\gamma \otimes \boldsymbol{N}_\Gamma, \quad (\gamma = 1,2,3; \Gamma = \mathrm{I}, \mathrm{II}, \mathrm{III}) \tag{5-35}$$

有关 $\boldsymbol{F}^\mathrm{T}$、$\boldsymbol{F}^{-1}$ 和 $\boldsymbol{F}^{-\mathrm{T}}$ 的主轴表示请参见思考题 5.3.

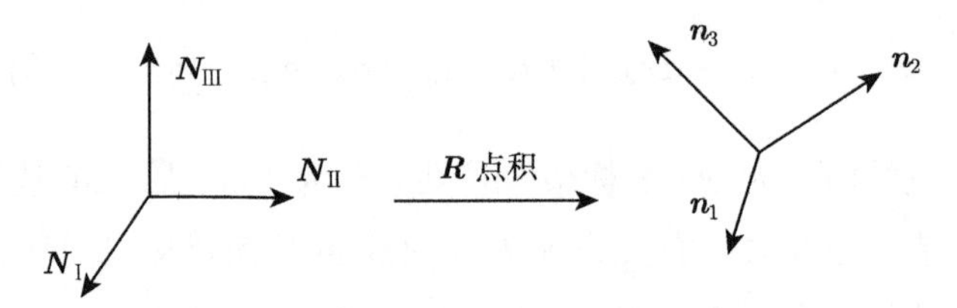

图 5.6　旋转张量点积作用的几何意义

如上便是由英国皇家学会会员 Rodney Hill (1921~2011) 所提出的主轴法 (method of principal axes)[7] 的表述方法[8,9]. 主轴法的要点在于, 同时采用 Lagrange 标架和 Euler 标架为基, 将转动隐藏起来, 从而使推导简化.

例 5.6　证明右 Cauchy-Green 变形张量 $\boldsymbol{C}$ 的对称性和正定性.

解: 按照转置操作的定义, $\boldsymbol{C}^\mathrm{T} = \left(\boldsymbol{F}^\mathrm{T}\boldsymbol{F}\right)^\mathrm{T} = \boldsymbol{F}^\mathrm{T}\left(\boldsymbol{F}^\mathrm{T}\right)^\mathrm{T} = \boldsymbol{F}^\mathrm{T}\boldsymbol{F} = \boldsymbol{C}$, 因而右 Cauchy-Green 变形张量为对称张量.

例 3.2 中已经遇到过正定二次型的概念. 正定张量 (positive definite tensor) 的定义为: 如果张量 $\boldsymbol{A}$ 是正定的, 那么, 对于任意不为零的矢量 $\boldsymbol{v}$, 使得: $\boldsymbol{v} \cdot \boldsymbol{A}\boldsymbol{v} > 0$. 这里取任意矢量为 $\mathrm{d}\boldsymbol{X}$, 对于 $\boldsymbol{C}$ 而言, 存在下列关系式:

$$\mathrm{d}\boldsymbol{X} \cdot \boldsymbol{C}\mathrm{d}\boldsymbol{X} = \left(\mathrm{d}\boldsymbol{X}\boldsymbol{F}^\mathrm{T}\right) \cdot (\boldsymbol{F}\mathrm{d}\boldsymbol{X}) = (\boldsymbol{F}\mathrm{d}\boldsymbol{X}) \cdot (\boldsymbol{F}\mathrm{d}\boldsymbol{X}) = \mathrm{d}\boldsymbol{x} \cdot \mathrm{d}\boldsymbol{x} = (\mathrm{d}s)^2 > 0$$

则说明 $\boldsymbol{C}$ 具有正定性, 式中 $\mathrm{d}s$ 为当前构形中对应线元 $\mathrm{d}\boldsymbol{x}$ 的长度.

需要指出的是, 半正定张量 (positive semi-definite tensor) 的定义是: $\boldsymbol{v} \cdot \boldsymbol{A}\boldsymbol{v} \geqslant 0$.

例 5.7 给出右 Cauchy-Green 变形张量 $\boldsymbol{C}$ 的三个主不变量.

解: 按照 $\boldsymbol{C}$ 的主轴表示 (5-27) 式, 应用二阶张量的三个主不变量的表达式 (4-5), 不难给出右 Cauchy-Green 变形张量 $\boldsymbol{C}$ 的三个主不变量为

$$\begin{cases} \mathrm{I}_1(\boldsymbol{C}) = \lambda_{\mathrm{I}}^2 + \lambda_{\mathrm{II}}^2 + \lambda_{\mathrm{III}}^2 \\ \mathrm{I}_2(\boldsymbol{C}) = \lambda_{\mathrm{I}}^2\lambda_{\mathrm{II}}^2 + \lambda_{\mathrm{II}}^2\lambda_{\mathrm{III}}^2 + \lambda_{\mathrm{III}}^2\lambda_{\mathrm{I}}^2 \\ \mathrm{I}_3(\boldsymbol{C}) = \lambda_{\mathrm{I}}^2\lambda_{\mathrm{II}}^2\lambda_{\mathrm{III}}^2 \end{cases} \tag{5-36}$$

5.4.2 Green 应变张量 —— Lagrange 描述下的有限变形应变张量

由右 Cauchy-Green 变形张量 $\boldsymbol{C}$ 可定义 Green 应变张量. 由 (5-5) 式知:

$$\begin{aligned} |\mathrm{d}\boldsymbol{x}|^2 - |\mathrm{d}\boldsymbol{X}|^2 &= \mathrm{d}\boldsymbol{x}\cdot\mathrm{d}\boldsymbol{x} - \mathrm{d}\boldsymbol{X}\cdot\mathrm{d}\boldsymbol{X} = (\boldsymbol{F}\mathrm{d}\boldsymbol{X})\cdot(\boldsymbol{F}\mathrm{d}\boldsymbol{X}) - \mathrm{d}\boldsymbol{X}\cdot\mathrm{d}\boldsymbol{X} \\ &= \left(\mathrm{d}\boldsymbol{X}\boldsymbol{F}^{\mathrm{T}}\right)\cdot(\boldsymbol{F}\mathrm{d}\boldsymbol{X}) - \mathrm{d}\boldsymbol{X}\cdot\mathrm{d}\boldsymbol{X} \\ &= \mathrm{d}\boldsymbol{X}\cdot\left(\boldsymbol{F}^{\mathrm{T}}\boldsymbol{F} - \boldsymbol{I}\right)\mathrm{d}\boldsymbol{X} = 2\mathrm{d}\boldsymbol{X}\cdot\boldsymbol{E}\mathrm{d}\boldsymbol{X} \end{aligned} \tag{5-37}$$

式中,

$$\boldsymbol{E} = \frac{1}{2}\left(\boldsymbol{F}^{\mathrm{T}}\boldsymbol{F} - \boldsymbol{I}\right) = \frac{1}{2}(\boldsymbol{C} - \boldsymbol{I}) = \frac{1}{2}(\boldsymbol{\nabla}_{\boldsymbol{X}}\otimes\boldsymbol{u} + \boldsymbol{u}\otimes\boldsymbol{\nabla}_{\boldsymbol{X}} + \boldsymbol{\nabla}_{\boldsymbol{X}}\otimes\boldsymbol{u}\cdot\boldsymbol{u}\otimes\boldsymbol{\nabla}_{\boldsymbol{X}}) \tag{5-38}$$

为 Green 应变张量, 它为对称张量, 即: $\boldsymbol{E} = \boldsymbol{E}^{\mathrm{T}}$. 再利用 (5-27) 式, 则有

$$\boldsymbol{E} = \frac{1}{2}(\boldsymbol{C} - \boldsymbol{I}) = \frac{1}{2}\sum_{\Gamma}\left(\lambda_{\Gamma}^2 - 1\right)\boldsymbol{N}_{\Gamma}\otimes\boldsymbol{N}_{\Gamma} \tag{5-39}$$

我们从 (5-37) 式的定义可清楚地看出, Green 应变定义为: 现长度平方 $|\mathrm{d}\boldsymbol{x}|^2$ (当前构形中) 与原长度平方 $|\mathrm{d}\boldsymbol{X}|^2$ (参考构形中) 的差与原长平方之比的一半. 应该注意到的是几种应变定义之间的差别, 这将在第 6 章中详细讨论.

Green 应变张量在直角坐标系下的分量为

$$E_{IJ} = \frac{1}{2}\left(\frac{\partial u_I}{\partial X_J} + \frac{\partial u_J}{\partial X_I} + \frac{\partial u_K}{\partial X_I}\frac{\partial u_K}{\partial X_J}\right) = \frac{1}{2}(u_{I,J} + u_{J,I} + u_{K,I}u_{K,J}) \tag{5-40}$$

对于微小变形, Green 应变将退化为对称的 Cauchy 应变: $\boldsymbol{\varepsilon} = \dfrac{1}{2}(\boldsymbol{\nabla}\otimes\boldsymbol{u} + \boldsymbol{u}\otimes\boldsymbol{\nabla})$, 分量为: $\varepsilon_{ij} = \dfrac{1}{2}(u_{i,j} + u_{j,i})$, 可进一步见 5.9 节中的相关讨论.

5.4.3 左极分解

由 (5-23) 式, 左伸长张量 $\boldsymbol{V}$ 可通过右伸长张量 $\boldsymbol{U}$ 和转动张量 $\boldsymbol{R}$ 表示为

$$\boldsymbol{V} = \boldsymbol{R}\boldsymbol{U}\boldsymbol{R}^{\mathrm{T}} \tag{5-41}$$

将 (5-28) 和 (5-34) 两式代入 (5-41) 式, 可得左伸长张量 $\boldsymbol{V}$ 的主轴表示为

$$\boldsymbol{V}=\sum_{\gamma=\Gamma}\lambda_\gamma \boldsymbol{n}_\gamma\otimes\boldsymbol{n}_\gamma,\quad (\lambda_\gamma=\lambda_\Gamma) \tag{5-42}$$

对应于右 Cauchy-Green 变形张量 (5-27) 式, 左 Cauchy-Green 变形张量为

$$\begin{aligned}\boldsymbol{B}&=\boldsymbol{V}^2=\boldsymbol{c}^{-1}=\boldsymbol{F}\boldsymbol{F}^{\mathrm{T}}\\&=\sum_{\gamma=\Gamma}\lambda_\gamma^2 \boldsymbol{n}_\gamma\otimes\boldsymbol{n}_\gamma,\quad (\lambda_\gamma=\lambda_\Gamma)\end{aligned} \tag{5-43}$$

其中,

$$\boldsymbol{c}=\boldsymbol{F}^{-\mathrm{T}}\boldsymbol{F}^{-1}=\sum_{\gamma=\Gamma}\lambda_\gamma^{-2} \boldsymbol{n}_\gamma\otimes\boldsymbol{n}_\gamma,\quad (\lambda_\gamma=\lambda_\Gamma) \tag{5-44}$$

是 Cauchy 于 1828 和 1829 年引入的后来被称为 “Cauchy 变形张量”.

下面让我们看左极分解的几何意义, 由:

$$\mathrm{d}\boldsymbol{x}=\boldsymbol{F}\mathrm{d}\boldsymbol{X}=\boldsymbol{V}\,\boldsymbol{R}\mathrm{d}\boldsymbol{X} \tag{5-45}$$

先看点积 $\boldsymbol{R}\mathrm{d}\boldsymbol{X}$, 通过简单运算知, 该点积的效果是从 Lagrange 标架旋转到 Euler 标架, 也就是实现: $\boldsymbol{N}_\Gamma\to\boldsymbol{n}_\gamma$, 如图 5.6 所示. 然后再变形到 $\boldsymbol{V}\,\boldsymbol{R}\mathrm{d}\boldsymbol{X}$, 也就是在 Euler 标架中的变形, 实现如下过程: $\boldsymbol{n}_\gamma\to\lambda_\gamma\boldsymbol{n}_\gamma$, 如图 5.7 所示. 综上两步操作, $\boldsymbol{V}\,\boldsymbol{R}\mathrm{d}\boldsymbol{X}$ 最终实现了如下操作: $\boldsymbol{N}_\Gamma\to\lambda_\gamma\boldsymbol{n}_\gamma$.

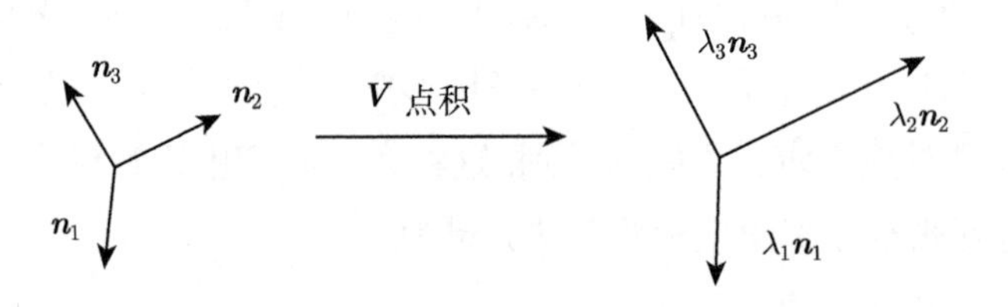

图 5.7　左伸长张量点积作用的几何意义

5.4.4　Almansi 应变张量 —— Euler 描述下的有限变形应变张量

通过 Cauchy 变形张量 $\boldsymbol{c}$ 可定义 Euler 描述下的有限变形的应变张量 —— Almansi 应变张量 (也称为 Euler-Almansi 应变张量):

$$\boldsymbol{e}=\frac{1}{2}(\boldsymbol{I}-\boldsymbol{c})=\frac{1}{2}\sum_\gamma\left(1-\lambda_\gamma^{-2}\right)\boldsymbol{n}_\gamma\otimes\boldsymbol{n}_\gamma \tag{5-46}$$

其分量形式既可通过变形梯度表示为

$$e_{ij} = \frac{1}{2}\left(\delta_{ij} - \frac{\partial X_K}{\partial x_i}\frac{\partial X_K}{\partial x_j}\right) \tag{5-47}$$

Almansi 应变亦可通过位移梯度在直角坐标系下表示为

$$e_{ij} = \frac{1}{2}\left(\frac{\partial u_i}{\partial x_j} + \frac{\partial u_j}{\partial x_i} - \frac{\partial u_k}{\partial x_i}\frac{\partial u_k}{\partial x_j}\right) = \frac{1}{2}\left(u_{i,j} + u_{j,i} - u_{k,i}u_{k,j}\right) \tag{5-48}$$

对于小应变情形, Almansi 应变和 Green 应变一样, 将退化为 Cauchy 应变: $E_{ij} \approx e_{ij} \approx \varepsilon_{ij} = \frac{1}{2}(u_{i,j} + u_{j,i})$.

有关 Almansi 应变张量的性质和共轭对将在第 6 和第 7 章中详细讨论. Almansi 应变张量与 Green 应变张量之间的关系可见思考题 5.6. 有关 Almansi 应变张量同其他应变张量之间的对比可见例 6.1. Almansi 应变张量是由意大利数学家 Emilio Almansi (1869~1948) 提出的[10]. Almansi 作为应用数学家, 主要研究非线性弹性理论, 1893 年取得工学学位, 1896 年获得数学学位, 后任 Vito Volterra (1860~1840) 的助教, 1899 年获得力学和数学物理的任教资格, 1903~1910 年在 Pavia 大学任教, 1912~1922 年在 La Sapienza 大学任力学教授.

5.4.5　本节讨论

自从 Richter 于 1952 年将变形梯度极分解应用于连续介质力学, 特别是 Walter Noll 表明: 简单材料 (包含绝大多数实际材料) 的本构方程, 可以通过客观性原理把极分解中的转动 (可称为主转动) 与应变的分离, 转变成在本构方程中分离出转动和应变的影响之后, 极分解已成为近代连续介质力学中最重要的基本公式之一, 于是关于极分解的不变性算法就成为重要的研究课题.

本节有关极分解、Hans Richter、Josef Finger 的历史补记: Hans Richter 在理性力学文献中很少被提及, 他是德国应用数学家, 他除了提出了张量的极分解定理外, 还对 “对数应变张量 (logarithmic strain tensor)”、各向同性张量的表示定理等有重要贡献, 详见 11.3.1 节的有关内容.

当然也有连续介质力学书[11] 中明确指出, 极分解是奥地利理性力学家 Josef Finger (1841~1925) 于 1892 年提出的[12]. Finger 于 1875 年 3 月 17 日在维也纳大学 (University of Vienna) 获得博士学位. Finger 于 1888~1890 年期间担任 Technische Hochschule in Vienna 化学学院院长 (dean), 并于 1890~1891 年期间担任这所大学的校长 (rector). Finger 被认为是理性连续介质力学先驱之一.

5.5 速度梯度、应变率、旋率

从事冲击动力学研究的学者自然关心两个问题: (1) 在参考构形和当前构形速度和加速度是如何描述的? (2) 对于应变率敏感材料而言, 在有限变形下变形度量的时间变化率如何恰当地予以考虑?

5.4 节已经对变形几何的量进行了考察, 本节将对变形的时间的量进行考察.

设物体的运动方程为: $\boldsymbol{x} = \boldsymbol{x}(\boldsymbol{X}, t)$, 物质速度 (material velocity) 或简称为速度 $\boldsymbol{v}$ 是指对于一定的物质点, 其矢径对时间的变化率:

$$\boldsymbol{v} = \left(\frac{\partial \boldsymbol{x}}{\partial t}\right)_{\boldsymbol{X}} \equiv \frac{\mathrm{d}\boldsymbol{x}}{\mathrm{d}t} \tag{5-49}$$

式中, $(\partial/\partial t)_{\boldsymbol{X}}$ 称为 "物质时间导数 (material time derivative)", 也就是保持一定物质点 $\boldsymbol{X}$ 不变所求的导数 (derivative holding the material point fixed). 相应地, 加速度定义为

$$\boldsymbol{a} = \left(\frac{\partial \boldsymbol{v}}{\partial t}\right)_{\boldsymbol{X}} = \left(\frac{\partial^2 \boldsymbol{x}}{\partial t^2}\right)_{\boldsymbol{X}} \equiv \frac{\mathrm{d}^2\boldsymbol{x}}{\mathrm{d}t^2} \tag{5-50}$$

速度梯度定义为当前构形中速度矢量的右梯度, 即:

$$\boldsymbol{l} = \boldsymbol{v} \otimes \boldsymbol{\nabla} = \frac{\partial v_i}{\partial x_j}\boldsymbol{e}_i \otimes \boldsymbol{e}_j = v_{i,j}\boldsymbol{e}_i \otimes \boldsymbol{e}_j \tag{5-51}$$

速度梯度张量可以分解为一个对称张量和一个反对称张量之和:

$$\boldsymbol{l} = \boldsymbol{d} + \boldsymbol{w} \tag{5-52}$$

式中,

$$\boldsymbol{d} = \frac{1}{2}\left(\boldsymbol{l} + \boldsymbol{l}^{\mathrm{T}}\right) = \frac{1}{2}(\boldsymbol{v} \otimes \boldsymbol{\nabla} + \boldsymbol{\nabla} \otimes \boldsymbol{v}) \tag{5-53}$$

为速度梯度的对称部分, 称为 "变形率 (rate of deformation)"、"应变率 (strain rate)" 或 "伸长张量 (stretching tensor)". (5-52) 式中的反对称 (anti-symmetrical, skew) 部分表示为

$$\boldsymbol{w} = \frac{1}{2}\left(\boldsymbol{l} - \boldsymbol{l}^{\mathrm{T}}\right) = \frac{1}{2}(\boldsymbol{v} \otimes \boldsymbol{\nabla} - \boldsymbol{\nabla} \otimes \boldsymbol{v}) \tag{5-54}$$

则被称为 "旋率 (spin, twirl)" 或 "物质旋率 (material spin)". 旋率 $\boldsymbol{w}$ 由于满足: $\boldsymbol{w} = -\boldsymbol{w}^{\mathrm{T}}$, 故旋率 $\boldsymbol{w}$ 为一反对称张量 (skew-symmetrical tensor).

5.6 变形梯度和 Green 应变张量的物质时间导数

利用微分的链式法则、微分的连续性以及物质导数的定义, 对于一定的物质点, 变形梯度的物质时间导数为

$$\dot{\boldsymbol{F}} = \left(\frac{\partial \boldsymbol{F}}{\partial t}\right)_P = \frac{\partial}{\partial t}\left(\frac{\partial \boldsymbol{x}}{\partial \boldsymbol{X}}\right) = \frac{\partial}{\partial \boldsymbol{X}}\left(\frac{\partial \boldsymbol{x}}{\partial t}\right)_{\boldsymbol{X}} = \frac{\partial \boldsymbol{v}}{\partial \boldsymbol{X}} = \frac{\partial \boldsymbol{v}}{\partial \boldsymbol{x}}\frac{\partial \boldsymbol{x}}{\partial \boldsymbol{X}} = \boldsymbol{l}\,\boldsymbol{F} \tag{5-55}$$

或者:

$$\boldsymbol{l} = \dot{\boldsymbol{F}}\boldsymbol{F}^{-1} \tag{5-56}$$

由 (5-55) 式知变形梯度物质时间导数的转置为

$$\dot{\boldsymbol{F}}^{\mathrm{T}} = (\boldsymbol{l}\,\boldsymbol{F})^{\mathrm{T}} = \boldsymbol{F}^{\mathrm{T}}\boldsymbol{l}^{\mathrm{T}} \tag{5-57}$$

则 Lagrange 描述下的 Green 应变张量 $\boldsymbol{E} = \dfrac{1}{2}\left(\boldsymbol{F}^{\mathrm{T}}\boldsymbol{F} - \boldsymbol{I}\right)$ 的物质时间导数为

$$\dot{\boldsymbol{E}} = \frac{1}{2}\left(\dot{\boldsymbol{F}}^{\mathrm{T}}\boldsymbol{F} + \boldsymbol{F}^{\mathrm{T}}\dot{\boldsymbol{F}}\right) = \boldsymbol{F}^{\mathrm{T}}\frac{\boldsymbol{l}+\boldsymbol{l}^{\mathrm{T}}}{2}\boldsymbol{F} = \boldsymbol{F}^{\mathrm{T}}\boldsymbol{d}\,\boldsymbol{F} \tag{5-58}$$

值得注意的是, 应变率张量 $\boldsymbol{d}$ 在当前构形, 而 Green 应变率 $\dot{\boldsymbol{E}}$ 在参考构形. 由 (5-58) 式可得

$$\boldsymbol{d} = \boldsymbol{F}^{-\mathrm{T}}\dot{\boldsymbol{E}}\,\boldsymbol{F}^{-1} \tag{5-59}$$

例 5.8 证明常用关系式: $\dot{\boldsymbol{B}} = \boldsymbol{l}\,\boldsymbol{B} + \boldsymbol{B}\,\boldsymbol{l}^{\mathrm{T}}$.

证明: 按照定义, $\dot{\boldsymbol{B}} = \left(\boldsymbol{F}\,\boldsymbol{F}^{\mathrm{T}}\right)^{\bullet} = \dot{\boldsymbol{F}}\,\boldsymbol{F}^{\mathrm{T}} + \boldsymbol{F}\dot{\boldsymbol{F}}^{\mathrm{T}}$, 将 (5-55) 和 (5-57) 两式代入, 整理即得: $\dot{\boldsymbol{B}} = \boldsymbol{l}\,\boldsymbol{B} + \boldsymbol{B}\,\boldsymbol{l}^{\mathrm{T}}$.

利用恒等式 $\boldsymbol{F}\,\boldsymbol{F}^{-1} = \boldsymbol{I}$, 不难获得变形梯度的逆以及逆转置的物质时间导数:

$$\left(\boldsymbol{F}^{-1}\right)^{\bullet} = -\boldsymbol{F}^{-1}\dot{\boldsymbol{F}}\,\boldsymbol{F}^{-1} = -\boldsymbol{F}^{-1}\boldsymbol{l}, \quad \left(\boldsymbol{F}^{-\mathrm{T}}\right)^{\bullet} = -\boldsymbol{l}^{\mathrm{T}}\boldsymbol{F}^{-\mathrm{T}} \tag{5-60}$$

利用变形梯度的物质时间导数可方便地给出线段 $\mathrm{d}\boldsymbol{x}$ 的物质时间导数:

$$(\mathrm{d}\boldsymbol{x})^{\bullet} = (\boldsymbol{F}\mathrm{d}\boldsymbol{X})^{\bullet} = \dot{\boldsymbol{F}}\mathrm{d}\boldsymbol{X} = \boldsymbol{l}\,\boldsymbol{F}\mathrm{d}\boldsymbol{X} = \boldsymbol{l}\mathrm{d}\boldsymbol{x} = \mathrm{d}\boldsymbol{x}\boldsymbol{l}^{\mathrm{T}} \tag{5-61}$$

例 5.9 证明常用关系式: $\dfrac{\partial J}{\partial \boldsymbol{F}} = \dfrac{\partial \det \boldsymbol{F}}{\partial \boldsymbol{F}} = J\boldsymbol{F}^{-\mathrm{T}}$.

证明: 由 (4-5) 式知, 变形梯度张量的三个不变量为

$$\begin{cases} \mathrm{I}_1(\boldsymbol{F}) = \mathrm{tr}\boldsymbol{F} = \boldsymbol{F} : \boldsymbol{I} = F_{ii} \\ \mathrm{I}_2(\boldsymbol{F}) = \dfrac{1}{2}\left[(\mathrm{tr}\boldsymbol{F})^2 - \mathrm{tr}\boldsymbol{F}^2\right] \\ \mathrm{I}_3(\boldsymbol{F}) = \det\boldsymbol{F} = \dfrac{1}{6}\left[(\mathrm{tr}\boldsymbol{F})^3 - 3(\mathrm{tr}\boldsymbol{F})\left(\mathrm{tr}\boldsymbol{F}^2\right) + 2\mathrm{tr}\boldsymbol{F}^3\right] \end{cases} \tag{5-62}$$

通过 "矩 (moments)" 可引入变形梯度 $\boldsymbol{F}$ 的另外三个主不变量为

$$\begin{cases} \mathrm{I}_1^*(\boldsymbol{F}) = \mathrm{tr}\boldsymbol{F} = \boldsymbol{F} : \boldsymbol{I} \\ \mathrm{I}_2^*(\boldsymbol{F}) = \mathrm{tr}\boldsymbol{F}^2 = \boldsymbol{F} : \boldsymbol{F} = \boldsymbol{F}^2 : \boldsymbol{I} \\ \mathrm{I}_3^*(\boldsymbol{F}) = \mathrm{tr}\boldsymbol{F}^3 = (\boldsymbol{F}\boldsymbol{F}) : \boldsymbol{F} = \boldsymbol{F}^3 : \boldsymbol{I} \end{cases} \tag{5-63}$$

由 (4-14) 式知, 两类不变量之间的关系为

$$\mathrm{I}_1 = \mathrm{I}_1^*, \quad \mathrm{I}_2 = \frac{1}{2}\left[(\mathrm{I}_1^*)^2 - \mathrm{I}_2^*\right], \quad \mathrm{I}_3 = \frac{1}{6}\left[(\mathrm{I}_1^*)^3 - 3\mathrm{I}_1^*\mathrm{I}_2^* + 2\mathrm{I}_3^*\right] \tag{5-64}$$

由 (5-63) 式有如下微分关系:

$$\frac{\partial \mathrm{I}_1^*}{\partial \boldsymbol{F}} = \frac{\partial \mathrm{tr}\boldsymbol{F}}{\partial \boldsymbol{F}} = \boldsymbol{I}, \quad \frac{\partial \mathrm{I}_2^*}{\partial \boldsymbol{F}} = \frac{\partial \mathrm{tr}\boldsymbol{F}^2}{\partial \boldsymbol{F}} = 2\boldsymbol{F}^{\mathrm{T}}, \quad \frac{\partial \mathrm{I}_3^*}{\partial \boldsymbol{F}} = \frac{\partial \mathrm{tr}\boldsymbol{F}^3}{\partial \boldsymbol{F}} = 3\left(\boldsymbol{F}^{\mathrm{T}}\right)^2 \tag{5-65}$$

则有

$$\begin{aligned} \frac{\partial J}{\partial \boldsymbol{F}} &= \frac{\partial \det \boldsymbol{F}}{\partial \boldsymbol{F}} = \frac{1}{6}\frac{\partial}{\partial \boldsymbol{F}}\left[(\mathrm{I}_1^*)^3 - 3\mathrm{I}_1^*\mathrm{I}_2^* + 2\mathrm{I}_3^*\right] \\ &= \frac{1}{6}\left[3(\mathrm{I}_1^*)^2\frac{\partial \mathrm{I}_1^*}{\partial \boldsymbol{F}} - 3\frac{\partial \mathrm{I}_1^*}{\partial \boldsymbol{F}}\mathrm{I}_2^* - 3\mathrm{I}_1^*\frac{\partial \mathrm{I}_2^*}{\partial \boldsymbol{F}} + 2\frac{\partial \mathrm{I}_3^*}{\partial \boldsymbol{F}}\right] \\ &= \frac{1}{6}\left[3(\mathrm{I}_1^*)^2\boldsymbol{I} - 3\boldsymbol{I}\mathrm{I}_2^* - 6\mathrm{I}_1^*\boldsymbol{F}^{\mathrm{T}} + 6\left(\boldsymbol{F}^{\mathrm{T}}\right)^2\right] \\ &= \frac{1}{2}\left[(\mathrm{I}_1^*)^2 - \mathrm{I}_2^*\right]\boldsymbol{I} - \mathrm{I}_1\boldsymbol{F}^{\mathrm{T}} + \left(\boldsymbol{F}^{\mathrm{T}}\right)^2 \\ &= \mathrm{I}_2\boldsymbol{I} - \mathrm{I}_1\boldsymbol{F}^{\mathrm{T}} + \left(\boldsymbol{F}^{\mathrm{T}}\right)^2 \end{aligned} \tag{5-66}$$

对由 (4-7) 所给出的 Cayley-Hamilton 定理的两端求转置, 则有

$$\left(\boldsymbol{F}^{\mathrm{T}}\right)^3 - \mathrm{I}_1\left(\boldsymbol{F}^{\mathrm{T}}\right)^2 + \mathrm{I}_2\boldsymbol{F}^{\mathrm{T}} - \mathrm{I}_3\boldsymbol{I} = \boldsymbol{0}$$

用 $\boldsymbol{F}^{-\mathrm{T}}$ 点积上式两端, 有

$$\left(\boldsymbol{F}^{\mathrm{T}}\right)^2 - \mathrm{I}_1\boldsymbol{F}^{\mathrm{T}} + \mathrm{I}_2 = \mathrm{I}_3\boldsymbol{F}^{-\mathrm{T}} \tag{5-67}$$

将 (5-67) 式代入 (5-66) 式, 则得到:

$$\frac{\partial J}{\partial \boldsymbol{F}} = \mathrm{I}_3\boldsymbol{F}^{-\mathrm{T}} = J\boldsymbol{F}^{-\mathrm{T}} \tag{5-68}$$

例 5.10 证明如下常用关系式:

$$\frac{\dot{J}}{J} = \mathrm{tr}\boldsymbol{l} = \mathrm{tr}\boldsymbol{d} \tag{5-69}$$

证明: 由 (5-51) 式, 易知: $\mathrm{tr}\boldsymbol{l}=\mathrm{tr}\boldsymbol{l}^{\mathrm{T}}$, 所以有: $\mathrm{tr}\boldsymbol{l}=\mathrm{tr}\boldsymbol{d}$. 由 (5-68) 式, 再由 (4-51) 式: $\boldsymbol{S}:\boldsymbol{T}=\mathrm{tr}\left(\boldsymbol{S}^{\mathrm{T}}\boldsymbol{T}\right)=\mathrm{tr}\left(\boldsymbol{T}\,\boldsymbol{S}^{\mathrm{T}}\right)$, 因此有

$$
\begin{aligned}
\frac{\dot{J}}{J}&=\frac{(\det\boldsymbol{F})^{\bullet}}{J}=\frac{1}{J}\frac{\partial J}{\partial\boldsymbol{F}}:\dot{\boldsymbol{F}}=\frac{1}{J}J\boldsymbol{F}^{-\mathrm{T}}:\dot{\boldsymbol{F}}\\
&=\boldsymbol{F}^{-\mathrm{T}}:\dot{\boldsymbol{F}}=\mathrm{tr}\left(\boldsymbol{F}^{-1}\dot{\boldsymbol{F}}\right)=\mathrm{tr}\left(\dot{\boldsymbol{F}}\,\boldsymbol{F}^{-1}\right)\\
&=\mathrm{tr}\boldsymbol{l}=\mathrm{tr}\boldsymbol{d}
\end{aligned}
\tag{5-70}
$$

因此 (5-69) 式得证.

例 5.11　材料的不可压缩条件可等价地表示为

$$
\begin{cases}
J=\det\boldsymbol{F}=1\\
\dot{J}=0\\
\boldsymbol{F}^{-\mathrm{T}}:\dot{\boldsymbol{F}}=0\\
\mathrm{tr}\boldsymbol{d}=0\\
\mathrm{tr}\boldsymbol{l}=0\\
\mathrm{div}\,\boldsymbol{v}=0
\end{cases}
\tag{5-71}
$$

证明: 利用 (5-14) 式、(5-70) 式以及: $\mathrm{tr}\boldsymbol{l}=\mathrm{div}\,\boldsymbol{v}$, 则 (5-71) 式得证.

例 5.12　给出 (5-58) 关系式的主轴表示.

解: (5-58) 式给出了参考构形中 Green 应变率 $\dot{\boldsymbol{E}}$ 和当前构形中的应变率 $\boldsymbol{d}$ 的关系式. $\boldsymbol{d}$ 在 Euler 标架中的分解式为

$$
\boldsymbol{d}=\sum_{i,j}d_{(ij)}\boldsymbol{n}_i\otimes\boldsymbol{n}_j \tag{5-72}
$$

应注意的是, $d_{(ij)}$ 不但有对角线分量, 而且还有非对角线分量. Green 应变率为

$$
\dot{\boldsymbol{E}}=\sum_{I,J}\dot{E}_{(IJ)}\boldsymbol{N}_I\otimes\boldsymbol{N}_J \tag{5-73}
$$

将 (5-72) 式、(5-35) 式以及思考题 5.3 中的 $\boldsymbol{F}^{\mathrm{T}}$ 的表达式代入 (5-58) 式得到:

$$
\dot{\boldsymbol{E}}=\sum_{\substack{i=I\\ j=J}}\lambda_I\lambda_J d_{(ij)}\boldsymbol{N}_I\otimes\boldsymbol{N}_J \tag{5-74}
$$

比较 (5-73) 和 (5-74) 两式, 故而有

$$
\dot{E}_{(IJ)}=\lambda_I\lambda_J d_{(ij)},\quad (i=I,j=J) \tag{5-75}
$$

当然实际工程中最关心的还是 (5-75) 式的对角线部分.

5.7 推前与拉回操作

(5-58) 式将当前构形中的应变率张量 $\boldsymbol{d}$ “拉回操作 (pull-back operation)” 到参考构形的 Green 应变率 $\dot{\boldsymbol{E}}$, 形象地记为

$$\Phi^{\leftarrow}(\cdot)=\boldsymbol{F}^{\mathrm{T}}(\cdot)\boldsymbol{F} \tag{5-76}$$

相应地将 (5-59) 式的操作称为 “推前操作 (push-forward operation)”, 记为

$$\Phi^{\rightarrow}(\cdot)=\boldsymbol{F}^{-\mathrm{T}}(\cdot)\boldsymbol{F}^{-1} \tag{5-77}$$

原因是 (5-59) 式中是将参考构形中的 Green 应变率 $\dot{\boldsymbol{E}}$ 推前到当前构形中的应变率张量 $\boldsymbol{d}$.

5.8 各种旋率

由 (5-54) 式所给出的反对称张量 $\boldsymbol{w}=\dfrac{1}{2}\left(\boldsymbol{l}-\boldsymbol{l}^{\mathrm{T}}\right)=\dfrac{1}{2}(\boldsymbol{v}\otimes\boldsymbol{\nabla}-\boldsymbol{\nabla}\otimes\boldsymbol{v})$ 表示在所研究的物质点附近小邻域材料的旋转速度, 也称为物质旋率[13]. 在物体的变形过程中, Lagrange 标架和 Euler 标架分别在参考构形和当前构形中不停地旋转, 两个标架的基矢量 $\boldsymbol{N}_\Gamma$ (Γ=I, II, III) 和 $\boldsymbol{n}_\gamma$ (γ=1, 2, 3) 的方向也在随时间在不断变化. 研究清楚各种旋率对进一步研究本构关系的客观性有十分重要的意义.

令 $\boldsymbol{R}^{\mathrm{Lag}}$ 为从绝对标架 ($\boldsymbol{e}_\Gamma$) 旋转到 Lagrange 标架的正交张量, 而 $\boldsymbol{R}^{\mathrm{Eul}}$ 则为从绝对标架旋转到 Euler 标架的正交张量. 从而有如下点积:

$$\boldsymbol{N}_\Gamma=\boldsymbol{R}^{\mathrm{Lag}}\boldsymbol{e}_\Gamma,\quad \boldsymbol{n}_\gamma=\boldsymbol{R}^{\mathrm{Eul}}\boldsymbol{e}_\Gamma,\quad(\gamma=\Gamma) \tag{5-78}$$

由 (5-33) 式可知, 两种标架之间满足下列点积关系:

$$\boldsymbol{n}_\gamma=\boldsymbol{R}\boldsymbol{N}_\Gamma,\quad \boldsymbol{R}^{\mathrm{Eul}}=\boldsymbol{R}\boldsymbol{R}^{\mathrm{Lag}},\quad(\gamma=\Gamma) \tag{5-79}$$

对 (5-78) 式求物质时间导数, 得到两种标架基矢量的物质时间导数:

$$\dot{\boldsymbol{N}}_\Gamma(t)=\dot{\boldsymbol{R}}^{\mathrm{Lag}}(t)\boldsymbol{e}_\Gamma,\quad \dot{\boldsymbol{n}}_\gamma=\dot{\boldsymbol{R}}^{\mathrm{Eul}}\boldsymbol{e}_\Gamma,\quad(\gamma=\Gamma) \tag{5-80}$$

再对 (5-78) 式求逆, 注意到正交张量的基本性质, 我们得到:

$$\boldsymbol{e}_\Gamma=\left(\boldsymbol{R}^{\mathrm{Lag}}(t)\right)^{\mathrm{T}}\boldsymbol{N}_\Gamma(t),\quad \boldsymbol{e}_\Gamma=\left(\boldsymbol{R}^{\mathrm{Eul}}(t)\right)^{\mathrm{T}}\boldsymbol{n}_\gamma(t),\quad(\gamma=\Gamma) \tag{5-81}$$

将 (5-81) 式代入 (5-80) 式中, 可获得两种标架基矢量的物质时间导数:

$$\dot{\boldsymbol{N}}_\Gamma(t) = \boldsymbol{\Omega}^{\text{Lag}}(t)\boldsymbol{N}_\Gamma(t), \quad \dot{\boldsymbol{n}}_\gamma = \boldsymbol{\Omega}^{\text{Eul}}(t)\boldsymbol{n}_\gamma(t), \quad (\gamma = \Gamma) \tag{5-82}$$

式中, Lagrange 旋率、Euler 旋率、两种标架的相对旋率分别为

$$\begin{cases} \boldsymbol{\Omega}^{\text{Lag}}(t) = \dot{\boldsymbol{R}}^{\text{Lag}}(t)\left(\boldsymbol{R}^{\text{Lag}}(t)\right)^{\text{T}} \\ \boldsymbol{\Omega}^{\text{Eul}}(t) = \dot{\boldsymbol{R}}^{\text{Eul}}(t)\left(\boldsymbol{R}^{\text{Eul}}(t)\right)^{\text{T}} \\ \boldsymbol{\Omega}(t) = \dot{\boldsymbol{R}}(t)\left(\boldsymbol{R}(t)\right)^{\text{T}} \end{cases} \tag{5-83}$$

5.9　小变形理论的协调条件

经典场论的一个重要标志就是针对单连通 (singly connected) 物体存在变形的协调性 (compatibilty), 即每个物体点变形后在空间都有一个唯一确定的位置. 如果变形是协调的, 变形后微元才能无缝地 (seamlessly) 拼合起来.

畸变张量 (distortion tensor) 定义为位移的左梯度 (如第 2 章参考文献 [24]、第 17 章参考文献 [3]) 或右梯度[14], 第 22 章使用位移矢量的左梯度定义畸变张量, 在此则以右梯度为例. 给定如 (5-17) 式所定义的位移矢量 $\boldsymbol{u} = u_i\boldsymbol{e}_i$, 此时

$$\boldsymbol{\beta} = \boldsymbol{u} \otimes \boldsymbol{\nabla}, \quad \beta_{ij} = u_{i,j} \tag{5-84}$$

畸变张量的对称部分即为由 5.4.2 节给出的 Cauchy 应变张量:

$$\boldsymbol{\varepsilon} = \frac{1}{2}\left(\boldsymbol{\beta} + \boldsymbol{\beta}^{\text{T}}\right) = \frac{1}{2}(\boldsymbol{u} \otimes \boldsymbol{\nabla} + \boldsymbol{\nabla} \otimes \boldsymbol{u}), \quad \varepsilon_{ij} = \frac{1}{2}(u_{i,j} + u_{j,i}) \tag{5-85}$$

畸变张量的反对称部分是转动张量:

$$\boldsymbol{W} = \frac{1}{2}\left(\boldsymbol{\beta} - \boldsymbol{\beta}^{\text{T}}\right) = \frac{1}{2}(\boldsymbol{u} \otimes \boldsymbol{\nabla} - \boldsymbol{\nabla} \otimes \boldsymbol{u}), \quad W_{ij} = \frac{1}{2}(u_{i,j} - u_{j,i}) \tag{5-86}$$

若在某点 $\boldsymbol{x}$ 给定一个单位方向矢量 $\boldsymbol{n}$, 则该点沿 $\boldsymbol{n}$ 方向的单位伸长度为

$$\varepsilon_n = \boldsymbol{n} \cdot \boldsymbol{\varepsilon}\boldsymbol{n} \tag{5-87}$$

反对称的转动张量的对偶:

$$\begin{aligned} \boldsymbol{\omega} &= -\frac{1}{2}\in : \boldsymbol{W} = \frac{1}{2}\in : (\boldsymbol{\nabla} \otimes \boldsymbol{u}) \\ &= \frac{1}{2}\boldsymbol{\nabla} \times \boldsymbol{u} = \frac{1}{2}\text{curl}\boldsymbol{u} \end{aligned} \tag{5-88}$$

称为转动矢量, 其几何意义代表转动.

由 (5-84)、(5-85) 和 (5-86) 三式可知, 有如下分解:

$$\boldsymbol{\beta} = \boldsymbol{\varepsilon} + \boldsymbol{W} \tag{5-89}$$

亦即: 畸变可分解为对称的变形和反对称的转动两部分. 对于小变形而言, 分解与次序无关.

小变形情况下, 经典连续统理论的协调条件表示为[14]:

$$\begin{cases} \boldsymbol{\beta} \times \boldsymbol{\nabla} = \mathbf{0} \\ \boldsymbol{\nabla} \times \boldsymbol{\varepsilon} \times \boldsymbol{\nabla} = \mathbf{0} \\ \boldsymbol{\Xi} \times \boldsymbol{\nabla} = \mathbf{0} \end{cases} \tag{5-90}$$

式中,

$$\boldsymbol{\Xi} = \boldsymbol{\omega} \otimes \boldsymbol{\nabla} \tag{5-91}$$

称为弯扭张量 (bend-twist tensor).

下面分别对小变形时的变形协调条件 (5-90) 中的三个式子进行逐一说明.

对于 (5-90) 中的第一个式子, $\boldsymbol{\beta} \times \boldsymbol{\nabla} = \boldsymbol{u} \otimes \boldsymbol{\nabla} \times \boldsymbol{\nabla} = \mathbf{0}$ 自然成立, 说明的是畸变张量的无旋性 (curl-free), 还可用分量表示为: $\in_{irs} u_{j,rs} = 0$.

(5-90) 式的第二个式子事实上就是著名的 "Saint-Venant 协调方程 (compatibility equations)" 或 "Saint-Venant 协调条件 (compatibility conditions)", 亦被广泛地表示为: $\mathrm{curlcurl}^{\mathrm{T}} \boldsymbol{\varepsilon} = \mathbf{0}$, 可用分量形式表示为

$$\Lambda_{ijkm} = \varepsilon_{ij,km} + \varepsilon_{km,ij} - \varepsilon_{ik,jm} - \varepsilon_{jm,ik} = 0 \tag{5-92}$$

Eugenio Beltrami (1835~1899)

式中, $\boldsymbol{\Lambda}(\boldsymbol{\varepsilon})$ 为 Saint-Venant 四阶张量. (5-92) 式表明, 在小变形时, 对于单连通域而言, 应变作为位移梯度或畸变张量的对称化, 需要使得 Saint-Venant 张量为零. 应该指出的是, Saint-Venant 协调方程是由 Barré de Saint-Venant (1797~1886) 于 1864 年首次描述, 并由意大利数学家 Eugenio Beltrami (1835~1899) 于 1886 年严格证明的.

对于 (5-90) 式的第三个式子, 也就是: $\boldsymbol{\omega} \otimes \boldsymbol{\nabla} \times \boldsymbol{\nabla} = \mathbf{0}$ 显然成立. 有关弯扭张量 $\boldsymbol{\Xi}$ 的性质, 可见思考题 5.10.

思 考 题

5.1 试给出 Euler 描述下的变形梯度张量和位移梯度张量的表达式.

5.2 证明: $J = \det \boldsymbol{F} = \det \boldsymbol{U} = \det \boldsymbol{V} = \sqrt{\det \boldsymbol{C}} = \sqrt{\det \boldsymbol{B}} = \dfrac{\mathrm{d}v}{\mathrm{d}V}$.

5.3 证明下列关系式:

$$\begin{cases} \boldsymbol{F}^{\mathrm{T}} = \sum\limits_{\Gamma=\gamma} \lambda_\Gamma \boldsymbol{N}_\Gamma \otimes \boldsymbol{n}_\gamma \\ \boldsymbol{F}^{-1} = \sum\limits_{\Gamma=\gamma} \lambda_\Gamma^{-1} \boldsymbol{N}_\Gamma \otimes \boldsymbol{n}_\gamma \\ \boldsymbol{F}^{-\mathrm{T}} = \sum\limits_{\Gamma=\gamma} \lambda_\Gamma^{-1} \boldsymbol{n}_\gamma \otimes \boldsymbol{N}_\Gamma \end{cases} \tag{5-93}$$

5.4 证明: Green 应变张量的分量为

$$\begin{cases} E_{XX} = \dfrac{\partial u_X}{\partial X} + \dfrac{1}{2}\left[\left(\dfrac{\partial u_X}{\partial X}\right)^2 + \left(\dfrac{\partial u_Y}{\partial X}\right)^2 + \left(\dfrac{\partial u_Z}{\partial X}\right)^2\right] \\ E_{YY} = \dfrac{\partial u_Y}{\partial Y} + \dfrac{1}{2}\left[\left(\dfrac{\partial u_X}{\partial Y}\right)^2 + \left(\dfrac{\partial u_Y}{\partial Y}\right)^2 + \left(\dfrac{\partial u_Z}{\partial Y}\right)^2\right] \\ E_{ZZ} = \dfrac{\partial u_Z}{\partial Z} + \dfrac{1}{2}\left[\left(\dfrac{\partial u_X}{\partial Z}\right)^2 + \left(\dfrac{\partial u_Y}{\partial Z}\right)^2 + \left(\dfrac{\partial u_Z}{\partial Z}\right)^2\right] \\ E_{XY} = E_{YX} = \dfrac{1}{2}\left(\dfrac{\partial u_X}{\partial Y} + \dfrac{\partial u_Y}{\partial X} + \dfrac{\partial u_X}{\partial X}\dfrac{\partial u_X}{\partial Y} + \dfrac{\partial u_Y}{\partial X}\dfrac{\partial u_Y}{\partial Y} + \dfrac{\partial u_Z}{\partial X}\dfrac{\partial u_Z}{\partial Y}\right) \\ E_{YZ} = E_{ZY} = \dfrac{1}{2}\left(\dfrac{\partial u_Y}{\partial Z} + \dfrac{\partial u_Z}{\partial Y} + \dfrac{\partial u_X}{\partial Y}\dfrac{\partial u_X}{\partial Z} + \dfrac{\partial u_Y}{\partial Y}\dfrac{\partial u_Y}{\partial Z} + \dfrac{\partial u_Z}{\partial Y}\dfrac{\partial u_Z}{\partial Z}\right) \\ E_{XZ} = E_{ZX} = \dfrac{1}{2}\left(\dfrac{\partial u_X}{\partial Z} + \dfrac{\partial u_Z}{\partial X} + \dfrac{\partial u_X}{\partial X}\dfrac{\partial u_X}{\partial Z} + \dfrac{\partial u_Y}{\partial X}\dfrac{\partial u_Y}{\partial Z} + \dfrac{\partial u_Z}{\partial X}\dfrac{\partial u_Z}{\partial Z}\right) \end{cases} \tag{5-94}$$

5.5 右和左 Cauchy-Green 变形张量拥有相同的本征值, 证明如下常用关系:

$$\begin{cases} \mathrm{I}_1(\boldsymbol{C}) = \mathrm{I}_1(\boldsymbol{B}) \\ \mathrm{I}_2(\boldsymbol{C}) = \mathrm{I}_2(\boldsymbol{B}) \\ \mathrm{I}_3(\boldsymbol{C}) = \mathrm{I}_3(\boldsymbol{B}) \end{cases} \tag{5-95}$$

5.6 给出 Lagrange 描述下的 Green 应变张量与 Euler 描述下的 Almansi 应变张量之间的关系.

5.7 证明由 (5-54) 式定义的物质旋率作为反对称张量只有三个独立分量: $w_{12} = -w_{21}$, $w_{23} = -w_{32}$, $w_{31} = -w_{13}$.

5.8 利用 (5-70) 式进一步证明: $(\mathrm{d}v)^{\bullet} = \dot{J}\mathrm{d}V = \mathrm{d}v\mathrm{tr}\boldsymbol{l} = \mathrm{d}v\mathrm{tr}\boldsymbol{d}$.

5.9 大作业一:

证明:

(1) $\dfrac{\partial J}{\partial \boldsymbol{C}}=\dfrac{\partial\sqrt{\det \boldsymbol{C}}}{\partial \boldsymbol{C}}=\dfrac{1}{2}J\boldsymbol{C}^{-1}$;

(2) $\dfrac{\partial \ln J}{\partial \boldsymbol{C}}=\dfrac{\partial \ln\sqrt{\det \boldsymbol{C}}}{\partial \boldsymbol{C}}=\dfrac{1}{2}\boldsymbol{C}^{-1}$;

(3) $\dfrac{\partial J^{-2/3}}{\partial \boldsymbol{C}}=-\dfrac{1}{3}J^{-2/3}\boldsymbol{C}^{-1}$.

提示: 上述关系式将在以后讨论可压缩超弹性体本构关系时用到.

由于 $J=\det \boldsymbol{F}, \mathrm{I}_3=\det \boldsymbol{C}=\det\left(\boldsymbol{F}^{\mathrm{T}}\boldsymbol{F}\right)=(\det \boldsymbol{F})^2=J^2$, 则有: $J=\sqrt{\mathrm{I}_3}$.

第一步: 对于二阶张量 $\boldsymbol{A}$, 有: $\det(\boldsymbol{A}-\lambda\boldsymbol{I})=(-\lambda)^3+\mathrm{I}_1(-\lambda)^2+\mathrm{I}_2(-\lambda)+\mathrm{I}_3$.

第二步: 右 Cauchy-Green 变形张量第三不变量的增量为

$$\begin{aligned}\mathrm{dI}_3&=\det(\boldsymbol{C}+\mathrm{d}\boldsymbol{C})-\det \boldsymbol{C}=\det\left[\boldsymbol{C}\left(\boldsymbol{I}+\boldsymbol{C}^{-1}\mathrm{d}\boldsymbol{C}\right)\right]-\det \boldsymbol{C}\\&=(\det \boldsymbol{C})\det\left(\boldsymbol{I}+\boldsymbol{C}^{-1}\mathrm{d}\boldsymbol{C}\right)-\det \boldsymbol{C}\end{aligned}$$

第三步: 令第一步中的参量: $\lambda=-1$, $\boldsymbol{A}=\boldsymbol{C}^{-1}\mathrm{d}\boldsymbol{C}$, 则有

$$\begin{aligned}\det\left(\boldsymbol{I}+\boldsymbol{C}^{-1}\mathrm{d}\boldsymbol{C}\right)&=1+\mathrm{I}_1\left(\boldsymbol{C}^{-1}\mathrm{d}\boldsymbol{C}\right)+O(\mathrm{d}\boldsymbol{C})\\&=1+\operatorname{tr}\left(\boldsymbol{C}^{-1}\mathrm{d}\boldsymbol{C}\right)=1+\boldsymbol{C}^{-1}:\mathrm{d}\boldsymbol{C}\end{aligned}$$

第四步: 由于右 Cauchy-Green 变形张量第三不变量的增量可表示为

$$\begin{aligned}\mathrm{dI}_3&=(\det \boldsymbol{C})\det\left(\boldsymbol{I}+\boldsymbol{C}^{-1}\cdot\mathrm{d}\boldsymbol{C}\right)-\det \boldsymbol{C}\\&=\det(\boldsymbol{C})\left(1+\boldsymbol{C}^{-1}:\mathrm{d}\boldsymbol{C}\right)-\det \boldsymbol{C}\\&=(\det \boldsymbol{C})\,\boldsymbol{C}^{-1}:\mathrm{d}\boldsymbol{C}\end{aligned}$$

则自然会有下式成立:

$$\frac{\partial \mathrm{I}_3}{\partial \boldsymbol{C}}=J^2\boldsymbol{C}^{-1}$$

第五步: 从而有第一个关系式

$$\frac{\partial J}{\partial \boldsymbol{C}}=\frac{\partial J}{\partial \mathrm{I}_3}\frac{\partial \mathrm{I}_3}{\partial \boldsymbol{C}}=\frac{\partial\sqrt{\mathrm{I}_3}}{\partial \mathrm{I}_3}\frac{\partial \mathrm{I}_3}{\partial \boldsymbol{C}}=\frac{1}{2}J^{-1}J^2\boldsymbol{C}^{-1}=\frac{1}{2}J\boldsymbol{C}^{-1}$$

进而有下两式成立:

$$\frac{\partial \ln J}{\partial \boldsymbol{C}}=\frac{\partial \ln\sqrt{\mathrm{I}_3}}{\partial \mathrm{I}_3}\frac{\partial \mathrm{I}_3}{\partial \boldsymbol{C}}=\frac{1}{2J^2}J^2\boldsymbol{C}^{-1}=\frac{1}{2}\boldsymbol{C}^{-1}$$

$$\frac{\partial J^{-2/3}}{\partial \boldsymbol{C}}=\frac{\partial J^{-2/3}}{\partial \mathrm{I}_3}\frac{\partial \mathrm{I}_3}{\partial \boldsymbol{C}}=\frac{\partial \mathrm{I}_3^{-1/3}}{\partial \mathrm{I}_3}J^2\boldsymbol{C}^{-1}=-\frac{1}{3}J^{-2/3}\boldsymbol{C}^{-1}$$

5.10 对于 (5-91) 式中定义的弯扭张量 $\boldsymbol{\Xi}$, 证明其满足: $\operatorname{tr}\boldsymbol{\Xi}=0$.

5.11 大作业二: 如何有效地确定 $\boldsymbol{C}^{1/2}$、$\boldsymbol{C}^{-1/2}$ 和其他关于 $\boldsymbol{C}$ 的各向同性张量函数[15]?

参 考 文 献

[1] Ampère A M. Essai sur la philosophie des sciences, ou, Exposition analytique d'une classification naturelle de toutes les connaissances humaines. Paris: Chez Bachelier, 1834.

[2] D′Alembert J. Traité de Dynamique. Paris: David, 1743.

[3] Nanson E J. Note on hydrodynamics. Messenger of Mathematics, 1874, 3: 120–1231 (also ibid, 7, 182–183, 1877–1878).

[4] Richter H. Zur Elastizitätstheorie endlicher Verformungen. Mathematische Nachrichten, 1952, 8: 65–73.

[5] Truesdell C A. Continuum Mechanics. III. Foundations of Elasticity Theory. New York: Gordon & Breach, 1965.

[6] Man C S, Cohen H. A coordinate-free approach to the kinematics of membranes. Journal of Elasticity, 1986, 16: 97–104.

[7] Hill R. Aspects of invariance in solid mechanics. Advances in Applied Mechanics, 18: 1–75, New York: Academic Press, 1978.

[8] 郭仲衡, Dubey R N. 非线性连续介质力学中的 "主轴法". 力学进展, 1983, 13: 273–289.

[9] 郭仲衡, 梁浩云. 从主轴表示到抽象表示. 力学进展, 1990, 20: 303–315.

[10] Almansi E. Sulle deformazioni finite dei solidi elastici isotropi. I and II. Rendiconti Accademia Lincei (5A), 1911, Part I: 20(1): 705–714; Part II: 20(2): 289–296.

[11] Bertram A. Elasticity and Plasticity of Large Deformation (3rd Edition). Berlin: Springer, 2012.

[12] Finger J. Über die gegenseitigen Beziehungen von gewissen in der Mechanik mit Vortheil anwendbaren Flächen zweiter Ordnung nebst Anwendungen auf Probleme der Astatik. Sitzungsber. der Kaiserl. Akad. the Wissenschaften, Mathematisch-Naturwiss, 1892, Classe 101, IIa, 1105–1142.

[13] 黄克智, 黄永刚. 高等固体力学 (上册). 北京: 清华大学出版社, 2013.

[14] 郭仲衡, 梁浩云. 变形体非协调理论. 重庆: 重庆出版社, 1989.

[15] Ting T C T. Determination of $C^{1/2}$, $C^{-1/2}$ and more general isotropic tensor functions of C. Journal of Elasticity, 1985, 15: 319–323.

第 6 章　应 变 度 量

6.1　应变概念大事记

荷兰哲学家、科学家 Isaac Beeckman (1588~1637) 于 1630 年, 第一次将每单位初始长度 l 的长度变化 Δl 定义为 "伸长度"[1] $\varepsilon \equiv \Delta l/l$, 也就是现在用的 "工程应变". Beeckman 当时就已经认识到, 是 ε 而非伸长 Δl 确定了给定长度和截面面积琴弦的受力.

Beeckman 是法国哲学家、数学家笛卡儿的老师. Beeckman 被认为是最早正确描述惯性概念者之一, 他还于 1614~1615 年研究过小提琴弦的振动问题, 指出一种声音由多种声音构成, 琴弦的基本频率和弦的长度成反比. Beeckman 于 1620 年针对梁的弯曲进行了研究, 得出的结论是: 梁变形后凸起的一面的材料受到拉伸变形, 而内凹一面的材料则受到压缩变形. Beeckman 还大约于 1620 年提出了第一个 "分子理论 (molecular theory)"[2], 被认为是他那个时代欧洲最有学问的人之一.

Cauchy[3,4] 于 1828 年和 1829 年引入了如 (5-44) 式所示的 "Cauchy 变形张量 (deformation tensor)" $\boldsymbol{c} = \boldsymbol{F}^{-\mathrm{T}}\boldsymbol{F}^{-1}$, 该张量是定义在当前构形的. (5-43) 式给出的左 Cauchy-Green 变形张量 $\boldsymbol{B} = \boldsymbol{c}^{-1} = \boldsymbol{F}\boldsymbol{F}^{\mathrm{T}}$ 也是定义在当前构形的.

George Green
(1793~1841)

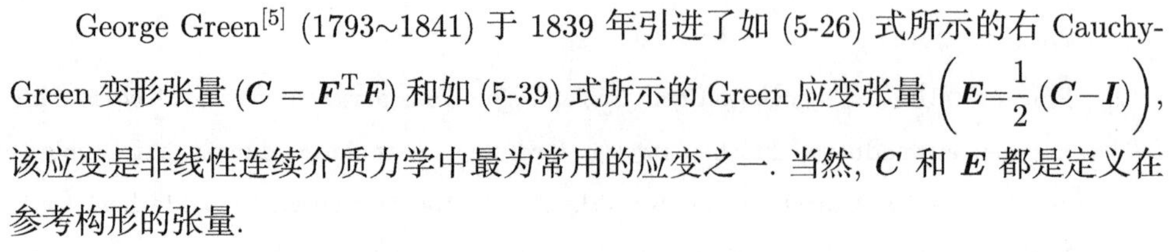

George Green[5] (1793~1841) 于 1839 年引进了如 (5-26) 式所示的右 Cauchy-Green 变形张量 ($\boldsymbol{C} = \boldsymbol{F}^{\mathrm{T}}\boldsymbol{F}$) 和如 (5-39) 式所示的 Green 应变张量 $\left(\boldsymbol{E}=\dfrac{1}{2}(\boldsymbol{C}-\boldsymbol{I})\right)$, 该应变是非线性连续介质力学中最为常用的应变之一. 当然, $\boldsymbol{C}$ 和 $\boldsymbol{E}$ 都是定义在参考构形的张量.

对于初学者来说, 提出下列问题是很自然的: $\boldsymbol{B} = \boldsymbol{F}\boldsymbol{F}^{\mathrm{T}}$ 和 $\boldsymbol{C} = \boldsymbol{F}^{\mathrm{T}}\boldsymbol{F}$ 名称中的 "左" 和 "右" 是如何来划分的? 一种可能的解释是看两点张量 $\boldsymbol{F}$ 的位置, 其左侧和右侧的基矢量分别在当前和参考构形; 另外一种可能的解释是看 $\boldsymbol{C}$ 和 $\boldsymbol{B}$ 在 $\boldsymbol{F}$ 极分解 (5-23) 式中的相对位置, $\boldsymbol{F} = \boldsymbol{R}\boldsymbol{U} = \boldsymbol{R}\boldsymbol{C}^{1/2}$ 和 $\boldsymbol{F} = \boldsymbol{V}\boldsymbol{R} = \boldsymbol{B}^{1/2}\boldsymbol{R}$.

也有文献[6] 明确指出, 左 Cauchy-Green 变形张量 $\boldsymbol{B}$ 是 Josef Finger 于 1894 年第一次提出的, 故 $\boldsymbol{B}$ 也被称为 Finger 变形张量.

George Green 这位 40 岁才上剑桥大学读书、主要靠自学成才的 "业余" 数学家, 还于 1828 年出版了在科学史上占有一席之地的著作《论应用数学分析于电磁学理论》[7], 书中引入了多个重要概念, 其中有一条定理与现在的 Green 定理相似, 还有势函数 (potential functions) 和 Green 函数的概念等, 例如, Green 利用势函数来刻画弹性力, 并建立了含有两个弹性常数的各向同性弹性模型[8], 该工作在弹性力学领域影响深远. 这几个定理和概念均在本书中有重要应用.

遗憾的是限于当时的条件, Green 的书[7] 只印刷了约 100 本, 大部分进入了他的朋友和家人的手中. 1846 年, 在剑桥大学学习的 William Thomson (也就是后来的 Lord Kelvin) 因为偶然的机会获得了一本 Green 的著作[7], 他很快地意识到 Green 工作的重要性, 并立即将 Green 的著作[7] 进行了重印, Lord Kelvin 不但命名了 "Green 定理", 而且还向学术界大力宣传了 Green 工作, 对于学术界广泛地了解并逐渐认可 Green 贡献起到了重要推动作用. 1930 年, Einstein 在评价 Green 的贡献时, 赞誉道 "George Green 领先于他那个时代二十年 (George Green has been 20 years ahead of his time.)".

英文中的专用词汇 "strain (应变)" 第一次明确使用源于 William John Macquorn Rankine (1820~1872) 于 1851 的论文[9].

已由 (5-46) 式给出的基于 Euler 描述的 Almansi 应变张量 $\left(\boldsymbol{e}=\dfrac{1}{2}(\boldsymbol{I}-\boldsymbol{c})\right)$ 是由 Emilio Almansi 于 1911 年提出的[10], Georg Hamel 于 1912 年的工作[11] 对该应变张量的确立亦有贡献[6].

Heinrich Hencky (1885~1951)

1928 年, 德国力学家 Heinrich Hencky (1885~1951) 通过共轴 Kirchhoff 应力的叠加原理, 以公理的途径 (axiomatic way) 引入了对数应变张量 (logarithmic strain tensor)[12−14]. 对数应变亦称真应变 (true strain) 或自然应变 (natural strain). 5.4.5 节还曾指出, Hans Richter 也对对数应变概念的建立做出过重要贡献. 对数应变在橡胶 (高分子) 材料大变形弹性分析以及流变学中有十分重要的应用. Hencky 是一位登山酷爱者 (enthusiastic mountaineer), 不幸的是, 他因 1951 年 7 月 6 日的一次登山事故而去世, 终年 65 岁.

Maurice Anthony Biot (1905~1985) 于 1934 年引入了现广泛应用的 "Biot 应变张量"[15]. Biot 为 1962 年度 Timoshenko 奖章获得者.

Bhoj Raj Seth (1907~1979)

印度理性力学家 Bhoj Raj Seth (1907~1979) 于 1929 年在印度德里大学 (Delhi University) 获得数学硕士学位, 于 1934 年在英国伦敦大学 (University of London) 获得博士学位, 他是印度理论与应用力学学会 (ISTAM) 的创始人. Seth 于 1960 年代初在 "应变度量 (strain measures)" 方面有奠基性的工作[16−18]. 再加之 Rodney

Rodney Hill
(1921~2011)

Hill (1921~2011) 的进一步系统性地发展[19], Seth-Hill 应变度量已经成为目前国际上主流理性连续介质力学教材中不可或缺的内容.

6.2 Hill 应变度量

(5-28) 式给出了右伸长张量 $\boldsymbol{U}$ 的主轴表示. Hill 于 1968 年在右伸长张量 $\boldsymbol{U}$ 的基础上, 定义了通类 (a general class) 应变度量函数[19,20]:

$$\boldsymbol{E}_{\text{Hill}}=\boldsymbol{f}(\boldsymbol{U})=\sum_{\Gamma} f\left(\lambda_{\Gamma}\right) \boldsymbol{N}_{\Gamma} \otimes \boldsymbol{N}_{\Gamma} \tag{6-1}$$

式中, $f\left(\lambda_{\Gamma}\right)$ 为一光滑、严格递增的标量函数, 满足如下条件:

$$\begin{cases} f(1)=0, & \text{伸长比为 1.0 时, 应变为零} \\ \dfrac{\mathrm{d} f}{\mathrm{d} \lambda_{\Gamma}}>0, & \text{应变随伸长比的递增而递增} \\ \left.\dfrac{\mathrm{d} f}{\mathrm{d} \lambda_{\Gamma}}\right|_{\lambda_{\Gamma}=1}=f^{\prime}(1)=1, & \text{在小应变时满足: } \mathrm{d} f=\mathrm{d} \lambda_{\Gamma} \end{cases} \tag{6-2}$$

(6-1) 式还说明二阶张量函数 $\boldsymbol{f}(\boldsymbol{U})$ 同右伸长张量 $\boldsymbol{U}$ 共轴, 以上三个条件可谓对何种参量能作为应变度量做出了诠释.

(6-1) 式给出的是 Lagrange 描述时的 Hill 应变度量的主轴形式, 同理, 可通过左伸长张量 $\boldsymbol{V}$ 给出如下 Euler 描述时的 Hill 应变度量的主轴形式:

$$\boldsymbol{e}_{\text{Hill}}=\boldsymbol{f}(\boldsymbol{V})=\sum_{\gamma} f\left(\lambda_{\gamma}\right) \boldsymbol{n}_{\gamma} \otimes \boldsymbol{n}_{\gamma} \tag{6-3}$$

Lagrange 和 Euler 描述的应变度量之间满足如下关系:

$$\begin{cases} \boldsymbol{E}_{\text{Hill}}=\boldsymbol{R}^{\mathrm{T}} \boldsymbol{e}_{\text{Hill}} \boldsymbol{R} \\ \boldsymbol{e}_{\text{Hill}}=\boldsymbol{R} \boldsymbol{E}_{\text{Hill}} \boldsymbol{R}^{\mathrm{T}} \end{cases} \tag{6-4}$$

6.3 Seth 应变度量

如果 (6-1) 式中的特征值 λ_{α} 的度量函数表示为

$$f\left(\lambda_{\alpha}\right)=\begin{cases} \dfrac{1}{2 m}\left(\lambda_{\alpha}^{2 m}-1\right), & \text{对于 } m \neq 0 \\ \ln \lambda_{\alpha}, & \text{对于 } m=0 \end{cases} \tag{6-5}$$

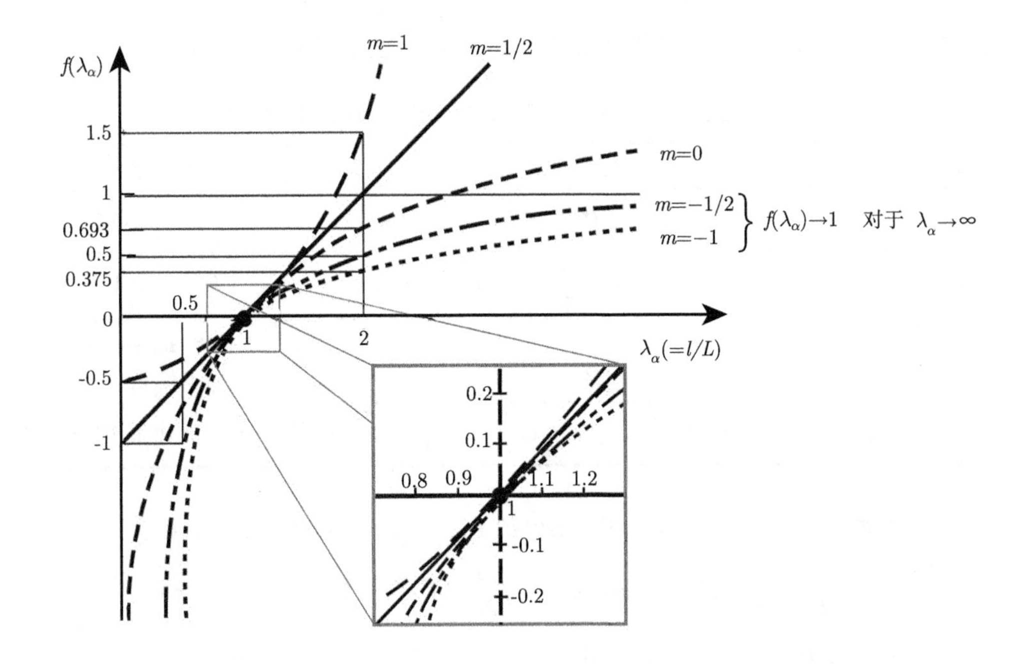

图 6.1 $f(\lambda_\alpha)$ 和 λ_α 关系图

式中, $2m$ 为正或负的整数, 函数 $f(\lambda_\alpha)$ 满足 (6-2) 式的三个限制条件, 其所对应的函数关系可用图 6.1 表示出. 图中 L 和 l 分别对应参考构形和当前构形中微小线段的长度. 图右下角小框中是 $\lambda_\alpha=1$ 邻域内 $f(\lambda_\alpha)$ 的近似直线段情形.

事实上, 可用罗必塔法则 (L'Hôpital's rule, 1696 年) 来证明 (6-5) 式的第一式当 $m\to 0$ 时可得到 (6-5) 式的第二式的对数函数:

$$\begin{aligned}\lim_{m\to 0}\frac{1}{2m}\left(\lambda_\alpha^{2m}-1\right)&=\lim_{m\to 0}\frac{\exp(2m\ln\lambda_\alpha)-1}{2m}\\&=\lim_{m\to 0}\frac{\partial\left[\exp(2m\ln\lambda_\alpha)-1\right]/\partial m}{\partial(2m)/\partial m}\\&=\lim_{m\to 0}\frac{\exp(2m\ln\lambda_\alpha)(2\ln\lambda_\alpha)}{2}\\&=\ln\lambda_\alpha\end{aligned}\tag{6-6}$$

将 (6-5) 式代入 (6-1) 式, 得到 Lagrange 描述下的 Seth 应变度量:

$$\begin{cases}\boldsymbol{E}^{(m)}=\dfrac{1}{2m}\displaystyle\sum_{\Gamma}\left(\lambda_\Gamma^{2m}-1\right)\boldsymbol{N}_\Gamma\otimes\boldsymbol{N}_\Gamma=\dfrac{1}{2m}\left(\boldsymbol{U}^{2m}-\boldsymbol{I}\right), & \text{如果 } m\neq 0\\ \boldsymbol{E}^{(0)}=\ln\boldsymbol{U}=\displaystyle\sum_{\Gamma}\ln\lambda_\Gamma\boldsymbol{N}_\Gamma\otimes\boldsymbol{N}_\Gamma, & \text{如果 } m=0\end{cases}\tag{6-7}$$

在保证 $2m$ 为正或负的整数的情况下, 对于不同的 m 取值, 可得到如表 6.1 所示的几种常用的应变情形. 表中所谓 “物质 (material)” 是指 Lagrange 描述.

表 6.1　在 Lagrange 描述下 Seth 应变度量的几种退化形式

m 取值	Seth 应变度量表达式	应变名称
$m=1$	$\boldsymbol{E}^{(1)}=\boldsymbol{E}=\dfrac{1}{2}\left(\boldsymbol{U}^{2}-\boldsymbol{I}\right)=\dfrac{1}{2}(\boldsymbol{C}-\boldsymbol{I})$	Green 应变
$m=1/2$	$\boldsymbol{E}^{(1/2)}=\boldsymbol{U}-\boldsymbol{I}=\sum\limits_{\Gamma}\left(\lambda_{\Gamma}-1\right)\boldsymbol{N}_{\Gamma}\otimes\boldsymbol{N}_{\Gamma}$	物质 Biot 应变
$m=0$	$\boldsymbol{E}^{(0)}=\ln\boldsymbol{U}=\dfrac{1}{2}\ln\boldsymbol{C}=\dfrac{1}{2}\ln\left(\boldsymbol{F}^{\mathrm{T}}\boldsymbol{F}\right)$	物质 Hencky 应变 右 Hencky 应变
$m=-1$	$\boldsymbol{E}^{(-1)}=\dfrac{1}{2}\left(\boldsymbol{I}-\boldsymbol{U}^{-2}\right)=\dfrac{1}{2}\left(\boldsymbol{I}-\boldsymbol{C}^{-1}\right)=\dfrac{1}{2}\left(\boldsymbol{I}-\boldsymbol{F}^{-1}\boldsymbol{F}^{-\mathrm{T}}\right)$	物质 Piola 应变

同理, 将 (6-5) 式代入 (6-3) 式, 则得到 Euler 描述下的 Seth 应变度量:

$$\begin{cases}\boldsymbol{e}^{(m)}=\dfrac{1}{2m}\sum\limits_{\gamma}\left(\lambda_{\gamma}^{2m}-1\right)\boldsymbol{n}_{\gamma}\otimes\boldsymbol{n}_{\gamma}=\dfrac{1}{2m}\left(\boldsymbol{V}^{2m}-\boldsymbol{I}\right), & \text{如果 } m\neq 0\\ \boldsymbol{e}^{(0)}=\ln\boldsymbol{V}=\sum\limits_{\gamma}\ln\lambda_{\gamma}\boldsymbol{n}_{\gamma}\otimes\boldsymbol{n}_{\gamma}, & \text{如果 } m=0\end{cases}\tag{6-8}$$

对于不同的 m 取值, 可得到如表 6.2 所示的几种常用的应变情形. 表中所谓 “空间 (spatial)” 是指 Euler 描述. 需要强调的是, 正如 (5-42)~(5-44) 式中说明的: $\lambda_{\Gamma}=\lambda_{\gamma}$.

表 6.2　在 Euler 描述下 Seth 应变度量的几种退化形式

m 取值	Seth 应变度量表达式	应变名称
$m=1$	$\boldsymbol{e}^{(1)}=\dfrac{1}{2}\left(\boldsymbol{V}^{2}-\boldsymbol{I}\right)=\dfrac{1}{2}(\boldsymbol{B}-\boldsymbol{I})=\dfrac{1}{2}\left(\boldsymbol{F}\boldsymbol{F}^{\mathrm{T}}-\boldsymbol{I}\right)$	Finger 应变
$m=0$	$\boldsymbol{e}^{(0)}=\ln\boldsymbol{V}=\dfrac{1}{2}\ln\boldsymbol{B}=\dfrac{1}{2}\ln\left(\boldsymbol{F}\boldsymbol{F}^{\mathrm{T}}\right)$	空间 Hencky 应变 左 Hencky 应变
$m=-1/2$	$\boldsymbol{e}^{(-1/2)}=\boldsymbol{I}-\boldsymbol{V}^{-1}=\boldsymbol{I}-\boldsymbol{B}^{-1/2}=\boldsymbol{I}-\sqrt{\boldsymbol{F}^{-\mathrm{T}}\boldsymbol{F}^{-1}}$	空间 Biot 应变
$m=-1$	$\boldsymbol{e}^{(-1)}=\boldsymbol{e}=\dfrac{1}{2}\left(\boldsymbol{I}-\boldsymbol{V}^{-2}\right)=\dfrac{1}{2}\left(\boldsymbol{I}-\boldsymbol{B}^{-1}\right)=\dfrac{1}{2}\left(\boldsymbol{I}-\boldsymbol{F}^{-\mathrm{T}}\boldsymbol{F}^{-1}\right)$	Almansi 应变

为了进一步理解 Almansi 应变, 对应于 (5-37) 式中的 Green 应变的定义: $|\mathrm{d}\boldsymbol{x}|^{2}-|\mathrm{d}\boldsymbol{X}|^{2}=2\mathrm{d}\boldsymbol{X}\cdot\boldsymbol{E}\mathrm{d}\boldsymbol{X}$, 线元长度平方的改变量可通过 Almansi 应变表示为

$$|\mathrm{d}\boldsymbol{x}|^{2}-|\mathrm{d}\boldsymbol{X}|^{2}=2\mathrm{d}\boldsymbol{x}\cdot\boldsymbol{e}^{(-1)}\mathrm{d}\boldsymbol{x}\tag{6-9}$$

从而 Almansi 应变和 Green 应变之间满足:

$$\boldsymbol{E}^{(1)}=\boldsymbol{F}^{\mathrm{T}}\boldsymbol{e}^{(-1)}\boldsymbol{F}\tag{6-10}$$

有关 Hencky 对数应变的一些独特性质可参阅思考题 6.1~6.3. Truesdell 和 Toupin 在 CFT 中针对 Hencky 对数应变评价道[21] “对数应变度量在一维或定性分析时受到欢迎, 但总体而言对数应变度量从未被成功应用过. 对于应用某一特定应变度量对一些问题分析的简单性是基于对其他问题分析的复杂性作为代价的 (while logarithmic measures of strain are a favorite in one-dimensional or semi-qualitative treatment, they have never been successfully applied in general. Such simplicity for certain problems as may result from a particular strain measure is bought at the cost of complexity for other problems.)”.

例 6.1 比较一维拉伸情况下 Green 应变、Almansi 应变、对数应变和工程应变.

答: 考虑变形场: $x_1 = \alpha_1 X_1, \quad x_2 = \alpha_2 X_2, \quad x_3 = \alpha_3 X_3$, 容易得到:

$$\boldsymbol{C} = \boldsymbol{F}^{\mathrm{T}}\boldsymbol{F} = \begin{bmatrix} \alpha_1^2 & 0 & 0 \\ 0 & \alpha_2^2 & 0 \\ 0 & 0 & \alpha_3^2 \end{bmatrix}, \quad \boldsymbol{B}^{-1} = \boldsymbol{C}^{-1} = \begin{bmatrix} 1/\alpha_1^2 & 0 & 0 \\ 0 & 1/\alpha_2^2 & 0 \\ 0 & 0 & 1/\alpha_3^2 \end{bmatrix}$$

则沿 x 轴的 Green 应变、Almansi 应变分量分别为

$$E_{xx} = \frac{1}{2}\left(C_{xx} - 1\right) = \frac{1}{2}\left(\alpha_1^2 - 1\right), \quad e_{xx} = \frac{1}{2}\left(1 - B_{xx}^{-1}\right) = \frac{1}{2}\left(1 - \frac{1}{\alpha_1^2}\right)$$

而沿 x 轴的工程应变、对数应变分量分别为

$$\varepsilon^{\mathrm{eng}} = \frac{x - X}{X} = \alpha_1 - 1, \quad \varepsilon^{\log} = \ln\frac{x}{X} = \ln\alpha_1$$

所比较的四类应变之间的对比如图 6.2 所示, 该图说明, 工程应变 $\varepsilon^{\mathrm{eng}}$ 和 x 轴的伸长比为线性关系, Green 应变的曲线在该直线的上面, 说明 Green 应变的值要

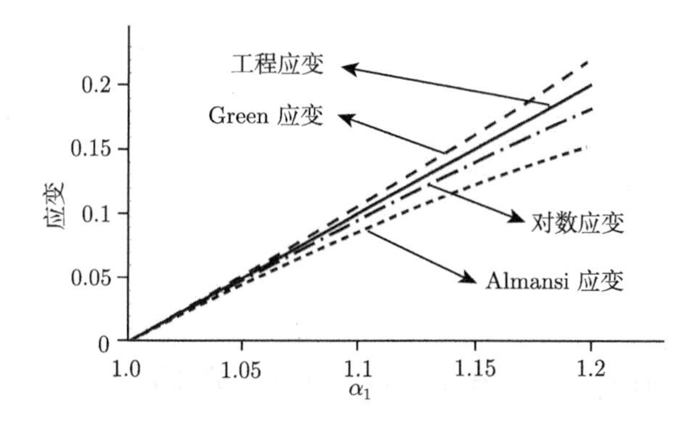

图 6.2 工程应变、Green 应变、对数应变、Almansi 应变之间的比较

大于工程应变的值; 对数应变 $\varepsilon^{\log}$ 和 Almansi 应变 e_{xx} 的曲线在该直线的下面, 对数应变的值要大于 Almansi 应变的值.

6.4 Hill 应变度量的率

求 Lagrange 描述下 Hill 应变度量 (6-1) 时的物质时间导数, 并注意到 Lagrange 标架本身的基矢量 $\boldsymbol{N}_\Gamma(t)$ 方向也是随时间变化的[22]:

$$\begin{aligned}\dot{\boldsymbol{E}}_{\text{Hill}} = \sum_\Gamma \Bigg\{ & \frac{\mathrm{d}f(\lambda_\Gamma)}{\mathrm{d}t}\boldsymbol{N}_\Gamma(t)\otimes\boldsymbol{N}_\Gamma(t) + f(\lambda_\Gamma)\left[\frac{\mathrm{d}\boldsymbol{N}_\Gamma(t)}{\mathrm{d}t}\right]\otimes\boldsymbol{N}_\Gamma(t) \\ & + f(\lambda_\Gamma)\boldsymbol{N}_\Gamma(t)\otimes\left[\frac{\mathrm{d}\boldsymbol{N}_\Gamma(t)}{\mathrm{d}t}\right]\Bigg\}\end{aligned} \tag{6-11}$$

由 (5-82) 式的第一式 $\dfrac{\mathrm{d}\boldsymbol{N}_\Gamma(t)}{\mathrm{d}t}=\boldsymbol{\Omega}^{\text{Lag}}(t)\boldsymbol{N}_\Gamma(t)$ 可通过 Lagrange 旋率 $\boldsymbol{\Omega}^{\text{Lag}}(t)$ 来表示. 将 $\boldsymbol{\Omega}^{\text{Lag}}(t)$ 在 Lagrange 标架中分解如下:

$$\boldsymbol{\Omega}^{\text{Lag}} = \sum_{I,J}\Omega^{\text{Lag}}_{(IJ)}\boldsymbol{N}_I\otimes\boldsymbol{N}_J \tag{6-12}$$

则由 (5-82) 式的第一式得

$$\frac{\mathrm{d}\boldsymbol{N}_\Gamma(t)}{\mathrm{d}t} = \boldsymbol{\Omega}^{\text{Lag}}\boldsymbol{N}_\Gamma = \sum_I \Omega^{\text{Lag}}_{(I\Gamma)}\boldsymbol{N}_I \tag{6-13}$$

将 (6-13) 式代入 (6-11) 式, 我们有

$$\begin{aligned}\dot{\boldsymbol{E}}_{\text{Hill}} &= \sum_\Gamma \frac{\mathrm{d}f(\lambda_\Gamma)}{\mathrm{d}t}\boldsymbol{N}_\Gamma\otimes\boldsymbol{N}_\Gamma + \boldsymbol{\Omega}^{\text{Lag}}\boldsymbol{E}_{\text{Hill}} + \boldsymbol{E}_{\text{Hill}}\left(\boldsymbol{\Omega}^{\text{Lag}}\right)^{\mathrm{T}} \\ &= \sum_\Gamma f'(\lambda_\Gamma)\dot{\lambda}_\Gamma\boldsymbol{N}_\Gamma\otimes\boldsymbol{N}_\Gamma + \sum_{I,J} f(\lambda_\Gamma)\,\Omega^{\text{Lag}}_{(IJ)}\boldsymbol{N}_I\otimes\boldsymbol{N}_J \\ &\quad + \sum_{\Gamma,J} f(\lambda_\Gamma)\,\Omega^{\text{Lag}}_{(J\Gamma)}\boldsymbol{N}_\Gamma\otimes\boldsymbol{N}_J\end{aligned} \tag{6-14}$$

对 (6-14) 式更换哑标, 并注意到 Lagrange 旋率 $\boldsymbol{\Omega}^{\text{Lag}}$ 的反对称性 $\boldsymbol{\Omega}^{\text{Lag}}=-\left(\boldsymbol{\Omega}^{\text{Lag}}\right)^{\mathrm{T}}$, (6-14) 式, 也就是 Hill 应变度量率在 Lagrange 标架中的分解式, 可改写为

$$\dot{\boldsymbol{E}}_{\text{Hill}} = \sum_{I,J}\dot{E}_{\text{Hill}\,(IJ)}\boldsymbol{N}_I\otimes\boldsymbol{N}_J \tag{6-15}$$

式中, Hill 应变度量的率 $\dot{\boldsymbol{E}}_{\text{Hill}}$ 在 Lagrange 标架中的分量为

$$\dot{E}_{\text{Hill}\,(IJ)} = f'(\lambda_I)\dot{\lambda}_I\delta_{IJ} + \left[f(\lambda_J)-f(\lambda_I)\right]\Omega^{\text{Lag}}_{(IJ)},\quad \text{(指标重复不求和)} \tag{6-16}$$

式中, 对角线部分和偏斜部分分别为

$$\begin{cases} \dot{E}_{\text{Hill}\,(II)} = f'\left(\lambda_I\right)\dot{\lambda}_I \\ \dot{E}_{\text{Hill}\,(IJ)} = \left[f\left(\lambda_J\right) - f\left(\lambda_I\right)\right]\Omega^{\text{Lag}}_{(IJ)}, \quad (I \neq J) \end{cases} \quad \text{(指标重复不求和)} \tag{6-17}$$

在上面的相关表达式中取: $f(\lambda) = \dfrac{\lambda^2 - 1}{2}$, 我们将获得 Green 应变率 $\dot{\boldsymbol{E}}$, 其对称和偏斜部分分别为

$$\begin{cases} \dot{E}_{(II)} = \lambda_I \dot{\lambda}_I \\ \dot{E}_{(IJ)} = \dfrac{1}{2}\left(\lambda_J^2 - \lambda_I^2\right)\Omega^{\text{Lag}}_{(IJ)}, \quad (I \neq J) \end{cases} \quad \text{(不对重复指标求和)} \tag{6-18}$$

应用 (5-75) 式, 将有 Green 应变率 $\dot{\boldsymbol{E}}$、应变率 $\boldsymbol{d}$ 和主伸长之间的关系:

$$\begin{cases} \dot{E}_{(II)} = \lambda_i^2 d_{(ii)}, \qquad (I = i) \\ \dot{E}_{(IJ)} = \lambda_i \lambda_j d_{(ij)}, \quad (I = i \neq J = j) \end{cases} \quad \text{(不对重复指标求和)} \tag{6-19}$$

比较 (6-18) 和 (6-19) 两式, 并利用前面反复强调过的 $\lambda_\gamma = \lambda_\Gamma$ $(\gamma = \Gamma)$, 则可求得主伸长率 $\dot{\lambda}_i$ 和 Lagrange 旋率 $\Omega^{\text{Lag}}_{(IJ)}$ 和应变率的关系式:

$$\begin{cases} \dfrac{\dot{\lambda}_i}{\lambda_i} = d_{(ii)} \\ \Omega^{\text{Lag}}_{(IJ)} = \dfrac{2\lambda_i\lambda_j}{\lambda_j^2 - \lambda_i^2} d_{(ij)}, \quad (i \neq j, \lambda_i \neq \lambda_j) \end{cases} \quad \text{(不对重复指标求和)} \tag{6-20}$$

将 (6-20) 式代回应变率在 Euler 标架下的分解 (5-72) 式, 得到:

$$\boldsymbol{d} = \sum_{i=1}^{3} \frac{\dot{\lambda}_i}{\lambda_i} \boldsymbol{n}_i \otimes \boldsymbol{n}_i + \sum_{i \neq j} \Omega^{\text{Lag}}_{(IJ)} \frac{\lambda_j^2 - \lambda_i^2}{2\lambda_i\lambda_j} \boldsymbol{n}_i \otimes \boldsymbol{n}_j \tag{6-21}$$

再应用 (5-33) 和 (5-34) 两式, 可得到 Lagrange 标架的变形率:

$$\boldsymbol{R}^{\text{T}} \boldsymbol{d} \boldsymbol{R} = \sum_{\Gamma=\text{I}}^{\text{III}} \frac{\dot{\lambda}_\Gamma}{\lambda_\Gamma} \boldsymbol{N}_\Gamma \otimes \boldsymbol{N}_\Gamma + \sum_{I \neq J} \Omega^{\text{Lag}}_{(IJ)} \frac{\lambda_J^2 - \lambda_I^2}{2\lambda_I\lambda_J} \boldsymbol{N}_{(I)} \otimes \boldsymbol{N}_{(J)} \tag{6-22}$$

再将 (6-20) 式代回 (6-17) 式, 最后将获得 Hill 应变度量的率与 $d_{(ij)}$ 之间所满足的关系:

$$\begin{cases} \dot{E}_{\text{Hill}\,(II)} = \lambda_i f'\left(\lambda_i\right) d_{(ii)} \\ \dot{E}_{\text{Hill}\,(IJ)} = \dfrac{2\lambda_i\lambda_j}{\lambda_j + \lambda_i} \dfrac{f\left(\lambda_j\right) - f\left(\lambda_i\right)}{\lambda_j - \lambda_i} d_{(ij)}, \quad (i = I, j = J, i \neq j) \end{cases} \quad \text{(指标重复不求和)} \tag{6-23}$$

当 $\lambda_i = \lambda_j$ 时, (6-23) 式的第二式中的 $\dfrac{f(\lambda_j) - f(\lambda_i)}{\lambda_j - \lambda_i}$ 可用 $f'(\lambda_i)$ 来代替[14], 从而 (6-23) 中的两个式子可统一地写成:

$$\dot{E}_{\mathrm{Hill}\,(IJ)} = \frac{2\lambda_i\lambda_j}{\lambda_j + \lambda_i}\varphi(i,j)\, d_{(ij)}, \quad (i = I, j = J) \quad (\text{指标重复不求和}) \tag{6-24}$$

式中,

$$\varphi(i,j) = \begin{cases} \dfrac{f(\lambda_j) - f(\lambda_i)}{\lambda_j - \lambda_i}, & \text{当 } \lambda_i \neq \lambda_j \\ f'(\lambda_i), & \text{当 } \lambda_i = \lambda_j \end{cases} \tag{6-25}$$

由 (6-23) 式的第二式或 (6-24) 式可知, 对于非对角部分 $(i \neq j)$, 若 $d_{(ij)} = 0$ 时, 则必有 Hill 应变度量率非对角的部分 $(I \neq J)$ 为零: $\dot{E}_{\mathrm{Hill}\,(IJ)}$. 所以, 如果变形率 $\boldsymbol{d}$ 的主方向沿着 Euler 标架基矢量 $\boldsymbol{n}_\gamma(\gamma = 1, 2, 3)$, 则 Hill 应变度量率 $\dot{\boldsymbol{E}}_{\mathrm{Hill}}$ 的主方向必沿 Lagrange 标架基矢量 $\boldsymbol{N}_\Gamma$ $(\Gamma = \mathrm{I}, \mathrm{II}, \mathrm{III})$.

在小变形时, $\dot{\boldsymbol{E}}_{\mathrm{Hill}}$ 将退化为 $\boldsymbol{d}$, 退化过程的推导请见思考题 6.6.

6.5 Seth 应变度量的率

(6-5) 式给出了 Seth 应变度量一般性函数的表达式, (6-7) 式则给出了 Lagrange 标架下的 Seth 应变度量的表达式. 相应地, Seth 应变度量的率为

$$\dot{\boldsymbol{E}}^{(m)} = \sum_{I,J} \dot{E}^{(m)}_{(IJ)} \boldsymbol{N}_I \otimes \boldsymbol{N}_J \tag{6-26}$$

式中,

$$\dot{E}^{(m)}_{(IJ)} = \begin{cases} \dfrac{1}{2m}\dfrac{2\lambda_i\lambda_j}{\lambda_j + \lambda_i}\dfrac{\lambda_j^{2m} - \lambda_i^{2m}}{\lambda_j - \lambda_i} d_{(ij)}, & (i = I,\ j = J,\ \lambda_i \neq \lambda_j) \\ \lambda_i^{2m} d_{(ij)}, & (i = I,\ j = J,\ \lambda_i = \lambda_j) \end{cases} \quad (\text{指标重复不求和}) \tag{6-27}$$

表 6.3 给出了 Seth 应变度量率的几个特例.

表 6.3 Seth 应变度量率的几种退化形式

m 取值	Seth 应变度量率表达式	应变率名称
$m=1$	$\dot{\boldsymbol{E}}^{(1)}=\dot{\boldsymbol{E}}=\sum\limits_{i=I,j=J}\lambda_i\lambda_j d_{(ij)}\boldsymbol{N}_I\otimes\boldsymbol{N}_J$	Green 应变率
$m=1/2$	$\dot{\boldsymbol{E}}^{(1/2)}=\dot{\boldsymbol{U}}=\sum\limits_{i=I,j=J}\dot{U}_{(IJ)}\boldsymbol{N}_I\otimes\boldsymbol{N}_J=\sum\limits_{i=I,j=J}\dfrac{2\lambda_i\lambda_j}{\lambda_i+\lambda_j}d_{(ij)}\boldsymbol{N}_I\otimes\boldsymbol{N}_J$	Biot 应变率 工程应变率
$m=0$	$\dot{\boldsymbol{E}}^{(0)}=(\ln\boldsymbol{U})^{\bullet}=\sum\limits_{I,J}\dot{E}^{(0)}_{(IJ)}\boldsymbol{N}_I\otimes\boldsymbol{N}_J$ $\dot{E}^{(0)}_{(IJ)}=\dfrac{2\lambda_i\lambda_j}{\lambda_j+\lambda_i}\dfrac{\ln\lambda_j-\ln\lambda_i}{\lambda_j-\lambda_i}d_{(ij)}\quad(i=I,j=J,\lambda_i\neq\lambda_j)$ $\dot{E}^{(0)}_{(IJ)}=d_{(ij)}\quad(i=I,j=J,\lambda_i=\lambda_j)$	Hencky 应变率 对数应变率
$m=-1$	$\dot{\boldsymbol{E}}^{(-1)}=\dfrac{1}{2}\left(\boldsymbol{I}-\boldsymbol{C}^{-1}\right)^{\bullet}=\sum\limits_{i=I,j=J}\dfrac{d_{(ij)}}{\lambda_i\lambda_j}\boldsymbol{N}_I\otimes\boldsymbol{N}_J$	Almansi 应变率 Piola 应变率

6.6 本章结束语

本章涉及到了很多种应变, 尽管 Hill 和 Seth 从应变度量族 (family) 的高度进行了归纳, 但仍不免留给初学者许多困惑: 为什么要定义这么多种应变? 哪个应变最好? 本书著者试着给出如下答案: 工程材料千差万别, 加之十分复杂的工况 (加载情形、应变大小、应变率高低), 很难说用一种应变就能够很好地描述所有工程材料的变形, 因此也不存在说哪种应变比另外几种应变更好的问题. 要视具体的工程材料和实际工况, 选择合适的应变去方便地描述其变形. 事实上, 也正是工程问题的这种复杂性, 才为力学工作者提供了发挥聪明才智的空间.

思 考 题

6.1 验证单轴 Hencky 应变具有可加性, 由于: $\varepsilon_{\ln}^{n,n+1}=\int_{l_n}^{l_{n+1}}\dfrac{1}{l}\mathrm{d}l=\ln l_{n+1}-\ln l_n=\ln\dfrac{l_{n+1}}{l_n}$, 从而有: $\varepsilon_{\ln}^{4,1}=\ln\dfrac{l_4}{l_1}=\ln\left(\dfrac{l_4}{l_3}\dfrac{l_3}{l_2}\dfrac{l_2}{l_1}\right)=\ln\dfrac{l_4}{l_3}+\ln\dfrac{l_3}{l_2}+\ln\dfrac{l_2}{l_1}=\varepsilon_{\ln}^{4,3}+\varepsilon_{\ln}^{3,2}+\varepsilon_{\ln}^{2,1}$.

6.2 证明在 $\Gamma=\gamma$ 时有: $\mathrm{tr}\boldsymbol{E}^{(0)}=\mathrm{tr}\boldsymbol{e}^{(0)}=\ln(\lambda_1\lambda_2\lambda_3)=\ln J=\ln\dfrac{\mathrm{d}v}{\mathrm{d}V}=\varepsilon_v$, 式中 ε_v 为对数体积应变 (logarithmic volumetric strain).

6.3 续上题, 证明材料的不可压缩条件可通过对数应变表示为: $\mathrm{tr}\boldsymbol{E}^{(0)}=\mathrm{tr}\boldsymbol{e}^{(0)}=0$.

6.4 如图 6.1 所示, 对于不同的 m 取值, $f(\lambda_\alpha)$ 在 $\lambda_\alpha = 1$ 时完全重合. 试分析: 在 $\lambda_\alpha = 1$ 左右附近多大的范围内, (6-5) 式中的 $f(\lambda_\alpha)$ 可用 $m = 1$ 的情形来统一近似描述?

6.5 当前构形中线元 $\mathrm{d}\boldsymbol{x}$ 的单位切向量 $\boldsymbol{t} = \dfrac{\mathrm{d}\boldsymbol{x}}{|\mathrm{d}\boldsymbol{x}|}$, 用下式说明 Almansi 应变的几何意义:

$$1 - \frac{\mathrm{d}\boldsymbol{X} \cdot \mathrm{d}\boldsymbol{X}}{\mathrm{d}\boldsymbol{x} \cdot \mathrm{d}\boldsymbol{x}} = 2\boldsymbol{t} \cdot \boldsymbol{e}^{(-1)}\boldsymbol{t}$$

6.6 利用 (6-23) 式或 (6-24) 式以及 Hill 度量函数所需要满足的条件 $f(1) = 0$ 和 $f'(1) = 1$, 证明在小变形时, $\dot{\boldsymbol{E}}_{\text{Hill}}$ 将退化为 $\boldsymbol{d}$.

参 考 文 献

[1] Truesdell C. The Rational Mechanics of Flexible or Elastic Bodies 1638–1788. Basel: Birkhäuser, 1960.

[2] Kubbinga H H. The first ‘molecular’ theory (1620): Isaac Beeckman (1588–1637). Journal of Molecular Structure (Theochem), 1988, 181: 205–218.

[3] Cauchy A L. Sur les équations qui expriment les conditions d’équilibre ou les lois du mouvement intérieur d’un corps solide, élastique, ou non élastique. Ex. de Math, 1828, 3: 160–187.

[4] Cauchy A L. Sur l’équilibre et le mouvement intérieur des corps considérés comme des masses continues. Ex. de Math, 1829, 4: 293–319.

[5] Green G. On the reflection and refraction of light at the common surface of two non-crystallized media. In: Mathematical papers, Ferrers N M ed., pp. 245–269. London: MacMillan, 1839.

[6] Chandrasekharaiah D S, Debnath L. Continuum Mechanics. Boston: Academic Press, 1994.

[7] Green G. An Essay on the Application of Mathematical Analysis to the Theories of Electricity and Magnetism. London, 1828.

[8] 赵亚溥. 表面与界面物理力学. 北京: 科学出版社, 2012.

[9] Rankine W J M. Laws of elasticity of solid bodies. Cambridge and Dublin Mathematical Journal, 1851, 6: 47–80, 172–181, 185–186.

[10] Almansi E. Sulle deformazioni finite dei solidi elastici isotropi. I and II. Rendiconti Accademia Lincei (5A), 1911, Part I: 20(1): 705–714; Part II: 20(2): 289–296.

[11] Hamel G. Elementare mechanik. Leipzig: Teubner, 1912.

[12] Hencky H. Über die form des elastizitätsgesetzes bei ideal elastischen stoffen. Zeitschrift für technische Physik, 1928, 9: 215–220.

[13] Biezeno C B, Hencky H. On the general theory of elastic stability. Proceedings of the Section of Sciences (Koninklijke Akademie van Wettenschappen te Amsterdam), 1928, 31: 569–592.

[14] Biezeno C B, Hencky H. On the general theory of elastic stability. Proceedings of the Section of Sciences (Koninklijke Akademie van Wettenschappen te Amsterdam), 1929, 32: 444–456.

[15] Biot M A. Sur la stabilité de l'equilibrie élastique. Equations de L'élasticite d'un milieu soumis a tension initiale. Annalee de la Société Scicnlifique de Bruxelles Series B, 1934, 54: 18–21.

[16] Seth B R. Generalized strain measure with applications to physical problems. MRC Technical Summary Report #248 (Mathematics Research Center, United States Army, University of Wisconsin), 1961, 1–18.

[17] Seth B R. Generalized strain measure with applications to physical problems. IUTAM Symposium on Second Order Effects in Elasticity, Plasticity and Fluid Mechanics, Haifa, 1962.

[18] Seth B R. Generalized strain measure with applications to physical problems. In: Second-order Effects in Elasticity, Plasticity and Fluid Dynamics (Reiner M, Abir D eds.), Oxford: Pergamon, pp. 162–172, 1964.

[19] Hill R. On constitutive inequalities for simple materials — I. Journal of the Mechanics and Physics of Solids, 1968, 16: 229–242.

[20] Hill R. Aspects of invariance in solid mechanics. Advances in Applied Mechanics, 18: 1–75, New York: Academic Press, 1978.

[21] Truesdell C, Toupin R A. The Classical Field Theories. In: Encuclopedia of Physics (Flügge S ed.), Vol. III/1. Berlin: Springer-Verlag, 1960.

[22] 黄克智, 黄永刚. 高等固体力学 (上册). 北京: 清华大学出版社, 2013.

第 7 章　应力、功共轭、应力度量

7.1　应力概念大事记

William John Macquorn Rankine (1820~1872)

英文中的专用名词 “stress (应力)” 第一次出现在 William John Macquorn Rankine (1820~1872) 发表于 1856 的论文中[1]. 这是 Robert Franklin Muirhead (1860~1941) 于 1901 年在英国《自然》期刊发表的短文中经过考证得出的结论[2], 并经过 Truesdell 和 Toupin 百科全书式的著作 CFT[3] 所引证的.

Cauchy 于 1822 年 9 月 30 日宣布、1823 年正式发表了其应力原理[4], 该原理被称为 “Cauchy 应力原理 (Cauchy′s stress principle)”.

Gabrio Piola (1794~1850)

意大利数学力学家 Gabrio Piola (1794~1850) 是意大利裔法国数学、力学家 Joseph Louis Lagrange (1736~1813) 的忠实信徒 (enthusiastic disciple). Piola 在 1825~1848 年期间, 对应力度量有开创性的贡献 (seminal contributions)[5,6]. Piola 的方法在固体力学界被称为 “Piola 格式 (Piola′s format)”.

德国物理学家 Gustav Robert Kirchhoff (1824~1887) 主要因其在电学、热辐射、光谱学等方面的杰出贡献闻名于世, 他亦在连续介质力学方面做出过多个 “教科书式” 的贡献, 因此也是德国 19 世纪连续介质力学领域的 “大人物 (giant)”. 首先在薄板平截面假定方面, Kirchhoff 于 1850 年, 在柏林大学执教期间发表了他关于板弯曲的重要论文 “弹性圆板的平衡与运动”[7]. 在该文中, Kirchhoff 指出了 Poisson 相关工作中的错误, 从三维弹性力学的变分开始, 引进了关于薄板弯曲变形的基本假设: (1) 任一垂直于板面的直线, 在变形后仍保持垂直于变形后的板面; (2) 薄板的中面在变形过程中没有伸长变形. 在该文中, Kirchhoff 不但给出了边界条件的正确提法, 并且还给出了圆板的自由振动解. 后来, Love 又将 Kirchhoff 的平截面假设推广到薄壳情形, 现统称为 “Kirchhoff-Love 理论”.

Gustav Robert Kirchhoff (1824~1887)

在连续介质力学中, 最为常用的应力度量是 “Piola-Kirchhoff 应力”. 在该方面和 Piola 的贡献相比, Kirchhoff 的贡献[7−10] 尽管 “很弱 (rather minor)”[11], 但他的确独立地给出了和 Piola 所引入的类似的有限变形时的应力张量.

有关 Piola 对连续介质力学贡献的详细介绍还可参阅文献 [12].

在广义相对论的爱因斯坦场方程 (见第 45 页爱因斯坦邮票) 中, 应力–能量

张量 (stress-energy), 也称应力 – 能量 – 动量张量 (stress-energy-momentum tensor)、能量 – 应力张量、能量 – 动量张量 (energy-momentum tensor) 得到了十分重要的应用[13−15]. 该张量在物理学中是描述的是能量与动量在时空中的密度与通量 (flux), 其为牛顿力学中应力张量的推广. 在广义相对论中, 其为引力场的源, 一如牛顿引力理论中质量是引力场源一般. Carl Eckart[15] 曾针对一般连续介质而言, 能量、动量和应力可以用一种统一的符号来表示, 也就是应力 – 能量 – 动量时空张量 (stress-energy-momentum space-time tensor).

在第 3 章中已提到, Eshelby 针对含缺陷的弹性变形体, 于 1951 年引入的弹性能量 – 动量张量[16,17], 简称为能量 – 动量张量、Eshelby 张量、Eshelby 应力张量.

7.2 现代连续介质力学的出生证 —— Cauchy 应力原理与基本定理

Cauchy 于 1822 年 9 月 30 日在巴黎科学院宣布了被称为 “现代连续介质力学的出生证 (birth certificate of modern continuum mechanics)” 的应力原理. 当时听讲的院士包括: Fourier, Magendie, Berthollet, Chaptal, Lamark, Laplace, Lacroix, Cuvier, Legendre, Prony, Poisson 等.

Augustin Louis Cauchy (1789~1857)

“Cauchy 应力原理 (Cauchy’s stress principle)” 正式发表于 1823 年 [4], 该原理一直到 1957 年才被 Noll 所证明[18]. Cauchy 应力原理可用一句话表述为 “物体内部某点法向为 $\boldsymbol{n}$ 的截面的应力向量与截面形状无关”. Truesdell 认为 “*该原理一直是理性连续介质力学的基础* (which has ever since then be the foundation of the rational mechanics of continua)”[19]. 该原理还被认为是 “*居于连续介质力学的中心地位* (at the heart of continuum mechanics), *而且为固体和流体的连续介质力学理论铺平了道路* (paved the way for the continuum theories of solids and fluids)”[15]. 郭仲衡 (1933—1993) 则认为 “Cauchy 提出了使连续介质力学变为场的问题有基础意义的应力原理”[16]. Cauchy 应力原理有多种表述方法[19−22]:

一种表述方法为: 如图 7.1 所示, 物体内物质跨越内表面 $\partial\mathcal{V}$ 的相互作用, 可刻画为和外力作用于物体表面相同方式的面力 (traction) 矢量 $\boldsymbol{t}_{\partial\mathcal{V}}$. Cauchy 假定, 面力 $\boldsymbol{t}_{\partial\mathcal{V}}$ 仅通过法线 $\boldsymbol{n}$ 依赖于表面 $\partial\mathcal{V}$, 有: $\boldsymbol{t}_{\partial\mathcal{V}}=\boldsymbol{t}_{\boldsymbol{n}}$, 并存在 Cauchy 引理 (lemma)[19]: $\boldsymbol{t}_{\boldsymbol{n}}=-\boldsymbol{t}_{-\boldsymbol{n}}$, 即是内、外两部分的相互作用力大小相等, 方向相反.

另外一种表述方法为: 假定作用在物体内某点外法线方向为 $\boldsymbol{n}$ 的面上每单位

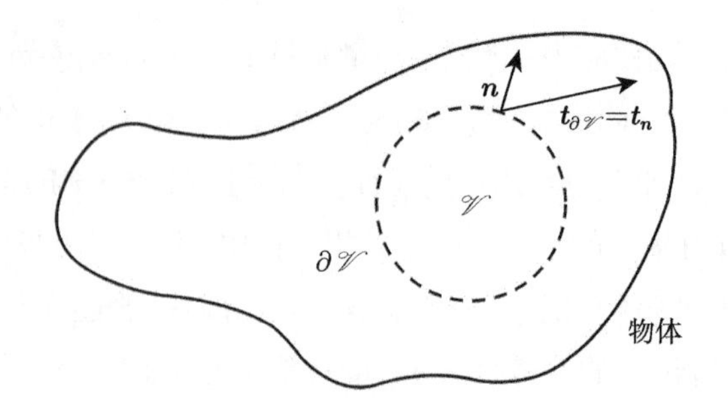

图 7.1　物体内部某一区域 V 的虚拟界面 $\partial\mathcal{V}$ 上的面力 $\boldsymbol{t}_{\partial\mathcal{V}}$

面积的力矢量 $\boldsymbol{t_n}$ 与力偶矢量 $\boldsymbol{m_n}$ 只依赖于点的位置 (或矢径) 与截面的法向 $\boldsymbol{n}$.

第三种表述方法为[21]: 物体各部分之间的接触力 (contact) 可归结为作用于某点的合力 $\Delta\boldsymbol{t}$ 和合力矩 $\Delta\boldsymbol{m}$, 存在下列单位面积 Δa 的应力向量和偶应力向量的极限: $\boldsymbol{t_n}=\lim\limits_{\Delta a\to 0}\dfrac{\Delta\boldsymbol{t}}{\Delta a}$, $\boldsymbol{m_n}=\lim\limits_{\Delta a\to 0}\dfrac{\Delta\boldsymbol{m}}{\Delta a}$. 这两个极限与 Δa 的形状无关. 如同第一种表述方法, 根据作用与反作用原理, 同样有: $\boldsymbol{t_n}=-\boldsymbol{t_{-n}}$, $\boldsymbol{m_n}=-\boldsymbol{m_{-n}}$.

Cauchy 基本定理 (Cauchy's fundamental theorem): 如果 $\boldsymbol{t_n}$ 和 $\boldsymbol{m_n}$ 为单位法线矢量 $\boldsymbol{n}$ 的连续函数, 则有: $\boldsymbol{t_n}=\boldsymbol{\sigma n}$ 和 $\boldsymbol{m_n}=\boldsymbol{Mn}$, 其中 $\boldsymbol{\sigma}$ 和 $\boldsymbol{M}$ 分别为二阶对称应力和偶应力张量, 其本身和其转置相等: $\boldsymbol{\sigma}=\boldsymbol{\sigma}^{\mathrm{T}}$ 和 $\boldsymbol{M}=\boldsymbol{M}^{\mathrm{T}}$.

有文献认为[23], 由于 Cauchy 所定义的应力是和具体的表面相联系的, 所以 Cauchy 只是定义了面力 (traction) 或者应力矢量, 而并非应力张量. 应力作为张量的第一次定义来自于在专著[24] 的 1.4.1 节中所讨论的位力定理.

7.3　Cauchy 应力

Cauchy 应力张量 $\boldsymbol{\sigma}$ 为定义在当前构形上的二阶对称应力, 亦即满足: $\boldsymbol{\sigma}=\boldsymbol{\sigma}^{\mathrm{T}}$, 它是物体中的真实应力. 外法线为 $\boldsymbol{n}$ 的截面上应力或面力矢量 (traction vector) 为: $\boldsymbol{t_n}=\boldsymbol{\sigma n}$, 分量表达式为: $t_{n_i}=\sigma_{ij}n_j$. 该面力矢量在外法线方向的垂直分量为

$$\sigma=\boldsymbol{t_n}\cdot\boldsymbol{n}=\boldsymbol{n}\cdot\boldsymbol{\sigma n}=\sigma_{ij}n_in_j \tag{7-1}$$

作用在该截面上的剪切矢量为

$$\boldsymbol{\tau}=\boldsymbol{t_n}-\sigma\boldsymbol{n}=\boldsymbol{t_n}-\boldsymbol{t_n}(\boldsymbol{n}\otimes\boldsymbol{n})=\boldsymbol{t_n}(\boldsymbol{I}-\boldsymbol{n}\otimes\boldsymbol{n}) \tag{7-2}$$

式中,

$$\boldsymbol{\mathcal{P}}=\boldsymbol{I}-\boldsymbol{n}\otimes\boldsymbol{n} \tag{7-3}$$

称为截面或表面的投影张量, 如图 7.2 所示.

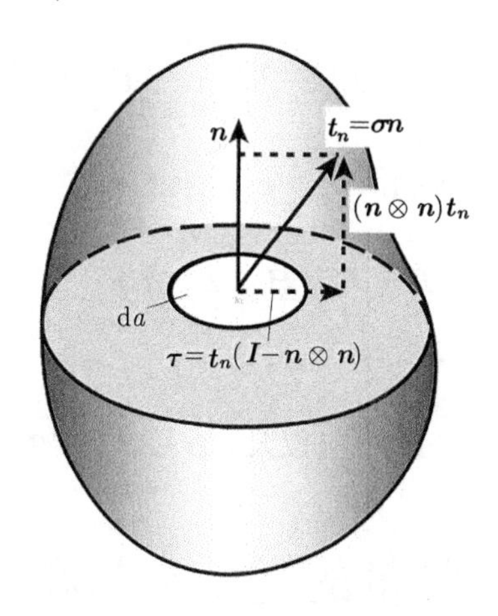

图 7.2　Cauchy 面力示意图

7.4　第一类和第二类 Piola-Kirchhoff 应力、Kirchhoff 应力

具有对称性的 Kirchhoff 应力张量定义为

$$\boldsymbol{\tau}=\frac{\mathrm{d}v}{\mathrm{d}V}\boldsymbol{\sigma}=J\boldsymbol{\sigma} \tag{7-4}$$

第一类 Piola-Kirchhoff (以下简称 PK1) 应力 $\boldsymbol{P}$ 亦称为 “名义应力 (nominal stress)”, 因为该应力是作用在单位参考构形面积上的力

$$\boldsymbol{\sigma}\mathrm{d}\boldsymbol{a}=\boldsymbol{P}\mathrm{d}\boldsymbol{A} \tag{7-5}$$

利用两个构形之间面元转换的 Nanson 关系式 (5-15), 便可给出 PK1 应力张量的表达式:

$$\boldsymbol{P}=J\boldsymbol{\sigma}\,\boldsymbol{F}^{-\mathrm{T}}=\boldsymbol{\tau}\,\boldsymbol{F}^{-\mathrm{T}} \tag{7-6}$$

显见, PK1 应力为非对称的两点张量 (unsymmetrical two-point tensor), 见思考题 7.1.

具有对称性且作用在参考构形上的第二类 Piola-Kirchhoff (以下简称 PK2) 应力通过在 PK1 应力左端点积 $\boldsymbol{F}^{-1}$ 获得

$$\boldsymbol{T}=\boldsymbol{F}^{-1}\boldsymbol{P}=J\boldsymbol{F}^{-1}\boldsymbol{\sigma}\,\boldsymbol{F}^{-\mathrm{T}} \tag{7-7}$$

其对称性十分容易验证:

$$\boldsymbol{T}^{\mathrm{T}}=J\left(\boldsymbol{F}^{-1}\boldsymbol{\sigma}\,\boldsymbol{F}^{-\mathrm{T}}\right)^{\mathrm{T}}=J\left(\boldsymbol{F}^{-\mathrm{T}}\right)^{\mathrm{T}}\boldsymbol{\sigma}^{\mathrm{T}}\left(\boldsymbol{F}^{-1}\right)^{\mathrm{T}}=J\boldsymbol{F}^{-1}\boldsymbol{\sigma}\,\boldsymbol{F}^{-\mathrm{T}}=\boldsymbol{T}$$

PK2 应力和 Kirchhoff 应力之间满足:

$$\boldsymbol{T}=\boldsymbol{F}^{-1}\boldsymbol{P}=\boldsymbol{F}^{-1}\boldsymbol{\tau}\,\boldsymbol{F}^{-\mathrm{T}} \tag{7-8}$$

或者:

$$\boldsymbol{\tau}=\boldsymbol{F}\,\boldsymbol{T}\,\boldsymbol{F}^{\mathrm{T}}\quad\text{以及}\quad\boldsymbol{\sigma}=J^{-1}\boldsymbol{F}\,\boldsymbol{T}\,\boldsymbol{F}^{\mathrm{T}} \tag{7-9}$$

7.5 应力张量的逆变推前和拉回操作

注意到 PK2 应力 $\boldsymbol{T}$ 在参考构形, 而 Kirchhoff 应力 $\boldsymbol{\tau}$ 在当前构形, (7-7) 式是将处于当前构形的 Kirchhoff 应力 $\boldsymbol{\tau}$ 后拉回参考构形中的 PK2 应力 $\boldsymbol{T}$, 这样操作被称为 “逆变拉回操作 (contravariant pull-back operation)”.

反之, (7-9) 式是将处于参考构形中的 PK2 应力 $\boldsymbol{T}$ 推前到当前构形的 Kirchhoff 应力 $\boldsymbol{\tau}$, 这样操作被称为 “逆变推前操作 (contravariant pull-forward operation)”.

7.6 共轭变量对

在本书著者的第一部专著[25] 的第 2 章和第 4 章中, 经常出现有关热力学和固体力学变量的共轭对 (conjugate pair) 概念. 我们说, 作为强度量 (intensive quantity) 的广义力和作为广延量 (extensive quantity) 的广义位移组成一个共轭对, 并可通过 Legendre 变换定义一个新的热力学势. 此不再赘述.

在量子力学中, 也存在很多共轭变量对, 如位置与动量、时间与能量、角度与作用量等等, 这些共轭变量对需要满足 Heisenberg 不确定性 (测不准) 原理.

连续介质力学中功的共轭是由 Rodney Hill 于 1968 年首次系统讨论的[26]. 互为共轭的应力和应变率对是构建正确本构关系的基石.

7.7 与 Seth-Hill 应变度量功共轭的应力度量

1968 年, Hill 有关共轭的定义如下: PK2 应力 $\boldsymbol{T}$ 被称为和 Green 应变 $\boldsymbol{E}$ 是功的共轭是由于 $\boldsymbol{T}:\dot{\boldsymbol{E}}$ 代表的是单位参考构形体积的功率 (power, work rate) 或内能

的变化率 (rate of change of internal energy) $\dot{w}$. 从而有

$$\dot{w} = J\boldsymbol{\sigma} : \boldsymbol{d} = \boldsymbol{\tau} : \boldsymbol{d} = \boldsymbol{P} : \dot{\boldsymbol{F}} = \boldsymbol{T} : \dot{\boldsymbol{E}} \tag{7-10}$$

(7-10) 式说明, 除了 $\boldsymbol{T}$ 和 $\boldsymbol{E}$ 共轭外, PK1 应力 $\boldsymbol{P}$ 和变形梯度 $\boldsymbol{F}$ 共轭, 但由于变形梯度 $\boldsymbol{F}$ 并不是一个应变度量, 所以 $\boldsymbol{P}$ 和 $\boldsymbol{F}$ 并不是严格意义上的共轭. Cauchy 应力作为空间张量 (spatial tensor) 则没有共轭对.

设与 Hill 应变度量 $\boldsymbol{E}_{\text{Hill}}$ 构成功共轭的应力张量记为 $\boldsymbol{T}_{\text{Hill}}$, 则有如下变形功率表达式:

$$\dot{w} = \boldsymbol{\tau} : \boldsymbol{d} = \boldsymbol{P} : \dot{\boldsymbol{F}} = \boldsymbol{T} : \dot{\boldsymbol{E}} = \boldsymbol{T}_{\text{Hill}} : \dot{\boldsymbol{E}}_{\text{Hill}} = \boldsymbol{T}^{(m)} : \dot{\boldsymbol{E}}^{(m)} \tag{7-11}$$

取内积 $\boldsymbol{\tau} : \boldsymbol{d}$ 在 Euler 标架的分解式和 $\boldsymbol{T}_{\text{Hill}} : \dot{\boldsymbol{E}}_{\text{Hill}}$ 在 Lagrange 标架中的分解式, 有如下关系式:

$$\sum_{i,j} \tau_{(ij)} d_{(ij)} = \sum_{I,J} T_{\text{Hill}\,(IJ)} \dot{E}_{\text{Hill}\,(IJ)} \tag{7-12}$$

将 (6-24) 式代入 (7-12) 式, 即可获得 Lagrange 标架中的 Hill 应力度量表达式:

$$\boldsymbol{T}_{\text{Hill}} = \sum_{I,J} T_{\text{Hill}\,(IJ)} \boldsymbol{N}_I \otimes \boldsymbol{N}_J \tag{7-13}$$

式中,

$$T_{\text{Hill}\,(IJ)} = \frac{1}{\varphi(i,j)} \frac{\lambda_j + \lambda_i}{2\lambda_i \lambda_j} \tau_{(ij)}, \quad (i = I, j = J) \quad (\text{指标重复不求和}) \tag{7-14}$$

其中, $\varphi(i,j)$ 和 $f(\lambda)$ 的关系由 (6-25) 式确定. 由 (7-14) 式知, 若 Kirchhoff 应力 $\boldsymbol{\tau}$ 的主方向沿 Euler 标架基矢量 $\boldsymbol{n}_\gamma$ $(\gamma = 1, 2, 3)$, 则 Hill 应力度量 $\boldsymbol{T}_{\text{Hill}}$ 的主方向沿 Lagrange 标架矢量 $\boldsymbol{N}_\Gamma$ $(\Gamma=\text{I,II,III})$.

对于 Lagrange 描述的 Seth-Hill 应变度量 (6-7) 式, 变形功率 (7-10) 式可写为如下广泛的形式:

$$\dot{w} = \boldsymbol{T}^{(m)} : \dot{\boldsymbol{E}}^{(m)} \tag{7-15}$$

我们称应力张量 $\boldsymbol{T}^{(m)}$ 和 Seth 应变度量 $\boldsymbol{E}^{(m)}$ 为功共轭对 (work conjugate pair).

表 7.1　Seth-Hill 功的共轭应力和应变对

功的共轭对	表达式
$m=1$ Green 应变/PK2 应力	$\boldsymbol{E}=\boldsymbol{E}^{(1)}=\dfrac{1}{2}(\boldsymbol{C}-\boldsymbol{I})$；$\boldsymbol{T}^{(1)}=\boldsymbol{F}^{-1}\boldsymbol{\tau}\boldsymbol{F}^{-\mathrm{T}}$
$m=1/2$ 物质 Biot 应变/Biot (Jaumann) 应力	$\boldsymbol{E}^{(1/2)}=\boldsymbol{U}-\boldsymbol{I}$; $\boldsymbol{T}^{(1/2)}=\dfrac{1}{2}\left(\boldsymbol{T}^{(1)}\boldsymbol{U}+\boldsymbol{U}\boldsymbol{T}^{(1)}\right)$
$m=0$ Hencky 对数应变/共旋 Kirchhoff 应力	$\boldsymbol{E}^{(0)}=\ln\boldsymbol{U}$; $\boldsymbol{T}^{(0)}=\boldsymbol{R}^{\mathrm{T}}\boldsymbol{\tau}\boldsymbol{R}$
$m=-1$ Almansi 应变/加权对流应力*	$\boldsymbol{E}^{(-1)}=\dfrac{1}{2}\left(1-\boldsymbol{U}^{-2}\right)$；$\boldsymbol{T}^{(-1)}=\boldsymbol{F}^{\mathrm{T}}\boldsymbol{\tau}\boldsymbol{F}$

*weighted convected stress.

当前构形中的 Cauchy 应力与参考构形中诸应力之间的变换关系可形象地如图 7.3 所示. 其中, 参考构形中面积微元上的面力和当前构形面积微元上的面力可通过 Nanson 公式确定如下:

$$\begin{aligned}\boldsymbol{S}&=\boldsymbol{t}_{\boldsymbol{n}}\frac{\mathrm{d}a}{\mathrm{d}A}=\boldsymbol{\sigma}\boldsymbol{n}\frac{\mathrm{d}a}{\mathrm{d}A}\\&=\boldsymbol{\sigma}J\boldsymbol{F}^{-\mathrm{T}}\boldsymbol{N}=\left(\boldsymbol{\tau}\boldsymbol{F}^{-\mathrm{T}}\right)\boldsymbol{N}\end{aligned}\tag{7-16}$$

表 7.1 和图 7.3 中需要特殊说明的是和 Hencky 对数应变功共轭的所谓 “共旋 (corotational) Kirchhoff 应力” $\boldsymbol{T}^{(0)}$, 亦称 “对数应力”. 在 (7-14) 式中令度量函数为: $f(\lambda)=\left(\lambda^{2m}-1\right)/2m$, 即可得到 Seth 应力度量在 Lagrange 标架中的分量. 再令 $f(\lambda)=\ln\lambda$, 可有如下共旋应力在 Lagrange 标架中的分解式:

$$\boldsymbol{T}^{(0)}=\sum_{I,J}T_{(IJ)}^{(0)}\boldsymbol{N}_I\otimes\boldsymbol{N}_J\tag{7-17}$$

式中,

$$T_{(IJ)}^{(0)}=\begin{cases}\tau_{(ij)}, & (i=I,j=J,\lambda_i=\lambda_j)\\ \dfrac{\lambda_j^2-\lambda_i^2}{2\lambda_i\lambda_j}\dfrac{\tau_{(ij)}}{\ln\lambda_j-\ln\lambda_i}, & (i=I,j=J,\lambda_i\neq\lambda_j)\end{cases}\quad(\text{指标重复不求和})\tag{7-18}$$

由 (7-18) 式知, 由于 Kirchhoff 应力在 Euler 标架中的分解式为

$$\boldsymbol{\tau}=\sum_{i,j}\tau_{(ij)}\boldsymbol{n}_i\otimes\boldsymbol{n}_j\tag{7-19}$$

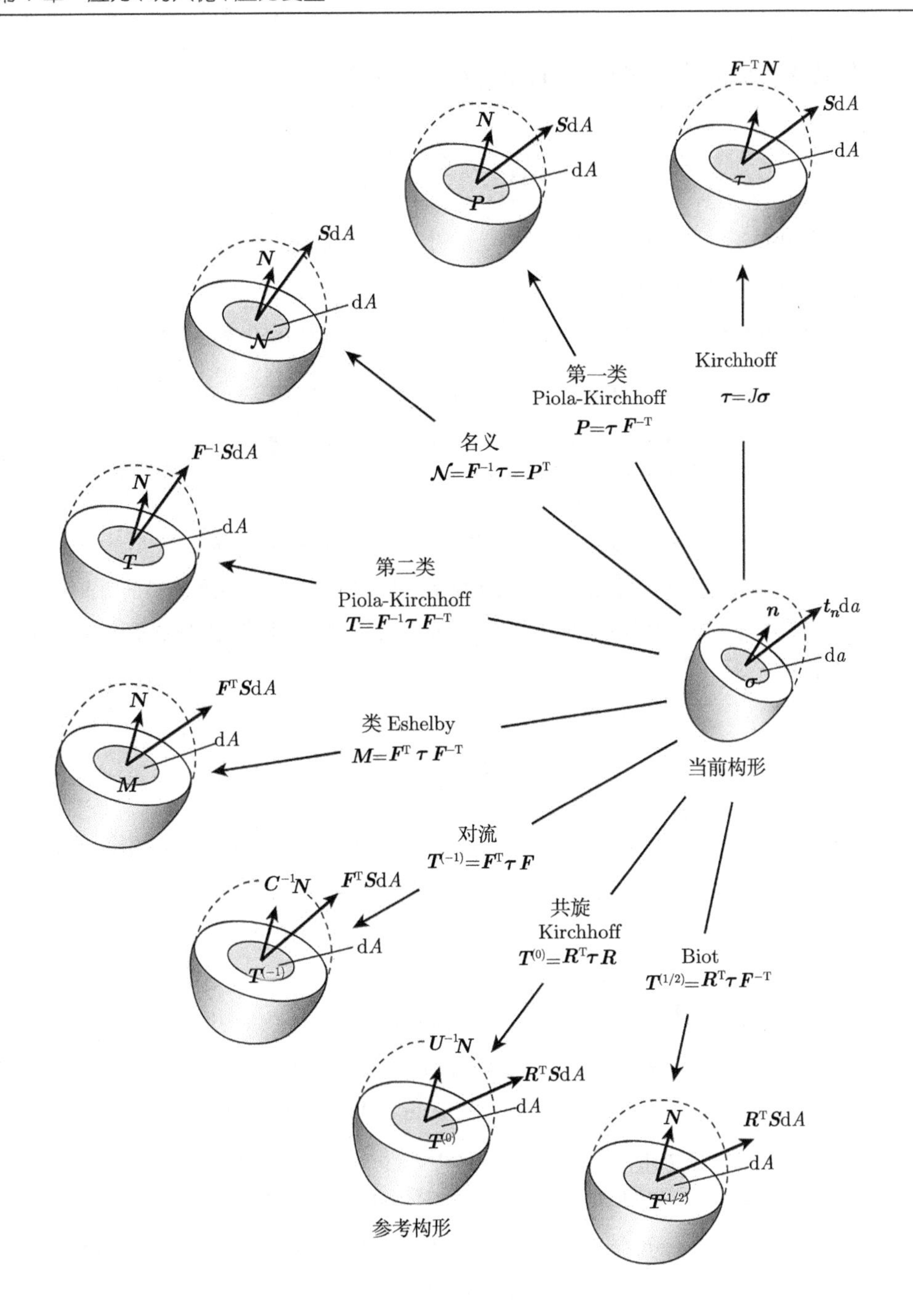

图 7.3　当前构形中的 Cauchy 应力和参考构形中的若干应力的转换关系图

对比 (7-17)~(7-19) 三式可知, 是通过如下旋转从而实现了 Euler 标架中的 Kirchhoff 应力 $\boldsymbol{\tau}$ 到 Lagrange 标架中的对数应力 $\boldsymbol{T}^{(0)}$:

$$\boldsymbol{T}^{(0)}=\boldsymbol{R}^{\mathrm{T}}\boldsymbol{\tau}\boldsymbol{R}=\sum_{I,J}\tau_{(ij)}\boldsymbol{N}_I\otimes\boldsymbol{N}_J,\quad(i=I,j=J)\tag{7-20}$$

如上旋转操作也是其 “共旋 Kirchhoff 应力” 得名的原因.

思 考 题

7.1 给出 PK1 应力的主轴表示并证明其为非对称的两点张量.

7.2 给出 PK2 应力的主轴表示.

Jean Mandel

(1907~1982)

7.3 作为常用关系式 (7-11) 的补充, 证明下式所给出的内能的变化率的下加括号部分:

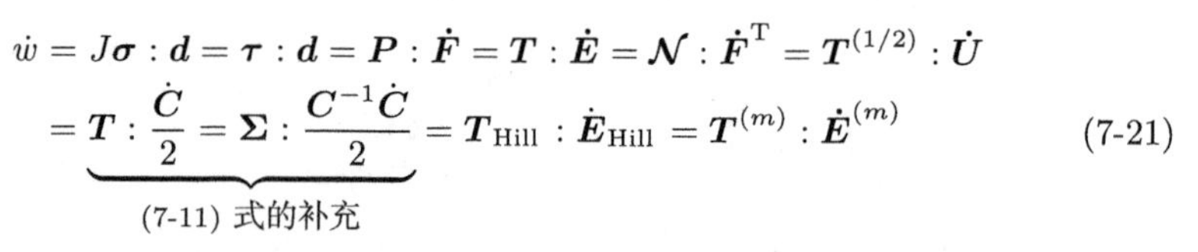

$$\begin{aligned}\dot{w} &= J\boldsymbol{\sigma}:\boldsymbol{d} = \boldsymbol{\tau}:\boldsymbol{d} = \boldsymbol{P}:\dot{\boldsymbol{F}} = \boldsymbol{T}:\dot{\boldsymbol{E}} = \boldsymbol{\mathcal{N}}:\dot{\boldsymbol{F}}^{\mathrm{T}} = \boldsymbol{T}^{(1/2)}:\dot{\boldsymbol{U}} \\ &= \underbrace{\boldsymbol{T}:\frac{\dot{\boldsymbol{C}}}{2} = \boldsymbol{\Sigma}:\frac{\boldsymbol{C}^{-1}\dot{\boldsymbol{C}}}{2}}_{\text{(7-11) 式的补充}} = \boldsymbol{T}_{\mathrm{Hill}}:\dot{\boldsymbol{E}}_{\mathrm{Hill}} = \boldsymbol{T}^{(m)}:\dot{\boldsymbol{E}}^{(m)}\end{aligned} \tag{7-21}$$

式中, $\boldsymbol{\Sigma} = \boldsymbol{C}\boldsymbol{T}$ 称为 Mandel 应力张量, 其为中间构形中的非对称张量.

7.4 Cauchy 应力原理和基本定理是经典连续介质力学的基础, 请参阅第八篇的篇首语, 理解所谓广义连续介质力学是如何放松 Cauchy 应力原理或基本定理的限制条件而逐渐得到发展的.

参 考 文 献

[1] Rankine W J M. On axes of elasticity and crystalline form. Philosophical Transactions of the Royal Society, 1856, 146: 261–285.

[2] Muirhead R F. Stress — Its definition. Nature, 1901, 64: 207.

[3] Truesdell C, Toupin R A. The Classical Field Theories. In: Encuclopedia of Physics (Flügge S ed.), Vol. III/1. Berlin: Springer-Verlag, 1960.

[4] Cauchy A L. Recherches sur l'équilibre et le mouvement intérieur des corps solides ou fluides, élastiques ou non élastiques. Bulletin de la Société philomathique, 1823, 9–13.

[5] Piola G. Nuova analisi per tutte le questioni della meccanica moleculare. Mem Mat Fis Soc Ita, 1836, Modena 21: 155–321. (Received in 1835)

[6] Piola G. Nuova analysis per tutte le questioni della meccanica. Mem. Mat. Fis. Soc. Ital., 1848, Moderna 24: 1–186. (Received in 1845)

[7] Kirchhoff G. Über das Gleichgewicht und die Bewegung einer elastischen Scheibe. Journal für die reine und angewandte Mathematik, 1850, 40: 51–88.

[8] Kirchhoff G. Über die gleichungen des gleichgewichts eines elastischen körpers bei nicht unendlich kleinen verschrebungen seiner theile. Sitzungsberichte der Akademie der Wissenschaften Wien, 1852, 9: 762–773.

[9] Kirchhoff G. Über das Gleichgewicht und die Bewegung eines unendlich dünnen elastische Stabes. Journal für die reine und angewandte Mathematik, 1859, 56: 285–313.

[10] Kirchhoff G. Vorlesungen über mathematische Physik: Mechanik. Teubner, Leipzig, 1876.

[11] Maugin G A. Continuum Mechanics through the Eighteenth and Nineteenth Centuries. Heidelberg: Springer, 2014.

[12] Capecchi D, Ruta G C. Piola's contribution to continuum mechanics. Archive for History of Exact Sciences, 2007, 61: 303–342.

[13] 朗道, 栗弗席兹. 场论 (第八版). 鲁欣等译. 北京: 高等教育出版社, 2012.

[14] Weinberg S. Gravitation and Cosmology: Principles and Applications of the General Theory of Relativity. New York: Wiley, 1972.

[15] Eckart C H. The thermodynamics of irreversible processes III: relativistic theory of the simple fluid. Physical Review, 1940, 58: 919–924.

[16] Eshelby J D. The force on an elastic singularity. Philosophical Transactions of the Royal Society A, 1951, 244: 87–112.

[17] Eshelby J D. The elastic energy-momentum tensor. Journal of Elasticity, 1975, 5: 321–335.

[18] Noll W. The foundations of classical mechanics in the light of recent advances in continuum mechanics // Henkin L, Suppes P, Tarski A. The Axiomatic Method, with Special Reference to Geometry and Physics (Proceedings of an international symposium held at the University of California, Berkeley, December 26, 1957-January 4, 1958.), pp. 265–281, Amsterdam: North-Holland, 1959.

[19] Truesdell C. Essays in the History of Mechanics. New York: Springer-Verlag, 1968.

[20] Tadmor E B, Miller R E. Modeling Materials: Continuum, Atomistic and Multiscale Techniques. Cambridge: Cambridge University Press, 2011.

[21] 郭仲衡. 非线性弹性理论. 北京: 科学出版社, 1980.

[22] 黄克智. 非线性连续介质力学. 北京: 清华大学出版社/北京大学出版社, 1989.

[23] Admal N C, Tadmor E B. A unified interpretation of stress in molecular systems. Journal of Elasticity, 2010, 100: 63–143.

[24] 赵亚溥. 纳米与介观力学. 北京: 科学出版社, 2014.

[25] 赵亚溥. 表面与界面物理力学. 北京: 科学出版社, 2012.

[26] Hill R. On constitutive inequalities for simple materials — I. Journal of the Mechanics and Physics of Solids, 1968, 16: 229–242.

第 8 章　守恒律、Clausius-Duhem 和 Clausius-Planck 不等式

由 1.2.2 和 1.2.5 两小节的论述，作为经典场论的连续介质力学，其“场方程”就是质量守恒定律、动量守恒定律、动量矩守恒定律、能量守恒定律，以及当考虑热力学时，还需要相当于热力学第二定律的“Clausius-Duhem 不等式”. 场方程是连续介质力学的最核心内容之一. Eringen 也将上述四条基本守恒定律称为“力学的基本公理 (fundamental axioms of mechanics)”.

1964 年, Bernard D. Coleman 将热力学第二定律这一普遍规律在连续介质力学中的具体应用，将其表述为自由能时间变化率所必须遵循的不等式 (inequality)[1]，也就是 Clausius-Duhem 不等式，从而给出了材料变形的数学限制 (mathematical restriction). 为了应用上的方便，Clausius-Duhem 不等式进一步分解为更强形式限制条件的两个不等式：热传导不等式和 Clausius-Planck 不等式.

8.1　质量守恒定律

在力学体系中，对每个物体均有一个与之相伴的度量，称之为质量. 质量具有非负性和可加性，因而是一个广延量 (extensive quantity). 质量在运动时也是不变的. 如果质量是关于空间变量是绝对连续的，则存在一个作为“强度量 (intensive quantity)”的质量密度 $\rho(\boldsymbol{x},t)$，于是，物体的总质量 m、动量 (线动量) $\boldsymbol{P}$、动量矩 (角动量) $\boldsymbol{M}$、动能 K 在当前构形中可分别表示为

$$\begin{cases} m=\displaystyle\int_{\mathcal{V}}\rho\mathrm{d}v \\ \boldsymbol{P}=\displaystyle\int_{\mathcal{V}}\rho\boldsymbol{v}\mathrm{d}v \quad \text{或}\quad \text{分量形式: } P_k=\int_{\mathcal{V}}\rho v_k\mathrm{d}v \\ \boldsymbol{M}=\displaystyle\int_{\mathcal{V}}\boldsymbol{x}\times\boldsymbol{v}\rho\mathrm{d}v \quad \text{或}\quad \text{分量形式: } M_k=\int_{\mathcal{V}}\rho e_{klm}x_l v_m\mathrm{d}v \\ K=\dfrac{1}{2}\displaystyle\int_{\mathcal{V}}\rho\boldsymbol{v}\cdot\boldsymbol{v}\mathrm{d}v \quad \text{或}\quad \text{分量形式: } K_k=\frac{1}{2}\int_{\mathcal{V}}\rho v_k v_k\mathrm{d}v \end{cases} \tag{8-1}$$

式中，$\mathcal{V}$ 为当前构形中体积的积分域，$\boldsymbol{v}$ 为速度矢量，而 $\boldsymbol{x}$ 则为矢径.

质量守恒定律 (Mass Conservation Law): 物质的总质量在运动过程中对任意选取的构形都是不变的. 当该结论对于每一物质点的任意小邻域都成立时, 则说质量是局部守恒的.

首先给出积分形式的质量守恒定律. 由 (8-1) 式的第一式, 在运动过程中, 物体的质量不变意味着:

$$\int_{\mathcal{V}} \rho \mathrm{d}v = \int_{V_0} \rho_0 \mathrm{d}V \tag{8-2}$$

式中, V_0 为参考构形中体积的积分域, ρ_0 为参考构形中的质量密度. 由 (5-14) 式, 也就是两个构形中的相对体积变化 $\mathrm{d}v/\mathrm{d}V = \det \boldsymbol{F} = J$, 则 (8-2) 式可同时表示为如下两种形式:

$$\int_{\mathcal{V}} \left(\rho - \rho_0 J^{-1}\right) \mathrm{d}v = 0 \quad 或 \quad \int_{V_0} \left(\rho_0 - \rho J\right) \mathrm{d}V = 0$$

局部的质量守恒要求上式对任意的体积单元均成立, 因此必然如下积分形式的质量守恒定律:

$$\rho_0 = \rho J \tag{8-3}$$

(8-3) 式即为固体力学中经常用到的质量守恒方程, 亦称 "Lagrange 型连续性方程 (continuity equation)".

微分形式的质量守恒定律可通过多种途径得到. 方法之一是对 (8-2) 式求物质时间导数, 有

$$\frac{\mathrm{d}}{\mathrm{d}t} \int_{\mathcal{V}} \rho \mathrm{d}v = \int_{\mathcal{V}} \frac{\mathrm{d}}{\mathrm{d}t} (\rho \mathrm{d}v) = \int_{\mathcal{V}} \left[\frac{\partial \rho}{\partial t} + \mathrm{div}\ (\rho \boldsymbol{v})\right] \mathrm{d}v = 0 \tag{8-4}$$

由于对当前构形中体积微元的任意性, 由 (8-4) 式可得

$$\frac{\partial \rho}{\partial t} + \mathrm{div}\ (\rho \boldsymbol{v}) = \frac{\partial \rho}{\partial t} + (\rho v_k)_{,k} = 0 \tag{8-5}$$

(8-5) 式为流体力学中常使用的微分形式的连续性方程, 亦称 Euler 型连续性方程.

下面结合例 5.10 和例 5.11 给出微分型连续性方程的另外一种推导方法. 由 (5-70) 式, 有下列关系式:

$$\frac{\dot{J}}{J} = \mathrm{tr}\boldsymbol{l} = \mathrm{tr}\boldsymbol{d} = \mathrm{div}\, \boldsymbol{v} \tag{8-6}$$

对 (8-3) 式求物质时间导数, 并代入 (8-6) 式, 有

$$\frac{1}{\rho}\frac{\mathrm{d}\rho}{\mathrm{d}t} + \frac{1}{J}\frac{\mathrm{d}J}{\mathrm{d}t} = \frac{1}{\rho}\frac{\mathrm{d}\rho}{\mathrm{d}t} + \mathrm{div}\, \boldsymbol{v} = 0 \quad 或 \quad \frac{\mathrm{d}\rho}{\mathrm{d}t} + \rho \mathrm{div}\, \boldsymbol{v} = 0$$

将 $\frac{\mathrm{d}\rho}{\mathrm{d}t}=\frac{\partial\rho}{\partial t}+\boldsymbol{v}\cdot\boldsymbol{\nabla}\rho$ 代入上式, 略为整理, 则得到 (8-5) 式. 这说明连续性方程的积分形式和微分形式完全是等价的.

在本章中的以后讨论中, 经常会用到 (8-4) 式的性质, 亦即:

$$\frac{\mathrm{d}}{\mathrm{d}t}\int_{\mathcal{V}}\rho\varphi\mathrm{d}v=\left(\int_{\mathcal{V}}\rho\varphi\mathrm{d}v\right)^{\bullet}=\int_{\mathcal{V}}\rho\frac{\mathrm{d}\varphi}{\mathrm{d}t}\mathrm{d}v=\int_{\mathcal{V}}\rho\dot{\varphi}\mathrm{d}v \tag{8-7}$$

8.2　动量守恒定律

动量守恒定律 (Momentum Conservation Law): 动量对时间的变化率等于作用于物体上的合力. 设单位质量 ρ 所受的体力矢量为 $\boldsymbol{f}(\boldsymbol{x},t)$, 利用 (8-4) 式和 Green 定理, 即有

$$\begin{aligned}\frac{\mathrm{d}}{\mathrm{d}t}\int_{\mathcal{V}}\rho\boldsymbol{v}\mathrm{d}v&=\int_{\mathcal{V}}\rho\frac{\mathrm{d}\boldsymbol{v}}{\mathrm{d}t}\mathrm{d}v\\&=\oint_{\partial\mathcal{V}}\boldsymbol{\sigma}\boldsymbol{n}\mathrm{d}a+\int_{\mathcal{V}}\rho\boldsymbol{f}\mathrm{d}v\\&=\int_{\mathcal{V}}\operatorname{div}\boldsymbol{\sigma}\mathrm{d}v+\int_{\mathcal{V}}\rho\boldsymbol{f}\mathrm{d}v\end{aligned} \tag{8-8}$$

由 (8-8) 式则可得到在当前构形中 Euler 描述的运动方程:

$$\operatorname{div}\boldsymbol{\sigma}+\rho\boldsymbol{f}=\rho\boldsymbol{a} \tag{8-9}$$

式中, $\frac{\mathrm{d}\boldsymbol{v}}{\mathrm{d}t}=\boldsymbol{a}(\boldsymbol{x},t)$ 为加速度. (8-9) 式也称为 Cauchy 第一运动律, 亦称 Cauchy 动量方程. 其中 div 为当前构形中的散度算子. 如果惯性力为零 ($\rho\boldsymbol{a}=\boldsymbol{0}$) 同时也不考虑体力时, (8-9) 式则退化为平衡方程: $\operatorname{div}\boldsymbol{\sigma}=\boldsymbol{0}$ 或 $\boldsymbol{\nabla}_{\boldsymbol{x}}\cdot\boldsymbol{\sigma}=\boldsymbol{0}$.

在参考构形中, 设单位质量 ρ_0 所受的体力矢量为 $\boldsymbol{f}_0(\boldsymbol{X},t)$, 则相应的动量守恒定律可写为

$$\oint_{\partial V_0}\boldsymbol{P}\boldsymbol{N}\mathrm{d}A+\int_{V_0}\rho_0\boldsymbol{f}_0\mathrm{d}V=\frac{\mathrm{d}}{\mathrm{d}t}\int_{V_0}\rho_0\boldsymbol{V}\mathrm{d}V=\int_{V_0}\rho_0\boldsymbol{a}_0\mathrm{d}V \tag{8-10}$$

式中, $\boldsymbol{P}$ 为由 (7-6) 式所定义的第一类 Piola-Kirchhoff 应力 (简称 PK1), $\boldsymbol{N}$ 为由图 5.4 所定义的参考构形中面积微元 $\mathrm{d}A$ 的外法线, $\frac{\mathrm{d}\boldsymbol{V}}{\mathrm{d}t}=\boldsymbol{a}_0(\boldsymbol{X},t)$ 则为参考构形中质点的加速度, $\boldsymbol{V}$ 为参考构形中质点的速度. 一般地, $\boldsymbol{V}$ 和 $\boldsymbol{a}_0$ 还被称为 Lagrange 速度和加速度场. 对式 (8-10) 应用 Green 定理, 则得到用非对称的两点张量 PK1 $\boldsymbol{P}$ 所表示的 Lagrange 描述下的运动方程:

$$\operatorname{Div}\boldsymbol{P}+\rho_0\boldsymbol{f}_0=\rho_0\boldsymbol{a}_0 \tag{8-11}$$

(8-11) 式亦称为 Boussinesq 动量方程. 式中, Div $\boldsymbol{P} = \boldsymbol{\nabla}_{\boldsymbol{X}} \cdot \boldsymbol{P}$ 表示参考构形中的散度.

再将 PK2 和 PK1 之间的关系 (7-7) 式代入 (8-11) 式, 则可给出通过 PK2 $\boldsymbol{T}$ 表示的运动方程:

$$\mathrm{Div}\ (\boldsymbol{F}\boldsymbol{T}) + \rho_0 \boldsymbol{f}_0 = \rho_0 \boldsymbol{a}_0 \tag{8-11$'$}$$

(8-11)$'$ 式通常称为 Kirchhoff 动量方程.

8.3　动量矩守恒定律

动量矩守恒定律 (Moment of Momentum Conservation Law): 动量关于某一固定点 O 的矩的时间的变化率等于对 O 点的合力矩. 当不考虑外力作用时, 问题简化为如下动量矩方程

$$\frac{\mathrm{d}}{\mathrm{d}t}\int_{\mathcal{V}} \boldsymbol{x}\times\boldsymbol{v}\rho \mathrm{d}v = \int_{\mathcal{V}} \boldsymbol{x}\times\boldsymbol{f}\rho \mathrm{d}v + \oint_{\partial\mathcal{V}} \boldsymbol{x}\times(\boldsymbol{\sigma}\boldsymbol{n})\mathrm{d}a \tag{8-12}$$

利用 (8-7) 式和下列关系式:

$$\frac{\mathrm{d}}{\mathrm{d}t}(\boldsymbol{x}\times\boldsymbol{v}) = \cancel{\boldsymbol{v}\times\boldsymbol{v}}^{=0} + \boldsymbol{x}\times\boldsymbol{a} = \boldsymbol{x}\times\boldsymbol{a}$$

则 (8-12) 式变为

$$\int_{\mathcal{V}} \boldsymbol{x}\times(\boldsymbol{a}-\boldsymbol{f})\,\rho \mathrm{d}v = \oint_{\partial\mathcal{V}} \boldsymbol{x}\times(\boldsymbol{\sigma}\boldsymbol{n})\mathrm{d}a \tag{8-13}$$

对 (8-13) 式应用散度定理, 可得

$$\int_{\mathcal{V}} \boldsymbol{x}\times(\boldsymbol{a}-\boldsymbol{f})\,\rho \mathrm{d}v = \int_{\mathcal{V}} (\boldsymbol{x}\times\boldsymbol{\sigma})\mathrm{div}\,\mathrm{d}v \tag{8-14}$$

利用恒等式:

$$\begin{aligned}(\boldsymbol{x}\times\boldsymbol{\sigma})\,\mathrm{div}\ &= [\in : (\boldsymbol{x}\otimes\boldsymbol{\sigma})]\,\mathrm{div} \\ &= \in : \left[\boldsymbol{x}\otimes(\boldsymbol{\sigma}\mathrm{div}\,) + (\boldsymbol{x}\otimes\boldsymbol{\nabla})\,\boldsymbol{\sigma}^{\mathrm{T}}\right] \\ &= \boldsymbol{x}\times(\boldsymbol{\sigma}\mathrm{div}\,) - \in : \boldsymbol{\sigma}\end{aligned}$$

和 (8-9) 式, 则 (8-14) 式给出:

$$\int_{\mathcal{V}} \in : \boldsymbol{\sigma}\mathrm{d}v = \boldsymbol{0} \tag{8-15}$$

由积分域的任意性, 有

$$\in : \boldsymbol{\sigma} = \boldsymbol{0} \tag{8-16}$$

上面式子中 $\in$ 为三阶反对称的 Eddington 置换张量, 具有性质: $\in : \boldsymbol{B} = -\in : \boldsymbol{B}^{\mathrm{T}}$, 故而有[2] $\in\in : \boldsymbol{\sigma} = \boldsymbol{\sigma} - \boldsymbol{\sigma}^{\mathrm{T}}$, 因此 (8-16) 式等价于:

$$\boldsymbol{\sigma} = \boldsymbol{\sigma}^{\mathrm{T}} \tag{8-17}$$

也就是动量矩方程的简化结果为 Cauchy 应力张量的对称性. 动量矩方程也被称为 Cauchy 第二运动律.

容易证明, 动量矩守恒定律在参考构形中所导致的结果是 PK2 的对称性, 可见思考题 8.2.

8.4 能量守恒定律

能量守恒定律 (Energy Conservation Law): 动能加内能的时间变化率等于外力的功率与单位时间进入或流出物体的所有其他能量之和.

8.4.1 动能定理

在任意时刻 t 和当前构形中任意体积 $\mathcal{V}$, 由 (8-1) 式可知, 动能为 $K = \dfrac{1}{2}\displaystyle\int_{\mathcal{V}} \rho\boldsymbol{v} \cdot \boldsymbol{v}\mathrm{d}v$, 注意到 (8-7) 式时, 动能的物质时间导数为

$$\dot{K} = \frac{1}{2}\int_{\mathcal{V}} \frac{\mathrm{d}}{\mathrm{d}t}\left(\boldsymbol{v}^2\right)\rho\mathrm{d}v \tag{8-18}$$

式中的被积函数可计算如下:

$$\frac{1}{2}\rho\frac{\mathrm{d}}{\mathrm{d}t}\left(\boldsymbol{v}^2\right) = \rho\boldsymbol{v}\cdot\boldsymbol{a}$$

将 (8-9) 式中的运动方程 $\rho\boldsymbol{a} = \operatorname{div}\boldsymbol{\sigma} + \rho\boldsymbol{f}$ 代入 (8-18) 式, 并利用张量分析公式: $(\boldsymbol{v}\boldsymbol{\sigma})\operatorname{div} = \boldsymbol{v}\cdot(\boldsymbol{\sigma}\operatorname{div}) + \underbrace{(\boldsymbol{v}\otimes\boldsymbol{\nabla})}_{\text{速度梯度}\boldsymbol{l}} : \boldsymbol{\sigma}$, 则 (8-18) 式可写作如下积分形式的动能定理:

$$\begin{aligned}
\dot{K} &= \underbrace{\int_{\mathcal{V}} (\boldsymbol{v}\boldsymbol{\sigma})\operatorname{div}\mathrm{d}v}_{\text{用 Green 定理体积分变面积分}} + \int_{\mathcal{V}} \rho\boldsymbol{v}\cdot\boldsymbol{f}\mathrm{d}v - \int_{\mathcal{V}} \boldsymbol{\sigma} : \boldsymbol{l}\mathrm{d}v \\
&= \oint_{\partial\mathcal{V}} \boldsymbol{v}\cdot\boldsymbol{t}_{\boldsymbol{n}}\mathrm{d}a + \int_{\mathcal{V}} \rho\boldsymbol{v}\cdot\boldsymbol{f}\mathrm{d}v - \int_{\mathcal{V}} \boldsymbol{\sigma} : \frac{\boldsymbol{l}+\boldsymbol{l}^{\mathrm{T}}}{2}\mathrm{d}v \\
&= \underbrace{\oint_{\partial\mathcal{V}} \boldsymbol{v}\cdot\boldsymbol{t}_{\boldsymbol{n}}\mathrm{d}a}_{\text{面力功率}} + \underbrace{\int_{\mathcal{V}} \rho\boldsymbol{v}\cdot\boldsymbol{f}\mathrm{d}v}_{\text{体力功率}} - \underbrace{\int_{\mathcal{V}} \boldsymbol{\sigma} : \boldsymbol{d}\mathrm{d}v}_{\text{内约束力功率}}
\end{aligned} \tag{8-19}$$

式中右端中的内约束力功率刚好和变形功率差一符号.

利用 Green 定理, 利用积分体积域的任意性, (8-19) 式可写为如下微分 (局部) 形式的动能方程:

$$\frac{1}{2}\rho\frac{\mathrm{d}}{\mathrm{d}t}\left(\boldsymbol{v}^2\right)=(\boldsymbol{v}\boldsymbol{\sigma})\operatorname{div}+\rho\boldsymbol{v}\cdot\boldsymbol{f}-\boldsymbol{\sigma}:\boldsymbol{d} \tag{8-20}$$

再应用当前构形和参考构形体积转换的关系式 (5-14), 内约束力功率项 $\int_{\mathcal{V}}\boldsymbol{\sigma}:\boldsymbol{d}\mathrm{d}v=\int_{V_0}J\boldsymbol{\sigma}:\boldsymbol{d}\mathrm{d}V$, 再利用 (7-10) 式: $\dot{w}=J\boldsymbol{\sigma}:\boldsymbol{d}=\boldsymbol{T}:\dot{\boldsymbol{E}}$, 因此, 积分形式的动能方程 (8-19) 式可通过 PK2 和 Green 应变率表示为另一等价形式

$$\dot{K}=\oint_{\partial\mathcal{V}}\boldsymbol{v}\cdot\boldsymbol{t}_{\boldsymbol{n}}\mathrm{d}a+\int_{\mathcal{V}}\rho\boldsymbol{v}\cdot\boldsymbol{f}\mathrm{d}v-\int_{V_0}\boldsymbol{T}:\dot{\boldsymbol{E}}\mathrm{d}V \tag{8-21}$$

8.4.2 能量守恒律

如果每单位质量的内能记为 u, 则总的内能可表示为

$$U=\int_{\mathcal{V}}u\rho\mathrm{d}v \tag{8-22}$$

总能量 P 为动能与内能组成, 即: $P=K+U$. 热力学第一定律, 也就是能量守恒定律, 告诉我们: 总能量的物质时间导数等于作用在该体积域的外力功率与每单位时间从该体积域外部所加的热:

$$\dot{P}=\dot{K}+\dot{U}=\oint_{\partial\mathcal{V}}\boldsymbol{v}\cdot\boldsymbol{t}_{\boldsymbol{n}}\mathrm{d}a+\int_{\mathcal{V}}\rho\boldsymbol{v}\cdot\boldsymbol{f}\mathrm{d}v-\oint_{\partial\mathcal{V}}\boldsymbol{q}\cdot\boldsymbol{n}\mathrm{d}a+\int_{\mathcal{V}}\lambda\rho\mathrm{d}v \tag{8-23}$$

式中, $\boldsymbol{q}$ 为热流通量 ($\mathrm{Jm^{-2}s^{-1}}$), 也就是每单位面积和每单位时间的热流 (有关各类输运理论中的通量概念的比较可见专著[3] 的表 6.1), λ 为每单位质量的热源.

应用动能定理 (8-19) 式, 则可得到内能对时间的变化率为

$$\dot{U}=\int_{\mathcal{V}}\dot{u}\rho\mathrm{d}v=-\underbrace{\oint_{\partial\mathcal{V}}\boldsymbol{q}\cdot\boldsymbol{n}\mathrm{d}a}_{\text{热流}}+\underbrace{\int_{\mathcal{V}}\lambda\rho\mathrm{d}v}_{\text{热源}}+\underbrace{\int_{\mathcal{V}}\boldsymbol{\sigma}:\boldsymbol{d}\mathrm{d}v}_{\text{变形功率转化}} \tag{8-24}$$

(8-24) 式即为积分形式的热力学第一定律, 也就是连续介质力学的能量守恒定律.

对 (8-24) 式面积分项应用 Green 定理, 得到微分形式的热力学第一定律:

$$\begin{aligned}\rho\dot{u}&=-\operatorname{div}\boldsymbol{q}+\rho\lambda+\boldsymbol{\sigma}:\boldsymbol{d}\\&=-\boldsymbol{\nabla}_{\boldsymbol{x}}\cdot\boldsymbol{q}+\rho\lambda+\boldsymbol{\sigma}:\boldsymbol{d}\end{aligned} \tag{8-25}$$

(8-25) 式即为当前构形中的能量方程, 也就是能量方程的 Euler 描述.

例 8.1　证明参考构形中的热通量矢量 $\boldsymbol{q}_0$ 和当前构形中热通量矢量 $\boldsymbol{q}$ 之间存在如下关系:

$$\boldsymbol{q} = J^{-1}\boldsymbol{q}_0\boldsymbol{F}^{\mathrm{T}} \tag{8-26}$$

证明: 设参考构形和当前构形中面积微元分别为 $\mathrm{d}\boldsymbol{A}$ 和 $\mathrm{d}\boldsymbol{a}$, 由于能量守恒, 所以如下关系式存在: $\boldsymbol{q}_0 \cdot \mathrm{d}\boldsymbol{A} = \boldsymbol{q} \cdot \mathrm{d}\boldsymbol{a}$, 将两个构形面元变换的 Nanson 关系式代入该式, 则如图 8.1 所示的 (8-26) 式立即得证.

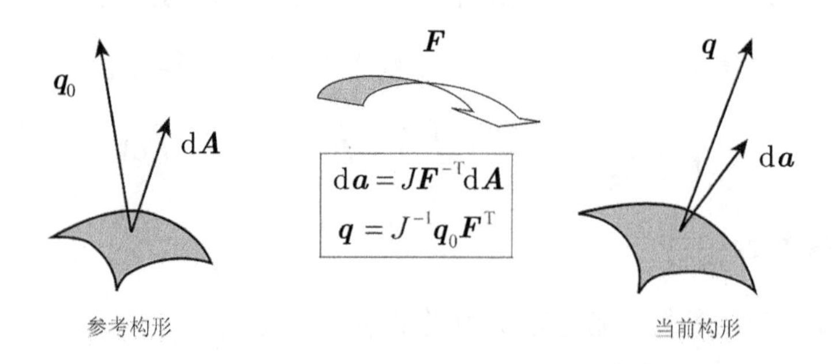

图 8.1　两种不同构形中的热通量之间的关系式示意图

下面给出能量方程的 Lagrange 描述, 也就是参考构形中的能量方程:

$$\begin{aligned}\rho_0\dot{u}\left(\boldsymbol{X},t\right) &= -\mathrm{div}\,\boldsymbol{q}_0 + \rho_0\lambda\left(\boldsymbol{X},t\right) + \boldsymbol{T} : \dot{\boldsymbol{E}} \\ &= -\boldsymbol{\nabla}_{\boldsymbol{X}} \cdot \boldsymbol{q}_0 + \rho_0\lambda\left(\boldsymbol{X},t\right) + \boldsymbol{T} : \dot{\boldsymbol{E}}\end{aligned} \tag{8-27}$$

8.5　Clausius-Duhem 不等式和 Clausius-Planck 不等式

以 s 代表单位质量的熵, 则体积域 $\mathcal{V}$ 内的总熵为

$$S = \int_{\mathcal{V}} s\rho\mathrm{d}v$$

以 θ 表示绝对温度, 则由热力学第二定律, 必有

$$\theta\dot{S} \geqslant \int_{\mathcal{V}} \lambda\rho\mathrm{d}v - \oint_{\partial\mathcal{V}} \boldsymbol{q}\cdot\boldsymbol{n}\mathrm{d}a \tag{8-28}$$

式中 “>” 号对应于不可逆过程, 而 “=” 则对应于可逆过程. (8-28) 式亦可通过每单位质量的熵表示为

$$\dot{S} = \int_{\mathcal{V}} \dot{s}\rho\mathrm{d}v \geqslant \int_{\mathcal{V}} \underbrace{\frac{\lambda}{\theta}}_{\text{熵源}}\rho\mathrm{d}v - \oint_{\partial\mathcal{V}} \underbrace{\frac{\boldsymbol{q}}{\theta}}_{\text{熵流}}\cdot\boldsymbol{n}\mathrm{d}a \tag{8-29}$$

Rudolf Julius Emmanuel Clausius (1822~1888)

(8-29) 式即为连续介质力学中积分形式的热力学第二定律, 也就是 “Clausius-Duhem 不等式 (Clausius-Duhem Inequality, CDI)”.

再定义 (8-29) 不等式两端之差为体积域 $\mathcal{V}$ 内的熵的生成率 Γ, 若以 γ 为单位质量的熵生成率, 亦即:

$$\Gamma = \int_{\mathcal{V}} \gamma \rho \mathrm{d}v, \quad (\gamma \geqslant 0, \quad \Gamma \geqslant 0) \tag{8-30}$$

则 Clausius-Duhem 不等式可改写为如下积分形式的熵平衡方程:

$$\int_{\mathcal{V}} \dot{s} \rho \mathrm{d}v = \int_{\mathcal{V}} \frac{\lambda}{\theta} \rho \mathrm{d}v - \oint_{\partial \mathcal{V}} \frac{\boldsymbol{q}}{\theta} \cdot \boldsymbol{n} \mathrm{d}a + \int_{\mathcal{V}} \gamma \rho \mathrm{d}v \tag{8-31}$$

对 (8-31) 式中右端的面积分项应用 Green 定理, 则有如下微分形式的熵平衡方程:

$$\rho \dot{s} = \rho \left(\frac{\lambda}{\theta} + \gamma \right) - \left(\frac{\boldsymbol{q}}{\theta} \right) \cdot \boldsymbol{\nabla}_{\boldsymbol{x}} \tag{8-32}$$

利用矢量分析的恒等式: $(c\boldsymbol{q}) \cdot \boldsymbol{\nabla}_{\boldsymbol{x}} = c\left(\boldsymbol{q} \cdot \boldsymbol{\nabla}_{\boldsymbol{x}}\right) + \left(c \boldsymbol{\nabla}_{\boldsymbol{x}}\right) \cdot \boldsymbol{q}$, 令: $c = 1/\theta$, 则 (8-32) 式可改写为

$$\theta \dot{s} = \lambda - \frac{1}{\rho} \left(\boldsymbol{\nabla}_{\boldsymbol{x}} \cdot \boldsymbol{q} \right) + \frac{1}{\rho \theta} \left(\boldsymbol{\nabla}_{\boldsymbol{x}} \theta \right) \cdot \boldsymbol{q} + \theta \gamma \tag{8-33}$$

由 (8-32) 式可给出连续介质力学中微分形式的 Clausius-Duhem 不等式:

$$\rho \dot{s} \geqslant \frac{\rho \lambda}{\theta} - \frac{1}{\theta} \left(\boldsymbol{\nabla}_{\boldsymbol{x}} \cdot \boldsymbol{q} \right) + \frac{1}{\theta^2} \left(\boldsymbol{\nabla}_{\boldsymbol{x}} \theta \right) \cdot \boldsymbol{q} \tag{8-34}$$

由 (8-25) 式得到: $-\boldsymbol{\nabla}_{\boldsymbol{x}} \cdot \boldsymbol{q} = \rho \dot{u} - \rho \lambda - \boldsymbol{\sigma} : \boldsymbol{d}$, 代入 (8-34) 式, 可得到与 (8-34) 式等价的在当前构形中的 Clausius-Duhem 不等式:

$$\rho \dot{s}\left(\boldsymbol{x}, t\right) + \frac{1}{\theta} \boldsymbol{\sigma} : \boldsymbol{d} - \frac{1}{\theta} \rho \dot{u}\left(\boldsymbol{x}, t\right) - \frac{1}{\theta^2} \left(\boldsymbol{\nabla}_{\boldsymbol{x}} \theta \right) \cdot \boldsymbol{q} \geqslant 0 \tag{8-35}$$

可对应地给出在参考构形中相应的 Clausius-Duhem 不等式为

$$\rho_0 \dot{s}\left(\boldsymbol{X}, t\right) + \frac{1}{\theta} \boldsymbol{T} : \dot{\boldsymbol{E}} - \frac{1}{\theta} \rho_0 \dot{u}\left(\boldsymbol{X}, t\right) - \frac{1}{\theta^2} \left(\boldsymbol{\nabla}_{\boldsymbol{X}} \theta \right) \cdot \boldsymbol{q}_0 \geqslant 0 \tag{8-36}$$

(8-30) 式所定义的每单位质量的熵生成率 γ 可分两部分: 一是由热传导所产生的热传导熵生成率 γ_{th}; 二是由于熵增率 $\dot{s}$ 超过每单位质量从邻域及从外部吸收的热的率所产生的, 该部分也称为内禀熵生成率 γ_{int}, 以及:

$$\begin{cases} \text{总耗散率: } \theta \gamma = \theta \left(\gamma_{\text{th}} + \gamma_{\text{int}} \right) \geqslant 0 \\ \text{热耗散率: } \theta \gamma_{\text{th}} = -\dfrac{1}{\rho \theta} \left(\boldsymbol{\nabla}_{\boldsymbol{x}} \theta \right) \cdot \boldsymbol{q} \\ \text{内禀耗散率: } \theta \gamma_{\text{int}} = \theta \dot{s} - \left[-\dfrac{1}{\rho} \left(\boldsymbol{\nabla}_{\boldsymbol{x}} \cdot \boldsymbol{q} \right) + \lambda \right] \end{cases} \tag{8-37}$$

Max Karl Ernst Ludwig Planck (1858～1947)

(8-30) 式中的限制条件是每单位质量的总熵生成率 $\gamma \geqslant 0$, 而为了简化分析, 一般地, 学界更强地要求热传导和内禀两部分熵生成率均大于等于零[4]:

$$\gamma_{\text{th}} \geqslant 0 \quad \text{和} \quad \gamma_{\text{int}} \geqslant 0 \tag{8-38}$$

式中的第二个不等式即为 Clausius-Planck 不等式. 由 (8-25) 式可得: $\rho\lambda = \rho\dot{u} + \boldsymbol{\nabla}_{\boldsymbol{x}} \cdot \boldsymbol{q} - \boldsymbol{\sigma} : \boldsymbol{d}$, 将其代入 (8-37) 式的第三式, 得到内禀耗散率为

$$\theta\gamma_{\text{int}} = \theta\dot{s} - \left(\dot{u} - \frac{\boldsymbol{\sigma} : \boldsymbol{d}}{\rho}\right) \tag{8-39}$$

(8-39) 式右端第二项表示每单位质量内能增加率超过每单位质量变形率的部分. 由 (8-38) 式, 在当前构形下, Clausius-Planck 不等式可表示为

$$\rho\dot{s}\,(\boldsymbol{x}, t) + \frac{1}{\theta}\boldsymbol{\sigma} : \boldsymbol{d} - \frac{1}{\theta}\rho\dot{u}\,(\boldsymbol{x}, t) \geqslant 0 \tag{8-40}$$

在参考构形时, Clausius-Planck 不等式则可相应地表示为

$$\rho_0\dot{s}\,(\boldsymbol{X}, t) + \frac{1}{\theta}\boldsymbol{T} : \dot{\boldsymbol{E}} - \frac{1}{\theta}\rho_0\dot{u}\,(\boldsymbol{X}, t) \geqslant 0 \tag{8-41}$$

在上面的讨论中, 均是以每单位质量的熵 s 为自变量, 但在建立材料的本构关系时, 往往是以熵的共轭对 θ 作为自变量, 这需要用到 Legendre 变换[3], 也就是每单位质量的 Helmholtz 自由能、内能和束缚能的关系为

$$f = u - \theta s \tag{8-42}$$

以对应于针对体积积分后的 Helmholtz 自由能的表达式: $F = U - \theta S$. 这样, (8-42) 式的率形式为: $\dot{f} + s\dot{\theta} = \dot{u} - \theta\dot{s}$, 从而 (8-39) 式中的内禀耗散率可用温度作为自变量表示为

$$\theta\gamma_{\text{int}} = -s\dot{\theta} - \left(\dot{f} - \frac{\boldsymbol{\sigma} : \boldsymbol{d}}{\rho}\right) \tag{8-43}$$

亦即用 Helmholtz 自由能表示的当前构形中的 Clausius-Planck 不等式为

$$\boldsymbol{\sigma} : \boldsymbol{d} - \rho\left(s\dot{\theta} + \dot{f}\right) \geqslant 0 \tag{8-44}$$

相应地, 还给出用 Helmholtz 自由能表示的参考构形中的 Clausius-Planck 不等式为

$$\boldsymbol{T} : \dot{\boldsymbol{E}} - \rho_0\left(s\dot{\theta} + \dot{f}\right) \geqslant 0 \tag{8-45}$$

同理, 通过应用: $\dot{f}+s\dot{\theta}=\dot{u}-\theta\dot{s}$, 当前构形中的 Clausius-Duhem 不等式 (8-35) 亦可用 Helmholtz 自由能等价地表示为

$$\boldsymbol{\sigma}:\boldsymbol{d}-\rho\left(\dot{f}+s\dot{\theta}\right)-\frac{1}{\theta}\left(\boldsymbol{\nabla}_{\boldsymbol{x}}\theta\right)\cdot\boldsymbol{q}\geqslant 0 \tag{8-46}$$

而参考构形的中的 Clausius-Duhem 不等式 (8-36) 则可用 Helmholtz 自由能等价地表示为

$$\boldsymbol{T}:\dot{\boldsymbol{E}}-\rho_0\left(\dot{f}+s\dot{\theta}\right)-\frac{1}{\theta}\left(\boldsymbol{\nabla}_{\boldsymbol{X}}\theta\right)\cdot\boldsymbol{q}_0\geqslant 0 \tag{8-47}$$

本节之所以多次讨论 Clausius-Planck 不等式的原因之一是为第 12 章讨论超弹性本构方程奠定基础.

本节关于理性连续介质力学教材中不可回避的理性力学家 Duhem 的一些简要介绍: Pierre Duhem (1861~1916, 迪昂) 是法国 19 世纪末 20 世纪初重要的理论物理学家 (主要领域为: 水动力学、弹性力学和热力学等)、科学史家和科学哲学家, 与 Ernst Mach (1838~1916)、Henri Poincaré (1854~1912) 等人一起被视作逻辑实证论等现代科学哲学学派的先驱. 由于年轻时公开批评质疑法国著名化学家、政治家贝特洛 (Marcelin Berthelot, 1827~1907, 曾担任法国教育部长, 逝世后夫妻合葬于先贤祠, 其在法国的影响由此可见一斑) 的学说, 再加上他不合时宜的天主教信仰, Duhem 终生遭到 "贝家军" 排斥与放逐, 无法在巴黎安身, 只能漂泊外省, 先是在 Lille 大学 (1887~1893) 和雷恩大学 (1893~1894) 教书, 最后落脚于 Bordeaux 大学 (1894~1916). 1916 年 9 月 14 日他在 Cabrespine 度假时的一次散步中去世, 一则说是由于心脏病, 二则说是由于胸部感染.

Pierre Maurice Marie Duhem (1861~1916)

Jean Baptiste Joseph de Fourier (1768~1830)

思 考 题

8.1 将 Fourier 热传导定律 $\boldsymbol{q}=-\kappa\boldsymbol{\nabla}_{\boldsymbol{x}}\theta$ 代入 (8-35) 式和 (8-37) 式中并将其改写.

8.2 动量矩守恒定律所导致的结果是在当前构形式的 Cauchy 应力的对称性的 (8-17) 式. 证明: 动量矩守恒定律在参考构形中所导致的结果是第二类 Piola-Kirchhoff 应力的对称性:

$$\boldsymbol{T}=\boldsymbol{T}^{\mathrm{T}} \tag{8-48}$$

8.3 由 (8-37) 式, 证明热耗散率恒为非负: $\theta\gamma_{\mathrm{th}}=-\dfrac{1}{\rho\theta}\left(\boldsymbol{\nabla}_{\boldsymbol{x}}\theta\right)\cdot\boldsymbol{q}\geqslant 0$, 亦即 (8-38) 式中的第一个不等式恒满足, 该不等式亦被称为 "热传导不等式[5] (heat conduction inequality)". 验证:

(1) 热传导不等式在当前构形下可表示为

$$-\boldsymbol{q} \cdot \boldsymbol{\nabla}_{\boldsymbol{x}} \theta \geqslant 0 \tag{8-49}$$

(2) 热传导不等式在参考构形下可表示为

$$-\boldsymbol{q}_0 \cdot \boldsymbol{\nabla}_{\boldsymbol{X}} \theta \geqslant 0 \tag{8-50}$$

8.4 验证: 在参考构形时, Clausius-Planck 不等式 (8-41) 可等价地表示为

$$\rho_0 \dot{s}\left(\boldsymbol{X}, t\right) + \frac{1}{\theta}\boldsymbol{P} : \dot{\boldsymbol{F}} - \frac{1}{\theta}\rho_0 \dot{u}\left(\boldsymbol{X}, t\right) \geqslant 0 \tag{8-51}$$

8.5 大作业: 结合微电子机械系统 (MEMS) 中的阳极键合的热力学过程, 应用连续介质力学中的守恒律和热力学不等式开展相关的理论分析[6].

参 考 文 献

[1] Coleman B D. Thermodynamics of materials with memory. Archive for Rational Mechanics and Analysis, 1964, 17: 1–46.

[2] 郭仲衡. 张量. 北京: 科学出版社, 1988.

[3] 赵亚溥. 纳米与介观力学. 北京: 科学出版社, 2014.

[4] 黄克智, 黄永刚. 固体本构关系. 北京: 清华大学出版社, 1999.

[5] Chaves E W V. Notes on Continuum Mechanics. Springer, 2013.

[6] Enikov E T, Boyd J G. A thermodynamic field theory for anodic bonding of micro electro-mechanical systems (MEMS). International Journal of Engineering Science, 2000, 38: 135–158.

第 9 章　客观性与应力的客观率

9.1　客观性和应力的客观性时间导数的由来

2.4.4 节有关“客观性公理”讨论中已阐明, 所谓客观性就是物质的力学性质与观察者无关. 客观性又称为“标架无差异性 (frame-indifference)”. 该公理是经过 Truesdell 及其合作者长期不懈的努力下将其成为建立材料本构关系所必须遵守的基本前提, 也被称为“信条或教义 (tenet)”. 总之, 只有满足客观性公理的本构关系才是正确的本构关系.

应该指出的是, 在客观性方面亦有不同的学派: Truesdell 和 Hill 等学派, 他们针对客观性有着不同的定义.

先后建立了如下重要的应力的客观性时间导数或客观率 (objective rate):

(1) 波兰数学家 Stanisław Zaremba (1863~1942) 于 1903 年首先引入了“共旋导数 (co-rotational derivative)”[1], 现在统称为“Zaremba-Jaumann 时间导数 (率)”, Gustav Jaumann (1863~1924) 是奥地利物理学家, 他于 1911 年的论文[2] 对客观性时间导数 (objective time derivative) 的创立意义巨大.

所谓应力的客观时间导数是指刚性标架针对时间依赖旋转的不变性, 该种客观性为建立有限变形下的弹塑性以及电磁变形理论所必须. Zaremba 还在不变性理论和变分不等式方面有重要建树. 上述两方面的贡献, 使得 Zaremba 对连续介质力学的发展作用巨大.

应力的客观率提出的另一个驱动力是流变学发展的巨大需求. 本书著者在《纳米与介观力学》[3] 的 6.3 节详细地述及了黏弹性以及流变体的发展过程中, 由于模型从 1D 到 3D、从小变形到有限变形的发展, 自然就提出了应变和应力的时间导数的客观性以及标架无差异性的要求.

(2) 1.1.1 节中已述及的 Oldroyd 于 1950 年所发表的里程碑性质的论文[4], 建立了满足客观性的所谓“Oldroyd B 模型”, 其核心内容之一便是本章中所要着重讨论的“Oldroyd 时间导数 (Lie 导数)”[4,5]. Lie 导数实际上是力学中的随体导数概念的推广.

(3) 1955 年, Truesdell 建立的“Truesdell 时间导数”[6,7].

(4) 1955 年, Cotter 和 Rivlin 建立的 "Cotter-Rivlin 时间导数"[8].

(5) 1965 年开始, Albert Edward Green (1912~1999) 和 Paul Mansour Naghdi (1924~1994) 建立的 "Green-Naghdi 时间导数"[9−11]. Green 是英国力学大师 Geoffrey Ingram Taylor (1886~1975) 的博士生, 在英国多个大学担任教授, 并于 1958 年当选为英国皇家学会会员 (FRS), 他是美国工程院院士、UC Berkeley 教授 Naghdi 的密切合作者. 该方面的工作后来又得到了 Green 和 McInnis[12]、Dinnes[13] 的进一步发展. Green-Naghdi 率也被称为 "极率 (polar rate)".

(6) 1968 年开始, Hill 建立的通类 "Hill 时间导数"[14−16].

按照性质来分的话, 以上客观性时间导数可划分为两大类:

第一类. 共旋型 (corotational), 包括: Zaremba-Jaumann 率、Green-Naghdi 率、对数率;

第二类. 非共旋型 (non-corotational), 包括: Oldroyd 率、Cotter-Rivlin 率和 Truesdell 率.

事实上, 常用的客观率均可以统一地写为如下形式[17,18]:

$$\overset{\circ}{\boldsymbol{\Lambda}} = \dot{\boldsymbol{\Lambda}} + \boldsymbol{\Lambda}\boldsymbol{A} + \boldsymbol{A}^{\mathrm{T}}\boldsymbol{\Lambda} \tag{9-1}$$

式中, $\boldsymbol{A} = \boldsymbol{A}(\boldsymbol{F}, \boldsymbol{l})$ 是变形梯度 $\boldsymbol{F}$ 和速度梯度 $\boldsymbol{l}$ 的二阶张量函数. 所谓共旋率是指, $\boldsymbol{A}$ 为一反对称张量, 亦即: $\boldsymbol{A}^{\mathrm{T}} = -\boldsymbol{A}$; 而对于非共旋率, $\boldsymbol{A}$ 为非反对称张量, 亦即: $\boldsymbol{A}^{\mathrm{T}} \neq -\boldsymbol{A}$. 具体总结见表 9.1.

表 9.1 客观率的类型

客观时间导数 (率) 类型		(9-1) 式中 $\boldsymbol{A}$ 的具体形式
共旋 Corotational	Zaremba-Jaumann	$\boldsymbol{A} = \boldsymbol{w}$
	Green-Naghdi	$\boldsymbol{A} = \dot{\boldsymbol{R}}\boldsymbol{R}^{\mathrm{T}}$
	对数	(9-59) 式
非共旋 Non-corotational	Oldroyd	$\boldsymbol{A} = \boldsymbol{l}$
	Cotter-Rivlin	$\boldsymbol{A} = -\boldsymbol{l}$
	Truesdell	$\boldsymbol{A} = -\boldsymbol{l} + \frac{1}{2}\mathrm{tr}\boldsymbol{l}$

注: $\boldsymbol{w}$ 为反对称旋率, $\boldsymbol{R}$ 为反对称旋转张量, $\boldsymbol{l}$ 为速度梯度.

9.2　客观物理量

时间差, 简称时差 (jet lag), 对客观性公理没有本质性影响, 在本章的讨论中均略去不同地点的或相同地点不同测量时间的时差. 如图 9.1 所示.

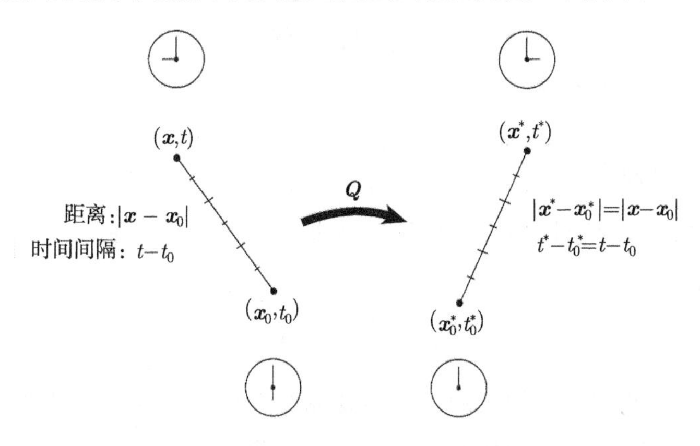

图 9.1　客观性与时间间隔、矢量差的客观性

首先定义等价运动 (equivalent motions): 两个相差一个任意的刚体变形 (rigid deformations) 的运动是等价的. 这里的刚体变形是指刚体的平动 (translations) 和转动 (rotations). 设物质点 $\boldsymbol{X}$ 在 t 时刻的当前构形中的矢径为 $\boldsymbol{x}(\boldsymbol{X},t)$, 则其等价运动为

$$\boldsymbol{x}^*=\boldsymbol{x}_0^*(t)+\boldsymbol{Q}(t)(\boldsymbol{x}-\boldsymbol{x}_0) \tag{9-2}$$

其中, $\boldsymbol{x}_0^*(t)$ 为依赖于时间的位置, $\boldsymbol{x}_0$ 为固定点, $\boldsymbol{Q}(t)$ 则为正交张量, 满足 $\boldsymbol{Q}(t)\boldsymbol{Q}^{\mathrm{T}}(t)=\boldsymbol{I}$, 取其两端的行列式得到: $(\det\boldsymbol{Q}(t))^2=1$, 得到: $\det\boldsymbol{Q}(t)=\pm1$, 满足该关系所有变换的全体 $\{\boldsymbol{Q}\}$ 构成一个群, 称之为正交变换的完全群 (full group of orthogonal transformation). 对于 $\det\boldsymbol{Q}(t)=1$ 的场合, $\boldsymbol{Q}(t)$ 表示旋转, 称为正向正交张量, 一般地称为正常正交张量 (proper orthogonal tensor); 而在 $\det\boldsymbol{Q}(t)=-1$ 的场合, 包含一次从右 (左) 手向左 (右) 手的 "反演", $\boldsymbol{Q}(t)$ 称为负向正交张量[19], 一般地称为非正常正交张量 (improper orthogonal tensor).

(9-2) 式还可等价地写为

$$\boldsymbol{x}-\boldsymbol{x}_0=\boldsymbol{Q}^{\mathrm{T}}(t)(\boldsymbol{x}^*-\boldsymbol{x}_0^*) \tag{9-3}$$

两个事件之间的矢径差为

$$\boldsymbol{x}_2-\boldsymbol{x}_1=\boldsymbol{Q}^{\mathrm{T}}(t)(\boldsymbol{x}_2^*-\boldsymbol{x}_1^*) \tag{9-4}$$

则其之间的距离的平方为

$$(\boldsymbol{x}_2-\boldsymbol{x}_1)^2=[(\boldsymbol{x}_2^*-\boldsymbol{x}_1^*)\,\boldsymbol{Q}(t)]\cdot\left[\boldsymbol{Q}^{\mathrm{T}}(t)\,(\boldsymbol{x}_2^*-\boldsymbol{x}_1^*)\right]=(\boldsymbol{x}_2^*-\boldsymbol{x}_1^*)^2 \tag{9-5}$$

(9-5) 式说明, 两个等价运动之间的距离确实是不变的.

以下按照 Truesdell 学派的观点来讨论连续介质力学中常用的物理量 (标量、矢量、张量) 的客观性标准.

9.2.1 客观标量

按照 (9-2) 式进行时空变换而不变的量叫做客观标量, 亦称 "时空系无差异标量", 用公式表示为

$$\tilde{A}(\boldsymbol{X},t)=A(\boldsymbol{X},t) \tag{9-6}$$

由 (9-5) 式可知, 两质点之间的距离是客观标量, 此外, 质量、质量密度、温度、联系当前和参考构形体积变化的 Jacobi 比 J 等也是客观标量.

9.2.2 客观矢量

任意矢量 $\boldsymbol{u}$ 如果遵从如下变换律

$$\boldsymbol{u}^*=\boldsymbol{Q}(t)\,\boldsymbol{u}(\boldsymbol{X},t) \tag{9-7}$$

则称为客观矢量或时空系无差异矢量. 由此定义可立即看出, (9-2) 式定义的矢径不是客观矢量. 但是, 由 (9-4) 式所定义的两个事件变形后的矢径差:

$$\boldsymbol{x}_2^*-\boldsymbol{x}_1^*=\boldsymbol{Q}(t)\,(\boldsymbol{x}_2-\boldsymbol{x}_1) \tag{9-8}$$

则是客观矢量, 见图 9.1.

由 (9-2) 式对时间求一次微分 $(\partial/\partial t)$, 得到速度的变换律为

$$\begin{aligned}\dot{\boldsymbol{x}}^*&=\dot{\boldsymbol{x}}_0^*+\boldsymbol{Q}\dot{\boldsymbol{x}}+\dot{\boldsymbol{Q}}\,(\boldsymbol{x}-\boldsymbol{x}_0)\\&=\boldsymbol{Q}\dot{\boldsymbol{x}}+\dot{\boldsymbol{x}}_0^*+\boldsymbol{\Omega}\,(\boldsymbol{x}^*-\boldsymbol{x}_0^*)\end{aligned} \tag{9-9}$$

式中, $\boldsymbol{\Omega}=\dot{\boldsymbol{Q}}\boldsymbol{Q}^{\mathrm{T}}$. 对 $\boldsymbol{Q}(t)\,\boldsymbol{Q}^{\mathrm{T}}(t)=\boldsymbol{I}$ 两端取时间的微分, 则有

$$\dot{\boldsymbol{Q}}\boldsymbol{Q}^{\mathrm{T}}+\boldsymbol{Q}\dot{\boldsymbol{Q}}^{\mathrm{T}}=\boldsymbol{\Omega}+\boldsymbol{\Omega}^{\mathrm{T}}=\boldsymbol{0} \tag{9-10}$$

说明 $\boldsymbol{\Omega}$ 为反对称张量, 表示旋率张量 (spin tensor), 见 (5-83) 式中的第三式.

由定义知, 速度矢量一般不是客观量, 但若使其成为客观量的话, 须使得

$$\dot{\boldsymbol{x}}_0^* = \boldsymbol{0}, \quad \boldsymbol{\Omega} = \boldsymbol{0} \tag{9-11}$$

亦即要求

$$\boldsymbol{x}_0^* = \text{常量}, \quad \boldsymbol{Q} = \text{常量} \tag{9-12}$$

也就是刚性运动的场合, 速度才是客观矢量.

对 (9-9) 式再对时间求一次微分, 得到加速度矢量为

$$\begin{aligned}\ddot{\boldsymbol{x}}^* &= \boldsymbol{Q}\ddot{\boldsymbol{x}} + \dot{\boldsymbol{Q}}\dot{\boldsymbol{x}} + \ddot{\boldsymbol{x}}_0^* + \boldsymbol{\Omega}\left(\dot{\boldsymbol{x}}^* - \dot{\boldsymbol{x}}_0^*\right) + \dot{\boldsymbol{\Omega}}\left(\boldsymbol{x}^* - \boldsymbol{x}_0^*\right) \\ &= \boldsymbol{Q}\ddot{\boldsymbol{x}} + \ddot{\boldsymbol{x}}_0^* + 2\boldsymbol{\Omega}\left(\dot{\boldsymbol{x}}^* - \dot{\boldsymbol{x}}_0^*\right) + \left(\dot{\boldsymbol{\Omega}} - \boldsymbol{\Omega}^2\right)\left(\boldsymbol{x}^* - \boldsymbol{x}_0^*\right)\end{aligned} \tag{9-13}$$

由定义知, 加速度矢量一般不是客观量, 若要使其成为客观矢量, 则要求:

$$\ddot{\boldsymbol{x}}_0^* = \boldsymbol{0}, \quad \boldsymbol{\Omega} = \boldsymbol{0} \tag{9-14}$$

亦即满足如下条件:

$$\dot{\boldsymbol{x}}_0^* = \text{常量}, \quad \boldsymbol{Q} = \text{常量} \tag{9-15}$$

也就是做 "匀速直线运动" 的情形, 也就是 "Galileo 变换"[20] 成立的场合.

Galileo Galilei
(1564~1642)

9.2.3 客观张量

在时空变换中保持不变的二阶张量称为客观张量, 亦称 "时空无差异张量". 用公式可直接定义满足如下变换律的张量:

$$\boldsymbol{\Lambda}^* = \boldsymbol{Q}\,\boldsymbol{\Lambda}\,\boldsymbol{Q}^{\mathrm{T}} \tag{9-16}$$

为客观性张量. 对 (9-16) 式右端的操作可分析如下: 在二阶张量 $\boldsymbol{\Lambda}$ 前面的正交张量 $\boldsymbol{Q}$ 与其的点积表示对 $\boldsymbol{\Lambda}$ 的前基矢量做正交变换; 在二阶张量 $\boldsymbol{\Lambda}$ 后面的正交张量 $\boldsymbol{Q}^{\mathrm{T}}$ 与其的点积表示对 $\boldsymbol{\Lambda}$ 的后基矢量做正交变换. 所以, (9-16) 式表示的是对二阶张量的正交变换. 客观张量的基本性质如下:

(1) 若 $\boldsymbol{\Lambda}$ 为客观张量, 则其行列式 $\det\boldsymbol{\Lambda}$ 为客观标量;

(2) 若 $\boldsymbol{\Lambda}$ 为客观张量, 则 $\boldsymbol{\Lambda}^{\mathrm{T}}$、$\boldsymbol{\Lambda}^{-1}$、$\boldsymbol{\Lambda}^{-\mathrm{T}}$、$\boldsymbol{\Lambda}^n$ 等亦为客观张量;

(3) 若 $\boldsymbol{\Lambda}$ 和 $\boldsymbol{\Xi}$ 为客观张量, 则两者点积 $\boldsymbol{\Lambda}\boldsymbol{\Xi}$ 为客观张量, $\boldsymbol{\Lambda}:\boldsymbol{\Xi}$ 则为客观标量;

(4) 设 $\boldsymbol{\Lambda}$ 为张量, 若对于任意的客观矢量 $\boldsymbol{n}$, 由下式点积所得到的矢量 $\boldsymbol{m}$

$$\boldsymbol{\Lambda}\boldsymbol{n} = \boldsymbol{m} \tag{9-17}$$

为客观矢量的话, 则 $\boldsymbol{\Lambda}$ 必为客观张量.

例 9.1　Cauchy 应力、Kirchhoff 应力的客观性以及客观性公理的简要表述.

作为上面性质 (4) 的一个具体应力, 就是给出 "客观性公理" 最简单的表述: Cauchy 应力是客观量. 由 7.2 节的 Cauchy 应力原理知:

$$\boldsymbol{t_n} = \boldsymbol{\sigma n} \tag{9-18}$$

面元的外法线单位矢量 $\boldsymbol{n}$ 为客观矢量, 若要得到 Cauchy 应力 $\boldsymbol{\sigma}$ 是客观应力张量的话, 就必须要假定面元上的应力矢量 $\boldsymbol{t_n}$ 为客观矢量, 即应力矢量 $\boldsymbol{t_n}$ 随着刚体一起旋转:

$$\boldsymbol{t_n^*} = \boldsymbol{Q}(t)\boldsymbol{t_n} \tag{9-19}$$

这是上述客观性公理简要表述的实质所在. 在上述假定成立的条件下, 作为客观张量的 Cauchy 应力张量满足如下时空变换律:

$$\boldsymbol{\sigma}^* = \boldsymbol{Q}(t)\,\boldsymbol{\sigma}\,\boldsymbol{Q}^{\mathrm{T}}(t) \tag{9-20}$$

由 (7-4) 式的定义可知, Kirchhoff 应力张量通过客观标量 Jacobi 比和 Cauchy 应力相乘得到: $\boldsymbol{\tau} = J\boldsymbol{\sigma}$, 故而 Kirchhoff 应力张量 $\boldsymbol{\tau}$ 也是客观张量.

例 9.2　与变形梯度极分解相关量的客观性讨论.

由 (9-8) 式可知, 矢径差是客观矢量, 因而当前构形中的线元矢量 $\mathrm{d}\boldsymbol{x}$ 满足:

$$\mathrm{d}\boldsymbol{x}^* = \boldsymbol{Q}(t)\,\mathrm{d}\boldsymbol{x} \tag{9-21}$$

再由当前和参考构形中线元的转换关系 (5-5) 式: $\mathrm{d}\boldsymbol{x} = \boldsymbol{F}\mathrm{d}\boldsymbol{X}$, 再由于参考构形中线元 $\mathrm{d}\boldsymbol{X}$ 的固定性, 有

$$\mathrm{d}\boldsymbol{x}^* = \boldsymbol{F}^*\mathrm{d}\boldsymbol{X} \tag{9-22}$$

综合 (9-21) 和 (9-22) 两式, 得到变形梯度的时空变换律为

$$\boldsymbol{F}^* = \boldsymbol{Q}(t)\boldsymbol{F} \tag{9-23}$$

显然变形梯度的如上时空变换律不满足客观性张量的定义式 (9-16), 因而变形梯度 $\boldsymbol{F}$ 不是客观张量. 其直观解释是, 变形梯度 $\boldsymbol{F}$ 是两点张量, 其前基矢量在当前构形中, 而后基矢量却在参考构形中.

由 (9-23) 式, 与变形梯度 $\boldsymbol{F}$ 相关的标架时空变换律为

$$\begin{cases} \boldsymbol{F}^{\mathrm{T}*} = [\boldsymbol{Q}(t)\boldsymbol{F}]^{\mathrm{T}} = \boldsymbol{F}^{\mathrm{T}}\boldsymbol{Q}^{\mathrm{T}}(t) \\ \boldsymbol{F}^{-1*} = [\boldsymbol{Q}(t)\boldsymbol{F}]^{-1} = \boldsymbol{F}^{-1}\boldsymbol{Q}^{\mathrm{T}}(t) \\ \boldsymbol{F}^{-\mathrm{T}*} = \left[\boldsymbol{F}^{\mathrm{T}}\boldsymbol{Q}^{\mathrm{T}}(t)\right]^{-1} = \boldsymbol{Q}(t)\boldsymbol{F}^{-\mathrm{T}} \end{cases} \tag{9-24}$$

在 (9-24) 式中已经应用了正交张量的基本性质 (5-24) 式.

根据右 Cauchy-Green 变形张量的定义 (5-26) 式, $\boldsymbol{C}=\boldsymbol{F}^{\mathrm{T}}\boldsymbol{F}=\boldsymbol{U}^{2}$, 将 (9-23) 式和 (9-24) 式的第一式代入, 有

$$\begin{aligned}\boldsymbol{C}^{*}&=\boldsymbol{U}^{2*}=\boldsymbol{F}^{\mathrm{T}*}\boldsymbol{F}^{*}=\boldsymbol{F}^{\mathrm{T}}\boldsymbol{Q}^{\mathrm{T}}(t)\boldsymbol{Q}(t)\boldsymbol{F}\\&=\boldsymbol{F}^{\mathrm{T}}\boldsymbol{F}=\boldsymbol{C}=\boldsymbol{U}^{2}\end{aligned}\tag{9-25}$$

可知, 参考构形中的右 Cauchy-Green 变形张量 $\boldsymbol{C}$ 和右伸长张量 $\boldsymbol{U}$ 均不是客观张量. 再由变形梯度的右极分解式: $\boldsymbol{F}=\boldsymbol{R}\boldsymbol{U}$, 正交或转动张量 $\boldsymbol{R}$ 的时空转换律满足:

$$\boldsymbol{R}^{*}=\boldsymbol{F}^{*}\boldsymbol{U}^{-1*}=\boldsymbol{Q}\left(t\right)\boldsymbol{F}\boldsymbol{U}^{-1}=\boldsymbol{Q}\left(t\right)\boldsymbol{R}\tag{9-26}$$

(9-23) 和 (9-26) 两式的对比表明, 转动张量 $\boldsymbol{R}$ 和变形梯度 $\boldsymbol{F}$ 的时空转换律相同, 究其原因是, 两者均为两点张量. 因此, 转动张量 $\boldsymbol{R}$ 不是客观张量.

由左变形张量 $\boldsymbol{B}$ 的定义式 (5-43), $\boldsymbol{B}=\boldsymbol{V}^{2}=\boldsymbol{c}^{-1}=\boldsymbol{F}\boldsymbol{F}^{\mathrm{T}}$, 其时空转换关系为

$$\begin{cases}\boldsymbol{B}^{*}=\boldsymbol{F}^{*}\boldsymbol{F}^{\mathrm{T}*}=\boldsymbol{Q}\left(t\right)\boldsymbol{F}\boldsymbol{F}^{\mathrm{T}}\boldsymbol{Q}^{\mathrm{T}}\left(t\right)=\boldsymbol{Q}\left(t\right)\boldsymbol{B}\boldsymbol{Q}^{\mathrm{T}}(t)\\\boldsymbol{V}^{*}=\boldsymbol{F}^{*}\boldsymbol{R}^{\mathrm{T}*}=\boldsymbol{Q}\left(t\right)\boldsymbol{F}\boldsymbol{Q}\left(t\right)\boldsymbol{R}=\boldsymbol{Q}\left(t\right)\boldsymbol{F}\boldsymbol{R}\boldsymbol{Q}^{\mathrm{T}}(t)=\boldsymbol{Q}\left(t\right)\boldsymbol{V}\boldsymbol{Q}^{\mathrm{T}}(t)\\\boldsymbol{c}^{*}=\boldsymbol{B}^{-1*}=\left[\boldsymbol{Q}\left(t\right)\boldsymbol{B}\boldsymbol{Q}^{\mathrm{T}}\left(t\right)\right]^{-1}=\boldsymbol{Q}\left(t\right)\boldsymbol{B}^{-1}\boldsymbol{Q}^{\mathrm{T}}(t)=\boldsymbol{Q}\left(t\right)\boldsymbol{c}\boldsymbol{Q}^{\mathrm{T}}(t)\end{cases}\tag{9-27}$$

由 (9-27) 式可知, 当前构形中的左变形张量 $\boldsymbol{B}$、左伸长张量 $\boldsymbol{V}$、Cauchy 变形张量 $\boldsymbol{c}$ 均为客观张量.

例 9.3 速度梯度 $\boldsymbol{l}$、变形率 $\boldsymbol{d}$、旋率 $\boldsymbol{w}$ 的客观性.

根据速度梯度 $\boldsymbol{l}$ 与变形梯度 $\boldsymbol{F}$ 之间的关系 (5-56) 式: $\boldsymbol{l}=\dot{\boldsymbol{F}}\boldsymbol{F}^{-1}$ 或 $\dot{\boldsymbol{F}}=\boldsymbol{l}\boldsymbol{F}$, $\boldsymbol{F}^{-1}$ 的时空转换关系已由 (9-24) 式的第二式给出, 要获得 $\boldsymbol{l}$ 的时空转换关系, 首先需要知道 $\dot{\boldsymbol{F}}$ 的时空转换关系.

将质点 $\boldsymbol{X}$ 固定, 对 (9-23) 式两端对时间进行微分, 得到:

$$\dot{\boldsymbol{F}}^{*}=\boldsymbol{Q}\dot{\boldsymbol{F}}+\dot{\boldsymbol{Q}}\boldsymbol{F}$$

将 $\dot{\boldsymbol{F}}=\boldsymbol{l}\boldsymbol{F}$ 和 $\boldsymbol{F}=\boldsymbol{Q}^{\mathrm{T}}\boldsymbol{F}^{*}$ 代入上式, 有

$$\begin{aligned}\boldsymbol{l}^{*}\boldsymbol{F}^{*}&=\boldsymbol{Q}\boldsymbol{l}\boldsymbol{F}+\dot{\boldsymbol{Q}}\boldsymbol{F}\\&=\left(\boldsymbol{Q}\boldsymbol{l}\boldsymbol{Q}^{\mathrm{T}}+\boldsymbol{\Omega}\right)\boldsymbol{F}^{*}\end{aligned}\tag{9-28}$$

式中, $\boldsymbol{\Omega}=\dot{\boldsymbol{Q}}\boldsymbol{Q}^{\mathrm{T}}$ 已在 (9-9) 式中出现过, 为一反对称张量. 由于变形梯度 $\boldsymbol{F}^{*}$ 的非奇异性, 其逆 $\boldsymbol{F}^{-1*}$ 存在, 因此两式两端可消去 $\boldsymbol{F}^{*}$, 从而获得速度梯度的时空变换

律为

$$\boldsymbol{l}^* = \boldsymbol{Q}\,\boldsymbol{l}\,\boldsymbol{Q}^{\mathrm{T}} + \boldsymbol{\varOmega} \tag{9-29}$$

利用 $\boldsymbol{\varOmega}$ 的反对称性, $\boldsymbol{\varOmega}^{\mathrm{T}} = -\boldsymbol{\varOmega}$, 可得 (9-29) 式的转置

$$\boldsymbol{l}^{\mathrm{T}*} = \boldsymbol{Q}\,\boldsymbol{l}^{\mathrm{T}}\boldsymbol{Q}^{\mathrm{T}} - \boldsymbol{\varOmega} \tag{9-30}$$

则对于变形率有

$$\boldsymbol{d}^* = \frac{\boldsymbol{l}^* + \boldsymbol{l}^{\mathrm{T}*}}{2} = \boldsymbol{Q}\frac{\boldsymbol{l} + \boldsymbol{l}^{\mathrm{T}}}{2}\boldsymbol{Q}^{\mathrm{T}} = \boldsymbol{Q}\,\boldsymbol{d}\,\boldsymbol{Q}^{\mathrm{T}} \tag{9-31}$$

对于旋率有

$$\boldsymbol{w}^* = \frac{\boldsymbol{l}^* - \boldsymbol{l}^{\mathrm{T}*}}{2} = \boldsymbol{Q}\frac{\boldsymbol{l} - \boldsymbol{l}^{\mathrm{T}}}{2}\boldsymbol{Q}^{\mathrm{T}} + \boldsymbol{\varOmega} = \boldsymbol{Q}\,\boldsymbol{w}\,\boldsymbol{Q}^{\mathrm{T}} + \boldsymbol{\varOmega} \tag{9-32}$$

则说明变形率 $\boldsymbol{d}$ 为客观张量, 而速度梯度 $\boldsymbol{l}$ 和旋率 $\boldsymbol{w}$ 均不是客观张量.

例 9.4 第一类、第二类 Piola-Kirchhoff 应力 (PK1 和 PK2) 的客观性.

按照 (7-6) 式, 作为两点张量的 PK1 和 Kirchhoff 应力 $\boldsymbol{\tau}$ 和变形梯度 $\boldsymbol{F}$ 的关系式为: $\boldsymbol{P} = \boldsymbol{\tau}\,\boldsymbol{F}^{-\mathrm{T}}$; 按照 (7-7) 式, 作为一点张量场, 也就是位于参考构形中的 PK2 和 Kirchhoff 应力 $\boldsymbol{\tau}$ 和变形梯度 $\boldsymbol{F}$ 的关系式为: $\boldsymbol{T} = \boldsymbol{F}^{-1}\boldsymbol{\tau}\,\boldsymbol{F}^{-\mathrm{T}}$, 因此 PK2 $\boldsymbol{T}$ 属于 Lagrange 型张量, 当前构形中的 Cauchy 应力 $\boldsymbol{\sigma}$ 和 Kirchhoff 应力 $\boldsymbol{\tau}$ 则属于 Euler 型张量. 下面讨论这两个常用应力的客观性.

由于 Kirchhoff 应力 $\boldsymbol{\tau}$ 属于客观张量, 则满足: $\boldsymbol{\tau}^* = \boldsymbol{Q}\,\boldsymbol{\tau}\,\boldsymbol{Q}^{\mathrm{T}}$, 再由 (9-24) 式可立即得到:

$$\begin{cases} \boldsymbol{P}^* = \boldsymbol{\tau}^*\boldsymbol{F}^{-\mathrm{T}*} = \boldsymbol{Q}\,\boldsymbol{P} \\ \boldsymbol{T}^* = \boldsymbol{F}^{-1*}\boldsymbol{\tau}^*\boldsymbol{F}^{-\mathrm{T}*} = \boldsymbol{T} \end{cases} \tag{9-33}$$

(9-33) 式说明 PK1 和 PK2 均不是 Truesdell 意义上的客观张量.

9.3 Truesdell 客观率

在刚体转动的情况下, Cauchy 应力张量 $\boldsymbol{\sigma}$ 的转换关系为

$$\boldsymbol{\sigma}^* = \boldsymbol{Q}\,\boldsymbol{\sigma}\,\boldsymbol{Q}^{\mathrm{T}}, \quad \boldsymbol{Q}\,\boldsymbol{Q}^{\mathrm{T}} = \boldsymbol{I}$$

由例 9.1 知, Cauchy 应力张量 $\boldsymbol{\sigma}$ 为客观张量. 对上面的第一式求时间导数, 有

$$\frac{\mathrm{d}\boldsymbol{\sigma}^*}{\mathrm{d}t} = \dot{\boldsymbol{\sigma}}^* = \dot{\boldsymbol{Q}}\,\boldsymbol{\sigma}\,\boldsymbol{Q}^{\mathrm{T}} + \boldsymbol{Q}\,\dot{\boldsymbol{\sigma}}\,\boldsymbol{Q}^{\mathrm{T}} + \boldsymbol{Q}\,\boldsymbol{\sigma}\,\dot{\boldsymbol{Q}}^{\mathrm{T}}$$

上面的时间导数表明, 一般情况下, $\dot{\boldsymbol{\sigma}}^*$ 并不是客观时间导数, $\dot{\boldsymbol{\sigma}}^* \neq \boldsymbol{Q}\,\dot{\boldsymbol{\sigma}}\,\boldsymbol{Q}^{\mathrm{T}}$. 只有当转动率为零 $\dot{\boldsymbol{Q}} = 0$, 也就是当 $\boldsymbol{Q} =$ 常量时, $\dot{\boldsymbol{\sigma}}^*$ 才满足 Truesdell 客观性的要求, 亦即:

$$\dot{\boldsymbol{\sigma}}^* = \boldsymbol{Q}\,\dot{\boldsymbol{\sigma}}\,\boldsymbol{Q}^{\mathrm{T}}, \quad \text{当 } \boldsymbol{Q} = \text{常量}$$

正如 9.1 节中所指出的, 在连续介质力学中, 有多种客观的应力率, 它们均可视为 Lie 导数的特例. 由于篇幅所限, 本章只讨论如下常用的客观率: Truesdell 率、Green-Naghdi 率、Zaremba-Jaumann 率、随体率和对数率.

本节讨论 Cauchy 应力的 Truesdell 应力率.

Cauchy 应力和 PK2 之间的关系被称为 "Piola 变换", 该变换可通过 Cauchy 应力 $\boldsymbol{\sigma}$ 的拉回 (pull-back) 以及 PK2 $\boldsymbol{T}$ 的前推操作来实现:

$$\boldsymbol{T} = J\phi^{\leftarrow}[\boldsymbol{\sigma}], \quad \boldsymbol{\sigma} = J^{-1}\phi^{\rightarrow}[\boldsymbol{T}] \tag{9-34}$$

Cauchy 应力的 Truesdell 率定义为 PK2 物质时间导数的 Piola 变换, 亦即:

$$\overset{\circ}{\boldsymbol{\sigma}} = J^{-1}\phi^{\rightarrow}\left[\dot{\boldsymbol{T}}\right] \tag{9-35}$$

将 (9-35) 式展开, 有如下关系式:

$$\begin{aligned}\overset{\circ}{\boldsymbol{\sigma}} &= J^{-1}\boldsymbol{F}\,\dot{\boldsymbol{T}}\,\boldsymbol{F}^{\mathrm{T}} = J^{-1}\boldsymbol{F}\left[\frac{\mathrm{d}}{\mathrm{d}t}\left(J\boldsymbol{F}^{-1}\boldsymbol{\sigma}\,\boldsymbol{F}^{-\mathrm{T}}\right)\right]\boldsymbol{F}^{\mathrm{T}} \\ &= J^{-1}\mathcal{L}_{\phi}[\boldsymbol{\tau}]\end{aligned} \tag{9-36}$$

式中, $\boldsymbol{\tau} = J\boldsymbol{\sigma}$ 为所熟知的 Kirchhoff 应力. Kirchhoff 应力的 Lie 导数定义为

$$\mathcal{L}_{\phi}[\boldsymbol{\tau}] = \boldsymbol{F}\left[\frac{\mathrm{d}}{\mathrm{d}t}\left(\boldsymbol{F}^{-1}\boldsymbol{\tau}\,\boldsymbol{F}^{-\mathrm{T}}\right)\right]\boldsymbol{F}^{\mathrm{T}} \tag{9-37}$$

上述表达式可以简化为如下熟知的 Cauchy 应力的 Truesdell 率:

$$\overset{\circ}{\boldsymbol{\sigma}} = \dot{\boldsymbol{\sigma}} - \boldsymbol{l}\boldsymbol{\sigma} - \boldsymbol{\sigma}\,\boldsymbol{l}^{\mathrm{T}} + \mathrm{tr}\,(\boldsymbol{l})\,\boldsymbol{\sigma} \tag{9-38}$$

证明:

由定义式: $\overset{\circ}{\boldsymbol{\sigma}} = J^{-1}\boldsymbol{F}\left[\frac{\mathrm{d}}{\mathrm{d}t}\left(J\boldsymbol{F}^{-1}\boldsymbol{\sigma}\,\boldsymbol{F}^{-\mathrm{T}}\right)\right]\boldsymbol{F}^{\mathrm{T}}$, 将方括号中的时间导数展开, 有

$$\begin{aligned}\overset{\circ}{\boldsymbol{\sigma}} &= J^{-1}\boldsymbol{F}\left(\dot{J}\boldsymbol{F}^{-1}\boldsymbol{\sigma}\,\boldsymbol{F}^{-\mathrm{T}}\right)\boldsymbol{F}^{\mathrm{T}} + J^{-1}\boldsymbol{F}\left(J\dot{\boldsymbol{F}}^{-1}\boldsymbol{\sigma}\,\boldsymbol{F}^{-\mathrm{T}}\right)\boldsymbol{F}^{\mathrm{T}} \\ &\quad + J^{-1}\boldsymbol{F}\left(J\boldsymbol{F}^{-1}\dot{\boldsymbol{\sigma}}\,\boldsymbol{F}^{-\mathrm{T}}\right)\boldsymbol{F}^{\mathrm{T}} + J^{-1}\boldsymbol{F}\left(J\boldsymbol{F}^{-1}\boldsymbol{\sigma}\,\dot{\boldsymbol{F}}^{-\mathrm{T}}\right)\boldsymbol{F}^{\mathrm{T}} \\ &= J^{-1}\dot{J}\boldsymbol{\sigma} + \boldsymbol{F}\,\dot{\boldsymbol{F}}^{-1}\boldsymbol{\sigma} + \dot{\boldsymbol{\sigma}} + \boldsymbol{\sigma}\,\dot{\boldsymbol{F}}^{-\mathrm{T}}\boldsymbol{F}^{\mathrm{T}}\end{aligned} \tag{9-39}$$

(5-60) 式已给出关系式: $\dot{\boldsymbol{F}}^{-1} = -\boldsymbol{F}^{-1}\boldsymbol{l}, \dot{\boldsymbol{F}}^{-\mathrm{T}} = -\boldsymbol{l}^{\mathrm{T}}\boldsymbol{F}^{-\mathrm{T}}$, 再应用 (5-69) 式中的体积变化率的关系式: $\dot{J}/J = \mathrm{tr}\boldsymbol{l} = \mathrm{tr}\boldsymbol{d}$, 由 (9-39) 式可最终得到:

$$\begin{aligned}\overset{\circ}{\boldsymbol{\sigma}} &= J^{-1}\dot{J}\boldsymbol{\sigma} + \boldsymbol{F}\dot{\boldsymbol{F}}^{-1}\boldsymbol{\sigma} + \dot{\boldsymbol{\sigma}} + \boldsymbol{\sigma}\dot{\boldsymbol{F}}^{-\mathrm{T}}\boldsymbol{F}^{\mathrm{T}} \\ &= J^{-1}J\mathrm{tr}\,(\boldsymbol{l})\,\boldsymbol{\sigma} - \boldsymbol{F}\,\boldsymbol{F}^{-1}\boldsymbol{l}\,\boldsymbol{\sigma} + \dot{\boldsymbol{\sigma}} - \boldsymbol{\sigma}\,\boldsymbol{l}^{\mathrm{T}}\boldsymbol{F}^{-\mathrm{T}}\boldsymbol{F}^{\mathrm{T}} \\ &= \dot{\boldsymbol{\sigma}} - \boldsymbol{l}\,\boldsymbol{\sigma} - \boldsymbol{\sigma}\,\boldsymbol{l}^{\mathrm{T}} + \mathrm{tr}\,(\boldsymbol{l})\,\boldsymbol{\sigma}\end{aligned} \tag{9-40}$$

容易证明上述 Cauchy 应力的 Truesdell 率是客观的, 请见思考题 9.3.

下面给出 Kirchhoff 应力的 Truesdell 率. 注意到如下后拉和前推操作:

$$\boldsymbol{T} = \phi^{\leftarrow}[\boldsymbol{\tau}], \quad \boldsymbol{\tau} = \phi^{\rightarrow}[\boldsymbol{T}] \tag{9-41}$$

定义 Kirchhoff 应力的 Truesdell 率为

$$\overset{\circ}{\boldsymbol{\tau}} = \phi^{\rightarrow}\left[\dot{\boldsymbol{T}}\right] \tag{9-42}$$

展开 (9-42) 式, 从而有

$$\overset{\circ}{\boldsymbol{\tau}} = \boldsymbol{F}\dot{\boldsymbol{T}}\boldsymbol{F}^{\mathrm{T}} = \boldsymbol{F}\left[\frac{\mathrm{d}}{\mathrm{d}t}\left(\boldsymbol{F}^{-1}\boldsymbol{\tau}\,\boldsymbol{F}^{-\mathrm{T}}\right)\right]\boldsymbol{F}^{\mathrm{T}} = \mathcal{L}_{\phi}[\boldsymbol{\tau}] \tag{9-43}$$

通过对比 (9-43) 式和 (9-37) 式可以看出, Kirchhoff 应力的 Lie 导数和 Kirchhoff 应力的 Truesdell 率相同. 利用和 Cauchy 应力相同的步骤, 可得到 Kirchhoff 应力的 Truesdell 率的表达式为

$$\overset{\circ}{\boldsymbol{\tau}} = \dot{\boldsymbol{\tau}} - \boldsymbol{l}\,\boldsymbol{\tau} - \boldsymbol{\tau}\,\boldsymbol{l}^{\mathrm{T}} \tag{9-44}$$

9.4 Green-Naghdi 客观率

Cauchy 应力的 Green-Naghdi 率是 Lie 导数的一种特例, 同时也是 Truesdell 率的特例. 为讨论方便, 让我们再回顾一下 (9-36) 式中给出的 Cauchy 应力的 Truesdell 率: $\overset{\circ}{\boldsymbol{\sigma}} = J^{-1}\boldsymbol{F}\left[\frac{\mathrm{d}}{\mathrm{d}t}\left(J\boldsymbol{F}^{-1}\boldsymbol{\sigma}\,\boldsymbol{F}^{-\mathrm{T}}\right)\right]\boldsymbol{F}^{\mathrm{T}}$, 由变形梯度的右极分解: $\boldsymbol{F} = \boldsymbol{R}\boldsymbol{U}$, 如果假设右伸长张量 $\boldsymbol{U} = \boldsymbol{I}$, 将得到: $\boldsymbol{F} = \boldsymbol{R}$, 此时由于没有伸长, 则 Jacobi 比为 $J = 1$, 从而有: $\boldsymbol{\sigma} = \boldsymbol{\tau}$.

应该强调的是, 上述假设并不真的意味着实际物体中没有伸长, 这种简化只是为了定义客观应力率. 在上述假设下, Cauchy 应力的 Truesdell 率: $\overset{\circ}{\boldsymbol{\sigma}} =$

$J^{-1}\boldsymbol{F}\left[\frac{\mathrm{d}}{\mathrm{d}t}\left(J\boldsymbol{F}^{-1}\boldsymbol{\sigma}\,\boldsymbol{F}^{-\mathrm{T}}\right)\right]\boldsymbol{F}^{\mathrm{T}}$ 将退化为

$$\overset{\circ}{\boldsymbol{\sigma}} = \boldsymbol{R}\left[\frac{\mathrm{d}}{\mathrm{d}t}\left(\boldsymbol{R}^{-1}\boldsymbol{\sigma}\,\boldsymbol{R}^{-\mathrm{T}}\right)\right]\boldsymbol{R}^{\mathrm{T}} = \boldsymbol{R}\left[\frac{\mathrm{d}}{\mathrm{d}t}\left(\boldsymbol{R}^{\mathrm{T}}\boldsymbol{\sigma}\,\boldsymbol{R}\right)\right]\boldsymbol{R}^{\mathrm{T}} \tag{9-45}$$

Albert Edward Green (1912～1999)

(9-45) 式可简化为如下常用的 Green-Naghdi 率:

$$\overset{\square}{\boldsymbol{\sigma}} = \dot{\boldsymbol{\sigma}} + \boldsymbol{\sigma}\,\boldsymbol{\varOmega} - \boldsymbol{\varOmega}\,\boldsymbol{\sigma} \tag{9-46}$$

式中, $\boldsymbol{\varOmega} = \dot{\boldsymbol{R}}\boldsymbol{R}^{\mathrm{T}}$ 为相对旋率.

由于未考虑伸长, 所以 Kirchhoff 应力的 Green-Naghdi 率可写为完全相同的形式:

$$\overset{\square}{\boldsymbol{\tau}} = \dot{\boldsymbol{\tau}} + \boldsymbol{\tau}\boldsymbol{\varOmega} - \boldsymbol{\varOmega}\,\boldsymbol{\tau} \tag{9-47}$$

Paul Mansour Naghdi (1924～1994)

证明:

将 (9-45) 式中的时间导数展开, 有

$$\begin{aligned}\overset{\circ}{\boldsymbol{\sigma}} &= \boldsymbol{R}\dot{\boldsymbol{R}}^{\mathrm{T}}\boldsymbol{\sigma}\,\boldsymbol{R}\boldsymbol{R}^{\mathrm{T}} + \boldsymbol{R}\boldsymbol{R}^{\mathrm{T}}\dot{\boldsymbol{\sigma}}\,\boldsymbol{R}\boldsymbol{R}^{\mathrm{T}} + \boldsymbol{R}\boldsymbol{R}^{\mathrm{T}}\boldsymbol{\sigma}\,\dot{\boldsymbol{R}}\boldsymbol{R}^{\mathrm{T}} \\ &= \boldsymbol{R}\dot{\boldsymbol{R}}^{\mathrm{T}}\boldsymbol{\sigma} + \dot{\boldsymbol{\sigma}} + \boldsymbol{\sigma}\,\dot{\boldsymbol{R}}\boldsymbol{R}^{\mathrm{T}}\end{aligned} \tag{9-48}$$

由 $\boldsymbol{R}\boldsymbol{R}^{\mathrm{T}} = \boldsymbol{I}$, 对其求时间导数, 易得: $\dot{\boldsymbol{R}}\boldsymbol{R}^{\mathrm{T}} = -\boldsymbol{R}\dot{\boldsymbol{R}}^{\mathrm{T}}$, 将其代入 (9-48) 式, 得到:

$$\overset{\circ}{\boldsymbol{\sigma}} = \dot{\boldsymbol{\sigma}} + \boldsymbol{\sigma}\,\dot{\boldsymbol{R}}\boldsymbol{R}^{\mathrm{T}} - \dot{\boldsymbol{R}}\boldsymbol{R}^{\mathrm{T}}\boldsymbol{\sigma} \tag{9-49}$$

在 (9-49) 式中令 $\boldsymbol{\varOmega} = \dot{\boldsymbol{R}}\boldsymbol{R}^{\mathrm{T}}$, 从而 (9-46) 式得证.

9.5　Zaremba-Jaumann 客观率

Cauchy 应力的 Zaremba-Jaumann 率, 一般地简称 Jaumann 率, 是 Lie 导数的进一步的特例, 从而也是 Truesdell 率的特例. Jaumann 率的表达式为

$$\overset{\triangle}{\boldsymbol{\sigma}} = \dot{\boldsymbol{\sigma}} + \boldsymbol{\sigma}\,\boldsymbol{w} - \boldsymbol{w}\,\boldsymbol{\sigma} \tag{9-50}$$

Stanisław Zaremba (1863～1942)

式中, $\boldsymbol{w} = \left(\boldsymbol{l} - \boldsymbol{l}^{\mathrm{T}}\right)/2$ 为反对称的旋率张量.

上述 Jaumann 率之所以是最为常用的客观时间导数主要基于如下两个原因: (1) 相对其他客观应力率而言容易使用; (2) 由其可得出对称的切模量 (tangent moduli).

反对称的旋率张量和旋转张量以及右伸长张量的关系式为

$$\boldsymbol{w}=\dot{\boldsymbol{R}}\boldsymbol{R}^{\mathrm{T}}+\frac{1}{2}\boldsymbol{R}\left(\dot{\boldsymbol{U}}\boldsymbol{U}^{-1}-\boldsymbol{U}^{-1}\dot{\boldsymbol{U}}\right)\boldsymbol{R}^{\mathrm{T}} \tag{9-51}$$

对于纯刚体运动, (9-51) 式退化为

$$\boldsymbol{w}=\dot{\boldsymbol{R}}\boldsymbol{R}^{\mathrm{T}}=\boldsymbol{\Omega} \tag{9-52}$$

作为例子, 我们考虑应变主方向保持不变的比例加载情形, 例如圆杆的轴向拉伸, 此时右伸长张量表示为

$$\boldsymbol{U}=\begin{bmatrix}\lambda_X & 0 & 0\\ 0 & \lambda_Y & 0\\ 0 & 0 & \lambda_Z\end{bmatrix}$$

右伸长张量的率为

$$\dot{\boldsymbol{U}}=\begin{bmatrix}\dot{\lambda}_X & 0 & 0\\ 0 & \dot{\lambda}_Y & 0\\ 0 & 0 & \dot{\lambda}_Z\end{bmatrix}$$

右伸长张量的逆为

$$\boldsymbol{U}^{-1}=\begin{bmatrix}1/\lambda_X & 0 & 0\\ 0 & 1/\lambda_Y & 0\\ 0 & 0 & 1/\lambda_Z\end{bmatrix}$$

则有如下关系式:

$$\dot{\boldsymbol{U}}\boldsymbol{U}^{-1}=\begin{bmatrix}\dot{\lambda}_X/\lambda_X & 0 & 0\\ 0 & \dot{\lambda}_Y/\lambda_Y & 0\\ 0 & 0 & \dot{\lambda}_Z/\lambda_Z\end{bmatrix}=\boldsymbol{U}^{-1}\dot{\boldsymbol{U}}$$

将上式代入 (9-51) 式后, 再一次得到 (9-52) 式: $\boldsymbol{w}=\dot{\boldsymbol{R}}\boldsymbol{R}^{\mathrm{T}}=\boldsymbol{\Omega}$

一般地, 如果我们能够有下列近似关系:

$$\boldsymbol{w}\approx\dot{\boldsymbol{R}}\boldsymbol{R}^{\mathrm{T}} \tag{9-53}$$

此时 Green-Naghdi 率将变为 Jaumann 率 (9-50) 式.

9.6　Oldroyd 客观率

James Gardner Oldroyd (1921~1982)

1950 年, Oldroyd 定义了在流变学中得到广泛应用的客观应力率:

$$\overset{\triangledown}{\boldsymbol{\sigma}} = \mathcal{L}_{\phi}[\boldsymbol{\sigma}] = \boldsymbol{F}\left[\frac{\mathrm{d}}{\mathrm{d}t}\left(\boldsymbol{F}^{-1}\boldsymbol{\sigma}\,\boldsymbol{F}^{-\mathrm{T}}\right)\right]\boldsymbol{F}^{\mathrm{T}} \tag{9-54}$$

(9-54) 式的简化形式为

$$\overset{\triangledown}{\boldsymbol{\sigma}} = \dot{\boldsymbol{\sigma}} - \boldsymbol{l}\,\boldsymbol{\sigma} - \boldsymbol{\sigma}\,\boldsymbol{l}^{\mathrm{T}} \tag{9-55}$$

9.7　随体客观率

将 9.6 节的当前构形作为参考构形, 分别应用 $\boldsymbol{F}^{\mathrm{T}}$ 和 $\boldsymbol{F}^{-\mathrm{T}}$ 进行后拉和前推操作. Cauchy 应力的 Lie 导数被称作随体应力率 (convective stress rate):

$$\overset{\diamond}{\boldsymbol{\sigma}} = \boldsymbol{F}^{-\mathrm{T}}\left[\frac{\mathrm{d}}{\mathrm{d}t}\left(\boldsymbol{F}^{\mathrm{T}}\boldsymbol{\sigma}\,\boldsymbol{F}\right)\right]\boldsymbol{F}^{-1} \tag{9-56}$$

作为简化形式, 对流应力率为

$$\overset{\diamond}{\boldsymbol{\sigma}} = \dot{\boldsymbol{\sigma}} + \boldsymbol{l}\,\boldsymbol{\sigma} + \boldsymbol{\sigma}\,\boldsymbol{l}^{\mathrm{T}} \tag{9-57}$$

9.8　对数客观率

Cauchy 应力的对数率 (logarithmic rate) 定义为[17,18,21,22]:

$$\boldsymbol{\sigma}^{\log} = \dot{\boldsymbol{\sigma}} + \boldsymbol{\sigma}\,\boldsymbol{\Omega}^{\log} - \boldsymbol{\Omega}^{\log}\boldsymbol{\sigma} \tag{9-58}$$

式中, 反对称的对数旋率 $\boldsymbol{\Omega}^{\log}$ 可表示为

$$\boldsymbol{\Omega}^{\log} = \boldsymbol{w} + \sum_{i=1,i\neq j}^{3}\left[\frac{1+\lambda_j/\lambda_i}{1-\lambda_j/\lambda_i} + \frac{2}{\ln(\lambda_j/\lambda_i)}\right](\boldsymbol{n}_j\otimes\boldsymbol{n}_j)\,\boldsymbol{d}\,(\boldsymbol{n}_i\otimes\boldsymbol{n}_i) \tag{9-59}$$

并有由 (5-43) 式定义的左 Cauchy-Green 变形张量为

$$\boldsymbol{B} = \boldsymbol{F}\,\boldsymbol{F}^{\mathrm{T}} = \sum_{i=1}^{3}\lambda_i\boldsymbol{n}_i\otimes\boldsymbol{n}_i \tag{9-60}$$

式中, λ_i 称为左 Cauchy-Green 变形张量 $\boldsymbol{B}$ 的特征值, 而 $\boldsymbol{n}_i\otimes\boldsymbol{n}_i$ 则称为 $\boldsymbol{B}$ 的特征投影 (eigenprojectors).

9.9　Hill 通类应力客观率

Hill 引入了如下两大类应力客观量[16−18] 及其相应的退化形式:

$$\begin{cases} \overset{\circ}{\boldsymbol{\Lambda}} = \dot{\boldsymbol{\Lambda}} + \boldsymbol{\Lambda}\,\boldsymbol{w} - \boldsymbol{w}\,\boldsymbol{\Lambda} - m\,(\boldsymbol{\Lambda}\,\boldsymbol{d} + \boldsymbol{d}\,\boldsymbol{\Lambda}) \\ m = 0, \quad \text{Zaremba-Jaumann 率} \\ m = 1, \quad \text{Oldroyd 率} \\ m = -1, \quad \text{Cotter-Rivlin 率} \end{cases} \tag{9-61}$$

$$\begin{cases} \overset{\circ}{\boldsymbol{\Lambda}} = \dot{\boldsymbol{\Lambda}} + \boldsymbol{\Lambda}\,\boldsymbol{w} - \boldsymbol{w}\,\boldsymbol{\Lambda} + \operatorname{tr}(\boldsymbol{d})\,\boldsymbol{\Lambda} - m\,(\boldsymbol{\Lambda}\,\boldsymbol{d} + \boldsymbol{d}\,\boldsymbol{\Lambda}) \\ m = 1, \quad \text{Truesdell 率} \\ m = \dfrac{1}{2}, \quad \text{Durban-Baruch 率}^{[23]} \end{cases} \tag{9-62}$$

有关通类 (general class) 客观应力率的进一步讨论可参阅文献 [24–27].

9.10　各类应力客观率之间的比较

图 9.2 给出的是在纯剪切变形时, 假设弹性模量在变形中为常数, 应用低弹性 (hypoelastic) 模型所得到的三种客观应力率随时间的演化历程. 图中纵轴为剪切应力和位移之比. 图中清晰地表明, 当时间很短时, Truesdell 率、Green-Naghdi 率和 Zaremba-Jaumann 率给出的剪应力值几乎一致, 但随着时间的增长, 三者的预测值偏离也越来越大, 以至于 Zaremba-Jaumann 率给出了非真实的应力震荡性. 应该指出的是, 从该图中并不能说明某一应力率比其他应力率更好, 这是因为, 不同的客观应力率模型误用了相同的材料模量所造成的结果.

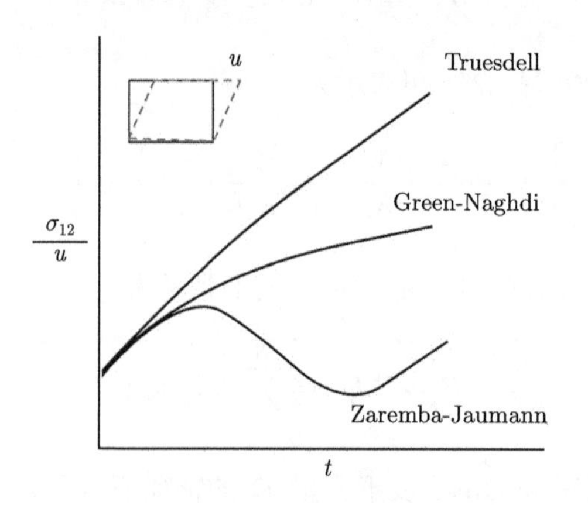

图 9.2　纯剪切下三个客观应力率时间历程的比较

其中, 应用 Zaremba-Jaumann 率和 Green-Naghdi 率所给出该简单剪切变形问题的解答可见 13.3 节和 13.4 节的相关内容.

思　考　题

9.1　证明当前和参考构形体元转换中的 Jacobi 比 J 为客观标量.

9.2　证明面元单位外法线矢量 $\boldsymbol{n}$ 的客观性.

9.3　证明由 (9-38) 式给出的 Cauchy 应力的 Truesdell 率的客观性.

9.4　证明: Cauchy 应变张量为度量张量在位移场 $\boldsymbol{u}$ 下的 Lie 导数.

参 考 文 献

[1] Zaremba S. Sur une forme perfectionnée de la théorie de la relaxation, Bulletin International de l'Académie des Sciences de Cracovie, Classe des Sciences Mathématiques et Naturelles, 1903, 594–614.

[2] Jaumann G. Geschlossenes System physikalischer und chemischer Differentialgesetze. Akad. Wiss. Wien Sitzber (IIa), 1911, 120: 385–530.

[3] 赵亚溥. 纳米与介观力学. 北京: 科学出版社, 2014.

[4] Oldroyd J G. On the formulation of rheological equations of state. Proceedings of the Royal Society of London A, 1950, 200: 523–541.

[5] Oldroyd J G. Finite strains in an anisotropic elastic continuum. Proceedings of the Royal Society of London A, 1950, 202: 345–358.

[6] Truesdell C. The simplest rate theory of pure elasticity. Communications on Pure and Applied Mathematics, 1955, 8: 123–132.

[7] Truesdell C. Hypo-elasticity. Journal of Rational and Mechanical Analysis, 1955, 4: 83–133; 1019–1020.

[8] Cotter B A, Rivlin R S. Tensors associated with time-dependent stress. Quarterly of Applied Mathematics, 1955, 13: 177–182.

[9] Green A E, Naghdi P M. A general theory of an elastic-plastic continuum. Archive for Rational Mechanics and Analysis, 1965, 18: 251–281.

[10] Green A E, Naghdi P M. A thermodynamic development of elastic-plastic continua. In: Proceedings of the IUTAM Symposium on Irreversible Aspects of Continuum Mechanics and Transfer of Physical Characteristics in Moving Fuids (Parkus H, Sedov L I, eds.), Vienna (1966), pp. 117–131. Berlin: Springer, 1968.

[11] Green A E, Naghdi P M. Some remarks on elastic-plastic deformation at finite strain. International Journal of Engineering Science, 1971, 9: 1219–1229.

[12] Green A E, McInnis B C. Generalized hypoelasticity. Proceedings of the Royal Society of Edinburgh A, 1967, 57: 220–230.

[13] Dienes J K. On the analysis of rotation and stress rate in deforming bodies. Acta Mechanica, 1979, 32: 217–232.

[14] Hill R. On constitutive inequalities for simple materials. Journal of the Mechanics and Physics of Solids, 1968, 16: 229–242; 315–322.

[15] Hill R. Constitutive inequalities for isotropic elastic solids under finite strain. Proceedings of the Royal Society of London A, 1970, 326: 131–147.

[16] Hill R. Aspects of invariance in solid mechanics. Advances in Applied Mechanics, 18: 1–75, New York: Academic Press, 1978.

[17] Xiao H, Bruhns O T, Meyers A. Elastoplasticity beyond small deformations. Acta Mechanica, 2006, 182: 31–111.

[18] Xiao H, Bruhns O T, Meyers A. The choice of objective rates in finite elastoplasticity: general results on the uniqueness of the logarithmic rate. Proceedings of the Royal Society of London A, 2000, 456: 1865–1882.

[19] 德冈辰雄. 理性连续介质力学入门. 赵镇, 苗天德, 程昌钧译. 北京: 科学出版社, 1982.

[20] Galileo G. Discorsi e Dimostrazioni Matematiche, intorno á due nuoue scienze, pp.191–196, 1638.

[21] Xiao H, Bruhns O T, Meyers A. A new aspect in kinematics of large deformations. In: Plasticity and Impact Mechanics (ed. Gupta N K), pp. 100–109. New Dehli: New Age, 1996.

[22] Xiao H, Bruhns O T, Meyers A. Logarithmic strain, logarithmic spin and logarithmic rate. Acta Mechanica, 1997, 124: 89–105.

[23] Durban D, Baruch M. Natural stress rate. Quarterly of Applied Mathematics, 1977, 35: 55–61.

[24] Szabó L, Balla M. Comparison of stress rates. International Journal of Solids Structures,1989, 25: 279-297.

[25] Meyers A. On the consistency of some Eulerian strain rates. Zeitschrift für Angewandte Mathematik und Mechanik, 1999, 79: 171–177.

[26] Meyers A, Schieβe P, Bruhns O T. Some comments on objective rates of symmetric Eulerian tensors with application to Eulerian strain rates. Acta Mechanica, 2000, 139:

91–103.

[27] Meyers A, Schieβe P, Xiao H, Bruhns O T. Comments on objective rates of 2nd order, symmetric Eulerian tensors. Zeitschrift für Angewandte Mathematik und Mechanik, 2000, 80: S437–S438.

第 10 章　守恒律的客观性讨论

10.1　Ogden 关于 Truesdell 和 Hill 客观性的统一表述

第 9 章中主要用 Truesdell 学派的观点讨论了各类物理量 (标量、矢量、二阶张量、应力的时间导数) 的客观性. 应该强调的是, 还有另外一个学派的客观性标准, 那就是 Hill 学派的观点, 规定当物理量 (标量、张量) 经过时空转换后的值与原值相等时, 才是 Hill 客观的[1]. Hill 客观张量的具体例子是 (9-33) 式的第二式的第二类 Piola-Kirchhoff 应力 (PK2), (9-25) 式中的右 Cauchy-Green 变形张量和右伸长张量. 这些量均为处于参考构形中的 Lagrange 型张量.

只有对于标量和二阶单位张量, Truesdell 和 Hill 的客观性条件才是一致的.

在进行张量的客观性讨论时, 必须区分 Lagrange 型张量、Euler 型张量以及混合 (mixed) Euler–Lagrange 型张量, 也就是两点张量. 例 9.4 中已经给出了参考构形中 Lagrange 型张量以及当前构形中 Euler 型张量的一些常用例子. 变形梯度 $\boldsymbol{F}$ 和 PK1 $\boldsymbol{P}$ 均为混合 Euler–Lagrange 型张量[2], 它们的前基矢量在当前构形中, 而后基矢量则在参考构形中.

Raymond William Ogden (1943～　)

英国皇家学会会员 Raymond William Ogden 对 Truesdell 和 Hill 有关矢量和张量客观性的不同观点进行了形式上的统一或进行了如表 10.1 所示的调停 (reconcile)[2].

表 10.1　Euler 型张量、Lagrange 型张量和两点张量客观性条件的统一形式表述

Euler 型张量 $\boldsymbol{\Lambda}$	$\boldsymbol{\Lambda}^*(\boldsymbol{x}^*,t^*)\left(\mathrm{d}\boldsymbol{x}^{(1)*},\cdots,\mathrm{d}\boldsymbol{x}^{(n)*}\right)=\boldsymbol{\Lambda}(\boldsymbol{x},t)\left(\mathrm{d}\boldsymbol{x}^{(1)},\cdots,\mathrm{d}\boldsymbol{x}^{(n)}\right)$, $\mathrm{d}\boldsymbol{x}^{(k)*}=\boldsymbol{Q}(t)\,\mathrm{d}\boldsymbol{x}^{(k)}$
Lagrange 型张量 $\boldsymbol{\Lambda}$	$\boldsymbol{\Lambda}^*(\boldsymbol{X},t^*)=\boldsymbol{\Lambda}(\boldsymbol{X},t)$ 或者等价于 $\boldsymbol{\Lambda}^*(\boldsymbol{X},t^*)\left(\mathrm{d}\boldsymbol{X}^{(1)},\cdots,\mathrm{d}\boldsymbol{X}^{(n)}\right)=\boldsymbol{\Lambda}(\boldsymbol{X},t)\left(\mathrm{d}\boldsymbol{X}^{(1)},\cdots,\mathrm{d}\boldsymbol{X}^{(n)}\right)$
混合 Euler-Lagrange 型张量 $\boldsymbol{\Lambda}$	$\boldsymbol{\Lambda}^*(\boldsymbol{X},t^*)(\mathrm{d}\boldsymbol{x}^*,\mathrm{d}\boldsymbol{X})=\boldsymbol{\Lambda}(\boldsymbol{X},t)(\mathrm{d}\boldsymbol{x},\mathrm{d}\boldsymbol{X})$, $\mathrm{d}\boldsymbol{x}^*=\boldsymbol{Q}(t)\,\mathrm{d}\boldsymbol{x}$

表 10.1 中对于 Euler 型张量, 如果对于 $n=1$ 的矢量 $\boldsymbol{v}$ 而言, 其时空转换关系自动退化为

$$\boldsymbol{v}^*(\boldsymbol{x}^*,t^*)\cdot\mathrm{d}\boldsymbol{x}^*=\boldsymbol{v}(\boldsymbol{x},t)\cdot\mathrm{d}\boldsymbol{x}$$

将 $\mathrm{d}\boldsymbol{x}^*=\boldsymbol{Q}(t)\,\mathrm{d}\boldsymbol{x}$ 代入上式, 得到: $\boldsymbol{v}^*(\boldsymbol{x}^*,t^*)=\boldsymbol{v}(\boldsymbol{x},t)\,\boldsymbol{Q}^{\mathrm{T}}(t)$, 再由 $\boldsymbol{Q}(t)$ 的反对称性, 即有和 (9-7) 式相同的矢量时空变换律:

$$\boldsymbol{v}^*(\boldsymbol{x}^*,t^*)=\boldsymbol{Q}(t)\,\boldsymbol{v}(\boldsymbol{x},t)$$

对于表 10.1 中的二阶 Euler 型张量而言, 其时空转换关系退化为

$$\mathrm{d}\boldsymbol{x}^{(1)*}\boldsymbol{\Lambda}^*(\boldsymbol{x}^*,t^*)\,\mathrm{d}\boldsymbol{x}^{(2)*}=\mathrm{d}\boldsymbol{x}^{(1)}\boldsymbol{\Lambda}(\boldsymbol{x},t)\,\mathrm{d}\boldsymbol{x}^{(2)}$$

将 $\mathrm{d}\boldsymbol{x}^{(k)*}=\boldsymbol{Q}(t)\,\mathrm{d}\boldsymbol{x}^{(k)}$ 代入上式有: $\mathrm{d}\boldsymbol{x}^{(1)}\boldsymbol{Q}^{\mathrm{T}}\boldsymbol{\Lambda}^*(\boldsymbol{x}^*,t^*)\,\boldsymbol{Q}\mathrm{d}\boldsymbol{x}^{(2)}=\mathrm{d}\boldsymbol{x}^{(1)}\boldsymbol{\Lambda}(\boldsymbol{x},t)\,\mathrm{d}\boldsymbol{x}^{(2)}$, 亦即: $\boldsymbol{Q}^{\mathrm{T}}(t)\,\boldsymbol{\Lambda}^*(\boldsymbol{x}^*,t^*)\,\boldsymbol{Q}(t)=\boldsymbol{\Lambda}(\boldsymbol{x},t)$, 再由 $\boldsymbol{Q}(t)$ 的反对称性, 即有和 (9-16) 式相同的矢量时空变换律, 此不再赘述.

在第 8 章中已讨论了连续介质力学中的场方程和 Clausius-Duhem 不等式, 本章将讨论各场方程的客观性.

作为钱学森所强调的理性力学作为 “把关的工作” 之一, 客观性公理是衡量场方程普适性的决定性标尺. 本构关系是用来刻画物质变形的应力 – 应变之间的基本关系的, 它同样需要遵循客观性公理.

10.2 连续性方程的客观性

由 (8-3) 式给出的 Lagrange 型连续性方程, $\rho_0=\rho J$, 为了说明体积比为客观标量, 让我们回顾一下 (9-23) 式中给出的变形梯度的时空变换律, $\boldsymbol{F}^*=\boldsymbol{Q}(t)\,\boldsymbol{F}$, 再由于 9.2 节已经讨论过的正交张量满足: $\det\boldsymbol{Q}(t)=\pm1$, 则有如下关系式:

$$\det\boldsymbol{F}^*=(\det\boldsymbol{Q}(t))\,(\det\boldsymbol{F})=\pm\det\boldsymbol{F}\tag{10-1}$$

(10-1) 式也就是

$$J^*=J\tag{10-2}$$

(10-2) 式说明, 体积比确为客观标量. 假定质量为客观标量, 则连续性方程的时空变换关系为

$$\rho_0=\rho J=\rho^*J^*\tag{10-3}$$

将 (10-2) 代入 (10-3) 式, 则得到:

$$\rho = \rho^* \tag{10-4}$$

(10-4) 式说明, 质量密度是客观标量.

易证由 (8-5) 式给出的 Euler 型连续性方程也是客观的. 尽管速度场不是客观矢量, 但其散度场却为客观标量, 因此, Euler 型连续性场方程亦是客观的, 或时空系无差异的.

10.3　动量方程的客观性

在 7.3 节中所讨论的 Cauchy 应力矢量 $\boldsymbol{t_n}$ 描述的是, 相邻物体单元间的相互作用, 显然它不应该依赖于观察者, 为一时空无差异矢量, 满足时空变换: $\boldsymbol{t}_{\boldsymbol{n}}^* = \boldsymbol{Q}\boldsymbol{t}_{\boldsymbol{n}}$. 此外, 面元的单位法线矢量 $\boldsymbol{n}$ 也是客观矢量, 亦即满足: $\boldsymbol{n}^* = \boldsymbol{Q}\boldsymbol{n}$. 将如上 $\boldsymbol{t}_{\boldsymbol{n}}^*$ 和 $\boldsymbol{n}^*$ 代入 Cauchy 应力原理: $\boldsymbol{t_n} = \boldsymbol{\sigma}\boldsymbol{n}$, 则有如下变换律:

$$\boldsymbol{\sigma}^* = \boldsymbol{Q}\,\boldsymbol{\sigma}\,\boldsymbol{Q}^{\mathrm{T}} \tag{10-5}$$

(10-5) 式说明, Cauchy 应力张量为客观张量.

下面来考察动量方程, 也就是 Cauchy 第一运动律的客观性. (8-9) 式中左端的 Cauchy 应力的散度项的时空变换关系为

$$\begin{aligned}(\operatorname{div}\boldsymbol{\sigma}^*)_k &= \frac{\partial \sigma_{lk}^*}{\partial x_l^*} = \frac{\partial\left(Q_{lm}\sigma_{mn}Q_{kn}\right)}{\partial x_p}\frac{\partial x_p}{\partial x_l^*} \\ &= Q_{lm}Q_{kn}Q_{lp}\frac{\partial \sigma_{mn}}{\partial x_p} = Q_{kn}\frac{\partial \sigma_{mn}}{\partial x_m}\end{aligned} \tag{10-6}$$

在 (10-6) 式推导过程中, 已经使用了由 (9-2) 式所得出的关系[3]: $\partial x_p/\partial x_l^* = Q_{lp}$. 因此有如下 Cauchy 应力的散度时空变换律:

$$\operatorname{div}\boldsymbol{\sigma}^* = \boldsymbol{Q}\operatorname{div}\boldsymbol{\sigma} \tag{10-7}$$

假定体力也是客观矢量, 亦即:

$$\boldsymbol{f}^* = \boldsymbol{Q}\boldsymbol{f} \tag{10-8}$$

则由 (9-13) 式可知, 当重新定义加速度矢量为

$$\boldsymbol{a}^* = \ddot{\boldsymbol{x}}^* - \underbrace{\ddot{\boldsymbol{x}}_0^*}_{\text{牵连加速度}} - \underbrace{2\boldsymbol{G}\left(\dot{\boldsymbol{x}}^* - \dot{\boldsymbol{x}}_0^*\right)}_{\text{Coriolis 加速度}} - \underbrace{\left(\dot{\boldsymbol{G}} - \boldsymbol{G}^2\right)\left(\boldsymbol{x}^* - \boldsymbol{x}_0^*\right)}_{\text{角速度变化效应+向心加速度}} \tag{10-9}$$

重新定义后的加速度满足矢量的客观性时空变换律:

$$\boldsymbol{a}^* = \boldsymbol{Q}\boldsymbol{a} \tag{10-10}$$

从而 Cauchy 第一运动律满足如下时空变换律:

$$\operatorname{div}\boldsymbol{\sigma}^* + \rho^*\boldsymbol{f}^* = \rho^*\boldsymbol{a}^* \tag{10-11}$$

则动量方程在重新定义了加速度 (10-9) 式后, 即变为满足客观性的要求. 改造后的加速度不再是位置矢量对时间的二次导数. 第 9 章中我们将加速度是位置矢量对时间的二次导数的时空系定义为满足 Galileo 变换的惯性时空系. 否则, 对于非惯性时空系, 必须要考虑牵连加速度、Coriolis 加速度、角速度变化产生的加速度及向心加速度.

Gaspard Gustave de Coriolis (1792~1843)

10.4 动量矩方程的客观性

动量矩守恒方程, 亦称为 Cauchy 第二运动律. 其结果是针对非极材料, Cauchy 应力是对称的: $\boldsymbol{\sigma} = \boldsymbol{\sigma}^{\mathrm{T}}$, 由 (10-5) 式, $\boldsymbol{\sigma}^* = \boldsymbol{Q}\,\boldsymbol{\sigma}\,\boldsymbol{Q}^{\mathrm{T}}$, 对其求转置, 有

$$\boldsymbol{\sigma}^{*\mathrm{T}} = \left(\boldsymbol{Q}\,\boldsymbol{\sigma}\,\boldsymbol{Q}^{\mathrm{T}}\right)^{\mathrm{T}} = \boldsymbol{Q}\,\boldsymbol{\sigma}^{\mathrm{T}}\boldsymbol{Q}^{\mathrm{T}} = \boldsymbol{Q}\,\boldsymbol{\sigma}\,\boldsymbol{Q}^{\mathrm{T}} = \boldsymbol{\sigma}^* \tag{10-12}$$

(10-12) 式说明, 时空变换后的 Cauchy 应力仍然是对称的. 因此, 动量矩守恒方程具有客观性.

10.5 能量守恒方程的客观性

首先看动能定理 (8-20) 式或 (8-21) 式的客观性. 它来源于 Cauchy 动量方程和速度矢量 $\boldsymbol{v}$ 的点积, 因此显然是非客观的[4].

再看微分形式的热力学第一定律 (8-25) 式的客观性. 由于内能密度 u 是单位质量物质元素所储存的能量, 是与观察者无关的内禀量; 热流通量 $\boldsymbol{q}$ 和单位质量的热源 λ 也是客观的物理量; Cauchy 应力 $\boldsymbol{\sigma}$ 和应变率 $\boldsymbol{d}$ 都是客观的二阶张量, 其内积 $\boldsymbol{\sigma}:\boldsymbol{d}$ 也是客观的标量. 因此, (8-25) 式将保持时空变换的不变性:

$$\rho^*\dot{u}^* = -\boldsymbol{\nabla}_{\boldsymbol{x}}\cdot\boldsymbol{q}^* + \rho^*\lambda^* + \boldsymbol{\sigma}^*:\boldsymbol{d}^* \tag{10-13}$$

换句话说, 也就是热力学第一定律具有客观性.

10.6　熵平衡方程和 Clausius-Duhem 不等式的客观性

紧接着 10.5 节的证明, 再由于温度是客观标量, 单位质量的熵和熵生成率也都是客观的内禀物理量, 所以, 熵平衡方程 (8-32) 以及 Clausius-Duhem 不等式的积分形式 (8-29) 式和微分形式 (8-35) 式、(8-36) 式亦都是客观的.

思　考　题

10.1　由变形梯度的时空变换律 $\boldsymbol{F}^* = \boldsymbol{Q}(t)\boldsymbol{F}$, 证明 Green 应变 $\boldsymbol{E} = \frac{1}{2}\left(\boldsymbol{F}^{\mathrm{T}}\boldsymbol{F} - \boldsymbol{I}\right)$ 的时空变换不变性.

10.2　证明 PK2 应力 $\boldsymbol{T} = J\boldsymbol{F}^{-1}\boldsymbol{\sigma}\,\boldsymbol{F}^{-\mathrm{T}}$ 的时空变换的不变性.

参 考 文 献

[1]　Hill R. Aspects of invariance in solid mechanics. Advances in Applied Mechanics, 18: 1–75, New York: Academic Press, 1978.

[2]　Ogden R W. Non-Linear Elastic Deformations. Chichester: Ellis Horwood Limited, 1984.

[3]　德冈辰雄. 理性连续介质力学入门. 赵镇, 苗天德, 程昌钧译. 北京: 科学出版社, 1982.

[4]　黄克智. 非线性连续介质力学. 北京: 清华大学出版社/北京大学出版社, 1989.

第三篇 简单物质和弹性本构关系

The term “constitutive equation” may be found in Abraham & Becker’s classic textbook on electricity and magnetism, 1932, and in Eddington’s *Mathematical Theory of Relativity*, 1924. The term “constitutive relation” was used by Bateman in a paper published in 1910. Since I was Bateman’s student in 1940/1942, doubtless I learned that term ···

术语“本构方程”可从 Abraham 和 Becker 于 1932 年出版的有关电磁学的经典教科书以及 Eddington 于 1924 年出版的《相对论的数学理论》中找到. Bateman 在于 1910 年所发表的一篇文章中使用了术语“本构关系”. 由于 1940~1942 年期间我是 Bateman 的学生, 无疑我学会了那个术语 ······

—— C. A. Truesdell (1980)

Clifford Ambrose Truesdell (1919~2000)

篇首语

2.4 节已经对本构关系所需要满足的公理进行了深入讨论. 本构关系的建立始于何年代自然是力学和工程界所十分关心的问题.

1755 年, Leonhard Euler 建立了理想气体和可压缩流体的动力学理论[1], 该理论首次将物态方程作为一种本构关系从动量方程中分离出来, 成为连续介质力学早期发展过程中的里程碑[2].

III.1 弹性体的三种类型

弹性体的本构关系可分为三种类型[3−5]: Cauchy 弹性、超弹性 (hyperelasticity) 或 Green 弹性体、低 (次) 弹性 (hypoelasticity).

在等温过程中, 如果物体典型点在任意时刻的应力状态完全由该时刻点的应变状态确定, 而与当前时刻以前的变形梯度历史无关, 则通常称这样的物体为 Cauchy 弹性体. 该类弹性体的本构关系是由 A. L. Cauchy 于 1822 年创立的[4].

如果物体典型点在任意时刻的内能密度完全由该时刻点的应变状态确定, 则为超弹性或 Green 弹性体. 理想超弹性体为体积不可压缩材料, 其 Poisson 比为 1/2. 本书所多次谈及的 PDMS 以及多种软材料一般被认为是体积近似不可压缩、Poisson 比在 0.49 左右的橡胶类超弹性材料[6]. 超弹性体之所以被称为 Green 弹性体的原因是由 George Green 于 1839 年创立的[4,7]. 1894 年, Finger 完成了超弹性体的有限变形理论[8].

如果在变形过程当中, 应力率与变形率保持线弹性关系, 那么, 这种材料就被称之为低 (次) 弹性. 低 (次) 弹性的概念是 Truesdell 于 1955 年引入的[9].

应该特别指出的是, 所谓 “超 (hyper)” 的英文含义是 “to a higher degree”; 而所谓 “低 (hypo)” 的英文含义是 “to a lesser degree”. 作为比较级的形容词, 两者的比较对象就是 Cauchy 弹性体. 如图 III.1 所示, 有如下结论: (1) 自上而下地: 超弹性体一定是 Cauchy 弹性体, Cauchy 弹性体一定是低弹性体; (2) 自下而上地: 低弹性体不一定是 Cauchy 弹性体, Cauchy 弹性体不一定是超弹性体. Cauchy 弹性体只在一定的条件下才具有势函数, 而低弹性体也只有在一定的条件下才可能具有 Cauchy 弹性体的本构形式.

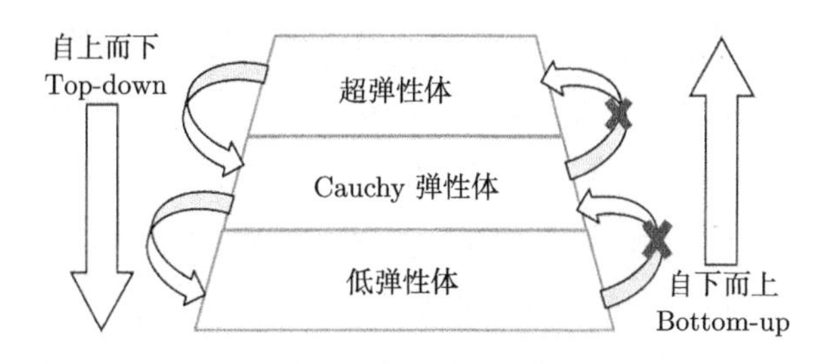

图 III.1 超弹性体、Cauchy 弹性体、低弹性体三者关系图

作为对本构关系热力学的限制, 本篇还将介绍广义 Coleman-Noll 不等式[10,11], 也就是著名的 GCN 条件.

III.2 材料的对称性公理

本书在 2.4 节中, 提到了王钊诚和 Truesdell 于 1973 年将物质 (材料) 对称性纳入到六个本构公理之一. 材料的对称性公理是指, 当材料本身存在某些构造上的对称性时, 材料的本构泛函的形式将会受到某些限制. 显然, 材料的对称性越多, 本构方程所受到的限制也就越多, 其本构方程的形式也就越简单.

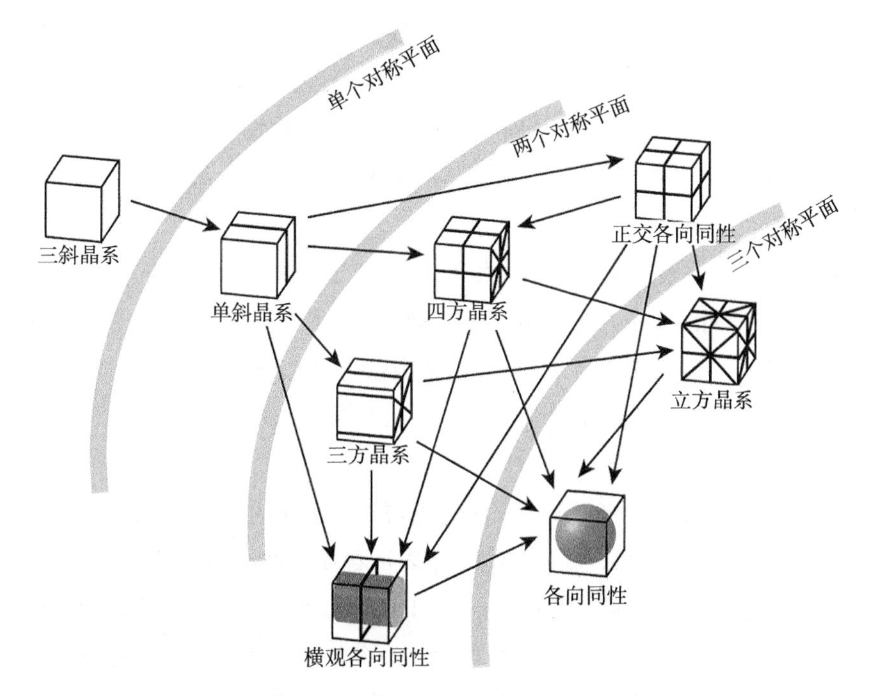

图 III.2 材料的对称性和对称平面[12]

读者在弹性力学或复合材料力学中已经学到, 在最一般的情况下, 作为满足 Voigt 对称性的四阶张量的弹性模量张量将会有 21 个独立的弹性材料常数, 21 个独立的弹性材料常数这一结论, 事实上, 在 1839 年 G. Green 就已给出.

如图 III.2 所示[12], 如果材料存在一个对称平面, 则材料的弹性模量张量将只有 13 个独立的弹性材料常数; 而如果所研究的材料存在着两个垂直的对称平面, 也就是等价于材料存在着三个两两互相垂直的对称平面, 则弹性模量张量将只有 9 个独立的弹性材料常数, 此时将其称为正交各向异性 (orthotropic).

若材料的对称性进一步提到, 存在着一个旋转对称轴, 亦即材料对于包含这个对称轴的任何平面都是对称的, 这种材料被称为横观各向同性 (transversely isotrpic, transverse isotropy), 此时弹性模量张量将只有 5 个独立的弹性常数.

拥有最高对称性的材料便是读者最为熟知的各向同性 (isotropic), 也就是材料在所有方向上的性质都是相同的, 独立的弹性材料常数只有两个.

材料的对称性除了在本篇的各章中进行深入讨论外, 还将在第四篇的第 14 章中进一步予以讨论.

III.3 张量函数的表示理论在材料本构关系中的应用

弹性张量在各种材料对称性下的简化表示是连续介质力学的一个经典课题. 本书已经多次提到 George Green 在 1839 年的杰出贡献, Green 和 William Thomson (Lord Kelvin) 分别于 1839 年和 1855 年就分别提出, 弹性变形的应变能密度可表示为满足对称性的应变张量 ε_{ij} 的函数, 亦即: $W = W(\varepsilon_{ij})$, 此时有 6 个独立的自变量.

之后一百年几乎没有大的进展, 直到在 1.1.4 节中所着重谈到的理性力学复兴的 1945~1948 年期间, Rivlin 和 Reiner 在理性力学中的表示中引入了不变量的概念, 亦即: $W(\mathrm{I}_1, \mathrm{I}_2, \mathrm{I}_3)$, 或由例 4.2 可等价地表示为: $W\left(\mathrm{tr}\boldsymbol{\varepsilon}, \mathrm{tr}\boldsymbol{\varepsilon}^2, \mathrm{tr}\boldsymbol{\varepsilon}^3\right)$, 其巨大意义是将自变量的个数由原来的 6 个降为 3 个. 从而导致了张量函数表示 (representation) 的迅速发展和广泛引用.

20 世纪 90 年代以来, 张量函数表示理论得到了迅速的发展, 形成了较完整的理论, 得到了大量的研究结果[13]. 用结构张量表征各向异性材料的对称群 (symmetry group) 是更一般理论的基础, 郑泉水于 1994 年给出了二维和三维所有种类对称性下的结构张量[13]. 利用空间各向同性原理: 一个各向异性张量函数可以表示为将结构张量作为附加的张量自变量的各向同性张量函数, 系统地给出了二维所有种类的各向异性的一般结果, 三维横观各向同性、正交异性、斜交异性、一般各向异性的一般结果和立方对称性的一些表示.

而三维四方、三方、六方和立方晶系、非晶 n 方系和二十面体系等涉及高阶张量的对称性的张量函数表示的结果仍有待进一步的解决.

本篇共有三章组成. 首先我们将讨论一种数学理想化模型 —— 简单物质 (simple materials) 的性质, 然后将依次讨论 Cauchy 弹性、超弹性和低弹性的本构关系. 有关本构关系研究的历史可参阅文献 [14].

参 考 文 献

[1] Euler L. Principes généraux du mouvement des fluides. Mém. Acad. Sci. Berlin, 1755, 11(1755): 274–315.

[2] Pao Y H. Applied mechanics in science and engineering. Applied Mechanics Reviews, 1998, 51: 141–153.

[3] Ogden R W. Non-Linear Elastic Deformations. Chichester: Ellis Horwood Limited, 1984.

[4] Ottosen N S, Ristinmaa M. The Mechanics of Constitutive Modeling. Amsterdam: Elsevier, 2005.

[5] 黄筑平. 连续介质力学基础 (第二版). 北京: 高等教育出版社, 2012.

[6] Yu Y S, Zhao Y P. Deformation of PDMS membrane and microcantilever by a water droplet: Comparison between Mooney-Rivlin and linear elastic constitutive models. Journal of Colloid and Interface Science, 2009, 332: 467–476.

[7] 赵亚溥. 表面与界面物理力学. 北京: 科学出版社, 2012.

[8] Finger J. Über die allgemeinsten Beziehungen zwischen Deformationen und den zugehorigen Spannungen in aelot ropen und isotrop en Subst anzen. Sitzungsberichte der Akademie der Wissenschaften Wien, Ser. lla, 1894, 103: 1073–1100.

[9] Truesdell C. Hypo-elasticity. Journal of Rational and Mechanical Analysis, 1955, 4: 83–133.

[10] Coleman B D, Noll W. The thermodynamics of elastic materials with heat conduction and viscosity. Archive for Rational Mechanics and Analysis, 1963, 13: 167–178.

[11] Coleman B D, Gurtin M E. Thermodynamics with internal state variables. Journal of Chemical Physics, 1967, 47: 597–613.

[12] Chadwicka P, Vianellob M, Cowin S C. A new proof that the number of linear elastic symmetries is eight. Journal of the Mechanics and Physics of Solids, 2001, 49: 2471–2492.

[13] Zheng Q S. Theory of representations for tensor functions—a unified invariant approach to constitutive equations. Applied Mechanics Reviews, 1994, 47: 545–587.

[14] Truesdell C. Sketch for a history of constitutive relations//Rheology. Springer US, 1980: 1–27.

第 11 章　简单物质和 Cauchy 弹性

理性力学家 Walter Noll 于 1958 年定义了物质的一种理想化数学模型 —— 简单物质 (simple materials). 随后, 简单物质的数学模型开始进入理性力学和连续介质力学的教科书. Noll 认为, 他于 1958 年所建立的上述模型至少存在三个严重缺陷 (at least three severe defects), Noll 于 1972 年又发表了长达 50 页的长文, 建立了新的简单物质的数学理论[2].

Walter Noll (1925~2017)

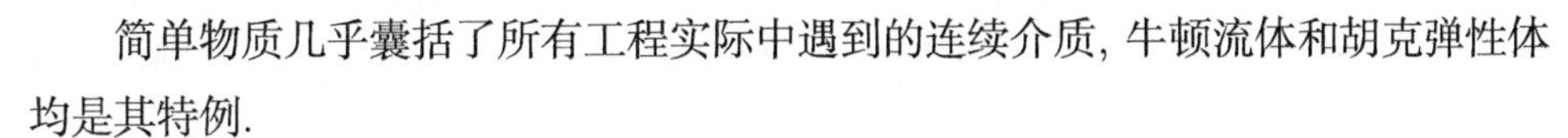

简单物质几乎囊括了所有工程实际中遇到的连续介质, 牛顿流体和胡克弹性体均是其特例.

11.1　简单物质, 物质的同构性、均匀性和同质性

11.1.1　简单物质的定义

设在时刻 t 物体 B 占有的构形 $\mathcal{B}$ 作为参考构形. 考虑以 $\boldsymbol{X}$ 为中心的一个充分小的邻域 $\mathcal{N}(\boldsymbol{X})$, 对该领域中的任意点 $\boldsymbol{Y} \in \mathcal{N}(\boldsymbol{X})$, 其运动历史 $\boldsymbol{x}(\boldsymbol{Y}, s)$ 可近似在 $\boldsymbol{X}$ 点附近做一阶 Taylor 展开:

$$\boldsymbol{x}(\boldsymbol{Y}, s) \approx \boldsymbol{x}(\boldsymbol{X}, s) + \boldsymbol{F}(\boldsymbol{X}, s)(\boldsymbol{Y} - \boldsymbol{X}), \quad (0 \leqslant s \leqslant t_0) \tag{11-1}$$

式中, t_0 为运动历史的截止时间, $\boldsymbol{F}(\boldsymbol{X}, s)$ 是 $\boldsymbol{X}$ 点的变形梯度历史.

在一般的本构方程 (2-3) 式中, 亦即: $\boldsymbol{\sigma} = \boldsymbol{\mathcal{F}}(\boldsymbol{x}(B, s); X, t_0)$, 可将 Cauchy 应力对物质点 $\boldsymbol{X}$ 邻域 $\mathcal{N}(\boldsymbol{X})$ 的依赖关系, 在一阶近似下, 归之为对变形梯度历史 $\boldsymbol{F}(\boldsymbol{X}, s)$ 的依赖关系, 亦即:

$$\boldsymbol{\sigma} = \boldsymbol{\mathcal{F}}(\boldsymbol{F}(\boldsymbol{X}, s), t_0) \tag{11-2}$$

将严格满足 (11-2) 式表示的本构方程的物质称为简单物质. 换句话说, 所谓简单物质也就是其力学行为只依赖于物质点自身的变形梯度历史 $\boldsymbol{F}(\boldsymbol{X}, s)$ 的物质. (11-2) 式的泛函称为响应泛函 (response functional).

需要指出的是, 简单物质的本构方程 (11-2) 需要满足客观性的要求:

$$\boldsymbol{Q}(t)\, \boldsymbol{\mathcal{F}}(\boldsymbol{F}(\boldsymbol{X}, s), t_0)\, \boldsymbol{Q}^{\mathrm{T}}(t) = \boldsymbol{\mathcal{F}}(\boldsymbol{Q}(t - s)\, \boldsymbol{F}(\boldsymbol{X}, s), t_0) \tag{11-3}$$

11.1.2 物质同构性、均匀性、同质性

设物体中的两个粒子 X_1 和 X_2 的参考构形分别为

$$\boldsymbol{X}_1 = \varphi_1(X_1), \quad \boldsymbol{X}_2 = \varphi_2(X_2) \tag{11-4}$$

这里, 假设选取的参考构形能使两个粒子的密度相同, 也就是满足:

$$\rho_{\varphi_1}(\boldsymbol{X}_1) = \rho_{\varphi_2}(\boldsymbol{X}_2) \tag{11-5}$$

再设如上两粒子的本构泛函分别为 $\boldsymbol{\mathcal{F}}_{\varphi_1}(\boldsymbol{F}, \boldsymbol{X}_1)$ 和 $\boldsymbol{\mathcal{F}}_{\varphi_2}(\boldsymbol{F}, \boldsymbol{X}_2)$, 让我们考虑一个能适当选取参考构形 φ_1 和 φ_2, 使得一切变形历史都得到同一响应泛函的情况, 从而有

$$\boldsymbol{\mathcal{F}}_{\varphi_1}(\boldsymbol{F}, \boldsymbol{X}_1) = \boldsymbol{\mathcal{F}}_{\varphi_2}(\boldsymbol{F}, \boldsymbol{X}_2) \tag{11-6}$$

在上述情况下, 我们不能通过应力的观测来区别这两个粒子, 基于此我们可断定这两个粒子是由同样的物质构成, 此时, 称这两个粒子为 “物质同构的 (materially isomorphic)”.

若构成物体 B 全部粒子的每两个一组都互为物质同构时, 就称物体 B 为 “物质均匀的 (materially uniform)”[3]. 若要使物体是均匀的, 不需要存在覆盖 B 的单一的参考构形. 作为一个特例, 具有均匀性的物质的全部粒子, 只通过一个参考构形 φ 就互为物质同构, 此时, 本构泛函 $\boldsymbol{\mathcal{F}}$ 就与粒子无关. 这种情况下, 就称物体是 “同质的 (homogeneous)”.

应该注意的是, 在连续介质力学中, “homogeneous” 与 “heterogeneous (异质的)” 两个英文是相对应的. 前者意为 “uniform throughout”, 后者意为 “not uniform throughout”. 由此可见, “同质的 (homogeneous)” 物质一定是 “均匀的 (uniform)”; 而 “均匀的” 物质未必是 “同质的”.

“均匀的 (uniform)” 但不 “同质的 (homogeneous)” 物体可以看成对应于力学上具有 “位错” 或 “缺陷” 的物质.

11.2 梯度型物质

简单物质的实质是由 (11-1) 式给出的运动的历史只做到一阶 Taylor 级数展开. 当物质的运动历史必须做高阶 Taylor 展开时, 此时称为非简单物质, 或梯度物质.

定义 1: 一种物质称作是力学 P 阶和热力学 Q 阶的必要充分条件是, 本构泛函依赖于运动历史 $\boldsymbol{x}(\boldsymbol{X}, s-\tau)$ 的直到 P 阶的梯度, 同时依赖于温度历史 $\theta(\boldsymbol{X}, s-\tau)$ 的直到 Q 阶的梯度.

这样, 我们可对上节讨论的简单物质进行如下更为严格的定义:

定义 2: 力学一阶和热力学一阶的物质称为简单物质.

定义 3: 力学零阶和热力学一阶的物质称为刚性物质.

定义 4: 力学一阶和热力学零阶的物质称为非热传导物质.

由上述的分析可知, 偶应力理论属于力学二阶的物质.

11.3　各向同性弹性物质的本构方程

如果将简单物质的本构方程 (2-3) 式中的时间项去掉, 也就是说, 当应力与过去的变形历史无关, 而只由当时的变形梯度所唯一确定的话, 则作为简单物质的特例之一, 被称为 "弹性物质", 亦即:

$$\boldsymbol{\sigma}=\boldsymbol{\mathcal{F}}(\boldsymbol{F}, \boldsymbol{X}) \tag{11-7}$$

所有粒子都是弹性物质的物体被称作 "弹性体". 还可将上述本构泛函对物质点 $\boldsymbol{X}$ 的显含依赖性去掉, 将其进一步简写为

$$\boldsymbol{\sigma}=\boldsymbol{\mathcal{F}}(\boldsymbol{F}) \tag{11-8}$$

应该注意的是, 上述本构泛函是依赖于参考构形的选择的. 此时的 $\boldsymbol{\mathcal{F}}$ 则被称为 Cauchy 弹性体相对于所选择的参考构形的响应函数[3].

可见, 所谓 "Cauchy 弹性体" 是指, 作为弹性简单物质, 其在当前构形中任意一物质点的应力状态只和该构形中的变形状态相关. Cauchy 应力 $\boldsymbol{\sigma}$ 不依赖于从参考构形演化而来的变形的路径, 但该应力所做的功则依赖于变形的历史. 这意味着将和后面所讨论的 Green 超弹性体有着明显的区别, Cauchy 弹性体具有非守恒的结构 (non-conservative structure), 换句话说, 应力不能由标量势能函数推导出.

11.3.1　各向同性张量函数的 Richter 表示定理、各向同性材料的本构方程

1948 年, Richter 针对各向同性 (isotropic) 弹性物质的研究表明[4], 其本构关系

可由下式给出:

$$\boldsymbol{\sigma}=\phi_0\boldsymbol{I}+\phi_1\boldsymbol{B}+\phi_2\boldsymbol{B}^2=\sum_{\alpha=0}^{2}\phi_\alpha\boldsymbol{B}^\alpha \tag{11-9}$$

式中, $\boldsymbol{B}$ 是由 (5-43) 式所定义的左 Cauchy-Green 张量, (9-27) 式表明 $\boldsymbol{B}$ 为一满足客观性的 Euler 型张量. 由于 Cauchy 应力 $\boldsymbol{\sigma}$ 也是满足客观性的 Euler 型张量, 故各向同性体的本构方程 (11-9) 整体满足客观性要求. (11-9) 式中的系数 ϕ_α 为 $\boldsymbol{B}$ 的三个主不变量的标量函数, 并满足客观性要求:

$$\phi_\alpha\left(\boldsymbol{Q}\,\boldsymbol{B}\,\boldsymbol{Q}^{\mathrm{T}}\right)=\phi_\alpha\left(\boldsymbol{B}\right),\quad(\alpha=0,1,2) \tag{11-10}$$

下面给出 (11-9) 式的多种证明以及进一步的分析.

证明一. 设各向同性 Cauchy 弹性体的本构方程可展开为如下幂级数:

$$\boldsymbol{\mathcal{F}}\left(\boldsymbol{B}\right)=\sum_{k=0}^{n}c_k\boldsymbol{B}^k \tag{11-11}$$

下面对 (11-11) 式进行客观性检验, 由于下列时空变换成立:

$$\begin{aligned}\boldsymbol{\mathcal{F}}\left(\boldsymbol{Q}\,\boldsymbol{B}\,\boldsymbol{Q}^{\mathrm{T}}\right)&=\sum_{k=0}^{n}c_k\left(\boldsymbol{Q}\,\boldsymbol{B}\,\boldsymbol{Q}^{\mathrm{T}}\right)^k=\sum_{k=0}^{n}c_k\boldsymbol{Q}\,\boldsymbol{B}\underbrace{\boldsymbol{Q}^{\mathrm{T}}\boldsymbol{Q}}_{\boldsymbol{I}}\,\boldsymbol{B}\underbrace{\boldsymbol{Q}^{\mathrm{T}}\boldsymbol{Q}}_{\boldsymbol{I}}\,\boldsymbol{B}\,\boldsymbol{Q}^{\mathrm{T}}\cdots\boldsymbol{Q}\,\boldsymbol{B}\,\boldsymbol{Q}^{\mathrm{T}}\\&=\sum_{k=0}^{n}c_k\boldsymbol{Q}\,\boldsymbol{B}^k\boldsymbol{Q}^{\mathrm{T}}=\boldsymbol{Q}\,\boldsymbol{\mathcal{F}}\left(\boldsymbol{B}\right)\boldsymbol{Q}^{\mathrm{T}}\end{aligned} \tag{11-12}$$

因此, 方程 (11-11) 的右端 $\sum\limits_{k=0}^{n}c_k\boldsymbol{B}^k$ 为各向同性函数. 再由 4.1 节中的 Cayley-Hamilton 定理, 也就是 $\boldsymbol{B}^3$ 以上的各幂次均可由 $\boldsymbol{I}$、$\boldsymbol{B}$、$\boldsymbol{B}^2$ 给出, 因而, Richter 表示定理 (11-9) 得证.

证明二. 以 $\boldsymbol{n}_\gamma$ $(\gamma=1,2,3)$ 做 Euler 型张量 $\boldsymbol{B}$ 的主轴, 设正交张量 $\boldsymbol{Q}$ 对垂直于 $\boldsymbol{n}_1$ 的平面取映像的正交变换, 有如下变换关系:

$$\boldsymbol{Q}\boldsymbol{n}_1=-\boldsymbol{n}_1,\quad\boldsymbol{Q}\boldsymbol{n}_2=\boldsymbol{n}_2,\quad\boldsymbol{Q}\boldsymbol{n}_3=\boldsymbol{n}_3 \tag{11-13}$$

可用如下矩阵等价地表示上述主轴的变换:

$$\boldsymbol{Q}=\begin{bmatrix}-1&0&0\\0&1&0\\0&0&1\end{bmatrix} \tag{11-14}$$

设 λ_γ $(\gamma=1,2,3)$ 为主伸长, 则左 Cauchy-Green 变形张量的主值则为 λ_γ^2, 此时 $\boldsymbol{B}$ 可用矩阵表示为

$$\boldsymbol{B}=\begin{bmatrix}\lambda_1^2 & 0 & 0\\ 0 & \lambda_2^2 & 0\\ 0 & 0 & \lambda_3^2\end{bmatrix} \tag{11-15}$$

根据 (11-13) 式, 因为有关系式: $\boldsymbol{Q}\boldsymbol{B}\boldsymbol{Q}^{\mathrm{T}}=\boldsymbol{B}$, 式 (11-12) 化为: $\boldsymbol{Q}\boldsymbol{\sigma}=\boldsymbol{\sigma}\boldsymbol{Q}$, 故有如下关系式:

$$\boldsymbol{Q}(\boldsymbol{\sigma}\boldsymbol{n}_1)=(\boldsymbol{Q}\boldsymbol{\sigma})\boldsymbol{n}_1=(\boldsymbol{\sigma}\boldsymbol{Q})\boldsymbol{n}_1=\boldsymbol{\sigma}(\boldsymbol{Q}\boldsymbol{n}_1)=-\boldsymbol{\sigma}\boldsymbol{n}_1 \tag{11-16}$$

将 (11-16) 式同 (11-13) 式比较后, 可知矢量 $\boldsymbol{\sigma}\boldsymbol{n}_1$ 必定与矢量 $\boldsymbol{n}_1$ 平行. 同理, $\boldsymbol{\sigma}\boldsymbol{n}_2$ 和 $\boldsymbol{\sigma}\boldsymbol{n}_3$ 分别平行于 $\boldsymbol{n}_2$ 和 $\boldsymbol{n}_3$, 记为

$$\boldsymbol{\sigma}\boldsymbol{n}_\gamma=t_\gamma\boldsymbol{n}_\gamma,\quad (\gamma=1,2,3;\ \text{对 } \gamma \text{ 不求和}) \tag{11-17}$$

(11-17) 式说明, 两个 Euler 型张量 $\boldsymbol{B}$ 和 $\boldsymbol{\sigma}$ 主轴相同. 从而, $\boldsymbol{\sigma}$ 可用矩阵表示为

$$\boldsymbol{\sigma}=\begin{bmatrix}t_1 & 0 & 0\\ 0 & t_2 & 0\\ 0 & 0 & t_3\end{bmatrix} \tag{11-18}$$

首先考虑 $\boldsymbol{B}$ 的三个主值完全不同的情况, 将关于未知数 ϕ_α 的三个线性关系列成一个三元一次方程组:

$$t_\gamma=\phi_0+\phi_1\lambda_\gamma^2+\phi_2\lambda_\gamma^4,\quad (\gamma=1,2,3) \tag{11-19}$$

该方程组的系数矩阵行列式为

$$\begin{vmatrix}1 & \lambda_1^2 & \lambda_1^4\\ 1 & \lambda_2^2 & \lambda_2^4\\ 1 & \lambda_3^2 & \lambda_3^4\end{vmatrix}=\left(\lambda_1^2-\lambda_2^2\right)\left(\lambda_2^2-\lambda_3^2\right)\left(\lambda_3^2-\lambda_1^2\right)\neq 0$$

故而, ϕ_α 的解由 λ_γ 和 t_γ 唯一确定. 所以, 各向同性弹性体的本构方程为

$$\boldsymbol{\sigma}=\phi_0\boldsymbol{I}+\phi_1\boldsymbol{B}+\phi_2\boldsymbol{B}^2 \tag{11-20}$$

式中, 系数 ϕ_α 是 $\boldsymbol{B}$ 的三个主不变量 $\mathrm{I}_1(\boldsymbol{B})$、$\mathrm{I}_2(\boldsymbol{B})$、$\mathrm{I}_3(\boldsymbol{B})$ 的函数, 亦即:

$$\phi_\alpha=\phi_\alpha\left[\mathrm{I}_1(\boldsymbol{B}),\mathrm{I}_2(\boldsymbol{B}),\mathrm{I}_3(\boldsymbol{B})\right],\quad (\alpha=0,1,2) \tag{11-21}$$

式中,

$$\begin{cases} \mathrm{I}_1(\boldsymbol{B}) = \mathrm{tr}\boldsymbol{B} = \lambda_1^2 + \lambda_2^2 + \lambda_3^2 \\ \mathrm{I}_2(\boldsymbol{B}) = \dfrac{1}{2}\left[(\mathrm{tr}\boldsymbol{B})^2 - \mathrm{tr}\boldsymbol{B}^2\right] = (\lambda_1\lambda_2)^2 + (\lambda_2\lambda_3)^2 + (\lambda_3\lambda_1)^2 \\ \mathrm{I}_3(\boldsymbol{B}) = \det\boldsymbol{B} = (\lambda_1\lambda_2\lambda_3)^2 \end{cases} \tag{11-22}$$

下面讨论各向同性弹性本构方程 (11-9) 或 (11-20) 的特例:

当主伸长中有两个量相等, 设 $\lambda_2 = \lambda_3$, 于是有

$$\begin{cases} t_\gamma = \phi_0 + \phi_1\lambda_\gamma^2, \quad (\gamma = 1, 2) \\ \boldsymbol{\sigma} = \phi_0\boldsymbol{I} + \phi_1\boldsymbol{B} \end{cases} \tag{11-23}$$

由表 6.2 知, Finger 应变为: $\boldsymbol{e}^{(1)} = \dfrac{1}{2}(\boldsymbol{B} - \boldsymbol{I})$, (11-23) 式表征的是 Cauchy 应力和应变成正比, 也就是线弹性情形, 此时仅有两个独立的弹性常数.

当三个主伸长均相等时 $\lambda_1 = \lambda_2 = \lambda_3$, 此时 (11-9) 式或 (11-20) 式将退化为弹性流体的本构方程:

$$\boldsymbol{\sigma} = \phi_0\boldsymbol{I} \tag{11-24}$$

关于各向同性张量函数的 Richter 表示定理以及弹性物质本构方程的进一步发展还可参阅 Rivlin 和 Ericksen[5] 等的研究结果.

11.3.2 各向同性弹性物质本构方程的进一步讨论

由于任意二阶张量均满足 Cayley-Hamilton 定理, 则 $\boldsymbol{B}$ 满足如下关系:

$$\boldsymbol{B}^3 = \mathrm{I}_1(\boldsymbol{B})\boldsymbol{B}^2 - \mathrm{I}_2(\boldsymbol{B})\boldsymbol{B} + \mathrm{I}_3(\boldsymbol{B})\boldsymbol{I} \tag{11-25}$$

由于变形梯度 $\boldsymbol{F}$ 具有非奇异性, 所以 $\boldsymbol{B} = \boldsymbol{F}\boldsymbol{F}^{\mathrm{T}}$ 也具有非奇异性, 因而有逆张量 $\boldsymbol{B}^{-1}$ 存在. 以 $\boldsymbol{B}^{-1}$ 作用于 (11-25) 式, 则有

$$\boldsymbol{B}^2 = \mathrm{I}_1(\boldsymbol{B})\boldsymbol{B} - \mathrm{I}_2(\boldsymbol{B})\boldsymbol{I} + \mathrm{I}_3(\boldsymbol{B})\boldsymbol{B}^{-1} \tag{11-26}$$

将 (11-26) 式代入各向同性弹性本构方程 (11-20) 式, 则得到:

$$\boldsymbol{\sigma} = \psi_0\boldsymbol{I} + \psi_1\boldsymbol{B} + \psi_{-1}\boldsymbol{B}^{-1} \tag{11-27}$$

式中,

$$\begin{cases} \psi_0 = \phi_0 - \mathrm{I}_2(\boldsymbol{B})\phi_2 \\ \psi_1 = \phi_1 + \mathrm{I}_1(\boldsymbol{B})\phi_2 \\ \psi_{-1} = \mathrm{I}_3(\boldsymbol{B})\phi_2 \end{cases} \tag{11-28}$$

从而有如下函数关系:

$$\psi_{\alpha}=\psi_{\alpha}\left[\mathrm{I}_{1}(\boldsymbol{B}),\mathrm{I}_{2}(\boldsymbol{B}),\mathrm{I}_{3}(\boldsymbol{B})\right],\quad(\alpha=0,1,-1)\tag{11-29}$$

对应于本构方程 (11-27), 主应力的表达式也相应地从 (11-19) 式变为如下形式:

$$t_{\gamma}=\psi_{0}+\psi_{1}\lambda_{\gamma}^{2}+\psi_{-1}\lambda_{\gamma}^{-2},\quad(\gamma=1,2,3)\tag{11-30}$$

11.3.3　各向同性弹性物质在参考构形上的微小变形

本小节将由 (11-27) 式推导出线弹性小变形的 Hooke 定律.

对于各向同性弹性体在参考构形上所做的微小变形, 由 (5-18) 式或 (5-20) 式所定义的位移梯度 $\boldsymbol{H}=\boldsymbol{F}-\boldsymbol{I}$ 不一定为无限小量[6].

按照 (5-39) 式有关 Green 应变张量的定义: $\boldsymbol{E}=\dfrac{1}{2}(\boldsymbol{C}-\boldsymbol{I})$, 再由 (5-27) 式有关右 Cauchy-Green 变形张量 $\boldsymbol{C}$ 和 (5-43) 式有关左 Cauchy-Green 变形张量 $\boldsymbol{B}$ 的主轴表示知, $\boldsymbol{C}$ 和 $\boldsymbol{B}$ 的主值一致, 所以两者的三个不变量相等:

$$\mathrm{I}_{1}(\boldsymbol{C})=\mathrm{I}_{1}(\boldsymbol{B}),\quad\mathrm{I}_{2}(\boldsymbol{C})=\mathrm{I}_{2}(\boldsymbol{B}),\quad\mathrm{I}_{3}(\boldsymbol{C})=\mathrm{I}_{3}(\boldsymbol{B})\tag{11-31}$$

由 (11-22) 式可得到用主伸长表示的 $\boldsymbol{E}$ 和 $\boldsymbol{B}$ 不变量之间的关系为

$$\left\{\begin{aligned}\mathrm{I}_{1}(\boldsymbol{E})&=\frac{1}{2}\left[\mathrm{I}_{1}(\boldsymbol{B})-3\right]=\frac{1}{2}\left(\lambda_{1}^{2}+\lambda_{2}^{2}+\lambda_{3}^{2}-3\right)\\\mathrm{I}_{2}(\boldsymbol{E})&=\frac{1}{4}\left[\mathrm{I}_{2}(\boldsymbol{B})-2\mathrm{I}_{1}(\boldsymbol{B})+3\right]=\frac{1}{4}[\left(\lambda_{1}^{2}-1\right)\left(\lambda_{2}^{2}-1\right)\\&\qquad+\left(\lambda_{2}^{2}-1\right)\left(\lambda_{3}^{2}-1\right)+\left(\lambda_{3}^{2}-1\right)\left(\lambda_{1}^{2}-1\right)]\\\mathrm{I}_{3}(\boldsymbol{E})&=\frac{1}{8}\left[\mathrm{I}_{3}(\boldsymbol{B})-\mathrm{I}_{2}(\boldsymbol{B})+\mathrm{I}_{1}(\boldsymbol{B})-1\right]\\&=\frac{1}{8}\left(\lambda_{1}^{2}-1\right)\left(\lambda_{2}^{2}-1\right)\left(\lambda_{3}^{2}-1\right)\end{aligned}\right.\tag{11-32}$$

反过来, $\boldsymbol{B}$ 和 $\boldsymbol{E}$ 不变量之间的关系为

$$\left\{\begin{aligned}&\mathrm{I}_{1}(\boldsymbol{B})=2\mathrm{I}_{1}(\boldsymbol{E})+3\\&\mathrm{I}_{2}(\boldsymbol{B})=4\left[\mathrm{I}_{2}(\boldsymbol{E})+\mathrm{I}_{1}(\boldsymbol{E})\right]+3\\&\mathrm{I}_{3}(\boldsymbol{B})=2\left[4\mathrm{I}_{3}(\boldsymbol{E})+2\mathrm{I}_{2}(\boldsymbol{E})+\mathrm{I}_{1}(\boldsymbol{E})\right]+1\end{aligned}\right.\tag{11-33}$$

将 Green 应变张量 $\boldsymbol{E}$ 用位移梯度 $\boldsymbol{H}=\boldsymbol{F}-\boldsymbol{I}$ 来表示:

$$\begin{aligned}\boldsymbol{E}&=\frac{1}{2}\left(\boldsymbol{F}^{\mathrm{T}}\boldsymbol{F}-\boldsymbol{I}\right)=\frac{1}{2}\left[(\boldsymbol{H}+\boldsymbol{I})^{\mathrm{T}}(\boldsymbol{H}+\boldsymbol{I})-\boldsymbol{I}\right]\\&=\frac{1}{2}\left(\boldsymbol{H}^{\mathrm{T}}+\boldsymbol{H}\right)+\frac{1}{2}\boldsymbol{H}^{\mathrm{T}}\boldsymbol{H}\\&=\tilde{\boldsymbol{E}}+\frac{1}{2}\boldsymbol{H}^{\mathrm{T}}\boldsymbol{H}\end{aligned}\tag{11-34}$$

式中,

$$\tilde{\boldsymbol{E}}=\frac{1}{2}\left(\boldsymbol{H}^{\mathrm{T}}+\boldsymbol{H}\right) \tag{11-35}$$

是一个被称为 “无限小应变张量 (infinitesimal strain tensor)”[7] 的量. 这里给出 Coleman 和 Noll 对无限小量的定义[7], 例如对于位移梯度张量 $\boldsymbol{H}$, 其大小 (magnitude) 定义为 $|\boldsymbol{H}|=\sqrt{\operatorname{tr}\left(\boldsymbol{H}\,\boldsymbol{H}^{\mathrm{T}}\right)}=\sqrt{H_{ij}H_{ij}}$, 对于任意时间 t, 位移梯度张量大小 $|\boldsymbol{H}|$ 的上界 (sup, 也就是其最大值) $\sup|\boldsymbol{H}(t)|$, 满足:

$$\sup|\boldsymbol{H}(t)|\ll 1 \tag{11-36}$$

左 Cauchy-Green 变形张量通过位移梯度表示为

$$\begin{cases}\boldsymbol{B}=\boldsymbol{F}\,\boldsymbol{F}^{\mathrm{T}}=(\boldsymbol{H}+\boldsymbol{I})(\boldsymbol{H}+\boldsymbol{I})^{\mathrm{T}}=\boldsymbol{I}+2\tilde{\boldsymbol{E}}+\boldsymbol{H}\,\boldsymbol{H}^{\mathrm{T}}\\ \boldsymbol{B}^{-1}=\boldsymbol{I}-2\tilde{\boldsymbol{E}}-\boldsymbol{H}\,\boldsymbol{H}^{\mathrm{T}}+4\tilde{\boldsymbol{E}}^{2}+\cdots\end{cases} \tag{11-37}$$

由 (11-34) 给出的 Green 应变张量 $\boldsymbol{E}$ 的三个不变量为

$$\begin{cases}\mathrm{I}_1(\boldsymbol{E})=\mathrm{I}_1\left(\tilde{\boldsymbol{E}}\right)+\dfrac{1}{2}\operatorname{tr}\left(\boldsymbol{H}\,\boldsymbol{H}^{\mathrm{T}}\right)\\ \mathrm{I}_2(\boldsymbol{E})=\mathrm{I}_2\left(\tilde{\boldsymbol{E}}\right)+\cdots\\ \mathrm{I}_3(\boldsymbol{E})=0+\cdots\end{cases} \tag{11-38}$$

式中, $|\boldsymbol{H}|$ 三阶以上的高阶小量用 “$\cdots$” 来表示.

由于由 (11-29) 所给出的各向同性弹性物质本构函数 ψ_α $(\alpha=0,1,-1)$ 为 $\boldsymbol{E}$ 不变量的标量函数, 则 ψ_α 对 $\boldsymbol{E}$ 不变量的展开式为

$$\psi_\alpha=\mu\left[\beta_{\alpha0}+\beta_{\alpha1}\mathrm{I}_1\left(\tilde{\boldsymbol{E}}\right)+\beta_{\alpha2}\mathrm{I}_1^2(\boldsymbol{E})+\beta_{\alpha3}\mathrm{I}_2(\boldsymbol{E})+\cdots\right],\quad(\alpha=0,1,-1) \tag{11-39}$$

式中, μ 为具有应力的量纲的常数, $\beta_{\alpha0}$、$\beta_{\alpha1}$、$\beta_{\alpha2}$ 等为无量纲常数. 将 (11-37)~(11-39) 三式代入各向同性弹性体的本构方程 (11-27) 中, 并忽略位移梯度二阶以上的项, 便可得到微小变形时的近似线弹性本构方程:

$$\boldsymbol{\sigma}=\mu\beta_0\boldsymbol{I}+\mu\beta_1\mathrm{I}_1\left(\tilde{\boldsymbol{E}}\right)\boldsymbol{I}+2\mu\beta_2\tilde{\boldsymbol{E}} \tag{11-40}$$

式中的系数为

$$\begin{cases}\beta_0=\beta_{00}+\beta_{10}+\beta_{-10}\\ \beta_1=\beta_{01}+\beta_{11}+\beta_{-11}\\ \beta_2=\beta_{10}-\beta_{-10}\end{cases} \tag{11-41}$$

假定所研究的物质具有自然状态, 并以此作为参考构形, 即有

$$\beta_0 = 0 \tag{11-42}$$

而 β_1 和 β_2 被称为 "一次弹性系数"[6], 从 (11-39) 式可看出, 两个一次弹性常数中的任一个可随意选取. 不失一般性, 可设:

$$\beta_2 = 1, \quad \lambda = \mu\beta_1 \tag{11-43}$$

将 (11-42) 和 (11-43) 两式代回 (11-40) 式, 便可得到用 Lamé 弹性常数 λ 和 μ 表示的 Hooke 固体的线弹性本构方程:

Robert Hooke (1635~1703)

$$\begin{aligned}\boldsymbol{\sigma} &= \lambda \mathrm{tr}\left(\tilde{\boldsymbol{E}}\right)\boldsymbol{I} + 2\mu\tilde{\boldsymbol{E}} \\ &= \lambda \mathrm{I}_1\left(\tilde{\boldsymbol{E}}\right)\boldsymbol{I} + 2\mu\tilde{\boldsymbol{E}}\end{aligned} \tag{11-44}$$

一般地, 将上述线弹性小变形本构方程称为 "Hooke 定律". 事实上, 首先将上述关系针对弹性体公式化的是 Cauchy.

将应力和微小应变的主值分别用 σ_γ 和 $\tilde{E}_\gamma$ 来表示, 则 (11-44) 化为

$$\sigma_\gamma = \lambda \mathrm{I}_1\left(\tilde{\boldsymbol{E}}\right) + 2\mu\tilde{E}_\gamma, \quad (\gamma = 1, 2, 3) \tag{11-45}$$

下面讨论 (11-45) 式的几个材料力学或弹性力学中常见的特例.

特例一: "**单轴拉伸**". 设 $\sigma_2 = \sigma_3 = 0, \quad \tilde{E}_2 = \tilde{E}_3$, $\mathrm{I}_1\left(\tilde{\boldsymbol{E}}\right) = \mathrm{tr}\tilde{\boldsymbol{E}} = \tilde{E}_1 + 2\tilde{E}_2$, 由式 (11-45) 则有

$$\begin{cases}(\lambda + 2\mu)\,\tilde{E}_1 + 2\lambda\tilde{E}_2 = \sigma_1 \\ \lambda\tilde{E}_1 + 2\,(\lambda + \mu)\,\tilde{E}_2 = 0\end{cases} \tag{11-46}$$

从 (11-46) 式可解得如下熟知的关系式:

$$\sigma_1 = E\tilde{E}_1, \quad \tilde{E}_2 = -\nu\tilde{E}_1 \tag{11-47}$$

式中, 弹性模量 E、Poisson 比 ν 和 Lamé 常数的关系为

$$E = \frac{(3\lambda + 2\mu)}{\lambda + \mu}\mu, \quad \nu = \frac{\lambda}{2\,(\lambda + \mu)} \tag{11-48}$$

或者

$$\lambda = \frac{\nu E}{(1 + \nu)\,(1 - 2\nu)}, \quad \mu = \frac{E}{2\,(1 + \nu)} \tag*{(11-48)$'$}$$

特例二: "均匀膨胀 (压缩)". 由 (11-33) 式的第三式, 可得其 Jacobi 比为

$$
\begin{aligned}
J &= \det(\boldsymbol{F}) = \sqrt{\det(\boldsymbol{B})} = \sqrt{\mathrm{I}_3(\boldsymbol{B})} \\
&= \sqrt{1 + 2\mathrm{I}_1\left(\tilde{\boldsymbol{E}}\right) + \cdots} \approx 1 + \mathrm{I}_1\left(\tilde{\boldsymbol{E}}\right) + \cdots
\end{aligned} \tag{11-49}
$$

则在一级近似的情况下, 由均匀变形所引起的体积应变为

$$
\mathrm{I}_1\left(\tilde{\boldsymbol{E}}\right) = J - 1 = \frac{\Delta V}{V} = \mathrm{tr}\tilde{\boldsymbol{E}} \tag{11-50}
$$

式中, $\Delta V/V$ 表示体积相对增量. 对于均匀压缩应变有: $\tilde{E}_1 = \tilde{E}_2 = \tilde{E}_3 \approx -\dfrac{\Delta V}{3V}$, 从而有: $\mathrm{I}_1\left(\tilde{\boldsymbol{E}}\right) = -\Delta V/V$, 由 (11-45) 式得到:

$$
p = -K\frac{\Delta V}{V}
$$

式中,

$$
K = \lambda + \frac{2}{3}\mu = \frac{E}{3(1-2\nu)} \tag{11-51}
$$

称为体积弹性模量 (bulk elastic modulus), $p = \sigma_\gamma$ 为均匀压强, 以压缩为正. 因此, 体积弹性模量表征的是, 静水压力和体积相对压缩之比.

特例三: "简单剪切变形". 由于 (11-44) 式的分量形式为

$$
\sigma_{ij} = \lambda\mathrm{I}_1\left(\tilde{\boldsymbol{E}}\right)\delta_{ij} + 2\mu\tilde{E}_{ij} \tag{11-52}
$$

因而对于简单剪切变形 $(i \neq j)$, $\lambda\mathrm{I}_1\left(\tilde{\boldsymbol{E}}\right)\delta_{ij} = 0$ 或 $\lambda\mathrm{tr}\left(\tilde{\boldsymbol{E}}\right)\delta_{ij} = 0$, 则有

$$
\sigma_{ij} = 2G\tilde{E}_{ij}, \quad (i \neq j) \tag{11-53}
$$

式中,

$$
G = \mu = \frac{E}{2(1+\nu)} \tag{11-54}
$$

式中, G 为材料力学或弹性力学中常用的剪切弹性模量.

思考题 11.2 中的表 11.1 给出了各向同性材料常用弹性常数关系.

例 11.1　小变形时的 Hooke 定律 (11-44) 式可通过如下途径方便地给出[8].

各向同性体的弹性小应变为 $\tilde{\boldsymbol{E}}$ 时, 其 Helmholtz 自由能为

$$
F\left(\tilde{\boldsymbol{E}}\right) = \frac{\lambda}{2}\left(\mathrm{tr}\tilde{\boldsymbol{E}}\right)^2 + \mu\tilde{\boldsymbol{E}}^2 \tag{11-55}
$$

利用 (4-38) 式的第一式: $\partial\left(\mathrm{tr}\tilde{\boldsymbol{E}}\right)/\partial\tilde{\boldsymbol{E}} = \boldsymbol{I}$, 则线弹性本构关系可表示为

$$
\boldsymbol{\sigma} = \frac{\partial F}{\partial\tilde{\boldsymbol{E}}} = \lambda\left(\mathrm{tr}\tilde{\boldsymbol{E}}\right)\boldsymbol{I} + 2\mu\tilde{\boldsymbol{E}} \tag{11-56}
$$

由于 Helmholtz 自由能 $F\left(\tilde{\boldsymbol{E}}\right)$ 为 $\tilde{\boldsymbol{E}}$ 的标量函数, 而 $\tilde{\boldsymbol{E}}$ 为对称张量, 则利用标量函数的微分性质, 则应力张量 $\boldsymbol{\sigma} = \partial F/\partial \tilde{\boldsymbol{E}}$ 必为对称张量.

11.4 广义 Coleman-Noll 不等式 —— GCN 条件

广义 Coleman-Noll 不等式 (generalized Coleman-Noll inequality)[9,10], 也被广泛地称为 “广义 Coleman-Noll 条件 (generalized Coleman-Noll condition)”, 并简称为 “GCN 条件 (GCN-condition)”. 当然, 也有不少文献将其称为 “广义 Coleman-Noll 步骤 (procedure)”[11] 的.

Coleman 和 Noll 依照理性热力学 (rational thermodynamics) 学派致力于寻求对材料本构关系的一般性限制的一贯思想, 将 GCN 条件作为对材料本构关系的限制. 截止到 2014 年 10 月, 文献 [7,9] 的 SCI 引用均已超过 800 次, 成为理性热力学方面的经典文献. GCN 条件的意义在于如下两个方面:

一是先验地假定了熵作为本构变量的存在. 此假定的真正含义就是认为熵存在的条件, 即那些其余本构函数所需满足的限制式, 是始终自动满足的. 这样甚至可以不去细究这些限制的具体形式, 避免一开始就陷入关于熵存在条件的理论困境中. 要强调的是, 即使熵存在的条件已经知道, 对具体材料要验证其是否成立也是非常困难甚至不可能的. 这不仅是因为一些条件验证起来并不方便, 而且还由于材料的其余本构函数通常也并不精确地知道. GCN 条件正是在这个问题上改变了提法, 避开建立及验证熵存在条件的困难, 而把注意力集中到熵存在所导致的结论上.

二是假设熵不等式对所有热力学过程皆成立. 强调了熵不等式是对材料本构关系的限制而不是对热力学过程的直接限制.

为了容易入门, 让我们考虑一个最为简化的情形, 也就是各向同性且均匀 (isotropic and homogeneous) 的弹性杆在单轴拉伸时的载荷 – 伸长关系. 材料力学的基本常识告诉我们, 变形与力之间存在单调性, 也就是载荷越大时, 变形也越大. 从高等数学基本知识知, 对于标量函数 $f(x)$ 而言, 其严格单调性定义为

$$[f(x_2) - f(x_1)](x_2 - x_1) > 0 \tag{11-57}$$

对于矢量函数 $\boldsymbol{f}(\boldsymbol{x})$, 将矢量由 $\boldsymbol{x}_1$ 移至 $\boldsymbol{x}_2$ 时, $\boldsymbol{f}(\boldsymbol{x})$ 则由 $\boldsymbol{f}(\boldsymbol{x}_1)$ 移至 $\boldsymbol{f}(\boldsymbol{x}_2)$. 如果矢量差 $(\boldsymbol{x}_2 - \boldsymbol{x}_1)$ 和矢量差 $[\boldsymbol{f}(\boldsymbol{x}_2) - \boldsymbol{f}(\boldsymbol{x}_1)]$ 所成的角度为锐角时, 则认为矢量函数 $\boldsymbol{f}(\boldsymbol{x})$ 是严格单调的, 也就是两个矢量差的标量积为正:

$$[\boldsymbol{f}(\boldsymbol{x}_2) - \boldsymbol{f}(\boldsymbol{x}_1)] \cdot (\boldsymbol{x}_2 - \boldsymbol{x}_1) > 0 \tag{11-58}$$

在弹性体中, 应力由变形梯度 $\boldsymbol{F}$ 唯一确定. 变形梯度若由 $\boldsymbol{F}^{(1)}$ 移至 $\boldsymbol{F}^{(2)}$ 时, 第一类 Piola-Kirchhoff 应力 (PK1) 则有 $\boldsymbol{\mathcal{F}}\left(\boldsymbol{F}^{(1)}\right)$ 移至 $\boldsymbol{\mathcal{F}}\left(\boldsymbol{F}^{(2)}\right)$. 响应函数 $\boldsymbol{\mathcal{F}}$ 的单调性定义为

$$\operatorname{tr}\left\{\left[\boldsymbol{\mathcal{F}}\left(\boldsymbol{F}^{(2)}\right)-\boldsymbol{\mathcal{F}}\left(\boldsymbol{F}^{(1)}\right)\right]\left(\boldsymbol{F}^{(2)}-\boldsymbol{F}^{(1)}\right)^{\mathrm{T}}\right\}>0 \tag{11-59}$$

(11-59) 式并不满足客观性要求, 设所研究的物体有自然状态, 并将该状态取做参考构形. 因此有: $\boldsymbol{\mathcal{F}}(\boldsymbol{I})=\mathbf{0}$. 由于 PK1 $\boldsymbol{P}$、变形梯度均为两点张量场, 对于正交张量 $\boldsymbol{Q}$, 其时空变换律为 $\boldsymbol{P}^{*}=\boldsymbol{Q}\,\boldsymbol{P}$、$\boldsymbol{F}^{*}=\boldsymbol{Q}\,\boldsymbol{F}$: 要想使本构函数为时空系无差异的客观量时, 一切非奇异的变形梯度张量均必须满足:

$$\boldsymbol{\mathcal{F}}(\boldsymbol{Q}\,\boldsymbol{F})=\boldsymbol{Q}\,\boldsymbol{\mathcal{F}}(\boldsymbol{F}) \tag{11-60}$$

取 $\boldsymbol{F}^{(1)}=\boldsymbol{I}$, $\boldsymbol{F}^{(2)}=\boldsymbol{Q}$, 由 (11-60) 式得到: $\boldsymbol{\mathcal{F}}(\boldsymbol{Q})=\boldsymbol{Q}\,\boldsymbol{\mathcal{F}}(\boldsymbol{I})=\mathbf{0}$, 故 (11-59) 式并不满足客观性要求.

为了使 (11-59) 式满足客观性要求, 只要从 $\boldsymbol{F}^{(1)}$ 到 $\boldsymbol{F}^{(2)}$ 移动中不会有旋转就可以了. 也就是, 要求通过正定对称张量 $\boldsymbol{S}$, 使变形梯度张量以:

$$\boldsymbol{F}^{(2)}=\boldsymbol{S}\,\boldsymbol{F}^{(1)}, \quad (\boldsymbol{S}\neq\boldsymbol{I}) \tag{11-61}$$

移动时, (11-59) 式便满足客观性要求 (见思考题 11.1). 应该指出的是, 限制条件 (11-61) 式是充分条件, 而非必要条件.

在限制条件式 (11-61) 之下的 (11-59) 式便是 “广义 Coleman-Noll 不等式”, 并简称为 “GCN 条件”.

(11-57)~(11-59) 三式分别对应着标量内积、矢量内积和张量内积. 事实上, 两个二阶张量 $\boldsymbol{A}$ 和 $\boldsymbol{B}$ 的内积定义为

$$(\boldsymbol{A},\boldsymbol{B})=\operatorname{tr}\left(\boldsymbol{A}\,\boldsymbol{B}^{\mathrm{T}}\right)=A_{ij}B_{ij} \tag{11-62}$$

Bernard D Coleman 和 Walter Noll 从 1958~1966 年期间富有成效地合作发表了二十篇文章, 其中多篇论文已经成为连续介质力学的经典之作, 特别是在减退记忆的简单流体方面的工作影响极大. 如图 11.1 所示, 他们是理性力学家中成功合作的典范之一.

图 11.1　Bernard D Coleman (1930～　) 和 Walter Noll (1925～2017)

思　考　题

11.1　证明在 (11-58) 式的限制条件下, (11-56) 式满足客观性要求.

11.2　对于各向同性弹性材料而言, 证明表 11.1 中的常用弹性常数关系式:

表 11.1　各向同性材料常用弹性常数关系一览表

	E,ν	E,μ	λ,μ
λ	$\dfrac{E\nu}{(1+\nu)(1-2\nu)}$	$\dfrac{\mu(E-2\mu)}{3\mu-E}$	λ
μ	$\dfrac{E}{2(1+\nu)}$	μ	μ
E	E	E	$\dfrac{\mu(3\lambda+2\mu)}{\lambda+\mu}$
K	$\dfrac{E}{3(1-2\nu)}$	$\dfrac{\mu E}{3(3\mu-E)}$	$\lambda+\dfrac{2}{3}\mu$
ν	ν	$\dfrac{E-2\mu}{2\mu}$	$\dfrac{\lambda}{2(\lambda+\mu)}$

11.3　微小变形时, 应变与应力之间满足如下关系:

$$\varepsilon_{ij}=\frac{\sigma_{ij}}{2G}-\left(\frac{1}{6G}-\frac{1}{9K}\right)\sigma_{kk}\delta_{ij} \tag{11-63}$$

式中, 剪切弹性模量 G 和体积弹性模量 K 分别由 (11-54) 和 (11-51) 两式给出.
问题: 在已知关系式 $K=\dfrac{2(1+\nu)}{3(1-2\nu)}G$ 的基础上, 证明 (11-63) 式还可表示为

$$\varepsilon_{ij}=\frac{\sigma_{ij}}{2G}-\frac{1}{2G}\frac{\nu}{1+\nu}\sigma_{kk}\delta_{ij} \tag{11-64}$$

11.4 在已知 $\lambda = 2G\frac{\nu}{1-2\nu}$ 的基础上, 验证线弹性应力–应变关系 (11-44) 式可表示为

$$\sigma_{ij} = 2G\varepsilon_{ij} + 2G\frac{\nu}{1-2\nu}\varepsilon_{kk}\delta_{ij} \tag{11-65}$$

11.5 结合 (11-48) 式的第二式、(11-51) 和 (11-54) 诸式, 证明 Poisson 比 ν 可通过体模量 K 和剪切模量 G 表示为如下常用关系式:

$$\nu = \frac{3K - 2G}{2(3K+G)} \tag{11-66}$$

11.6 结合 (11-36) 式所给出的 Coleman 和 Noll 所定义的小应变的限制条件, 试总结连续介质力学的实际应用中有多少种小变形 (大变形) 的定义方法.

11.7 结合思考题 1.7, 讨论 Baker-Ericksen 不等式[12] 和 Coleman-Noll 不等式之间的关系.

参考文献

[1] Noll W. A mathematical theory of the mechanical behavior of continuous media. Archive for Rational Mechanics and Analysis, 1958, 2: 197–226.

[2] Noll W. A new mathematical theory of simple materials. Archive for Rational Mechanics and Analysis, 1972, 48: 1–50.

[3] Ogden R W. Non-Linear Elastic Deformations. Chichester: Ellis Horwood Limited, 1984.

[4] Richter H. Das isotrope Elastizitätsgesetz. Zeitschrift für Angewandte Mathematik und Mechanik, 1948, 28: 205–209.

[5] Rivlin R S, Ericksen J L. Stress-deformation relations for isotropic materials. Journal of Rational Mechanics and Analysis, 1955, 4: 323–425.

[6] 德冈辰雄. 理性连续介质力学入门. 赵镇, 苗天德, 程昌钧译. 北京: 科学出版社, 1982.

[7] Coleman B D, Noll W. Foundations of linear viscoelasticity. Reviews of Modern Physics, 1961, 33: 239–249.

[8] Gurtin M E, Fried E, Anand L. The Mechanics and Thermodynamics of Continua. Cambridge: Cambridge University Press, 2010.

[9] Coleman B D, Noll W. The thermodynamics of elastic materials with heat conduction and viscosity. Archive for Rational Mechanics and Analysis, 1963, 13: 167–178.

[10] Coleman B D, Gurtin M E. Thermodynamics with internal state variables. Journal of Chemical Physics, 1967, 47: 597–613.

[11] Cimmelli V A, Sellitto A, Triani V. A generalized Coleman-Noll procedure for the exploitation of the entropy principle. Proceedings of the Royal Society of London A, 2010, 466: 911–925.

[12] Baker M, Ericksen J L. Inequalities restricting the form of the stress-deformation relations for isotropic elastic solids and Reiner-Rivlin fluids. Journal of the Washington Academy of Sciences, 1954, 44: 33–35.

第 12 章 超弹性本构关系

12.1 超弹性与弹性张量必须满足的条件

12.1.1 超弹性与 Helmholtz 自由能

在 8.5 节讨论总耗散率、热耗散率和内禀耗散率的基础上, 我们可方便地给出弹性的定义和超弹性的本构关系.

所谓弹性, 就是指物质每单位质量的总耗散率 $\theta\gamma = \theta(\gamma_{\text{th}} + \gamma_{\text{int}})$ 的唯一来源是热耗散率 $\theta\gamma_{\text{th}}$, 而内禀耗散率 $\theta\gamma_{\text{int}}$ 恒为零[1], 也就是 Clausius-Planck 不等式中等号成立的情形. 由 (8-43) 式, 有

$$\theta\gamma_{\text{int}} = -s\dot{\theta} - \left(\dot{f} - \frac{\boldsymbol{\sigma} : \boldsymbol{d}}{\rho}\right) \equiv 0 \tag{12-1}$$

式中, s 为单位质量的熵, f 为 Helmholtz 自由能势函数. (12-1) 式等价于:

$$\rho\dot{f} = -\rho s\dot{\theta} + \boldsymbol{\sigma} : \boldsymbol{d} \tag{12-2}$$

(12-2) 式两端再乘以参考构形和当前构形中物质的密度之比 $\rho_0/\rho = J$, 再利用 (7-10) 式中的共轭关系: $\dot{w} = J\boldsymbol{\sigma} : \boldsymbol{d} = \boldsymbol{P} : \dot{\boldsymbol{F}} = \boldsymbol{T} : \dot{\boldsymbol{E}}$, 得到用第二类 Piola-Kirchhoff 应力 (PK2) $\boldsymbol{T}$ 和 Green 应变 $\boldsymbol{E} = \dfrac{1}{2}(\boldsymbol{C} - \boldsymbol{I})$ 表示的热力学关系式:

$$\rho_0\dot{f} = -\rho_0 s\dot{\theta} + \boldsymbol{T} : \dot{\boldsymbol{E}} = -\rho_0 s\dot{\theta} + \boldsymbol{T} : \frac{\dot{\boldsymbol{C}}}{2} \tag{12-3}$$

则材料的热超弹性本构关系为

$$\begin{cases} \boldsymbol{T} = \rho_0 \left.\dfrac{\partial f}{\partial \boldsymbol{E}}\right|_{\theta} = 2\rho_0 \left.\dfrac{\partial f}{\partial \boldsymbol{C}}\right|_{\theta} \\ s = -\left.\dfrac{\partial f}{\partial \theta}\right|_{\boldsymbol{E}} \end{cases} \tag{12-4}$$

式中, $\boldsymbol{C}$ 为右 Cauchy-Green 变形张量. Helmholtz 自由能 $f = f(\boldsymbol{E}, \theta)$ 作为势函数的物理意义是, 在等温条件下, 每单位质量的应变能密度.

有时用 PK1 $\boldsymbol{P}$ 和其共轭量 $\boldsymbol{F}$ 表示的超弹性本构应用起来会带来一定的方便性. 此时, (12-3) 式可等价地写为

$$\rho_0 \dot{f}(\boldsymbol{F},\theta) = -\rho_0 s\dot{\theta} + \boldsymbol{P} : \dot{\boldsymbol{F}} \tag{12-5}$$

则用 PK1 $\boldsymbol{P}$ 和其共轭量 $\boldsymbol{F}$ 表示的超弹性本构为

$$\begin{cases} \boldsymbol{P} = \rho_0 \left.\dfrac{\partial f(\boldsymbol{F},\theta)}{\partial \boldsymbol{F}}\right|_{\theta} \\ s = -\left.\dfrac{\partial f(\boldsymbol{F},\theta)}{\partial \theta}\right|_{\boldsymbol{F}} \end{cases} \tag{12-6}$$

这里可给出所谓超弹性的最简洁的定义: 应力张量具有势的弹性物质称为超弹性物质. 正如本篇篇首语中所述, 超弹性体一定是 Cauchy 弹性体, 而 Cauchy 弹性体在一定的条件下才是超弹性体.

12.1.2　弹性张量必须满足的条件

对 (12-4) 式求物质时间导数, 可得到如下率形式的热超弹性本构关系:

$$\begin{cases} \text{张量形式: } \dot{\boldsymbol{T}} = \boldsymbol{\mathcal{C}} : \dot{\boldsymbol{E}} + \boldsymbol{m}\dot{\theta} \\ \text{分量形式: } \dot{T}_{ij} = \mathcal{C}_{ijkl}\dot{E}_{kl} + m_{ij}\dot{\theta} \end{cases} \tag{12-7}$$

以及每单位质量的熵率关系为

$$\dot{s} = -\frac{1}{\rho_0}(\boldsymbol{m} : \dot{\boldsymbol{E}} + \zeta\dot{\theta}) = -\frac{1}{\rho_0}(m_{ij}\dot{E}_{ij} + \zeta\dot{\theta}) \tag{12-8}$$

其中, 四阶弹性刚度张量 $\mathcal{C}_{ijkl}$ 和二阶应力的温度系数张量 m_{ij} 可分别表示为

$$\begin{cases} \text{张量形式: } \boldsymbol{\mathcal{C}} = \dfrac{\partial \boldsymbol{T}}{\partial \boldsymbol{E}} = \rho_0 \dfrac{\partial^2 f}{\partial \boldsymbol{E}\partial \boldsymbol{E}} \\ \text{分量形式: } \mathcal{C}_{ijkl} = \dfrac{\partial T_{ij}}{\partial E_{kl}} = \rho_0 \dfrac{\partial^2 f}{\partial E_{ij}\partial E_{kl}} \end{cases} \tag{12-9}$$

和

$$\begin{cases} \text{张量形式: } \boldsymbol{m} = \dfrac{\partial \boldsymbol{T}}{\partial \theta} = -\rho_0 \dfrac{\partial s}{\partial \boldsymbol{E}} = \rho_0 \dfrac{\partial^2 f}{\partial \boldsymbol{E}\partial \theta} \\ \text{分量形式: } m_{ij} = \dfrac{\partial T_{ij}}{\partial \theta} - \rho_0 \dfrac{\partial s}{\partial E_{ij}} = \rho_0 \dfrac{\partial^2 f}{\partial E_{ij}\partial \theta} \end{cases} \tag{12-10}$$

(12-8) 式中的系数 ζ 的表达式为

$$\zeta = -\rho_0 \frac{\partial s}{\partial \theta} = \rho_0 \frac{\partial^2 f}{\partial \theta^2} \tag{12-11}$$

在每单位质量的 Helmholtz 自由能函数 f 是自变量 Green 应变张量 E_{ij} 以及温度 θ 的三次可微的条件下, 因偏导数对自变量求导次序无关性, 可给出如下笛卡儿坐标系下的对称性要求:

(1) 四阶弹性刚度张量 $\mathcal{C}_{ijkl}$ 满足如下 Voigt 对称性:

$$\mathcal{C}_{ijkl}=\mathcal{C}_{jikl}=\mathcal{C}_{ijlk}=\mathcal{C}_{klij} \tag{12-12}$$

(2) 二阶应力的温度系数张量 m_{ij} 为对称张量:

$$m_{ij}=m_{ji} \tag{12-13}$$

(3) 在 $\mathcal{C}_{ijkl}$、m_{ij}、ζ 三者之间满足如下微分交换关系:

$$\frac{\partial \mathcal{C}_{ijkl}}{\partial E_{mn}}=\frac{\partial \mathcal{C}_{ijmn}}{\partial E_{kl}},\quad \frac{\partial \mathcal{C}_{ijkl}}{\partial \theta}=\frac{\partial m_{ij}}{\partial E_{kl}},\quad \frac{\partial m_{ij}}{\partial \theta}=\frac{\partial \zeta}{\partial E_{ij}} \tag{12-14}$$

12.1.3 热超弹性本构关系的一个例子

设在参考构形中的温度 $\theta=\theta_0$, 将 Helmholtz 自由能 $f=f(\boldsymbol{E},\theta)$ 函数在参考构形中 $\boldsymbol{E}=0$ 和 $\theta=\theta_0$ 附近进行 Taylor 展开至二阶项, 有

$$\begin{aligned}\rho_0 f(\boldsymbol{E},\theta)=&-\rho_0 s_0(\theta-\theta_0)-\frac{\rho_0 c_{v0}}{2\theta_0}(\theta-\theta_0)^2-p_0\mathrm{I}_1(\boldsymbol{E})\\&-\alpha K\mathrm{I}_1(\boldsymbol{E})(\theta-\theta_0)+\frac{1}{2}K\mathrm{I}_1^2(\boldsymbol{E})+2G\mathrm{I}_2(\boldsymbol{E}')\end{aligned} \tag{12-15}$$

式中, ρ_0 和 s_0 为参考构形中的质量密度和每单位质量的熵, p_0 为参考构形中的静水压, K 为体积模量, α 为体膨胀系数 (相应的线膨胀系数为 $\alpha/3$), G 为剪切弹性模量, $\mathrm{I}_1(\boldsymbol{E})=\mathrm{tr}\boldsymbol{E}$ 为 $\boldsymbol{E}$ 的第一不变量, $\boldsymbol{E}'=\boldsymbol{E}-\dfrac{1}{3}\mathrm{tr}\boldsymbol{E}$ 为 Green 应变张量的偏量, $\mathrm{I}_2(\boldsymbol{E}')=\dfrac{1}{2}\mathrm{tr}\boldsymbol{E}'^2$ 为 Green 应变张量的偏量 $\boldsymbol{E}'$ 的第二不变量, 可见 (4-18) 式的第二式. 因有下列两个不变量偏导数存在:

$$\frac{\partial \mathrm{I}_1(\boldsymbol{E})}{\partial \boldsymbol{E}}=\boldsymbol{I},\quad \frac{\partial \mathrm{I}_2(\boldsymbol{E}')}{\partial \boldsymbol{E}}=\boldsymbol{E}' \tag{12-16}$$

将 (12-15) 式代入 (12-4) 式并利用 (12-16) 式, 得到如下热超弹性本构关系:

$$\begin{cases}\boldsymbol{T}=-p_0\boldsymbol{I}+K[\mathrm{I}_1(\boldsymbol{E})-\alpha(\theta-\theta_0)]\boldsymbol{I}+2G\boldsymbol{E}'\\ s=s_0+\dfrac{c_{v0}}{\theta_0}(\theta-\theta_0)+\dfrac{K\alpha}{\rho_0}\mathrm{I}_1(\boldsymbol{E})\end{cases} \tag{12-17}$$

对于绝热等熵过程 ($s=s_0$), 由 (12-17) 式的第二式可得

$$\theta-\theta_0=-\frac{K\alpha\theta_0}{\rho_0 c_{v0}}\mathrm{I}_1(\boldsymbol{E}) \tag{12-18}$$

(12-18) 式表明, 对于绝热等熵过程当体积膨胀时 ($I_1(\boldsymbol{E}) > 0$), 温度将下降 ($\theta - \theta_0 < 0$); 反之, 当体积压缩时 ($I_1(\boldsymbol{E}) < 0$), 温度将上升 ($\theta - \theta_0 > 0$).

12.2　超弹性本构关系的分类

迄今已有不少超弹性本构模型, 现将常见的本构模型分别归类如下:

12.2.1　唯象型 (phenomenological) 超弹性本构模型

Melvin Mooney
(1893~1968)

(1) Mooney-Rivlin 本构模型: 1940 年, 在各向同性 (isotropic)、等容性 (isometric) 等假设下, Melvin Mooney (1893~1968) 得到了适用于橡胶材料的应变能函数[2], 即:

$$W = c_{01}(I_1 - 3) + c_{10}(I_2 - 3) \tag{12-19}$$

式中, c_{01} 和 c_{10} 为材料常数, I_1 和 I_2 分别为应变的第一、第二不变量. (12-19) 式中之所以均减去 3 的原因是, 当无变形时, 应变张量为单位张量 $\boldsymbol{I}$, 由 (4-5) 式知其第一和第二不变量为: $I_1 = \delta_{ii} = 3, I_2 = \dfrac{1}{2}(\delta_{ii}^2 - \delta_{ii}) = 3$.

之后, Rivlin 和 Saunders 对该模型进行了一系列的理论和相关实验研究[3], 因此, 式 (12-19) 通常被称为 Mooney-Rivlin 本构模型. Rivlin 和 Saunders 通过实验发现该模型不能很好地描述某些材料的力学行为, 于是建议将该模型中的第二项 $c_{10}(I_2 - 3)$ 改写成 $f(I_2 - 3)$, 即:

$$W = c_{01}(I_1 - 3) + f(I_2 - 3) \tag{12-20}$$

此外, Melvin Mooney 还在流变学中有重要的贡献, “Mooney 黏度计 (viscometer)” 和 “Mooney 黏度 (viscosity)” 即以其姓氏 Mooney 命名, 1948 年他获得了美国流变学会的首届 “Bingham 奖章 (Medal)”. R. S. Rivlin 则获得了 1958 年度的 “Bingham 奖章”.

(2) Ogden 模型: 1972 年, Raymond W. Ogden 得到了一种适用于不可压缩橡胶类材料大变形情形的本构关系[4], 即:

$$W = \sum_{n=1}^{N} \frac{\mu_n}{\alpha_n}(\lambda_1^{\alpha_n} + \lambda_2^{\alpha_n} + \lambda_3^{\alpha_n} - 3) \tag{12-21}$$

式中, μ_n 为材料常数 (剪切模量), α_n 为无量纲待定系数, λ_i ($i = 1, 2, 3$) 为三个方向上的主伸长比, N 为正整数. 在它们取某些特殊值时, 该模型可退化成 neo-Hookean 模型或 Mooney-Rivlin 本构模型. (12-21) 式中的材料常数满足如下一致

性条件 (consistency condition):

$$2\mu = \sum_{n=1}^{N} \mu_n \alpha_n, \quad \text{要求}: \mu_n \alpha_n > 0, \quad (n = 1, 2, \cdots N) \tag{12-22}$$

式中, μ 为参考构形中线弹性理论中的经典剪切模量. 对于 $n = 1, 2, 3$ 时, μ_n 和 α_n 的典型值为

$$\begin{cases} \alpha_1 = 1.3, & \mu_1 = 6.3 \times 10^5 \text{ N/m}^2 \\ \alpha_2 = 5.0, & \mu_2 = 0.012 \times 10^5 \text{ N/m}^2 \\ \alpha_3 = -2.0, & \mu_3 = -0.1 \times 10^5 \text{ N/m}^2 \end{cases} \tag{12-23}$$

由 (12-22) 式可确定对应于线弹性材料的剪切模量为: $\mu = 4.225 \times 10^5 \text{ N/m}^2$. 上述模型被称为 Ogden 六参数本构模型.

Ogden 于 1972 年发表的该篇文章[4] 被认为是奠定其在理性力学学术地位的文章之一, 迄今该文已被 SCI 引用接近 900 次. Ogden 于 2006 年当选为英国皇家学会会员 (FRS). 本书还在 10.1 节介绍了他的其他贡献. Ogden 与 Holzapfel 等针对动脉管壁所建立的超弹性本构关系还得到了很大反响 (见思考题 12.9). Ogden 获得了 2016 年度的 “Hill 奖” (the 2016 Rodney Hill Prize).

Ogden 本构模型有一个退化形式, 即 Varga 于 1966 年提出的模型[5], 在 (12-21) 式中令: $N = 1, \alpha_1 = 1$, 此时 Varga 模型为

$$W = c_1(\lambda_1 + \lambda_2 + \lambda_3 - 3) \tag{12-24}$$

式中, $c_1 = \mu_1$, 从 (12-22) 式中可得剪切模量为: $\mu = \mu_1/2$.

(3) 多项式模型: 该模型由 Rivlin 和 Saunders 于 1949 年提出[3], 它是将应变能函数展开成第一应变不变量 I_1 和第二应变不变量 I_2 的多项式形式, 即

$$W = \sum_{m=0}^{\infty} \sum_{n=0}^{\infty} c_{mn} (\mathrm{I}_1 - 3)^m (\mathrm{I}_2 - 3)^n, \quad c_{00} = 0 \tag{12-25}$$

(4) Yeoh 模型: Yeoh 发现在关于橡胶类材料的本构关系中[6], $\partial W/\partial \mathrm{I}_1$ 往往比 $\partial W/\partial \mathrm{I}_2$ 大得多, 于是可略去 $\partial W/\partial \mathrm{I}_2$ 的影响, 在此基础上给出了如下形式的应变能函数

$$W = \sum_{i=1}^{\infty} c_{i0} (\mathrm{I}_1 - 3)^i \tag{12-26}$$

该模型被称为 Yeoh 模型或退化的多项式模型, 它只与第一应变不变量 I_1 有关, 往往被用来表征填充有炭黑的橡胶材料的力学性能.

12.2.2 基于材料微结构的超弹性本构模型

(1) Arruda-Boyce 模型: 基于橡胶材料中大分子网状结构的八链描述和其中单个链的非高斯行为, Arruda 和 Boyce 于 1993 年提出了一种用于描述该类材料变形的本构关系[7], 该模型有时也被称为八链模型.

(2) neo-Hookean 模型: 从橡胶类材料中无定形结构中的分子链状网络结构的统计力学出发, Leslie Ronald George Treloar (1906~1985) 于 1943 年给出了最简单的适用于橡胶类材料的超弹性本构关系[8], 即

Leslie Ronald George Treloar (1906~1985)

$$W = c_1(\mathrm{I}_1 - 3) \tag{12-27}$$

该模型只与第一应变不变量有关. 显然, neo-Hookean 模型 (12-27) 式亦可看作是 Ogden 本构模型 (12-21) 式的特例, (12-27) 式中的材料常数 c_1 和 (12-22) 式中的参数关系为: $c_1 = \mu_1/2, \mu = \mu_1$. 再由于: $\mathrm{I}_1(\boldsymbol{B}) = \mathrm{I}_1(\boldsymbol{C}) = \lambda_1^2 + \lambda_2^2 + \lambda_3^2$, 故 (12-27) 式普遍的应用形式为

$$W = \frac{\mu}{2}(\mathrm{I}_1 - 3) = \frac{\mu}{2}(\lambda_1^2 + \lambda_2^2 + \lambda_3^2 - 3) \tag{12-28}$$

Treloar 获得了 1972 年度的 "A. A. Griffith Medal and Prize".

12.2.3 唯象和基于微结构的杂交模型 —— Gent 模型

Gent 模型: 1996 年, Alan Neville Gent (1927~2012) 通过考虑分子链的极限伸长率的影响, 将应变能函数表示成第一应变不变量 I_1 的对数函数形式[9], 且模型中包含有两个材料常数 μ 和 J_m:

Alan Neville Gent (1927~2012)

$$W_{\mathrm{Gent}} = -\frac{\mu}{2}J_m \ln\left(1 - \frac{\mathrm{I}_1 - 3}{J_m}\right) = -\frac{\mu}{2}J_m \ln\left(1 - \frac{\lambda_1^2 + \lambda_2^2 + \lambda_3^2 - 3}{J_m}\right) \tag{12-29}$$

式中, μ 为微小变形 (infinitesimal deformation) 时的剪切模量, J_m 为 $(\mathrm{I}_1 - 3)$ 的最大值 (常数), 拉伸限制条件为: $0 \leqslant (\mathrm{I}_1 - 3)/J_m < 1$. 换言之, 当 $(\mathrm{I}_1 - 3)$ 接近 J_m 时, 材料的分子链接近极限伸长. 将 (12-29) 式中的自然对数进行级数展开有

$$W_{\mathrm{Gent}} = \frac{\mu}{2}\left[(\mathrm{I}_1 - 3) + \frac{1}{2J_m}(\mathrm{I}_1 - 3)^2 + \frac{1}{3J_m^2}(\mathrm{I}_1 - 3)^3 + \cdots + \frac{1}{(n+1)J_m^n}(\mathrm{I}_1 - 3)^{n+1}\right] \tag{12-30}$$

当 $(\mathrm{I}_1 - 3)/J_m \to 0$ 时, (12-30) 式将自动退化为 (12-27) 式, 亦即当 $J_m \to \infty$ 时 Gent 模型将退化为 neo-Hookean 模型 (12-28) 式.

由于对于不可压缩的超弹性材料, Poisson 比 $\nu = 1/2$, 故剪切模量和杨氏模量之间满足: $\mu = E/[2(1+\nu)] = E/3$, 则 Gent 模型的应变能函数 (12-29) 式还在文献中被经常性地通过杨氏模量表示为如下形式:

$$W_{\text{Gent}} = -\frac{E}{6} J_m \ln\left(1 - \frac{\mathrm{I}_1 - 3}{J_m}\right) \tag{12-31}$$

A. N. Gent 获得了 1975 年度的 "Bingham 奖章". 本书将在 19.3 节中讨论 Gent 模型在 DNA 超拉伸连续统模型中的应用.

12.3　Mooney-Rivlin 本构模型中的材料常数

由应变能密度 W 表达式 (12-19) 出发, 可将 Mooney-Rivlin 超弹性材料体内某点处的 PK2 表示如下:

$$\boldsymbol{T} = \frac{\partial W}{\partial \boldsymbol{E}} = \frac{\partial W}{\partial \mathrm{I}_1}\frac{\partial \mathrm{I}_1}{\partial \boldsymbol{E}} + \frac{\partial W}{\partial \mathrm{I}_2}\frac{\partial \mathrm{I}_2}{\partial \boldsymbol{E}} + \frac{\partial W}{\partial \mathrm{I}_3}\frac{\partial \mathrm{I}_3}{\partial \boldsymbol{E}} \tag{12-32}$$

式中, $\boldsymbol{E} = \dfrac{1}{2}(\boldsymbol{C} - \boldsymbol{I})$ 为 Green 应变张量, 该张量为对称张量, 它本身和其转置张量相等: $\boldsymbol{E} = \boldsymbol{E}^{\mathrm{T}}$, 其中 $\boldsymbol{C} = \boldsymbol{F}^{\mathrm{T}}\boldsymbol{F}$ 为右 Cauchy-Green 应变张量, $\boldsymbol{I}$ 为单位张量, 应变的三个不变量 I_1、I_2 和 I_3 分别用右 Cauchy-Green 张量表示为

$$\begin{cases} \mathrm{I}_1 = \mathrm{tr}\boldsymbol{C} = 3 + 2\mathrm{tr}\boldsymbol{E} \\ \mathrm{I}_2 = \dfrac{1}{2}[(\mathrm{tr}\boldsymbol{C})^2 - \mathrm{tr}\boldsymbol{C}^2] \\ \mathrm{I}_3 = \det\boldsymbol{C} \end{cases} \tag{12-33}$$

由于 Mooney-Rivlin 超弹性本构模型满足材料体积的不可压缩性, 即 $\mathrm{I}_3 = 1$, 于是, 可进一步将应力表示为

$$\boldsymbol{T} = \frac{\partial W}{\partial \mathrm{I}_1}\frac{\partial \mathrm{I}_1}{\partial \boldsymbol{E}} + \frac{\partial W}{\partial \mathrm{I}_2}\frac{\partial \mathrm{I}_2}{\partial \boldsymbol{E}} - p\boldsymbol{C}^{-1} = c_{01}\frac{\partial \mathrm{I}_1}{\partial \boldsymbol{E}} + c_{10}\frac{\partial \mathrm{I}_2}{\partial \boldsymbol{E}} - p\boldsymbol{C}^{-1} \tag{12-34}$$

式中, p 为 "待定" 静水压应力. 于是问题转化为求解第一、第二应变不变量对 Green 应变的导数, (12-34) 式中的相关表达式为

$$\frac{\partial \mathrm{I}_1}{\partial \boldsymbol{E}} = \frac{\partial(3 + 2\mathrm{tr}\boldsymbol{E})}{\partial \boldsymbol{E}} = 2\boldsymbol{I}, \quad \frac{\partial \mathrm{I}_2}{\partial \boldsymbol{E}} = \frac{1}{2}\frac{\partial[(\mathrm{tr}\boldsymbol{C})^2 - \mathrm{tr}\boldsymbol{C}^2]}{\partial \boldsymbol{E}} = 2(\mathrm{I}_1\boldsymbol{I} - \boldsymbol{C}) \tag{12-35}$$

在 (12-35) 式的第二式的运算中, 应用了下列微分关系:

$$\frac{\partial(\mathrm{tr}\boldsymbol{C})^2}{\partial \boldsymbol{E}} = \frac{\partial(3 + 2\mathrm{tr}\boldsymbol{E})^2}{\partial \boldsymbol{E}} = 4(\mathrm{tr}\boldsymbol{C})\boldsymbol{I} = 4\mathrm{I}_1\boldsymbol{I} \tag{12-36}$$

$$\frac{\partial \mathrm{tr}\boldsymbol{C}^2}{\partial \boldsymbol{E}} = \frac{\partial \mathrm{tr}(2\boldsymbol{E} + \boldsymbol{I})^2}{\partial \boldsymbol{E}} = \frac{\partial(4\mathrm{tr}\boldsymbol{E}^2 + 4\mathrm{tr}\boldsymbol{E} + 3)}{\partial \boldsymbol{E}} = 8\boldsymbol{E}^{\mathrm{T}} + 4\boldsymbol{I} = 4\boldsymbol{C} \tag{12-37}$$

则 (12-34) 式用 PK2 和右 Cauchy-Green 应变张量表示的超弹性本构关系为

$$\boldsymbol{T} = (2c_{01} + 2c_{10}\mathrm{I}_1)\boldsymbol{I} - 2c_{10}\boldsymbol{C} - p\boldsymbol{C}^{-1} \tag{12-38}$$

实验上往往通过简单拉伸、双轴拉伸以及剪切等实验来确定 Mooney-Rivlin 超弹性本构模型中的材料常数[10,11], 此时已知的是 PK1 $\boldsymbol{P}$ (即名义应力) 或 Cauchy 应力 $\boldsymbol{\sigma}$ (即真应力), 于是, 利用 PK1 $\boldsymbol{P}$ 和 Cauchy 应力 $\boldsymbol{\sigma}$ 与 PK2 $\boldsymbol{T}$ 的关系:

$$\boldsymbol{P} = \boldsymbol{F}\boldsymbol{T}, \quad \boldsymbol{\sigma} = \frac{1}{J}\boldsymbol{F}\boldsymbol{T}\boldsymbol{F}^{\mathrm{T}} \tag{12-39}$$

式中, $\boldsymbol{F}$ 为变形梯度, 它是最为典型的 “混合 Euler-Lagrange 型” 的两点张量.

由于超弹性材料体积的不可压缩性, $J = 1$, 再结合 (12-38) 式, 可进一步将 PK1 $\boldsymbol{P}$ 和 Cauchy 应力 $\boldsymbol{\sigma}$ 表示为

$$\begin{cases} \boldsymbol{P} = 2(c_{01} + c_{10}\mathrm{I}_1)\boldsymbol{F} - 2c_{10}\boldsymbol{F}\boldsymbol{C} - p\boldsymbol{F}\boldsymbol{C}^{-1} \\ \boldsymbol{\sigma} = 2(c_{01} + c_{10}\mathrm{I}_1)\boldsymbol{F}\boldsymbol{F}^{\mathrm{T}} - 2c_{10}\boldsymbol{F}\boldsymbol{C}\boldsymbol{F}^{\mathrm{T}} - p\boldsymbol{I} \\ \quad = 2(c_{01} + c_{10}\mathrm{I}_1)\boldsymbol{B} - 2c_{10}\boldsymbol{B}^2 - p\boldsymbol{I} \end{cases} \tag{12-40}$$

式中, $\boldsymbol{B} = \boldsymbol{F}\boldsymbol{F}^{\mathrm{T}}$ 为左 Cauchy-Green 应变.

根据 Cayley-Hamilton 定理: $\boldsymbol{B}^3 - \mathrm{I}_1\boldsymbol{B}^2 + \mathrm{I}_2\boldsymbol{B} - \mathrm{I}_3\boldsymbol{I} = \boldsymbol{0}$, 可将 Cauchy 应力 $\boldsymbol{\sigma}$ 进一步表示如下:

$$\boldsymbol{\sigma} = 2c_{01}\boldsymbol{B} - 2c_{10}\boldsymbol{B}^{-1} - (p - 2c_{10}\mathrm{I}_2)\boldsymbol{I} \tag{12-41}$$

通过坐标转换, 可以将某点处的应力和应变进行处理, 从而使得在新坐标系下只有正应力和正应变, 此时, 该坐标系的三个坐标轴称为主轴. 基于此, 可将某点处的 Cauchy 应力张量和左 Cauchy-Green 应变张量可分别表示为

$$\boldsymbol{\sigma} = \sigma^i \boldsymbol{e}_i \otimes \boldsymbol{e}_i, \quad \boldsymbol{B} = \lambda_i^2 \boldsymbol{e}_i \otimes \boldsymbol{e}_i \tag{12-42}$$

式中, $\boldsymbol{e}_i$ 和 λ_i 分别为当前构形下沿主轴方向的基矢量和主伸长比, σ^i 为 Cauchy 主应力. 于是, 某点处的 Cauchy 主应力可表示如下:

$$\begin{cases} \sigma^1 = 2c_{01}\lambda_1^2 - 2c_{10}\lambda_1^{-2} - (p - 2c_{10}\mathrm{I}_2) \\ \sigma^2 = 2c_{01}\lambda_2^2 - 2c_{10}\lambda_2^{-2} - (p - 2c_{10}\mathrm{I}_2) \\ \sigma^3 = 2c_{01}\lambda_3^2 - 2c_{10}\lambda_3^{-2} - (p - 2c_{10}\mathrm{I}_2) \end{cases} \tag{12-43}$$

对于简单拉伸的特例, 由于材料体积的不可压缩性, 三个主伸长比为

$$\lambda_1 = \lambda, \quad \lambda_2 = \lambda_3 = \lambda^{-1/2} \tag{12-44}$$

Cauchy 主应力为

$$\begin{cases} \sigma^1 = \sigma \\ \sigma^2 = \sigma^3 = 0 \end{cases} \tag{12-45}$$

将上述三个方向的主应力相减, 于是有

$$\sigma^1 - \sigma^2 = 2(\lambda^2 - \lambda^{-1})(c_{01} + c_{10}\lambda^{-1}) \tag{12-46}$$

或者

$$c_{01} + c_{10}\lambda^{-1} = \frac{\sigma}{2(\lambda^2 - \lambda^{-1})} \tag{12-47}$$

当变形很小时, 即 $\lambda \to 1$, 可以得到材料的弹性模量和剪切模量:

$$\begin{cases} E = \lim\limits_{\lambda \to 1} \dfrac{\partial \sigma}{\partial \lambda} = 6(c_{01} + c_{10}) \\ \mu = G = \dfrac{E}{2(1+\nu)} = 2(c_{01} + c_{10}) \end{cases} \tag{12-48}$$

式中, ν 是材料的 Poisson 比, 对于超弹性材料来说一般取 $\nu \approx 0.5$.

若以 λ^{-1} 为横轴, 以 $\dfrac{\sigma}{2(\lambda^2 - \lambda^{-1})}$ 为纵轴, 那么 (12-48) 式在该坐标系下为一条直线, 通过该直线的截距和斜率即可确定 (12-19) 式中的两个材料常数 c_{01} 和 c_{10}. 但是根据实验数据得到的往往不是一条十分理想的直线, 于是余迎松和赵亚溥给出了另外一种确定材料常数的方法 —— 最小二乘法[10]. 专著 [11] 中的附录 D 给出了应用 Huang 和 Anand 的相关实验[11], 应用最小二乘法对超弹性材料 PDMS 的材料常数进行确定后的结果.

12.4 几种超弹性本构模型之间的对比

考虑如图 12.1 所示的不可压缩橡胶材料的气球的充气膨胀问题, 通过利用 Ogden、Mooney-Rivlin、neo-Hookean 和 Varga 几种不同的超弹性本构方程来计算该问题, 从而对这些本构方程进行对比. 1971 年, Alexander 用氯丁 (二烯) 橡胶气球做过充气实验[12].

Ogden 模型的材料参数由 (12-21) 式给出[13], 所对应的参考构形中线弹性材料的剪切模量为: $\mu = 4.225 \times 10^5\ \mathrm{N/m^2}$. 按照 Anand 于 1986 年的建议[14], Mooney-Rivlin 本构模型的材料参数取为: $c_1 = 0.4375\mu, c_2 = 0.0625\mu$, 两者间满足: $c_1/c_2 = 7$. 对于 neo-Hookean 模型, 取: $c_1 = \mu/2$. 而对于 Varga 模型, 取: $c_1 = 2\mu$.

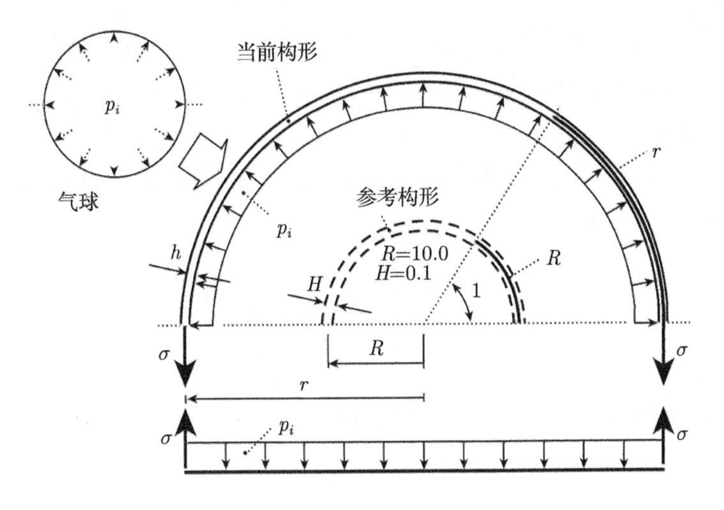

图 12.1　进行充气实验的橡胶气球的构形和参数

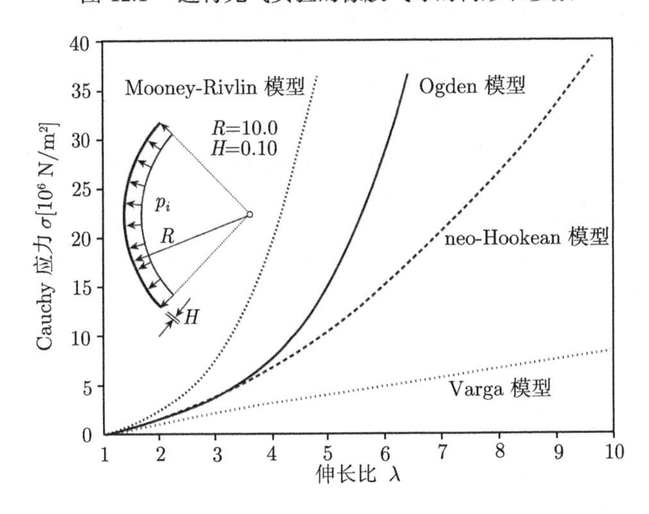

图 12.2　不同模型预测的气球变形过程中的 Cauchy 应力与伸长比之间的关系[13]

由平衡条件: $\pi r^2 p_i = 2\pi r h\sigma$, 气球内的充气压强为

$$p_i = 2\frac{h}{r}\sigma \tag{12-49}$$

理想气球的充气变形为一球对称问题, 球面内的任何方向均为主方向. 因此, 周向伸长比为: $\lambda = \lambda_1 = \lambda_2$, 明显为一等双轴变形 (equibiaxial deformation). 周向 Cauchy 应力有: $\sigma = \sigma_1 = \sigma_2$, 对于球对称的平面应力问题而言, $\sigma_3 = 0$. 此时, 由 Ogden 模型所预测的 Cauchy 应力为

$$\sigma = \sum_{n=1}^{N} \mu_n (\lambda^{\alpha_n} - \lambda^{-2\alpha_n}) \tag{12-50}$$

图 12.2 给出了不同本构模型所预测的周向 Cauchy 应力和周向伸长比之间的比较. 可以看出, 随着伸长比的增加, 不同模型所预测的 Cauchy 应力的差别会越来越大.

下面考察充气气球的运动学. 气球上一点的伸长比为: $\lambda = r/R$, 如图 12.1 所示, 其中, r 和 R 分别为气球当前构形和参考构形中的半径. 气球材料的不可压缩性要求其体积不变, 即: $4\pi r^2 h = 4\pi R^2 H$, 这里 h 和 H 分别为当前构形和参考构形中气球的厚度. 故有: $\lambda = r/R = \sqrt{H/h}$. 由于体积不变性要求:

$$J = \lambda_1 \lambda_2 \lambda_3 = \lambda^2 \lambda_3 = 1 \tag{12-51}$$

从 (12-51) 式可得垂直于球面方向的伸长比为

$$\lambda_3 = \frac{1}{\lambda^2} = \frac{h}{H} \tag{12-52}$$

将所获得的伸长比和 Cauchy 应力等代入 (12-49) 式, 则得到充气压强的表达式为

$$p_i = 2\frac{H}{R}\sum_{n=1}^{N} \mu_n (\lambda^{\alpha_n - 3} - \lambda^{-2\alpha_n - 3}) \tag{12-53}$$

图 12.3 给出了 $n = 1, 2, 3$ 时, 由不同不可压缩超弹性本构模型预测的的充气压强和气球上任意一点的伸长比的变化关系.

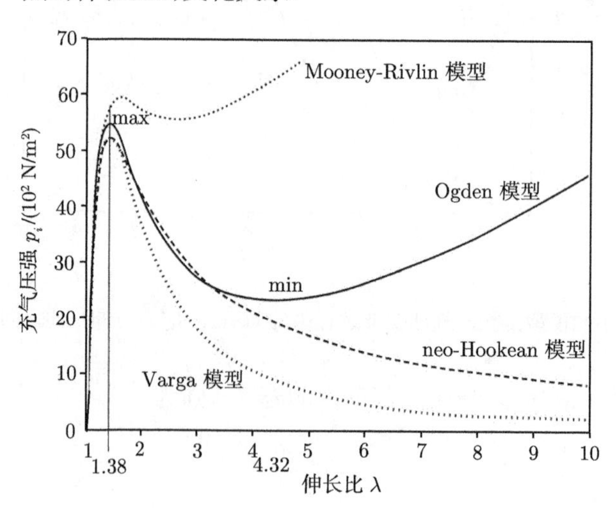

图 12.3　不同模型预测的气球变形过程中的充气压强和伸长比之间的关系[13]

从图 12.3 可以看出, 在气球的初始膨胀阶段, 充气压强和伸长比之间的关系相当陡峭, 而且几种不同的本构模型的预测值十分接近.

分析表明, 在所有本构模型中, Ogden 的六参数本构模型的预测结果和实验符合的最好. 当伸长比 $\lambda = 1.38$ 时, 充气压强和伸长比的曲线达到最大值, 然后出现

急速的 "突跳失稳 (snap through)", 此时如果释放一些充气压强的话, 气球还可发生 "跳回 (snap back)" 变形. 其原因是由于充气压强的变形依赖性所导致. 上述动态失稳也被称为 "突跳屈曲 (snap buckling)".

12.5　可压缩超弹性体的本构关系

12.5.1　可压缩超弹性体的一般性质和本构关系

Paul John Flory (1910～1985)

由于一些材料对于体积 (bulk) 和剪切 (shear) 变形的响应相差甚远, 所以, Paul John Flory (1910～1985, 1974 年诺贝尔化学奖得主) 1961 年最早建议[15] 将局部变形分成 "体积部分 (volumetric part)" 和 "等容部分 (isochoric part)", 前者对应于体积变化, 而后者对应于剪切变形.

特别地, 可对变形梯度 $\boldsymbol{F}$ 和右 Cauchy-Green 变形张量 $\boldsymbol{C}=\boldsymbol{F}^{\mathrm{T}}\boldsymbol{F}$ 进一步进行乘法分解, 将 $\boldsymbol{F}$ 进一步分解为体积发生变化的膨胀部分 (volume-changing, dilatational) 和保体积的畸变部分 (volume-preserving, distortional) 的乘积[13,16]:

$$\boldsymbol{F}=(J^{1/3}\boldsymbol{I})\overline{\boldsymbol{F}}=J^{1/3}\overline{\boldsymbol{F}},\quad \boldsymbol{C}=\boldsymbol{F}^{\mathrm{T}}\boldsymbol{F}=(J^{2/3}\boldsymbol{I})\overline{\boldsymbol{C}}=J^{2/3}\overline{\boldsymbol{C}} \tag{12-54}$$

式中, $J^{1/3}\boldsymbol{I}$ 和 $J^{2/3}\boldsymbol{I}$ 为和体积变形相关的两个张量, 而 $\overline{\boldsymbol{F}}$ 和 $\overline{\boldsymbol{C}}=\overline{\boldsymbol{F}^{\mathrm{T}}\boldsymbol{F}}$ 则和保体积的畸变变形相关的张量, 分别被称为修正的变形梯度 (modified deformation gradient) 和修正的右 Cauchy-Green 变形张量, 它们分别满足:

$$\det\overline{\boldsymbol{F}}=\overline{\lambda}_1\overline{\lambda}_2\overline{\lambda}_3=1,\quad \det\overline{\boldsymbol{C}}=(\det\overline{\boldsymbol{F}})^2=(\overline{\lambda}_1\overline{\lambda}_2\overline{\lambda}_3)^2=1 \tag{12-55}$$

式中,

$$\overline{\lambda}_\alpha=J^{-1/3}\lambda_\alpha,\quad (\alpha=1,2,3) \tag{12-56}$$

为修正的主伸长比 (modified principal stretches).

当材料发生体积变化和保体积的畸变变形相比, 需要大的多的外部功时, 该材料被称为近似不可压缩材料 (nearly incompressible material).

由思考题 5.9 中的第一式, 便有下列关系式:

$$\frac{\partial J}{\partial \boldsymbol{C}}=\frac{1}{2}J\boldsymbol{C}^{-1},\quad \frac{\partial J^{-2/3}}{\partial \boldsymbol{C}}=-\frac{1}{3}J^{-2/3}\boldsymbol{C}^{-1} \tag{12-57}$$

则有如下四阶张量的出现:

$$\begin{aligned}\frac{\partial\overline{\boldsymbol{C}}}{\partial\boldsymbol{C}}&=\frac{\partial(J^{-2/3}\boldsymbol{C})}{\partial\boldsymbol{C}}=J^{-2/3}\left(\mathbb{I}+J^{2/3}\boldsymbol{C}\otimes\frac{\partial J^{-2/3}}{\partial\boldsymbol{C}}\right)\\&=J^{-2/3}\left(\mathbb{I}-\frac{1}{3}\boldsymbol{C}\otimes\boldsymbol{C}^{-1}\right)=J^{-2/3}\boldsymbol{\mathcal{P}}^{\mathrm{T}}\end{aligned} \tag{12-58}$$

式中,

$$\mathbb{I} = \delta_{il}\delta_{km}\boldsymbol{e}_i \otimes \boldsymbol{e}_k \otimes \boldsymbol{e}_l \otimes \boldsymbol{e}_m = \boldsymbol{e}_i \otimes \boldsymbol{e}_k \otimes \boldsymbol{e}_i \otimes \boldsymbol{e}_k \tag{12-59}$$

为四阶等同张量 (identity tensor). 而 $\boldsymbol{\mathcal{P}} = \mathbb{I} - \frac{1}{3}\boldsymbol{C}^{-1} \otimes \boldsymbol{C}$ 则被称为相对于参考构形通过 $\boldsymbol{C}$ 表示的投影张量 (projection tensor). 一般地, 四阶投影张量定义为

$$\boldsymbol{\mathcal{P}} = \mathbb{I} - \frac{1}{3}\boldsymbol{I} \otimes \boldsymbol{I} \tag{12-60}$$

为了给出等温情况下超弹性材料的应变能函数, 假设单位参考构形体积下的应变能函数 $W(\boldsymbol{C})$ 表示为如下体积膨胀变形 (volumetric 或 dilatational, 以下标 vol 表示) 和等容的畸变变形 (isochoric, distortional) 之间解耦的情形:

$$W(\boldsymbol{C}) = W_{\text{vol}}(J) + W_{\text{iso}}(\overline{\boldsymbol{C}}) \tag{12-61}$$

式中, $W_{\text{vol}}(J)$ 和 $W_{\text{iso}}(\overline{\boldsymbol{C}})$ 均为标量函数且需要满足客观性的要求. 另外, 还要求 $W_{\text{vol}}(J)$ 为严格凸函数 (strictly convex function), 且当 $J=1$ 时存在极小值. 另外还要求 $W_{\text{vol}}(J)$ 和 $W_{\text{iso}}(\overline{\boldsymbol{C}})$ 满足其在参考构形中的 "归一化条件 (normalization condition)":

$$W_{\text{vol}}(1) = 0, \quad W_{\text{iso}}(\boldsymbol{I}) = 0 \tag{12-62}$$

应变能函数 $W(\boldsymbol{C})$ 的物质时间导数可表示为

$$\dot{W} = \frac{\mathrm{d}W_{\text{vol}}(J)}{\mathrm{d}J}\dot{J} + \frac{\partial W_{\text{iso}}(\overline{\boldsymbol{C}})}{\partial \overline{\boldsymbol{C}}} : \dot{\overline{\boldsymbol{C}}} \tag{12-63}$$

由 (12-57) 式的第一式, 利用链式法则 (chain rule) 可得 (12-63) 式中的 $\dot{J}$:

$$\dot{J} = \frac{\partial J}{\partial \boldsymbol{C}} : \dot{\boldsymbol{C}} = J\boldsymbol{C}^{-1} : \frac{\dot{\boldsymbol{C}}}{2} \tag{12-64}$$

利用 (12-58) 式则可得 (12-63) 式中的 $\dot{\overline{\boldsymbol{C}}}$:

$$\dot{\overline{\boldsymbol{C}}} = \frac{\partial \overline{\boldsymbol{C}}}{\partial \boldsymbol{C}} : \dot{\boldsymbol{C}} = 2J^{-2/3}\boldsymbol{\mathcal{P}}^{\mathrm{T}} : \frac{\dot{\boldsymbol{C}}}{2} \tag{12-65}$$

由 (7-11) 式给出的内力的功率为: $\dot{w} = \boldsymbol{T} : \frac{\dot{\boldsymbol{C}}}{2}$, 当忽略热效应时, 再由 (8-40) 式所给出的 Clausius-Planck 不等式的等号适用的情形, 有

$$\left(\boldsymbol{T} - J\frac{\mathrm{d}W_{\text{vol}}(J)}{\mathrm{d}J}\boldsymbol{C}^{-1} - J^{-2/3}\boldsymbol{\mathcal{P}} : 2\frac{\partial W_{\text{iso}}(\overline{\boldsymbol{C}})}{\partial \overline{\boldsymbol{C}}}\right) : \frac{\dot{\boldsymbol{C}}}{2} = 0 \tag{12-66}$$

由 (12-61) 式, 用 PK2 表示的可压缩超弹性本构为

$$\boldsymbol{T} = 2\frac{\partial W(\boldsymbol{C})}{\partial \boldsymbol{C}} = \boldsymbol{T}_{\text{vol}} + \boldsymbol{T}_{\text{iso}} \tag{12-67}$$

式中,

$$\boldsymbol{T}_{\text{vol}} = 2\frac{\partial W_{\text{vol}}(J)}{\partial \boldsymbol{C}} = Jp\boldsymbol{C}^{-1}, \quad \boldsymbol{T}_{\text{iso}} = 2\frac{\partial W_{\text{iso}}(\overline{\boldsymbol{C}})}{\partial \boldsymbol{C}} = J^{-2/3}\boldsymbol{\mathcal{P}} : \overline{\boldsymbol{T}} \tag{12-68}$$

其中,

$$p = \frac{\mathrm{d}W_{\text{vol}}(J)}{\mathrm{d}J}, \quad \overline{\boldsymbol{T}} = 2\frac{\partial W_{\text{iso}}(\overline{\boldsymbol{C}})}{\partial \overline{\boldsymbol{C}}} \tag{12-69}$$

由 (7-9) 式的第二式, 可用 Cauchy 应力表示可压缩超弹性体的本构关系 (12-67) 式:

$$\boldsymbol{\sigma} = \boldsymbol{\sigma}_{\text{vol}} + \boldsymbol{\sigma}_{\text{iso}} = 2J^{-1}\boldsymbol{F}\left(\frac{\partial W_{\text{vol}}(J)}{\partial \boldsymbol{C}} + \frac{\partial W_{\text{iso}}(\overline{\boldsymbol{C}})}{\partial \boldsymbol{C}}\right)\boldsymbol{F}^{\text{T}} \tag{12-70}$$

将 (12-68) 式代入 (12-70) 式, 整理可得

$$\boldsymbol{\sigma} = \underbrace{p\boldsymbol{I}}_{\boldsymbol{\sigma}_{\text{vol}}} + \underbrace{J^{-1}\overline{\boldsymbol{F}}(\boldsymbol{\mathcal{P}} : \overline{\boldsymbol{T}})\overline{\boldsymbol{F}}^{\text{T}}}_{\boldsymbol{\sigma}_{\text{iso}}} \tag{12-71}$$

12.5.2 可压缩各向同性超弹性体的本构关系

基于 11.3 节有关各向同性弹性体本构关系的讨论, 对于可压缩的各向同性超弹性体, 其本构关系可通过如下应变能函数表示为

$$W(\boldsymbol{B}) = W_{\text{vol}}(J) + W_{\text{iso}}(\overline{\boldsymbol{B}}) \tag{12-72}$$

式中, $\boldsymbol{B} = \boldsymbol{F}\boldsymbol{F}^{\text{T}}$ 为左 Cauchy-Green 张量, 其可进一步通过乘法分解为

$$\boldsymbol{B} = (J^{2/3}\boldsymbol{I})\overline{\boldsymbol{B}} = J^{2/3}\overline{\boldsymbol{B}} \tag{12-73}$$

式中, $J^{2/3}\boldsymbol{I}$ 为和体积变化相关的张量, 而 $\overline{\boldsymbol{B}} = \boldsymbol{F}\overline{\boldsymbol{F}}^{\text{T}}$ 则为和保体积的畸变变形相关的张量, 被称为修正的左 Cauchy-Green 变形张量, 并满足: $\det\overline{\boldsymbol{B}} = 1$.

类似于 (12-57) 和 (12-58) 两式, 有如下关系:

$$\frac{\partial J}{\partial \boldsymbol{B}} = \frac{J}{2}\boldsymbol{B}^{-1}, \quad \frac{\partial \overline{\boldsymbol{B}}}{\partial \boldsymbol{B}} = J^{-2/3}\left(\mathbb{I} - \frac{1}{3}\boldsymbol{B} \otimes \boldsymbol{B}^{-1}\right) \tag{12-74}$$

由思考题 12.1 所知, 由于 Cauchy 应力和应变能函数 $W(\boldsymbol{B})$ 以及左 Cauchy-Green 变形张量之间的关系为: $\boldsymbol{\sigma} = 2J^{-1}\dfrac{\partial W(\boldsymbol{B})}{\partial \boldsymbol{B}}\boldsymbol{B} = 2J^{-1}\boldsymbol{B}\dfrac{\partial W(\boldsymbol{B})}{\partial \boldsymbol{B}}$, 则可压缩各向同性超弹性材料的本构关系可表示为

$$\boldsymbol{\sigma} = 2J^{-1}\frac{\partial W(\boldsymbol{B})}{\partial \boldsymbol{B}}\boldsymbol{B} = 2J^{-1}\boldsymbol{B}\frac{\partial W(\boldsymbol{B})}{\partial \boldsymbol{B}} = \boldsymbol{\sigma}_{\text{vol}} + \boldsymbol{\sigma}_{\text{iso}} \tag{12-75}$$

式中,

$$\boldsymbol{\sigma}_{\text{vol}} = 2J^{-1}\boldsymbol{B}\frac{\partial W_{\text{vol}}(J)}{\partial \boldsymbol{B}} = p\boldsymbol{I} \tag{12-76}$$

$$\begin{aligned}\boldsymbol{\sigma}_{\text{iso}} &= 2J^{-1}\boldsymbol{B}\frac{\partial W_{\text{iso}}(\overline{\boldsymbol{B}})}{\partial \boldsymbol{B}} = 2J^{-1}\boldsymbol{B}J^{-2/3}\left(\mathbb{I} - \frac{1}{3}\boldsymbol{B}^{-1}\otimes\boldsymbol{B}\right) : \frac{\partial W_{\text{iso}}(\overline{\boldsymbol{B}})}{\partial \overline{\boldsymbol{B}}} \\ &= \boldsymbol{B}\left(J^{-2/3}\mathbb{I} - \frac{1}{3}\boldsymbol{B}^{-1}\otimes\overline{\boldsymbol{B}}\right)\overline{\boldsymbol{B}}^{-1} : \underbrace{2J^{-1}\frac{\partial W_{\text{iso}}(\overline{\boldsymbol{B}})}{\partial \overline{\boldsymbol{B}}}\overline{\boldsymbol{B}}}_{\overline{\boldsymbol{\sigma}}} \\ &= \left(\mathbb{I} - \frac{1}{3}\boldsymbol{I}\otimes\boldsymbol{I}\right) : \overline{\boldsymbol{\sigma}} = \boldsymbol{\mathcal{P}} : \overline{\boldsymbol{\sigma}}\end{aligned} \tag{12-77}$$

式中, $\overline{\boldsymbol{\sigma}} = 2J^{-1}\frac{\partial W_{\text{iso}}(\overline{\boldsymbol{B}})}{\partial \overline{\boldsymbol{B}}}\overline{\boldsymbol{B}} = 2J^{-1}\overline{\boldsymbol{B}}\frac{\partial W_{\text{iso}}(\overline{\boldsymbol{B}})}{\partial \overline{\boldsymbol{B}}}$ 被称为虚拟的 (fictitious) Cauchy 应力张量, 其为一满足对称性的 Euler 型张量.

12.5.3 用应变不变量表示的可压缩各向同性超弹性体的本构关系

由于修正的右和左 Cauchy-Green 变形张量的特征值相同, 它们的三个不变量也相同, 即:

$$\begin{cases}\bar{\mathrm{I}}_1(\overline{\boldsymbol{C}}) = \mathrm{tr}\overline{\boldsymbol{C}} = \bar{\mathrm{I}}_1(\overline{\boldsymbol{B}}) = \mathrm{tr}\overline{\boldsymbol{B}} = J^{-2/3}\mathrm{I}_1(\boldsymbol{C}) = J^{-2/3}\mathrm{I}_1(\boldsymbol{B}) \\ \bar{\mathrm{I}}_2(\overline{\boldsymbol{C}}) = \frac{1}{2}[(\mathrm{tr}\overline{\boldsymbol{C}})^2 - \mathrm{tr}\overline{\boldsymbol{C}}^2] = \bar{\mathrm{I}}_2(\overline{\boldsymbol{B}}) = \frac{1}{2}[(\mathrm{tr}\overline{\boldsymbol{B}})^2 - \mathrm{tr}\overline{\boldsymbol{B}}^2] \\ \qquad = J^{-4/3}\mathrm{I}_2(\boldsymbol{C}) = J^{-4/3}\mathrm{I}_2(\boldsymbol{B}) \\ \bar{\mathrm{I}}_3(\overline{\boldsymbol{C}}) = \det\overline{\boldsymbol{C}} = \det\overline{\boldsymbol{B}} = 1\end{cases} \tag{12-78}$$

所以, 此时可压缩各向同性超弹性材料的应变能函数可表示为

$$W = W_{\text{vol}}(J) + W_{\text{iso}}[\bar{\mathrm{I}}_1(\overline{\boldsymbol{C}}), \bar{\mathrm{I}}_2(\overline{\boldsymbol{C}})] = W_{\text{vol}}(J) + W_{\text{iso}}[\bar{\mathrm{I}}_1(\overline{\boldsymbol{B}}), \bar{\mathrm{I}}_2(\overline{\boldsymbol{B}})] \tag{12-79}$$

则用不变量表示的可压缩各向同性超弹性体的本构关系为

$$\begin{aligned}\boldsymbol{T} &= 2\frac{\partial W(\boldsymbol{C})}{\partial \boldsymbol{C}} = 2\frac{\partial W_{\text{vol}}(J)}{\partial \boldsymbol{C}} + 2\frac{\partial W_{\text{iso}}(\bar{\mathrm{I}}_1, \bar{\mathrm{I}}_2)}{\partial \boldsymbol{C}} \\ &= \underbrace{Jp\boldsymbol{C}^{-1}}_{\boldsymbol{S}_{\text{vol}}} + \underbrace{J^{-2/3}\boldsymbol{\mathcal{P}} : 2\left\{\left[\frac{\partial W_{\text{iso}}(\bar{\mathrm{I}}_1, \bar{\mathrm{I}}_2)}{\partial \bar{\mathrm{I}}_1} + \bar{\mathrm{I}}_1\frac{\partial W_{\text{iso}}(\bar{\mathrm{I}}_1, \bar{\mathrm{I}}_2)}{\partial \bar{\mathrm{I}}_2}\right]\boldsymbol{I} - \frac{\partial W_{\text{iso}}(\bar{\mathrm{I}}_1, \bar{\mathrm{I}}_2)}{\partial \bar{\mathrm{I}}_2}\overline{\boldsymbol{C}}\right\}}_{\boldsymbol{S}_{\text{iso}}}\end{aligned} \tag{12-80}$$

12.6　横观各向同性超弹性体的本构关系

在各向异性介质中应力与应变的弹性张量包含有 21 个独立参数. 如果有两个方向性质相同, 就称为横观各向同性 (transversely isotropic, transverse isotropy), 此时的独立常数就会减少到 5 个. 如图 12.4 所示, 所谓横观各向同性是指弹性体只有平行于某一平面内各向同性, 而其他方向为各向异性. 换句话说, 横观各向同性就是具有一个对称轴的弹性体.

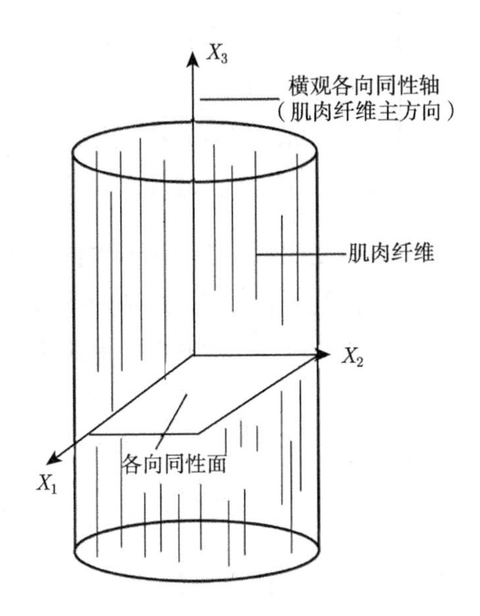

图 12.4　横观各向同性体示意图

12.6.1　横观各向同性超弹性体的运动学描述和五个不变量

对于横观各向同性弹性体, 一点的应变和应力状态除了和局部的变形梯度张量 $\boldsymbol{F}$ 有关外, 还和如图 12.4 中所示的纤维方向 (fiber direction) 有关. 定义在参考构形中的任意点 $\boldsymbol{X}$ 处纤维方向的单位矢量场为 $\boldsymbol{a}_0(\boldsymbol{X})$, 满足: $|\boldsymbol{a}_0| = \boldsymbol{a}_0^2 = 1$. 变形后, 设纤维的伸长比为 λ, 在当前构形中纤维的单位矢量场为 $\boldsymbol{a}(\boldsymbol{x}, t)$, 亦满足: $|\boldsymbol{a}| = \boldsymbol{a}^2 = 1$. 按照当前构形和参考构形中线段的基本变换关系 (5-5) 式, 有如下纤维单位矢量场的变化关系:

$$\lambda \boldsymbol{a}(\boldsymbol{x}, t) = \boldsymbol{F}(\boldsymbol{X}, t)\boldsymbol{a}_0(\boldsymbol{X}) = \boldsymbol{a}_0(\boldsymbol{X})F^{\mathrm{T}}(\boldsymbol{X}, t) \tag{12-81}$$

由基本关系式 $|\boldsymbol{a}| = \boldsymbol{a}^2 = 1$, 由 (12-81) 式可确定纤维伸长比为

$$\lambda^2 = \boldsymbol{a}_0 \cdot \boldsymbol{F}^{\mathrm{T}}\boldsymbol{F}\boldsymbol{a}_0 = \boldsymbol{a}_0 \cdot \boldsymbol{C}\boldsymbol{a}_0 \tag{12-82}$$

(12-82) 式表明, 纤维的伸长比不但依赖于参考构形中纤维的单位矢量 $\boldsymbol{a}_0$, 而且还和应变度量 (右 Cauchy-Green 变形张量 $\boldsymbol{C}$) 有关.

横观各向同性超弹性体的行为由如下五个应变度量的不变量来确定:

$$\begin{cases} \mathrm{I}_1(\boldsymbol{C}) = \mathrm{tr}\boldsymbol{C} \\ \mathrm{I}_2(\boldsymbol{C}) = \dfrac{1}{2}[(\mathrm{tr}\boldsymbol{C})^2 - \mathrm{tr}\boldsymbol{C}^2] \\ \mathrm{I}_3(\boldsymbol{C}) = \det\boldsymbol{C} \\ \mathrm{I}_4(\boldsymbol{C}, \boldsymbol{a}_0) = \boldsymbol{a}_0 \cdot \boldsymbol{C}\boldsymbol{a}_0 = \lambda^2 \\ \mathrm{I}_5(\boldsymbol{C}, \boldsymbol{a}_0) = \boldsymbol{a}_0 \cdot \boldsymbol{C}^2\boldsymbol{a}_0 \end{cases} \tag{12-83}$$

由 (12-83) 式可以看出, 前三个应变度量的不变量和各向同性体的三个不变量的表达式完全一致, 而第四和第五不变量是为了形成两个张量 $\boldsymbol{C}$ 和 $\boldsymbol{a}_0 \otimes \boldsymbol{a}_0$ 的整基 (integrity bases) 并使其满足如下客观性要求所必须出现的:

$$W(\boldsymbol{C}, \boldsymbol{a}_0 \otimes \boldsymbol{a}_0) = W(\boldsymbol{Q}\,\boldsymbol{C}\,\boldsymbol{Q}^{\mathrm{T}}, \boldsymbol{Q}\boldsymbol{a}_0 \otimes \boldsymbol{a}_0\boldsymbol{Q}^{\mathrm{T}}) \tag{12-84}$$

I_4 和 I_5 被称为两个张量 $\boldsymbol{C}$ 和 $\boldsymbol{a}_0 \otimes \boldsymbol{a}_0$ 的赝不变量 (pseudo-invariants).

12.6.2 横观各向同性超弹性体的本构关系

单位参考构形体积下, 横观各向同性超弹性体的自由能函数可表示为

$$W = W[\mathrm{I}_1(\boldsymbol{C}), \mathrm{I}_2(\boldsymbol{C}), \mathrm{I}_3(\boldsymbol{C}), \mathrm{I}_4(\boldsymbol{C}, \boldsymbol{a_0}), \mathrm{I}_5(\boldsymbol{C}, \boldsymbol{a_0})] \tag{12-85}$$

故横观各向同性超弹性材料用 PK2 表示的本构关系为

$$\boldsymbol{T} = 2\frac{\partial W(\boldsymbol{C}, \boldsymbol{a_0} \otimes \boldsymbol{a_0})}{\partial \boldsymbol{C}} = 2\sum_{\alpha=1}^{5} \frac{\partial W(\boldsymbol{C}, \boldsymbol{a}_0 \otimes \boldsymbol{a}_0)}{\partial \mathrm{I}_\alpha} \frac{\partial \mathrm{I}_\alpha}{\partial \boldsymbol{C}} \tag{12-86}$$

由于对右 Cauchy-Green 变形张量的第一不变量 $\mathrm{I}_1(\boldsymbol{C})$ 有如下关系:

$$\frac{\partial \mathrm{I}_1(\boldsymbol{C})}{\partial \boldsymbol{C}} = \frac{\partial \mathrm{tr}\boldsymbol{C}}{\partial \boldsymbol{C}} = \frac{\partial(\boldsymbol{I} : \boldsymbol{C})}{\partial \boldsymbol{C}} = \boldsymbol{I} \tag{12-87}$$

对右 Cauchy-Green 变形张量的第二和第三不变量分别有如下关系:

$$\frac{\partial \mathrm{I}_2(\boldsymbol{C})}{\partial \boldsymbol{C}} = \frac{1}{2}\left[2\mathrm{tr}(\boldsymbol{C})\boldsymbol{I} - \frac{\partial \mathrm{tr}\boldsymbol{C}^2}{\partial \boldsymbol{C}}\right] = \mathrm{I}_1\boldsymbol{I} - \boldsymbol{C}, \quad \frac{\partial \mathrm{I}_3(\boldsymbol{C})}{\partial \boldsymbol{C}} = \mathrm{I}_3\boldsymbol{C}^{-1} \tag{12-88}$$

两个赝不变量 I_4 和 I_5 的相应关系式为

$$\left\{\begin{aligned}&\frac{\partial \mathrm{I}_4(\boldsymbol{C},\boldsymbol{a}_0)}{\partial \boldsymbol{C}}=\frac{\partial(\boldsymbol{a}_0\cdot\boldsymbol{C}\boldsymbol{a}_0)}{\partial \boldsymbol{C}}=\boldsymbol{a}_0\otimes\boldsymbol{a}_0\\&\frac{\partial \mathrm{I}_5(\boldsymbol{C},\boldsymbol{a}_0)}{\partial \boldsymbol{C}}=\frac{\partial(\boldsymbol{a}_0\cdot\boldsymbol{C}^2\boldsymbol{a}_0)}{\partial \boldsymbol{C}}=\boldsymbol{a}_0\otimes\boldsymbol{C}\boldsymbol{a}_0+\boldsymbol{a}_0\boldsymbol{C}\otimes\boldsymbol{a}_0\end{aligned}\right. \tag{12-89}$$

则横观各向同性超弹性本构关系可用 PK2 表示为

$$\begin{aligned}\boldsymbol{T}=2\Bigg[&\underbrace{\left(\frac{\partial W}{\partial \mathrm{I}_1}+\mathrm{I}_1\frac{\partial W}{\partial \mathrm{I}_2}\right)\boldsymbol{I}-\frac{\partial W}{\partial \mathrm{I}_2}\boldsymbol{C}+\mathrm{I}_3\frac{\partial W}{\partial \mathrm{I}_3}\boldsymbol{C}^{-1}}_{\text{和各向同性超弹性本构形式相同的三项}}\\&\underbrace{+\frac{\partial W}{\partial \mathrm{I}_4}\boldsymbol{a}_0\otimes\boldsymbol{a}_0+\frac{\partial W}{\partial \mathrm{I}_5}(\boldsymbol{a}_0\otimes\boldsymbol{C}\boldsymbol{a}_0+\boldsymbol{a}_0\boldsymbol{C}\otimes\boldsymbol{a}_0)}_{\text{横观各向同性和各向同性相比附加的两项}}\Bigg]\end{aligned} \tag{12-90}$$

用 Cauchy 应力表示的横观各向同性超弹性本构关系为

$$\begin{aligned}\boldsymbol{\sigma}=2J^{-1}\Bigg[&\underbrace{\left(\frac{\partial W}{\partial \mathrm{I}_1}+\mathrm{I}_1\frac{\partial W}{\partial \mathrm{I}_2}\right)\boldsymbol{B}-\frac{\partial W}{\partial \mathrm{I}_2}\boldsymbol{B}^2+\mathrm{I}_3\frac{\partial W}{\partial \mathrm{I}_3}\boldsymbol{I}}_{\text{和各向同性超弹本构形式相同的三项}}\\&\underbrace{+\mathrm{I}_4\frac{\partial W}{\partial \mathrm{I}_4}\boldsymbol{a}\otimes\boldsymbol{a}+\mathrm{I}_4\frac{\partial W}{\partial \mathrm{I}_5}(\boldsymbol{a}\otimes\boldsymbol{B}\boldsymbol{a}+\boldsymbol{a}\boldsymbol{B}\otimes\boldsymbol{a})}_{\text{横观各向同性和各向同性相比附加的两项}}\Bigg]\end{aligned} \tag{12-91}$$

关于横观各向同性超弹性本构 (12-90) 和 (12-91) 两式向各向同性情形的退化可见思考题 12.2.

12.6.3　不可压缩横观各向同性超弹性体的本构关系

本小节所讨论的基体材料 (matrix materials) 为不可压缩横观各向同性超弹性, 而增强的纤维则分为两种情形: 可延展 (extensible) 和不可延展 (inextensible).

对于第一种情形, 由于基体材料的不可压缩性, 故有: $\mathrm{I}_3=1$, 此时参照 12.3 节所讨论过的不可压缩超弹性体的本构关系, 此时的不可压缩横观各向同性超弹性基体、可延展的纤维材料的应变能密度可表示为

$$W=W[\mathrm{I}_1(\boldsymbol{C}),\mathrm{I}_2(\boldsymbol{C}),\mathrm{I}_4(\boldsymbol{C},\boldsymbol{a}_0),\mathrm{I}_5(\boldsymbol{C},\boldsymbol{a}_0)]-\frac{p}{2}(\mathrm{I}_3-1) \tag{12-92}$$

式中, p 作为待定的 Lagrange 乘子事实上为静水压强. 此时的本构关系可通过类似于 12.6.2 节和 12.3 节的步骤得到, 见思考题 12.3.

对于第二种情形, 也就是纤维为不可延展情形, 此时相对于第一种情形需要附加一个条件, 也就是由 (12-82) 式所表示的主伸长比 $\lambda^2 = 1$, 由 (12-83) 中的第四式可知此时须附加条件: $\mathrm{I}_4 = 1$. 因此, 在 (12-92) 式的基础上, 增强纤维不可延展情形的应变能密度将表示为如下形式:

$$W = W[\mathrm{I}_1(\boldsymbol{C}), \mathrm{I}_2(\boldsymbol{C}), \mathrm{I}_5(\boldsymbol{C}, \boldsymbol{a}_0)] - \frac{p}{2}(\mathrm{I}_3 - 1) - \frac{q}{2}(\mathrm{I}_4 - 1) \tag{12-93}$$

式中, $q/2$ 为待定的 Lagrange 乘子. 第二种情形的本构关系可表示为

$$\begin{cases} \boldsymbol{T} = 2\left(\dfrac{\partial W}{\partial \mathrm{I}_1} + \mathrm{I}_1 \dfrac{\partial W}{\partial \mathrm{I}_2}\right)\boldsymbol{I} - 2\dfrac{\partial W}{\partial \mathrm{I}_2}\boldsymbol{C} - q\boldsymbol{a}_0 \otimes \boldsymbol{a}_0 \\ \qquad + 2\dfrac{\partial W}{\partial \mathrm{I}_5}(\boldsymbol{a}_0 \otimes \boldsymbol{C}\boldsymbol{a}_0 + \boldsymbol{a}_0\boldsymbol{C} \otimes \boldsymbol{a}_0) - p\boldsymbol{C}^{-1} \\ \boldsymbol{\sigma} = 2\dfrac{\partial W}{\partial \mathrm{I}_1}\boldsymbol{B} - 2\dfrac{\partial W}{\partial \mathrm{I}_2}\boldsymbol{B}^{-1} - q\boldsymbol{a} \otimes \boldsymbol{a} + 2\dfrac{\partial W}{\partial \mathrm{I}_5}(\boldsymbol{a} \otimes \boldsymbol{B}\boldsymbol{a} + \boldsymbol{a}\boldsymbol{B} \otimes \boldsymbol{a}) - p\boldsymbol{I} \end{cases} \tag{12-94}$$

式中, 两个待定项 $q\boldsymbol{a}_0 \otimes \boldsymbol{a}_0$ 和 $q\boldsymbol{a} \otimes \boldsymbol{a}$ 由纤维不可延展的限制条件 $\mathrm{I}_4 = 1$ 来进行确定.

12.7 超弹性物质需要满足的 Coleman-Noll 不等式

本书在 11.4 节中所引入的广义 Coleman-Noll 不等式作为应力与变形之间的单调性条件, 对于超弹性物质依然成立.

设超弹性势函数为变形梯度 $\boldsymbol{F}$ 的单一函数: $f(\boldsymbol{F})$, 则由 (12-6) 式的第一式可给出 PK1 为

$$\boldsymbol{P} = \rho_0 \frac{\partial f(\boldsymbol{F})}{\partial \boldsymbol{F}} \tag{12-95}$$

式中, ρ_0 为参考构形中的质量密度. 将 (12-95) 式代入 GCN 条件 (11-59) 式, 有

$$\mathrm{tr}\left\{\left[\frac{\partial f(\boldsymbol{F}^{(2)})}{\partial \boldsymbol{F}^{(2)}} - \frac{\partial f(\boldsymbol{F}^{(1)})}{\partial \boldsymbol{F}^{(1)}}\right](\boldsymbol{F}^{(2)} - \boldsymbol{F}^{(1)})^{\mathrm{T}}\right\} > 0 \tag{12-96}$$

考虑无量纲参变数 τ 的变形梯度张量函数为 $(\boldsymbol{I} + \tau\boldsymbol{D})$ 和 $\boldsymbol{F}$ 间的点积:

$$\boldsymbol{F}(\tau) = (\boldsymbol{I} + \tau\boldsymbol{D})\boldsymbol{F} \tag{12-97}$$

式中, $\boldsymbol{F} = \boldsymbol{F}^{(1)}$ 为给定的变形梯度, $\boldsymbol{D}$ 是给定的对称张量. 令 $\boldsymbol{D} = \boldsymbol{S} - \boldsymbol{I}$, 故 $\boldsymbol{D}$ 仍为对称张量. (12-97) 式给出: $\boldsymbol{F}(0) = \boldsymbol{F} = \boldsymbol{F}^{(1)}$, $\boldsymbol{F}(1) = \boldsymbol{S}\,\boldsymbol{F}^{(1)} = \boldsymbol{F}^{(2)}$, 这便得到了 (11-61) 式.

将 (12-97) 式中的 $\boldsymbol{F}(\tau)$ 代替 (12-96) 式中的 $\boldsymbol{F}^{(2)}$, (12-96) 式可改写为

$$\operatorname{tr}\left\{\left[\frac{\partial f(\boldsymbol{F}(\tau))}{\partial \boldsymbol{F}(\tau)}-\frac{\partial f(\boldsymbol{F}^{(1)})}{\partial \boldsymbol{F}^{(1)}}\right](\boldsymbol{D}\,\boldsymbol{F}^{(1)})^{\mathrm{T}}\right\}>0 \tag{12-98}$$

因为:

$$\frac{\mathrm{d}}{\mathrm{d}\tau}f(\boldsymbol{F}(\tau))=\operatorname{tr}\left[\frac{\partial f(\boldsymbol{F}(\tau))}{\partial \boldsymbol{F}(\tau)}(\boldsymbol{D}\,\boldsymbol{F}^{(1)})^{\mathrm{T}}\right]$$

所以 (12-98) 式化为

$$\frac{\mathrm{d}}{\mathrm{d}\tau}f(\boldsymbol{F}(\tau))-\operatorname{tr}\left[\frac{\partial f(\boldsymbol{F}^{(1)})}{\partial \boldsymbol{F}^{(1)}}(\boldsymbol{D}\,\boldsymbol{F}^{(1)})^{\mathrm{T}}\right]>0 \tag{12-99}$$

对正的参变量 τ 从 0 到 1 进行积分, 并再次注意到: $\boldsymbol{F}(1)=\boldsymbol{S}\,\boldsymbol{F}^{(1)}=\boldsymbol{F}^{(2)}$, 则:

$$f(\boldsymbol{F}^{(2)})-f(\boldsymbol{F}^{(1)})-\operatorname{tr}\left[\frac{\partial f(\boldsymbol{F}^{(1)})}{\partial \boldsymbol{F}^{(1)}}(\boldsymbol{F}^{(2)}-\boldsymbol{F}^{(1)})^{\mathrm{T}}\right]>0 \tag{12-100}$$

由正定对称张量 $\boldsymbol{S}=\boldsymbol{D}+\boldsymbol{I}$, 以 $\boldsymbol{S}\,\boldsymbol{F}^{(1)}=\boldsymbol{F}^{(2)}$ 形式联系起来的 $\boldsymbol{F}^{(2)}$ 与 $\boldsymbol{F}^{(1)}$ 所构成的不等式 (12-100) 被称为 “Coleman-Noll 不等式”, 并简称为 “C-N 条件”. 可想象的是, 在变形梯度空间中势函数如果满足上述 “C-N 条件” 的话则是 “下凸” 的[17].

思　考　题

12.1　如果超弹性材料的应变能函数是左 Cauchy-Green 变形张量的标量函数 $W(\boldsymbol{B})$, 证明 Cauchy 应力可表示为: $\boldsymbol{\sigma}=2J^{-1}\dfrac{\partial W(\boldsymbol{B})}{\partial \boldsymbol{B}}\boldsymbol{B}=2J^{-1}\boldsymbol{B}\dfrac{\partial W(\boldsymbol{B})}{\partial \boldsymbol{B}}$.

该问题已在 12.5.2 节中得到应用, 这里给出其证明的提示. 由例 5.8 所业已给出的结果: $\dot{\boldsymbol{B}}=\boldsymbol{l}\,\boldsymbol{B}+\boldsymbol{B}\,\boldsymbol{l}^{\mathrm{T}}$, 故按照链式法则, 有: $\dot{W}=\dfrac{\partial W(\boldsymbol{B})}{\partial \boldsymbol{B}}:\dot{\boldsymbol{B}}=\dfrac{\partial W(\boldsymbol{B})}{\partial \boldsymbol{B}}:(\boldsymbol{l}\,\boldsymbol{B}+\boldsymbol{B}\,\boldsymbol{l}^{\mathrm{T}})$, 基于对称性, 则进一步有: $\dot{W}=\dfrac{\partial W(\boldsymbol{B})}{\partial \boldsymbol{B}}:\dot{\boldsymbol{B}}=2\dfrac{\partial W(\boldsymbol{B})}{\partial \boldsymbol{B}}:\boldsymbol{l}\,\boldsymbol{B}$, 再由 (4-38) 式所给出的恒等式: $\boldsymbol{A}:(\boldsymbol{B}\,\boldsymbol{C})=(\boldsymbol{A}\,\boldsymbol{C}^{\mathrm{T}}):\boldsymbol{B}$, 则有: $\dot{W}=2\dfrac{\partial W(\boldsymbol{B})}{\partial \boldsymbol{B}}:\boldsymbol{l}\,\boldsymbol{B}=2\dfrac{\partial W(\boldsymbol{B})}{\partial \boldsymbol{B}}\boldsymbol{B}:\boldsymbol{l}$. 由于对称性有如下交换律: $\dfrac{\partial W(\boldsymbol{B})}{\partial \boldsymbol{B}}\boldsymbol{B}=\boldsymbol{B}\dfrac{\partial W(\boldsymbol{B})}{\partial \boldsymbol{B}}$. 最后, 由于变形功率的表达式 (7-11), 有: $J\boldsymbol{\sigma}:\boldsymbol{d}=2\dfrac{\partial W(\boldsymbol{B})}{\partial \boldsymbol{B}}\boldsymbol{B}:\boldsymbol{d}=2\boldsymbol{B}\dfrac{\partial W(\boldsymbol{B})}{\partial \boldsymbol{B}}:\dfrac{\boldsymbol{l}+\boldsymbol{l}^{\mathrm{T}}}{2}=2\boldsymbol{B}\dfrac{\partial W(\boldsymbol{B})}{\partial \boldsymbol{B}}:\boldsymbol{l}$, 故关系式得证.

12.2　(1) 由 (12-90) 式, 给出最广泛应用物质形式的 (material form, 亦即: Lagrange 形式) 各向同性超弹性本构关系为

$$\boldsymbol{T}=2\left[\left(\frac{\partial W}{\partial \mathrm{I}_1}+\mathrm{I}_1\frac{\partial W}{\partial \mathrm{I}_2}\right)\boldsymbol{I}-\frac{\partial W}{\partial \mathrm{I}_2}\boldsymbol{C}+\mathrm{I}_3\frac{\partial W}{\partial \mathrm{I}_3}\boldsymbol{C}^{-1}\right] \tag{12-101}$$

(2) 由 (12-91) 式, 给出最广泛应用空间形式的 (spatial form, 亦即: Euler 形式) 各向同性超弹性本构关系为

$$\boldsymbol{\sigma}=2J^{-1}\left[\left(\frac{\partial W}{\partial \mathrm{I}_1}+\mathrm{I}_1\frac{\partial W}{\partial \mathrm{I}_2}\right)\boldsymbol{B}-\frac{\partial W}{\partial \mathrm{I}_2}\boldsymbol{B}^2+\mathrm{I}_3\frac{\partial W}{\partial \mathrm{I}_3}\boldsymbol{I}\right] \tag{12-102}$$

12.3 证明: 对应于 Gent 模型 (12-29) 式, Cauchy 应力张量为

$$\boldsymbol{\sigma}_{\mathrm{Gent}}=-p\boldsymbol{I}+\mu\frac{J_m}{J_m-(\mathrm{I}_1-3)}\boldsymbol{B} \tag{12-103}$$

并解释当 $\mathrm{I}_1\to J_m+3$ 时, 由于材料的快速硬化所导致的应力的奇异性 $\boldsymbol{\sigma}_{\mathrm{Gent}}\to\infty$.

12.4 基于 (12-92) 式的不可压缩横观各向同性、纤维可延展情形的应变能密度, 分别给出 Lagrange 和 Euler 两种描述形式的本构关系.

12.5 复习: 对于标量函数 $f(x)$ 而言, 过切线上任何一点引切线, 若曲线总在切线的上方, 则该曲线为 "下凸" 的, 用公式可表示为: $f(x_2)-f(x_1)-\left.\frac{\mathrm{d}f}{\mathrm{d}x}\right|_{x_1}(x_2-x_1)>0$.

Freeman John Dyson (1923~2020)

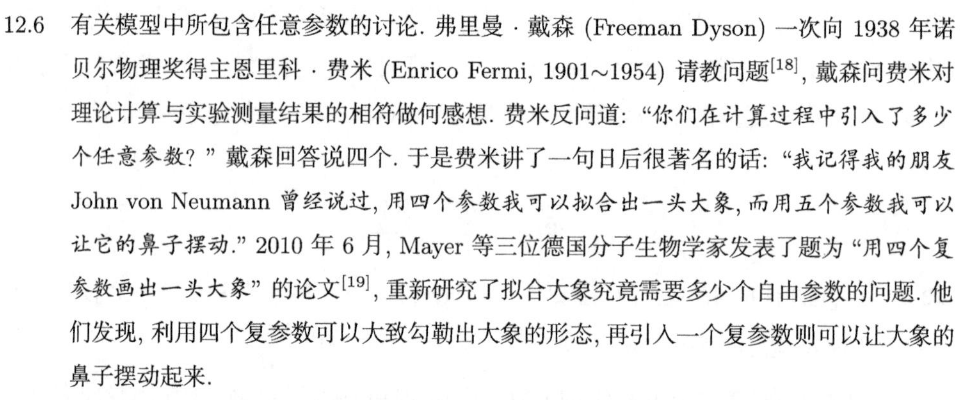

12.6 有关模型中所包含任意参数的讨论. 弗里曼 · 戴森 (Freeman Dyson) 一次向 1938 年诺贝尔物理奖得主恩里科 · 费米 (Enrico Fermi, 1901~1954) 请教问题[18], 戴森问费米对理论计算与实验测量结果的相符做何感想. 费米反问道: "你们在计算过程中引入了多少个任意参数? " 戴森回答说四个. 于是费米讲了一句日后很著名的话: "我记得我的朋友 John von Neumann 曾经说过, 用四个参数我可以拟合出一头大象, 而用五个参数我可以让它的鼻子摆动." 2010 年 6 月, Mayer 等三位德国分子生物学家发表了题为 "用四个复参数画出一头大象" 的论文[19], 重新研究了拟合大象究竟需要多少个自由参数的问题. 他们发现, 利用四个复参数可以大致勾勒出大象的形态, 再引入一个复参数则可以让大象的鼻子摆动起来.

Enrico Fermi (1901~1954)

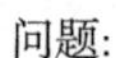

问题:

(1) 针对本章所讨论的六参数本构模型, 如何深入理解其预测结果和实验结果的良好吻合?

(2) 如何从费米的一番话中体会科学的品味以及对物理现象的深刻理解?

(3) 一般而言, 一个理论或模型所做的假设越少、所需要由实验确定的待定参数越少, 就越有说服力, 从头计算 (ab initio calculation) 或第一原理模拟 (first-principle calculation) 需要几个初始参数?

12.7 针对具有不可压缩性质的 Yeoh 模型 (12-26) 式, 在实际工程应用中, 一般展开到第三项即可满足精度要求, 即:

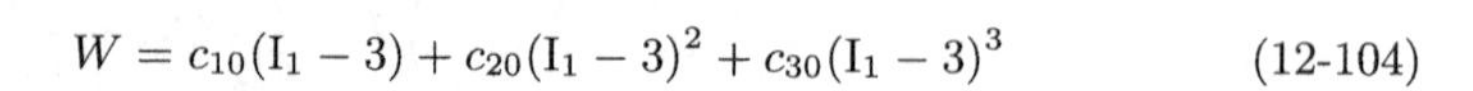

$$W=c_{10}(\mathrm{I}_1-3)+c_{20}(\mathrm{I}_1-3)^2+c_{30}(\mathrm{I}_1-3)^3 \tag{12-104}$$

问题: 给出一维拉伸情形用主伸长比所表示的应力表达式.

提示: 设一维拉伸方向的主伸长比为: $\lambda_1 = \lambda$, 由于材料的不可压缩性, 有: $\lambda_1\lambda_2\lambda_3 = 1$, 从而有其他两个方向的主伸长比为: $\lambda_2 = \lambda_3 = 1/\sqrt{\lambda}$. 由于第一不变量为: $\mathrm{I}_1 = \lambda_1^2 + \lambda_2^2 + \lambda_3^2 = \lambda^2 + \dfrac{2}{\lambda}$, 将其代入 (12-104) 式, 则可得到如下一维拉伸时的简化的 Yeoh 模型的 Cauchy 应力表达式:

$$\sigma_1 = 2\left(\lambda^2 - \frac{1}{\lambda}\right)\left[c_{01} + 2c_{02}\left(\lambda^2 + \frac{2}{\lambda} - 3\right) + 3c_{03}\left(\lambda^2 + \frac{2}{\lambda} - 3\right)^2\right] \tag{12-105}$$

12.8　大作业一: 针对有关软生物组织的超弹性本构模型进行系统的文献综述[20].

12.9　大作业二: Holzapfel、Gasser 和 Ogden 针对动脉管壁所建立的超弹性本构关系[16] 近年来得到了重大反响, 其单篇 SCI 引用已经过千次. 对该工作进行仔细研读并调研该模型的后续拓展情况[21].

12.10　大作业三: 由 (12-54) 式可知, 修正的变形梯度 $\overline{\boldsymbol{F}}$ 和变形梯度 $\boldsymbol{F}$ 之间的关系为: $\overline{\boldsymbol{F}} = J^{-1/3}\boldsymbol{F}$. 注意到 $\boldsymbol{F}$ 为 3×3 的矩阵, 推而广之, 对于一个由 $n\times n$ 矩阵表示的张量 $\boldsymbol{A}$, 可构造出:

$$\overline{\boldsymbol{A}} = \Theta^{-1/n}\boldsymbol{A}, \tag{12-106}$$

式中, $\Theta = \det\boldsymbol{A}$, $\det\overline{\boldsymbol{A}} \equiv 1$.

参 考 文 献

[1] 黄克智, 黄永刚. 固体本构关系. 北京: 清华大学出版社, 1999.

[2] Mooney M. A theory of large elastic deformation. Journal of Applied Physics, 1940, 11: 582–592.

[3] Rivlin R S, Saunders D W. Large elastic deformations of isotropic materials. 7. Experiments on the deformation of rubber. Philosophical Transactions of the Royal Society of London A, 1951, 243: 251–288.

[4] Ogden R W. Large deformation isotropic elasticity – on the correlation of theory and experiment for incompressible rubberlike solids. Proceedings of the Royal Society of London A, 1972, 326: 565–584.

[5] Varga O H. Stress-strain behavior of elastic materials; selected problems of large deformations. New York: Wiley, 1966.

[6] Yeoh O H. Some forms of the strain energy function for rubber. Rubber Chemistry and Technology, 1993, 66: 754–771.

[7] Arruda E M, Boyce M C. A three-dimensional constitutive model for the large stretch behavior of rubber elastic-materials. Journal of the Mechanics and Physics of Solids, 1993, 41: 389–412.

[8] Treloar L R G. The elasticity of a network of long-chain molecules – II. Transactions of the Faraday Society, 1943, 39: 241–246.

[9] Gent A N. A new constitutive relation for rubber. Rubber Chemistry and Technology, 1996, 69: 59–61.

[10] Yu Y S, Zhao Y P. Deformation of PDMS membrane and microcantilever by a water droplet: Comparison between Mooney-Rivlin and linear elastic constitutive models. Journal of Colloid and Interface Science, 2009, 332: 467–476.

[11] 赵亚溥. 纳米与介观力学. 北京: 科学出版社, 2014.

[12] Alexander H. Tensile instability of initially spherical balloons. International Journal of Engineering Science, 1971, 9: 151–160.

[13] Holzapfel G A. Nonlinear Solid Mechanics. Chichester: Wiley, 2000.

[14] Anand L. Moderate deformations in extension-torsion of incompressible isotropic elastic materials. Journal of the Mechanics and Physics of Solids, 1986, 34: 293–304.

[15] Flory P J. Thermodynamic relations for high elastic polymers. Transactions of the Faraday Society, 1961, 57: 829–838.

[16] Holzapfel G A, Gasser T C, Ogden R W. A new constitutive framework for arterial wall mechanics and a comparative study of material models. Journal of Elasticity, 2000, 61: 1–48.

[17] 德冈辰雄. 理性连续介质力学入门. 赵镇, 苗天德, 程昌钧译. 北京: 科学出版社, 1982.

[18] Dyson F. A meeting with Enrico Fermi. Nature, 2004, 427: 297–297.

[19] Mayer J, Khairy K, Howard J. Drawing an elephant with four complex parameters. American Journal of Physics, 2010, 78: 648–649.

[20] Chagnon G, Rebouah M, Favier D. Hyperelastic energy densities for soft biological tissues: A review. Journal of Elasticity, 2015, 120: 129–160.

[21] Gasser T C, Ogden R W, Holzapfel G A. Hyperelastic modelling of arterial layers with distributed collagen fibre orientations. Journal of the Royal Society Interface, 2006, 3: 15–35.

第 13 章　低弹性本构关系

正如本篇篇首语中已指出的, 如果材料在弹性变形过程当中, 应力率与变形率保持线性关系, 那么, 该材料就是低弹性体. 低弹性的概念是 Truesdell 于 1955 年引入的[1].

13.1　低弹性材料的阶

最为广泛的 (the most general) 低弹性本构方程可表示为下式[2]:

$$\begin{aligned}\dot{\sigma}_{ij} = &\underbrace{\beta_1\dot{\varepsilon}_{kk}\delta_{ij} + \beta_2\dot{\varepsilon}_{ij}}_{\text{应力的零次幂项}} + \underbrace{\beta_3\dot{\varepsilon}_{kk}\sigma_{ij} + \beta_4\sigma_{mn}\dot{\varepsilon}_{mn}\delta_{ij} + \beta_5(\sigma_{ik}\dot{\varepsilon}_{kj} + \dot{\varepsilon}_{ik}\sigma_{kj})}_{\text{应力的一次幂项}} \\ &+ \underbrace{\beta_6\dot{\varepsilon}_{mm}\sigma_{ik}\sigma_{kj} + \beta_7\sigma_{mn}\dot{\varepsilon}_{nm}\sigma_{ij} + \beta_8\sigma_{lm}\sigma_{mn}\dot{\varepsilon}_{nl}\delta_{ij} + \beta_9(\sigma_{ik}\sigma_{kl}\dot{\varepsilon}_{lj} + \dot{\varepsilon}_{ik}\sigma_{kl}\sigma_{lj})}_{\text{应力的二次幂项}} \\ &+ \underbrace{\beta_{10}\sigma_{mn}\dot{\varepsilon}_{nm}\sigma_{ik}\sigma_{kj} + \beta_{11}\sigma_{lm}\sigma_{mn}\dot{\varepsilon}_{nl}\sigma_{ij}}_{\text{应力的三次幂项}} + \underbrace{\beta_{12}\sigma_{lm}\sigma_{mn}\dot{\varepsilon}_{nl}\sigma_{ik}\sigma_{kj}}_{\text{应力的四次幂项}}\end{aligned} \tag{13-1}$$

式中, 系数 $\beta_1 \sim \beta_{12}$ 依赖于应力的三个不变量. (13-1) 式右端各项中应力的幂次项称为 "阶 (grade)". 例如, 三阶低弹性材料 (hypo-elastic material of grade three) 是指右端有 $\beta_1 \sim \beta_{11}$ 共 11 个系数, 即展开到应力的三次幂项, 此时有: $\beta_{12} = 0$. 余次可类推. 本章中为了不使篇幅过大, 将主要讨论零阶低弹性材料.

13.2　零阶低弹性材料的本构关系

在 (13-1) 式中, 如果材料常数满足: $\beta_3 = \beta_4 = \cdots = \beta_{12} = 0$, 则称为零阶低弹性材料 (hypo-elastic material of grade zero). 此时, (13-1) 式退化为

$$\dot{\sigma}_{ij} = \beta_1\dot{\varepsilon}_{kk}\delta_{ij} + \beta_2\dot{\varepsilon}_{ij} \tag{13-2}$$

(13-2) 式中令 $\beta_1 = \lambda$、$\beta_2 = 2\mu$, 则得到了用 Lamé 常数表示的 Hooke 定律的率形式:

$$\dot{\sigma}_{ij} = \lambda\dot{\varepsilon}_{kk}\delta_{ij} + 2\mu\dot{\varepsilon}_{ij} \tag{13-3}$$

(13-3) 式即为 (11-44) 的率形式, 还可用更为常用的弹性模量 E、Poisson 比 ν 来表示, 两种弹性系数之间的换算关系为 (11-48) 式和 (11-48)' 式. 由 (13-3) 式还可得到应力率和应变率第一不变量之间的简单关系:

$$\dot{\sigma}_{kk} = 3K\dot{\varepsilon}_{kk} \tag{13-4}$$

式中, 体积弹性模量 K 已由 (11-51) 式给出.

如果定义应力和应变偏量 (deviatoric stress and strain): $s_{ij} = \sigma_{ij} - \sigma_{kk}\delta_{ij}/3$, $e_{ij} = \varepsilon_{ij} - \varepsilon_{kk}\delta_{ij}/3$, 则有如下小变形低弹性本构关系:

$$\dot{s}_{ij} = 2G\dot{e}_{ij} \tag{13-5}$$

式中, 剪切模量 G 已由 (11-54) 式定义.

如果用弹性各向同性刚度张量 (elastic isotropic stiffness tensor) $\boldsymbol{\mathcal{C}}$ 或其分量形式 $\mathcal{C}_{ijkl}$ 来表示的话, 则有

$$\begin{cases} \text{张量形式:}\ \dot{\boldsymbol{\sigma}} = \boldsymbol{\mathcal{C}} : \dot{\boldsymbol{\varepsilon}} \\ \text{分量形式:}\ \dot{\sigma}_{ij} = \mathcal{C}_{ijkl}\dot{\varepsilon}_{kl} \end{cases} \tag{13-6}$$

式中, 四阶刚度张量满足 (12-12) 式给出的 Voigt 对称性. 刚度张量表达式为

$$\begin{cases} \text{张量形式:}\ \boldsymbol{\mathcal{C}} = \dfrac{E}{1+\nu}\left(\mathbb{I}^s + \dfrac{\nu}{1-2\nu}\boldsymbol{I}\otimes\boldsymbol{I}\right) \\ \text{分量形式:}\ \mathcal{C}_{ijkl} = \dfrac{E}{1+\nu}\left[\dfrac{1}{2}(\delta_{ik}\delta_{jl} + \delta_{il}\delta_{jk}) + \dfrac{\nu}{1-2\nu}\delta_{ij}\delta_{kl}\right] \end{cases} \tag{13-7}$$

式中, $\mathbb{I}^s$ 为对称的四阶等同张量 (identity tensor), 其分量形式为: $\mathbb{I}^s_{ijkl} = \dfrac{1}{2}(\delta_{ik}\delta_{jl} + \delta_{il}\delta_{jk})$. 该张量依然满足 Voigt 对称性: $\mathbb{I}^s_{ijkl} = \mathbb{I}^s_{jikl} = \mathbb{I}^s_{ijlk} = \mathbb{I}^s_{klij}$.

若用 (13-6) 式的逆形式, 则需引进四阶弹性各向同性柔度张量 (compliance tensor) $\boldsymbol{\mathcal{S}} = \boldsymbol{\mathcal{C}}^{-1}$ 或 $\mathcal{S}_{ijkl} = \mathcal{C}^{-1}_{ijkl}$, 则有率形式的本构关系:

$$\begin{cases} \text{张量形式:}\ \dot{\boldsymbol{\varepsilon}} = \boldsymbol{\mathcal{S}} : \dot{\boldsymbol{\sigma}} \\ \text{分量形式:}\ \dot{\varepsilon}_{ij} = \mathcal{S}_{ijkl}\dot{\sigma}_{kl} \end{cases} \tag{13-8}$$

四阶柔度张量依然满足 Voigt 对称性: $\mathcal{S}_{ijkl} = \mathcal{S}_{jikl} = \mathcal{S}_{ijlk} = \mathcal{S}_{klij}$, 其表达式为

$$\begin{cases} \text{张量形式:}\ \boldsymbol{\mathcal{S}} = \dfrac{1+\nu}{E}\left(\mathbb{I}^s - \dfrac{\nu}{1+\nu}\boldsymbol{I}\otimes\boldsymbol{I}\right) \\ \text{分量形式:}\ \mathcal{S}_{ijkl} = \dfrac{1+\nu}{E}\left[\dfrac{1}{2}(\delta_{ik}\delta_{jl} + \delta_{il}\delta_{jk}) - \dfrac{\nu}{1+\nu}\delta_{ij}\delta_{kl}\right] \end{cases} \tag{13-9}$$

13.3　用 Zaremba-Jaumann 客观导数表示的低弹性材料本构关系

采用 (9-50) 式给出的 Cauchy 应力 Zaremba-Jaumann 率 $\overset{\triangle}{\boldsymbol{\sigma}} = \dot{\boldsymbol{\sigma}} + \boldsymbol{\sigma}\,\boldsymbol{w} - \boldsymbol{w}\,\boldsymbol{\sigma}$ 和应变率 $\boldsymbol{d}$ 构成如下低弹性本构关系:

$$\overset{\triangle}{\boldsymbol{\sigma}} = \lambda(\mathrm{tr}\boldsymbol{d})\boldsymbol{I} + 2\mu\boldsymbol{d} \tag{13-10}$$

下面将利用 (13-10) 式计算如图 9.2 中所示的简单剪切的应力. 在直角坐标系中, 简单剪切变形可表示为

$$x_1 = X_1 + \omega t X_2, \quad x_2 = X_2, \quad x_3 = X_3 \tag{13-11}$$

式中, ω 为常数. 该变形的变形梯度用矩阵表示为

$$\boldsymbol{F} = \begin{bmatrix} 1 & \omega t & 0 \\ 0 & 1 & 0 \\ 0 & 0 & 1 \end{bmatrix} \tag{13-12}$$

则由 (5-56) 知, 速度梯度的矩阵表示为

$$\boldsymbol{l} = \dot{\boldsymbol{F}}\,\boldsymbol{F}^{-1} = \begin{bmatrix} 0 & \omega & 0 \\ 0 & 0 & 0 \\ 0 & 0 & 0 \end{bmatrix} \tag{13-13}$$

于是, 应变率和旋率分别为

$$\boldsymbol{d} = \begin{bmatrix} 0 & \omega/2 & 0 \\ \omega/2 & 0 & 0 \\ 0 & 0 & 0 \end{bmatrix}, \quad \boldsymbol{w} = \begin{bmatrix} 0 & \omega/2 & 0 \\ -\omega/2 & 0 & 0 \\ 0 & 0 & 0 \end{bmatrix} \tag{13-14}$$

由于是简单剪切变形, 显然满足: $\mathrm{tr}\boldsymbol{d} \equiv 0$, 将上述结果代入 (13-10) 式, 即得到关于应力分量的微分方程式如下:

$$\begin{cases} \dot{\sigma}_{11} - \omega\sigma_{12} = 0 \\ \dot{\sigma}_{12} - \dfrac{\omega}{2}(\sigma_{22} - \sigma_{11}) = \mu\omega \\ \dot{\sigma}_{22} + \omega\sigma_{12} = 0 \end{cases} \tag{13-15}$$

和

$$\begin{cases} \dot{\sigma}_{13} - \omega\sigma_{23}/2 = 0 \\ \dot{\sigma}_{23} + \omega\sigma_{13}/2 = 0 \\ \dot{\sigma}_{33} = 0 \end{cases} \tag{13-16}$$

问题的初始条件为: $\boldsymbol{\sigma}|_{t=0} = \boldsymbol{0}$, 从方程 (13-16) 可解得

$$\sigma_{13} = \sigma_{23} = \sigma_{33} = 0$$

而方程 (13-15) 的解为

$$\begin{cases} \sigma_{11} = -\sigma_{22} = \mu(1 - \cos\omega t) \\ \sigma_{12} = \mu\sin\omega t \end{cases} \tag{13-17}$$

(13-17) 式表明, 剪切变形的随着时间的线性增大 (ωt), 剪应力 σ_{12} 将以正弦形式发生振荡, 如图 9.2 中标注 "Zaremba-Jaumann" 曲线所示, 这显然是不正确的.

13.4 用 Green-Naghdi 客观导数表示的低弹性材料本构关系

用 (9-46) 式给出的 Cauchy 应力的 Green-Naghdi 率 $\overset{\square}{\boldsymbol{\sigma}} = \dot{\boldsymbol{\sigma}} + \boldsymbol{\sigma}\,\boldsymbol{\Omega} - \boldsymbol{\Omega}\,\boldsymbol{\sigma}$ 来代替 13.3 节中的 Zaremba-Jaumann 率, 这里 $\boldsymbol{\Omega} = \dot{\boldsymbol{R}}\boldsymbol{R}^{\mathrm{T}}$ 为相对旋率. 此时, 低弹性材料的本构关系为

$$\overset{\square}{\boldsymbol{\sigma}} = \lambda(\mathrm{tr}\boldsymbol{d})\boldsymbol{I} + 2\mu\boldsymbol{d} \tag{13-18}$$

此时左 Cauchy-Green 变形张量 $\boldsymbol{B} = \boldsymbol{V}^2$ 的矩阵形式为

$$\boldsymbol{B} = \begin{bmatrix} 1 + (\omega t)^2 & \omega t & 0 \\ \omega t & 1 & 0 \\ 0 & 0 & 1 \end{bmatrix} \tag{13-19}$$

而左伸长张量 $\boldsymbol{V}$ 和旋转张量 $\boldsymbol{R}$ 分别

$$\boldsymbol{V} = \begin{bmatrix} \dfrac{1 + \sin^2\beta}{\cos\beta} & \sin\beta & 0 \\ \sin\beta & \cos\beta & 0 \\ 0 & 0 & 1 \end{bmatrix}, \quad \boldsymbol{R} = \begin{bmatrix} \cos\beta & \sin\beta & 0 \\ -\sin\beta & \cos\beta & 0 \\ 0 & 0 & 1 \end{bmatrix} \tag{13-20}$$

式中, $\beta = \arctan\dfrac{\omega t}{2}$, 相对旋率的矩阵表示为

$$\boldsymbol{\Omega} = \dot{\boldsymbol{R}}\boldsymbol{R}^{\mathrm{T}} = \begin{bmatrix} 0 & \dot{\beta} & 0 \\ -\dot{\beta} & 0 & 0 \\ 0 & 0 & 0 \end{bmatrix} \tag{13-21}$$

将以上结果代入 (13-18) 式, 并注意到: $\omega = 2\dot{\beta}\sec^2\beta$, 则与 (13-15) 式相对应的方程应写为

$$\begin{cases} \dot{\sigma}_{11} - 2\dot{\beta}\sigma_{12} = 0 \\ \dot{\sigma}_{12} - \dot{\beta}(\sigma_{22} - \sigma_{11}) = 2\mu\dot{\beta}\sec^2\beta \\ \dot{\sigma}_{22} + 2\dot{\beta}\sigma_{12} = 0 \end{cases} \tag{13-22}$$

现取 $\beta = \arctan\dfrac{\omega t}{2}$ 为自变量, (13-22) 式便化为如下常微分方程组:

$$\begin{cases} \dfrac{\mathrm{d}\sigma_{11}}{\mathrm{d}\beta} - 2\sigma_{12} = 0 \\ \dfrac{\mathrm{d}\sigma_{12}}{\mathrm{d}\beta} + \sigma_{11} - \sigma_{22} = 2\mu\sec^2\beta \\ \dfrac{\mathrm{d}\sigma_{22}}{\mathrm{d}\beta} + 2\sigma_{12} = 0 \end{cases} \tag{13-23}$$

(13-23) 式在满足初始条件 $\boldsymbol{\sigma}|_{\beta=0} = 0$ 的解为

$$\begin{cases} \sigma_{11} = -\sigma_{22} = 4\mu[\cos 2\beta \ln(\cos\beta) + \beta\sin 2\beta - \sin^2\beta] \\ \sigma_{12} = 2\mu\cos 2\beta[2\beta - 2\tan 2\beta\ln(\cos\beta) - \tan\beta] \end{cases} \tag{13-24}$$

(13-24) 式表明, 剪应力 σ_{12} 是剪应变 ωt 的单调递增函数, 如图 9.2 中标注 “Green-Naghdi” 曲线所示, 这显然与物理直观是一致的.

思 考 题

13.1　解释: 低弹性体的应力不仅与应变有关, 而且还可能与应变历史有关.

13.2　试用 Truesdell 应力率表示的低弹性本构方程来求解图 9.2 所示的简单剪切问题.

13.3　在第 6 章中已经重点讨论过 Hencky 于 1928 年所提出的对数应变张量. Heinrich Hencky 注意到在本构关系的建立中, Cauchy 应力张量不是一个恰当的张量, 而应该应用 Kirchhoff 应力张量[3]. 该项研究的驱动力之一是受法国物理学家 Léon Brillouin (1889～1969) 于 1925 年所发表的一篇相关综述论文[4] 的影响. Brillouin (布里渊) 在量子力学、固体物理、信息论等多个领域的研究, 都有重要贡献, 我们熟悉的以布里渊的名字命名的物理

Léon Brillouin (1889～1969)

学发现与理论, 有光的散射理论中的布里渊散射, 固体能带理论中倒易空间的布里渊区等. 还于 1938 年出版了关于力学和弹性理论中的张量的教材[5]. Léon Brillouin 曾于 1955、1957、1960、1965 共四年次被五位科学家提名诺贝尔物理学奖, 但未获成功.

问题: 结合 2.4.3 节的内容, 进一步深入了解 Brillouin 父子在连续介质力学中的贡献.

13.4 大变形的低弹性本构关系一般地可表示为

$$\overset{\triangle}{\boldsymbol{\tau}} = \boldsymbol{\mathcal{C}} : \boldsymbol{d} \quad 或 \quad \boldsymbol{d} = \boldsymbol{\mathcal{S}} : \overset{\triangle}{\boldsymbol{\tau}} \tag{13-25}$$

式中, $\overset{\triangle}{\boldsymbol{\tau}} = \dot{\boldsymbol{\tau}} + \boldsymbol{\tau w} - \boldsymbol{w\tau}$ 为 Kirchhoff 应力的 Zaremba-Jaumann 导数, $\boldsymbol{\mathcal{C}}$ 和 $\boldsymbol{\mathcal{S}}$ 分别为由 (13-7) 和 (13-9) 两式给出的四阶刚度和柔度张量.

证明: (1) $\boldsymbol{\mathcal{C}}$ 和 $\boldsymbol{\mathcal{S}}$ 还可由 Lamé 常数 λ 和 μ 分别表示为

$$\begin{cases} \boldsymbol{\mathcal{C}} = 2\mu \mathbb{I}^s + \lambda \boldsymbol{\delta} \otimes \boldsymbol{\delta} \\ \boldsymbol{\mathcal{S}} = \boldsymbol{\mathcal{C}}^{-1} = \dfrac{\mathbb{I}^s}{2\mu} - \dfrac{\lambda}{2\mu(2\mu + 3\lambda)} \boldsymbol{\delta} \otimes \boldsymbol{\delta} \end{cases} \tag{13-26}$$

(2) 验证四阶刚度和柔度张量均满足 “小对称性 (minor symmetry)”: $\mathcal{C}_{ijkl} = \mathcal{C}_{ijlk} = \mathcal{C}_{jikl}$, 也就是前后两对指标局部对调; 进一步验证四阶刚度和柔度张量均满足 “大对称性 (major symmetry)”: $\mathcal{C}_{ijkl} = \mathcal{C}_{klij}$, 也就是前后两对指标相互对调.

参 考 文 献

[1] Truesdell C. Hypo-elasticity. Journal of Rational and Mechanical Analysis, 1955, 4: 83–133.

[2] Ottosen N S, Ristinmaa M. The Mechanics of Constitutive Modeling. Amsterdam: Elsevier, 2005.

[3] Hencky H. The law of elasticity for isotropic and quasi-isotropic substances by finite deformations. Journal of Rheology, 1931, 2: 169–176.

[4] Brillouin L. Les lois de l'élasticité sous forme tensorielle valable pour des coordonnées quelconques. Annales de Physique, 1925, 3: 251–298.

[5] Brillouin L. Les tenseurs en mécanique et en élasticité. Paris: Masson, 1938.

第四篇 流变学的理性力学基础

No man ever steps in the same river twice.

人不能两次走进同一条河流.

Everything flows.

万物皆流.

—— Heraclitus (赫拉克利特, 古希腊, 约公元前 530 年 ~ 前 470 年)

子在川上曰: 逝者如斯夫, 不舍昼夜.

The Master stood by a river and said: "Everything flows like this, without ceasing, day and night".

—— 孔子 (Confucius, 公元前 551~前 497)

The mountains flowed before the Lord.

山在上帝面前流动.

—— Prophetess Deborah recorded in the *Bible*

篇首语

图 1.1 说明, 流变学 (rheology) 是理性连续介质力学中不可或缺的主要组成部分之一. 理性力学除对本构关系的共性问题进行深入研究外, 还针对具体的材料 (如流变体、黏弹性体[1]) 的本构方程进行具体研究.

流变学正式诞生于 1929 年 4 月 29 日. 事实上, "microrheometer (微流变仪)" 这一英文专业词汇最早可以追溯到 1879 年. 在 1929 年召开的第三届塑性力学研讨会 (Third Plasticity Symposium) 上形成了一个决定, 应该建立一个永久性的组织以推动流变学的研究. 美国流变学会 (Society of Rheology) 的最初的一个委员会于 1929 年 4 月 29 日在 Ohio 州的 Columbus 召开, 参加该次流变学历史性会议的先驱们包括: Eugene Cook Bingham (见 1.2.3 节), Winslow H. Herschel (见 15.1 节有关 Herschel-Bulkley 流变体本构模型的讨论), Marcel Brillouin (见 2.4.3 节), Herbert Freudlich (1880 $\sim$ 1941), Wolfgang Ostwald (1883 $\sim$ 1943), Ludwig Prandtl (1875 $\sim$ 1953), Markus Reiner (见 1.1.4 节) 等. Bingham 和 Reiner 用 "rheology (流变学)" 一词用来描述所有物质的流动和变形行为, 其研究领域十分广泛.

作为流变学的主要应用领域的化工界, 主要分析固体塑料、高分子溶液、胶体等的力学行为, 不再区分固体、流体, 而是统一地进行考察. 流变学作为连续介质力学的一部分, 主要阐明包括黏弹性在内的流变体的非线性响应.

"Rheology" 一词的来历如下: Bingham 在创始流变学时, 在咨询古典语言学教授后[2], 才用的 "rheology" 一词, 该词来自于希腊文 "$\pi\alpha\nu\tau\alpha$ $\rho\epsilon\iota$ (everything flows)".

有趣的是, "rheology (流变学)" 和 "theology (神学)" 两个英文专业词汇只是第一个字母有差别, 所以在该学科创立初期, 打字员经常将 "rheology" 认为是 "theology" 的笔误或拼写错误. "Theology Laboratory (神学实验室)" 的信件也经常被分拣到 "Rheology Laboratory (流变学实验室)". 从流变学中 "Deborah 数" 命名的角度来看[2,3], 流变学还确实和神学有一定的联系.

一般地把具有积分形式的本构方程的物质称为积分型物质, 例如统计物理学家 Ludwig Boltzmann (1844~1906)[4] 于 1874 年, 发表了被誉为 "流变学中第一个成功的理论" [5] 的经典文章所创立的积分型本构理论, 将在第 16 章中讨论; 而把应力化为应变张量和 Rivlin-Ericksen 张量的函数的物质称为微分型物质, 例如 Rivlin-Ericksen 物质, 将在第 14 章中讨论.

在对本构关系深入研究的基础上, 理性力学提出了一些新的理想物质, 有的甚至发展成为谱系, 如简单物质谱系 (见 14.6 节中的讨论), 而且还提出了对整类物质进行描述和分析的有效方法.

随着微纳米科学的发展, 微流变学和纳流变学[3] 相继创立.

美国流变学会从 1948 年起, 每年颁发 Bingham 奖章以表彰对流变学研究做出杰出贡献的学者, 正如 12.2 节中谈到的, Melvin Mooney 因在超弹性本构关系中的杰出贡献, 获得了首届 Bingham 奖章. 表 IV.1 给出了本书中所述及的 Bingham 奖章获得者.

表 IV.1 本书中所述及的 Bingham 奖章获得者

年份	获奖者	本书谈及其贡献的章节
1948	M. Mooney	12.2, 12.3, 12.4
1949	H. Eyring	15.2
1951	P. W. Bridgman	23.1
1952	A. Nádai	C.2.5
1958	R. S. Rivlin	1.1.1, 1.1.4, 1.2.2, 9.1, III.3, 11.3.1, 12.2.1, 12.3, 12.4, IV 篇首语, 14.2, 14.3, 14.5, 14.6, 15
1959	E. Orowan	VI 篇首语, 22.4, 24.2
1963	C. A. Truesdell	1.1.1, 1.1.3, 1.2.4, 1.2.5, 2.4, 5.4, 6.3, 7.1, 7.2, 9.1, 9.2, 9.3, 9.4, 9.9, 9.10, 10.1, III.1, 13
1964	J. M. Burgers	VI 篇首语, 22.1
1968	J. L. Ericksen	11.3.1, 14.2, 14.3, 14.6
1975	A. N. Gent	12.2.3, 19.3.2
1984	B. D. Coleman	11.4, 12.7

另外, Timoshenko 奖章是国际力学界的最高奖项之一, 部分 Bingham 奖章获得者也是 Timoshenko 奖章获得者. 表 IV.2 给出了本书中所述及的 Timoshenko 奖章获得者.

表 IV.2　本书中所述及的 Timoshenko 奖章获得者

年份	获奖者	本书谈及其贡献的章节
1957	S. P. Timoshenko	28.4, 29.3.2, 30.3
1958	T. von Kármán	23.1, 思考题 27.1
	G. I. Taylor	9.1, VI 篇首语
	A L. Nádai	Bingham 奖章获得者, 同表 IV.1
1962	M. A. Biot	6.1, 6.3, 6.5, 27.5, 27.6, 思考题 27.1, IX 篇首语, 33.1
1964	R. D. Mindlin	29.1, 思考题 30.7
1966	W. Prager	23.3.3, 思考题 23.6~23.8
1968	W. T. Koiter	1.1.1
1969	J. Ackeret	22.5
1973	E. Reissner	1.1.3
1974	A. E. Green	9.1, 9.4, 9.10, 13.4
1976	E. H. Lee	23.6
1977	J. D. Eshelby	3.10, 22.3, 22.5
1979	J. L. Ericksen	Bingham 奖章获得者, 同表 IV.1
1980	P. M. Naghdi	9.1, 9.4, 9.10, 13.4
1983	D. C. Drucker	23.4, 思考题 23.6~23.8
1986	G. R. Irwin	24.3
1987	R. S. Rivlin	Bingham 奖章获得者, 同表 IV.1
1988	G. K. Batchelor	15.3
1989	B. Budiansky	思考题 24.7
1991	Y. C. Fung	1.2.4, 2.2, 2.3, 16.5, 19.3.2
1992	J. D. Achenbach	25.1
1994	J. R. Rice	23.4, 思考题 23.12
2000	R. J. Clifton	23.6
2002	J. W. Hutchinson	思考题 24.7
2003	L. B. Freund	思考题 22.3
2004	M. E. Gurtin	1.2.4
2005	G. I. Barenblatt	24.5
2007	T. J. R. Hughes	1.2.4
2009	Z. P. Bažant	思考题 28.7
2016	R. W. Ogden	10.1, 12.2.1

本篇先从最为简单的 “Stokes 流体” 出发, 再来讨论多种常见的流变体的本构关系, 最后对微纳流变学进行简要介绍.

参考文献

[1] Coleman B D, Noll W. Foundations of linear viscoelasticity. Reviews of Modern Physics, 1961, 33: 239–249.

[2] Reiner M. The Deborah number. Physics Today, 1964, 17: 62.

[3] 赵亚溥. 表面与界面物理力学. 北京: 科学出版社, 2012.

[4] Boltzmann L. Zur Theorie der elastischen Nachwirkung. Sitzungsberichte der Kaiserlichen Akademie der Wissenschaften, Mathematisch-Naturwissenschaftliche Classe, 1874, 70: 275–306.

[5] Markovitz H. Boltzmann and the beginnings of linear viscoelasticity. Transactions of the Society of Rheology, 1977, 21: 381–398.

第 14 章 Rivlin-Ericksen、Stokes、Reiner-Rivlin、广义牛顿流体

14.1 对称群, 三斜群与固体、么模群与流体

简单物质均具有一定的对称性. 对称群 (symmetry group) 是物质性质对称性的表现. 各向同性的物质又是简单物质中的特例. 由于流体 (液晶等除外) 是各向同性的物质, 所以, 各向同性物质只包括流体和各向同性固体. 三斜群和么模群分别对应着固体和流体.

不具有特别参考构形的对称群只存在三斜群和么模群 (unimodular group).

具有三斜群的物质是具有最小对称性的物质, 而存在么模群的物质则具有最大的对称性. 这两种对称性是简单物质对称性的极端情况. 只有这两种物质在变形过程中其对称性不会增减[1], 也就是说, 拥有三斜群式对称群的物质, 不论如何变形其对称性也不会增加; 而具有么模群式对称群的物质, 无论如何变形其对称性也不会减少.

保持体积一定的变形梯度的集合构成了子群, 并将其称为 "么模群", 因此, 拥有么模群对称性的简单物质满足: $J = \det \boldsymbol{F} = 1$, 也就是 $\rho = \rho_0$.

各向同性物质的对称群只可以是正交群或么模群的任何一种. 正交群是所有的正交张量的集合, 这样的参考构形称作 "各向同性物质的无歪斜 (undistorted) 状态". 各向同性固体的对称群是正交群, 既属于各向同性的无歪斜状态, 又属于固体的无歪斜状态; 流体的对称群则属于么模群, 不可压缩的超弹性材料的对称性也属于么模群.

14.2 Rivlin-Ericksen 张量和 n 阶复杂性微分物质

1955 年, Rivlin 和 Jerald LaVerne Ericksen 发表了后来被命名为 "Rivlin-Ericksen 张量" 的工作[2], 对照 5.5 节中的速度梯度张量 (5-51) 式和应变率 (5-53)

Jerald LaVerne Ericksen (1924～2021)

式, 第一和第二阶 Rivlin-Ericksen 张量可表示为

$$\begin{cases} \boldsymbol{A}_{(1)} = \mathrm{grad}\boldsymbol{v} + (\mathrm{grad}\boldsymbol{v})^{\mathrm{T}} = \boldsymbol{l} + \boldsymbol{l}^{\mathrm{T}} = 2\boldsymbol{d} \\ \boldsymbol{A}_{(2)} = \underbrace{\frac{\partial \boldsymbol{A}_{(1)}}{\partial t} + \boldsymbol{v}\mathrm{grad}\boldsymbol{A}_{(1)}}_{\text{物质时间导数}} + \boldsymbol{A}_{(1)}\boldsymbol{l} + \boldsymbol{l}^{\mathrm{T}}\boldsymbol{A}_{(1)} = \frac{\mathrm{d}\boldsymbol{A}_{(1)}}{\mathrm{d}t} + \boldsymbol{A}_{(1)}\boldsymbol{l} + \boldsymbol{l}^{\mathrm{T}}\boldsymbol{A}_{(1)} \end{cases} \tag{14-1}$$

显然, 第一阶 Rivlin-Ericksen 张量 $\boldsymbol{A}_{(1)}$ 表示的是应变率张量 $\boldsymbol{d}$ 的二倍, 第二阶 Rivlin-Ericksen 张量 $\boldsymbol{A}_{(2)}$ 在量级上表征的则是应变加速度张量. n 阶 Rivlin-Ericksen 张量 $\boldsymbol{A}_{(n)}$ 的递推公式为

$$\begin{aligned} \boldsymbol{A}_{(n+1)} &= \frac{\mathrm{d}\boldsymbol{A}_{(n)}}{\mathrm{d}t} + \boldsymbol{A}_{(n)}\boldsymbol{l} + \boldsymbol{l}^{\mathrm{T}}\boldsymbol{A}_{(n)} \\ &= \dot{\boldsymbol{A}}_{(n)} + \boldsymbol{A}_{(n)}\boldsymbol{l} + \boldsymbol{l}^{\mathrm{T}}\boldsymbol{A}_{(n)} \end{aligned} \tag{14-2}$$

n 阶 Rivlin-Ericksen 张量 $\boldsymbol{A}_{(n)}$ 与右 Cauchy-Green 变形张量 $\boldsymbol{C}_t(\tau)$ 之间的联系见思考题 14.1.

具有无限小记忆的 “微分型物质 (differential matter)” 是简单物质的一个特例. 对于各向同性的微分型物质, 其 Cauchy 应力是 Rivlin-Ericksen 张量和左 Cauchy-Green 变形张量 $\boldsymbol{B}$ 的函数:

$$\boldsymbol{\sigma}(t) = \boldsymbol{K}(\boldsymbol{A}_{(1)}, \boldsymbol{A}_{(2)}, \cdots, \boldsymbol{A}_{(n)}; \boldsymbol{B}(t)) \tag{14-3}$$

将本构关系满足 (14-3) 式的物质称之为 “Rivlin-Ericksen 物质”. 在 (14-3) 式中, 将具有对时间微分的最高次数为 n 的物质称为 “n 阶复杂性微分物质”. 这里, “复杂性 (complexity)” 也曾被译为 “错综度”.

对于流体而言, (14-3) 式中的左 Cauchy-Green 变形张量 $\boldsymbol{B}$ 可用流体的密度代替, 从而有

$$\boldsymbol{\sigma}(t) = \boldsymbol{K}(\boldsymbol{A}_{(1)}, \boldsymbol{A}_{(2)}, \cdots, \boldsymbol{A}_{(n)}; \rho) \tag{14-4}$$

将本构关系满足 (14-4) 式的流体称之为 “Rivlin-Ericksen 流体”. 相对应地, 在 (14-4) 式中, 将对时间微分的最高次数 n 称为 “n 阶复杂性 Rivlin-Ericksen 流体”.

关于 1955 年 Rivlin 和 Ericksen 经典论文[2] 的历史补记: 1971 年, 在第三届加拿大应用力学大会上, Rivlin 回忆道, 他于 1952 年 4 月来到美国海军实验室 (Naval Research Laboratory), 被邀请来领导包括 Ericksen 和 Toupin 在内的一个研究小组, 随后, Rivlin 便很快和 Ericksen 合作来建立连续介质的本构方程. 在 Rivlin 于 1953 年 8 月离开海军实验室到美国 Brown 大学任教授时, 已经大体上完成了该论文[2]. 但由于种种原因, 该文直到 1955 年才正式发表.

Rivlin 和 Ericksen 分别获得了 1958 年度和 1968 年度的 “Bingham 奖章”. Ericksen 则先于 Rivlin 荣获 “Timoshenko 奖章”, Ericksen 和 Rivlin 分别于 1979 年和 1987 年先后获得 Timoshenko 奖章.

14.3　三阶复杂性 Rivlin-Ericksen 流体和测黏流动

特别地, 对于 Rivlin-Ericksen 物质的本构关系 (14-3) 式中, 如果取: $n=3$, 我们将得到所谓 “三阶复杂性的 Rivlin-Ericksen 物质”:

$$\boldsymbol{\sigma}(t)=\boldsymbol{K}(\boldsymbol{A}_{(1)},\boldsymbol{A}_{(2)},\boldsymbol{A}_{(3)};\boldsymbol{B}(t)) \tag{14-5}$$

由于 Rivlin-Ericksen 张量属于当前构形中的 Euler 型张量, 所以其满足如下客观性要求的时空转换关系:

$$\boldsymbol{A}^{*}_{(n)}(t)=\boldsymbol{Q}(t)\boldsymbol{A}_{(n)}(t)\boldsymbol{Q}^{\mathrm{T}}(t) \tag{14-6}$$

再由于左 Cauchy-Green 变形张量也是当前构形中的 Euler 型张量, 它也满足客观性的要求, 如 (9-27) 式的第一式所示. 故而, 三阶复杂性 Rivlin-Ericksen 物质的本构方程 (14-5) 亦满足客观性要求的时空转换关系:

$$\boldsymbol{K}(\boldsymbol{Q}\,\boldsymbol{A}_{(1)}\boldsymbol{Q}^{\mathrm{T}},\boldsymbol{Q}\,\boldsymbol{A}_{(2)}\boldsymbol{Q}^{\mathrm{T}},\boldsymbol{Q}\,\boldsymbol{A}_{(3)}\boldsymbol{Q}^{\mathrm{T}};\boldsymbol{Q}\,\boldsymbol{B}\,\boldsymbol{Q}^{\mathrm{T}})=\boldsymbol{Q}\,\boldsymbol{K}(\boldsymbol{A}_{(1)},\boldsymbol{A}_{(2)},\boldsymbol{A}_{(3)};\boldsymbol{B})\boldsymbol{Q}^{\mathrm{T}} \tag{14-7}$$

在 (14-4) 式中令 $n=3$ 时, 就得到了 “三阶复杂性的 Rivlin-Ericksen 流体” 的本构方程:

$$\boldsymbol{\sigma}(t)=\boldsymbol{K}(\boldsymbol{A}_{(1)},\boldsymbol{A}_{(2)},\boldsymbol{A}_{(3)};\rho) \tag{14-8}$$

由于流体密度 ρ 为客观标量, 所以 (14-8) 式满足客观性的时空转换关系.

对于流体而言, 由于存在:

$$\boldsymbol{K}_0(\rho)=-p(\rho)\boldsymbol{I} \tag{14-9}$$

式中, $p(\rho)$ 为依赖于流体密度的静水压强. 则三阶复杂性的 Rivlin-Ericksen 流体的本构关系 (14-8) 式可进一步表示为

$$\boldsymbol{\sigma}(t)=-p(\rho)\boldsymbol{I}+\boldsymbol{L}(\boldsymbol{A}_{(1)},\boldsymbol{A}_{(2)},\boldsymbol{A}_{(3)};\rho) \tag{14-10}$$

式中, 本构泛函 $\boldsymbol{L}(\boldsymbol{A}_{(1)},\boldsymbol{A}_{(2)},\boldsymbol{A}_{(3)};\rho)$ 在不存在速度梯度时满足:

$$\boldsymbol{L}(\boldsymbol{0},\boldsymbol{0},\boldsymbol{0};\rho)=\boldsymbol{0} \tag{14-11}$$

本构泛函 $\boldsymbol{L}(\boldsymbol{A}_{(1)},\boldsymbol{A}_{(2)},\boldsymbol{A}_{(3)};\rho)$ 亦满足客观性要求:

$$\boldsymbol{L}(\boldsymbol{Q}\,\boldsymbol{A}_{(1)}\boldsymbol{Q}^{\mathrm{T}},\boldsymbol{Q}\,\boldsymbol{A}_{(2)}\boldsymbol{Q}^{\mathrm{T}},\boldsymbol{Q}\,\boldsymbol{A}_{(3)}\boldsymbol{Q}^{\mathrm{T}};\rho)=\boldsymbol{Q}\,\boldsymbol{L}(\boldsymbol{A}_{(1)},\boldsymbol{A}_{(2)},\boldsymbol{A}_{(3)};\rho)\boldsymbol{Q}^{\mathrm{T}} \tag{14-12}$$

对于在进行 "恒定伸长历史运动 (motions with constant stretch history)"[3] 的不可压缩流体, (14-10) 式可进一步简化为

$$\boldsymbol{\sigma}(t)=-p\boldsymbol{I}+\boldsymbol{L}(\boldsymbol{A}_{(1)},\boldsymbol{A}_{(2)},\boldsymbol{A}_{(3)}) \tag{14-13}$$

式中, 不再依赖于流体密度的本构泛函 $\boldsymbol{L}(\boldsymbol{A}_{(1)},\boldsymbol{A}_{(2)},\boldsymbol{A}_{(3)})$ 满足:

$$\boldsymbol{L}(\boldsymbol{0},\boldsymbol{0},\boldsymbol{0})=\boldsymbol{0} \tag{14-14}$$

"恒定伸长历史运动" 原来被 Coleman[4,5] 称作 "实质上停滞了的运动 (substantially stagnant motions)"[6]. Coleman 获得了 1984 年度的 "Bingham 奖章". 简单物质向恒定伸长历史运动流体的简化见图 14.1. (14-9) 式为 "弹性流体" 的本构方程. 当 (14-10) 式中的本构泛函 $\boldsymbol{L}$ 只依赖于 (14-1) 式中的第一和第二阶 Rivlin-Ericksen 张量时, 此时三阶复杂性 Rivlin-Ericksen 流体退化为二阶复杂性 Rivlin-Ericksen 流体, 即一般黏度计中物质的流动, 通常简称为 "测黏流动 (viscometric flow)"[4].

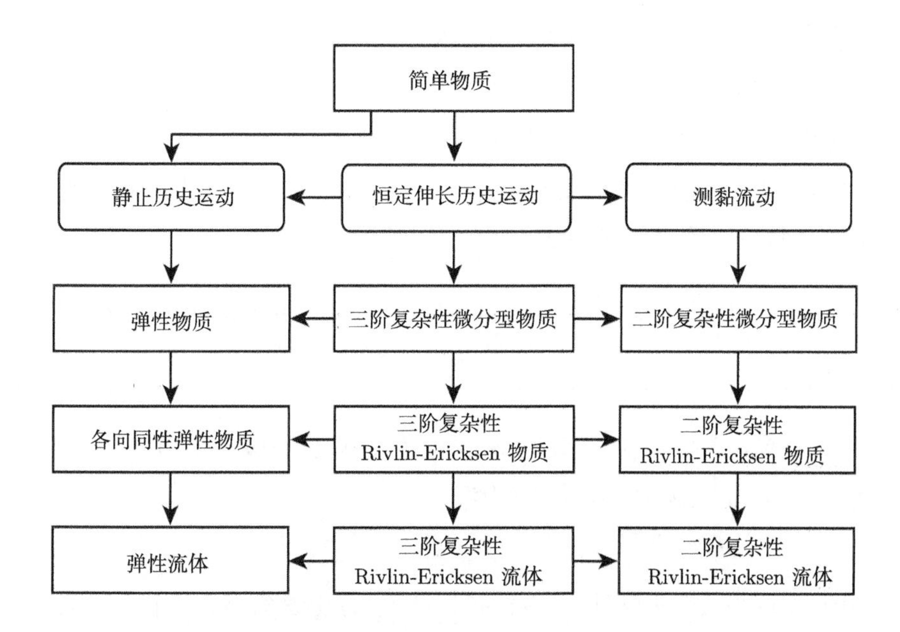

图 14.1 简单物质的向恒定伸长历史运动流体的进一步简化[1]

14.4　Stokes 流体

具有一阶复杂性的 Rivlin-Ericksen 流体称为 “Stokes 流体”, 考虑到 (14-1) 式的第一式, 由 (14-4) 式可得到 Stokes 流体的本构方程为

$$\boldsymbol{\sigma}(t)=\boldsymbol{K}(2\boldsymbol{d};\rho) \tag{14-15}$$

也就是说, Stokes 流体[7] 只和速度导数有关, 而和加速度导数无关. 由于 Cauchy 应力 $\boldsymbol{\sigma}$、应变率 $\boldsymbol{d}$、左 Cauchy-Green 变形张量 $\boldsymbol{B}$ 均为满足客观性的当前构形中的 Euler 型张量, 因此类比于各向同性弹性体的本构关系 (11-20) 式, 可给出 Stokes 流体的本构方程的普遍形式为

$$\boldsymbol{\sigma}=\phi_0\boldsymbol{I}+\phi_1\boldsymbol{d}+\phi_2\boldsymbol{d}^2 \tag{14-16}$$

式中, ϕ_α $(\alpha=0,1,2)$ 为应变率 $\boldsymbol{d}$ 和流体密度 ρ 的不变量:

$$\begin{cases}\mathrm{I}_1(\boldsymbol{d})=\mathrm{tr}\boldsymbol{d}\\ \mathrm{I}_2(\boldsymbol{d})=\dfrac{1}{2}[(\mathrm{tr}\boldsymbol{d})^2-\mathrm{tr}\boldsymbol{d}^2]\\ \mathrm{I}_3(\boldsymbol{d})=\det\boldsymbol{d}\end{cases} \tag{14-17}$$

的标量物质函数. 系数 $\phi_\alpha(\alpha=0,1,2)$ 对上述不变量做 Taylor 展开, 有

$$\begin{cases}\phi_0=\phi_{00}(\rho)+\phi_{01}(\rho)\mathrm{I}_1(\boldsymbol{d})+\phi_{02}(\rho)\mathrm{I}_1^2(\boldsymbol{d})+\phi_{03}(\rho)\mathrm{I}_2(\boldsymbol{d})+\cdots\\ \phi_1=\phi_{10}(\rho)+\phi_{11}(\rho)\mathrm{I}_1(\boldsymbol{d})+\cdots\\ \phi_2=\phi_{20}(\rho)+\cdots\end{cases} \tag{14-18}$$

将 (14-18) 式代入 Stokes 流体的本构方程 (14-16) 式, 忽略应变率 d 相关的三阶以上的项, 得到如下近似本构关系式:

$$\boldsymbol{\sigma}=[\phi_{00}+\phi_{01}\mathrm{I}_1(\boldsymbol{d})+\phi_{02}\mathrm{I}_1^2(\boldsymbol{d})+\phi_{03}\mathrm{I}_2(\boldsymbol{d})]\boldsymbol{I}+[\phi_{10}+\phi_{11}\mathrm{I}_1(\boldsymbol{d})]\boldsymbol{d}+\phi_{20}\boldsymbol{d}^2 \tag{14-19}$$

从而, 可以看出, (14-18) 式可改写为

$$\begin{cases}\phi_0=\phi_{00}(\rho)+\phi_{01}(\rho)\mathrm{I}_1(\boldsymbol{d})+\phi_{02}(\rho)\mathrm{I}_1^2(\boldsymbol{d})+\phi_{03}(\rho)\mathrm{I}_2(\boldsymbol{d})+O(\boldsymbol{d}^3)\\ \phi_1=\phi_{10}(\rho)+\phi_{11}(\rho)\mathrm{I}_1(\boldsymbol{d})+O(\boldsymbol{d}^2)\\ \phi_2=\phi_{20}(\rho)+O(\boldsymbol{d})\end{cases} \tag{14-18$'$}$$

究其原因, 是因为三个不变量 $\mathrm{I}_1(\boldsymbol{d})$、$\mathrm{I}_2(\boldsymbol{d})$ 和 $\mathrm{I}_3(\boldsymbol{d})$ 分别为 $\boldsymbol{d}$ 的一次、二次和三次函数. 在 (14-19) 式中 Cauchy 应力 $\boldsymbol{\sigma}$ 为应变率 $\boldsymbol{d}$ 的二次函数, ϕ_0、ϕ_1 和 ϕ_2 分别

和单位张量、$\boldsymbol{d}$ 和 $\boldsymbol{d}^2$ 相作用, 则容易理解: ϕ_0 展开到 $\boldsymbol{d}$ 的二次函数, ϕ_1 展开到 $\boldsymbol{d}$ 的一次函数, 而 ϕ_2 则保留到常数项即可.

而当 (14-19) 式中只取到应变率 d 的一阶时, $\mathrm{I}_1^2(\boldsymbol{d})$ 和 $\mathrm{I}_2(\boldsymbol{d})$ 均包含有应变率 d 的二阶项, 因此需要舍去. 则 (14-19) 式可进一步简化为

$$\boldsymbol{\sigma} = (\phi_{00} + \phi_{01}\mathrm{tr}\boldsymbol{d})\boldsymbol{I} + \phi_{10}\boldsymbol{d} \tag{14-20}$$

应该注意, 在 (14-19) 和 (14-20) 两式中, 几个物质系数均依赖于流体密度 ρ.

14.5 Reiner-Rivlin 流体、Navier-Stokes 流体、广义牛顿流体

14.5.1 Reiner-Rivlin 流体的定义以及系数的热力学限制

对于不可压缩 Stokes 流体, 由于其满足下列内部约束:

$$\mathrm{I}_1(\boldsymbol{d}) = \mathrm{tr}\boldsymbol{d} = d_{kk} = 0 \tag{14-21}$$

所以其运动被称为 "等容流动 (isochoric flow)" 此时, 第二和第三不变量为

$$\begin{cases} \mathrm{I}_2(\boldsymbol{d}) = -\dfrac{1}{2}\mathrm{tr}\boldsymbol{d}^2 \\ \mathrm{I}_3(\boldsymbol{d}) = \mathrm{det}\boldsymbol{d} = \dfrac{1}{3}\mathrm{tr}\boldsymbol{d}^3 \end{cases} \tag{14-22}$$

对于不可压缩的流体而言, 最为广泛的本构关系此时可写为

$$\boldsymbol{\sigma} = -p\boldsymbol{I} + \phi_1[\mathrm{I}_2(\boldsymbol{d}), \mathrm{I}_3(\boldsymbol{d})]\boldsymbol{d} + \phi_2[\mathrm{I}_2(\boldsymbol{d}), \mathrm{I}_3(\boldsymbol{d})]\boldsymbol{d}^2 \tag{14-23}$$

式中, p 为静水压强, ϕ_1 和 ϕ_2 为依赖于应变率 $\boldsymbol{d}$ 的第二和第三不变量的物质系数. 本构关系由 (14-23) 式表示的不可压缩流体为 Reiner-Rivlin 流体. 该种流体将 Reiner 和 Rivlin 联系在一起, 是基于 Reiner 于 1945 年[8] 和 Rivlin 于 1948 年[9] 的彼此独立、十分相关的研究结果.

下面来讨论热力学对 (14-23) 式中系数 ϕ_1 和 ϕ_2 的限制. 由于流体的密度为正, 所以由 (7-10) 式可知, 应力的功率应为非负, 亦即:

$$\boldsymbol{\sigma} : \boldsymbol{d} = \mathrm{tr}(\boldsymbol{\sigma}\,\boldsymbol{d}) \geqslant 0 \tag{14-24}$$

由 (14-21) 式, 亦即 $\mathrm{I}_1(\boldsymbol{d})=0$, 此时有关应变率 $\boldsymbol{d}$ 的 Cayley-Hamilton 定理为

$$\boldsymbol{d}^3=-\mathrm{I}_2(\boldsymbol{d})\boldsymbol{d}+\mathrm{I}_3(\boldsymbol{d})\boldsymbol{I} \tag{14-25}$$

则 (14-24) 式中的内积可进一步写为

$$\begin{aligned}
\boldsymbol{\sigma}:\boldsymbol{d}&=\mathrm{tr}(\boldsymbol{\sigma}\,\boldsymbol{d})\\
&=\mathrm{tr}(-p\boldsymbol{d}+\phi_1\boldsymbol{d}^2+\phi_2\boldsymbol{d}^3)\\
&=\mathrm{tr}\{-p\boldsymbol{d}+\phi_1\boldsymbol{d}^2+\phi_2[-\mathrm{I}_2(\boldsymbol{d})\boldsymbol{d}+\mathrm{I}_3(\boldsymbol{d})\boldsymbol{I}]\}\\
&=-[p+\mathrm{I}_2(\boldsymbol{d})\phi_2]\mathrm{tr}\boldsymbol{d}+\phi_1\mathrm{tr}\boldsymbol{d}^2+\phi_2\mathrm{I}_3(\boldsymbol{d})\mathrm{tr}\boldsymbol{I}\\
&=\phi_1\mathrm{tr}\boldsymbol{d}^2+3\phi_2\mathrm{I}_3(\boldsymbol{d})\\
&=\phi_1\mathrm{tr}\boldsymbol{d}^2+3\phi_2\det\boldsymbol{d}
\end{aligned} \tag{14-26}$$

因此, 热力学对系数 ϕ_1 和 ϕ_2 的限制为

$$\phi_1\mathrm{tr}\boldsymbol{d}^2+3\phi_2\det\boldsymbol{d}\geqslant 0 \tag{14-27}$$

式中, 由于左端第一项满足: $\phi_1\mathrm{tr}\boldsymbol{d}^2>0$, 我们分如下两种情况讨论 (14-27) 式的热力学限制条件:

情形 I $\phi_2=0$, ϕ_1 未必为常数. 对于此类特殊的 Reiner-Rivlin 流体 (见 14.6 节), 此时要求: $\phi_1\geqslant 0$.

情形 II ϕ_1 和 ϕ_2 均为和应变率 $\boldsymbol{d}$ 无关的常数.

让我们首先考虑如下满足不可压缩条件 $\mathrm{I}_1(\boldsymbol{d})=\mathrm{tr}\boldsymbol{d}=d_{kk}=0$ 的应变率选择:

$$\boldsymbol{d}=\frac{\dot{\gamma}}{2}\begin{bmatrix}0&1&0\\1&0&0\\0&0&0\end{bmatrix} \tag{14-28}$$

(14-28) 式的推导过程可参见思考题 14.5. 由 (14-28) 式可得

$$\boldsymbol{d}^2=\frac{\dot{\gamma}^2}{4}\begin{bmatrix}1&0&0\\0&1&0\\0&0&0\end{bmatrix} \tag{14-29}$$

此时, 由 (14-22) 式, $\mathrm{tr}\boldsymbol{d}^2=\dot{\gamma}^2/2$, $\det\boldsymbol{d}=0$, 由不等式 (14-27), 可得: $\dot{\gamma}^2\phi_1\geqslant 0$, 亦即: $\phi_1\geqslant 0$.

其次, 再考虑如下两个应变率选择:

$$
\boldsymbol{d}=\dot{\gamma}\begin{bmatrix}2 & 0 & 0\\ 0 & -1 & 0\\ 0 & 0 & -1\end{bmatrix},\quad \boldsymbol{d}=\dot{\gamma}\begin{bmatrix}-2 & 0 & 0\\ 0 & 1 & 0\\ 0 & 0 & 1\end{bmatrix} \tag{14-30}
$$

对如上两种情况均有: $\mathrm{tr}\boldsymbol{d}^2=6\dot{\gamma}^2$, 两种情况所对应的第三不变量分别为: $\det\boldsymbol{d}=\pm 2\dot{\gamma}^3$. 由热力学限制条件 (14-27), 有

$$
\begin{cases}\phi_1+\phi_2\dot{\gamma}\geqslant 0\\ \phi_1-\phi_2\dot{\gamma}\geqslant 0\end{cases} \tag{14-31}
$$

由 (14-31) 式以及 ϕ_1 为常数的限制条件可知, 对于熟知的运动黏度系数 (kinematic viscosity) 为 $\phi_1/2$ 不可压缩的牛顿流体, 必有 $\phi_2=0$. 这样 (14-31) 式所给出的热力学限制条件实际上是 $\phi_1\geqslant 0$, 也就是等价于不可压缩牛顿流体的运动黏度系数必须为正. 因此, 本情形的结论是, 当系数 ϕ_1 和 ϕ_2 均为和应变率 $\boldsymbol{d}$ 无关的常数时唯一合理的力学模型是不可压缩的牛顿流体. 此时, 由于应变率的第一和第三不变量为零, 所以, 不可压缩的牛顿流体的本构关系式可写为

$$
\boldsymbol{\sigma}=-p\boldsymbol{I}+\phi_1(\mathrm{I}_2(\boldsymbol{d}))\boldsymbol{d},\quad \phi_1\geqslant 0 \tag{14-32}
$$

14.5.2 Reiner-Rivlin 流体的两个特例 —— Navier-Stokes 流体和广义牛顿流体

Reiner-Rivlin 流体有如下两种特例:

特例一: 广义牛顿流体: $\phi_2=0$, $\phi_1(\mathrm{I}_2(\boldsymbol{d}))$.

所谓 "广义牛顿流体 (generalized Newtonian fluids)" 是指满足本构方程 (14-32) 式的流体. 此时, 应力仅和应变率的一次幂成正比, 且唯一的待定常数仅仅和应变率的第二不变量 $-\dfrac{1}{2}\mathrm{tr}\boldsymbol{d}^2$ 有关. 不失一般性, 不可压缩广义牛顿流体的本构方程 (14-32) 式可进一步写为

$$
\boldsymbol{\sigma}=-p\boldsymbol{I}+2\eta(\mathrm{I}_2(\boldsymbol{d}))\boldsymbol{d} \tag{14-33}
$$

式中, η 为黏性系数. 按照热力学限制条件 (14-27) 式, 其必须满足:

$$
\eta\geqslant 0 \tag{14-34}
$$

特别地, 对于简单剪切 (simple shear) 流动, 由于: $\mathrm{tr}\boldsymbol{d}^2 = \dot{\gamma}^2/2$, 故剪切应变率和应变率之间满足: $\dot{\gamma} = \sqrt{2\mathrm{tr}\boldsymbol{d}^2} = \sqrt{-4\mathrm{I}_2(\boldsymbol{d})}$, 因此, 不可压缩广义牛顿流体的本构方程 (14-33) 式还可更显式地表示为

$$\boldsymbol{\sigma} = -p\boldsymbol{I} + 2\eta(\dot{\gamma})\boldsymbol{d} \tag{14-35}$$

特例二: Navier-Stokes 流体: $\phi_2 = 0, \phi_1 = 常数 = c$

所谓 "Navier-Stokes 流体" 是指在不可压缩流体本构方程 (14-23) 式中, 进一步满足: $\phi_2 = 0,\ \phi_1 = 常数 = c$ 的流体. 此时, (14-23) 式将进一步简化为

$$\boldsymbol{\sigma} = -p\boldsymbol{I} + c\boldsymbol{d} \tag{14-36}$$

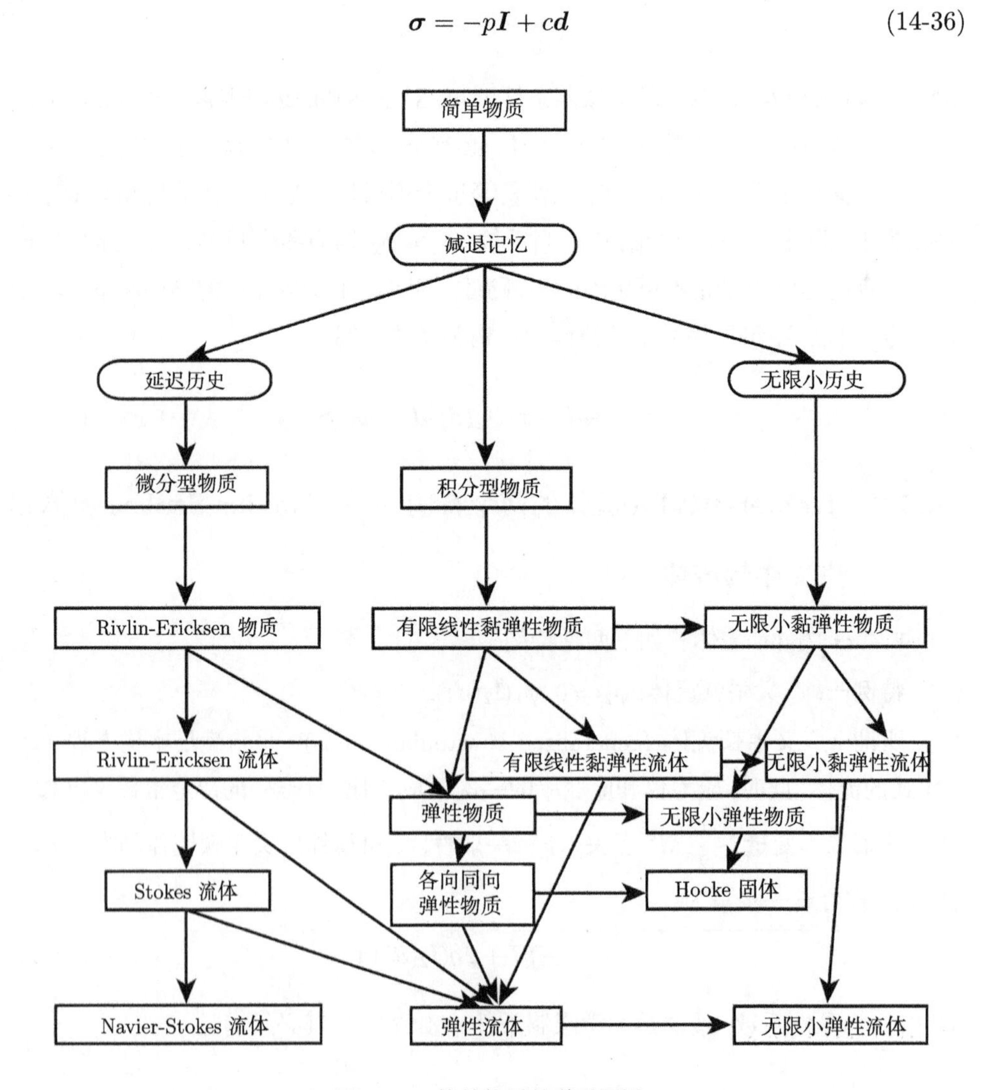

图 14.2 简单物质的谱系图[1]

14.6 简单物质的谱系

如果在 Stokes 流体的本构方程 (14-20) 式中进一步略去应变率 d 的一阶项, 则 Stokes 流体进一步退化为 “弹性流体” 的本构方程:

$$\boldsymbol{\sigma} = -p(\rho)\boldsymbol{I} \tag{14-37}$$

(14-37) 式和 (14-9) 式完全相同, 退化情形如图 14.2 左栏所示. 本章从微分物质出发, 通过引入 Rivlin-Ericksen 张量 (14-2) 式, 从而引入了 Rivlin-Ericksen 物质的本构关系 (14-3) 式. 进而依次引入了 Rivlin-Ericksen 流体和 Stokes 流体, 以及 Stokes 流体的两种简化形式: Navier-Stokes 流体以及弹性流体.

本书亦在第 11 章中讨论过弹性物质、各向同性弹性物质、无限小变形的弹性物质、Hooke 固体等内容. 在本篇的以后章节中, 还将深入讨论流变体, 包括黏弹性流体的本构方程. 这就构成了简单物质的谱系, 如图 14.2 所示.

思 考 题

14.1 证明 n 阶 Rivlin-Ericksen 张量 $\boldsymbol{A}_{(n)}$ 与右 Cauchy-Green 张量 $\boldsymbol{C}_t(\tau)$ 之间满足如下关系:

$$\boldsymbol{A}_{(n)} = \left(\frac{\mathrm{d}^n}{\mathrm{d}\tau^n}\boldsymbol{C}_t(\tau)\right)\bigg|_{\tau=t} \tag{14-38}$$

14.2 解释为什么 (14.18) 中第一、第二和第三式分别展开为应变率 d 相关的二阶、一阶和零阶.

14.3 解释在图 14.2 中为什么是 “Stokes 流体” 而不是 “Navier-Stokes 流体” 退化为 “弹性流体”, 也就是在图 14.2 中为什么在 “Navier-Stokes 流体” 和 “弹性流体” 间没有连线?

14.4 讨论图 14.1 中各向同性弹性物质向弹性流体的退化情形.

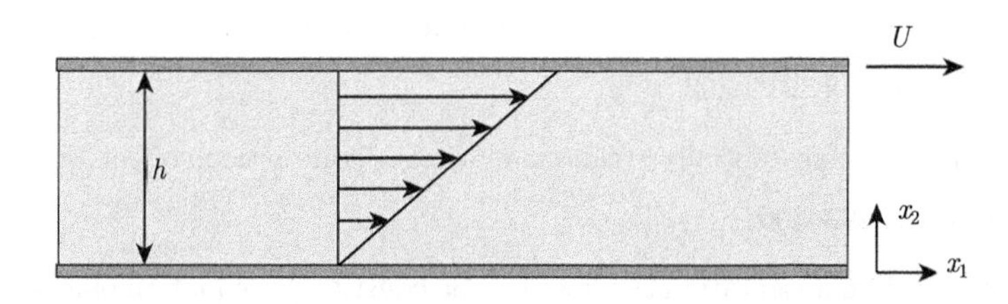

图 14.3 简单剪切流动 —— Couette 流动示意图

Maurice Couette
(1858~1943)

14.5　考虑如图 14.3 所示的等容流动的一个典型例子 —— Couette 简单剪切流动, 其运动方程可写为

$$\boldsymbol{x} = \boldsymbol{X} + \dot{\gamma} t X_2 \boldsymbol{e}_1 \tag{14-39}$$

式中, 剪切应变率为: $\dot{\gamma} = U/h$, 证明有如下关系存在:

$$\boldsymbol{F} = \begin{bmatrix} 1 & \dot{\gamma}t & 0 \\ 0 & 1 & 0 \\ 0 & 0 & 1 \end{bmatrix}, \quad \boldsymbol{F}^{-1} = \begin{bmatrix} 1 & -\dot{\gamma}t & 0 \\ 0 & 1 & 0 \\ 0 & 0 & 1 \end{bmatrix}$$

$$\boldsymbol{B} = \boldsymbol{F}\boldsymbol{F}^{\mathrm{T}} = \begin{bmatrix} 1+(\dot{\gamma}t)^2 & \dot{\gamma}t & 0 \\ \dot{\gamma}t & 1 & 0 \\ 0 & 0 & 1 \end{bmatrix}, \quad \boldsymbol{C} = \boldsymbol{F}^{\mathrm{T}}\boldsymbol{F} = \begin{bmatrix} 1 & \dot{\gamma}t & 0 \\ \dot{\gamma}t & 1+(\dot{\gamma}t)^2 & 0 \\ 0 & 0 & 1 \end{bmatrix}$$

$$\boldsymbol{E} = \frac{1}{2}(\boldsymbol{C} - \boldsymbol{I}) = \frac{1}{2}\begin{bmatrix} 0 & \dot{\gamma}t & 0 \\ \dot{\gamma}t & (\dot{\gamma}t)^2 & 0 \\ 0 & 0 & 0 \end{bmatrix}, \quad \boldsymbol{e} = \frac{1}{2}(\boldsymbol{I} - \boldsymbol{B}^{-1}) = \frac{1}{2}\begin{bmatrix} 0 & \dot{\gamma}t & 0 \\ \dot{\gamma}t & -(\dot{\gamma}t)^2 & 0 \\ 0 & 0 & 0 \end{bmatrix}$$

$$\boldsymbol{d} = \frac{\dot{\gamma}}{2}\begin{bmatrix} 0 & 1 & 0 \\ 1 & 0 & 0 \\ 0 & 0 & 0 \end{bmatrix}$$

参 考 文 献

[1] 德冈辰雄. 理性连续介质力学入门. 赵镇, 苗天德, 程昌钧译. 北京: 科学出版社, 1982.

[2] Rivlin R S, Ericksen J L. Stress-deformation relations for isotropic materials. Journal of Rational Mechanics and Analysis, 1955, 4: 323–425.

[3] Noll W. Motions with constant stretch history. Archive for Rational Mechanics and Analysis, 1962, 11: 97–105.

[4] Coleman B D. Kinematical concepts with applications in the mechanics and thermodynamics of incompressible viscoelastic fluids. Archive for Rational Mechanics and Analysis, 1962, 9: 273–300.

[5] Coleman B D. Substantially stagnant motions. Transactions of the Society of Rheology, 1962, 6: 293–300.

[6] Wang C C. A representation theorem for the constitutive equation of a simple material in motions with constant stretch history. Archive for Rational Mechanics and Analysis, 1965, 20: 329–340.

[7] Stokes G G. On the theories of the internal friction of fluids in motion and of the equilibrium and motion of elastic solids. Transactions of the Cambridge Philosophical Society, 1845, 8: 287–319.

[8] Reiner M. A mathematical theory of dilatancy. American Journal of Mathematics, 1945: 350–362.

[9] Rivlin R S. The hydrodynamics of non-Newtonian fluids. Part I. Proceedings of the Royal Society of London A, 1948, 193: 260–281.

第 15 章　非牛顿流体的本构关系和流动行为

众所周知, 诸如大分子溶液、熔融物 (melts)、肥皂液、悬浮液 (suspensions) 等复杂流体不能由如下牛顿流体 (Newtonian fluids) 的本构方程来描述:

$$\boldsymbol{\sigma} = -p\boldsymbol{I} + 2\eta\boldsymbol{d} \quad 或 \quad \sigma_{ij} = -p\delta_{ij} + 2\eta d_{ij} = -p\delta_{ij} + \eta\left(\frac{\partial v_i}{\partial x_j} + \frac{\partial v_j}{\partial x_i}\right) \tag{15-1}$$

式中, 所有符号和第 14 章完全一致, p 为静水压强, η 为动力黏度, 应变率张量为: $d_{ij} = (v_{i,j} + v_{j,i})/2$. 将不能由牛顿流体的本构方程 (15-1) 式描述的复杂流体称为 "非牛顿流体 (non-Newtonian fluids)" 或流变体. 如图 15.1 所示, 非牛顿流体可粗分为两大类: "时间无关行为 (Time-Independent Behavior, TIB)" 和 "时间相关行为 (Time-Dependent Behavior, TDB)".

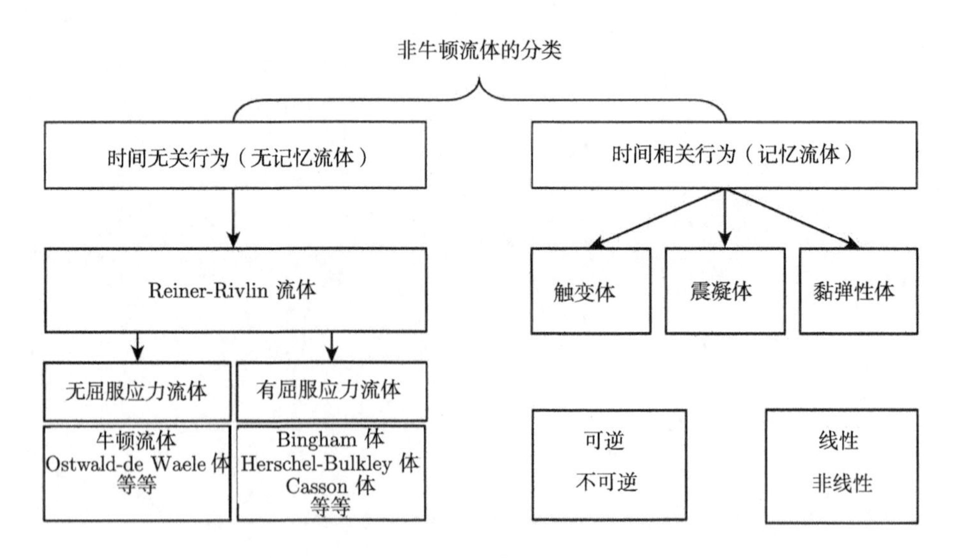

图 15.1　非牛顿流体的分类

15.1　时间无关行为的流变体

1926 年, Herschel 和 Bulkley[1,2] 提出了具有广泛适用范围的流变体的本构关系, 称为 "Herschel-Bulkley 模型":

$$\begin{cases} \tau = \tau_0 + K\dot{\gamma}^n, & \text{如果 } \tau \geqslant \tau_0 \\ \dot{\gamma} = 0, & \text{如果 } \tau < \tau_0 \end{cases} \tag{15-2}$$

式中, τ 为剪应力, τ_0 为初始屈服剪应力, 如图 15.2 所示, 当 $\tau_0 = 0$ 时称为无屈服应力的流变体, 而当 $\tau_0 \neq 0$ 时称为有屈服应力的流变体. K 为系数, n 为剪应变率指数常数. 应该注意的是, 当 $n \neq 1$ 时, 系数 K 具有较为复杂的量纲, 请见思考题 15.1. 图 15.2 给出了几种常用的时间无关行为的流变体模型, 下面将依次进行介绍.

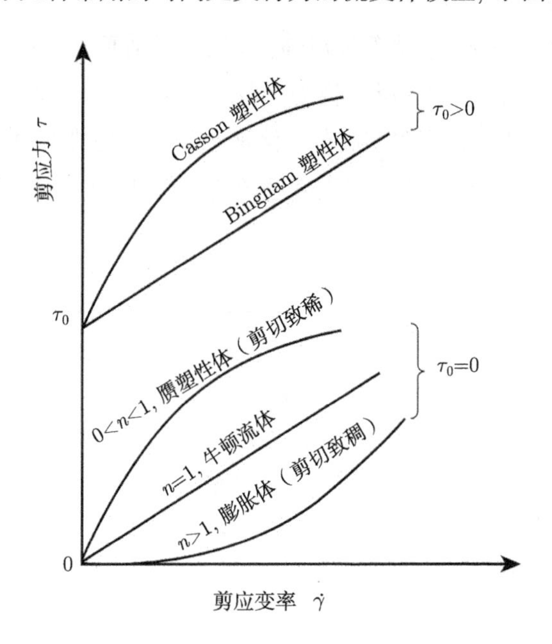

图 15.2　时间无关行为流变体的几种典型模型

15.1.1　无屈服应力的流变体模型 —— 剪切致稀和剪切致稠

如图 15.2 下半部分所示, 无屈服应力的非牛顿流体主要包括两类: 赝塑性流体 (pseudo-plastic fluids) 和膨胀流体 (dilatant fluids), 其中 "赝塑性" 亦被工程界广泛地称为 "伪塑性" 或 "假塑性". 这两类复杂流体主要用经验性的幂律函数来描述, Armand de Waele (1887~1966)[3] 和 Wilhelm Ostwald (1853~1932, 1909 年诺贝尔

Wilhelm Ostwald
(1853～1932)

化学奖得主)[4] 分别于 1923 和 1925 年最早给出了如下被广泛地称为 “Ostwald-de Waele 模型”:

$$\tau = k|\dot{\gamma}|^{n-1}\dot{\gamma} \tag{15-3}$$

显然, (15-3) 式为 Herschel-Bulkley 模型 (15-2) 式的特例之一. 从上述标度律可给出流变体的表观黏度系数为

$$\eta = \frac{\tau}{\dot{\gamma}} = k|\dot{\gamma}|^{n-1} \tag{15-4}$$

按照标度指数 n 取值的不同, 可分为如下三种情况:

情况 I: $n = 1$, 牛顿流体, 黏度系数不依赖于剪切速率 $\dot{\gamma}$.

情况 II: $0 < n < 1$, 赝塑性流体, 黏度将随着剪切速率 $\dot{\gamma}$ 的增大而逐渐减小, 因此, 该种流变体也被广泛地称为 “剪切致稀 (shear-thinning)” 型流变体, 例如, 油漆、番茄酱、米粥以及很多高分子溶液和悬浮液是典型的剪切致稀流体. 如图 15.3 所示, 有时该类流变体的表观黏度系数会降为其零剪切率黏度 (zero-shear-rate viscosity) 的 $10^{-3} \sim 10^{-4}$ 倍.

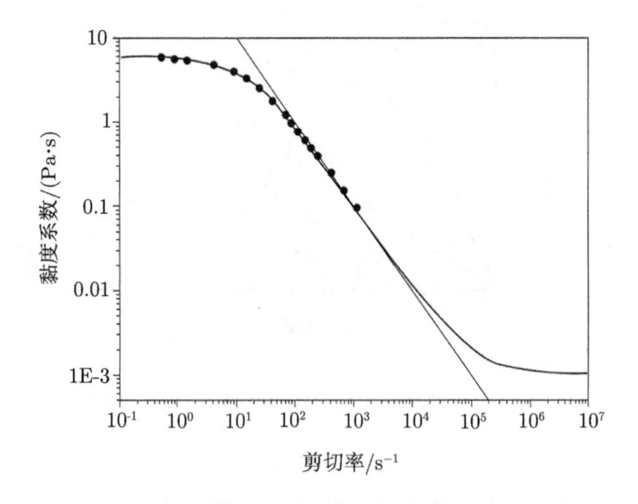

图 15.3　剪切致稀流变体的黏度随剪切速率的变化趋势

情况 III: $n > 1$, 膨胀流体, 表观黏度系数将随着剪切速率 $\dot{\gamma}$ 的增大而逐渐增大, 因此, 该种流变体也被广泛地称为 “剪切致稠 (shear-thickening)” 型流变体. 例如, 浆糊或淀粉糊 (starch paste) 就是典型的剪切致稠流体.

15.1.2　有屈服应力的流变体模型 —— Bingham 体和 Casson 体

生活中最为常见的 Bingham 塑性体[5] 就是牙膏, 存在明显的初始屈服应力. 其本构模型为:

$$\begin{cases} \tau = \tau_0 + \eta_p \dot{\gamma}, & \tau > \tau_0 \\ \dot{\gamma} = 0, & |\tau| \leqslant \tau_0 \end{cases} \tag{15-5}$$

式中, τ_0 为屈服剪切应力, η_p 为塑性黏度系数. (15-5) 式可用张量表示为

$$\begin{cases} \tau_{ij} = 2\left(\dfrac{\tau_0}{2\sqrt{|\mathrm{I}_2(\boldsymbol{d})|}} + \eta_p\right) d_{ij}, & \text{如果 } \sqrt{|\mathrm{I}_2(\boldsymbol{\tau})|} \geqslant \tau_0 \\ d_{ij} = 0, & \text{如果 } \sqrt{|\mathrm{I}_2(\boldsymbol{\tau})|} < \tau_0 \end{cases} \tag{15-6}$$

Scott Blair [6,7] 最早将 Casson 流变模型[8,9] 用来描述血液的流变行为. Casson 塑性体的本构模型可表述为

$$\sqrt{\tau} = \sqrt{\tau_0} + b\sqrt{\dot{\gamma}} \tag{15-7}$$

式中, b 为待定材料常数, 有关其量纲可见思考题 15.3. (15-7) 式的张量形式为

$$\begin{cases} \tau_{ij} = 2\left(\dfrac{\sqrt{\tau_0}}{\sqrt[4]{4|\mathrm{I}_2(\boldsymbol{d})|}} + b\right)^2 d_{ij}, & \text{如果 } \sqrt{|\mathrm{I}_2(\boldsymbol{\tau})|} \geqslant \tau_0 \\ d_{ij} = 0, & \text{如果 } \sqrt{|\mathrm{I}_2(\boldsymbol{\tau})|} < \tau_0 \end{cases} \tag{15-8}$$

1958 年, Steiner 建议用 Casson 模型 (15-7) 式来描述融化巧克力的流变特性[10]. 在 Casson 模型的基础上, 1959 年, Heinz 进一步结合油漆的流变特性给出了具有更广适用范围的流变体本构模型[11]:

$$\tau^m = \tau_0^m + b\dot{\gamma}^m \tag{15-9}$$

式中, m 被称为流动因子 (flow index)[12]. m 的典型值为 2/3 以及在 0.5~0.75 范围内取值.

15.2　血液流变学模型

血液作为一种广义牛顿流体, 其黏度可以表示为如下形式[13]:

$$\eta = \eta_\infty + (\eta_0 - \eta_\infty) f(\dot{\gamma}) \quad \text{或} \quad \frac{\eta - \eta_\infty}{\eta_0 - \eta_\infty} = f(\dot{\gamma}) \tag{15-10}$$

式中,

$$\begin{cases} \eta_0 = \lim\limits_{\dot{\gamma}\to 0} \eta(\dot{\gamma}) \\ \eta_\infty = \lim\limits_{\dot{\gamma}\to\infty} \eta(\dot{\gamma}) \end{cases} \tag{15-11}$$

分别称为零剪切率 (zero-shear-rate) 和无限大剪切率 (infinite-shear-rate) 黏度.

典型的全血 (whole blood) 的剪切致稀行为如图 15.4 所示, 表 15.1 给出了描述该赝塑性行为的不同模型和参数值.

Henry Eyring

(1901~1981)

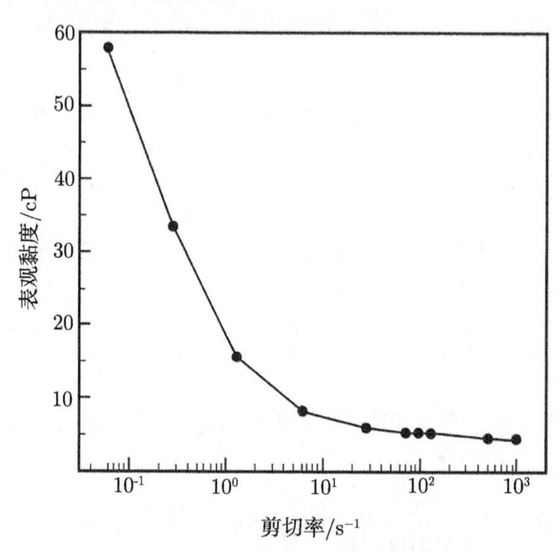

图 15.4 全血的赝塑性行为[13]

表 15.1 不同流变模型在血液流变中的应用

模型	$\dfrac{\eta-\eta_\infty}{\eta_0-\eta_\infty}$	材料常数
Powell-Eyring[14]	$\text{arsinh}(\lambda\dot{\gamma})$	$\eta_0 = 60.2\ \text{mPa}\cdot\text{s}$, $\eta_\infty = 64.9\ \text{mPa}\cdot\text{s}$ $\lambda = 1206.5\ \text{s}$
修正的 Powell-Eyring	$\dfrac{\ln(1+\lambda\dot{\gamma})}{(\lambda\dot{\gamma})^m}$	$\eta_0 = 57.46\ \text{mPa}\cdot\text{s}$, $\eta_\infty = 4.93\ \text{mPa}\cdot\text{s}$ $\lambda = 5.97\ \text{s}$, $m = 1.16$
简化 Cross	$\dfrac{1}{1+\lambda\dot{\gamma}}$	$\eta_0 = 70.0\ \text{mPa}\cdot\text{s}$, $\eta_\infty = 5.18\ \text{mPa}\cdot\text{s}$ $\lambda = 4.84\ \text{s}$
Cross[15]	$\dfrac{1}{1+(\lambda\dot{\gamma})^m}$	$\eta_0 = 87.5\ \text{mPa}\cdot\text{s}$, $\eta_\infty = 4.70\ \text{mPa}\cdot\text{s}$ $\lambda = 8.00\ \text{s}$, $m = 0.801$
Carreau[16]	$\dfrac{1}{[1+(\lambda\dot{\gamma})^2]^{\frac{1-n}{2}}}$	$\eta_0 = 63.9\ \text{mPa}\cdot\text{s}$, $\eta_\infty = 4.45\ \text{mPa}\cdot\text{s}$ $\lambda = 10.3\ \text{s}$, $n = 0.350$
Carreau-Yasuda[16,17]	$\dfrac{1}{[1+(\lambda\dot{\gamma})^a]^{\frac{1-n}{a}}}$	$\eta_0 = 65.7\ \text{mPa}\cdot\text{s}$, $\eta_\infty = 4.47\ \text{mPa}\cdot\text{s}$ $\lambda = 10.4\ \text{s}$, $n = 0.34$, $a = 1.76$

应该指出的是, 表 15.1 中的流变模型在不同领域有着甚广的应用范围, 例如, 石油和能源领域广泛应用的钻井液的流变行为亦可由上述模型来描述[18], 所不同的是, 流变模型中的参数需要由具体实验来确定, 希望本节的介绍能起到举一反三之功效. 有关流变体的 Eyring 模型, 还可进一步参考文献 [19,20].

15.3　流变体中扩散的 Stokes-Einstein-Sutherland 公式

实际中的流变体经常含有颗粒, 此时的流变体可视为胶体. 当流变体中所含的颗粒密度较稀时, 本节所给出的扩散系数 D 与黏滞系数 β 之间的关系被称为动理关系 (kinetic relation). 一般地可设黏滞阻力和速度成正比 $\left(-\beta\dfrac{\mathrm{d}x}{\mathrm{d}t}\right)$, 考虑流变体中颗粒所受到的热激发随机力项 $\lambda(t)$, 由于做布朗运动粒子的重力和浮力可忽略, 质量为 m 的粒子在 x 方向上的 Langevin 方程可写为

$$m\frac{\mathrm{d}^2x}{\mathrm{d}t^2}=-\beta\frac{\mathrm{d}x}{\mathrm{d}t}+\lambda(t) \tag{15-12}$$

式中的随机涨落力项也被称为白噪声项, 具有 Gauss 概率分布的特征, 其平均值 $\langle\lambda(t)\rangle=0$, 且随机涨落力的时间关联函数为 δ 函数:

$$\langle\lambda_i(t)\cdot\lambda_j(t')\rangle=2\beta k_\mathrm{B}T\delta_{ij}\delta(t-t') \tag{15-13}$$

(15-13) 式为随机涨落力乘积的长时间平均值, k_B 为 Boltzmann 常数, T 为绝对温度, $\beta k_\mathrm{B}T$ 被称为动量扩散系数.

以 x 乘 (15-12) 式两端, 有: $mx\dfrac{\mathrm{d}^2x}{\mathrm{d}t^2}=-\beta x\dfrac{\mathrm{d}x}{\mathrm{d}t}+x\lambda(t)$, 并注意到: $x\dfrac{\mathrm{d}x}{\mathrm{d}t}=\dfrac{1}{2}\dfrac{\mathrm{d}x^2}{\mathrm{d}t}$ 和 $x\dfrac{\mathrm{d}^2x}{\mathrm{d}t^2}=\dfrac{\mathrm{d}}{\mathrm{d}t}\left(x\dfrac{\mathrm{d}x}{\mathrm{d}t}\right)-\left(\dfrac{\mathrm{d}x}{\mathrm{d}t}\right)^2$, 则有下列表达式:

$$\frac{m}{2}\frac{\mathrm{d}^2x^2}{\mathrm{d}t^2}-m\left(\frac{\mathrm{d}x}{\mathrm{d}t}\right)^2=-\frac{\beta}{2}\frac{\mathrm{d}x^2}{\mathrm{d}t}+x\lambda(t) \tag{15-14}$$

大量相同的布朗粒子构成了布朗粒子的系综, 每一个粒子都是该系综中的一个系, 将方程 (15-14) 对这个粒子系综求平均, 亦即把大量粒子的方程相加再除以粒子总数, 例如 $\langle x^2\rangle=\dfrac{1}{n}\sum\limits_{i=1}^{n}x_i^2$, 且对布朗粒子的运动有: $\langle x\rangle=0$. 则有

$$\frac{m}{2}\frac{\mathrm{d}^2}{\mathrm{d}t^2}\langle x^2\rangle-\left\langle m\left(\frac{\mathrm{d}x}{\mathrm{d}t}\right)^2\right\rangle=-\frac{\beta}{2}\frac{\mathrm{d}}{\mathrm{d}t}\langle x^2\rangle+\langle x\cdot\lambda(t)\rangle \tag{15-15}$$

其中, $\langle x^2\rangle$、$\langle m(\mathrm{d}x/\mathrm{d}t)^2\rangle$ 和 $\langle x\cdot\lambda(t)\rangle$ 代表这些量的系综平均. 由于随机涨落力和粒子的位置无关, 所以有: $\langle x\cdot\lambda(t)\rangle=\langle x\rangle\cdot\langle\lambda(t)\rangle=0$. 当布朗粒子与其周围的液体介

质达到热平衡时, 可将布朗粒子看成巨分子, 根据能量均分定理, 布朗粒子在 x 方向上的平均动能为

$$\frac{1}{2}\left\langle m\left(\frac{\mathrm{d}x}{\mathrm{d}t}\right)^2\right\rangle=\frac{1}{2}k_{\mathrm{B}}T \tag{15-16}$$

将 (15-16) 式代回 (15-15) 式中, 可得到如下关于 $\langle x^2\rangle$ 的二阶常系数非齐次微分方程:

$$\tau\frac{\mathrm{d}^2}{\mathrm{d}t^2}\langle x^2\rangle+\frac{\mathrm{d}}{\mathrm{d}t}\langle x^2\rangle=\frac{2k_{\mathrm{B}}T}{\beta} \tag{15-17}$$

式中, $\tau=m/\beta$ 具有时间的量纲, 可理解为布朗粒子的弛豫时间. Jean-Baptiste Perrin (1870~1942, 1926 年诺贝尔物理奖得主) 于 1908 年对布朗运动从实验上进行了研究. Perrin 在实验中使用了平均半径为 R=36.7 μm 的胶体粒子, 其密度为 $\rho=1.19\times10^3$ kg/m^3, 液体介质的黏度系数为 $\eta=1.14\times10^{-3}$ Pa·s, 由此可得弛豫时间为:

$$\tau=\frac{m}{\beta}=\frac{2R^2\rho}{9\eta}=3.12\times10^{-8}\ \mathrm{s} \tag{15-18}$$

Jean-Baptiste Perrin
(1870~1942)

由此可见, 当时间 $t>10^{-6}$ s 时, (15-17) 式中左端考虑弛豫时间的第一项可以忽略, 因此可获得如下一阶常微分方程:

$$\frac{\mathrm{d}}{\mathrm{d}t}\langle x^2\rangle=\frac{2k_{\mathrm{B}}T}{\beta} \tag{15-19}$$

并利用初始条件 $x|_{t=0}=0$, 则得到 (15-19) 式的解为

$$\langle x^2\rangle=\frac{2k_{\mathrm{B}}T}{\beta}t=2Dt \tag{15-20}$$

则 (15-20) 式中的扩散系数 D 可由如下 Einstein 关系式给出[21]:

$$D=\frac{k_{\mathrm{B}}T}{\beta} \tag{15-21}$$

特别地, 当粒子为半径为 R 的球体在黏度系数为 η 的液体中运动时, 按照 Stokes 公式: $\beta=6\pi R\eta$, 则得到如下著名的 Stokes-Einstein-Sutherland 公式:

$$D=\frac{k_{\mathrm{B}}T}{6\pi R\eta} \tag{15-22}$$

(15-22) 式之所以称为 “Stokes-Einstein-Sutherland 公式” 的原因是, 1851 年 Stokes 建立了液体中球体颗粒的阻力公式 $\beta=6\pi R\eta$, 1905 年 Einstein 建立了布朗运动的理论, 以及 William Sutherland (1859~1911) 于 1905 年所发表的相关工作[22].

Einstein 于 1905 年针对布朗运动所创建的无规行走的理论[21], 被称为是一有关最无序现象的 “优雅理论”, 从美学角度来看, 该理论揭示了杂乱中的整体感以及有序能从无规中产生的深刻道理.

当液体中含有刚性球形颗粒构成悬浮液时, Einstein 于 1906 年曾给出稀释悬浮液 (dilute suspension) 有效黏度 η_{eff} 的初步修正公式[23], 进而于 1911 年给出了正确的一阶修正公式[24]:

$$\eta_{eff} \approx \eta\left(1+\frac{5}{2}\phi\right) \tag{15-23}$$

式中, ϕ 为溶质的体积分数. (15-23) 式表明, 悬浮液的有效黏度随着溶质体积分数的增加而增加, 有效黏度的增加表明颗粒对流动增加了额外的能量耗散: 对流线的偏离以及液体和颗粒表面间的摩擦等. (15-23) 式成立需满足如下条件:

(1) 悬浮液为连续介质, 为牛顿流体且具有不可压缩性;

(2) 悬浮液的流动为蠕动流 (creeping flow);

(3) 悬浮液中的颗粒无沉降;

(4) 液体在颗粒表面无滑移;

(5) 颗粒的存在不改变流动的速度剖面, 亦即满足: $R \ll \dfrac{\mathrm{d}v/\mathrm{d}x}{\mathrm{d}^2v/\mathrm{d}x^2}$;

(6) 颗粒的尺度 R 远小于颗粒的间距 h;

(7) 悬浮液足够的稀, 以至于球形颗粒间无相互作用.

而对于半稀释悬浮液 (semi-dilute suspensions), 由于颗粒间的相互碰撞会对有效黏度有更进一步的贡献, 此时, 有效黏度可表示为溶质体积分数 ϕ 的二阶修正关系[25,26]:

$$\eta_{eff} \approx \begin{cases} \eta\left(1+\dfrac{5}{2}\phi+7.6\phi^2\right), & \text{伸长流动} \\ \eta\left(1+\dfrac{5}{2}\phi+5.2\phi^2\right), & \text{剪切流动} \end{cases} \tag{15-24}$$

如果考虑布朗运动的影响, George Keith Batchelor (1920~2000) 的研究表明, 二阶修正项可以分为两部分[27]:

$$\eta_{eff} \approx \eta\left(1+\frac{5}{2}\phi+5.2\phi^2+\underset{\text{布朗运动贡献}}{1.0\phi^2}\right) \tag{15-25}$$

思　考　题

15.1　当 n 为常数时, 分析 Herschel-Bulkley 模型 (15-2) 式中系数 K 的量纲.

15.2　证明: Herschel-Bulkley 模型 (15-2) 式的张量形式为

$$\begin{cases} \tau_{ij} = 2\left(\dfrac{\tau_0}{2\sqrt{|\mathrm{I}_2(\boldsymbol{d})|}}+K\dot{\gamma}^{n-1}\right)d_{ij}, & \text{如果 } \sqrt{|\mathrm{I}_2(\boldsymbol{\tau})|} \geqslant \tau_0 \\ d_{ij}=0, & \text{如果 } \sqrt{|\mathrm{I}_2(\boldsymbol{\tau})|} < \tau_0 \end{cases} \tag{15-26}$$

George Keith Batchelor (1920~2000)

15.3 分析 Casson 血液流变体模型 (15-7) 式中待定材料常数 b 的量纲.

15.4 如何从图 15.3 中获得流变体的零剪切率黏度 η_0 和无限大剪切率黏度 η_∞?

15.5 大作业: 针对 "微流变学 (micro-rheology)" 和 "纳流变学 (nano-rheology)" 的兴起、研究内容和范式等进行系统文献调研.

15.6 15.2 节所着重提及的 Henry Eyring 所创建的有关化学反应绝对率理论 (Absolute Rate Theory) 或过渡态理论 (Transition State Theory, TST), 被认为是 20 世纪化学领域最重要的贡献之一. Eyring 因而于 1944、1950、1958、1959、1960、1961、1963、1964、1965 共计 9 年次被 13 人次提名诺贝尔化学奖, 但未获成功. 一种解释是, Eyring 的理论当时太先进了以至于诺贝尔化学奖的评委难以理解, 另外一种解释是由于宗教问题. 后来多项基于 Eyring 的 TST 的理论获得了诺贝尔化学奖而 Eyring 却与诺贝尔化学奖擦肩而过曾使该奖饱受质疑. Eyring 分别于 1963 年和 1965 年当选为美国化学会主席和美国科学促进会 (AAAS) 的主席. 作为部分补偿, 瑞典皇家科学院于 1977 年授予 Eyring 金质 Berzelius 奖章.

问题: 结合专著[28] 的 7.8 节和专著[29] 的 2.1 节, 进一步深入了解 Eyring 的过渡态理论.

参考文献

[1] Herschel W H, Bulkley R. Konsistenzmessungen von Gummi-Benzollösungen. Kolloid Zeitschrift, 1926, 39: 291–300.

[2] Herschel W H, Bulkley R. Measurement of consistency as applied to rubber benzene solutions. Proceedings of ASTM, Part II, 1926, 26: 621–629.

[3] de Waele A. Viscometry and plastometry. Journal of the Oil and Colour Chemists' Association, 1923, 6: 33–88.

[4] Ostwald W. Über die geschwindigkeitsfunktion der viskosität disperser systeme. I. Colloid & Polymer Science, 1925, 36: 99–117.

[5] Bingham E C. Fluidity and Plasticity. New York: McGraw-Hill, 1922.

[6] Scott Blair G W. An equation for the flow of blood, plasma and serum through glass capillaries. Nature, 1959, 183: 613–614.

[7] Reiner M, Scott Blair G W. The flow of blood through narrow tubes. Nature, 1959, 184: 354.

[8] Casson N. A flow equation for pigment oil suspensions of the printing ink type. Bulletin British Society of Rheology, 1957, 52: 5.

[9] Casson N. A flow equation for pigment oil suspensions of the printing ink type. In:

Rheology of Disperse Systems (Mill C C, Ed.), pp. 84–102, London: Pergamon Press, 1959.

[10] Steiner E H. A new rheological relationship to express the flow properties of melted chocolate. Revue Internationale de la Chocolatiere, 1958, 13: 290–295.

[11] Heinz W. The Casson flow equation: its validity for suspension of paints (in German). Muteriulprcfung, 1959, 1: 311.

[12] Chevalley J. Rheology of chocolate. Journal of Texture Studies, 1975, 6: 177–196.

[13] Galdi G P, Rannacher R, Robertson A M, Turek S. Hemodynamical flows. Basel: Birkhäuser, 2008.

[14] Powell R E, Eyring H. Mechanism for relaxation theory of viscosity. Nature, 1944, 154: 427–428.

[15] Cross M M. Rheology of non-Newtonian fluids: a new flow equation for pseudoplastic systems. Journal of Colloid Science, 1965, 20: 417–437.

[16] Carreau P J. Rheological equations from molecular network theories. Transactions of The Society of Rheology, 1972, 16: 99–127.

[17] Yasuda K. Investigation of the analogies between viscometric and linear viscoelastic properties of polystyrene fluids. PhD thesis, Massachusetts Institute of Technology. Department of Chemical Engineering, 1979.

[18] Shah S N, Shanker N H, Ogugbue C C. Future challenges of drilling fluids and their rheological measurements//AADE fluids conference and exhibition, Houston, Texas. 2010.

[19] Eyring H. Viscosity, plasticity, and diffusion as examples of absolute reaction rates. Journal of Chemical Physics, 1936, 4: 283–291.

[20] Ree F, Ree T, Eyring H. Relaxation theory of transport problems in condensed systems. Industrial & Engineering Chemistry, 1958, 50: 1036–1040.

[21] Einstein A. Über die von der molekularkinetischen Theorie der Wäme geforderte Bewegung von in ruhenden Flüsigkeiten suspendierten Teilchen. Annalen der Physik, 1905, 17: 549–560.

[22] Sutherland W. A dynamical theory of diffusion for non-electrolytes and the molecular mass of albumin. The London, Edinburgh, and Dublin Philosophical Magazine and Journal of Science, 1905, 9: 781–785.

[23] Einstein A. Eine neue bestimmung der moleküldimensionen. Annalen der Physik, 1906, 19: 289–306.

[24] Einstein A. Berichtigung zu meiner Arbeit: Eine neue Bestimmung der Moleküldimension (In English: Correction of my work: a new determination of the molecular dimensions). Annalen der Physik, 1911, 34: 591–592.

[25] Batchelor G K, Green J T. The determination of the bulk stress in a suspension of spherical particles to order c2. Journal of Fluid Mechanics, 1972, 56: 401–427.

[26] Wagner N J, Woutersen A T J. The viscosity of bimodal and polydisperse suspensions of hard spheres in the dilute limit. Journal of Fluid Mechanics, 1994, 278: 267–287.

[27] Batchelor G K. The effect of Brownian motion on the bulk stress in a suspension of spherical particles. Journal of Fluid Mechanics, 1977, 83: 97–117.

[28] 赵亚溥. 表面与界面物理力学. 北京: 科学出版社, 2012.

[29] 赵亚溥. 纳米与介观力学. 北京: 科学出版社, 2014.

第 16 章　Boltzmann 叠加原理和线性积分型黏弹性本构方程

16.1　问题的背景

Ludwig Boltzmann
(1844~1906)

Ludwig Boltzmann (1844~1906) 以在统计物理和动理论 (kinetic theory) 方面的杰出贡献著称于世, 是 "教科书式" 科学家中的典范. 诚如本篇篇首语中所叙, 他于 1874 年发表了[1] 被誉为 "流变学中第一个成功的理论"[2] 的经典文章.

19 世纪 70 年代是 Boltzmann 的丰产期. 他于 1872 年时年 28 岁时发表了题为《关于分子气体热平衡态的进一步研究》的经典文章[3], 创建了著名的 "Boltzmann 动理方程", 提出了经典统计力学中最重要的定理之一的 H 定理, 不仅实现了热力学第二定律的推广, 还令 Boltzmann 触及到了物理学中最深刻的问题 —— 时间的方向 (时间之矢, arrow of time), 一个令牛顿头痛不已的疑难. 在牛顿奠定的经典力学体系中, 力学方程对时间反演具有数学形式上的不变性, 这就是说, 任何一个力学过程都是在时间中的可逆过程, 比如一个苹果, 无论落下还是上抛都遵循一个不变的力学方程. 所以, 人们根本无法从力学现象中判断时间流逝的方向. 在 1873~1874 年间, Boltzmann 发表了一系列有关介电常数测量方面的五篇文章. 1873~1876 年期间, 他还和他的未婚妻在恋爱期, 并于 1876 年结婚. 1877 年, Boltzmann 发表了他一生最伟大的发现 —— 熵的微观统计解释的论文, 即熵 S 与热力学概率亦称微观状态数 Ω 之间存在当量关系[4]: $S \sim \ln \Omega$. 1906 年, Max Planck (1858~1947, 1918 年诺贝尔物理奖得主)[5] 引入了 Boltzmann 常数 k_{B}, 将上述关系式完善为: $S = k_{\mathrm{B}} \ln \Omega$. Boltzmann 指出, H 定理或热力学第二定律不是经典力学框架下的决定论规律, 其本质是一个系统微观状态的统计平均, 而微观世界的可逆行为通过统计平均实现了向宏观不可逆行为的跨越. 这种跨越体现了时间流逝的单向性, 是世界真实变化过程的最好判据.

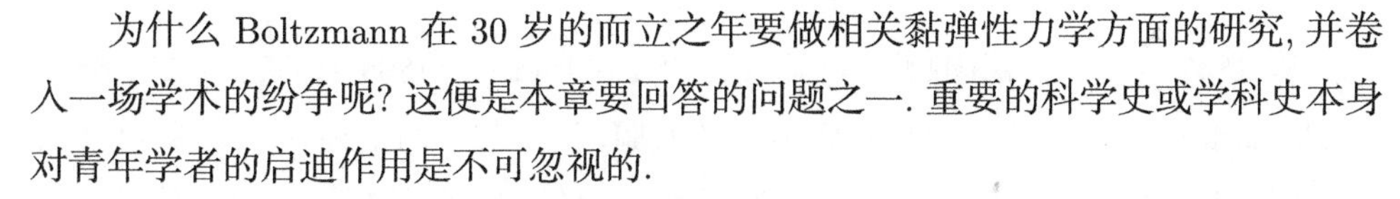

为什么 Boltzmann 在 30 岁的而立之年要做相关黏弹性力学方面的研究, 并卷入一场学术的纷争呢? 这便是本章要回答的问题之一. 重要的科学史或学科史本身对青年学者的启迪作用是不可忽视的.

16.2　早期几个经典的黏弹性实验

1835 年, 被认为是 19 世纪最重要的物理学家之一的 Wilhelm Eduard Weber (1804~1891), 开展了影响深远的丝线 (silk threads) 拉伸力学行为的系统实验[6,7]. 开展该实验的初衷是, Weber 于 1833 年开始和数学家 Carl Friedrich Gauss (1777~1855) 联合发明电报机 (位于德国哥廷根的两人雕塑见图 16.1), 而由于丝线拥有小的扭转刚度而经常被应用到电磁器件中这一点使 Weber 对丝线的力学行为发生了兴趣. 通过应用 Gauss 所建议的灵巧实验方案, Weber 对生丝 (raw silk) 的力学实验表明其拉伸性能并不是理想弹性的 (perfectly elastic). Weber 从实验上发现, 当对生丝施加一轴向拉伸载荷时, 将迅速发生一个与载荷相应的线弹性拉伸变形, 但在不超过弹性极限的常载荷下, 生丝会在一个相当长的时段里, 继续发生持续的变形 (这也就是后来的 "蠕变"). 而当撤掉外载后, 首先回复的是线弹性变形部分, 进而生丝会回复到开始的原长度. Weber 将由线弹性伸长部分以外的额外伸长称为 "后效 (德文: Nachwirkung, 英文: aftereffect)". 进而, Weber 还推论出应力松弛 (stress relaxation) 现象的存在. 所以毫无疑问的是, Weber 通过上述实验的深刻分析, 已经至少定性地捕捉到了黏弹性的本质特征 (essence).

图 16.1　位于德国 Göttingen 的 Weber (左) 和 Gauss 塑像

从 1847 年开始, 德国物理学家 Rudolf Kohlrausch (1809~1858) 和 Friedrich Kohlrausch (1840~1910) 父子在 Weber 的实验室, 开展了与上述 Weber 拉伸实验相类似的扭转实验. Kohlrausch 父子在针对玻璃丝和银丝的扭转实验中均发现了黏弹性行为[8−10]. Rudolf 曾于 1854 年引入了介电弛豫, 同时应用展宽弛豫指数函数来解释莱顿瓶 (Leyden jar 或 Leiden jar) 放电的弛豫效应[11]. Friedrich 则通过实验发现, 在细丝扭转的黏弹性效应中的应变 "后效" 效应和他父亲的莱顿瓶中的放电弛豫效应相类似. 应该指出的是作为本章所述物理学家 Weber 的学生, Friedrich Kohlrausch 是 19 世纪最重要的实验物理学家之一; 而其父 Rudolf Kohlrausch 则于 1856 年和 Weber 联名发表的文章中, 第一次使用字母 c 来表示光速.

16.3　Maxwell 和 Meyer 的微分型黏弹性模型

1867 年, James Clerk Maxwell (1831∼1879) 针对黏性气体提出了黏弹性理论模型[12]. 使用 Maxwell 原文中的符号, 应力 F 和应变 S 之间的关系为如下 "微分形式 (differential form)":

James Clerk Maxwell (1831∼1879)

$$\frac{\mathrm{d}F}{\mathrm{d}t} = E\frac{\mathrm{d}S}{\mathrm{d}t} - \frac{F}{T} \tag{16-1}$$

式中, E 表示弹性模量, T 表示弛豫时间. 专著[13] 的 6.3 节已经对该方程和解进行了详细讨论. (16-1) 式中, 如果应变为常量 ($\mathrm{d}S/\mathrm{d}t = 0$), 则 (16-1) 式的解为

$$F = ES\exp\left(-\frac{t}{T}\right) \tag{16-2}$$

而当应变率为常量 ($\mathrm{d}S/\mathrm{d}t = \mathrm{const}$), 则 (16-1) 式的解为

$$F = \underbrace{ET}_{\text{黏度}}\frac{\mathrm{d}S}{\mathrm{d}t} + C\exp\left(-\frac{t}{T}\right) \tag{16-3}$$

式中, 弹性模量 E 和弛豫时间 T 的乘积再乘上后面的应变率 $\mathrm{d}S/\mathrm{d}t$ 得到应力, 所以, Maxwell 将乘积 ET 称为 "黏度系数 (coefficient of viscosity)". 文中, Maxwell 特别强调, 他所建立的理论模型 (16-1) 式能解释上节所着重谈到的 Weber 有关丝线的拉伸实验, Kohlrausch 父子有关玻璃丝的扭转实验以及 Maxwell 本人所开展的有关钢丝 (steel wires) 的黏弹性实验的相关结果.

1874 年, 波兰学者 Oskar Emil Meyer (1834∼1909) 针对固体的黏弹性, 建立了微分型的黏弹性理论模型[14], 他将应力表达为如下线弹性项和应变率相关的黏性项之和:

$$-X_y = -Y_x = \underbrace{\mu\left(\frac{\partial u}{\partial y} + \frac{\partial v}{\partial x}\right)}_{\text{线弹性项}} + \underbrace{\eta\frac{\mathrm{d}}{\mathrm{d}t}\left(\frac{\partial u}{\partial y} + \frac{\partial v}{\partial x}\right)}_{\text{和应变率相关的黏性项}} \tag{16-4}$$

式中, X_y 和 Y_x 为剪切应力, u 和 v 分别为 x 和 y 方向的位移, μ 为剪切弹性模量,

$\left(\dfrac{\partial u}{\partial y}+\dfrac{\partial v}{\partial x}\right)$ 则为剪切应变, η 为黏度系数, $\dfrac{\mathrm{d}}{\mathrm{d}t}\left(\dfrac{\partial u}{\partial y}+\dfrac{\partial v}{\partial x}\right)$ 为剪切应变率. Meyer 也强调他的上述微分型黏弹性模型能定性地解释 Weber 和 Kohlrausch 父子的有关黏弹性实验结果. 应该特别指出的是, 上述 Meyer 的黏弹性理论模型后来在一般性教科书中以 "Kelvin-Voigt 黏弹性模型" 冠名, 事实上, 正如 17.1 节中将谈到的, 虽然 Lord Kelvin 在黏弹方面开展了很多实验研究, 但并未写下方程, 而 Voigt[15] 在该方面的研究比 Meyer 要晚很长时间[2].

应该指出的是, Maxwell 和 Meyer 黏弹性模型仅适用于小变形情形, 关于 Oldroyd 客观性应力率在黏弹性大变形中的应用, 可参见专著[13] 的 6.3 节.

16.4 Boltzmann 叠加原理和线性积分型黏弹性模型

正如本章在开始所谈到的, Boltzmann 于 1874 年提出了积分 (integral) 型的黏弹性理论模型[1]. Boltzmann 在文章中对 16.3 节介绍的 Meyer 模型进行了长篇幅的批评, 认为 Meyer 的黏弹性模型缺乏广泛适用性.

首先针对现行黏弹性问题, Boltzmann 给出了如下 "叠加原理 (Prinzip der Superposition)": 黏弹性物质的力学松弛行为是其整个历史上诸松弛过程的线性加和的结果. 对于蠕变过程, 每个负荷对黏弹性物质的变形的贡献是独立的, 总的蠕变是各个负荷引起的蠕变的线性加和; 对于应力松弛, 每个应变对于黏弹性物质的应力松弛的贡献也是独立的, 总应力等于历史上诸应变引起的应力松弛过程的线性加和.

符合 Boltzmann 叠加原理的黏弹性称为线性黏弹性, 反之称为非线性黏弹性. 由该叠加原理可以得出描述黏弹性的积分方程, 由于只有一个积分参数, 所以又被称为 Volterra 型积分方程. 为了便于理解, 这里采用现在的描述方式, 对于蠕变和应力松弛两种情形, Boltzmann 线性积分型黏弹性本构模型可表示为

$$\begin{cases}\text{蠕变: } \varepsilon(t)=\dfrac{\sigma(t)}{E_{0c}}+\displaystyle\int_0^t K(t-t')\dot{\sigma}(t')\mathrm{d}t' \\ \text{松弛: } \sigma(t)=E_{0r}\varepsilon(t)+\displaystyle\int_0^t F(t-t')\dot{\varepsilon}(t')\mathrm{d}t'\end{cases} \tag{16-5}$$

式中, $\sigma(t)$ 和 $\varepsilon(t)$ 分别为随时间 t 变化的应力和应变, E_{0c} 和 E_{0r} 分别为蠕变和应力松弛的即时弹性模量 (instantaneous elastic moduli for creep and relaxation), 而$K(t)$ 和 $F(t)$ 则分别为蠕变和应力松弛函数.

如图 16.2 所示, 在文中 Boltzmann 还建议了六种细丝的扭转实验来确定积分

中的待定函数, 图中 θ 为细丝的扭转角, D 为扭矩. 这六种情况分别为: 图 (a), 通常的应力松弛实验; 图 (b), 短应变脉冲; 图 (c), 蠕变实验; 图 (d), 恢复 (recovery) 实验; 图 (e), 混合脉冲情形; 图 (f), 自由振动实验. Boltzmann 还分别针对这六种情形推导了理论计算公式用以从实验上确定积分函数.

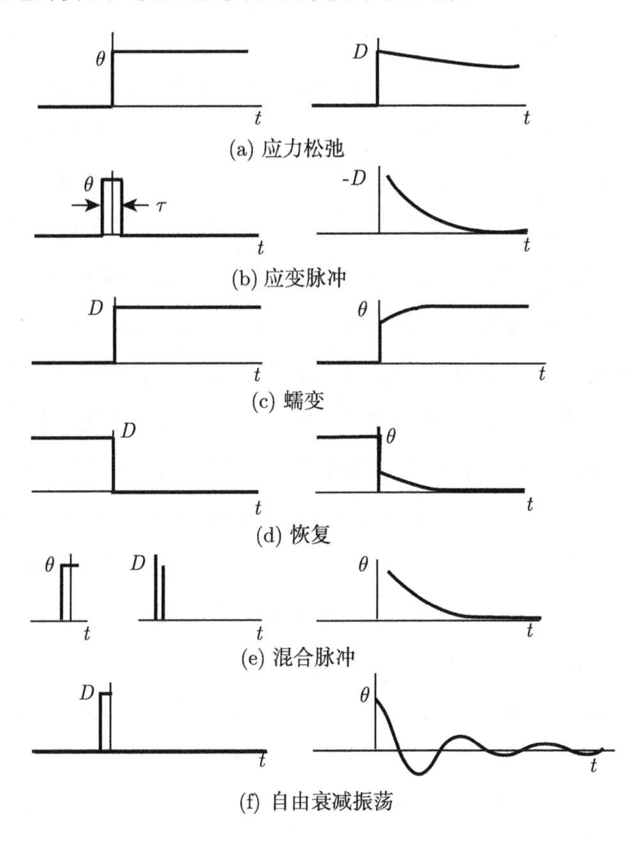

图 16.2 Boltzmann 于 1874 年文章中所建议的六种细丝的扭转实验

1874 年 Boltzmann 有关黏弹性积分型本构方程的论文发表后, 一些激烈的负面评价开始出现. 于 1877 年, Oskar Emil Meyer 的学生 Paul Schmidt 在其文章[16]中, 对 Boltzmann 的积分型黏弹性本构关系进行了强烈的批评, 认为 Boltzmann 将其理论应用于振动衰减问题 "毫无道理 (makes no sense)", 而且认为 Boltzmann 的 "理论结果通篇都充满着错误 (theoretical results that are full of errors)". 1878 年, Oskar Emil Meyer 本人也发表文章批评 Boltzmann 的积分型本构模型, 认为该模型和原子理论不匹配. 针对这些批评, Boltzmann 本人均一一予以答复并 "不耐烦地 (impatiently)" 予以了回击.

与 Oskar Emil Meyer 等的强烈批评形成对照的是, 英国的两位伟大的物理学家 Lord Kelvin 和 Maxwell 均很快承认了 Boltzmann 积分型本构方程的优越性. Boltzmann 工作的原创性和重要性由此可见一斑.

本节有关上述学术争论的介绍是想说明, 正像 Boltzmann 在他的文章中对前人的工作进行长篇幅的批评一样, 别人对他相关结果的质疑也应属于学术批评的范畴之内. 越是伟大的成果, 就越是应该接受更为苛刻的质疑. Boltzmann 作为伟大的物理学家, 由于其处于他那个时代顶尖级的学术地位, 他很长时间都处于学术争论的漩涡之中, 特别是其 "原子论 (atomism)" 受到了力学大师、首位科学哲学家 Ernst Mach (1838~1916) 和唯能论 (energetics) 的代表、化学家 Wilhelm Ostwald (1853~1932, 1909 年诺贝尔化学奖得主) 的残酷批评, 以至于患上了忧郁症, 并于 1906 年 9 月 5 日在意大利 Duino 的一家小旅馆里用窗帘绳索上吊自杀, 从而 "换取了其疲惫心灵永恒的宁静". 时年 19 岁的 Erwin Schrödinger (1887~1961, 1933 年诺贝尔物理奖得主) 对 Boltzmann 自杀事件异常震惊, 他第一次意识到, 学术的背后一样可能存在着置人于死地的力量, 以至于这种恐惧伴随了其一生.

Boltzmann 在其《关于气体理论的科学报告》论文集第二卷的导言中耐人寻味地写道: "我深信, 对分子动理论的抨击是由于误解, 因为分子动理论的作用至今尚未充分发挥出来. 我认为, 如果目前的敌对情况会导致分子动理论湮没无闻的话, 如同光的波动理论由于牛顿权威性的反对所遭到的厄运那样, 这对科学本身是一个严重的打击. 面对压倒优势的反对思潮, 我意识到个人力量的微弱. 但是, 为了确保人们今后回头重新研究分子运动时, 将不至于有太多的规律去重新发现. 我将尽可能以清晰的方式阐述该课题中最困难的和最容易误解的部分."

就在 Boltzmann 自杀的悲剧发生短短两年之后, 1908 年法国物理学家 Jean Baptiste Perrin (1870~1942, 1926 年诺贝尔物理奖得主) 在实验上给出了原子论的确凿证据, Ostwald 便于 1908 年 9 月公开宣布接受了原子论. Ostwald 对 Boltzmann 评价道: "Boltzmann 在敏锐以及对科学的明晰程度方面均超过了我们所有人 (excelled all of us)"!

16.5 基于 Boltzmann 叠加原理的软组织准线性黏弹性理论 (QLV)

1972 年, 冯元桢基于多种软组织 (soft tissue) 的一维拉伸实验结果, 通过应用 Boltzmann 叠加原理和黏弹性材料的应力松弛的积分型方程, 也就是 (16-5) 式的第二式, 建立了 “准线性黏弹性 (Quasi-Linear Viscoelasticity, QLV) 理论”[17]. 冯元桢假设软组织的应力松弛行为 (stress relaxation behavior) 可表示为

$$\sigma(t) = G(t)\sigma^e(\varepsilon) \tag{16-6}$$

式中, $\sigma^e(\varepsilon)$ 为软组织的瞬态弹性响应 (instantaneous elastic response), 也就是针对软组织施加一个瞬态应变阶梯型输入 (instantaneous strain step input) ε, 也就是输入一个具有 Heaviside 阶梯型的应变时, 软组织中的最大应力值. (16-6) 式中的 $G(t)$ 则被称为 “退化松弛函数 (reduced relaxation function, RRF)”, 它表征的是归一化的与时间相关的应力响应:

$$G(t) = \frac{\sigma(t)}{\sigma(0^+)} \tag{16-7}$$

满足: $G(0^+) = 1$.

通过应用 16.4 节中给出的 Boltzmann 叠加原理, t 时刻的瞬时应力可通过应变历史和退化松弛函数的卷积 (convolution integral) 给出:

$$\sigma(t) = \int_{-\infty}^{t} G(t-\tau)\frac{\mathrm{d}\sigma^e(\varepsilon)}{\mathrm{d}\varepsilon}\frac{\mathrm{d}\varepsilon}{\mathrm{d}\tau}\mathrm{d}\tau \tag{16-8}$$

式中, 瞬态弹性响应为

$$\sigma^e(\varepsilon) = A(\mathrm{e}^{B\varepsilon} - 1) \tag{16-9}$$

其中, A 和 B 为待定材料常数.

为了说明许多生物软组织材料的应力应变关系以及滞后回路 (hysteresis loop) 的应变率不敏感性, 冯元桢建议了如下松弛谱为

$$S(\tau) = \begin{cases} \dfrac{C}{\tau}, & \tau_1 \leqslant \tau \leqslant \tau_2 \\ 0, & \tau < \tau_1 \text{ 或 } \tau > \tau_2 \end{cases} \tag{16-10}$$

式中, C、τ_1、τ_2 为和具体生物软组织相关的材料常数, 其中, C 为无量纲量, 而 τ_1 和 τ_2 则为特征时间. 此时, (16-8) 式中的退化松弛函数 (RRF) 表示为

$$G(t) = \frac{1 + C[E_1(t/\tau_2) - E_1(t/\tau_1)]}{1 + C\ln(\tau_2/\tau_1)} \tag{16-11}$$

式中, $E_1(y)$ 为如下积分函数[18]:

$$E_1(y) = \int_{y}^{\infty} \frac{\mathrm{e}^{-z}}{z}\mathrm{d}z \tag{16-12}$$

例如, 对于常应变率情形, 设 $\dfrac{\mathrm{d}\varepsilon}{\mathrm{d}\tau}=\dot{\gamma}$, 则将 (16-9) 和 (16-11) 两式代入 (16-8) 式, 则可得到应力谱为

$$\sigma(t)=\frac{AB\dot{\gamma}}{1+C\ln\dfrac{\tau_2}{\tau_1}}\int_0^t\left\{1+C\left[E_1\left(\frac{t-\tau}{\tau_2}\right)-E_1\left(\frac{t-\tau}{\tau_1}\right)\right]\right\}\mathrm{e}^{B\dot{\gamma}t}\mathrm{d}\tau \tag{16-13}$$

思 考 题

16.1 1972 年, 冯元桢根据多种软组织一维拉伸实验结果, 提出了准线性黏弹性理论 (Quasi-Linear Viscoelasticity, QLV). 假设应变的历史效应 $G(t)$ 和瞬时弹性反应 $T^{(\mathrm{e})}(\lambda)$ 可分开处理, 因而任一时刻 t 的应力 $T(t)$ 为

$$T(t)=T^{(\mathrm{e})}(t)+\int_0^t T^{(\mathrm{e})}(t-\tau)\frac{\partial G(\tau)}{\partial\tau}\mathrm{d}\tau \tag{16-14}$$

式中, λ 为主伸长比, $T^{(\mathrm{e})}(\lambda)$ 为 λ 的非线性函数, 而应变的历史效应函数 $G(t)$ 为

$$G(t)=\frac{1+\displaystyle\int_0^\infty S(\tau)\mathrm{e}^{-\frac{t}{\tau}}\mathrm{d}\tau}{1+\displaystyle\int_0^\infty S(\tau)\mathrm{d}\tau} \tag{16-15}$$

式中,

$$S(\tau)=\begin{cases}\dfrac{C}{\tau}, & \tau_1\leqslant\tau\leqslant\tau_2\\ 0, & \tau<\tau_1\ \text{或}\ \tau>\tau_2\end{cases} \tag{16-16}$$

式中, C、τ_1、τ_2 为和具体软组织相关的常数.

问题: 分析准线性方程 (16-14) 的特点以及和 Boltzmann 积分型黏弹性本构方程的异同.

参 考 文 献

[1] Boltzmann L. Zur Theorie der elastischen Nachwirkung. Sitzungsberichte der Kaiserlichen Akademie der Wissenschaften, Mathematisch-Naturwissenschaftliche Classe, 1874, 70: 275–306.

[2] Markovitz H. Boltzmann and the beginnings of linear viscoelasticity. Transactions of the Society of Rheology, 1977, 21: 381–398.

[3] Boltzmann L. Weitere studien über das wärmegleichgewicht unter gasmolekülen. Sitzungberichte der Akademie der Wissenschaften zu Wien. Mathematisch-Naturwissenschaftliche Klasse, 1872, 66: 275–370.

[4] Boltzmann L. Über die Beziehung eines allgemeinen mechanischen Satzes zum zweiten Satze der Wärmetheorie. Sitzungberichte der Akademie der Wissenschaften zu Wien mathematisch-naturwissenschaftliche Klasse, 1877, 76: 373–435.

[5] Planck M. Vorlesungen über die Theorie der Wärmestrahlung. Leipzig: Barth, 1906.

[6] Weber W. Über die Elasticität der Seidenfäden. Analen der Physic und Chemie, 1835, 34: 247–257.

[7] Weber W. Über die Elasticität fester Körper. Annalen der Physik und Chemie, 1841, 54: 1–18.

[8] Kohlrausch R. Über das Dellmann'sch Elektrometer. Annalen der Physik und Chemie, 1847, 72: 353–406.

[9] Kohlrausch F. Über die elastische Nachwirkung bei der Torsion. Annalen der Physik und Chemie, 1863, 119: 337–368.

[10] Kohlrausch F. Beiträge zur Kenntniss der elastischen Nachwirkung. Annalen der Physik und Chemie, 1866, 128: 1–20, 207–227, 399–419.

[11] Kohlrausch R. Theorie des elektrischen Rückstandes in der Leidener Flasche. Annalen der Physik und Chemie, 1854, 91: 56–82, 179–214.

[12] Maxwell J C. On the dynamical theory of gases. Philosophical transactions of the Royal Society of London, 1867, 157: 49–88.

[13] 赵亚溥. 纳米与介观力学. 北京: 科学出版社, 2014.

[14] Meyer O E. Theorie der elastischen Nachwirkung. Annalen der Physik und Chemie, 1874, 151: 108–119.

[15] Voigt W. Über innere Reibung fester Körper, insbesondere der Metalle. Annalen der Physik, 1892, 47: 671–693.

[16] Schmidt P M. Über innere Keibung fester Körper. Annalen der Physik, 1877, NF2: 241.

[17] Fung Y C. Stress strain history relations of soft tissues in simple elongation. In: Biomechanics: Its Foundations and Objectives (Editors: Fung Y C, Perrone N, Anliker M). Englewood Cliffs, New Jersey: Prentice-Hall, pp. 181–207. 1972.

[18] Sauren A, Rousseau E P M. A concise sensitivity analysis of the quasi-linear viscoelastic model proposed by Fung. Journal of Biomechanical Engineering, 1983, 105: 92–95.

第 17 章　固体黏滞性和声波在固体中的吸收

17.1　Kelvin 对固体黏滞性概念的引入

William Thomson

(Lord Kelvin)

(1824~1907)

"固体黏滞性 (viscosity of solids)" 的英文专有名词是由 Lord Kelvin (William Thomson, 1824 ~ 1907) 于 1865 年第一次使用的[1]. 他当时在英国的 Glasgow 大学所开展的振动阻尼的实验结果表明, 实际值比通过热力学的理论预测值要大的多. Kelvin 所给出的结论是: "在弹性体中存在分子摩擦 (或: 内耗), 可以确切地称为固体黏滞性, 因为, 其作为一依赖于形状改变快慢程度的内部阻力 (there is in elastic solids a *molecular friction* which may be properly called the *viscosity of solids*, because, as being an internal resistance to change of shape depending on the rapidity of change.)".

17.2　Rayleigh 耗散函数

在 Landau 和 Lifshitz 著名的《理论物理教程》十卷中, 至少有三卷 (力学、弹性理论、统计物理 I) 大篇幅地讨论过 "耗散函数 (dissipation function, dissipative function)" 的概念, 这足以显见该概念在凝聚态物理中的重要性.

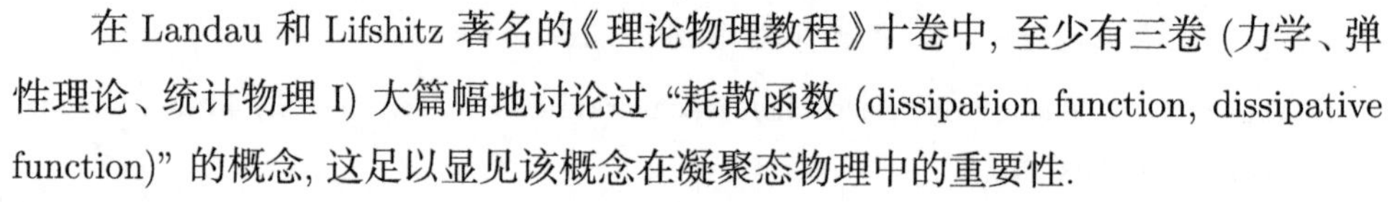

Lord Rayleigh

(John William Strutt)

(1842~1919)

耗散函数的概念是 Lord Rayleigh (John William Strutt, 1842 ~ 1919) 于 1871 年在研究振动时引入的[2].

首先以一维摩擦情况为例来说明耗散函数的物理意义. 设摩擦力正比于质点的速度, 有

$$f = -\mu\dot{x} \tag{17-1}$$

式中, μ 为摩擦系数. 则 Rayleigh 耗散函数定义为如下正定的二次型:

$$R = \frac{1}{2}\mu\dot{x}^2 = \frac{1}{2}|f|\dot{x} \tag{17-2}$$

耗散函数 R 的量纲为 "力 × 速度", 也就是功率. 对比 (17-1) 和 (17-2) 两式, 易知摩擦力和耗散函数的关系为

$$f = -\frac{\partial R}{\partial \dot{x}} \tag{17-3}$$

为了明晰耗散函数的物理意义, 我们给出摩擦力的元功如下:

$$\mathrm{d}E_{\mathrm{mech}} = -f\mathrm{d}x = -f\dot{x}\mathrm{d}t = \mu\dot{x}^2\mathrm{d}t = 2R\mathrm{d}t \tag{17-4}$$

因此, Rayleigh 耗散函数 R 表征的是系统能量耗散的快慢, 具体来说是摩擦力 (黏滞力) 引起的系统能量耗散率之半:

$$R = \frac{1}{2}\frac{\mathrm{d}E_{\mathrm{mech}}}{\mathrm{d}t} \tag{17-5}$$

类比于 (17-2) 式, 可将耗散函数的概念推广至各向同性连续体中:

$$R = \frac{1}{2}\eta_{ik}\dot{Q}_i\dot{Q}_k = \frac{1}{2}\dot{\boldsymbol{Q}}\cdot\boldsymbol{\eta}\dot{\boldsymbol{Q}} \tag{17-6}$$

式中, $\dot{Q}_i$ 为粒子 i 的广义速度, 其广义坐标为 Q_i. (17-6) 式对重复指标求和. 根据 Onsager 倒易关系, 黏滞系数张量 η_{ik} 满足如下对称性要求:

$$\eta_{ik} = \eta_{ki} \tag{17-7}$$

引入拉格朗日函数 (Lagrangian) $L = T - V$, 这里 T 和 V 分别为系统的动能和势能, 则考虑耗散函数的拉格朗日方程则改写为

$$\frac{\mathrm{d}}{\mathrm{d}t}\left(\frac{\partial L}{\partial \dot{Q}_i}\right) - \frac{\partial L}{\partial Q_i} = -\frac{\partial R}{\partial \dot{Q}_i} \quad (i = 1, 2, \cdots, s) \tag{17-8}$$

式中的右端项为考虑耗散函数时的附加项, s 为系统的自由度.

对于各向异性体, 耗散函数一般地表示为

$$R = \frac{1}{2}\eta_{iklm}d_{ik}d_{lm} = \frac{1}{2}\boldsymbol{d}:\boldsymbol{\eta}:\boldsymbol{d} \tag{17-9}$$

式中, $\boldsymbol{d}$ 为应变率张量. 类比于弹性张量的 Voigt 对称性 (12-12) 式, 则四阶黏滞系数张量 η_{iklm} 满足如下对称性:

$$\eta_{iklm} = \eta_{lmik} = \eta_{kilm} = \eta_{ikml} \tag{17-10}$$

则耗散 (黏滞) 应力为

$$\boldsymbol{\sigma}' = \frac{\partial R}{\partial \boldsymbol{d}} = \boldsymbol{\eta}:\boldsymbol{d} \tag{17-11}$$

(17-11) 式用分量形式表示为: $\sigma'_{ik} = \partial R/\partial d_{ik} = \eta_{iklm}d_{lm}$. 在运动方程 $\sigma_{ik,k} = \rho\ddot{u}_i$ 中, 将应力 σ_{ik} 置换为 $(\sigma_{ik} + \sigma'_{ik})$, 即可获得考虑黏滞性时的运动方程, 当忽略惯性力 $\rho\ddot{u}_i$ 时, 获得的则是考虑固体黏滞性时的平衡方程.

对于各向同性固体, (17-9) 式中的黏滞系数张量只有两个独立的常数, 则耗散函数表示为

$$R = \eta \left(d_{ik} - \frac{1}{3}\delta_{ik} d_{ll} \right)^2 + \frac{1}{2}\zeta d_{ll}^2 \tag{17-12}$$

式中, η 和 ζ 为两个黏滞系数常数. 由于耗散函数 R 的正定性, 所以这两个系数均为正. 黏滞应力 $\sigma'_{ik} = \partial R/\partial d_{ik}$ 则可表示为

$$\sigma'_{ik} = 2\eta \left(d_{ik} - \frac{1}{3}\delta_{ik} d_{ll} \right) + \zeta d_{ll}\delta_{ik} \tag{17-13}$$

17.3 声波在固体中的经典吸收理论

17.3.1 声波在连续介质中的经典吸收理论概述

声波吸收 (absorption of sound) 的例子在日常生活中司空见惯, 例如礼堂和高速公路的吸声板, 其功效是最大限度地增加声波的吸收, 减少声波的反射. 声波吸收在军事上的用途十分广泛.

英文专业词汇 “absorption” 和 “adsorption” 仅仅差一个字母, 含义虽然相近, 但却很不相同, 它们之间的主要区别如下: (1) Adsorption (吸附): 是指 A/B 两相中其中一相或是其中的溶质在相界面上发生改变的现象, 包括物理和化学吸附. (2) Absorption (吸收): 是指 A/B 两相中其中一相或是其中的溶质穿过相界面进入另一相. 如声波吸收等. (3) Sorption (吸着): 则介于 adsorption 和 absorption 之间, 一般是指吸收和吸附同时发生. 事实上, 所谓吸附实际上只是一种理想情况, 是指吸收深度较浅情形. 例如, 超灵敏气体传感器表面对所探测气体的吸附, 事实上是一种吸着.

所谓声波吸收是指, 在实际传声介质中声能传播的途中逐渐转变成热, 从而出现随距离而逐渐衰减的现象, 是一个能量的耗散过程. 声波吸收的原因很多, 如介质的黏滞性、热传导、介质的微观动力学过程引起的弛豫效应等.

声波的经典吸收理论包括黏滞性及热传导吸收两部分, 其发展历程如下:

黏滞性吸收: G. G. Stokes 在 1845 年导出由黏滞性引起的流体中声波吸收公式, 其吸收系数除了与黏滞系数成正比外, 还与声波频率的二次方成正比. 黏滞吸收的机制为: 当声波通过介质时, 介质质点因相对运动而产生内摩擦, 也即黏滞作用, 导致声波的吸收.

热传导吸收: G. R. Kirchhoff 于 1868 年提出了由热传导引起的声波吸收理论, 其吸收系数除了与介质的热导率成正比外, 还与声波的频率成二次方关系. 热传导

吸收的机制为: 因声波传播基本上是绝热的, 当介质中有声波通过时, 介质产生压缩和膨胀的交替变化, 压缩区温度升高, 膨胀区温度降低, 之间形成温度梯度, 引起热传导. 该过程是不可逆的, 因此产生声能的耗散, 称为热传导吸收.

固体中声波的吸收研究开展的稍迟一些, 20 世纪 30 年代末起才出现这方面的测量, 吸收机制比流体复杂的多.

大量测量发现, 几乎所有的气体都与经典吸收理论有偏差. 1920 年, 爱因斯坦从声波散射来确定缔合气体的反应率, 从而促进了对气体分子热弛豫吸收理论的广泛研究. 由介质分子的微观内过程所引起的声波吸收称为 "弛豫吸收", 主要机制有: (1) 分子热弛豫吸收; (2) 化学弛豫; (3) 结构弛豫; (4) 多种弛豫等.

由于篇幅所限, 本节只涉及声波在固体中的吸收理论.

17.3.2　声波在固体中的热传导和黏滞吸收的计算模型

对于存在温度梯度为 $\boldsymbol{\nabla}\theta$ 的黏滞性固体, 在声波吸收过程中总的机械能耗散率由如下两部分组成 [3]:

$$\dot{E}_{\text{mech}} = \underbrace{-\frac{\kappa}{\theta}\int(\boldsymbol{\nabla}\theta)^2\mathrm{d}v}_{\text{热传导耗散率}}\underbrace{-2\int R\mathrm{d}v}_{\text{黏滞耗散率}} \tag{17-14}$$

式中, 两项的负号是指被耗散掉的功率; 而右端第二项前的二倍是由于 (17-5) 式中所给出的耗散函数 R 的定义中, 其表征的是系统能量耗散率之半的原因.

对于各向同性固体, 将 (17-12) 式所给出的耗散函数代入 (17-14) 式, 有

$$\dot{E}_{\text{mech}} = -\frac{\kappa}{\theta}\int(\boldsymbol{\nabla}\theta)^2\mathrm{d}v - 2\eta\int\left(d_{ik} - \frac{1}{3}\delta_{ik}d_{ll}\right)^2\mathrm{d}v - \zeta\int d_{ll}^2\mathrm{d}v \tag{17-15}$$

在一级近似下, 固体对声波的吸收过程是绝热等熵的, (12-18) 式已经给出了绝热等熵过程温度变化 $(\theta - \theta_0)$ 和体积应变 $\mathrm{I}_{\boldsymbol{E}} = \mathrm{tr}\boldsymbol{E} = \varepsilon_{kk}$ 之间的关系:

$$\theta - \theta_0 = -\frac{K\alpha\theta_0}{\rho_0 c_{v0}}\varepsilon_{kk} \tag{17-16}$$

(17-16) 式表明, 对于绝热等熵过程, 体积膨胀的区域 $(\varepsilon_{kk} > 0)$ 温度将下降 $(\theta-\theta_0 < 0)$; 反之, 体积压缩的区域 $(\varepsilon_{kk} < 0)$ 温度将上升 $(\theta - \theta_0 > 0)$.

下面我们首先讨论横波 (transverse wave) 的吸收. 由于横波不引起体积的变化, 亦即: $\varepsilon_{kk} = 0$, 故由 (17-16) 式可知, 横波在传播和吸收过程中不引起温度的变化, 故在横波的吸收机制只有黏滞吸收一种. 设横波沿着 x 轴方向传播, 则三个位

移分量可表示为

$$\begin{cases} u_x = 0 \\ u_y = u_{0y}\cos(kx - \omega t) \\ u_z = u_{0z}\cos(kx - \omega t) \end{cases} \tag{17-17}$$

式中, u_{0y} 和 u_{0z} 分别为 y 和 z 轴方向的位移常量, $k=\omega/c_t$ 为波数, 量纲为 $[k]$=[长度]$^{-1}$, ω 为圆频率, c_t 为横波波速. 由 (17-17) 式可知, 不为零的应变分量只有如下两个:

$$\varepsilon_{xy} = -\frac{1}{2}ku_{0y}\sin(kx-\omega t), \quad \varepsilon_{xz} = -\frac{1}{2}ku_{0z}\sin(kx-\omega t) \tag{17-18}$$

所以, 应变率分量为

$$d_{xy} = \frac{1}{2}k\omega u_{0y}\cos(kx-\omega t), \quad d_{xz} = \frac{1}{2}k\omega u_{0z}\cos(kx-\omega t) \tag{17-19}$$

再由于: $d_{ll}=0$, 故此时 (17-15) 式简化为

$$\dot{E}_{\text{mech}} = -2\eta\int d_{ik}d_{ik}\mathrm{d}v \tag{17-20}$$

式中, 记单位体积的能量耗散率为 $\dot{e}_{\text{mech}} = -2\eta d_{ik}d_{ik}$, 则将 (17-19) 式代入, 有

$$\dot{e}_{\text{mech}} = -\frac{1}{2}\eta\frac{\omega^4}{c_t^2}(2u_{0y}^2 + 2u_{0z}^2)\cos^2(kx-\omega t) \tag{17-21}$$

对 (17-21) 式求时间平均 (time average) 可得

$$\begin{aligned} \langle\dot{e}_{\text{mech}}\rangle &= -\eta\frac{\omega^4}{c_t^2}(u_{0y}^2+u_{0z}^2)\langle\cos^2(kx-\omega t)\rangle \\ &= -\frac{1}{2}\eta\frac{\omega^4}{c_t^2}(u_{0y}^2+u_{0z}^2) \end{aligned} \tag{17-22}$$

在 (17-22) 式的运算中, 应用到了对时间求平均的概念, 函数 $f(t)$ 对时间平均是指:

$$\langle f\rangle = \lim_{\tau\to\infty}\frac{1}{\tau}\int_0^{\tau} f(t)\mathrm{d}t \tag{17-23}$$

容易看出, 如果函数 $f(t)$ 是某个有界 (bounded) 函数 $F(t)$ 对时间的全导数, 则 $f(t)$ 对时间的平均值为零. 事实上,

$$\langle f\rangle = \lim_{\tau\to\infty}\frac{1}{\tau}\int_0^{\tau}\frac{\mathrm{d}F}{\mathrm{d}t}\mathrm{d}t = \lim_{\tau\to\infty}\frac{F(\tau)-F(0)}{\tau} = 0 \tag{17-24}$$

将上述性质应用到 (17-22) 式的运算中, 有如下关系式:

$$\langle\cos^2(kx-\omega t)\rangle = \lim_{\tau\to\infty}\frac{1}{\tau}\int_0^{\tau}\frac{1}{2}\{1+\cos[2(kx-\omega t)]\}\mathrm{d}t = \frac{1}{2} \tag{17-25}$$

横波的总平均耗散能量为其动能的二倍, 亦即:

$$E=\rho\int\dot{u}_k\dot{u}_k\mathrm{d}v \tag{17-26}$$

将 (17-17) 式中的位移对时间求导后代入 (17-26) 式, 则单位体积的总平均耗散能为

$$e=\rho\dot{u}_k\dot{u}_k=\rho\omega^2(u_{0y}^2+u_{0z}^2)\sin^2(kx-\omega t) \tag{17-27}$$

则可得到时间平均后的单位体积的平均总耗散能为

$$\begin{aligned}\langle e\rangle&=\rho\omega^2(u_{0y}^2+u_{0z}^2)\langle\sin^2(kx-\omega t)\rangle\\&=\frac{1}{2}\rho\omega^2(u_{0y}^2+u_{0z}^2)\end{aligned} \tag{17-28}$$

在 (17-28) 式的计算中, 我们仍然应用到了 (17-23) 和 (17-24) 两式, 有

$$\langle\sin^2(kx-\omega t)\rangle=\lim_{\tau\to\infty}\frac{1}{\tau}\int_0^\tau\frac{1}{2}\{1-\cos[2(kx-\omega t)]\}\mathrm{d}t=\frac{1}{2} \tag{17-29}$$

声波 (应力波) 在固体中传播的吸收系数定义为

$$\begin{aligned}\gamma_t&=\frac{1}{2}\frac{\text{平均耗散能}}{\text{波的平均能流密度}}=\frac{1}{2}\frac{|\langle\dot{e}_{\mathrm{mech}}\rangle|}{\langle e\rangle c_t}\\&=\frac{1}{2}\frac{\eta\omega^2}{\rho c_t^3}\end{aligned} \tag{17-30}$$

作为一个具有 L^{-1} 量纲的物理量, 声波吸收系数 γ 确定了波振幅正比于 $\mathrm{e}^{-\gamma x}$ 随传播距离 x 衰减的规律. (17-30) 式表明, 横波的黏滞吸收系数 γ_t 不但正比于黏滞系数 η, 而且还正比于横波频率的平方 ω^2.

对于纵波 (longitudinal wave) 的吸收情形, 三个位移分量为

$$u_x=u_{0x}\cos(kx-\omega t),\quad u_y=u_z=0 \tag{17-31}$$

式中, 纵波的波数 k 和圆频率 ω 以及纵波波速 c_l 之间满足: $k=\omega/c_l$. 此时, 有如下关系式

$$\begin{cases}\varepsilon_{xx}=\partial u_x/\partial x=-ku_{0x}\sin(kx-\omega t)\\d_{xx}=k\omega u_{0x}\cos(kx-\omega t)=d_{ll}\\\dot{u}_x=\omega u_{0x}\sin(kx-\omega t)\end{cases} \tag{17-32}$$

将上述关系代入 (17-16) 式获得纵波传播和引起的温度改变并一并代入 (17-15) 式后, 类似于 (17-30) 式, 则可获得纵波的吸收系数为

$$\begin{aligned}\gamma_l&=\frac{1}{2}\frac{\text{平均耗散能}}{\text{波的平均能流密度}}=\frac{1}{2}\frac{|\langle\dot{e}_{\mathrm{mech}}\rangle|}{\langle e\rangle c_l}\\&=\frac{1}{2}\frac{\omega^2}{\rho c_l^3}\left[\left(\frac{4}{3}\eta+\zeta\right)+\frac{\kappa\alpha^2\theta_0\rho^2c_l^2}{C_p}\left(1-\frac{4c_t^2}{3c_l^2}\right)^2\right]\end{aligned} \tag{17-33}$$

从 (17-33) 式可看出, 纵波在黏滞性固体中的吸收和热传导以及黏滞吸收均有关, 上述结果完全符合由 17.3.1 节所给出的结论.

思 考 题

17.1 对应于 (12-7) 式, 晶体的变形自由能可表示为: $F = \frac{1}{2}\boldsymbol{E} : \boldsymbol{\mathcal{C}} : \boldsymbol{E}$, 应力–应变关系为: $\boldsymbol{T} = \partial F/\partial \boldsymbol{E} = \boldsymbol{\mathcal{C}} : \boldsymbol{E}$.

问题: 讨论上述关系式与 (17-9)~(17-11) 诸式之间的类比关系.

17.2 对于各向同性体, 其变形的自由能可表示为: $F = \mu\left(\varepsilon_{ik} - \frac{1}{3}\delta_{ik}\varepsilon_{kk}\right)^2 + \frac{1}{2}K\varepsilon_{kk}^2$, 式中的体积弹性模量 K 和 Lamé 常数之间的关系为 (11-51) 式, 则其应力–应变关系为

$$\sigma_{ik} = 2\mu\left(\varepsilon_{ik} - \frac{1}{3}\delta_{ik}\varepsilon_{ll}\right) + K\varepsilon_{ll}\delta_{ik}.$$

问题: 讨论 (17-12) 式和 (17-13) 式和上述关系式的类比关系.

17.3 结合 (17-23) 式, 证明如下常用关系式:

$$\frac{1}{2\pi}\int_0^{2\pi}\sin^2\phi \mathrm{d}\phi = \langle\sin^2\phi\rangle = \frac{1}{2\pi}\int_0^{2\pi}\cos^2\phi \mathrm{d}\phi = \langle\cos^2\phi\rangle = \frac{1}{2} \tag{17-34}$$

$$\frac{1}{2\pi}\int_0^{2\pi}\sin\phi\cos\phi \mathrm{d}\phi = \langle\sin\phi\cos\phi\rangle = 0 \tag{17-35}$$

17.4 给出纵波的吸收系数 (17-33) 式的详细推导过程.

参 考 文 献

[1] Thomson W. On the elasticity and viscosity of metals. Proceedings of the Royal Society of London, 1865, 14: 289–297.

[2] Strutt J W. Some general theorems relating to vibrations. Proceedings of the London Mathematical Society, 1871, 1: 357–368.

[3] Landau L D, Lifshitz E M. Theory of Elasticity (3rd English Edition). Oxford: Pergamon Press, 1986.

第五篇 熵弹性与曲率弹性

A very mild chemical action has induced a drastic change in mechanical properties:
a typical feature of soft matter.
Nobel Lecture, December 9, 1991 by Pierre Gilles de Gennes

非常轻微的化学作用都会导致力学性能剧烈的变化
—— 这便是软物质的典型特征.
诺贝尔物理奖得主 P. G. de Gennes 于 1991 年 12 月 9 日的诺奖演讲

Pierre-Gilles de Gennes
(1932~2007)

篇首语

V.1 能弹性、熵弹性与负熵

常规弹性, 如金属、陶瓷等硬物质的弹性, 称为能弹性 (energetic elasticity), 在变形过程中发挥主导作用的是 “键力 (bond force)”; 而诸如 DNA、细胞膜、复杂流体的弹性, 称为熵弹性 (entropic elasticity), 在变形过程中发挥主导作用的是 “熵力 (entropic force)”. 图 V.1 给出了两种弹性体的大致区别.

软物质力学理论研究中, 最常应用的基本方法有两类: 一是 1991 年诺贝尔物理奖得主 Pierre-Gilles de Gennes (1932~2007) 所擅长并取得极大成功的基于量纲分析的标度律的方法; 二是以 Wolfgang Helfrich (1932~) 为代表的应用简化的连续介质解析方法, Helfrich 应用液晶曲率弹性理论, 在研究类脂双层和生物膜泡形状方法所成功建立了自发曲率模型 (spontaneous curvature model).

Erwin Schrödinger (1887~1961)

1943 年, Erwin Schrödinger (1887~1961, 1933 年诺贝尔物理奖得主) 出版了被认为是 20 世纪最重要的物理学文献之一的题为《生命是什么?》的小册子[1]. Schrödinger 以其高超的洞见性, 开启了运用物理学规律来研究生命科学问题的先河. 他创见性地指出[1]: “一个生命有机体, 在不断地增加着它的熵 —— 你或者可以说是在增加正熵 —— 并趋于接近最大值的熵的危险状态, 那就是死亡. 而要摆脱死亡, 也就是说要活着, 唯一的办法就是从环境中不断汲取负熵 (negative entropy), 我们马上就会明白, 负熵是十分积极的东西, 有机体就是赖以负熵为生的.” 不光如此, 信息亦可转换为负熵, 当代的工业革命就是一场负熵的革命.

V.2 取向熵、转动熵与熵致相变

Lars Onsager (1903~1976)

1949 年, Lars Onsager (1903~1976, 1968 年诺贝尔化学奖得主)[2] 以其特有的 “大师的洞见”[3] 揭示了如图 V.2(a) 所示的丝状液晶如何从各向同性的常规液体转变为长程取向有序 (long-range orientational order) 背后所隐含的物理机制.

Onsager 将如图 V.2(a) 所示的棒状 (rod-like) 的液晶分子视为除了分子间不可穿透性之外不存在其他相互作用力的硬棒系统. 设在等温条件下逐步增加液晶分子的浓度, 内能几乎不变. Onsager 将硬棒系统的熵分为两个部分: 取向熵 (ori-

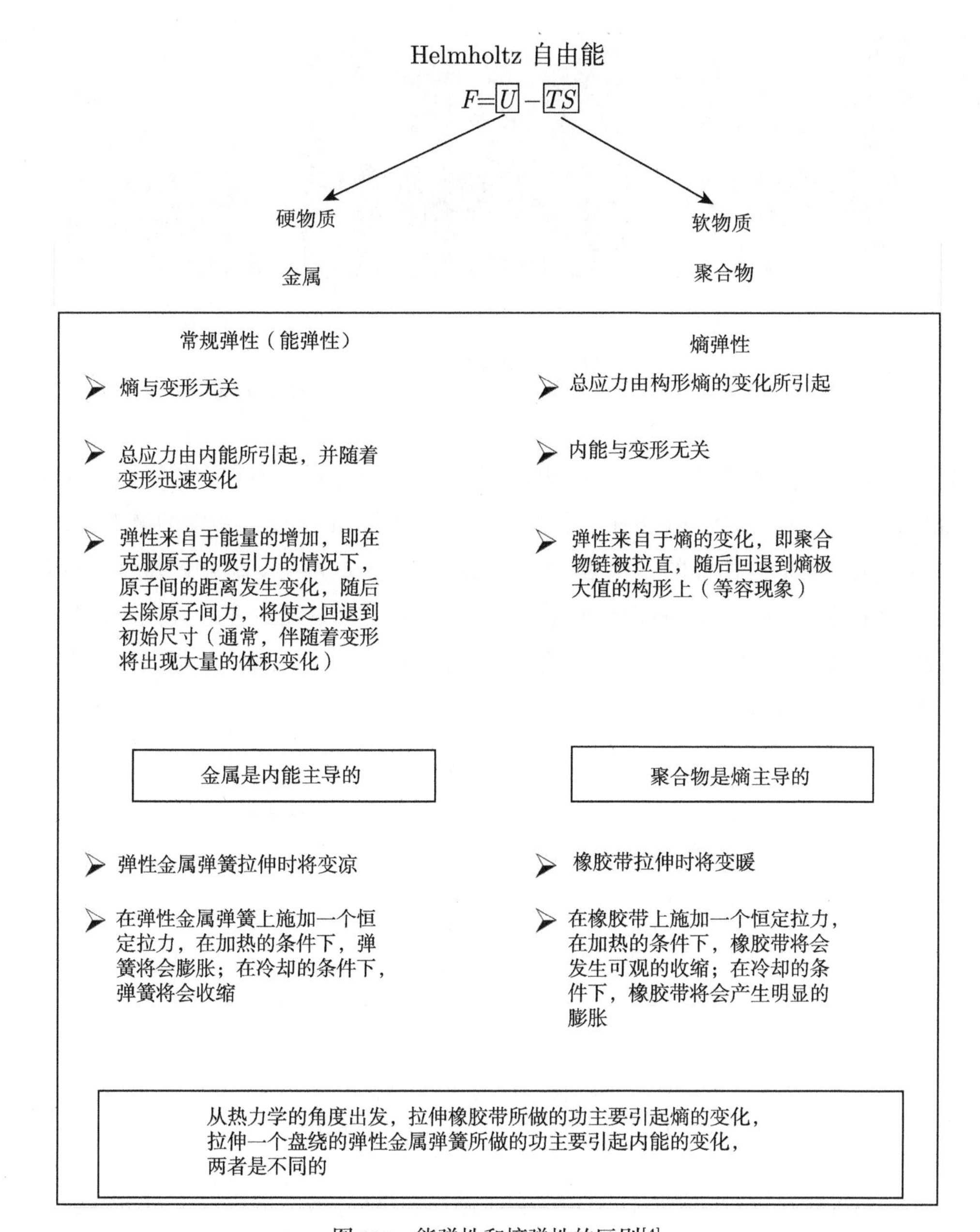

图 V.1 能弹性和熵弹性的区别[4]

entational entropy) 和平动熵 (translational entropy). 若液晶分子都顺向排列, 则取向熵应该小; 若液晶分子杂乱排列则会导致取向熵增大. 另外, 液晶分子的平移运动会影响到液晶分子可能经历的状态数 Ω, 因而有对应的熵值 $S = k_{\mathrm{B}} \ln \Omega$. 若液晶分子的平移范围受到限制, 就会导致平动熵的减小. 故, 液晶硬棒系统的总熵

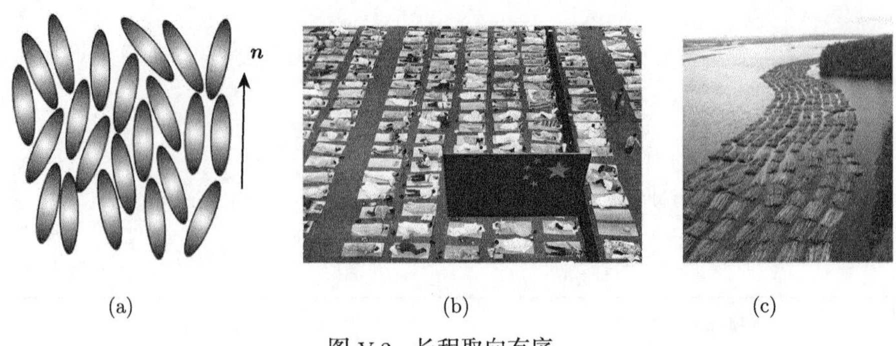

(a)　(b)　(c)

图 V.2　长程取向有序

(a) 丝状液晶; (b) 盛夏在体育馆中纳凉的人群; (c) 江中漂浮的竹排

等于取向熵 S_O 和平动熵 S_T 的总和: $S = S_O + S_T$. 对于不存在相互作用的液晶硬棒系统, 在等温状态下的平衡状态对应于系统 Helmholtz 自由能的极小值, 如图 V.3(a) 所示, 自由能的变化为: $\Delta F = \Delta U - T\Delta S$, 由于等温和硬棒分子间无相互作用的假定和条件, 内能几乎无变化: $\Delta U \approx 0$, 则系统的热力学平衡条件为: $\Delta F = -T\Delta S = -T(\Delta S_O + \Delta S_T)$, 这样, 总熵 $\Delta S = \Delta S_O + \Delta S_T$ 为极大则称为系统热力学平衡的判据, 如图 V.3(b) 所示.

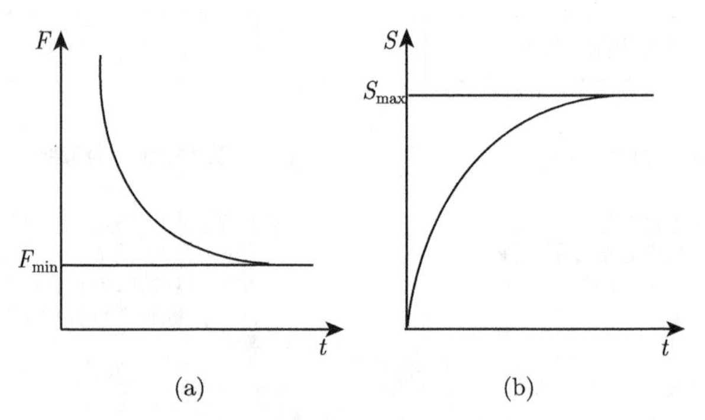

(a)　(b)

图 V.3　热力学平衡判据

(a) 封闭系统自由能为极小; (b) 孤立系统熵为极大

分两种情况进行分析: (1) 当液晶分子浓度较低时, 液晶硬棒分子的间距很大, 分子间的运动几乎彼此间不受影响, 对液晶分子平动熵的影响很小, 此时液晶分子的排列十分混乱, 也就是取向熵达到了极大值, 该种热力学平衡状态对应于完全混乱的分子排列, 也就是近似于各向同性情形; (2) 当液晶分子浓度超过某一临界值时, 液晶分子的间距急剧减小, 此时又可分为两种情形: 情形 I, 如果所有液晶的硬棒分子都混乱地相互嵌住、不能动弹, 此时的取向熵保持原值, 但平动熵却大幅度减少, 此情形达不到使得熵最大的热力学平衡状态; 情形 II, 如果所有液晶的硬棒分子均顺向排列起来, 犹如图 V.2(b) 所示的盛夏季节在体育馆中纳凉的人群以及如 V.2(c) 所示的江中顺向排列的竹排一样, 此时虽然取向熵有所减少, 但每个硬棒分子周围容许运动的体积就有所增大, 从而使得平动熵的增大远远超出取向熵的减小, 此情形符合如图 V.3(b) 所示的热力学平衡条件, 从而当液晶分子浓度达到其临界值时, 可通过液晶分子自动的顺向排列实现从各向同性液体到丝状液晶的相变, 被称为 "熵致相变 (entropy-driven phase transitions)". 当然, Onsager 的上述洞见对日常生活中的很多行为给出解释, 如菜农将黄瓜等长棒状蔬菜装箱时, 肯定要将其顺向排列; 登山杖、钢筋等长棒型商品装箱或运输时亦顺向排列, 以达到最佳的集装效果. 读者可自行分析盘状、图书等二维物品的顺向排列, 以及停车场车辆的顺向排列、码头船舶的顺向停靠中所蕴含的热力学平衡的道理.

V.3 软物质力学中的构形与构象

高分子结构可分为链结构和聚集态结构两个部分.

链结构又分为近程结构和远程结构. 其中近程结构包括构造和构形. 构造是指链中原子的种类与排列, 取代基和端基的种类, 单体单元的排列顺序, 支链的类型和长度等. 构形 (configuration, 构型) 是指某一原子的取代基在空间的排列. 近程结构属于化学结构, 又称一级结构. 远程结构包括分子的大小和形态, 链的柔顺性及分子在各种环境中所采取的构象. 远程结构又称为二级结构. 链结构是指单个分子的结构和形态. 构形作为一个有机分子中各个原子特有的固定的空间排列, 不经过共价键的断裂和重新形成是不会改变的. 一般情况下, 构形都比较稳定, 一种构形转变另一种构形则要求共价键的断裂、原子 (基团) 间的重排和新共价键的重新形成.

构象 (conformation) 是指分子链的各种空间排列形式, 主要是指分子绕着单键轴的旋转方式. 构象还指一个分子中不改变共价键结构, 仅单键周围的原子放置所产生的空间排布. 一种构象改变为另一种构象时, 不要求共价键的断裂和重新形成. 不同的构象之间可以相互转变, 在各种构象形式中, 势能最低、最稳定的构象是优势构象.

聚集态结构是指高分子材料整体的内部结构, 包括晶态结构, 非晶态结构, 取向态结构, 液晶态结构以及织态结构, 前四者属于三级结构, 而织态结构以及高分子在生物体中的结构则属于更高级的结构.

构形和构象之间的主要异同点可总结如下:

(1) 首先, 构形和构象都是对于单根高分子链而言的, 属于链结构的范畴, 但构形属于近程结构 (一级结构), 构象则属于远程结构 (二级结构).

(2) 构形是对分子中的最邻近原子间的位置的表征, 如全同立构 (isotactic), 间同立构 (syndiotactic), 无规立构 (atactic). 也可以说, 构形是分子中由化学键所固定的原子在空间的几何排列. 这种排列是稳定的, 要改变构形就必须经过化学键的断裂和重组.

(3) 构象是由于单键内旋转而产生的分子在空间的不同形态 (比如伸直链, 折叠链). 由于热运动, 分子的构象时刻改变着, 因此高分子链的构象是统计性的.

本篇由四章组成, 将重点阐述和软物质连续介质力学相关的熵弹性和曲率弹性. 首先, 第 18 章将主要介绍 de Gennes 基于量纲分析的标度律方法在移动接触线问题中的应用, 通过该章将试图说明熵耗散率在液滴铺展问题中的典型应用; 第 19 章将主要介绍 1997 年诺贝尔物理奖得主朱棣文 (Steven Chu) 研究组在 DNA 单分子熵弹性方法的研究成果以及英国皇家学会会员 Ray W. Ogden 所建立的 DNA 超拉伸的连续统模型. 第 20 章将主要介绍丝状液晶的 Oseen-Zöcher-Frank 曲率弹性理论, 将阐述为何具有各向异性的液晶可借用弹性理论描述其力学行为; 最后在第 21 章将介绍 Wolfgang Helfrich 应用和丝状液晶曲率弹性理论类比的方法, 针对生物膜泡所建立的自发曲率模型.

基于业界的习惯, 本篇中分别用 T 和 θ 来代表绝对温度和接触角.

参 考 文 献

[1] Schrödinger E. What Is Life? The Physical Aspect of the Living Cell and Mind. Dublin, 1943.

[2] Onsager L. The effects of shape on the interaction of colloidal particles. Annals of the New York Academy of Sciences, 1949, 51: 627–659.

[3] 冯端, 冯少彤. 熵的世界. 北京: 科学出版社, 2005.

[4] Holzapfel G A. Nonlinear Solid Mechanics. Chichester: Wiley, 2000.

第 18 章　移动接触线中的熵弹性

18.1　液滴铺展中的熵耗散与黏性耗散

本节主要讨论部分润湿动力学 (partial wetting dynamics)[1−5] 中的熵弹性问题. 图 18.1 给出了日常生活中两种典型的部分润湿问题.

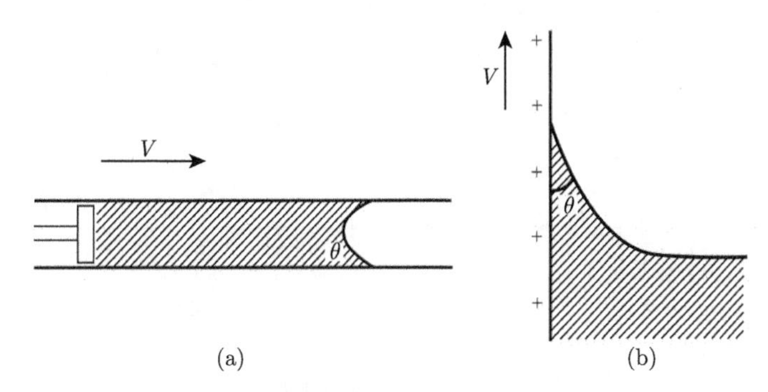

图 18.1　两种典型的部分润湿问题

(a) 管道中的润湿问题; (b) 壁面的液体爬升

考虑如图 18.2 所示的移动接触线问题. 设接触线的移动速度为 V, 动态接触

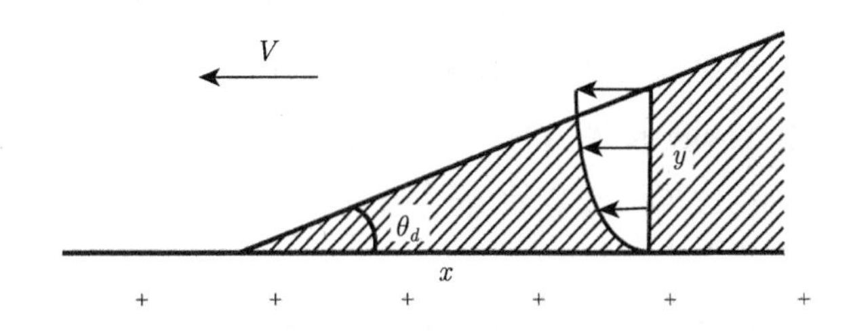

图 18.2　铺展速度为 V 的楔形移动接触线

角为 θ_d (小量, 满足 $\theta_d \ll 1$), 单位接触线长度的能量耗散为

$$T\dot{S} = FV \tag{18-1}$$

式中, $T\dot{S}$ 为等温情况下的熵耗散率, T 为绝对温度, $\dot{S}$ 为熵率, 单位长度的驱动力

F 则来自于非平衡的水平方向的 Young 方程不为零的力 (简称为: Young 力):

$$
\begin{aligned}
F &= \gamma_{sv} - \gamma_{sl} - \gamma_{lv} \cos\theta_d \\
&= \gamma_{lv}(\cos\theta_e - \cos\theta_d)
\end{aligned} \tag{18-2}
$$

式中, θ_e 为 Young 平衡接触角 (如图 18.3 所示):

$$
\cos\theta_e = \frac{\gamma_{sv} - \gamma_{sl}}{\gamma_{lv}} \tag{18-3}
$$

γ_{lv}、γ_{sv} 和 γ_{sl} 分别为液–气、固–气和固–液界面张力. 一般认为, 当 $\theta_e < 90°$ 时, 认为固体表面是亲水的, 当 $\theta_e > 90°$ 时, 表面是疏水的.

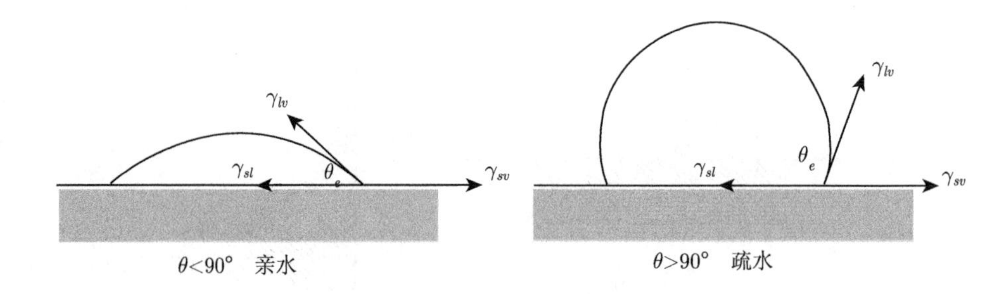

图 18.3　Young 平衡接触角示意图

Thomas Young

(1773~1829)

Pierre-Simon Laplace

(1749~1827)

本书著者在另外一本专著 [4] 中的 7.2.1 节和 7.3 节中均谈到, Thomas Young (1773~1829) 在 1805 年是以自然语句描述的形式而不是以公式的形式给出的式 (18-3). 自牛顿于 1687 年创立经典力学体系始, 一般地, 物理学表述所依赖的载体主要分为两种: 第一种是由自然语句所组成的陈述性语句; 第二种则是由数学符号组成的算术表达式. Young 接触角的表达式 (18-3) 采用的就是第一种表达方式. 自 Pierre-Simon Laplace (1749~1827) 始, 符号表达式逐渐取代了自然语句成为物理学的主流表达方式.

移动接触线问题中的能量耗散机制主要有三种: 其一是和分子过程有关的在移动接触线附近, 由于接触线和固体表面间存在相对滑动, 要克服固体表面的钉扎 (pinning) 作用等在分子尺度上发生的摩擦耗散 $T\dot{S}_{\text{pin}}$; 其二则是液体中的黏性耗散 (viscous dissipation) $T\dot{S}_{\text{vis}}$; 其三是在亲水表面在液滴的底部存在一个厚度为纳米量级的前驱膜, 由于此前驱膜很薄, 分子间作用力在此薄层中作用相对很显著, 在前驱膜中的能量耗散记为 $T\dot{S}_{\text{film}}$.

针对黏性耗散, 当动态接触角满足 $\theta_d \ll 1$ 时, 液滴铺展过程中的速度梯度近

似为:

$$\frac{\mathrm{d}v}{\mathrm{d}y} \approx \frac{V}{\theta_d x} = \frac{V}{y} \tag{18-4}$$

则 (18-1) 式中的黏性耗散表示为

$$T\dot{S}_{\mathrm{vis}} = \int_0^L \eta \left(\frac{\mathrm{d}v}{\mathrm{d}y}\right)^2 y\mathrm{d}x \sim \frac{\eta V^2}{\theta_d} \ln \frac{L}{a} \tag{18-5}$$

式中, L 为液滴特征尺度, 而 a 则为液体分子的截断尺度. 式 (18-5) 反映出, 黏性耗散率随着动态铺展角 θ_d 的减小而迅速增大, 当 $\theta_d \ll 1$ 时, 液滴铺展过程中的能量耗散由黏性耗散所主导. 当液体分子的截断尺度 $a \to 0$ 时, 液滴铺展的黏性耗散将存在奇异性 $T\dot{S} \to \infty$, 也就是 Huh-Scriven 佯谬所陈述的内容: 即使希腊大力神 Heracles 也不能将固体沉入水中.

18.2　液滴的铺展参数

1915 年, Cooper 和 Nuttall 提出了 “润湿能力 (wetting power)” 的概念[6], 润湿能力也就是后来文献中被广泛应用的液体在固体表面的 “铺展参数 (spreading parameter)”. 如图 18.4 所示, 该参数和表面的润湿状态有直接的关系.

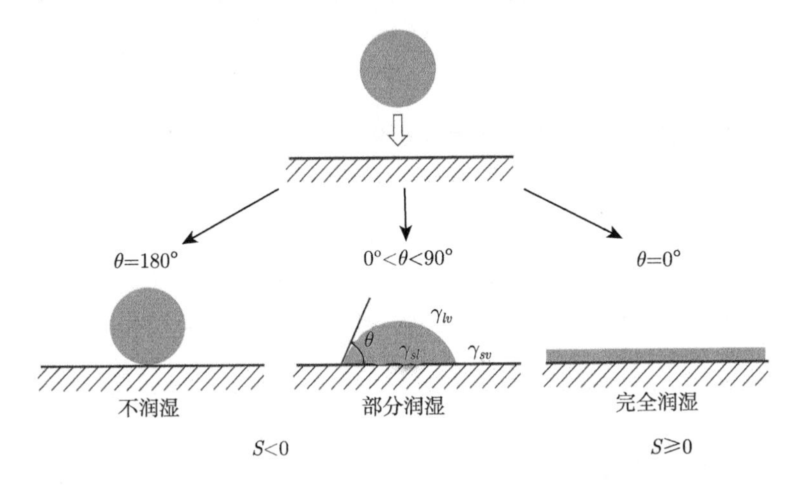

图 18.4　铺展参数和固体表面的润湿状态

当将一个小液滴释放到固体表面上时, 一般液滴将在固体表面进行铺展, 即固–液界面逐渐取代固–气界面, 且同时扩大了液–气界面, 如图 18.4 所示. 在一定的温度压力等条件下, 体系 Gibbs 自由能的变化量为

$$\Delta G = \gamma_{sl} + \gamma_{lv} - \gamma_{sv} \tag{18-6}$$

或

$$S = \gamma_{sv} - (\gamma_{sl} + \gamma_{lv}) \tag{18-7}$$

式中, S 称为铺展参数, 其意义为表面润湿前后单位面积上的表面能的变化量. 铺展参数还可以做如下理解: 按照黏附功 (work of adhesion) 的定义, 固–液界面的黏附功为: $W_{sl} = \gamma_{lv} + \gamma_{sv} - \gamma_{sl}$, 也就是将固–液界面分开, 形成两个等面积的液–气和固–气界面单位面积所需要的能量; 而将液体分开形成两个液–气界面单位面积所需要的能量, 也就是内聚功 (work of cohesion) 为: $W_{\text{coh}} = 2\gamma_{lv}$. 铺展参数亦可理解为黏附功和内聚功之差: $S = W_{sl} - W_{\text{coh}} = \gamma_{sv} - (\gamma_{sl} + \gamma_{lv})$.

当 $S > 0$ 时, 液体将自发地在固体表面铺展, 该情形称为 "完全润湿 (total wetting)", 当 $S < 0$ 时对应的是 "部分润湿 (partial wetting)", 此时处于固体表面的液体以液滴的形式存在并具有一个平衡形状.

当动态接触角为小量时 ($\theta_d \ll 1$), 由 (18-2) 式可给出 Young 力和铺展参数之间的近似关系式:

$$\begin{aligned} F &= \gamma_{sv} - \gamma_{sl} - \gamma_{lv}\cos\theta_d \\ &= S + \gamma_{lv}(1-\cos\theta_d) = S + 2\gamma_{lv}\sin^2\frac{\theta_d}{2} \\ &\approx S + \frac{1}{2}\gamma_{lv}\theta_d^2 \end{aligned} \tag{18-8}$$

对于典型情况, 接触角的数量级为: $\theta_d \sim 10^{-2}$, 铺展参数和液–气界面张力的比值的数量级为: $S/\gamma_{lv} \sim 10^{-1}$. 因此, $\gamma_{lv}\theta_d^2/S$ 将为一高阶小量 ($\sim 10^{-3}$).

图 18.5 给出了液滴在亲水表面的名义接触线、实际的接触线和前驱膜. 前驱膜是由于 van der Waals 力作用的结果. 有关前驱膜的深入讨论可参阅专著[4]. 研究表明, 在 (18-8) 式中的主项部分, 也就是铺展参数 S, 其主要作用是对形成前驱

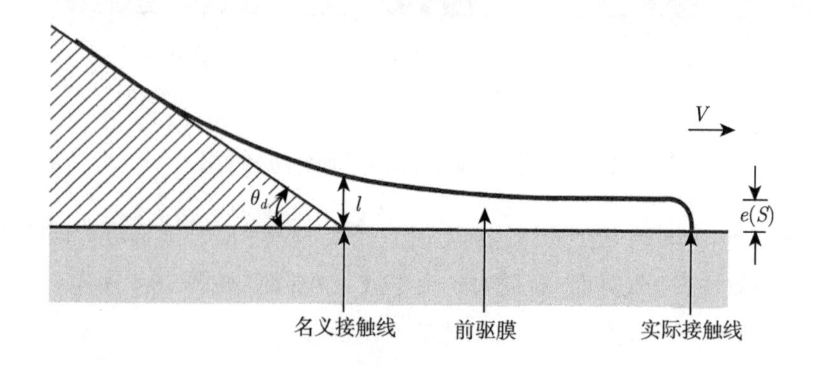

图 18.5　移动接触线示意图

膜的贡献[7], 因此, 前驱膜的厚度为依赖于铺展参数 S 的函数. 故而, Young 力可进一步分解为两部分, 也就是前驱膜耗散部分和黏性耗散部分:

$$F \approx \underbrace{S}_{\text{前驱膜}} + \underbrace{\frac{1}{2}\gamma_{lv}\theta_d^2}_{\text{黏性耗散}} \tag{18-9}$$

黏性耗散的熵率 $T\dot{S}_{\text{vis}}$ 已由 (18-5) 式给出, (18-1) 式中的黏性耗散的 Young 力为: $F_{\text{vis}} \approx \frac{1}{2}\gamma_{lv}\theta_d^2$, 由 (18-1) 式: $T\dot{S}_{\text{vis}} = F_{\text{vis}}V$, 有下列粗略数量级关系:

$$\frac{\eta V^2}{\theta_d}\ln\frac{L}{a} \sim \gamma_{lv}\theta_d^2 V$$

当名义接触线处的厚度为小量时, 从而有如下液滴接触线速度的标度关系[7]:

$$V \sim \frac{\gamma_{lv}}{\eta}\theta_d^3 \tag{18-10}$$

上述标度关系还可由十分复杂的推导过程获得, 详见专著 [4] 的 7.6 节和 7.9 节的相关内容. (18-10) 式的进一步分析可见思考题 18.2.

18.3　润 湿 相 变

18.3.1　对称性破缺与遍历性破缺

常见的一些相变: 如气–液相变, 顺磁–铁磁相变, 金属正常态–超导态相变等. 相变 (phase transition) 是物质内部粒子间相互作用 (倾向于使系统有序) 与粒子自身热运动 (使系统无序) 相互竞争的结果.

Paul Ehrenfest (1880~1933) 于 1933 年, 对相变现象进行了统一的分类[8]. 他将系统的自由能相对于热力学参量的 n 阶偏导数在相变点不连续的情况称为 n 级相变. 例如, 对于一级相变, 作为温度 T 和压强 p 函数的两相的自由能 $G(T,p)$ 在相变点连续, 但是作为自由能的一阶偏导数, 如熵 $S = -\left(\frac{\partial G}{\partial T}\right)_p$ 和体积 $V = \left(\frac{\partial G}{\partial p}\right)_T$ 发生跳跃 (jump), 如图 18.6(a) 所示. 表明发生一级相变时, 存在熵和体积的跳跃. 固、液、气三相之间的转变即是一级相变. 有关 Ehrenfest 于 1933 年进行相变分类的深刻背景以及其概念的进一步演化可参阅文献 [9].

Paul Ehrenfest (1880~1933)

对于二级相变, 在相变点两相的自由能和自由能的一阶偏导数都连续, 但是自由能的二阶偏导数, 如定压比热 $c_p = -T\left(\frac{\partial^2 G}{\partial T^2}\right)_p$、等温压缩系数 $\kappa_T = -\frac{1}{V}\left(\frac{\partial^2 G}{\partial p^2}\right)_T$

和定压热膨胀系数 $\alpha=-\frac{1}{V}\left(\frac{\partial^2 G}{\partial T\partial p}\right)_p$ 不连续, 如图 18.6(b) 所示. 表明, 发生二级相变时, 虽然没有熵和体积突变, 但是 c_p、κ_T 和 α 存在跳跃. 另外, 铁磁顺磁的转变也是一种二级相变.

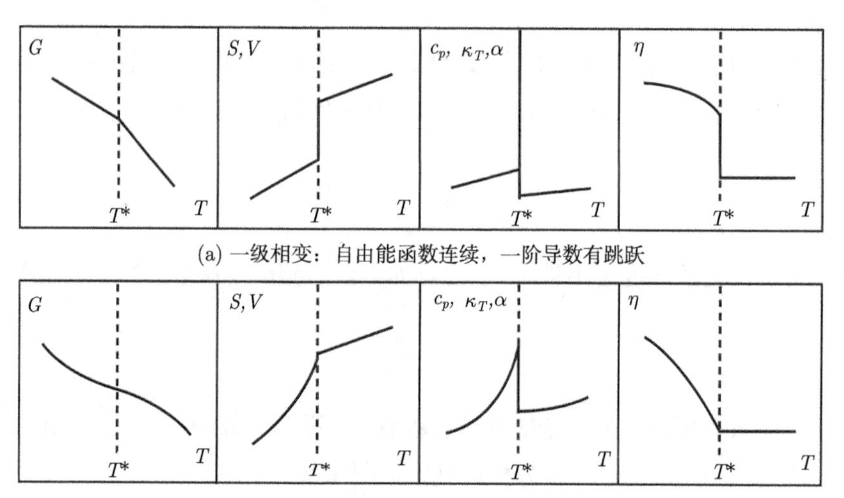

(a) 一级相变：自由能函数连续，一阶导数有跳跃

（b）二级相变：自由能函数和其一阶导数连续，二阶导数有跳跃

图 18.6　热力学量和序参量 η 随温度的变化

(a) 一级相变; (b) 二级相变. 相变发生在 $T=T^*$

某些物质存在一些有序结构, 某些物质并不存在有序结构, 乃至全都是无序的结构. 即固定的“相”不存在, 那么如何来划分其相变的类型呢? 广义地看, 相变显然是有发生对称性或者可遍历性 (ergodicity) 的变化.

相变的最本质特征之一便是发生了自发性对称破缺 (spontaneous symmetry breaking), 即系统自发地由较高对称性的态变为较低对称性的态, 这可用序参量 (order parameter, 对称的程度) 来描写. 序参量的结构和含义随相变系统的不同而不同, 可以为标量或矢量, 实数或复数等等. 二级及以上相变也称为连续相变. 对连续相变, 序参量在临界点附近连续地趋于零 (在临界点为零).

如图 18.7 所示, 在墨西哥帽 (sombrero) 的帽顶有一小球. 该小球由于对于绕着帽子中心轴的旋转其位置不变, 故该小球在帽顶处于旋转对称性状态. 而且, 因为重力作用在垂直方向, 故对于系统来讲, 所有的水平方向都是等同的, 因而帽顶的小球所受的力也同样具有旋转对称性. 于是, 处于帽顶位形的小球反映了作用在它上面力的内在对称性. 在帽顶的小球同时也处于局部最大引力势的状态, 因此极不稳定, 只要稍加微扰, 便可促使小球滚落至具有最小引力势的帽子谷底的任意位置, 此时位形是稳定的. 由于帽子谷底的任意位置不具有旋转对称性, 所以在帽子谷底的任意位置会出现对称性破缺. 由于这个过程是自发产生的, 因而可称为自发性对称破缺. 大多数物质的简单相变, 如晶体、磁铁及一般超导体等, 均可以从自发性对称破缺的观点来理解.

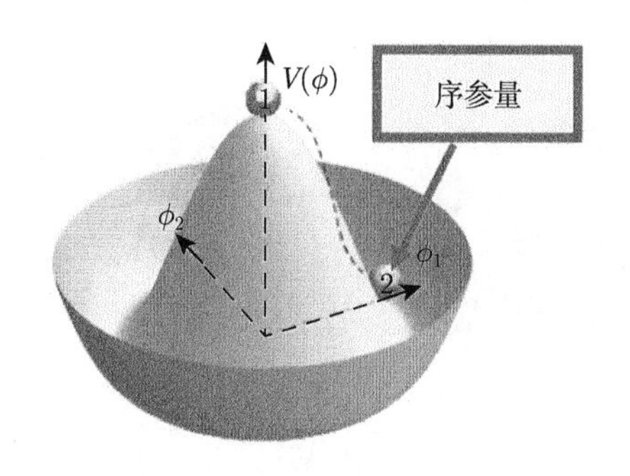

图 18.7　墨西哥帽与自发性对称破缺, 系统以牺牲对称性换取了稳定性

而可遍历性的改变同样是相变, 例如液体到气体的相变, 如果认为液体和气体都是无序的, 那么也就不存在对称性的改变了, 可是显然这其中仍然存在一个明显的相变. 这样的相变的过程则主要是可遍历性的破缺."破缺遍历性 (broken ergodicity)" 的英文专业词汇是由 Bantilan 和 Palmer 于 1981 年提出的[10], 其确切含义可见由 Palmer 于 1982 年所撰写的综述[11].

气–液相变是无对称性破缺的, 而是属于遍历性破缺 (ergodicity breaking). 原因是在气–液相变的两相共存线上, 相空间被分解为两个密度不同的集合, 但他们的对称性并没有什么不同. 故依然可以选出相应的序参量来刻画遍历性破缺.

遍历性破缺是生物体, 特别是蛋白质具有多种生物学功能的物理基础. 以血红蛋白 (Hemoglobin, Hb) 为例, 血红蛋白是红细胞中负责结合以及运载氧气的一种蛋白质. 每个血红蛋白包括四个亚基, 两个 α 亚基和两个 β 亚基, 每个亚基都可以通过其上的亚铁血红素基团 (heme group) 与氧分子结合, 结合过程将会导致血红蛋白结构的变化. 血红蛋白存在两个主要的构象 (conformation) 形式, 与氧结合前, 称之为 T 状态 (Tense state), 结合后为 R 状态 (Relaxed state). 血红蛋白结合氧的过程中, 蛋白质的构象发生变化, 由 T 状态转变为 R 状态, 对应着不同的生物学功能 (未携氧和携氧). 但这种转变在结构的有序度上并没有显著的变化, 没有出现由无序到有序的改变. 从物理角度看, 蛋白质的不同构象在能垒图中对应于不同的"波谷", 如图 18.8 所示, 这种不同 "谷" 及相互之间的跃迁体现了蛋白的不同生物学功能, 是遍历性破缺在生物体中的重要表现.

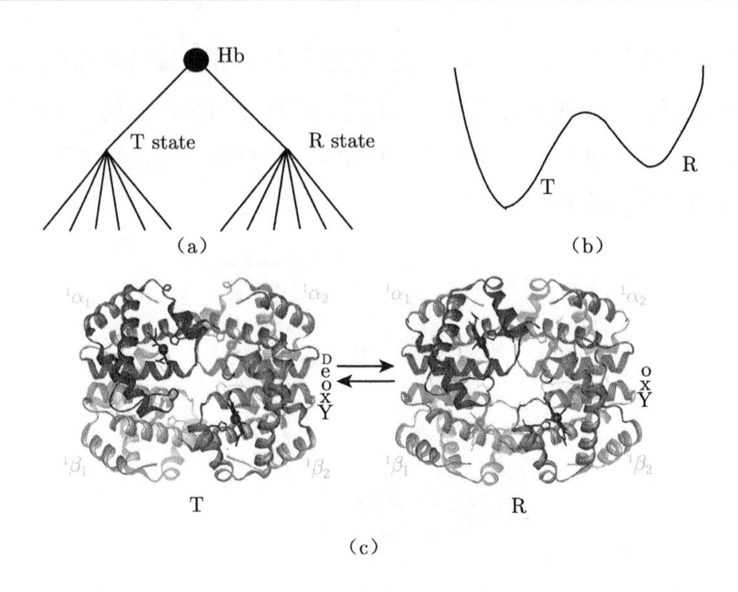

图 18.8　血红蛋白中的遍历性破缺

肌红蛋白构象分布是另外一个例子, 遍历性破缺是其具备多种生物学功能的物理基础, 不同 “谷” 及相互之间的跃迁对应于肌红蛋白的不同生物功能.

对称性破缺往往被包含在遍历性破缺的大框架内[11,12].

18.3.2　作为遍历性破缺的润湿相变

John Werner Cahn
(1928～2016)

John Werner Cahn (1928～2016) 于 1977 年研究了润湿相变[13], 该研究反响强烈, 迄今其 SCI 引用高达 1300 多次. 本书著者曾在第一部专著[4] 的最后一章中, 系统地介绍了主要由 Cahn 所开创的相场动力学方法, 有兴趣者可参阅.

随着温度的升高, 液–气界面张力会变小. 如图 18.9 所示的温度和密度表征的气液相图, Cahn 认为可能存在一个特定温度 T_{w}, 使得如图 18.4 所示的表面润湿状态从半润湿转变到完全润湿状态, 该温度被称为润湿相变温度. 在图 18.9 中, 一条以润湿相变温度 T_{w} 为标记的水平线将共存的两个区域分隔开来. 在图 18.9 的左上角, 还有一条预润湿相变线, 其左、右分别对应于低和高吸附.

润湿相变可由 Young 方程 (18-3) 式说明. 当系统温度接近于气液共存线上的临界点 T_{c} 时, 气液两相间的差异消失, 从而液–气界面张力 $\gamma_{lv} \to 0$; 而 $(\gamma_{sv} - \gamma_{sl})$ 也趋向于零, 但变化得比 γ_{lv} 慢. 与之相联系的结果是, 当 $T = T_{\mathrm{w}} < T_{\mathrm{c}}$ 时发生了润湿相变. 因此, 对于 $T < T_{\mathrm{w}}$, 接触角 $\theta > 0$, 属于半润湿状态; 而对于 $T \geqslant T_{\mathrm{w}}$, 接触角 $\theta = 0$, 则属于完全润湿状态, 亦即发生了润湿相变. 在发生润湿相变时, 由于

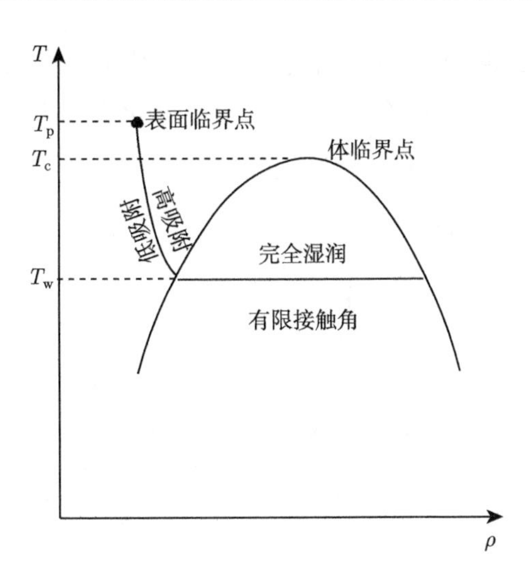

图 18.9　由温度和密度表征的气液相图

液体分子沿表面的坐标从受限制到不受限制，这对应于位形空间的一种突变，属于遍历破缺型相变的一个特例.

可近似地认为，液体的数密度 (number density, 单位体积粒子的个数) $\rho(z)$ 是离开固体表面距离 z 的函数，且连续平滑地变化. 假定固–液间的作用力是短程的，并且简单地近似为在固体表面附加一个界面能的贡献的一部分 $\gamma_c(\rho_s)$，这里 $\rho_s = \rho|_{z=0}$ 是液体的表面密度，γ_c 作为一个泛函来自于直接接触作用，是对固–液界面能的贡献，γ_c 可具体地写为

$$\gamma_c = \gamma_0 - \gamma_1^* \rho_s + \frac{1}{2}\gamma_2^* \rho_s^2 + \cdots \tag{18-11}$$

式中，γ_0 作为常数其量纲和 γ_c 相同，γ_1^* 和 γ_2^* 作为常数其量纲分别为 $[\gamma_c]\mathrm{L}^3$ 和 $[\gamma_c]\mathrm{L}^6$. γ_1^* 和 γ_2^* 描述了界面处的主要性质，其中，γ_1^* 描述的是固体对液体的吸引作用，有利于增大 ρ_s；γ_2^* 代表了靠近表面处液–液吸引相互作用的降低. 除了固–液界面能 $\gamma_c(\rho_s)$ 外，另外对界面能的贡献便是轮廓的畸变能，它可写为如下经典的“梯度平方”的泛函:

$$\gamma_d = \int \left[\frac{1}{2}C\left(\frac{\mathrm{d}\rho}{\mathrm{d}z}\right)^2 + W(\rho)\right]\mathrm{d}z \tag{18-12}$$

式中，C 为常数，“有效自由能” $W(\rho)$ 可表示为

$$W(\rho) = f(\rho) - \rho\mu - p \tag{18-13}$$

式中, $f(\rho)$ 是块体 (bulk) 液体的自由能密度, μ 是化学势, p 是压强. 可假定, μ 和 p 精确地对应于固–液共存情形. 如图 18.10 所示, 将有两个平衡的密度 $\rho=\rho_l$ (液态) 和 $\rho=\rho_v$ (气态) 均对应于 $W(\rho)$ 两个相等的最小值.

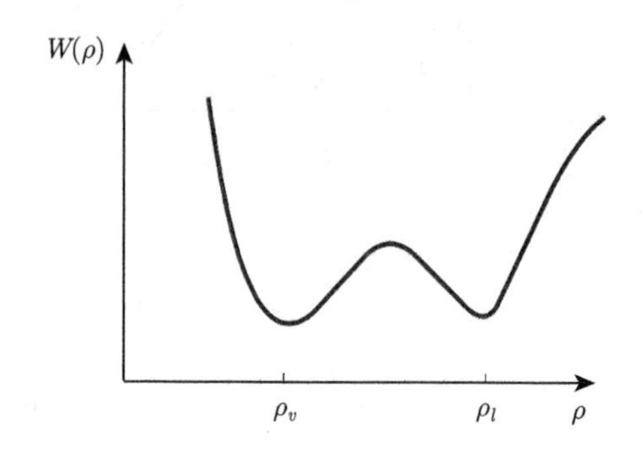

图 18.10　具有双势阱的有效自由能函数

为构造液体的密度随 z 的分布, 对 (18-12) 式求泛函极值, 得到

$$-C\frac{\mathrm{d}^2\rho}{\mathrm{d}z^2}+\frac{\mathrm{d}W(\rho)}{\mathrm{d}\rho}=0$$

对上式进行一次积分运算, 可得:

$$\frac{1}{2}C\left(\frac{\mathrm{d}\rho}{\mathrm{d}z}\right)^2=W(\rho) \tag{18-14}$$

(18-14) 式中没有积分常数的原因是, 若我们考虑深入液体内的一个点, 那里 $\rho=\rho_b$, 当 ρ_b 为 ρ_l 或 ρ_v 时, 则一定有: $\left.\dfrac{\mathrm{d}\rho}{\mathrm{d}z}\right|_{\rho=\rho_b}=0$ 和 $W(\rho_b)=0$. 将 (18-14) 式代回 (18-12) 式中, 得到畸变能的表达式为

$$\gamma_d=\int_{\rho_b}^{\rho_s}\sqrt{2CW(\rho)}\mathrm{d}\rho \tag{18-15}$$

液滴的表面密度 ρ_s 通过求总能量 $\gamma_d+\gamma_c(\rho_s)=\displaystyle\int_{\rho_b}^{\rho_s}\sqrt{2CW(\rho)}\mathrm{d}\rho+\gamma_c(\rho_s)$ 的最小值来确定, 显然将有如下关系式:

$$-\gamma_c'(\rho_s)=-\left.\frac{\mathrm{d}\gamma_c}{\mathrm{d}\rho}\right|_{\rho=\rho_s}=\sqrt{2CW(\rho_s)} \tag{18-16}$$

而固–液界面能部分 γ_c 已由 (18-11) 式给出, 对 (18-11) 式求导, 略去高阶项, 得到如下线性关系: $-\gamma_c'(\rho_s)=\gamma_1^*-\gamma_2^*\rho_s$, 代回 (18-16) 式, 则 ρ_s 满足:

$$\gamma_1^*-\gamma_2^*\rho_s=\sqrt{2CW(\rho_s)} \tag{18-17}$$

下面讨论 (18-17) 式的解. 其解由 (18-17) 式左端的直线和右端曲线的交点确定. 若 (18-17) 式左端直线的斜率 γ_2^* 较小, 则容易想象, (18-17) 式将有四个根, 其中两个是局部稳定的, 而另外两个则对应于自由能的极大值, 因而是不稳定的. 如图 18.10 所示, 可以确定出描述 "干 (dry)" 固体与气体 ($\rho_b = \rho_v$) 接触的低表面密度态 ($\rho_s = \rho'$) 和描述 "湿 (wet)" 固体与液体接触的高表面密度态 ($\rho_s = \rho'' > \rho_l$) 之间的竞争. 这两态的能量分别为固–气和固–液界面能:

$$\begin{cases} \gamma_{sv} = \gamma_d(\rho_v, \rho') + \gamma_c(\rho') \\ \gamma_{sl} = \gamma_d(\rho_l, \rho'') + \gamma_c(\rho'') \end{cases} \tag{18-18}$$

液–气界面能 γ_{sl} 为

$$\gamma_{lv} = \gamma_d(\rho_v, \rho_l) \tag{18-19}$$

利用 (18-18) 和 (18-19) 两式可以验证, 由 (18-7) 式所定义的铺展参数 $S = \gamma_{sv} - (\gamma_{sl} + \gamma_{lv})$ 在图 18.11 中有一个简单图像的说明, 也就是 $S = S_1 - S_2$ 是图中两个阴影面积之差.

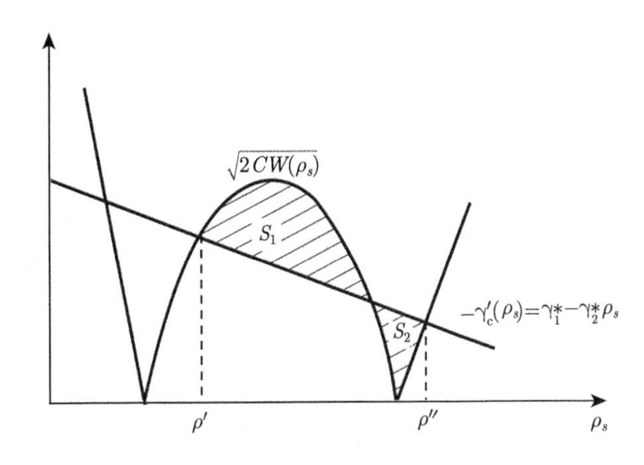

图 18.11 铺展参数的图像说明

如图 18.12 所示, 当改变温度时, 有如下四种情况存在: (a) 当系统温度远小于气液共存线上的临界点 T_c 时 ($T \ll T_c$), 液相和气相的密度差值 ($\rho_l - \rho_v$) 甚大, 且 $S_2 > S_1$, 此时的铺展参数 $S = S_1 - S_2 < 0$, 由图 18.4 可知, 该情况对应于半润湿; (b) 当系统温度 T 升高, 则差 ($S_2 - S_1$) 减小, 并在润湿相变温度 T_w 时 $S_2 - S_1 = 0$, 从而铺展参数为零, 则对应于图 18.4 中的完全润湿情形; (c) 当 $T > T_w$ 时, $S_2 > S_1$, 此时铺展参数为正, 依然对应于完全润湿; (d) 当温度接近气液共存线上的临界点 T_c 时 ($T \sim T_c$), 如图 18.12(d) 所示, 只剩下一个稳定的根, 对应于固–液界面. 在上述物理图像的分析中, T_{w} 处的转变对应于一个能量极小值 ($\rho_s = \rho'$) 到另一个不同的极小值 ($\rho_s = \rho''$) 的跳跃, 由于数密度 ρ 直接和体积相关, 也就是和自由能的一阶导数跳跃有关, 所以, 这里对应的是一级润湿相变.

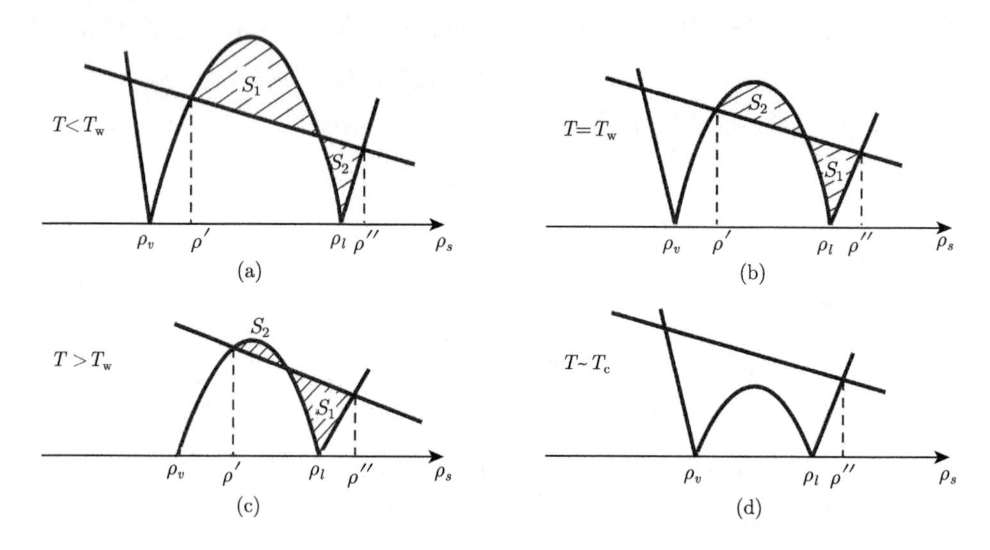

图 18.12　一级润湿相变示意图

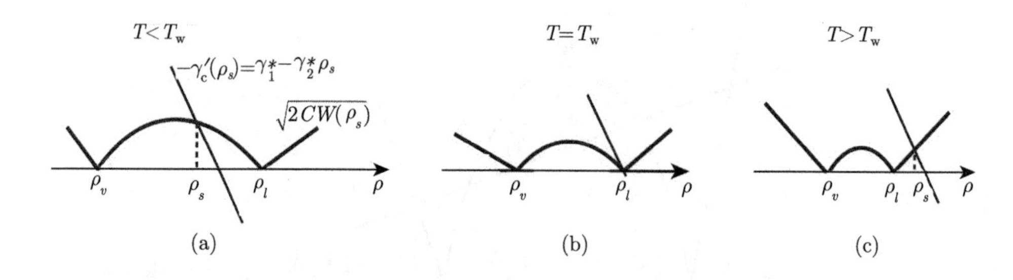

图 18.13　二级润湿相变示意图

最后考虑 (18-17) 式左端直线的斜率 γ_2^* 较大的情形, 如图 18.13 所示, 对于所有问题 T, (18-17) 式只能找到一个根, 可分为如下三种情况分别予以讨论:

(a) 当 $T < T_{\mathrm{w}}$ 时, $\rho_s < \rho_l$, 此时可对应于两种物理情形构造出两个密度轮廓: 其一的物理情形为固–气界面的描述, 此时数密度 $\rho(z)$ 从 ρ_s 减小到 ρ_v; 另一物理情形为固–液界面的描述, 此时数密度 $\rho(z)$ 从 ρ_s 增加到 ρ_l. 这两类物理情形均对应于负的铺展参数 $S < 0$, 亦即对应于部分润湿状态.

(b) 在高温区, 也就是 $T > T_{\mathrm{w}}$, 由于表面数密度 ρ_s 大于 ρ_l, 仅有一条同 ρ_s 相联系的曲线, 此时对应于固–液界面, $\rho(z)$ 从 ρ_s 减小到 ρ_l. 固–气界面必定包括一个宏观液膜, 这是完全润湿, 该物理图像对应于连续或者二级润湿相变.

(c) 在 $T = T_{\rm w}$ 处, 有: $\rho_s = \rho_l$.

思　考　题

18.1　进一步结合专著 [4] 中的第 7 ～ 第 9 章的内容, 深入理解前驱膜在润湿和电润湿中的作用.

18.2　毛细数 $Ca = \eta V/\gamma_{lv}$ 是表面润湿中的一个重要的无量纲数, 其表征的是黏性力和表面张力之比.

问题: 用毛细数表征 (18-10) 式的标度关系.

18.3　分别用冰–水相变和气–液相变比较对称性破缺和遍历性破缺的不同.

18.4　解释: 结合图 18.6, 说明图 18.13 所对应的是二级润湿相变的原因.

18.5　比利时物理学家 Joseph Plateau (1801～1883) 于 1873 年出版了一部两卷本的著作[14], 该著作是他在 1842～1868 年二十多年间所开展的有关液体表面张力的实验研究的总结, 共由 11 篇论文组成. 其中包括有关肥皂泡的实验, 以及有关柱状液膜的 Plateau-Rayleigh 不稳定性.

问题: 利用 Plateau-Rayleigh 不稳定性解释清晨蜘蛛网上露水往往以液滴的形式挂在蜘蛛丝上的原因, 如图 18.14 所示.

Joseph Plateau (1801～1883)

图 18.14　蜘蛛网上的液滴

参考文献

[1] De Gennes P G. Soft Interfaces. Cambridge: Cambridge University Press, 1997.

[2] De Gennes P G. Wetting: statics and dynamics. Reviews of Modern Physics, 1985, 57: 827–863.

[3] De Gennes P G, Brochard-Wyart F, Quéré D. Capillarity and Wetting Phenomena: Drops, Bubbles, Pearls, Waves. Berlin: Springer, 2004.

[4] 赵亚溥. 表面与界面物理力学. 北京: 科学出版社, 2012.

[5] Zhao Y P. Moving contact line problem: Advances and perspectives. Theoretical and Applied Mechanics Letters, 2014, 4: 034002.

[6] Cooper W F, Nuttall W H. The theory of wetting, and the determination of the wetting power of dipping and spraying fluids containing a soap basis. Journal of Agricultural Science, 1915, 7: 219–239.

[7] De Gennes P G. Introduction to Polymer Dynamics. Cambridge: Cambridge University Press, 1990.

[8] Ehrenfest P. Phasenumwandlungen im ueblichen und erweiterten Sinn, classifiziert nach dem entsprechenden Singularitaeten des thermodynamischen Potentiales. Verhandlingen der Koninklijke Akademie van Wetenschappen (Amsterdam), 1933, 36: 153–157.

[9] Jaeger G. The Ehrenfest classification of phase transitions: introduction and evolution. Archive for history of exact sciences, 1998, 53: 51–81.

[10] Bantilan Jr F T, Palmer R G. Magnetic properties of a model spin glass and the failure of linear response theory. Journal of Physics F: Metal Physics, 1981, 11: 261–266.

[11] Palmer R G. Broken ergodicity. Advances in Physics, 1982, 31: 669–735.

[12] 冯端, 金国钧. 凝聚态物理学 (上卷). 北京: 高等教育出版社, 2013.

[13] Cahn J W. Critical point wetting. Journal of Chemical Physics, 1977, 66: 3667–3672.

[14] Plateau J. Statique expérimentale et théorique des liquides soumis aux seules forces moléculaires. Paris: Gauthier-Villars, 1873.

第 19 章　DNA 的单分子熵弹性理论

19.1　常见的几个 DNA 熵力模型

DNA 的几个常见熵弹性模型为[1−4]: 高斯链 (Gaussian Chain, GC)、自由连接链 (Freely Jointed Chain, FJC) 和虫链 (Worm-Like Chain, WLC) 模型. 这些模型可归为唯象型模型 (phenomenological models), 其突出的优点是, 可无需涉及子结构的繁琐细节, 而是以统一直接的方式达到更精确的模拟效果. 此外, 基于唯象模型还可以成功地统一处理各种变形模式, 包括拉伸、弯曲、扭转及其组合等. 上述 DNA 的几个常见熵弹性模型可分别表述为[1]:

(1) 高斯链 (GC) 模型: 该模型描述了拉力 f 与伸长量 x 之间的线性关系. 均方末端距 (mean squared end-to-end distance) 可表示为[1]:

$$\langle R^2\rangle = 2l_{\mathrm{P}}L_c \tag{19-1}$$

式中, 持久长度 (persistence length) $l_{\mathrm{P}} = EI/(k_{\mathrm{B}}T)$ 为弯曲刚度 EI 和热能 $k_{\mathrm{B}}T$ 之比, L_c 为伸直长度 (contour length), 即为一个链状分子的最大末端距. 这样, 概率分布和由 Boltzmann 公式所获得的构形熵可分别表示为

$$P(\boldsymbol{R}) = \left(\frac{3}{2\pi\langle R^2\rangle}\right)^{\frac{3}{2}} \exp\left[-\frac{3R^2}{2\langle R^2\rangle}\right], \quad S = k_{\mathrm{B}}\ln P(\boldsymbol{R}) \tag{19-2}$$

则高斯链模型的熵力可表示为

$$f = -T\frac{\partial S}{\partial x} = \frac{3}{2}\frac{k_{\mathrm{B}}T}{l_{\mathrm{P}}}\frac{x}{L_c} \tag{19-3}$$

(19-3) 式表明, 熵力和伸长量 x 成正比, 该行为被称为 “熵弹簧 (entropic spring)”. (19-3) 式表明, 熵弹簧的劲度系数正比于温度, 因此, 温度越高, 熵恢复无序的作用越强. 这和箱中的理想气体类似, 温度愈高, 反抗压强的作用就愈大.

(2) 自由连接链 (FJC) 模型: 该模型假设链由 N 个固定长度的片段构成, 片段与片段之间可以任意角度旋转. 拉力 f 与链的伸长量 x 之间的关系为

$$\frac{x}{L_c} = \coth\frac{2fl_{\mathrm{P}}}{k_{\mathrm{B}}T} - \frac{k_{\mathrm{B}}T}{2fl_{\mathrm{P}}} \tag{19-4}$$

当 $\dfrac{2fl_{\rm P}}{k_{\rm B}T} \ll 1$ 时, 亦即对应于较小的拉伸应力时, 由 (19-4) 式可得: $\dfrac{x}{L_c} \approx \dfrac{2fl_{\rm P}}{3k_{\rm B}T}$, 此时 FJC 模型退化为 GC 模型. 而当 $\dfrac{2fl_{\rm P}}{k_{\rm B}T} \gg 1$ 时, (19-4) 的近似式为: $\dfrac{x}{L_c} \approx 1-\dfrac{k_{\rm B}T}{2fl_{\rm P}}$.

(3) 虫链 (WLC) 模型: 当 DNA 的弯曲刚度影响较为重要时, 此时 WLC 模型更能恰当地描述 DNA 的熵弹性, 其方程为

$$f = \frac{k_{\rm B}T}{l_{\rm P}}\left[\frac{1}{4(1-x/L_c)^2} - \frac{1}{4} + \frac{x}{L_c}\right] \tag{19-5}$$

注意到当 $x/L_c \ll 1$ 时, 由于 $(1-x/L_c)^{-2} \approx 1 + 2x/L_c$, 则上式可直接退化为 GC 模型的 (19-3) 式.

高斯链 (GC)、自由连接链 (FJC)、虫链 (WLC) 三个模型之间与实验结果[5] 的对比如图 19.1 所示[6]. 有关 DNA 拉伸的熵弹性力学行为的研究进展可参阅综述性文章 [7 − 9].

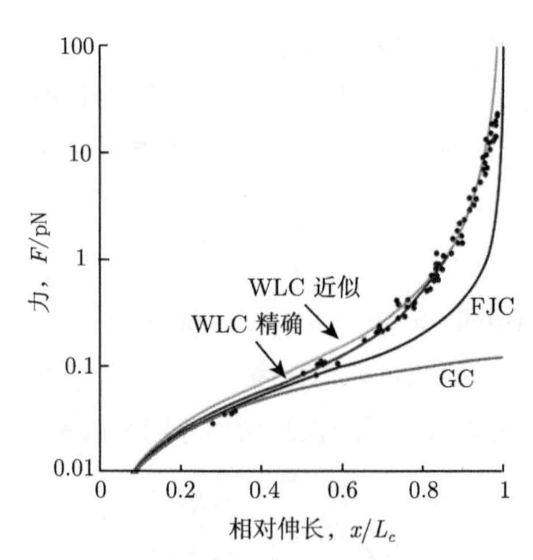

图 19.1　高斯链 (GC)、自由连接链 (FJC)、虫链 (WLC) 模型和实验结果的对比[6]

Steven Chu
(1948~　)

19.2　DNA 单分子的流场拉曳行为——“分子个人主义”

1997 年诺贝尔物理奖获得者朱棣文 (Steven Chu) 课题组曾系统地在实验和理论上研究过剪切流对 DNA 的拉伸行为[10−15]. 对于该类力学行为, 控制无量纲参数为 Weissenberg 数, 定义为

$$Wi = \dot{\gamma}\tau \tag{19-6}$$

式中, $\dot{\gamma}$ 为剪切流的应变率, τ 则为 DNA 或高聚物链的 Maxwell 弛豫时间. 作者们还应用 19.1 节中的 WLC 模型表征了 DNA 链在剪切流下的拉伸行为.

朱棣文等首次发现在稳定的剪切流中, DNA 分子的翻滚运动 (tumbling) 具有周期性的特点[13]. 图 19.2(a) 即为 80 μm 长的荧光 DNA 分子在剪切流 (Wi=109) 中的运动轨迹. 此时, 通过实验数据可得到三个参数, 聚合物伸长长度 x, 梯度方向的聚合物厚度 δ_2 (与体剪切黏度直接相关的微观量[14,15]) 以及聚合物的取向角度 θ. 当聚合物的取向与流动方向相同时, 定义为 $\theta = 0$. 图 19.2(b) 所示为三个参数随时间的变化曲线, 其中瞬时的分数伸长长度 x/L, 是实际伸长长度与聚合物伸直长度 (轮廓线长度, contour length) 的比值, 波动很大. 当 Wi=12 时, x/L 的数值在很小 (<0.1) 到 0.5 之间变化. 虽然聚合物的伸长长度波动很大, 但其取向角度几乎与流动方向平行, 即 $0 < \theta < \varepsilon$, 其中 ε 很小. 当 θ 的正负发生变化时, 通常意味着翻滚现象的的出现.

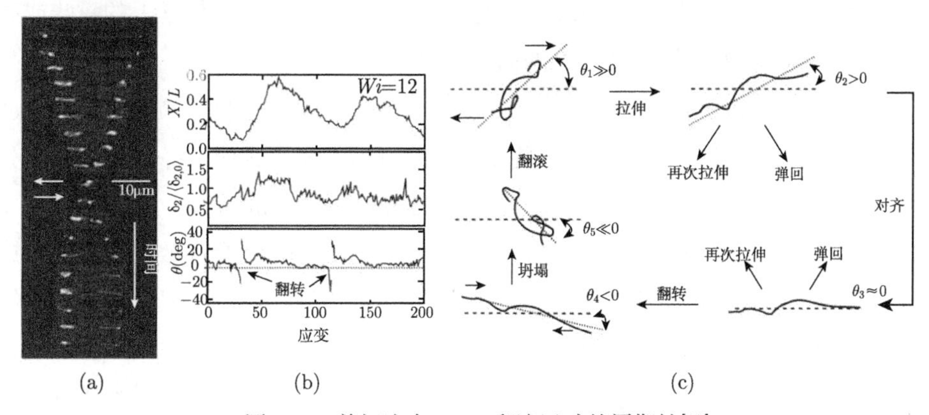

图 19.2　剪切流中 DNA 翻滚运动的周期性[13]

(a) Wi=109 时 DNA 的拉伸; (b) Wi=12 时 DNA 的运动周期; (c) DNA 翻滚运动机理示意图

基于 DNA 分子在强剪切流中 (Wi>1) 的动力学行为, 朱棣文等提出了一个普遍的描述式的聚合物运动循环形式, 如图 19.2(c) 所示. 整个运动周期开始于图 19.2(c) 中的左上角, 此时聚合物的取向角度是正的 ($\theta_1 \gg 0$). 在此阶段, δ_2 的数值要比平衡时的大, 这意味着沿着聚合物分子方向存在可观的速度梯度, 从而引起聚合物伸长. 经过此阶段后, 取向角度将会减小, 但依然是正的 ($\theta_2 > 0$). 聚合物的取向可能会与流动方向对齐 ($\theta_3 \approx 0$), 此时沿聚合物分子方向的流体速度变化很小, 使得作用在链上的水动力很小. 热涨落可以引起聚合物的取向呈现负值 ($\theta_4 < 0$), 导致聚合物坍塌, 取向角度明显减小 ($\theta_5 \ll 0$). 最后, 聚合物翻滚, θ 的值由负变为正, 开始新的循环.

当然, 聚合物也可以选择其他的动力学路径. 比如, 在循环的第二阶段, 当聚合物分子受到拉伸时, 热涨落导致更大的取向角度, 从而出现再次拉伸的现象. 相反地, 当取向角度很小时 ($\theta_3 \approx 0$), 热涨落可引起聚合物轻微的回弹, 伸长程度减小. 这两种聚合物的运动形式在实验中均能观测到[14]. 图 19.2(b) 中 x/L 和 θ 的轨迹表明, 聚合物伸长长度在两次翻滚之间出现很大的波动, 而取向角度在正值上基本保持不变. 因此, 聚合物的伸长可能会经历各种各样的拉伸和卷曲过程, 从而在时间尺度上存在更广的分布. 总之, 聚合物的翻滚过程与聚合物的伸长 x 无关, 与取向 θ 有关.

软物质物理力学的倡导者、1991 年诺贝尔物理奖得主 de Gennes 特别以 "分子个人主义 (molecular individualism)"[16] 为题来评价朱棣文课题组的上述 DNA 单分子的拉伸实验结果, 而且在文中认为其是分子个人主义的 "独特形式 (unusual form)". 此后, 朱棣文也多次应用 "分子个人主义" 来形容或描述其上述 DNA 的流场拉曳实验. 如何来理解 de Gennes 所提的分子个人主义? 有无哲学上的意味或高度? 本书著者不认为仅仅是其字面的简单含义.

伦敦政治经济学院 (LSE) 的 Chandran Kukathas 在讨论 Friedrich Hayek (1899~1992, 1974 年诺贝尔经济学奖得主) 的自由主义理论时, 将个人主义区分为两种类型[17], 即 "原子个人主义 (atomistic individualism)" 和 "分子个人主义 (molecular individualism)". 原子个人主义的政治理论认为, 社会和政治社群的形成基于孤立的、非社会的个人组合而成; 而分子个人主义政治理论则不以未分化的、前社会的为起点, 而是以包含个人的社会理论作为理论建构的基点, 因而是一种真正的个人主义. de Gennes 是否借用上述哲学层面的分子个人主义来形容或刻画单分子科学中奇特的熵弹性力学行为, 值得进一步讨论和深思.

19.3　DNA 超拉伸的连续统模型

Ogden 等基于变化参考构形从连续统力学角度导出了一个单一解析表达式[18], 模型预测与实测达到了很好的一致性.

双链 DNA (dsDNA) 的力 - 伸长曲线由三部分组成: 第一部分是熵弹性 (虫链模型模拟); 第二部分是在 65 pN 附近的力平台区; 第三部分是从 B-DNA 转变为超伸长形式的 S-DNA 的突变过程. 超伸长 DNA 转变对其生物性能有影响, 因此对于这种现象的模拟受到极大的关注.

Rouzina 和 Bloomfield 建立了力使 DNA 双螺旋结构溶解的模型[19], 这就意味着 S-DNA 是由分开的单链 DNA 和还有碱基对连接的 B-DNA 混合组成, 因此分子的伸长是这两种状态伸长的加权平均. 即 DNA 的每对碱基都可以处于未分离或打开两种状态之一. 有文章也提出 DNA 的超伸长性能可以用一种已经用于研究 B-DNA 到 S-DNA 转变的混合理论来模拟, 它是溶液的浓度、温度、pH 和离子强度的函数[20]. 就双螺旋结构转变为独立的单链脱氧核糖核酸而言, 通过用拉伸–溶解 dsDNA 的热力学模型, 不能解释超伸长转变, 因为两个并行而不相互作用的单链 DNA 不能定量解释 S-DNA 的力学性能. 实验数据证明了这一点. 为此, Rouzina 和 Bloomfield 的模型[19,20] 饱受争议, 因为在 B-ss 情形下超伸长状态还应该与 B-DNA 双链之间的恒定力有关, 所以 ss-DNA 模拟结果比实验观测值低.

为此, Ogden 等提出一种全新的框架来描述超伸长现象[18]. 所用的模型是通过用一个非标准弹性非线性唯象理论建立的, 应力是变形梯度的函数, 对与在这种变参考构形的计算将引入细观力学.

一般形式的弹性非线性本构方程是依据应变能函数得到的. 在标准理论中假设材料的响应是由于分子机制决定, 而在变形过程中分子机制不会改变. Ogden 等的观点是在 DNA 单分子实验中这个假设可能只在力–伸长曲线的第一部分成立[18]. 在某一时刻链之间的氢键开始断裂, 从而决定材料响应的分子机制有了根本性改变. 导致 DNA 微观结构改变的因素: 伸长、盐度、温度等.

DNA 分子有很多不同的数学模拟方法. 原子模型是把分子上每个原子看成质点, 通过引入原子间相互作用势来研究原子间的相互作用规律. 细观模型是把碱基作为基本单元, 采用半经验理论分析相邻碱基对之间的相互作用. 连续介质力学是把 DNA 构想成连续的细丝, 在其弹性理论中引入弯曲和扭转刚度.

Dauxois 和 Peyrard 提出简单的碱基对模型认为相对碱基之间通过氢键连接[21], 通过 Morse 势模拟, 而在相同链上的碱基是通过简谐势能连接. Ogden 采用一个近似的细观力学模型, 用弹簧模拟碱基堆积作用使 DNA 分子有刚度, 此外氢键容易断并且决定分子是否改变. 并假设一个微结构的连续转变过程发生在变形超过一个门槛值之后. 在最初模型中, 必须忽略像盐度、温度、离子强度等因素. 要强调的是在这关注的是与应力–方位键的断裂有关的转变过程, 而不是考虑双螺旋结构到两条独立多核糖核酸链的转变. 键的断裂产生一个新的微结构排列形式以及一个无应力参考构形.

DNA 统计力学方法通常把分子作为一维系统来模拟. 该选择排除了在 DNA 力学中系统的使用连续介质力学. 某些情况下在这些研究框架中认可棒状分子理论的作用, 另一方面, 一些实验表明连续介质力学对于研究丝状 DNA 的复杂变形很重要[22]. 从统计力学观点出发的参考模型即超伸长现象模型是基于离散持续链. 通过用解释螺旋线圈在生物高聚物转变的技术, 得到了具有双稳态的离散持续链的超伸长转变的七参数模型.

19.3.1　基本方程

设变形函数为 $\boldsymbol{x}=\boldsymbol{x}(\boldsymbol{X},t)$, $\boldsymbol{x}$ 是即时位置, $\boldsymbol{X}$ 是在 $t=0$ 时无变形构形下的位置, 变形梯度 $\boldsymbol{F}(\boldsymbol{X},t)=\partial\boldsymbol{x}/\partial\boldsymbol{X}$, 左 Cauchy-Green 变形张量为 $\boldsymbol{B}=\boldsymbol{F}\boldsymbol{F}^{\mathrm{T}}$ 假设变形区域的材料是不可压缩和各向同性弹性材料, Cauchy 应力可表示为 $\boldsymbol{\sigma}=-p\boldsymbol{I}+\boldsymbol{\sigma}^{(E,1)}$, 其中 $(-p\boldsymbol{I})$ 项是由于不可压缩性 $(\det\boldsymbol{F}=1)$ 的待确定的部分, 而附加应力表示为

$$\boldsymbol{\sigma}^{(E,1)}=2W_1^{(1)}\boldsymbol{B}-2W_2^{(1)}\boldsymbol{B}^{-1} \tag{19-7}$$

左 Cauchy-Green 变形 $\boldsymbol{B}$ 的两个主不变量为

$$\mathrm{I}_1=\mathrm{tr}\boldsymbol{B},\quad \mathrm{I}_2=\mathrm{tr}\boldsymbol{B}^{-1} \tag{19-8}$$

式 (19-7) 中, $W_i^{(1)}=\partial W^{(1)}/\partial\mathrm{I}_i,(i=1,2)$, $W^{(1)}=W^{(1)}(\mathrm{I}_1,\mathrm{I}_2)$. 当微观结构开始改变时需要确定活化标准.

引入一个变形有状态参数 $s=s(\mathrm{I}_1,\mathrm{I}_2)$, 它是各向同性材料的第一、第二不变量的函数. s_a 是一个门槛值, $s<s_a$ 时材料处于初始状态, 附加应力由 (19-7) 式可求得, $\widehat{s}$ 表示超过 s_a 的状态参数, 微观结构改变, 参考构形改变. 这就意味着应力是相对变形梯度的函数, $\widehat{s}$ 状态时变形梯度 $\widehat{\boldsymbol{F}}=\partial\boldsymbol{x}/\partial\widehat{\boldsymbol{x}}$, 其中 $\widehat{\boldsymbol{x}}$ 是与状态 $\widehat{s}$ 相对应构形下质点的位置. 图 19.3 描述了初始参考构形, $\widehat{s}$ 状态下的构形以及当前构形.

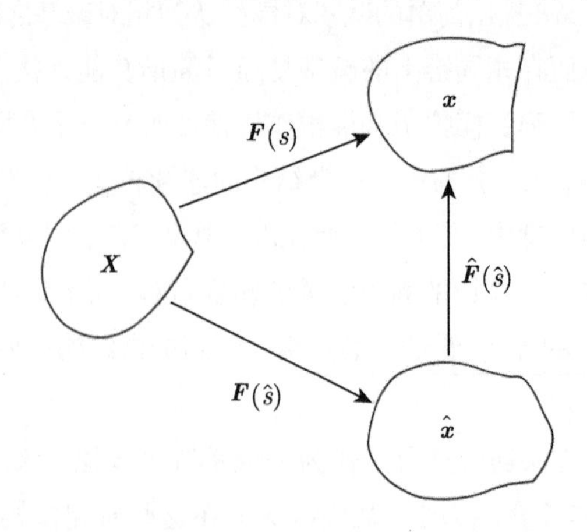

图 19.3　初始构形、参考构形、当前构形示意图

构形 $\widehat{s}$ 中的左 Cauchy-Green 变形为 $\widehat{\boldsymbol{B}}=\widehat{\boldsymbol{F}}\widehat{\boldsymbol{F}}^{\mathrm{T}}$.

假设在 $\widehat{s}$ 状态的材料形式仍然是弹性、各向同性、不可压缩的, 附加 Cauchy 应力在 $\widehat{s}$ 状态时对应参考构形下表示为

$$\boldsymbol{\sigma}^{(E,2)}=2W_1^{(2)}\widehat{\boldsymbol{B}}-2W_2^{(2)}\widehat{\boldsymbol{B}}^{-1} \tag{19-9}$$

其中, $W^{(2)}=W^{(2)}(\widehat{\mathrm{I}}_1,\widehat{\mathrm{I}}_2)$ 是在 $\widehat{s}$ 状态新构形下材料的应变能函数. 另一个简单假设, 假设在连续微观结构改变时是由单个函数 $W^{(2)}$ 来控制应变能. 总的即时应力是从材料初始构形和所有在变形状态 $\widehat{s}$ 的叠加. 即有

$$\boldsymbol{\sigma}(s)=-p\boldsymbol{I}+b(s)\boldsymbol{\sigma}^{(E,1)}+\int_{s_a}^{s}\boldsymbol{\sigma}^{(E,2)}\mathrm{d}\widehat{s} \tag{19-10}$$

式中, $a(\widehat{s})$ 是衡量参数 $\widehat{s}$ 转化率的转化函数, $b(s)=1-\displaystyle\int_{s_a}^{s}a(\widehat{s})\mathrm{d}\widehat{s}$ 是材料保持在 s 状态构形的体积分数.

当 $s<s_a$, 不发生转化, 所有材料都处于其初始状态, 其总的附加应力由 (19-7) 式得到. 当变形的变化状态参数 s 超过 s_a 时, 转变函数 $a(s)$ 决定材料转变到新的相的量. 当 $s\leqslant s_a$ 时, $a(s)=0,b(s)=1$; 当 $s>s_a$ 时, $a(s)>0,0\leqslant b(s)<1$. 因此, 要建立该模型需定义 $W^{(1)}$ 和 $W^{(2)}$ 的本构方程, 活化准则 s_a, 转变函数 $b(s)$. 此模型是完全符合连续介质力学理论的三维模型, 为了定量的阐明该方法, 在此先用一个一维经验模型, 然后再说明如何改进成三维模型.

19.3.2　本构模型

1. 数据来源

文献[23,24] 中呈现了在几种不同盐度下 dsDNA 实验的实验数据. 在此选用在 pH 为 7.5, 钠离子为 250 mM 的缓冲溶液中的单分子 dsDNA 力 – 伸长实验的实验数据 $(x_i,f_i)(i=1,\cdots,m)$. 文献[22] 中的图 3 给出了相关数据图.

2. 一维经验模型

用 x 表示一维延伸量, 与 19.3.1 小节的基本原理一样, 对于一维力 f 有

$$f(x)=b(s)f^{(1)}(x)+\int_{x_a}^{x}a(\widehat{x})f^{(2)}(\widehat{x})\mathrm{d}\widehat{x} \tag{19-11}$$

(19-11) 式中的各个量的含义与之前的描述相同, 这里用 x 代替 s. 由于转化的过程是连续的于是有

$$b(x)=1-\int_{x_a}^{x}a(\widehat{x})\mathrm{d}\widehat{x},\quad x\geqslant x_a \tag{19-12}$$

对于 $f^{(1)}$, 可利用一维冯元桢 (Y. C. Fung) 模型[25] 的修正获得, 即:

$$f^{(1)}(x)=\frac{\mu_1}{2}\frac{\exp[\beta(x-x_0)]}{\exp[\beta(x-x_0)]+\gamma} \tag{19-13}$$

材料常数 $\mu_1>0, x_0>0, \beta>0$ 分别具有力、长度、长度的倒数的量纲, $\gamma>0$ 是无量纲常数. 对于 $f^{(2)}$, 使用虫链 (WLC) 模型, 即 (19-5) 式, 为方便将其改写为如下形式:

$$f^{(2)}(x)=\mu_2\left[\frac{1}{4(1-z)^2}-\frac{1}{4}+z\right] \tag{19-14}$$

其中, $\mu_2=k_{\mathrm{B}}T/l_p, z=x/L_c$, 符号物理意义同 (19-5) 式.

为了单位统一, 弹性模量的单位为 pN, 长度的单位为 μm. 用冯元桢模型去拟合力–延伸曲线的第一部分 (拟合应变硬化现象), WLC 模型用来模拟在平台后端力急剧上升的部分. 模型的平台区依赖于参考构形的变化, 而参考构形与转换函数 (conversion function) $a(x)$ 的选取有关. 通常在复杂的橡胶力学中往往采用很简单的转换函数 (比如二次函数或者分段线性函数形式). 根据统计力学, 通过给定能量差计算有固定数目碱基对单链的两个可能状态得到的概率分布函数. 令 c_1 和 c_2 为实常数且

$$g(x)=\frac{c_1\mathrm{e}^{-c_1(x-c_2)}}{[1+\mathrm{e}^{-c_1(x-c_2)}]^2}$$

设 δ 为正常数, 转换函数可定义如下:

$$a(x)=\delta[g(x)-g(x_a)],\quad x\in[x_a,x_c] \tag{19-15}$$

转换函数在其他范围满足: $a(x)=0$. 假设到 x_c 时转变完成, 强加连续性要求 $a(x_c)=0, c_2=(x_a+x_c)/2, a(x)$ 的函数图像如图 19.4 所示.

常数 C 为材料可以转换的总分数, 其表达式为

$$C=\int_{x_a}^{x_c}a(\hat{x})\mathrm{d}\hat{x} \tag{19-16}$$

把 (19-15) 式代入 (19-16) 式, 可以计算 δ 的值为

$$\delta=\frac{C}{\dfrac{\mathrm{e}^{-c_1(x_a+x_c)/2}+\mathrm{e}^{-c_1(x_c-x_a)/2}}{[1+\mathrm{e}^{-c_1(x_c-x_a)/2}][1+\mathrm{e}^{-c_1(x_a+x_c)/2}]}-g(x_a)(x_c-x_a)}$$

构成该模型参数有 μ_1、β、μ_2、L_c. 此外, 为了修正活化准则还需 x_a、x_c、c_1、C 的值, 在这个阶段只已知 $C\in[0,1]$.

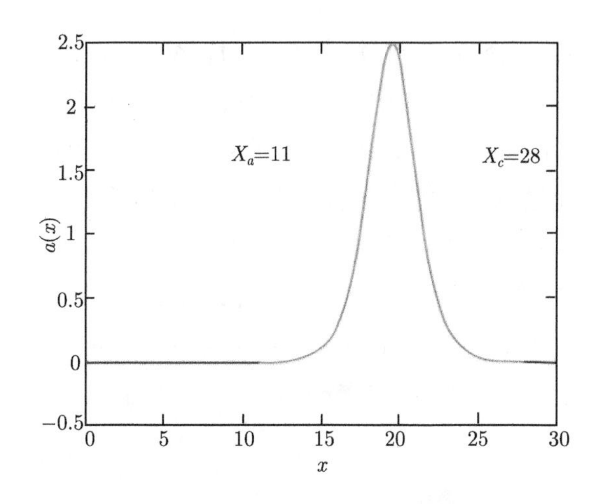

图 19.4　转换函数 $a(x)$ 的曲线[23]

须关注两个基本事实. 第一, 由于该模型与多个参数有关, 从而数值近似会带来一些问题. 因为在各种线性与非线性拟合过程中客观函数可能有局部极小值, 该问题在文献[26,27] 中就很突出. 这些最小二乘中不合意的数据可以通过模糊模型 (sloppy models) 来拟合. 文献[28] 中所描述应用在生物和物理上, 这就意味着在多参数模型中的参数可以通过多个数量级的协调变化使得拟合更加接近.

第二个重要问题是单分子实验是在哪种装置下进行的 (硬装置或软装置). 硬装置指以位移作为控制参数, 而软装置则以载荷作为控制参数. 比如在模拟相变时, 考虑到材料的应力–延伸曲线的非单调性, 则两种方式下得到的实验数据的不同. 简单地说, 在非单调曲线下, 有两个被亚稳定区域分开的稳定分支. 每个分支符合两个共存相中的一个. 对于软装置, 当载荷增加到一个临界值使得一个相转变到其它相时, 可以观察到位移突然从一个稳定分支跳到另一个. 这个临界载荷可以通过麦克斯韦线 (Maxwell line) 的方法计算. 对于位移受控制的硬实验装置而言, 可以观察到在临界载荷作用下麦克斯韦线从第一个稳定分支到第二个是作 Z 型变化. 事实上, 在一些使用硬装置进行的单分子实验中所获得的结果似乎是这样. 这个模型在软装置实验中也是一样, 但是拟合实验数据的方法不一样. 回顾文献可知通常的显微操纵装置是软装置, 在一维模型中这并不重要的, 但是在三维模型中差异就很显著.

基于这些原因有必要设计一个拟合方法, 并对一些参数的物理意义进行明确解释. 在各种参数中, 阐明 C 在 dsDNA 转变为 sDNA 的总分数中的作用很关键. 从文献[29] 可知, 许多研究表明不是所有的 dsDNA 都发生转变. 图 19.5 描述了转变

量与伸长量 x 之间的函数关系. 在每个非线性优化中, 参数 C、x_c、L_c 是确定的, 其他参数 $(\mu_1,\beta,\gamma,\mu_2,c_1,x_a)$ 是通过一维模型拟合得到的, 因此图 19.5 中的曲线与用参数 x_a 和 L_c 表示的 $a(\hat{x})$ 转变函数表述相符. 需要注意的是当 C 很小时转变过程很平滑, 但是在超过总转变的临界水平后变的非常陡峭和具有局部性. 这种信息也许会进一步限制各种参数的变化范围, 为此需要一组为模型量身定制的实验. 数值模拟表明在这里所推荐使用的模型可以重现具有相当程度精度的实验数据.

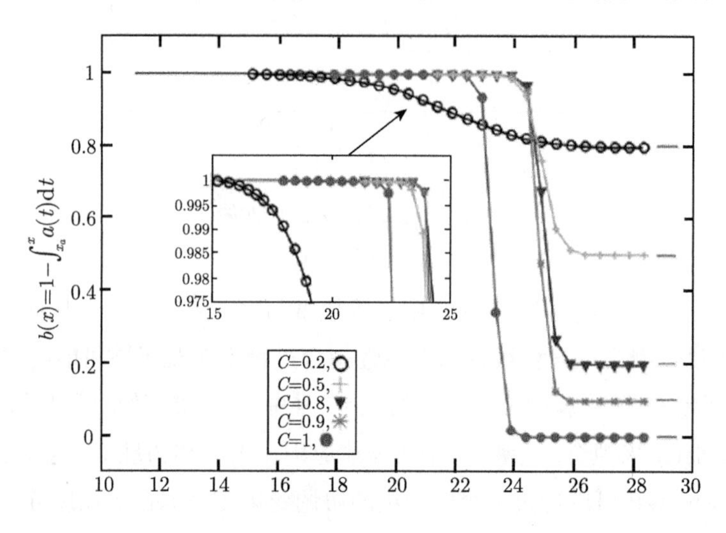

图 19.5　转变量与伸长量的关系

图 19.6 中, 给出了不同参数优化组合的集合得出的对一维模型的三种预测, 这些优化组合的参数还具有相似的小残数和误差. 这些结果说明了文献[28] 的模型是

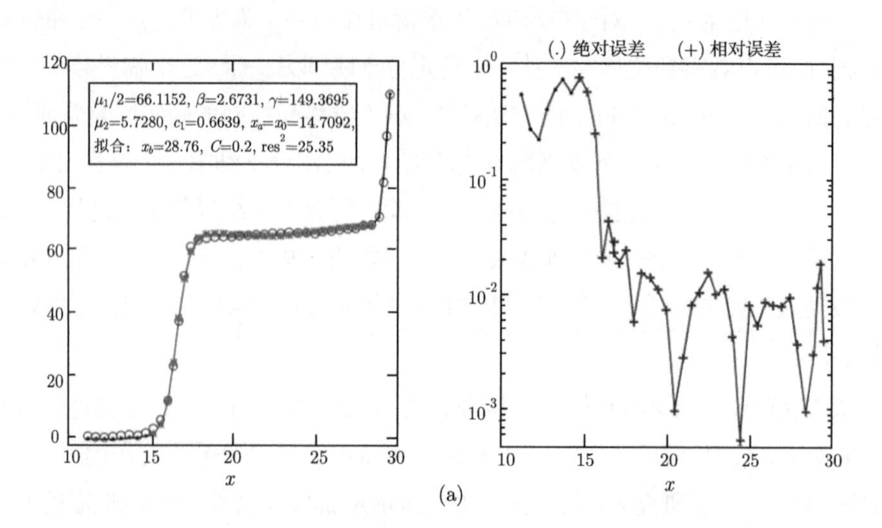

(a)

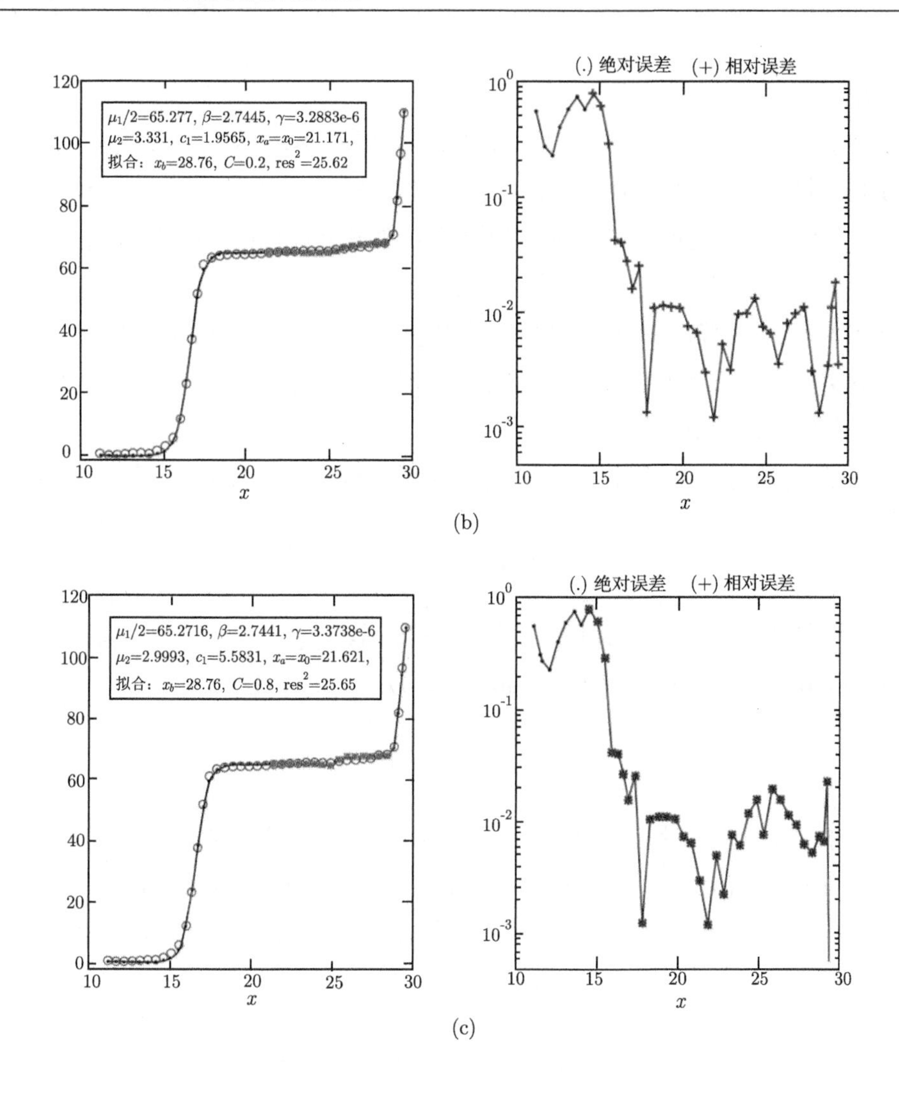

图 19.6　三组不同参数下得到的一维模拟结果

草率的, 换句话说, 就是数值解的全局最小值在参数变异很大的组合情况下, 居然还会有好到无法区分的拟合.

转换函数 (19-15) 式中的 $g(x)$ 函数完全是唯象的, 但是它是通过统计力学简单计算得到的. 假设 DNA 分子由 N 个碱基对组成, n_s 表示一个确定的状态 (比如 S-DNA) 碱基对的数量, $n_b = N - n_s$ 表示的是另外一种状态的数量. 这两种状态之间存在能量差 $\in$. 系统的热力学平衡由热力学势的极小值确定, 通过这种标准的计算方法, 可以由关于 $\in$, 实际拉力和伸长的函数得到 n_s.

3. 三维模型

对于三维模型构架下单分子实验, Gore 等使用 DNA 玩具模型[22], 生物分子被看作是被硬丝包裹的不可压弹性杆. 外部的丝线附着在内部螺旋杆上, 并且由于它能抵抗拉伸和压缩进而影响整体的力学性能. 外螺旋增加扭转刚度, 扭转伸长依赖于螺旋角. 扭转伸长在连续介质力学中称为 Poynting 效应, 可见思考题 1.5 和 1.6. 在许多固体中, 尤其是在橡胶类和聚合类固体中, 管扭转时伸长与扭转量平方相关. 考虑到实验数据的可用性, 这里只考虑简单拉伸变形, 但是在 19.3.2 节第 2 部分引入的经验模型也适用于连续介质力学.

三维单分子张力–拉伸实验是理想的简单拉伸实验, 变形可表示为下式

$$x = \frac{1}{\sqrt{\lambda}}X, \quad y = \frac{1}{\sqrt{\lambda}}Y, \quad z = \lambda Z \tag{19-17}$$

其中, λ 是轴向伸长, 即时变形梯度矩阵 $\boldsymbol{F}(\lambda) = \mathrm{diag}(1/\sqrt{\lambda}, 1/\sqrt{\lambda}, \lambda)$, 相对应的左 Cauchy-Green 变形矩阵为 $\boldsymbol{B}(\lambda) = \mathrm{diag}(1/\lambda, 1/\lambda, \lambda^2)$. 因此

$$\mathrm{I}_1 = \lambda^2 + 2\lambda^{-1}, \quad \mathrm{I}_2 = \lambda^{-2} + 2\lambda \tag{19-18}$$

基于单参数变形这一特点, 很容易确定激活参数 s 与延伸量 λ 之间一一对应的关系, 即 $s = s(\lambda) = \mathrm{I}_1(\lambda) - 3$. 当 $\lambda \geqslant 1$ 时, 这是一个单调递增函数, 可以求其反函数. 于是可以用伸长 λ_a 来表示活化参数 s_a, 即 $s_a = s(\lambda_a) = \mathrm{I}_1(\lambda_a) - 3$. 在 $\widehat{\lambda}$ 状态时变形梯度表示为 $\widehat{\boldsymbol{F}}(\widehat{\lambda}) = \boldsymbol{F}(\lambda)\boldsymbol{F}^{-1}(\widehat{\lambda})$

$$\begin{cases} \widehat{\boldsymbol{F}}(\lambda) = \mathrm{diag}\left(\sqrt{\dfrac{\widehat{\lambda}}{\lambda}}, \sqrt{\dfrac{\widehat{\lambda}}{\lambda}}, \dfrac{\lambda}{\widehat{\lambda}}\right) \\ \widehat{\boldsymbol{B}}(\lambda) = \mathrm{diag}\left(\dfrac{\widehat{\lambda}}{\lambda}, \dfrac{\widehat{\lambda}}{\lambda}, \dfrac{\lambda^2}{\widehat{\lambda}^2}\right) \end{cases} \tag{19-19}$$

且有 $\widehat{\mathrm{I}}_1 = \lambda^2/\widehat{\lambda}^2 + 2\widehat{\lambda}/\lambda$, $\widehat{\mathrm{I}}_2$ 类似.

把此类弹性材料视为 neo-Hookean 材料, $W = W(\mathrm{I}_1)$, 从 (19-7) 式得到 Cauchy 应力张量的主分量为

$$\sigma_i = 2\lambda_i^2 W_1 - p, \quad (i = 1, 2, 3) \tag{19-20}$$

必要条件是试样的侧面在简单拉伸时是自由表面, $t_1 = t_2 = 0$, 得到

$$p = 2\lambda^{-1} W_1 \tag{19-21}$$

把这些结果代入 (19-10) 式, 每单位变形截面的张力通过 Cauchy 应力分量给出

$$\sigma_3(\lambda) = 2b(\lambda)(\lambda^2 - \lambda^{-1})W_1^{(1)} + 2\int_{s_a}^{s} a(\widehat{s})\left[\frac{\lambda^2}{\lambda(\widehat{s})^2} - \frac{\lambda(\widehat{s})}{\lambda}\right]W_1^{(2)}(\lambda(\widehat{s}))\mathrm{d}\widehat{s} \tag{19-22}$$

其中,

$$b(\lambda) = 1 = \int_{s_a}^{s} a(\widehat{s})\mathrm{d}\widehat{s} \tag{19-23}$$

相应的截面上每单位未变形区的应力是 $F(\lambda) = \lambda^{-1}\sigma_3(\lambda)$.

通过本构方程对 (19-22) 式进行补充, 我们需要材料在转变前状态应变能函数的本构方程, 即 $W^{(1)}$ 来模拟拉伸曲线的第一部分. 对于张力–延伸曲线的最后一部分, 还需要一个新构形下材料的本构方程 $W^{(2)}$. 超伸长平台是由选择的转变函数 $a(s)$ 模拟. 对于第一部分的应变能函数进行修正为 W^F, 基于最初冯元桢关于生物组织的指数模型有

$$W_1^F = \frac{\mu_1}{2}\exp[\beta(\mathrm{I}_1 - 3)] \tag{19-24}$$

其中, $\mu_1 > 0$ 为具有应力的量纲的常数, $\beta > 0$ 为无量纲常数. 正像一维例子一样, 考虑到饱和现象我们需要修正该函数. DNA 分子力–延伸曲线第一部分应变强化的力学性质不对平台区的发展产生影响. 所以和对一维模型一样, 通过对三维冯元桢模型进行合理的修正, 可以得到:

$$W_1^{(1)} = \frac{\mu_1}{2}\frac{\exp[\beta(\mathrm{I}_1 - 3)]}{\exp}[\beta(\mathrm{I}_1 - 3)] + \gamma \tag{19-25}$$

$$W^{(1)} = \frac{\mu_1}{2\beta}\ln\{\exp[\beta(\mathrm{I}_1 - 3)] + \gamma\} \tag{19-26}$$

其中, $\gamma > 0$ 是无量纲常数. 当 $\gamma = 0$ 时, (19-25) 式可化简为 $W = \mu_1(\mathrm{I}_1 - 3)/2$.

对于变形第二部分的应变能函数 $W^{(2)}$, 应用 Gent 模型[30]

$$W^{(2)}(\widehat{\mathrm{I}}_1) = -\frac{\mu_2}{2}J_m\ln\left(1 - \frac{\widehat{\mathrm{I}}_1 - 3}{J_m}\right), \quad \widehat{\mathrm{I}}_1 < J_m + 3 \tag{19-27}$$

其中, μ_2 是剪切模量, $J_m(> 0)$ 是 $(\widehat{\mathrm{I}}_1 - 3)$ 的极限值, 它与限制链伸长有关. 当链伸长参数趋于无穷时 $(J_m \to \infty)$, (19-27) 式简化为经典 neo-Hookean 模型. Horgan 和 Saccomandi[31] 详细地讨论了 Gent 模型, 它与自由链 (FJC) 模型相关, 有关 Gent 模型的介绍亦可见 12.2.3 节. 此时, 响应函数为

$$W_1^{(2)} = \frac{\mu_2}{2}\frac{J_m}{J_m - (\widehat{\mathrm{I}}_1 - 3)} \tag{19-28}$$

应力有奇点 $\widehat{\mathrm{I}}_1 \to J_m + 3$.

用非线性最小二乘法拟合得到三维模型的几个参数. 应变能函数中的几个参数为 μ_1、β、γ、μ_2、J_m. 此外, 用与一维模型相同的活化准则 (19-15) 式. 要确定活化准则需要确定区间 $x_a \to \lambda_a$ 和 $x_c \to \lambda_c$, 以及参数 c_1、C. 就不变量 $(\mathrm{I}_1 - 3)$ 而言, 这个准则通过兼容三维弹性来进行公式化. 由式 (19-22) 所给出的 Cauchy 应力公式, 其实是名义应力 $F(\lambda) = \lambda^{-1}\sigma_3(\lambda)$ (每单位截面积上的力), 正是数据拟合上所需要的. 把数据集 (x_i, f_i) 换成 (λ_i, f_i), 其中 $\lambda_i = 1 + x_i/L_c$, 伸直长度 L_c 与一维模型中相同. 要与力 f 的量纲一致, 应力 $F(\lambda) = \lambda^{-1}\sigma_3(\lambda)$ 应乘以横截面积, 而横截面积是未知的. 但是, 这只是一个乘数因子纳入常数 μ_1、μ_2 中, 和一维情形同样具有力的量纲.

从 19.3.1 节的末尾和文献[29,32] 的讨论的一维模型中, C 比例相对较大的 ds-DNA 要被修正. 另外, 修正 C 也就意味着认同其它参数, 这样在原始数据下的超伸长 (平台) 部分与麦克斯韦线一致. 对于不同的 C 值通过拟合得到曲线如图 19.7 所示. 在这个框架中, 最佳的拟合取决于实验装置类型. 在硬装置中, $C = 0.2$ 在平台区拟合的最好. 在软装置中则要平台区的绝对最小值作为麦克斯韦线. 这样在平台区下面的区域的值相等. 如图 19.7 所示, 得到 C 的最大值.

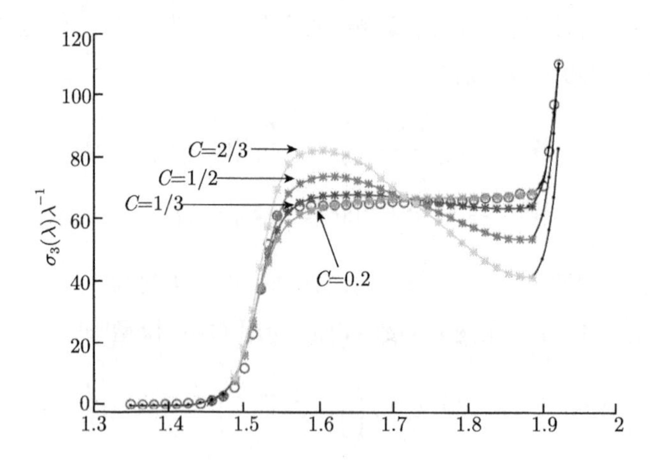

图 19.7　名义应力 - 伸长量曲线

思 考 题

19.1　结合图 19.8 说明 19.1 节中所定义的持久长度的物理意义: 持久长度越长, 表明高分子链越刚性. 换句话说, 如果高分子链的长度远远大于持久长度的话, 则该高分子链为柔性链; 反之, 如果高分子链的长度小于持久长度的话, 则可被视为刚性链.

图 19.8 持久长度和高分子链柔度之间的关系示意图

19.2 结合图 19.9, 给出高斯链模型熵弹簧劲度系数的表达式并阐明其力学含义.

图 19.9 熵弹簧模型

19.3 结合 (12-29) 和 (19-27) 两式, 进一步分析超弹性 Gent 模型的优缺点.

19.4 结合图 19.10, 理解麦克斯韦线的物理意义: 对非单调曲线, 把中间震荡的部分以水平线代替, 水平线的位置满足该线与曲线围成的上下两部分 (阴影部分) 面积相等. 水平线对应的纵坐标值常为某过程中的临界值.

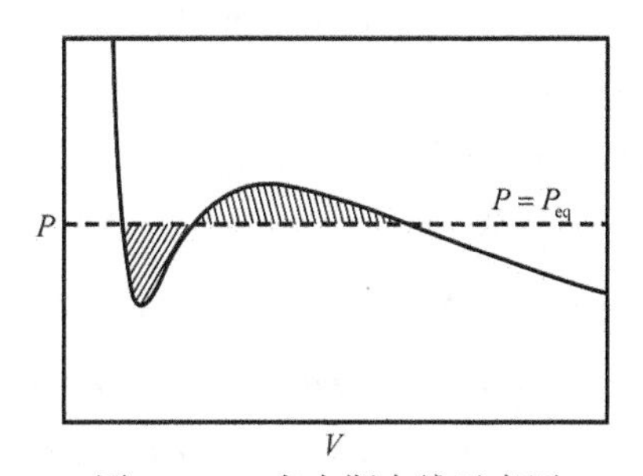

图 19.10 麦克斯韦线示意图

参 考 文 献

[1] Austin R H, Brody J P, Cox E C, Duke T, Volkmuth W. Stretch genes. Physics Today, 1997, 50(2): 32–38.

[2] Smith S B, Cui Y, Bustamante C. Overstretching B-DNA: the elastic response of

individual double-stranded and single-stranded DNA molecules. Science, 1996, 271: 795–799.

[3] Smith S B, Finzi L, Bustamante C. Direct mechanical measurements of the elasticity of single DNA molecules by using magnetic beads. Science, 1992, 258: 1122–1126.

[4] Strick T R, Allemand J F, Bensimon D, Bensimon A, Croquette V. The elasticity of a single supercoiled DNA molecule. Science, 1996, 271: 1835–1837.

[5] Bustamante C, Marko J F, Siggia E D, Smith S. Entropic elasticity of λ-phage DNA. Science, 1994, 265: 1599–1600.

[6] Andrews S S. Methods for modeling cytoskeletal and DNA filaments. Physical Biology, 2014, 11: 011001.

[7] Bustamante C, Bryant Z, Smith S B. Ten years of tension: single-molecule DNA mechanics. Nature, 2003, 421: 423–427.

[8] Bustamante C, Smith S B, Liphardt J, Smith D. Single-molecule studies of DNA mechanics. Current Opinion in Structural Biology, 2000, 10: 279–285.

[9] Strick T R, Dessinges M N, Charvin G, Dekker N H, Allemand J F, Bensimon D, Croquette V. Stretching of macromolecules and proteins. Reports on Progress in Physics, 2003, 66: 1–45.

[10] Perkins T T, Smith D E, Chu S. Single polymer dynamics in an elongational flow. Science, 1997, 276: 2016–2021.

[11] Perkins T T, Smith D E, Chu S. Relaxation of a single DNA molecule observed by optical microscopy. Science, 1994, 264: 822–826.

[12] Smith D E, Babcock H P, Chu S. Single-polymer dynamics in steady shear flow. Science, 1999, 283: 1724–1727.

[13] Schroeder C M, Teixeira R E, Shaqfeh E S G, Chu S. Characteristic periodic motion of polymers in shear flow. Physical Review Letters, 2005, 95: 018301.

[14] Teixeira R E, Babcock H P, Shaqfeh E S G, Chu S. Shear thinning and tumbling dynamics of single polymers in the flow-gradient plane. Macromolecules, 2005, 38: 581–592.

[15] Schroeder C M, Teixeira R E, Shaqfeh E S G, Chu S. Dynamics of DNA in the flow-gradient plane of steady shear flow: Observations and simulations. Macromolecules, 2005, 38: 1967–1978.

[16] De Gennes P G. Molecular individualism. Science, 1997, 276: 1999–2000.

[17] Kukathas C. Hayek and Modern Liberalism. Oxford: Oxford University Press, 1989.

[18] Ogden R W, Saccomandi G, Sgura I. Phenomenological modeling of DNA overstretching. Journal of Nonlinear Mathematical Physics, 2011, 18: 411–427.

[19] Rouzina I, Bloomfield V A. Force-induced melting of the DNA double helix. 1. Thermodynamic analysis. Biophysical Journal, 2001, 80: 882–893.

[20] Rouzina I, Bloomfield V A. Force-induced melting of the DNA double helix. 2. Effect of solution conditions. Biophysical Journal, 2001, 80: 894–900.

[21] Dauxois T, Peyrard M. Physics of Solitons. Cambridge: Cambridge University Press, 2006.

[22] Gore J, Bryant Z, Nöllmann M, Le M U, Cozzarelli N R, Bustamante C. DNA overwinds when stretched. Nature, 2006, 442: 836–839.

[23] Wenner J R, Williams M C, Rouzina I, Bloomfield V A. Salt dependence of the elasticity and overstretching transition of single DNA molecules. Biophysical Journal, 2002, 82: 3160–3169.

[24] Williams M C, Rouzina I, Bloomfield V A. Thermodynamics of DNA interactions from single molecule stretching experiments. Accounts of Chemical Research, 2002, 35: 159–166.

[25] Fung Y C. Elasticity of soft tissues in simple elongation. American Journal of Physiology-Legacy Content, 1967, 213: 1532–1544.

[26] Ogden R W, Saccomandi G, Sgura I. Fitting hyperelastic models to experimental data. Computational Mechanics, 2004, 34: 484–502.

[27] Ogden R W, Saccomandi G, Sgura I. Computational aspects of worm-like-chain interpolation formulas. Computers & Mathematics with Applications, 2007, 53: 276–286.

[28] Transtrum M K, Machta B B, Sethna J P. Why are nonlinear fits to data so challenging? Physical Review Letters, 2010, 104: 060201.

[29] Van Mameren J, Gross P, Farge G, Hooijman, Modesti M, Falkenberg M, Wuitea G J L, Peterman E J G. Unraveling the structure of DNA during overstretching by using multicolor, single-molecule fluorescence imaging. Proceedings of the National Academy of Sciences, 2009, 106: 18231–18236.

[30] Gent A N. A new constitutive relation for rubber. Rubber Chemistry and Technology, 1996, 69: 59–61.

[31] Horgan C O, Saccomandi G. Finite thermoelasticity with limiting chain extensibility. Journal of the Mechanics and Physics of Solids, 2003, 51: 1127–1146.

[32] Williams M C, Rouzina I, McCauley M J. Peeling back the mystery of DNA overstretching. Proceedings of the National Academy of Sciences, 2009, 106: 18047–18048.

第 20 章　液晶的 Oseen-Zöcher-Frank 曲率弹性理论

20.1　液晶连续统弹性形变理论的引入

Carl Wilhelm Oseen
(1879~1944)

Frederick Charles Frank
(1911~1998)

像处理一般的固体和流体问题一样，液晶的很多重要物理现象都可以在足够精确地，在忽略单个组成分子的情况下，将液晶当做连续介质处理.

液晶最早的连续统模型分别由瑞典物理学家 Carl Wilhelm Oseen (1879~1944)[1] 和 Hans Zöcher (1893~1969)[2] 于 1933 年提出并建立了理论基础. 英国物理学家 Frederick Charles Frank (1911~1998) [3] 则于 1958 年在重新审视了 Oseen 对液晶处理方法和奠基性贡献的基础上，提出了曲率弹性理论 (curvature elasticity theory). 该曲率弹性理论和固体弹性理论在一定程度上相似，故一般又称为连续弹性体形变理论或 Oseen-Zöcher-Frank 弹性理论. 本书还将在 22.3 节介绍 Frank 在位错运动极限速度方面的贡献. Frank 获得了 1967 年度的 “A. A. Griffith Medal and Prize”.

从宏观来看，液晶是各向异性的流动介质. 而从分子尺度来看，液晶通常是由近似刚性的长棒 (rod-like) 分子所组成的，如图 20.1 所示，分子量一般在 0.2~0.5 kg/mol，分子长度约为数纳米，分子长宽比约在 4~8 之间. 在宏观连续统模型中，将液晶分子的长轴取向的单位矢量 $\boldsymbol{n}$ 用作来描述液晶排列状态的基本物理量，将 $\boldsymbol{n}$ 称作指向矢 (director). 指向矢是单位矢量，满足:

$$|\boldsymbol{n}| = 1 \quad 或 \quad \nabla \boldsymbol{n}^2 = \boldsymbol{0} \tag{20-1}$$

显然，$\boldsymbol{n}$ 和 $-\boldsymbol{n}$ 在物理上完全是等价的.

液晶是各向异性液体，为什么将其形变理论称之为弹性理论? 原因是，指向矢 $\boldsymbol{n}$ 在外场 (电场、磁场、表面配向所产生的力场等) 作用下可改变方向，而在取消外场后，通过分子间的相互作用，指向矢又有恢复到原有取向的趋势，显然这种液晶指向矢取向的变化和固体弹性形变有着很强的相似性，因此从指向矢取向变化的意义上讲，将液晶的形变称为弹性形变，通过引入液晶的弹性模量等途径，可建立起液晶的宏观连续统的弹性形变理论[3–8]. 因此，这里强调的是，所谓液晶的弹性形变指的是液晶分子指向矢排列方式的形变.

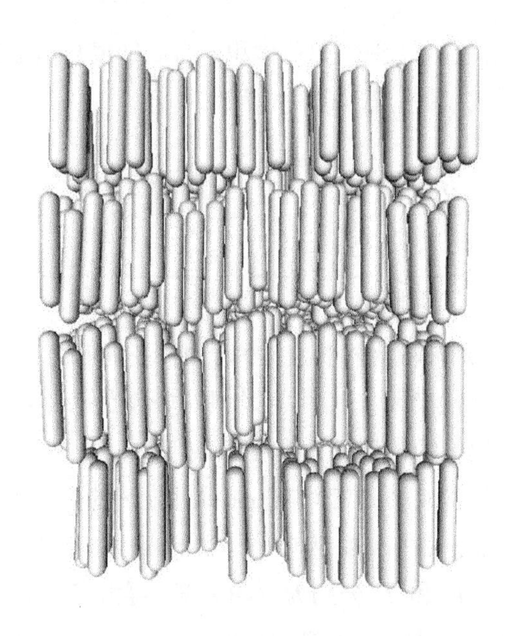

图 20.1 丝状液晶长棒分子示意图

20.2 丝状液晶弹性形变的三种基本模式——展曲、扭曲、弯曲

丝状液晶 (nematics, Nematic Liquid Crystal, NLC) 的弹性形变一般可分为如图 20.2 所示的三种彼此独立的模式: (a) 展曲 (splay), 其形变可由 $\operatorname{div}\boldsymbol{n} \neq 0$ 描述; (b) 扭曲 (twist), 其形变可由 $\operatorname{curl}\boldsymbol{n}$ 和 $\boldsymbol{n}$ 平行描述; (c) 弯曲 (bend), 其形变可由 $\operatorname{curl}\boldsymbol{n}$ 和 $\boldsymbol{n}$ 垂直描述. 液晶实际的弹性形变可能十分复杂, 但无论如何均是如上这三种基本形变模式的组合.

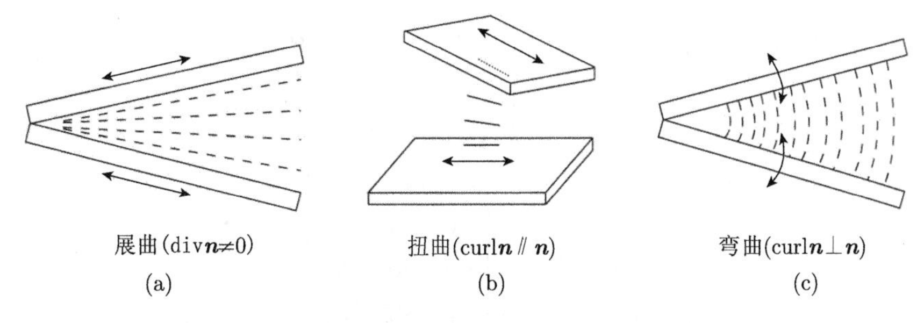

图 20.2 丝状液晶 (NLC) 弹性形变的三种基本模式
(a) 展曲; (b) 扭曲; (c) 弯曲

丝状液晶在发生弹性形变时, 单位体积的自由能或自由能密度的表达式由 $\boldsymbol{n}$ 的偏导数的平方项组成, 其一般形式表示为[3]:

$$F_d(\boldsymbol{n},\boldsymbol{\nabla}\boldsymbol{n})=\frac{k_{11}}{2}(\mathrm{div}\,\boldsymbol{n})^2+\frac{k_{22}}{2}(\boldsymbol{n}\cdot\mathrm{curl}\boldsymbol{n})^2+\frac{k_{33}}{2}(\boldsymbol{n}\times\mathrm{curl}\boldsymbol{n})^2$$
$$=\underbrace{\frac{k_{11}}{2}(\boldsymbol{\nabla}\cdot\boldsymbol{n})^2}_{\text{展曲能}}+\underbrace{\frac{k_{22}}{2}(\boldsymbol{n}\cdot\boldsymbol{\nabla}\times\boldsymbol{n})^2}_{\text{扭曲能}}+\underbrace{\frac{k_{33}}{2}(\boldsymbol{n}\times\boldsymbol{\nabla}\times\boldsymbol{n})^2}_{\text{弯曲能}} \tag{20-2}$$

式中, k_{11}、k_{22}、k_{33} 分别被称为丝状液晶的展曲、扭曲和弯曲弹性模量, 亦被统称为丝状液晶的 Frank 弹性模量, 三个常数均具有非负性[9]. 实验表明, k_{11}、k_{22}、k_{33} 这三个丝状液晶弹性模量的数量级大体相当, 约为 10^{-11} N.

例 20.1 证明: 丝状液晶的三个 Frank 弹性模量的量纲和力的量纲相同.

证明: 由 (20-2) 式, 由于 F_d 为单位体积的自由能密度, 故其量纲为 $[F_d]=\mathrm{FL/L^3}=\mathrm{FL^{-2}}$, 这里 F 和 L 分别为力和长度. 再由于 (20-2) 式右端第一项中 $[\mathrm{div}\,\boldsymbol{n}]=\mathrm{L^{-1}}$, 由于方程两端的量纲必须平衡, 则有: $[F_d]=\mathrm{FL^{-2}}=[k_{11}]\mathrm{L^{-2}}$, 从而有: $[k_{11}]=[k_{22}]=[k_{33}]=\mathrm{F}$, 也就是丝状液晶的三个 Frank 弹性模量的量纲为力的量纲.

例 20.2 结合 3.4 节的内容, 证明对于指向矢 $\boldsymbol{n}$: (1) $\boldsymbol{\nabla}\cdot\boldsymbol{n}$ 是真标量; (2) $\boldsymbol{n}\cdot\boldsymbol{\nabla}\times\boldsymbol{n}$ 是赝标量.

证明: $\boldsymbol{n}=(n_x,n_y,n_z)$ 不依赖于坐标的选取, 按照定义为真矢量. 而算子 $\boldsymbol{\nabla}=\left(\dfrac{\partial}{\partial x},\dfrac{\partial}{\partial y},\dfrac{\partial}{\partial z}\right)$ 依赖于坐标的选取, 亦即: $-\boldsymbol{\nabla}=\left(-\dfrac{\partial}{\partial x},-\dfrac{\partial}{\partial y},-\dfrac{\partial}{\partial z}\right)$, 故算子 $\boldsymbol{\nabla}$ 为赝矢量. 由于:

$$(-\boldsymbol{\nabla})\cdot(-\boldsymbol{n})=\boldsymbol{\nabla}\cdot\boldsymbol{n}=\frac{\partial n_x}{\partial x}+\frac{\partial n_y}{\partial y}+\frac{\partial n_z}{\partial z}$$

故 $\boldsymbol{\nabla}\cdot\boldsymbol{n}$ 是真标量. 再由于:

$$(-\boldsymbol{n})\cdot[(-\boldsymbol{\nabla})\times(-\boldsymbol{n})]=\begin{vmatrix}-n_x & -n_y & -n_z\\ -\dfrac{\partial}{\partial x} & -\dfrac{\partial}{\partial y} & -\dfrac{\partial}{\partial z}\\ -n_x & -n_y & -n_z\end{vmatrix}$$
$$=-\begin{vmatrix}n_x & n_y & n_z\\ \dfrac{\partial}{\partial x} & \dfrac{\partial}{\partial y} & \dfrac{\partial}{\partial z}\\ n_x & n_y & n_z\end{vmatrix}=-(\boldsymbol{n}\cdot\boldsymbol{\nabla}\times\boldsymbol{n})$$

则说明: $\boldsymbol{n}\cdot\boldsymbol{\nabla}\times\boldsymbol{n}$ 为赝标量.

20.3　丝状液晶的平衡方程和边界条件

由于丝状液晶的指向矢 $\boldsymbol{n}$ 为单位矢量, 所以, 丝状液晶总自由能的泛函 $\int F\mathrm{d}V$ 应在附加条件 $\boldsymbol{n}^2=1$ 下取极小值. 采用 Lagrange 待定乘子法, 要求下式成立:

$$\delta\int\left[F-\frac{1}{2}\lambda(\boldsymbol{r})\boldsymbol{n}^2\right]\mathrm{d}V=0 \tag{20-3}$$

式中, 待定乘子 $\lambda(\boldsymbol{r})$ 为位置矢量 $\boldsymbol{r}$ 的函数. (20-3) 式中积分号下的表达式既依赖于指向矢的分量 n_i 本身, 也依赖于指向矢对坐标的偏导数 $\partial n_i/\partial x_k=\partial_k n_i$, 亦即总自由能的变分可表示为

$$\begin{aligned}\delta\int F\mathrm{d}V&=\int\left[\frac{\partial F}{\partial n_i}\delta n_i+\frac{\partial F}{\partial(\partial_k n_i)}\partial_k\delta n_i\right]\mathrm{d}V\\&=\int\left[\frac{\partial F}{\partial n_i}-\partial_k\frac{\partial F}{\partial(\partial_k n_i)}\right]\delta n_i\mathrm{d}V+\int\partial_k\left[\frac{\partial F}{\partial(\partial_k n_i)}\delta n_i\right]\mathrm{d}V\\&=\int\left[\frac{\partial F}{\partial n_i}-\partial_k\frac{\partial F}{\partial(\partial_k n_i)}\right]\delta n_i\mathrm{d}V+\oint\frac{\partial F}{\partial(\partial_k n_i)}\delta n_i n_k\mathrm{d}A\\&=\int\left[\frac{\partial F}{\partial n_i}-\partial_k\frac{\partial F}{\partial(\partial_k n_i)}\right]\delta n_i\mathrm{d}V+\oint\frac{\partial F}{\partial(\partial_k n_i)}\delta n_i\mathrm{d}A_k\end{aligned} \tag{20-4}$$

式中, $\mathrm{d}A_k=n_k\mathrm{d}A$ 为外法线为 n_k 的面积微元. 式 (20-4) 中的面积围道积分仅对寻找边界条件重要, 为方便起见, 暂时在边界上令 $\delta\boldsymbol{n}=\boldsymbol{0}$, 则总自由能的变分为

$$\delta\int F\mathrm{d}V=-\int\boldsymbol{H}\cdot\delta\boldsymbol{n}\mathrm{d}V \tag{20-5}$$

式中, 矢量 $\boldsymbol{H}$ 被称为丝状液晶的分子场 (molecular field), 其表达式为

$$H_i=\partial_k\frac{\partial F}{\partial(\partial_k n_i)}-\frac{\partial F}{\partial n_i} \tag{20-6}$$

$\boldsymbol{H}$ 的作用是试图将丝状液晶整个体积内的指向矢的方向 “排直 (straighten out)”[6]. 相应地, 分子场矢量 $\boldsymbol{H}$ 可分解为展曲 (s)、扭曲 (t) 和弯曲 (b) 三个部分:

$$\boldsymbol{H}=\boldsymbol{H}_\mathrm{s}+\boldsymbol{H}_\mathrm{t}+\boldsymbol{H}_\mathrm{b} \tag{20-7}$$

当丝状液晶的展曲弹性模量 k_{11}、扭曲弹性模量 k_{22} 和弯曲弹性模量 k_{33} 均为常量时, (20-7) 式中三部分的表达式分别为

$$\begin{cases}\boldsymbol{H}_\mathrm{s}=k_{11}\boldsymbol{\nabla}(\mathrm{div}\,\boldsymbol{n})\\\boldsymbol{H}_\mathrm{t}=-k_{22}\{(\boldsymbol{n}\cdot\mathrm{curl}\boldsymbol{n})\mathrm{curl}\boldsymbol{n}+\mathrm{curl}[(\boldsymbol{n}\cdot\mathrm{curl}\boldsymbol{n})\boldsymbol{n}]\}\\\boldsymbol{H}_\mathrm{b}=k_{33}\{(\boldsymbol{n}\times\mathrm{curl}\boldsymbol{n})\times\mathrm{curl}\boldsymbol{n}+\mathrm{curl}[\boldsymbol{n}\times(\boldsymbol{n}\times\mathrm{curl}\boldsymbol{n})]\}\end{cases} \tag{20-8}$$

当丝状液晶的三个弹性模量不为常量时, 其相关表达式见思考题 20.1.

这样, 含有 Lagrange 待定乘子的 (20-3) 式可改写为如下形式:

$$\int (\boldsymbol{H} + \lambda \boldsymbol{n}) \cdot \delta \boldsymbol{n} \mathrm{d}V = 0 \tag{20-9}$$

由于变分 $\delta \boldsymbol{n}$ 的任意性, 由 (20-9) 式得出平衡方程为

$$\boldsymbol{H} = -\lambda \boldsymbol{n} \tag{20-10}$$

(20-10) 式表明: 分子场矢量 $\boldsymbol{H}$ 和指向矢矢量 $\boldsymbol{n}$ 处处共线. 再由于 $\boldsymbol{n}^2 = 1$ 可确定 Lagrange 待定乘子为: $\lambda = -\boldsymbol{H} \cdot \boldsymbol{n}$, 由此可给出丝状液晶的平衡方程为

$$\boldsymbol{h} \equiv \boldsymbol{H} - (\boldsymbol{n} \cdot \boldsymbol{H})\boldsymbol{n} = \boldsymbol{0} \tag{20-11}$$

显然, 矢量 $\boldsymbol{h}$ 满足: $\boldsymbol{h} \cdot \boldsymbol{n} = 0$

液晶壁的边界条件比较特殊. 一般而言, 液晶盒壁的表面力足够大以至于将盒壁上的液晶指向矢 $\boldsymbol{n}$ "强锚定 (strong anchoring)"[5]. 靠近液晶盒表面的液晶指向矢沿着 "易取方向 (easy direction)" 排列, 完全不随外加电场或磁场而改变, 此时表面的锚定能 (anchoring energy) 和液晶的形变能相比可视为无限大. 所谓易取方向是指, 指向矢 $\boldsymbol{n}$ 使得表面区域能量最小化的方向 (the directions of $\boldsymbol{n}$ which minimize the energy of the surface region). 易取方向分为如下几种情形[5]:

情形 I: 如果液晶盒壁面材料是单晶, 其表面可能有明显的平行晶轴, 如图 20.3 所示, 那么该平行晶轴方向就是液晶指向矢的易取方向, 盒表面的液晶分子将被锚定在其表面.

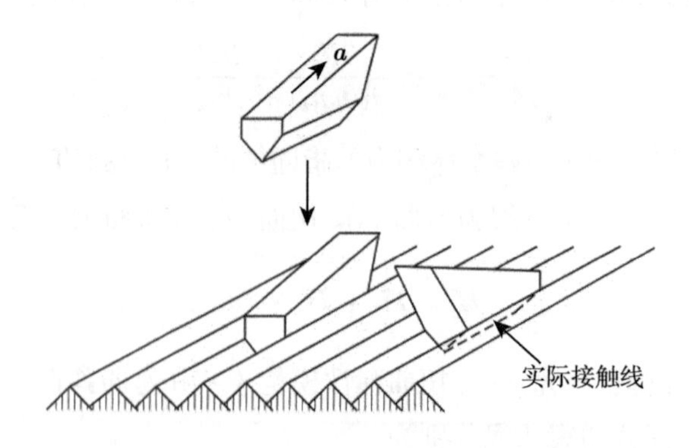

图 20.3 液晶指向矢在盒表面的晶轴方向被强锚定

情形 II: 液晶盒表面为各向同性, 此时表面的法向则为指向矢的易取方向, 如图 20.4(a) 所示. 该情形被称为 "垂直织构 (hometropic texture)".

情形 Ⅲ: 液晶盒玻璃表面被摩擦出单向的沟槽, 此沟槽方向便为液晶指向矢的易取方向, 如图 20.4(b) 所示. 该情形被称为 “一致单轴织构 (homogeneous uniaxial texture)”.

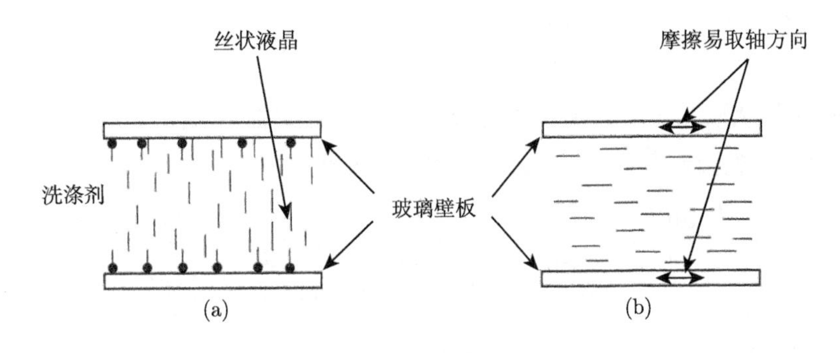

图 20.4 (a) 垂直织构; (b) 一致单轴织构

情形 Ⅳ: 液晶盒表面液晶指向矢的易取方向和表面形成如图 20.5 所示的易取方向锥 (cone of easy directions), 锥角 Ψ 一般依赖于液晶盒表面的温度和清洁度, 锥角会随着表面温度的升高而减小, 锥角对表面的污染物或杂质十分敏感.

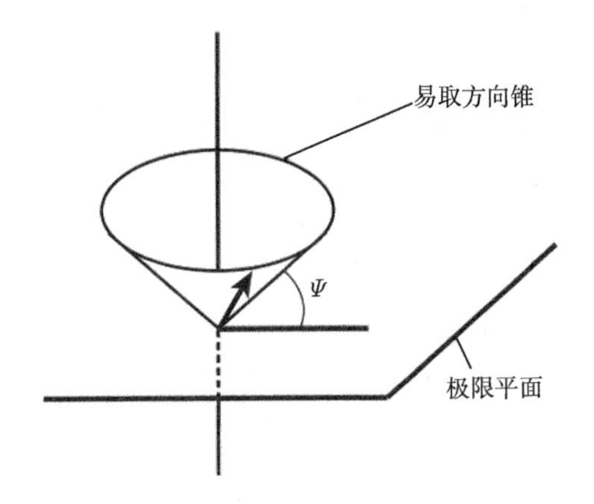

图 20.5 液晶盒表面的指向矢易取方向锥示意图

20.4 丝状液晶的运动方程

本节的内容主要基于 Ericksen[9,10]、Leslie[11,12] 和 Parodi[13] 的应用连续介质力学的宏观理论, 针对丝状液晶动力学 (nematodynamics) 所建立的运动方程, 因此, 也被称为 ELP 理论[5].

丝状液晶的运动状态是由四个物理量时空分布所确定的: 指向矢 $\boldsymbol{n}$、密度 ρ、速度 $\boldsymbol{v}$ 和熵密度 s. 下面分别给出由上述四个物理参量所满足的微分方程.

当丝状液晶处于平衡或整体以常速度运动时, 此时指向矢 $\boldsymbol{n}$ 显然满足:

$$\frac{\mathrm{d}\boldsymbol{n}}{\mathrm{d}t}=\frac{\partial \boldsymbol{n}}{\partial t}+(\boldsymbol{v}\cdot\boldsymbol{\nabla})\boldsymbol{n}=\boldsymbol{0} \tag{20-12}$$

式中, $\boldsymbol{v}$ 为丝状液晶运动的随体速度. 对于一般情况, 指向矢 $\boldsymbol{n}$ 在满足 $\boldsymbol{n}^2=1$ 和 $\boldsymbol{n}\cdot\mathrm{d}\boldsymbol{n}/\mathrm{d}t=0$ 的限制条件下, 所满足的动力学方程如下:

$$\frac{\mathrm{d}n_i}{\mathrm{d}t}=\underbrace{w_{ki}n_k}_{\text{匀速转动}}+\underbrace{\lambda(\delta_{il}-n_in_l)n_kd_{kl}}_{\text{速度梯度对指向矢的定向作用}}+\underbrace{\frac{h_i}{\gamma}}_{\text{弛豫}} \tag{20-13}$$

式中, 变形率张量 d_{kl} 的表达式由 (5-53) 式给出, 而旋率张量 w_{ki} 则由 (5-54) 式给出. λ 为无量纲的动理学系数, 而 γ 则具有黏度的量纲. (20-13) 式右端第三项表示的是, 指向矢 $\boldsymbol{n}$ 在分子场的作用下向平衡态的弛豫.

密度 ρ 满足如下连续性方程为

$$\frac{\partial\rho}{\partial t}+\boldsymbol{\nabla}\cdot(\rho\boldsymbol{v})=0 \tag{20-14}$$

动量方程为

$$\rho\frac{\mathrm{d}v_i}{\mathrm{d}t}=\rho\left[\frac{\partial v_i}{\partial t}+(\boldsymbol{v}\cdot\boldsymbol{\nabla})v_i\right]=\frac{\partial\sigma_{ik}}{\partial x_k} \tag{20-15}$$

式中的应力张量 σ_{ik} 将在本节最后给出.

最后需要满足的是熵密度 s 的方程. 对于非耗散过程的绝热等熵情形, 熵的连续性方程为

$$\frac{\partial s}{\partial t}+\boldsymbol{\nabla}\cdot(s\boldsymbol{v})=0 \tag{20-16}$$

而对于耗散过程, 熵方程为

$$\frac{\partial s}{\partial t}+\boldsymbol{\nabla}\cdot\left(s\boldsymbol{v}+\frac{\boldsymbol{q}}{T}\right)=\frac{2R}{T} \tag{20-17}$$

式中, R 即为 17.2 节所给出的耗散函数, $2R/T$ 确定的是熵增加率. 考虑到丝状液晶的各向异性, 热流密度 $\boldsymbol{q}$ 可通过热传导率张量表示为如下线性关系:

$$q_i=-\kappa_{ik}\frac{\partial T}{\partial x_k} \tag{20-18}$$

对于丝状液晶而言, 热传导率张量 κ_{ik} 只有两个独立分量:

$$\kappa_{ik}=\kappa_{//}n_in_k+\kappa_{\perp}(\delta_{ik}-n_in_k) \tag{20-19}$$

式中, $\kappa_{//}$ 和 $\kappa_{\perp}$ 分别为平行于和垂直于指向矢 $\boldsymbol{n}$ 的热导率.

丝状液晶的耗散函数可表示为

$$2R = 2\eta_1\left(d_{\alpha\beta} - \frac{1}{2}\delta_{\alpha\beta}d_{\gamma\gamma}\right)^2 + \eta_2 d_{\alpha\alpha}^2 + 2\eta_3 d_{\alpha z}d_{\alpha z} + 2\eta_4 d_{zz}d_{\alpha\alpha}$$
$$+\eta_5 d_{zz}^2 + \frac{1}{T}[\kappa_{//}(\partial_z T)^2 + \kappa_{\perp}(\partial_\alpha T)^2] + \frac{1}{\gamma}\boldsymbol{h}^2 \tag{20-20}$$

式中, 下标 α、β、γ 取 x、y 两值. 由于耗散函数 R 的正定性, 故黏滞系数 η_1、η_2、η_3、η_5、$\kappa_{//}$、$\kappa_{\perp}$、γ 均为正, 此外, 还需满足如下不等式:

$$\eta_2\eta_5 > \eta_4^2 \tag{20-21}$$

(20-15) 式中的应力张量可表示为

$$\sigma_{ik} = \underbrace{-p\delta_{ik}}_{\text{静水压强}} + \underbrace{\sigma_{ik}^{(\mathrm{r})}}_{\text{reactive}} + \underbrace{\sigma'_{ik}}_{\text{黏滞应力}} \tag{20-22}$$

式中, 黏滞应力 σ'_{ik} 可应用 (17-11) 式通过耗散函数和变形率张量给出:

$$\sigma'_{ik} = 2\eta_1 d_{ik} + (\eta_2 - \eta_1)\delta_{ik}d_{ll} + (\eta_4 + \eta_1 - \eta_2)(\delta_{ik}n_l n_m d_{lm} + n_i n_k d_{ll})$$
$$+(\eta_3 - 2\eta_1)(n_i n_l d_{kl} + n_k n_l d_{il}) + (\eta_5 + \eta_1 + \eta_2 - 2\eta_3 - 2\eta_4)$$
$$\times n_i n_k n_l n_m d_{lm} \tag{20-23}$$

$\sigma_{ik}^{(\mathrm{r})}$ 代表的是非耗散部分的应力, 上标 r 为 reactive (无功) 的缩写. 通过较冗长的推导, 对称化后非耗散应力 $\sigma_{ik}^{(\mathrm{r})}$ 的表达式为

$$\sigma_{ik}^{(\mathrm{r})} = -\frac{\lambda}{2}(n_i h_k + n_k h_i) - \frac{1}{2}\left[\frac{\partial F}{\partial(\partial_k n_l)}\partial_i n_l + \frac{\partial F}{\partial(\partial_i n_l)}\partial_k n_l\right]$$
$$-\frac{1}{2}\partial_l\left\{\left[\frac{\partial F}{\partial(\partial_i n_k)} + \frac{\partial F}{\partial(\partial_k n_i)}\right]n_l - \frac{\partial F}{\partial(\partial_k n_l)}n_i - \frac{\partial F}{\partial(\partial_i n_l)}n_k\right\} \tag{20-24}$$

思 考 题

20.1 比较曲率弹性理论和一般弹性理论的异同点.

20.2 当丝状液晶的三个弹性模量可不为常量时, 结合图 20.6 证明 (20-7) 式中的分子场矢量的显式为

$$\boldsymbol{H} = \underbrace{\boldsymbol{\nabla}(k_{11}\boldsymbol{\nabla}\cdot\boldsymbol{n})}_{\boldsymbol{H}_\mathrm{s}} \underbrace{-\{k_{22}(\boldsymbol{n}\cdot\boldsymbol{\nabla}\times\boldsymbol{n})\boldsymbol{\nabla}\times\boldsymbol{n} + \boldsymbol{\nabla}\times[k_{22}(\boldsymbol{n}\cdot\boldsymbol{\nabla}\times\boldsymbol{n})\boldsymbol{n}]\}}_{\boldsymbol{H}_\mathrm{t}}$$
$$\underbrace{+\{k_{33}(\boldsymbol{n}\times\boldsymbol{\nabla}\times\boldsymbol{n})\times\boldsymbol{\nabla}\times\boldsymbol{n} + \boldsymbol{\nabla}\times\boldsymbol{n}[k_{33}\boldsymbol{n}\times(\boldsymbol{n}\times\boldsymbol{\nabla}\times\boldsymbol{n})]\}}_{\boldsymbol{H}_\mathrm{b}} \tag{20-25}$$

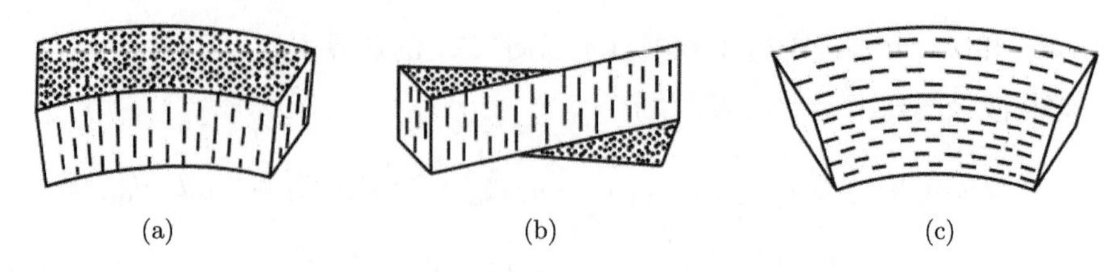

图 20.6　(a) 展曲; (b) 扭曲; (c) 弯曲

20.3　大作业: 针对液晶的缺陷连续统理论[5,6] 进行系统的文献调研.

20.4　Pierre Gilles de Gennes (1932~2007) 以其在液晶物理研究的杰出贡献获得了 1991 年度诺贝尔物理学奖, 并被冠以 "当代牛顿" 的称谓. 应用类比法或相似性是 de Gennes 的一贯作风, 这种思维方法使他获得过多次成功[14]. 如在说明扭曲液晶盒的向错回线, 他就应用了电流线的磁势与液晶指向矢方向角的类比性; 在研究螺旋状液晶的位错时, 他再次发现了位错线与平板电容器线电荷的类比性, 从而可用镜像电荷的方法来简化位错周围指向矢场的复杂计算, 等等.

问题: 结合附录 C, 体会类比法和相似性方法在基础研究上的巨大作用.

20.5　爱因斯坦是 1921 年诺贝尔物理学奖的获得者. 直到 1922 年 11 月瑞典皇家科学院才正式决定授于他 1921 年度的物理学奖, 同时还决定把 1922 年度物理奖授予玻尔. 当爱因斯坦乘日本船 "北野丸" 于 1922 年 11 月 13 日上午 10 时到达上海, 在上海当时的汇山码头登陆后, 瑞典驻上海总领事正式通知了爱因斯坦获得诺奖的消息, 爱因斯坦夫妇都表示极为高兴. 成功提名爱因斯坦获得诺奖的便是本章所着重提及的 Oseen 教授, 他于 1922 年成为诺贝尔奖评审委员会的成员, 他避开了当时争议很大的相对论, 而以光电效应成功为爱因斯坦提名.

问题: 结合思考题 4.12 和 C.6, 进一步深入了解 Oseen 的学术贡献和在诺贝尔评奖委员会中所发挥的作用.

参 考 文 献

[1] Oseen C W. The theory of liquid crystals. Transactions of the Faraday Society, 1933, 29: 883–899.

[2] Zöcher H. The effect of a magnetic field on the nematic state. Transactions of the Faraday Society, 1933, 29: 945–957.

[3] Frank F C. Liquid crystals. I. On the theory of liquid crystals. Discussions of the Faraday Society, 1958, 25: 19–28.

[4] Ericksen J L. Conservation laws for liquid crystals. Transactions of the Society of

Rheology, 1961, 5: 23–34.

[5] De Gennes P G, Prost J. The Physics of Liquid Crystals. Oxford: Clarendon Press, 1993.

[6] Landau L D, Lifshitz E M. Theory of Elasticity (3rd English Edition). Oxford: Pergamon Press, 1986.

[7] 谢毓章. 液晶物理学. 北京: 科学出版社, 1988.

[8] Ou-Yang Z C, Liu J X, Xie Y Z. Geometric Methods in the Elastic Theory of Membranes in Liquid Crystal Phases. Singapore: World Scientific, 1999.

[9] Ericksen J L. Inequalities in liquid crystal theory. Physics of Fluids, 1966, 9: 1205–1207.

[10] Ericksen J L. Anisotropic fields. Archive for Rational Mechanics and Analysis, 1960, 4: 231–237.

[11] Leslie F M. Some constitutive equations for anisotropic fluids. The Quarterly Journal of Mechanics and Applied Mathematics, 1966, 19: 357–370.

[12] Leslie F M. Some constitutive equations for liquid crystals. Archive for Rational Mechanics and Analysis, 1968, 28: 265–283.

[13] Parodi O. Stress tensor for a nematic liquid crystal. Journal de Physique, 1970, 31: 581–584.

[14] 欧阳钟灿. 德燃纳对液晶基础研究的贡献 —— 1991 年诺贝尔物理奖获得者成就简介. 物理, 1992, 21: 129–133.

第 21 章　生物膜弯曲变形的 Helfrich 自发曲率模型

21.1　生物膜泡粗粒化处理的出发点和 Canham 模型

早在 1890 年, 波兰病理学家 Tadeusz Browicz (1847~1928) 就已经关注到, 生物流体膜 (fluid membrane) 由于振荡所导致的闪烁现象 (flickering phenomenon)[1], 也就是生物膜光散射效应的增强. 以红细胞为例, 封闭的脂质双层 (lipid bilayer) 可呈现非膨胀的状态, 在平衡态时, 脂双层能够相互独立的调整自身体积和表面积, 使表面能达到最小, 从而使得表面张力消失.

有关双层膜表面张力为零的观点, 最早由 de Gennes 和 Papoular 在 1969 年提出[2], 并且在 Brochard 等的文章中再次重申[3]. 随后, Tanford[4] 和 Israelachvili 等[5] 分别于 1979 年和 1977 年独立地开展了对双层膜表面张力问题的研究. 其中, Israelachvili 等根据双层膜张力为零的观点提出了脂质自组装的理论. 1984 年, Jähnig 也基于上述观点解决了双层膜中脂质分子相互交换的问题[6]. 目前有两种方式解释双层膜的表面张力为零:

方式一　对于细胞或囊泡的双层膜, 可将整个系统分为以下三相: (a) 外侧溶液, (b) 脂双分子层, (c) 内侧溶液; 以及两个界面, 即磷脂双分子层的两个表面. 假定磷脂双分子层内部, 即两个疏水尾端之间没有压力差, 此时 ab 和 bc 两相均满足 Young-Laplace 方程:

$$\begin{cases} P_{\mathrm{a}} - P_{\mathrm{b}} = \dfrac{2\gamma_{\mathrm{ab}}}{R_{\mathrm{o}}} \\ P_{\mathrm{b}} - P_{\mathrm{c}} = \dfrac{2\gamma_{\mathrm{bc}}}{R_{\mathrm{i}}} \end{cases} \tag{21-1}$$

式中, P_{a} 是外侧溶液压力, P_{b} 是磷脂双分子层内部压力, P_{c} 是内侧溶液压力, γ_{ab} 是外侧磷脂分子层膜张力 (ab 相之间), R_{o} 是外侧磷脂双分子层的曲率半径, γ_{bc} 是内侧磷脂分子层膜张力 (bc 相之间), R_{i} 是内侧磷脂双分子层的曲率半径.

通常, 细胞膜和磷脂囊泡是可渗透水的, 此时内部液体的压力和外侧液体的压

力应相同, 即 $P_{\rm a}=P_{\rm c}$. 这样, 由公式 (21-1) 得出:

$$\frac{\gamma_{\rm ab}}{R_{\rm o}}=-\frac{\gamma_{\rm bc}}{R_{\rm i}} \tag{21-2}$$

平衡状态下, 一般不存在负表面张力的材料, 这意味着磷脂双分子层的膜张力只能为零: $\gamma_{\rm ab}=\gamma_{\rm bc}=0$.

方式二　双层膜的表面张力为零的情况, 还可以通过考察位于水中的磷脂双分子层自由能分析得到.

在一定密度下, 膜的表面张力为有限值, 由于脂质烃链与水分子的疏水作用, 烃链之间相互吸引, 膜的自由能将随面积的减少而降低. 由于膜分散在水中, 可以自由的压缩和膨胀, 因此这种降低是可能的. 但因为头部亲水基团的存在以及亲水作用导致的基团间排斥, 双层膜不会无限的收缩. 最终, 疏水作用导致的吸引和亲水作用导致的排斥之间达到平衡, 此时双层膜的自由能 (相对于膜面积) 取最小值, 由此自由能关于面积的导数等于零, 即膜的表面张力消失为零.

最后, 对于单层膜, 由于疏水的烃链会与空气接触, 即使脂质/水界面处的表面张力消失为零, 烃链/空气界面依然存在正的表面张力, 而并不为零[7].

1970 年, Canham 为了解释上述生物膜的闪烁现象, 认为红细胞膜的行为由其曲率能 (curvature energy) 来确定, 他建议了如下膜的曲率弹性能量[8]:

$$E_c=\frac{k}{2}\int\left(\frac{1}{R_1^2}+\frac{1}{R_2^2}\right)\mathrm{d}A \tag{21-3}$$

式中, k 为生物膜的弯曲刚度, R_1 和 R_2 为生物膜表面的两个主曲率半径 (如图 21.1 所示), $\mathrm{d}A$ 则为面积微元. 由上式所给出的曲率弹性能量所确定的平衡态膜泡的双凹 (biconcave) 形状, 正像如图 21.2 所示的红血球的双凹形, 支持了 Canham 模型. Canham 于 1970 年的上述工作具有原创性, 在学术界被广泛引用.

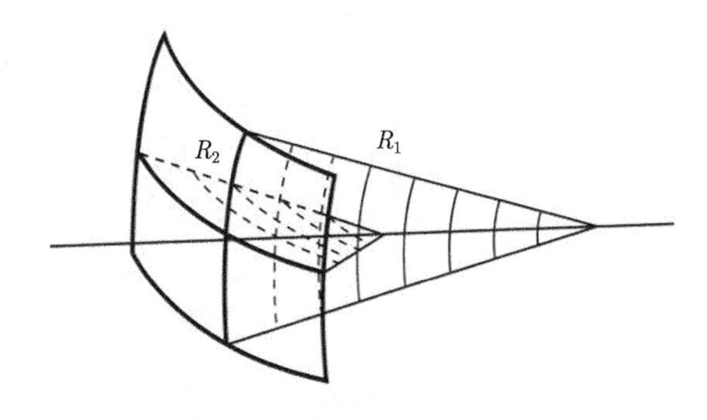

图 21.1　曲面的两个主曲率

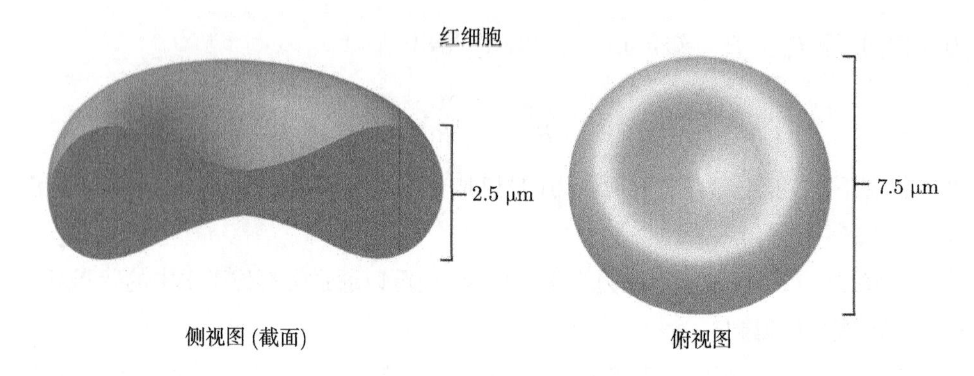

图 21.2　红细胞的双凹形

Wolfgang Helfrich
(1932~　)

Wolfgang Helfrich 于 1973 年采用和液晶曲率弹性理论相类比的方法, 针对生物膜泡发生弯曲变形创立了自发曲率理论模型[9]. Helfrich 的模型取得成功的出发点是抓住了生物膜泡处于液晶态这个关键点. 生物膜泡发生弯曲变形的液晶模型, 是经过恰当的粗粒化简化后, 连续介质力学理论的典型成功应用范例之一[9-12].

其次让我们来看细胞膜基本模型的特点. 由图 21.3 给出的流体镶嵌模型 (fluid mosaic model)[13] 所示, Helfrich 注意到细胞膜是由磷脂这样的两亲性脂质分子组成的双层膜, 磷脂分子的一端是亲水极性基团, 而另一端则是疏水、亲油的两条烃链. 在水和油的界面, 两亲分子的亲水头浮向水的一面, 而疏水链则排列在接触油的一面, 会自组装成两亲分子的单层膜, 其厚度约为一个分子的长度, 即 4 nm 左右. 当只有水溶液时, 由于疏水链拒绝与水接触, 两片单层膜的疏水面只好自相合并而构成两亲分子的双层膜. 在一定的溶剂浓度下, 双层膜会自动弯曲并闭合成膜泡.

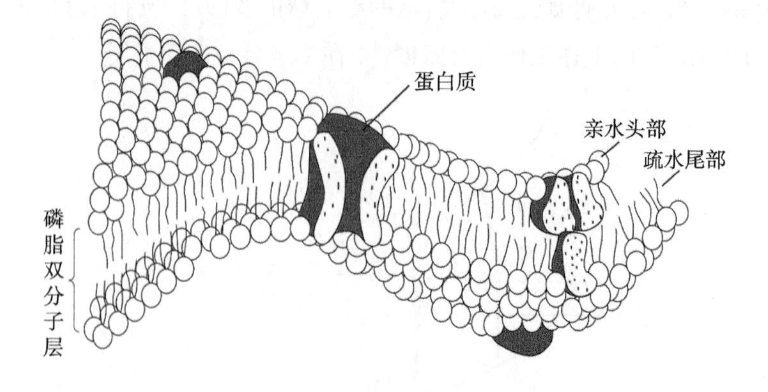

图 21.3　生物膜的流体镶嵌模型

有了如上生物膜基本模型的主要特点, Helfrich 大刀阔斧地进行了粗粒化的近似. 由于双层膜中的烃链具有一定的排列有序性, 在正常生理条件的温度范围内, 其从优取向与膜的法向一致, 也就是垂直于双层膜的表面. 如果把磷脂分子的烃链看成液晶的指向矢, Helfrich 认识到, 这就像一个厚度为两个类脂分子长度的垂直排列的丝状液晶盒. 由于生物膜泡的横向尺度约为 8 μm, 而其厚度在 10 nm 以下, 两者之比约为千倍, 这是应用粗粒化方法的极好的实例.

21.2　生物膜泡弯曲变形的 Helfrich 自发曲率模型和详细推导过程

21.2.1　Helfrich 自发曲率模型和弯曲刚度的数量级

Helfrich 将双层膜粗粒化近似为没有厚度的连续曲面, 根据第 20 章中已给出的单轴液晶的 Frank 自由能密度表达式, 并以膜的单位法线作为液晶指向矢, 给出了单位面积膜曲率弹性自由能的如下被称为 “自发曲率模型” 的等价表达式:

$$\begin{aligned} g &= \frac{k}{2}(2H - c_0)^2 + \bar{k}K \\ &= \frac{1}{2}k(\kappa_1 + \kappa_2 - c_0)^2 + \bar{k}\kappa_1\kappa_2 \\ &= \frac{1}{2}k\left(\frac{1}{R_1} + \frac{1}{R_2} - c_0\right)^2 + \frac{\bar{k}}{R_1 R_2} \end{aligned} \tag{21-4}$$

式中, $\kappa_1 = 1/R_1$ 和 $\kappa_2 = 1/R_2$ 是膜泡曲面的两个主曲率, R_1 和 R_2 则为两个主曲率半径, $H = (\kappa_1 + \kappa_2)/2$ 为平均曲率, 而 $K = \kappa_1\kappa_2$ 则为高斯曲率, 常数 c_0 则为考虑分子的不对称性或膜两侧环境的不对称而导入的所谓 “自发曲率 (spontaneous curvature)”, k 为弯曲或曲率模量 (bending or curvature rigidity), 有文献也将 k 称为平均曲率模量, 而 $\bar{k}$ 则为鞍形展曲模量 (saddle-splay modulus), 也有文献将 $\bar{k}$ 称为高斯曲率模量.

式 (21-4) 中的两个模量 k 和 $\bar{k}$ 均具有能量的量纲, 在数量级上, 它们都是在液晶弹性常数和膜厚度乘积, 也就是具有 10^{-19} J 的数量级. 有文献将平均曲率模量估算为: $k \approx 30k_{\rm B}T$. 可作如下估算: 在室温 $T = 300$ K 时, $k_{\rm B}T|_{300\ \rm K} \approx 4.1\ \rm pN{\cdot}nm = 4.1 \times 10^{-21}$ J, 则: $k|_{300\ \rm K} \approx 30 \times 4.1 \times 10^{-21}\ {\rm J} \sim 10^{-19}$ J.

在溶液中闭合的双层膜泡的自由能与平衡形状的自由能的变分还存在如下两个约束条件: (1) 由于双层膜中分子的交换可忽略不计, 因而在有限温度下, 膜双层的总面积保持不变; (2) 由于通过膜进行水交换, 膜两侧的渗透压将发生变化. 由于这两个约束条件, 闭合膜泡的能量可表示为

$$F=\int g\mathrm{d}A+\Delta p\int \mathrm{d}V+\gamma\oint \mathrm{d}A \tag{21-5}$$

式中, $\Delta p=p_2-p_1$ 为膜两侧渗透压的差值, γ 是膜泡的表面张力.

作为对上述弯曲情形时的 Helfrich 自发曲率弹性模量的参照, 生物膜的面内拉伸模型称为拉伸弹性 (stretching elasticity) 模型. 单位面积的拉伸能量为

$$g_{\text{stretching}}=\frac{1}{2}k_s\left(\frac{S-S_0}{S_0}\right)^2 \tag{21-6}$$

式中, S_0 和 S 分别为拉伸前和拉伸后的面积, 拉伸刚度 k_s 为单位长度的力, 也就是具有表面张力的量纲, 对于室温时的 DOPC 膜, 拉伸刚度的典型值为 $k_s=0.2\ \mathrm{J/m^2}\approx 400k_{\mathrm{B}}T/\mathrm{nm}^2$.

21.2.2 Helfrich 自发曲率模型的推导过程

在所研究的生物膜表面建立局部的三维笛卡儿坐标系, 让 z 轴在膜表面各处均平行于膜局部的单位法线 $\boldsymbol{n}=(n_x,n_y,n_z)$ 或 $\boldsymbol{n}=\left(n_x,n_y,\sqrt{1-n_x^2-n_y^2}\right)$. 膜表面各点的主曲率则由下列行列式的特征值给出:

$$\bar{K}=\begin{pmatrix}\dfrac{\partial n_x}{\partial x} & \dfrac{\partial n_x}{\partial y}\\ \dfrac{\partial n_y}{\partial x} & \dfrac{\partial n_y}{\partial y}\end{pmatrix} \tag{21-7}$$

如果流体膜表面坐标系沿轴的相应微分对应于膜表面最大或最小曲率的话, 则交叉项消失, 此时两个主曲率可表示为

$$c_x=\frac{\partial n_x}{\partial x},\quad c_y=\frac{\partial n_y}{\partial y} \tag{21-8}$$

由于流体膜具有转动对称性 (rotational symmetry), $\boldsymbol{n}(x,y)$ 的微分中只有和 x 轴以及 y 轴方向无关的量才可能在曲率弹性能量表达式中出现, 这三项分别是

$$\frac{\partial n_x}{\partial x}+\frac{\partial n_y}{\partial y} \tag{21-9}$$

$$\left(\frac{\partial n_x}{\partial x}+\frac{\partial n_y}{\partial y}\right)^2 \tag{21-10}$$

$$\frac{\partial n_x}{\partial x}\frac{\partial n_y}{\partial y}-\frac{\partial n_x}{\partial y}\frac{\partial n_y}{\partial x} \tag{21-11}$$

其中, (21-9) 式对应于展曲形变 (splay deformation), (21-10) 式对应于由 (21-3) 式给出的 Canham 弯曲能的表达式, (21-11) 式则对应于鞍形展曲形变 (saddle splay deformation). 从而, 曲率弹性能密度为

$$
\begin{aligned}
g &= \frac{k}{2}\left(\frac{\partial n_x}{\partial x}+\frac{\partial n_y}{\partial y}-c_0\right)^2+\bar{k}\left(\frac{\partial n_x}{\partial x}\frac{\partial n_y}{\partial y}-\frac{\partial n_x}{\partial y}\frac{\partial n_y}{\partial x}\right) \\
&= \frac{k}{2}(\mathrm{tr}\bar{K}-c_0)^2+\bar{k}\det\bar{K} \qquad (21\text{-}12)
\end{aligned}
$$

(21-12) 式和 (21-4) 式等价, 就是 Helfrich 自发曲率弹性能密度的表达式. 其中, 代表流体膜展曲形变的 (21-9) 式已经通过考虑膜的自发曲率 c_0 的差别 $(\mathrm{tr}\bar{K}-c_0)$ 通过 (21-12) 式中右端的第一项给出, 右端的第二项中的高斯曲率 $K=\det\bar{K}$ 对拓扑变化比较敏感.

21.2.3　轴对称膜泡的形状方程和解答

1976 年, Deuling 和 Helfrich[14,15] 从 (21-5) 式的轴对称形式导出的膜泡的形状方程为

$$
\begin{aligned}
&\frac{\mathrm{d}^2\psi}{\mathrm{d}\rho^2}-\frac{\sin\psi}{2\cos\psi}\left(\frac{\mathrm{d}\psi}{\mathrm{d}\rho}\right)^2+\frac{1}{\rho}\frac{\mathrm{d}\psi}{\mathrm{d}\rho}-\frac{\sin\psi}{\cos\psi\rho^2}-\frac{\Delta p\rho}{2k\cos^2\psi} \\
&-\frac{\gamma\sin\psi}{k\cos^3\psi}-\frac{\sin\psi}{2\cos^3\psi}\left(\frac{\sin\psi}{\rho}-c_0\right)^2=0 \qquad (21\text{-}13)
\end{aligned}
$$

式中, 几何变量 ψ 和 ρ 的意义如图 21.4 所示.

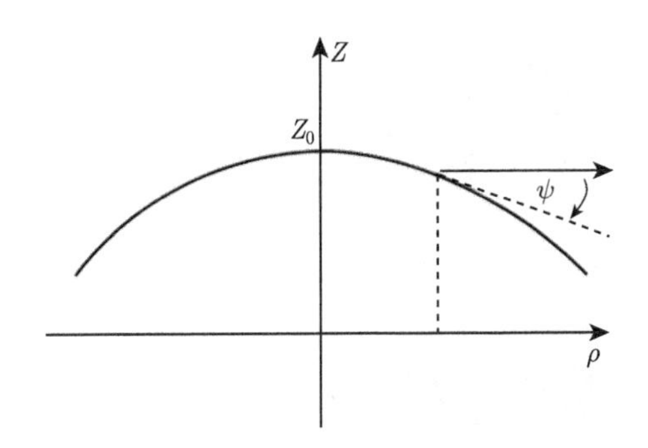

图 21.4　几何变量 ψ 和 ρ 示意图

(21-13) 式的数值解可通过改变标志周围环境特征的参数 c_0 来求得, 所求得的红血球形状与临床观察的结果基本吻合, 如图 21.5 所示[16]. 其中, 图 21.5(c) 从下至上依次给出了正常双凹碟状和处于各种不同生理条件下的碗状、杯状和胃状细胞.

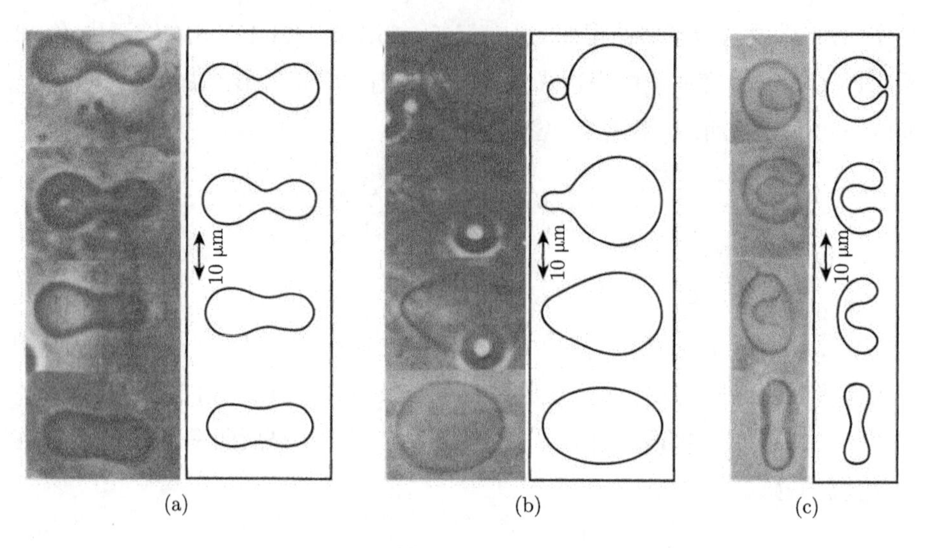

图 21.5 (a) 对称–非对称形状的相互转变: 实验中各形状的测定温度分别为 30.7°C, 32.6°C, 40.0°C 和 44.3°C; (b) 小囊泡中的出芽过程: 实验中各形状的测定温度分别为 31.4°C, 35.5°C, 35.6°C 和 35.8°C, 图中圆盘状的物体是进入到观测室的空气气泡; (c) 盘状细胞–口形细胞转变: 实验中各形状的测定温度分别为 43.8°C, 43.9°C, 44.0°C 和 44.1°C.

思 考 题

21.1 到目前为止, 能找到生物膜形状方程的解析解仅有如图 21.6 所示的三种形式[12]. 问题: 是否还存在其他代表闭合曲面的解析解存在?

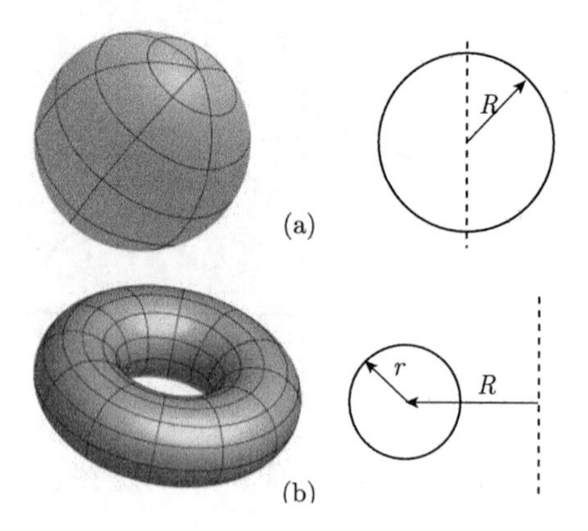

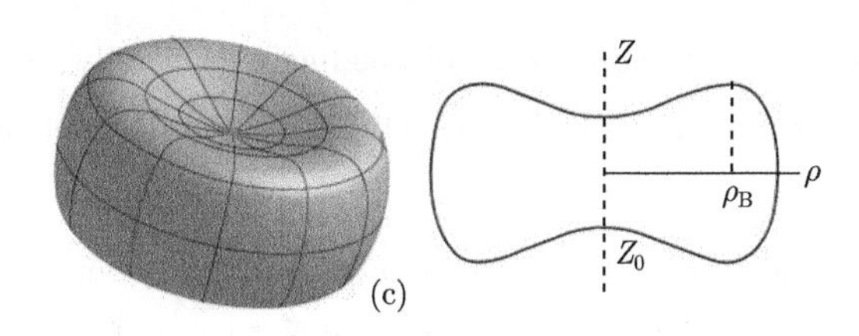

图 21.6　(a) 球形生物膜; (b) 环面生物膜; (c) 双凹碟面生物膜

21.2　结合图 21.3, 解释生物膜的如下主要特征:

(1) 膜的形状主要由磷脂双分子层决定;

(2) 磷脂分子可视为极性棒;

(3) 膜的厚度远远小于膜的面内尺度;

(4) 膜的弯曲刚度约为 $20k_BT$, 因而膜的热涨落可被忽略;

(5) 生物膜两侧存在不对称性;

(6) 生物膜存在内外压差, 即渗透压.

参考文献

[1] Browicz T. Weitere beobachtungen uber bewegungsphanomene an roten blutkorperchen in pathologischen zustanden (Further observation of motion phenomena on red blood cells in pathological states). Zbl Med Wissen, 1890, 28: 625–627.

[2] De Gennes P G, Papoular M. In: Polarisation, Matière et Rayonnement: Volume Jubilaire en l'Honneur d'Alfred Kastler. Paris: Presses Universitaires de France, p. 243, 1969.

[3] Brochard F, de Gennes P G, Pfeuty P. Surface tension and deformations of membrane structures: relation to two-dimensional phase transitions. Journal de Physique, 1976, 37: 1099–1104.

[4] Tanford C. Hydrostatic pressure in small phospholipid vesicles. Proceedings of the National Academy of Sciences of USA, 1979, 76: 3318–3319.

[5] Israelachvili J N, Mitchell D J, Ninham B W. Theory of self-assembly of lipid bilayers and vesicles. Biochimica et Biophysica Acta, 1977, 470: 185–201.

[6] Jähnig F. Lipid exchange between membranes. Biophysical Journal, 1984, 46: 687–694.

[7] Jähnig F. What is the surface tension of a lipid bilayer membrane? Biophysical Journal, 1996, 71: 1348–1349.

[8] Canham P B. The minimum energy of bending as a possible explanation of the biconcave shape of the human red blood cell. Journal of Theoretical Biology, 1970, 26: 61–81.

[9] Helfrich W. Elastic properties of lipid bilayers: theory and possible experiments. Zeitschrift für Naturforschung, Teil C: Biochemie, Biophysik, Biologie, Virologie, 1973, 28: 693–703.

[10] Safran S A. Statistical Thermodynamics of Surfaces, Interfaces, and Membranes. Reading: Addison-Wesley, 1994.

[11] 谢毓章, 刘寄星, 欧阳钟灿. 生物膜泡曲面弹性理论. 上海: 上海科学技术出版社, 2003.

[12] Tu Z C, Ou-Yang Z C. Recent theoretical advances in elasticity of membranes following Helfrich's spontaneous curvature model. Advances in Colloid and Interface Science, 2014, 208: 66–75.

[13] Singer S J, Nicolson G L. The fluid mosaic model of the structure of cell membranes. Science, 1972, 175: 720–731.

[14] Deuling H J, Helfrich W. Red blood cell shapes as explained on the basis of curvature elasticity. Biophysical Journal, 1976, 16: 861–868.

[15] Deuling H J, Helfrich W. The curvature elasticity of fluid membranes: A catalogue of vesicle shapes. Journal de Physique (Paris), 1976, 37: 1335–1345.

[16] Berndl K, Käs J, Lipowsky R, Sackmann E, Seifert U. Shape transformations of giant vesicles: Extreme sensitivity to bilayer asymmetry. EPL, 1990, 13: 659–664.

第六篇 非协调连续统
——位错、弹塑性
大变形与脆性断裂

Crystals are like people — it is the defects in them that make them interesting.

晶体和人类似, 是他 (它) 们中的缺陷使得他 (它) 们有趣.

——Frederick Charles Frank (1911~1998, FRS)

Frederick Charles Frank

(1911~1998)

篇 首 语

5.9 节已经讨论过小变形的协调理论. 而要研究位错、孔洞、裂纹等缺陷体, 就必须要引入非协调 (incompatibility) 连续统理论, 简而言之, 该理论是指不满足协调方程的连续统的理论. 由 5.9 节内容知, 经典理论要求满足协调方程, 但在有位错或内应力存在的物体中协调方程不再满足. 对连续位错理论必须引入非协调的概念. 这种非协调理论宜用微分几何方法来描述. 一般说来, 存在位错的空间是有挠率的 Cartan 空间. 挠率可以描述位错的密度. 最近又开展了连续旋错理论的研究. 把非协调理论和有向介质理论统一起来是一个研究课题, 但还未得到完整的结果. 有向介质理论是 Pierre Duhem (1861~1916) 于 1893 年提出的[1], 其理论框架则于 1907 年由 Eugène Cosserat (1866~1931)、François Cosserat (1852~1914) 兄弟建立[2], 被学术界统称为 "Cosserat 连续统".

Vito Volterra
(1860~1940)

1901 年, Weingarten 发表了关于任意闭回路上位移和转动的跳跃为衡量的著名定理[3]. 1907 年, Vito Volterra (1860~1940) 又提出了两大类基本畸变 (distortion) 形式[4]. 这两事件为以后的位错理论, 或更一般的缺陷理论奠定了基础. 如图 VI.1

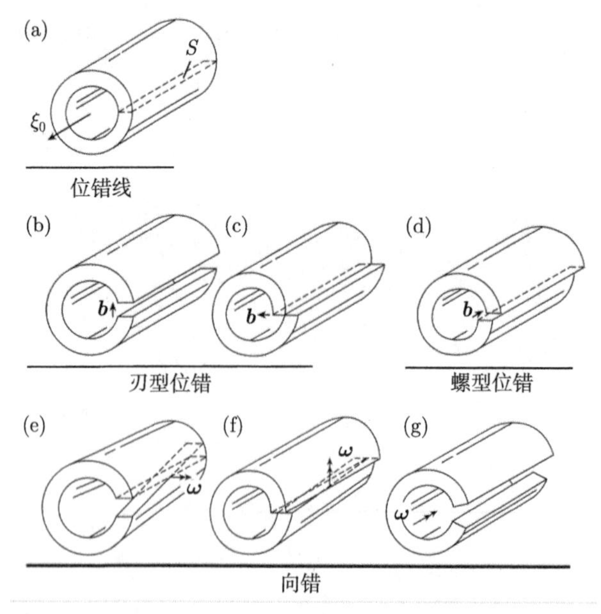

图 VI.1 Volterra 提出的两类畸变、六种类型的线缺陷

(a) 原完整的未切割圆筒; (b) 和 (c) 为刃型位错; (d) 为螺型位错; (e)~(g) 为向错

所示, Volterra 两类畸变可作如下直观解释, 将一个圆筒沿其母线切开, 如果将第一个切面对另一个切面进行相对平移, 我们就有 Volterra 第一类畸变, 或叫位错 (dislocation); 如果是相对转动, 那就有第二类畸变, 就叫向错 (disclination).

内应力问题也不能完全在经典理论范围内解决. 经典理论的一个重要标志就是变形的协调性, 即每个物体点变形后在空间都有一个唯一确定的位置. 如果对物体的假想微元施加任意变形, 一般而言, 若不在另加变形, 我们不能将这些变形的微元重新拼合为一个变了形的物体整体, 我们说, 这种变形是非协调的.

只有满足协调条件, 换言之, 如果变形是协调的, 变形后微元才能无缝地拼合起来.

我们也可以类似地想象内应力问题, 如果将一个有内应力的物体分割成微元, 这些微元就被释放为无应力状态. 这些解放后的微元一般也不能无缝地拼合成一个处于自然状态 (即各点应力为零) 的物体.

本书著者在另一部专著[5] 的第 3 章开篇中已阐明, 苏联物理学家 Frenkel 于 1926 年用粗略数量级估计对理想晶体极限剪应力的理论估算值[6] 和实测值相差几个数量级, 启发了学术界寻找问题解决的途径. 1934 年, 三位科学家 Taylor[7,8]、Orowan[9] 和 Polanyi[10] 分别独立地提出了位错的概念. 其中, Taylor 不但提出了有关位错的组态, 还说明了其与滑移和硬化过程的联系, 从而奠定了位错的理论基础, 但是科学界还是将信将疑. 到 1949 年, F. C. Frank 提出了螺型位错催化晶体生长理论, 得到生长晶体表面的蜷线台阶图样的证实, 才使位错得到比较直接的实验证据. 再到 1956 年, 剑桥大学 Cavendish 实验室的 Peter B. Hirsch 等在电子显微镜薄膜透射观测中直接看到了位错[11], 并拍摄了电影, 才使反对者偃旗息鼓. Nevill Francis Mott (1905~1996, 1977 年诺贝尔物理奖得主) 曾回忆起 Hirsch 如何欣喜若狂地 "闯入" 他的办公室, 请他来看一个运动的位错. Taylor 也以一个相当不同的方式得意地欣赏他于 1934 年的假设是如何完美地被后人的实验观测所证实的.

位错的毛毛虫类比 (caterpillar analogy) 和滑移机制如图 VI.2 所示.

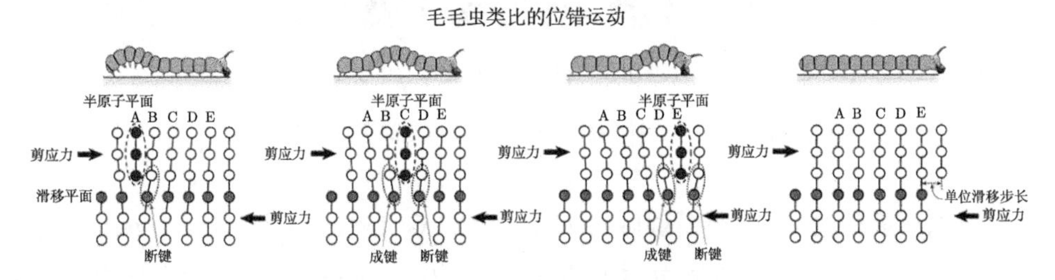

图 VI.2 位错的毛毛虫类比和滑移机制

表 VI.1 中给出了涉及位错的一些里程碑式的研究进展.

表 VI.1　位错研究早期的一些里程碑式的成就

年代	科学家	里程碑式的成就
1926	Frenkel	理想晶体极限剪应力的理论估算值
1934	Taylor, Polanyi, Orowan	晶体位错概念的提出
1938	Frenkel 和 Kontorova	位错运动极限速度的一维点阵模型
1939	J. M. Burgers	刃型和螺型位错
1940	J. M. Burgers	Burgers 矢量
1940	Orowan	Orowan 塑性应变率公式: $\dot{\gamma} = b\rho_m V$
1940	Peierls	Peierls (1940)-Nabarro (1947) 应力
1947	Shockley	偏位错和位错反应
1949	Frank, Eshelby	刃型和螺型位错极限速度的三维线弹性理论模型
1949	Shockley 和 Read	小角晶界的位错模型
1950	Peach 和 Koehler	作用在位错上的 Peach-Koehler 力公式的提出
1950	Frank 和 Read	位错增殖的 Frank-Read 源
1956	Burgers 兄弟	偏位错和堆垛层错之间的关系
1956	Hirsch, Horne 和 Whelan	位错的透射电子显微镜 (TEM) 观测

注: b: Burgers 矢量; ρ_m: 平均可动位错密度; V: 位错速度.

位错研究的几位先驱者的照片如图 VI.3 所示.

1907 年

V. Volterra (1860~1940)

1934 年

G. I. Taylor (1886~1975)

M. Polanyi (1891~1976)

E. Orowan (1902~1989)

1956 年

P. B. Hirsch (1925~　)

图 VI.3　在位错研究中做出里程碑式工作的五位学者

特别有趣的是, 在位错模型做出重要贡献的 G. I. Taylor, J. M. Burgers 等都是流体力学家, 事实上, 在流体力学中的涡丝 (vortex filament) 和弹性力学中的位错线具有很强的类比性[12]. 将在 22.3 节中介绍的 Frenkel-Kontorova 位错动力学模型就是在 Sine-Gordon 方程的孤立子解的基础上建立起来的. 由此看来, 晶体的缺陷理论不但以弹性力学为基础, 而且也和流体力学理论具有相同的根源. 二者是否可以用连续介质力学统一的观点予以研究便是一个十分有趣的问题.

Geoffrey Ingram Taylor 作为力学大师曾分别于 1937、1945、1953、1955、1956、1957、1958、1959、1961、1963 共计 11 年次被 20 位科学家提名诺贝尔物理学奖, 但终未获奖. 未获奖的原因可参阅本书第 533 页思考题 C.6 中的论述.

目前, 应用分子动力学模拟位错的发生、运动以及对材料性质的影响已经成为一种基本手段. 如何在分子动力学模拟中来识别位错是一个很有兴趣的问题, 可参阅文献[13].

本篇共有三章组成: 第 22 章主要讨论位错连续统以及位错动力学; 第 23 章主要讨论弹塑性有限变形理论; 第 24 章则主要讨论脆性断裂的连续介质理论.

参考文献

[1] Duhem P. Le potentiel thermodynamique et la pression hydrostatique. Annales Scientifiques de l'École Normale Supérieure. 1893, 10: 183–230.

[2] Cosserat E, Cosserat F. Sur la statique de la ligne deformable. Comptes Rendus de l'Académie des Sciences, 1907, 145: 1409–1412.

[3] Weingarten G. Sulle superfici di discontinuità nella teoria della elasticità dei corpi solidi. Rend. R. Acad. dei Lincei., 1901, 10: 57–60.

[4] Volterra V. Sur l'équilibre des corps élastiques multiplement connexes. Annales scientifiques de l'Ecole Normale superieure. Société mathématique de France, 1907, 24: 401–517.

[5] 赵亚溥. 纳米与介观力学. 北京: 科学出版社, 2014.

[6] Frenkel J. Zur theorie der elastizitätsgrenze und der festigkeit kristallinischer körper. Zeitschrift für Physik, 1926, 37: 572–609.

[7] Taylor G I. The mechanism of plastic deformation of crystals. Part I. Theoretical. Proceedings of the Royal Society of London A, 1934, 145: 362–387.

[8] Taylor G I. The mechanism of plastic deformation of crystals. Part II. Comparison with observations. Proceedings of the Royal Society of London A, 1934, 145: 388–404.

[9] Orowan E. Zur Kristallplastizität III. Zeitschrift für Physik , 1934, 89: 634–659.

[10] Polanyi M. Über eine Art Gitterstörung, die einen Kristall plastisch machen könnte. Zeitschrift für Physik, 1934, 89: 660–664.

[11] Hirsch P B, Horne R W, Whelan M J. Direct observations of the arrangement and motion of dislocations in aluminium. Philosophical Magazine, 1956, 1: 677–684.

[12] Zhao Y P. Explaining the analogy between dislocation line in crystal and vortex filament in fluid. Mechanics Research Communications, 1998, 25: 487–492.

[13] Li D, Wang F C, Yang Z Y, Zhao Y P. How to identify dislocations in molecular dynamics simulations? Science China-Physics, Mechanics & Astronomy, 2014, 57: 2177–2187.

第 22 章　位错连续统理论和位错动力学

22.1　非协调张量、位错密度张量和 Nye 张量的引入

对于不含缺陷的单连通域, 在 5.9 节已讨论过的变形协调条件的积分形式可通过位移矢量 $\boldsymbol{u}$ 的任意围道积分表示为

$$\oint_C \mathrm{d}\boldsymbol{u} = \boldsymbol{0} \tag{22-1}$$

对于并不是所有闭回路都可以收缩为一点的多连通域 (multiply connected region), 正如篇首语中所提到的, Weingarten 于 1901 年发表了关于任意闭回路上位移和转动的跳跃为恒量的著名定理, 对于多连通体内的等价闭回路 C, 下述积分为常量:

$$\begin{cases} \oint_C \boldsymbol{\Xi}\mathrm{d}\boldsymbol{x}' = [\boldsymbol{\omega}] \\ \oint_C [\boldsymbol{\varepsilon} + (\boldsymbol{x}' - \boldsymbol{x}^0) \times \boldsymbol{\Xi}]\mathrm{d}\boldsymbol{x}' = [\boldsymbol{u}] \end{cases} \tag{22-2}$$

两式中右端的方括号表示某变量经过任意闭回路积分后的跳跃值或间断值.

如果物体内部存在位错, (22-1) 式将修改为如下关系式:

$$\oint_C \mathrm{d}u_i = b_i \tag{22-3}$$

式中, b_i 为 Burgers 矢量[1] $\boldsymbol{b}$ 的分量, C 为 Burgers 回路, 如图 22.1 所示.

值得注意的是, 荷兰裔的 Burgers 兄弟均是著名学者. 兄长 Johannes Martinus Burgers (1895~1981) 是世界著名的流体力学家, IUTAM 的发起人之一, 以 Burgers 方程等著称; 弟弟 Wilhelm Gerard Burgers (1897~1988) 为晶体学家, 他曾于 1980 年专门著文[2] 说明是其兄长而非他这个专门从事晶体学研究的提出了 Burgers 矢量, 他只是 Burgers 矢量的 "叔叔 (uncle)".

Johannes Martinus Burgers (1895~1981)

由 (5-84) 式所引入的畸变张量 $\boldsymbol{\beta}$, 有: $\mathrm{d}u_j = \beta_{ij}\mathrm{d}x_i$, 则:

$$\oint_C \mathrm{d}\boldsymbol{u} = \oint_C \beta_{ij}\boldsymbol{e}_j\mathrm{d}x_i = \oint_C \boldsymbol{t}\boldsymbol{\beta}\mathrm{d}s \tag{22-4}$$

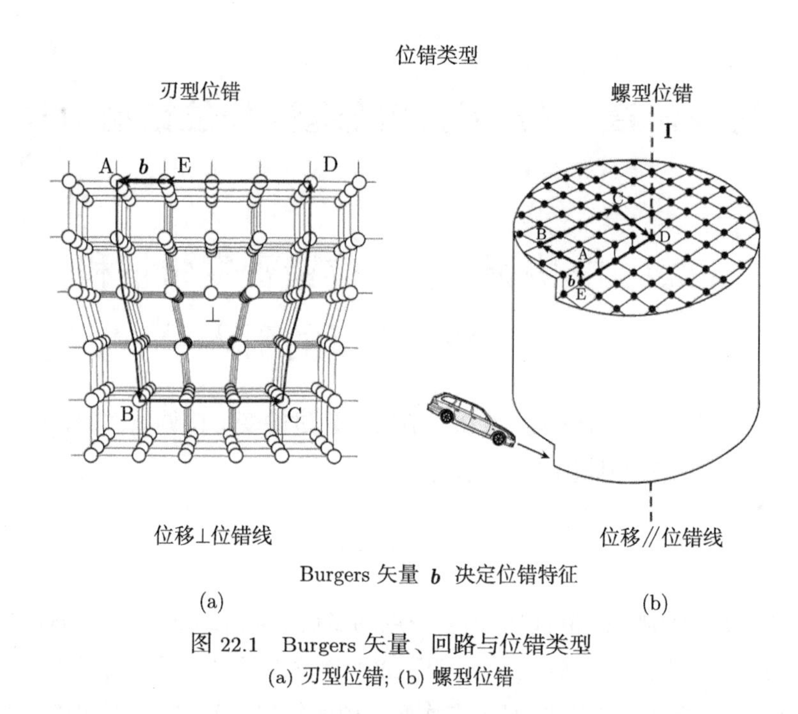

图 22.1　Burgers 矢量、回路与位错类型

(a) 刃型位错; (b) 螺型位错

式中, $\boldsymbol{t}$ 为曲线 C 的单位切线矢量, 按照前面的约定 $\boldsymbol{t\beta}$ 表示单位切线矢量和畸变张量间的点积, 而 $\mathrm{d}s$ 则为弧长微元. 利用 Stokes 定理, (22-4) 式变为

$$\oint_C \mathrm{d}\boldsymbol{u} = \int_S \boldsymbol{n}\mathrm{curl}\boldsymbol{\beta}\mathrm{d}S, \tag{22-5}$$

式中, $\boldsymbol{n}$ 为曲面 S 的单位外法线矢量, $\mathrm{d}S$ 为面积微元. 引入位错密度张量 (dislocation density tensor):

$$\boldsymbol{\alpha} = \mathrm{curl}\boldsymbol{\beta} = \boldsymbol{\nabla} \times \boldsymbol{\beta} \tag{22-6}$$

则 (22-3) 式可用位错密度张量 $\boldsymbol{\alpha}$ 表示为

$$\oint_C \mathrm{d}\boldsymbol{u} = \boldsymbol{b} = \int_S \boldsymbol{n\alpha}\mathrm{d}S \tag{22-7}$$

由公式 (22-6) 可立即推得如下位错的连续性方程 (continuity equation):

$$\mathrm{div}\,\boldsymbol{\alpha} = \mathrm{div}\,\mathrm{curl}\boldsymbol{\beta} = 0 \tag{22-8}$$

(22-8) 式的物理含义是, 位错是无源的, 即位错不能起始或终结于物体的内部, 也就是说, 位错或终止于物体的表面, 或在物体内形成闭合回路.

在位错密度张量 $\boldsymbol{\alpha}$ 的基础上, 可进一步定义常用的 Nye 张量[3]:

$$\boldsymbol{K} = \frac{1}{2}(\mathrm{tr}\boldsymbol{\alpha})\boldsymbol{I} - \boldsymbol{\alpha}^{\mathrm{T}}, \quad K_{ij} = \frac{1}{2}\alpha_{kk}\delta_{ij} - \alpha_{ji} \tag{22-9}$$

Nye 张量还经常被文献中称为曲率张量 (curvature tensor).

(22-6) 式中的位错密度张量还可表示为如下分量形式:

$$\alpha_{jl} = \in_{jmn} \partial_m \beta_{nl} \tag{22-10}$$

John Frederick Nye (1923~2019)

对 (22-10) 式施以算子 $\in_{ikl} \partial_k$ 并取齐对称部分, 则得到非协调张量 (incompatibility tensor)[4]:

$$\eta_{ij} = -\frac{1}{2}(\in_{ikl} \alpha_{jl,k} + \in_{jkl} \alpha_{il,k}) = - \in_{ikl} \in_{jmn} \varepsilon_{ln,km} \tag{22-11}$$

其等价定义为

$$\boldsymbol{\eta} = \mathrm{curl}(\mathrm{curl}\boldsymbol{\varepsilon})^{\mathrm{T}} = \mathrm{inc}\boldsymbol{\varepsilon} \tag{22-12}$$

式中, inc 为非协调张量函数的简称.

22.2　位错弹性理论

考虑一个内部含有大量位错等微观缺陷的宏观弹性体, 其初始状态并不是一个无应力的状态. 但我们可设想一个步骤, 将物体分割成许多微元, 剔除掉全部缺陷, 并让其不受约束地释放成应力为零的自然状态[5]. 自然地, 这些处于自然状态的微元不能拼凑成一个无缺陷的三维欧氏空间中的物体. 由自然构形到参考构形的变形过程所产生的应力场通常称为内应力场.

在小变形的假设下, 线性叠加原理成立, 由参考构形到当前构形之间的变形过程可通过经典的弹性理论来求解, 此时可无需考虑缺陷的存在. 另外, 我们讨论的是线弹性体, 应力水平不大, 不足以开动位错等微观缺陷, 位错等缺陷在变形过程中既不运动, 也不增殖或湮没.

在位错密度张量 $\boldsymbol{\alpha}$ 给定而旋错为零时, 内应力所对应的边值问题归纳为

$$\begin{cases} \text{平衡方程:} & \sigma_{ij,j} = 0 & (\text{在 } V\text{内}) \\ \text{本构方程:} & \sigma_{ij} = \mathcal{C}_{ijkl}\varepsilon_{kl} & (\text{在 } V\text{内}) \\ \text{非协调方程:} & \eta_{ij} = - \in_{ikl}\in_{jmn} \varepsilon_{ln,km} & (\text{在 } V\text{内}) \\ \text{边界条件:} & \sigma_{ij}n_j = 0 & (\text{在 } S\text{上}) \end{cases} \tag{22-13}$$

下面给出上述内应力场的三种求解方法[6].

22.2.1 Eshelby-Eddington 方法

1956 年, Eshelby[7] 应用广义相对论中的 Eddington 方法, 可直接给出 (22-13) 式的解:

$$\boldsymbol{\varepsilon}(\boldsymbol{r})=\frac{1}{4\pi}\int_V\frac{\boldsymbol{\eta}(\boldsymbol{r}')-[\mathrm{tr}\boldsymbol{\eta}(\boldsymbol{r}')]\boldsymbol{I}}{|\boldsymbol{r}-\boldsymbol{r}'|}\mathrm{d}V' \tag{22-14}$$

式中, V 为物体所占有的体积. (22-14) 式适用于非协调张量 $\boldsymbol{\eta}(\boldsymbol{x})$ 在物体边界 S 处为零的情形. 在确定了应变场 (22-14) 式后, 即可给出体力 f_k 和面力 t_k:

$$\begin{cases}f_k=\mathcal{C}_{klmn}\varepsilon_{mn,l}\\ t_k=-\mathcal{C}_{klmn}\varepsilon_{mn}n_l\end{cases} \tag{22-15}$$

22.2.2 Mura 的 Green 函数方法

该方法是由 Toshio Mura (村外志夫, 1925~2009)[8] 给出的, 通过 Green 函数, 畸变张量的解可表示为[8,9]:

$$\beta_{mr}(\boldsymbol{r})=\int_V\mathcal{C}_{plqn}\in_{nrt}\alpha_{qt,l}(\boldsymbol{r})G_{mp}(|\boldsymbol{r}-\boldsymbol{r}'|)\mathrm{d}V' \tag{22-16}$$

22.2.3 Kröner 方法

Ekkehart Kröner (1919~2000)

该方法是由 Ekkehart Kröner (1919~2000) 利用了弹性场和电磁场之间的类比性于 1981 年给出的[10]. 为方便, 引入对称的二阶张量 $\boldsymbol{\chi}$ 作为应力函数:

$$\boldsymbol{\sigma}=\mathrm{curl}(\mathrm{curl}\boldsymbol{\chi})^{\mathrm{T}}=\mathrm{inc}\boldsymbol{\chi} \tag{22-17}$$

为了理论处理上的发表, Kröner 又巧妙地引入了辅助张量势 $\boldsymbol{\chi}'$, 应力张量函数 $\boldsymbol{\chi}$ 和辅助张量势 $\boldsymbol{\chi}'$ 之间满足如下关系:

$$\chi'_{ij}=\frac{1}{2\mu}\left(\chi_{ij}-\frac{\nu}{1+2\nu}\chi_{kk}\delta_{ij}\right) \tag{22-18}$$

(22-18) 式的逆关系为

$$\chi_{ij}=2\mu\left(\chi'_{ij}+\frac{\nu}{1-\nu}\chi'_{ij}\delta_{ij}\right) \tag{22-19}$$

辅助张量势 $\boldsymbol{\chi}'$ 满足如下关系:

$$\begin{cases}\nabla^4\boldsymbol{\chi}'=\boldsymbol{\eta}\\ \mathrm{div}\,\boldsymbol{\chi}'=0\end{cases} \tag{22-20}$$

利用无限大介质的边界条件: $\boldsymbol{\eta} \to \mathbf{0}$, 则辅助张量势 $\boldsymbol{\chi}'$ 的解为

$$\chi'_{ij}(\boldsymbol{r}) = -\frac{1}{8\pi}\int_V |\boldsymbol{r} - \boldsymbol{r}'|\eta_{ij}(\boldsymbol{r}')\mathrm{d}V' \tag{22-21}$$

再通过 (22-19) 式则可获得应力张量函数 $\boldsymbol{\chi}$, 进而则可由 (22-17) 式获得内应力. 这样, 原则上就解决了由于存在位错等缺陷而引起的内应力问题.

22.3 各向同性弹性场中匀速运动位错的极限速度——横波波速

1938 年, 苏联物理学家 Frenkel 和其学生 Kontorova 应用一维点阵模型首次论证了声速为位错运动的极限速度[11]. 1949 年, 英国物理学家 Frank[12] 和 Eshelby[13] 分别针对三维情形的刃型和螺型位错的运动进行了理论研究, 研究结果表明, 横波波速为弹性场中刃型和螺型位错运动的极限速度.

Yakov (Jacov) Il′ich Frenkel (1894~1952)

考虑一无限大各向同性线弹性体中匀速运动的螺型直位错. 各向同性线弹性体的广义 Hooke 定律为

$$\boldsymbol{\sigma} = \lambda(\mathrm{tr}\boldsymbol{\varepsilon})\boldsymbol{I} + 2\mu\boldsymbol{\varepsilon} \tag{22-22}$$

式中, λ 和 μ 为 Lamé 常数, 所讨论的问题限定为小应变情形, 此时 Cauchy 应变和位移之间满足: $\boldsymbol{\varepsilon} = \frac{1}{2}(\boldsymbol{u} \otimes \boldsymbol{\nabla} + \boldsymbol{\nabla} \otimes \boldsymbol{u})$, 在不考虑体力时的运动方程为

$$\mu\nabla^2\boldsymbol{u} + (\lambda + \mu)\boldsymbol{\nabla}(\boldsymbol{\nabla} \cdot \boldsymbol{u}) = \rho\frac{\partial^2\boldsymbol{u}}{\partial t^2} \tag{22-23}$$

式中, ρ 为材料密度. 选取笛卡儿直角坐标系 (x, y, z) 使 z 轴沿位错线的方向. 位错速度矢量 $\boldsymbol{v}$ 沿 x 轴, 位移矢量为 $\boldsymbol{u} = (0, 0, u_z)$, 其中, $u_z = u_z(x, y, t)$. 这样, 式 (22-23) 的前两个方程自然满足, 而第三个方程退化为

$$\frac{\partial^2 u_z}{\partial x^2} + \frac{\partial^2 u_z}{\partial y^2} - \frac{1}{c_t^2}\frac{\partial^2 u_z}{\partial t^2} = 0 \tag{22-24}$$

式中,

$$c_t = \sqrt{\frac{\mu}{\rho}} = \sqrt{\frac{E}{2\rho(1+\nu)}} \tag{22-25}$$

为弹性横波波速. 双曲型方程 (22-24) 式和电磁波传播方程类似, 其解可用洛伦兹变换 (Lorentz transformation) 求出, 做如下变量替换:

$$\begin{cases} x' = \dfrac{x - vt}{\sqrt{1 - (v/c_t)^2}}, \quad y' = y, \quad z' = z \\ t' = \dfrac{t - vx/c_t^2}{\sqrt{1 - (v/c_t)^2}} \end{cases} \tag{22-26}$$

将 (22-26) 式代入 (22-24) 式得到

$$\frac{\partial^2 u_z}{\partial x'^2}+\frac{\partial^2 u_z}{\partial y'^2}=0 \tag{22-27}$$

(22-27) 式和静态位错所满足的方程相似. 通过套用静态位错的解, 可得到以速度 v 作等速运动位错的位移场为

$$u_z=-\frac{b\theta'}{2\pi},\quad -\pi\leqslant\theta'\leqslant\pi \tag{22-28}$$

式中, b 为 Burgers 矢量, 而 θ' 为

$$\theta'=\begin{cases}\arctan\dfrac{x-vt}{y\sqrt{1-(v/c_t)^2}}, & \text{当 } y>0\\ 0, & \text{当 } y=0 \text{ 且 } x>vt\\ \arctan\dfrac{x-vt}{y\sqrt{1-(v/c_t)^2}}-\pi, & \text{当 } y<0\end{cases} \tag{22-29}$$

由 (22-28) 式获得应变分量后代入 (22-22) 式, 可获得不为零的应力分量为

$$\begin{cases}\sigma_{xz}=\dfrac{\mu b}{2\pi}\dfrac{y\sqrt{1-(v/c_t)^2}}{(x-vt)^2+y^2[1-(v/c_t)^2]}\\ \sigma_{yz}=-\dfrac{\mu b}{2\pi}\dfrac{(x-vt)\sqrt{1-(v/c_t)^2}}{(x-vt)^2+y^2[1-(v/c_t)^2]}\end{cases} \tag{22-30}$$

每单位长度位错的弹性能为

$$\begin{aligned}W_e&=\frac{\mu}{2}\iiint\left[\left(\frac{\partial u_z}{\partial x}\right)^2+\left(\frac{\partial u_z}{\partial y}\right)^2\right]\mathrm{d}x\mathrm{d}y\mathrm{d}z\\ &=\frac{\mu}{2}\iiint\left[\frac{1}{1-(v/c_t)^2}\left(\frac{\partial u_z}{\partial x'}\right)^2+\left(\frac{\partial u_z}{\partial y}\right)^2\right]\sqrt{1-\left(\frac{v}{c_t}\right)^2}\mathrm{d}x'\mathrm{d}y\mathrm{d}z\end{aligned} \tag{22-31}$$

由于静态位错的应力场对于 z 轴是对称的, 故有

$$\frac{\mu}{2}\iiint\left(\frac{\partial u_z}{\partial x'}\right)^2\mathrm{d}V=\frac{\mu}{2}\iiint\left(\frac{\partial u_z}{\partial y}\right)^2\mathrm{d}V=\frac{W_0}{2} \tag{22-32}$$

式中, W_0 表示静态位错弹性场的能量, 则结合 (22-31) 式有

$$W_e=\frac{1-\dfrac{1}{2}(v/c_t)^2}{\sqrt{1-(v/c_t)^2}}W_0 \tag{22-33}$$

每单位长度运动位错的动能为

$$W_k=\frac{1}{2}\iiint\left(\frac{\partial u_z}{\partial t}\right)^2\mathrm{d}x\mathrm{d}y\mathrm{d}z=\frac{(v/c_t)^2}{2\sqrt{1-(v/c_t)^2}}W_0 \tag{22-34}$$

综上, 每单位长度运动位错的总能量为

$$W_T = W_e + W_k = \frac{W_0}{\sqrt{1-(v/c_t)^2}} \tag{22-35}$$

(22-35) 式与爱因斯坦的能量关系式类似. 由于当位错运动速度趋近于横波波速时, 即当: $v \to c_t$, $\sqrt{1-(v/c_t)^2} \to 0$, 则单位长度运动位错总能量将: $W_T \to \infty$. 因而, 可得出如下重要结论: 位错运动的极限速度为横波波速 c_t.

当位错的运动速度远小于横波波速时, 位错的总能量将有如下近似关系:

$$W_T = \frac{W_0}{\sqrt{1-(v/c_t)^2}} \approx W_0\left[1+\frac{1}{2}\left(\frac{v}{c_t}\right)^2\right] = W_0 + \frac{1}{2}m_{eq}v^2 \tag{22-36}$$

式中,

$$m_{eq} = \frac{W_0}{c_t^2} \tag{22-37}$$

称为每单位长度位错的等效质量, 在位错运动速度不大时, 它大约相当于一个原子的质量. 值得特别指出的是, 上述关系和爱因斯坦的狭义相对论中能量与质量的关系相类似, 以横波波速代替光速即可[14].

应该指出的是, 与位错运动可类比的是各向同性线弹性介质动态断裂中, 裂纹的极限传播速度的问题, 结论是: I 型和 II 型裂纹的极限速度为 Rayleigh 波速, 而 III 型裂纹的极限速度为横波波速.

22.4　位错运动的 Orowan 公式

从表 VI.1 中可知, Egon Orowan (1902~1989) 继 1934 年的著名论文外, 又于 1940 年提出了其和位错相关的一个里程碑式的工作 —— Orowan 公式[15], 该公式揭示了应变率的微观机制, 阐明了应变率和可动平均位错密度 ρ_m, 位错的 Burgers 矢量 $\boldsymbol{b}$ 与平均位错速度 V 之间的关系.

设在体积为 Ω 的单晶体上位错滑移所扫过的滑移面积为 A, 则宏观剪应变 γ 可表示为

$$\gamma = b\frac{A}{\Omega} \tag{22-38}$$

对 (22-38) 式求时间导数, 得到

$$\dot{\gamma} = b\frac{\dot{A}}{\Omega} = b\rho_m V \tag{22-39}$$

式中, 可动平均位错密度 ρ_m 的量纲为: $[\rho_m]=\mathrm{L}^{-2}$, 也就是单位体积位错线的长度, 或者每单位面积位错的根数. 一般地, 塑性应变率可近似地表示为

$$\dot{\varepsilon}_p=\frac{1}{2}\dot{\gamma}=\frac{1}{2}b\rho_m V \tag{22-40}$$

(22-40) 式即为 Orowan 公式.

22.5 超声速位错与马赫锥

据笔者查证, Eshelby 首次研究了在色散介质 (dispersive media) 中运动的超声速位错[16]. Weertman 曾研究过跨声速和超声速的位错运动[17]. 而超声速位错运动的研究热潮出现在 20 世纪和 21 世纪之交[18−23]. 其中, Gao 等应用分子动力学 (Molecular Dynamics, MD) 模拟研究了超声速的位错动力学[18,19]. Nosenko 等[20,21] 则从实验中观察到了等离子体晶体 (plasma crystal) 中的超声速位错运动的马赫锥 (Mach cone), 如图 22.2 所示.

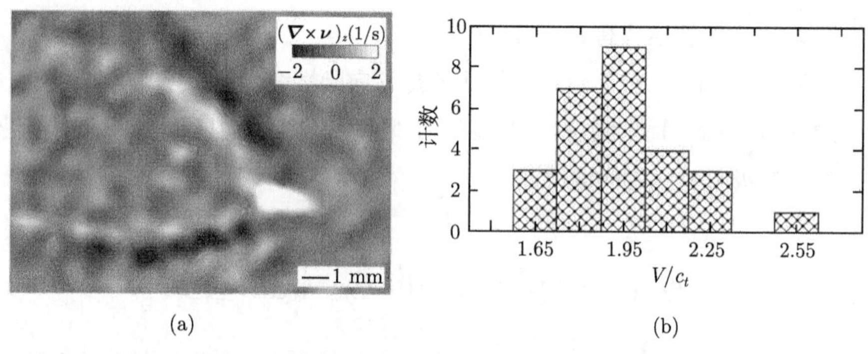

(a) (b)

图 22.2 在等离子晶体中传播的超声速位错
(a) 马赫锥; (b) 马赫数的计数规律

Ernst Mach
(1838~1916)

位错运动可以和空气中飞行器的运动做类比性研究. 当扰动源运动速度高于波速时, 扰动来不及传到扰动源的前面去, 波面的包络面呈圆锥状, 称为马赫锥, 该方面开创性的工作是由力学大师和科学哲学家 Ernst Mach (1838~1916) 和合作者于 1877 年发表的[24]. 体现为马赫锥的马赫波是一个位置固定的扰动源所发出的一系列扰动在超过波速运动的介质中的波阵面. 以位置固定的扰动源为参考系, 当介质运动速度超过声速 (马赫数 $Ma=V/c>1$) 时, 扰动源发出的一个个扰动随介质以 V 的速度向下游移去, 同时扰动本身又以音速 c 向四面八方传播, 而扰动所能播及的区域必限于一个圆锥区域内, 这圆锥是一系列扰动球面的包络面, 称为马赫

锥, 圆锥的半顶角称为马赫角 (Mach angle). 图 22.3 分别是 $Ma < 1$、$Ma = 1$ 和 $Ma > 1$ 条件下的波面图.

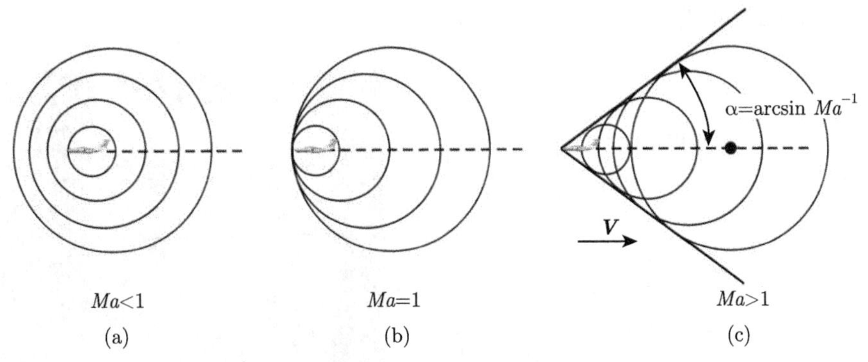

图 22.3　不同马赫数下的波面图, 马赫锥和马赫角

(a) $Ma < 1$; (b) $Ma = 1$; (c) $Ma > 1$

正如 Krehl 所指出的[25], "马赫锥" 和 "马赫角" 是力学大师 Ludwig Prandtl (1875~1953) 于 1913 年命名的[26]; 当然亦有文献[27] 指出很可能是 Prandtl 于 1907 年命名的, 但未给出文献出处."马赫数 (Mach number, Ma)" 则是 Jakob Ackeret (1898~1981) 于 1929 年命名的[28].

思　考　题

22.1　位错连续统理论中的 Burgers 矢量是否和液晶连续统理论中的指向矢有异曲同工之妙? 请对比其异同点.

22.2　从 (22-8) 式所表示的位错无源特性, 比较晶体中位错以及流体中涡丝的可类比性[29].

22.3　线弹性断裂动力学认为, 平面应变情形下的 I 型 (张开型)、II 型 (滑开型)、III 型 (反平面) 运动裂纹的动态能量释放率可分别表示为 (见 Freund[30]):

$$\begin{cases} G_{\mathrm{I}} = \dfrac{1-\nu^2}{E} A_{\mathrm{I}}(\dot{a}) K_{\mathrm{I}}^2(a) \approx \dfrac{1-\nu^2}{E} K_{\mathrm{I}}^2(a) \left(1 - \dfrac{\dot{a}}{c_R}\right)^{-1} \\ G_{\mathrm{II}} = \dfrac{1-\nu^2}{E} A_{\mathrm{II}}(\dot{a}) K_{\mathrm{II}}^2(a) \approx \dfrac{1-\nu^2}{E} K_{\mathrm{II}}^2(a) \left(1 - \dfrac{\dot{a}}{c_R}\right)^{-1} \\ G_{\mathrm{III}} = \dfrac{1+\nu}{E} A_{\mathrm{III}}(\dot{a}) K_{\mathrm{III}}^2(a) = \dfrac{1+\nu}{E\sqrt{1-(\dot{a}/c_t)^2}} K_{\mathrm{III}}^2(a) \end{cases} \tag{22-41}$$

式中, $A_{\mathrm{I,II,III}}(\dot{a})$ 为依赖于裂纹瞬时速度 $\dot{a}$ 的系数, $K_{\mathrm{I,II,III}}(a)$ 为仅依赖于裂纹长度的静态应力强度因子.

问题: 由裂纹顶端动态能量释放率的正定性, 得出结论: I 型和 II 型运动裂纹速度 $\dot{a}$ 的极限值为 Rayleigh 波速 c_R, 而 III 型运动裂纹的速度极限值为已由 (22-25) 式给出的剪切波 (横波) 波速 $c_t = \sqrt{\dfrac{E}{2\rho(1+\nu)}}$.

22.4　试解释超声速裂纹扩展中所出现的马赫锥[31−33], 如图 22.4 所示[33].

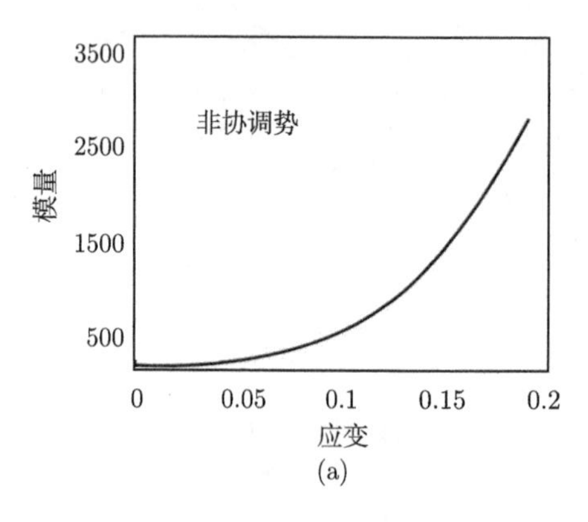

(a)

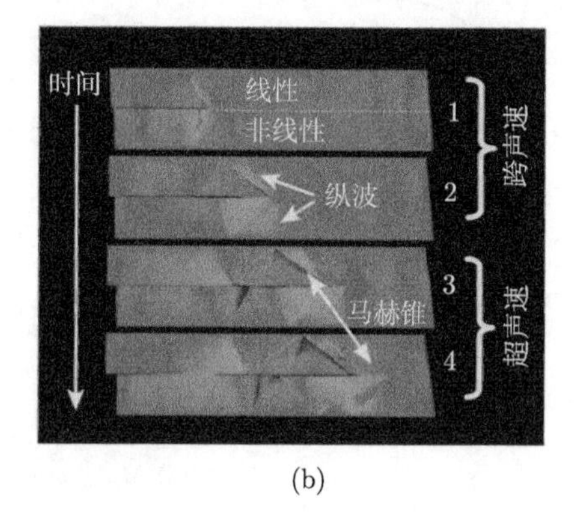

(b)

图 22.4　超声速裂纹扩展时所出现的马赫锥[33]

Woldemar Voigt (1850~1919)

22.5　第一个写出洛伦兹变换 (22-26) 式的是本书中多次提及的 Woldemar Voigt (1850~1919). 1887 年, Voigt 在研究 Doppler 频移效应中引入了一个新的时空变量[34], 他的坐标变换方法对后人的相关推导有启发作用, 但 Voigt 变换

$$\begin{cases} x' = x - vt \\ y' = y/\gamma \\ z' = z/\gamma \\ t' = t - vx/c^2 \end{cases} \tag{22-42}$$

和洛伦兹变换正好差一个比例因子 $\gamma = 1/\sqrt{1-\left(\dfrac{v}{c}\right)^2}$.

问题: 比较 Voigt 变换 (22-42) 式和洛伦兹变换 (22-26) 式.

参 考 文 献

[1] Burgers J M. Geometrical considerations concerning the structural irregularities to be assumed in a crystal. Proceedings of the Physical Society, 1940, 52: 23–33.

[2] Burgers W G. How my brother and I became interested in dislocations. Proceedings of the Royal Society of London A, 1980, 371: 125–130.

[3] Nye J F. Some geometrical relations in dislocated crystals. Acta Metallurgica, 1953, 1: 153–162.

[4] Kröner E. Kontinuumstheorie der Versetzungen und Eigenspannungen. In: Ergebnisse der Angewandte Mathematik, Vol. 5 (Eds L. Collatz & F. Lösch). Heidelberg: Springer, 1958.

[5] 王自强, 段祝平. 塑性细观力学. 北京: 科学出版社, 1995.

[6] Sahoo D. Elastic continuum theories of lattice defects: a review. Bulletin of Materials Science, 1984, 6: 775–798.

[7] Eshelby J D. The continuum theory of lattice defects. In: Solid State Physics, Advances in Research and Applications (Eds F. Seitz and D. Turnbull), Vol. III, pp. 79–144. New York: Academic Press, 1956.

[8] Mura T. The continuum theory of dislocations. Advances in Materials Research, 1968, 3: 1–108.

[9] Teodosiu C. Elastic Models of Crystal Defects. Berlin: Springer-Verlag, 1982.

[10] Kröner E. Continuum theory of defects. R. Balian et al. (Ed.), Less Houches, Session XXXV, 1980-Physics of Defects, pp. 282–315. Amsterdam: North-Holland, 1981.

[11] Frenkel J I, Kontorova T A. On the theory of plastic deformation and twinning: I, II, III. JETP, 1938, 8: 89–95 (I); 8: 1340–1349 (II); 8: 1349–1359 (III) (in Russian).

[12] Frank F C. On the equation of motion of crystal dislocations. Proceedings of the Physical Society A, 1949, 62: 131–134.

[13] Eshelby J D. Uniformly moving dislocations. Proceedings of the Physical Society A, 1949, 62: 307–314.

[14] Eshelby J D. The equation of motion of a dislocation. Physical Review, 1953, 90: 248–255.

[15] Orowan E. Problems of plastic gliding. Proceedings of the Physical Society, 1940, 52: 8–22.

[16] Eshelby J D. Supersonic dislocations and dislocations in dispersive media. Proceedings of the Physical Society B, 1956, 69: 1013–1019.

[17] Weertman J. Uniformly moving transonic and supersonic dislocations. Journal of Applied Physics, 1967, 38: 5293–5301.

[18] Gumbsch P, Gao H. Dislocations faster than the speed of sound. Science, 1999, 283: 965–968.

[19] Gumbsch P, Gao H. Driving force and nucleation of supersonic dislocations. Journal of Computer-Aided Materials Design, 1999, 6: 137–144.

[20] Nosenko V, Zhdanov S, Morfill G. Supersonic dislocations observed in a plasma crystal. Physical Review Letters, 2007, 99: 025002.

[21] Nosenko V, Morfill G E, Rosakis P. Direct experimental measurement of the speed-stress relation for dislocations in a plasma crystal. Physical Review Letters, 2011, 106: 155002.

[22] Rosakis P. Supersonic dislocation kinetics from an augmented Peierls model. Physical Review Letters, 2001, 86: 95–98.

[23] Lazar M. The gauge theory of dislocations: a uniformly moving screw dislocation. Proceedings of the Royal Society A, 2009, 465: 2505–2520.

[24] Mach E, Sommer J. Über die fortpflanzungsgeschwindigkeit von explosionsschallwellen. Sitzungsberichte Akademie der Wissenschaften in Wien, 1877, 75: 101–130.

[25] Krehl P O K. History of Shock Waves, Explosions and Impact: A Chronological and Biographical Reference. Berlin: Springer, 2008.

[26] Prandtl L. Gasbewegung. Handwörterbuch der Naturwissenschaften, 1913, 4: 544–560.

[27] Von Mises R, Geiringer H, Ludford G S S. Mathematical theory of compressible fluid flow. New York: Academic Press, 1958.

[28] Ackeret J. Der Luftwiderstand bei sehr grossen Geschwindigkeiten. Schweizerische Bauzeitung, 1929, 94: 179–183.

[29] Zhao Y P. Explaining the analogy between dislocation line in crystal and vortex filament in fluid. Mechanics Research Communications, 1998, 25: 487–492.

[30] Freund L B. Dynamic Fracture Mechanics. Cambridge: Cambridge University Press, 1998.

[31] Rosakis A J, Samudrala O, Coker D. Cracks faster than the shear wave speed. Science, 1999, 284: 1337–1340.

[32] Abraham F F, Gao H. How fast can cracks propagate? Physical Review Letters, 2000, 84: 3113–3116.

[33] Abraham F F, Walkup R, Gao H, Duchaineau M, De La Rubia T D, Seager M. Simulating materials failure by using up to one billion atoms and the world's fastest computer: brittle fracture. Proceedings of the National Academy of Sciences of USA, 2002, 99: 5777–5782.

[34] Voigt W. Über das Doppler'sche Princip (On the Principle of Doppler). Göttinger Nachrichten, 1887, 7: 41–51.

第 23 章　弹塑性有限变形理论

23.1　静水应力状态和金属塑性体积变化——Bridgman 的高压实验

Theodore von Kármán (1881~1963)

Percy Williams Bridgman (1882~1961)

1911 年, 为了研究围压对岩石塑性流动和破坏的影响, Theodore von Kármán (1881~1963) 发展了较精确的三轴压缩方法[1], 即对圆柱形岩石试件在轴向通过固体活塞施加压力, 同时作用有流体围压. 在 von Kármán 方法中有两个主应力是相等的. 由于对应力状态有该种限制, 所以 von Kármán 方法有时也称为 "常规三轴实验", 以区别于三个主应力不等的 "一般三轴实验". 第二次世界大战期间, 受美国国防研究委员会 (National Defense Research Committee, NDRC) 和美国陆军华特城兵工厂 (Watertown Arsenal) 资助, Percy Williams Bridgman (1882~1961, 1946 年诺贝尔物理奖获得者) 针对多种类型的金属系统地研究了高压对其变形的影响, 所完成的成果包括: 八篇华特城兵工厂内部报告、若干篇 NDRC 内部报告、一批论文[2−5] 和专著[6], 所形成的主要结论如下[7]: (1) 金属材料的塑性变形和静水压强无关; (2) 在塑性变形阶段, 金属材料是近似不可压缩的, 也就是材料的 Poisson 比近似为 1/2.

因此, 经典金属塑性理论 (classical metal plasticity)[8−10] 的两个基本假设 (fundamental assumptions) 为: 塑性屈服的静水应力不依赖性 (hydrostatic stress independence for yielding) 和不可压缩性 (incompressibility).

23.2　应力和应变的偏张量

应力的球张量可通过其迹定义为

$$\sigma = \frac{1}{3}\sigma_{kk} = \frac{1}{3}\mathrm{tr}\boldsymbol{\sigma} \tag{23-1}$$

按照 23.1 节所给出的第一个基本假定, 上述应力球张量对金属材料的塑性变形无贡献. 从而, 可引入应力偏张量 (deviatoric tensor of stress, stress deviator) 如下:

$$s_{ij} = \sigma_{ij} - \sigma\delta_{ij} \tag{23-2}$$

显然, 应力偏张量满足对称性: $\boldsymbol{s} = \boldsymbol{s}^{\mathrm{T}}$. 其三个主量 (principal values) 为

$$s_1 = \sigma_1 - \sigma, \quad s_2 = \sigma_2 - \sigma, \quad s_3 = \sigma_3 - \sigma \tag{23-3}$$

式中, σ_1、σ_2、σ_3 为应力张量 σ_{ij} 的三个主量. 则应力偏张量的三个不变量为

$$\begin{cases} \mathrm{J}_1 = s_{kk} = 0 \\ \mathrm{J}_2 = \dfrac{1}{2}\boldsymbol{s} : \boldsymbol{s} = \dfrac{1}{2}s_{ij}s_{ij} = \dfrac{1}{2}s_i s_i = \dfrac{1}{2}(s_1^2 + s_2^2 + s_3^2) \\ \quad\ = \dfrac{1}{6}[(\sigma_1 - \sigma_2)^2 + (\sigma_2 - \sigma_3)^2 + (\sigma_3 - \sigma_1)^2] \\ \mathrm{J}_3 = \det \boldsymbol{s} = \det[s_{ij}] = s_1 s_2 s_3 \end{cases} \tag{23-4}$$

式中, 应力偏张量的第二不变量 (仅差一负号) 在塑性力学中应用最为广泛, von Mises 等效应力可通过上述应力偏张量的第二不变量定义为

$$\bar{\sigma} = \sqrt{3\mathrm{J}_2} = \frac{1}{\sqrt{2}}\sqrt{(\sigma_1 - \sigma_2)^2 + (\sigma_2 - \sigma_3)^2 + (\sigma_3 - \sigma_1)^2} = \sqrt{\frac{3}{2}s_{ij}s_{ij}} \tag{23-5}$$

为了说明 "等效应力" 一词的意义, 这里用单轴简单拉伸情形来解释, 此时有: $\sigma_1 = \sigma$ 和 $\sigma_2 = \sigma_3 = 0$, 此时由 (23-5) 式可得: $\bar{\sigma} = \sigma$. 正是由于这一点, 塑性力学工作者常常将简单拉压状态下的实验应力–应变关系中的 $\sigma_1 = \sigma$ 推广到复杂应力状态下的 $\bar{\sigma}$, 这是将其称为等效应力的理由.

相应地, 应变球张量定义为

$$\varepsilon = \frac{1}{3}\varepsilon_{kk} = \frac{1}{3}\mathrm{tr}\boldsymbol{\varepsilon} \tag{23-6}$$

应变偏张量为

$$e_{ij} = \varepsilon_{ij} - \varepsilon\delta_{ij} \tag{23-7}$$

应变偏张量满足对称性: $\boldsymbol{e} = \boldsymbol{e}^{\mathrm{T}}$. 应变偏张量的三个不变量为

$$\begin{cases} \mathrm{I}_1' = e_{kk} = 0 \\ \mathrm{I}_2' = \dfrac{1}{2}e_{ij}e_{ij} = \dfrac{1}{6}[(\varepsilon_1 - \varepsilon_2)^2 + (\varepsilon_2 - \varepsilon_3)^2 + (\varepsilon_3 - \varepsilon_1)^2] \\ \mathrm{I}_3' = e_1 e_2 e_3 \end{cases} \tag{23-8}$$

等效应变可通过上述应变偏张量的第二不变量定义为

$$\bar{\varepsilon} = \frac{2}{\sqrt{3}}\sqrt{\mathrm{I}_2'} = \sqrt{\frac{2}{9}}\sqrt{(\varepsilon_1 - \varepsilon_2)^2 + (\varepsilon_2 - \varepsilon_3)^2 + (\varepsilon_3 - \varepsilon_1)^2} = \sqrt{\frac{2}{3}e_{ij}e_{ij}} \tag{23-9}$$

为了更为形象地说明 “等效应变” 一词的意义, 这里仍以一维应力情形举例, 对于理想塑性材料, 由其不可压缩性, 其 Poisson 比为 1/2, 三个主应变为: $\varepsilon_1 = \varepsilon^p$、$\varepsilon_2 = \varepsilon_3 = -\varepsilon^p/2$, 此时由 (23-9) 式可得出: $\bar{\varepsilon} = \varepsilon$, 换言之, 对于塑性变形的不可压缩材料在一维应力条件下, 等效应变恰恰等于其轴向塑性应变 ε^p. 该点也是常常被作为将一维应力实验中的量 ε^p 推广为复杂应力状态下的等效塑性应变, 从而可获得更具有普遍性结果的出发点.

23.3　屈服面、屈服条件和一致性条件

23.3.1　屈服面和屈服条件

为了描述材料在复杂应力状态下开始发生塑性变形时的受力程度, 需要引入应力空间的概念, 它是以应力分量为坐标的空间, 在此空间中, 每个点都代表一个应力状态, 应力的变化在相应的空间中给出一条曲线, 称为应力路径.

根据不同的应力路径所进行的实验, 可确定出从弹性阶段开始进入塑性阶段的各个屈服应力. 在应力空间中将这些屈服应力点连起来, 就形成一个区分弹性区和塑性区的分界面, 该分界面一般为超曲面 (hyper-surface), 该应力空间中的超曲面称为屈服面 (yield surface). 描述屈服面的数学表达式就是屈服条件 (yield condition), 它对应于单向应力状态下的屈服应力.

屈服面还可区分为初始屈服面 (initial yield surface) 和后继屈服面 (subsequent yield surface). 在材料的初始屈服状态, 无需考虑任何强化效应时的屈服面称为初始屈服面. 而强化材料的后继屈服应力比初始屈服应力有所提高, 将这些后继屈服点连成的面称为后继屈服面或加载面. 初始屈服面转为后继屈服面的变化规律称为强化 (hardening) 规律.

屈服条件可统一地表示为

$$f(\boldsymbol{\sigma}, H_1, \cdots, H_n) = 0 \tag{23-10}$$

式中, $H_1, \cdots, H_n$ 为硬化参数. 这些硬化参数在加载过程中可随时间变化, 既可以是标量 (如: 累积塑性变形、累积塑性功等), 也可以是张量 (如: 背应力 b_{ij} 等). 初始屈服面对应于: $H_1 = H_2 = \cdots = H_n = 0$.

由 23.4 节知, 对于经典宏观塑性力学, 由 Drucker 公设、Ilyushin 公设和 Hill 最大塑性功率原理均可导致屈服面的外凸性 (convexity of the yield surface) 和所谓

“正交法则 (normality rule)”: 塑性变形率 $\dot{\boldsymbol{\varepsilon}}^p$ 沿着屈服面的外法线方向, 也就是 $\dot{\boldsymbol{\varepsilon}}^p$ 平行于 $\partial f/\partial\boldsymbol{\sigma}$, 引入塑性流动比例因子 λ, 则正交法则可表示为

$$\dot{\boldsymbol{\varepsilon}}^p = \lambda\frac{\partial f}{\partial\boldsymbol{\sigma}} \quad 或 \quad \dot{\varepsilon}^p_{ij} = \lambda\frac{\partial f}{\partial\sigma_{ij}} \tag{23-11}$$

式中, $\lambda \geqslant 0$. 由于塑性变形为不可压缩, 满足: $\mathrm{tr}\dot{\boldsymbol{\varepsilon}}^p = \dot{\varepsilon}^p_{kk} = 0$, 则 $\partial f/\partial\boldsymbol{\sigma}$ 为一偏张量. 定义沿屈服面外法线的二阶单位张量:

$$\boldsymbol{n} = \frac{\dfrac{\partial f}{\partial\boldsymbol{\sigma}}}{\left|\dfrac{\partial f}{\partial\boldsymbol{\sigma}}\right|} = \frac{\dfrac{\partial f}{\partial\boldsymbol{\sigma}}}{\sqrt{\dfrac{\partial f}{\partial\boldsymbol{\sigma}}:\dfrac{\partial f}{\partial\boldsymbol{\sigma}}}} = \frac{\dfrac{\partial f}{\partial\boldsymbol{\sigma}}}{\sqrt{\dfrac{\partial f}{\partial\sigma_{ij}}\dfrac{\partial f}{\partial\sigma_{ij}}}} \tag{23-12}$$

均是由于塑性变形体积保持不变的原因, $\boldsymbol{n}$ 和 $\partial f/\partial\boldsymbol{\sigma}$ 一样均为偏张量, 且满足: $\boldsymbol{n}:\boldsymbol{n} = 1$. 这样, (23-11) 式可等价地表示为

$$\dot{\boldsymbol{\varepsilon}}^p = \lambda\left|\frac{\partial f}{\partial\boldsymbol{\sigma}}\right|\boldsymbol{n} \tag{23-13}$$

当然, (23-11) 和 (23-13) 两式还可等价地表示为如下增量形式:

$$\mathrm{d}\dot{\boldsymbol{\varepsilon}}^p = \mathrm{d}\lambda\frac{\partial f}{\partial\boldsymbol{\sigma}} \quad 或 \quad \mathrm{d}\dot{\boldsymbol{\varepsilon}}^p = \mathrm{d}\lambda\left|\frac{\partial f}{\partial\boldsymbol{\sigma}}\right|\boldsymbol{n} \tag{23-14}$$

式中, 塑性流动因子增量满足: $\mathrm{d}\lambda \geqslant 0$.

23.3.2 累积塑性变形、塑性功率、塑性功

累积塑性变形和塑性功作为标量, 作为硬化参数可以出现在屈服条件 (23-10) 式中. 累积塑性变形和塑性功均可作为塑性变形的度量. 设材料为各向同性, 定义等效塑性变形率为

$$\dot{\bar{\varepsilon}}^p = \sqrt{\frac{2}{3}\dot{\boldsymbol{\varepsilon}}^p:\dot{\boldsymbol{\varepsilon}}^p} = \sqrt{\frac{2}{3}}\|\dot{\boldsymbol{\varepsilon}}^p\| \quad 或 \quad \bar{\varepsilon}^p = \sqrt{\frac{2}{3}\mathrm{d}\boldsymbol{\varepsilon}^p:\mathrm{d}\boldsymbol{\varepsilon}^p} \tag{23-15}$$

作为例子, 分析单轴拉伸或压缩情形. 此时有: $\dot{\varepsilon}^p_1 = \dot{\varepsilon}^p, \dot{\varepsilon}^p_2 = \dot{\varepsilon}^p_3 = -\dfrac{1}{2}\dot{\varepsilon}^p$, 则由 (23-15) 式的第一式, 得到等效塑性变形率为

$$\dot{\bar{\varepsilon}}^p = \sqrt{\frac{2}{3}\dot{\boldsymbol{\varepsilon}}^p:\dot{\boldsymbol{\varepsilon}}^p} = \sqrt{\frac{2}{3}\dot{\varepsilon}^p_{ij}\dot{\varepsilon}^p_{ij}} = \sqrt{\frac{2}{3}[(\dot{\varepsilon}^p_1)^2 + (\dot{\varepsilon}^p_2)^2 + (\dot{\varepsilon}^p_3)^2]} = \dot{\varepsilon}^p \tag{23-16}$$

(23-16) 式也充分说明了 “等效” 一词的含义.

由 (23-15) 式, 塑性变形率 $\dot{\boldsymbol{\varepsilon}}^p$ 以及塑性应变增量 $\mathrm{d}\boldsymbol{\varepsilon}^p$ 可通过沿屈服面外法线的二阶单位张量 $\boldsymbol{n}$ 表示为

$$\dot{\boldsymbol{\varepsilon}}^p = \sqrt{\frac{3}{2}}\dot{\bar{\varepsilon}}^p\boldsymbol{n}, \quad \mathrm{d}\boldsymbol{\varepsilon}^p = \sqrt{\frac{3}{2}}\bar{\varepsilon}^p\boldsymbol{n} \tag{23-17}$$

比较 (23-13) 和 (23-17) 两式, 塑性流动比例因子 λ 则可表示为

$$\lambda=\sqrt{\frac{3}{2}}\frac{\dot{\bar{\varepsilon}}^{p}}{|\partial f/\partial\boldsymbol{\sigma}|} \tag{23-18}$$

对 (23-15) 式进行积分, 则得到累积塑性变形为

$$\bar{\varepsilon}^{p}=\int\dot{\bar{\varepsilon}}^{p}\mathrm{d}t=\int\sqrt{\frac{2}{3}\dot{\boldsymbol{\varepsilon}}^{p}:\dot{\boldsymbol{\varepsilon}}^{p}}\mathrm{d}t=\int\sqrt{\frac{2}{3}\mathrm{d}\boldsymbol{\varepsilon}^{p}:\mathrm{d}\boldsymbol{\varepsilon}^{p}}=\int\sqrt{\frac{2}{3}}\|\dot{\boldsymbol{\varepsilon}}^{p}\|\mathrm{d}t \tag{23-19}$$

当然对于单轴拉伸情形, 对 (23-16) 式进行积分, 会进一步得到: $\bar{\varepsilon}^{p}=\int\dot{\varepsilon}^{p}\mathrm{d}t$.

将应力张量 $\boldsymbol{\sigma}$ 对于塑性变形率 $\dot{\boldsymbol{\varepsilon}}^{p}$ 的功率称为塑性功率, 量纲为单位体积、单位时间的能量, 其表达式为

$$\dot{w}^{p}=\boldsymbol{\sigma}:\dot{\boldsymbol{\varepsilon}}^{p}=\sigma_{ij}\dot{\varepsilon}_{ij}^{p} \tag{23-20}$$

(23-20) 式两端均乘以时间增量 $\mathrm{d}t$, 则得到塑性功的增量为

$$\mathrm{d}w^{p}=\boldsymbol{\sigma}:\mathrm{d}\boldsymbol{\varepsilon}^{p}=\sigma_{ij}\mathrm{d}\varepsilon_{ij}^{p} \tag{23-21}$$

将 (23-17) 式的第一式代入 (23-20) 式, 塑性功率可表示为

$$\dot{w}^{p}=\boldsymbol{\sigma}:\dot{\boldsymbol{\varepsilon}}^{p}=\sqrt{\frac{3}{2}}(\boldsymbol{\sigma}:\boldsymbol{n})\dot{\bar{\varepsilon}}^{p}=\bar{\sigma}\,\dot{\bar{\varepsilon}}^{p} \tag{23-22}$$

式中,

$$\bar{\sigma}=\sqrt{\frac{3}{2}}\boldsymbol{\sigma}:\boldsymbol{n} \tag{23-23}$$

称为功等效应力, 事实上通过对比 (23-5) 和 (23-23) 两式可知, 功等效应力就是 von Mises 等效应力, 见思考题 23.1.

23.3.3　一致性条件和弹塑性本构关系

一致性条件在国际塑性力学界一般统称为 “Prager 一致性条件 (Prager's consistency condition)”. 该条件是由 William Prager (1903~1980) 于 1949 年创立的[11]. 由屈服条件 (23-10) 式, 其一致性条件表示为

$$\mathrm{d}f=\frac{\partial f}{\partial\boldsymbol{\sigma}}:\mathrm{d}\boldsymbol{\sigma}+\sum_{i}\frac{\partial f}{\partial H_{i}}\mathrm{d}H_{i}=0 \tag{23-24}$$

William Prager
(1903~1980)

式中, 若 H_i 为张量, 则 $\partial f/\partial H_i$ 与 $\mathrm{d}H_i$ 应为张量的缩并乘. (23-24) 式说明, 在加载过程中, 材料的应力点始终处于屈服面上. (23-24) 式还可等价地表示为

$$\dot{f}=\frac{\partial f}{\partial\boldsymbol{\sigma}}:\dot{\boldsymbol{\sigma}}+\sum_{i}\frac{\partial f}{\partial H_{i}}\dot{H}_{i}=0 \tag{23-24$'$}$$

设硬化参数 H_i 随等效塑性变形率 $\dot{\bar{\varepsilon}}^p$ 的演化方程为

$$\dot{H}_i = Z_i \dot{\bar{\varepsilon}}^p \tag{23-25}$$

将 (23-25) 式代入 (23-24)′ 式则得

$$\dot{\bar{\varepsilon}}^p = -\frac{\dfrac{\partial f}{\partial \boldsymbol{\sigma}} : \dot{\boldsymbol{\sigma}}}{\displaystyle\sum_i \frac{\partial f}{\partial H_i} Z_i} \tag{23-26}$$

将 (23-26) 式代入 (23-18) 式, 则塑性流动因子表示为

$$\lambda = \frac{1}{h}\frac{\partial f}{\partial \boldsymbol{\sigma}} : \boldsymbol{\sigma} \tag{23-27}$$

式中,

$$\frac{1}{h} = -\sqrt{\frac{3}{2}}\frac{1}{\left|\dfrac{\partial f}{\partial \boldsymbol{\sigma}}\right| \displaystyle\sum_i \frac{\partial f}{\partial H_i} Z_i} \tag{23-28}$$

将 (23-27) 式代入 (23-11) 式的第一式, 则得到塑性应变率的表达式:

$$\dot{\boldsymbol{\varepsilon}}^p = \frac{1}{h}\frac{\partial f}{\partial \boldsymbol{\sigma}} \otimes \frac{\partial f}{\partial \boldsymbol{\sigma}} : \dot{\boldsymbol{\sigma}} = \frac{1}{h}\boldsymbol{\mu} \otimes \boldsymbol{\mu} : \dot{\boldsymbol{\sigma}} \tag{23-29}$$

式中, 二阶张量 $\boldsymbol{\mu}$ 为

$$\boldsymbol{\mu} = \frac{\partial f}{\partial \boldsymbol{\sigma}} = \left|\frac{\partial f}{\partial \boldsymbol{\sigma}}\right| \boldsymbol{n}, \quad \mu_{ij} = \frac{\partial f}{\partial \sigma_{ij}} \tag{23-30}$$

当考虑到加卸载情况时, 塑性应变率的 (23-29) 式可统一地表示为

$$\dot{\boldsymbol{\varepsilon}}^p = \frac{\alpha}{h}\boldsymbol{\mu} \otimes \boldsymbol{\mu} : \dot{\boldsymbol{\sigma}} \tag{23-31}$$

式中,

$$\alpha = \begin{cases} 1, & \text{当在应力空间中 } \boldsymbol{\sigma} \text{ 在屈服面上, 且 } \boldsymbol{\mu} : \dot{\boldsymbol{\sigma}} > 0 \\ 0, & \text{当 } \boldsymbol{\sigma} \text{ 在屈服面内或 } \boldsymbol{\sigma} \text{ 在屈服面上, 且 } \boldsymbol{\mu} : \dot{\boldsymbol{\sigma}} \leqslant 0 \end{cases} \tag{23-32}$$

塑性应变率 $\dot{\boldsymbol{\varepsilon}}^p$ 和等效塑性变形率 $\dot{\bar{\varepsilon}}^p$ 还可通过塑性模量 E_p 来表示, 利用 (23-30) 式的第一中的 $\boldsymbol{\mu} = \left|\dfrac{\partial f}{\partial \boldsymbol{\sigma}}\right| \boldsymbol{n}$, 则 (23-31) 式可进一步表示为

$$\dot{\boldsymbol{\varepsilon}}^p = \frac{3\alpha}{2E_p}\boldsymbol{n} \otimes \boldsymbol{n} : \dot{\boldsymbol{\sigma}} \tag{23-33}$$

式中, 塑性模量定义为

$$\frac{1}{E_p} = \frac{2}{3h}\left|\frac{\partial f}{\partial \boldsymbol{\sigma}}\right|^2 \tag{23-34}$$

将 (23-28) 式中的 $1/h$ 代入 (23-34) 式, 则 (23-34) 式可进一步表示为

$$\frac{1}{E_p} = -\sqrt{\frac{2}{3}}\frac{\left|\dfrac{\partial f}{\partial \boldsymbol{\sigma}}\right|}{\sum\limits_i \dfrac{\partial f}{\partial H_i} Z_i} \tag{23-35}$$

再将 (23-33) 式代入 (23-15) 式的第一式, 则可获得用塑性模量表示的累积塑性变形率:

$$\dot{\bar{\varepsilon}}^p = \sqrt{\frac{3}{2}}\frac{\alpha}{E_p}\boldsymbol{n} : \dot{\boldsymbol{\sigma}} \tag{23-36}$$

有关塑性模量 E_p 的含义, 可通过单轴拉伸的情形说明, 见思考题 23.2.

考虑到已由 (13-8) 式给出的低弹性本构关系, 将弹性应变率 $\dot{\boldsymbol{\varepsilon}}^e$ 和塑性应变率 $\dot{\boldsymbol{\varepsilon}}^p$ 进行叠加, 则得到 $\dot{\boldsymbol{\varepsilon}} = \dot{\boldsymbol{\varepsilon}}^e + \dot{\boldsymbol{\varepsilon}}^p$ 与 $\dot{\boldsymbol{\sigma}}$ 之间的关系, 称为率形式的弹塑性本构关系:

$$\dot{\boldsymbol{\varepsilon}} = \boldsymbol{\mathcal{S}} : \dot{\boldsymbol{\sigma}} + \frac{\alpha}{h}\boldsymbol{\mu}\otimes\boldsymbol{\mu} : \dot{\boldsymbol{\sigma}} = \boldsymbol{\mathcal{S}}^{ep} : \dot{\boldsymbol{\sigma}} \tag{23-37}$$

式中, 弹塑性柔度张量 $\boldsymbol{\mathcal{S}}^{ep}$ 为

$$\boldsymbol{\mathcal{S}}^{ep} = \boldsymbol{\mathcal{S}} + \frac{\alpha}{h}\boldsymbol{\mu}\otimes\boldsymbol{\mu} \tag{23-38}$$

显然, 弹塑性柔度张量 $\boldsymbol{\mathcal{S}}^{ep}$ 满足 Voigt 对称性, $\boldsymbol{\mathcal{S}}^{ep}$ 的逆称为弹塑性刚度张量, 其表达式留作思考题 23.3.

23.3.4 Tresca 和 von Mises 屈服条件

在埃菲尔铁塔上共铭刻有 72 位法国科学家、工程师与其他知名人士的名字, 其中第 3 号便是 Henri Tresca (1814~1885). Tresca 于 1864 年, 根据有关金属冲压和挤压的实验结果, 提出了最大剪应力屈服准则 (条件), 认为金属材料当其最大剪应力达到临界值时发生塑性屈服[12].

Henri Edouard Tresca (1814~1885)

当三个主应力满足: $\sigma_1 \geqslant \sigma_2 \geqslant \sigma_3$ 时, Tresca 屈服条件可表示为

$$\tau_{\max} = \frac{\sigma_1 - \sigma_3}{2} = k \quad 或 \quad \sigma_1 - \sigma_3 = 2k \tag{23-39}$$

当无下列限制 $\sigma_1 \geqslant \sigma_2 \geqslant \sigma_3$ 时, Tresca 屈服条件可表示为

$$\begin{cases} \sigma_1 - \sigma_2 = \pm 2k \\ \sigma_2 - \sigma_3 = \pm 2k \\ \sigma_3 - \sigma_1 = \pm 2k \end{cases} \tag{23-40}$$

可用单轴拉伸情形来确定 (23-39) 和 (23-40) 两式中的参数 k. 对于理想塑性材料, 其屈服应力为 σ_Y, 故有: $\sigma_1 = \sigma_Y, \sigma_2 = \sigma_3 = 0$, 从而有: $\sigma_1 - \sigma_3 = \sigma_Y = 2k$, 因此, $k = \sigma_Y/2$. Tresca 屈服条件如图 23.1 所示, 其中图 (a) 和 (b) 分别给出了三维主应力空间和平面应力情形. 由于不依赖于静水压强, Tresca 屈服条件在三维主应力空间中的图像是一个母线平行于静水压轴的正六棱柱面.

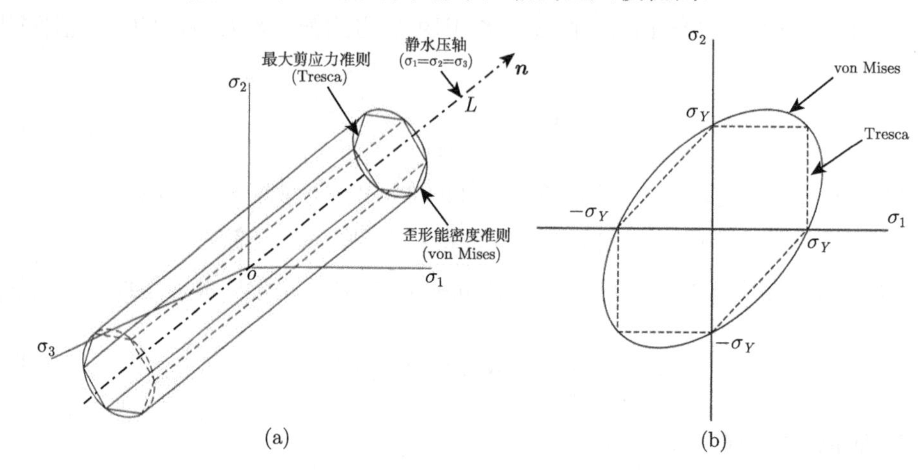

图 23.1 Tresca 和 von Mises 屈服条件
(a) 三维主应力空间; (b) 平面应力情形

Maksymilian Tytus Huber (1872~1950)

Richard von Mises (1883~1953)

1900 年, Guest 有关薄壁管联合拉伸和内压实验[13], 验证了 Tresca 的最大剪应力屈服条件. 有关 Tresca 屈服条件所具有的各向同性 (isotropy) 的重要特点的讨论可见思考题 23.8.

Von Mises 屈服条件亦称为 Huber-von Mises 屈服条件, 原因是 Maksymilian Tytus Huber (1872~1950) 于 1904 年[14] 和 Richard von Mises (1883~1953) 于 1913 年[15] 应用应力偏张量第二不变量 J_2 给出了如下屈服判据:

$$\mathrm{J}_2 = c \tag{23-41}$$

为了确定参数 c, 可应用简单扭转实验, 此时有: $\sigma_1 = \sigma_Y$、$\sigma_2 = \sigma_3 = 0$, 从而有: $\mathrm{J}_2 = \dfrac{1}{3}\sigma_Y^2 = c$, (23-41) 式中的参数确定为: $c = \sigma_Y/\sqrt{3}$.

由于 von Mises 屈服条件是由应力偏张量第二不变量 J_2 给出的, 故亦被广泛地称为 "J_2 理论 (J_2-theory)", 以及 "八面体剪应力屈服条件 (octahedral shear stress yield condition)" 或 "歪形能密度准则 (distortional energy density criterion)". Von Mises 屈服条件如图 23.1 所示, 在三维主应力空间中, 该屈服条件的图像是母线平行于静水压轴的圆柱面.

初学者应注意的是, Mises 中文应读作 "米泽斯" 而非 "米塞斯".

23.4　Hill 最大塑性功率原理、Drucker 公设、Ilyshin 公设与正交法则

8.5 节中引入了连续介质力学中积分形式的热力学第二定律, 也就是 “Clausius-Duhem 不等式 (CDI)”. 那么读者自然会问: 热力学第二定律具体对弹塑性材料的本构关系的限制条件是什么?

首先, 定义三种材料类型的本构关系, 如图 23.2 所示. 针对 (a) 而言, 在应力 – 应变曲线中, 由应力增量 $\Delta\sigma>0$ 所导致的应变增量 $\Delta\varepsilon>0$, 故图中阴影所表示由应力增量所做的功 $\Delta\sigma\cdot\Delta\varepsilon>0$, 将该类材料称为 “稳定的 (stable)”; 图 (b) 中的应力增量 $\Delta\sigma<0$ 所引起的应变增量为 $\Delta\varepsilon>0$, 图中阴影面积 $\Delta\sigma\cdot\Delta\varepsilon<0$, 显然, 该类材料属于 “非稳定的 (unstable)”, 或该变形段处于软化段; 而对于图 (c) 情形, 正的应力增量 $\Delta\sigma>0$, 反而导致负的应变增量 $\Delta\varepsilon<0$, 此种情形和能量守恒定律相矛盾, 在实际中是不可能出现的.

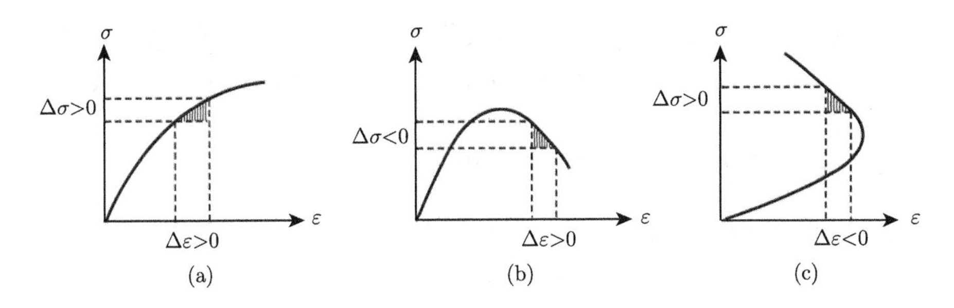

图 23.2　(a) 稳定材料; (b) 非稳定材料; (c) 和能量守恒定律相违背

23.4.1　Hill 最大塑性功率原理

1948 年, Hill 提出了最大塑性功率原理 (Hill's principle of maximum plastic work)[16]. 由于塑性功率其实为耗散率, 故该原理在文献中亦被广泛地称为最大耗散原理 (Hill's maximum dissipation principle).

初始应力状态 (initial stress state) $\boldsymbol{\sigma}^*$ 既可在屈服面之内, 亦可在屈服面之上. 这样的应力状态称为许可应力状态 (admissible stress state). Hill 最大塑性功率原理表明:

$$\boldsymbol{\sigma}:\dot{\boldsymbol{\varepsilon}}^p\geqslant\boldsymbol{\sigma}^*:\dot{\boldsymbol{\varepsilon}}^p\quad\text{或}\quad(\boldsymbol{\sigma}-\boldsymbol{\sigma}^*):\dot{\boldsymbol{\varepsilon}}^p\geqslant 0\tag{23-42}$$

最大塑性功率原理表明: 实际应力的塑性功率 (耗散) 恒大于或等于许可应力状态的塑性功率 (耗散). 关于该方面研究的后继发展可参阅 Hill 和 Rice 发表于 1973 年的著名工作[17]. 23.3.1 节中已提到, 由 Drucker 公设、Ilyushin 公设和 Hill 最大塑性功率原理均可导致屈服面的外凸性和所谓正交法则, 下面将讨论塑性力学中两个基本公设和正交法则.

23.4.2 Drucker 公设、正交法则、Drucker 公设只适用于小变形的原因

Daniel Charles Drucker (1918~2001)

正如 2.1.1 节中所讨论过的, 只适用于某一学科的基本假定称为 "公设 (postulate)". Drucker 于 1951 提出[18] 并于 1964 年完善[19] 了如下公设: 在有不可逆塑性变形出现的任意应力循环中 (一维情形如图 23.3 中的 BACDB 所示), 材料附加应力的净功 (net work) 必然非负 (non-negative), 用公式表示为

$$\oint (\boldsymbol{\sigma}-\boldsymbol{\sigma}^*):\mathrm{d}\boldsymbol{\varepsilon} \geqslant 0 \tag{23-43}$$

式中, $\boldsymbol{\sigma}^*$ 为初始应力状态, $(\sigma_{ij}-\sigma_{ij}^*)$ 为附加应力, 围道积分表示的是应力循环. 事实上, 将应变增量进行弹性和塑性部分分解: $\mathrm{d}\boldsymbol{\varepsilon}=\mathrm{d}\boldsymbol{\varepsilon}^e+\mathrm{d}\boldsymbol{\varepsilon}^p$, (23-43) 式变为

$$\oint (\boldsymbol{\sigma}-\boldsymbol{\sigma}^*):\mathrm{d}\boldsymbol{\varepsilon}=\oint (\boldsymbol{\sigma}-\boldsymbol{\sigma}^*):\mathrm{d}\boldsymbol{\varepsilon}^e+\oint (\boldsymbol{\sigma}-\boldsymbol{\sigma}^*):\mathrm{d}\boldsymbol{\varepsilon}^p \geqslant 0 \tag{23-44}$$

分别给出弹性功和塑性功两部分, 设材料的弹性性质 (如弹性刚度模量和柔性模量等) 不随塑性变形的发生而变化, 则第一项中的弹性功必为零, (23-43) 式等价于下式:

$$\oint (\boldsymbol{\sigma}-\boldsymbol{\sigma}^*):\mathrm{d}\boldsymbol{\varepsilon}^p \geqslant 0 \tag{23-43$'$}$$

将 (23-43)$'$ 式改为 $\oint (\sigma_{ij}-\sigma_{ij}^*)\dot{\varepsilon}_{ij}^p \mathrm{d}t \geqslant 0$ 形式, 由于时间增量 $\mathrm{d}t$ 的任意性, 则可此给出 (23-42) 式, 亦即, Hill 最大塑性功率原理可以作为 Drucker 公设的一个推论.

在图 23.3 中的 BACDB 应力循环中, 也就是从初始应力状态 $\boldsymbol{\sigma}^*$ 先加载到屈服面 $\boldsymbol{\sigma}$, 继续加载至 $(\boldsymbol{\sigma}+\mathrm{d}\boldsymbol{\sigma})$, 然后再卸载至初始应力状态 $\boldsymbol{\sigma}^*$, 只有 AC 小段出现塑性应变增量 $\mathrm{d}\boldsymbol{\varepsilon}^p$. 因此, (23-43)$'$ 式可表达为

$$\oint (\boldsymbol{\sigma}-\boldsymbol{\sigma}^*):\mathrm{d}\boldsymbol{\varepsilon}^p=\left(\boldsymbol{\sigma}+\frac{1}{2}\mathrm{d}\boldsymbol{\sigma}-\boldsymbol{\sigma}^*\right):\mathrm{d}\boldsymbol{\varepsilon}^p \geqslant 0 \tag{23-45}$$

针对 (23-45) 式可分为如下两种情况分别进行讨论:

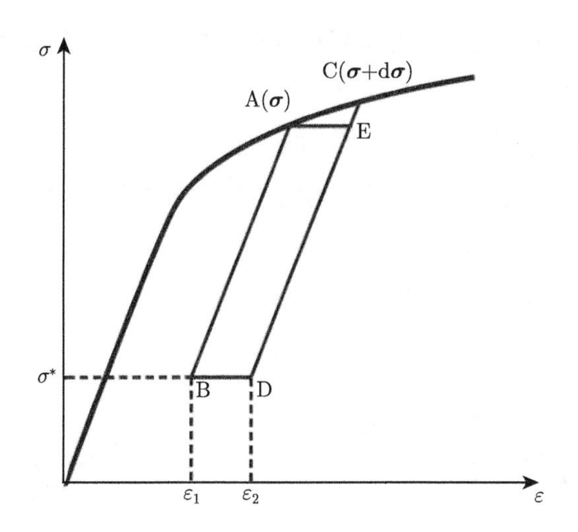

图 23.3　Drucker 公设中的应力循环

情形 I: 若许用应力 $\boldsymbol{\sigma}^*$ 在屈服面内, 或者 $\boldsymbol{\sigma}^*$ 在屈服面上, 但 $\boldsymbol{\sigma} \neq \boldsymbol{\sigma}^*$, 此时 (23-45) 式中的高阶小量 $\dfrac{1}{2}\mathrm{d}\boldsymbol{\sigma} : \mathrm{d}\boldsymbol{\varepsilon}^p$ 可略去, 从而得到:

$$(\boldsymbol{\sigma} - \boldsymbol{\sigma}^*) : \mathrm{d}\boldsymbol{\varepsilon}^p = (\boldsymbol{\sigma} - \boldsymbol{\sigma}^*) : \dot{\boldsymbol{\varepsilon}}^p \mathrm{d}t \geqslant 0 \tag{23-46}$$

(23-46) 式除以 $\mathrm{d}t$ 后, 便得到 (23-42) 式.

情形 II: 若许用应力 $\boldsymbol{\sigma}^*$ 在屈服面, 且 $\boldsymbol{\sigma} = \boldsymbol{\sigma}^*$, 则由 (23-45) 式得到:

$$\frac{1}{2}\mathrm{d}\boldsymbol{\sigma} : \mathrm{d}\boldsymbol{\varepsilon}^p = \frac{1}{2}\dot{\boldsymbol{\sigma}} : \dot{\boldsymbol{\varepsilon}}^p (\mathrm{d}t)^2 \geqslant 0 \tag{23-47}$$

(23-47) 式除以 $(\mathrm{d}t)^2$ 后, 得到:

$$\dot{\boldsymbol{\sigma}} : \dot{\boldsymbol{\varepsilon}}^p \geqslant 0 \tag{23-47$'$}$$

应该注意的是, 有文献将 Drucker 公设的阐述区分为小循环下 (stability in the small) 和大循环下 (stability in the large) 的稳定条件, 图 23.3 中的 ACE 为小循环, 而 BACDB 则为大循环. 由此可见, 满足 Drucker 公设的材料必定是稳定材料, 其中包括硬化材料和理想塑性材料. 因而, Drucker 公设也常常被称为 “硬化公设” 或 “稳定公设”.

由 (23-42) 式给出的最大塑性功率原理可得出如下两条重要结论: (1) 应力空间中满足 Drucker 公设材料的屈服面必须是处处外凸的, 称之为外凸性法则; (2) 在 Drucker 稳定材料应力屈服面的任意光滑处, 塑性增量应变 $\mathrm{d}\boldsymbol{\varepsilon}^p$ 一定指向屈服面的外法线方向, 称之为正交法则. 上述两性质已经在 23.3.1 节得到了应用. 下面用反证法进行证明.

设应力空间中的屈服面是外凸的, 如图 23.4 (a) 所示, (23-46) 式的第一式条件成立的条件是 $\mathrm{d}\varepsilon^p$ 垂直于屈服面或沿屈服面的外法线方向, 否则, 总有一条应力加载的矢量 $\overrightarrow{\mathrm{AB}}$ 与塑性应变增量 $\mathrm{d}\varepsilon^p$ 的方向成钝角 (obtuse angle), 从而违反 Drucker 公设. 这就证明了屈服面的正交性法则.

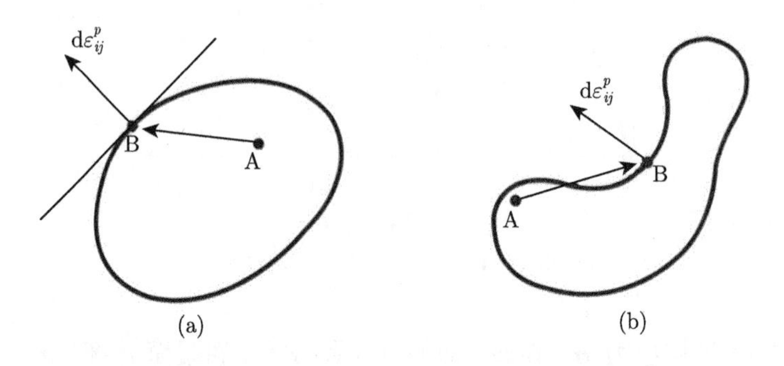

图 23.4　(a) 外凸性和正交性法则示意图; (b) 不满足 Drucker 公设的内凹型屈服面示意图

如图 23.4 (b) 所示, 如果屈服面不满足外凸性, 不管塑性应变增量 $\mathrm{d}\varepsilon^p$ 的倾角如何, 总是可以选择 A 点, 使得 (23-46) 式的第一式条件得不到满足. 因而, Drucker 材料的屈服面必须具有外凸性.

由 (23-43) 式表示的 Drucker 公设的等价形式为

$$\oint \underset{\text{余元功}}{\boldsymbol{\varepsilon}:\mathrm{d}\boldsymbol{\sigma}} \leqslant 0 \tag{23-48}$$

式中的应力循环为从图 23.3 中的状态 B ($\boldsymbol{\sigma}=\boldsymbol{\sigma}^*$, $\boldsymbol{\varepsilon}=\boldsymbol{\varepsilon}_1$) 到状态 D ($\boldsymbol{\sigma}=\boldsymbol{\sigma}^*$, $\boldsymbol{\varepsilon}=\boldsymbol{\varepsilon}_2$), 换句话说该应力循环为 BACD. 由恒等式:

$$\mathrm{d}(\boldsymbol{\sigma}:\boldsymbol{\varepsilon})=\boldsymbol{\sigma}:\mathrm{d}\boldsymbol{\varepsilon}+\mathrm{d}\boldsymbol{\sigma}:\boldsymbol{\varepsilon}=\underset{\text{元功}}{\boldsymbol{\sigma}:\mathrm{d}\boldsymbol{\varepsilon}}+\underset{\text{余元功}}{\boldsymbol{\varepsilon}:\mathrm{d}\boldsymbol{\sigma}} \tag{23-49}$$

对 (23-49) 式从状态 B ($\boldsymbol{\sigma}=\boldsymbol{\sigma}^*$, $\boldsymbol{\varepsilon}=\boldsymbol{\varepsilon}_1$) 到状态 D ($\boldsymbol{\sigma}=\boldsymbol{\sigma}^*$, $\boldsymbol{\varepsilon}=\boldsymbol{\varepsilon}_2$) 进行积分, 得到:

$$\boldsymbol{\sigma}^*:\boldsymbol{\varepsilon}_2-\boldsymbol{\sigma}^*:\boldsymbol{\varepsilon}_1=\boldsymbol{\sigma}^*:(\boldsymbol{\varepsilon}_2-\boldsymbol{\varepsilon}_1)=\int\limits_{\mathrm{B}\to\mathrm{D}}\boldsymbol{\sigma}:\mathrm{d}\boldsymbol{\varepsilon}+\int\limits_{\mathrm{B}\to\mathrm{D}}\boldsymbol{\varepsilon}:\mathrm{d}\boldsymbol{\sigma} \tag{23-50}$$

当状态 B 到状态 D 足够近时, (23-50) 式中 $\boldsymbol{\varepsilon}_2-\boldsymbol{\varepsilon}_1\approx\mathrm{d}\boldsymbol{\varepsilon}$, 再由于从 D 到 B 由于是

直线 $\left(\text{满足 } \mathrm{d}\boldsymbol{\sigma}=0,\ \int\limits_{\mathrm{B}\to\mathrm{D}} \boldsymbol{\varepsilon}:\mathrm{d}\boldsymbol{\sigma}=\oint \boldsymbol{\varepsilon}:\mathrm{d}\boldsymbol{\sigma}\right)$, 因此, (23-50) 式等价于:

$$\oint (\boldsymbol{\sigma}-\boldsymbol{\sigma}^*):\mathrm{d}\boldsymbol{\varepsilon}+\oint \boldsymbol{\varepsilon}:\mathrm{d}\boldsymbol{\sigma}=0 \tag{23-50$'$}$$

由 (23-43) 式, 也就是 Drucker 公设, 可知 (23-48) 式得证.

以上讨论的 Drucker 公设只适用于小变形情形, 原因在于 Drucker 公设的等价形式 (23-48) 式中的余元功. 值得注意的是, 尽管元功对于满足功共轭条件的不同应力应变对成立, 但余元功则不然. 余元功因选择的不同应力应变对而异, 因此, 由 Drucker 所得出的正交法则只适用于小变形.

23.4.3　Ilyushin 公设以及对大变形情形的推广

1961 年, Ilyushin 提出了如下应变循环的公设[20]: 在弹塑性材料的一个等温应变循环 (isothermal strain cycle) 内, 净应力功 (net stress work) 必须是非负的:

$$\oint \boldsymbol{\sigma}:\mathrm{d}\boldsymbol{\varepsilon}\geqslant 0 \tag{23-51}$$

Aleksi Antonovich Ilyushin (1911~1998)

从 Ilyushin 公设出发, 不仅可推论出在应变空间中加载面的外凸性及塑性应力增量矢量与加载面的正交性, 而且即使对于材料的弱化阶段, 亦即材料的不稳定情形, 也能从加载面上的一点出发作出应变循环, 图 23.5 分别给出了材料在强化和弱化阶段的两个应变循环. 由此可见, 从 Ilyushin 公设出发可统一地描述稳定的与不稳定的材料, Ilyushin 公设比 Drucker 公设具有更为广泛的适用性.

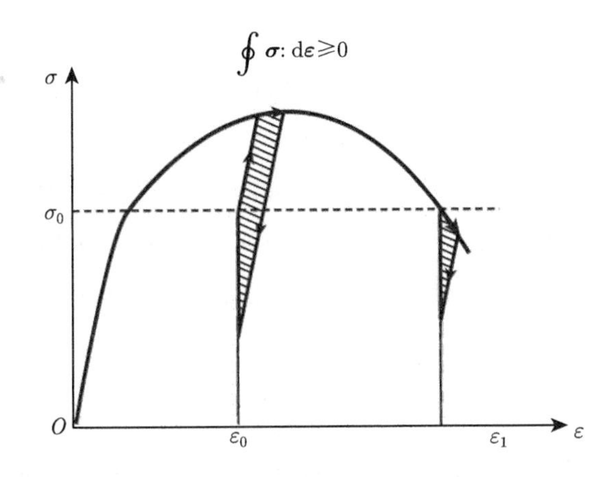

图 23.5　应用 Ilyushin 公设在材料的强化和弱化两个阶段所给出的应变循环

和 Drucker 公设一样, Ilyushin 公设最初也是针对微小弹塑性变形提出的. 与 Drucker 公设不同的是, Ilyushin 公设不但适用于小变形情形, 亦适用于大变形情形. 在有限应变时, Hill 于 1968 年[21,22], 业已证明了当应用于受限制的微小循环 (restricted infinitesimal cycles) 时, 该公设导致正交性. Hill 和 Rice 于 1973 年[17], 将 Ilyushin 公设扩展到包括有限的受限制的循环 (finite restricted cycles), 在该循环只含有微小附加塑性应变 (infinitesimal additional plastic straining) 的条件下, Ilyushin 公设保证了正交性, 但是未必保证屈服面的外凸性, 虽然不具有顶点的外凸性被排除掉. 重要的是, 由于 Ilyushin 公设以功的形式给出, 只要适用于第 7 章已讨论过的某一种 "功共轭" 的 "应力应变对", Ilyushin 公设就适用于任何一种 "功共轭" 的 "应力应变对", 见思考题 23.9.

作为特例, 当 Ilyushin 公设用于纯弹性循环时, 则得到弹性势的存在, 也就是超弹性行为. 对于弹性材料, 应力唯一地由即时应变确定, 故对于和 Green 应变 $\boldsymbol{E}$ 共轭的 PK2 应力 $\boldsymbol{T}$, 对于某等温应变循环有

$$\oint \boldsymbol{T} : \mathrm{d}\boldsymbol{E} = 0 \tag{23-52}$$

式中, 对于一个弹性循环等式必须成立, 因此,

$$\boldsymbol{T} : \mathrm{d}\boldsymbol{E} = \mathrm{d}\phi, \quad \boldsymbol{T} = \frac{\partial \phi}{\partial \boldsymbol{E}} \tag{23-53}$$

式中, ϕ 为弹性势, 第二式即为超弹性本构关系.

23.5　von Mises 塑性位势理论

1928 年, von Mises[23] 类比于弹性应变增量可表示为弹性位势能函数对应力取微商的表达式, 提出了塑性位势的概念 (concept of plastic potential), 这是 Hill[16] 在其 1948 年所发表的有关最大塑性功率原理的文章中所重点提及过的. von Mises 于 1921 年创刊了 *Zeitschrift für Angewandte Mathematik und Mechanik* (ZAMM). Hill 指出[16], von Mises 建议当材料的屈服面为 $f(\sigma_{ij}) = \text{const}$ 时, 其应力–应变关系应该表示为

$$\mathrm{d}\varepsilon_{ij} = \frac{\partial f}{\partial \sigma_{ij}} \mathrm{d}\lambda \tag{23-54}$$

式中, $\mathrm{d}\lambda$ 为正的标量比例因子 (positive scalar factor of propotionality). 应该特别指出的是, (23-54) 式是 Hill 于 1948 年所强调的由 von Mises 于 1928 年提出的,

而 Drucker 公设则是于 1951 年提出的[18]. 当然, 后来的塑性势理论就建立在了 Drucker 公设基础之上, 理论的不断发展的历程就是这样.

当采用 von Mises 屈服条件 (23-41) 时, 再由 $\mathrm{J}_2=\dfrac{1}{2}s_{ij}s_{ij}$, 对于弹塑性材料而言, 对应变增量进行如下分解: $\mathrm{d}\varepsilon_{ij}=\mathrm{d}\varepsilon_{ij}^{e}+\mathrm{d}\varepsilon_{ij}^{p}$, 应用正交法则得到:

$$\mathrm{d}\varepsilon_{ij}^{p}=\mathrm{d}\lambda\frac{\partial \mathrm{J}_2}{\partial\sigma_{ij}}=\mathrm{d}\lambda s_{ij} \tag{23-55}$$

这样就得到了针对弹塑性材料的增量型的本构关系 (incremental constitutive relation), 该本构关系首先是 Prandtl[24] 于 1924 年针对平面应变这一特殊情形而提出, Reuss[25] 进而于 1930 年对于一般的三维情形进行了发展, 故称为 Prandtl-Reuss 本构关系:

Endre (A.) Reuss (1900~1968)

$$\begin{cases}\mathrm{d}e_{ij}=\dfrac{1}{2G}\mathrm{d}s_{ij}+\mathrm{d}\lambda s_{ij}\\ \mathrm{d}\varepsilon_{kk}=\dfrac{1-2\nu}{E}\mathrm{d}\sigma_{kk}\\ \mathrm{d}\lambda=\begin{cases}0, & \text{弹性}\\ \geqslant 0, & \text{塑性}\end{cases}\end{cases} \tag{23-56}$$

当弹性变形可被忽略, 即对于理想刚塑性材料, 其增量型本构关系是由 Maurice Lévy (1838~1910) 于 1871 年[26] 建立、von Mises[15] 于 1913 年进一步完善的, 故称为 Lévy-von Mises 本构关系:

Maurice Lévy (1838~1910)

$$\mathrm{d}\varepsilon_{ij}=\mathrm{d}\lambda s_{ij} \tag{23-57}$$

Lévy 是法国力学家圣维南最为出众的学生之一, 于 1883 年当选为法兰西科学院院士. (23-57) 式表明: (1) 应变增量张量与应力偏张量成比例; (2) 塑性应变增量张量的主轴与主应力轴重合.

值得注意的是, 最早提出主应变的方向和应力主轴重合的是 Lévy 的导师圣维南, 文章发表于 1870 年[27]. 圣维南于 1868 年在 71 岁时当选为法兰西科学院院士, 他工作到生命的最后一刻, 他的最后一篇论文于 1886 年 1 月 2 日发表于法国科学院院刊, 四天后的 1886 年 1 月 6 日这位伟大的力学家 89 岁时无疾而终.

显然, Prandtl-Reuss 本构关系是刚塑性 Lévy-von Mises 本构关系针对弹塑性材料的进一步推广.

23.6　变形梯度的弹塑性乘法分解 —— Lee 分解

如图 23.6 所示, 要描述弹塑性大变形, 引入初始构形 (initial configuration) 或参考构形、中间构形 (intermediate configuration) 和当前构形 (current configuration). 初始构形中的线段 $\mathrm{d}\boldsymbol{X}$ 通过变形梯度 $\boldsymbol{F}$ 映射到当前构形中的线段 $\mathrm{d}\boldsymbol{x}$, 亦即:

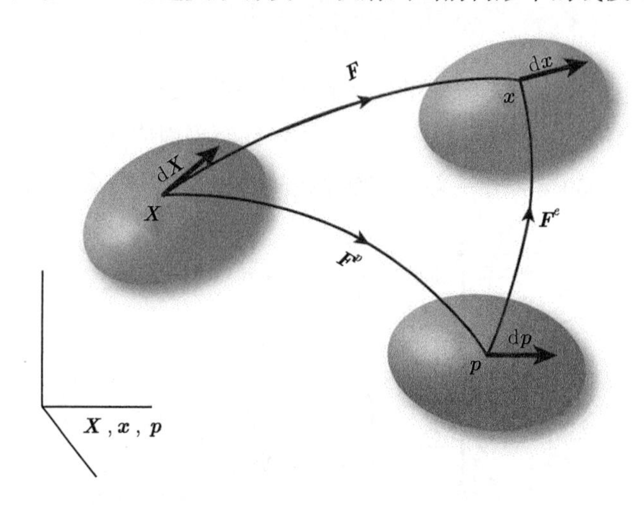

图 23.6　弹塑性大变形中的初始构形、中间构形和当前构形

$$\boldsymbol{F}=\frac{\partial \boldsymbol{x}}{\partial \boldsymbol{X}} \tag{23-58}$$

(23-58) 式对中间构形应用微分的链式法则, 即可得到变形梯度 $\boldsymbol{F}$ 的乘法分解 (multiplicative decomposition), 亦即弹性变形梯度 $\boldsymbol{F}^e$ 和塑性变形梯度 $\boldsymbol{F}^p$ 的乘积:

$$\boldsymbol{F}=\frac{\partial \boldsymbol{x}}{\partial \boldsymbol{X}}=\frac{\partial \boldsymbol{x}}{\partial \boldsymbol{p}}\frac{\partial \boldsymbol{p}}{\partial \boldsymbol{X}}=\boldsymbol{F}^e\boldsymbol{F}^p \tag{23-59}$$

Erastus Henry Lee (1916~2006)

上述分解是由 Erastus Henry Lee (1916~2006) 于 1969 年给出的[28], 故称为 Lee 分解 (Lee decomposition). (23-59) 式中变形梯度张量的 Jacobi 比满足如下不等式:

$$J=\det \boldsymbol{F}>0,\quad J^e=\det \boldsymbol{F}^e>0,\quad J^p=\det \boldsymbol{F}^p>0 \tag{23-60}$$

应该指出的是, (23-59) 式的 Lee 分解不具有唯一性. Rodney James Clifton (1937~　) 曾指出[29,30], 当研究弹塑性波动问题时, 采用 $\boldsymbol{F}=\boldsymbol{F}^p\boldsymbol{F}^e$ 的乘法分解和 $\boldsymbol{F}=\boldsymbol{F}^e\boldsymbol{F}^p$ 相比, 更能体现塑性波滞后于弹性波的鲜明特点.

在 Lee 分解中, 正确理解中间构形最为关键. 以一维弹塑性大变形情形为例, 图 23.7 给出了中间构形的位置, 也就是材料发生大变形后, 理论上以超弹性卸载后的位置. 结论是: 卸载后的构形就是中间构形.

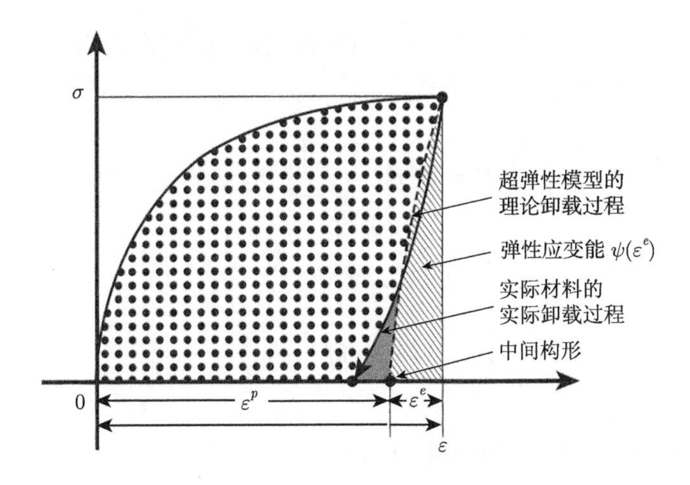

图 23.7　一维情形的中间构形示意图

为了说明 Lee 乘法分解 (23-59) 式以及中间构形选择的不唯一性, 可引入由 (5-24) 式所给出的作为刚体转动的正交张量 $\boldsymbol{Q}$:

$$\widehat{\boldsymbol{F}}^{e}=\boldsymbol{Q}\boldsymbol{F}^{e}=\boldsymbol{F}^{e}\boldsymbol{Q}^{\mathrm{T}},\quad \widehat{\boldsymbol{F}}^{p}=\boldsymbol{Q}\boldsymbol{F}^{p} \tag{23-61}$$

再由正交张量所满足的由 (5-24) 式所给出的性质, 则有下列关系式:

$$\boldsymbol{F}=\boldsymbol{F}^{e}\boldsymbol{F}^{p}=\widehat{\boldsymbol{F}}^{e}\widehat{\boldsymbol{F}}^{p} \tag{23-62}$$

由变形梯度的极分解 (5-23) 式, 有下列相应关系式:

$$\begin{cases}\boldsymbol{F}^{e}=\boldsymbol{R}^{e}\boldsymbol{U}^{e}=\boldsymbol{V}^{e}\boldsymbol{R}^{e}\\ \boldsymbol{F}^{p}=\boldsymbol{R}^{p}\boldsymbol{U}^{p}=\boldsymbol{V}^{p}\boldsymbol{R}^{p}\end{cases} \tag{23-63}$$

注意到: $\boldsymbol{R}^{\mathrm{T}}=\boldsymbol{R}^{-1}$, 则有

$$\begin{cases}\boldsymbol{U}^{e}=\boldsymbol{R}^{e\mathrm{T}}\boldsymbol{V}^{e}\boldsymbol{R}^{e},\quad \boldsymbol{V}^{e}=\boldsymbol{R}^{e}\boldsymbol{U}^{e}\boldsymbol{R}^{e\mathrm{T}}\\ \boldsymbol{U}^{p}=\boldsymbol{R}^{p\mathrm{T}}\boldsymbol{V}^{p}\boldsymbol{R}^{p},\quad \boldsymbol{V}^{p}=\boldsymbol{R}^{p}\boldsymbol{U}^{p}\boldsymbol{R}^{p\mathrm{T}}\end{cases} \tag{23-64}$$

由 (5-35) 式的变形梯度的谱分解关系式, 设中间构形的基矢量为 $\widehat{\boldsymbol{N}}_{\gamma'}$, 则有如下相应关系式:

$$\boldsymbol{F}=\sum_{\gamma=\Gamma=1}^{3}\lambda_{\Gamma}^{e}\lambda_{\Gamma}^{p}\boldsymbol{n}_{\gamma}\otimes\boldsymbol{N}_{\Gamma}=\boldsymbol{F}^{e}\boldsymbol{F}^{p}=(\boldsymbol{V}^{e}\boldsymbol{R}^{e})(\boldsymbol{R}^{p}\boldsymbol{U}^{p})=\boldsymbol{V}^{e}\boldsymbol{R}\boldsymbol{U}^{p} \tag{23-65}$$

式中, λ^e 为 $\boldsymbol{U}^e\boldsymbol{V}^e$ 的特征值, λ^p 为 $\boldsymbol{U}^p\boldsymbol{V}^p$ 的特征值, 有关系式: $\lambda_\Gamma = \lambda_\Gamma^e\lambda_\Gamma^p$, 并且弹性和塑性正交张量满足如下关系式:

$$\begin{cases} \boldsymbol{R} = \boldsymbol{R}^e\boldsymbol{R}^p = \sum\limits_{\gamma=\Gamma=1}^{3} \boldsymbol{n}_\gamma \otimes \boldsymbol{N}_\Gamma \\ \boldsymbol{R}^e = \sum\limits_{\gamma=\gamma'=1}^{3} \boldsymbol{n}_\gamma \otimes \widehat{\boldsymbol{N}}_{\gamma'} \\ \boldsymbol{R}^p = \sum\limits_{\gamma'=\Gamma=1}^{3} \widehat{\boldsymbol{N}}_{\gamma'} \otimes \boldsymbol{N}_\Gamma \end{cases} \tag{23-66}$$

其他的谱分解的关系式可见思考题 23.10.

下面再看 Green 应变的表达式, 由 (5-38) 和 (23-59) 两式, 有

$$\begin{aligned} \boldsymbol{E} &= \frac{1}{2}(\boldsymbol{F}^{\mathrm{T}}\boldsymbol{F} - \boldsymbol{I}) = \frac{1}{2}(\boldsymbol{F}^{p\mathrm{T}}\boldsymbol{F}^{e\mathrm{T}}\boldsymbol{F}^e\boldsymbol{F}^p - \boldsymbol{I}) \\ &= \boldsymbol{F}^{p\mathrm{T}}\frac{\boldsymbol{F}^{e\mathrm{T}}\boldsymbol{F}^e - \boldsymbol{I}}{2}\boldsymbol{F}^p + \frac{\boldsymbol{F}^{p\mathrm{T}}\boldsymbol{F}^p - \boldsymbol{I}}{2} \\ &= \boldsymbol{F}^{p\mathrm{T}}\boldsymbol{E}^e\boldsymbol{F}^p + \boldsymbol{E}^p \neq \boldsymbol{E}^e + \boldsymbol{E}^p \end{aligned} \tag{23-67}$$

式中,

$$\boldsymbol{E}^e = \frac{1}{2}(\boldsymbol{F}^{e\mathrm{T}}\boldsymbol{F}^e - \boldsymbol{I}), \quad \boldsymbol{E}^p = \frac{1}{2}(\boldsymbol{F}^{p\mathrm{T}}\boldsymbol{F}^p - \boldsymbol{I}) \tag{23-68}$$

(23-67) 式表明: 弹塑性大变形时, Green 应变张量不能进行弹性和塑性部分的和分解.

23.7 速度梯度、变形率和旋率的弹塑性加法分解

本节主要介绍 Moran、Ortiz 和 Shih[31] 于 1990 年有关对速度梯度的弹塑性加法分解方面的工作. 由 (5-56) 和 (23-59) 两式, 可得

$$\begin{aligned} \boldsymbol{l} &= \dot{\boldsymbol{F}}\boldsymbol{F}^{-1} = (\boldsymbol{F}^e\boldsymbol{F}^p)^\bullet(\boldsymbol{F}^e\boldsymbol{F}^p)^{-1} = (\dot{\boldsymbol{F}}^e\boldsymbol{F}^p + \boldsymbol{F}^e\dot{\boldsymbol{F}}^p)(\boldsymbol{F}^{-p}\boldsymbol{F}^{-e}) \\ &= \dot{\boldsymbol{F}}^e\boldsymbol{F}^p\boldsymbol{F}^{-p}\boldsymbol{F}^{-e} + \boldsymbol{F}^e\dot{\boldsymbol{F}}^p\boldsymbol{F}^{-p}\boldsymbol{F}^{-e} = \dot{\boldsymbol{F}}^e\boldsymbol{F}^{-e} + \boldsymbol{F}^e\dot{\boldsymbol{F}}^p\boldsymbol{F}^{-p}\boldsymbol{F}^{-e} \\ &= \boldsymbol{l}^e + \boldsymbol{l}^p \end{aligned} \tag{23-69}$$

(23-69) 式称为速度梯度的加法分解 (additive decomposition), 其中,

$$\boldsymbol{l}^e = \dot{\boldsymbol{F}}^e\boldsymbol{F}^{-e} \tag{23-70}$$

为当前构形中的弹性速度梯度张量. 而

$$\boldsymbol{l}^p = \boldsymbol{F}^e \dot{\boldsymbol{F}}^p \boldsymbol{F}^{-p} \boldsymbol{F}^{-e} = \boldsymbol{F}^e \widehat{\boldsymbol{l}}^p \boldsymbol{F}^{-e} \tag{23-71}$$

则为当前构形中的塑性速度梯度张量. (23-71) 式中,

$$\widehat{\boldsymbol{l}}^p = \dot{\boldsymbol{F}}^p \boldsymbol{F}^{-p} \tag{23-72}$$

则为中间构形中的塑性速度梯度张量.

由 (5-61) 和 (23-69) 两式, 可得到弹塑性变形时线段的物质时间导数的加法分解式为

$$\begin{aligned}(\mathrm{d}\boldsymbol{x})^\bullet &= \boldsymbol{l}\mathrm{d}\boldsymbol{x} = \boldsymbol{l}^e\mathrm{d}\boldsymbol{x} + \boldsymbol{l}^p\mathrm{d}\boldsymbol{x} \\ &= [(\mathrm{d}\boldsymbol{x})^\bullet]^e + [(\mathrm{d}\boldsymbol{x})^\bullet]^p\end{aligned} \tag{23-73}$$

(23-73) 式表明, 线段的物质时间导数亦可进行弹性和塑性的加法分解.

再应用 (5-53) 和 (5-54) 两式, 则得到变形率和旋率的弹塑性加法分解:

$$\boldsymbol{d} = \boldsymbol{d}^e + \boldsymbol{d}^p, \quad \boldsymbol{w} = \boldsymbol{w}^e + \boldsymbol{w}^p \tag{23-74}$$

式中, 弹性变形率、塑性变形率、弹性旋率和塑性旋率可分别表示为

$$\begin{cases} \boldsymbol{d}^e = \dfrac{1}{2}(\boldsymbol{l}^e + \boldsymbol{l}^{e\mathrm{T}}), & \boldsymbol{d}^p = \dfrac{1}{2}(\boldsymbol{l}^p + \boldsymbol{l}^{p\mathrm{T}}) \\ \boldsymbol{w}^e = \dfrac{1}{2}(\boldsymbol{l}^e - \boldsymbol{l}^{e\mathrm{T}}), & \boldsymbol{w}^p = \dfrac{1}{2}(\boldsymbol{l}^p - \boldsymbol{l}^{p\mathrm{T}}) \end{cases} \tag{23-75}$$

值得注意的是, 在弹塑性大变形时有关 (5-58) 和 (5-59) 两式分别给出的所谓拉回和推前操作依然成立, 读者可自行验证, 此不再赘述.

下面以图 23.8 所示的单晶体塑性变形为例, 计算塑性变形梯度、塑性变形率和旋率等参量. 此时, $\boldsymbol{F}^e$ 代表的是弹性变形 (即晶格的畸变) 和刚体转动的合成[32,33], 一般用 $\boldsymbol{F}^*$ 来代替; $\boldsymbol{F}^p$ 则代表由滑移引起的塑性变形. 对于晶体的弹塑性大变形, 有: $\boldsymbol{F} = \boldsymbol{F}^*\boldsymbol{F}^p$; 对于速度梯度有关系式: $\boldsymbol{l} = \boldsymbol{l}^* + \boldsymbol{l}^p$, 其中, $\boldsymbol{l}^* = \dot{\boldsymbol{F}}^*\boldsymbol{F}^{-*}$ 代表的是晶格的畸变率.

如图 23.8 所示, 设变形前晶体中第 α 个滑移系中沿滑移面法向和滑移方向的单位矢量分别为 $\boldsymbol{m}^{(\alpha)}$ 和 $\boldsymbol{s}^{(\alpha)}$, 由滑移所导致的 $\boldsymbol{F}^p$ 是由不同滑移系 $(\boldsymbol{m}^{(\alpha)}, \boldsymbol{s}^{(\alpha)})$ 上的剪切滑移变形量 $\gamma^{(\alpha)}$ 的叠加而产生的:

$$\boldsymbol{F}^p = \boldsymbol{I} + \sum_{\alpha=1}^{N} \gamma^{(\alpha)} \boldsymbol{s}^{(\alpha)} \otimes \boldsymbol{m}^{(\alpha)} \tag{23-76}$$

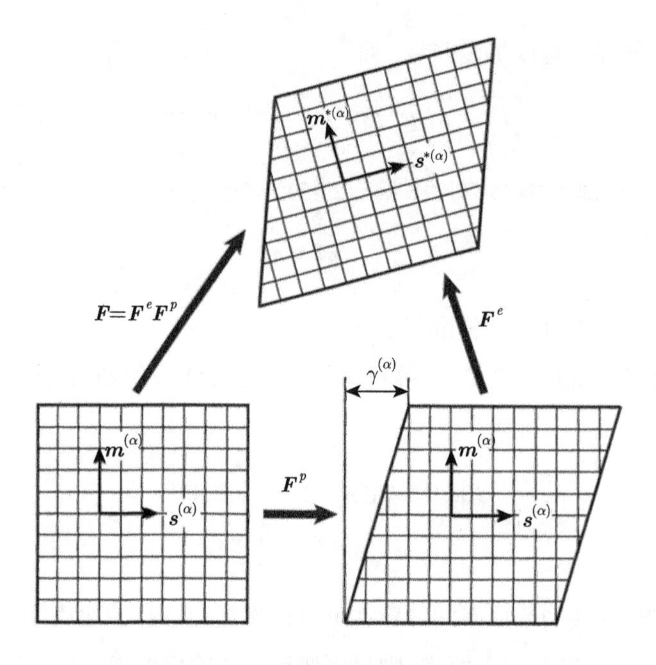

图 23.8 单晶体塑性变形示意图

式中, N 为滑移系的数目. 则 $\boldsymbol{F}^p$ 的逆和物质时间导数分别为

$$\boldsymbol{F}^{-p}=\boldsymbol{I}-\sum_{\alpha=1}^{N}\gamma^{(\alpha)}\boldsymbol{s}^{(\alpha)}\otimes\boldsymbol{m}^{(\alpha)},\quad \dot{\boldsymbol{F}}^{p}=\sum_{\alpha=1}^{N}\dot{\gamma}^{(\alpha)}\boldsymbol{s}^{(\alpha)}\otimes\boldsymbol{m}^{(\alpha)} \tag{23-77}$$

当变形引起晶格畸变和刚体转动后, 它们分别成为[35]:

$$\boldsymbol{s}^{*(\alpha)}=\boldsymbol{F}^{*}\boldsymbol{s}^{(\alpha)},\quad \boldsymbol{m}^{*(\alpha)}=\boldsymbol{m}^{(\alpha)}\boldsymbol{F}^{-*} \tag{23-78}$$

式中, $\boldsymbol{s}^{*(\alpha)}$ 和 $\boldsymbol{m}^{*(\alpha)}$ 不再是单位矢量, 但仍保持正交. 与前述变形梯度的乘法分解相对应, 速度梯度也可分解为分别与滑移和晶格畸变加刚体转动相对应的两部分, 其中, 滑移所对应的塑性速度梯度为

$$\boldsymbol{l}^{p}=\sum_{\alpha=1}^{N}\dot{\gamma}^{*(\alpha)}\boldsymbol{s}^{*(\alpha)}\otimes\boldsymbol{m}^{*(\alpha)} \tag{23-79}$$

从而塑性变形率和塑性旋率分别为

$$\left\{\begin{aligned}\boldsymbol{d}^{p}&=\frac{1}{2}\sum_{\alpha=1}^{N}\dot{\gamma}^{(\alpha)}[\boldsymbol{s}^{*(\alpha)}\otimes\boldsymbol{m}^{*(\alpha)}+\boldsymbol{m}^{*(\alpha)}\otimes\boldsymbol{s}^{*(\alpha)}]\\ \boldsymbol{w}^{p}&=\frac{1}{2}\sum_{\alpha=1}^{N}\dot{\gamma}^{(\alpha)}[\boldsymbol{s}^{*(\alpha)}\otimes\boldsymbol{m}^{*(\alpha)}-\boldsymbol{m}^{*(\alpha)}\otimes\boldsymbol{s}^{*(\alpha)}]\end{aligned}\right. \tag{23-80}$$

对于小变形的单滑移系情形, 应变率可进行如下分解:

$$\dot{\boldsymbol{\varepsilon}} = \dot{\boldsymbol{\varepsilon}}^e + \dot{\boldsymbol{\varepsilon}}^p \tag{23-81}$$

式中, 塑性应变率可表示为 (23-80) 式中的第一式的简化形式:

$$\dot{\boldsymbol{\varepsilon}}^p = \frac{1}{2}\dot{\gamma}(\boldsymbol{s} \otimes \boldsymbol{m} + \boldsymbol{m} \otimes \boldsymbol{s}) \tag{23-82}$$

$\boldsymbol{s}$ 作为滑移方向的单位矢量可通过 Burgers 矢量 $\boldsymbol{b}$ 表示为 $\boldsymbol{s} = \boldsymbol{b}/|\boldsymbol{b}|$. (23-81) 式中的弹性应变率则可通过 (13-8) 式表示为

$$\dot{\boldsymbol{\varepsilon}}^e = \boldsymbol{\mathcal{S}} : \dot{\boldsymbol{\sigma}} \tag{23-83}$$

思 考 题

23.1 通过对比 (23-5) 和 (23-23) 两式可知, 验证: 功等效应力就是 von Mises 等效应力.

23.2 有关 (23-36) 式中塑性模量 E_p 的含义可通过理想塑性材料的单轴拉伸情形来说明, 当在轴向应力 σ_1 的作用下所产生的塑性应变为 ε_1^p 时, 证明此时有如下关系:

$$n_{11} = \sqrt{2/3}, \quad n_{22} = n_{33} = -\frac{1}{2}\sqrt{2/3}, \quad E_p = \mathrm{d}\sigma_1/\mathrm{d}\varepsilon_1^p$$

23.3 求 (23-38) 式中弹塑性柔度张量 $\boldsymbol{\mathcal{S}}^{ep}$ 的逆, 亦即弹塑性刚度张量 $\boldsymbol{\mathcal{C}}^{ep} = (\boldsymbol{\mathcal{S}}^{ep})^{-1}$, 并证明弹塑性刚度张量 $\boldsymbol{\mathcal{C}}^{ep}$ 满足 Voigt 对称性.

23.4 由于不依赖于静水压强, Tresca 和 von Mises 屈服条件均具有压强不敏感性 (pressure-insensitivity) 的特点. 一个屈服函数 $f(\boldsymbol{\sigma})$ 如果满足:

$$f(\boldsymbol{\sigma} + p\boldsymbol{I}) = f(\boldsymbol{\sigma}) \tag{23-84}$$

即可被称为是压强不敏感的, (23-84) 式中, p 为包括静水压在内任意叠加的压强.

问题: 验证 Tresca 和 von Mises 屈服条件均具有压强不敏感性的特点.

23.5 一般地, 岩土材料对静水压敏感, 被称具有压强敏感性 (pressure-sensitivity). 该方面工程中常用的屈服条件之一为 Mohr-Coulomb 屈服条件. 该准则是基于 Coulomb[35] 于 1776 年和 Mohr[36] 于 1900 年的贡献. Mohr-Coulomb 屈服条件是 Tresca 屈服条件考虑静水压后的推广. 如图 23.9 所示, Mohr-Coulomb 屈服条件表明, 在岩土介质的微元的任何截面上, 当剪应力 τ 的大小达到某一临界值时, 材料就要产生剪切滑移. 在最简单的情况下, 上述剪应力的临界值和破裂面上的正应力 σ_n 呈如下线性关系:

$$\tau = c - \sigma_n \tan\phi \tag{23-85}$$

式中, c 为介质的内聚力 (cohesion, 量纲为应力), ϕ 为摩擦角.

问题: 如何确定黏聚力和摩擦角?

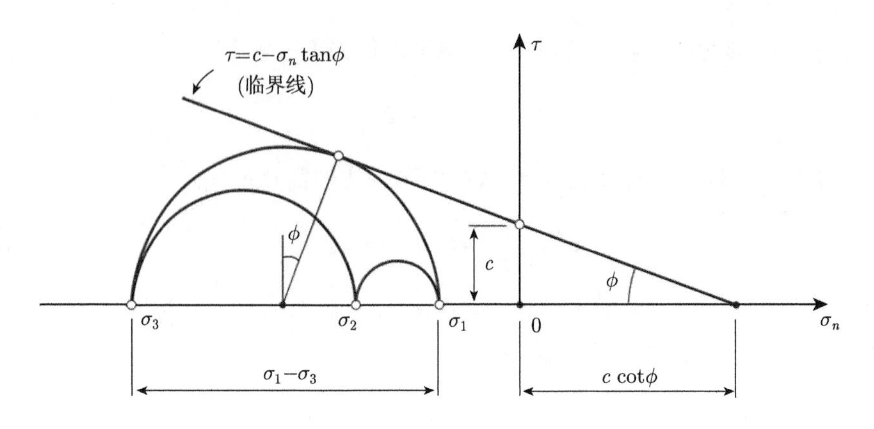

图 23.9　Mohr-Coulomb 屈服条件

Charles Augustin de Coulomb (1736~1806)

23.6　另外一种常用的压强敏感型屈服条件是 Drucker-Prager 屈服条件[37]. 该屈服条件是 von Mises 屈服条件考虑静水压后的推广, 其表达形式为

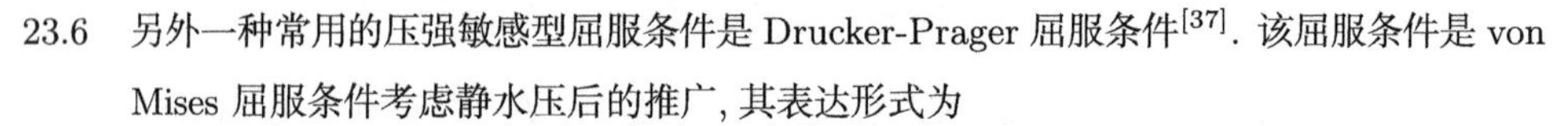

$$\sqrt{\mathrm{J}_2}+\alpha\sigma=k \tag{23-86}$$

式中, $\sigma=\dfrac{1}{3}\mathrm{tr}\boldsymbol{\sigma}$ 为由 (23-1) 式表示的应力张量的第一不变量 (球应力张量), α 和 k 为材料常数. 当 $\alpha=0$ 时, Drucker-Prager 屈服条件退化为 von Mises 屈服条件.
问题: 如何确定上述两个材料常数 α 和 k?

Christian Otto Mohr (1835~1918)

23.7　平面应力情形和三维主应力空间中的 Mohr-Coulomb 与 Drucker-Prager 屈服条件分别如图 23.10 和 23.11 所示.
问题: 请总结两个屈服条件各自的特点和之间的异同点.

23.8　Tresca、von Mises、Mohr-Coulomb、Drucker-Prager 几个常用屈服条件的一个重要特点是其各向同性 (isotropy) . 以 Tresca 屈服条件为例, (23-39) 式可表示为

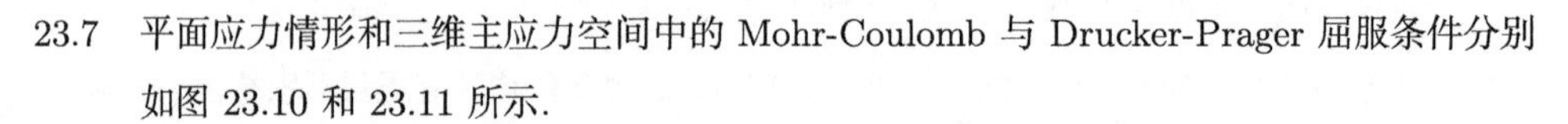

$$f(\boldsymbol{\sigma})=\frac{1}{2}(\sigma_{\max}-\sigma_{\min})-\tau_Y \quad 或 \quad f(\boldsymbol{\sigma})=(\sigma_{\max}-\sigma_{\min})-\sigma_Y \tag{23-87}$$

式中已经利用了关系: $\sigma_Y=2\tau_Y=2k$. 所谓各向同性是指, 对于任意转动 $\boldsymbol{Q}$, 满足:

$$f(\boldsymbol{\sigma})=f(\boldsymbol{Q}\ \boldsymbol{\sigma}\ \boldsymbol{Q}^{\mathrm{T}}) \tag{23-88}$$

满足 (23-88) 式的屈服函数被称为各向同性屈服函数 (isotropic yield function).
问题: 证明 von Mises、Mohr-Coulomb、Drucker-Prager 屈服条件都具有各向同性的特点.

23.9　结合第 7 章讨论过的满足功共轭的应力应变对, 对出有限变形时由不同应力应变对表示的 Ilyushin 公设的表达式.

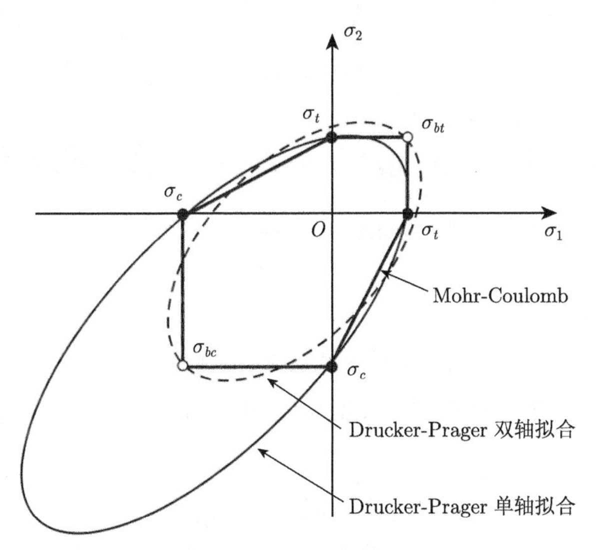

图 23.10　平面应力情形下 Mohr-Coulomb 屈服条件与 Drucker-Prager 屈服条件的关系
图中下标: c 和 t 分别表示单轴压缩或拉伸, bc 和 bt 分别表示双轴压缩或拉伸

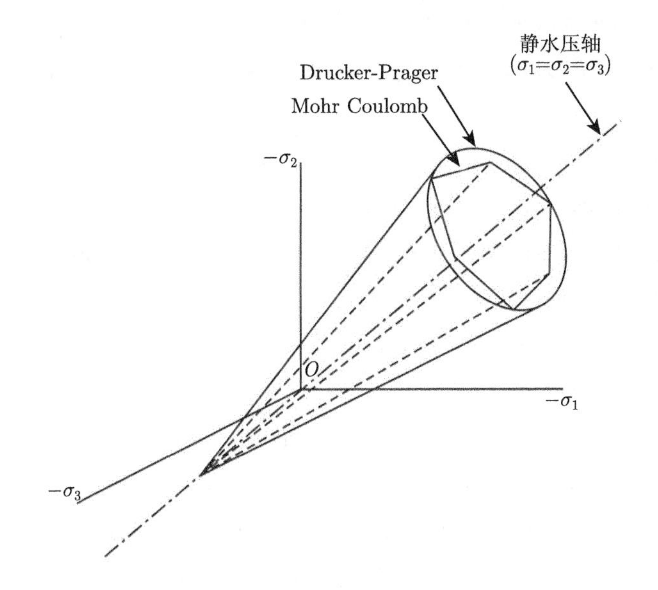

图 23.11　三维主应力空间中 Mohr-Coulomb 与 Drucker-Prager 屈服条件之间的关系

23.10　结合关系式 (23-63)~ 式 (23-66), 证明如下谱分解关系式:

$$
\begin{cases}
\boldsymbol{F}^e = \boldsymbol{R}^e\boldsymbol{U}^e = \boldsymbol{V}^e\boldsymbol{R}^e = \displaystyle\sum_{\gamma=\gamma'=1}^{3} \lambda_\gamma^e \boldsymbol{n}_\gamma \otimes \widehat{\boldsymbol{N}}_{\gamma'} \\
\boldsymbol{F}^p = \boldsymbol{R}^p\boldsymbol{U}^p = \boldsymbol{V}^p\boldsymbol{R}^p = \displaystyle\sum_{\gamma'=\Gamma=1}^{3} \lambda_\Gamma^p \widehat{\boldsymbol{N}}_{\gamma'} \otimes \boldsymbol{N}_\Gamma
\end{cases}
\tag{23-89}
$$

以及,

$$\begin{cases} \boldsymbol{U}^e = \sum\limits_{\gamma'=1}^{3} \gamma^e_{\gamma'} \widehat{\boldsymbol{N}}_{\gamma'} \otimes \widehat{\boldsymbol{N}}_{\gamma'}, & \boldsymbol{V}^e = \sum\limits_{\gamma=1}^{3} \lambda^e_{\gamma} \boldsymbol{n}_{\gamma} \otimes \boldsymbol{n}_{\gamma} \\ \boldsymbol{U}^p = \sum\limits_{\Gamma=1}^{3} \lambda^p_{\Gamma} \boldsymbol{N}_{\Gamma} \otimes \boldsymbol{N}_{\Gamma}, & \boldsymbol{V}^p = \sum\limits_{\gamma'=1}^{3} \gamma^p_{\gamma'} \widehat{\boldsymbol{N}}_{\gamma'} \otimes \widehat{\boldsymbol{N}}_{\gamma'} \end{cases} \tag{23-90}$$

23.11　验证: 几何必须位错密度 (geometrically necessary dislocation density) 可表示为[38]:

$$\boldsymbol{g} = \mathrm{curl}\boldsymbol{F}^p \tag{23-91}$$

23.12　大作业: 调研 Drucker 公设在 Rice 建立的弹塑性大变形内变量理论[39] 中的适用性.

23.13　大作业: 调研弹塑性大变形理论在锂离子电池应力演化和碎裂分析中的应用[40].

参 考 文 献

[1] Von Kármán T. Festigkeitsversuche unter allseitigem druck. Zeitschrift des Vereins Deutscher Ingenieure, 1911, 55: 1749–1757.

[2] Bridgman P W. Effects of high hydrostatic pressure on the plastic properties of metals. Reviews of Modern Physics, 1945, 17: 3–14.

[3] Bridgman P W. The tensile properties of several special steels and certain other materials under pressure. Journal of Applied Physics, 1946, 17: 201–212.

[4] Bridgman P W. The effect of hydrostatic pressure on the fracture of brittle substances. Journal of Applied Physics, 1947, 18: 246–258.

[5] Bridgman P W. Effect of hydrostatic pressure on plasticity and strength. Research (London), 1949, 2: 550–555.

[6] Bridgman P W. Studies in Large Plastic Flow and Fracture with Special Emphasis on the Effects of Hydrostatic Pressure. New York: McGraw-Hill, 1952.

[7] Wilson C D. A critical reexamination of classical metal plasticity. Journal of Applied Mechanics-Transactions of the ASME, 2002, 69: 63–68.

[8] Hill R. The Mathematical Theory of Plasticity. Oxford: Clarendon Press, 1950.

[9] 王仁, 熊祝华, 黄文彬. 塑性力学基础. 北京: 科学出版社, 1982.

[10] 黄克智, 黄永刚. 固体本构关系. 北京: 清华大学出版社, 1999.

[11] Prager W. Recent developments in the mathematical theory of plasticity. Journal of Applied Physics, 1949, 20: 235–241.

[12] Tresca H. Mémoire sur l'écoulement des corps solides soumis à de fortes pressions. Comptes Rendus Academie des Science Paris, 1864, 59: 754–758.

[13] Guest J J. The strength of materials under combined stress. Philosophical Magazine, 1900, 50: 69–132.

[14] Huber M T. Die spezifische formänderungsarbeit als mass der anstrengung eines materials. Czasopismo Techniczne, 1904, 22: 81–92.

[15] Von Mises R. Mechanik der festen Körper im plastisch- deformablen Zustand. Nachrichten von der Gesellschaft der Wissenschaften zu Göttingen, Mathematisch-Physikalische Klasse, 1913, 1: 582–592.

[16] Hill R. A variational principle of maximum plastic work in classical plasticity. The Quarterly Journal of Mechanics and Applied Mathematics, 1948, 1: 18–28.

[17] Hill R, Rice J R. Elastic potentials and the structure of inelastic constitutive laws. SIAM Journal on Applied Mathematics, 1973, 25: 448–461.

[18] Drucker D C. A more fundamental approach to plastic stress-strain relations. In: Proceedings of the First US National Congress of Applied Mechanics, ASME, New York, pp. 487–491, 1951.

[19] Drucker D C. On the postulate of stability of material in the mechanics of continua. Journal de Mécanique, 1964, 3: 235–249.

[20] Ilyushin A A. O postulate plastichnosti. Prikladnaya Mathematika i Mekkanika, 1961, 25: 503–507. (On the postulate of plasticity. Applied Mathematics and Mechanics, 1961, 25: 746–752)

[21] Hill R. On constitutive inequalities for simple materials–I. Journal of the Mechanics and Physics of Solids, 1968, 16: 229–242.

[22] Hill R. On constitutive inequalities for simple materials–II. Journal of the Mechanics and Physics of Solids, 1968, 16: 315–322.

[23] Von Mises R. Mechanik der plastischen formänderung von kristallen (Mechanics of the ductile form changes of crystals). Zeitschrift für Angewandte Mathematik und Mechanik, 1928, 8: 161–185.

[24] Prandtl L. Spannungsverteilung in plastischen kœrpern. Proceedings of the 1st International Congress on Applied Mechanics, Delft, 1924, pp. 43–54.

[25] Reuss A. Berücksichtigung der elastischen Formänderung in der Plastizitätstheorie. Zeitschrift für angewandte Mathematik und Mechanik, 1930, 10: 266–274.

[26] Lévy M. Extrait du mémoire sur les équations générales des mouvements intérieurs des corps solides ductiles au delà des limites où l'élasticité pourrait les ramener à leur premier état. Journal de Mathématiques Pures et Appliquées, 1871, 16: 369–372.

[27] Barré de Saint-Venant A J C. Sur l'établissement des équations des mouvements intérieurs opérés dans les corps solides ductiles au-delà des limites où l'élasticité pourrait les ramener à leur premier état. Comptes Rendus des Séances de l'Académie des Sciences, 1870, 70: 473–480.

[28] Lee E H. Elastic-plastic deformation at finite strains. Journal of Applied Mechanics, 1969, 36: 1–6.

[29] Clifton R J. On the equivalence of $F=F^eF^p$ and $F=F^pF^e$. Journal of Applied Mechanics, 1972, 14: 703–717.

[30] Clifton R J. Analysis of elastic/viscoplastic waves of finite uniaxial strain. In: Shock Waves and Mechanical Properties of Solids (eds., Burke J and Weiss V), Syracuse: Syracuse University Press, 1971, pp. 73–119.

[31] Moran B, Ortiz M, Shih C F. Formulation of implicit finite element methods for multiplicative finite deformation plasticity. International Journal for Numerical Methods in Engineering, 1990, 29: 483–514.

[32] Asaro R J. Micromechanics of Crystals and Polycrystals. Hutchinson J W, Wu T Y (Eds.), Advances in Applied Mechanics, Vol. 23, New York: Academic Press, 1983, pp. 1–115.

[33] Asaro R J. Crystal plasticity. Journal of Applied Mechanics, 1983, 50: 921–934.

[34] Asaro R J, Rice J R. Strain localization in ductile single crystals. Journal of the Mechanics and Physics of Solids, 1977, 25: 309–338.

[35] Coulomb C A. Essai sur une application des règles maximis et minimis à quelques problèmes de statique, relatifs a l'architecture. Mémoires de Mathématique et de Physique, Académie Royale des Sciences (Paris), 1776, 7: 343–382.

[36] Mohr O. Welche Umstände bedingen die Elastizitätsgrenze und den Bruch eines Materials. Zeitschrift des Vereins Deutscher Ingenieure, 1900, 44: 1524–1530.

[37] Drucker D C, Prager W. Soil mechanics and plastic analysis or limit design. Quarterly of Applied Mathematics, 1952, 10: 157–165.

[38] Reina C, Conti S. Kinematic description of crystal plasticity in the finite kinematic framework: a micromechanical understanding of F= Fe Fp. Journal of the Mechanics and Physics of Solids, 2014, 67: 40–61.

[39] Rice J R. Inelastic constitutive relations for solids: an internal-variable theory and its application to metal plasticity. Journal of the Mechanics and Physics of Solids, 1971, 19: 433–455.

[40] Zuo P, Zhao Y P. Phase field modeling of lithium diffusion, finite deformation, stress evolution and crack propagation in lithium ion battery. Extreme Mechanics Letters, 2016, 9: 467-479.

第 24 章　连续介质断裂理论

本章将从 Ernst Gustav Kirsch (1841~1901) 于 1898 年所发表的针对无限大平板中圆孔所引起的应力集中[1] 开始讲起; 然后讨论含椭圆孔无限平面介质的弹性解, 分别由俄罗斯数学家 Gury Vasilievich Kolosov (1867~1936)[2] 于 1909 年和英国皇家学会会员 Charles Edward Inglis (1875~1952)[3] 于 1913 年彼此独立所建立的, 该模型为 Alan Arnold Griffith (1893~1963) 于 1921 年针对玻璃的强度问题所创立的脆性断裂力学理论[4] 奠定了基础; 在线弹性前提下, Griffith 理论对固体表面张力的引入是对经典连续介质力学的重要补充, 是一里程碑式的开创性工作. 这种从 "圆孔" 到 "椭圆孔" 再到 "裂纹" 的缺陷是一种力学理论分析上的自然过渡.

George Rankin Irwin (1907~1998)[5] 和 Egon Orowan (1901~1989)[6] 于 1948 年独立地建立了工程材料的脆性断裂理论, 其意义是提出了把 Griffith 脆断理论应用于不局限于表面能控制的脆性断裂过程的物理基础和操作方案. Irwin 则又于 1957 年创立了应力强度因子 (Stress Intensity Factor, SIF) 的理论框架[7], 并提出了弹塑性材料的小范围屈服 (Small Scale Yielding, SSY) 断裂理论.

本章除了介绍线弹性断裂力学 (Linear Elastic Fracture Mechanics, LEFM) 的基本框架外, 还将讨论 Barenblatt-Dugdale 的裂纹尖端内聚–塑性区模型. 本书将在 28.5 节简要讨论非局部断裂理论.

24.1　Kirsch 圆孔和 Kolosov-Inglis 椭圆孔的应力集中理论

24.1.1　Kirsch 的含圆孔的无限大平板的弹性解和应力集中问题

有关应力集中的理论研究可追溯到 1898 年德国学者 Kirsch 针对含圆孔的无限大平板所得到的弹性解. 如图 24.1(a) 所示, Kirsch 弹性应力解为[1]:

$$\begin{cases} \sigma_{rr} = \dfrac{\sigma_\infty}{2}\left[1-\left(\dfrac{a}{r}\right)^2\right] + \dfrac{\sigma_\infty}{2}\left[1-4\left(\dfrac{a}{r}\right)^2+3\left(\dfrac{a}{r}\right)^4\right]\cos 2\theta \\ \sigma_{\theta\theta} = \dfrac{\sigma_\infty}{2}\left[1+\left(\dfrac{a}{r}\right)^2\right] - \dfrac{\sigma_\infty}{2}\left[1+3\left(\dfrac{a}{r}\right)^4\right]\cos 2\theta \\ \sigma_{r\theta} = -\dfrac{\sigma_\infty}{2}\left[1+2\left(\dfrac{a}{r}\right)^2-3\left(\dfrac{a}{r}\right)^4\right]\sin 2\theta \end{cases} \tag{24-1}$$

式中, σ_∞ 为远场所施加的拉伸应力. 当 $r=a$ 时, (24-1) 式简化为

$$\begin{cases}\sigma_{rr}=\sigma_{r\theta}=0\\ \sigma_{\theta\theta}=\sigma_\infty(1-2\cos 2\theta)\end{cases}\tag{24-2}$$

其中, (24-2) 式的第一式是由于圆孔的自由面的边界条件所要求的. (24-2) 式表明: (1) 圆孔表面的应力分布和圆孔的尺寸无关; (2) 当 $\theta=0^\circ$ 或 $\theta=180^\circ$ 时, $\sigma_{\theta\theta}=-\sigma_\infty$, 此处圆孔的环向应力 (hoop stress) 为压应力; (3) 当 $\theta=\pm 90^\circ$ 时, Kirsch 解则给出了著名的三倍应力集中系数:

$$\sigma_{\theta\theta}|_{\theta=\pm 90^\circ}=3\sigma_\infty\tag{24-3}$$

(24-3) 式亦为圆孔的最大环向应力, 如图 24.1(b) 所示.

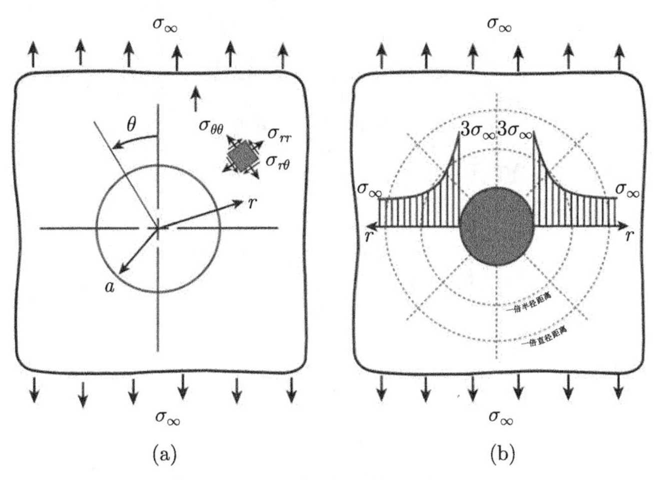

图 24.1　Kirsch 弹性解示意图

(a) 坐标示意图; (b) 三倍应力集中系数示意图

图 24.2 给出了某载客飞机在铆钉孔附近所产生的疲劳裂纹, 从该图可判断出材料的受力方向.

对于如图 24.3 所示的双向拉应力和切应力共同作用的情形, 弹性解为

$$\begin{cases}\sigma_{rr}=\dfrac{\sigma_{xx}^\infty+\sigma_{yy}^\infty}{2}\left[1-\left(\dfrac{a}{r}\right)^2\right]+\left[1-4\left(\dfrac{a}{r}\right)^2+3\left(\dfrac{a}{r}\right)^4\right]\left(\dfrac{\sigma_{xx}^\infty-\sigma_{yy}^\infty}{2}\cos 2\theta+\sigma_{xy}^\infty\sin 2\theta\right)\\ \sigma_{\theta\theta}=\dfrac{\sigma_{xx}^\infty+\sigma_{yy}^\infty}{2}\left[1+\left(\dfrac{a}{r}\right)^2\right]-\left[1+3\left(\dfrac{a}{r}\right)^4\right]\left(\dfrac{\sigma_{xx}^\infty-\sigma_{yy}^\infty}{2}\cos 2\theta+\sigma_{xy}^\infty\sin 2\theta\right)\\ \sigma_{r\theta}=\left[1+2\left(\dfrac{a}{r}\right)^2-3\left(\dfrac{a}{r}\right)^4\right]\left(\dfrac{\sigma_{yy}^\infty-\sigma_{xx}^\infty}{2}\sin 2\theta+\sigma_{xy}^\infty\cos 2\theta\right)\end{cases}\tag{24-4}$$

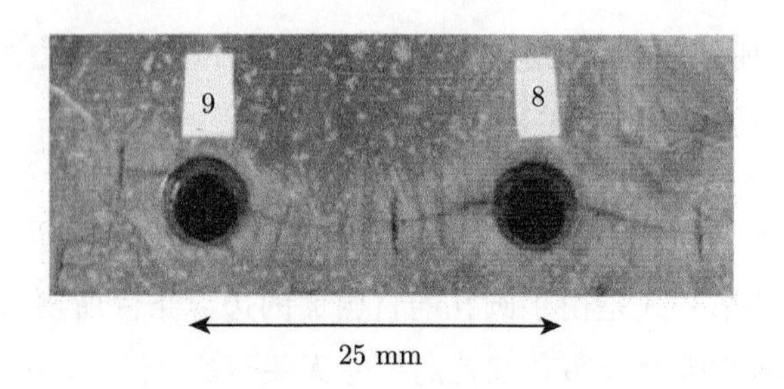

图 24.2 铆钉圆孔处产生的裂纹

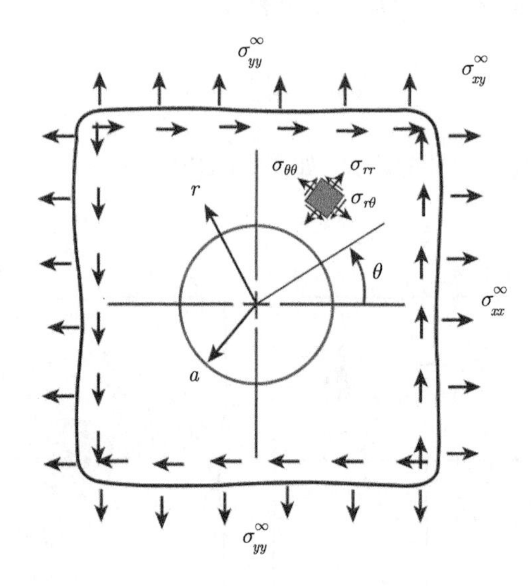

图 24.3 复合应力作用下的 Kirsch 问题

24.1.2 Kolosov-Inglis 的椭圆孔的应力集中问题

Gury Vasilievich Kolosov (1867~1936)

含椭圆孔无限平面介质的弹性解在国际学术界经常被称为 “Kolosov-Inglis 解”, 其原因是在 1909 年, 俄罗斯数学家 Gury Vasilievich Kolosov (1867~1936)[2] 在其博士论文中用复变函数的方法获得了该解. 由于裂纹是椭圆的特例, 所以 Kolosov-Inglis 解是为建立 LEFM 所迈出的关键一步.

如图 24.4(a) 所示, 为了求解上的方便, 首先建立如下椭圆坐标:

$$\begin{cases} x = c\cosh\alpha\cos\beta \\ y = c\sinh\alpha\sin\beta \end{cases} \tag{24-5}$$

式中, $\sinh x = \dfrac{\mathrm{e}^{x} - \mathrm{e}^{-x}}{2}$, $\cosh x = \dfrac{\mathrm{e}^{x} + \mathrm{e}^{-x}}{2}$, 并有: $\tanh x = \dfrac{\sinh x}{\cosh x} = \dfrac{\mathrm{e}^{x} - \mathrm{e}^{-x}}{\mathrm{e}^{x} + \mathrm{e}^{-x}}$. 由

于有: $\sin^2\beta+\cos^2\beta=1$, (24-5) 式给出如下椭圆方程: $\left(\dfrac{x}{c\cosh\alpha}\right)^2+\left(\dfrac{y}{c\sinh\alpha}\right)^2=1$, 如图 24.4(b) 所示, 该椭圆的长、短轴之半分别为 $a=c\cosh\alpha$ 和 $b=c\sinh\alpha$, 则: $\dfrac{b}{a}=\dfrac{\sinh\alpha}{\cosh\alpha}=\tanh\alpha$. 可见, 当 α 值很小时, 椭圆将扁化为裂纹.

Charles Edward Inglis (1875~1952)

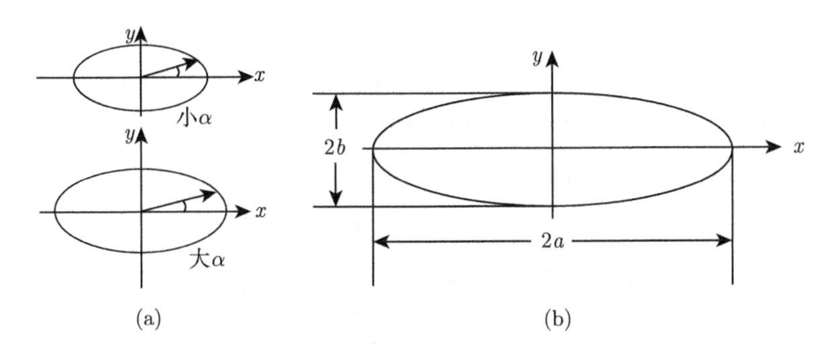

图 24.4　(a) 椭圆坐标; (b) 椭圆的长短轴

如图 24.5(a) 所示, 在椭圆的尖端, 最大应力值为

$$\sigma_{\max}=\sigma_\infty\left(1+2\frac{a}{b}\right) \tag{24-6}$$

(24-6) 式表明, 当 $a=b$ 时, (24-6) 式将退化为 (24-3) 式的圆孔的弹性解; 另一方面, 当 $b\to 0$, 也就是当椭圆扁化为裂纹时, 最大应力将存在奇异性.

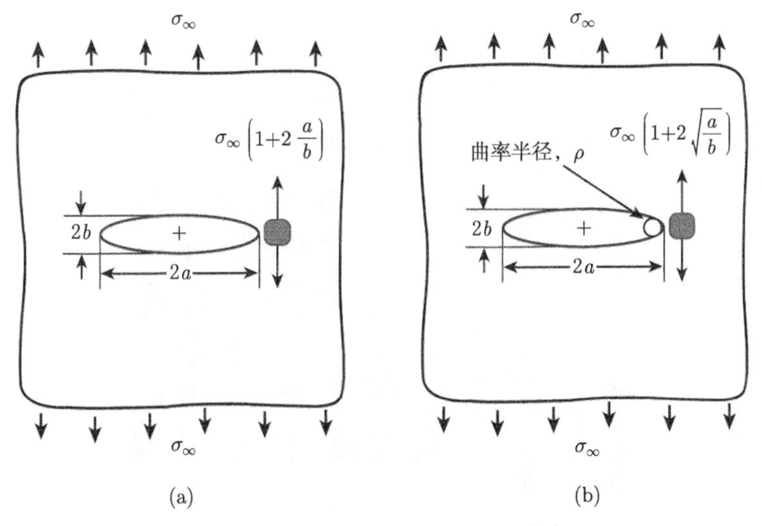

图 24.5　椭圆型孔洞顶端的应力集中
(a) 用长短半轴表示; (b) 用曲率半径表示

由思考题 24.3 可知, 椭圆尖端的曲率半径为: $\rho = b^2/a$, 如图 24.5(b) 所示, (24-6) 式可等价地表示为

$$\sigma_{\max} = \sigma_{\infty}\left(1 + 2\sqrt{\frac{a}{\rho}}\right) \tag{24-7}$$

带根号的 Kolosov-Inglis 解 (24-7) 式的里程碑性基于如下两个原因: (1) 当椭圆顶端的曲率半径趋于零 $\rho \to 0$, 也就是当椭圆扁化为裂纹时, 其顶端的应力在 LEFM 的意义下趋于无穷大; (2) 椭圆顶端的应力和 $\sqrt{a}$ 成比例, 这一点和圆孔的 Kirsch 解很不同, 圆孔处的环向应力和圆孔的大小无关.

24.2 Griffith 通过引入固体表面张力所创立的脆性断裂理论

Alan Arnold Griffith (1893~1963)

Griffith 于 1921 年所发表的有关玻璃脆断的奠基性论文标志着断裂力学领域的诞生 (the birth of the field of fracture mechanics), 其意义十分重大. Griffith 的解汲取了 Inglis 关于含椭圆孔无限平面介质的弹性解, 并按照能量平衡的观点导出了材料发生脆断的准则. 因而 Griffith 理论则是基于能量的全局性热力学方法.

如图 24.6 所示的裂纹扩展的过程从物理力学的角度来看就是晶体的断键过程, 设裂纹的长度为 a, 所讨论的发生脆断构件的厚度为 B, 则材料发生脆断形成两个新表面的面积为: $2aB$, 设材料的表面张力, 也就是材料形成单位的新面积所需要的

图 24.6　作为断键过程的裂纹扩展

力为 γ, 则脆断的表面能为

$$\Gamma = 2aB\gamma \tag{24-8}$$

(24-8) 式为形成长度为 a 的裂纹需要克服原子键能所必须注入到物体中的功.

含裂纹 (当前构形) 和不含裂纹 (参考构形) 体弹性形变能之差为

$$U = \frac{\sigma^2}{2E}B\pi a^2 \tag{24-9}$$

含裂纹系统相对于不含裂纹系统的 Helmholtz 自由能为

$$F = 2aB\gamma - \frac{\sigma^2}{2E}B\pi a^2 \tag{24-10}$$

式中的热力学变量为裂纹长度 a, 热力学要求系统的演化朝着 Helmholtz 自由能减小的方向进行, 也就是 $\delta F < 0$.

对 (24-10) 式进行变分, 得到 δF 和裂纹虚位移 δa 的关系式:

$$\delta F = B\left(2\gamma - \frac{\sigma^2}{E}\pi a\right)\delta a \tag{24-11}$$

按照热力学的限制条件 $\delta F < 0$, 分为两种情况讨论 (24-11) 式:

情形 I (小裂纹愈合): $2\gamma > \dfrac{\sigma^2}{E}\pi a$, 也就是表面能大于弹性形变能时, 此时裂纹长度满足: $a < \dfrac{2\gamma E}{\pi\sigma^2}$ 时, 属于小裂纹情形, 此时将发生裂纹的愈合 (healing). 类比于闭合拉链, 裂纹愈合情况对应于: $\delta a < 0$、$\delta F < 0$. 裂纹愈合情形常见于: (1) MEMS 中的硅片键合 (wafer bonding)[8], 在表面力的作用下, 原子之间的键发生愈合, 亦可实现不同材料间的多层键合; (2) 胶层; (3) 高温烧结 (sintering); (4) 水力压裂中, 在地压应力的作用下裂纹的愈合; 等.

情形 II (大裂纹扩展): $\dfrac{\sigma^2}{E}\pi a \geqslant 2\gamma$, 亦即弹性形变能大于表面能, 裂纹长度满足: $a \geqslant \dfrac{2\gamma E}{\pi\sigma^2}$. 类比于拉开拉链, 裂纹扩展情况对应于: $\delta a > 0$、$\delta F < 0$. 断裂力学主要研究在外力作用下裂纹的扩展问题.

在 (24-11) 式中令: $\delta F/\delta a = 0$, 则得到材料发生脆断的应力阈值为

$$\sigma_f = \sqrt{\frac{2\gamma E}{\pi a}} \tag{24-12}$$

定义 Griffith 临界能量释放率 (griffith critical energy release rate):

$$G_c = 2\gamma \tag{24-13}$$

据说, 用 G 来表示能量释放率是为了纪念 Griffith 对脆性断裂力学的创立. 通过临界能量释放率, 材料的脆断应力可表示为

$$\sigma_f = \sqrt{\frac{G_c E}{\pi a}} \tag{24-14}$$

事实上, (24-12) 和 (24-14) 两式均可改写为如下重要形式:

$$\sigma_f \sqrt{\pi a} = \text{const} \tag{24-15}$$

(24-15) 式为 Irwin 构建应力强度因子的概念和理论框架奠定了必要基础.

Irwin 和 Orowan 还针对 Griffith 脆断理论对准脆性断裂 (quasibrittle fracture) 情形进行了推广[5−7]. 对于准脆性断裂, (24-13) 式可修正为

$$G_c = 2\gamma + \gamma_{\mathrm{P}} \tag{24-16}$$

应该特别注意的是, γ_{P} 不能简单地理解为塑性功, γ_{P} 在量纲上必须和表面张力 γ 一致, γ_{P} 可理解为裂纹表面附近的塑性变形薄层中每单位自由表面面积的不可逆耗散能 (irreversible energy dissipated in the thin layer of plastic strain near the surface of the crack per unit area of free surface). 事实上, γ_{P} 在量级上要比表面张力大两到三个数量级. 此时, (24-12) 式或 (24-14) 式可修改为

$$\sigma_f = \sqrt{\frac{(2\gamma + \gamma_{\mathrm{P}})E}{\pi a}} \approx \sqrt{\frac{\gamma_{\mathrm{P}} E}{\pi a}} \tag{24-17}$$

24.3 Irwin 的应力强度因子和能量释放率

George Rankin Irwin (1907~1998)

Irwin 于 1957 年发展了应力强度因子 (SIF) 的理论框架, 由于影响巨大, 他通常被称为 "断裂力学之父 (father of fracture mechanics)". Irwin 将 (24-15) 式右端的量 $\sigma\sqrt{\pi a}$ 定义为应力强度因子 $K = \sigma\sqrt{\pi a}$, 将其发生脆断的临界值定义为临界应力强度因子 $K_c = \sigma_f\sqrt{\pi a}$, 或称应力强度因子的门槛值. Irwin 的理论模型和 Inglis 一样属于基于应力的局部性方法.

据称, Irwin 用他同事 Kies J A[9] 姓的第一个字母 K 来代表应力强度因子.

如图 24.7 所示, Irwin 将断裂划分为三种基本类型:

张开型 (Opening mode, I 型): 拉应力垂直于裂纹扩展面, 裂纹上、下表面沿作用力的方向张开, 裂纹沿着裂纹面向前扩展.

滑开型 (Sliding mode, II 型): 切应力平行作用于裂纹面而且垂直于裂纹线, 裂纹沿裂纹面平行滑开扩展.

撕开型 (Tearing mode, III 型): 在平行于裂纹面而与裂纹前沿线方向平行的剪应力作用下, 裂纹沿裂纹面撕开扩展.

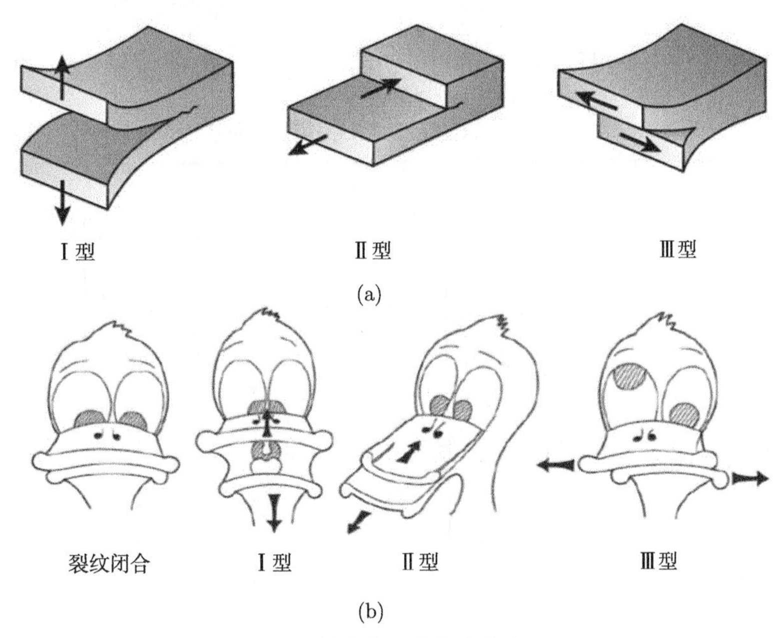

图 24.7　断裂的三种基本类型

(a) 示意图; (b) 笨鸭类比 (Goofy duck analog) 图

如图 24.8 所示, 通过应力强度因子, 应力分量可统一地表示为

$$\sigma_{ij}(r,\theta)=\frac{1}{\sqrt{2\pi r}}[K_{\mathrm{I}}f_{ij}^{\mathrm{I}}(\theta)+K_{\mathrm{II}}f_{ij}^{\mathrm{II}}(\theta)+K_{\mathrm{III}}f_{ij}^{\mathrm{III}}(\theta)] \tag{24-18}$$

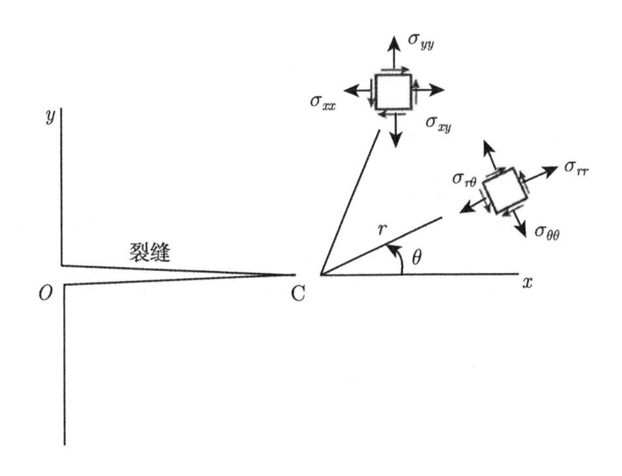

图 24.8　裂纹尖端 C 点的应力状态示意图

可见, 应力具有 $r^{-1/2}$ 的奇异性, 应力和位移有如下标度关系:

$$\sigma_{ij} \sim \frac{K}{\sqrt{2\pi r}} f_{ij}(\theta), \quad u_i = \frac{K}{2E}\sqrt{\frac{r}{2\pi}} f_i(\theta) \tag{24-19}$$

对于 I 型断裂问题, 相关解答可汇总为表 24.1 所示.

表 24.1　I 型断裂的解答一览表

变量	表达式
应力	$$\begin{bmatrix}\sigma_{xx}\\ \sigma_{yy}\\ \sigma_{xy}\end{bmatrix} = \frac{K_{\mathrm{I}}}{\sqrt{2\pi r}}\begin{bmatrix}\cos\frac{\theta}{2}\left(1-\sin\frac{\theta}{2}\sin\frac{3\theta}{2}\right)\\ \cos\frac{\theta}{2}\left(1+\sin\frac{\theta}{2}\sin\frac{3\theta}{2}\right)\\ \cos\frac{\theta}{2}\sin\frac{\theta}{2}\cos\frac{3\theta}{2}\end{bmatrix} \tag{24-20}$$ $$\begin{bmatrix}\sigma_{rr}\\ \sigma_{\theta\theta}\\ \sigma_{r\theta}\end{bmatrix} = \frac{K_{\mathrm{I}}}{\sqrt{2\pi r}}\begin{bmatrix}\cos\frac{\theta}{2}\left(1+\sin^2\frac{\theta}{2}\right)\\ \cos^3\frac{\theta}{2}\\ \sin\frac{\theta}{2}\cos^2\frac{\theta}{2}\end{bmatrix} \tag{24-21}$$ $$\sigma_{xz} = \sigma_{yz} = \sigma_{rz} = \sigma_{\theta z} = 0 \tag{24-22}$$ $$\sigma_{zz} = \nu'(\sigma_{xx}+\sigma_{yy}) = \nu'(\sigma_{rr}+\sigma_{\theta\theta}) \tag{24-23}$$
位移	$$\begin{bmatrix}u_x\\ u_y\end{bmatrix} = \frac{K_{\mathrm{I}}}{2E}\sqrt{\frac{r}{2\pi}}\begin{bmatrix}(1+\nu)\left[(2\kappa-1)\cos\frac{\theta}{2}-\cos\frac{3\theta}{2}\right]\\ (1+\nu)\left[(2\kappa+1)\sin\frac{\theta}{2}-\sin\frac{3\theta}{2}\right]\end{bmatrix} \tag{24-24}$$ $$\begin{bmatrix}u_r\\ u_\theta\end{bmatrix} = \frac{K_{\mathrm{I}}}{2E}\sqrt{\frac{r}{2\pi}}\begin{bmatrix}(1+\nu)\left[(2\kappa-1)\cos\frac{\theta}{2}-\cos\frac{3\theta}{2}\right]\\ (1+\nu)\left[-(2\kappa+1)\sin\frac{\theta}{2}+\sin\frac{3\theta}{2}\right]\end{bmatrix} \tag{24-25}$$ $$u_z = -\frac{\nu'' z}{E}(\sigma_{xx}+\sigma_{yy}) = -\frac{\nu'' z}{E}(\sigma_{rr}+\sigma_{\theta\theta}) \tag{24-26}$$
符号说明	$\begin{cases}\text{平面应力: } \nu'=0, \quad \nu''=\nu, \quad \kappa=\dfrac{3-\nu}{1+\nu}\\ \text{平面应变: } \nu'=\nu, \quad \nu''=0, \quad \kappa=3-4\nu\end{cases}$

对于 Ⅱ 型断裂问题, 相关解答可汇总为表 24.2 所示.

表 24.2　Ⅱ 型断裂的解答一览表

变量	表达式
应力	$\begin{bmatrix}\sigma_{xx}\\ \sigma_{yy}\\ \sigma_{xy}\end{bmatrix}=\frac{K_{\mathrm{II}}}{\sqrt{2\pi r}}\begin{bmatrix}-\sin\frac{\theta}{2}\left(2+\cos\frac{\theta}{2}\cos\frac{3\theta}{2}\right)\\ \sin\frac{\theta}{2}\cos\frac{\theta}{2}\cos\frac{3\theta}{2}\\ \cos\frac{\theta}{2}\left(1-\sin\frac{\theta}{2}\sin\frac{3\theta}{2}\right)\end{bmatrix} \quad (24\text{-}27)$ $\begin{bmatrix}\sigma_{rr}\\ \sigma_{\theta\theta}\\ \sigma_{r\theta}\end{bmatrix}=\frac{K_{\mathrm{II}}}{\sqrt{2\pi r}}\begin{bmatrix}\sin\frac{\theta}{2}\left(1-3\sin^2\frac{\theta}{2}\right)\\ -3\sin\frac{\theta}{2}\cos^2\frac{\theta}{2}\\ \cos\frac{\theta}{2}\left(1-3\sin^2\frac{\theta}{2}\right)\end{bmatrix} \quad (24\text{-}28)$ $\sigma_{xz}=\sigma_{yz}=\sigma_{rz}=\sigma_{\theta z}=0 \quad (24\text{-}29)$ $\sigma_{zz}=\nu'(\sigma_{xx}+\sigma_{yy})=\nu'(\sigma_{rr}+\sigma_{\theta\theta}) \quad (24\text{-}30)$
位移	$\begin{bmatrix}u_x\\ u_y\end{bmatrix}=\frac{K_{\mathrm{II}}}{2E}\sqrt{\frac{r}{2\pi}}\begin{bmatrix}(1+\nu)\left[(2\kappa+3)\sin\frac{\theta}{2}+\sin\frac{3\theta}{2}\right]\\ -(1+\nu)\left[(2\kappa-3)\cos\frac{\theta}{2}+\cos\frac{3\theta}{2}\right]\end{bmatrix} \quad (24\text{-}31)$ $\begin{bmatrix}u_r\\ u_\theta\end{bmatrix}=\frac{K_{\mathrm{II}}}{2E}\sqrt{\frac{r}{2\pi}}\begin{bmatrix}(1+\nu)\left[-(2\kappa-1)\sin\frac{\theta}{2}+3\sin\frac{3\theta}{2}\right]\\ (1+\nu)\left[-(2\kappa+1)\cos\frac{\theta}{2}+3\cos\frac{3\theta}{2}\right]\end{bmatrix} \quad (24\text{-}32)$ $u_z=-\frac{\nu''z}{E}(\sigma_{xx}+\sigma_{yy})=-\frac{\nu''z}{E}(\sigma_{rr}+\sigma_{\theta\theta}) \quad (24\text{-}33)$
符号说明	$\begin{cases}\text{平面应力}: \nu'=0,\quad \nu''=\nu,\quad \kappa=\frac{3-\nu}{1+\nu}\\ \text{平面应变}: \nu'=\nu,\quad \nu''=0,\quad \kappa=3-4\nu\end{cases}$

对于 Ⅲ 型断裂问题, 相关解答可汇总为表 24.3 所示.

表 24.3　Ⅲ 型断裂的解答一览表

变量	表达式
应力	$\begin{bmatrix}\sigma_{xz}\\ \sigma_{yz}\end{bmatrix}=\frac{K_{\mathrm{III}}}{\sqrt{2\pi r}}\begin{bmatrix}-\sin\frac{\theta}{2}\\ \cos\frac{\theta}{2}\end{bmatrix} \quad (24\text{-}34)$ $\begin{bmatrix}\sigma_{rz}\\ \sigma_{\theta z}\end{bmatrix}=\frac{K_{\mathrm{III}}}{\sqrt{2\pi r}}\begin{bmatrix}\sin\frac{\theta}{2}\\ \cos\frac{\theta}{2}\end{bmatrix} \quad (24\text{-}35)$ $\sigma_{xx}=\sigma_{yy}=\sigma_{rr}=\sigma_{\theta\theta}=\sigma_{zz}=0 \quad (24\text{-}36)$ $\sigma_{xy}=\sigma_{r\theta}=0 \quad (24\text{-}37)$

续表

变量	表达式
位移	$u_x = u_y = u_r = u_\theta = 0$ (24-38) $u_z = 4\dfrac{K_{\text{III}}}{E}\sqrt{\dfrac{r}{2\pi}}(1+\nu)\sin\dfrac{\theta}{2}$ (24-39)

应力强度因子的定义式为

$$\begin{bmatrix} K_{\text{I}} \\ K_{\text{II}} \\ K_{\text{III}} \end{bmatrix} = \lim_{x\to 0}\sqrt{2\pi r}\begin{bmatrix} \sigma_{yy}(r,0) \\ \sigma_{xy}(r,0) \\ \sigma_{yz}(r,0) \end{bmatrix} \tag{24-40}$$

应力强度因子描述了裂纹尖端的应力状态, 裂纹的起始判据可表示为: $K = K_c$.

24.4 断裂力学中的热力学方法和能量释放率

含裂纹弹性体的能量守恒方程为

$$\oint_\Sigma \sigma_{ij}\dot{u}_i n_j \mathrm{d}a = \dot{U} - T\dot{S} + 2\gamma\dot{\Sigma} \tag{24-41}$$

式中, σ_{ij} 和 u_i 分别为问题表面 (包含裂纹在内) Σ 上的应力张量和位移矢量的分量, n_j 为表面 Σ 上的外法线分量, U 为物体的内能, T 和 S 分别为物体的温度和熵, 字母上的点表示对时间的导数. 应用联系面积分和体积分的 Green 定理 (亦称 Ostrogradsky-Gauss 定理)、无体力作用的平衡方程 $\sigma_{ij,j} = 0$、Cauchy 应力的对称性 $\sigma_{ij} = \sigma_{ji}$ 和 Cauchy 应变的定义 (5-85) 式中的第二式, 有如下关系:

$$\begin{aligned}\oint_\Sigma \sigma_{ij}\dot{u}_i n_j \mathrm{d}a &= \int_V (\sigma_{ij}\dot{u}_i)_{,j}\mathrm{d}v = \int_V \underbrace{\sigma_{ij,j}}_{\text{平衡方程}}\dot{u}_i \mathrm{d}v + \int_V \sigma_{ij}\dot{u}_{i,j}\mathrm{d}v \\ &= \int_V \underbrace{\sigma_{ij}\frac{\dot{u}_{i,j}+\dot{u}_{j,i}}{2}}_{\text{利用应力的对称性}}\mathrm{d}v = \int_V \sigma_{ij}\dot{\varepsilon}_{ij}\mathrm{d}v\end{aligned} \tag{24-42}$$

将 (24-42) 式代入 (24-41) 式, 可得

$$\int_V (\sigma_{ij}\dot{\varepsilon}_{ij} - \dot{U}_0 + T\dot{S}_0)\mathrm{d}v = 2\gamma\dot{\Sigma} \tag{24-43}$$

式中, $U = \displaystyle\int_V U_0 \mathrm{d}v, \dot{S} = \int_V \dot{S}_0 \mathrm{d}v, U_0$ 和 $\dot{S}_0$ 分别为内能和熵的体密度, 由此可定义

Helmholtz 自由能的体密度: $F_0 = U_0 - TS_0$, 则可由 (24-43) 式获得

$$\sigma_{ij} = \left.\frac{\partial U_0}{\partial \varepsilon_{ij}}\right|_{\substack{S_0=\text{const}\\ \Sigma=\text{const}}} = \left.\frac{\partial F_0}{\partial \varepsilon_{ij}}\right|_{\substack{T=\text{const}\\ \Sigma=\text{const}}} \tag{24-44}$$

按照热力学的基本关系式, Helmholtz 自由能 $F = U - TS$, Gibbs 自由能 $G = U - TS - \int_\Sigma \sigma_{ij} u_i n_j \mathrm{d}a$, 焓 $H = U - \int_\Sigma \sigma_{ij} u_i n_j \mathrm{d}a$, 可得如下推广的 Griffith 条件:

$$\begin{aligned} 2\gamma &= -\left.\frac{\partial F}{\partial \Sigma}\right|_{\substack{T=\text{const}\\ u_i=\text{const}}} \\ &= -\left.\frac{\partial U}{\partial \Sigma}\right|_{\substack{S=\text{const}\\ u_i=\text{const}}} \\ &= -\left.\frac{\partial G}{\partial \Sigma}\right|_{\substack{T=\text{const}\\ \sigma_{ij}n_j=\text{const}}} \\ &= -\left.\frac{\partial H}{\partial \Sigma}\right|_{\substack{S=\text{const}\\ \sigma_{ij}n_j=\text{const}}} \end{aligned} \tag{24-45}$$

式中, $\sigma_{ij} n_j = \text{const}$ 相当于一般热力学中要求压强为常量 $p = \text{const}$.

根据应力强度因子的定义式 (24-40) 并对比 (24-12)~(24-14) 诸式, 对于平面应力情况下的 I 型 Griffith 脆断问题, 有如下能量释放率 G_{I} 和应力强度因子 K_{I} 之间的关系式:

$$G_{\mathrm{I}} = \frac{K_{\mathrm{I}}^2}{E} \tag{24-46}$$

I 型断裂的起始判据可表示为: $G_{\mathrm{I}} = G_{\mathrm{Ic}}$, G_{Ic} 称为 I 型裂纹的断裂韧性 (fracture toughness).

对于图 24.9 所示的单位厚度的贯穿性裂纹, 裂纹尖端所释放的应变能可表示为

$$\delta U_{\mathrm{E}} = 2\int_{a+\delta a}^{a} \frac{1}{2}(\sigma_{yy} u_y + \sigma_{xy} u_x + \sigma_{zy} u_z)\mathrm{d}x \tag{24-47}$$

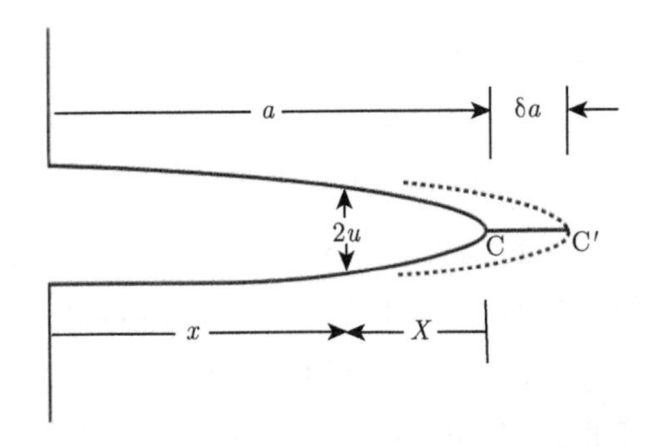

图 24.9 裂纹扩展示意图

式中, 量纲的匹配性体现在应力乘以单位厚度再对长度积分后为力的量纲, 力再和位移相乘则为能量的量纲. 积分号前的 2 是基于两个裂纹面, 而积分号里面的 1/2 则是基于线弹性假设. (24-47) 式中的应力和位移分量已有表 24.1 ~ 表 24.3 给出. 其中, 应力分量的值应取裂纹开启过程的值, 亦即: $\theta = 0$; 而位移应取裂纹闭合过程的值[10,11], 亦即: $\theta = \pi$.

有如下关系式:

$$G = \begin{cases} \text{平面应力: } \dfrac{K_{\mathrm{I}}^2}{E} + \dfrac{K_{\mathrm{II}}^2}{E} + \dfrac{K_{\mathrm{III}}^2}{2\mu} \\ \text{平面应变: } \dfrac{1-\nu^2}{E}K_{\mathrm{I}}^2 + \dfrac{1-\nu^2}{E}K_{\mathrm{II}}^2 + \dfrac{K_{\mathrm{III}}^2}{2\mu} \end{cases} \tag{24-48}$$

式中, μ 为材料的剪切模量, 详见 (11-54) 式.

24.5 裂纹尖端 Barenblatt-Dugdale 内聚–塑性区模型

由于材料的承载能力的有限性, 故基于 LEFM 所得到的裂纹尖端的应力奇异性 (表 24.1 ~ 表 24.3) 在物理上具有非现实性 (unrealistic) 或直接简称非物理性 (unphysical). 有如下基于不同物理机制的四类方法可以消除这种裂纹尖端应力的非物理的奇异性:

Grigory Isaakovich Barenblatt (1927~2018)

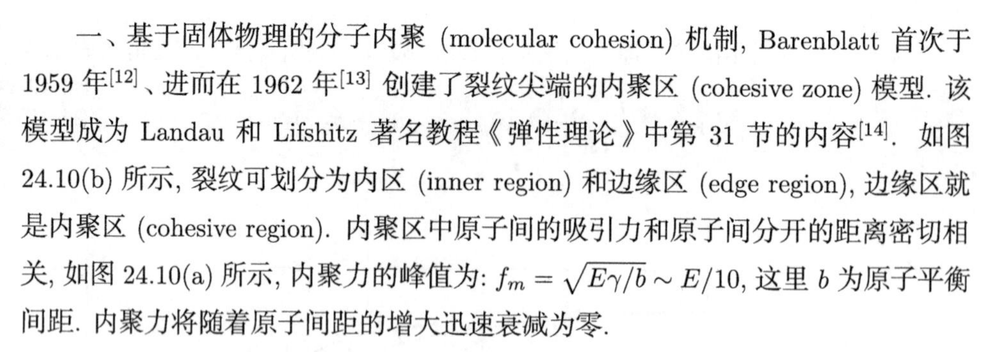

一、基于固体物理的分子内聚 (molecular cohesion) 机制, Barenblatt 首次于 1959 年[12]、进而在 1962 年[13] 创建了裂纹尖端的内聚区 (cohesive zone) 模型. 该模型成为 Landau 和 Lifshitz 著名教程《弹性理论》中第 31 节的内容[14]. 如图 24.10(b) 所示, 裂纹可划分为内区 (inner region) 和边缘区 (edge region), 边缘区就是内聚区 (cohesive region). 内聚区中原子间的吸引力和原子间分开的距离密切相关, 如图 24.10(a) 所示, 内聚力的峰值为: $f_m = \sqrt{E\gamma/b} \sim E/10$, 这里 b 为原子平衡间距. 内聚力将随着原子间距的增大迅速衰减为零.

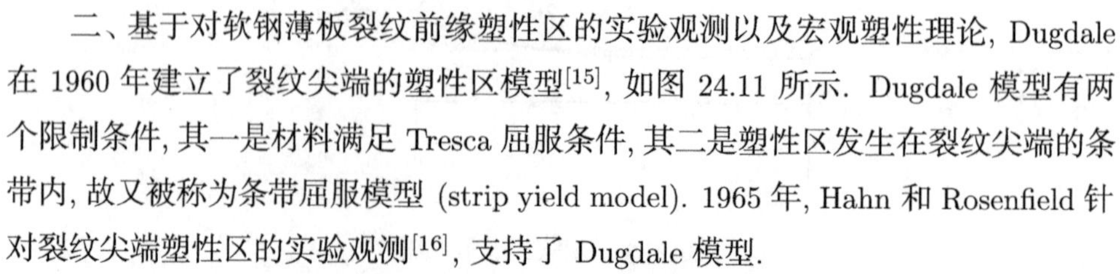

二、基于对软钢薄板裂纹前缘塑性区的实验观测以及宏观塑性理论, Dugdale 在 1960 年建立了裂纹尖端的塑性区模型[15], 如图 24.11 所示. Dugdale 模型有两个限制条件, 其一是材料满足 Tresca 屈服条件, 其二是塑性区发生在裂纹尖端的条带内, 故又被称为条带屈服模型 (strip yield model). 1965 年, Hahn 和 Rosenfield 针对裂纹尖端塑性区的实验观测[16], 支持了 Dugdale 模型.

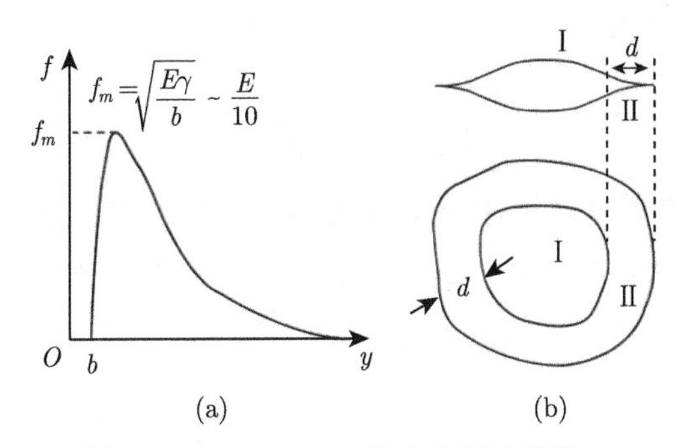

图 24.10　Barenblatt 裂尖内聚区模型
(a) 内聚力随原子间距的关系; (b) 裂尖内聚区示意图

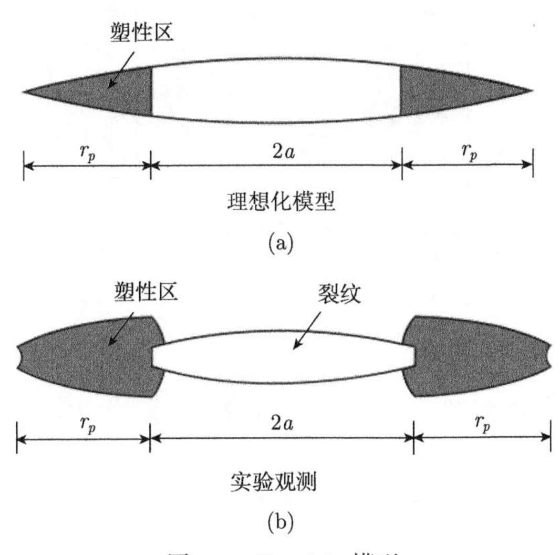

图 24.11 Dugdale 模型
(a) 理想化模型; (b) 实验观测

三、基于位错连续统理论, Bilby、Cottrell 和 Swinden 于 1963 年对平面应力和反平面应变的弹塑性断裂进行了理论分析[17], 该模型简称为断裂的 BCS 模型, 其主要结论和 Dugdale-Barenblatt 模型类似.

四、基于考虑材料内部结构的非局部弹性理论[18], Eringen 等在 1970s 创建了断裂的非局部理论[19−21]. 该理论可消除裂纹尖端的应力奇异性. 为了全书内容上的协调性, 将在 28.5 节讨论非局部断裂力学理论.

如图 24.12 所示的 Dugdale 模型, 在远场应力 σ_∞ 的作用下, 原长为 $2a$ 的裂纹由于尖端塑性区的存在总长变为 $2(a+r_p)$, 由于实际上裂纹尖端不存在奇异性, 故

该问题由下列条件确定:

$$\begin{cases} K_{\sigma_\infty} + K_{r_p} = 0 \\ K_{\sigma_\infty} = \sigma_\infty \sqrt{\pi(a+r_p)} \end{cases} \tag{24-49}$$

事实上, 裂纹尖端塑性区的尺寸 r_p 已经被视为裂纹的虚拟 (fictitious) 扩展尺度, 故有表达式 (24-49) 式的第二式; (24-49) 式的第一式中的 K_{r_p} 则是在材料的屈服应力作用下所产生的附加应力强度因子.

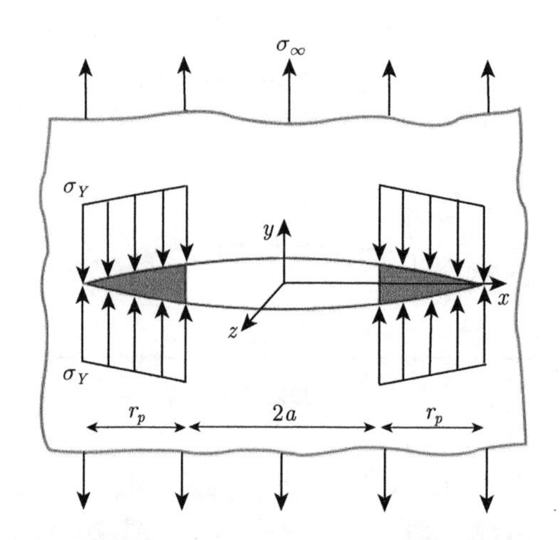

图 24.12 Dugdale 模型中裂纹尖端的受力分析

如图 24.13 所示, 裂纹在单位长度的力 p 的作用下, 应力函数和应力强度因子分别为

$$Z_p = \frac{2pz}{\pi(z^2-s^2)}\sqrt{\frac{a^2-s^2}{z^2-a^2}}, \quad K_p = \frac{2p}{\pi}\sqrt{\frac{\pi a}{a^2-s^2}} \tag{24-50}$$

应用 Green 函数方法, 令 (24-50) 式中的 $\mathrm{d}p = -\sigma_Y \mathrm{d}s$, 裂纹总长度为 $(a+r_p)$, 则在屈服应力作用下所产生的附加应力强度因子可表示为

$$\mathrm{d}K_{r_p} = -\frac{2\sigma_Y \mathrm{d}s}{\pi}\sqrt{\frac{\pi(a+r_p)}{(a+r_p)^2-s^2}} \tag{24-51}$$

屈服应力作用的区域是裂纹顶端的塑性区, (24-51) 式对虚拟裂纹长度进行积分可得

$$\begin{aligned} K_{r_p} &= -\frac{2\sigma_Y\sqrt{\pi(a+r_p)}}{\pi}\int_a^{a+r_p}\frac{1}{\sqrt{(a+r_p)^2-s^2}}\mathrm{d}s \\ &= -\frac{2\sigma_Y\sqrt{\pi(a+r_p)}}{\pi}\arccos\frac{a}{a+r_p} \end{aligned} \tag{24-52}$$

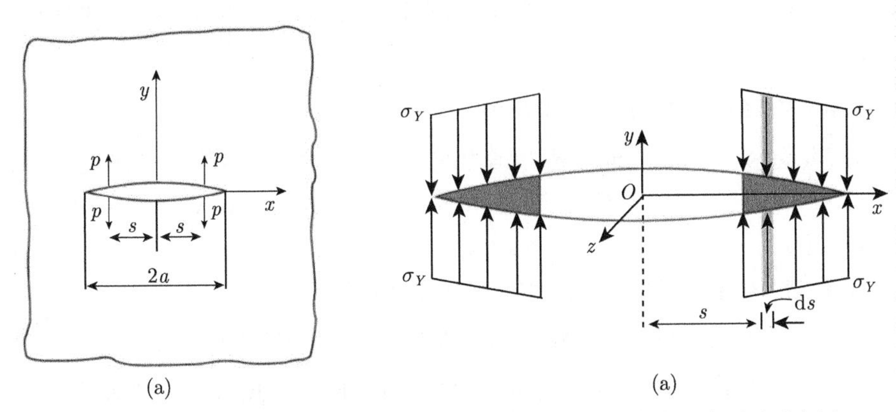

图 24.13 用 Green 函数方法求解屈服应力作用下附加应力强度因子示意图

(a) 单位长度力作用在裂纹表面; (b) 裂尖塑性区的单元划分

将 (24-49) 式的第二式和 (24-52) 式代入 (24-49) 式的第一式, 易得

$$\sqrt{\pi(a+r_p)}\left(\sigma_\infty-\frac{2\sigma_Y}{\pi}\arccos\frac{a}{a+r_p}\right)=0$$

从上式便可得到裂纹尖端塑性区尺度 r_p 所满足的关系式:

$$\frac{a}{a+r_p}=\cos\frac{\pi\sigma_\infty}{2\sigma_Y} \tag{24-53}$$

对于小范围屈服, 亦即当 $\sigma_\infty \ll \sigma_Y$ 以及 $r_p \ll a$ 时, 对 (24-53) 式进行 Taylor 展开, 得到: $1-\dfrac{r_p}{a}\approx 1-\dfrac{\pi^2\sigma^2}{8\sigma_Y^2}$, 最终可获得裂尖塑性区尺度和应力强度因子、屈服应力之间所满足的关系式:

$$\begin{aligned} r_p &= \frac{\pi}{8}\frac{\sigma_\infty^2\pi a}{\sigma_Y^2}=\frac{\pi}{8}\left(\frac{K_{\mathrm{I}}}{\sigma_Y}\right)^2 \\ &\approx 0.393\left(\frac{K_{\mathrm{I}}}{\sigma_Y}\right)^2 \end{aligned} \tag{24-54}$$

思 考 题

24.1 考虑 (24-3) 式所给出的三倍的应力集中系数, 如果在加载过程中要求材料不发生塑性屈服的话, 对外载的限制条件如何?

24.2 验证当 $r=a$ 时, (24-4) 式在圆孔处的自由面边界条件为

$$\begin{cases} \sigma_{rr}=0 \\ \sigma_{\theta\theta}=(\sigma_{xx}^\infty+\sigma_{yy}^\infty)-2(\sigma_{xx}^\infty-\sigma_{yy}^\infty)\cos 2\theta-4\sigma_{xy}^\infty\sin 2\theta \\ \sigma_{r\theta}=0 \end{cases} \tag{24-55}$$

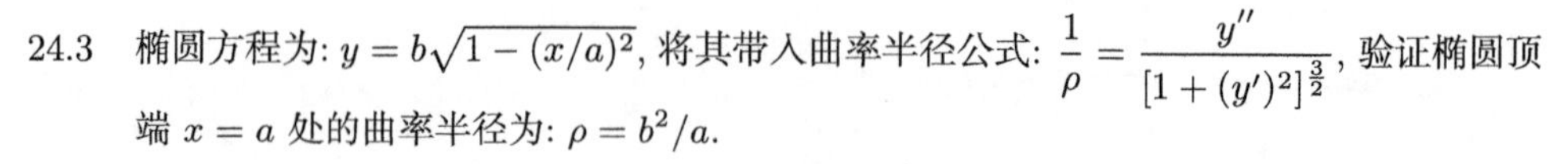
24.3 椭圆方程为: $y = b\sqrt{1-(x/a)^2}$, 将其带入曲率半径公式: $\dfrac{1}{\rho} = \dfrac{y''}{[1+(y')^2]^{\frac{3}{2}}}$, 验证椭圆顶端 $x = a$ 处的曲率半径为: $\rho = b^2/a$.

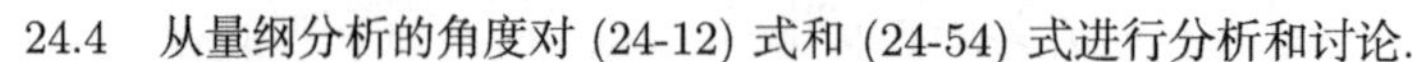
24.4 从量纲分析的角度对 (24-12) 式和 (24-54) 式进行分析和讨论.

Bernard Budiansky (1925~1999)

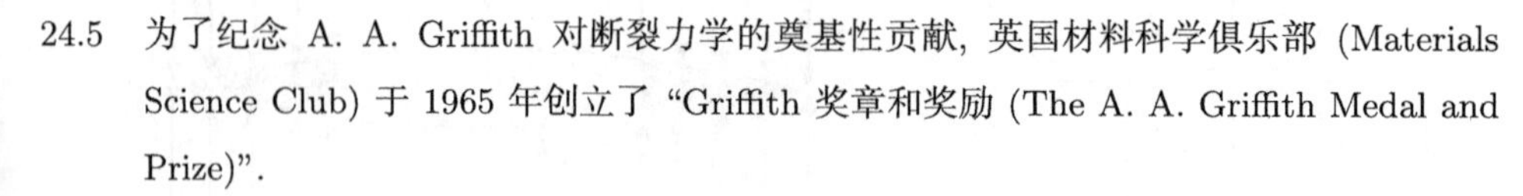
24.5 为了纪念 A. A. Griffith 对断裂力学的奠基性贡献, 英国材料科学俱乐部 (Materials Science Club) 于 1965 年创立了 “Griffith 奖章和奖励 (The A. A. Griffith Medal and Prize)”.

问题: 请查查有多少位本书述及过的学者获得过该奖.

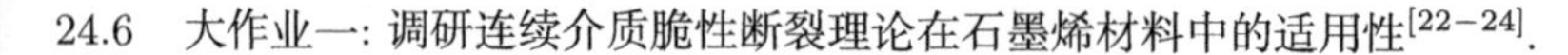
24.6 大作业一: 调研连续介质脆性断裂理论在石墨烯材料中的适用性[22−24].

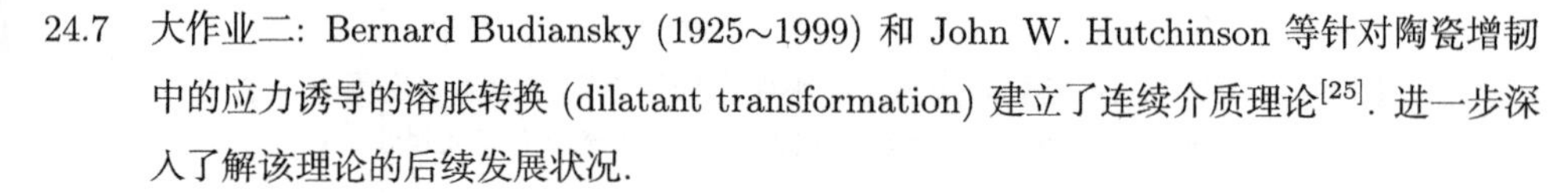
24.7 大作业二: Bernard Budiansky (1925~1999) 和 John W. Hutchinson 等针对陶瓷增韧中的应力诱导的溶胀转换 (dilatant transformation) 建立了连续介质理论[25]. 进一步深入了解该理论的后续发展状况.

24.8 大作业三:

(i) 验证如图 24.6 所示的裂纹张开位移为

$$d(x) = \frac{4\sigma}{E}\sqrt{a^2 - x^2} \tag{24-56}$$

式中, σ 为远端所施加的应力场.

(ii) 式 (24-9) 的详细推导过程如下:

$$\begin{aligned} U &= B\int_0^a \frac{\sigma d(x)}{2}\mathrm{d}x = \frac{2\sigma^2}{E}B\int_0^a \sqrt{a^2-x^2}\mathrm{d}x \\ &= \frac{2\sigma^2}{E}B\left[\frac{1}{2}x\sqrt{a^2-x^2} + \frac{1}{2}a^2\cdot\arcsin\left(\frac{x}{a}\right)\right]_0^a \\ &= \frac{\sigma^2}{2E}B\pi a^2 \end{aligned} \tag{24-57}$$

参 考 文 献

[1] Kirsch E G. Die Theorie der Elastizität und die Bedürfnisse der Festigkeitslehre. Zeitschrift des Vereines deutscher Ingenieure, 1898, 42: 797–807.

[2] Kolosov G V. On an application of complex function theory to a plane problem of the mathematical theory of elasticity. Yuriev University, Russia, 1909.

[3] Inglis C E. Stresses in plates due to the presence of cracks and sharp corners. Transactions of the Institute of Naval Architects, 1913, 55: 219–241.

[4] Griffith A A. The phenomena of rupture and flow in solids. Philosophical Transactions of the Royal Society of London A, 1921, 221: 163–198.

[5] Irwin G R. Fracture dynamics. In: Fracturing of Metals, American Society for Metals, Cleveland, Ohio, pp. 147–166, 1948.

[6] Orowan E. Fracture and strength of solids. Reports on Progress in Physics, 1949, 12: 185–232.

[7] Irwin G R. Analysis of stresses and strains near the end of a crack traversing a plate. Journal of Applied Mechanics, 1957, 24: 361–364.

[8] 赵亚溥. 纳米与介观力学. 北京: 科学出版社, 2014.

[9] Irwin G R, Kies J A, Smith H L. Fracture strengths relative to onset and arrest of crack propagation//Proc. ASTM. 1958, 58: 640–657.

[10] Cherepanov G P. Mechanics of Brittle Fracture. New York: McGraw-Hill, 1979. (中译本: 切列帕诺夫. 脆性断裂力学. 黄克智等译. 北京: 科学出版社, 1990).

[11] Lawn B. Fracture of Brittle Solids (2nd Edition). Cambridge: Cambridge University Press, 1993. (中译本: 脆性固体断裂力学 (第 2 版). 龚江宏译. 北京: 高等教育出版社, 2010).

[12] Barenblatt G I. The formation of equilibrium cracks during brittle fracture. General ideas and hypotheses. Axially-symmetric cracks. Journal of Applied Mathematics and Mechanics, 1959, 23: 622–636.

[13] Barenblatt G I. The mathematical theory of equilibrium cracks in brittle fracture. Advances in Applied Mechanics, 1962, 7: 55–129.

[14] Landau L D, Lifshitz E M. Theory of Elasticity (3rd English Edition). Oxford: Pergamon Press, 1986.

[15] Dugdale D S. Yielding of steel sheets containing slits. Journal of the Mechanics and Physics of Solids, 1960, 8: 100–104.

[16] Hahn G T, Rosenfield A R. Local yielding and extension of a crack under plane stress. Acta Metallurgica, 1965, 13: 293–306.

[17] Bilby B A, Cottrell A H, Swinden K H. The spread of plastic yield from a notch. Proceedings of the Royal Society of London A, 1963, 272: 304–314.

[18] Eringen A C, Edelen D G B. On nonlocal elasticity. International Journal of Engineering Science, 1972, 10: 233–248.

[19] Eringen A C, Kim B S. Stress concentration at the tip of crack. Mechanics Research Communications, 1974, 1: 233–237.

[20] Eringen A C, Kim B S. On the problem of crack tip in nonlocal elasticity//Continuum Mechanics Aspects of Geodynamics and Rock Fracture Mechanics. Springer Nether-

lands, 1974: 107–113.

[21] Eringen A C, Speziale C G, Kim B S. Crack-tip problem in non-local elasticity. Journal of the Mechanics and Physics of Solids, 1977, 25: 339–355.

[22] Zhang P, Ma L, Fan F, Zeng Z, Peng C, Loya P E, Liu Z, Gong Y, Zhang J, Zhang X, Ajayan P M, Zhu T, Lou J. Fracture toughness of graphene. Nature Communications, 2014, 5: 3782.

[23] Datta D, Nadimpalli S P V, Li Y, Shenoy V B. Effect of crack length and orientation on the mixed-mode fracture behavior of graphene. Extreme Mechanics Letters, 2015, 5: 10–17.

[24] Grantab R, Shenoy V B, Ruoff R S. Anomalous strength characteristics of tilt grain boundaries in graphene. Science, 2010, 330: 946–948.

[25] Budiansky B, Hutchinson J W, Lambropoulos J C. Continuum theory of dilatant transformation toughening in ceramics. International Journal of Solids and Structures, 1983, 19: 337–355.

第七篇　连续介质波动理论

There is no excellent beauty that hath not some strangeness in the proportion.

没有奇特的奇异性, 也就不存在与众不同的美丽.

—— Francis Bacon (培根, 1561~1626)

Francis Bacon

(1561~1626)

篇 首 语

VII.1 三种类型的波动方程

一维周期链上弹性波的传播, 可追溯到牛顿于 1687 年, 在《自然哲学的数学原理》(*Principia*) 中对声速公式的推导. 牛顿基于如图 VII.1 所示的纵向声波模型, 进而再将其简化为一维弹簧模型, 第一次给出了空气中声速的表达式:

$$c_{\text{Newton}} = \sqrt{\frac{p_0}{\rho_0}} \tag{VII-1}$$

式中, p_0 和 ρ_0 分别为平衡压强和密度, 在标准温度和压强 (Standard Temperature and Pressure, STP), 也就是温度为 0°C、一个大气压时, 平衡压强和密度分别为: $p_0 = 1\ \text{atm} = 1.01 \times 10^5\ \text{N/m}^2$、$\rho_0 = 1.29 \times 10^{-3}\ \text{g/cm}^3$, 牛顿声速公式 (VII-1) 给出的声速值为: $c_{\text{Newton}} = 280\ \text{m/s}$, 和实验值 332 m/s 小了 15% 左右. 问题出在必须应用绝热气体定理来代替牛顿所使用的理想气体的 Boyle 定律. 这样, 牛顿声速公式 (VII-1) 可修正为

$$c_{\text{sound}} = \sqrt{\gamma \frac{p_0}{\rho_0}} \tag{VII-2}$$

式中, γ 为定压比热与定容比热之比. 在 STP 时, $\gamma = 1.4$, 从而由 (VII-2) 式得到了与实验吻合的值: $c_{\text{sound}} = 332\ \text{m/s}$.

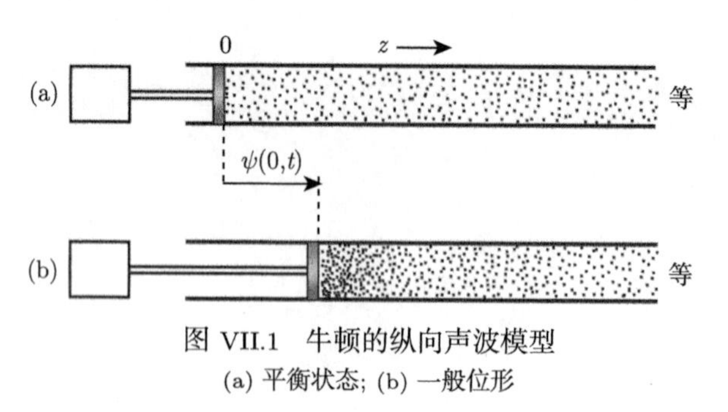

图 VII.1 牛顿的纵向声波模型
(a) 平衡状态; (b) 一般位形

可写出三种类型的波动方程: 与 de Broglie 物质波 (matter wave, 见第 532 页图) 相关的 Schrödinger 方程; 与原子热振动的格波和连续介质动力学中的弹性波对应的 Newton 方程; 与电磁波对应的 Maxwell 方程. 其中, 弹性波和电磁波属于经典波动问题.

表 VII.1 给出了以科学家命名的波动.

表 VII.1 以科学家姓氏命名的波动

波动	领域、主要特点	科学家、提出年代
Alfvén 波	磁流体动力学、等离子体, 横波	Hannes Alfvén (1908~1995), 1942 年预言
Bloch 波	凝聚态物理, 晶体中电子的波函数	Felix Bloch (1905~1983), 1952 年诺贝尔物理奖得主, 1928 年提出
de Broglie 波	量子力学, 物质波	Louis de Broglie (1892~1987), 1929 年诺贝尔奖得主, 1923 年提出，1924 年博士论文
Elliott 波	金融	Ralph Nelson Elliott (1871~1948), 1938 年提出
Faraday 波	水波, 非线性驻波	Michael Faraday (1791~1867), 1831 年提出
Gerstner 波	水波, 海洋学	František Josef Gerstner (1756~1832), 1804 年提出
Kelvin 波	海洋学, 大气动力学, 非色散性	Lord Kelvin (1824~1907), 1879 年提出
Lamb 波	弹性波	Horace Lamb (1849~1934), 1917 年提出
Langmuir 波	等离子体物理	Irving Langmuir (1881~1957, 1932 年诺贝尔化学奖得主) 和 Lewi Tonks (1897~1971) 共同在 1920s 提出
Love 波	界面弹性波, SH	Augustus Edward Love (1863~1940), 1911 年提出
Mach 波	流体动力学	Ernst Mach (1838~1916), 1877 年提出
Rayleigh 波	表面弹性波, P-SV, ground-roll (地滚波)	Lord Rayleigh (1842~1919), 1904 年诺贝尔物理奖得主, 1885 年发表
Rossby 波	气象学, 海洋学	Carl-Gustaf Rossby (1898~1957), 1939 年提出
Stokes 波	表面重力波, 水波	George Gabriel Stokes (1819~1903), 1847 年提出
Stoneley 波 (Stoneley-Scholte 波)	固–固、固–液界面波, 横波	Robert Stoneley (1894~1976), 1924 年提出 J. G. Scholte, 1947 年提出
Tollmien-Schlichting 波	流体转捩、不稳定性	Walter Tollmien (1900~1968) 于 1929 年, Hermann Schlichting (1907~1982) 于 1933 年, 联合提出

有关上表中波动的一些基本常识是:

(1) 电磁波是横波: 电场强度 $\boldsymbol{E}$、磁场强度 $\boldsymbol{B}$ 与电磁波传播方向, 也就是 Poynting 矢量 $\boldsymbol{S}=\dfrac{1}{\mu_0}\boldsymbol{E}\times\boldsymbol{B}$ 方向 (见思考题 3.3), 三者互相垂直, 由图 3.12 可知, 电磁波的传播方向就是 Poynting 矢量方向;

(2) 声波是纵波;

(3) 弹性波既可以是横波, 也可以是纵波;

(4) 物质波是标量波.

连续介质波动理论主要研究波在连续介质中传播的共性理论. 连续介质波动理论把任何以有限速度通过连续介质传播的扰动都看成是波.

发生于 1755 年 11 月 1 日早上 9 时 40 分的里斯本大地震, 震级约为里氏 9 级, 死亡人数高达约六万至十万人, 大地震后随之而来的火灾和海啸几乎将整个里斯本变成颓垣败瓦, 同时也令葡萄牙的国力严重下降, 殖民帝国从此衰落. 这次欧洲历史上的最大地震首次被大范围地进行科学化的研究, 标志着现代地震学的诞生.

1759 年, 英国牧师和哲学家 John Michell (1724~1793) 发表了有关里斯本大地震的研究报告[1], 他指出 "地震是地表以下几英里岩体移动引起的波动". 他还把地震波分为两类: 迅速的震颤和接着而来的地面波状起伏. Michell 的一个重要结论是, 地震波的速度能用地震波到达两点之间的时间来实际测量. 在审阅了见证人的报告之后, 他计算出里斯本地震的波速约为 500 m/s. 由于他上述不可磨灭的贡献, Michell 于 1760 年当选为英国皇家学会会员, 还被誉为 "现代地震学之父".

Siméon Denis Poisson (1781~1840)

1831 年, Siméon Denis Poisson (1781~1840) 首次提出弹性体中存在纵波 (longitudinal wave) 和横波 (transverse wave)[2]. 由于纵波总是比横波传播的快, 所以在地震观测中, 总是先记录到纵波, 然后才是横波. 这两种波又常常被分别称为 P 波和 S 波. 这里, P 是 Primary 的简写, 是首先之意; 而 S 则是 Secondary 的简称, 为其次之意. S 波还可分为位移扰动 (偏振) 方向平行于自由表面或地平面的 SH 波, 以及位移扰动 (偏振) 方向在与自由表面相垂直的平面内的 SV 波, H 和 V 分别是 Horizontal 和 Vertical 的简称.

Richard Dixon Oldham (1858~1936)

VII.2 地震中三种类型弹性波的首次识别

在地震波的记录和识别方面的第一个突破归功于英国地质和地震学家 Richard Dixon Oldham (1858~1936), 这也极大地推动了弹性波研究的发展和应用. 1897 年 6 月 12 日 5 时 15 分, 在印度阿萨姆邦 (Assam) 发生了历史上记录到的最大的地震之一“阿萨姆邦大地震 (Great Assam Earthquake)”.

大地震时, Oldham 正在离震中仅几十公里的阿萨姆邦行政中心西隆, 他亲身感受并记载了这次地震, 他在报告中写道: “那时候我刚好外出散步, 5 点 15 分, 一阵像近雷的深沉声音突然响起来, 地面瞬即剧烈摇动开来, 有几秒钟几乎无法站立, 我立刻在路上坐下来, 感觉地面向前后左右剧烈摇摆, 第三四次震动比第一二次震动大得多. 地面震动朝四面八方来回晃荡, 好像软果子冻摇动时的情况一样. 在震动之中一条长裂缝立刻出现在路上, 3 米多高的水渠土堤被摇倒了, 并有一处裂开大口, 马路边 0.6 米高的土埂也被摇坍成平地. ······ 全部的损害完全是在最初的 10~15 秒钟内造成的.”

Oldham 对阿萨姆邦大地震进行了详细的研究. 在他所发表的研究报告中, 最为重要的是第 25 章[3], 该章中, 他对来自于距离中心 4300 和 4900 英里的 11 个检测站点的记录进行了详细的分析, 他首次在远震记录中清晰地识别出三种波动的存在: 压缩波 (也就是之后的 P 波)、横波 (也就是之后的 S 波) 和 Rayleigh 表面波, 如图 VII.2 所示. 该项开创性工作的巨大意义是为地震学找到了强有力的理论工具.

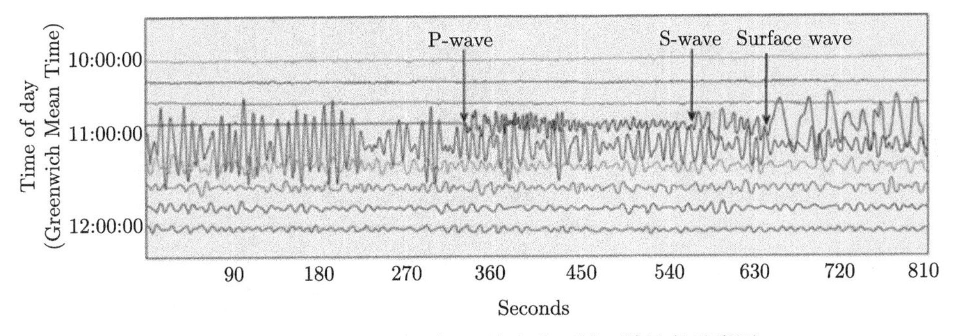

图 VII.2 地震波中 P 波、S 波和表面波 (详见书后彩图)

Oldham 的上述重要结论, 无疑需要更多地震记录数据的反复确认. Oldham 又找来了六个其他地震的数据来对他上述结论进行比对, 六次地震中四次来自日本, 另外两次分别来自阿根廷和土耳其斯坦 (Turkestan). 相关数据均进一步验证了他对三种弹性波识别的结论, 该部分工作发表于 1900 年[4]. Oldham 的上述工作为地球物理学奠定了坚实的基础.

VII.3 地球外核和内核的提出

Oldham 的另一个开创性工作是 1906 年所提出的地球外核 (outer core)[5]. Oldham 在研究地震波时发现, 在距离震央足够远的地方只会记录到 P 波, 而记录不到 S 波, 由于 S 波不能在液体中传播, 所以 Oldham 推测地球内部应该有一层液体的结构. 我们后来知道在地球的外核之内, 还有一个内核 (inner core) 存在, 而内核的结构因压力之极为巨大的原因而为固体.

Inge Lehmann (1888~1993)

1936 年, 丹麦女地球物理学家 Inge Lehmann (1888~1993) 发表了一篇影响深远的文章[6], 该文章的题目之短, 只有一个加撇的字母 P′, 很可能是历史上题目最短的科学论文, 题目中的 P′ 所指的就是 P 波. Lehmann 在该文中指出: 假设地核还可以再分成属于液体的外核和属于固体的内核两个部分的话, 固态内核的存在则可以解释部分 P 波会在内核中以及内、外核的边界上进行折射 (如图 VII.3 所示), 而在阴影区内出现微弱的讯号. 内、外地核的分界面被广泛地称为 "Lehmann 不连续面 (discontinuity)".

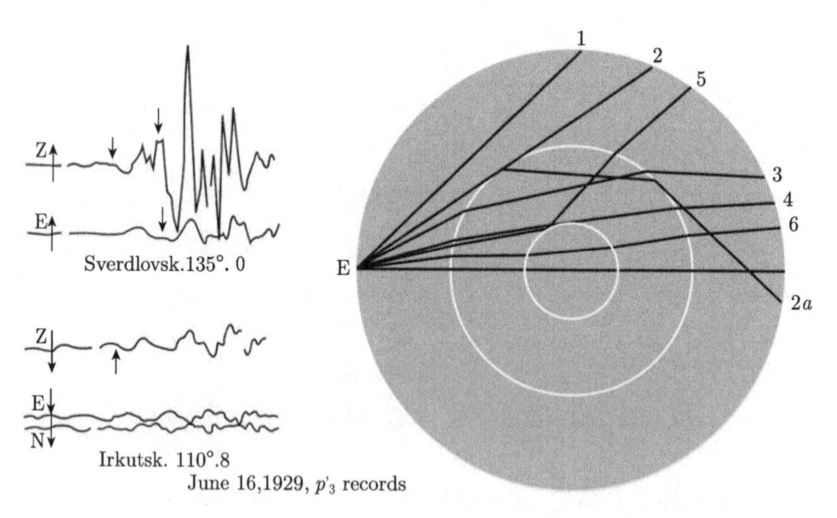

图 VII.3 Lehmann 的 1936 年文章中的原图[6]

Lloyd Hamilton Donnell (1895~1997)

VII.4 塑性波的提出

当材料承受超过弹性极限的冲击应力载荷后, 除弹性波外, 还会有塑性波的传播. 1930 年, Lloyd Hamilton Donnell (1895~1997) 在美国 University of Michigan 研究弹性线性强化材料细杆的一维应力波的传播时, 发现了塑性波[7]. 他注意到杆中有两种波在传播, 先行的是波速较快而应力峰值较低的弹性波, 后行的便是波速较慢而应力峰值较高的塑性波. 应该注意到的是, Donnell 于 1930 年的博士论文题目[8] 和文献 [7] 重名, 说明该工作是他博士论文的一部分. 他的博士导师是著名力学家 Stephen Timoshenko (1878~1972). Donnell 最为驰名的贡献是 Donnell 薄壳理论, 他获得了 1968 年度的 Theodore von Kármán 奖.

VII.5 相速度和群速度

本篇中经常用到的概念是波的相速度 (phase velocity) ω/k 和群速度 (group velocity) $\mathrm{d}\omega/\mathrm{d}k$, 其中, ω 和 k 分别为波的频率和波数 (wavenumber). 如图 VII.4 所示, 波的频率和波数之间的关系如图中实线所示, 某一点的相速度就是该点和原点间直线的斜率, 是波的相位传播的速度, 可大于光速; 而群速度则是该点切线的斜率, 是实际能量传播的速度.

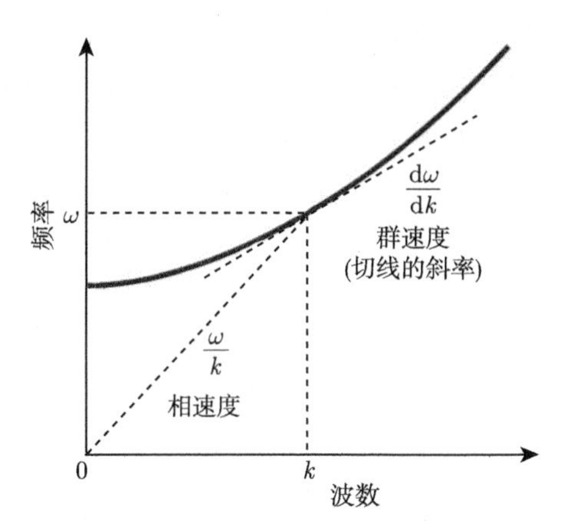

图 VII.4 相速度与群速度的区别示意图, 相速度 $\geqslant$ 群速度

拿电钻在一个很坚固的水泥或岩石墙上钻洞, 会觉得电钻的钻头的螺纹在旋转时似乎以高速前进, 但这只是观察者的错觉, 因为观察者所看到的是螺纹的 "相速度", 虽然很快, 但是电钻却很慢很慢地向墙内推进, 也就是说电钻的总的向前推进的速度就是 "群速度". 如果墙壁很硬, 电钻根本就钻不进去, 电钻向前推进的速度几乎为零, 但是从电钻的螺纹上看却总是觉得电钻是不断钻进去的.

参考文献

[1] Michell J. Conjectures concerning the cause, and observations upon the phenomena of earthquakes. Philosophical Transactions, 1759, 51: 566–634.

[2] Poisson S D. Mémoire sur la propagation du mouvement dans les milieux élastiques. Mémoires de l'Académie des Sciences de l'Institut de France, 1831, 10: 549–605.

[3] Oldham R D. Report on the great earthquake of 12th June 1897, Chapter 25, The unfelt earthquake. Memoirs of the Geological Survey India, 1899, 29: 226–256.

[4] Oldham R D. On the propagation of earthquake motion to great distances. Philosophical Transactions of the Royal Society of London, 1900, 194: 135–174.

[5] Oldham R D. The constitution of the interior of the Earth, as revealed by earthquakes. Quarterly Journal of the Geological Society of London, 1906, 62: 456–473.

[6] Lehmann I. P′. Publications du Bureau Central Seismologique International, Série A, Travaux Scientifique, 1936, 14: 87–115.

[7] Donnell L H. Longitudinal wave transmission and impact. Transactions of the American Society of Mechanical Engineers, 1930, 52: 153–167.

[8] Donnell L H. Longitudinal wave transmission and impact. University of Michigan, 1930.

第 25 章 矢量的 Helmholtz 分解和三维弹性波理论

25.1 Helmholtz 创立的矢量分解方法

在 1.1.3 节中已介绍过的被同行誉为“德国物理的帝国首相”的 Hermann Ludwig Ferdinand von Helmholtz (1821～1894) 曾于 1858 年成功地解决了不可压缩、无黏流体涡旋运动问题[1]. 在该文的第 38 页, Helmholtz 第一次将流体速度矢量的分量 $(\boldsymbol{u}, \boldsymbol{v}, \boldsymbol{w})$ 表示为一个标量势的梯度和一个矢量的旋度之合, 亦即

$$\begin{cases} \boldsymbol{u} = \boldsymbol{\nabla}\phi + \boldsymbol{\nabla}\times\boldsymbol{\psi} \\ \boldsymbol{\nabla}\cdot\boldsymbol{\psi} = 0 \end{cases} \tag{25-1}$$

Jan Drewes Achenbach (1935～2020) 将附加的限制条件 $\boldsymbol{\nabla}\cdot\boldsymbol{\psi} = 0$ 称为充分条件 (sufficient condition)[2], 该条件也被称为“规范条件 (gauge condition)”[3], 该名称来自于电磁学理论. 上述矢量的分解定理在弹性波的研究中具有十分基础性的作用. 在笛卡儿坐标系中, 将矢量 $\boldsymbol{\psi}$ 表示为: $\boldsymbol{\psi} = \psi_x\boldsymbol{e}_x + \psi_y\boldsymbol{e}_y + \psi_z\boldsymbol{e}_z$, 这样, (25-1) 式的分量形式为

$$\begin{cases} u = \dfrac{\partial\phi}{\partial x} + \dfrac{\partial\psi_z}{\partial y} - \dfrac{\partial\psi_y}{\partial z} \\ v = \dfrac{\partial\phi}{\partial y} - \dfrac{\partial\psi_z}{\partial x} + \dfrac{\partial\psi_x}{\partial z} \\ w = \dfrac{\partial\phi}{\partial z} + \dfrac{\partial\psi_y}{\partial x} - \dfrac{\partial\psi_x}{\partial y} \\ \dfrac{\partial\psi_x}{\partial x} + \dfrac{\partial\psi_y}{\partial y} + \dfrac{\partial\psi_z}{\partial z} = 0 \end{cases} \tag{25-2}$$

也有文献认为先于 Helmholtz, Stokes 于 1849 年完成而发表于 1851 年的文章[4] 中也给出过类似的结果.

25.2 不同坐标系下的三维弹性波理论

Gabriel Lamé
(1795~1870)

(22-23) 式中已经给出了考虑惯性力 $\rho\ddot{\boldsymbol{u}}$ 后, 以位移矢量 $\boldsymbol{u}$ 表示的各向同性体三维波动方程的矢量形式, 其分量形式为

$$(\lambda+\mu)u_{j,ji}+\mu u_{i,jj}=\rho\ddot{u}_i \tag{25-3}$$

式中, λ 和 μ 为 Lamé 常数, ρ 为密度. 应用 Helmholtz 矢量分解的 (25-2) 式, 并注意到: $\boldsymbol{\nabla}\cdot\boldsymbol{\nabla}\phi=\nabla^2\phi$ 和 $\boldsymbol{\nabla}\cdot\boldsymbol{\nabla}\times\boldsymbol{\psi}=0$, 由 (25-1) 式可得

$$\boldsymbol{\nabla}[(\lambda+2\mu)\nabla^2\phi-\rho\ddot{\phi}]+\boldsymbol{\nabla}\times(\mu\nabla^2\boldsymbol{\psi}-\rho\ddot{\boldsymbol{\psi}})=\boldsymbol{0} \tag{25-4}$$

解耦 (25-4) 式, 得到分别用标量势 ϕ 和矢量 $\boldsymbol{\psi}$ 表示的纵波和横波的波动方程分别为

$$\begin{cases}\nabla^2\phi-\dfrac{1}{c_l^2}\ddot{\phi}=0\\ \nabla^2\boldsymbol{\psi}-\dfrac{1}{c_t^2}\ddot{\boldsymbol{\psi}}=\boldsymbol{0}\end{cases} \tag{25-5}$$

从上述两个双曲方程中可得到纵波和横波的速度分别为

$$c_l=\sqrt{\frac{\lambda+2\mu}{\rho}}=\sqrt{\frac{E(1-\nu)}{\rho(1+\nu)(1-2\nu)}},\quad c_t=\sqrt{\frac{\mu}{\rho}}=\sqrt{\frac{E}{2\rho(1+\nu)}} \tag{25-6}$$

从 (25-7) 式得出, 纵波和横波波速之比只和 Poisson 比 ν 有关:

$$\frac{c_l}{c_t}=\sqrt{\frac{\lambda+2\mu}{\mu}}=\sqrt{2\frac{1-\nu}{1-2\nu}} \tag{25-7}$$

(25-7) 式由于是 Poisson 比 ν 的递增函数, 再由于 $-1<\nu\leqslant 1/2$, 将 $\nu=-1$ 代入 (25-7) 式, 故有下列不等式[5]:

$$\frac{c_l}{c_t}>\frac{2}{\sqrt{3}} \tag{25-8}$$

对于直角坐标系 (rectangular coordinates) $(x,\ y,\ z)$, (25-5) 式中的 Laplace 算子为: $\nabla^2=\dfrac{\partial^2}{\partial x^2}+\dfrac{\partial^2}{\partial y^2}+\dfrac{\partial^2}{\partial z^2}$, 此时方程 (25-5) 式的第二式给出的用矢量 $\boldsymbol{\psi}$ 表示的横波波动方程的分量形式可见思考题 25.1, 而由 Helmholtz 分解关系 (25-1) 式所表示的应力分量可见思考题 25.2 中所给出的表达式.

对于柱坐标 (cylindrical coordinates) $(r,\ \theta,\ z)$, (25-2) 式中的前三个式子, 亦即位移分量 (u, v, w), 可分别表示为

$$\begin{cases} u = \dfrac{\partial \phi}{\partial r} + \dfrac{1}{r}\dfrac{\partial \psi_z}{\partial \theta} - \dfrac{\partial \psi_z}{\partial z} \\ v = \dfrac{1}{r}\dfrac{\partial \phi}{\partial \theta} + \dfrac{\partial \psi_r}{\partial z} - \dfrac{\partial \psi_z}{\partial r} \\ w = \dfrac{\partial \phi}{\partial z} + \dfrac{1}{r}\dfrac{\partial (\psi_\theta r)}{\partial r} - \dfrac{1}{r}\dfrac{\partial \psi_r}{\partial \theta} \end{cases} \tag{25-9}$$

此时波动方程 (25-5) 式在柱坐标中的表达形式为

$$\begin{cases} \nabla^2 \phi = \dfrac{1}{c_l^2}\dfrac{\partial^2 \phi}{\partial t^2} \\ \nabla^2 \psi_r - \dfrac{\psi_r}{r^2} - \dfrac{2}{r^2}\dfrac{\partial \psi_\theta}{\partial \theta} = \dfrac{1}{c_t^2}\dfrac{\partial^2 \psi_r}{\partial t^2} \\ \nabla^2 \psi_\theta - \dfrac{\psi_\theta}{r^2} + \dfrac{2}{r^2}\dfrac{\partial \psi_r}{\partial \theta} = \dfrac{1}{c_t^2}\dfrac{\partial^2 \psi_\theta}{\partial t^2} \\ \nabla^2 \psi_z = \dfrac{1}{c_t^2}\dfrac{\partial^2 \psi_z}{\partial t^2} \end{cases} \tag{25-10}$$

式中的第一式为柱坐标中的纵波方程, 其余三个为横波方程. 式中, 柱坐标系的 Laplace 算子为: $\nabla^2 = \dfrac{\partial^2}{\partial r^2} + \dfrac{1}{r}\dfrac{\partial}{\partial r} + \dfrac{1}{r^2}\dfrac{\partial^2}{\partial \theta^2} + \dfrac{\partial^2}{\partial z^2}$.

对于球坐标 (spherical coordinates) $(r,\ \theta,\ \chi)$, (25-2) 式中的前三个式子, 亦即位移分量 (u, v, w), 可分别表示为

$$\begin{cases} u = \dfrac{\partial \phi}{\partial r} + \dfrac{1}{r\sin\theta}\left[\dfrac{\partial}{\partial \theta}(\psi_\chi \sin\theta) - \dfrac{\partial \psi_\theta}{\partial \chi}\right] \\ v = \dfrac{1}{r}\dfrac{\partial \phi}{\partial \theta} + \dfrac{1}{r}\left[\dfrac{1}{\sin\theta}\dfrac{\partial \psi_r}{\partial \chi} - \dfrac{\partial}{\partial r}(r\psi_\chi)\right] \\ w = \dfrac{1}{r\sin\theta}\dfrac{\partial \phi}{\partial \chi} + \dfrac{1}{r}\left[\dfrac{\partial}{\partial r}(r\psi_\theta) - \dfrac{\partial \psi_r}{\partial \theta}\right] \end{cases} \tag{25-11}$$

则球坐标下的波动方程为

$$\begin{cases} \nabla^2 \phi = \dfrac{1}{c_l^2}\dfrac{\partial^2 \phi}{\partial t^2} \\ \nabla^2 \psi_r - 2\dfrac{\psi_r}{r^2} - \dfrac{2}{r^2\sin\theta}\dfrac{\partial}{\partial \theta}(\psi_\theta \sin\theta) - \dfrac{2}{r^2\sin\theta}\dfrac{\partial \psi_\chi}{\partial \chi} = \dfrac{1}{c_t^2}\dfrac{\partial^2 \psi_r}{\partial t^2} \\ \nabla^2 \psi_\theta - \dfrac{\psi_\theta}{(r\sin\theta)^2} + \dfrac{2}{r^2}\dfrac{\partial \psi_r}{\partial \theta} - \dfrac{2\cos\theta}{(r\sin\theta)^2}\dfrac{\partial \psi_\chi}{\partial \chi} = \dfrac{1}{c_t^2}\dfrac{\partial^2 \psi_\theta}{\partial t^2} \\ \nabla^2 \psi_\chi - \dfrac{\psi_\chi}{(r\sin\theta)^2} + \dfrac{2}{r^2\sin\theta}\dfrac{\partial \psi_r}{\partial \chi} + \dfrac{2\cos\theta}{(r\sin\theta)^2}\dfrac{\partial \psi_\theta}{\partial \chi} = \dfrac{1}{c_t^2}\dfrac{\partial^2 \psi_\chi}{\partial t^2} \end{cases} \tag{25-12}$$

同理, (25-12) 式的第一式为球坐标中的纵波方程, 其余为横波方程. 式中, 球坐标系的 Laplace 算子为: $\nabla^2 = \frac{1}{r^2}\frac{\partial}{\partial r}\left(r^2\frac{\partial}{\partial r}\right) + \frac{1}{r^2\sin\theta}\frac{\partial}{\partial\theta}\left(\sin\theta\frac{\partial}{\partial\theta}\right) + \frac{1}{(r\sin\theta)^2}\frac{\partial^2}{\partial\chi^2}$.

25.3 波动方程的自相似解

本书著者在《纳米与介观力学》[6] 的 4.1 节中曾介绍过自相似和自相似解. 本节则主要讨论波动方程的自相似解 (self-similarity solution)[7−9,2], 在文献中也被称为齐次解 (homogeneous solution)[7].

25.3.1 Chaplygin 变换

首先讨论齐次函数 (homogeneous function). 所谓 m 次齐次函数是指满足下列关系的函数:

$$f(\lambda x_1, \lambda x_2, \cdots, \lambda x_n) = \lambda^m f(x_1, x_2, \cdots, x_n) \tag{25-13}$$

本节主要讨论满足二维波动方程的齐次函数. 特别地, 将主要介绍零次齐次解.

不失一般性, 考虑如下极坐标下的波动方程:

$$\frac{1}{r}\frac{\partial}{\partial r}\left(r\frac{\partial w}{\partial r}\right) + \frac{1}{r^2}\frac{\partial^2 w}{\partial\theta^2} = \frac{1}{c_t^2}\frac{\partial^2 w}{\partial t^2} \tag{25-14}$$

(25-14) 式给出的是反平面 (anti-plane) 的剪切运动, 之所以称为反平面是因为其位移 $w(r,\theta,t)$ 垂直于 (r,θ) 平面. (25-14) 式的零次齐次解为 $w(r/c_t t, \theta)$. 寻找自相似解 (齐次解) 的好处一方面是方程的降阶. 另外, 亦可加深对所研究问题的理解.

通过引入新的无量纲变量: $s = r/(c_t t)$, (25-14) 式变为

$$s^2(1-s^2)\frac{\partial^2 w}{\partial s^2} + s(1-2s^2)\frac{\partial w}{\partial s} + \frac{\partial^2 w}{\partial\theta^2} = 0 \tag{25-15}$$

当 $s = r/(c_t t) < 1$ 时, 下列 Chaplygin 变换[10]:

$$\begin{aligned}\beta &= \operatorname{arcosh}\left(\frac{c_t t}{r}\right) = \operatorname{arcosh}\left(\frac{1}{s}\right)\\ &= \ln\left(\frac{c_t t}{r} + \sqrt{\left(\frac{c_t t}{r}\right)^2 - 1}\right)\end{aligned} \tag{25-16}$$

将方程 (25-15) 进一步退化为如下 Laplace 方程:

$$\frac{\partial^2 w}{\partial\beta^2} + \frac{\partial^2 w}{\partial\theta^2} = 0 \tag{25-17}$$

有许多有效的方法来解上述 Laplace 方程. 下面给出两个例子.

25.3.2 突加反平面线载荷情形

设在 $t=0$ 的初始时刻, 一个集中的反平面线载荷突然作用在未扰动的介质上, 该载荷将产生一个轴对称的圆柱横波, 该波的波阵面为 $r=c_t t$. 在波阵面后面, 也就是当 $r/(c_t t)<1$ 时, (25-17) 式成立, 再由于该问题的轴对称性, 所以 (25-17) 式中的 $\partial^2 w/\partial\theta^2=0$, 亦即位移 w 只依赖于无量纲变量 $c_t t/r$, 因此 (25-17) 式退化为: $\mathrm{d}^2 w/\mathrm{d}\beta^2=0$, 其解为

$$w=A\beta+C \tag{25-18}$$

式中, A 和 C 为待定常数. 当 $\beta=0$ 时, 也就是波阵面尚未到达时, 位移为零 $w|_{\beta=0}=0$, 故有: $C=0$. 这样反平面位移 w 可通过待定常数 A 表示为

$$w=A\operatorname{arcosh}\left(\frac{c_t t}{r}\right)=A\ln\left(\frac{c_t t}{r}+\sqrt{\left(\frac{c_t t}{r}\right)^2-1}\right) \tag{25-19}$$

剪应力为

$$\tau_{rz}=\mu\frac{\partial w}{\partial r}=-\mu\frac{A}{r}\frac{c_t t}{r}\frac{1}{\sqrt{\left(\frac{c_t t}{r}\right)^2-1}} \tag{25-20}$$

可定义如下单位长度的集中力的集度为

$$P=-2\pi\lim_{r\to 0} r\tau_{rz} \tag{25-21}$$

因此, 该问题可等价地理解为介质在单位长度上受到集度为 P 的线载荷的突然作用, 因而待定常数 A 可确定为: $A=P/(2\pi\mu)$, 最终, 该问题的解为

$$w=\frac{P}{2\pi\mu}\ln\left(\frac{c_t t}{r}+\sqrt{\left(\frac{c_t t}{r}\right)^2-1}\right)H(c_t t-r) \tag{25-22}$$

式中, $H(c_t t-r)$ 为 Heaviside 函数.

25.3.3 剪切波在弹性楔中的传播

考虑如图 25.1 所示内角为 $\gamma\pi$ 的弹性楔, 不失一般性可假设: $\gamma\geqslant\dfrac{1}{2}$, 楔的两个表面分别定义为: $\theta=0$ 和 $\theta=\gamma\pi$. 设当 $t=0$ 的初始时刻, 在 $\theta=0$ 的表面上作用一突加沿 z 方向的剪切载荷, 问题的边界条件为

$$\theta=0,\quad r\geqslant 0:\tau_{\theta z}=\frac{\mu}{r}\frac{\partial w}{\partial\theta}=\tau_0\delta(t) \tag{25-23}$$

$$\theta=\gamma\pi,\quad r\geqslant 0:\tau_{\theta z}=0 \tag{25-24}$$

一旦 $\delta(t)$ 函数形式载荷的解获得后, 其他任意随时间变化载荷的解都可以通过线性叠加的方法得到. 应该注意的是, 因 $\delta(t)$ 函数的量纲是: $[\delta(t)] = 时间^{-1}$, 故 (25-23) 式中 τ_0 的量纲为: $[\tau_0] = 应力 \cdot 时间$.

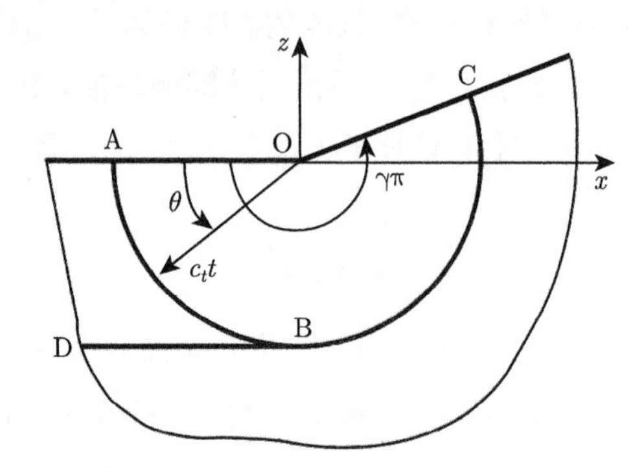

图 25.1 内角为 $\gamma\pi$ 的弹性楔, 在 $\theta = 0$ 表面受突加剪切载荷作用的波的传播

在 $\theta = 0$ 的平面突然施加一剪切波后, 将产生一个被称为"初波 (primary wave)"的平面波 BD, 该波通过后, 将产生如下为常数的位移:

$$w_1 = -\frac{c_t \tau_0}{\mu} \tag{25-25}$$

只要注意到 τ_0 的量纲为 $[\tau_0] = 应力 \cdot 时间$, (25-25) 便十分容易理解.

除了初波 BD 外, 在角点 O 处还要产生出一圆柱波 ABC, 由于位移的连续性, 沿圆柱波的波阵面 BC 有位移条件 $w = 0$. 应用 (25-16) 式的 Chaplygin 变换, 楔的圆柱区域 OABC 被映射到 (β, θ) 平面的一个狭长条带: $0 \leqslant \theta \leqslant \gamma\pi, 0 \leqslant \beta \leqslant \infty$. 由于 $r = 0$ 处的位移有界, 故随着 β 值的增加, 位移 w 将趋近于零. (β, θ) 平面条件分别为

$$\theta = 0, \quad \beta \geqslant 0 : \frac{\partial w}{\partial \beta} = 0 \tag{25-26}$$

$$\theta = \gamma\pi, \quad \beta \geqslant 0 : \frac{\partial w}{\partial \beta} = 0 \tag{25-27}$$

$$\beta = 0, \quad 0 \leqslant \theta \leqslant \frac{\pi}{2} : w = w_1 \tag{25-28}$$

$$\beta = 0, \quad \frac{\pi}{2} \leqslant \theta \leqslant \gamma\pi : w = 0 \tag{25-29}$$

在上述条件下, Laplace 方程 (25-17) 的解可通过初等方法获得.

Laplace 方程 (25-17) 满足边界条件 (25-26) 式和 (25-27) 式时的解可表示为

$$w(\beta, \theta) = \sum_{n=0}^{\infty} a_n \exp\left(-\frac{n\beta}{\gamma}\right) \cos\frac{n\theta}{\gamma} \tag{25-30}$$

显然, 随着 β 值增加到足够大时, 位移将趋于零. 再基于 (25-30) 式中 $\cos(n\theta/\gamma)$ 在区间 $0 \leqslant \theta \leqslant \gamma\pi$ 所满足的正交性条件 (orthogonality conditions), (25-30) 式中的系数可确定为

$$a_n = \frac{2w_1}{n\pi}\sin\frac{n\pi}{2\gamma} \tag{25-31}$$

从而, Laplace 方程 (25-17) 的解 (25-30) 式可最终表示为

$$w(\beta,\theta) = \frac{2w_1}{\pi}\sum_{n=1}^{\infty}\frac{1}{n}\exp\left(-\frac{n\beta}{\gamma}\right)\cos\frac{n\theta}{\gamma}\sin\frac{n\pi}{2\gamma} \tag{25-32}$$

下面对 (25-32) 式进行分析:

情形 I: 当 $\gamma = 1/2$ 时, (25-32) 式将自动满足: $w(\beta,\theta)|_{\gamma=1/2} = 0$. 该情形相当于一个四分之一的空间 (a quarter-space) 受一突加的反平面表面载荷的作用, 此时, 只有图 25.1 中的平面波 BD.

情形 II: 当 $\gamma = 1$ 时, 这相当于一个在其表面一半上受突加均匀表面作用力的半空间. 此时, (25-32) 式退化为[2]:

$$\begin{aligned} w(\beta,\theta) &= \frac{2w_1}{\pi}\sum_{n=1,3,\cdots}^{\infty}\frac{1}{n}\exp(-n\beta)\cos(n\theta)\sin\frac{n\pi}{2} \\ &= \frac{w_1}{2\pi}\left\{\arctan\left[\frac{\sin(\pi/2+\theta)}{\sinh\beta}\right] + \arctan\left[\frac{\sin(\pi/2-\theta)}{\sinh\beta}\right]\right\} \end{aligned} \tag{25-33}$$

由 (25-16) 式可得

$$\sinh\beta = \sqrt{\left(\frac{c_t t}{r}\right)^2 - 1}$$

从而, (25-33) 式可进一步退化为

$$w(r,\theta) = \frac{w_1}{\pi}\arctan\left[\frac{\cos\theta}{\sqrt{(c_t t/r)^2 - 1}}\right] \tag{25-34}$$

将 (25-25) 式代入, 最终可得剪应力的表达式为

$$\tau_{\theta z} = \frac{1}{r}\frac{c_t\tau_0\sin\theta\sqrt{(c_t t/r)^2 - 1}}{(c_t t/r)^2 - \sin^2\theta} \tag{25-35}$$

思　考　题

25.1　由式 (25-5) 式的第二式给出的是用矢量 ψ 表示的横波的波动方程, 验证其分量形式如下:

$$\nabla^2\psi_x = \frac{1}{c_t^2}\frac{\partial^2\psi_x}{\partial t^2},\quad \nabla^2\psi_y = \frac{1}{c_t^2}\frac{\partial^2\psi_y}{\partial t^2},\quad \nabla^2\psi_z = \frac{1}{c_t^2}\frac{\partial^2\psi_z}{\partial t^2} \tag{25-36}$$

25.2　验证由 Helmholtz 分解关系 (25-1) 式所表示的应力分量为

$$
\left\{\begin{aligned}
&\sigma_{xx}=\lambda\nabla^2\phi+2\mu\left[\frac{\partial^2\phi}{\partial x^2}+\frac{\partial}{\partial x}\left(\frac{\partial\psi_z}{\partial y}-\frac{\partial\psi_y}{\partial z}\right)\right]\\
&\sigma_{yy}=\lambda\nabla^2\phi+2\mu\left[\frac{\partial^2\phi}{\partial y^2}+\frac{\partial}{\partial y}\left(\frac{\partial\psi_x}{\partial z}-\frac{\partial\psi_z}{\partial x}\right)\right]\\
&\sigma_{xx}=\lambda\nabla^2\phi+2\mu\left[\frac{\partial^2\phi}{\partial z^2}+\frac{\partial}{\partial z}\left(\frac{\partial\psi_y}{\partial x}-\frac{\partial\psi_x}{\partial y}\right)\right]\\
&\sigma_{xy}=\sigma_{yx}=\mu\left[2\frac{\partial^2\phi}{\partial x\partial y}+\frac{\partial}{\partial y}\left(\frac{\partial\psi_z}{\partial y}-\frac{\partial\psi_y}{\partial z}\right)+\frac{\partial}{\partial x}\left(\frac{\partial\psi_x}{\partial z}-\frac{\partial\psi_z}{\partial x}\right)\right]\\
&\sigma_{yz}=\sigma_{zy}=\mu\left[2\frac{\partial^2\phi}{\partial y\partial z}+\frac{\partial}{\partial z}\left(\frac{\partial\psi_x}{\partial z}-\frac{\partial\psi_z}{\partial x}\right)+\frac{\partial}{\partial y}(\frac{\partial\psi_y}{\partial x}-\frac{\partial\psi_x}{\partial y})\right]\\
&\sigma_{zx}=\sigma_{xz}=\mu\left[2\frac{\partial^2\phi}{\partial x\partial z}+\frac{\partial}{\partial z}\left(\frac{\partial\psi_z}{\partial y}-\frac{\partial\psi_y}{\partial z}\right)+\frac{\partial}{\partial x}\left(\frac{\partial\psi_y}{\partial x}-\frac{\partial\psi_x}{\partial y}\right)\right]
\end{aligned}\right.
\tag{25-37}
$$

25.3　柱坐标下的应变和位移所满足的几何方程为

$$
\left\{\begin{aligned}
&\varepsilon_{rr}=\frac{\partial u}{\partial r},\quad \varepsilon_{\theta\theta}=\frac{u}{r}+\frac{1}{r}\frac{\partial v}{\partial\theta},\quad \varepsilon_{zz}=\frac{\partial w}{\partial z}\\
&\varepsilon_{r\theta}=\varepsilon_{\theta r}=\frac{1}{2}\left(\frac{\partial v}{\partial r}-\frac{v}{r}+\frac{1}{r}\frac{\partial u}{\partial\theta}\right)\\
&\varepsilon_{\theta z}=\varepsilon_{z\theta}=\frac{1}{2}\left(\frac{1}{r}\frac{\partial w}{\partial\theta}+\frac{\partial v}{\partial z}\right)\\
&\varepsilon_{zr}=\varepsilon_{rz}=\frac{1}{2}\left(\frac{\partial u}{\partial z}+\frac{\partial w}{\partial r}\right)
\end{aligned}\right.
\tag{25-38}
$$

柱坐标下的应力表达式为

$$
\left\{\begin{aligned}
&\sigma_{rr}=\lambda\left(\frac{\partial u}{\partial r}+\frac{u}{r}+\frac{1}{r}\frac{\partial v}{\partial\theta}+\frac{\partial w}{\partial z}\right)+2\mu\frac{\partial u}{\partial r}\\
&\sigma_{\theta\theta}=\lambda\left(\frac{\partial u}{\partial r}+\frac{u}{r}+\frac{1}{r}\frac{\partial v}{\partial\theta}+\frac{\partial w}{\partial z}\right)+2\mu\left(\frac{u}{r}+\frac{1}{r}\frac{\partial v}{\partial\theta}\right)\\
&\sigma_{zz}=\lambda\left(\frac{\partial u}{\partial r}+\frac{u}{r}+\frac{1}{r}\frac{\partial v}{\partial\theta}+\frac{\partial w}{\partial z}\right)+2\mu\frac{\partial w}{\partial z}\\
&\sigma_{r\theta}=\mu\left(\frac{\partial v}{\partial r}-\frac{v}{r}+\frac{1}{r}\frac{\partial u}{\partial\theta}\right)\\
&\sigma_{\theta z}=\mu\left(\frac{1}{r}\frac{\partial w}{\partial\theta}+\frac{\partial v}{\partial z}\right)\\
&\sigma_{zr}=\mu\left(\frac{\partial u}{\partial z}+\frac{\partial w}{\partial r}\right)
\end{aligned}\right.
\tag{25-39}
$$

问题: 将 (25-38) 和 (25-39) 两式用标量势 ϕ 和矢量 ψ 表示.

25.4　由于弹性波速和结构的弹性动力学相比较快, 因此波动问题可近似视为绝热过程, 因此, 原则上在波速的计算式 (25-6) 中, 应使用材料的绝热弹性常数 E_{ad} 和 ν_{ad}[5]:

$$
E_{\text{ad}}=E\frac{1}{1-ET\alpha^2/(9C_p)},\quad \nu_{\text{ad}}=\nu\frac{1+ET\alpha^2/(9\nu C_p)}{1-ET\alpha^2/(9C_p)}
\tag{25-40}
$$

式中, T 为温度, α 为热膨胀系数, C_p 则为单位体积的等压比热.

问题:

(1) 验证材料的绝热弹性常数 E_{ad} 和 ν_{ad} 分别大于其等温相应值 E 和 ν;

(2) 阐明由弹性应力波测试所得结果反演出的弹性常数为绝热常数, 而非动态弹性常数;

(3) 一般地, 由于 $\dfrac{ET\alpha^2}{C_p} \ll 1$, 则验证有下列关系式: $E_{\text{ad}} = E\left(1+\dfrac{ET\alpha^2}{9C_p}\right)$, $\nu_{\text{ad}} = \nu\left(1+\dfrac{1+\nu}{\nu}\dfrac{ET\alpha^2}{9C_p}\right)$.

25.5 针对式 (25-32), 当 $r \to 0$, 剪应力表达式为: $\tau_{\theta z} \sim \dfrac{2c_t\tau_0}{\pi\gamma r^{1-1/\gamma}}(2c_t t)^{-1/\gamma}\sin\dfrac{\pi}{2\gamma}\sin\dfrac{\theta}{\gamma}$.

问题: 进行应力的奇异性分析.

25.6 25.3.1 节的 Chaplygin 变换是由苏联力学家 Sergei Alekseevich Chaplygin (1869~1942) 提出的. 苏联数学家 Lazar Aronovich Lyusternik (1899~1981) 提到[11], Chaplygin 曾在一篇文章中建立了边界层的理论基础, 但因觉得缺乏数学基础而未发表 (One day Sergei Alekseevich pulled from some bag of old papers a manuscript containing the foundations of a theory of the boundary layer, developed as far as Prandtl's work. But Chaplygin had not published this paper, since this theory did not have a mathematical basis.).

问题: 进一步了解 S. A. Chaplygin 的学术贡献.

Sergei Alekseevich Chaplygin (1869~1942)

参 考 文 献

[1] Helmholtz H. Über Integrale der hydrodynamischen gleichungen, welcher der wirbelbewegungen entsprechen (On integrals of the hydrodynamic equations which correspond to vortex motions). Journal für die reine und angewandte Mathematik, 1858, 55: 25–55.

[2] Achenbach J D. Wave Propagation in Elastic Solids. New York: Elsevier, 1984. (中译本: 弹性固体中波的传播. 徐植信, 洪锦如译. 上海: 同济大学出版社, 1992).

[3] Miklowitz J. The Theory of Elastic Waves and Waveguides. New York: Elsevier, 1978.

[4] Stokes G G. On the dynamical theory of diffraction. Transactions of the Cambridge Philosophical Society, 1851, 9: 1–62.

[5] Landau L D, Lifshitz E M. Theory of Elasticity (3rd English Edition). Oxford: Pergamon Press, 1986.

[6] 赵亚溥. 纳米与介观力学. 北京: 科学出版社, 2014.

[7] Miles J W. Homogeneous solutions in elastic wave propagation. Quarterly of Applied Mathematics, 1960, 18: 37–59.

[8] Willis J R. Self-similar problems in elastodynamics. Philosophical Transactions of the Royal Society A, 1973, 274: 435–471.

[9] Norwood F R. Similarity solutions in plane elastodynamics. International Journal of Solids Structures, 1973, 9: 789–803.

[10] Chaplygin S. Gas jets. NACA TM 1063, 1944.

[11] Lyusternik L A. The early years of the Moscow Mathematical School. Russian Mathematical Surveys, 1967, 22: 171–211.

第 26 章　表面波 —— Rayleigh 波和毛细波

26.1　Rayleigh 表面波

1885 年, Lord Rayleigh 从理论上预言[1], 在各向同性均匀固体半空间存在一种沿表面传播, 能量集中于表面附近的弹性波, 故又称为 Rayleigh 表面波.

对于实际的固体, 表面波的传播速度比横波速度约慢 10%. 这时, 表面波的传播是非色散的. 如图 26.1 所示, 它的质点振动位移有两个相位差为 90° 的分量: 一个垂直于表面, 另一个顺着表面内波的传播方向. 因此, Rayleigh 表面波属于 P-SV 型波, 在工程界又被广泛地称为 "地滚 (ground-roll) 波". 它们的幅度随着深度的加深, 将按照指数衰减, 很快趋向于零, 由图 26.2 可见, 当深度在几个波长以后, 其幅度就已很小.

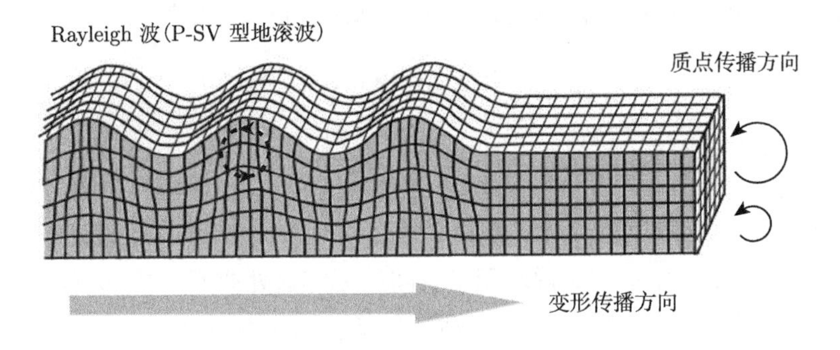

图 26.1　Rayleigh 表面波整体形貌示意图

将位移矢量 $\boldsymbol{u}$ 分解为纵向 $\boldsymbol{u}_l$ 和横向 $\boldsymbol{u}_t$ 两部分之和: $\boldsymbol{u} = \boldsymbol{u}_l + \boldsymbol{u}_t$, 对于各向同性、均匀半空间而言, $\boldsymbol{u}_l$ 和 $\boldsymbol{u}_t$ 均满足如下双曲波动方程:

$$\frac{\partial^2 u}{\partial t^2} - c^2\nabla^2 u = 0 \tag{26-1}$$

式中, 对应于 $\boldsymbol{u}_l$ 和 $\boldsymbol{u}_t$ 的波速分别为 c_l 和 c_t. 建立如图 26.2 所示的坐标系, 弹性半空间的表面为 xy 面, 半空间的介质深度方向对应于 $z > 0$ 的方向.

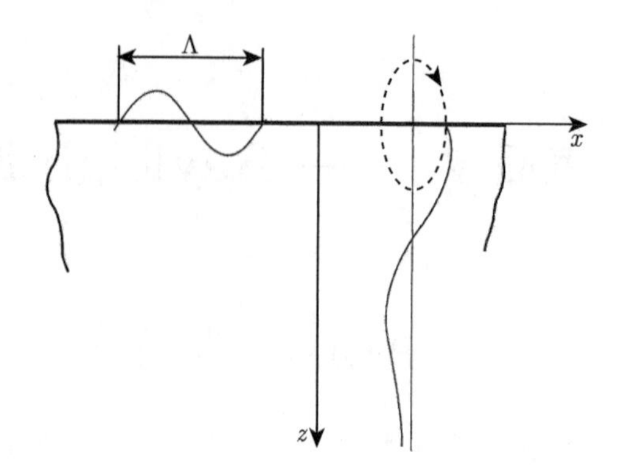

图 26.2 Rayleigh 表面波随深度的衰减和表面上点位移轨迹示意图

如图 26.2 所示, 本节所研究的是沿 x 轴传播的平面单色 (monochromatic) 表面波, 其位移可表示为分离变量形式:

$$u = \exp[\mathrm{i}(kx - \omega t)]f(z) \tag{26-2}$$

式中, k 为波数 (wave number), 它是波矢量的大小, 其量纲为: $[k] = \mathrm{L}^{-1}$, 其物理意义是每单位长度上波的数量. 将 (26-2) 式代入 (26-1) 式, 可得

$$\frac{\mathrm{d}^2 f}{\mathrm{d}z^2} - \kappa^2 f = 0 \tag{26-3}$$

式中, $\kappa = \sqrt{k^2 - \dfrac{\omega^2}{c^2}}$, 其量纲为: $[\kappa] = \mathrm{L}^{-1}$, 对应于 c_l 和 c_t, κ 有两个值, 分别为 κ_l 和 κ_t. (26-3) 式为常系数二阶齐次常微分方程, 其解分两种情况: (1) 当 $k^2 - \omega^2/c^2 < 0$ 时, $f(z)$ 为周期函数, 也就是说对于半空间的无穷远处亦不衰减, 该解显然为非物理解, 应舍去; (2) $k^2 - \omega^2/c^2 > 0$ 的情形, 此时 κ 为实数, 此时, 方程 (26-3) 具有指数形式 $\exp(\pm\kappa z)$ 的解, 在正、负号选择方面, 应选择当 $z \to \infty$ 时, $f \to 0$ 的指数型衰减函数, 亦即:

$$\begin{aligned} u &= C \exp[\mathrm{i}(kx - \omega t)] \exp(-\kappa z) \\ &= C \exp(\mathrm{i}kx - \kappa z - \mathrm{i}\omega t) \end{aligned} \tag{26-4}$$

式中, C 为待定常数.

25.2 节中所讨论的无限大各向同性均匀弹性体中弹性波的传播特点是, 纵波和横波是两个完全相互独立传播的波. 而对于半空间问题, 由于存在自由面的边界条件, 情况则有所不同. 此时, $\boldsymbol{u} = \boldsymbol{u}_l + \boldsymbol{u}_t$ 中的 $\boldsymbol{u}_l$ 和 $\boldsymbol{u}_t$ 已经不再具有平行或垂直于位移分量传播方向的直观意义了[2].

为了定量地确定表面波的传播性质, 需要利用自由面处的 Cauchy 边界条件: $\sigma_{ik}n_k=0$, 由于图 26.2 中自由面的法向矢量平行于 z 轴, 因此有

$$\sigma_{xz}=\sigma_{yz}=\sigma_{zz}=0 \tag{26-5}$$

由 Hooke 定律, 由 (26-5) 式可得应变分量满足:

$$\varepsilon_{xz}=0,\quad \varepsilon_{yz}=0,\quad \nu(\varepsilon_{xx}+\varepsilon_{yy})+(1-\nu)\varepsilon_{zz}=0 \tag{26-6}$$

由 (26-2) 式可知, 所有的参量均和 y 坐标无关, 上述条件中的 $\varepsilon_{yz}=0$ 等价于:

$$\varepsilon_{yz}=\frac{1}{2}\left(\frac{\partial u_y}{\partial z}+\frac{\partial u_z}{\partial y}\right)=\frac{1}{2}\frac{\partial u_y}{\partial z}=0$$

再由 (26-5) 式可知, 沿 y 坐标方向的位移分量为零: $u_y=0$. 这样可得出有关表面波传播的一条重要结论: Rayleigh 表面波的位移矢量 $\boldsymbol{u}=\boldsymbol{u}_l+\boldsymbol{u}_t$ 位于通过传播方向并垂直于表面的平面 (x,z) 内.

表面波的横向位移 $\boldsymbol{u}_t$ 满足等容条件, 亦即: $\boldsymbol{\nabla}\cdot\boldsymbol{u}_t=0$, 或者:

$$\frac{\partial u_{tx}}{\partial x}+\frac{\partial u_{tz}}{\partial z}=0 \tag{26-7}$$

将 (26-4) 式代入 (26-7) 式得到如下等式:

$$\mathrm{i}ku_{tx}-\kappa_t u_{tz}=0,\quad \kappa_t=\sqrt{k^2-\frac{\omega^2}{c_t^2}} \tag{26-8}$$

式中的第一式等价于下式:

$$\frac{u_{tx}}{\kappa_t}=\frac{u_{tz}}{\mathrm{i}k}=a$$

式中, a 为待定常数, 则有横向位移分量的如下表达式:

$$\begin{cases} u_{tx}=a\kappa_t\exp(\mathrm{i}kx-\kappa_t z-\mathrm{i}\omega t)\\ u_{tz}=\mathrm{i}ak\exp(\mathrm{i}kx-\kappa_t z-\mathrm{i}\omega t)\end{cases} \tag{26-9}$$

再由表面波的纵向位移矢量 $\boldsymbol{u}_l$ 满足无旋性条件 $\boldsymbol{\nabla}\times\boldsymbol{u}_l=0$, 亦即:

$$\frac{\partial u_{lx}}{\partial z}-\frac{\partial u_{lz}}{\partial x}=0 \tag{26-10}$$

则有下列关系式:

$$\mathrm{i}ku_{lz}+\kappa_l u_{lx}=0,\quad \kappa_l=\sqrt{k^2-\frac{\omega^2}{c_l^2}} \tag{26-11}$$

引入待定常数 b, (26-11) 式中的第一式等价于:

$$\frac{u_{lx}}{k} = \frac{u_{lz}}{\mathrm{i}\kappa_l} = b$$

则有纵向位移分量的如下表达式:

$$\begin{cases} u_{lx} = bk\exp(\mathrm{i}kx - \kappa_l z - \mathrm{i}\omega t) \\ u_{lz} = \mathrm{i}b\kappa_l \exp(\mathrm{i}kx - \kappa_l z - \mathrm{i}\omega t) \end{cases} \tag{26-12}$$

再应用 (26-6) 式的第一和第三个条件, 得到如下方程组:

$$\begin{cases} \dfrac{\partial u_x}{\partial z} + \dfrac{\partial u_z}{\partial x} = 0 \\ c_l^2 \dfrac{\partial u_z}{\partial z} + (c_l^2 - 2c_t^2)\dfrac{\partial u_x}{\partial x} = 0 \end{cases} \tag{26-13}$$

应用位移关系 $u_x = u_{lx} + u_{tx}, u_z = u_{lz} + u_{tz}$, 将 (26-9) 和 (26-12) 两式代入 (26-13) 式, 则可得到如下有关待定常数 a 和 b 的二元一次齐次方程组:

$$\begin{cases} (k^2 + \kappa_b^2)a + 2k\kappa_l b = 0 \\ 2k\kappa_t a + (k^2 + \kappa_b^2)b = 0 \end{cases} \tag{26-14}$$

上述方程组存在非平凡解的条件是上式的系数行列式满足如下条件:

$$\begin{vmatrix} k^2 + \kappa_b^2 & 2k\kappa_l \\ 2k\kappa_t & k^2 + \kappa_b^2 \end{vmatrix} = 0 \tag{26-15}$$

亦即:

$$(k^2 + \kappa_b^2)^2 = 4k^2\kappa_t\kappa_l \tag{26-16}$$

将 (26-8) 式的第二式和 (26-11) 式的第二式代入 (26-16) 式, 便得到著名的 Lord Rayleigh 有关表面波传播的波数和频率八次方的方程:

$$\left(2k^2 - \frac{\omega^2}{c_t^2}\right)^4 = (2k)^4\left(k^2 - \frac{\omega^2}{c_t^2}\right)\left(k^2 - \frac{\omega^2}{c_l^2}\right) \tag{26-17}$$

式中, 显然存在波频率和波数之间的比例关系, 亦即: $\omega = \mathrm{const} \cdot k$, 这就意味着 Rayleigh 表面波具有无色散 (non-dispersive) 的特点. 为研究方便, 引入如下表面波的频率和波矢量 (波数) 之间的关系式:

$$\omega = k\xi c_t \tag{26-18}$$

(26-18) 式表明, Rayleigh 表面波的波速为横波波速 c_t 的简单倍数:

$$c_R = \xi c_t \tag{26-19}$$

将 (26-18) 式代入 (26-17) 式得到:

$$\xi^6 - 8\xi^4 + 8\xi^2\left(3 - 2\frac{c_t^2}{c_l^2}\right) - 16\left(1 - \frac{c_t^2}{c_l^2}\right) = 0 \tag{26-20}$$

再由 (25-7) 式可知, $\frac{c_t^2}{c_l^2} = \frac{1-2\nu}{2(1-\nu)}$, 可知, ξ 仅为材料 Poisson 比 ν 的函数. 在保证 ξ 为正实数以及 κ_l 和 κ_t 为实数时, 需要满足: $0 < \xi < 1$. 从而对于确定的 Poisson 比 ν, (26-20) 式只有一个实根. 对于 $0 \leqslant \nu \leqslant 1/2$, 系数 ξ 的取值范围为: $0.874 \leqslant \xi \leqslant 0.955$, 可见, Rayleigh 波速比横波波速略小 ($c_R < c_t$). ξ 对 Poisson 比 ν 的依赖关系如图 26.3 所示.

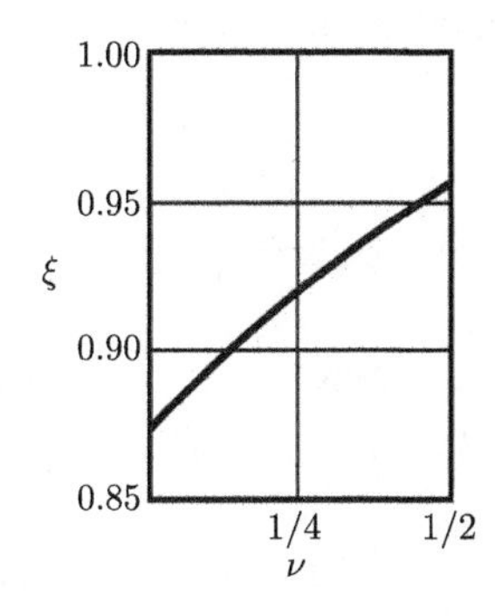

图 26.3　Rayleigh 波速系数 ξ 和 Poisson 比 ν 的关系

Rayleigh 波速和横波波速还可通过 Poisson 比 ν 直接表示为

$$\frac{c_R}{c_t} = \frac{0.862 + 1.14\nu}{1+\nu} \tag{26-21}$$

最后, 由 (26-14) 式中的任意一个式子, 均可确定出由系数 ξ 所表示的横波和纵波的振幅之比:

$$\frac{a}{b} = -\frac{2-\xi^2}{2\sqrt{1-\xi^2}} \tag{26-22}$$

26.2　圆柱形井筒沿轴向传播的表面波

26.1 节给出的是半空间平面 Rayleigh 表面波的传播特性. 另一类常见工程应用是, 无液圆柱形井筒中沿轴向传播的表面波[3], 此时增加了表面曲率的影响, 可以设想的是, 除了和 26.1 节相似的材料 Poisson 比的影响外, 还有 λ/D 的影响, 这里 λ 是表面波的波长, D 则为筒状矿井直径. 对该问题, 选取如图 26.4 所示的直角和柱坐标系. 在直角坐标系下质点的位移为 (u, v, w) 的话, 由 (25-9) 和 (25-10) 诸式,

有如下关系:

$$(u, v, w) = \boldsymbol{\nabla}\phi + \boldsymbol{\nabla} \times \boldsymbol{\psi} \tag{26-23}$$

以及如下波动方程:

$$\begin{cases} \nabla^2 \phi = \dfrac{1}{c_l^2} \dfrac{\partial^2 \phi}{\partial t^2} \\ \nabla^2 \boldsymbol{\psi} = \dfrac{1}{c_t^2} \dfrac{\partial^2 \boldsymbol{\psi}}{\partial t^2} \end{cases} \tag{26-24}$$

式中, 纵波波速 c_l 和横波波速 c_t 已由 (25-6) 式给出.

由于问题的轴对称性, 如图 26.4 所示, 矢量 $\boldsymbol{\psi}$ 和以 z 轴上某点为圆心、所在平面和 z 轴垂直、半径为 r 的圆相切. 因此, 矢量 $\boldsymbol{\psi}$ 的两个分量可通过如图 26.4 所示的一个标量 ψ 表示为

$$\psi_x = -\psi \sin\theta, \quad \psi_y = \psi \cos\theta \tag{26-25}$$

类似地, 引进径向位移分量为 R, 则有: $u = R\cos\theta, v = R\sin\theta$. 由于问题的轴对称性, ϕ、ψ 和 R 均不依赖于 θ. (26-24) 式的第一式中柱坐标系的 Laplace 算子 $\nabla^2 = \dfrac{\partial^2}{\partial r^2} + \dfrac{1}{r}\dfrac{\partial}{\partial r} + \dfrac{1}{r^2}\dfrac{\partial^2}{\partial \theta^2} + \dfrac{\partial^2}{\partial z^2}$ 中对 θ 求偏导项将消失, 因此有

$$\frac{\partial^2 \phi}{\partial r^2} + \frac{1}{r}\frac{\partial \phi}{\partial r} + \frac{\partial^2 \phi}{\partial z^2} = \frac{1}{c_l^2}\frac{\partial^2 \phi}{\partial t^2} \tag{26-26}$$

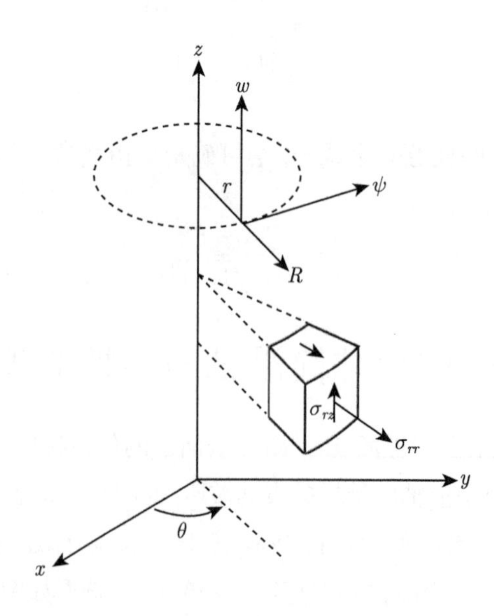

图 26.4　圆柱形井筒的坐标系示意图

由 (26-25) 式知, 矢量 $\boldsymbol{\psi}$ 的两个分量均依赖于 θ, 以 (26-24) 式的第二式中的 ψ_x 为例, 由于 Laplace 算子 $\nabla^2=\dfrac{\partial^2}{\partial r^2}+\dfrac{1}{r}\dfrac{\partial}{\partial r}+\dfrac{1}{r^2}\dfrac{\partial^2}{\partial\theta^2}+\dfrac{\partial^2}{\partial z^2}$ 中对 θ 求偏导项将保留, 将 (26-25) 式的第一式代入, 则得到标量 ψ 应满足的波动方程为

$$\frac{\partial^2\psi}{\partial r^2}+\frac{1}{r}\frac{\partial\psi}{\partial r}-\frac{\psi}{r^2}+\frac{\partial^2\psi}{\partial z^2}=\frac{1}{c_t^2}\frac{\partial^2\psi}{\partial t^2} \tag{26-27}$$

如 (26-26) 式和 (26-27) 式有关 ϕ 和 ψ 的两式给出了该轴对称问题的解答.

位移分量可通过 ϕ 和 ψ 来表示为

$$\begin{cases} R=\sqrt{u^2+v^2}=\dfrac{\partial\phi}{\partial r}-\dfrac{\partial\psi}{\partial z} \\ w=\dfrac{\partial\phi}{\partial z}+\dfrac{\partial\psi}{\partial r}+\dfrac{\psi}{r} \end{cases} \tag{26-28}$$

由 (25-39) 式, 注意到该式中的 u 已变为本小节的 R, 图 26.4 中的两个应力分量为

$$\begin{cases} \sigma_{rr}=\lambda\left(\dfrac{\partial R}{\partial r}+\dfrac{R}{r}+\dfrac{\partial w}{\partial z}\right)+2\mu\dfrac{\partial R}{\partial r} \\ \sigma_{rz}=\mu\left(\dfrac{\partial R}{\partial z}+\dfrac{\partial w}{\partial r}\right) \end{cases}$$

注意到表 11.1 中弹性常数之间的关系: $\lambda=\dfrac{E\nu}{(1+\nu)(1-2\nu)}$ 和 $\mu=\dfrac{E}{2(1+\nu)}$, 则上式可改写为如下形式:

$$\begin{cases} \sigma_{rr}=2\mu\left[\dfrac{\partial R}{\partial r}+\dfrac{\nu}{1-2\nu}\left(\dfrac{\partial R}{\partial r}+\dfrac{R}{r}+\dfrac{\partial w}{\partial z}\right)\right] \\ \sigma_{rz}=\mu\left(\dfrac{\partial R}{\partial z}+\dfrac{\partial w}{\partial r}\right) \end{cases} \tag{26-29}$$

将 (26-28) 式代入 (26-29) 式, 则得到如下用 ϕ 和 ψ 表示的应力分量:

$$\begin{cases} \sigma_{rr}=\rho\dfrac{\nu}{1-\nu}\dfrac{\partial^2\phi}{\partial t^2}+2c_t^2\rho\left(\dfrac{\partial^2\phi}{\partial r^2}-\dfrac{\partial^2\psi}{\partial r\partial z}\right) \\ \sigma_{rz}=\rho\dfrac{\partial^2\psi}{\partial t^2}+2c_t^2\rho\left(\dfrac{\partial^2\phi}{\partial r\partial z}-\dfrac{\partial^2\psi}{\partial z^2}\right) \end{cases} \tag{26-30}$$

对于沿 z 方向传播无衰减的波满足 (26-26) 和 (26-27) 两式的解可表示为

$$\begin{cases} \phi=\phi_0K_0(mr)\cos(kz-\omega t) \\ \psi=\psi_0K_1(nr)\sin(kz-\omega t) \end{cases} \tag{26-31}$$

式中, ϕ_0 和 ψ_0 为常数; k 为波数, ω 为频率, 从而沿 z 方向传播表面波的相速度为: $c=\omega/k$; K_0 和 K_1 分别为零阶和一阶第二类修正 Bessel 函数 (modified Bessel functions of the second kind of zero and first order), 这两个函数为实数且在无穷远处以指数形式趋于零, m 和 n 的量纲均为 L^{-1}, 且满足下式:

$$\begin{cases} m = k\sqrt{1-\zeta_2^2}, & \zeta_2 = \dfrac{\omega}{c_l k} = \dfrac{c}{c_l} \\ n = k\sqrt{1-\zeta_1^2}, & \zeta_1 = \dfrac{\omega}{c_t k} = \dfrac{c}{c_t} \end{cases} \tag{26-32}$$

设圆柱形井筒的半径为 a, 亦即: $D=2a$, 则自由井筒表面的边界条件为

$$\begin{cases} \sigma_{rz}\big|_{r=a} = 0 \\ \sigma_{rr}\big|_{r=a} = 0 \end{cases} \tag{26-33}$$

利用 (26-33) 式中的第一个边界条件: $\sigma_{rz}\big|_{r=a}=0$, 亦即将 (26-31) 式代入 (26-30) 式的第二式中, 得到 ϕ_0 和 ψ_0 的关系式如下:

$$\psi_0 K_1(na)(2c_s^2k^2-\omega^2) = 2c_s^2 mk\phi_0 K_0'(ma) \quad \text{或} \quad \frac{\phi_0}{\psi_0} = \frac{(2-\zeta_1^2)K_1(na)}{2\sqrt{1-\zeta_2^2}K_0'(ma)} \tag{26-34}$$

式中, $K_0'(\xi)=\dfrac{\mathrm{d}K_0(\xi)}{\mathrm{d}\xi}$, 进而有: $K_0''(\xi)=\dfrac{\mathrm{d}^2K_0(\xi)}{\mathrm{d}\xi^2}$.

再利用 (26-33) 式中的第二个边界条件: $\sigma_{rr}\big|_{r=a}=0$, 亦即将 (26-31) 式代入 (26-31) 式的第一式, 得到如下关系式:

$$-\omega^2\frac{\nu}{1-\nu}\phi_0 K_0(ma) + 2c_s^2[\phi_0 m^2 K_0''(ma) - \psi_0 nkK_1'(na)] = 0 \tag{26-35}$$

第二类修正的 Bessel 函数满足如下关系:

$$\begin{cases} K_0'(\xi) = -K_1(\xi) \\ K_0''(\xi) + \dfrac{1}{\xi}K_0'(\xi) = K_0(\xi) \end{cases} \tag{26-36}$$

由如上两式容易推得下式成立:

$$K_0''(\xi) = -K_1'(\xi) = \frac{1}{\xi}K_1(\xi) + K_0(\xi) \tag{26-37}$$

利用上述 (26-36) 和 (26-37) 两关系式, (26-35) 式可改写为如下形式:

$$\begin{aligned} &-\frac{\nu}{1-\nu}\zeta_1^2\phi_0 K_0(ma) + 2\phi_0(1-\zeta_2^2)\left[\frac{1}{ma}K_1(ma)+K_0(ma)\right] \\ &+2\psi_0\sqrt{1-\zeta_1^2}\left[\frac{1}{na}K_1(na)+K_0(na)\right] = 0 \end{aligned} \tag{26-38}$$

将 (26-34) 式中的 ϕ_0/ψ_0 比值代入 (26-38) 式, 得到:

$$\begin{aligned} &4\sqrt{1-\zeta_1^2}\left[\frac{1}{na}+\frac{K_0(na)}{K_1(na)}\right] - 2(2-\zeta_1^2)\sqrt{1-\zeta_2^2}\left[\frac{1}{ma}+\frac{K_0(ma)}{K_1(ma)}\right] \\ &+\frac{\nu}{1-\nu}\frac{\zeta_1^2(2-\zeta_1^2)}{\sqrt{1-\zeta_2^2}}\frac{K_0(ma)}{K_1(ma)} = 0 \end{aligned} \tag{26-39}$$

注意到 (25-7) 和 (26-32) 两式, 有如下关系式:

$$\frac{\nu}{1-\nu}=1-2\left(\frac{\zeta_2}{\zeta_1}\right)^2=1-2\left(\frac{c_t}{c_l}\right)^2$$

则 (26-39) 式可改写为

$$4\sqrt{1-\zeta_1^2}\left[\frac{1}{na}+\frac{K_0(na)}{K_1(na)}\right]-\frac{2(2-\zeta_1^2)\sqrt{1-\zeta_2^2}}{ma}-\frac{(2-\zeta_1^2)^2}{\sqrt{1-\zeta_2^2}}\frac{K_0(ma)}{K_1(ma)}=0 \quad (26\text{-}40)$$

由于 $ma=ka\sqrt{1-\zeta_2^2}$ 和 $na=ka\sqrt{1-\zeta_1^2}$, 则 (26-40) 式表征的是依赖于井筒材料的 Poisson 比和 $ka=\dfrac{2\pi a}{\lambda}=\dfrac{\pi D}{\lambda}$ 的轴对称表面波的相速度所满足的关系式. 这里 D/λ 为井筒直径和波长之比. 因此可知, 无液井筒轴对称表面波的色散关系和 D/λ 比值有关.

从物理上讲, 对于足够短波长的圆柱井筒的表面波而言, 也就是当 ka 足够大时, 其将退化为平面情形的 Rayleigh 表面波. 事实上, 当 $ka\to\infty$ 时, 由于第二类修正的 Bessel 函数当自变量趋于无穷大时有渐近值:

$$K_0(\xi)=K_1(\xi)=\mathrm{e}^{-\xi}\sqrt{\frac{\pi}{2\xi}},\quad 当\ \xi\to\infty\ 时$$

此时, 对于 $ka\to\infty$ 情形, 针对轴对称圆柱形井筒成立的 (26-40) 式将退化为如下和平面情况 Rayleigh 表面波相同的关系式:

$$4\sqrt{1-\zeta_1^2}-\frac{(2-\zeta_1^2)^2}{\sqrt{1-\zeta_2^2}}=0 \quad (26\text{-}41)$$

相关证明可见思考题 26.4.

(26-40) 式可用数值方法求解. 图 26.5 给出了不同 Poisson 比 ν 时, 沿 z 方向传播表面波的相速度和横波波速之比 $\zeta_1=c/c_t$ 随波长和井筒直径之比 λ/D 之间的变化关系. 可以看出, 在 λ/D 一定时, 相速度 c 将随着 ν 的增加而增加; 另一突出特点是, 随着波长 λ 的增加, 沿 z 方向传播井筒表面波的相速度 c 最后都会等于横波波速 c_t. 将 $\zeta_1=c/c_t=1$ 所对应的波长 λ_c 称为截断 (cut-off) 波长, 在无衰减的情况下, 超过截断波长 λ_c 的波不能传播. λ_c 只是 ν 的函数, 图 26.6 给出了截断波长 λ_c 和 ν 的依赖关系, 思考题 26.5 中的表 26.1 给出了 λ_c/D 随 ν 关系的具体数值.

最后, 还可以获得沿 z 方向传播井筒表面波的群速度 (group velocity) c_g, 其定义为: $c_g=\mathrm{d}\omega/\mathrm{d}k$. 针对本问题, 群速度和横波速度之比 c_g/c_t 还可表示为: $c_g/c_t=\mathrm{d}(\zeta_1 ka)/\mathrm{d}(ka)$. 图 26.7 给出了针对不同 ν 时, c_g/c_t 随 ka 的变化关系. 可以看出, 对于给定的 ν, 开始时 c_g/c_t 随着 ka 的增加而迅速衰减进而达到平稳值; 在 ka 给定时, 群速度随着 ν 的增加而增加.

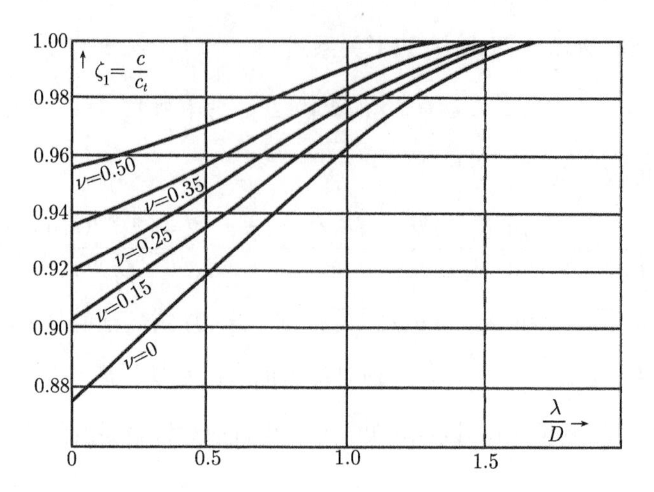

图 26.5　相速度 c 随波长和 Poisson 比的变化规律[3]

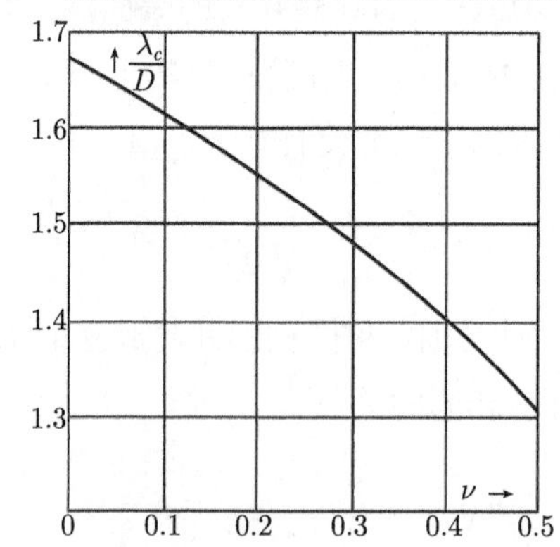

图 26.6　截断波长 λ_c 和 Poisson 比的依赖关系[3]

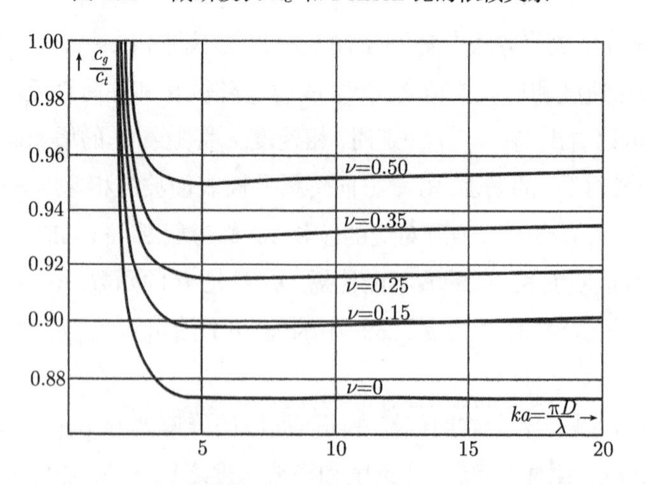

图 26.7　群波速度和波数及 Poisson 比之间的关系[3]

26.3 毛 细 波

“风乍起, 吹皱一池春水”, 南唐词人冯延巳 (903~960) 的代表作《谒金门》中不朽的名句是有关毛细波 (capillary wave) 最好的写照. 我们都无数次地经历过这样的美好情景: 风儿轻轻掠过水面, 一池平静的春水顿时泛起阵阵涟漪.

静止湖面的液体自由表面是水平的, 受扰后液体质点离开其平衡位置, 同时重力和表面张力发挥回复力作用促其返回平衡位置, 然后质点在惯性作用下继续向另一侧运动, 从而形成液体质点的振动和因振动传播而产生的波, 若波长极短, 则自由表面曲率很大, 表面张力也很大, 可忽略重力作用, 只考虑表面张力, 该波称为毛细波, 其波长在 $1\sim2$ cm 之间. 微风吹皱的一湖春水就是毛细波的一例.

再看看海面毛细波的例子. 当风很弱时, 海面基本保持平静, 一丝微风轻轻地从平静的海面上吹拂而过, 泛起一片涟漪, 这便叫做毛细波, 波高仅几毫米, 其典型周期小于 0.1 s. 产生毛细波的风速是每秒 $0.25\sim0.70$ m, 这是最小的风了. 毛细波是风浪形成的开始. 风, 继续在海面上嬉戏, 顽皮地跑到毛细波的前面迎头撞了上去, 风的压力在毛细波的迎风面上变大, 背风面上变小, 海面出现了旋涡. 波面压力失去平衡, 波浪在风的作用下, 波长和波高增大, 当波长为 18 mm, 波速为 0.23 m/s 时, 波浪由毛细波发展为重力波了. 开始形成重力波的临界风速大约为 $0.7\sim1.3$ m/s, 在 1 级风力的范围内. 在风力的继续作用下, 风速为波速的 $3\sim4$ 倍时, 逐渐形成较大的波浪, 直到波浪传播速度等于风速时波浪才停止发展.

William Thomson ($1824\sim1907$, Baron Kelvin, Lord Kelvin) 于 1871 年创立了毛细波理论[4], 由于毛细波的机理是基于表面张力, 因此, 又被称为表面张力波.

考虑重力和表面张力共同作用的情形. 不失一般性, 对于毛细重力波 (capillary gravity wave) 而言, 振幅远小于波长. 用 ζ 来表示液面上某点的 z 坐标, 由于 ζ 为小量, 故 Young-Laplace 方程可写为[5,6]:

$$p-p_0=-\gamma_{lv}\left(\frac{\partial^2\zeta}{\partial x^2}+\frac{\partial^2\zeta}{\partial y^2}\right)\tag{26-42}$$

式中, γ_{lv} 为液–气界面张力, 亦可简称为液体的表面张力. p_0 为恒定的外部压强, p 为表面附近的液体压强, 此时可表示为

$$p=-\rho g\zeta-\rho\frac{\partial\phi}{\partial t}\tag{26-43}$$

式中, ρ 为液体密度, g 为重力加速度, 而 ϕ 则为速度势 (velocity potential), 其满足: $\nabla^2\phi=0$. 将 (26-42) 式代入 (26-43) 式, 对时间 t 求导, 并用 $\partial\phi/\partial z$ 代替 $\partial\zeta/\partial t$, 便

可得到关于速度势 ϕ 的如下边界条件:

$$\rho g\frac{\partial\phi}{\partial z}+\rho\frac{\partial^2\phi}{\partial t^2}-\gamma_{lv}\frac{\partial}{\partial z}\left(\frac{\partial^2\phi}{\partial x^2}+\frac{\partial^2\phi}{\partial y^2}\right)=0,\quad \text{对于 } z=0 \tag{26-44}$$

让我们来研究沿 x 轴传播的平面波:

$$\phi=A\mathrm{e}^{kz}\cos(kx-\omega t) \tag{26-45}$$

将 (26-45) 式代入 (26-44) 式, 可得毛细重力波的色散关系 (dispersion relation), 也就是波的频率和波数 (波矢量) 之间的关系:

$$\begin{aligned}\omega^2&=gk+\frac{\gamma_{lv}}{\rho}k^3\\&=gk\left(1+\frac{\gamma_{lv}}{\rho g}k^2\right)=gk(1+l_c^2k^2)\end{aligned} \tag{26-46}$$

式中, $l_c=\sqrt{\gamma_{lv}/(\rho g)}$ 为毛细特征尺度, (26-46) 式表明, 当波长很大且满足:

$$k\ll\frac{1}{l_c} \tag{26-47}$$

时, 可忽略表面张力的影响, 这样的波即为纯重力波. 反之, 对于短波情形, 可忽略重力的影响, 在 (26-46) 式中略去 gk 项, 则可获得毛细波的色散关系:

$$\omega^2=\frac{\gamma_{lv}}{\rho}k^3 \tag{26-48}$$

则毛细波的群速度为

$$c_{\mathrm{ca}}=\frac{\mathrm{d}\omega}{\mathrm{d}k}=\frac{3}{2}\sqrt{\frac{\gamma_{lv}}{\rho}k} \tag{26-49}$$

思 考 题

26.1　波动可分为两大类: 双曲波 (hyperbolic wave) 和色散波 (dispersive wave). 毛细波属于色散波类型. 对于色散波而言, 最为重要的问题之一是获得其色散关系, 也就是其波频率和波数之间的关系. 相 (phase) 定义为

$$\theta=\boldsymbol{k}\cdot\boldsymbol{x}-\omega t \tag{26-50}$$

相速度 (phase velocity) 则定义为

$$\boldsymbol{c}=\frac{\omega}{k}\hat{k} \tag{26-51}$$

式中, $\hat{k}$ 为波矢量 $\boldsymbol{k}$ 的单位矢量. 从 (26-51) 式可出, 不同的波数将有不同的相速度.

问题: 为了正确理解 “色散 (dispersion)” 一词, 试通过线性叠加而获得更一般解的 Fourier 综合中, 理解随着时间的推移, 不同波数的分量将会发生色散.

26.2　举例说明色散波的相速度和群速度的如下区别: 一个随同任何特定波峰一起运动的观察者以局部相速度运动, 他看到的是局部波数和频率在变化, 亦即临近的波峰逐渐远离开去; 而一个以群速度运动的观察者会看到相同的波数和频率, 但波峰不断地越过他.

26.3　证明: 对于 Rayleigh 面波, 位移关系 $u_x = u_{lx} + u_{tx}, u_z = u_{lz} + u_{tz}$ 还可等价地表示为

$$\begin{cases} u_x = (A_1 e^{-\kappa_l z} + A_2 e^{-\kappa_t z}) \exp[ik(x - ct)] \\ u_z = \left(-\dfrac{\kappa_l}{ik} A_1 e^{-\kappa_l z} + \dfrac{ik}{\kappa_t} A_2 e^{-\kappa_t z}\right) \exp[ik(x - ct)] \end{cases} \tag{26-52}$$

式中, $\kappa_l = k\sqrt{1 - c^2/c_l^2}, \kappa_t = k\sqrt{1 - c^2/c_t^2}$, $c = \omega/k$ 为相速度.

26.4　验证 (26-41) 和 (26-17) 两式相同.

26.5　表 26.1 中给出了图 26.6 中截断波长和 Poisson 比的具体在数值上的对应关系.
问题: 请解释, 为什么截断波长随着 Poisson 比的增加而减小?

表 26.1　截断波长和 Poisson 比在数值上的对应关系[3]

ν	λ_c/D
0	1.670
0.15	1.583
0.25	1.517
0.35	1.445
0.50	1.310

26.6　海岸破碎波 (breaking waves). 常言道: "长江后浪推前浪, 一浪更比一浪高", 在岸边散步, 常常观察到如图 26.8 所示的破碎波. 由重力所引起的海浪的相速度为

$$c = \sqrt{\frac{gL}{2\pi} \tanh \frac{2\pi h}{L}} \tag{26-53}$$

式中, g 为重力加速度, h 和 L 分别为波高和波长. 对于深水区 (水深 $D > L/2$), 由于满足: $2\pi h/L \gg 1$, $\tanh(2\pi h/L) \to 1$, 则 (26-53) 式给出深水区水波的相速度为

$$c_D = \sqrt{\frac{gL}{2\pi}} \tag{26-54}$$

而对于浅水区, 由于有 $2\pi h/L \ll 1$ 和当 $|x| < \dfrac{\pi}{2}$ 时 $\tanh x = x - \dfrac{x^3}{3} + O(x^5)$, 则 (26-53) 式给出浅水区水波的相速度为

$$c_S \approx \sqrt{\frac{gL}{2\pi} \frac{2\pi h}{L}} = \sqrt{gh} \tag{26-55}$$

(26-55) 式说明, 随着海岸的靠近, 水深 h 逐渐变浅, 水波的速度逐渐变慢, 此时就会出现后浪推前浪的现象, 最后海浪破碎, 有时出现 "惊涛拍岸" 的效果.

问题:

(1) 分析为何深水区波幅相对较小, 而浅水区波幅相对较大?

(2) 冲浪运动员 (surfer) 是如何搏击海浪的?

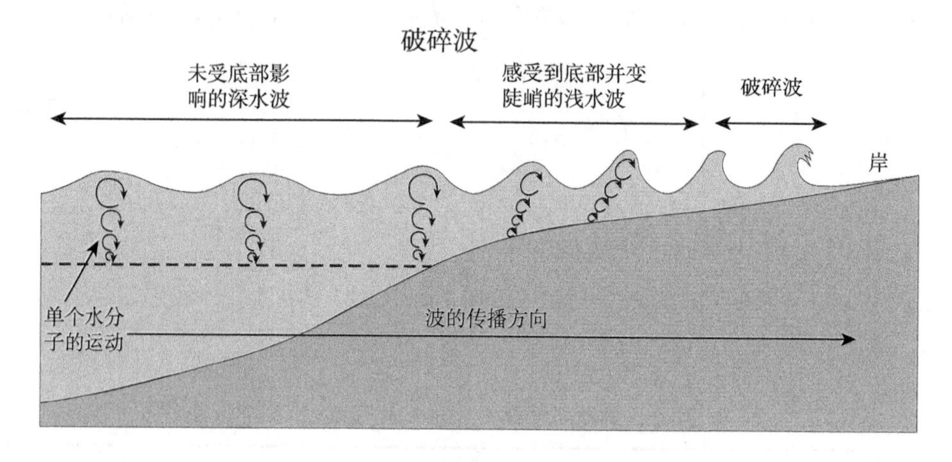

图 26.8　海岸破碎波的形成过程示意图

参 考 文 献

[1] Strutt J W. On waves propagated along the plane surface of an elastic solid. Proceedings of the London Mathematical Society, 1885, 17: 4–11.

[2] Landau L D, Lifshitz E M. Theory of Elasticity (3rd English Edition). Oxford: Pergamon Press, 1986.

[3] Biot M A. Propagation of elastic waves in a cylindrical bore containing a fluid. Journal of Applied Physics, 1952, 23: 997–1005.

[4] Thomson W. Ripples and waves. Nature, 1871, 5: 1–3.

[5] Landau L D, Lifshitz E M. Fluid Mechanics (2nd English Edition). Oxford: Pergamon Press, 1987.

[6] 赵亚溥. 表面与界面物理力学. 北京: 科学出版社, 2012.

第 27 章　界面波 —— Love 波和 Stoneley 波

27.1　Love 波

1911 年, Augustus Edward Hough Love 受地震记录中表面水平偏振横波 (SH 波) 的存在和其色散特性的启发, 提出并建立了地表覆盖层的波动模型, 该波后来被称为 Love 波, 发表于文献[1] 中题为 "Theory of the propagation of seismic waves (地震波的传播理论)" 的第 11 章.

Love 波是一种常见的界面弹性波. 在弹性半空间表面上存在一层低波速弹性覆盖层时, 在该覆盖层内部和界面上可能出现的介质所有质点沿水平方向振动的横波, 因此属于一种 SH 波型, 如图 27.1 所示.

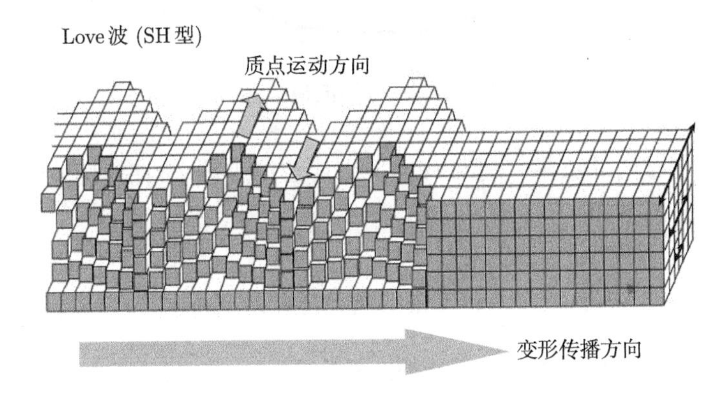

图 27.1　Love 界面波的整体特性示意图

和 Rayleigh 波不同, Love 波的主要特点就是其色散 (频散) 性 (dispersive), 换言之, 其波速不仅与材料性质有关, 而且与频率有关. 波长很长的 Love 波的波速接近于下层介质中横波的波速; 波长很短的 Love 波的波速接近于上面低波速覆盖层中横波的波速. 在有频散时, 扰动不是以各单色波的波速 (即相速) 传播, 而是以各单色波叠加后的调制振幅的传播速度 (即群速) 传播. 地震波通过岩石–土壤时会出现 Love 波, 这对研究其在地震学中的应用具有重要意义.

当满足一定条件时, 可在覆盖于半无限固体表面上的另一固体薄层介质中无衰减地传播的一种剪切弹性波. 此时该薄层介质相当于一波导, 波的能量全部限制在薄层中, 不会向半无限介质中辐射, 即半空间中波的幅值是随深度增大而迅速衰减的. 对各向同性材料, 可传播无衰减 Love 波的条件是: (1) 半空间的剪切波速大于薄层介质中剪切波速; (2) 频率须大于某临界频率.

如图 27.2 所示, 一厚度为 h、密度和剪切模量为 ρ_2 和 μ_2 的平面平行层 (介质 2) 位于密度和剪切模量为 ρ_1 和 μ_1 的弹性半空间 (介质 1) 上, 薄层 (slab) 与半空间的分界面为 xz 平面, 而弹性半空间则对应于 $y>0$. 已知振动方向与层边界平行的横波在薄层内传播, 需要确定的是界面波的频率和波矢量之间的关系.

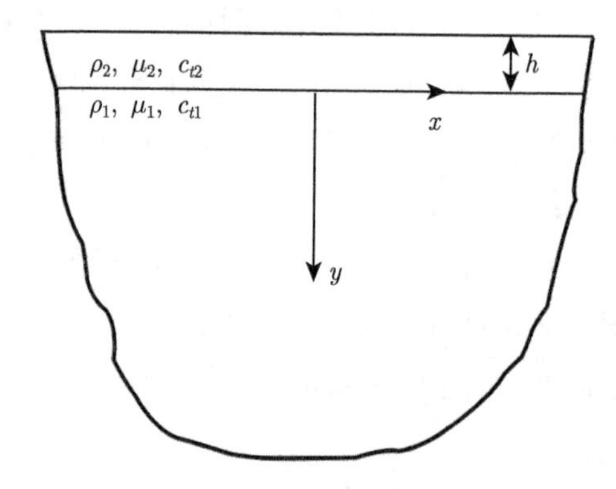

图 27.2　Love 界面波模型示意图

设 (x,y,z) 方向的位移分别为 (u,v,w). 半空间上薄平行层对应于 $-h\leqslant y\leqslant 0$, 在薄层内, 有如下条件:

$$u_2=v_2=0,\quad w_2=f(y)\exp[\mathrm{i}(kx-\omega t)] \tag{27-1}$$

而在介质 1 中, 可将在介质深处衰减的波写为

$$u_1=v_1=0,\quad w_1=A\exp(-\kappa_1 y)\exp[\mathrm{i}(kx-\omega t)],\quad \kappa_1=\sqrt{k^2-\left(\frac{\omega}{c_{t1}}\right)^2} \tag{27-2}$$

式中, c_{t1} 为介质 1 中的横波波速, A 为待定常数.

(27-1) 式和 (27-2) 式中沿 z 方向的位移均需满足如下波动方程:

$$\frac{\partial^2 w}{\partial x^2}+\frac{\partial^2 w}{\partial y^2}=\frac{1}{c_t^2}\frac{\partial^2 w}{\partial t^2} \tag{27-3}$$

将 (27-1) 式中的 w_2 代入 (27-3) 式则有

$$\frac{\mathrm{d}^2 f}{\mathrm{d}y^2}+\kappa_2^2 f=0,\quad \kappa_2=\sqrt{\left(\frac{\omega}{c_{t2}}\right)^2-k^2} \tag{27-4}$$

由于需要满足: $\kappa_2^2 = \omega^2/c_{t2}^2 - k > 0$, 因此 $f(y)$ 的解为

$$f(y) = B\sin(\kappa_2 y) + C\cos(\kappa_2 y) \tag{27-5}$$

下面给出该问题需要满足的边界和界面条件:

$$\begin{cases} \left.\dfrac{\partial w_2}{\partial y}\right|_{y=-h} = 0 \\ w_1\big|_{y=0} = w_2\big|_{y=0} \\ \mu_1 \left.\dfrac{\partial w_1}{\partial y}\right|_{y=0} = \mu_2 \left.\dfrac{\partial w_2}{\partial y}\right|_{y=0} \end{cases} \tag{27-6}$$

式中, 第一式给出的是在平行薄层的自由边界 $y = -h$ 上, 由于剪应力 $\sigma_{yz} = 0$, 进而根据 Hooke 定律而给出的应变条件; 第二和第三式则分别给出了在两种介质的界面处, 需要满足的位移和剪应力连续条件. (27-6) 式的三个方程便可给出 (27-2) 和 (27-5) 两式中的三个待定常数 A、B 和 C 所满足的三元一次齐次方程组, 为获得其非平凡解, 该方程组的行列式须为零, 则得到:

$$\tanh(\kappa_2 h) = \frac{\mu_1 \kappa_1}{\mu_2 \kappa_2} \tag{27-7}$$

将 $\kappa_1 = \sqrt{k^2 - (\omega/c_{t1})^2}$ 和 $\kappa_2 = \sqrt{(\omega/c_{t2})^2 - k^2}$ 代入 (27-4) 式, 即可获得 Love 界面波的色散关系 (dispersion relation).

引入 Love 波的相速度 (phase velocity), $c_{\text{Love}} = \omega/k$, 由 (27-7) 式可获得 Love 界面波的相速度所满足的方程:

$$\tanh\left[kh\sqrt{\left(\frac{c_{\text{Love}}}{c_{t2}}\right)^2 - 1}\right] = \frac{\mu_1}{\mu_2}\frac{\sqrt{1 - (c_{\text{Love}}/c_{t1})^2}}{\sqrt{(c_{\text{Love}}/c_{t2})^2 - 1}} \tag{27-8}$$

由于方程 (27-7) 和 (27-8) 式只有在 $\kappa_1 > 0$ 和 $\kappa_2 > 0$ 时才有解, 因此要求:

$$c_{t2} < c_{\text{Love}} < c_{t1} \tag{27-9}$$

因此, 可得出 Love 界面波传播的限制条件为: 半空间的剪切波速必须大于薄层介质中剪切波速.

(27-8) 式表明, 当 $kh \to 0$ 时, 亦即当波长足够大时, $c_{\text{Love}} = c_{t1}$. Love 波的相速度将随着波长的减小 (kh 的增加) 而减小.

(27-8) 式还表明, 当 $kh\sqrt{(c_{\text{Love}}/c_{t2})^2 - 1}$ 接近 π 和 2π 时, Love 波的相速度 c_{Love} 也将趋近于 c_{t1}. 这些极限是针对较高阶模态 (higher modes) 而言的.

图 27.3 给出了最低模态下 (lowest mode), c_{Love}/c_{t1} 和无量纲波数 $2kh/\pi$ 之间的关系[2].

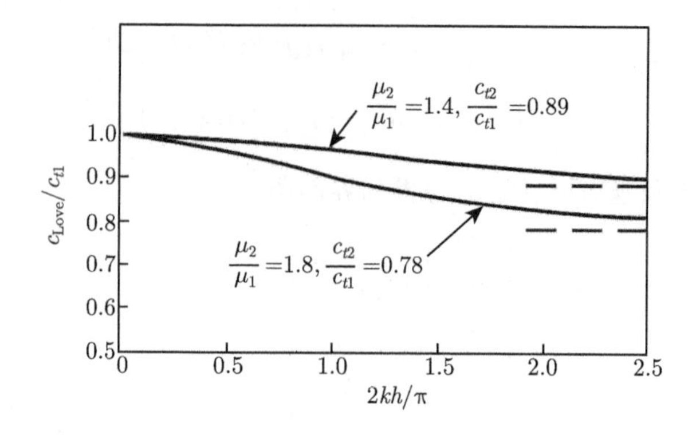

图 27.3 最低模态时 Love 波相速度和半空间横波波速之比与无量纲波数之间的依赖关系

27.2 Stoneley 波简介

让我们先看一下 Stoneley 波在测井中的实际应用. 如图 27.4 所示, 在充液的井眼 (fluid-filled borehole) 中, 应用单极发射机 (monopole transmitter) 发射出球面波, 利用声波测井仪接收机阵列 (sonic-logging tool receiver array) 来接受和识别信号, 该图中的右图表明, 首先接收到的是 P 波, 其次是 S 波, 再次是固–液界面的 Stoneley 波. 低频的 Stoneley 波亦被工程界称为管波 (tube wave).

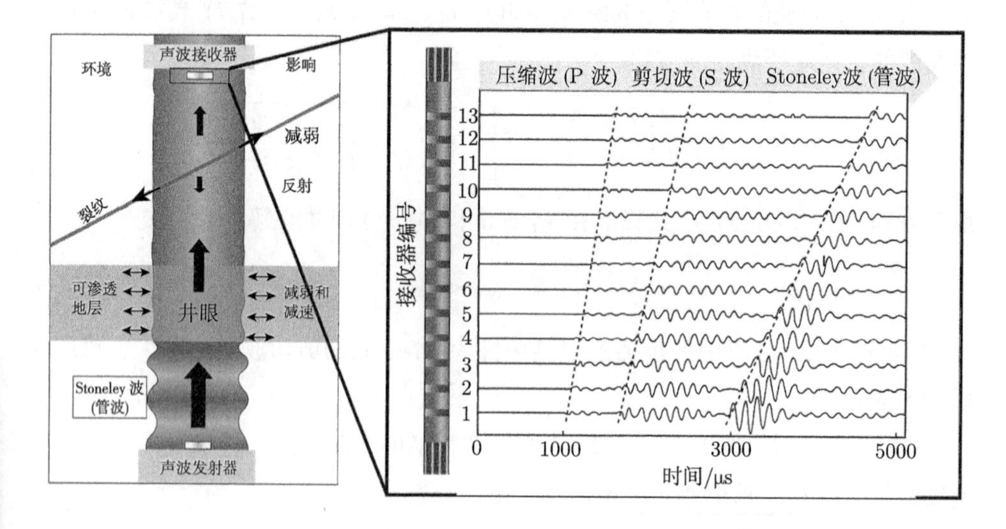

图 27.4 声波测井仪针对充液井眼所检测到的三类波动[3]

Robert Stoneley (1894~1976)

1924 年, 英国剑桥大学的 Robert Stoneley (1894~1976) 研究了在两种不同弹性的半空间体的固–固界面上传播的波[4], 因而后来被称为 Stoneley 波. 1947 年,

J. G. Scholte 研究了充液的井眼 (fluid-filled borehohe) 中固–液界面上波的传播问题, 因而被称为 Scholte 波[5]. 后来, 学术界和工程界, 将固–固界面和固–液界面的波动统称为 Stoneley-Scholte 波, 并进一步简称为 Stoneley 波. 当然, 仍有一些领域仍将固–液界面波称为 Scholte 波或 Scholte-Stoneley 波.

为了更加有效地讨论 Stoneley 波, 以下将分别讨论: 弹性流体中的波、固–固界面的 Stoneley 波、固–液界面的 Stoneley 波.

27.3　弹性流体中的压缩波

从图 14.2 可以看出, 只能抵抗压应力而不能抵抗剪应力的弹性流体是简单物质的重要组成部分, 其本构关系已由 (14-37) 式给出. 对于弹性流体而言, 由于其剪切弹性模量 $\mu = 0$, 根据 (11-51) 式可知, 其体积弹性模量为: $K = \lambda$. 因此, 波动方程 (25-4) 式中和剪切弹性模量 μ 相关的项将自动消失.

以下为了便于和固体情形区别开来, 这里弹性流体材料常数均加用下标 f, 即弹性流体的体积模量为 $K_f = \lambda_f$, 密度为 ρ_f. 其本构关系为

$$\sigma_{ij} = \lambda_f \theta = K_f \theta = -p\delta_{ij} \tag{27-10}$$

式中, $\theta = \boldsymbol{\nabla} \cdot \boldsymbol{u}$ 为体积应变, p 则为静水压强, 体积应变和体积模量之间显然满足: $\theta = -p/K_f$. 针对弹性流体而言, 波动方程 (25-3) 式将退化为

$$K_f u_{j,ji} = \rho_f \ddot{u}_i \tag{27-11}$$

(27-10) 式可改写为: $K_f u_{j,j} = -p$, 代入 (27-11) 式可得弹性流体的运动方程:

$$-\boldsymbol{\nabla} p = \rho_f \dot{\boldsymbol{v}} \tag{27-12}$$

对 (27-11) 式取散度, 并注意到: $\theta = -p/K_f$, 则可得到弹性流体的双曲型的波动方程为

$$\nabla^2 p - \frac{1}{c_f^2}\ddot{p} = 0, \quad c_f = \sqrt{\frac{K_f}{\rho_f}} = \sqrt{\frac{\lambda_f}{\rho_f}} \tag{27-13}$$

式中, c_f 为液体中的声速.

27.4　固–固界面的 Stoneley 波

如图 27.5 所示相互密切接触且具有不同性质的两个半无限的理想弹性体. 坐标和材料性质的说明均如图 27.2, 不同只是上部亦为半空间.

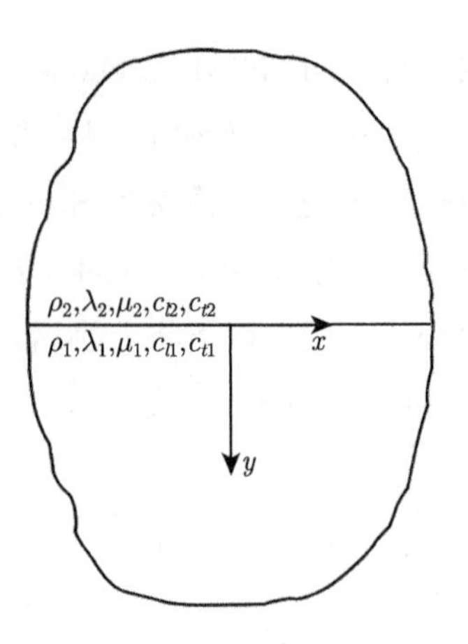

图 27.5　相互密切接触且具有不同性质的两个半空间

对于 $y>0$ 的介质 1, 其位移可参照 (26-13) 式立即给出:

$$\begin{cases} u_x=(A_1\mathrm{e}^{-\kappa_{l1}y}+A_2\mathrm{e}^{-\kappa_{t1}y})\exp[\mathrm{i}k(x-ct)] \\ u_y=\left(-\dfrac{\kappa_{l1}}{\mathrm{i}k}A_1\mathrm{e}^{-\kappa_{l1}y}+\dfrac{\mathrm{i}k}{\kappa_{t1}}A_2\mathrm{e}^{-\kappa_{t1}y}\right)\exp[\mathrm{i}k(x-ct)] \end{cases} \tag{27-14}$$

式中, $\kappa_{l1}=k\sqrt{1-c^2/c_{l1}^2}$, $\kappa_{t1}=k\sqrt{1-c^2/c_{t1}^2}$. 对于 $y<0$ 的介质 2, 有

$$\begin{cases} u_x=(A_3\mathrm{e}^{\kappa_{l2}y}+A_4\mathrm{e}^{\kappa_{t2}y})\exp[\mathrm{i}k(x-ct)] \\ u_y=\left(\dfrac{\kappa_{l2}}{\mathrm{i}k}A_3\mathrm{e}^{\kappa_{l2}y}-\dfrac{\mathrm{i}k}{\kappa_{t2}}A_4\mathrm{e}^{\kappa_{t2}y}\right)\exp[\mathrm{i}k(x-ct)] \end{cases} \tag{27-15}$$

式中, $\kappa_{l2}=k\sqrt{1-c^2/c_{l2}^2}, \kappa_{t2}=k\sqrt{1-c^2/c_{t2}^2}$.

在 $y=0$ 界面上位移和应力连续可给出有关待定系数 $A_1\sim A_4$ 的齐次方程, 由其系数行列式必须为零, 得到:

$$\begin{vmatrix} 1 & 1 & -1 & -1 \\ \dfrac{\kappa_{l1}}{k} & \dfrac{k}{\kappa_{t1}} & \dfrac{\kappa_{l2}}{k} & \dfrac{k}{\kappa_{t2}} \\ 2\dfrac{\kappa_{l1}}{k} & \left(2-\dfrac{c^2}{c_{t1}^2}\right)\dfrac{k}{\kappa_{t1}} & 2\dfrac{\mu_2}{\mu_1}\dfrac{\kappa_{l2}}{k} & \dfrac{\mu_2}{\mu_1}\left(2-\dfrac{c^2}{c_{t2}^2}\right)\dfrac{k}{\kappa_{t2}} \\ 2-\dfrac{c^2}{c_{t1}^2} & 2 & -\dfrac{\mu_2}{\mu_1}\left(2-\dfrac{c^2}{c_{t2}^2}\right) & -2\dfrac{\mu_2}{\mu_1} \end{vmatrix}=0 \tag{27-16}$$

再次注意到关系式: $\kappa_{l1}=k\sqrt{1-c^2/c_{l1}^2}$、$\kappa_{t1}=k\sqrt{1-c^2/c_{t1}^2}$、$\kappa_{l2}=k\sqrt{1-c^2/c_{l2}^2}$、$\kappa_{t2}=k\sqrt{1-c^2/c_{t2}^2}$, 我们知道 (27-16) 式中并不包含波数 k, 这可以得出重要结论: 固–固界面的 Stoneley 波是不色散的.

若 (27-16) 式有实根 c_{St}, 且满足 $c_R < c_{St} < \bar{c}_t$ 的话[6], 这里 $\bar{c}_t$ 为 c_{t1} 和 c_{t2} 中的较小者, 则在两异性材料的界面存在 P-SV 型的非色散波速为 c_{St} 的 Stoneley 波, 其振幅都将随距离界面距离的增大而按照指数规律迅速减小.

Cagniard 分析了固 – 固界面 Stoneley 波存在的条件[7], 并给出了两种弹性材料的参数满足: $\nu_1 = \nu_2 = 1/4$, 从而有: $\lambda_1 = \mu_1$、$\lambda_2 = \mu_2$ 时, Stoneley 界面波存在的区域, 如图 27.6 所示.

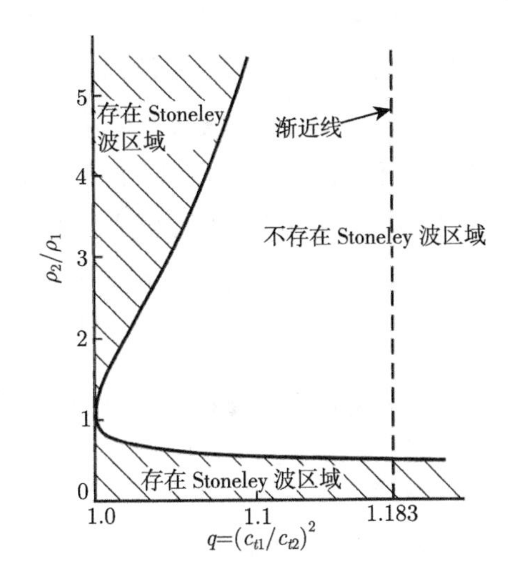

图 27.6　固 – 固界面 Stoneley 波存在区域 ($\nu_1 = \nu_2 = 1/4, \lambda_1 = \mu_1, \lambda_2 = \mu_2$)[6,7]

27.5　圆筒状矿井中固 – 液界面的 Stoneley 波

本节是 26.2 节的继续, 讨论圆筒状矿井中充液时固 – 液界面波 —— Stoneley 波的传播特性. 本节的结果主要基于 Maurice Anthony Biot (1905~1985) 的工作[8].

首先研究波在井筒液体中传播的行为. 由于问题的轴对称性, 柱坐标系中的 Laplace 算子 $\nabla^2 = \dfrac{\partial^2}{\partial r^2} + \dfrac{1}{r}\dfrac{\partial}{\partial r} + \dfrac{1}{r^2}\dfrac{\partial^2}{\partial \theta^2} + \dfrac{\partial^2}{\partial z^2}$ 中对 θ 求偏导项将消失, 液体的位移势 ϕ 所满足的波动方程为

$$\frac{\partial^2 \phi}{\partial r^2} + \frac{1}{r}\frac{\partial \phi}{\partial r} + \frac{\partial^2 \phi}{\partial z^2} = \frac{1}{c_f^2}\frac{\partial^2 \phi}{\partial t^2} \tag{27-17}$$

式中, c_f 为液体中的声速, 已由 (27-13) 式的第二式给出其表达式. ϕ 的解可表示为

$$\phi=\begin{cases}J_0\left(r\sqrt{\dfrac{\omega^2}{c_f^2}-k^2}\right)\exp[\mathrm{i}(kz-\omega t)], & \text{对于 } \dfrac{\omega^2}{c_f^2}>k^2\\ I_0\left(r\sqrt{k^2-\dfrac{\omega^2}{c_f^2}}\right)\exp[\mathrm{i}(kz-\omega t)], & \text{对于 } \dfrac{\omega^2}{c_f^2}<k^2\end{cases}\tag{27-18}$$

式中, J_0 为零阶第一类 Bessel 函数, I_0 则为零阶第一类修正 Bessel 函数, 两者之间满足: $J_0(\mathrm{i}\xi)=I_0(\xi)$. 其中, (27-18) 式的第一式所对应的是在界面反射的锥形波 (conical wave), 而 (27-18) 式的第二式所对应的则是界面 Stoneley 波. k 为波沿 z 轴方向传播的波数, ω 则为频率. 引入波沿 z 轴方向传播的相速度 $c=\omega/k$ 及比值 $\zeta=c/c_f$, 则 (27-18) 式的第一式中的条件 $\omega^2/c_f^2>k^2$ 可表示为: $\zeta>1$; 反之, (27-18) 式的第二式中的条件 $\omega^2/c_f^2<k^2$ 则可表示为: $\zeta<1$. 两种情况下的液体压强分别为

$$p=-\rho_f\frac{\partial^2\phi}{\partial t^2}=\begin{cases}\rho_f\omega^2 J_0(rk\sqrt{\zeta^2-1})\exp[\mathrm{i}(kz-\omega t)], & \text{对于 } \zeta>1\\ \rho_f\omega^2 I_0(rk\sqrt{1-\zeta^2})\exp[\mathrm{i}(kz-\omega t)], & \text{对于 } \zeta<1\end{cases}\tag{27-19}$$

由于在 26.2 节中已经将井筒材料物质点的径向位移记为 R, 所以本节将液体的径向位移记为 R' 以示区别. 对应于固体的相应表达式 (26-28) 式的第一式, 对于液体而言, 其径向位移的表达式则为

$$R'=\frac{\partial\phi}{\partial r}=\begin{cases}-k\sqrt{\zeta^2-1}J_1(rk\sqrt{\zeta^2-1})\exp[\mathrm{i}(kz-\omega t)], & \text{对于 } \zeta>1\\ k\sqrt{1-\zeta^2}I_1(rk\sqrt{1-\zeta^2})\exp[\mathrm{i}(kz-\omega t)], & \text{对于 } \zeta<1\end{cases}\tag{27-20}$$

在 (27-20) 式的运算中已经应用了 Bessel 函数的如下关系式: $J_1(\xi)=-\dfrac{\mathrm{d}J_0(\xi)}{\mathrm{d}\xi}$ 和 $I_1(\xi)=\dfrac{\mathrm{d}I_0(\xi)}{\mathrm{d}\xi}$. 从而在固–液界面的边界 $r=a$ 处, 液体压强和径向位移之比为

$$\frac{p}{R'}=\begin{cases}-\dfrac{\rho\omega^2}{k}\dfrac{J_0(ka\sqrt{\zeta^2-1})}{\sqrt{\zeta^2-1}J_1(ka\sqrt{\zeta^2-1})}, & \text{对于 } \zeta>1\\ \dfrac{\rho\omega^2}{k}\dfrac{I_0(ka\sqrt{1-\zeta^2})}{\sqrt{1-\zeta^2}I_1(ka\sqrt{1-\zeta^2})}, & \text{对于 } \zeta<1\end{cases}\tag{27-21}$$

如果固–液界面的固壁可视为刚性壁的话, 则有: $R'=0$, 则得到如下方程:

$$\sqrt{\zeta^2-1}J_1(ka\sqrt{\zeta^2-1})=0\tag{27-22}$$

(27-22) 式有两组解. 第一个解 $\zeta = 1$ 对应于波传播的平面垂直于 z 轴情形. 而 $J_1(ka\sqrt{\zeta^2-1}) = 0$ 所对应的解:

$$ka\sqrt{\zeta^2-1} = \beta_n \tag{27-23}$$

则对应于反射的锥面波.

对于固–液界面的弹性固壁情形, 固–液界面处的 "力阻抗匹配 (mechanical impedance matching)" 条件为

$$\left.\frac{\sigma_{rr}}{R}\right|_{r=a} = -\left.\frac{p}{R'}\right|_{r=a} \tag{27-24}$$

关于力阻抗两种等价定义见思考题 27.1. 由 26.2 节知, $\left.\frac{\sigma_{rr}}{R}\right|_{r=a}$ 的表达式为

$$\begin{aligned}\frac{\sigma_{rr}}{c_t^2\rho kR} =& \frac{(2-\zeta_1^2)^2}{\zeta_1^2\sqrt{1-\zeta_2^2}}\frac{K_0(ma)}{K_1(ma)} + \frac{2}{\zeta_1^2}\frac{(2-\zeta_1^2)\sqrt{1-\zeta_2^2}}{ma}\\ &-\frac{4\sqrt{1-\zeta_1^2}}{\zeta_1^2}\left[\frac{1}{na}+\frac{K_0(na)}{K_1(na)}\right]\end{aligned} \tag{27-25}$$

应用固–液界面的边界条件 (27-24) 式则得, 对于反射的锥面波, 亦即 $\zeta > 1$:

$$\begin{aligned}&4\sqrt{1-\zeta_1^2}\left[\frac{1}{na}+\frac{K_0(na)}{K_1(na)}\right] - \frac{2(2-\zeta_1^2)^2\sqrt{1-\zeta_2^2}}{ma} - \frac{(2-\zeta_1^2)^2}{\sqrt{1-\zeta_2^2}}\frac{K_0(ma)}{K_1(ma)}\\ =& -\frac{\rho_f}{\rho}\frac{\zeta_1^4}{\sqrt{\zeta^2-1}}\frac{J_0(ka\sqrt{\zeta^2-1})}{J_1(ka\sqrt{\zeta^2-1})}\end{aligned} \tag{27-26}$$

而对于 Stoneley 波情形, 也就是当 $\zeta < 1$ 时, 有

$$\begin{aligned}&4\sqrt{1-\zeta_1^2}\left[\frac{1}{na}+\frac{K_0(na)}{K_1(na)}\right] - \frac{2(2-\zeta_1^2)^2\sqrt{1-\zeta_2^2}}{ma} - \frac{(2-\zeta_1^2)^2}{\sqrt{1-\zeta_2^2}}\frac{K_0(ma)}{K_1(ma)}\\ =& \frac{\rho_f}{\rho}\frac{\zeta_1^4}{\sqrt{1-\zeta^2}}\frac{I_0(ka\sqrt{1-\zeta^2})}{I_1(ka\sqrt{1-\zeta^2})}\end{aligned} \tag{27-27}$$

(27-26) 和 (27-27) 两式确定了固–液界面波的色散特性. 由于本节表达式的繁杂特性, 再次强调下符号的物理意义是有益的, $\zeta = c/c_f$ 为波沿 z 轴方向传播的相速度和液体中的声速之比, $\zeta_1 = c_f\zeta/c_t$, $\zeta_2 = c_t\zeta_1/c_l$, $na = ka\sqrt{1-\zeta_1^2}$, $ma = ka\sqrt{1-\zeta_2^2}$. 由 (25-7) 式知, $c_l/c_t = \sqrt{2(1-\nu)/(1-2\nu)}$, 一般性地, ν 介于 0 和 1/2 之间, 故: $\sqrt{2} < c_l/c_t < \infty$.

图 27.7 给出了当 $c_t/c_f = 1.5$ 和 $\nu = 1/4$ 针对不同的密度比 ρ_f/ρ 时, Stoneley 波的相速度和液体中声速之比 c/c_f 和 λ/D 之间的依赖关系. 表明 Stoneley 波的相速度 c 永远小于液体中声速 c_f.

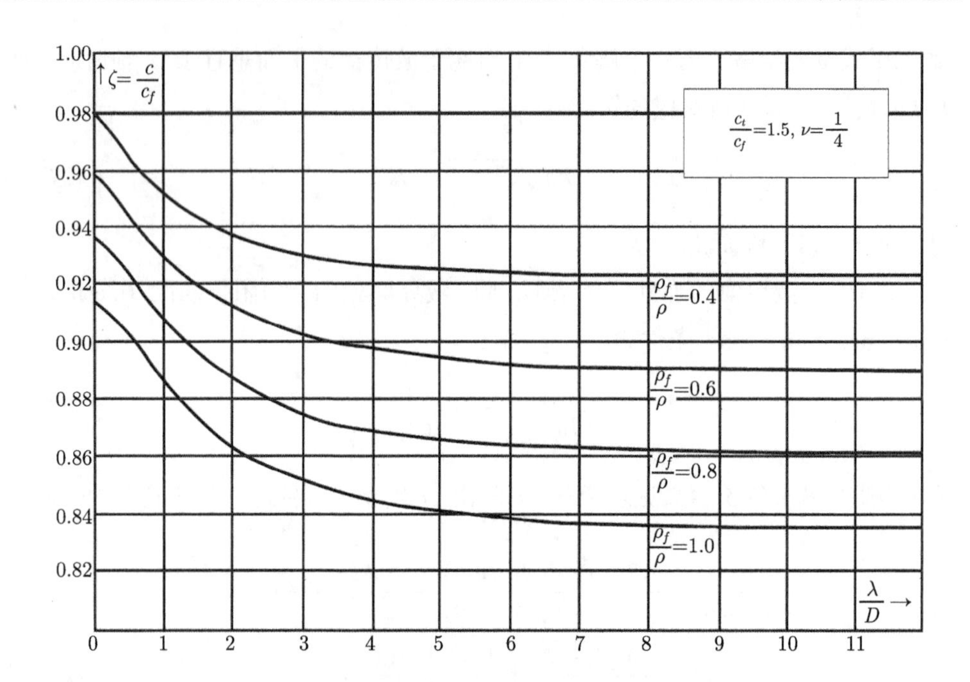

图 27.7 Stoneley 波的相速度和液体中声速之比 c/c_f 和 λ/D 之间的依赖关系[8]

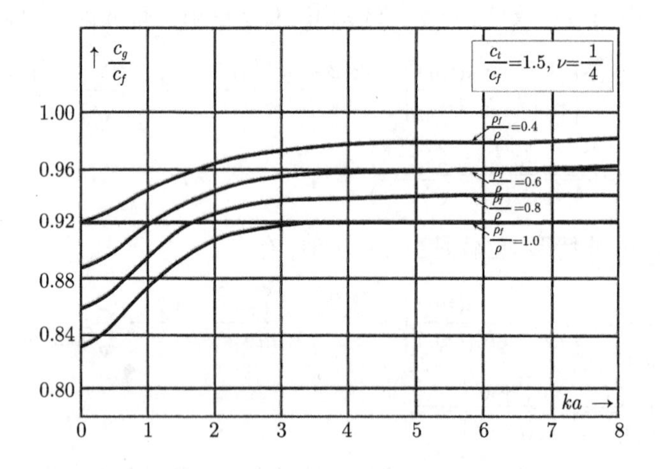

图 27.8 Stoneley 波的群速度和液体中波速之比 c_g/c_f 对 ka 的依赖关系[8]

图 27.7 还表明, 随着波长和井筒直径之比 λ/D 的增大, 并当 λ/D 之比足够大时, Stoneley 波的相速度 (用上标 p 表示) 将存在一个水平渐近值:

$$c_{\mathrm{St}}^{\mathrm{p}}=\frac{c_f}{\sqrt{1+\dfrac{\rho_f c_f^2}{\rho c_t^2}}}=\frac{c_f}{\sqrt{1+\dfrac{K_f}{G}}} \tag{27-28}$$

上述渐近值为文献和工程中的常用表达式.

Stoneley 波的群速度 (用上标 g 表示) 可定义为: $c_{\mathrm{St}}^{\mathrm{g}} = \mathrm{d}(\zeta ka)/\mathrm{d}(ka)$, 图 27.8 给出了相同参数下与图 27.7 相对应的 Stoneley 波的群速度和 ka 的依赖关系.

27.6　海洋中洋底固–液界面的 Stoneley 波

本节主要讨论平直固–液界面处的 Stoneley 波, 其内容主要取材于 Biot 的文献 [9], 并可参阅文献 [10].

27.6.1　海水的运动和压强

设海洋的深度为 h, 建立如图 27.9 所示的坐标系. 液体的位移可表示为

$$(u_f, v_f) = \nabla\phi \tag{27-29}$$

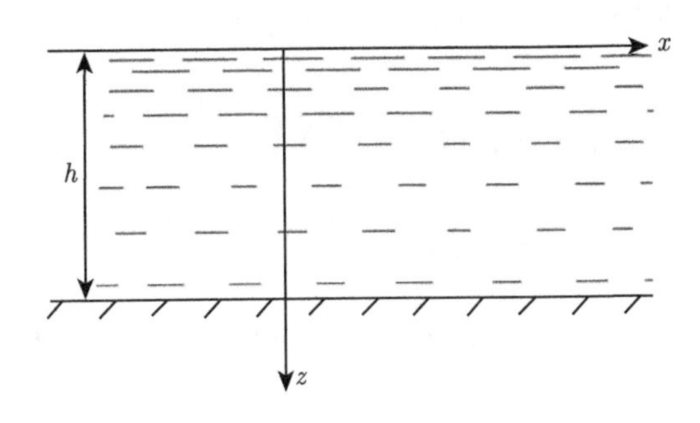

图 27.9　分析海水的运动和压强时的坐标系

式中, 下标 f 表示流体, 标量势 ϕ 满足如下波动方程:

$$\nabla^2\phi = \frac{1}{c_f^2}\frac{\partial^2\phi}{\partial t^2} \tag{27-30}$$

式中, c_f 为海洋中的声波. 双曲方程 (27-30) 的解为

$$\phi = \begin{cases} \dfrac{A}{k\sqrt{\zeta^2-1}}\sin(kz\sqrt{\zeta^2-1})\cos(kx-\omega t), & \text{对于 } \zeta^2>1 \\ \dfrac{A}{k\sqrt{1-\zeta^2}}\sinh(kz\sqrt{1-\zeta^2})\cos(kx-\omega t), & \text{对于 } \zeta^2<1 \end{cases} \tag{27-31}$$

式中, A 为量纲为长度的待定常数, k 为波沿 x 方向传播的波数, ω 为波频, ω/k 则为波的相速度 (phase velocity), 无量纲量 ζ 为波的相速度和液体中声速之比:

$$\zeta = \frac{\omega}{c_f k} = \frac{c}{c_f} \tag{27-32}$$

液体中的压强可表示为: $p=-\rho_f\dfrac{\partial^2\phi}{\partial t^2}$, 这里, ρ_f 为液体的密度. 这样, 在洋底 $y=h$ 处的液体压强为

$$p(x,z,t)=\begin{cases}\dfrac{A\rho_f\omega^2}{k\sqrt{\zeta^2-1}}\sin(kz\sqrt{\zeta^2-1})\cos(kx-\omega t), & \text{对于 } \zeta^2>1\\ \dfrac{A\rho_f\omega^2}{k\sqrt{1-\zeta^2}}\sinh(kz\sqrt{1-\zeta^2})\cos(kx-\omega t), & \text{对于 } \zeta^2<1\end{cases} \tag{27-33}$$

(27-33) 式显然满足边界条件: $p\big|_{z=0}=0$, 也就是在海洋的表面压强为零.

在洋底 $z=h$ 处的纵向位移为

$$v_f\big|_{z=h}=\frac{\partial\phi}{\partial y}\bigg|_{z=h}=\begin{cases}A\cos(kh\sqrt{\zeta^2-1})\cos(kx-\omega t), & \text{对于 } \zeta^2>1\\ A\cosh(kh\sqrt{1-\zeta^2})\cos(kx-\omega t), & \text{对于 } \zeta^2<1\end{cases} \tag{27-34}$$

引入海床 $z=h$ 处的力阻抗 (mechanical impedance):

$$\frac{p}{v_f}\bigg|_{z=h}=\begin{cases}\dfrac{\rho_f\omega^2}{k\sqrt{\zeta^2-1}}\tan(kh\sqrt{\zeta^2-1}), & \text{对于 } \zeta>1\\ \dfrac{\rho_f\omega^2}{k\sqrt{1-\zeta^2}}\tanh(kh\sqrt{1-\zeta^2}), & \text{对于 } \zeta<1\end{cases} \tag{27-35}$$

由思考题 27.1 知, (27-35) 式的力阻抗可称为压强–位移阻抗 (pressure-displacement impedance).

27.6.2　海床固体的运动和应力

为了分析上的方便, 建立如图 27.10 所示的坐标系. 固体的位移分量为

$$\begin{cases}u_s=\dfrac{\partial\phi}{\partial x}+\dfrac{\partial\psi}{\partial z}\\ v_s=\dfrac{\partial\phi}{\partial z}-\dfrac{\partial\psi}{\partial x}\end{cases} \tag{27-36}$$

式中, 下标 s 表示固体, ϕ 和 ψ 满足如下波动方程:

$$\begin{cases}\nabla^2\phi=\dfrac{1}{c_l^2}\dfrac{\partial^2\phi}{\partial t^2}\\ \nabla^2\psi=\dfrac{1}{c_t^2}\dfrac{\partial^2\psi}{\partial t^2}\end{cases} \tag{27-37}$$

式中, c_l 和 c_t 分别为固体中的纵波和横波波速, 由 (25-6) 式给出. 用 ϕ 和 ψ 表示

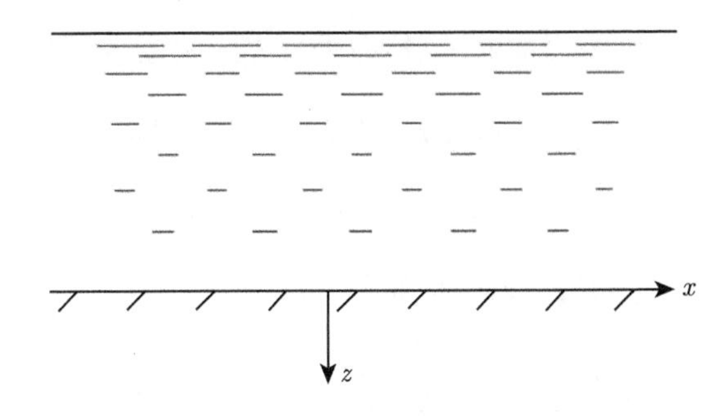

图 27.10　分析作为半空间的海床中应力和位移时的坐标系

的应力分量为

$$\begin{cases} \sigma_{zz} = \rho \dfrac{\nu}{1-\nu} \dfrac{\partial^2 \phi}{\partial t^2} + 2c_t^2 \rho \left(\dfrac{\partial^2 \phi}{\partial z^2} - \dfrac{\partial^2 \psi}{\partial x \partial z} \right) \\ \sigma_{xz} = \rho \dfrac{\partial^2 \psi}{\partial t^2} + 2c_t^2 \rho \left(\dfrac{\partial^2 \phi}{\partial x \partial z} - \dfrac{\partial^2 \psi}{\partial x^2} \right) \end{cases} \tag{27-38}$$

式中, ρ 为固体的密度, ν 为 Poisson 比. 波动方程 (27-37) 的解为

$$\begin{cases} \phi = \phi_0 \mathrm{e}^{-mz} \cos(kx - \omega t) \\ \psi = \psi_0 \mathrm{e}^{-nz} \sin(kx - \omega t) \end{cases} \tag{27-39}$$

式中, ϕ_0 和 ψ_0 为待定常数. m、n 和波数 k、频率 ω 之间满足如下关系:

$$m = k\sqrt{1 - \frac{\omega^2}{c_l^2 k^2}} = k\sqrt{1 - \zeta_2^2}, \quad n = k\sqrt{1 - \frac{\omega^2}{c_t^2 k^2}} = k\sqrt{1 - \zeta_1^2} \tag{27-40}$$

式中, ζ_1 和 ζ_2 和 (27-32) 式中的 ζ 存在如下关系:

$$\zeta_1 = \frac{\omega}{c_t k} = \frac{c_f}{c_t}\zeta, \quad \zeta_2 = \frac{\omega}{c_l k} = \frac{c_f}{c_l}\zeta \tag{27-41}$$

且需要满足: $\zeta_1 < 1$、$\zeta_2 < 0$, 以保证 (27-39) 的解在海床的无穷远处 $(z \to \infty)$ 为零. 由固–液界面处的剪应力为零的边界条件:

$$\sigma_{xz}\big|_{z=0} = 0 \tag{27-42}$$

得到待定常数 ϕ_0 和 ψ_0 的比值:

$$\frac{\phi_0}{\psi_0} = -\frac{1}{2} \frac{(2 - \zeta_1^2)}{\sqrt{1 - \zeta_2^2}} \tag{27-43}$$

注意到 (27-43) 式, 在固–液界面处, 固体在垂直方向的位移可表示为

$$\begin{aligned} v_s\big|_{z=0} &= -(m\phi_0 + k\psi_0)\cos(kx - \omega t) \\ &= -\frac{1}{2}k\psi_0\zeta_1^2\cos(kx - \omega t) \end{aligned} \tag{27-44}$$

Poisson 比 ν 和 ζ_1 和 ζ_2 间的比值满足如下关系:

$$\frac{\nu}{1-\nu} = 1 - 2\left(\frac{c_l}{c_t}\right)^2 = 1 - 2\left(\frac{\zeta_1}{\zeta_2}\right)^2 \tag{27-45}$$

应用 (27-43) 和 (27-45) 两式, 在固–液界面处, σ_{zz} 和固体位移的比值, 也就是其力阻抗, 可表示为

$$\frac{\sigma_{zz}}{v_s}\bigg|_{z=0} = \frac{\rho c_t^2 k}{\zeta_1^2}\left[\frac{(2-\zeta_1^2)^2}{\sqrt{1-\zeta_2^2}} - 4\sqrt{1-\zeta_1^2}\right] \tag{27-46}$$

27.6.3 流–固耦合系统中波的传播

基于连续性要求, 固–液界面条件有三个: 第一个是固–液界面处的剪应力为零, 已由 (27-42) 式给出, 用来确定了 ϕ_0 和 ψ_0 的比值; 另外两个条件分别是在固–液界面处垂直方向上的液体压力和固体的应力相等:

$$-p = \sigma_{zz}$$

和固–液界面处垂直方向上位移相等:

$$v_f = v_s$$

上述两个条件可整合为一个条件, 也就是在固–液界面处固体和液体的力阻抗匹配 (mechanical impedance matching):

$$-\frac{p}{v_f} = \frac{\sigma_{zz}}{v_s} \tag{27-47}$$

值得注意的是, (27-47) 式为充分条件, 因为从上述条件中必然得出如下结论: 如果固–液界面处法向位移相等 $v_f = v_s$, 则必有: $-p = \sigma_{zz}$. 另外, 由 (27-34) 和 (27-44) 两式知, 由于在 v_f 和 v_s 的表达式中其幅值分别包含有待定常数 A 和 ψ_0, 所以固–液界面处法向位移相等 $v_f = v_s$ 没有必要作为显式给出.

针对 (27-35) 和 (27-46) 两式应用力阻抗匹配条件 (27-47) 式, 可得

$$\begin{cases} 4\sqrt{1-\zeta_1^2} - \dfrac{(2-\zeta_1^2)^2}{\sqrt{1-\zeta_2^2}} = \dfrac{\rho_f}{\rho}\dfrac{\zeta_1^4}{\sqrt{\zeta^2-1}}\tan(kh\sqrt{\zeta^2-1}), & \text{对于 } \zeta > 1 \\ 4\sqrt{1-\zeta_1^2} - \dfrac{(2-\zeta_1^2)^2}{\sqrt{1-\zeta_2^2}} = \dfrac{\rho_f}{\rho}\dfrac{\zeta_1^4}{\sqrt{1-\zeta^2}}\tanh(kh\sqrt{1-\zeta^2}), & \text{对于 } \zeta < 1 \end{cases} \tag{27-48}$$

由 (27-32) 和 (27-41) 两式可知, 由上述方程将确定不同 ζ 取值范围时波的相速度 $c=\omega/k$. 因此, 将 ρ_f/ρ、c_f/c_t、c_f/c_l 作为已知量, 可画出 $\zeta=c/c_f$ 和 $kh=2\pi h/\lambda$ 的关系曲线, 这里 λ 为波长, h 则为海洋深度.

求解方程 (27-48) 式的第一式时, 由于正切函数的周期性, 在 kh 较大, 也就是 λ/h 较小时, 存在多解. 为了方便, 将方程 (27-48) 式的第一式变化为下面的形式:

$$\left[4\sqrt{1-\zeta_1^2}-\frac{(2-\zeta_1^2)^2}{\sqrt{1-\zeta_2^2}}\right]\frac{\rho}{\rho_f}\frac{\sqrt{\zeta^2-1}}{\zeta_1^4}=\tan(kh\sqrt{\zeta^2-1})$$

为了作图上的方便和说明解的多值性, 令 $\zeta_1=\dfrac{c_f}{c_t}\zeta=a_1\zeta$, $\zeta_2=\dfrac{c_f}{c_l}\zeta=a_2\zeta$, $\Theta=kh\sqrt{\zeta^2-1}\geqslant 0$, 则上式可进一步化简为如下形式:

$$\left\{4\sqrt{1-a_1^2\left[1+\left(\frac{\Theta}{kh}\right)^2\right]}-\frac{\left\{2-a_1^2\left[1+\left(\frac{\Theta}{kh}\right)^2\right]\right\}^2}{\sqrt{1-a_2^2\left[1+\left(\frac{\Theta}{kh}\right)^2\right]}}\right\}$$

$$\times\frac{\rho}{\rho_f}\frac{\dfrac{\Theta}{kh}}{a_1^4\left[1+\left(\dfrac{\Theta}{kh}\right)^2\right]^2}=\tan\Theta \tag{27-49}$$

方程 (27-49) 左端函数的定义域为 $\left[0,kh\sqrt{\dfrac{1}{a_1^2}-1}\right]$, 右端是周期函数, 受左端函数定义域的限制, 方程解的个数依赖于 kh. kh 取值越大, 方程的解就越多.

图 27.11 给出了 $\dfrac{\rho_f}{\rho}=1$, $\zeta_1=\dfrac{1}{1.5}\zeta$, $\zeta_2=0$ (对应于 $\nu=0.5$) 条件下, 当 kh 分别为 1、4、6、9、12 时方程 (27-49) 的解.

从图 27.11 中可以看出, 当 $kh=1$ 时, 有在区间 $\left[0,\dfrac{\pi}{2}\right]$ 内的解, 称为最低支 (lowest branch), 对应图 27.12 中的 (1); 当 $kh=4$ 时, 虽然只有一个在区间 $\left[\dfrac{\pi}{2},\dfrac{3\pi}{2}\right]$ 内的交点, 但是没有最低支的解, 说明此时 $\zeta\leqslant 1$ 不能继续求方程 (27-20) 式的第一式; 而当 $kh=6$ 时, 虽然只有两个解, 分别在 $\left[\dfrac{\pi}{2},\dfrac{3\pi}{2}\right]$ 和 $\left[\dfrac{3\pi}{2},\dfrac{5\pi}{2}\right]$ 内的交点, 对应图 27.12 的 (2) 和 (3). 为了求最低支消失时的 kh 值, 令 (27-49) 式中左右两边函数的斜率相等, 得到:

$$kh=\frac{\rho_f}{\rho a_1^4}\left[4\sqrt{1-a_1^2}-\frac{(2-a_1^2)^2}{\sqrt{1-a_2^2}}\right]$$

在 $\dfrac{\rho_f}{\rho}=1$, $\zeta_1=\dfrac{1}{1.5}\zeta$, $\zeta_2=0$ (对应于 $\nu=0.5$) 条件下, 由上式得: $kh=2.8435$, 亦即: $\dfrac{\lambda}{h}=\dfrac{2\pi}{kh}=2.21$.

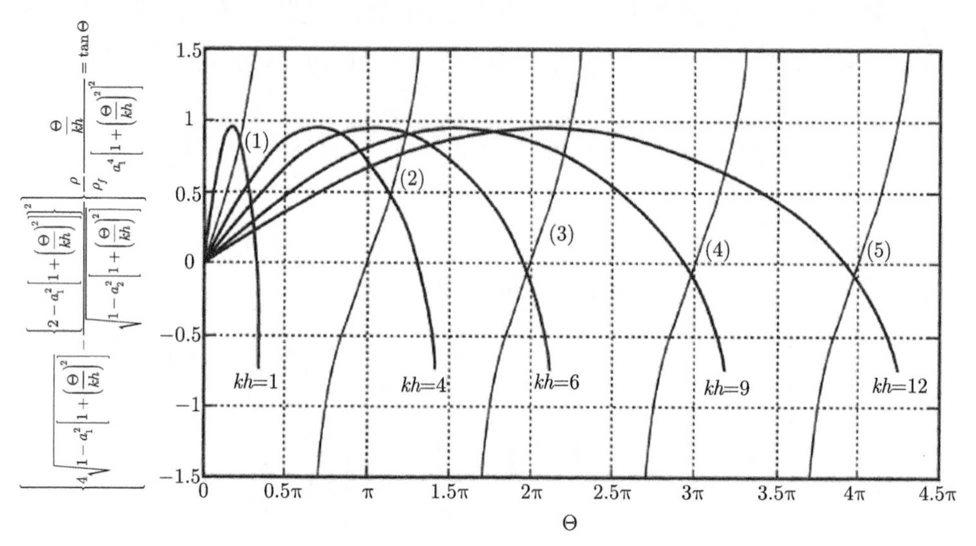

图 27.11 方程 (27-49) 的无穷多支解存在的说明

(1) $kh=1$; (2) $kh=4$; (3) $kh=6$; (4) $kh=9$; (5) $kh=12$.

图 27.12 中最低支的解给出的是固 – 液 Stoneley 界面波和 Rayleigh 表面波的交互作用. 首先, 对于无限小的 $kh=2\pi h/\lambda$, 也就是 λ/h 足够大时, 换句话说, 也就是波长和洋深相比足够大时, (27-48) 式的右端将消失, (27-48) 式将退化为 (26-41) 式, 此时所对应的是 Rayleigh 表面波的传播, 也就是海洋中液体的作用可被忽略.

在图 27.12 中, 最低支曲线 (1), 针对于 $\rho_f/\rho=1$、$c_t/c_f=1.5$ 以及不同的 Poisson 比 ν. 特别地, 当 $\nu=0.5$ 时, 也就是固体材料不可压缩时, 由于纵波速度将趋于无穷大 $c_l\to\infty$, 此时 $\zeta_2=\dfrac{c_f}{c_l}\zeta\to 0$, 从而问题得到适当的简化. 问题的解可分为如下几种情况: (1) 当 λ/h 足够大时, 从上面的分析可知, 其解将趋近于 Rayleigh 表面波, 也就是 $\zeta=1.432$, 此时的相速度 $c=c_R=0.955c_t$ 即为当 $\nu=0.5$ 时的 Rayleigh 表面波速; (2) 当 $\lambda/h=0$ 时, 此时对应的是 Stoneley 波情形, 此时 $\zeta=0.956$, 也就是 Stoneley 波速 $c_{\rm St}^{\rm p}$ 和流体中的声速 c_f 的关系为: $c_{\rm St}^{\rm p}=0.956c_f$ (这里的上标 p 表示相速度, 以区别群速度), 也就是说, Stoneley 波速略小于流体中的声速, 而且从图 27.12 中的第 (1) 组曲线中还可看出, Stoneley 波速将随着 Poisson 比 ν 的减小而减小; (3) 仍讨论图 27.12 中的第 (1) 组曲线当 $\nu=0.5$ 时的情形, 随着 λ/h 的增大, 相速度也随之增大, 当 $\lambda/h\approx 2.21$ 时, 波的

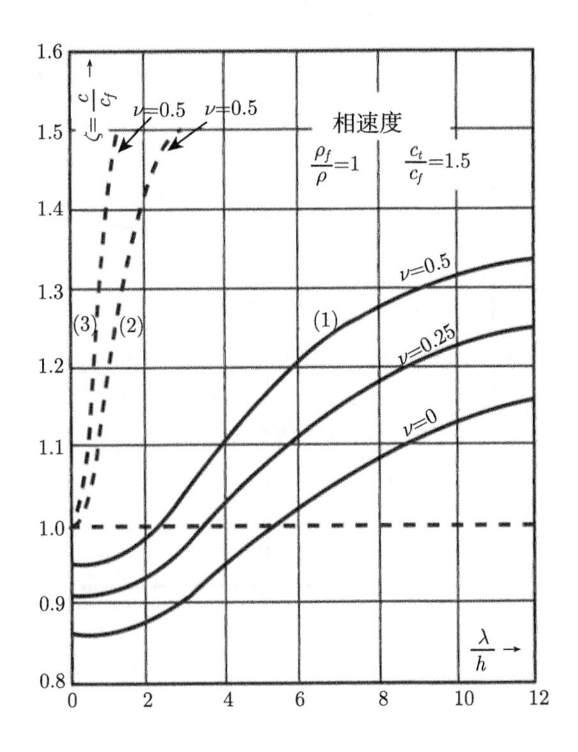

图 27.12　不同参数下固–液界面波的相速度[9]

相速度和液体的声速相等 ($\zeta=1$), 按照求极限的罗必塔法则 (L'Hôpital's rule) 有: $\lim\limits_{\zeta\to1}\dfrac{\sin(kz\sqrt{\zeta^2-1})}{k\sqrt{\zeta^2-1}}=\lim\limits_{\zeta\to1}\dfrac{\sinh(kz\sqrt{1-\zeta^2})}{k\sqrt{1-\zeta^2}}=z$, 由 (27-33) 式可知, 当 $\zeta\to1$ 时, 此时海水中的压力分布正好是如图 27.13 所示的线性分布, 也就是在海洋表面处为零, 而在海床处最大.

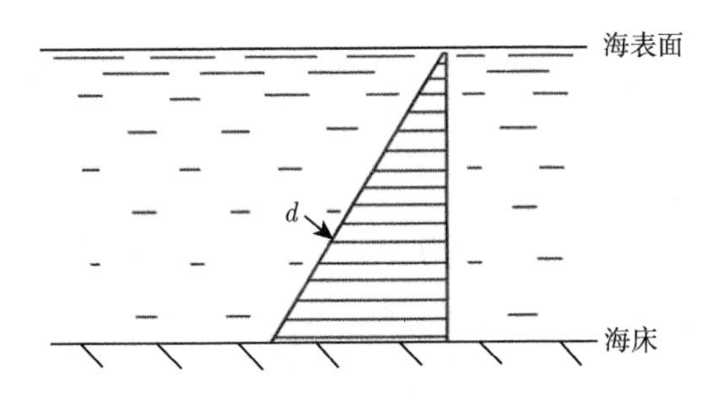

图 27.13　当 $\zeta\to1$ 时海水中压力的线性分布

和图 27.12 不同参数取值时的相速度和波长之间的关系如图 27.14 所示.

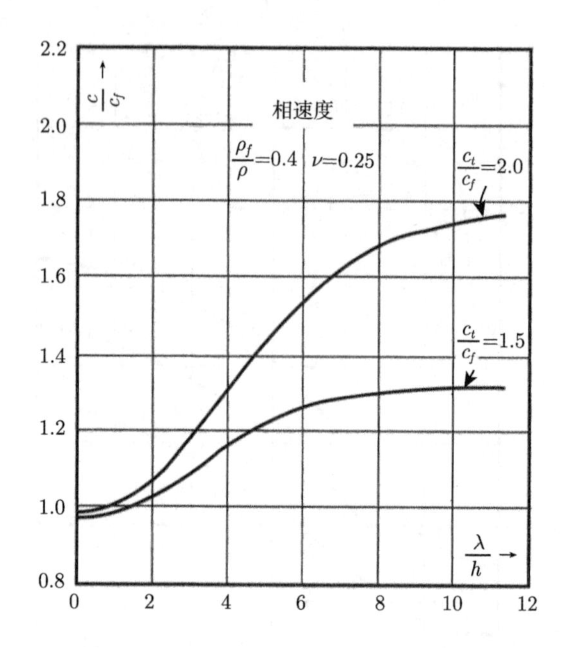

图 27.14　不同参数时固–液界面波的相速度和波长之间的关系[9]

27.6.4　固–液界面 Stoneley 波相速度的渐近值

本小节将通过 (27-48) 式的第二式讨论固–液界面 Stoneley 波的渐近值. 当 $kh \to +\infty$ 且 $\sqrt{1-\zeta^2}$ 有限时, 有: $\tanh(kh\sqrt{1-\zeta^2}) \to 1$, (27-48) 式的第二式转化为

$$4\sqrt{1-\zeta_1^2} - \frac{(2-\zeta_1^2)^2}{\sqrt{1-\zeta_2^2}} = \frac{\rho_f}{\rho}\frac{\zeta_1^4}{\sqrt{1-\zeta^2}} \tag{27-50}$$

令 $\Xi = \sqrt{1-\zeta^2}$, (27-50) 式可改写为

$$4\sqrt{1-a_1^2(1-\Xi^2)} - \frac{\left[2-a_1^2(1-\Xi^2)\right]^2}{\sqrt{1-a_2^2(1-\Xi^2)}} = \frac{\rho_f}{\rho}\frac{a_1^4(1-\Xi^2)^2}{\Xi} \tag{27-51}$$

将 $a_1 = \dfrac{c_f}{c_t} = \sqrt{\dfrac{K_f}{G}\dfrac{\rho}{\rho_f}}$ 当作小量, 展开 $\Xi = \sqrt{1-\zeta^2} = \sum\limits_{n=1}^{\infty} A_n a_1^n$, 为了推导过程的方便, 记: $a_2 = \dfrac{c_f}{c_l} = \dfrac{c_f}{c_t}\dfrac{c_t}{c_l} = a_1\dfrac{c_t}{c_l} = a_1\sqrt{\dfrac{1-2\nu}{2(1-\nu)}} = a_1\beta$. 使用下列 Taylor 展开式:

$$\begin{cases} \sqrt{1-\Xi} = 1 - \dfrac{1}{2}\Xi - \dfrac{1}{8}\Xi^2 - \dfrac{1}{16}\Xi^3 - \dfrac{5}{128}\Xi^4 - \dfrac{7}{256}\Xi^5 + \cdots \\ \dfrac{1}{\sqrt{1-\Xi}} = 1 + \dfrac{1}{2}\Xi + \dfrac{3}{8}\Xi^2 + \dfrac{5}{16}\Xi^3 + \dfrac{35}{128}\Xi^4 + \dfrac{63}{256}\Xi^5 + \cdots \end{cases}$$

取 (27-51) 展开式的前六项, 令 a_1 两端的同次项系数相等, 可得

$$A_1 = A_3 = A_5 = 0, \quad A_2 = \frac{\rho_f}{\rho}\frac{1}{2(1-\beta^2)}, \quad A_4 = \frac{3-4\beta^2+3\beta^4}{4(1-\beta^2)}A_2$$

亦即:

$$\Xi = A_2 a_1^2 + A_4 a_1^4 + O(a_1^6) = \frac{\rho_f}{\rho}\frac{1}{2(1-\beta^2)}a_1^2 + \frac{\rho_f}{\rho}\frac{3-4\beta^2+3\beta^4}{8(1-\beta^2)^2}a_1^4 + O(a_1^6)$$

故方程 (27-48) 式的第二式在 $kh \to +\infty$ 时的渐近展开为

$$\begin{aligned}\frac{c}{c_f} &= \sqrt{1-\left(\frac{\rho_f}{\rho}\right)^2\left[\frac{\rho_f}{\rho}\frac{1}{2(1-\beta^2)}a_1^2 + \frac{3-4\beta^2+3\beta^4}{8(1-\beta^2)^2}a_1^4\right]^2} + O(a_1^6)\\ &= \sqrt{1-\left(\frac{\rho_f}{\rho}\right)^2\frac{a_1^4}{4(1-\beta^2)^2}\left[1+\frac{3-4\beta^2+3\beta^4}{4(1-\beta^2)}a_1^2\right]^2} + O(a_1^6) \qquad (27\text{-}52)\end{aligned}$$

由于 $\beta = \sqrt{\frac{1-2\nu}{2(1-\nu)}}$, 故有: $1-\beta^2 = \frac{1}{2(1-\nu)}$, 则 (27-52) 式的首项展开式为

$$\begin{aligned}\frac{c}{c_f} &= \sqrt{1-\left(\frac{\rho_f}{\rho}\right)^2\left[\frac{a_1^2}{2(1-\beta^2)}\right]^2} = \sqrt{1-\frac{1}{4(1-\beta^2)^2}\left(\frac{K_f}{G}\right)^2}\\ &\approx \frac{1}{\sqrt{1+\frac{1}{4(1-\beta^2)^2}\left(\frac{K_f}{G}\right)^2}} = \frac{1}{\sqrt{1+(1-\nu)^2\left(\frac{K_f}{G}\right)^2}}\end{aligned}$$

也就是说, 固–液界面的 Stoneley 波相速度的渐近关系式为

$$c_{\mathrm{St}}^{\mathrm{p}} = \frac{c_f}{\sqrt{1+(1-\nu)^2\left(\frac{K_f}{G}\right)^2}} \qquad (27\text{-}53)$$

(27-53) 式表明, Stoneley 波的相速度和液体中的声速相比略小, 依赖于固体材料的 Poisson 比以及液体压缩模量和固体剪切模量之比, 如图 27.15 所示.

27.6.5　固–液界面 Stoneley 波的群速度

根据群速度的定义, 固–液界面 Stoneley 波的群速度可表示为

$$c_{\mathrm{St}}^{\mathrm{g}} = \frac{\mathrm{d}\omega}{\mathrm{d}k} \quad 或者 \quad c_{\mathrm{St}}^{\mathrm{g}} = \frac{\mathrm{d}(\zeta kh)}{\mathrm{d}(kh)} \qquad (27\text{-}54)$$

不同参数时, 固–液界面 Stoneley 波的群速度 $c_{\mathrm{St}}^{\mathrm{g}}$ 和 $kh = 2\pi h/\lambda$ 的关系如图 27.16 所示.

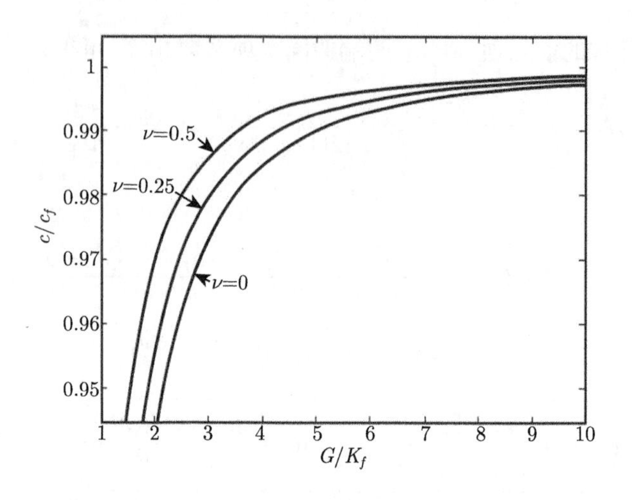

图 27.15　固–液界面 Stoneley 波的渐近值随不同参数的变化

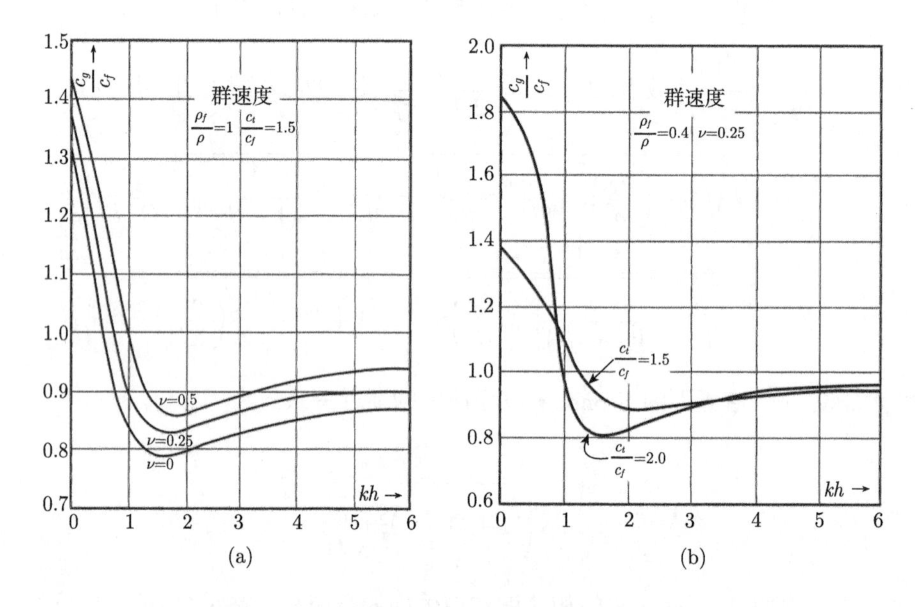

图 27.16　不同参数时固–液界面的群波速度[9]

思　考　题

27.1　Von Kármán 和 Biot 在经典教材[11] 中指出, 有两种定义力阻抗的方法:

(1) 力 (压强、应力) 和速度之比, 该种定义的优点是和电阻抗完全可进行类比, 在声学 (acoustics) 分析中常用;

(2) 力 (压强、应力) 和位移之比, 见 (27-24)、(27-35)、(27-47) 诸式, 这种定义的阻抗还可称为 “力–位移阻抗 (force-displacement impedance)”、“压强–位移阻抗 (pressure-

displacement impedance)” 或 “应力－位移阻抗 (stress-displacement impedance)”. 结合本章内容, 讨论两种力阻抗定义的等价性.

27.2 结合第 28 章中有关非局部效应的内容, 分析非局部效应对固－液界面波传播的影响[12].

27.3 本书重点提及的多位著名学者终生未婚, 如: Emmy Noether (1882～1935)、Immanuel Kant (1724～1804)、Isaac Newton (1643～1727)、Augustus Edward Hough Love (1863～1940)、Theodore von Kármán (1881～1963)、René Descartes (1596～1650)、Gottfried Wilhelm von Leibniz (1646～1716)、Henry Cavendish (1731～1810)、Alfred Bernhard Nobel (1833～1896)、Josiah Willard Gibbs (1839～1903)、Oliver Heaviside (1850～1925)、Inge Lehmann (1888～1993)、D′Alembert (1717～1783)、Robert Boyle (1627～1691)、Robert Hooke (1635～1703)、Christiaan Huygens (1629～1695) 等等.
问题: 查查另外还有多少位终生未婚的国际著名学者以及其突出的学术贡献.

参 考 文 献

[1] Love A E H. Some Problems of Geodynamics. Cambridge: Cambridge University Press, 1911.

[2] Achenbach J D. Wave Propagation in Elastic Solids. New York: Elsevier, 1984. (中译本: 弹性固体中波的传播. 徐植信, 洪锦如译. 上海: 同济大学出版社, 1992).

[3] Haldorsen J B U, Johnson D L, Plona T, Sinha B, Valero H P, Winkler K. Borehole acoustic waves. Oilfield Review, 2006, 18: 34–43.

[4] Stoneley R. Elastic waves at the surface of separation of two solids. Proceedings of the Royal Society of London A, 1924, 106: 416–428.

[5] Scholte J G. The range of existence of Rayleigh and Stoneley waves. Geophysical Journal International, 1947, 5: 120–126.

[6] Miklowitz J. The Theory of Elastic Waves and Waveguides. New York: Elsevier, 1978.

[7] Cagniard L. Reflection and refraction of progressive seismic waves. New York: McGraw-Hill, 1962.

[8] Biot M A. Propagation of elastic waves in a cylindrical bore containing a fluid. Journal of Applied Physics, 1952, 23: 997–1005.

[9] Biot M A. The interaction of Rayleigh and Stoneley waves in the ocean bottom. Bulletin of the Seismological Society of America, 1952, 42: 81–93.

[10] Tolstoy I. Dispersive properties of a fluid layer overlying a semi-infinite elastic solid. Bulletin of the Seismological Society of America, 1954, 44: 493–512.

[11] Von Kármán T, Biot M A. Mathematical Methods in Engineering. New York: McGraw-Hill, 1940.

[12] Nowinski J L. Propagation of nonlocal elastic waves in a cylindrical hole containing a fluid. Journal of Applied Physics, 1985, 58: 2190–2194.

第八篇 广义连续介质力学

It is scarcely necessary, however, to emphasize that the theory is yet in a very preliminary stage, and many fundamental questions still await solution.

然而, 毋庸讳言的是, 这一理论仍是十分初步的, 许多基本问题还有待于解决.

—— Niels Bohr, Nobel Lecture “The structure of the atom”, December 11, 1922

Niels Bohr
(1885~1962)

篇首语

何谓“广义连续介质力学”? 它又是如何诞生的? 这需要从 1967 年在联邦德国 Freudenstadt 召开的一次有关位错及其应用的连续介质力学的 IUTAM 研讨会说起. 会后, 由 Ekkehart Kröner (1919~2000) 主编的会议文集的题目便是 “Mechanics of Generalized Continua”[1], 也就是广义连续介质力学. 一般地, 广义连续介质力学的英文是 Generalized Continuum Mechanics, 因而简称 GCM.

Eugène Maurice Pierre Cosserat (1866~1931)

上述被称为 “里程碑式的” IUTAM 研讨会的召开, 主要是为了纪念 Eugène Cosserat (1866~1931) 和 François Cosserat (1852~1914) 弟兄于 1909 年创立微极连续统理论 (micropolar continuum theory)[2] 和 Élie Cartan (1869~1951) 于 1922 年所提出的空间挠率概念[3]. 该次 IUTAM 研讨会的两个主要目的是:

一、力学的微观 (原子) 理论和唯象 (连续介质) 理论间的跨尺度 (The bridging of the gap between microscopic (or atomic) research on mechanics on one hand, and the phenomenological (or continuum mechanical) approach on the other hand.).

François Nicolas Cosserat (1852~1914)

二、针对实际材料行为所建立的新理论和应用所引入的参量和定律的物理诠释 (the physical interpretation and the relation to actual material behaviour of the quantities and laws introduced into the new theories, together with applications.).

事实上, 如上两个问题自该次会议始至今仍是固体力学的主要研究方向[4], 仍未得到完全解决.

这里的 “广义 (generalized, generalization)” 在英文词面上有推广之意. 所谓 “广义连续介质力学” 其实就是在经典连续介质力学基础上做的推广, 或者说是对经典连续介质力学基本假设、原理、定理或限制条件的进一步放松. 由 7.2 节可知, 经典连续介质力学的基础是 Cauchy 应力原理与基本定理. 也就是说, 所研究的均匀各向同性介质没有内部结构、没有附加的内部自由度和内部特征尺度, 因而应用动量矩守恒定律, 必然得到应力张量是对称的结论, 也就是材料力学中常说的剪应力互等.

Élie Joseph Cartan (1869~1951)

早在 1887 年, Woldemar Voigt (1850~1919) 就提出关于物体的一部分对其邻近部分的作用可能引起体力偶和面力偶的猜想, 也就是微元体中的剪应力可能不再互等. 1893 年, Pierre Duhem (1861~1916, 迪昂) 指出, 如果用单位方向子矢量 (directors) 表示的具有附加自由度物质点的连续介质模型描述固体的宏观性状, 可能会准确些. Cosserat 兄弟则于 1909 年, 成功地实现了 Voigt 和 Duhem 的猜想, 提出有向物质点连续介质理论, 亦即 Cosserat 连续介质理论, 或简称微极理论. 值得注意的是, 这里的单位方向子矢量在 20.1 节的液晶力学中被业界译作 "指向矢", 两者均满足 (20-1) 式.

自 1909 年 Cosserat 兄弟微极理论的开创性工作始, 在广义连续介质力学方面至少有如下几条较为成功的发展主线:

1) 微极理论的继续发展和应用, 以及和非局部场论相结合, 进一步发展成为非局部微极场论;

2) 应变梯度理论的发展, 经典理论亦可称为一阶梯度理论, 引入二阶或二阶以上应变梯度的话, 势必需要引入介质的内部特征尺度, 方程数量的增加, 边界条件描述上的困难, 特别是如何确定新引入的材料内部特征尺度等问题是一直困扰应变梯度理论得到广泛应用的难题;

3) 类似于毛细力学, 考虑物体的表面张力或表面应力, 或者进一步引入表面层或界面层的厚度等, 该方面的研究在近十余年来是国际上的研究热点, 其困难不只是描述更为复杂, 更困难的是仍需要引入一些新的反映物体表面特性的参量, 如何有效地确定这些新参量至今仍无实质性进展.

本篇共有四章组成: 非局部弹性理论、梯度弹性理论、偶应力弹性理论和表面弹性理论.

参考文献

[1] Kröner E. Mechanics of Generalized Continua. Proceedings of the IUTAM Symposium on the Continuum Theory of Dislocations with Applications, Freudenstadt and Stuttgart, Germany, 1967. Berlin: Springer-Verlag, 1968.

[2] Cosserat E, Cosserat F. Theorie des Corps Deformables. Paris: Hermann, 1909.

[3] Cartan E. Leçons sur les invariants intégraux. Paris: Hermann, 1922.

[4] Zhang Y, Zhao Y P. Measuring the nonlocal effects of a micro/nanobeam by the shifts of resonant frequencies. International Journal of Solids and Structures, 2016, 102–103: 259–266.

第 28 章　非局部弹性理论

28.1　非局部–梯度线弹性本构方程的统一表达式

非局部–梯度线弹性理论可以反映出材料行为在线弹性阶段的尺度效应[1], 其本构方程可统一地表示为如下形式

$$(1-c_1^2\nabla^2)t_{ij}=C_{ijkl}(1-c_2^2\nabla^2)\varepsilon_{kl} \tag{28-1}$$

式中, 为和前些章中的经典的 Cauchy 应力 σ_{ij} 相区别, 用 t_{ij} 来表示非局部应力, c_1 为反映应力局部效应的材料内禀长度, 而 c_2 为反映应变梯度效应的材料内禀长度, ∇^2 为拉普拉斯算子. 特别地, 当 $c_2=0$ 时, (28-1) 式将退化为 Eringen 所发展的非局部弹性理论本构方程:

$$(1-c_1^2\nabla^2)t_{ij}=C_{ijkl}\varepsilon_{kl} \tag{28-2}$$

上述方程为 “非齐次 Helmholtz 方程 (inhomogeneous Helmholtz equation)”. 对于各向同性弹性体, 只有两个独立的弹性常数, 此时, (28-2) 式可表示为

$$[1-(e_0a)^2\nabla^2]\boldsymbol{t}=\lambda(\mathrm{tr}\boldsymbol{\varepsilon})\boldsymbol{I}+2\mu\boldsymbol{\varepsilon} \tag{28-3}$$

式中, e_0 为一无量纲量, 而 a 则为材料的内禀长度, 如前, $\lambda=E\nu/(1-\nu^2)$ 和 $\mu=E/[2(1+\nu)]$ 为 Lamé 常数. 当不考虑材料的内禀长度, 亦即当 $a=0$ 时, (28-3) 式即退化为 (22-22) 式. 显然, (28-3) 式的分量形式为

$$[1-(e_0a)^2\nabla^2]t_{ij}=\lambda\varepsilon_{kk}\delta_{ij}+2\mu\varepsilon_{ij} \tag{28-4}$$

而当 $c_1=0$ 时, (28-1) 式将退化为 Aifantis 的梯度弹性理论本构方程:

$$t_{ij}=C_{ijkl}(1-c_2^2\nabla^2)\varepsilon_{kl} \tag{28-5}$$

(28-5) 式反映的显然是应变梯度对弹性行为的影响. 对于均匀拉伸等不存在应变梯度的弹性变形, (28-5) 式将退化为经典的线弹性本构方程.

28.2　非局部连续统场论

1960 年代末期以来, 主要由 Eringen 发展了一种非局部连续介质力学理论或者非局部连续统场论 (nonlocal continuum field theory)[2−8]. 该理论与经典的弹性理论之间存在有两个基本差别:

(1) 应力概念不同, 经典弹性理论中的 Cauchy 应力为作用在单位面积上的力, 而非局部弹性理论中的非局部应力为穿过单位面积上的力;

(2) 应力和应变之间的对应关系不同, 线弹性理论中一点的应力和应变是一一对应, 而非局部弹性理论由于考虑了长程相互作用, 所以非局部应力和所有物质点的应变有关.

在某种程度上, 该理论将经典连续介质力学推广到能够考虑材料内部的尺度效应[9−11], 原因是, 非局部理论考虑了材料微结构具有长程的相互作用, 也就是物体中一点的应力状态与整个物体中诸点的应力状态有关, 因此非局部的本构关系是对空间积分的形式.

本书前几篇中讨论的经典连续介质力学可被称为局部理论 (local theory). 局部理论一点的应力只与该点的应变有关, 其本构关系为 Hooke 定律: $\sigma_{ij} = \lambda\varepsilon_{kk}\delta_{ij} + 2\mu\varepsilon_{ij}$, 该实际上是非局部理论当原子间的长程相互作用为零时的特例. 非局部弹性理论中的非局部应力 t_{ij} 所满足的本构关系为

$$\begin{aligned} t_{ij} &= \int_V \alpha(|\boldsymbol{x}'-\boldsymbol{x}|,\in)[\lambda\varepsilon_{kk}(\boldsymbol{x}')\delta_{ij} + 2\mu\varepsilon_{ij}(\boldsymbol{x}')]\mathrm{d}v(\boldsymbol{x}') \\ &= \int_V \alpha(|\boldsymbol{x}'-\boldsymbol{x}|,\in)\sigma_{ij}(\boldsymbol{x}')\mathrm{d}v(\boldsymbol{x}') \end{aligned} \tag{28-6}$$

式中, $\alpha(|\boldsymbol{x}'-\boldsymbol{x}|,\in)$ 为非局部弹性核, $\in= e_0 a$ 为表征材料微结构效应的小参数, 正如 28.1 节中已指出的, e_0 为一无量纲量, a 为材料的内禀长度, 如可选晶体的晶格常数作为该内禀长度. (28-6) 式表明, 非局部应力 t_{ij} 为 Cauchy 应力 σ_{ij} 的加权平均, 权函数为非局部弹性核 $\alpha(|\boldsymbol{x}'-\boldsymbol{x}|,\in)$.

如何来选取非局部弹性核是一个关键且有一定技巧的问题. 一般地, 非局部弹性核可由分子动力学模拟中的分子作用势来表示. 确定非局部弹性核的方法是, 先以一致性条件选择一个含有待定常数的随两点距离 $|\boldsymbol{x}'-\boldsymbol{x}|$ 迅速衰减的函数, 然后将由该函数所导出的非局部弹性波的色散关系与分子动力学中的波的色散关系进行拟合, 以确定待定常数. 一致性条件为

$$\alpha(|\boldsymbol{x}'-\boldsymbol{x}|,\in)\Big|_{\in\to 0} = \delta(|\boldsymbol{x}'-\boldsymbol{x}|) \tag{28-7}$$

式中, δ 为 Dirac 阶跃函数. 将 (28-7) 式代入 (28-6) 式时容易看出, 上述一致性条件的含义是, 当不考虑材料微观结构的长程物理力学效应时, 非局部弹性理论就自然退化为经典弹性理论.

最为常用的非局部弹性本构模型为 (28-3) 式或 (28-4) 式, 特别是其一维的简化形式, 由于形式简洁、应用方便, 又能计及材料的尺度效应, 消除裂纹顶端非物理的应力的奇异性, 所以应用十分广泛.

28.3 非局部 Bernoulli-Euler 梁的振动和弯曲波

从变形角度第一次比较精确地研究梁的问题, 始于 Jacob Bernoulli (1654~1705). 在 1694 年的论文《弹性梁的弯曲》以及他在 1705 年的论文中, Bernoulli 最早用微积分工具研究梁的变形. 他假定梁在变形时梁的横截面保持平面, 这就是平截面最早的提法. 平截面假定是材料力学的重要假定, 因为它抓住了梁的变形的主要特征. 所以后人把基于平截面假定的梁的理论称为 Bernoulli 梁或 Bernoulli-Euler 梁.

在非局部 Bernoulli-Euler 梁的模型中, 仍然采用平截面假定. 考虑梁长方向为 x, 而梁变形的平面为 xz, 挠度为 $w(x,t)$, 在小变形情况下, 轴向应变为

$$\varepsilon_{xx} = -z\frac{\partial^2 w}{\partial x^2} \tag{28-8}$$

将 (28-8) 式代入 (28-3) 式或 (28-4) 式, 则得到一维非局部弹性的本构关系:

$$t_{xx} - (e_0 a)^2\frac{\partial^2 t_{xx}}{\partial x^2} = -Ez\frac{\partial^2 w}{\partial x^2} \tag{28-9}$$

式中, E 为材料的杨氏模量.

设作用在梁上单位长度上的横向分布载荷为 q, 梁截面上的剪力合力为 Q, 梁的截面面积为 A, 梁的密度为 ρ, 则梁的横向振动方程为

$$\frac{\partial Q}{\partial x} = -q + \rho A\frac{\partial^2 w}{\partial t^2} \tag{28-10}$$

在 Bernoulli-Euler 梁中, Q 和截面的弯矩 M 的基本关系为

$$Q = \frac{\partial M}{\partial x} \tag{28-11}$$

将 (28-9) 式代入弯矩的定义式 $M = \int_A z t_{xx}\mathrm{d}A$ 中, 则有

$$M=(e_0a)^2\frac{\partial^2 M}{\partial x^2}-EI\frac{\partial^2 w}{\partial x^2} \tag{28-12}$$

式中, $I=\int_A z^2\mathrm{d}A$ 为梁的截面惯性矩. 将 (28-11) 和 (28-10) 两式代入 (28-12) 式可得到弯矩 M 的表达式为

$$M=-EI\frac{\partial^2 w}{\partial x^2}+(e_0a)^2\left(\rho A\frac{\partial^2 w}{\partial t^2}-q\right) \tag{28-13}$$

以及 Q 的表达式为

$$Q=-EI\frac{\partial^3 w}{\partial x^3}+(e_0a)^2\left(\rho A\frac{\partial^3 w}{\partial x\partial t^2}-\frac{\partial q}{\partial x}\right) \tag{28-14}$$

将 (28-14) 式代入 (28-10) 式, 则可得到非局部 Bernoulli-Euler 梁的横向振动方程为[12]:

$$EI\frac{\partial^4 w}{\partial x^4}+\rho A\left[\frac{\partial^2 w}{\partial t^2}-(e_0a)^2\frac{\partial^4 w}{\partial x^2\partial t^2}\right]=q-(e_0a)^2\frac{\partial^2 p}{\partial x^2} \tag{28-15}$$

特别地, 当不考虑非局部效应, 亦即当 $e_0a=0$ 时, (28-15) 式将自然退化为经典的 Bernoulli-Euler 梁的横向振动方程:

$$EI\frac{\partial^4 w}{\partial x^4}+\rho A\frac{\partial^2 w}{\partial t^2}=q \tag{28-16}$$

由思考题 28.5 可知, 上述方程为抛物型, 而不是双曲型, 因而由经典的 Bernoulli-Euler 梁的横向振动方程所给出的冲击的传播速度可以是无限大的结论, 这显然是不合理的.

将如下单色或简谐弯曲波的关系式

$$w(x,t)=w_0\mathrm{e}^{-\mathrm{i}(kx-\omega t)} \tag{28-17}$$

代入 (28-15) 式并令 $q=0$, 则得到非局部 Bernoulli-Euler 梁的色散关系为

$$k^4-\frac{\omega^2}{c_0^2}[1+(e_0a)^2k^2]=0 \tag{28-18}$$

式中, $c_0=\sqrt{EI/(\rho A)}$. (28-18) 式的四个解分别为: $k=\pm k_f$ 和 $k=\pm\mathrm{i}k_e$, 其中,

$$\begin{cases} k_f=k_{\mathrm{B-E}}\sqrt{\dfrac{\sqrt{4+(e_0ak_{\mathrm{B-E}})^4}+(e_0ak_{\mathrm{B-E}})^2}{2}} \\ k_e=k_{\mathrm{B-E}}\sqrt{\dfrac{\sqrt{4+(e_0ak_{\mathrm{B-E}})^4}-(e_0ak_{\mathrm{B-E}})^2}{2}} \end{cases} \tag{28-19}$$

式中, $k_{\mathrm{B-E}}=\sqrt{\omega/c_0}$ 为经典 Bernoulli-Euler 梁的弯曲波数 (flexural wave number). 上述波动的完全解可分离变量地表示为

$$w(x,t)=W(x)\mathrm{e}^{\mathrm{i}\omega t} \tag{28-20}$$

式中,

$$W(x)=\underbrace{C_1\mathrm{e}^{-\mathrm{i}k_f x}+C_2\mathrm{e}^{\mathrm{i}k_f x}}_{\text{分别沿 }x\text{ 和 }-x\text{ 方向传播}}+\underbrace{C_3\mathrm{e}^{-k_e x}+C_4\mathrm{e}^{k_e x}}_{\text{非传播,瞬逝项}} \tag{28-21}$$

(28-21) 式右端的前两项代表的是分别沿 x 和 $-x$ 方向传播的波, 其相速度为: $c_f=\omega/k_f$, 这里 k_f 为由 (28-19) 式的第一式给出的弯曲波数. 而 (28-21) 式右端的后两项则代表的是非传播场 (nonpropagating fields), 又称为近场或瞬逝项 (near-field or evanescent components)[12]. 因此, 严格说来 k_e 不能被称为波数.

当不考虑非局部效应, 也就是当 $e_0a=0$ 时, $k_f=k_e=k_{\mathrm{B-E}}$.

28.4　非局部 Timoshenko 梁的振动

Stephen Timoshenko (1878～1972)

直到 19 世纪发展起来的已有的梁的理论, 对于求解静力学问题, 在工程实际问题中, 精确程度是足够了. 但是对于求解动力学问题却表现出明显的不合理. 原来在以 Bernoulli-Euler 梁的静力学方程, 简单地添加梁的惯性项, 所形成的梁的动力学方程属于抛物型, 冲击的传播速度可以是无限大的. 这有点像线性热传导方程. 对于热传导问题, 得到的热传播速度的不合理还可以忍受. 而对于梁的冲击传播速度是无限大, 就会在实际工程问题中引起很大的误差.

为了克服该不合理情况, 曾在俄罗斯圣彼得堡、乌克兰基辅执教, 1919 年移居南斯拉夫, 进而于 1922 年移居美国的 Stephen Prokofyevich Timoshenko (1878～1972) 提出了一种对 Bernoulli-Euler 梁的修正理论, 并于 1921 年发表[13], 该文完成于南斯拉夫. 其中最重要的改进是考虑了梁内的剪切变形的一阶近似, 从而放弃了平截面假定, 如图 28.1 所示. 另一项改进是在惯性项中加进了截面转动的惯性力. 改进后的梁的振动方程就变成双曲型, 相应的冲击传播速度也就变为有界. 目前 Timoshenko 梁被广泛地应用于求解动力传播和控制问题.

如图 28.1 所示, Timoshenko 梁模型的横截面的剪应变分量为[14−16]:

$$\varepsilon_{xz}=\frac{1}{2}\left(-\phi+\frac{\partial w}{\partial x}\right) \tag{28-22}$$

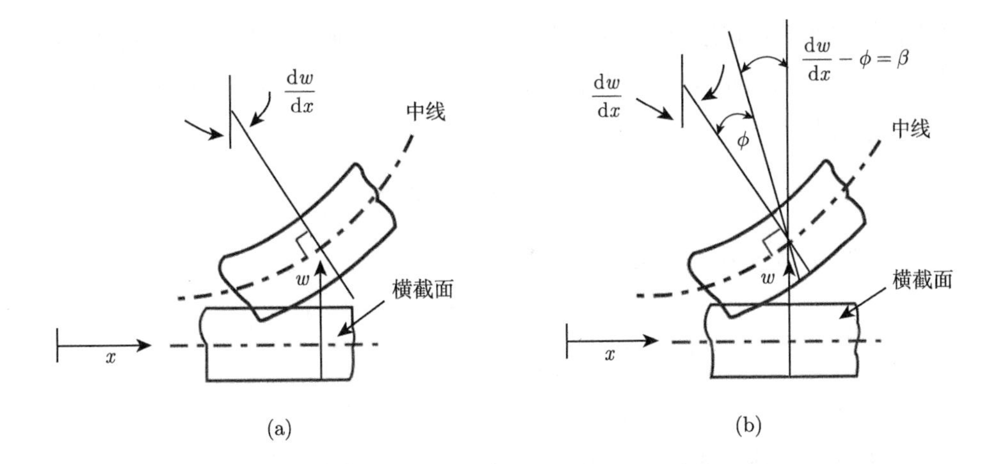

图 28.1　(a) Bernoulli-Euler 梁模型; (b) 放弃了平截面假定的经典 Timoshenko 梁模型

更为详细的变形分析可见 30.3 节的内容. 梁截面的剪力为

$$Q=\int_A \sigma_{xz}\mathrm{d}A=\kappa_s\mu A\left(-\phi+\frac{\partial w}{\partial x}\right) \tag{28-23}$$

式中, A 为梁的截面面积, κ_s 为 Timoshenko 剪切常数. 当为圆截面梁时, $\kappa_s=10/9$. 由单元体的受力分析, Timoshenko 梁的运动方程为

$$\begin{cases}\dfrac{\partial Q}{\partial x}=\rho A\dfrac{\partial^2 w}{\partial t^2}\\ Q-\dfrac{\partial M}{\partial x}=\rho I\dfrac{\partial^2\phi}{\partial t^2}\end{cases} \tag{28-24}$$

将 (28-13) 式和 (28-23) 代入 (28-24) 式 (忽略梁上作用的分布载荷 q), 可得考虑非局部效应的 Timoshenko 梁的运动方程为

$$\begin{cases}\mu A\kappa_s\left(\dfrac{\partial\phi}{\partial x}-\dfrac{\partial^2 w}{\partial x^2}\right)+\rho A\dfrac{\partial^2 w}{\partial t^2}=0\\ \mu A\kappa_s\left[1-(e_0a)^2\dfrac{\partial^2}{\partial x^2}\right]\left(\dfrac{\partial w}{\partial x}-\phi\right)+EI\dfrac{\partial^2\phi}{\partial x^2}-\rho I\dfrac{\partial^2}{\partial t^2}\left[\phi-(e_0a)^2\dfrac{\partial^2\phi}{\partial x^2}\right]=0\end{cases} \tag{28-25}$$

当考虑单色波时, 亦即:

$$\begin{cases}w(x,t)=w_0\mathrm{e}^{-\mathrm{i}(kx-\omega t)}\\ \phi(x,t)=\phi_0\mathrm{e}^{-\mathrm{i}(kx-\omega t)}\end{cases} \tag{28-26}$$

将 (28-26) 式代入 (28-25) 式, 可得到有关幅值 w_0 和 ϕ_0 的二元一次齐次方程组:

$$\begin{cases}(\mu Ak^2\kappa_s-\rho A\omega^2)w_0+\mathrm{i}\mu Ak\kappa_s\phi_0=0\\ \mathrm{i}\mu Ak\kappa_s[1+(e_0a)^2k^2]w_0+\left\{(\rho I\omega^2-\mu A\kappa_s)[1+(e_0a)^2k^2]-EIk^2\right\}\phi_0=0\end{cases} \tag{28-27}$$

上述方程组的非平凡解给出了非局部 Timoshenko 梁的波动性质. 当忽略转动效应时, 非局部 Timoshenko 梁中波的相速度 $c_{\mathrm{Timo}}^{\mathrm{nl}}$ 和经典 Timoshenko 梁中波的相速度 c_{Timo} 之比为

$$\frac{c_{\mathrm{Timo}}^{\mathrm{nl}}}{c_{\mathrm{Timo}}} = \frac{1}{\sqrt{1+(e_0a)^2k^2\alpha}} \tag{28-28}$$

式中, 经典 Timoshenko 梁中波的相速度 c_{Timo} 为

$$c_{\mathrm{Timo}} = \sqrt{\frac{EI}{\rho A\left(\dfrac{EI}{\mu A\kappa_s}+\dfrac{1}{k^2}+\dfrac{I}{A}\right)}} \tag{28-29}$$

对于直径为 d 的圆截面的梁, (28-28) 式中的参数 α 可表示为

$$\alpha = \frac{1+k^2d^2/8}{1+k^2d^2/8+(1+\nu)k^2d^2/(4\kappa_s)} \tag{28-30}$$

28.5 非局部脆性断裂理论

正如 24.5 节已指出的, Eringen 等在 20 世纪 70 年代所创建的脆性断裂的非局部理论, 是可消除非物理性的裂纹尖端的应力奇异性的主要途径之一.

在 28.1 节中谈到, 当考虑非局部效应时, 也就是纳米裂纹或超细晶粒断裂的情形, 应力张量 t_{ij} 满足如下非齐次 Helmholtz 方程[1,17,18]:

$$t_{ij} - \bar{l}^2\nabla^2 t_{ij} = \sigma_{ij}^0 \tag{28-31}$$

式中, $\bar{l}$ 为考虑非局部效应的材料内禀尺度, σ_{ij}^0 为经典弹性理论所给出的具有奇异性的应力解答. 如对于 I 型断裂, 由 (24-20) 式, (28-31) 式变为

$$t_{yy} - \bar{l}^2\nabla^2 t_{yy} = \frac{K_{\mathrm{I}}}{\sqrt{2\pi r}}\cos\frac{\theta}{2}\left(1+\sin\frac{\theta}{2}\sin\frac{3\theta}{2}\right) \tag{28-32}$$

(28-32) 式给出消除了奇异性的应力解答为

$$t_{yy} = \frac{K_{\mathrm{I}}(1-\mathrm{e}^{-r/\bar{l}})}{\sqrt{2\pi r}}\cos\frac{\theta}{2}\left(1+\sin\frac{\theta}{2}\sin\frac{3\theta}{2}\right) \tag{28-33}$$

注意到: $1-\mathrm{e}^{-r/\bar{l}} = \dfrac{r}{\bar{l}} + \dfrac{1}{2!}\left(\dfrac{r}{\bar{l}}\right)^2 + O\left(\left(\dfrac{r}{\bar{l}}\right)^3\right)$, 表明通过考虑非局部效应, 裂尖的应力奇异性确实被消除掉. 当 r 远大于材料的内禀尺度 $\bar{l}$ 时, (28-33) 式便可退化为经典的断裂力学解: $t_{yy} \to \sigma_{yy}$.

类似地, 对于考虑非局部效应的反平面 III 型断裂, (24-34) 式可通过非齐次 Helmholtz 方程 (28-31) 式修正为[18]:

$$\begin{pmatrix} t_{xz} \\ t_{yz} \end{pmatrix} = \frac{K_{\mathrm{III}}(1-\mathrm{e}^{-r/\bar{l}})}{\sqrt{2\pi r}} \begin{pmatrix} -\sin\dfrac{\theta}{2} \\ \cos\dfrac{\theta}{2} \end{pmatrix} \tag{28-34}$$

思　考　题

28.1　如何将 2.4.6 节的 “邻域公理” 推广到非局部弹性理论情形?

28.2　比 (28-3) 式的适用范围更广的非局部弹性本构关系为

$$[1-(e_0a)^2\nabla^2]\boldsymbol{t} = \boldsymbol{C} : \boldsymbol{\varepsilon} \tag{28-35}$$

问题: 针对几类非各向同性弹性体, 试给出上述非局部弹性本构的具体形式.

28.3　验证: 用杨氏模量 E 和 Poisson 比 ν 表示的非局部弹性本构 (28-4) 式为[19]

$$\begin{cases} t_{xx}-(e_0a)^2\nabla^2 t_{xx} = \dfrac{E}{1-\nu^2}\left[\varepsilon_{xx}+\nu(\varepsilon_{yy}+\varepsilon_{zz})\right] \\ t_{yy}-(e_0a)^2\nabla^2 t_{yy} = \dfrac{E}{1-\nu^2}\left[\varepsilon_{yy}+\nu(\varepsilon_{xx}+\varepsilon_{zz})\right] \\ t_{zz}-(e_0a)^2\nabla^2 t_{zz} = \dfrac{E}{1-\nu^2}\left[\varepsilon_{zz}+\nu(\varepsilon_{yy}+\varepsilon_{xx})\right] \\ t_{xy}-(e_0a)^2\nabla^2 t_{xy} = \dfrac{E}{2(1+\nu)}\varepsilon_{xy} \\ t_{yz}-(e_0a)^2\nabla^2 t_{yz} = \dfrac{E}{2(1+\nu)}\varepsilon_{yz} \\ t_{zx}-(e_0a)^2\nabla^2 t_{zx} = \dfrac{E}{2(1+\nu)}\varepsilon_{zx} \end{cases} \tag{28-36}$$

显然, (28-36) 式中若不考虑弹性内禀特征尺度时, 该式退化为经典的 Hooke 定律.

28.4　讨论: 非局部弹性核函数 $\alpha(|\boldsymbol{x}'-\boldsymbol{x}|,\in)$ 的一致性条件 (28-4) 式还可等价地表示为

$$\int_V \alpha(|\boldsymbol{x}'-\boldsymbol{x}|,\in)\mathrm{d}V = 1 \tag{28-37}$$

28.5　验证经典的 Bernoulli-Euler 梁的横向振动方程 (28-16) 式为抛物型, 从而可得出结论: 所给出的冲击的传播速度可以是无限大.

28.6　结合 (28-19) 式证明: $k_{\mathrm{B-E}} = \sqrt{k_f k_e}$.

28.7　大作业: 对 Bažant 等所建立的非局部损伤理论[20] 的发展状况进行文献调研.

参考文献

[1] Aifantis E C. On the gradient approach–relation to Eringen's nonlocal theory. International Journal of Engineering Science, 2011, 49: 1367–1377.

[2] Eringen A C, Edelen D G B. On nonlocal elasticity. International Journal of Engineering Science, 1972, 10: 233–248.

[3] Eringen A C, Kim B S. Stress concentration at the tip of crack. Mechanics Research Communications, 1974, 1: 233–237.

[4] Eringen A C, Kim B S. On the problem of crack tip in nonlocal elasticity//Continuum Mechanics Aspects of Geodynamics and Rock Fracture Mechanics. Springer Netherlands, 1974: 107–113.

[5] Eringen A C, Speziale C G, Kim B S. Crack-tip problem in non-local elasticity. Journal of the Mechanics and Physics of Solids, 1977, 25: 339–355.

[6] Eringen A C. On differential equations of nonlocal elasticity and solutions of screw dislocation and surface waves. Journal of Applied Physics, 1983, 54: 4703–4710.

[7] Ari N, Eringen A C. Nonlocal stress at Griffith crack. Crystal Lattice Defects and Amorphous Materials, 1983, 10: 33–38.

[8] Eringen A C. Nonlocal Continuum Field Theories. New York: Springer-Verlag, 2002.

[9] 郑哲敏. 连续介质力学与断裂. 力学进展, 1982, 12: 133–140.

[10] 虞吉林, 郑哲敏. 一种非局部弹塑性连续体模型与裂纹尖端附近的应力分布. 力学学报, 1984, 16: 485–494.

[11] 程品三. 脆性断裂的非局部力学理论. 力学学报, 1992, 24: 329–338.

[12] Lu P, Lee H P, Lu C, Zhang P Q. Dynamic properties of flexural beams using a nonlocal elasticity model. Journal of Applied Physics, 2006, 99: 073510.

[13] Timoshenko S P. On the correction for shear of the differential equation for transverse vibrations of prismatic bars. Philosophical Magazine, 1921, 41: 744–746.

[14] Wang Q. Wave propagation in carbon nanotubes via nonlocal continuum mechanics. Journal of Applied Physics, 2005, 98: 124301.

[15] Wang C M, Zhang Y Y, He X Q. Vibration of nonlocal Timoshenko beams. Nanotechnology, 2007, 18: 105401.

[16] Reddy J N. Nonlocal theories for bending, buckling and vibration of beams. International Journal of Engineering Science, 2007, 45: 288–307.

[17] Isaksson P, Hägglund R. Crack-tip fields in gradient enhanced elasticity. Engineering Fracture Mechanics, 2013, 97: 186–192.

[18] Lazar M, Polyzos D. On non-singular crack fields in Helmholtz type enriched elasticity theories. International Journal of Solids and Structures, 2015, 62: 1–7.

[19] Wang Q, Wang C M. The constitutive relation and small scale parameter of nonlocal continuum mechanics for modelling carbon nanotubes. Nanotechnology, 2007, 18: 075702.

[20] Pijaudier-Cabot G, Bažant Z P. Nonlocal damage theory. Journal of Engineering Mechanics, 1987, 113: 1512–1533.

第 29 章　梯度弹性理论

29.1　梯度弹性的 Laplace 型本构方程

已经有许多的实验[1−8] 表明, 固体材料结构随着特征尺度减小表现出明显的尺度效应. 但是, 传统理论的本构关系中不包含任何与材料微结构有关的长度参量, 因此不能预测尺度效应. 近年来发展的塑性应变梯度理论是一个在其本构方程中引入材料内禀长度量的典型例子. 通过引入内禀长度量, 塑性应变梯度理论能够预测塑性响应中材料强度的尺度依赖性.

目前, 不断增加的大量证据表明, 当波长与材料微结构的特征尺度具有相同的数量级时, 材料的微结构对波的传播有很大的影响. 这在 MEMS 系统以及其他有关 MEMS 的应用中尤为重要[9].

自由表面波的振幅按照离物体自由表面的距离以指数规律衰减. Suhubi 和 Eringen 曾经用微极理论 (micropolar theory) 研究了 Rayleigh 表面波[10]. 在他们的研究中, 微转动被作为自由变量. Ottosen 等采用 ICS 理论 (Indeterminate Couple-Stress Theory) 研究了弹性介质中的 Rayleigh 表面波[11].

经典线弹性理论能够预测到平面应力、平面应变和轴对称情况下均匀半空间中的 Rayleigh 型表面波[12−14], 但它却无法预测反平面剪切波 (即 SH 波或水平偏振切变波) 的传播. 反平面剪切表面波在无损检测和地震研究中被证实确实存在[14−16]. 考虑了表面能的梯度弹性理论则能够预测反平面剪切表面波[17]. 同样地, 经典的线弹性理论也不能够预测均匀半空间中由自扭转表面波的传播[12,18−21]. Georgiadis 等证实, 当在本构方程中引入表面能、体积应变梯度或微惯性项三者之一后, 可以预测均匀梯度弹性半空间中的扭转表面波, 振幅按距自由表面的距离以指数规律衰减[22].

Raymond David Mindlin (1906~1987)

为了预测微小尺度材料和结构中的尺度效应, 本构方程需要包含材料的某些内禀尺度. 已经有若干的理论在本构方程中引入了长度标度, 例如, 非局部理论 (non-local theory)、偶应力理论 (couple stress theory)、塑性应变梯度理论 (plastic strain gradient theory) 以及其他一些引入了高阶应变梯度的理论.

Raymond David Mindlin (1906~1987) 在 1965 年提出了一个梯度弹性理论[23].

在该理论中, 应变能密度被认为是应变和一阶、二阶应变梯度的函数. 考虑到应变的二阶梯度, Mindlin 在线弹性理论中引入内聚力 (cohesive forces) 和表面张力 (surface tension) 项. 于是, 相应的 Hooke 定律可以改写成为

$$\boldsymbol{\sigma} = \lambda(\boldsymbol{I} - c_1\boldsymbol{I}\nabla^2 - c_2\boldsymbol{\nabla}\otimes\boldsymbol{\nabla})\mathrm{tr}\boldsymbol{\varepsilon} + 2\mu(1 - c_3\nabla^2)\boldsymbol{\varepsilon} \tag{29-1}$$

式中, c_1、c_2、c_3 是三个具有长度平方量纲 (L^2) 的独立梯度系数; λ 和 μ 为 Lamé 常数; $\boldsymbol{\sigma}$ 和 $\boldsymbol{\varepsilon}$ 分别为应力和应变张量; $\boldsymbol{I}$ 为单位张量; ∇^2 是 Laplace 算子. $\boldsymbol{\sigma}$、$\boldsymbol{\varepsilon}$ 和 $\boldsymbol{I}$ 分别为二阶对称张量.

当 $c_1 = c_2 = c_3 = 0$ 时, (29-1) 式即可转化为标准的 Hooke 定律表达式.

对于 $c_2 = 0$, $c_1 = c_3 = \bar{l}^2$ 的特殊情况, (29-1) 式则可化简为

$$\boldsymbol{\sigma} = 2\mu\boldsymbol{\varepsilon} + \lambda(\mathrm{tr}\boldsymbol{\varepsilon})\boldsymbol{I} - \bar{l}^2\nabla^2[2\mu\boldsymbol{\varepsilon} + \lambda(\mathrm{tr}\boldsymbol{\varepsilon})\boldsymbol{I}] \tag{29-2}$$

式中, $\bar{l}$ 是材料内禀长度, 对于晶体可通过对比相应的晶格动力学 (lattice dynamics) 色散方程, 由波的色散方程导出[24]. (29-2) 式亦称为拉普拉斯型 (Laplacian) 梯度弹性本构方程.

事实上, (29-2) 式曾经被 Aifantis 和茹重庆建议用来消除裂纹尖端的应变奇异[25,26], 同时他们也指出, 对于晶体, 内禀材料长度处在原子间距 a 的量级, 为

$$\bar{l} \approx \frac{a}{4} \tag{29-3}$$

此外, 也有一些对 $\bar{l}$ 的取法则是根据所采用的晶格点阵或原子链网模型以及所假设的原子间作用势. 这一模型被成功地用于预测位错、断裂、界面力学以及固体材料失效中的尺度依赖现象.

29.2 Laplace 梯度型弹性介质中波的传播

本节将讨论方程 (29-2) 用于确定 Laplace 梯度型弹性介质中波的传播. 由此导出包含内禀材料长度的波动方程, 确定各种色散关系, 以及各种波的波速、波数与内禀材料长度之间关系的显式表达式.

29.2.1 无限大体中的平面波传播

将 Lamé 常数和 Poisson 比 ν 的关系 $\lambda = \mu\dfrac{2\nu}{1-2\nu}$ 代入 (29-2) 式, 则可以得到如下常用含有 Laplace 梯度弹性介质的本构方程:

$$\sigma_{ij} = 2\mu\left(\varepsilon_{ij} + \frac{\nu}{1-2\nu}\varepsilon_{kk}\delta_{ij}\right) - \bar{l}^2\nabla^2\left[2\mu\left(\varepsilon_{ij} + \frac{\nu}{1-2\nu}\varepsilon_{kk}\delta_{ij}\right)\right] \tag{29-4}$$

式中, $\bar{l}$ 为材料内禀长度.

小应变情况下的应变张量由 (5-85) 式给出: $\varepsilon_{ij}=\dfrac{1}{2}(u_{i,j}+u_{j,i})$, 这里 u_i 是位移分量. 忽略体力时的运动方程为: $\sigma_{ij,j}=\rho\ddot{u}_i$, 其中 ρ 为质量密度, 变量上的 "·" 表示对时间的导数. 这样, 给出的包含有材料内禀长度的波动方程为

$$\mu\left(u_{i,jj}+\frac{1}{1-2\nu}u_{j,ji}\right)-\mu\bar{l}^2\left(u_{i,jjll}+\frac{1}{1-2\nu}u_{j,jill}\right)=\rho\ddot{u}_i \tag{29-5}$$

对于无限大体中的纵波, 即 u_i 为 x_j $(i=j)$ 的函数, 方程 (29-5) 变为

$$\mu\left(u_{i,ii}+\frac{1}{1-2\nu}u_{i,ii}\right)-\mu\bar{l}^2\left(u_{i,iiii}+\frac{1}{1-2\nu}u_{i,iiii}\right)=\rho\ddot{u}_i$$

即可得到如下含有材料内禀长度的纵波方程:

$$u_{i,ii}-\bar{l}^2u_{i,iiii}=\frac{1}{c_l^2}\ddot{u}_i \tag{29-6}$$

式中, $c_l=\sqrt{\dfrac{2\mu}{\rho}\dfrac{1-\nu}{1-2\nu}}$ 为无梯度各向同性弹性无限体中的纵向平面波速.

对于横波, u_i 为 x_j $(i\neq j)$ 的函数, 此时 $u_{i,j}=0$ $(i=j)$, 则方程 (29-5) 可化简为

$$u_{i,jj}-\bar{l}^2u_{i,jjjj}=\frac{1}{c_t^2}\ddot{u}_i \tag{29-7}$$

式中, $c_t=\sqrt{\mu/\rho}$ 为无梯度各向同性弹性无限体中的横波波速. (29-6) 式和 (29-7) 式中的 c_l 和 c_t 和 (25-6) 式中的表达式完全相同, 且其比值满足 (25-7) 式.

考虑单色弹性平面纵波在无限体中的传播. 假设有如下的位移矢量函数[27]:

$$u_i=\mathrm{Re}[a_i\mathrm{e}^{\mathrm{i}k(n_sx_s\pm\bar{c}_lt)}] \tag{29-8}$$

式中, Re 表示实部, a_i 是代表 u_i 方向的矢量常数, n_s 是与波前垂直的单位法向矢量, x_s 为位置矢量, k 为波数, $\bar{c}_l$ 是梯度弹性介质中纵波的相速. 位置矢量 x_s、波数 k 和波速 $\bar{c}_l$ 之间的关系使上述函数实际满足 (29-6) 式.

将 (29-8) 式代入 (29-6) 式, 并考虑到 $n_in_i=1$, 则有

$$\bar{c}_l^2=c_l^2(1+\bar{l}^2k^2)\quad 或\quad \bar{c}_l^2=c_l^2\left[1+\left(2\pi\frac{\bar{l}}{\lambda}\right)^2\right] \tag{29-9}$$

式中, λ 为波长.

同理对单色平面横波在弹性无限体中的传播, 同样可找到如下形式的解:

$$u_i=\mathrm{Re}[a_i\mathrm{e}^{\mathrm{i}k(n_sx_s\pm\bar{c}_tt)}] \tag{29-10}$$

这里, $\bar{c}_t$ 是梯度弹性介质中横波的相速. 位置矢量 x_s、波数 k 和波速 $\bar{c}_t$ 之间的关系使该函数实际满足 (29-7) 式. 将 (29-10) 式代入方程 (29-7) 式, 则有

$$\left(\frac{\bar{c}_t}{c_t}\right)^2 = 1+\bar{l}^2k^2 \quad \text{或} \quad \bar{c}_t^2 = c_t^2\left[1+\left(2\pi\frac{\bar{l}}{\lambda}\right)^2\right] \tag{29-11}$$

29.2.2　梯度型细杆中的纵波

在均匀细杆中, 纵波只是沿着杆长方向作简单伸长或收缩传播, 属于一维问题. 此时, 方程 (29-4) 中的梯度本构关系简化为

$$\sigma_{xx} = E\left(\varepsilon_{xx} - \bar{l}^2\frac{\partial^2\varepsilon_{xx}}{\partial x^2}\right) \tag{29-12}$$

在一维问题中, 如果 x 轴方向的位移为 u_x, 则应变分量为 $\varepsilon_{xx} = \partial u_x/\partial x$, 一维波动方程也简化为: $\rho\dfrac{\partial^2 u_x}{\partial t^2} = \dfrac{\partial\sigma_{xx}}{\partial x}$, 这样可得到以位移 u_x 和内禀材料长度表示的波动方程:

$$\frac{\partial^2 u_x}{\partial t^2} = c_1^2\left(\frac{\partial^2 u_x}{\partial x^2} - \bar{l}^2\frac{\partial^4 u_x}{\partial x^4}\right) \tag{29-13}$$

式中, $c_1 = \sqrt{E/\rho}$ 表示一维杆中的弹性波速.

考虑细长杆中单色平面波的传播:

$$u_x = u_{x0}\mathrm{e}^{\mathrm{i}k(x-\bar{c}_1 t)} \tag{29-14}$$

式中, u_{x0} 是某一常数, k 为波数, $\bar{c}_1$ 是相应的相速. 将 (29-14) 式代入 (29-13) 式, 则有

$$\left(\frac{\bar{c}_1}{c_1}\right)^2 = 1+\bar{l}^2k^2 \quad \text{或} \quad \bar{c}_1^2 = c_1^2\left[1+\left(\frac{2\pi\bar{l}}{\lambda}\right)^2\right] \tag{29-15}$$

式中, λ 为纵波的波长.

29.2.3　梯度型细杆中的扭转波

考虑随时间变化的扭矩 T 作用于一均匀细长杆, 设杆长方向为 x 轴方向, 则有杆的运动方程:

$$\frac{\partial T}{\partial x} = \rho I\frac{\partial^2\varphi}{\partial t^2} \tag{29-16}$$

式中, φ 为杆的截面扭转角, I 为截面绕质心的转动惯量.

为考虑梯度效应, 采用类似 (29-5) 式的如下本构方程:

$$T = C\left(1-\bar{l}^2\frac{\partial^2}{\partial x^2}\right)\frac{\partial\varphi}{\partial x} \tag{29-17}$$

式中, C 为杆的扭转刚度[28]. 将方程 (29-17) 代入方程 (29-16) 有

$$c_{\mathrm{tor}}^2(\varphi_{,xx}-\bar{l}^2\varphi_{,xxxx})=\ddot{\varphi} \tag{29-18}$$

这里, $c_{\mathrm{tor}}=\sqrt{C/(\rho I)}$ 是扭转波沿杆传播的速度. 对于具有半径为 a 的圆形截面形状的固体杆, 其扭转刚度和转动惯量分别为: $C=\dfrac{1}{2}\mu\pi a^4$、$I=\dfrac{1}{2}\pi a^4$, 则有: $c_{\mathrm{tor}}=\sqrt{\mu/\rho}$.

如果考虑细长杆中单色波的传播:

$$\varphi=\varphi_0\mathrm{e}^{\mathrm{i}k(x-\bar{c}_{\mathrm{tor}}t)} \tag{29-19}$$

式中, φ_0 为某一常量, k 为波数, $\bar{c}_{\mathrm{tor}}$ 是相应的相速. 将方程 (29-19) 代入方程 (29-18) 可得

$$\left(\frac{\bar{c}_{\mathrm{tor}}}{c_{\mathrm{tor}}}\right)^2=1+\bar{l}^2k^2 \quad 或 \quad \bar{c}_{\mathrm{tor}}^2=c_{\mathrm{tor}}^2\left[1+\left(\frac{2\pi\bar{l}}{\lambda}\right)^2\right] \tag{29-20}$$

式中, λ 是扭转波的波长.

29.2.4 问题讨论

前面采用的简化模型假定了 (29-1) 式中 $c_2=0$ 和 $c_1=c_3=\bar{l}^2$, 这种简化导致一稳定的材料模型, 而当 $c_1=c_3=-\bar{l}^2$ 时, 将导致一不稳定的材料模型[28].

(29-9)、(29-11)、(29-15) 和 (29-20) 诸式的第一式表明, 在 Laplace 型梯度弹性介质中波速发生色散, 并且大于传统理论所预测的波速. 根据前面的分析结果, 也可以得到梯度弹性介质中波的如下关系式

$$\frac{\bar{c}_l}{\bar{c}_t}=\frac{c_l}{c_t}=\sqrt{2\frac{1-\nu}{1-2\nu}} \tag{29-21}$$

从上述方程中可以看到, 在 Laplace 型梯度弹性介质中的平面纵波波速始终要大于相应的平面横波波速, 如图 29.1 中所示.

相比之下, Ottosen 等[11] 研究了偶应力弹性介质中波的传播, 他们发现, 对无限介质中的平面波而言, 纵波波速与传统理论的波速相同, 即 $\bar{c}_l=c_l$, 没有色散发生.

但是偶应力弹性介质中横波波速亦由 (29-15) 式给出, 结果对于偶应力理论而言, 当 $\bar{l}^2k^2>\dfrac{1}{1-2\nu}$ 时, 横波运动速度大于纵波; 当 $\bar{l}^2k^2=\dfrac{1}{1-2\nu}$ 时, 将出现所谓"扩散波动 (diffuse wave motion)", 也就是纵波和横波相速度相等的情况, 如图 29.2 中所示.

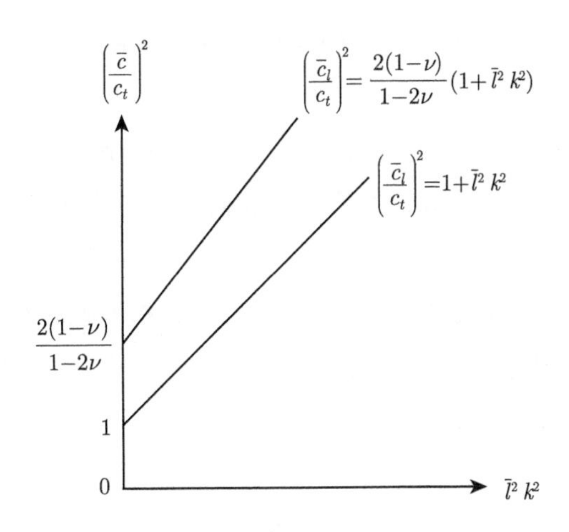

图 29.1　Laplace 型梯度弹性介质中的平面波波速

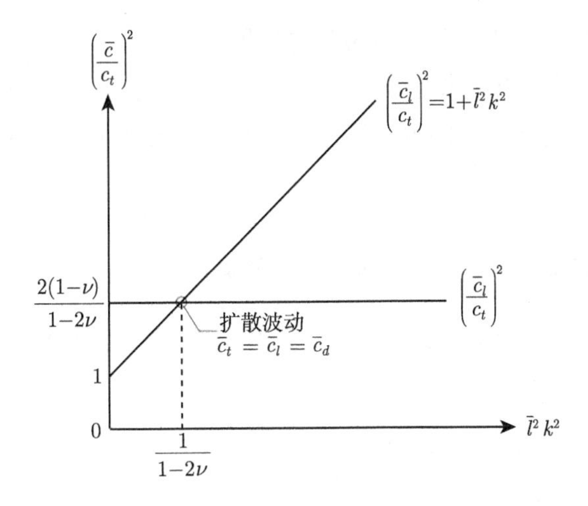

图 29.2　偶应力弹性介质中的平面波波速[11]

从 (29-19)、(29-11)、(29-15) 和 (29-20) 诸式的第二式可知, 如果波长满足: $\lambda \gg 2\pi\bar{l}$ 条件时, 梯度效应可以忽略. 对于晶体, 根据 (29-3) 式, 如果波长 λ 满足: $\lambda \gg 1.57a$, 则梯度效应亦可以忽略不计.

29.2.5　本节小结

在本节前述内容中, 将具有二阶应变梯度的梯度弹性本构方程可用于确定单色弹性平面波在梯度无限介质以及细长杆中的传播. 在 (29-9)、(29-11)、(29-15) 和 (29-20) 诸式的第一式的解析结果表明, 稳定的梯度系数 (内禀材料长度的平方) 使得各种波的相速增加. 在具有梯度的弹性无限介质中, 纵波的传播速度总是大于横波的波速. 这一结果不同于用所谓的 ICS 理论 (Indeterminate Couple-Stress Theory) 所预测的结果.

对于晶体材料而言, 如果波长的尺度处于晶格的尺度量级或者更小, 那么就需要考虑梯度效应的影响, 而当波长的尺度远远超过晶格的尺度时, 梯度效应可以被忽略.

值得注意的是, 研究梯度介质中波的传播对微机械系统和其它的相关应用具有重要意义. 对梯度介质中弹性波的传播作更深入的研究将有助于更好地理解微尺度下材料结构的失效问题.

29.3 弯曲波在碳纳米管中的传播

本节主要介绍王立峰、胡海岩用弹性梁理论及基于 Terroff-Brenner 势的分子动力学方法, 针对单壁碳纳米管 (SWCNT) 中弯曲波的传播问题的研究结果[29], 主要考虑微结构、转动惯量、剪切变形在 THz 频率范围内对 SWCNT 中弯曲波传播的影响.

29.3.1 各种梁模型预测的弯曲波频散关系

不失一般性, 将所研究的 SWCNT 简化为无限长等截面梁, x 方向为轴向, $w(x,t)$ 为截面 x 处, t 时刻沿 y 方向的位移. 梁中的弯矩为: $M=\int_A y\sigma_x \mathrm{d}A$, 其中, A 为梁的截面积, σ_x 为轴向正应力. y 为与截面中线的距离. 为了描述 SWCNT 的微结构的影响, 选择非局部弹性本构关系

$$\sigma_x = E\left(\varepsilon_x + \bar{l}^2\frac{\partial^2\varepsilon_x}{\partial x^2}\right) \tag{29-22}$$

式中, E 为杨氏模量, $\varepsilon_x = y/\rho'$ 为轴向应变, ρ' 为梁在该处的曲率半径, $\bar{l}$ 为反映微结构对非局部弹性材料应力的影响的材料内禀参数, $\bar{l}$ 可取为[30]: $\bar{l}=d/\sqrt{12}$, 这里, d 表示 CNT 沿轴向两层原子之间的距离. 从而可得到 CNT 的弯矩方程为

$$M=\int_A yE\left(\varepsilon_x+\bar{l}^2\frac{\partial^2\varepsilon_x}{\partial x^2}\right)\mathrm{d}A = EI\left[\frac{1}{\rho'}+\bar{l}^2\frac{\partial^2}{\partial x^2}\left(\frac{1}{\rho'}\right)\right] \tag{29-23}$$

式中, $I=\int y^2\mathrm{d}A$ 表示截面的惯性矩. 记 ϕ 为不考虑剪力时梁的挠曲线转角, s 表示梁的弧长, 则 $\dfrac{1}{\rho'}=\dfrac{\mathrm{d}\phi}{\mathrm{d}x}\dfrac{\mathrm{d}x}{\mathrm{d}s}$, 再由小变形假设 $\mathrm{d}s=[1+(\mathrm{d}w/\mathrm{d}x)^2]^{1/2}\mathrm{d}x\approx \mathrm{d}x$, 则

有: $\dfrac{1}{\rho'} \approx \dfrac{\mathrm{d}\phi}{\mathrm{d}x}$, 代入 (29-23) 式, 则可得到弯矩与挠曲线转角之间的关系:

$$M = EI\left(\frac{\mathrm{d}\phi}{\mathrm{d}x} + \bar{l}^2\frac{\mathrm{d}^3\phi}{\mathrm{d}x^3}\right) \tag{29-24}$$

为了确定梁的剪力影响, 记 γ' 为同一截面中性轴处由剪力引起的转角. 于是, 总转角为 $\dfrac{\mathrm{d}w}{\mathrm{d}x} = \phi - \gamma'$, 纯扭转条件下非局部弹性本构关系为

$$\tau = G\left(\gamma' + \bar{l}^2\frac{\partial^2\gamma'}{\partial x^2}\right) \tag{29-25}$$

式中, τ 为剪应力, G 为剪切弹性模量. 则截面上的剪力 Q 变为

$$Q = \beta AG\left(\gamma' + \bar{l}^2\frac{\mathrm{d}^2\gamma'}{\mathrm{d}x^2}\right) = \beta AG\left[\left(\phi - \frac{\mathrm{d}w}{\mathrm{d}x}\right) + \bar{l}^2\left(\frac{\mathrm{d}^2\phi}{\mathrm{d}x^2} - \frac{\mathrm{d}^3w}{\mathrm{d}x^3}\right)\right] \tag{29-26}$$

其中, β 为剪切形式系数, 取决于界面的形状, 对于圆形薄壁管 $\beta = 0.5$[31].

长为 $\mathrm{d}x$ 微单元的矩方程和沿 y 方向的动力学方程给出如下方程组:

$$\begin{cases} -Q\mathrm{d}x + \dfrac{\partial M}{\partial x}\mathrm{d}x - \rho I\dfrac{\partial^2\phi}{\partial t^2}\mathrm{d}x = 0 \\ \rho A\dfrac{\partial^2 w}{\partial t^2}\mathrm{d}x + \dfrac{\partial Q}{\partial x}\mathrm{d}x = 0 \end{cases} \tag{29-27}$$

将 (29-24) 式及 (29-26) 式代入 (29-27) 式, 可得

$$\begin{cases} \rho I\dfrac{\partial^2\phi}{\partial t^2} + \beta AG\left[\left(\phi - \dfrac{\partial w}{\partial x}\right) + \bar{l}^2\left(\dfrac{\partial^2\phi}{\partial x^2} - \dfrac{\partial^3 w}{\partial x^3}\right)\right] - EI\left(\dfrac{\partial^2\phi}{\partial x^2} + \bar{l}^2\dfrac{\partial^4\phi}{\partial x^4}\right) = 0 \\ \rho\dfrac{\partial^2 w}{\partial t^2} + \beta G\left[\left(\dfrac{\partial\phi}{\partial x} - \dfrac{\partial^2 w}{\partial x^2}\right) + \bar{l}^2\left(\dfrac{\partial^3\phi}{\partial x^3} - \dfrac{\partial^4 w}{\partial x^4}\right)\right] = 0 \end{cases} \tag{29-28}$$

现研究无限长梁中的弯曲波, 其挠度和转角形如

$$w(x,t) = \widehat{w}\mathrm{e}^{\mathrm{i}k(x-ct)}, \quad \phi(x,t) = \widehat{\phi}\mathrm{e}^{\mathrm{i}k(x-ct)} \tag{29-29}$$

式中, $\mathrm{i} = \sqrt{-1}$, $\widehat{w}$ 表示梁纯弯曲挠度的幅值, $\widehat{\phi}$ 表示梁纯弯曲转角的幅值, c 是波的相速度, k 为波数. 将 (29-29) 代入 (29-28) 式得到

$$\begin{cases} (-\mathrm{i}\beta AGk + \mathrm{i}\beta AG\bar{l}^2k^3)\widehat{w} + (-\rho Ik^2c^2 + \beta AG - \beta AG\bar{l}^2k^2 + EIk^2 - EI\bar{l}^2k^4)\widehat{\phi} = 0 \\ (-\rho k^2c^2 + \beta Gk^2 - \beta G\bar{l}^2k^4)\widehat{w} + (\mathrm{i}\beta Gk - \mathrm{i}\beta G\bar{l}^2k^3)\widehat{\phi} = 0 \end{cases} \tag{29-30}$$

方程式 (29-30) 有非零解 $(\widehat{w}, \widehat{\phi})$ 的条件为如下行列式为零:

$$\begin{vmatrix} -\mathrm{i}\beta AGk + \mathrm{i}\beta AG\bar{l}^2k^3 & -\rho Ik^2c^2 + \beta AG - \beta AG\bar{l}^2k^2 + EIk^2 - EI\bar{l}^2k^4 \\ -\rho k^2c^2 + \beta Gk^2 - \beta G\bar{l}^2k^4 & \mathrm{i}\beta Gk - \mathrm{i}\beta G\bar{l}^2k^3 \end{vmatrix} = 0 \tag{29-31}$$

亦即:

$$\frac{\rho^2 I}{\beta G}k^2c^4-\left[\rho A+\rho I\left(1+\frac{E}{\beta G}\right)k^2\right](1-\bar{l}^2k^2)c^2+EIk^2(1-\bar{l}^2k^2)^2=0 \tag{29-32}$$

解关于相速度 $c>0$ 的方程 (29-32), 可以得到频散的两个解支

$$c=\sqrt{\frac{-b_1\pm\sqrt{b_1^2-4a_1c_1}}{2a_1}} \tag{29-33}$$

式中, $a_1=\dfrac{\rho^2 Ik^2}{\beta G}, b_1=\left[-\rho A-\rho I\left(1+\dfrac{E}{\beta G}\right)k^2\right](1-\bar{l}^2k^2), c_1=EIk^2(1-\bar{l}^2k^2)^2$. 在 29.3.2 节中, 将不考虑相速度较高的表示剪切波传播的解支, 而只研究相速度较低的弯曲波传播解支.

29.3.2 碳纳米管中的弯曲波频散

为验证三种梁模型对 CNT 中应力波传播的适用性, 王立峰、胡海岩用 MD 方法研究两个 SWCNT 中弯曲波的传播. 分别为 29.5 nm 长的 (5,5) 扶手椅型及 29.5 nm 长的 (10,10) 扶手椅型.

在相应的 MD 模型中, 原子间相互作用势选用 Tersoff-Brenner 势[32−35].

对于 SWCNT, 壁厚 h 取为多壁碳纳米管层间距 $h=0.34$ nm , 这样可以算出 CNT 的质量密度为 $\rho=2237$ kg/m^3. 由 MD 模拟得到的 CNT 的弯曲变形与载荷的关系, 可以得到 (5,5) 扶手椅型 CNT 的杨氏模量为 $E=0.39$ TPa, Poisson 比为 $\nu=0.22$, (10,10) 扶手椅型 CNT 的杨氏模量为 $E=0.45$ TPa, Poisson 比为 $\nu=0.20$. CNT 两层原子之间的距离为 $d=0.123$ nm, 由关系式 $\bar{l}=d/\sqrt{12}$ 得到: $\bar{l}=0.0355$ nm.

图 29.3 及图 29.4 给出了 (5,5) 和 (10,10) 扶手椅型 CNT 的角频率与波数的关系及相速度与波数之间的频散关系. 图中, BE 表示 Bernoulli-Euler 梁模型, N 表示考虑非局部弹性的 Bernoulli-Euler 梁模型. T 表示 Timoshenko 梁模型 (见思考题 29.1), ST 为考虑转动惯量和剪切变形的非局部弹性梁, MD 表示分子动力学模拟的结果.

在图 29.3 及图 29.4 中, 当波数低于 1×10^9 m^{-1} 时, 考虑转动惯量及剪切变形的非局部弹性梁理论, Timoshenko 梁理论, 考虑非局部弹性的 Bernoulli-Euler 梁理论以及 Bernoulli-Euler 梁理论所给的频散结果相差不大, 都和 MD 模拟给出的结果符合的较好. 当波数变大时 Bernoulli-Euler 梁, 及考虑非局部弹性的 Bernoulli-Euler 梁理论所得到的相速度将很快偏离 MD 模拟所得到的相速度. 但是考虑转动

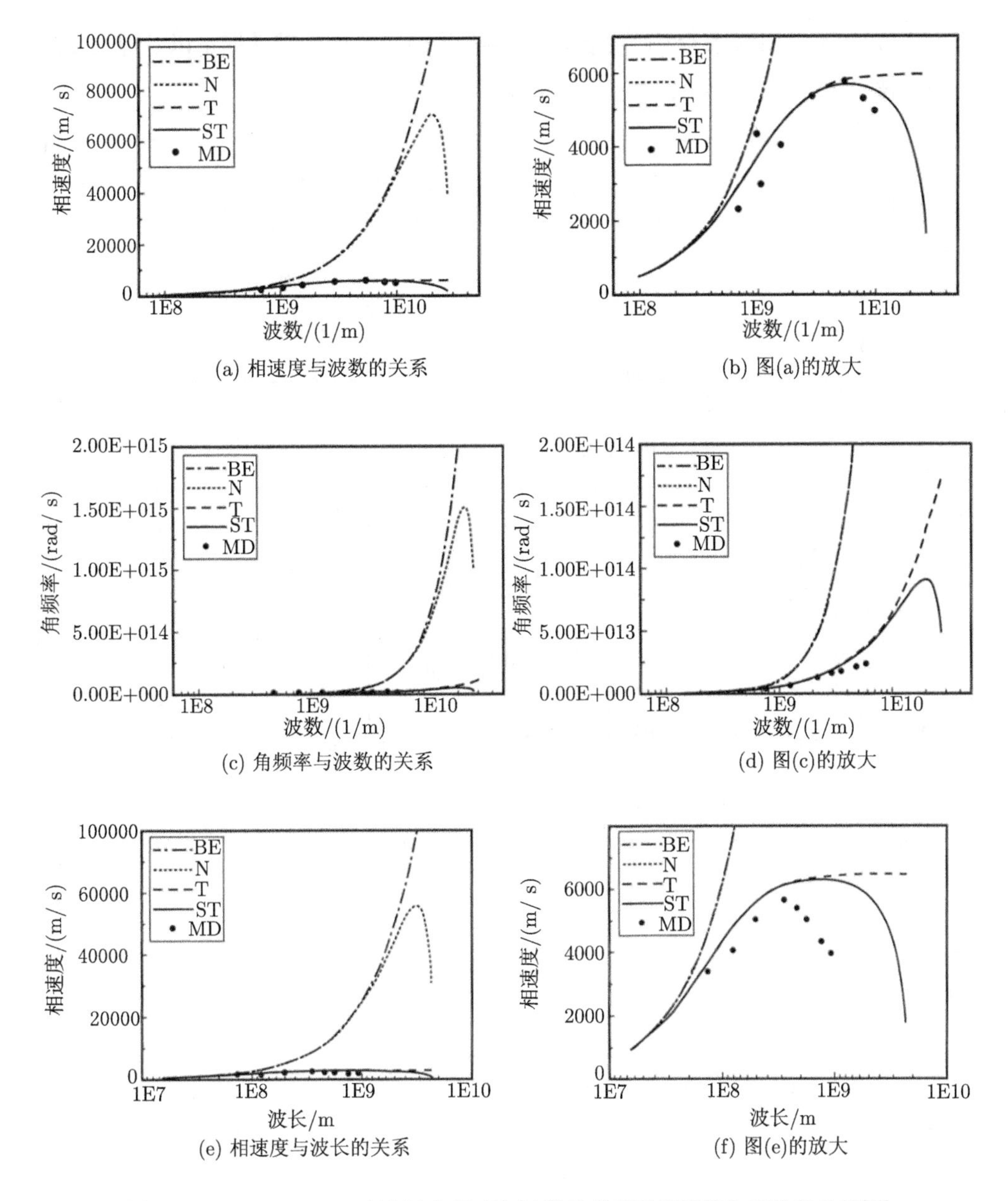

图 29.3　(5,5) SWCNT 弯曲波角频率与波数的关系及相速度与波数的关系[29]

惯量以及剪切变形的非局部弹性梁理论及 Timoshenko 梁理论与 MD 模拟的结果仍能符合得很好. 对于 (5,5) 扶手椅型 CNT, 当波数大于 $6\times10^9\ \mathrm{m}^{-1}$ 时 MD 模拟的相速度将会随着波数的增加而降低. 对于 (10,10) 扶手椅型 CNT, 当波数大于 $3\times10^9\ \mathrm{m}^{-1}$ 相速度将会随着波数的增加而降低. 而 Timoshenko 梁理论所给出的相速度是随着波数的增加单调上升, 并不能预测很大波数时相速度随波数的降低.

当波数大到不得不考虑 CNT 微结构的影响时, 只有考虑了转动惯量以及剪切变形的非局部弹性理论能够给出相速度的降低.

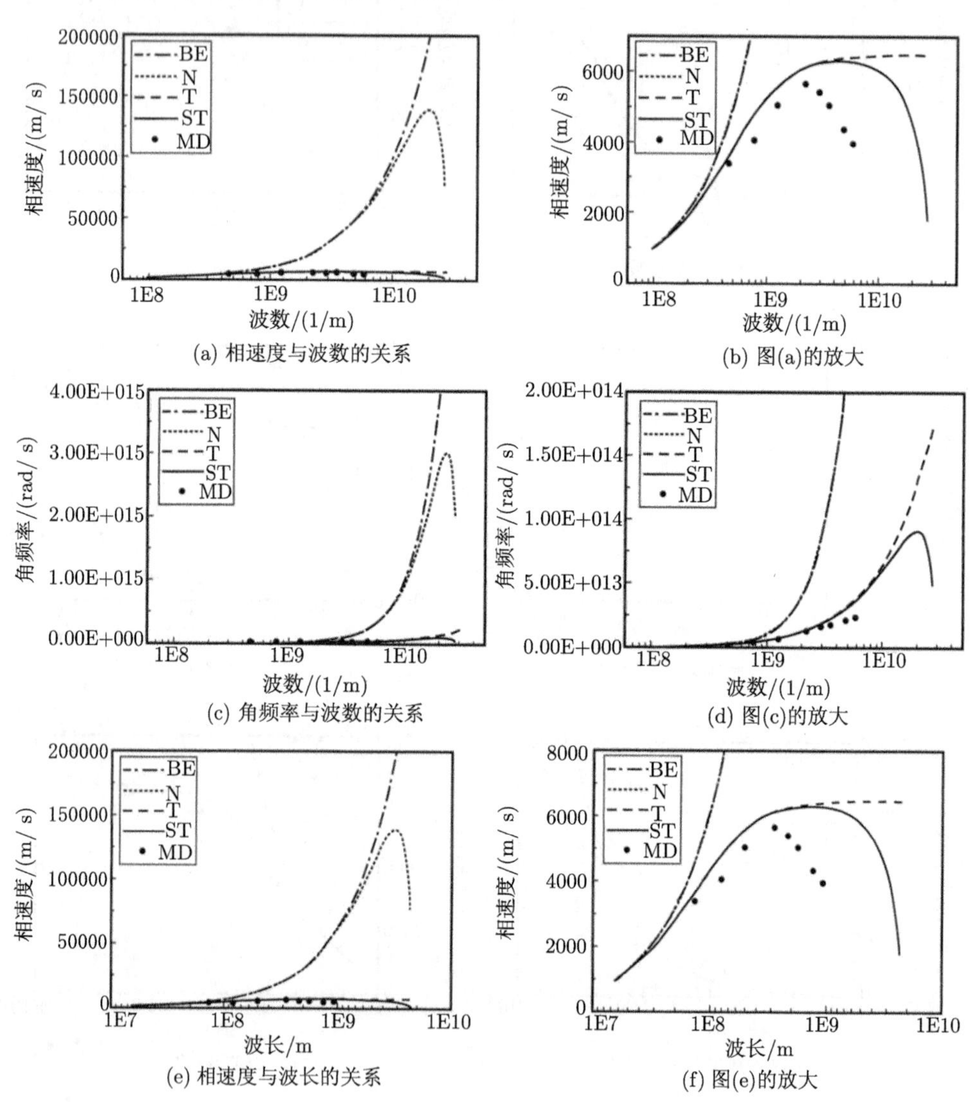

图 29.4 (10,10) SWCNT 弯曲波角频率与波数的关系及相速度与波数的关系[29]

图 29.5 为由 MD 模拟得到的四个不同周期的波传播 3 ps 后在 CNT 中的波形. 很显然, 随着周期的减小, 即波数的增加, 频散变得越来越明显. 从图中可以看出, 当周期 $T < 100$ fs, 频散非常快, 波已经很难在 CNT 中传播了.

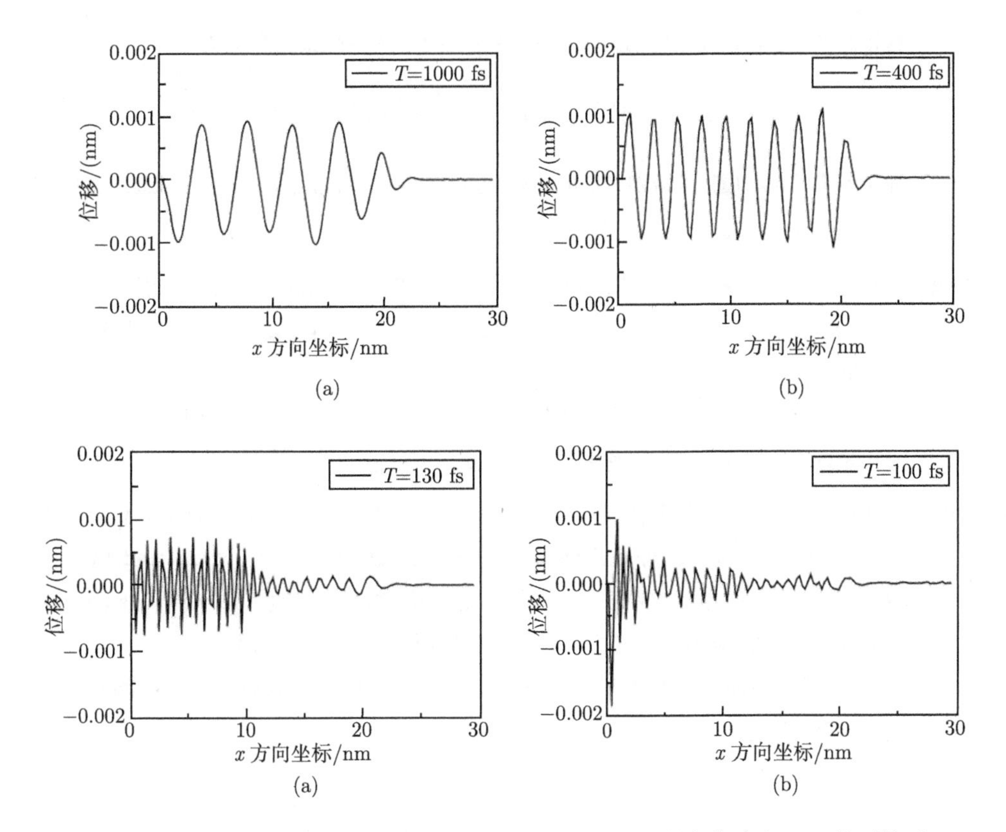

图 29.5 周期分别为 (a) 1000 fs, (b) 400 fs, (c) 130 fs, (d) 100 fs 的弯曲波在 (5,5) 扶手椅型 CNT 中传播 3000 fs 后的波形图[29]

29.3.3 本节小结

本节基于考虑转动惯性以及剪切变形的非局部弹性梁理论及 MD 方法, 研究了 (5,5) 及 (10,10) 扶手椅型 SWCNT 的弯曲波的频散[29]. Timoshenko 梁理论比 Bernoulli-Euler 梁理论能更好地描述 CNT 中波的频散关系. 当波数非常大时, CNT 的微结构将会对弯曲波的相速度产生显著影响. 只有考虑了转动惯性及剪切变形的非局部弹性梁模型才能描述微结构对 CNT 中弯曲波相速度的影响, 给出非单增的波数及波速频散关系.

思 考 题

29.1 验证: 如果 $\bar{l}=0$, 由方程组 (29-28) 得

$$\rho A\frac{\partial^2 w(x,t)}{\partial t^2}+EI\frac{\partial^4 w(x,t)}{\partial x^4}-\rho I\left(1+\frac{E}{\beta G}\right)\frac{\partial^4 w(x,t)}{\partial x^2\partial t^2}+\frac{\rho^2 I}{\beta G}\frac{\partial^4 w(x,t)}{\partial t^4}=0 \quad (29\text{-}34)$$

这正是 Timoshenko 梁的动力学方程. 这种情况下, 方程 (29-32) 变为

$$EIk^4-\rho Ak^2c^2-\rho I\left(1+\frac{E}{\beta G}\right)k^4c^2+\frac{\rho^2 I}{\beta G}k^4c^4=0 \tag{29-35}$$

如果不考虑转动惯量及剪切变形的影响, 方程 (29-35) 将给出 Bernoulli-Euler 梁中波传播的相速度: $c=k\sqrt{\dfrac{EI}{\rho A}}$.

29.2 大作业一: 在第 28 章的非局部弹性理论、本章的梯度弹性理论以及下章的偶应力弹性理论中, 都会涉及到基于不同的机制引入的材料内禀尺度 $\bar{l}$, 它们之间既有内在的联系但又不相同.

问题: 开展该方面的文献调研, 从固体物理的角度出发, 从实验、第一原理、分子动力学模拟以及理论上如何确定上述材料的内禀尺度.

Michael Farries Ashby (1935∼)

29.3 大作业二: 本章参考文献 [1] 和 [6] 中的英国皇家学会会员 Michael Farries Ashby 分别于 1981 年和 1999 年获得了 Griffith 奖章和奖励 (A. A. Griffith Medal and Prize) 以及 Eringen 奖章. 他的主要贡献之一是创建了用于材料筛选的 Ashby 图 (Ashby map, Ashby chart 或 Ashby plot) 方法[36], 在工程领域获得了广泛应用.

问题: 从受力构件的效能因子 (performance index) 出发, 针对微传感器和微致动器[37]建立其材料筛选原则并画出其 Ashby 图.

参 考 文 献

[1] Fleck N A, Muller G M, Ashby M F, Hutchinson J W. Strain gradient plasticity: theory and experiment. Acta Metallurgica et Materialia, 1994, 42: 475–487.

[2] Nix W D. Mechanical properties of thin films. Metallurgical Transactions A, 1989, 20: 2217–2245.

[3] De Guzman M S, Neubauer G, Flinn P, Nix W D. The role of indentation depth on the measured hardness of materials//MRS proceedings. Cambridge University Press, 1993, 308: 613–618.

[4] Stelmashenko N A, Walls M G, Brown L M, Milman Y V. Microindentations on W and Mo oriented single crystals: an STM study. Acta Metallurgica et Materialia, 1993, 41: 2855–2865.

[5] Ma Q, Clarke D R. Size dependent hardness of silver single crystals. Journal of Materials Research, 1995, 10: 853–863.

[6] Poole W J, Ashby M F, Fleck N A. Micro-hardness of annealed and work-hardened copper polycrystals. Scripta Materialia, 1996, 34: 559–564.

[7] McElhaney K W, Vlassak J J, Nix W D. Determination of indenter tip geometry and indentation contact area for depth-sensing indentation experiments. Journal of Materials Research, 1998, 13: 1300–1306.

[8] Lloyd D J. Particle reinforced aluminium and magnesium matrix composites. International Materials Reviews, 1994, 39: 1–23.

[9] Zhao Y P, Zhao H, Hu Y Q. Stress wave propagation in a gradient elastic medium. Chinese Physics Letters, 2002, 19: 950–952.

[10] Suhubi E S, Eringen A C. Nonlinear theory of simple micro-elastic solids - II. International Journal of Engineering Science, 1964: 389–404.

[11] Ottosen N S, Ristinmaa M, Ljung C. Rayleigh waves obtained by the indeterminate couple-stress theory. European Journal of Mechanics-A/Solids, 2000, 19: 929–947.

[12] Achenbach J D. Wave Propagation in Elastic Solids. New York: Elsevier, 1984. (中译本: 弹性固体中波的传播. 徐植信, 洪锦如译. 上海: 同济大学出版社, 1992).

[13] Knowles J K. A note on elastic surface waves. Journal of Geophysical Research, 1966, 71: 5480–5482.

[14] Eringen A C, Suhubi E S. Elastodynamics (Vol. 2). New York: Academic Press, 1975.

[15] Kraut E A. Surface elastic waves—a review. In: Acoustic Surface Wave and Acousto-optic Devises, New York: Optosonic Press, 1971.

[16] Bullen K E, Bullen K E. An Introduction to the Theory of Seismology. Cambridge: Cambridge University Press, 1985.

[17] Vardoulakis I, Georgiadis H G. SH surface waves in a homogeneous gradient-elastic half-space with surface energy. Journal of Elasticity, 1997, 47: 147–165.

[18] Meissner E. Elastische Oberflachenwellen mit Dispersion in einem inhomogenen Medium. Vierteljahrsschrift der Naturforschenden Gesellschaft in Zurich, 1921, 66: 181–195.

[19] Vardoulakis I. Torsional surface waves in inhomogeneous elastic media. International Journal for Numerical and Analytical Methods in Geomechanics, 1984, 8: 287–296.

[20] Maugin G A. Shear horizontal surface acoustic waves on solids//Recent Developments in Surface acoustic waves. Springer Berlin Heidelberg, 1988: 158–172.

[21] Reissner E. Freie und erzwungene Torsionsschwingungen des elastischen Halbraumes. Archive of Applied Mechanics, 1937, 8: 229–245.

[22] Georgiadis H G, Vardoulakis I, Lykotrafitis G. Torsional surface waves in a gradient-elastic half-space. Wave Motion, 2000, 31: 333–348.

[23] Mindlin R D. Stress functions for a Cosserat continuum. International Journal of Solids and Structures, 1965, 1: 265–271.

[24] Aifantis E C. Gradient aspects of crystal plasticity at micro and macro scales. Key Engineering Materials, 2000, 177: 805–810.

[25] Ru C Q, Aifantis E C. A simple approach to solve boundary-value problems in gradient elasticity. Acta Mechanica, 1993, 101: 59–68.

[26] Aifantis E C. Gradient deformation models at nano, micro, and macro scales. Journal of Engineering Materials and Technology, 1999, 121: 189–202.

[27] Landau L D, Lifshitz E M. Theory of Elasticity (3rd English Edition). Oxford: Pergamon Press, 1976.

[28] Askes H, Suiker A S J, Sluys L J. Dispersion analysis and element-free Galerkin simulations of higher-order strain gradient models. Materials Physics and Mechanics, 2001, 3: 12–20.

[29] Wang L F, Hu H Y. Flexural wave propagation in single-walled carbon nanotubes. Physical Review B, 2005, 71: 195412.

[30] Askes H, Suiker A S J, Sluys L J. A classification of higher-order strain-gradient models–linear analysis. Archive of Applied Mechanics, 2002, 72: 171–188.

[31] Timoshenko S P, Gere J. Mechanics of Materials. New York: Van Nostrand Reinhold Company, 1972.

[32] Tersoff J. New empirical model for the structural properties of silicon. Physical Review Letters, 1986, 56: 632–635.

[33] Tersoff J. New empirical approach for the structure and energy of covalent systems. Physical Review B, 1988, 37: 6991–7000.

[34] Tersoff J. Empirical interatomic potential for carbon, with applications to amorphous carbon. Physical Review Letters, 1988, 61: 2879–2882.

[35] Brenner D W. Empirical potential for hydrocarbons for use in simulating the chemical vapor deposition of diamond films. Physical Review B, 1990, 42: 9458–9471.

[36] Ashby M F. Materials Selection in Mechanical Design (3rd Edition). London: Elsevier, 2005.

[37] Qian J, Zhao Y P. Materials selection in mechanical design for microsensors and microactuators. Materials & Design, 2002, 23: 619–625.

第 30 章　偶应力弹性理论

30.1　线性各向同性偶应力弹性理论

为了不使本章的篇幅过大, 本章的内容仅限于线性各向同性偶应力弹性理论. 本节主要介绍由董平 (Ping Tong) 和 Lam 等所提出的有三个弹性常数的偶应力弹性理论[1], 这三个弹性常数分别是两个 Lamé 常数 λ、μ, 以及一个材料的内禀长度 $\bar{l}$, 其突出的优点是由于只有一个材料内禀长度 (material intrinsic length), 便于实际应用. 该理论也被称作修正的偶应力理论 (modified couple stress theory)[2−4].

当只考虑一个材料内禀参数时, 单位体积的变形能密度 (deformation energy density) 可表示为如下形式:

$$W = \frac{1}{2}\lambda(\mathrm{tr}\boldsymbol{\varepsilon})^2 + \mu(\boldsymbol{\varepsilon} : \boldsymbol{\varepsilon} + \bar{l}^2\boldsymbol{\chi} : \boldsymbol{\chi}) \tag{30-1}$$

式中, $\boldsymbol{\varepsilon}$ 为对称的应变张量: $\boldsymbol{\varepsilon} = \frac{1}{2}[\boldsymbol{\nabla} \otimes \boldsymbol{u} + (\boldsymbol{\nabla} \otimes \boldsymbol{u})^{\mathrm{T}}]$, $\boldsymbol{u}$ 为位移矢量, $\bar{l}$ 为新引入的材料内禀尺度, $\boldsymbol{\chi} = \boldsymbol{\chi}^{\mathrm{T}}$ 为对称的曲率张量 (curvature tensor):

$$\boldsymbol{\chi} = \frac{1}{2}[\boldsymbol{\nabla} \otimes \boldsymbol{\theta} + (\boldsymbol{\nabla} \otimes \boldsymbol{\theta})^{\mathrm{T}}] \tag{30-2}$$

式中, $\boldsymbol{\theta}$ 为转动矢量 (rotation vector), 其为位移矢量 $\boldsymbol{u}$ 的旋度之半:

$$\boldsymbol{\theta} = \frac{1}{2}\boldsymbol{\nabla} \times \boldsymbol{u} \tag{30-3}$$

由此可见, 曲率张量的量纲为长度的倒数, 亦即: $\boldsymbol{\chi} = \mathrm{L}^{-1}$, 从 (30-1) 式右端第二项看出, 材料内禀长度 $\bar{l}$ 的引入是为了平衡无量纲的应变和有量纲的曲率张量两项间的量纲. 如果考虑物体所占有的空间为 Ω 的话, 则总的变形能为

$$U = \int_{\Omega} W \mathrm{d}v = \frac{1}{2}\int_{\Omega}(\boldsymbol{\sigma} : \boldsymbol{\varepsilon} + \boldsymbol{m} : \boldsymbol{\chi})\mathrm{d}v \tag{30-4}$$

式中, $\boldsymbol{m}$ 为与曲率张量 $\boldsymbol{\chi}$ 共轭的偶应力张量的偏量 (deviatoric part of the couple stress). 则线性各向同性偶应力弹性理论的本构关系为

$$\begin{cases} \boldsymbol{\sigma} = \lambda(\mathrm{tr}\boldsymbol{\varepsilon})\boldsymbol{I} + 2\mu\boldsymbol{\varepsilon} \\ \boldsymbol{m} = 2\bar{l}^2\mu\boldsymbol{\chi} \end{cases} \tag{30-5}$$

(30-5) 式的第一式为经典的线性各向同性的 Hooke 定律, 而 (30-5) 式的第二式则为偶应力张量的偏量与曲率张量之间的关系式.

30.2 基于修正的偶应力理论的 Bernoulli-Euler 梁模型

如图 30.1(a) 所示的受分布动载荷 $q(x,t)$ 作用的长度为 L 的一维梁, 其挠度为 $w(x,t)$, 按照 Bernoulli-Euler 梁理论的基本假设, 也就是平截面假定依然成立时, 其变形示意图如 30.1(b) 所示.

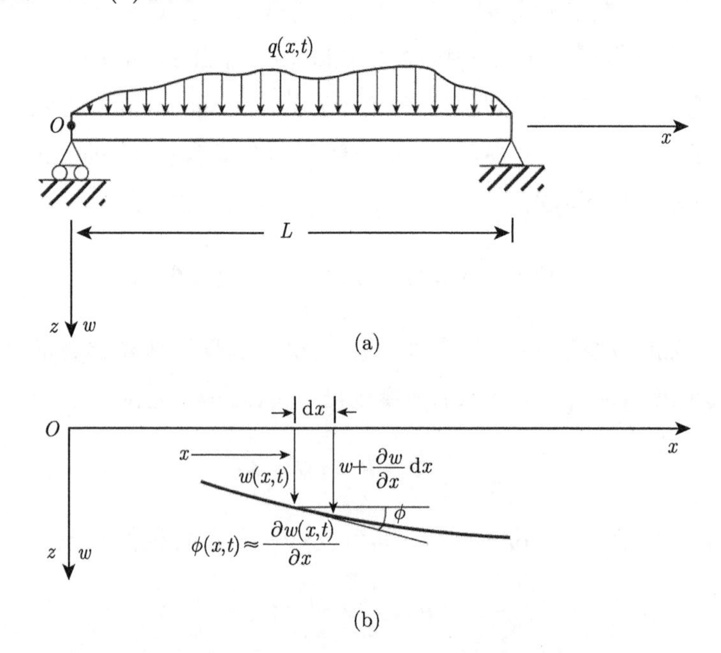

图 30.1 (a) 受分布动载荷作用的 Bernoulli-Euler 梁; (b) 平截面假定下的变形示意图

如图 30.1(b) 所示, 梁在 x、y 和 z 三个方向上的位移场可表示为

$$u=-z\phi(x,t),\quad v=0,\quad w=w(x,t) \tag{30-6}$$

式中, 梁中线的转角 $\phi(x,t)$ 可近似表示为

$$\phi(x,t)\approx\frac{\partial w(x,t)}{\partial x} \tag{30-7}$$

则梁的应变分量为

$$\varepsilon_{xx}=-z\frac{\partial^2 w(x,t)}{\partial x^2},\quad \varepsilon_{yy}=\varepsilon_{zz}=\varepsilon_{xy}=\varepsilon_{yz}=\varepsilon_{zx}=0 \tag{30-8}$$

由 (30-3) 式, 转角矢量的三个分量分别为

$$\theta_y = -\frac{\partial w(x,t)}{\partial x}, \quad \theta_x = \theta_z = 0 \tag{30-9}$$

则很容易从 (30-2) 式获得曲率张量的如下分量:

$$\chi_{xy} = -\frac{1}{2}\frac{\partial^2 w(x,t)}{\partial x^2}, \quad \chi_{xx} = \chi_{yy} = \chi_{zz} = \chi_{yz} = \chi_{zx} = 0 \tag{30-10}$$

由 (30-5) 式的第一式中的 Hooke 定律和 (30-8) 式可获得梁中应力分量的表达式为

$$\sigma_{xx} = -Ez\frac{\partial^2 w(x,t)}{\partial x^2}, \quad \sigma_{xy} = \sigma_{yy} = \sigma_{zz} = \sigma_{yz} = \sigma_{zx} = 0 \tag{30-11}$$

由 (30-5) 式的第二式和 (30-10) 式, 可获得偶应力张量的偏量的如下表达式:

$$m_{xy} = -\mu l^2\frac{\partial^2 w(x,t)}{\partial x^2}, \quad m_{xx} = m_{yy} = m_{zz} = m_{yz} = m_{zx} = 0 \tag{30-12}$$

将 (30-8)、(30-11)、(30-12) 诸式代入 (30-4) 式, 则得梁动力响应的总变形能为

$$\begin{aligned} U &= \frac{1}{2}\int_0^L \left(\int_A Ez^2 \mathrm{d}A + \mu A\bar{l}^2\right)\left(\frac{\partial^2 w}{\partial x^2}\right)^2 \mathrm{d}x \\ &= \frac{1}{2}\int_0^L (EI + \mu A\bar{l}^2)\left(\frac{\partial^2 w}{\partial x^2}\right)^2 \mathrm{d}x \end{aligned} \tag{30-13}$$

式中, $I = \int_A z^2 \mathrm{d}A$ 为截面惯性矩, A 为一维梁的截面面积. 外载所做的功为

$$V = \int_0^L q(x,t)w(x,t)\mathrm{d}x \tag{30-14}$$

而梁的动能则为

$$T = \frac{1}{2}\int_0^L \rho A\left(\frac{\partial w}{\partial t}\right)^2 \mathrm{d}x \tag{30-15}$$

式中, ρ 为梁的密度.

根据 1834 年所建立的 Hamilton 原理或称 Hamilton 最小作用量原理, 有

$$\delta\int_{t_1}^{t_2} [T - (U - V)]\mathrm{d}t = 0 \tag{30-16}$$

梁的振动方程、初、边值条件等均可由 (30-16) 式来确定. 将 (30-13)~(30-15) 三式代入 (30-16) 式, 则得如下最小作用量:

$$\delta\int_{t_1}^{t_2}\int_0^L \left[\frac{1}{2}\rho A\left(\frac{\partial w}{\partial t}\right)^2 - \frac{1}{2}(EI + \mu A\bar{l}^2)\left(\frac{\partial^2 w}{\partial x^2}\right)^2 + qw\right]\mathrm{d}x\mathrm{d}t = 0 \tag{30-17}$$

式中, Lagrange 量 (Lagrangian) 为

$$L(w'', w, \dot{w}) = \frac{1}{2}\rho A(\dot{w})^2 - \frac{1}{2}(EI + \mu A\bar{l}^2)(w'')^2 + qw \tag{30-18}$$

式中, $w'' = \partial^2 w/\partial x^2, \dot{w} = \partial w/\partial t$. 根据变分法, (30-17) 式可写为如下形式:

$$\begin{aligned}
&\delta \int_{t_1}^{t_2} \int_0^L L(w'', w, \dot{w}) \mathrm{d}x\mathrm{d}t = \int_{t_1}^{t_2} \int_0^L \delta L(w'', w, \dot{w}) \mathrm{d}x\mathrm{d}t \\
&= \int_{t_1}^{t_2} \left\{ \int_0^L \left[\frac{\partial^2}{\partial x^2}\left(\frac{\partial L}{\partial w''}\right) + \frac{\partial L}{\partial w} - \frac{\partial}{\partial t}\left(\frac{\partial L}{\partial \dot{w}}\right) \right] \delta w \mathrm{d}x \right\} \mathrm{d}t \\
&+ \int_{t_1}^{t_2} \left[-\frac{\partial}{\partial x}\left(\frac{\partial L}{\partial w''}\right)\delta w + \frac{\partial L}{\partial w''}\delta w' \right]_0^L \mathrm{d}t + \int_0^L \left(\frac{\partial L}{\partial \dot{w}}\delta w\right)_{t_1}^{t_2} \mathrm{d}x = 0
\end{aligned} \tag{30-19}$$

将 (30-18) 式代入 (30-19) 式, 整理可得

$$\begin{aligned}
&\int_{t_1}^{t_2} \int_0^L [-(EI + \mu A\bar{l}^2)w^{(4)} - \rho A\ddot{w} + q]\delta w \mathrm{d}x\mathrm{d}t + \int_{t_1}^{t_2} [(EI + \mu A\bar{l}^2)w^{(3)}\delta w]_0^L \mathrm{d}t \\
&- \int_{t_1}^{t_2} [(EI + \mu A\bar{l}^2)w''\delta w']_0^L \mathrm{d}t + \int_0^L [\rho A\dot{w}\delta w]_{t_1}^{t_2} \mathrm{d}x = 0
\end{aligned} \tag{30-20}$$

式中, $w^{(4)} = \partial^4 w/\partial x^4, w^{(3)} = \partial^3 w/\partial x^3, \ddot{w} = \partial^2 w/\partial t^2$.

在 (30-20) 式中, 由于第一项中变分 δw 的任意性, 则得到基于修正的偶应力弹性本构的 Bernoulli-Euler 梁理论的动力学方程为

$$(EI + \mu A\bar{l}^2)\frac{\partial^4 w}{\partial x^4} + \rho A\frac{\partial^2 w}{\partial t^2} = q \tag{30-21}$$

(30-20) 式左端最后一项给出的是梁的初始条件:

$$\dot{w}(x, t_2)\delta w(x, t_2) - \dot{w}(x, t_1)\delta w(x, t_1) = 0 \tag{30-22}$$

而 (30-20) 式左端的中间两项给出的则是梁的边界条件:

$$\frac{\partial^2 w}{\partial x^2} = 0 \text{ 或 } \frac{\partial w}{\partial x} \text{ 为给定值;} \quad \frac{\partial^3 w}{\partial x^3} = 0 \text{ 或 } w \text{ 为给定值} \tag{30-23}$$

如不考虑非局部效应, 则 (30-21) 式将自然退化为经典的 Bernoulli-Euler 梁方程 (28-16) 式.

30.3 基于修正的偶应力理论的 Timoshenko 梁模型

建立如图 30.2 所示的直角笛卡儿坐标系, 设 x 轴为梁的初始中心轴方向, 在单位长度上动载荷 $q(x,t)$ 的作用下, 梁的挠度为 $w(x,t)$.

28.4 节中所讨论的理论模型是非局部的 Timoshenko 梁模型, 本节则是基于修正的偶应力理论的 Timoshenko 梁模型.

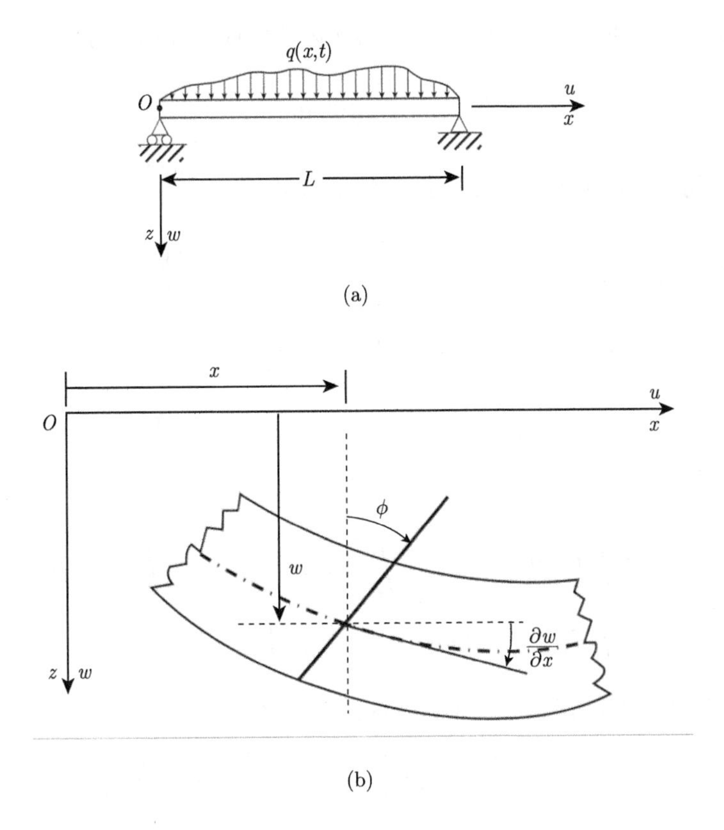

图 30.2 (a) 受分布动载荷作用的 Timoshenko 梁; (b) 放弃了平截面假定的变形示意图

如图 30.2(b) 所示, 设在变形过程中, 梁截面相对于 z 轴绕 y 轴的转角为 $\phi(x,t)$, 则梁单元在动态变形过程中的位移矢量的三个分量为

$$u = u(x,t) - z\phi(x,t), \quad v = 0, \quad w = w(x,t) \tag{30-24}$$

则在小变形情况下的应变张量 $\boldsymbol{\varepsilon} = \dfrac{1}{2}[\boldsymbol{\nabla} \otimes \boldsymbol{u} + (\boldsymbol{\nabla} \otimes \boldsymbol{u})^{\mathrm{T}}]$ 的分量为

$$\varepsilon_{xx} = \frac{\partial u}{\partial x} - z\frac{\partial \phi}{\partial x}, \quad \varepsilon_{xz} = \frac{1}{2}\left(-\phi + \frac{\partial w}{\partial x}\right), \quad \varepsilon_{yy} = \varepsilon_{zz} = \varepsilon_{xy} = \varepsilon_{yz} = 0 \tag{30-25}$$

由 (30-3) 和 (30-24) 两式可得到转动矢量的分量为

$$\theta_y = -\frac{1}{2}\left(\phi + \frac{\partial w}{\partial x}\right), \quad \theta_x = \theta_z = 0 \tag{30-26}$$

再将 (30-26) 式代入 (30-2) 式则可获得曲率张量的分量为

$$\chi_{xy} = -\frac{1}{4}\left(\frac{\partial \phi}{\partial x} + \frac{\partial^2 w}{\partial x^2}\right), \quad \chi_{xx} = \chi_{yy} = \chi_{zz} = \chi_{yz} = \chi_{zx} = 0 \tag{30-27}$$

由 (30-4) 式, 可给出梁在时间段 $[t_1, t_2]$ 内总的应变能的变分为

$$\delta\int_{t_1}^{t_2} U\mathrm{d}t = \int_{t_1}^{t_2}\int_\Omega (\sigma_{ij}\delta\varepsilon_{ij} + m_{ij}\delta\chi_{ij})\mathrm{d}v\mathrm{d}t$$
$$= \int_{t_1}^{t_2}\int_\Omega (\sigma_{xx}\delta\varepsilon_{xx} + 2\sigma_{xz}\delta\varepsilon_{xz} + 2m_{xy}\delta\chi_{xy})\mathrm{d}v\mathrm{d}t$$
$$= \int_{t_1}^{t_2}\int_0^L \left[-\frac{\partial N}{\partial x}\delta u + \left(\frac{\partial M_x}{\partial x} - Q + \frac{1}{2}\frac{\partial Y_{xy}}{\partial x}\right)\delta\phi + \left(-\frac{\partial Q}{\partial x} - \frac{1}{2}\frac{\partial^2 Y_{xy}}{\partial x^2}\right)\delta w\right]\mathrm{d}x\mathrm{d}t$$
$$+ \int_{t_1}^{t_2}\left[N\delta u - \left(M_x + \frac{1}{2}Y_{xy}\right)\delta\phi + \left(Q + \frac{1}{2}\frac{\partial Y_{xy}}{\partial x}\right)\delta w - \frac{1}{2}Y_{xy}\delta\left(\frac{\partial w}{\partial x}\right)\right]_{x=0}^{x=L}\mathrm{d}t \tag{30-28}$$

式中, L 为梁长, 而且

$$N = \int_A \sigma_{xx}\mathrm{d}A, \quad M_x = \int_A \sigma_{xx}z\mathrm{d}A, \quad Y_{xy} = \int_A m_{xy}\mathrm{d}A$$
$$Q = \int_A \sigma_{xz}\mathrm{d}A = \kappa_s\mu A\left(-\phi + \frac{\partial w}{\partial x}\right) \tag{30-29}$$

式中, A 为梁的截面面积, κ_s 为 Timoshenko 剪切常数.

梁的动能 $T = \int_\Omega \frac{1}{2}\rho\left[\left(\frac{\partial u}{\partial t}\right)^2 + \left(\frac{\partial v}{\partial t}\right)^2 + \left(\frac{\partial w}{\partial t}\right)^2\right]\mathrm{d}v$ 在 $[t_1, t_2]$ 内的变分为

$$\delta\int_{t_1}^{t_2} T\mathrm{d}t = -\int_{t_1}^{t_2}\int_0^L \left[m_0\left(\frac{\partial^2 u}{\partial t^2}\delta u + \frac{\partial^2 w}{\partial t^2}\delta w\right) + m_2\frac{\partial^2\phi}{\partial t^2}\delta\phi\right]\mathrm{d}x\mathrm{d}t$$
$$+ \int_0^L \left[m_0\left(\frac{\partial u}{\partial t}\delta u + \frac{\partial w}{\partial t}\delta w\right) + m_2\frac{\partial\phi}{\partial t}\delta\phi\right]_{t_1}^{t_2}\mathrm{d}x \tag{30-30}$$

式中,

$$m_0 = \int_A \rho\mathrm{d}A, \quad m_2 = \int_A \rho z^2\mathrm{d}A \tag{30-31}$$

这里用到了假设: $\int_A \rho z\mathrm{d}A = 0$. 当梁的密度为常量时, 有

$$m_0 = \rho A, \quad m_2 = \rho I_y \tag{30-32}$$

式中, $I_y = \int_A z^2\mathrm{d}A$ 为绕 y 轴的截面惯性矩.

在时间段 $[t_1, t_2]$ 内, 外力的虚功的变分为

$$\delta\int_{t_1}^{t_2} V\mathrm{d}t = \int_{t_1}^{t_2}\int_0^L (f\delta u + q\delta w + c\delta\theta_y)\mathrm{d}x\mathrm{d}t + \int_{t_1}^{t_2}(\bar{N}\delta u + \bar{S}\delta w - \bar{M}\delta\phi)_0^L\mathrm{d}t \tag{30-33}$$

式中, f 和 q 分别为单位 x 长度上沿 x 和 z 轴方向上的体力, c 为单位 x 长度上体力偶的 y 分量; $\bar{N}$、$\bar{S}$ 和 $\bar{M}$ 分别为作用在梁两端的轴向力、横向力和弯矩.

根据 Hamilton 原理, 受理想约束的保守力学系统从时刻 t_1 的某一位形转移到时刻 t_2 的另一位形的一切可能的运动中, 实际发生的运动使系统的 Lagrange 量在时间区间 $[t_1,t_2]$ 上的定积分取极小值, 换句话说, 其变分为零:

$$\delta\int_{t_1}^{t_2}[T-(U-V)]\mathrm{d}t=0 \tag{30-34}$$

将 (30-28)、(30-30) 和 (30-33) 三式代入 (30-34) 式, 得到:

$$\begin{aligned}&\int_{t_1}^{t_2}\int_0^L\left[\left(-m_0\ddot{u}+\frac{\partial N}{\partial x}+f\right)\delta u+\left(-m_0\ddot{w}+\frac{\partial Q}{\partial x}+\frac{1}{2}\frac{\partial^2 Y_{xy}}{\partial x^2}+\frac{1}{2}\frac{\partial c}{\partial x}+q\right)\delta w\right.\\&\left.+\left(-m_2\ddot{\phi}-\frac{\partial M_x}{\partial x}-\frac{1}{2}\frac{\partial Y_{xy}}{\partial x}-\frac{1}{2}c+Q\right)\delta\phi\right]\mathrm{d}x\mathrm{d}t-\int_{t_1}^{t_2}\left[(N-\bar{N})\delta u\right.\\&\left.+\left(-M_x-\frac{1}{2}Y_{xy}+\bar{M}\right)\delta\phi+\left(Q+\frac{1}{2}\frac{\partial Y_{xy}}{\partial x}+\frac{1}{2}c-\bar{S}\right)\delta w-\frac{1}{2}Y_{xy}\delta\left(\frac{\partial w}{\partial x}\right)\right]_0^L\mathrm{d}t\\&+\int_0^L[m_0(\dot{u}\delta u+\dot{w}\delta w)+m_2\dot{\phi}\delta\phi]_{t_1}^{t_2}\mathrm{d}x=0\end{aligned} \tag{30-35}$$

注意到 (30-35) 式左端的最后一项当 $t=t_1$ 和 t_2 时梁的构形确定时将消失, 再基于变分 δu、δw 和 $\delta\phi$ 的任意性, 故可得到 Timoshenko 梁的如下运动方程:

$$\begin{cases}\dfrac{\partial N}{\partial x}+f=m_0\dfrac{\partial^2 u}{\partial t^2}\\\dfrac{\partial Q}{\partial x}+\dfrac{1}{2}\dfrac{\partial^2 Y_{xy}}{\partial x^2}+\dfrac{1}{2}\dfrac{\partial c}{\partial x}+q=m_0\dfrac{\partial^2 w}{\partial t^2}\\-\dfrac{\partial M_x}{\partial x}-\dfrac{1}{2}\dfrac{\partial Y_{xy}}{\partial x}-\dfrac{1}{2}c+Q=m_2\dfrac{\partial^2\phi}{\partial t^2}\end{cases} \tag{30-36}$$

和如下边界条件:

$$\begin{cases}N=\bar{N}\text{ 或 }u=\bar{u}\quad(\text{对于 }x=0\text{ 和 }x=L)\\M_x+\dfrac{1}{2}Y_{xy}=\bar{M}\text{ 或 }\phi=\bar{\phi}\quad(\text{对于 }x=0\text{ 和 }x=L)\\Q+\dfrac{1}{2}\dfrac{\partial Y_{xy}}{\partial x}+\dfrac{1}{2}c=\bar{S}\text{ 或 }w=\bar{w}\quad(\text{对于 }x=0\text{ 和 }x=L)\\Y_{xy}=0\text{ 或 }\dfrac{\partial w}{\partial x}=\dfrac{\partial\bar{w}}{\partial x}\quad(\text{对于 }x=0\text{ 和 }x=L)\end{cases} \tag{30-37}$$

式中的符号上面带 “–” 的量为已知量.

对于各向同性的修正的偶应力模型下的 Timoshenko 梁, 利用表 11.1 中的 Lamé

常数和杨氏模量以及 Poisson 比的关系, 则有

$$\begin{cases} N = \dfrac{E(1-\nu)}{(1+\nu)(1-2\nu)} A \dfrac{\partial u}{\partial x}, & M_x = \dfrac{E(1-\nu)}{(1+\nu)(1-2\nu)} I \dfrac{\partial \phi}{\partial x} \\ Y_{xy} = -\dfrac{1}{2}\bar{l}^2 GA\left(\dfrac{\partial \phi}{\partial x} + \dfrac{\partial^2 w}{\partial x^2}\right), & Q = \kappa_s GA\left(-\phi + \dfrac{\partial w}{\partial x}\right) \end{cases} \tag{30-38}$$

将 (30-38) 式代入 (30-36) 式, 则得到用位移表示的修正的偶应力框架下的 Timoshenko 梁的运动方程为

$$\begin{cases} c_l^2 \dfrac{\partial^2 u}{\partial x^2} + \dfrac{f}{\rho A} = \dfrac{\partial^2 u}{\partial t^2} \\ \kappa_s c_t^2\left(-\dfrac{\partial \phi}{\partial x} + \dfrac{\partial^2 w}{\partial x^2}\right) - \dfrac{1}{4}\bar{l}^2 c_t^2\left(\dfrac{\partial^3 \phi}{\partial x^3} + \dfrac{\partial^4 w}{\partial x^4}\right) + \dfrac{1}{2\rho A}\dfrac{\partial c}{\partial x} + \dfrac{q}{\rho A} = \dfrac{\partial^2 w}{\partial t^2} \\ -c_l^2 \dfrac{\partial^2 \phi}{\partial x^2} + \kappa_s c_t^2 \dfrac{A}{I}\left(-\phi + \dfrac{\partial w}{\partial x}\right) + \dfrac{1}{4}\bar{l}^2 c_t^2 \dfrac{A}{I}\left(\dfrac{\partial^2 \phi}{\partial x^2} + \dfrac{\partial^3 w}{\partial x^3}\right) - \dfrac{c}{2\rho I} = \dfrac{\partial^2 \phi}{\partial t^2} \end{cases} \tag{30-39}$$

式中, c_l 和 c_t 为由 (25-6) 式给出的纵波和横波的波速. 当不考虑 Poisson 效应时, 亦即 $\nu = 0$ 时的修正的偶应力框架下的 Timoshenko 梁的运动方程的退化形式见思考题 30.3; 既不考虑 Poisson 效应也不考虑体力偶作用 $c = 0$ 时的修正的偶应力框架下的 Timoshenko 梁的运动方程的退化形式见本章思考题 30.4; 同时不考虑 Poisson 效应、体力偶作用 $c = 0$ 且材料的内禀尺度 $\bar{l} = 0$ 时 (30-39) 式可退化为经典的 Timoshenko 梁的运动方程, 可见思考题 30.5; 在何种情况下, (30-29) 式可退化为基于修正的偶应力弹性本构的 Bernoulli-Euler 梁理论的动力学方程 (30-21) 式, 请见思考题 30.6.

思 考 题

30.1　针对 (30-3) 式中的转动矢量, 验证有关系式:

$$\boldsymbol{\theta} = \frac{1}{2}\boldsymbol{\nabla} \times \boldsymbol{u} = \frac{1}{2}\mathrm{curl}\boldsymbol{u} = -\boldsymbol{\in} : \frac{1}{2}\boldsymbol{u} \otimes \boldsymbol{\nabla}$$

30.2　证明: 转动矢量 $\boldsymbol{\theta}$ 的散度为零.

30.3　当不考虑 Poisson 效应时, 亦即 $\nu = 0$ 时, 给出 (30-39) 式的退化形式.

30.4　给出既不考虑 Poisson 效应也不考虑体力偶作用 $c = 0$ 时的修正的偶应力框架下的 Timoshenko 梁的运动方程 (30-39) 的退化形式.

30.5　当同时不考虑 Poisson 效应、体力偶作用 $c = 0$ 且材料的内禀尺度 $\bar{l} = 0$ 时, 讨论 (30-39) 式是否可退化为经典的 Timoshenko 梁的运动方程.

30.6 在何种情况下, (30-39) 式可退化为基于修正的偶应力弹性本构的 Bernoulli-Euler 梁理论的动力学方程 (30-11) 式?

30.7 大作业: Raymond David Mindlin (1906~1987) 在包括考虑偶应力、应变梯度和表面张力等的广义弹性连续统 (generalized elastic continua) 理论方面具有开创性的贡献[5−11]. 在广义弹性连续统理论方面进行一次系统的文献调研.

参 考 文 献

[1] Yang F, Chong A C M, Lam D C C, Tong P. Couple stress based strain gradient theory for elasticity. International Journal of Solids and Structures, 2002, 39: 2731–2743.

[2] Park S K, Gao X L. Bernoulli–Euler beam model based on a modified couple stress theory. Journal of Micromechanics and Microengineering, 2006, 16: 2355–2359.

[3] Ma H M, Gao X L, Reddy J N. A microstructure-dependent Timoshenko beam model based on a modified couple stress theory. Journal of the Mechanics and Physics of Solids, 2008, 56: 3379–3391.

[4] Kong S, Zhou S, Nie Z, Wang K. The size-dependent natural frequency of Bernoulli–Euler micro-beams. International Journal of Engineering Science, 2008, 46: 427–437.

[5] Mindlin R D, Tiersten H F. Effects of couple-stresses in linear elasticity. Archive for Rational Mechanics and Analysis, 1962, 11: 415–448.

[6] Mindlin R D. Influence of couple-stresses on stress concentrations. Experimental Mechanics, 1963, 3: 1–7.

[7] Mindlin R D. Influence of rotary inertia and shear on flexural motions of isotropic elastic plates. Journal of Applied Mechanics, 1951, 18: 31–38.

[8] Mindlin R D. Second gradient of strain and surface-tension in linear elasticity. International Journal of Solids and Structures, 1965, 1: 417–438.

[9] Mindlin R D, Eshel N N. On first strain-gradient theories in linear elasticity. International Journal of Solids and Structures, 1968, 4: 109–124.

[10] Mindlin R D. Stress functions for a Cosserat continuum. International Journal of Solids and Structures, 1965, 1: 265–271.

[11] Mindlin R D. Micro-structure in linear elasticity. Archive for Rational Mechanics and Analysis, 1964, 16: 51–78.

第 31 章　表面界面弹性本构关系及一维纳米结构的弹性行为

纳米结构材料和其他具有宏观特征尺度的材料相比其最明显的特征是具有巨大的比表面积. 因此, 表面和界面性能 (例如: 表面张力和表面应力) 对纳米结构材料的物理性能具有重要影响, 并且, 这种影响会随着材料或结构特征尺度的减小变得愈加显著[1−21]. 研究者通常采用考虑了表界面弹性本构的连续介质模型来分析纳米结构的力学性能, 其中表面应力的面外分量往往被忽略 (为简便, 下面只提及表面, 其结果同样适用于界面). 此外, 在没有载荷作用的条件下, 为了满足平衡 (即广义 Young-Laplace 方程), 表面张力在体相内部将诱导一个残余应力场[19,35]; 这一自平衡构形通常被选为参考构形. 对于纳米结构材料, 有研究者[13,39−43] 注意到表面张力的重要性; 然而在纳米尺度下, 分析表面张力所诱导的体相内残余应力场对纳米结构材料力学响应影响的相关研究也有待进一步展开.

本章的主要内容基于王志乔和赵亚溥的工作[37,44,45]. 将首先推导小变形情况下弹性表面本构模型以及具有残余应力场体相的本构关系; 然后, 通过铝纳米线纯弯曲来阐明表面张力、表面应力以及体相内的残余应力场对其力学性能的影响.

31.1　表面变形几何学和运动学

本节采用 Lagrange 和 Euler 这两种方式来描述可变形表面的几何和运动关系, 并给出其小变形表述形式.

31.1.1　几何关系

在没有外载作用下的参考构形中, 选取三维欧氏空间中以 (θ^1,θ^2) 为参数的光滑表面 A_0, 其上任一点的向径为 $\boldsymbol{Y}=\boldsymbol{Y}(\theta^1,\theta^2)$. 相应于坐标系 $\{\theta^\alpha\}$ (希腊字母作为指标时取值为 1, 2), 参考构形的协变基矢量 $\boldsymbol{A}_\alpha$ 定义为

$$\boldsymbol{A}_\alpha=\frac{\partial \boldsymbol{Y}}{\partial \theta^\alpha} \tag{31-1}$$

则参考构形的逆变基矢量 $\boldsymbol{A}^\beta$ 为

$$\boldsymbol{A}^{\beta} \cdot \boldsymbol{A}_{\alpha} = \delta_{\alpha}^{\beta} \tag{31-2}$$

式中, δ_{α}^{β} 为二维空间 Kronecker 符号.

经过变形, 曲面 A_0 演变为曲面 A. 相应地, 曲面 A_0 上一点 $\boldsymbol{Y}(\theta^1,\theta^2)$ 变为曲面 A 上点 $\boldsymbol{y}(\theta^1,\theta^2)$. 在当前构形下, 协变和逆变基矢量为

$$\begin{cases} \boldsymbol{a}_{\alpha} = \dfrac{\partial \boldsymbol{y}}{\partial \theta^{\alpha}} \\ \boldsymbol{a}^{\beta} \cdot \boldsymbol{a}_{\alpha} = \delta_{\alpha}^{\beta} \end{cases} \tag{31-3}$$

基矢量 $\boldsymbol{A}_{\alpha}$ 和 $\boldsymbol{a}_{\alpha}$ 分别在参考构形和当前构形下生成一个切平面. 假设存在一线性变换将参考构形切平面内的一个矢量映射成当前构形切平面内的一个矢量 (如图 31.1 所示). 这一映射称为表面变形梯度 $\boldsymbol{F}_s$, 作为两点张量可表示为

$$\boldsymbol{F}_s = \boldsymbol{a}_{\alpha} \otimes \boldsymbol{A}^{\alpha} \tag{31-4}$$

式中采用了重复指标的求和约定.

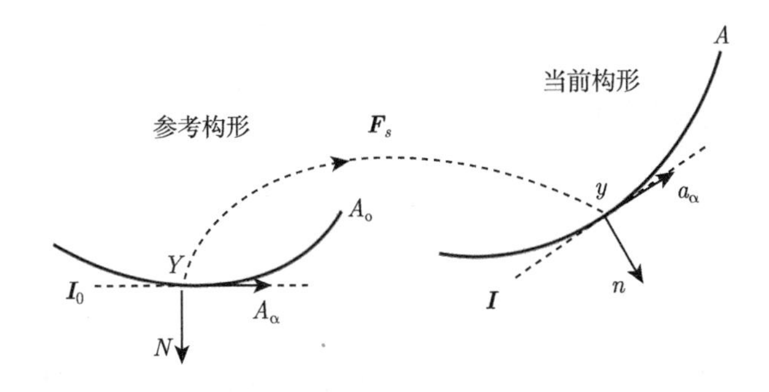

图 31.1　曲面变形的几何描述

相似地, 可定义变换 $\boldsymbol{F}_s$ 的逆变换 $\boldsymbol{F}_s^{-1}$ 为

$$\boldsymbol{F}_s^{-1} = \boldsymbol{A}_{\alpha} \otimes \boldsymbol{a}^{\alpha} \tag{31-5}$$

由 (31-4) 式和 (31-5) 式, 有下列关系式:

$$\begin{cases} \boldsymbol{F}_s \boldsymbol{F}_s^{-1} = \boldsymbol{I} \\ \boldsymbol{F}_s^{-1} \boldsymbol{F}_s = \boldsymbol{I}_0 \\ \boldsymbol{F}_s \boldsymbol{I}_0 = \boldsymbol{I} \boldsymbol{F}_s = \boldsymbol{F}_s \\ \boldsymbol{F}_s^{-1} \boldsymbol{I} = \boldsymbol{I}_0 \boldsymbol{F}_s^{-1} = \boldsymbol{F}_s^{-1} \end{cases} \tag{31-6}$$

式中, $\boldsymbol{I}_0=\boldsymbol{A}_\alpha\otimes\boldsymbol{A}^\alpha$ 和 $\boldsymbol{I}=\boldsymbol{a}_\alpha\otimes\boldsymbol{a}^\alpha$ 分别为参考构形和当前构形下切平面内的单位张量. 引进右 Cauchy-Green 表面变形张量

$$\boldsymbol{C}_s=\boldsymbol{F}_s^{\mathrm{T}}\boldsymbol{F}_s \tag{31-7}$$

由于 $\boldsymbol{C}_s^{\mathrm{T}}=\boldsymbol{C}_s$, 所以 $\boldsymbol{C}_s$ 具有对称性. 再取 $\mathrm{d}\Theta_s$ 为参考构形中的任意线元, 由于:

$$\mathrm{d}\Theta_s\boldsymbol{C}_s\mathrm{d}\Theta_s=(\mathrm{d}\Theta_s\boldsymbol{F}_s^{\mathrm{T}})(\boldsymbol{F}_s\mathrm{d}\Theta_s)=(\boldsymbol{F}_s\mathrm{d}\Theta_s)(\boldsymbol{F}_s\mathrm{d}\Theta_s)=\mathrm{d}\boldsymbol{\theta}\cdot\mathrm{d}\boldsymbol{\theta}=(\mathrm{d}\theta)^2>0$$

所以 $\boldsymbol{C}_s$ 是对称正定的. 类似地, 可定义 Cauchy 表面变形张量:

$$\boldsymbol{B}_s^{-1}=\boldsymbol{F}_s^{-\mathrm{T}}\boldsymbol{F}_s^{-1} \tag{31-8}$$

同理可以证明 $\boldsymbol{B}_s^{-1}$ 同样是对称正定的. 因此, 可以定义右表面伸长张量:

$$\boldsymbol{U}_s=\sqrt{\boldsymbol{C}_s} \tag{31-9}$$

和左表面伸长张量:

$$\boldsymbol{V}_s=\sqrt{\boldsymbol{B}_s}=\sqrt{\boldsymbol{F}_s\boldsymbol{F}_s^{\mathrm{T}}} \tag{31-10}$$

则有表面变形梯度张量的极分解:

$$\boldsymbol{F}_s=\boldsymbol{R}_s\boldsymbol{U}_s=\boldsymbol{V}_s\boldsymbol{R}_s \tag{31-11}$$

式中, $\boldsymbol{R}_s$ 为满足如下关系的旋转张量:

$$\boldsymbol{R}_s^{\mathrm{T}}\boldsymbol{R}_s=\boldsymbol{I}_0,\quad \boldsymbol{R}_s\boldsymbol{R}_s^{\mathrm{T}}=\boldsymbol{I},\quad \boldsymbol{R}_s\boldsymbol{I}_0=\boldsymbol{R}_s,\quad \boldsymbol{I}\,\boldsymbol{R}_s=\boldsymbol{R}_s \tag{31-12}$$

下面是表面变形梯度张量极分解 (31-11) 式的证明:

左、右表面伸长张量 $\boldsymbol{V}_s$ 和 $\boldsymbol{U}_s$ 可以表示为如下分解形式:

$$\begin{cases}\boldsymbol{U}_s=U_\beta^\alpha\boldsymbol{A}_\alpha\otimes\boldsymbol{A}^\beta\\ \boldsymbol{V}_s=V_\beta^\alpha\boldsymbol{a}_\alpha\otimes\boldsymbol{a}^\beta\end{cases} \tag{31-13}$$

式中, $U_\beta^\alpha=U_\alpha^\beta, V_\beta^\alpha=V_\alpha^\beta$ 满足对称性. 则表面伸长张量的逆可以表示为

$$\begin{cases}\boldsymbol{U}_s^{-1}=\bar{U}_\beta^\alpha\boldsymbol{A}_\alpha\otimes\boldsymbol{A}^\beta\\ \boldsymbol{V}_s^{-1}=\bar{V}_\beta^\alpha\boldsymbol{a}_\alpha\otimes\boldsymbol{a}^\beta\end{cases} \tag{31-14}$$

其中, $U_\gamma^\alpha\bar{U}_\beta^\gamma=\delta_\beta^\alpha, V_\gamma^\alpha\bar{V}_\beta^\gamma=\delta_\beta^\alpha$.

由 $\boldsymbol{U}_s^2=\boldsymbol{F}_s^{\mathrm{T}}\boldsymbol{F}_s$ 和 $\boldsymbol{V}_s^2=\boldsymbol{F}_s\boldsymbol{F}_s^{\mathrm{T}}$, 可得到不同构形下度量张量之间的关系为

$$\begin{cases} a_{\alpha\beta}=\boldsymbol{a}_\alpha\boldsymbol{a}_\beta=U_\alpha^\lambda U_\beta^\mu A_{\lambda\mu} \\ A^{\alpha\beta}=\boldsymbol{A}^\alpha\boldsymbol{A}^\beta=V_\lambda^\alpha V_\mu^\beta a^{\lambda\mu} \end{cases} \tag{31-15}$$

式中, $a_{\alpha\beta}=\boldsymbol{a}_\alpha\cdot\boldsymbol{a}_\beta$, $A_{\alpha\beta}=\boldsymbol{A}_\alpha\cdot\boldsymbol{A}_\beta$, $a^{\alpha\beta}=\boldsymbol{a}^\alpha\cdot\boldsymbol{a}^\beta$ 和 $A^{\alpha\beta}=\boldsymbol{A}^\alpha\cdot\boldsymbol{A}^\beta$.

由 (31-4) 式, 可以引进一个两点张量:

$$\boldsymbol{R}_s=\boldsymbol{F}_s\boldsymbol{U}_s^{-1}=\bar{U}_\beta^\alpha\boldsymbol{a}_\alpha\otimes\boldsymbol{A}^\beta \tag{31-16}$$

则其逆可以表示为

$$\boldsymbol{R}_s^{-1}=U_\beta^\alpha\boldsymbol{A}_\alpha\otimes\boldsymbol{A}^\beta \tag{31-17}$$

其满足

$$\boldsymbol{R}_s\boldsymbol{R}_s^{-1}=\boldsymbol{I},\quad \boldsymbol{R}_s^{-1}\boldsymbol{R}_s=\boldsymbol{I}_0 \tag{31-18}$$

令 $\boldsymbol{R}_s^{\mathrm{T}}$ 为 $\boldsymbol{R}_s$ 的转置, 利用 (31-15) 式, 可以证明

$$\boldsymbol{R}_s^{\mathrm{T}}=\boldsymbol{R}_s^{-1} \tag{31-19}$$

引进另外一个两点张量

$$\widetilde{\boldsymbol{R}}_s=\boldsymbol{V}_s^{-1}\boldsymbol{F}_s=\bar{V}_\beta^\alpha\boldsymbol{a}_\alpha\otimes\boldsymbol{A}^\beta \tag{31-20}$$

及其逆

$$\widetilde{\boldsymbol{R}}_s^{-1}=V_\beta^\alpha\boldsymbol{A}_\alpha\otimes\boldsymbol{a}^\beta \tag{31-21}$$

类似地, 可证明

$$\widetilde{\boldsymbol{R}}_s\widetilde{\boldsymbol{R}}_s^{-1}=\boldsymbol{I},\quad \widetilde{\boldsymbol{R}}_s^{-1}\widetilde{\boldsymbol{R}}_s=\boldsymbol{I}_0 \tag{31-22}$$

和

$$\widetilde{\boldsymbol{R}}_s^{\mathrm{T}}=\widetilde{\boldsymbol{R}}_s^{-1} \tag{31-23}$$

则表面变形梯度可以分解为

$$\boldsymbol{F}_s=\boldsymbol{R}_s\boldsymbol{U}_s=\boldsymbol{V}_s\widetilde{\boldsymbol{R}}_s \tag{31-24}$$

下面将给出上述分解的唯一性证明. 假设存在如下关系

$$\boldsymbol{F}_s=\boldsymbol{R}_s\boldsymbol{U}_s=\boldsymbol{R}_{1s}\boldsymbol{U}_{1s} \tag{31-25}$$

式中, $\boldsymbol{U}_{1s}$ 为另一个对称正定张量. 则 $\widetilde{\boldsymbol{U}}_s=\boldsymbol{R}_s^{\mathrm{T}}\boldsymbol{R}_{1s}\boldsymbol{U}_{1s}$. 进一步, 有关系式:

$$\boldsymbol{U}_s^2=\boldsymbol{U}_{1s}\widetilde{\boldsymbol{R}}_{1s}^{\mathrm{T}}\boldsymbol{R}_s\boldsymbol{R}_s^{\mathrm{T}}\widetilde{\boldsymbol{R}}_{1s}\boldsymbol{U}_{1s}=\boldsymbol{U}_{1s}\widetilde{\boldsymbol{R}}_{1s}^{\mathrm{T}}\boldsymbol{I}\boldsymbol{R}_{1s}\boldsymbol{U}_{1s}=\boldsymbol{U}_{1s}^2 \tag{31-26}$$

由于 $\boldsymbol{U}_s$ 和 $\boldsymbol{U}_{1s}$ 对称正定, 则

$$\boldsymbol{U}_s=\boldsymbol{U}_{1s} \tag{31-27}$$

因此

$$\boldsymbol{R}_s=\boldsymbol{R}_{1s} \tag{31-28}$$

由 (31-22) 和 (31-23) 两式, 表面变形梯度可以表示为

$$\boldsymbol{F}_s=(\widetilde{\boldsymbol{R}}_s\widetilde{\boldsymbol{R}}_s^{\mathrm{T}})\boldsymbol{V}_s\widetilde{\boldsymbol{R}}_s=\widetilde{\boldsymbol{R}}_s(\widetilde{\boldsymbol{R}}_s^{\mathrm{T}}\boldsymbol{V}_s\widetilde{\boldsymbol{R}}_s) \tag{31-29}$$

由分解的唯一性, 有

$$\widetilde{\boldsymbol{R}}_s=\boldsymbol{R}_s,\quad \widetilde{\boldsymbol{U}}_s=\boldsymbol{R}_s^{\mathrm{T}}\boldsymbol{V}_s\boldsymbol{R}_s \tag{31-30}$$

由 (31-16) 和 (31-20) 两式, 可以得到 $U_\beta^\alpha=V_\beta^\alpha$.

由 (31-1) 和 (31-3) 两式可知, 表面上一点的位移矢量 $\boldsymbol{u}$ 分别在参考构形和当前构形的标架下表示为

$$\boldsymbol{u}=\boldsymbol{y}-\boldsymbol{Y}=u_0^\alpha\boldsymbol{A}_\alpha+u_0^n\boldsymbol{N}=u^\alpha\boldsymbol{a}_\alpha+u^n\boldsymbol{n} \tag{31-31}$$

式中, $\boldsymbol{N}$ 和 $\boldsymbol{n}$ 分别为参考构形和当前构形下曲面的单位法线矢量. 由 (31-1)、(31-2) 和 (31-31) 三式可以得到

$$\begin{cases}\boldsymbol{a}_\alpha=\boldsymbol{A}_\alpha+[(u_0^\lambda|_\alpha-u_0^n b_{0\alpha}^\lambda)\boldsymbol{A}_\lambda+(u_0^\beta b_{0\alpha\beta}+u_{0,\alpha}^n)\boldsymbol{N}]\\ \boldsymbol{A}_\alpha=\boldsymbol{a}_\alpha-[(u^\lambda\|_\alpha-u^n b_\alpha^\lambda)\boldsymbol{a}_\lambda+(u^\beta b_{\alpha\beta}+u_{,\alpha}^n)\boldsymbol{n}]\end{cases} \tag{31-32}$$

式中, $u_0^\lambda|_\alpha$ 和 $u^\lambda\|_\alpha$ 定义为

$$\begin{cases}u_0^\lambda|_\alpha=u_{0,\alpha}^\lambda+u_0^\beta\bar{\Gamma}_{0\alpha\beta}^\lambda\\ u^\lambda\|_\alpha=u_{,\alpha}^\lambda+u^\beta\bar{\Gamma}_{\alpha\beta}^\lambda\end{cases} \tag{31-33}$$

$\bar{\Gamma}_{0\alpha\beta}^\lambda$ 和 $\bar{\Gamma}_{\alpha\beta}^\lambda$ 分别为变形前和变形后曲面的第二类 Christoffel 符号; 参考构形和当前构形下曲面的曲率张量可以表示为

$$\begin{cases}\boldsymbol{b}_0=b_{0\alpha}^\lambda\boldsymbol{A}_\lambda\otimes\boldsymbol{A}^\alpha=b_{0\alpha\beta}\boldsymbol{A}^\alpha\otimes\boldsymbol{A}^\beta\\ \boldsymbol{b}=b_\alpha^\lambda\boldsymbol{a}_\lambda\otimes\boldsymbol{a}^\alpha=b_{\alpha\beta}\boldsymbol{a}^\alpha\otimes\boldsymbol{a}^\beta\end{cases} \tag{31-34}$$

根据 (31-32) 式, $\boldsymbol{F}_s$ 和 $\boldsymbol{F}_s^{-1}$ 可以写为

$$\begin{cases}\boldsymbol{F}_s=\boldsymbol{I}_0+\boldsymbol{u}_0\otimes\boldsymbol{\nabla}_{0s}+\boldsymbol{F}_s^{(o)}\\ \boldsymbol{F}_s^{-1}=\boldsymbol{I}-[\boldsymbol{u}\otimes\boldsymbol{\nabla}_s+\widetilde{\boldsymbol{F}}_s^{(o)}]\end{cases}\tag{31-35}$$

其中,

$$\begin{cases}\boldsymbol{u}_0\otimes\boldsymbol{\nabla}_{0s}=(u_0^\lambda\big|_\alpha-u_0^n b_{0\alpha}^\lambda)\boldsymbol{A}_\lambda\otimes\boldsymbol{A}^\alpha\\ \boldsymbol{u}\otimes\boldsymbol{\nabla}_s=(u^\lambda\big\|_\alpha-u^n b_\alpha^\lambda)\boldsymbol{a}_\lambda\otimes\boldsymbol{a}^\alpha\\ \boldsymbol{F}_s^{(o)}=(u_0^\beta b_{0\alpha\beta}+u_{0,\alpha}^n)\boldsymbol{N}\otimes\boldsymbol{A}^\alpha\\ \widetilde{\boldsymbol{F}}_s^{(o)}=(u^\beta b_{\alpha\beta}+u_{,\alpha}^n)\boldsymbol{n}\otimes\boldsymbol{a}^\alpha\end{cases}\tag{31-36}$$

式中, $\boldsymbol{F}_s^{(o)}$ 表示 $\boldsymbol{F}_s$ 的面外项, 相应地, $\widetilde{\boldsymbol{F}}_s^{(o)}$ 为 $\boldsymbol{F}_s^{-1}$ 的面外项. 两者与表面的曲率和旋转有关. 进一步, 有如下关系式:

$$\begin{cases}\boldsymbol{C}_s=\boldsymbol{I}_0+\boldsymbol{\nabla}_{0s}\otimes\boldsymbol{u}_0+\boldsymbol{u}_0\otimes\boldsymbol{\nabla}_{0s}+(\boldsymbol{\nabla}_{0s}\otimes\boldsymbol{u}_0)(\boldsymbol{u}_0\otimes\boldsymbol{\nabla}_{0s})+\boldsymbol{F}_s^{\mathrm{T}(o)}\boldsymbol{F}_s^{(o)}\\ \boldsymbol{B}_s^{-1}=\boldsymbol{I}-\boldsymbol{\nabla}_s\otimes\boldsymbol{u}-\boldsymbol{u}\otimes\boldsymbol{\nabla}_s+(\boldsymbol{\nabla}_s\otimes\boldsymbol{u})(\boldsymbol{u}\otimes\boldsymbol{\nabla}_s)+\widetilde{\boldsymbol{F}}_s^{\mathrm{T}(o)}\widetilde{\boldsymbol{F}}_s^{(o)}\end{cases}\tag{31-37}$$

31.1.2　表面速度梯度与变形率

在当前构形, 表面 A 上一点 $\boldsymbol{y}$ 的速度矢量为 $\boldsymbol{v}_s=\partial\boldsymbol{y}/\partial t$. 则, 速度梯度可以用表面变形梯度的物质导数 $\dot{\boldsymbol{F}}_s$ 表示为

$$\boldsymbol{l}_s=\boldsymbol{v}_{s,\alpha}\otimes\boldsymbol{a}^\alpha=\frac{\partial(\boldsymbol{y}_{,\alpha})}{\partial t}\otimes\boldsymbol{a}^\alpha=\dot{\boldsymbol{a}}_\alpha\otimes\boldsymbol{a}^\alpha=(\dot{\boldsymbol{a}}_\alpha\otimes\boldsymbol{A}^\alpha)(\boldsymbol{A}_\beta\otimes\boldsymbol{a}^\beta)=\dot{\boldsymbol{F}}_s\boldsymbol{F}_s^{-1}\tag{31-38}$$

其对称部分为

$$\widetilde{\boldsymbol{d}}_s=\frac{1}{2}(\boldsymbol{l}_s+\boldsymbol{l}_s^{\mathrm{T}})=\frac{1}{2}(\dot{\boldsymbol{F}}_s\boldsymbol{F}_s^{-1}+\boldsymbol{F}_s^{-\mathrm{T}}\dot{\boldsymbol{F}}_s^{\mathrm{T}})\tag{31-39}$$

在当前构形下, $\widetilde{\boldsymbol{d}}_s$ 具有面外项. 因此, 定义表面的变形率张量为

$$\boldsymbol{d}_s=\boldsymbol{I}\;\widetilde{\boldsymbol{d}}_s\boldsymbol{I}=\frac{1}{2}(\boldsymbol{I}\;\dot{\boldsymbol{F}}_s\boldsymbol{F}_s^{-1}+\boldsymbol{F}_s^{-\mathrm{T}}\dot{\boldsymbol{F}}_s^{\mathrm{T}}\boldsymbol{I})\tag{31-40}$$

则

$$\boldsymbol{d}_s=\frac{1}{2}\boldsymbol{F}_s^{-\mathrm{T}}\dot{\boldsymbol{C}}_s\boldsymbol{F}_s^{-1}\tag{31-41}$$

其中,

$$\dot{\boldsymbol{C}}_s=(\dot{\boldsymbol{F}}_s^{\mathrm{T}}\boldsymbol{F}_s+\boldsymbol{F}_s^{\mathrm{T}}\dot{\boldsymbol{F}}_s)\tag{31-42}$$

进一步, 有

$$\dot{\boldsymbol{C}}_s=2\boldsymbol{F}_s^{\mathrm{T}}\boldsymbol{d}_s\boldsymbol{F}_s\tag{31-43}$$

上述 $\dot{\boldsymbol{C}}_s$ 与 $\boldsymbol{d}_s$ 的关系与在第 5 章中给出的三维连续介质力学中相应关系的表示形式相同.

31.1.3 小变形情况

表面变形张量 $\boldsymbol{C}_s$ 和 $\boldsymbol{B}_s^{-1}$ 及其物质导数为位移梯度的非线性函数. 小变形情况利用其线性表示形式足够满足精度要求并且方便. 因而, 在下面的分析中将忽略表面位移梯度的高阶小量, 有

$$\boldsymbol{C}_s = \boldsymbol{I}_0 + 2\boldsymbol{E}_s, \quad \boldsymbol{B}_s^{-1} = \boldsymbol{I} - 2\boldsymbol{\varepsilon}_s \tag{31-44}$$

式中,

$$\begin{cases} \boldsymbol{E}_s = \dfrac{1}{2}(\boldsymbol{\nabla}_{0s} \otimes \boldsymbol{u}_0 + \boldsymbol{u}_0 \otimes \boldsymbol{\nabla}_{0s}) \\ \boldsymbol{\varepsilon}_s = \dfrac{1}{2}(\boldsymbol{\nabla}_s \otimes \boldsymbol{u} + \boldsymbol{u} \otimes \boldsymbol{\nabla}_s) \end{cases} \tag{31-44$'$}$$

则 $\boldsymbol{F}_s^{-1}$ 在参考构形的标架下表示为

$$\boldsymbol{F}_s^{-1} = \boldsymbol{C}_s^{-1}\boldsymbol{F}_s^{\mathrm{T}} = (\boldsymbol{I}_0 - 2\boldsymbol{E}_s)(\boldsymbol{I}_0 + \boldsymbol{\nabla}_{0s} \otimes \boldsymbol{u}_0 + \boldsymbol{F}_s^{(o)\mathrm{T}}) = \boldsymbol{I}_0 - \boldsymbol{u}_0 \otimes \boldsymbol{\nabla}_{0s} + \boldsymbol{F}_s^{(o)\mathrm{T}} \tag{31-45}$$

因此, 当前构形切平面内的单位张量 $\boldsymbol{I}$ 可以写为

$$\boldsymbol{I} = \boldsymbol{F}_s\boldsymbol{F}_s^{-1} = \boldsymbol{I}_0 + (\boldsymbol{F}_s^{(o)\mathrm{T}} + \boldsymbol{F}_s^{(o)}) \tag{31-46}$$

(31-46) 式表明, 即使在小变形情况下, 不同构形切平面内的单位张量并不相同, 两者相差变形梯度面外项. 亦即, 即使在小变形情况下, 当前构形切平面内的单位张量与变形相关, 即与变形前表面的曲率和表面的旋转有关.

将 (31-45) 式代入 $\boldsymbol{B}_s^{-1}$ 的定义中, 保留表面位移梯度一阶项, 有

$$\boldsymbol{B}_s^{-1} = \boldsymbol{F}_s^{-\mathrm{T}}\boldsymbol{F}_s^{-1} = \boldsymbol{I}_0 - 2\boldsymbol{E}_s + (\boldsymbol{F}_s^{(o)\mathrm{T}} + \boldsymbol{F}_s^{(o)}) \tag{31-47}$$

根据 (31-44)$'$、(31-46) 和 (31-47) 三式, 可得

$$\boldsymbol{E}_s = \boldsymbol{\varepsilon}_s \tag{31-48}$$

这意味着在小变形情况下, 即使不同构形切平面内的单位张量不同, 表面应变张量在位移梯度的一阶近似下是相等的.

在小变形情况下, (31-39) 式简化为

$$\widetilde{\boldsymbol{d}}_s = \dot{\boldsymbol{E}}_s + \frac{1}{2}(\dot{\boldsymbol{F}}_s^{(o)} + \dot{\boldsymbol{F}}_s^{(o)\mathrm{T}}) \tag{31-49}$$

式中, 表面 Green 应变率张量为

$$\dot{\boldsymbol{E}}_s = \frac{1}{2}\dot{\boldsymbol{C}}_s = \frac{1}{2}(\dot{\boldsymbol{u}}_0 \otimes \boldsymbol{\nabla}_{0s} + \boldsymbol{\nabla}_{0s} \otimes \dot{\boldsymbol{u}}_0) \tag{31-50}$$

相应地, 有如下关系:

$$\boldsymbol{d}_s = \dot{\boldsymbol{E}}_s \tag{31-51}$$

(31-51) 式表明不同变形率张量在小变形情况下是相同的.

31.2　小变形表面线弹性理论

31.2.1　表面弹性理论中的功共轭关系

表面 Cauchy 应力表征变形后表面上单位长度的力. 然而, 对于很多问题, 变形后的构形事先不知道, 因此采用表面 Cauchy 应力并不方便. 基于此, 将引进第一类和第二类表面 Piola-Kirchhoff 应力 (SPK1 和 SPK2), $\boldsymbol{P}_s$ 和 $\boldsymbol{T}_s$. 这两类应力表征在参考构形下表面上单位长度的力. 三种应力满足如下功共轭关系:

$$\dot{w}_s^0 = \mathrm{J}_{2s}\boldsymbol{\sigma}_s : \boldsymbol{d}_s = \boldsymbol{S}_s : \dot{\boldsymbol{F}}_s = \frac{1}{2}\boldsymbol{T}_s : \dot{\boldsymbol{C}}_s \tag{31-52}$$

其中, $w_s^0 = \mathrm{J}_{2s}\gamma$ 为参考构形下单位面积的表面应变能, $\mathrm{J}_{2s} = \det \boldsymbol{U}_s$ 为面积微元变形前后的面积比. (31-52) 式的证明如下:

在参考构形的标架下, $\boldsymbol{T}_s$、$\boldsymbol{F}_s$ 和 $\dot{\boldsymbol{F}}_s$ 的分量形式为

$$\begin{cases} \boldsymbol{T}_s = T_\beta^\alpha \boldsymbol{A}_\alpha \otimes \boldsymbol{A}^\beta \\ \boldsymbol{F}_s = F_\eta^\gamma \boldsymbol{A}_\gamma \otimes \boldsymbol{A}^\eta + F_\eta^3 \boldsymbol{N} \otimes \boldsymbol{A}^\eta \\ \dot{\boldsymbol{F}}_s = \dot{F}_\mu^\lambda \boldsymbol{A}_\lambda \otimes \boldsymbol{A}^\mu + \dot{F}_\mu^3 \boldsymbol{N} \otimes \boldsymbol{A}^\mu \end{cases} \tag{31-53}$$

给定不同应力度量之间如下关系

$$\begin{cases} \boldsymbol{P}_s = \boldsymbol{F}_s \boldsymbol{T}_s \\ \mathrm{J}_{2s}\boldsymbol{\sigma}_s = \boldsymbol{F}_s \boldsymbol{T}_s \boldsymbol{F}_s^{\mathrm{T}} \end{cases} \tag{31-54}$$

由 (31-40)、(31-42)、(31-53) 和 (31-54) 诸式, 可证得下式成立

$$\dot{w}_s^0 = \frac{1}{2}\boldsymbol{T}_s : \dot{\boldsymbol{C}}_s = \boldsymbol{P}_s : \dot{\boldsymbol{F}}_s = \mathrm{J}_{2s}\boldsymbol{\sigma}_s : \boldsymbol{d}_s = A_{\lambda\gamma}A^{\beta\eta}T_\beta^\mu F_\eta^\gamma \dot{F}_\mu^\lambda + A^{\beta\gamma}T_\beta^\lambda F_\gamma^3 \dot{F}_\lambda^3 \tag{31-55}$$

31.2.2　超弹性表面的本构关系

超弹性表面的应变能 γ 为 $\boldsymbol{U}_s$ (或 $\boldsymbol{C}_s$) 的函数. 对于各向同性表面, 表面应变能 γ 可以写为 $\boldsymbol{U}_s$ 的两个主不变量 J_{1s} (即 $\mathrm{tr}\boldsymbol{U}_s$) 和 J_{2s} 的函数. 则在 Lagrange 描述下, 表面的本构关系可以表示为[12,13]:

$$\boldsymbol{T}_s = 2\frac{\partial(\mathrm{J}_{2s}\gamma)}{\partial \boldsymbol{C}_s} \tag{31-56}$$

其与 SPK1 $\boldsymbol{P}_s$ 和表面 Cauchy 应力 $\boldsymbol{\sigma}_s$ 的关系为

$$\boldsymbol{P}_s = \boldsymbol{F}_s \boldsymbol{T}_s, \quad \boldsymbol{\sigma}_s = \frac{1}{\mathrm{J}_{2s}} \boldsymbol{F}_s \boldsymbol{T}_s \boldsymbol{F}_s^{\mathrm{T}} \tag{31-57}$$

小变形情况下, J_{1s} 和 J_{2s} 可近似表示为

$$\mathrm{J}_{1s} = 2 + \mathrm{tr}\boldsymbol{E}_s, \quad \mathrm{J}_{2s} = 1 + \mathrm{tr}\boldsymbol{E}_s + \det \boldsymbol{E}_s \tag{31-58}$$

相应地, 表面应变能 γ 可表示为如下级数形式[13,29]

$$\begin{aligned}\gamma = {} & \gamma_0 + \gamma_1(\mathrm{J}_{1s} - 2) + \gamma_2(\mathrm{J}_{2s} - 1) + \frac{1}{2}\gamma_{11}(\mathrm{J}_{1s} - 2)^2 + \gamma_{12}(\mathrm{J}_{1s} - 2)(\mathrm{J}_{2s} - 1) \\ & + \frac{1}{2}\gamma_{22}(\mathrm{J}_{2s} - 1)^2 + \cdots \end{aligned} \tag{31-59}$$

利用 (31-56)~(31-59) 式, 并且略去表面位移梯度的高阶小量, 有

$$\boldsymbol{T}_s = \gamma_0^* \boldsymbol{I}_0 + (\gamma_0^* + \gamma_1^*)(\mathrm{tr}\boldsymbol{E}_s)\boldsymbol{I}_0 + (\gamma_1 - 2\gamma_0^*)\boldsymbol{E}_s \tag{31-60}$$

式中,

$$\gamma_0^* = \gamma_0 + \gamma_1 + \gamma_2, \quad \gamma_1^* = \gamma_1 + 2\gamma_2 + \gamma_{11} + 2\gamma_{12} + \gamma_{22} \tag{31-61}$$

(31-59) 式中的表面能 γ_0, (31-60) 和 (31-61) 两式中的表面残余应力 (即表面张力) γ_0^*, 表面弹性系数 γ_1^* 和 γ_1 为固体的内禀材料参数[11,15]. 热动力学稳定性要求表面能 γ_0 为正. 然而, 表面张力 γ_0^*、表面弹性系数 γ_1^* 和 γ_1 的值依赖于表面原子的分布情况, 可能为正也可能为负[15]. 上述表面参数可以通过 MD 计算得到. 对于表面能 γ_0 的计算, 选取两个模型: 一个为从体材料中截取出来的薄膜模型, 其在 X–Y 平面内具有周期边界条件; 另一个为同样的薄膜模型, 但在三个坐标轴方向上都具有周期边界条件; 令两个系统弛豫平衡, 模型一的总能量记为 E_1, 模型二的总能量记为 E_2, 薄膜的表面面积为 S, 则表面能为 $\gamma_0 = (E_1 - E_2)/(2S)$. 在 X–Y 平面内弹性双轴拉伸两种薄膜模型, 可计算表面应变能 γ 的 (31-59) 式中的相应系数, 进一步可确定表面张力和表面弹性系数.

在 Lagrange 描述下, SPK1 $\boldsymbol{P}_s$ 为[13]

$$\boldsymbol{P}_s = \gamma_0^* \boldsymbol{I}_0 + (\gamma_0^* + \gamma_1^*)(\mathrm{tr}\boldsymbol{E}_s)\boldsymbol{I}_0 - \gamma_0^*(\boldsymbol{\nabla}_{0s} \otimes \boldsymbol{u}_0) + \gamma_1 \boldsymbol{E}_s + \gamma_0^* \boldsymbol{F}_s^{(o)} \tag{31-62}$$

式中, 右端的最后一项与表面变形梯度的面外项相关.

在 Euler 描述下, 表面的应力与应变关系为

$$\boldsymbol{\sigma}_s = \gamma_0^* \boldsymbol{I} + \gamma_1^*(\mathrm{tr}\boldsymbol{\varepsilon}_s)\boldsymbol{I} + \gamma_1 \boldsymbol{\varepsilon}_s \tag{31-63}$$

利用 (31-63) 和 (31-48) 两式, (31-63) 式在参考构形的标架下可以表示为

$$\boldsymbol{\sigma}_s = \gamma_0^* \boldsymbol{I}_0 + \gamma_1^* (\mathrm{tr}\boldsymbol{E}_s)\boldsymbol{I}_0 + \gamma_1 \boldsymbol{E}_s + \gamma_0^* (\boldsymbol{F}_s^{(o)} + \boldsymbol{F}_s^{(o)\mathrm{T}}) \tag{31-64}$$

(31-64) 式阐明, 由于不同构形单位张量的不同, 当表面 Cauchy 应力在参考构形的标架下给出时, 其存在表面变形梯度的面外项, 这些面外项与参考构形表面的曲率和表面的旋转有关. 因此, 即使在小变形的情况下, 对于表面 Cauchy 应力的描述方式需要区分参考构形和当前构形. 一些发表的文献不区分这两种构形, 从而忽略了表面变形梯度的面外项.

此外, 综合比较 (31-60)~(31-64) 诸式能够发现, 由于表面残余应力的存在, 即使在小变形情况不同表面应力张量并不相同.

31.3　具有残余应力场的体相的弹性理论

由于与体相内部原子的键合环境不同, 表面及其附近原子的配位数减少, 配位数不足导致表面将承受残余应力, 即表面张力. 为了保持平衡, 即使没有外部载荷作用情况下, 表面张力将在体相内部诱导残余应力场.

31.3.1　广义 Young-Laplace 方程

广义 Young-Laplace 方程用来描述表面的力学平衡. 文献 [12,13] 利用能量泛函的变分原理进行了推导, 其 Lagrange 描述形式为

$$\begin{cases} \boldsymbol{N}\cdot[\![\boldsymbol{P}]\!]\boldsymbol{N} = -(\boldsymbol{P}_s^{(\mathrm{in})}) : \boldsymbol{b}_0 - [\boldsymbol{N}\cdot(\boldsymbol{P}_s^{(\mathrm{ou})})]\cdot\boldsymbol{\nabla}_{0s} \\ \boldsymbol{\mathcal{P}}_0[\![\boldsymbol{P}]\!]\boldsymbol{N} = -(\boldsymbol{P}_s^{(\mathrm{in})})\cdot\boldsymbol{\nabla}_{0s} + [\boldsymbol{N}(\boldsymbol{P}_s^{(\mathrm{ou})})\boldsymbol{b}_0] \end{cases} \tag{31-65}$$

式中, $[\![\boldsymbol{P}]\!]$ 表示体相应力 $\boldsymbol{P}$ 通过表面 A_0 的间断, $\boldsymbol{P}_s^{(\mathrm{in})}$ 和 $\boldsymbol{P}_s^{(\mathrm{ou})}$ 分别为表面应力的面内和面外部分. 对于切平面内任意矢量 $\boldsymbol{V}_0 = V_0^\alpha \boldsymbol{A}_\alpha$, 算符 $\boldsymbol{\nabla}_{0s}$ 定义为 $\boldsymbol{V}_0\cdot\boldsymbol{\nabla}_{0s} = V_0^\alpha\big|_\alpha$.

广义 Young-Laplace 方程的 Euler 描述形式为[12]

$$\begin{cases} \boldsymbol{n}\cdot[\![\boldsymbol{\sigma}]\!]\boldsymbol{n} = -\boldsymbol{\sigma}_s : \boldsymbol{b} \\ \boldsymbol{\mathcal{P}}[\![\boldsymbol{\sigma}]\!]\boldsymbol{n} = -\boldsymbol{\sigma}_s\cdot\boldsymbol{\nabla}_s \end{cases} \tag{31-66}$$

其中, $\boldsymbol{\mathcal{P}} = \boldsymbol{1} - \boldsymbol{n}\otimes\boldsymbol{n}$ 为将三维空间矢量映射为当前构形切平面矢量的投影张量, $\boldsymbol{\mathcal{P}}_0 = \boldsymbol{1} - \boldsymbol{N}\otimes\boldsymbol{N}$ 为将三维空间矢量映射为参考构形切平面矢量的投影张量, $\boldsymbol{1}$ 为三维欧氏空间的单位张量. $\boldsymbol{\sigma}$ 为体相材料的 Cauchy 应力, $[\![\boldsymbol{\sigma}]\!]$ 为应力 $\boldsymbol{\sigma}$ 通过

表面 A 的间断. 对于切平面内任意二阶张量 $\boldsymbol{v} = v^{\alpha\beta}\boldsymbol{a}_\alpha \otimes \boldsymbol{a}_\beta$, 算符 $\boldsymbol{\nabla}_s$ 定义为 $\boldsymbol{v}\cdot\boldsymbol{\nabla}_s = v^{\alpha\beta}\|_\beta$.

31.3.2 体相内残余应力的确定

在没有外部载荷作用的参考构形, 根据 31.3.1 节给出的描述表面力学平衡的广义 Young-Laplace 方程, 表面张力的存在将诱导一个作用在纳米结构材料体相边界上的非经典面力边界条件. 此边界条件以及体相所满足的经典弹性理论构成确定体相内部残余应力场的封闭方程组[12,21].

由 Young-Laplace 方程, 且注意在参考构形各向同性表面张力为 $\boldsymbol{\sigma}_s = \gamma_0^*\boldsymbol{I}_0$, 则在体相内部的残余应力场 $\boldsymbol{T}_R$ 应满足[12]

$$\boldsymbol{T}_R\cdot\boldsymbol{\nabla} = \boldsymbol{0} \quad (\text{体相内部}) \tag{31-67}$$

$$\begin{cases} \boldsymbol{N}\cdot[\![\boldsymbol{T}_R]\!]\boldsymbol{N} = -\gamma_0^*\boldsymbol{I}_0 : \boldsymbol{b}_0 \\ \boldsymbol{\mathcal{P}}_0[\![\boldsymbol{T}_R]\!]\boldsymbol{N} = -\boldsymbol{\nabla}_{0s}\gamma_0^* \end{cases} \quad (\text{表面上}) \tag{31-68}$$

31.3.3 具有残余应力场的体相的弹性理论

在参考构形下, 表面张力所诱导的体相内部的应力场被称为残余应力场. 因此, 在外部载荷的作用下, 体相材料将从残余应力状态开始变形. 但是, 在已有的纳米结构力学性能研究中, 通常采用经典的 Hooke 定律来描述体相材料的弹性响应, 而忽略了体相内部残余应力的影响.

下面给出具有残余应力场的线性本构关系[30]

$$\boldsymbol{P} = \boldsymbol{T}_R + \boldsymbol{H}\,\boldsymbol{T}_R - \frac{1}{2}(\boldsymbol{E}\,\boldsymbol{T}_R + \boldsymbol{T}_R\,\boldsymbol{E}) + \boldsymbol{L}(\boldsymbol{E}) \tag{31-69}$$

其中, $\boldsymbol{P}$ 为第一类 Piola-Kirchhoff 应力 (PK1), $\boldsymbol{T}_R$ 为无外载时的残余应力场, $\boldsymbol{H}$ 为相对于参考构形的位移梯度, $\boldsymbol{E}$ 为线性应变即 $\boldsymbol{H}$ 的对称部分, $\boldsymbol{L}(\boldsymbol{E})$ 为增量弹性张量.

相应地, Cauchy 应力可以写为[30]

$$\boldsymbol{\sigma} = \boldsymbol{T}_R + \boldsymbol{W}\,\boldsymbol{T}_R - \boldsymbol{T}_R\boldsymbol{W} + \frac{1}{2}(\boldsymbol{E}\,\boldsymbol{T}_R + \boldsymbol{T}_R\boldsymbol{E}) - (\mathrm{tr}\boldsymbol{E})\boldsymbol{T}_R + \boldsymbol{L}(\boldsymbol{E}) \tag{31-70}$$

式中, $\boldsymbol{W} = \dfrac{1}{2}(\boldsymbol{H} - \boldsymbol{H}^{\mathrm{T}})$ 为小变形时的旋率张量. 为简便, $\boldsymbol{L}(\boldsymbol{E})$ 取为 $\lambda(\mathrm{tr}\boldsymbol{E})\boldsymbol{1} + 2\mu\boldsymbol{E}$, 其中, λ 和 μ 为材料的 Lamé 弹性常数[30].

31.4　表面弹性本构关系在一维纳米结构弹性分析中的应用

鉴于一维纳米线/梁独特的力学特性, 众多研究人员分别从原子模拟[31,32] 和理论分析[15,23,24,33,34] 等方面开展研究; 结果表明表面效应对纳米线的表观弹性模量或刚度有显著影响. 已有的理论分析通常采用 Euler 描述的表面弹性模型来阐述表面效应, 不考虑其在参考构形和当前构形下表述形式的区别, 忽略表面应力的面外项以及体相内部残余应力的影响. 本节将考虑这些因素对纳米线纯弯曲时有效模量的影响. 假设纳米线为各向同性线弹性材料, 纳米线的几何形状以及坐标系详请见图 31.2, l、h 和 b 分别为纳米线在参考构形时的长、高和宽.

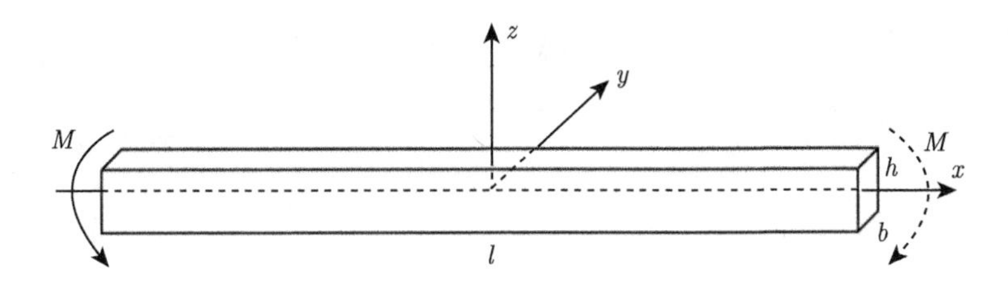

图 31.2　纳米线的纯弯曲

31.4.1　纳米线体相内的残余应力场

关于纳米线内的残余应力场的求解, 首先分析横截面内的残余应力场. 对于如图 31.3(a) 所示的方形截面, 可用半径为 r 圆角矩形来代替, 如图 31.3(b) 所示. 下面以 A 点处的 1/4 圆柱为例进行分析. 在参考构形, 圆柱表面上存在表面张力 γ_0^*, 则由广义 Young-Laplace 方程, 在圆柱体相材料的圆弧面上作用有均匀压力 p, 其大小等于 γ_0^*/r, 如图 31.3(c) 所示. 为了平衡, 在圆柱体相截面上需作用大小分别为 F_x 和 F_y 的合力; 容易求得 F_x 和 F_y 的大小相等, 值为 γ_0^*, 如图 31.3(c). F_x 和 F_y 的大小与半径 r 无关, 则令 r 趋于 0, 圆角截面趋于真实的纳米线截面. 因此, 纳米线的体相材料在截面的顶角 A 点处受压力 F_x 和 F_y 的作用, 如图 31.3(a), 其他顶角处作用的力可以用相同的办法得到. 利用有限元分析, Gurtin 和 Murdoch 求解了体相内非均匀分布的残余应力场[21]. 为了研究体相内残余应力对纳米线有效杨氏模量的影响, 可基于等效作用原理将体相内非均匀分布的应力场进行简化. 首先假设残余应力场非均匀分布的范围很小, 仅仅分布在顶角附近; 远离顶角处的应力均匀分布; 则根据力平衡, 很容易得到体相 $A'A'$ 截面上的应力为 $\widehat{T}_{yy}=-2\gamma_0^*/h$, 其沿着厚度均匀分布、大小与厚度成反比. 同理, 可以求得其他方向上体相的残余应力场为

$$\widehat{T}_{ij}=\boldsymbol{e}_i\boldsymbol{T}_R\boldsymbol{e}_j=\begin{bmatrix}-2\gamma_0^*\left(\dfrac{1}{b}+\dfrac{1}{h}\right) & 0 & 0\\ 0 & -\dfrac{2\gamma_0^*}{h} & 0\\ 0 & 0 & -\dfrac{2\gamma_0^*}{b}\end{bmatrix} \tag{31-71}$$

其中, $i,j=x,y,z$, $\boldsymbol{e}_i$ 为正交单位矢量.

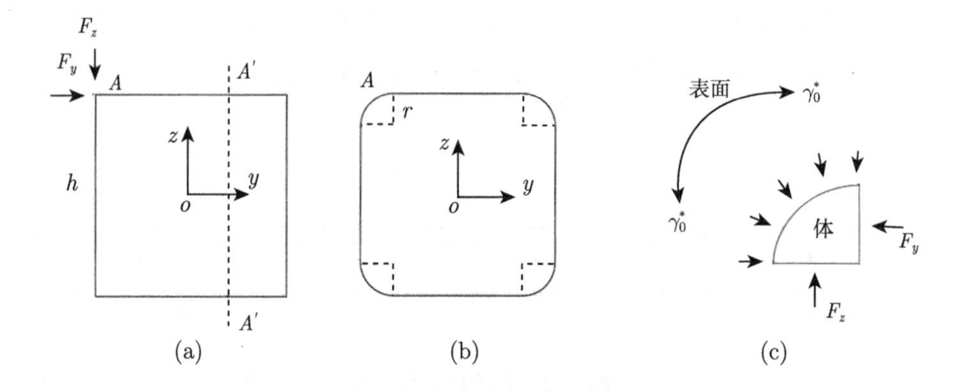

图 31.3　纳米线横截面的受力情况

31.4.2　纳米线纯弯曲时的有效杨氏模量

令纳米线弯曲过程中平截面假设成立, 且表面与体相具有相同的 Poisson 比. 根据弹性理论[35], 纳米线纯弯曲可以采用如下的位移模式

$$u_x=\frac{xz}{R},\quad u_y=-\nu\frac{yz}{R},\quad u_z=-\frac{1}{2R}[x^2+\nu(z^2-y^2)] \tag{31-72}$$

式中, ν 为 Poisson 比, R 为弯曲后中面的曲率半径.

体相材料位移梯度的分量为

$$H_{ij}=\boldsymbol{e}_i\cdot\boldsymbol{H}\boldsymbol{e}_j=\begin{bmatrix}\dfrac{z}{R} & 0 & \dfrac{x}{R}\\ 0 & -\nu\dfrac{z}{R} & -\nu\dfrac{y}{R}\\ -\dfrac{x}{R} & \nu\dfrac{y}{R} & -\nu\dfrac{z}{R}\end{bmatrix} \tag{31-73}$$

线性应变为

$$E_{ij}=\boldsymbol{e}_i\cdot\left(\frac{\boldsymbol{H}+\boldsymbol{H}^{\mathrm{T}}}{2}\right)\boldsymbol{e}_j=\begin{bmatrix}\dfrac{z}{R} & 0 & 0\\ 0 & -\nu\dfrac{z}{R} & 0\\ 0 & 0 & -\nu\dfrac{z}{R}\end{bmatrix} \tag{31-74}$$

将 (31-71)、(31-73) 和 (31-74) 诸式代入 (31-69) 式, 得到体相材料应力分量为

$$P_{ij}=\boldsymbol{e}_i\cdot\boldsymbol{S}\boldsymbol{e}_j=\begin{bmatrix}\widehat{T}_{11}+E\dfrac{z}{R} & 0 & \widehat{T}_{33}\dfrac{x}{R}\\ 0 & \widehat{T}_{22} & -\widehat{T}_{33}\dfrac{\nu y}{R}\\ -\widehat{T}_{11}\dfrac{x}{R} & \widehat{T}_{22}\dfrac{\nu y}{R} & \widehat{T}_{33}\end{bmatrix} \tag{31-75}$$

式中, E 为体相材料的杨氏模量.

对于纳米线上、下表面 $(x,y,\pm h/2)$, 表面位移梯度 $\boldsymbol{H}^s=\boldsymbol{F}_s-\boldsymbol{I}_0$ 的分量形式为

$$H^s_{i\alpha}=\boldsymbol{e}_i\cdot\boldsymbol{H}^s\boldsymbol{e}_\alpha=\begin{bmatrix}\dfrac{1}{R}\left(\pm\dfrac{h}{2}\right) & 0\\ 0 & -\dfrac{\nu}{R}\left(\pm\dfrac{h}{2}\right)\\ -\dfrac{x}{R} & \nu\dfrac{y}{R}\end{bmatrix} \tag{31-76}$$

式中, $\alpha=x,y$, 符号 “$\pm$” 分别表示 “上表面” 和 “下表面”. 因此, 表面应变分量为

$$E^s_{\alpha\beta}=\boldsymbol{e}_\alpha\cdot\left(\frac{\boldsymbol{H}^s+\boldsymbol{H}^{s\mathrm{T}}}{2}\right)\boldsymbol{e}_\beta=\begin{bmatrix}\dfrac{1}{R}\left(\pm\dfrac{h}{2}\right) & 0\\ 0 & -\dfrac{\nu}{R}\left(\pm\dfrac{h}{2}\right)\end{bmatrix} \tag{31-77}$$

将 (31-76) 和 (31-77) 两式代入 (31-62) 式, 得到上、下表面的表面应力分量为

$$P^s_{i\alpha}=\boldsymbol{e}_i\cdot\boldsymbol{S}^s\boldsymbol{e}_\alpha=\begin{bmatrix}\gamma_0^*+E_s\dfrac{1}{R}\left(\pm\dfrac{h}{2}\right) & 0\\ 0 & \gamma_0^*\\ -\gamma_0^*\dfrac{x}{R} & \gamma_0^*\nu\dfrac{y}{R}\end{bmatrix} \tag{31-78}$$

式中, 表面 Poisson 比 $\nu=(\gamma_0^*+\gamma_1^*)/(\gamma_1^*+\gamma_1)$, 以及表面杨氏模量 $E_s=\gamma_1^*+\gamma_1-(\gamma_0^*+\gamma_1^*)^2/(\gamma_1^*+\gamma_1)$ 被用来简化 P^s_{xx} 和 P^s_{yy} 的表示形式. 下面给出表面 Poisson 比和表面杨氏模量的推导过程.

31.4.3　表面 Poisson 比和表面杨氏模量的确定

纳米线在参考构形具有残余应力场 (31-71) 式. 假设在单向拉伸过程中, 表面与体内材料具有相同的 Poisson 比 ν, 则在单向拉伸过程表面与体内材料的横向残余应力保持不变.

1) 单向拉伸的变形分析

从参考构形到当前构形的位移模式为

$$u_x = \varepsilon x, \quad u_y = -\nu\varepsilon y, \quad u_z = -\nu\varepsilon z \tag{31-79}$$

则, 体内位移梯度 $\boldsymbol{H}$ (即 $\boldsymbol{u}\otimes\boldsymbol{\nabla}$) 和应变 $\boldsymbol{E}$ 相等

$$H_{ij} = E_{ij} = \begin{bmatrix} \varepsilon & 0 & 0 \\ 0 & -\nu\varepsilon & 0 \\ 0 & 0 & -\nu\varepsilon \end{bmatrix} \tag{31-80}$$

纳米线上、下表面的表面位移梯度 $\boldsymbol{H}^{S(UL)}$ 和表面应变 $\boldsymbol{E}^{S(UL)}$ 也相等

$$H_{\alpha\beta}^{S(UL)} = E_{\alpha\beta}^{S(UL)} = \begin{bmatrix} \varepsilon & 0 \\ 0 & -\nu\varepsilon \end{bmatrix} \tag{31-81}$$

式中, $\alpha,\beta = x, y$. 前后表面的表面位移梯度 $\boldsymbol{H}^{S(AP)}$ 和表面应变 $\boldsymbol{E}^{S(AP)}$ 与上下表面相似

$$H_{\alpha\beta}^{S(AP)} = E_{\alpha\beta}^{S(AP)} = \begin{bmatrix} \varepsilon & 0 \\ 0 & -\nu\varepsilon \end{bmatrix} \tag{31-82}$$

其中, $\alpha,\beta = x, z$.

2) 确定表面 Poisson 比和表面杨氏模量

把 (31-80) 式代入 (31-69) 式, 得体内应力为

$$P_{ij} = \begin{bmatrix} \widehat{T}_{xx}+[\lambda(1-2\nu)+2\mu]\varepsilon & 0 & 0 \\ 0 & \widehat{T}_{yy}+[\lambda(1-2\nu)-2\mu\nu]\varepsilon & 0 \\ 0 & 0 & \widehat{T}_{zz}+[\lambda(1-2\nu)-2\mu\nu]\varepsilon \end{bmatrix} \tag{31-83}$$

将 Lamé 常数 λ、μ 用杨氏模量 E 和 Poisson 比 ν 表示, 得

$$P_{ij}=\begin{bmatrix}\widehat{T}_{xx}+E\varepsilon & 0 & 0\\ 0 & \widehat{T}_{yy} & 0\\ 0 & 0 & \widehat{T}_{zz}\end{bmatrix}\tag{31-84}$$

将 (31-81) 式代入 (31-62) 式, 得纳米线上、下表面的表面应力为

$$P_{\alpha\beta}^{S(UL)}=\begin{bmatrix}\gamma_0^*+(\gamma_0^*+\gamma_1^*)(1-\nu)\varepsilon+(\gamma_1-\gamma_0^*)\varepsilon & 0\\ 0 & \gamma_0^*+(\gamma_0^*+\gamma_1^*)(1-\nu)\varepsilon-(\gamma_1-\gamma_0^*)\nu\varepsilon\end{bmatrix}\tag{31-85}$$

为了保持截面 $y=y_0$ 上力平衡, 则

$$hl\cdot P_{yy}+2l\cdot P_{yy}^{S(UL)}=0\tag{31-86}$$

即

$$hl\cdot\widehat{T}_{yy}+2l\cdot[\gamma_0^*+(\gamma_0^*+\gamma_1^*)(1-\nu)\varepsilon-(\gamma_1-\gamma_0^*)\nu\varepsilon]=0\tag{31-87}$$

由 (31-87) 式及 (31-71) 式, Poisson 比用表面材料常数表示为

$$\nu=\frac{\gamma_0^*+\gamma_1^*}{\gamma_1+\gamma_1^*}\tag{31-88}$$

将其代入 $P_{xx}^{S(UL)}$ 中, 进一步把上表面的表面应力分量 $P_{xx}^{S(UP)}$ 表示为

$$P_{xx}^{S(UP)}=\gamma_0^*+E_s\varepsilon\tag{31-89}$$

式中, E_s 为表面杨氏模量

$$E_s=(\gamma_1^*+\gamma_1)-(\gamma_0^*+\gamma_1^*)\nu=(\gamma_1^*+\gamma_1)-\frac{(\gamma_0^*+\gamma_1^*)^2}{\gamma_1+\gamma_1^*}\tag{31-90}$$

31.4.4　纳米线纯弯曲时有效杨氏模量的表达式和分析

对于纳米线的前、后表面 $(x,\pm b/2,z)$, 表面位移梯度的分量为

$$H_{i\alpha}^s=\boldsymbol{e}_i\cdot\boldsymbol{H}^s\boldsymbol{e}_\alpha=\begin{bmatrix}\dfrac{z}{R} & \dfrac{x}{R}\\ 0 & -\dfrac{\nu}{R}(\pm\dfrac{b}{2})\\ -\dfrac{x}{R} & -\nu\dfrac{z}{R}\end{bmatrix}\tag{31-91}$$

其中, $\alpha=x,z$, 符号 "±" 分别表示 "前表面" 和 "后表面". 因此, 有

$$E^s_{\alpha\beta}=\boldsymbol{e}_\alpha\cdot\left(\frac{\boldsymbol{H}^s+\boldsymbol{H}^{s\mathrm{T}}}{2}\right)\boldsymbol{e}_\beta=\begin{bmatrix}\dfrac{z}{R} & 0\\ 0 & -\nu\dfrac{z}{R}\end{bmatrix}\tag{31-92}$$

将 (31-91) 和 (31-92) 两式代入 (31-62) 式, 得

$$P^s_{i\alpha}=\boldsymbol{e}_i\cdot\boldsymbol{S}^s\boldsymbol{e}_\alpha=\begin{bmatrix}\gamma_0^*+E_s\dfrac{z}{R} & \gamma_0^*\dfrac{x}{R}\\ 0 & -\gamma_0^*\dfrac{\nu}{R}\left(\pm\dfrac{b}{2}\right)\\ -\gamma_0^*\dfrac{x}{R} & \gamma_0^*\end{bmatrix}\tag{31-93}$$

下面采用虚功原理求解纳米线纯弯曲时的有效杨氏模量. 给定纯弯曲时几何允许的位移增量 $(\dot{H}_{ij},\dot{H}^s_{i\alpha})$, 相应的虚功原理可以表示为

$$M\cdot\dot{\kappa}l=\dot{U}_B+\dot{U}_S^{UL}+\dot{U}_S^{AP}\tag{31-94}$$

其中, M 为弯矩, $\dot{\kappa}$ 为中面曲率的改变, $\dot{U}_B$、$\dot{U}_S^{UL}$ 和 $\dot{U}_S^{AP}$ 分别为体相、上下表面和前后表面的虚应变能:

$$\left\{\begin{aligned}\dot{U}_B&=\int_{-\frac{l}{2}}^{\frac{l}{2}}\int_{-\frac{b}{2}}^{\frac{b}{2}}\int_{-\frac{h}{2}}^{\frac{h}{2}}S_{ij}\dot{H}_{ij}\mathrm{d}z\mathrm{d}y\mathrm{d}x\\&=l\dot{\kappa}\frac{I}{R}\left[E+\left(\widehat{T}_{11}+\widehat{T}_{33}\right)\left(\frac{l}{h}\right)^2+(\widehat{T}_{22}+\widehat{T}_{33})\nu^2\left(\frac{b}{h}\right)^2\right]\\\dot{U}_S^{UL}&=\int_{-\frac{l}{2}}^{\frac{l}{2}}\int_{-\frac{b}{2}}^{\frac{b}{2}}S^s_{i\alpha}\dot{H}^s_{i\alpha}\mathrm{d}y\mathrm{d}x=l\dot{\kappa}\frac{I}{R}\left[6\frac{E_s}{h}+2\frac{\gamma_0^*}{h}\left(\frac{l}{h}\right)^2+2\frac{\gamma_0^*}{h}\nu^2\left(\frac{b}{h}\right)^2\right]\\\dot{U}_S^{AP}&=\int_{-\frac{l}{2}}^{\frac{l}{2}}\int_{-\frac{h}{2}}^{\frac{h}{2}}S^s_{i\alpha}\dot{H}^s_{i\alpha}\mathrm{d}z\mathrm{d}x=l\dot{\kappa}\frac{I}{R}\left[2\frac{E_s}{b}+2\frac{\gamma_0^*}{b}\left(\frac{l}{h}\right)^2+6\frac{\gamma_0^*}{b}\nu^2\left(\frac{b}{h}\right)^2\right]\end{aligned}\right.\tag{31-95}$$

式中, $I=bh^3/12$ 为截面惯性矩.

由 (31-71)、(31-94) 和 (31-95) 诸式, 得到弯矩为

$$M=\frac{I}{R}E'\tag{31-96}$$

式中,

$$E'=E+6\frac{E_s}{h}+2\frac{E_s}{b}+2\frac{\gamma_0^*}{b}\left[2\nu^2\left(\frac{b}{h}\right)^2-\left(\frac{l}{h}\right)^2\right]\tag{31-97}$$

为纳米线纯弯曲时的有效杨氏模量. (31-97) 式阐明 E' 与表面参数和纳米线的几何尺寸有关. Cuenot 等[22] 的实验研究和 Park 等[36] 数值模拟结果表明若考虑表面应力的影响, 真实纳米线的有效杨氏模量很强地依赖于边界条件和几何条件. Park

等[36] 进一步指出对于单晶金纳米线, 固定/自由端部情况的有效杨氏模量随着纳米线厚度的降低或长细比的增加而降低. 然而, 固定/固定端部情况有效杨氏模量随着厚度的降低或长细比的增加而增加. 这是由于固定/固定边界条件限制了纳米线在表面应力作用下轴向自由弛豫, 而固定/自由端部条件则允许其自由变形. 与固定/自由端部条件情况相似, 本章所研究的纳米线纯弯曲时其轴向可以在表面张力作用下自由弛豫. 当表面张力为正, (31-97) 式所给出的有效杨氏模量随着厚度的增加或长细比的增大而减小, 其变化趋势与 Park 等[36] 模拟固定/自由端部情况相同.

对于截面为方形的纳米线 ($l \ll h,\ h = b$), 有效杨氏模量可以简化为

$$E' \approx E + 8\frac{E_s}{h} + 2\frac{\gamma_0^*}{h}\left[2\nu^2 - \left(\frac{l}{h}\right)^2\right] \tag{31-98}$$

通过忽略表面张力 γ_0^* 的影响, (31-98) 式退化为 Miller 和 Shenoy 的结果[15]. 纯弯曲时, 杨氏模量的相对改变 $(E' - E)/E$ 为纳米线厚度 h 和长细比的函数.

图 31.4 为不同长细比铝纳米线的 $(E' - E)/E$ 随其厚度变化的关系, 其中材料参数 $E_s/E = -0.9298$ Å、$\gamma_0^*/E = 0.06675$ Å 和 $\nu = 0.3$ 取自 Miller 和 Shenoy 的论文[15]. 纯弯曲时, 铝纳米线的有效杨氏模量受表面应力和几何条件影响很大, 随着厚度的减小或长细比的增加而减小, 其变化趋势与 Park 等[36] 模拟金纳米线固

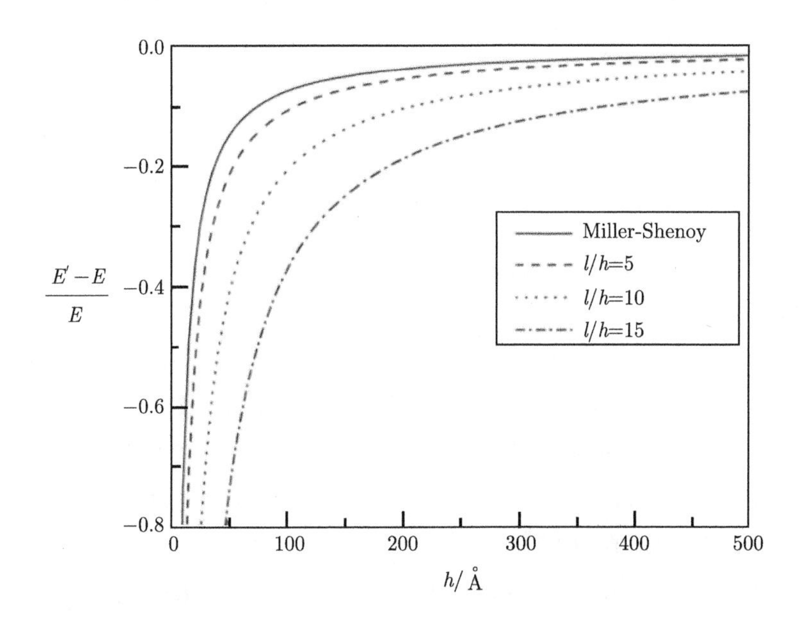

图 31.4　铝纳米线纯弯曲时无量纲化的有效杨氏模量改变与厚度和长细比的关系

定/自由端部情况相同.

31.5 本章小结

本章基于考虑表面弹性的连续介质模型, 研究了表面应力以及表面张力所诱导的体相内部残余应力场对纳米结构材料力学行为影响.

表面弹性方面, 阐明了小变形情况下 Lagrange 和 Euler 描述的不同: 指出即使在小变形情况下, 参考构形切平面内的单位张量与当前构形的不同; 若 Euler 描述的表面弹性模型在参考构形的标架下给出, 表面 Cauchy 应力存在面外应力分量, 其与表面的初始曲率和旋转有关.

体相材料的弹性理论方面, 指出即使没有外部载荷作用的参考构形, 表面张力将在体相材料内部诱导一个残余应力场; 因而纳米结构材料力学行为分析中, 应当采用具有初始残余应力场的本构来描述体相材料的力学行为.

最后, 铝纳米线纯弯曲的等效杨氏模量分析表明, 其不仅与纳米线的厚度有关, 而且与纳米线的长细比有关.

思考题

31.1　比较三维体相材料功的共轭关系 (7-10) 式或 (7-11) 式和二维表面功的共轭关系 (31-52) 或 (31-55) 式的异同点.

31.2　低维纳米结构材料会在表面张力诱导出的体相压缩残余应力的作用下发生自屈曲[37], 进一步了解失稳结构参数和表面张力的关系.

31.3　大作业: 针对表面应力、曲率、力–化耦合等效应[38–43] 在锂离子电池中的应用开展一次系统的文献调研.

31.4　大作业: 微小液滴一般被认为介于流体和固体之间, 因而可在疏水表面弹跳[13].

问题:

(1) 微小液滴的 “等效弹性模量” 的量级为液滴的表面张力除以液滴的特征尺度[46], 也就是其 Laplace 压强. 这样估算液滴弹性模量的依据是什么?

(2) 超疏水表面的两个小液滴合并后会发生自发弹跳[47], 其原因是什么?

31.5　大作业: 表面能的本质是电磁相互作用[48]. 问题: 如何从Thomas-Fermi 模型出发[48], 理解纳米固体表面能的曲率依赖特性?

31.6　大作业: 对弹性毛细 (elasto-capillarity, EC) 和电弹性毛细 (electro-elasto-capillarity, EEC)[13] 的机理进行系统的调研.

参考文献

[1] Bechstedt F. Principles of Surface Physics. Berlin: Springer-Verlag, 2003.

[2] Gibbs J W. On the equilibrium of heterogeneous substances. In: The Scientific Papers of J. Willard Gibbs. Volume 1: Thermodynamics. New York: Dover, pp. 55–353, 1961.

[3] Cammarata R C, Sieradzki K. Effects of surface stress on the elastic moduli of thin films and superlattices. Physical Review Letters, 1989, 62: 2005–2008.

[4] Carel R, Thompson C V, Frost H J. Computer simulation of strain energy effects vs surface and interface energy effects on grain growth in thin films. Acta Materialia, 1996, 44: 2479–2494.

[5] Shuttleworth R. The surface tension of solids. Proceedings of the Physical Society Series A, 1950, 63: 444–457.

[6] Nix W D, Gao H J. An atomistic interpretation of interface stress. Scripta Materialia, 1998, 39: 1653–1661.

[7] Gurtin M E, Murdoch A I. A continuum theory of elastic material surfaces. Archive for Rational Mechanics and Analysis, 1975, 57: 291–323.

[8] Murdoch A I. Some fundamental aspects of surface modelling. Journal of Elasticity, 2005, 80: 33–52.

[9] Steigmann D J. Elastic surface-substrate interactions. Proceedings of the Royal Society A, 1999, 455: 437–474.

[10] Steigmann D J, Ogden R W. Plane deformations of elastic solids with intrinsic boundary elasticity. Proceedings of the Royal Society A, 1997, 453: 853–877.

[11] Dingreville R, Qu J M. Interfacial excess energy, excess stress and excess strain in elastic solids: Planar interfaces. Journal of the Mechanics and Physics of Solids, 2008, 56: 1944–1954.

[12] Huang Z P, Wang J. A theory of hyperelasticity of multi-phase media with surface/interface energy effect. Acta Mechanica, 2006, 182: 195–210.

[13] 赵亚溥. 表面与界面物理力学. 北京: 科学出版社, 2012.

[14] Murdoch A I. Wrinkling induced by surface stress at boundary of an infinite circular-cylinder. International Journal of Engineering Science, 1978, 16: 131–137.

[15] Miller R E, Shenoy V B. Size-dependent elastic properties of nanosized structural elements. Nanotechnology, 2000, 11: 139–147.

[16] Lu P, Lee H P, Lu C, O'Shea S J. Surface stress effects on the resonance properties of cantilever sensors. Physical Review B, 2005, 72: 85405.

[17] Guo J G, Zhao Y P. The size-dependent elastic properties of nanofilms with surface effects. Journal of Applied Physics, 2005, 98: 074306.

[18] Guo J G, Zhao Y P. The size-dependent bending elastic properties of nanobeams with surface effects. Nanotechnology, 2007, 18: 295701.

[19] Sharma P, Wheeler L T. Size-dependent elastic state of ellipsoidal nano-inclusions incorporating surface/interface tension. Journal of Applied Mechanics, 2007, 74: 447–454.

[20] Sun C Q. Thermo-mechanical behavior of low-dimensional systems: the local bond average approach. Progress in Materials Science, 2009, 54: 179–307.

[21] Gurtin M E, Murdoch A I. Surface stress in solids. International Journal of Solids and Structures, 1978, 14: 431–440.

[22] Cuenot S, Frétigny C, Demoustier-Champagne S, Nysten B. Surface tension effect on the mechanical properties of nanomaterials measured by atomic force microscopy. Physical Review B, 2004, 69: 165410.

[23] Wang G F, Feng X Q. Effects of surface elasticity and residual surface tension on the natural frequency of microbeams. Applied Physics Letters, 2007, 90: 231904.

[24] He J, Lilley C M. Surface effect on the elastic behavior of static bending nanowires. Nano Letters, 2008, 8: 1798–1802.

[25] Ou Z Y, Wang G F, Wang T J. Effect of residual surface tension on the stress concentration around a nanosized spheroidal cavity. International Journal of Engineering Science, 2008, 46: 475–485.

[26] Cui Y, Lieber C M. Functional nanoscale electronic devices assembled using silicon nanowire building blocks. Science, 2001, 291: 851–853.

[27] Lieber C M. Nanoscale science and technology: Building a big future from small things. MRS Bulletin, 2003, 28: 486–491.

[28] Lieber C M, Wang Z L. Functional nanowires. MRS Bulletin, 2007, 32: 99–108.

[29] Huang Z P, Sun L. Size-dependent effective properties of a heterogeneous material with interface energy effect: from finite deformation theory to infinitesimal strain analysis. Acta Mechanica, 2007, 190: 151–163.

[30] Hoger A. On the determination of residual stress in an elastic body. Journal of Elasticity, 1986, 16: 303–324.

[31] McDowell M T, Leach A M, Gall K. Bending and tensile deformation of metallic nanowires. Modelling and Simulation in Materials Science and Engineering, 2008, 16: 045003.

[32] Yan Y D, Zhang J J, Sun T, Fei W D, Liang Y C, Dong S. Nanobending of nanowires: A molecular dynamics study. Applied Physics Letters, 2008, 93: 241901.

[33] Chen C Q, Shi Y, Zhang Y S, Zhu J, Yan Y J. Size dependence of young's modulus in ZnO nanowires. Physical Review Letters, 2006, 96: 75505.

[34] Jing G Y, Duan H L, Sun X M, Zhang Z S, Xu J, Li Y D, Wang J, Yu D P. Surface effects on elastic properties of silver nanowires: Contact atomic-force microscopy. Physical Review B, 2006, 73: 235409.

[35] Landau L D, Lifshitz E M. Theory of Elasticity, Boston: Butterworth-Heinemann, 1986.

[36] Park H S, Klein P A. Surface stress effects on the resonant properties of metal nanowires: the importance of finite deformation kinematics and the impact of the residual surface stress. Journal of the Mechanics and Physics of Solids, 2008, 56: 3144–3166.

[37] Wang Z Q, Zhao Y P. Self-instability and bending behaviors of nano plates. Acta Mechanica Solida Sinica, 2009, 22: 630–643.

[38] Zang J L, Zhao Y P. A diffusion and curvature dependent surface elastic model with application to stress analysis of anode in lithium ion battery. International Journal of Engineering Science, 2012, 61: 156–170.

[39] Zang J L, Zhao Y P. Silicon nanowire reinforced by single-walled carbon nanotube and its applications to anti-pulverization electrode in lithium ion battery. Composites Part B: Engineering, 2012, 43: 76–82.

[40] Gao X, Huang Z P, Qu J M, Fang D N. A curvature-dependent interfacial energy-based interface stress theory and its applications to nano-structured materials: (I) General theory. Journal of the Mechanics and Physics of Solids, 2014, 66: 59–77.

[41] Gao X, Fang D N, Qu J M. A chemo-mechanics framework for elastic solids with surface stress. Procedings of the Royal Society A, 2015, 471: 20150366.

[42] Zuo P, Zhao Y P. A phase field model coupling lithium diffusion and stress evolution with crack propagation and application in lithium ion batteries. Physical Chemistry Chemical Physics, 2015, 17: 287–297.

[43] Zuo P, Zhao Y P. Phase field modeling of lithium diffusion, finite deformation, stress

evolution and crack propagation in lithium ion battery. Extreme Mechanics Letters, 2016, 9: 467-479.

[44] Wang Z Q, Zhao Y P, Huang Z P. The effects of surface tension on the elastic properties of nano structures. International Journal of Engineering Science, 2010, 48: 140–150.

[45] Wang Z Q, Zhao Y P. Thermo-hyperelastic models for nanostructured materials. Science China: Physics, Mechanics and Astronomy, 2011, 54: 948–956.

[46] Wang F C, Feng J T, Zhao Y P. The head-on colliding process of binary liquid droplets at low velocity: High-speed photography experiments and modeling. Journal of Colloid and Interface Science, 2008, 326: 196–200.

[47] Wang F C, Yang F, Zhao Y P. Size effect on the coalescence-induced self-propelled droplet. Applied Physics Letters, 2011, 98: 053112.

[48] 赵亚溥. 纳米与介观力学. 北京: 科学出版社, 2014.

第九篇 连续介质力学的典型应用

The greatest mathematicians, as Archimedes, Newton, and Gauss, always united theory and applications in equal measure.

最伟大的数学家如阿基米德、牛顿和高斯，都能将理论和应用融为一体.

—— Felix Klein (1849~1925)

Felix Klein
(1849~1925)

篇首语

正如在前言中所指出的, 连续介质力学是工程科学的 “大统一理论 (GUT)”, 不仅仅是理论框架, 其巨大的生命力和发展的驱动力在于其广泛而深入的工程应用, 这种应用不只是其 “解释性”, 特别重要的是其 “预见性 (prediction)”.

将重大工程技术与人类自身发展中的前沿问题, 提高到自然科学的水平来解决, 连续介质力学发挥着不可替代的作用. 由于工程实际问题的复杂性, 在原有力学模型上得到的规律不足以解决问题, 因而要针对工程技术问题, 提炼出相应的新的力学模型, 并且创造了新的研究方法. 同时, 在力学原有的理论和数学方法不足以直接用来处理这类新的模型时, 必须创造新的理论和新的数学方法. 反之, 在推动工程技术问题解决的同时, 又大大丰富了力学的方法、概念和理论, 促进了连续介质力学的发展.

连续介质力学在重大工程和生物医学工程中成功应用的案例众多, 不胜枚举. 由于本书的篇幅所限, 本篇仅给出连续介质力学的两个典型应用: 一是已经在临床中得到大量应用的扩散张量成像 (DTI)、扩散张量纤维束成像 (DTT), 该方面的内容将在第 32 章中重点予以介绍; 二是由于近年来基于水力压裂[1] 和水平井技术的页岩气的成功开采, Biot 多孔弹性本构[2,3] 再次引起了学术和工程界的广泛关注, 本篇将在第 33 章中对 Biot 多孔弹性本构关系做一简要介绍.

参考文献

[1] Yew C H, Weng X W. Mechanics of Hydaulic Fracture (2nd Edition). Gulf Professional Publishing, 2015.

[2] Biot M A. General theory of three-dimensional consolidation. Journal of Applied Physics, 1941, 12: 155–164.

[3] Biot M A. Theory of elasticity and consolidation for a porous anisotropic solid. Journal of Applied Physics, 1955, 26: 182–185.

第 32 章　连续介质力学在扩散张量成像中的应用

扩散张量成像 (Diffusion Tensor Imaging, DTI), 在医学界又被广泛地称为 “弥散张量成像”, 是一种描述大脑结构的新方法, 是核磁共振成像 (Magnetic Resonance Imaging, MRI) 的特殊形式. 举例来说, 如果说核磁共振成像是追踪水分子中的氢原子, 那么扩散张量成像便是依据水分子移动方向制图.

由于呈现方式与以前的图像不同, 扩散张量成像图可以揭示脑瘤如何影响神经细胞连接, 引导医疗人员进行大脑手术. 它还可以揭示同脑部肿瘤、多发性硬化症、精神分裂症、阅读障碍有关的细微反常变化.

32.1　大脑组织中的各向同性和各向异性扩散

扩散是自然界中最基本的物理现象, 自然界中物质的分子不停地进行着一种随机的、相互碰撞的运动, 即布朗运动. 分子在一定方向上的扩散距离平方与相应扩散时间之比为一个常数, 这个常数称为扩散系数, 用 D 来描述, 表示一个分子在单位时间内随机扩散运动的平均范围, 其单位为 mm^2/s.

在体外无限均匀的流体中, 分子的扩散运动完全是随机的, 即向各个方向的概率几乎是相同的, 这种现象称为扩散的各向同性 (isotropy), 其空间物理状态可用球体来表示 (在 37°C 时, 自由水中水分子的 D 为 $3.0 \times 10^{-3}\ \mathrm{mm}^2/\mathrm{s}$). 同样, 人体组织内的水分子也在不断进行着扩散运动, 但和体外水分子扩散现象不同的是, 它的运动受各种屏障的影响, 如水分子与蛋白质大分子的相互作用、细胞器、细胞膜、轴突髓鞘以及基底膜的缺失或增生等, 这些屏障使得它们向三维空间中某些方向的扩散可能比另外的方向受到更多的限制, 例如水分子在有髓神经纤维垂直于轴突的方向比沿着轴突的方向所受的扩散限制更大. 这种具有很强的方向依赖性的扩散称为扩散的各向异性 (anisotropy), 其空间物理状态可用椭球来表示. 在人脑组织中, 脑脊液及大脑灰质中水分子的扩散近似各向同性扩散, 在大脑白质中的水分子扩散为各向异性扩散. 获得单位体素内的各向异性信息, 即可研究人体的细微解剖结构及功能改变.

32.2 扩散张量成像的基础——扩散加权成像 (DWI)

扩散运动是一个内在的物理过程, 完全独立于磁共振效应或磁场, 通常用来描述分子等颗粒由高浓度区向低浓度区扩散的微观运动.

1950 年, Hahn 首次注意到水扩散对磁共振信号的影响, 扩散成像是测量体内水分子扩散运动状况的成像技术, 在水分子扩散过程中, 人体内不同组织结构对水分子运动产生不同的阻力, 对磁共振信号影响大小不同, 磁共振成像时表现出不同的信号强度[1,2].

1965 年, Stejskal 等提出一种对扩散敏感的梯度脉冲序列, 实现了磁共振信号检测水分子扩散, 后来大家称此序列为 Stejskal-Tanner 序列[3]. Stejskal-Tanner 成像序列使用两个强的梯度脉冲来测量扩散运动. 这两个梯度脉冲对称的分布位于 180° 射频脉冲前后, 如图 32.1 所示.

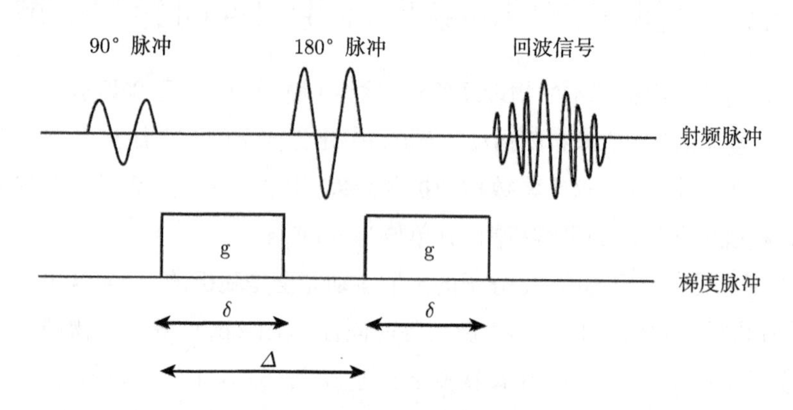

图 32.1 Stejskal-Tanner 成像序列

90° 射频脉冲之后, 第一个梯度脉冲引起所有质子自旋失相位; 后一个梯度脉冲使相位重聚, 但此时分子产生随机位移相位分散不能完全重聚, 而导致信号下降. 扩散加权成像 (Diffusion Weighted Imaging, DWI) 中, 扩散加权因子 b 和表观扩散系数 (Apparent Diffusion Coefficient, ADC) 共同决定了扩散信号强度. ADC 反映了水分子的扩散情况, 在 ADC 低的区域水分子运动缓慢, ADC 高的区域, 水分子运动快. 扩散加权因子 b 的定义为

$$b = \gamma^2 G^2 \delta^2 \left(\Delta - \frac{\delta}{3} \right) \tag{32-1}$$

式中, γ 为旋磁率, G 为扩散梯度脉冲强度, δ 为扩散梯度脉冲持续时间, $\varDelta$ 为两次扩散梯度脉冲间隔时间, 只与产生梯度脉冲的机器有关.

通过测量一个未加入梯度脉冲的信号 (S_0) 和一个加入梯度脉冲的信号 (S), 加入梯度脉冲后信号的衰减可以用以下公式来计算:

$$S = S_0 \mathrm{e}^{-bD} \approx S_0 \mathrm{e}^{-b \cdot \mathrm{ADC}} \tag{32-2}$$

从而计算出某一方向 i ($i = x, y, z$) 上的 ADC_i 为

$$\mathrm{ADC}_i = -\frac{1}{b} \ln \frac{S_i}{S_0} \tag{32-3}$$

式中, S_i 代表从 i 方向上施加梯度脉冲时的信号强度.

从上述公式可以发现, ADC 值的获得依赖于实验条件, 如扩散敏感方向和扩散时间等, 只能反映一个方向上水分子的扩散强度. 扩散加权成像则是利用在三个互相垂直方向上施加扩散敏感梯度测量三个不同方向 ADC 值的平均值 ($\mathrm{ADC}_x + \mathrm{ADC}_y + \mathrm{ADC}_z$), 从一定程度上来说真实地反映了水分子的扩散运动, 但仍不能全面、正确地评估不同组织水分子在生物体中扩散各向异性特性.

32.3 扩散张量成像

扩散加权成像中用 ADC 表征水分子的扩散情况, ADC 只能表征扩散强度, 不能表征扩散方向. 同时脑白质 (White Matter, WM) 和脑灰质 (Gray Matter, GM) 的 ADC 大小接近, 无法分辨, 从而无法区分脑白质和脑灰质. 故单方向施加梯度的扩散加权成像无法反映组织中各方向的扩散情况, 也就无法给出脑白质中的纤维走向. 1994 年, Basser 等施加了六个不同方向扩散敏感梯度计算出了不同方向的扩散率. 这种在扩散加权成像技术基础上施加多个方向扩散敏感梯度的成像技术称为扩散张量成像[4,5]. 由于在大脑白质中, 水分子的运动或扩散主要沿着白质纤维, 扩散速度在白质纤维方向比垂直于纤维方向上快的多, 扩散张量成像利用了白质纤维的宏观几何分布在扩散上的显著影响, 是脑组织白质成像中的革命性创新. 它不仅能较 DWI 更精确地反映水分子的扩散运动, 而且还能显示体内纤维性结构的走行方向, 为无创性评价体内纤维性结构, 尤其是脑内纤维束的联系和病变开拓了新的前景.

32.3.1 扩散张量

在扩散张量成像中, 水分子的扩散情况可以通过扩散张量 $\boldsymbol{D}$ 来表示. 在高

斯分布的假设下, 水分子的运动轨迹可以被描述为一个椭球, 通过估计这个扩散椭球的特性能够获得该结构的生理、病理信息. 其中椭球体的半径方向称为本征向量 (eigenvector), 其数值大小称为本征值 (eigenvalue); 最大半径被称为主本征向量 (principal eigenvector), 其数值大小称为主本征值. 由于水分子扩散可以用椭圆表示, 因此测量水分子的运动至少需要在 3 个正交方向上进行, 这样就引入了张量的概念. 由于张量可用于表示具有一定三维矢量实体内的张力, 从而它从三维立体的角度分解、量化了扩散各向异性的信号数据, 使组织微结构的显示更加准确. 扩散张量可用矩阵表示为

$$\boldsymbol{D}=\begin{bmatrix} D_{xx} & D_{xy} & D_{xz} \\ D_{yx} & D_{yy} & D_{yz} \\ D_{zx} & D_{zy} & D_{zz} \end{bmatrix} \tag{32-4}$$

由于扩散张量 $\boldsymbol{D}$ 的对称性, 此时只需要确定 6 个分量即可.

32.3.2 张量的特征值和特征向量

由 $|\lambda\boldsymbol{I}-\boldsymbol{D}|=0$ 和 $(\lambda\boldsymbol{I}-\boldsymbol{D})\boldsymbol{e}=\boldsymbol{0}$, 其中 $\boldsymbol{I}$ 为二阶单位张量, 可计算得到扩散张量 $\boldsymbol{D}$ 的三个特征值 $(\lambda_1,\lambda_2,\lambda_3)$ 和与特征值相对应的三个特征向量 $(\boldsymbol{e}_1,\boldsymbol{e}_2,\boldsymbol{e}_3)$. 当 $\lambda_1=\lambda_2=\lambda_3$ 时, 为各向同性, 可用球体来表示; 当 $\lambda_1,\lambda_2,\lambda_3$ 不相同时, 为各向异性, 用椭球体来表示.

32.3.3 张量的取向和种类

根据特征值的大小比例, 可把张量分成以下三种基础模型[6,7]:

I. 线性模型 D_l, 满足 $\lambda_1\gg\lambda_2\approx\lambda_3$, 此时最大特征值就表示为纤维走向;

Ⅱ. 平面模型 D_p, $\lambda_1\approx\lambda_2\gg\lambda_3$, 此时形成一个椭圆, 扩散主要方向在一个椭圆面内;

Ⅲ. 球体模型 D_s, $\lambda_1\approx\lambda_2\approx\lambda_3$, 此时表示的是各向同性.

32.3.4 扩散张量成像的量化参数

1994 年, Basser 等提到独立于纤维方向的定量参数计算也非常重要. 这些参数可以反映分子运动传播介质的内在属性, 是描述局部微结构和各向异性组织解剖结构特性的有效参数, 更重要的是这些标量参数易于测量和监控.

扩散张量成像的数据分析参数及可视化在得到扩散张量的特征值和特征向量后, 就可以推导出一系列的反映扩散特征的量, 从而得到不同的标量图. 另外, 由于

三维向量的可视化相当困难, 研究者通过把方向信息用颜色来表示, 从而获得了彩色标量图. 其他扩散张量可视化方法还有: 体渲染 (volume rendering)、张量雕刻 (tensor glyph) 以及纤维束追踪 (Fiber Tracking, FT) 等.

32.3.4.1 平均扩散率

扩散张量的迹 (trace, tr) 为

$$\mathrm{tr}\boldsymbol{D} = \lambda_1 + \lambda_2 + \lambda_3 \tag{32-5}$$

平均扩散率 (Mean Diffusivity, MD) 为

$$\mathrm{MD} = \frac{1}{3}\mathrm{tr}\boldsymbol{D} = \lambda \tag{32-6}$$

扩散张量的迹 tr 为旋转不变量, 即其大小不依赖于磁场内被检查患者的体位和方向, 在同一个体的正常的同一结构内一致性程度较高. 这一特性使得 tr 成为特别理想的诊断参数, 这是因为即使偏离正常值的微小变化便可引起统计学的显著改变. 同时临床上也常用平均扩散率作为诊断参数.

扩散张量的迹 tr 只表征扩散的大小, 而与扩散的方向无关. 张量迹越大, 表示该体素内水分子多, 迹越小表示水分子少.

32.3.4.2 各向异性指数

在正常的脑组织中, 脑白质和脑灰质的各向异性程度有着显著的不同. 目前的研究表明, 在脑灰质中各向异性程度低而趋向于各向同性, 而脑白质各向异性程度高. 为了区分这种脑组织中的各向异性程度, 研究者已经提供了一些评价指数, 目前常用的主要有: 各向异性分数、相对各向异性、容量比等.

(I) 各向异性分数 (Fractional Anisotropy, FA)

各向异性分数是指各向异性所致的扩散张量占整个扩散张量的比重, 无量纲, 具有旋转不变性、较高的信噪比, 以及可提供较好的灰白质对比, 是目前临床应用最广泛的指数之一, 其计算公式如下:

$$\mathrm{FA} = \sqrt{\frac{3}{2}\frac{(\lambda_1-\lambda)^2+(\lambda_2-\lambda)^2+(\lambda_3-\lambda)^2}{\lambda_1^2+\lambda_2^2+\lambda_3^2}} \tag{32-7}$$

FA 的意义比较直观. 对于各向同性扩散, $\lambda_1 = \lambda_2 = \lambda_3$, 这时 FA→0; 对于各向异性扩散, 在一个方向的扩散比其他两个方向强得多的情况下 ($\lambda_1 \gg \lambda_2 \geqslant \lambda_3$), 即 $\lambda \approx \lambda_1/3$ 时, FA ≈ 1, 因此 FA 的取值范围为 $0 < \mathrm{FA} < 1$. FA 的值越大, 表示扩散的各向异性越强.

通常 FA 是以灰度图显示, 如果根据人体的解剖位置将左右方向、前后方向和上下方向上水分子的扩散分别标记为红色、绿色和蓝色, 同时用相应颜色的色彩饱和度来表示 FA 的大小, 就得到了 FA 彩色编码图, 如图 32.2 所示.

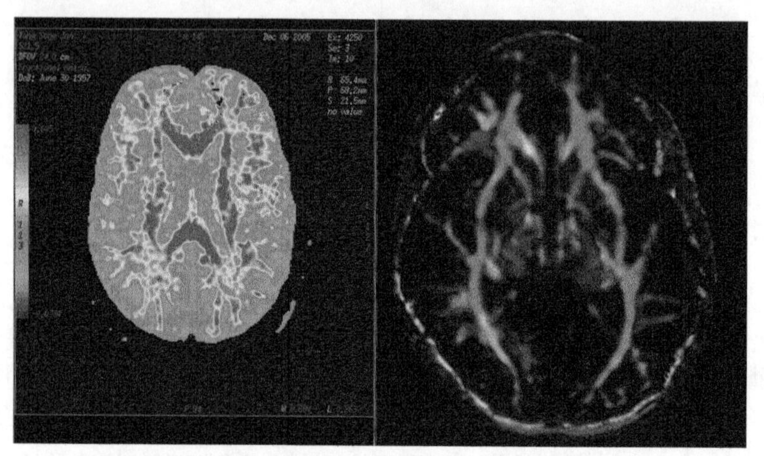

图 32.2 各向异性分数成像 (详见书后彩图)
(a) 普通 FA 图; (b) 彩色 FA 图

(Ⅱ) 相对各向异性指数 (Relative Anisotropy, RA)

RA 是扩散张量的各向异性部分与扩散张量总值的比值, 是张量特征值的归一化方差表示, 其从 0 到 1 的变化范围表征的是各向同性扩散 ~ 无穷各向异性:

$$\mathrm{RA}=\sqrt{\frac{(\lambda_1-\lambda)^2+(\lambda_2-\lambda)^2+(\lambda_3-\lambda)^2}{3\lambda^2}} \tag{32-8}$$

(Ⅲ) 容积比 (Volume Ratio, VR)

容积比是指椭球体积和一个半径为 λ 的球体积的比值, 其取值范围 1→0 对应于各向同性扩散 ~ 无穷各向异性:

$$\mathrm{VR}=\frac{\lambda_1\lambda_2\lambda_3}{\lambda^3} \tag{32-9}$$

三个参数均可定量反映水分子在组织中扩散的各向异性. FA 和 RA 的结果如果为 1, 则意味着各向异性最大; 反之, 则表示存在各向同性. VR 与前二者恰恰相反, 随着各向异性的增加而降低, 即其值为 0 时才表现为各向异性最大. 在这三个扩散各向异性指标中, 最常用的是 FA 值, 因为它是组织的物理特性, 对每个体素内纤维方向的一致性很敏感, 而且能够较好的体现白质内髓鞘的完整性、纤维的致密性和平行性. 最重要的是各个对象在不同时间、不同成像设备所获得数值具有可比性.

在 32.3.3 节中, 根据特征值的大小, 从形状角度将扩散张量分为以下三类: 线性 (linear case)、平面 (planar case)、球形 (spherical case). 基于以上三种分类, 还以得到在上述模式中的各向异性系数, 如线性各向异性系数 (c_l)、平面各向异性 (c_p)、球形各向异性 (c_s) 等, 其公式分别如下:

$$c_l = \frac{\lambda_1 - \lambda_2}{\lambda_1 + \lambda_2 + \lambda_3}, \quad c_p = 2\frac{\lambda_1 - \lambda_2}{\lambda_1 + \lambda_2 + \lambda_3}, \quad c_s = \frac{3\lambda_3}{\lambda_1 + \lambda_2 + \lambda_3} \tag{32-10}$$

(Ⅳ) 纤维束追踪技术 (Tractography or Fiber Tracking, FT)

FA 灰度图及彩色编码图虽然可以显示纤维束的结构和各向异性特征, 但不能显示相邻体素之间纤维样结构的连接性. FT 是在 FA 灰度图及彩色编码图基础上, 活体研究体内纤维束的轨迹、局部解剖等的方法, 其能够显示相邻体素之间的纤维束方向上的连接性, 直观地显示纤维束在三维空间内的结构. 近年来, 已经成为研究的热点. 目前名称尚欠统一, 被称为纤维追踪技术或纤维束成像.

在张量图像中提取相关梯度信息在空间中形成组织方向结构图. 认为与扩散张量最大特征值相应的特征向量, 对应于纤维束的传导方向 (即最大特征值的所对应的扩散方向与纤维束方向平行). 基于张量图像提供的方向信息, 将大脑中纤维束轨迹描述出来就是大脑白质纤维束成像. 为完成纤维轨迹描绘, 学者们提出了不同的纤维偏转方向算法和追踪方法, 目前使用较多的两种追踪方向算法为流线追踪 (STreamlines Tracking, STT)[8,9] 和张量偏曲 (TENsor Deflection, TEND) 追踪[10,11]. STT 是最直接也是最简单的算法, 模型建立在主特征向量场, 认为纤维追踪的方向与最大特征值方向一致. 公式可以表示为

$$\boldsymbol{V}_{\text{out}} = \boldsymbol{e}_t \tag{32-11}$$

其中, $\boldsymbol{e}_t$ 为主特征向量, $\boldsymbol{V}_{\text{out}}$ 表示输出的追踪方向.

TEND 则是利用整个张量来使得追踪方向发生改变. 该方法使得追踪方向虽朝着主特征向量方向偏移, 但偏转的角度 $a\cos(\boldsymbol{V}_{\text{in}} \cdot \boldsymbol{V}_{\text{out}})$ 受限, 这样纤维重构曲线较为平滑. 该算法的表达式为:

$$\boldsymbol{V}_{\text{out}} = \boldsymbol{D}\boldsymbol{V}_{\text{in}} \tag{32-12}$$

其中, $\boldsymbol{V}_{\text{in}}$ 代表了先前追踪步骤完成后纤维的追踪方向, $\boldsymbol{V}_{\text{out}}$ 表示输出的追踪方向. (32-12) 式表明, 输出的跟踪方向矢量 $\boldsymbol{V}_{\text{out}}$ 为二阶扩散张量 $\boldsymbol{D}$ 和输入的跟踪方向矢量 $\boldsymbol{V}_{\text{in}}$ 之间的点积.

32.4 扩散张量成像的医学应用

32.4.1 DTI 在大脑发育中的应用

婴儿出生后大脑仍继续发育、髓鞘化, 一直到 2 岁左右基本完成. 髓鞘化是指髓鞘发展的过程, 它使神经兴奋在沿神经纤维传导时速度加快, 并保证其定向传导. 髓鞘化的过程遵循从下到上, 从后到前, 从中央到周围的规律进行, 在此过程中胆固醇逐渐降低, 磷脂逐渐增多, 最后形成成熟的髓鞘. 与此同时, 在这个过程中, 组织的各向异性不断增加, 利用 DTI 技术, 可以定量分析不同部位脑组织的各向异性程度, 显示大脑的发育过程.

在新生儿和婴幼儿的大脑发育过程中, 由于整体水份的减少和髓鞘化的进程, 大脑很多区域的水分子扩散速率将发生改变. 通过对不同年龄的儿童进行 DTI 检查, 测量各个区域脑白质的平均弥散率及 FA 值, 结果发现平均弥散率随年龄增长而下降, FA 值则表现为增加, 如图 32.3 所示. 并且一些区域的改变要明显早于传

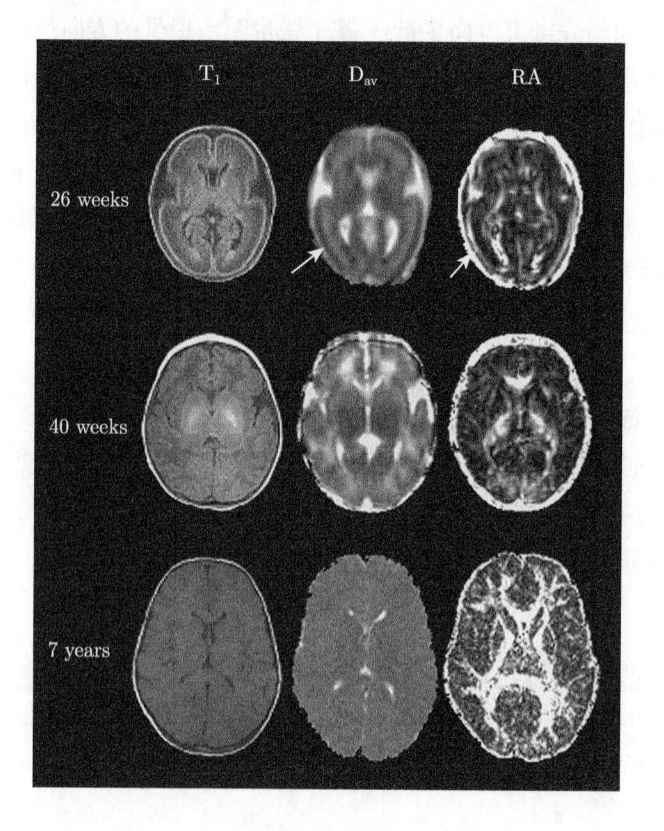

图 32.3 不同年龄大小的婴儿大脑 DTI 图

统 MRI 的 T1WI 和 T2WI 的信号改变, 被认为是前髓鞘化的表现.

32.4.2　DTI 在脑肿瘤中的应用

利用 DTI 技术可以在脑肿瘤研究中鉴别正常的白质纤维、水肿及肿瘤区域, 显示白质纤维和肿瘤的相互关系, 从而利于指导外科手术, 这是 DTI 技术最有临床价值和应用的前景. 目前有学者利用 FA 图和彩色张量图将肿瘤和白质纤维的关系分为四种模式[12]:

模式 I: 患侧纤维的 FA 值相对于对侧正常或轻微降低 (降低 $< 25\%$), 同时纤维的位置或/和方向发生改变, 如图 32.4 (c) 和图 32.4 (d) 中箭头所指.

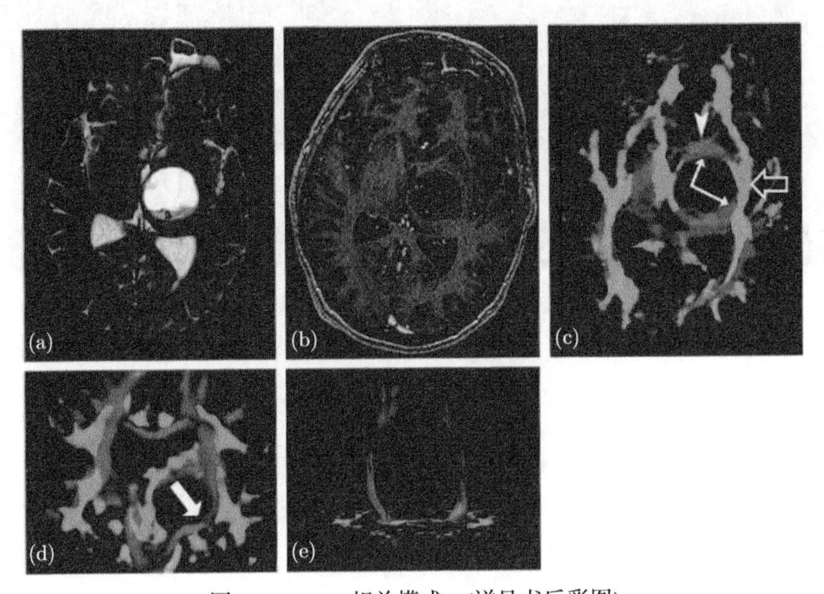

图 32.4　DTI 相关模式 I (详见书后彩图)

(a) T2 加权的核磁共振图; (b) T1 加权的核磁共振图; (c) 轴向上 DTI 中的 FA 图; (d) 冠状中的 FA 图; (e) 彩色张量图

一般而言, 核磁共振、DWI 和 DTI 图都是左右对称的, 寻找病变处时一般需找左右有明显差异处. 在图 32.4 (a) 中右侧有一明显白色圆形区域, 在图 32.4 (b) 中则为相同位置颜色较深的区域, 可能为肿瘤区域. 患侧纤维的 FA 值相对于对侧正常或轻微降低, 没有明显的差异. 同时纤维的位置或/和方向发生改变, 如图 32.4 (c) 和 32.4 (d) 中箭头所指, 意味着可能肿瘤挤压周围纤维移位. 在图 32.4 (e) 中, 白质纤维依然清晰可辨, 提示肿瘤可能为良性或侵袭性不强的恶性肿瘤. 由此, 模式 I 为肿瘤挤压周围纤维移位, 提示肿瘤为良性或侵袭性不强的恶性肿瘤.

模式 II: 患侧纤维 FA 值相对于对侧明显降低 ($>25\%$), 同时纤维位置和方向正常.

在图 32.5 (a) 中右侧有一明显白色区域, 和图 32.5 (b) 中的深色区域, 表明此处不正常区域可能为肿瘤区域. 此区域在 32.5 (c) 的 FA 图中颜色变深, 表明患侧纤维的 FA 值相比于对侧明显降低 (降低 >25%, 图 32.5 (c) 中虚线区域所示). 同时纤维的位置或/和方向未发生明显改变, 如图 32.5 (d) 中箭头所指. 在图 32.5 (a) 中, T2 加权的核磁共振图像中, 此区域的亮度增加, 信号增强, 表明在此处可能发生血管性水肿, 并结合此处 FA 值的降低以及纤维位置和方向的不变, 此模式提示发生水肿的可能性很大, 但也不排除有肿瘤的入侵.

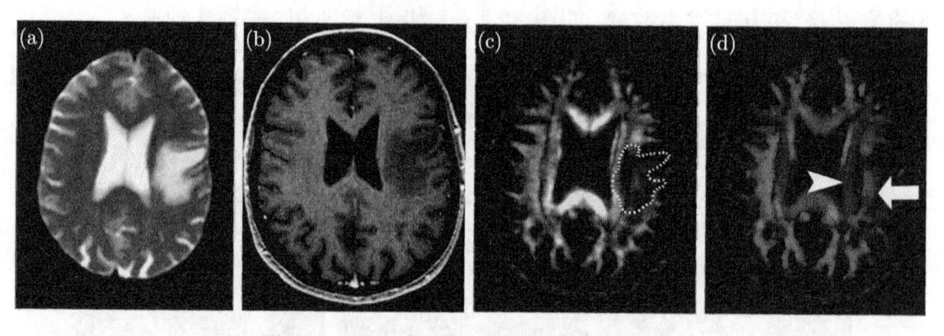

图 32.5 DTI 相关模式 Ⅱ (详见书后彩图)

(a) T2 加权的核磁共振图; (b) 对比增强的 T1 加权核磁共振图; (c) DTI 中 FA 图; (d) 为彩色张量图

模式 Ⅲ: 患侧纤维 FA 值相对于对侧明显减低, 同时纤维的走向发生改变.

由图 32.6 (c) 中椭圆区域处颜色增加, 表明信号降低, FA 值相对于对侧明显减低. 相对于模式 II, 此模式中 32.6 (d) 图相关区域的颜色发生变化, 颜色强度降低, 表明此处纤维的走向情况被明显破坏. 以上两点表明此模式中瘤周纤维被肿瘤明显侵入.

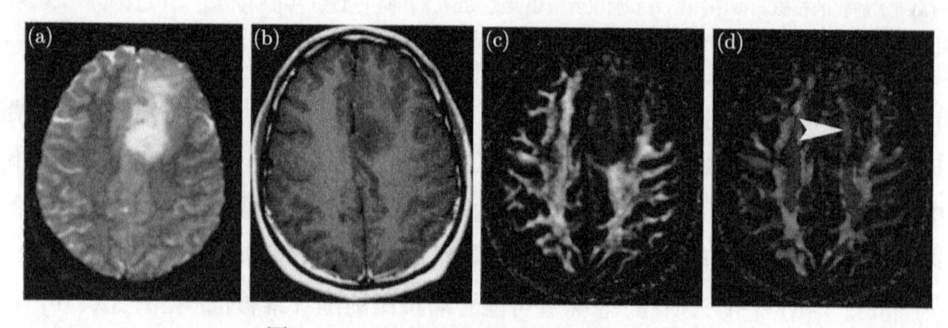

图 32.6 DTI 相关模式 Ⅲ (详见书后彩图)

(a) T2 加权的核磁共振图; (b) 对比增强的 T1 加权核磁共振图; (c) DTI 中 FA 图; (d) 为彩色张量图

模式 Ⅳ: 患侧纤维显示各向同性或近似同性, 无法看出其走向.

图 32.7 (a) 和 (b) 中与周围明显不同的是胼胝体, 胼胝体是脑白质, 应体现出明显的各向异性, 即表现在 FA 图中. 而 FA 图的中间区域为黑色, 表明此处为各向同性, 也就意味着此处的胼胝体已被明显破坏, 其内部存在空洞. 图 32.7 (d) 中箭头所指处, 白质纤维被截断及破坏. 该模式提示肿瘤明显破坏了胼胝体.

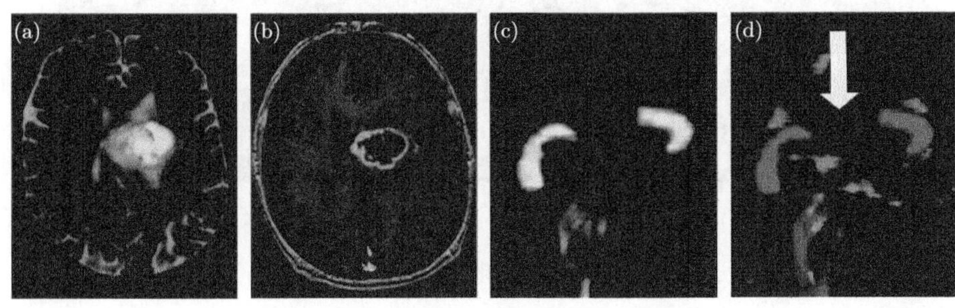

图 32.7 DTI 相关模式 Ⅳ (详见书后彩图)
(a) T2 加权的核磁共振图; (b) 对比增强的 T1 加权核磁共振图; (c) DTI 中 FA 图; (d) 为彩色张量图

基于以上不同的模式, 可制定不同的手术方案. 例如, 对于模式 I 和模式 Ⅳ, 可以进行肿瘤全切, 在此情况下, 期待术后模式 I 中的功能改善, 模式 Ⅳ 中功能障碍不加重, 延长生存期. 而对于模式 Ⅱ 和模式 Ⅲ 的肿瘤, 采用部分切除, 加强辅助治疗的方案, 从而提高术后的生存质量.

这样的分类对于临床术前决定手术方案是十分有价值的. 可以使临床外科医生在术前、术中更清楚掌握肿瘤和白质纤维的情况, 使手术方案更加可靠安全; 目前已有学者报道了 DTI 在神经外科肿瘤切除术中的有效性, 认为利用 DTI 指导手术可以提高手术全切率, 降低术后的功能障碍.

32.4.3 DTI 在脑白质变性疾病中的应用

在脑白质变性疾病, 如多发性硬化中, ADC 和 FA 的大小会发生变化. 急性期, ADC 和 FA 均下降. 图 32.8 所示为慢性期的情况. 在 ADC 图中, 箭头所指处颜色变浅, 说明 ADC 值增加, FA 图中箭头所指处颜色变深, 表明 FA 的值下降. T2WI 显示正常的区域白质也有改变, 提示这是一种弥漫性的多发病变.

32.5 扩散张量成像的前景和局限性

目前 DTI 在脑白质纤维的研究中已得到广泛的应用, 比如可发现一些疾病的早期改变, 了解主要传导通路的损伤程度; 进行脑肿瘤的术前计划的制订及指导手

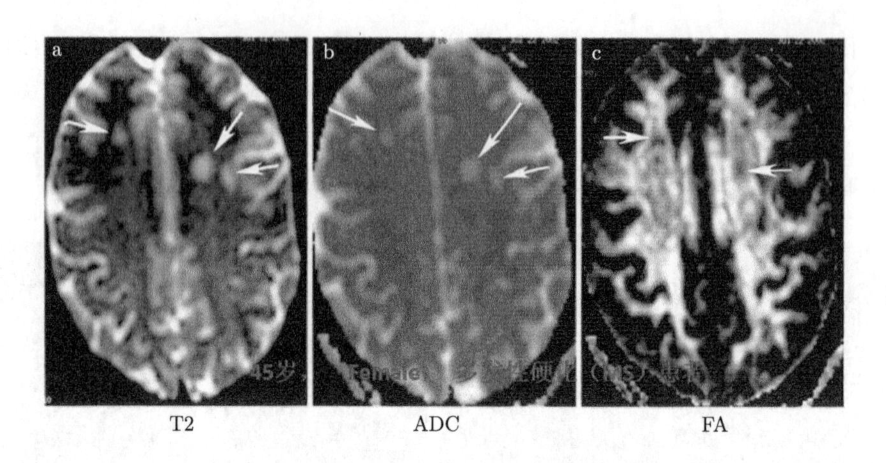

图 32.8　多发性硬化患者的扩散张量成像

术. DTI 最有前景的研究领域还在于将 DTI 技术和血氧水平依赖功能 fMRI 的联合应用于脑科学的研究方面, 为脑科学的研究开辟了更广阔的前景.

诚然, 目前的 DTI 还存在很大的局限性, 还不能成为疾病监测中的金标准. 其中包括 "证实" 问题, 即如何在活体证实 DTI 所追踪的白质纤维走行的精确度与人体是否符合就是当前研究的一个关键; 同时 DTI 结果具有操作者因素, 例如兴趣区的大小、位置、FA 阈值、采用的算法以及对神经解剖学知识的熟悉程度均影响示踪成像结果的准确性.

思　考　题

Roger Wolcott Sperry
(1913~1994)

32.1　美国生理学家 Roger Wolcott Sperry (1913~1994), 通过著名的割裂脑实验, 证实了大脑不对称性的 "左右脑分工理论"(如图 32.9 所示), 因此获得了 1981 年诺贝尔生理学或医学奖.

问题: 结合图 32.7, 进一步理解胼胝体的作用、如何利用 DTI 来判断胼胝体的各向异性以及被肿瘤的侵袭.

32.2　大作业: 连续介质力学在脑组织的力学行为的研究中扮演着不可替代的作用[13−26]. 开展一次系统的文献调研, 深入总结超弹性本构关系在作为典型软物质的脑组织力学行为中的应用, 应特别关注理论模型和实验对比的情况.

32.3　大作业: 最近, 按照三维磁共振图像, Mahadevan 等通过三维打印制作了一个光滑的胎儿脑的三维胶体模型[27], 在其表面涂了一层薄薄的弹力胶, 模仿脑皮层, 然后把胶体脑浸入一种能被外层胶吸收的溶液, 使外层相对于内部发生肿胀, 模拟脑皮层扩张, 在几分钟内, 压力就使胶体脑形成了褶皱, 且褶皱大小和形状都很像一个真实的脑. Mahadevan 等应

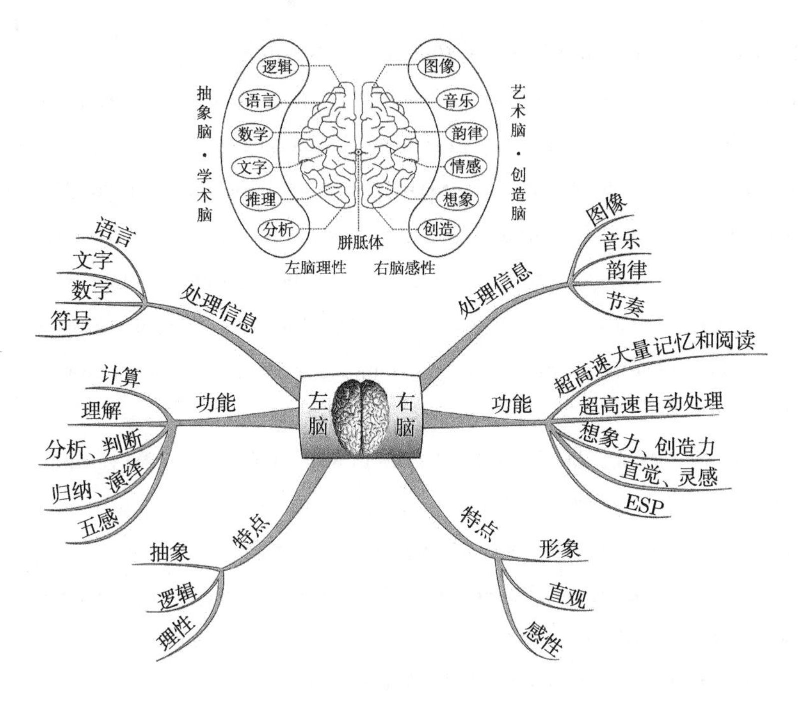

图 32.9　左右脑分工示意图

用了 12.2 节中的 neo-Hookean 超弹性本构关系进行建模. 针对三维打印人脑和其他软组织器官[28] 中所应用的本构关系进行系统调研.

参 考 文 献

[1] Zivin J A. Diffusion-weighted MRI for diagnosis and treatment of ischemic stroke. Annals of Neurology, 1997, 41: 567–568.

[2] Basser P J. Inferring microstructural features and the physiological state of tissues from diffusion-weighted images. NMR in Biomedicine, 1995, 8: 333–344.

[3] Stejskal E, Tanner J. Spin diffusion measurements: spin echoes in the presence of a time-dependent field gradient. Journal of Chemical Physics, 1965, 42: 288–292.

[4] Basser P J, Mattiello J, LeBihan D. Estimation of the effective self-diffusion tensor from the NMR spin echo. Journal of Magnetic Resonance B, 1994, 103: 247–254.

[5] Basser P J, Mattiello J, LeBihan D. MR diffusion tensor spectroscopy and imaging. Biophysical Journal, 1994, 66: 259–267.

[6] Hsu E W, Mori S. Analytical expressions for the NMR apparent diffusion coefficients in an anisotropic system and a simplified method for determining fiber orientation.

Magnetic Resonance in Medicine, 1995, 34: 194–200.

[7] Conturo T E, McKinstry R C, Akbudak E, Robinson B H. Encoding of anisotropic diffusion with tetrahedral gradients: a general mathematical diffusion formalism and experimental results. Magnetic Resonance in Medicine, 1996, 35: 399–412.

[8] Basser P J, Pajevic S, Pierpaoli C, Duda J, Aldroubi A. In vivo fiber tractography using DT-MRI data. Magnetic Resonance in Medicine, 2000, 44: 625–632.

[9] Mori S, Crain B J, Chacko V & van Zijl P. Three-dimensional tracking of axonal projections in the brain by magnetic resonance imaging. Annals of Neurology, 1999, 45: 265–269.

[10] Lazar M, Weinstein D M, Tsuruda J S, Hasan K M, Arfanakis K, Meyerand M E, Badie B, Rowley H A, Haughton V, Field A, Alexander A L. White matter tractography using diffusion tensor deflection. Human Brain Mapping, 2003, 18: 306–321.

[11] Weinstein D, Kindlmann G, Lundberg E. Tensorlines: Advection-diffusion based propagation through diffusion tensor fields//Proceedings of the conference on Visualization'99: celebrating ten years. IEEE Computer Society Press, 1999: 249–253.

[12] Jellison B J, Field A S, Medow J, Lazar M, Salamat M S, Alexander A L. Diffusion tensor imaging of cerebral white matter: A pictorial review of physics, fiber tract anatomy, and tumor imaging patterns. American Journal of Neuroradiology, 2004, 25: 356–369.

[13] Thompson P M, Giedd J N, Woods R P, MacDonald D, Evans A C, Toga A W. Growth patterns in the developing brain detected by using continuum mechanical tensor maps. Nature, 2000, 404: 190–193.

[14] Kyriacou S K, Mohamed A, Miller K, Neff S. Brain mechanics for neurosurgery: modeling issues. Biomechanics and Modeling in Mechanobiology, 2002, 1: 151–164.

[15] Rashid B, Destrade M, Gilchrist M D. Mechanical characterization of brain tissue in tension at dynamic strain rates. Journal of the Mechanical Behavior of Biomedical Materials, 2014, 33: 43–54.

[16] O'Riordain K, Thomas P M, Phillips J P, Gilchrist M D. Reconstruction of real world head injury accidents resulting from falls using multibody dynamics. Clinical Biomechanics, 2003, 18: 590–600.

[17] Humphrey J D. Continuum biomechanics of soft biological tissues. Proceedings of the Royal Society of London A, 2003, 459: 3–46.

[18] Miller K. Constitutive model of brain tissue suitable for finite element analysis of surgical procedures. Journal of Biomechanics, 1999, 32: 531–537.

[19] Ommaya A K. Mechanical properties of tissues of the nervous system. Journal of Biomechanics, 1968, 1: 127–138.

[20] Miller K, Chinzei K. Constitutive modelling of brain tissue: experiment and theory. Journal of Biomechanics, 1997, 30: 1115–1121.

[21] Miller K, Chinzei K. Mechanical properties of brain tissue in tension. Journal of Biomechanics, 2002, 35: 483–490.

[22] Basser P J. Interstitial pressure, volume, and flow during infusion into brain tissue. Microvascular Research, 1992, 44: 143–65.

[23] Bilston L E, Liu Z, Phan-Thien N. Large strain behaviour of brain tissue in shear: some experimental data and differential constitutive model. Biorheology, 2001, 38: 335–345.

[24] Cheng S, Bilston L E. Unconfined compression of white matter. Journal of Biomechanics, 2007, 40: 117–124.

[25] Fallenstein G T, Hulce V D, Melvin J W. Dynamic mechanical properties of human brain tissue. Journal of Biomechanics, 1969, 2: 217–226.

[26] Goriely A, Geers M G D, Holzapfel G A, Jayamohan J, Jérusalem A, Sivaloganathan S, Squier W, van Dommelen J A W, Waters S, Kuhl E. Mechanics of the brain: perspectives, challenges, and opportunities. Biomechanics and Modeling in Mechanobiology, 2015, 14: 931–965.

[27] Tallinen T, Chung J Y, Rousseau F, Girard N, Lefèvre J, Mahadevan L. On the growth and form of cortical convolutions. Nature Physics, 2016, 12: 588–593.

[28] Kang H W, Lee S J, Ko I K, Kengla C, Yoo J J, Atala A. A 3D bioprinting system to produce human-scale tissue constructs with structural integrity. Nature Biotechnology, 2016, 34: 312–319.

第 33 章　多孔弹性介质的 Biot 本构关系

33.1　多孔弹性介质的力学描述

微小变形时, 均匀各向同性弹性材料的本构关系已由 (11-63) 式给出. 当考虑多孔弹性 (poroelastic) 介质时, 其本构关系可在 (11-63) 式的基础上修正为

$$\begin{cases} \varepsilon_{ij} = \underbrace{\frac{\sigma_{ij}}{2G} - \left(\frac{1}{6G} - \frac{1}{9K}\right)\sigma_{kk}\delta_{ij}}_{\text{经典弹性项}} + \underbrace{\frac{p}{3H'}\delta_{ij}}_{\text{孔隙压力附加项}} \\ \zeta = \frac{\sigma_{kk}}{3H''} + \frac{p}{R'} \end{cases} \tag{33-1}$$

式中, p 为孔隙压强 (pore pressure); ζ 作为一个无量纲量, 表征的是多孔介质中流体含量的改变 (variation of fluid content), 其定义为单位体积多孔材料中流体体积的改变, 事实上, ζ 可理解为多孔介质中液体的体积应变; K 和 G 分别为排水后弹性固体 (drained elastic solid) 的体模量和剪切模量; H'、H'' 和 R' 均具有应力的量纲, 表征的是固体、流体应力和应变之间的耦合, 三者之间只有两个是线性无关的, 其中一个可用另外两个参量表示出来. 事实上, 变形可逆性的假定使得如下功的增量成为一个全微分[1,2]:

$$\mathrm{d}W = \sigma_{ij}\mathrm{d}\varepsilon_{ij} + p\mathrm{d}\zeta = \varepsilon_{ij}\mathrm{d}\sigma_{ij} + \zeta\mathrm{d}p \tag{33-2}$$

需要满足的 Euler 条件为

$$\frac{\partial \varepsilon_{ij}}{\partial p} = \frac{\partial \zeta}{\partial \sigma_{ij}} \tag{33-3}$$

结合 (33-3) 和 (33-1) 两式, 得到: $H' = H''$, 从而对于各向同性多孔弹性介质而言, 只有四个独立的本构参数: K、G、H' 和 R'.

Maurice Anthony Biot (1905~1985)

由上面的分析可以看出, Biot 针对充液多孔介质的本构描述[1,2] 主要基于如下两个基本假定[3]:

(1) 应力张量、液体压强 (σ_{ij}, p) 与应变张量、液体体积应变 $(\varepsilon_{ij}, \zeta)$ 满足线性关系;

(2) 变形过程的可逆性: 针对一个封闭的变形循环, 无能量耗散.

定义球应力张量 P、应力偏张量 s_{ij}、体积应变 ε 和应变偏张量 e_{ij} 如下:

$$\begin{cases} P = -\dfrac{\sigma_{kk}}{3} \\ s_{ij} = \sigma_{ij} + P\delta_{ij} \\ \varepsilon = \varepsilon_{kk} \\ e_{ij} = \varepsilon_{ij} - \dfrac{\varepsilon}{3}\delta_{ij} \end{cases} \tag{33-4}$$

则各向同性多孔弹性介质的本构关系可分解为偏量响应部分和体响应部分之和, 其中偏量响应部分为

$$e_{ij} = \frac{1}{2G}s_{ij} \tag{33-5}$$

(33-5) 式表明多孔介质的偏量响应部分是纯弹性的.

多孔弹性介质本构关系中的体积响应部分为

$$\begin{cases} \varepsilon = \dfrac{p}{H'} - \dfrac{P}{K} \\ \zeta = \dfrac{p}{R'} - \dfrac{P}{H'} \end{cases} \tag{33-6}$$

(33-6) 式表明, 流固间的耦合效应只对多孔介质的体积变化起作用.

33.2　多孔弹性介质的体积响应

33.2.1　排水和非排水响应

流体渗透的多孔材料 (fluid-infiltrated porous material) 力学响应的一个重要特点是排水和非排水变形的巨大差异. 这两种情形分别代表了两种极限情况[4]: (1) 非排水响应 (undrained response) 表征的是流体被陷在多孔固体中, 而流体的体积应变为零: $\zeta = 0$; (2) 排水响应 (drained response) 对应于孔隙压强为零的情形: $p = 0$.

情形 I: 非排水响应. 在 (33-6) 式的第二式中令 $\zeta = 0$ 则得到非排水响应时满足:

$$p = \frac{R'}{H'}P = BP \tag{33-7}$$

亦即孔隙压力 p 正比于静水压强 P, 式中 $B = R'/H'$ 称为 Skempton 孔隙压强系数[5]. 将 (33-7) 式代入式 (33-6) 式的第一式, 得到非排水时体积应变满足:

$$\varepsilon = -\frac{P}{K_u} \tag{33-8}$$

式中,

$$K_u = K\left(1 + \frac{KR'}{H'^2 - KR'}\right) \tag{33-9}$$

称为材料的非排水体模量 (undrained bulk modulus), 其取值范围为: $K_u \in [K, \infty]$.

情形 II: 排水响应. 在 (33-6) 式中令 $p = 0$, 得到:

$$\begin{cases} \varepsilon = -\dfrac{P}{K} \\ \zeta = -\dfrac{P}{H'} = \dfrac{K}{H'}\varepsilon = \alpha\varepsilon \end{cases} \tag{33-10}$$

(33-10) 式的第一式表明, 排水响应时的体积应变和球应力 P 成正比; 而 (33-10) 式的第二式则表明, 流体无量纲的体积变化和单元的体积应变成正比, 系数需满足: $\alpha = \dfrac{K}{H'} \leqslant 1$, 亦即任一单元中流体相对体积的变化不能超过该单元总体积的相对变化, 故其取值范围为: $\alpha \in [0, 1]$.

33.2.2 多孔弹性介质体积响应的表达式

33.2.1 节的分析表明, 多孔弹性介质体积响应的三个基本本构参数为: K、K_u 和 α, 这样, 多孔弹性介质体积响应的本构关系 (33-6) 式可表示为

$$\begin{cases} \varepsilon = -\dfrac{1}{K}(P - \alpha p) \\ \zeta = -\dfrac{\alpha}{K}(P - \dfrac{p}{B}) \end{cases} \tag{33-11}$$

(33-11) 式给出的是体积应变对 (ε, ζ) 和应力对 (P, p) 之间的关系, 而: $B = \dfrac{K_u - K}{\alpha K_u}$. (33-11) 式的逆形式, 也就是应力对 (P, p) 可通过应变对 (ε, ζ) 表示为

$$\begin{cases} P = \alpha M\zeta - K_u\varepsilon \\ p = M(\zeta - \alpha\varepsilon) \end{cases} \tag{33-12}$$

式中,

$$M = \frac{K_u - K}{\alpha^2} = \frac{H'^2 R'}{H'^2 - KR'} \tag{33-13}$$

有时被称为 Biot 模量, 其表征的是当体积应变 $\varepsilon = \text{const}$ 时, 因孔隙压力的单位改变而导致的流体的改变量:

$$\frac{1}{M} = \left.\frac{\partial\zeta}{\partial p}\right|_{\varepsilon} \tag{33-14}$$

33.3　线性各向同性多孔弹性介质理论

33.3.1　本构常数

类似于线性各向同性弹性理论中的响应表达式 (11-66), 引入排水和非排水两种情形时的 Poisson 比:

$$\begin{cases} \nu = \dfrac{3K-2G}{2(3K+G)} \\ \nu_u = \dfrac{3K_u-2G}{2(3K_u+G)} \end{cases} \tag{33-15}$$

对于各向同性多孔弹性介质, 由于只有四个独立的弹性常数: 一个和偏量响应有关, 三个和体积响应有关, 这样可选择为: G、α、ν、ν_u. 因此, 和第 11 章所讲述的各向同性线弹性材料相比, 多孔弹性介质的两个附加模量为: α 和 ν_u. 其中, α 的取值范围正如 33.2.1 节所述: $\alpha \in [0,1]$, 而 ν_u 的取值范围为: $\nu_u \in [\nu, 0.5]$. 由此可区分两种极限情况: (1) 具有最强多孔弹性效应的不可压缩情形: $\alpha = 1$ 和 $\nu_u = 0.5$; (2) 非耦合模型: $\nu_u \approx \nu$, 此时包括体积响应的加载率效应以及 Skempton 效应的多孔弹性效应将消失.

另外三个参量在多孔介质方程中起着重要作用: 无量纲 Skempton 孔隙压力系数 B、Biot 模量 M 和无量纲的多孔弹性应力系数 η. 这三个参量均可通过四个基本弹性常数 (G,α,ν,ν_u) 表示为

$$\begin{cases} B = \dfrac{3(\nu_u-\nu)}{\alpha(1-2\nu)(1+\nu_u)} \\ M = \dfrac{2G(\nu_u-\nu)}{\alpha^2(1-2\nu_u)(1-2\nu)} \\ \eta = \dfrac{\alpha(1-2\nu)}{2(1-\nu)} \end{cases} \tag{33-16}$$

上述三个参量的取值范围分别为: $B \in [0,1]$, $M \in [0,\infty]$, $\eta \in [0,0.5]$.

为了研究方便, 再定义一个和 Biot 模量 M 相关的储水系数 (storage coefficient):

$$S = \frac{(1-\nu_n)(1-2\nu)}{M(1-\nu)(1-2\nu_n)} \tag{33-17}$$

特别地, 对于非耦合模型 $\nu_u \approx \nu$ 的退化情形, $S = 1/M$.

33.3.2　本构关系

在四个基本弹性常数 (G, α, ν, ν_u) 的和各向同性线弹性本构关系 (11-64) 的基础上, 各向同性多孔线性弹性本构的应变 – 应力关系可表示为

$$\varepsilon_{ij} = \underbrace{\frac{1}{2G}\sigma_{ij} - \frac{1}{2G}\frac{\nu}{1+\nu}\sigma_{kk}\delta_{ij}}_{\text{经典弹性项}} + \underbrace{\frac{1-2\nu}{2G(1+\nu)}\alpha p\delta_{ij}}_{\text{孔隙压力附加项}} \tag{33-18}$$

(33-18) 式的等价表达式可见思考题 33.1.

同样, 将 (33-18) 式可逆地表示为如下应力 – 应变关系为

$$\sigma_{ij} = \underbrace{2G\varepsilon_{ij} + 2G\frac{\nu}{1-2\nu}\varepsilon\delta_{ij}}_{\text{经典弹性项}} \quad \underbrace{-\alpha p\delta_{ij}}_{\text{附加孔隙压力项}} \tag{33-19}$$

对比 (11-65) 式可知, 当孔隙压力 $p = 0$ 时, (33-19) 式将完全退化到经典线弹性的应力 – 应变关系, 对于孔隙弹性介质而言, $(\sigma_{ij} + \alpha p\delta_{ij})$ 扮演着有效应力 (effective stress) 张量的角色, 这也是 α 有时被称为有效应力系数 (effective stress coefficient) 的原因.

当用流体的体积应变 ζ 作为耦合参量时, (33-18) 和 (33-19) 两式变为

$$\varepsilon_{ij} = \frac{1}{2G}\sigma_{ij} + \frac{B}{3}\zeta\delta_{ij} - \frac{1}{2G}\frac{\nu_u}{1+\nu_u}\sigma_{kk}\delta_{ij} \tag{33-20}$$

和

$$\sigma_{ij} = 2G\varepsilon_{ij} + 2G\frac{\nu_u}{1-2\nu_u}\varepsilon\delta_{ij} - \alpha M\zeta\delta_{ij} \tag{33-21}$$

在 (33-20) 式中, $\left(\varepsilon_{ij} - \dfrac{B}{3}\zeta\delta_{ij}\right)$ 可被视为有效应变张量.

(33-1) 式的第二式表征的是流体的响应方程, 其应变 – 应力关系可表示为

$$\zeta = \frac{\alpha}{2G}\frac{1-2\nu}{1+\nu}\left(\sigma_{kk} + \frac{3}{B}p\right) \tag{33-22}$$

(33-22) 式的等价形式可见思考题 33.2. 而流体响应的应力 – 应变关系可表示为

$$p = M(\zeta - \alpha\varepsilon). \tag{33-23}$$

Henry Philibert Gaspard Darcy (1803~1858)

33.3.3　输运方程 —— Darcy 定律

1855 年 10 月 29 日和 30 日, Henry Darcy (1803~1858) 与 Charles Ritter 在法国第戎市 (Dijon) 的一个医院开展了水在沙中的流动规律的实验研究. Darcy 的研

究报告于 1856 年正式发表[6], 该报告长达 680 页, 附有图版 28 张. 该报告最重要的贡献是建立了多孔介质的输运定理, 后来被称为 Darcy 定律. 对于一维情形, Darcy 定律所给出的渗流质量通量可表示为

$$q_i = -\kappa\left(\frac{\partial p}{\partial x_i} - f_i\right) \tag{33-24}$$

式中, $\kappa = k/\mu$ 为渗透系数, k 为具有长度平方量纲 (L^2) 的内禀渗透 (intrinsic permeability), μ 为流体的黏性系数; $f_i = \rho_f g_i$ 为单位流体体积的体力, ρ_f 为流体的密度, g_i 为在 i 方向上重力加速度的分量. 对于线性理论而言, 渗透系数 κ 不依赖于应力.

33.3.4　平衡方程

对于静力学问题, 平衡方程可表示为

$$\frac{\partial \sigma_{ij}}{\partial x_j} + F_i = 0 \tag{33-25}$$

式中, $F_i = \rho g_i$ 为体材料单位体积的体力, $\rho = (1-\phi)\rho + \phi\rho_f$ 为体密度, ϕ 为孔隙度 (porosity), ρ 和 ρ_f 分别为固体和流体的密度.

33.3.5　流体相的连续性方程

应用可压缩流体的质量守恒方程可给出局部的连续性方程为

$$\frac{\partial \zeta}{\partial t} + \frac{\partial q_i}{\partial x_i} = \gamma \tag{33-26}$$

式中, γ 称为源密度 (source density), 定义为单位多孔固体所注入的流体体积率. 由于假定流体密度为常量, (33-26) 式为线性化后的形式.

33.4　多孔弹性介质理论的场方程

33.4.1　线性各向同性多孔弹性介质的基本控制方程

线性各向同性多孔弹性介质的场方程包括:

(1) 固体的几何方程, 也就是 Cauchy 应变张量 (5-85) 式;

(2) 多孔固体的本构方程, (33-18)~(33-21) 诸式中的其一;

(3) 多孔介质中流体的本构方程, (33-22) 和 (33-23) 两式中的其一;

(4) Darcy 定律, (33-24) 式;

(5) 平衡方程, (33-25) 式;

(6) 连续性方程, (33-26) 式.

共需要五个材料常数来确定上述线性各向同性多孔弹性介质的力学行为: 四个基本弹性常数 (G,α,ν,ν_u) 再加一个 Darcy 定律中的渗透系数 κ.

下面讨论问题的解法.

33.4.2 位移解法 —— Navier 方程

Claude Louis Marie Henri Navier (1785~1836)

在线弹性力学中, 大家所最熟知的解法是 C. L. M. H. Navier (1785~1836) 于 1826 年提出的位移法, 也就是用位移矢量作为基本变量所表示的平衡方程, 其类型为二阶椭圆型方程. 所得到的位移法定解方程被广泛地称为 Navier 方程或 Lamé-Navier 方程.

上述位移解法对多孔介质的弹性理论依然成立. 将本构方程 (33-19) 或 (33-21) 式以及几何方程 (5-85) 式代入平衡方程 (33-25) 式, 将得到两种不同形式但彼此等价的 Navier 方程:

$$G\nabla^2 u_i + \frac{G}{1-2\nu}\frac{\partial^2 u_k}{\partial x_k \partial x_i} = \alpha\frac{\partial p}{\partial x_i} - F_i \tag{33-27}$$

或

$$G\nabla^2 u_i + \frac{G}{1-2\nu_u}\frac{\partial^2 u_k}{\partial x_k \partial x_i} = \alpha M\frac{\partial \zeta}{\partial x_i} - F_i \tag{33-28}$$

33.4.3 扩散方程

对多孔弹性介质而言, 有两类扩散方程, 分别对应于孔隙压强 p 和流体体应变 ζ. 下面首先讨论针对孔隙压强 p 的扩散方程. 综合 Darcy 定律 (33-24) 式、连续性方程 (33-26) 式和流体响应的本构方程 (33-23) 式, 得到如下依赖于体积应变率 $\partial\varepsilon/\partial t$ 的针对孔隙压强 p 的扩散方程:

$$\frac{\partial p}{\partial t} - \kappa M\nabla^2 p = -\alpha M\frac{\partial \varepsilon}{\partial t} + M\left(\gamma - \kappa\frac{\partial f_i}{\partial x_i}\right) \tag{33-29}$$

综合 Darcy 定律 (33-24) 式、流体相的连续性方程 (33-26) 式和思考题 33.3 中的第二式, 便可得到有关流体体应变 ζ 的扩散方程:

$$\frac{\partial \zeta}{\partial t} - c\nabla^2\zeta = \frac{\eta c}{G}\frac{\partial F_i}{\partial x_i} + \gamma - \kappa\frac{\partial f_i}{\partial x_i} \tag{33-30}$$

式中, 扩散系数 c 为[4]:

$$c = \frac{\kappa}{S} = \frac{2\kappa G(1-\nu)(\nu_u-\nu)}{\alpha^2(1-2\nu)^2(1-\nu_u)} \tag{33-31}$$

有时扩散系数 c 也被称为广义固结系数 (generalized consolidation coefficient).

33.4.4 无旋位移场

本小节我们讨论一个不考虑体力的无旋位移场. 由 25.1 节有关矢量的 Helmholtz 分解知, 一个位移矢量场可分解为一个标量势的梯度和一个矢量的旋度之和. 对于一个无旋位移场, 则该位移场可表示为一个标量势的梯度:

$$u_i = \frac{\partial \phi}{\partial x_i} \tag{33-32}$$

将 (33-32) 式代入 (33-27) 式, 则 Navier 方程将退化为如下形式:

$$\frac{\partial^3 \phi}{\partial x_i \partial x_k^2} = \frac{\eta}{G}\frac{\partial p}{\partial x_i} \tag{33-33}$$

积分 (33-33) 式则可得到:

$$\frac{\partial u_i}{\partial x_i} = \frac{\eta}{G}p + g(t) \tag{33-34}$$

式中, $g(t)$ 为待定的时间函数. 再结合应力–应变关系 (33-19) 式, 则得到:

$$\sigma_{kk} + 4\eta p = \frac{2G(1+\nu)}{1-2\nu}g(t) \tag{33-35}$$

有关平面应变情况时的相关表达式请见思考题 33.4.

考虑 (33-34) 式, 则针对孔隙压强 p 的扩散方程 (33-29) 式将变为

$$\frac{\partial p}{\partial t} - c\nabla^2 p = -\frac{\alpha}{S}\frac{\mathrm{d}g}{\mathrm{d}t} + \frac{\gamma}{S} \tag{33-36}$$

而当计及 (33-35) 式时, 则扩散方程可表示为如下形式:

$$\frac{\partial p}{\partial t} - c\nabla^2 p = -\frac{\eta}{(1+\nu)GS}\frac{\mathrm{d}}{\mathrm{d}t}(\sigma_{kk} + 4\eta p) + \frac{\gamma}{S} \tag{33-37}$$

有关平面应变情况时的相关扩散方程的表达式请见思考题 33.5.

33.4.5 孔隙压强扩散方程的解耦

本小节将讨论有关孔隙压强扩散方程 (33-29) 式的解耦情形. 对于无限大体或半无限大体中的无旋位移场而言, 利用无穷远处的条件: $\varepsilon = 0$, $p = 0$, 则 (33-34) 式中的 $g(t) = 0$. 此时, 孔隙压强 p 的扩散方程 (33-36) 式将退化为

$$\frac{\partial p}{\partial t} - c\nabla^2 p = \frac{\gamma}{S} \tag{33-38}$$

当 $g(t) = 0$ 时, (33-34) 式退化为固体中球应变和孔隙压强间的线性关系:

$$\varepsilon = \frac{\eta}{G}p \tag{33-39}$$

此时, (33-35) 式也将退化为如下球应力和孔隙压强间的如下线性关系:

$$\sigma_{kk}=-4\eta p \tag{33-40}$$

再由 (33-23) 和 (33-39) 两式, 得到流体体应变和孔隙压强间的如下线性关系:

$$\zeta=Sp \tag{33-41}$$

思 考 题

33.1　结合思考题 11.3, 验证 (33-18) 还可表示为

$$\varepsilon_{ij}=\frac{\sigma_{ij}}{2G}-\left(\frac{1}{6G}-\frac{1}{9K}\right)\sigma_{kk}\delta_{ij}+\frac{\alpha p}{3K}\delta_{ij} \tag{33-42}$$

33.2　验证 (33-22) 式还可表示为

$$\zeta=\frac{\alpha}{3K}\left(\sigma_{kk}+\frac{3}{B}p\right) \tag{33-43}$$

33.3　将本构方程 (33-19) 式代入平衡方程 (33-25) 式再取散度, 证明有如下关系式:

$$\nabla^2(p-\frac{G}{\eta}\varepsilon)=\frac{1}{\alpha}\frac{\partial F_k}{\partial x_k} \tag{33-44}$$

再结合流体响应的本构方程 (33-23) 式, 可得到如下关系式:

$$\nabla^2(Sp-\zeta)=\frac{\eta}{G}\frac{\partial F_k}{\partial x_k} \tag{33-45}$$

33.4　对于平面应变情形而言, 验证 (33-35) 式将变为如下形式:

$$\sigma_{kk}+2\eta p=\frac{2G}{1-2\nu}g(t),\quad (k=1,2) \tag{33-46}$$

33.5　对于平面应变情形而言, 验证 (33-37) 式将变为如下形式:

$$\frac{\partial p}{\partial t}-c\nabla^2 p=-\frac{\eta}{GS}\frac{\mathrm{d}}{\mathrm{d}t}(\sigma_{kk}+2\eta p)+\frac{\gamma}{S},\quad (k=1,2) \tag{33-47}$$

Jules Dupuit
(1804~1866)

33.6　大作业: Biot 针对液体饱和多孔介质中弹性波的理论[7,8] 在工程中得到了极大反响, 其中文献[7] 的单篇 SCI 引用已经超过了三千次. 对文献[7,8] 进行详细研读并深入调研其后续发展情况.

33.7　大作业: 在不考虑体力时, 1855 年提出的 Darcy 定律 (33-24) 式可进一步表示为[6]:

$$\boldsymbol{\nabla}p=-\frac{\mu}{k}\boldsymbol{V} \tag{33-48}$$

式中, p 为渗透压强, $\boldsymbol{V}$ 为渗流速度 (seepage velocity). 1863 年, Jules Dupuit (1804~1866)[9] 提出 (33-48) 式的右端应包含动压头 ρV^2 项. 1901 年, Philipp Forchheimer

Philipp Forchheimer
(1852~1933)

(1852~1933)[10] 也再次提出 (33-48) 式的右侧不但应包括渗流速度的平方项 (V^2), 甚至还应包括渗流速度的立方项 (V^3). 但由于 V^3 项和实验不符, 故最终非 Darcy 效应 (non-Darcy effect) 的方程写为

$$\nabla p = -\frac{\mu}{k}\boldsymbol{V} - \beta\rho|\boldsymbol{V}|\boldsymbol{V} \tag{33-49}$$

(33-49) 式被广泛地称为 Forchheimer 方程.

问题:

(1) Forchheimer 系数 β 的量纲是什么?

(2) (33-49) 式中 $\beta\rho|\boldsymbol{V}|\boldsymbol{V}$ 是否可直接表示为: $\beta\rho V^2$?

(3) 将 Forchheimer 方程 (33-49) 式表示为类 Darcy 定律的形式:

$$\nabla p = -\frac{\mu}{k_{\text{app}}}\boldsymbol{V} \tag{33-50}$$

证明: 表观内禀渗透 k_{app} 的表达式为

$$\frac{1}{k_{\text{app}}} = \frac{1}{k}\left(1 + \frac{\beta k\rho}{\mu}|\boldsymbol{V}|\right) \tag{33-51}$$

(4) 针对 Forchheimer 方程的具体应用进行一次系统的文献调研.

33.8　大作业 (结合第 15 章): 在油气开采过程中, 为了改善压裂液在地层中的运移性质, 会在压裂液中添加其他成分来改变其黏性、润湿性、滤失性等性能. 压裂液按成分不同可以分为: 水基压裂液、油基压裂液、合成聚合物压裂液、乳化压裂液、反相乳化压裂液、压缩气体、泡沫压裂液等. 不同类型、不同配比的压裂液表现出不同的流变性, 常用的描述压裂液流变性的理论模型包括[11]:

表 33.1　描述压裂液流变性的常用理论模型

理论模型	数学表述	模型参数
牛顿流体模型	$\boldsymbol{\tau} = \mu\dot{\boldsymbol{\gamma}}$	μ 为动力黏度
幂率流体模型 (Ostwald–de Waele relationship)	$\boldsymbol{\tau} = C\dot{\boldsymbol{\gamma}}^n$	C 和 n 分别为稠度指数和流性指数
Bingham 塑性流体模型	$\boldsymbol{\tau} - \boldsymbol{\tau}_0 = \mu_{\text{p}}\dot{\boldsymbol{\gamma}}$	$\boldsymbol{\tau}_0$ 为流体的屈服应力 μ_{p} 为塑性黏度
Herschel-Bulkley 塑性流体模型	$\boldsymbol{\tau} - \boldsymbol{\tau}_0 = C_{\text{p}}\dot{\boldsymbol{\gamma}}^{n_{\text{p}}}$	$\boldsymbol{\tau}_0$ 为流体的屈服应力 C_{p} 和 n_{p} 分别为稠度和流性指数

除牛顿流体模型外, 幂率流体模型、Bingham 塑性流体模型和 Herschel-Bulkley 塑性流体模型中, 切应力和应变率呈非线性关系, 可以引入表观黏度 (apparent viscosity) $\mu_{\text{a}} = \tau/\dot{\gamma}$

将其线性化.

问题:

(1) 对不同流体模型, 推出表观黏度的表达式;

(2) 结合 33.3.3 节讨论 Darcy 定律 Forchheimer 修正的作用;

(3) 结合我国页岩油气的开发, 对目前常用压裂液的相关力学行为进行一次系统深入的文献调研.

参 考 文 献

[1] Biot M A. General theory of three-dimensional consolidation. Journal of Applied Physics, 1941, 12: 155–164.

[2] Biot M A. Theory of elasticity and consolidation for a porous anisotropic solid. Journal of Applied Physics, 1955, 26: 182–185.

[3] Detournay E, Cheng A H D. Fundamentals of Poroelasticity. In: Comprehensive Rock Engineering-Principles, Practice and Projects, Vol. 2, Analysis and Design Methods, Fairhurst C editor. New York: Pergamon Press, pp. 113–171, 1993.

[4] Rice J R, Cleary M P. Some basic stress diffusion solutions for fluid-saturated elastic porous media with compressible constituents. Reviews of Geophysics, 1976, 14: 227–241.

[5] Skempton A W. The pore-pressure coefficients A and B. Geotechnique, 1954, 4: 143–147.

[6] Darcy H. Les Fontaines Publiques de la Ville de Dijon. Paris: Dalmont, 1856.

[7] Biot M A. Theory of propagation of elastic waves in a fluid-saturated porous solid. I. Low-frequency range. Journal of the Acoustical Society of America, 1956, 28: 168–178.

[8] Biot M A. Theory of propagation of elastic waves in a fluid-saturated porous solid. II. Higher frequency range. Journal of the Acoustical Society of America, 1956, 28: 179–191.

[9] Dupuit J. Etudes Théoriques et Pratiques sur le mouvement des Eaux dans les canaux découverts et à travers les terrains perméables. Paris: Dunod, 1863.

[10] Forchheimer P. Wasserbewegung durch boden. Zeitschrift des Vereins deutscher Ingenieure, 1901, 45: 1782–1788.

[11] Darley H C H, Gray G R. Composition and properties of drilling and completion fluids. Houston: Gulf Professional Publishing, 1988.

第十篇 附 录

Wir müssen wissen, wir werden wissen.

我们必须知道, 我们必将知道.

—— David Hilbert (1862~1943)
(Hilbert 于 1930 年退休演讲时的最后六个德文单词,
也是他墓碑上的唯一一句话.)

附录 A　连续介质力学中的 Lie 导数

A.1　Lie 导数的首次提出和在连续介质力学中的首次应用

Marius Sophus Lie
(1842~1899)

郭仲衡
(1933~1993)

Jerrold Eldon Marsden
(1942~2010)

波兰数学家 Władysław Ślebodziński (1884~1972) 于 1931 年, 最早引入了 Lie 导数[1]. 荷兰数学家 David van Dantzig (1900~1959)[2] 于 1932 年将该导数以挪威数学家 Marius Sophus Lie (1842~1899) 的姓氏命名为 "Liesche Ableitung (Lie derivative, Lie 导数)", 并在文[2] 中认可了 Ślebodziński 在定义 Lie 导数普遍形式方面的优先权. van Dantzig 又于 1940 年首次应用 Lie 导数研究了理想气体的热－水动力学 (thermo-hydrodynamics) 问题[3].

郭仲衡 (1933~1993) 在波兰留学期间, 首次将 Lie 导数应用于连续介质力学[4]. 这是 Jerrold Eldon Marsden (1942~2010) 和 Thomas Joseph Robert Hughes 在其名著[5] 第 95 页的脚注中所明确指出的. 当时的背景是, 20 世纪 60 年代初, 应力率的定义问题是当时国际力学界的热点之一. 郭仲衡于 1963 年发表了题为 "非线性连续介质力学中张量场的时间导数" 的论文[4], 在该文中, 郭仲衡系统地分析了各种定义, 指出应除去物体点转动所引起的变化部分, 并将 Lie 导数应用其中. 该贡献是郭仲衡博士论文的中心内容. 1963 年 2 月 21 日, 郭仲衡通过了论文答辩, 并于 1963 年 7 月返回祖国, 当年 8 月起一直在北京大学任教.

Stefan Zahorski 在其专著[6] 的第 31 页明确指出: "It seems that more recent works [1, 45 and 46] have finally made the matter clear and proved the usefulness of the definitions of time derivatives which appeared in mechanics as early as begining of this century." Zahorski 在这里提到了 "最终地弄清了时间导数的问题" 中主要的参考文献 [45] 就是本节所述及的郭仲衡的文献 [4].

A.2　方向导数或 Gâteaux 导数

方向导数 (directional derivative) 是 Gâteaux 导数的一个特例. Gâteaux 导数是由法国数学家 René Eugène Gâteaux (1889~1914) 提出的[7]. 方向导数也是偏导

数概念的推广. 一个标量场在某点沿着某个向量方向上的方向导数, 描绘了该点附近标量场沿着该向量方向变动时的瞬时变化率.

考虑三维欧式空间中的一个标量函数 $\varphi(\boldsymbol{x}) = \varphi(x_1, x_2, x_3) = \mathrm{const}$. 该标量函数构成了拥有相同值 φ 的所有点 $\boldsymbol{x}$ 集合的一个水准面 (level surface)[8]. 空间中水准面上点 $\boldsymbol{x}$ 的邻域 $(\boldsymbol{x} + \mathrm{d}\boldsymbol{x})$ 由全微分 $\mathrm{d}\varphi = 0$ 来确定.

水准面的法线由梯度矢量 $\boldsymbol{\nabla}\varphi$ 的三个分量 $\partial\varphi/\partial x_i$ $(i = 1, 2, 3)$ 确定. 由于梯度 $\boldsymbol{\nabla}\varphi = \partial\varphi/\partial\boldsymbol{x}$ 是垂直于 $\varphi = \mathrm{const}$ 面的, 则点 $\boldsymbol{x}$ 处的单位法线矢量定义为: $\boldsymbol{n} = \boldsymbol{\nabla}\varphi/|\boldsymbol{\nabla}\varphi|$.

设在点 $\boldsymbol{x}$ 处有一和梯度矢量 $\boldsymbol{\nabla}\varphi$ 成角度为 θ 的矢量 $\boldsymbol{u}$. 我们将两个矢量的点积 $\boldsymbol{u} \cdot \boldsymbol{\nabla}\varphi$ 称作 φ 在点 $\boldsymbol{x}$ 处沿矢量 $\boldsymbol{u}$ 的 “方向导数” 或称 “Gâteaux 导数”. 易知, 当矢量 $\boldsymbol{u}$ 和 $\boldsymbol{\nabla}\varphi$ 的方向相同, 也就是当 $\cos\theta = 1$ 时, 方向导数 $\boldsymbol{u} \cdot \boldsymbol{\nabla}\varphi$ 有最大值; 反之, 当矢量 $\boldsymbol{u}$ 和 $\boldsymbol{\nabla}\varphi$ 的方向相反, 也就是当 $\cos\theta = -1$ 时, 方向导数 $\boldsymbol{u} \cdot \boldsymbol{\nabla}\varphi$ 有最小值. 基于此, 我们可定义 φ 沿着法线在点 $\boldsymbol{x}$ 处沿着单位法线矢量 $\boldsymbol{n}$ 的方向导数为 “法向导数 (normal derivative)”: $\boldsymbol{n} \cdot \boldsymbol{\nabla}\varphi = |\boldsymbol{\nabla}\varphi|$. 因此可得出这样的结论, 当矢量 $\boldsymbol{u}$ 为单位矢量时, 法向导数代表了点 $\boldsymbol{x}$ 处所有方向导数中的最大值.

上述方向导数可等价地定义为

$$\mathcal{D}_{\boldsymbol{u}}\varphi(\boldsymbol{x}) = \frac{\mathrm{d}}{\mathrm{d}\varepsilon}\varphi(\boldsymbol{x} + \varepsilon\boldsymbol{u})\bigg|_{\varepsilon=0} \tag{A-1}$$

(A-1) 式表征了 φ 沿通过点 $\boldsymbol{x}$ 处矢量 $\boldsymbol{u}$ 的变化率. 式中, ε 为一标量小参数, $\mathcal{D}(\cdot)$ 被称为 Gâteaux 算子. 因此, 如上两种有关方向导数等价的定义为

$$\mathcal{D}_{\boldsymbol{u}}\varphi(\boldsymbol{x}) = \boldsymbol{u} \cdot \boldsymbol{\nabla}\varphi \tag{A-2}$$

A.3　Lie 时间导数

考虑一个当前构形中的空间场 (spatial field) $\boldsymbol{\varphi}(\boldsymbol{x}, t)$, 可看作是随空间和时间变化的标量、矢量或张量场. 下面我们将计算 $\boldsymbol{\varphi}$ 相对于速度矢量 $\boldsymbol{v}$ 的变化, 称之为 $\boldsymbol{\varphi}$ 的 Lie 导数, 记为: $\mathcal{L}_{\boldsymbol{v}}\boldsymbol{\varphi}$.

空间场 $\boldsymbol{\varphi}(\boldsymbol{x}, t)$ 的 Lie 时间导数可通过如下步骤获得:

第一步. 通过 “拉回操作 (pull-back operation)”, 将当前构形中的空间场 $\boldsymbol{\varphi}(\boldsymbol{x}, t)$ 变为参考构形中的物质场 (material field): $\Phi(\boldsymbol{X}, t) = \boldsymbol{\varphi}(\boldsymbol{x}, t)$.

第二步. 对物质场 Φ 求物质时间导数, 即: $\dfrac{\mathrm{d}\Phi}{\mathrm{d}t} = \dfrac{\mathrm{d}}{\mathrm{d}t}\boldsymbol{\varphi}(\boldsymbol{x}, t) = \dot{\Phi}$.

第三步. 对第二步所获得的物质时间导数 $\dot{\Phi}$ 再进行 “推前操作 (push-forward operation)”, 即获得了在当前构形中的 Lie 导数 $\mathcal{L}_{\boldsymbol{v}}\varphi$:

$$\mathcal{L}_{\boldsymbol{v}}\varphi = \dot{\Phi}^{\rightarrow}(\boldsymbol{X}, t) \tag{A-3}$$

因物质场 $\Phi(\boldsymbol{X}, t)$ 的物质时间导数就是该场沿着速度矢量的方向导数, 即:

$$\frac{\mathrm{d}}{\mathrm{d}t}\Phi(\boldsymbol{X}, t) = \mathcal{D}_{\boldsymbol{v}}\Phi(\boldsymbol{X}, t) \tag{A-4}$$

注意到 (A-1) 式, 可给出在参考构形中物质场 $\Phi(\boldsymbol{X}, t)$ 在点 $\boldsymbol{X}$ 沿着速度矢量 $\boldsymbol{v}$ 的方向导数:

$$\mathcal{D}_{\boldsymbol{v}}\Phi = \left.\frac{\mathrm{d}}{\mathrm{d}\varepsilon}\Phi(\boldsymbol{X} + \varepsilon\boldsymbol{v})\right|_{\varepsilon=0} \tag{A-5}$$

因此, 可给出如下重要结论: 对于标量函数而言, 其 Lie 导数就是其方向导数.

例 A.1　证明 Almansi 应变张量 $\boldsymbol{e}$ 的 Lie 时间导数为应变率张量 $\boldsymbol{d}$.

证: 由于对 Euler 型的 Almansi 应变张量 $\boldsymbol{e}$ 进行拉回操作将获得 Green 应变张量: $\boldsymbol{E} = \boldsymbol{F}^{\mathrm{T}}\boldsymbol{e}\boldsymbol{F}$, 而对 Lagrange 型的 Green 应变率张量 $\dot{\boldsymbol{E}}$ 的推前操作将获得 Euler 型的应变率张量: $\boldsymbol{d} = \boldsymbol{F}^{-\mathrm{T}}\dot{\boldsymbol{E}}\boldsymbol{F}^{-1}$, 则按照上述三个步骤, 有

$$\begin{aligned}\mathcal{L}_{\boldsymbol{v}}\boldsymbol{e} &= \boldsymbol{F}^{-\mathrm{T}}\left[\frac{\mathrm{d}}{\mathrm{d}t}(\boldsymbol{F}^{\mathrm{T}}\boldsymbol{e}\boldsymbol{F})\right]\boldsymbol{F}^{-1} = \boldsymbol{F}^{-\mathrm{T}}\frac{\mathrm{d}\boldsymbol{E}}{\mathrm{d}t}\boldsymbol{F}^{-1} \\ &= \boldsymbol{F}^{-\mathrm{T}}\dot{\boldsymbol{E}}\boldsymbol{F}^{-1} = \boldsymbol{d}\end{aligned} \tag{A-6}$$

Freeman Dyson 于 1981 年 8 月 24 日在普林斯顿高等研究院所做的题为 “不合时宜的追求 (unfashionable pursuits)” 报告中, 关于 Sophus Lie 的评价[9]: 有一位伟大的数学物理学家的工作, 对今日的物理学仍然无比重要, 我指的是 Sophus Lie, 他已去世八十年了. 他的伟大工作完成于 19 世纪 70 ~ 80 年代, 但只是在刚过去的二十年间, 才支配了研究粒子的物理学家的思想. Lie 第一个理解并清晰地陈述了群理论可作为物理原理的起点. 他几乎靠单枪匹马构造了浩大而漂亮的连续群理论, 并预见到有朝一日它将成为物理学的一个基础. 一百年后的今天, 每个按照破缺或无破缺对称性研究粒子分类的物理学家, 都自觉或不自觉地使用 Sophus Lie 的语言. 可是当 Lie 在世时, 他的思想并不合时尚, 几乎没几个数学家理解它, 更不用说物理学家了. Felix Klein 是为数很少的能理解和支持他的大数学家之一.

Lie 属于这样一种人, 他们似乎承受着不公平的厄运. 1870 年普法战争爆发时, 年轻的 Lie 正在法国漂泊. 他是挪威人, 操着带普鲁士口音的法语. 枫丹白露 (Fontainebleau) 的爱国者认定他是普鲁士奸细, 把他投入监狱, 由于法国战败, 形势

一片混乱, 当 Lie 的法国朋友最终找到关他的牢房并成功地使他获释时, 他正静居囚笼, 搞出了新的数学发现[10]. 在世纪交替之际, Rouse Ball 出版的数学史中, 以悲怆的语调结束对 Lie 工作的评述[11]: "看来, Lie 一直很失望, 因他的工作价值没得到普遍承认, 他为此而苦恼 ...... 在他生命的最后十年, 他常陷入沉思, 想着他被过分忽视了的过去, 使他心情不快."

参 考 文 献

[1] Ślebodziński W. Sur les équations de Hamilton. Bulletins de la Classe des Sciences, Académie Royale de Belgique, 1931, 17: 864-870. (英文重印版: General Relativity and Gravitation, 2010, 42: 2529–2535).

[2] van Dantzig D. Zur allgemeinen projektiven Differentialgeometrie. Proceedings of the Royal Academy of Amsterdam, 1932, Part I, 35: 524-534; Part II, 35: 535–542.

[3] van Dantzig D. One the thermo-hydrodynamics of perfectly perfect fluids. Nederl. Akad. Wetensch. Proc., 1940, 43: 157–171.

[4] Guo Z H. Time derivatives of tensor fields in non-linear continuum mechanics. Archive of Mechanics, 1963, 15: 131–163.

[5] Marsden J E, Hughes T J R. Mathematical Foundations of Elasticity. New Jersey: Prentice-Hall, 1993.

[6] Zahorski S. Mechanics of Viscoelastic Fluids. Hague: Martinus Nijhoff, 1982.

[7] Gâteaux R. Sur les fonctionnelles continues et les fonctionnelles analytiques. Comptes Rendus de l'academie des Sciences Paris, 1913, 157: 325–327.

[8] Holzapfel G A. Nonlinear Solid Mechanics. Chichester: Wiley, 2000.

[9] Dyson F J. Unfashionable pursuits. The Mathematical Intelligencer, 1983, 5: 47–54.

[10] Lie S. Letter to A. Mayer, published in Sophus Lie (1877), Gesammelte Abhandlungen, ed. F. Engel, Vol. 3, Anmerkungen. Leipzig: Teubner, 1922.

[11] Rouse Ball W W. A Short Account of the History of Mathematics (4th Edition). London: MacMillan, 1908.

附录 B　曲 率 张 量

确定一个表面可以用参数形式 $x = f(u,v)$, $y = g(u,v)$, 以及 $z = h(u,v)$ 来描述, 它们确定一个矢量 $r(u,v)$, 或利用隐式形式 $F(x,y,z) = 0$ 来描述.

如图 B.1 所示, 对于一个简单的情况, 利用 u 和 v 分别取为 x 和 y, 此时表面的位置由 $\boldsymbol{r} = (u, v, h(u,v)) = (x, y, h(x,y))$ 给出, 称为表面的 Monge 参数化. 在表面上定义两个切向向量 $\boldsymbol{r}_u = \partial\boldsymbol{r}/\partial u$ 和 $\boldsymbol{r}_v = \partial\boldsymbol{r}/\partial v$, 构成一个切平面, 平面方程由 $\mathrm{d}\boldsymbol{r}\cdot\widehat{\boldsymbol{n}} = 0$ 给出, 此时 (u,v) 处的表面单位法线的形式如下

$$\widehat{\boldsymbol{n}} = \frac{\boldsymbol{r}_u \times \boldsymbol{r}_v}{|\boldsymbol{r}_u \times \boldsymbol{r}_v|} \tag{B-1}$$

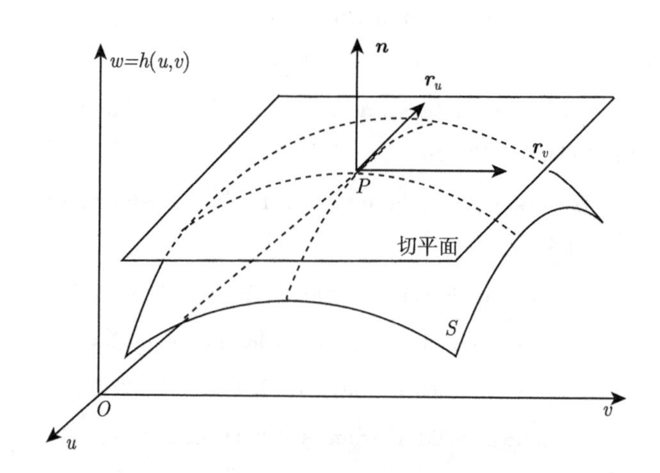

图 B.1　曲面示意图

对于隐式形式 $F(x,y,z) = 0$, F 的全微分为零, 即

$$\mathrm{d}F = \mathrm{d}\boldsymbol{r}\cdot\boldsymbol{\nabla}F = 0 \tag{B-2}$$

(B-2) 式表明 $\boldsymbol{\nabla}F$ 与切线正交, 因此法向矢量与 $\boldsymbol{\nabla}F$ 平行, 此时单位法线为

$$\widehat{\boldsymbol{n}} = \frac{\boldsymbol{\nabla}F}{|\boldsymbol{\nabla}F|} \tag{B-3}$$

根据曲率的定义, 如果沿表面移动了距离 $\mathrm{d}\boldsymbol{r}$, 则法线 $\widehat{\boldsymbol{n}}$ 的变化量为

$$\mathrm{d}\widehat{\boldsymbol{n}} = \mathrm{d}\boldsymbol{r}\cdot\boldsymbol{Q} \tag{B-4}$$

式中, $\boldsymbol{Q}$ 是曲率张量, 其各分量在笛卡儿坐标系中的表示, 可通过对方程 (B-3) 取微分得到. 对方程 (B-3) 取微分, $\mathrm{d}\hat{\boldsymbol{n}} = \mathrm{d}\boldsymbol{r} \cdot \boldsymbol{\nabla}\hat{\boldsymbol{n}}$, 则

$$\boldsymbol{Q} = \boldsymbol{\nabla}\hat{\boldsymbol{n}} = \partial\left(\frac{\boldsymbol{\nabla}F}{|\boldsymbol{\nabla}F|}\right)\Big/\partial\boldsymbol{r} \tag{B-5}$$

若记 $\gamma = |\boldsymbol{\nabla}F|, F_i = \partial F/\partial r_i, \gamma_i = \partial\gamma/\partial r_i$, 则分量形式为

$$Q_{ij} = \frac{1}{\gamma^2}(\gamma F_{ij} - F_i\gamma_j) \tag{B-6}$$

三维情况下, 曲率张量 $\boldsymbol{Q}$ 是一个 3×3 的矩阵, 有三个本征值. 通过计算可知, $\boldsymbol{Q}$ 的行列式和一个本征值为零, 可见本附录下面的证明. 此时, 另外两个本征值 λ_1 和 λ_2 为表面的两个主曲率. 对角化后的曲率张量 $\boldsymbol{Q}$ 表示为

$$\boldsymbol{Q} = [Q_{ij}] \sim \begin{bmatrix} \lambda_1 & & \\ & \lambda_2 & \\ & & 0 \end{bmatrix} \tag{B-7}$$

曲率张量的迹:

$$\mathrm{tr}\boldsymbol{Q} = \lambda_1 + \lambda_2 = 2H \tag{B-8}$$

即迹是平均曲率的两倍, 而曲率张量的主子式

$$K = \lambda_1\lambda_2 \tag{B-9}$$

即主子式是高斯曲率.

下面给出 $\boldsymbol{Q}$ 的行列式和一个本征值为零的证明. 曲率张量可表示为

$$\boldsymbol{Q} = [Q_{ij}] = \frac{1}{\gamma}\begin{bmatrix} F_{xx} - \dfrac{F_x\gamma_x}{\gamma} & F_{xy} - \dfrac{F_x\gamma_y}{\gamma} & F_{xz} - \dfrac{F_x\gamma_z}{\gamma} \\ F_{xy} - \dfrac{F_y\gamma_x}{\gamma} & F_{yy} - \dfrac{F_y\gamma_y}{\gamma} & F_{yz} - \dfrac{F_y\gamma_z}{\gamma} \\ F_{xz} - \dfrac{F_z\gamma_x}{\gamma} & F_{yz} - \dfrac{F_z\gamma_y}{\gamma} & F_{zz} - \dfrac{F_z\gamma_z}{\gamma} \end{bmatrix} \tag{B-10}$$

其中, $\gamma = |\nabla F| = \sqrt{F_x^2 + F_y^2 + F_z^2}$. 则曲率张量的行列式为

$$
\det \boldsymbol{Q} = \|Q_{ij}\| = \frac{1}{\gamma^3} \begin{Vmatrix} F_{xx} - \dfrac{F_x \gamma_x}{\gamma} & F_{xy} - \dfrac{F_x \gamma_y}{\gamma} & F_{xz} - \dfrac{F_x \gamma_z}{\gamma} \\ F_{xy} - \dfrac{F_y \gamma_x}{\gamma} & F_{yy} - \dfrac{F_y \gamma_y}{\gamma} & F_{yz} - \dfrac{F_y \gamma_z}{\gamma} \\ F_{xz} - \dfrac{F_z \gamma_x}{\gamma} & F_{yz} - \dfrac{F_z \gamma_y}{\gamma} & F_{zz} - \dfrac{F_z \gamma_z}{\gamma} \end{Vmatrix}
$$

$$
= \frac{1}{\gamma^3} \left\{ \begin{aligned} & \left(F_{xx} - \frac{F_x \gamma_x}{\gamma}\right) \left[\left(F_{yy} - \frac{F_y \gamma_y}{\gamma}\right)\left(F_{zz} - \frac{F_z \gamma_z}{\gamma}\right) - \left(F_{yz} - \frac{F_y \gamma_z}{\gamma}\right)\left(F_{yz} - \frac{F_z \gamma_y}{\gamma}\right)\right] \\ & + \left(F_{xy} - \frac{F_x \gamma_y}{\gamma}\right) \left[\left(F_{xz} - \frac{F_z \gamma_x}{\gamma}\right)\left(F_{yz} - \frac{F_y \gamma_z}{\gamma}\right) - \left(F_{xy} - \frac{F_y \gamma_x}{\gamma}\right)\left(F_{zz} - \frac{F_z \gamma_z}{\gamma}\right)\right] \\ & + \left(F_{xz} - \frac{F_x \gamma_z}{\gamma}\right) \left[\left(F_{xy} - \frac{F_y \gamma_x}{\gamma}\right)\left(F_{yz} - \frac{F_z \gamma_y}{\gamma}\right) - \left(F_{xz} - \frac{F_z \gamma_x}{\gamma}\right)\left(F_{yy} - \frac{F_y \gamma_y}{\gamma}\right)\right] \end{aligned} \right\}
$$

将 γ 和 γ_i 带入上式, 则有

$$
\det \boldsymbol{Q} = \frac{1}{\gamma^3} \times \left(\begin{aligned} & -F_{xz}^2 F_{yy} + 2F_{xy} F_{xz} F_{yz} - F_{xx} F_{yz}^2 + \frac{F_x^2 F_{xz}^2 F_{yy}}{F_x^2 + F_y^2 + F_z^2} + \frac{F_y^2 F_{xz}^2 F_{yy}}{F_x^2 + F_y^2 + F_z^2} - \frac{2F_x^2 F_{xy} F_{xz} F_{yz}}{F_x^2 + F_y^2 + F_z^2} \\ & - \frac{2F_y^2 F_{xy} F_{xz} F_{yz}}{F_x^2 + F_y^2 + F_z^2} + \frac{F_x^2 F_{yz}^2 F_{xx}}{F_x^2 + F_y^2 + F_z^2} + \frac{F_y^2 F_{yz}^2 F_{xx}}{F_x^2 + F_y^2 + F_z^2} + \frac{F_z^2 F_{xz}^2 F_{yy}}{F_x^2 + F_y^2 + F_z^2} - \frac{2F_z^2 F_{xy} F_{xz} F_{yz}}{F_x^2 + F_y^2 + F_z^2} \\ & + \frac{F_z^2 F_{yz}^2 F_{xx}}{F_x^2 + F_y^2 + F_z^2} - F_{xy}^2 F_{zz} + F_{xx} F_{yy} F_{zz} + \frac{F_x^2 F_{xy}^2 F_{zz}}{F_x^2 + F_y^2 + F_z^2} + \frac{F_y^2 F_{xy}^2 F_{zz}}{F_x^2 + F_y^2 + F_z^2} - \frac{F_x^2 F_{xx} F_{yy} F_{zz}}{F_x^2 + F_y^2 + F_z^2} \\ & - \frac{F_y^2 F_{xx} F_{yy} F_{zz}}{F_x^2 + F_y^2 + F_z^2} + \frac{F_z^2 F_{xy}^2 F_{zz}}{F_x^2 + F_y^2 + F_z^2} - \frac{F_z^2 F_{xx} F_{yy} F_{zz}}{F_x^2 + F_y^2 + F_z^2} \end{aligned} \right)
$$

合并同类项, 则 $\det \boldsymbol{Q} = 0$, 这说明曲率张量中至少有一个特征根是 0.

参 考 文 献

[1] Safran S A. Statistical Thermodynamics of Surfaces, Interfaces, and Membranes. Reading: Addison-Wesley, 1994.

附录 C　物理类比法在连续介质力学中的应用

C.1　物理类比法的由来以及一些著名学者对类比法的评价

James Clerk Maxwell (1831~1879)

19 世纪中叶, 麦克斯韦 (J C Maxwell, 1831~1879) 在其经典论文《论法拉第的力线》[1] 中, 就系统地论述过 “物理类比 (physical analogy)” 方法:

“为了获得不依赖固有理论的物理学新概念, 我们必须善用 ‘物理类比’. 所谓物理类比, 是指利用科学规律之间的局部相似性, 用它们中的一个去说明另一个. 因此, 所有的数理科学要建立在物理学规律与数学规律之间关系的基础之上, 所以精密科学的目的在于将自然界的难题以数的手段还原为量的判断. 通过最普遍的类比到极小的局部, 我们发现正是两种不同现象相同的数学表达形式催生了光的物理学理论. (In order to obtain physical ideas without adopting a physical theory we must make ourselves familiar with existence of physical analogies. By a physical analogy I mean that partial similarity between the laws of one science and those of another which makes each of them illustrate the other. Thus all the mathematical sciences are founded on relations between physical laws and laws of numbers, so that the aim of exact science is to reduce the problems of nature to the determination of quantities by operations with numbers. Passing from the most universal of all analogies to a very partial one, we find the same resemblance in mathematical form between two different phenomena giving rise to a physical theory of light.)”

Michael Faraday (1791~1867)

麦克斯韦将法拉第 (Michael Faraday, 1791~1867) 的场线类比为流体力学中的流线, 再借用流体力学的一些数学框架, 推导出一系列初成形的电磁学雏论. 法拉第发现随时间而变的磁场可以产生电场, 1864 年, 麦克斯韦推论随时间而变的电场也可以产生磁场, 经实验发现他的方程在真空中有电磁波解, 并算出此电磁波的传播速度. 电场与磁场可以相互产生. 电磁波便是由此而来. 这是物理学史上应用类比法取得巨大突破的典型案例之一. 正如 1.1.3 节中所谈到的, Helmholtz 则通过类比法, 利用电流的电磁相互作用和流体运动的相似性来研究流体运动, 从而成功地解决了不可压缩、无黏流体漩涡运动问题. 这里应该强调的是, Maxwell 和 Helmholtz 的相关研究几乎在同一个时期, Maxwell 借用和流体力学的类比研究的是电磁学, 而 Helmholtz 借用和电磁学的类比研究的是流体力学, 两者在物理类比上具有互补性 (complementary).

类比可分为物理类比、数学类比和控制系统类比等. 本附录主要讨论的是物理类比, 关于类比之间的关系可参考思考题 C.4.

事实上, 麦克斯韦的上述物理类比的工作是建立在 William Thomson (1824~1907, Lord Kelvin) 数学类比工作基础之上的[2]. 通过数学类比, Thomson 在 1845 年首先建立了电磁现象与 Fourier 热传导现象之间的形式等价性. 而后, Thomson 又于 1848 年建立了静电学、电磁学与弹性固体平衡之间的形式等价性, 见本附录 C.2.2 节的相关内容. 麦克斯韦从上述 Thomson 的数学类比出发, 但他超越了数学类比, 且进入了物理类比. 麦克斯韦将连续介质力学与势理论中的形式等价性问题的解, 翻译为电磁学的语言. 从作为结果的波动方程组, 麦克斯韦推出了 "光是由引起电磁现象的同一介质的横波构成" 的重要结论[2].

类比 (analogy), 在连续介质力学以及很多其它学科中也常称为 "比拟", 该词源自古希腊语: ἀναλογία, analogia, 意为 "等比例的". 在日常生活中, 类比也常称作 "类推". 类比是一种认知过程, 将某个特定事物所附带的信息转移到其他特定事物之上. 类比通过比较两件事情, 清楚揭示两者之间的相似点, 并将已知事物的特点, 推衍到未知事物中, 但两者不一定有实质上的同源性, 其类比也不见得 "合理". 在记忆、沟通与问题解决等过程中扮演重要角色, 不同学科中也有各自的定义. 举例而言, 原子中的原子核以及由电子组成的轨域, 可类比成太阳系中行星环绕太阳的样子. 除此之外, 修辞学中的比喻法有时也是一种类比, 例如将月亮比喻成银币. 生物学中因趋同演化而形成的同功或同型解剖构造, 例如哺乳类、爬行类与鸟类的翅膀也是类似概念.

类比是人类思考方式中的一种重要途径, 可以用于辨识问题, 解释概念, 及发现新的事物或功能. 类比可区分为两大类, 近似类推 (near analogies), 是指两个事物之间大部分类似, 因此可以将 A 事物的特色, 等同于 B 事物; 而延伸类推 (far analogies), 则是指两个事物之间有很大的不同, 但是在某个重要特点上, 两者是类似的.

类比法是科学家最常运用的一种思维方法. 由类比而在科学上获得重大突破的例子不胜枚举: 库仑定律中把静电相互作用与万有引力类比; 热质说把热与流体类比; 卢瑟福 (Ernest Rutherford, 1871~1937) 将原子结构与太阳系类比; 德布罗意

(Louis Victor de Broglie, 1892~1987) 将玻尔 (Niels Bohr, 1885~1962) 的量子条件与机械波的衍射、驻波进行类比; 薛定谔 (Erwin Schrödinger, 1887~1961) 将物质波与机械波类比 ……, 等等.

正因为类比法具有广泛的实际意义, 故历来都为科学家和哲学家们所高度重视. 开普勒 (Johannes Kepler, 1571~1630) 说: "我重视类比胜于任何别的东西, 它是我最可信赖的老师, 它能揭示自然界的秘密." 苏联学者瓦赫罗夫更加形象地说: "类比像闪电一样, 可以照亮学生所学学科的黑暗角落."

Johannes Kepler (1571~1630)

黑格尔说: "类推的方法很应分地在经验科学里占很高的地位, 而且科学家也曾依靠这种类推方法获得很重要的成果." 康德说得更令人深思: "每当理智缺乏可靠论证的思路时, 类比这个方法往往能指引我们前进." 爱因斯坦也十分推崇类比这一思维方法, 他曾说: "在物理学上往往因为看出表面上互不相关的现象之间相互一致之点而加以类推, 结果竟得到很重要的进展."

薛定谔指出: "我们这些现代知识分子不习惯于把一个形象化的类比当做哲学洞见, 我们坚持要有逻辑推演. 但与此对照, 或许逻辑思维至少可以向我们揭示这点: 要通过逻辑思维来掌握现象的基础很可能完全做不到, 因为它本身就是现象的一部分, 和现象完全扯在一起. 既然如此, 我们也不妨问一下, 我们是否仅仅因为一个形象化的类比不能被严格证明, 就逼得不能运用它呢?"

类比法是薛定谔主要的科研方法之一, 并成为了他创造性思维的手段. 在 1928 年, 薛定谔所作的关于波动力学的第一次演讲中, 叙述他使用类比法建立波动力学方程时说到: "从通常的力学走向波动力学的一步, 就像光学中用惠更斯理论来代替牛顿理论所迈进的一步相类似. 我们可以构成这种象征性的比例式: '古典力学: 波动力学 = 几何光学: 波动光学'. 典型的量子现象就类比于衍射和干涉等典型的波动现象."

当然, 也有人将类比方法称作 "懒科学家的捷径 (lazy scientist's shortcut)", 对此, Maxwell 指出, 在两个不同的系统间建立类比关系进行共同研究所获得的结果, 比对两个系统进行单独研究所获得的结果更为深远 (more profound).

C.2　和连续介质力学相关的类比法

C.2.1　牛顿的万有引力定律与库仑定律之间的类比

"库仑定律" 并不是库仑 (C A Coulomb, 1736~1806) 最早想到的, 库仑最关键的贡献是做实验证实了电荷之间的平方反比定律. 最早提出电荷间力作用关系的

Joseph Priestley
(1733~1804)

是化学家 Joseph Priestley (1733~1804), 他就是氧气的发现者. 1766 年, 美国科学家富兰克林 (Benjamin Franklin, 1706~1790) 在信中和 Priestley 讨论电学实验现象. 富兰克林所做的实验发现, 将电荷置于导电的空腔导体中, 不会受到电力的作用, 但若放在空腔外部便会受到电力的作用. 这和牛顿提出的壳层定理很类似: 质点如果是在球壳内, 受到球壳的万有引力为零, 但若在球壳外, 则可以将球壳视为质量集中在球心. Priestley 在 1767 年发表的著作中将空腔带电导体内任意电荷所受的电力为零这一结果, 与空腔内任意质点所受万有引力为零相类比, 提出电荷间的静电力也应遵守平方反比定律.

Benjamin Franklin
(1706~1790)

四年后, 卡文迪许 (Henry Cavendish, 1731~1810) 做了一个实验, 间接地证明了电荷间的静电力遵守平方反比定律. 该实验虽然比 Priestley 的大胆推理更往前推进了一大步, 但终究只是一个间接的证明. 真正直接用实验来证明的是 1781 年当选为法兰西科学院院士的库仑. 1785 年, 库仑利用他所发明的扭力计直接证实了电荷间静电力的平方反比关系, 还发现力的大小和两个电荷的乘积成正比. 也是在 1785 年, 库仑还发表了第二篇文章, 又提出了磁的平方反比定律.

事实上, 最早提出磁极间作用力定律的是 John Michell (1724~1793). Michell 与卡文迪许一起从事测量万有引力常数的实验, 他是第一个发明扭秤的学者. 1750 年, Michell 在《论人工磁体》(Treatise of Artificial Magnets) 一书中提出磁极间的吸引力或排斥力和磁极间的距离平方成反比, 这无疑是一重大发现, 库仑在 1785 年的论文中, 实验证实了 Michell 所提出的平方反比定律.

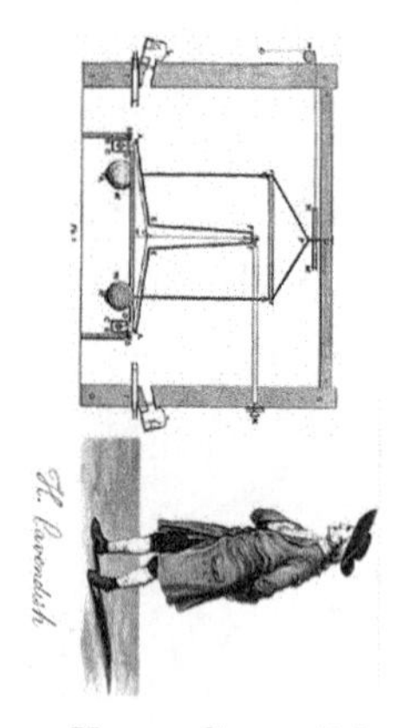
Henry Cavendish
(1731~1810)

1812 年当选为法兰西科学院院士的 Siméon Denis Poisson (1781~1840) 是最先提出把万有引力势理论类比到静电学和静磁学中的人之一, 并发展了静电学的解析理论. 当时的业内专家对 Poisson 的静电学理论及其成就评价道: 他 “驱散了至今还笼罩着物理学许多领域的阴霾”. 1813 年, Poisson 发展了 Laplace 方程 $\nabla^2 V = 0$, 并将其改为著名的 Poisson 方程: $\nabla^2 V = -4\pi\rho$, 其中 ρ 为引力物质的密度或电荷密度. 当空间充满各向同性、线性和均匀的介质时, 静电学的泊松方程为: $\nabla^2 V = -\rho/(\varepsilon_r\varepsilon_0)$, 其中 ρ 为自由电荷密度, ε_r 和 ε_0 分别是介质的相对介电常数和真空介电常数. 静磁学的 Poisson 方程 (矢量方程) 是: $\nabla^2 \boldsymbol{A} = -\mu_r\mu_0 J$, 其中, $\boldsymbol{A}$ 为磁矢势, μ_r 和 μ_0 分别是介质的相对磁导率和真空磁导率, J 是传导电流密度.

C.2.2 开尔文勋爵的力电类比 —— “Thomson 解”

1848 年, William Thomson 通过和静电学中库仑定律的类比, 给出了各向同性无限大体中受点载荷作用的弹性力学的位移解答, 该解被称为 “Thomson 解”, 被著名的 Landau 和 Lifshitz 教程《弹性理论》[3] 第 8 节的习题中给出了其解答.

设 F_k 为作用在各向同性无限大体中某点的载荷, 在其作用下位移解为

$$u_i = G_{ik}F_k \tag{C-1}$$

式中, 笛卡儿坐标系下张量 Green 函数 G_{ik} 可表示为

$$G_{ik} = \frac{1}{4\pi\mu r}\left[\left(1-\frac{1}{4(1-\nu)}\right)\delta_{ik}+\frac{1}{4\,(1-\nu)}\frac{x_i x_k}{r^2}\right] \tag{C-2}$$

式中, μ 为材料的剪切弹性模量, ν 为 Poisson 比. (C-2) 式还可简洁地表示为

$$G_{ik} = \frac{1}{4\pi\mu}\left[\frac{\delta_{ik}}{r}+\frac{1}{4(1-\nu)}\frac{\partial^2 r}{\partial x_i \partial x_k}\right] \tag{C-3}$$

(C-2) 式可显式地表示为如下形式:

$$[G_{ik}] = \frac{1}{4\pi\mu r}\begin{bmatrix} 1-\frac{1}{4(1-\nu)}+\frac{1}{4(1-\nu)}\frac{x^2}{r^2} & \frac{1}{4(1-\nu)}\frac{xy}{r^2} & \frac{1}{4(1-\nu)}\frac{xz}{r^2} \\ \frac{1}{4(1-\nu)}\frac{yx}{r^2} & 1-\frac{1}{4(1-\nu)}+\frac{1}{4(1-\nu)}\frac{y^2}{r^2} & \frac{1}{4(1-\nu)}\frac{yz}{r^2} \\ \frac{1}{4(1-\nu)}\frac{zx}{r^2} & \frac{1}{4(1-\nu)}\frac{zy}{r^2} & 1-\frac{1}{4(1-\nu)}+\frac{1}{4(1-\nu)}\frac{z^2}{r^2} \end{bmatrix} \tag{C-4}$$

对于柱坐标 (ρ,ϕ,z) 情形, Green 函数张量的分量还可表示为

$$G_{ik} = \frac{1}{4\pi\mu r}\begin{bmatrix} 1-\frac{1}{4(1-\nu)}\frac{z^2}{r^2} & 0 & \frac{1}{4(1-\nu)}\frac{\rho z}{r^2} \\ 0 & 1-\frac{1}{4(1-\nu)} & 0 \\ \frac{1}{4(1-\nu)}\frac{z\rho}{r^2} & 0 & 1-\frac{1}{4(1-\nu)}\frac{\rho^2}{r^2} \end{bmatrix} \tag{C-5}$$

特别地, 在柱坐标中点载荷只有 F_z 分量时, 此时的位移矢量为

$$\boldsymbol{u} = \frac{F_z}{4\pi\mu r}\left\{\frac{1}{4(1-\nu)}\frac{\rho z}{r^2}\frac{\boldsymbol{\rho}}{|\boldsymbol{\rho}|}+\left[1-\frac{1}{4(1-\nu)}\frac{\rho^2}{r^2}\right]\frac{\boldsymbol{z}}{|\boldsymbol{z}|}\right\} \tag{C-6}$$

C.2.3 Hertz 接触力学中的力电类比

Heinrich Hertz (1857~1894)

1881 年圣诞节期间, 时年 24 岁的德国物理学家 Heinrich Hertz (1857~1894) 开创了接触力学这一学科. Landau 和 Lifshitz 教程《弹性理论》[3] 在第 9 节中, 十分详细地介绍了 Hertz 所应用和充电椭球电势类比的方法和弹性半空间的假定, 完

成了将玻璃球置于透镜上 (placing a glass sphere upon a lens) 时, 两者接触所产生的弹性变形的研究[4], 开创性地得到了两个物体弹性接触区域一般为椭圆的结论, 并给出了接触区域尺度 (a) 和外力 (P) 以及压入深度 (h) 和外力 (P) 的标度关系 ($a \sim P^{1/3}, h \sim P^{2/3}$).

Hertz 之所以能够应用弹性体接触变形和充电椭球电势之间进行类比, 和他首先是一位杰出的电磁学家不无关系.

C.2.4　等截面直杆弹性扭转中的 Prandtl 薄膜类比 (比拟)

Ludwig Prandtl (1875~1953)

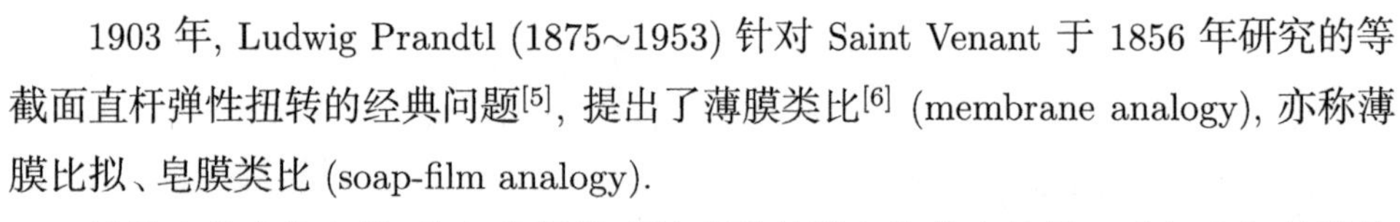

1903 年, Ludwig Prandtl (1875~1953) 针对 Saint Venant 于 1856 年研究的等截面直杆弹性扭转的经典问题[5], 提出了薄膜类比[6] (membrane analogy), 亦称薄膜比拟、皂膜类比 (soap-film analogy).

该类比的出发点是, 均匀张紧的弹性薄膜的横向挠曲和等截面受扭直杆的横截面中的剪应力, 都由相似的 Poisson 方程描述. 因此, 有如下通过类比所得到的结论: (1) 薄膜上任意点的等高线的切线方向, 就是受扭杆件横截面上的对应点的剪应力方向; (2) 薄膜上任意点的最大斜率和受扭杆件横截面上对应点的剪应力大小成比例. 若在同一平板上开一圆孔, 张上相同的薄膜, 并施加同样的气压, 就可以标定出这一比例值; (3) 挠曲薄膜表面和平板表面之间所包含的体积和受扭杆件的扭矩成比例.

薄膜类比特别适用于确定非圆截面杆件的扭转性能.

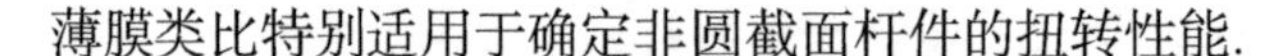

Prandtl 作为近代流体力学之父, 其主要贡献是其 1905 年有关边界层理论 (boundary layer theory) 的创立. Prandtl 曾分别于 1928 年和 1937 年两次被提名诺贝尔物理学奖, 均未成功. 其原因和诺贝尔物理学奖评审委员会的结论可见思考题 C.6.

C.2.5　等截面直杆塑性扭转中的 Nádai 沙堆类比 (比拟)

Arpad Ludwig Nádai (1883~1963)

Arpad Ludwig Nádai (1883~1963) 于 1923 年提出了应用沙堆实验来模拟理想塑性材料的等截面直杆受扭转变形时所达到的极限状态[7], 称为 “沙堆类比 (sand-hill analogy, sand-heap analogy)”. 该类比的出发点是, 等截面直杆塑性扭转时有关应力函数–剪切屈服极限方程和沙堆的高度–梯度方程类似, 因此可用沙堆来模拟这种全塑性扭转的应力分布问题, 此时沙堆的高度可和直杆塑性扭转的应力函数类比, 沙堆的梯度则和剪切屈服极限应力相类比.

Nádai 于 1883 年 4 月 3 日生于匈牙利首都布达佩斯, 1963 年 7 月 18 日卒于美国匹兹堡. 曾先后就读于布达佩斯大学及柏林工业大学, 并于 1911 年在柏林工业大学获得博士学位. 于 1918 年, Nádai 赴力学大师 Ludwig Prandtl 领导的哥廷根大学应用力学学院, 并于 1923 年成为那里的教授. 1927 年, 他前往美国, 成为西屋实验室 (Westinghouse Laboratory) 著名力学家 Timoshenko 的接班人.

1958 年, Nádai 和两位力学大师 Geoffrey Ingram Taylor、Theodore von Kármán 一起获得了 Timoshenko 奖; 1960 年, Nádai 获得了 Franklin Institute 的 Elliott Cresson 金质奖章 (Gold Medal).

C.2.6 位错弹性理论中的力电类比

见 22.2.3 节的详细讨论以及思考题 C.3.

C.2.7 Pierre-Gilles de Gennes 在液晶弹性理论中对类比法的运用

运用类比法和相似性是 1991 年诺贝尔物理奖得主 de Gennes 的一贯作风和法宝. 如在说明扭曲液晶盒的向错回线, 他就是应用了电流线的磁势与指向矢方位角的类比性; 在研究螺旋状液晶的位错时, 他再次发现位错线与平板电容器线载荷的类比性, 从而可用镜像电荷的方法来简化位错周围指向矢场的复杂计算[8].

C.3 类比法的局限性

类比法是一种由特殊到特殊的逻辑思维方法, 所以由类比法推出的结论带有很大程度的或然性. 这是因为进行类比的两个对象除了有相似的一面外, 又有差异的一面, 正是这种差异, 限制了类比法的作用, 这就要求在不同的对象间进行类比时, 除了尽力找到类似之处以进行类推, 提出新的假说或模型外, 还应当尽力找到类比对象的不同点, 以适应新的假说或模型, 作出创造性的发展. 甚至可以说, 由类比法所得出的结论, 其可靠性应决定于类比对象间差异发现的程度, 如果找不到或忽视了这种差异, 由类比法得出的结论就会减低或完全失去价值.

Christiaan Huygens (1629~1695)

17 世纪后半段, 关于光的本性发生了一场激烈的争论, 这场争论不但是物理学发展的必然产物, 同时也是物理学继续发展的动力之一. 争论的双方都是当时科学界的名流, 一方是以牛顿为首, 倡导微粒说; 另一方则以惠更斯 (Christiaan Huygens, 1629~1695) 为代表, 主张波动说. 光的微粒说认为光是由发光体发生的一种具有弹性的、直线前进的微粒子流; 不同颜色的光有不同颜色的微粒, 它们在棱镜中的速度各不相同, 紫色微粒的速度最低, 红色微粒的速度最高, 由于该学说能够很容易地解释光的直线前进及反射、折射, 而且该学说与当时已经建立的经典力学体系可以形成一个统一的整体, 所以很容易为人们接受.

但牛顿的微粒说也存在着很大的困难. 除了它不能令人满意地解释光的干涉、衍射及偏振以外, 它甚至连胡克提出的一个极简单的责难都无法解释. 胡克责问牛顿, 如果你给光以微粒这样有形的性质, 那么这些微粒在光束相交时为什么不发生碰撞, 而仍然像没有发生任何力学事件一样, 照原样继续前进呢?

1678 年, 惠更斯在法国科学院的一次会议上公开向牛顿提出挑战, 提出一篇解释光的波动理论的文章. 这篇论文于 1690 年以 "论光" 的题目发表. 惠更斯说: "我们对声音在空气传播所知道的一切可能导致我们理解光传播的方式.", 这真是一个绝妙的类比! 惠更斯还进一步解释了这一类比: "我们知道, 声音是借助看不见摸不着的空气向声源周围的整个空间传播的, 这是一个空气粒子向下一个空气粒子逐步推进的一种运动. 而因为这一运动的传播在各方向是以相同的速度进行的, 所以必定形成了球面波, 它们向外越传越远, 最后到达我们的耳朵. 现在, 光无疑也是从发光体通过某种传递介质的运动而到达我们的 ……. 像声音一样, 它也一定是以球面或波的形式来传播的; 我们把它们称为波, 是因为它们类似于我们把石头扔入水中时所看到的水波, 我们能看到水波好像在一圈圈逐渐向外播出去, 虽然水波的形成是由于其他原因, 并且只在平面上形成 ……".

从上面两段话可以清楚地看出, 惠更斯正是由类比中才无疑地确信光也是 "像声音一样", 是以 "波的形式来传播的". 光的波动说一经提出, 立即显示了它强大的生命力, 甚至连牛顿也不得不将牛顿环现象与某种波联系起来, 他还将光谱中的每一种颜色都对应于一定的波长. 惠更斯之所以能取得这一成就, 从思想方法上来说是因为他应用了一种很有创造性的思维方法 —— 类比法.

惠更斯的光波说之所以没有战胜牛顿的微粒说, 除了有许多其他方面的原因以外, 其中有一个很重要的原因就是他在应用类比法时没有充分注意到光与声的不同点, 他在类比时走得太远, 以至于使他自己陷入困境.

光波是纵波还是横波呢? 惠更斯在将光波与声波类比时, 他认为光波与声波一样也是纵波. 这一类比的错误结论, 立即遭到牛顿的激烈反对, 因为光如果是纵波, 那惠更斯就无法解释光的偏振问题. 丹麦物理学家 Rasmus Bartholin (1625~1698) 在 1669 年观察到[9]: 当一束光射入一种名为方解石 (calcite) 的透明晶体时, 产生两束不同方向折射的光, 形成双折射 (birefringence) 现象. 如果光波是纵波, 就无法解释这一奇怪的现象, 因为在这种情况下, 作为纵波的光波在晶体中为什么有两种不同的传播方式呢? 惠更斯承认自己无法解释这一点.

从方法论的角度来看, 方解石的双折射现象, 应该说可以提醒惠更斯, 在声和光的类比中他是不是走得太远了一点? 如果光不是如声波那样的纵波而是横波, 双折射现象就更容易解释一些.

本书著者在《纳米与介观力学》[10] 的 7.2 节和 C.1 节中均给出了力电类比的著名例子, 感兴趣者可予以参阅.

C.4　类比法中所蕴含的不可思议的有效性

Eugene Wigner (1902~1995, 1963 年诺贝尔物理奖得主) 于 1960 年发表了影响十分深远的题为 "数学在自然科学中不可思议的有效性"[11] 的文章, 该文基于他于 1959 年 5 月 11 日在美国纽约大学 Courant 数学科学讲座的讲演. Wigner 的上述观点后来被总结为 "Wigner 难题 (Wigner's puzzles)":

难题一, 数学概念出现在完全不曾预料的连接中 (mathematical concepts turn up in entirely unexpected connections), 数学在自然科学中广泛的有用性近乎神秘, 目前仍没有得到合理的解释;

难题二, 正是数学概念的这种不可思议的有用性, 引出了物理学理论是否具有唯一性的问题, 换句话说, 我们还不知道是否以数学概念术语来形式化的一种理论是独特合适的 (uniquely appropriate);

难题三, 为什么相同的数学方程或模型可以描述两类完全不同的物理系统? 这不但涉及到了数学的不可思议的有效性 (unreasonable effectiveness of mathematics), 而且 Wigner 还担心其非唯一性.

上述的第三个难题, 也就是不同物理系统用相同的方程来描述, 事实上就是类比性的问题. 2015 年, Bokulich[12] 通过详细分析 Maxwell 和 Helmholtz 所进行的电磁学和流体力学间的类比, 分析了物理类比所具有的不可思议的有效性.

Wigner 有关数学的不可思议的有效性的提法的影响有多大? 这可从 1969 年诺贝尔物理奖得主 Murray Gell-Mann (1929~2019) 的一次公开演讲中所做的如下归纳中进行管窥: "三个原则 —— 自然界的一致性, 简单原则的适用性, 数学在描述物理事实时的 '不可思议的有效性'. 它们是基本粒子和它们相互作用定律的结果. 这三个原则不需要被看做是独立的抽象的假设. 相反, 它们是物理基本定律的涌现性. (Three principles — the conformability of nature to herself, the applicability of the criterion of simplicity, and the 'unreasonable effectiveness' of certain parts of mathematics in describing physical reality — are thus consequences of the underlying

Murray Gell-Mann (1929~2019)

law of the elementary particles and their interactions. Those three principles need not be assumed as separate metaphysical postulates. Instead, they are emergent properties of the fundamental laws of physics.)"

应该说, 物理类比中所蕴含的数学不可思议的有效性仍是一个值得进一步深入思考的问题.

de Broglie 于 1924 年在博士论文中提出了"物质波"概念, 11 月 25 日通过博士论文答辩

思 考 题

C.1 诺贝尔物理奖得主 Louis de Broglie (1892~1987) 是如何根据类比的方法将光的波粒二象性 (wave-particle duality) 推广到更一般的物质粒子, 从而提出实物粒子也具有波动–粒子两重性的?

C.2 在第七篇连续介质波动理论中, 应力可表示为: $\sigma=\rho c v$, 这里 ρ 为介质密度, c 为弹性波速, v 为粒子速度. 说明可和电学中的 Ohm 定律进行如下类比: 应力 σ 类比于电压 V, 粒子速度 v 类比于电流 I, ρc 则类比于电阻 R, 因而 ρc 被称为波阻抗 (impedance).

C.3 电磁场和位错场之间的类比[13−17]: 经典电磁场的 Maxwell 方程为

$$
\begin{cases}
\boldsymbol{\nabla}\times\boldsymbol{E}+\dfrac{1}{c}\dfrac{\partial\boldsymbol{H}}{\partial t}=\boldsymbol{0}, & \boldsymbol{\nabla}\cdot\boldsymbol{H}=0\\
\boldsymbol{\nabla}\times\boldsymbol{H}-\dfrac{1}{c}\dfrac{\partial\boldsymbol{E}}{\partial t}=\dfrac{4\pi}{c}\boldsymbol{j}, & \boldsymbol{\nabla}\cdot\boldsymbol{E}=4\pi\rho
\end{cases}
\tag{C-7}
$$

式中, $\boldsymbol{E}$ 和 $\boldsymbol{H}$ 分别为电场和磁场强度, c 为真空光速, $\boldsymbol{j}$ 和 ρ 分别为电流和电荷密度. 位错连续统的场方程为

$$
\begin{cases}
\dot{\boldsymbol{\alpha}}+\boldsymbol{\nabla}\times\boldsymbol{J}=\boldsymbol{0}, & \boldsymbol{\nabla}\cdot\boldsymbol{\alpha}=0\\
\boldsymbol{J}=\dot{\boldsymbol{\beta}}-\boldsymbol{\nabla}\otimes\boldsymbol{v}, & \boldsymbol{\alpha}=-\boldsymbol{\nabla}\times\boldsymbol{\beta}
\end{cases}
\tag{C-8}
$$

式中, $\boldsymbol{\alpha}$ 和 $\boldsymbol{J}$ 分别为位错密度和位错流密度张量, $\boldsymbol{\beta}$ 为畸变张量, $\boldsymbol{v}$ 为满足如下运动方程的不协调宏观速度场:

$$
\rho\dot{\boldsymbol{v}}=\boldsymbol{\nabla}\cdot(\boldsymbol{C}:\boldsymbol{\beta})
\tag{C-9}
$$

式中, ρ 为质量密度, $\boldsymbol{C}$ 为四阶弹性刚度张量. 请阐明下列物理量之间的类比性: 电磁场中的 $\boldsymbol{H}$、$\boldsymbol{E}$ 和位错场中的 $\boldsymbol{\alpha}$、$\boldsymbol{J}$.

C.4 类比法的理论基础在于, 当两种不同物理或力学现象间具有相同形式的数学模型, 并且两类物理量之间存在类似变化规律, 这两类不同的物理问题往往存在着紧密的比拟关系. 因而其中一类事物已有的相关知识或较易通过实验测量而获得的结果就可以推演到另一事物中. 自然界中的过程一般可用偏微分方程描述. 偏微分方程可分为: 椭圆型、抛物型和双曲型. 从而, 自然界中的过程可大致分为:

(1) 椭圆问题相应于自然界中的平稳过程;

(2) 抛物问题相应于流过程 (如热传导、扩散等);

(3) 双曲问题属于波动过程.

问题:

(1) 就上述三类问题分别给出进行类比的例子;

(2) 数学类比和物理类比之间的关系是什么?

C.5　在 1.1.3 节, 曾提到: Helmholtz 于 1858 年通过 “类比法”, 利用电流的电磁相互作用和流体运动的相似性来研究流体运动, 从而成功地解决了不可压缩、无黏流体漩涡运动问题.

问题: 了解该问题运用类比法得以解决的细节, 给出两者相类比的具体关系.

C.6　1928 年, Prandtl 被 Erich Hückel (1896～1980, 苏黎世)、Carl Schiller (莱比锡) 和 Theodor Pöschl (1882～1955, 布拉格) 三位教授提名诺贝尔物理学奖. 诺贝尔物理学奖评审委员会的结论是: “边界层理论没有给出流体动力学问题的真解, 但 Prandtl 对于实际问题的分析仍然可以视为一个有价值的进展 (The conclusion of the Nobel Committee for Physics on that occasion was that the boundary layer theory “provides no true solution to the hydrodynamical problem, but Prandtl's analysis of what actually happens should nevertheless be considered a valuable advance”.)”. 本书第 20.1 节所着重提到的 Carl Wilhelm Oseen 教授, 作为当时诺贝尔物理学奖评审委员会的主要成员, 评价道: “提名人显然假定, 在包括力学的物理学领域里, 长期的、活跃的、成功的工作足以使人获得诺贝尔物理学奖. 如果这个假设符合诺贝尔基金会的章程, 我就会推荐授予 Prandtl 教授诺贝尔物理学奖. 但根据该章程, 获得这个奖的前提是在物理学领域有发现或发明, 而提名人未提出诺贝尔奖级的发现或发明, 因此我不能支持他的提名.”

1937 年, 力学大师 G. I. Taylor (见本书第 312 页) 和 Prandtl 分别被 Harold Jeffreys (1891～1989) 和 William Henry Bragg (1862～1942, 1915 年诺贝尔物理学奖获得者) 提名诺贝尔物理学奖, Taylor 和 Prandtl 均未成功. 其原因是[18]: “流行于那里 (指流体力学领域) 的特殊条件是, 控制所观察到的现象的定律是如此复杂, 使得不可能从它们推导出该现象. 对于那些不能或不愿等到数学方法足够完善, 以使得今天不可能的变为可能的人, 那就必须发展至少能解决某些特殊情况的近似计算方法. 这类近似计算方法的典型例子就是 Prandtl 的边界层理论 (1905) 和飞机理论 (1919). 显然, 这类工作一般不会导致 ‘物理领域的发现或发明’ (activities of this kind cannot in general lead to any ‘discovery or invention in the area of physics’). 今年被推荐的两位提名人 Prandtl 和 Taylor 均没有此类发现或发明, 所以诺贝尔奖评审委员会不能推荐他们中的任何一位获奖.”

问题: 诺贝尔物理学奖评审委员会的意见虽然否决了授予 Prandtl 和 Taylor 诺贝尔奖, 但对连续介质力学基础研究的性质却做了恰如其分的描述. 体会: 当一时还无法用精确的数学方法直接由基本规律推出有关现象时, 寻找有效的 "近似的算法" 就是连续介质力学重要的基础研究这一事实.

C.7 1975 年 G. I. Taylor 的去世被认为是 "标志着一个黄金时代的终结 (Taylor's death as marking the end of a golden age)[18]".

问题: 什么是力学的黄金时代?

C.8 尽管 G. I. Taylor 作为力学大师在力学的诸多方面做出了奠基性的贡献, 理性力学大师 Truesdell 曾强烈地批评 Taylor 道: Taylor 非优雅地将力学分解成小问题, 缺乏战略性思维 (inelegantly broke up mechanics into small problems without strategic thinking)[18]. Truesdell 的上述评价和诺贝尔奖提名委员会的意见一致, Taylor 的主要贡献大致是一些特殊问题的混合体 (a mix of several special problems), 而不是一个大的发现 (instead of a major discovery). Taylor 本人对该问题的回答是: "我不明白一个人怎么能规划 '流体力学研究战略', 在我看来, 一个人只能思考特定的具体问题, 除此之外, 别无他法 (I do not see how one can plan a 'strategy of research in fluid mechanics' otherwise than by thinking of particular problems)".

问题:

(1) 什么是战略性思维?

(2) 什么是力学的战略性思维?

参 考 文 献

[1] Maxwell J C. On Faraday's lines of force. Transactions of the Cambridge Philosophical Society, 1864, 10: 27–83.

[2] Cao T Y. Conceptual Developments of 20th Century Field Theories. Cambridge: Cambridge University Press, 1998. (中译本: 曹天予. 20 世纪场论的概念发展. 吴新忠, 李宏芳, 李继堂译. 上海: 上海科技教育出版社, 2008).

[3] Landau L D, Lifshitz E M. Theory of Elasticity (3rd English Edition). Oxford: Pergamon Press, 1986.

[4] Hertz H. Über die Beruhrung fester elastischer Korper (On the contact of elastic solids). Journal für die reine und angewandte Mathematik, 1882, 92: 156–171.

[5] Barré de Saint-Venant A J C. Mémoire sur la torsion des prismes. Mémoires présentés par divers savants à l'Académie des Sciences de l'Institut Impérial de France, 1856, 14: 233–560.

[6] Prandtl L. Zur torsion von prismatischen stäben. Physische Zeitschrift, 1903, 4: 758–770.

[7] Nádai A. Der Beginn des Fließvorganges in einem tordierten Stab. Zeitschrift für Angewandte Mathematik und Mechanik, 1923, 3: 442–454.

[8] 欧阳钟灿. 德燃纳对液晶基础研究的贡献 —— 1991 年诺贝尔物理奖获得者成就简介. 物理, 1992, 21: 129–133.

[9] Bartholin E. Experimenta crystalli islandici disdiaclastici quibus mira & infolita refractio detegitur (英文: Experiments on birefringent Icelandic crystal through which is detected a remarkable and unique refraction). Copenhagen, Denmark: Daniel Paulli, 1669. See also: Bartholin E. An account of sundry experiments made and communicated by that learn'd mathematician, Dr. Erasmus Bartholin, upon a crystal-like body, sent to him out of Island. Philosophical Transactions of the Royal Society of London, 1670, 5: 2039–2048.

[10] 赵亚溥. 纳米与介观力学. 北京: 科学出版社, 2014.

[11] Wigner E P. The unreasonable effectiveness of mathematics in the natural sciences. Richard Courant lecture in mathematical sciences delivered at New York University, May 11, 1959. Communications on Pure and Applied Mathematics, 1960, 13: 1–14.

[12] Bokulich A. Maxwell, Helmholtz, and the unreasonable effectiveness of the method of physical analogy. Studies in History and Philosophy of Science Part A, 2015, 50: 28–37.

[13] 欧发. 关于宏观位错动力学的基本方程问题. 哈尔滨工业大学学报, 1978, Z1: 196–213.

[14] Golebiewska-Lasota A A. Dislocations and gauge invariance. International Journal of Engineering Science, 1979, 17: 329–333.

[15] Kadic A, Edelen D G B. A gauge theory of dislocations and disclinations. Berlin: Springer, 1983.

[16] 欧发. 关于动态位错场张量势的规范变换. 物理学报, 2005, 30: 968–971.

[17] 段祝平, 黄迎雷, 王文标. 缺陷连续统理论及其在本构方程研究中的应用 —— II. 缺陷的规范场理论. 力学进展, 1989, 19: 172–194.

[18] Davidson P A, Kaneda Y, Moffatt K, Sreenivasan K R (Eds.). A Voyage through Turbulence. Cambridge: Cambridge University Press, 2011.

索　引

C

D

E

F

G

H

I

J

K

l

M

N

O

P

Q

R

S

T

U

V

W

X

Y

Z

人像索引

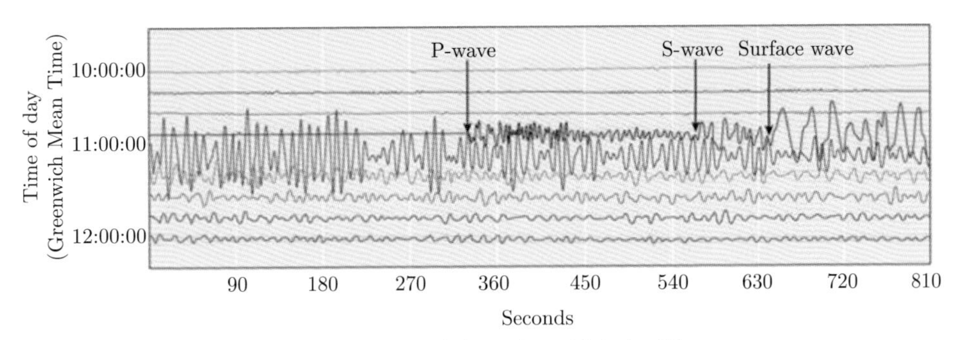

图 VII.2　地震波中 P 波、S 波和表面波

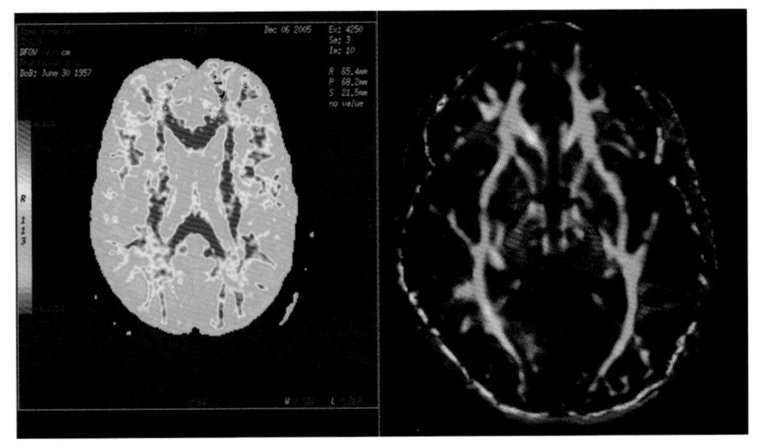

图 32.2　各向异性分数成像

(a) 普通 FA 图; (b) 彩色 FA 图

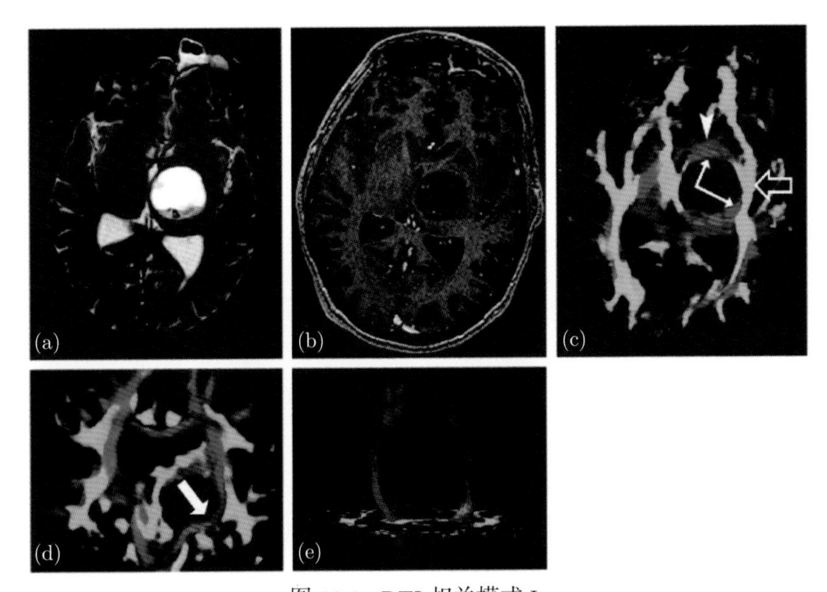

图 32.4　DTI 相关模式 I

(a) T2 加权的核磁共振图; (b) T1 加权的核磁共振图; (c) 轴向上 DTI 中的 FA 图; (d) 冠状中的 FA 图; (e) 彩色张量图

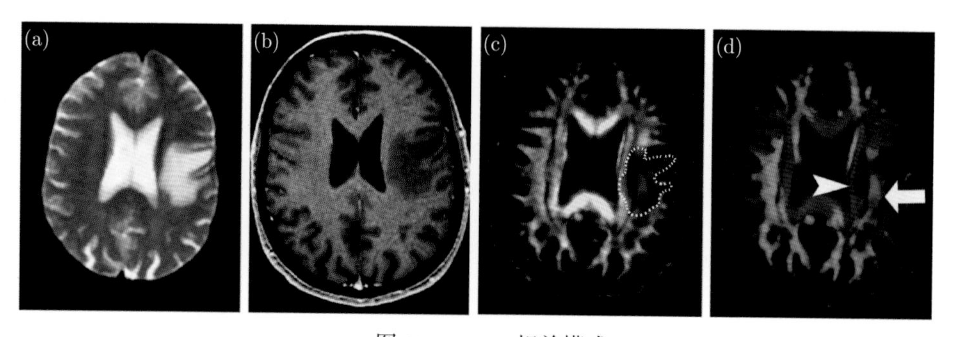

图 32.5　DTI 相关模式 Ⅱ

(a) T2 加权的核磁共振图; (b) 对比增强的 T1 加权核磁共振图; (c) DTI 中 FA 图; (d) 为彩色张量图

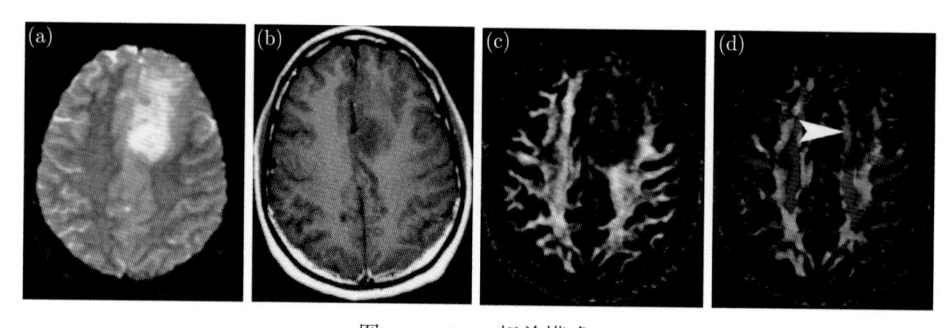

图 32.6　DTI 相关模式 Ⅲ

(a) T2 加权的核磁共振图; (b) 对比增强的 T1 加权核磁共振图; (c) DTI 中 FA 图; (d) 为彩色张量图

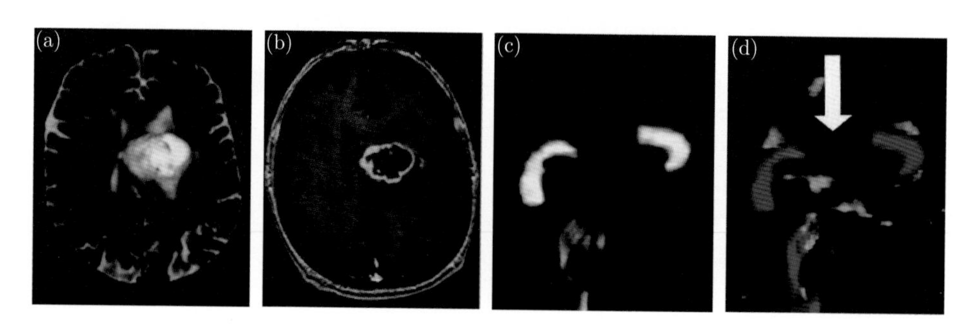

图 32.7　DTI 相关模式 Ⅳ

(a) T2 加权的核磁共振图; (b) 对比增强的 T1 加权核磁共振图; (c) DTI 中 FA 图; (d) 为彩色张量图